浙江省市政工程概算定额

（2018 版）

上册

中 国 计 划 出 版 社

2020 北 京

图书在版编目（CIP）数据

浙江省市政工程概算定额 : 2018版 / 浙江省建设工程造价管理总站主编. -- 北京 : 中国计划出版社, 2020.10（2020.12重印）
ISBN 978-7-5182-1237-8

Ⅰ. ①浙… Ⅱ. ①浙… Ⅲ. ①市政工程－建筑预算定额－浙江 Ⅳ. ①TU723.34

中国版本图书馆CIP数据核字(2020)第183859号

浙江省市政工程概算定额(2018 版)
浙江省建设工程造价管理总站　主编

中国计划出版社出版发行
网址:www.jhpress.com
地址：北京市西城区木樨地北里甲 11 号国宏大厦 C 座 3 层
邮政编码：100038　电话：(010) 63906433（发行部）
三河富华印刷包装有限公司印刷

880mm×1230mm　1/16　46.5 印张　1392 千字
2020 年 10 月第 1 版　2020 年 12 月第 3 次印刷
印数 2001—2500 册

ISBN 978-7-5182-1237-8
定价：335.00 元（上、下册）

主编单位：浙江省建设工程造价管理总站
批准部门：浙江省住房和城乡建设厅
浙江省发展和改革委员会
浙　江　省　财　政　厅
施行日期：二〇二〇年十月一日

浙江省市政工程概算定额

（2018 版）

主　编　单　位：浙江省建设工程造价管理总站
专业主编单位：华东勘测设计研究院有限公司
参　编　单　位：杭州市建设工程造价和投资管理服务中心
杭州市城建设计研究院有限公司
中国联合工程有限公司
万邦工程管理咨询有限公司
浙江天平投资咨询有限公司
浙江华夏工程管理有限公司

主　　　　编：段　梅　游启升
副　　主　　编：李　勇　徐旭敏　何　颖　徐升雁
参　　　　编：孙华建　王兴煜　付世荣　施攀峰　庞　龙　徐国清　王传理
易志军　韩献伟　刘丽霞　潘东良
顾　　　　问：秦　嘉　胡赛华　叶晓牡

软　件　生　成：成都鹏业软件股份有限公司　杜彬
数　据　输　入：杭州擎洲软件有限公司　白炳利

审　核:浙江省建设工程计价依据(2018 版)编制工作专家组

组　长:邓文华　浙江省建设工程造价管理总站站长

副组长:俞　晓　浙江省发展和改革委员会基本建设综合办公室副主任
马　勇　浙江省财政厅经济建设处副处长
戚程旭　浙江省住房和城乡建设厅建筑市场监管处副处长
周　易　浙江省住房和城乡建设厅计划财务处副处长
韩　英　浙江省建设工程造价管理总站副站长
汪亚峰　浙江省建设工程造价管理总站副站长
季　挺　浙江省建设工程造价管理总站副站长

成　员:李仲尧　浙江省公共资源交易中心主任
俞富桥　浙江省财政项目预算审核中心副主任
袁　旻　杭州市建设工程造价和投资管理办公室主任
傅立群　宁波市建设工程造价管理处处长
胡建明　浙江省建设工程造价管理总站副总工程师
田忠玉　浙江省建设工程造价管理总站定额管理室主任
蔡临申　浙江省建设工程造价管理总站造价信息室主任
毛红卫　浙江省建投集团投资与成本合约部总经理
单国良　歌山建设集团有限公司总裁助理
陈建华　万邦工程管理咨询有限公司总经理
黄志挺　建经投资咨询有限公司董事长
华钟鑫　浙江中达工程造价事务所有限公司董事长
蒋　磊　浙江耀信工程咨询有限公司董事长
史文军　原浙江省建工集团有限责任公司总经济师

审　定:浙江省建设工程计价依据(2018 版)编制工作领导小组

组　长:项永丹　浙江省住房和城乡建设厅厅长

副组长:朱永斌　浙江省住房和城乡建设厅党组成员、浙江省建筑业管理总站站长
杜旭亮　浙江省发展和改革委员会副主任
邢自霞　浙江省财政厅副厅长

成　员:陈衡治　浙江省发展和改革委员会基本建设综合办公室主任
倪学军　浙江省财政厅经济建设处处长
宋炳坚　浙江省住房和城乡建设厅建筑市场监管处处长
施卫忠　浙江省住房和城乡建设厅计划财务处处长
邓文华　浙江省建设工程造价管理总站站长

浙江省住房和城乡建设厅　浙江省发展和改革委员会 浙江省财政厅关于颁发《浙江省工程建设其他费用定额(2018版)》等七部定额的通知

浙建建发〔2020〕16号

各市建委(建设局)、发展改革委、财政局：

为深化工程造价管理改革，完善工程计价依据体系，健全工程造价管理机制，根据省建设厅、省发展改革委、省财政厅联合印发的《关于组织编制〈浙江省建设工程计价依据(2018版)〉的通知》(建建发〔2017〕166号)要求，由省建设工程造价管理总站(省标准设计站)负责组织编制的《浙江省工程建设其他费用定额(2018版)》《浙江省房屋建筑与装饰工程概算定额(2018版)》《浙江省通用安装工程概算定额(2018版)》《浙江省市政工程概算定额(2018版)》《浙江省房屋建筑安装工程修缮预算定额(2018版)》《浙江省市政设施养护维修预算定额(2018版)》《浙江省园林绿化养护预算定额(2018版)》(以下简称“七部定额”)通过审定，现予颁发，并就有关事项通知如下，请一并贯彻执行。

一、2018版计价依据是指导投资估算、设计概算、施工图预算、招标控制价、投标报价的编制以及工程合同价约定、竣工结算办理、工程计价纠纷调解处理、工程造价鉴定等的依据。规费取费标准是投资概算和招标控制价的编制依据，投标人根据国家法律、法规及自身缴纳规费的实际情况，自主确定其投标费率，但在规费政策平稳过渡期内不得低于标准费率的30%。当政策发生变化时，再另行发文规定。

二、七部定额自2020年10月1日起施行。《浙江省建筑工程概算定额(2010版)》《浙江省安装工程概算定额(2010版)》《浙江省市政设施养护维修定额(2003版)》《浙江省工程建设其他费用定额(2010版)》同时停止使用。

三、凡2020年9月30日前签订工程发承包合同的项目，或工程发承包合同在2020年10月1日后签订但工程开标在2020年9月30日前完成的项目，除工程合同或招标文件有特别约定外，仍按原“计价依据”规定执行。涉及后续人工费动态调整的，统一采用人工综合价格指数进行调整。

四、各级建设、发展改革、财政等部门要高度重视2018版计价依据的贯彻实施工作，造价管理机构要加强检查指导，确保2018版计价依据的正确执行。

2018版计价依据由省建设工程造价管理总站(省标准设计站)负责解释与管理。

浙江省住房和城乡建设厅

浙江省发展和改革委员会

浙 江 省 财 政 厅

2020年5月29日

总 说 明

一、《浙江省市政工程概算定额》(2018 版)(以下简称"本定额")是根据浙江省建设厅、省发改委、省财政厅联合印发的《关于组织编制〈浙江省建设工程计价依据(2018 版)〉的通知》〔建建发(2017)166 号〕要求,按照市政工程设计文件编制深度规定,以简明适用为原则,在《浙江省市政工程预算定额》(2018 版)的基础上,并结合浙江省工程特点和实际情况进行综合扩大编制。

二、本定额适用于浙江省行政区域范围内新建、扩建和改建的市政工程。

三、本定额统一了浙江省市政工程概算项目划分与计量单位,并约定计量规则以初步设计工程量为准,是工程项目建设投资评审、初步设计概算(书)编制和设计方案技术经济分析比选的主要依据,也是编制概算指标、估算指标和计算主要材料设备需用量的基础。

四、本定额共分上、下两册,上册包括通用项目、道路工程、桥涵工程、隧道工程;下册包括给排水工程、路灯工程、生活垃圾处理工程。

五、本定额是按照目前大多数施工企业在正常的气候、地理条件和施工环境以及安全的条件下采用的施工方法、机械化装备程度、合理的施工工期、施工工艺和劳动组织条件制定的,反映了社会平均消耗量水平。

六、本定额人工内容包括基本用工、超运距用工、人工幅度差和辅助用工,按定额用工的技术含量综合为一类人工和二类人工。其中土石方工程人工为一类人工,其余均为二类人工。本定额中的人工每工日按 8 小时工作制计算。

七、本定额材料消耗量:

1. 本定额中的材料消耗包括主要材料、辅助材料。材料消耗量包括净用量和损耗量。损耗量包括:从工地仓库、现场集中堆放地点或现场加工地点至操作或安装地点的现场施工场内运输损耗、施工操作损耗、施工现场堆放损耗等,规范或设计文件规定的预留量、搭接量不在损耗率中考虑。

2. 本定额中的混凝土、沥青混凝土、砌筑砂浆、抹灰砂浆及各种胶泥等均按半成品消耗量以体积表示。本定额中混凝土的养护,除另有说明者外,均按自然养护考虑。

3. 本定额中的周转性材料已按规定的材料周转次数摊销计入定额内。

4. 用量少、价值小的材料合并为其他材料费,以其他材料费形式表示。

八、本定额施工机械台班消耗量:

1. 本定额中的机械台班消耗量已包括了机械幅度差内容。

2. 本定额中均已包括材料、成品、半成品从工地仓库、现场集中堆放地点或现场加工地点至操作或安装地点的水平和垂直运输所需要的人工和机械消耗量。如需要再次搬运的,应在二次搬运费项目中列支。

九、本定额单价的取定:人工单价按一类人工 125 元/工日、二类人工 135 元/工日取定,材料单价按《浙江省建筑安装材料基期价格》(2018 版)取定,机械台班单价按《浙江省建设工程施工机械台班费用定额》(2018 版)取定,定额的基价均不包括进项税。

十、本定额中的混凝土、沥青混凝土、厂拌三渣、预制钢筋混凝土管片等均按商品价考虑,其单价中除包括产品出厂价外,还包括了至施工现场的运输、装卸费用。采用泵送混凝土的,其单价包括泵送费用。

十一、本定额中混凝土项目按运至施工现场的商品混凝土编制,若实际采用现拌混凝土浇捣的,人工、机械消耗量调整如下:

1. 人工增加0.392 工日/m^3；

2. 增加500L 混凝土搅拌机0.03 台班/m^3。

十二、本定额中混凝土项目已根据不同结构部位的定额子目综合考虑了模板的制作、安拆，混凝土及钢筋混凝土预制构件的定额子目综合考虑了1km 运距。

十三、本定额中均未考虑渣土消纳费、泥浆废弃处置费，发生时按工程所在地相关政策执行。

十四、高压旋喷桩、水泥搅拌桩、地下连续墙、钻孔灌注桩、水平定向钻牵引管道定额的定额子目综合考虑了泥浆、渣土的15km 运距。

十五、本定额中混凝土已按结构部位取定强度等级，若设计混凝土强度等级与定额不同，应予以调整。

十六、施工与生产同时进行、在有害身体健康的环境中施工时的降效增加费，本定额未考虑，发生时另行计算。

十七、本定额是以预算定额为基础编制的，考虑概算定额与预算定额的水平幅度差及图纸设计深度等因素，编制概算时应按建筑安装工程概算费用计算程序并选取扩大系数计算概算扩大费用，扩大系数为1% ~3%，具体数值可根据工程的复杂程度和图纸的设计深度确定。

十八、本定额编制工程概算费用的计算程序、费率标准与工程划分均按《浙江省建设工程计价规则》(2018 版)执行。

十九、本定额与浙江省其他专业工程概算定额的关系：凡本定额包含的项目，应按本定额项目执行；本定额缺项部分，可按其他专业工程概算定额执行，其他专业概算定额中未涉及的内容可参照相应预算定额执行。

二十、本定额中用“(　)”表示的消耗量，均未计入基价。

二十一、本定额中注有“××以内”或“××以下”者均包括“××”本身，“××以外”或“××以上”者，则不包括“××”本身。

二十二、本说明未尽事宜，详见各章节说明。

二十三、本定额由浙江省建设工程造价管理总站负责解释与管理。

总　目　录

上　　册

下　　册

上 册 目 录

第一章　通 用 项 目

第七节　大型施工机械进（退）场安拆费

第二章　道 路 工 程

第一节　路 基 处 理

第二节　道 路 基 层

第三节　道 路 面 层

第四节　人行道及其他

第五节　立交箱涵工程

第六节　临 时 工 程

第七节　其 他 工 程

第四章　隧 道 工 程

第一节　隧道开挖与出渣

第二节　隧 道 内 衬

第一章
通 用 项 目

章　说　明

一、本章定额包括土石方工程，护坡、挡墙工程，地基加固、围护工程，钢筋工程，拆除工程，措施项目，大型施工机械进（退）场安拆费，共 7 节 271 个子目。

二、本章定额项目通用于《浙江省市政工程概算定额》（2018 版）其他各章（各章中指明不适用本章定额的除外）。

三、本章定额的编制依据：

1.《市政工程设计概算编制办法》（2011 版）；

2.《市政公用工程设计文件编制深度规定》（2013 版）；

3.《浙江省市政工程预算定额》（2018 版）；

4.《市政工程消耗量定额》ZYA 1－31－2015；

5.《杭州市建设工程围挡设置与安全使用管理导则》（试行）；

6. 现行的设计、施工验收规范、安全操作规程、质量评定标准；

7. 现行的标准图集和具有代表性的工程设计图纸。

四、未尽事宜详见各节说明。

第一节　土石方工程

说　明

一、本节定额包括土方工程和石方工程两部分。

二、本节定额适用于各类市政工程(除有关章节说明不适用本节定额外)。

三、隧洞洞挖执行本定额第四章“隧道工程”相应定额子目,给排水沟槽开挖执行本定额第五章“给排水工程”相应定额子目。

四、机械挖综合土方定额按照三类土编制,若实际开挖土方类别为一、二类土,定额消耗量乘以系数0.85,若实际开挖土方类别为四类土,定额消耗量乘以系数1.25;若需采用人工开挖,执行《浙江省市政工程预算定额》(2018版)相应子目;除大型支撑基坑土方开挖定额子目外,在支撑下挖土,机械挖综合土方定额中的人工消耗量乘以系数1.43,机械消耗量乘以系数1.20。

五、干、湿土的划分以地质勘察资料为准,含水率大于或等于25%为湿土;或以地下常水位为准,常水位以上为干土,以下为湿土。挖运湿土时,人工和机械消耗量乘以系数1.18(机械运湿土除外),干、湿土工程量分别计算。采用降水、排水措施后的土方应按干土计算。

六、大型支撑基坑土方开挖定额适用于地下连续墙、混凝土板桩、钢板桩等围护并带有大型横向支撑的深基坑开挖。由于场地狭小只能单面施工时,定额中履带式起重机25t调整为履带式起重机40t,机械消耗量不变。

七、泥浆处置定额分泥浆池建拆、泥浆运输、泥浆固化,定额未考虑泥浆废弃处置费,发生时按工程所在地相关政策计算。

八、本定额各章节相关子目已考虑泥浆池建拆、泥浆运输15km工作内容,若实际运输距离不同,按本节泥浆运输定额每增减1km执行。

九、施工产生的渣土和经过固化后的泥浆弃运,按本章土方运输定额子目计算,其中泥浆固化后的外运工程量按固化前实际需处理泥浆工程量的40%计算。

十、石方爆破按炮眼法松动爆破和无地下渗水积水考虑,防水和覆盖材料未在定额内。采用火雷管可以换算,雷管数量不变,扣除胶质导线用量,增加导火索用量,导火索长度按每个雷管2.12m计算。抛掷和定向爆破另行处理。打眼爆破若要达到石料粒径要求,则增加的费用另计。

十一、本定额石方开挖包括液压岩石破碎机破碎岩石和机械打眼爆破石方两种工艺,如需采用静力爆破或微差控制爆破等工艺开挖石方,可执行《浙江省市政工程预算定额》(2018版)相应定额子目。

十二、本节定额不包括现场障碍物清理,障碍物清理费用另行计算。

工程量计算规则

一、本节定额的土、石方体积均以天然密实体积(自然方)计算,回填土按碾压夯实后的体积(实方)

计算。土、石方体积换算见下表。

土、石方体积换算表

名称	虚方体积	天然密实度体积	夯实后体积	松填体积
土方	1.00	0.77	0.67	0.83
	1.20	0.92	0.80	1.00
	1.30	1.00	0.87	1.08
	1.50	1.15	1.00	1.25
石方	1.54	1.00	—	1.31

二、泥浆池建造和拆除、泥浆运输工程量以“m^3”计算,泥浆固化按需要固化处理的泥浆工程量以“m^3”计算。各类工程施工产生的泥浆、渣土工程量按相应章节说明及计算规则执行。

三、石方采用爆破开挖时,开挖坡面每侧允许超挖量:极软岩、软岩 20cm,较软岩、硬质岩 15cm。工作面宽度与石方超挖量不得重复计算,石方超挖仅计算坡面超挖,底部超挖不计。

四、挖土放坡系数和基坑、沟槽底加宽应按设计图纸尺寸计算。若设计图纸或施工组织设计均未明确的,挖土放坡系数可按下表有关内容计算,基坑、沟槽底加宽工作面按结构底宽每边增加 0.5m 计算。

挖土放坡系数表

土壤类别	放坡起点深度(m)	机械开挖		
		在沟槽坑底作业	在沟槽坑边上作业	沿沟槽方向坑上作业
一、二类土	1.2	1:0.33	1:0.75	1:0.50
三类土	1.5	1:0.25	1:0.67	1:0.33
四类土	2.0	1:0.10	1:0.33	1:0.25

挖土交接处产生的重复工程量不扣除。如在同一断面内遇有数类土壤,其放坡系数可按各类土占全部深度的百分比加权计算。

五、土壤按一、二类土,三类土,四类土分类,具体见土壤分类表;岩石按软质岩、硬质岩分类,具体见岩石分类表。

六、土、石方开挖、填筑按设计图纸工程量计算,根据土壤分类表和岩石分类表区分不同土壤和岩石类别。

土壤分类表

土壤分类	土壤名称	开挖方式及工具
一、二类	粉土、砂土(粉砂、细砂、中砂、粗砂、砾砂)、粉质黏土、弱中盐渍土、软土(淤泥质土、泥炭、泥炭质土)、软塑红黏土、冲填土	用锹,少许用镐、条锄开挖。机械能全部直接铲挖满载者
三类土	黏土、碎石土(圆砾、角砾)混合土、可塑红黏土、硬塑红黏土、强盐渍土、素填土、压实填土	主要用镐、条锄,少许用锹开挖。机械需部分刨松方能铲挖满载者,或可直接铲挖但不能满载者
四类土	碎石土(卵石、碎石、漂石、块石)、坚硬红黏土、超盐渍土、杂填土	全部用镐、条锄挖掘,少许用撬棍挖掘。机械须普遍刨松方能铲挖满载者

注:本表土壤名称及其含义按现行国家标准《岩土工程勘察规范》GB 50021－2001(2009 年版)定义。

岩石分类表

岩石分类		代表性岩石	开挖方法	岩石饱和单轴抗压强度 R_c（MPa）
软质岩	极软岩	1. 全风化的各种岩石； 2. 强风化的软岩； 3. 各种半成岩	部分用手凿工具、部分用爆破法开挖	≤5
	软岩	1. 强风化的坚硬岩； 2. 中等（弱）风化～强风化的较坚硬岩； 3. 中等（弱）风化的较软岩； 4. 未风化的泥岩、泥质页岩、绿泥石片岩、绢云母片岩等	用风镐和爆破法开挖	5～15
	较软岩	1. 强风化的坚硬岩； 2. 中等（弱）风化的较坚硬岩； 3. 未风化～微风化的：凝灰岩、千枚岩、砂质泥岩、泥灰岩、泥质砂岩、粉砂岩、砂质页岩等	用爆破法开挖	15～30
硬质岩	较坚硬岩	1. 中等（弱）风化的坚硬岩； 2. 未风化～微风化的：熔结凝灰岩、大理岩、板岩、白云岩、石灰岩、钙质砂岩、粗晶大理岩等		30～60
	坚硬岩	未风化～微风化的：花岗岩、正长岩、闪长岩、辉绿岩、玄武岩、安山岩、片麻岩、硅质板岩、石英岩、硅质胶结的砾岩、石英砂岩、硅质石灰岩等		>60

注：本表依据《工程岩体分级标准》GB/T 50218－2014 进行分类。

一、土 方 工 程

1. 机械挖综合土方

工作内容:挖土,将土堆放在一边或装车,清理机下余土;工作面内排水,清理边坡;人工辅助开挖。

计量单位:1 000m³

定额编号				1-1	1-2
项目				机械挖综合土方	
				不装车	装车
基价(元)				**3 397.45**	**4 595.32**
其中	人工费(元)			1 556.50	1 556.50
	材料费(元)			—	—
	机械费(元)			1 840.95	3 038.82
预算定额编号	项目名称	单位	单价(元)	消耗量	
1-6	人工挖一般土方 三类土,深度在4m以内	100m³	1 679.50	0.250 0	0.250 0
1-18	人工挖沟槽、基坑土方 三类土,深度在4m以内	100m³	3 178.50	0.250 0	0.250 0
1-69	挖掘机挖土 不装车 三类土	1 000m³	2 297.84	0.950 0	—
1-72	挖掘机挖土 装车 三类土	1 000m³	3 558.76	—	0.950 0
	名称	单位	单价(元)	消耗量	
人工	一类人工	工日	125.00	12.452 0	12.452 0
机械	履带式推土机 105kW	台班	798.23	0.161 5	1.292 0
	履带式单斗液压挖掘机 1m³	台班	914.79	1.871 5	2.194 5

2. 大型支撑基坑土方

工作内容:操作机械引斗挖土、装车,人工推铲、抠挖支撑下土体,挖引水沟、机械排水,人工整修底面。

计量单位:100m³

定额编号				1-3	1-4	1-5
项目				深度7m以内	深度15m以内	深度23m以内
基价(元)				**2 111.67**	**3 294.02**	**5 380.58**
其中	人工费(元)			471.13	885.50	2 258.00
	材料费(元)			13.33	12.35	12.35
	机械费(元)			1 627.21	2 396.17	3 110.23
预算定额编号	项目名称	单位	单价(元)	消耗量		
1-83	大型支撑基坑土方 深7m以内	100m³	2 111.67	1.000 0	—	—
1-85	大型支撑基坑土方 深15m以内	100m³	3 294.02	—	1.000 0	—
1-87	大型支撑基坑土方 深23m以内	100m³	5 380.58	—	—	1.000 0
	名称	单位	单价(元)	消耗量		
人工	一类人工	工日	125.00	3.769 0	7.084 0	18.064 0
机械	履带式推土机 105kW	台班	798.23	0.323 0	0.504 0	0.788 0
	履带式单斗液压挖掘机 1m³	台班	914.79	0.518 0	0.445 0	0.445 0
	履带式起重机 25t	台班	757.92	0.968 0	1.756 0	2.209 0
	污水泵 100mm	台班	112.87	1.434 0	2.267 0	3.543 0

3. 装载机装松散土

工作内容：铲土装车，修理边坡，清理机下余土。　　**计量单位**：1 000m^3

定额编号					1-6
项目					装载机装松散土
基价（元）					**1 761.86**
其中	人工费（元）				360.00
	材料费（元）				—
	机械费（元）				1 401.86
预算定额编号	项目名称		单位	单价(元)	消耗量
1-88	装载机装松散土		1 000m^3	1 761.86	1.000 0
	名称		单位	单价(元)	消耗量
人工	一类人工		工日	125.00	2.880 0
机械	轮胎式装载机 1.5m^3		台班	594.01	2.360 0

4. 自卸汽车运土

工作内容：运土、卸土、空回。　　**计量单位**：1 000m^3

定额编号				1-7	1-8
项目				自卸汽车运土 运距	
				1km 以内	每增加 1km
基价（元）				**5 564.89**	**1 556.61**
其中	人工费（元）			—	—
	材料费（元）			—	—
	机械费（元）			5 564.89	1 556.61
预算定额编号	项目名称	单位	单价(元)	消耗量	
1-94	自卸汽车运土方 运距 1km 以内	1 000m^3	5 564.89	1.000 0	—
1-95	自卸汽车运土方 运距每增加 1km	1 000m^3	1 556.61	—	1.000 0
	名称	单位	单价(元)	消耗量	
机械	自卸汽车 15t	台班	794.19	7.007 0	1.960 0

5. 挖掘机挖淤泥、流砂

工作内容：挖淤泥、流砂，堆放一边或装车，清理机下余土。　　**计量单位**：1 000m^3

定额编号				1-9	1-10
项目				挖掘机挖淤泥、流砂	
				不装车	装车
基价（元）				**7 123.30**	**7 927.04**
其中	人工费（元）			1 546.50	1 720.50
	材料费（元）			—	—
	机械费（元）			5 576.80	6 206.54
预算定额编号	项目名称	单位	单价(元)	消耗量	
1-97	挖淤泥、流砂 不装车	1 000m^3	7 123.30	1.000 0	—
1-99	挖淤泥、流砂 装车	1 000m^3	7 927.04	—	1.000 0
	名称	单位	单价(元)	消耗量	
人工	一类人工	工日	125.00	12.372 0	13.764 0
机械	抓铲挖掘机 0.5m^3	台班	649.22	8.590 0	9.560 0

6. 河道水冲法清淤

工作内容:冲泥成浆,泥浆自排。　　**计量单位:**100m³

定额编号					1-11
项目					河道水冲法清淤
基价(元)					**451.06**
其中	人工费(元)				375.00
	材料费(元)				—
	机械费(元)				76.06
预算定额编号	项目名称		单位	单价(元)	消耗量
1-104	河道水冲法清淤		100m³	451.06	1.000 0
名称			单位	单价(元)	消耗量
人工	一类人工		工日	125.00	3.000 0
机械	电动单级离心清水泵 100mm		台班	36.22	2.100 0

注:水冲法清淤中水为利用河水。

7. 船运淤泥、流砂

工作内容:运、卸淤泥、流砂,空回。　　**计量单位:**1 000m³

定额编号				1-12	1-13
项目				船运淤泥、流砂 运距	
				1km 以内	每增加 1km
基价(元)				**5 151.30**	**1 277.50**
其中	人工费(元)			—	—
	材料费(元)			—	—
	机械费(元)			5 151.30	1 277.50
预算定额编号	项目名称	单位	单价(元)	消耗量	
1-105	船运淤泥、流砂 运距 1km 以内	1 000m³	5 151.30	1.000 0	—
1-106	船运淤泥、流砂 运距每增加 1km	1 000m³	1 277.50	—	1.000 0
名称		单位	单价(元)	消耗量	
机械	自航泥驳(封底)舱容积 20m³	台班	350.00	14.718 0	3.650 0

8. 平整场地、原土碾压、原土夯实

工作内容:1. 平整场地:厚度在 ±30cm 内就地挖、填、找平,工作面内排水。

2. 原土碾压:平土、碾压,工作面内排水。

3. 原土夯实:平土、夯土。

计量单位:见表

				1-14	1-15	1-16
定额编号				1-14	1-15	1-16
项目				平整场地	原土碾压	原土夯实
计量单位				1 000m²		100m²
基价(元)				**454.10**	**135.26**	**80.85**
其中	人工费(元)			60.00	60.00	63.75
	材料费(元)			—	—	—
	机械费(元)			394.10	75.26	17.10
预算定额编号	项目名称	单位	单价(元)	消耗量		
1-107	机械 平整场地 推土机 75kW	1 000m²	454.10	1.000 0	—	—
1-109	机械 原土碾压 内燃压路机	1 000m²	135.26	—	1.000 0	—
1-114	机械 原土夯实 槽、坑	100m²	80.85	—	—	1.000 0
名称		单位	单价(元)	消耗量		
人工	一类人工	工日	125.00	0.480 0	0.480 0	0.510 0
机械	履带式推土机 75kW	台班	625.55	0.630 0	—	—
	钢轮内燃压路机 15t	台班	537.56	—	0.140 0	—
	电动夯实机 250N·m	台班	28.03	—	—	0.610 0

9. 填土碾压、夯实

工作内容:1. 填土碾压:回填、推平、碾压,工作面内排水。

2. 填土夯实:摊铺、碎土、平土、夯土。

计量单位:见表

定额编号				1-17	1-18
项目				填土碾压	填土夯实
计量单位				1 000m³	100m³
基价(元)				**2 613.71**	**1 051.68**
其中	人工费(元)			360.00	828.00
	材料费(元)			—	—
	机械费(元)			2 253.71	223.68
预算定额编号	项目名称	单位	单价(元)	消耗量	
1-111	机械 填土碾压 内燃压路机	1 000m³	2 613.71	1.000 0	—
1-116	机械 填土夯 实槽、坑	100m³	1 051.68	—	1.000 0
名称		单位	单价(元)	消耗量	
人工	一类人工	工日	125.00	2.880 0	6.624 0
机械	履带式推土机 75kW	台班	625.55	0.392 0	—
	钢轮内燃压路机 12t	台班	455.44	4.410 0	—
	电动夯实机 250N·m	台班	28.03	—	7.980 0

10. 泥浆池建造和拆除、泥浆运输

工作内容:1. 泥浆池建造、拆除。

2. 固化设备安装、调试,泥浆输送、沉淀、过滤、配置添加剂、固化、土方集堆。

3. 泥浆装卸、运输、清理场地等。

计量单位:10m³

定额编号				1-19	1-20	1-21	1-22
项目				泥浆池建造、拆除	泥浆固化处理	泥浆运输 运距(km) 5 以内	泥浆运输 运距(km) 每增减 1
基价(元)				**56.69**	**232.73**	**898.64**	**48.36**
其中	人工费(元)			29.16	11.88	334.53	—
	材料费(元)			27.34	70.40	—	—
	机械费(元)			0.19	150.45	564.11	48.36
预算定额编号	项目名称	单位	单价(元)	消耗量			
3-150	泥浆池建造、拆除	10m³	56.69	1.000 0	—	—	—
3-151	泥浆固化处理	10m³	232.73	—	1.000 0	—	—
3-152	泥浆运输 运距 5km 以内	10m³	898.64	—	—	1.000 0	—
3-153	泥浆运输 运距每增减 1km	10m³	48.36	—	—	—	1.000 0
名称		单位	单价(元)	消耗量			
人工	二类人工	工日	135.00	0.216 0	0.088 0	2.478 0	—
材料	粉煤灰	kg	0.14	—	14.625 0	—	—
	生石灰	kg	0.30	—	10.823 0	—	—
	混凝土实心砖 240×115×53 MU10	千块	388.00	0.050 0	—	—	—
	聚酰胺 300#	kg	16.54	—	3.803 0	—	—
	干混砌筑砂浆 DM M5.0	m³	397.23	0.020 0	—	—	—
机械	轮胎式装载机 3.5m³	台班	936.72	—	0.050 0	—	—
	泥浆罐车 5 000L	台班	460.54	—	—	1.064 0	0.105 0
	干混砂浆罐式搅拌机 20 000L	台班	193.83	0.001 0	—	—	—
	压滤机 XMYZG400/1500－UB	台班	416.11	—	0.249 0	—	—
	泥浆泵 100mm	台班	205.25	—	—	0.361 0	—

二、石方工程

1. 液压岩石破碎机破碎岩石

工作内容：装、拆凿岩机头，破碎石体，机械移动。　　计量单位：$100m^3$

定额编号				1-23	1-24	1-25	1-26
项目				极软岩	软岩、较软岩	较坚硬岩	坚硬岩
基价（元）				**1 459.96**	**2 179.28**	**3 615.79**	**4 565.13**
其中	人工费（元）			23.88	23.88	23.88	23.88
	材料费（元）			0.28	0.47	1.18	2.35
	机械费（元）			1 435.80	2 154.93	3 590.73	4 538.90
预算定额编号	项目名称	单位	单价(元)	消耗量			
1-120	液压岩石破碎机破碎岩石 极软岩	$100m^3$	1 459.96	1.000 0	—	—	—
1-121	液压岩石破碎机破碎岩石 软岩、较软岩	$100m^3$	2 179.28	—	1.000 0	—	—
1-122	液压岩石破碎机破碎岩石 较坚硬岩	$100m^3$	3 615.79	—	—	1.000 0	—
1-123	液压岩石破碎机破碎岩石 坚硬岩	$100m^3$	4 565.13	—	—	—	1.000 0
名称		单位	单价(元)	消耗量			
人工	一类人工	工日	125.00	0.191 0	0.191 0	0.191 0	0.191 0
材料	合金钎头 $\phi135$	个	20.26	0.014 0	0.023 0	0.058 0	0.116 0
机械	履带式单头岩石破碎机 105kW	台班	1 231.39	1.166 0	1.750 0	2.916 0	3.686 0

2. 机械打眼爆破石方

工作内容:布孔、打眼、封堵孔口;爆破材料检查领运、安放爆破线路;炮孔检查清理、装药、堵塞、警戒及放炮,处理暗地、危石,余料退库。

计量单位:100m³

定额编号				1-27	1-28	1-29	1-30
项目				平基			
				极软岩	软岩、较软岩	较坚硬岩	坚硬岩
基价(元)				**1 027.58**	**1 447.89**	**2 096.22**	**2 751.94**
其中	人工费(元)			384.00	534.00	774.00	996.00
	材料费(元)			375.23	472.89	611.18	780.77
	机械费(元)			268.35	441.00	711.04	975.17
预算定额编号	项目名称	单位	单价(元)	消耗量			
1-127	机械打眼爆破石方 平基极软岩	100m³	1 027.58	1.000 0	—	—	—
1-128	机械打眼爆破石方 平基软岩、较软岩	100m³	1 447.89	—	1.000 0	—	—
1-129	机械打眼爆破石方 平基较坚硬岩	100m³	2 096.22	—	—	1.000 0	—
1-130	机械打眼爆破石方 平基坚硬岩	100m³	2 751.94	—	—	—	1.000 0
名称		单位	单价(元)	消耗量			
人工	一类人工	工日	125.00	3.072 0	4.272 0	6.192 0	7.968 0
材料	六角空心钢 综合	kg	2.48	2.200 0	3.150 0	4.650 0	6.930 0
	合金钢钻头 一字型	个	8.62	1.000 0	2.000 0	3.000 0	5.000 0
	高压胶皮风管 ϕ25-6P-20m	m	15.52	0.340 0	0.570 0	0.920 0	1.250 0
	高压胶皮水管 ϕ19-6P-20m	m	12.07	0.340 0	0.570 0	0.920 0	1.250 0
	导火线 1.5mm²	m	0.42	49.280 0	53.680 0	60.360 0	64.840 0
	导火线 2.5mm²	m	0.68	23.990 0	24.140 0	24.800 0	25.440 0
	导火线 4.0mm²	m	1.07	3.600 0	3.610 0	3.720 0	3.810 0
	电雷管	个	0.95	54.000 0	62.000 0	75.000 0	88.000 0
	硝铵炸药	kg	9.26	26.320 0	32.580 0	41.500 0	52.970 0
	水	m³	4.27	3.720 0	6.720 0	10.930 0	14.820 0
机械	电动修钎机	台班	111.00	0.270 0	0.390 0	0.570 0	0.870 0
	气腿式风动凿岩机	台班	13.62	1.880 0	3.140 0	5.110 0	6.930 0
	风动锻钎机	台班	25.56	0.070 0	0.100 0	0.140 0	0.210 0
	电动空气压缩机 6m³/min	台班	224.45	0.940 0	1.570 0	2.560 0	3.470 0

工作内容：布孔、打眼、封堵孔口；爆破材料检查领运、安放爆破线路；炮孔检查清理、装药、堵塞、警戒及放炮，处理暗地、危石，余料退库。

计量单位：$100m^3$

定额编号				1-31	1-32	1-33	1-34
项目				沟槽、基坑			
				软岩	较软岩	较坚硬岩	坚硬岩
基价（元）				**2 581.65**	**4 030.74**	**5 368.14**	**6 937.40**
其中	人工费（元）			1 074.00	1 830.00	2 190.00	2 802.00
	材料费（元）			878.84	1 124.21	1 448.03	1 793.80
	机械费（元）			628.81	1 076.53	1 730.11	2 341.60
预算定额编号	项目名称	单位	单价（元）	消耗量			
1-131	机械打眼爆破石方 沟槽、基坑 软岩	$100m^3$	2 581.65	1.000 0	—	—	—
1-132	机械打眼爆破石方 沟槽、基坑 较软岩	$100m^3$	4 030.74	—	1.000 0	—	—
1-133	机械打眼爆破石方 沟槽、基坑 较坚硬岩	$100m^3$	5 368.14	—	—	1.000 0	—
1-134	机械打眼爆破石方 沟槽、基坑 坚硬岩	$100m^3$	6 937.40	—	—	—	1.000 0
名称		单位	单价（元）	消耗量			
人工	一类人工	工日	125.00	8.592 0	14.640 0	17.520 0	22.416 0
材料	六角空心钢 综合	kg	2.48	5.130 0	7.520 0	11.150 0	16.250 0
	合金钢钻头 一字型	个	8.62	3.000 0	5.000 0	7.000 0	11.000 0
	高压胶皮风管 $\phi25-6P-20m$	m	15.52	0.680 0	1.130 0	1.840 0	2.490 0
	高压胶皮水管 $\phi19-6P-20m$	m	12.07	0.680 0	1.130 0	1.840 0	2.490 0
	导火线 $1.5mm^2$	m	0.42	25.370 0	27.920 0	31.410 0	34.560 0
	导火线 $2.5mm^2$	m	0.68	26.360 0	26.920 0	27.520 0	27.800 0
	导火线 $4.0mm^2$	m	1.07	3.960 0	4.040 0	4.080 0	4.140 0
	电雷管	个	0.95	198.000 0	232.000 0	275.000 0	315.000 0
	硝铵炸药	kg	9.26	61.150 0	77.670 0	99.180 0	124.400 0
	水	m^3	4.27	8.040 0	13.420 0	21.860 0	23.640 0
机械	电动修钎机	台班	111.00	0.660 0	0.960 0	1.400 0	2.040 0
	气腿式风动凿岩机	台班	13.62	4.380 0	7.650 0	12.440 0	16.700 0
	风动锻钎机	台班	25.56	0.170 0	0.240 0	0.360 0	0.530 0
	电动空气压缩机 $6m^3/min$	台班	224.45	2.190 0	3.830 0	6.220 0	8.350 0

3. 挖掘机挖石碴

工作内容:集碴、挖碴、弃碴或装车,平整。 **计量单位:**1 000m³

定额编号					1-35	1-36
项目					履带式挖掘机挖石碴	
					不装车	装车
基价(元)					**3 851.32**	**5 813.63**
其中	人工费(元)				360.00	360.00
	材料费(元)				—	—
	机械费(元)				3 491.32	5 453.63
预算定额编号	项目名称		单位	单价(元)	消耗量	
1-153	履带式液压挖掘机挖碴 不装车		1 000m³	3 851.32	1.000 0	—
1-154	履带式液压挖掘机挖碴 装车		1 000m³	5 813.63	—	1.000 0
	名称		单位	单价(元)	消耗量	
人工	一类人工		工日	125.00	2.880 0	2.880 0
机械	履带式推土机 105kW		台班	798.23	0.867 0	2.122 0
	履带式单斗液压挖掘机 1m³		台班	914.79	3.060 0	4.110 0

4. 自卸汽车运石碴

工作内容:运碴、卸碴、空回。 **计量单位:**1 000m³

定额编号					1-37	1-38
项目					自卸汽车运石碴 运距	
					1km 以内	每增加 1km
基价(元)					**9 052.97**	**2 215.79**
其中	人工费(元)				—	—
	材料费(元)				—	—
	机械费(元)				9 052.97	2 215.79
预算定额编号	项目名称		单位	单价(元)	消耗量	
1-155	自卸汽车运石碴 运距 1km 以内		1 000m³	9 052.97	1.000 0	—
1-156	自卸汽车运石碴 运距每增加 1km		1 000m³	2 215.79	—	1.000 0
	名称		单位	单价(元)	消耗量	
机械	自卸汽车 15t		台班	794.19	11.399 0	2.790 0

第二节 护坡、挡墙工程

说 明

一、本节定额包括抛石、石笼,护坡、台阶,基础、护底,压顶,挡墙。

二、本节适用于市政工程道路、城市内河及砌筑高度在8m以内的桥涵护坡、挡墙工程。

三、石笼以钢笼和铁丝制作,每个按体积0.5m^3计算,设计的石笼体积或制作材料不同时,可按实调整。

四、护坡、台阶,基础、护底,压顶,挡墙等定额已包括滤层、泄水孔、勾缝、伸缩缝等工作内容,不包括基础开挖、墙背回填、脚手架等工作内容。

五、锥形坡浆砌块石和锥形坡干砌块石按护坡浆砌块石和护坡干砌块石相应子目人工消耗量分别乘以系数1.25和1.65。

六、挡墙工程需搭设脚手架时执行本章第六节中的脚手架工程相应定额子目。

七、护坡、挡墙的钢筋执行本章第四节“钢筋工程”相应定额子目。

工程量计算规则

一、抛石工程量按设计断面以“m^3”计算。

二、台阶以设计断面的实砌体积计算。

三、块石护脚砌筑高度超过1.2m需搭设脚手架时,可按脚手架工程相应项目计算,块石护脚在自然地面以下砌筑时,不计算脚手架费用。

四、护坡、基础、护底、压顶、挡墙的砌体工程量按设计砌体尺寸以“m^3”计算,嵌入砌体中的钢管、沉降缝、伸缩缝以及单孔面积在0.3m^2以内的预留孔所占体积不予扣除。

一、抛石、石笼

工作内容:铁笼制作,笼内装石,小木船浮运、就位、抛石,场内材料运输。 计量单位:$10m^3$

定额编号				1-39	1-40	1-41
项目				陆上抛石	船上抛石	钢筋铁丝石笼
基价(元)				**1 775.44**	**1 759.77**	**3 365.30**
其中	人工费(元)			507.87	438.62	982.53
	材料费(元)			1 267.57	1 267.57	2 273.22
	机械费(元)			—	53.58	109.55
预算定额编号	项目名称	单位	单价(元)	消耗量		
1-157	陆上抛石	$10m^3$	1 775.44	1.000 0	—	—
1-158	船上单面抛石	$10m^3$	1 778.38	—	0.500 0	—
1-159	船上双面抛石	$10m^3$	1 741.15	—	0.500 0	—
1-160	钢筋铁丝石笼	$10m^3$	3 365.30	—	—	1.000 0
名称		单位	单价(元)	消耗量		
人工	二类人工	工日	135.00	3.762 0	3.249 0	7.278 0
材料	热轧光圆钢筋 综合	kg	3.97	—	—	93.280 0
	电焊条	kg	4.31	—	—	1.870 0
	镀锌铁丝 10#	kg	5.38	—	—	82.810 0
	块石	t	77.67	16.320 0	16.320 0	18.660 0

二、护坡、台阶

工作内容：选修石料、砌筑、养护；调制砂浆、清扫石面、勾缝、养护；截铺油毡，现场制作沥青板；材料场内运输。

计量单位：$10m^3$

定额编号				1-42	1-43	1-44	1-45	1-46	1-47	1-48
项目				护坡				台阶		
				干砌块石	干砌块石（灌浆）	浆砌块石	浆砌预制块	浆砌块石	浆砌料石	浆砌预制块
基价（元）				**2 292.72**	**3 267.70**	**4 331.35**	**6 119.75**	**4 651.36**	**4 897.87**	**5 373.97**
其中	人工费（元）			753.30	720.55	1 060.44	1 980.52	1 536.91	1 940.21	1 412.90
	材料费（元）			1 539.42	2 544.96	3 246.82	4 129.93	3 090.69	2 945.17	3 948.75
	机械费（元）			—	2.19	24.09	9.30	23.76	12.49	12.32
预算定额编号	项目名称	单位	单价(元)	消耗量						
1-164	护岸泄水孔	m	19.57	—	9.333 3	9.333 3	9.333 3	—	—	—
1-165	护坡 干砌块石	$10m^3$	2 292.72	1.000 0	—	—	—	—	—	—
1-166	护坡 干砌块石(灌浆)	$10m^3$	2 711.15	—	1.000 0	—	—	—	—	—
1-167	护坡 浆砌块石	$10m^3$	3 785.91	—	—	1.000 0	—	—	—	—
1-168	护坡 浆砌预制块 无底浆	$10m^3$	4 885.16	—	—	—	0.500 0	—	—	—
1-169	护坡 浆砌预制块 有底浆	$10m^3$	5 699.19	—	—	—	0.500 0	—	—	—
1-172	台阶 浆砌块石	$10m^3$	4 367.83	—	—	—	—	1.000 0	—	—
1-173	台阶 浆砌料石	$10m^3$	4 630.40	—	—	—	—	—	1.000 0	—
1-174	台阶 浆砌预制块	$10m^3$	5 118.59	—	—	—	—	—	—	1.000 0
1-190	干砌块石面 勾平缝	$100m^2$	679.67	—	0.142 9	—	—	—	—	—
1-191	浆砌块石面 勾平缝	$100m^2$	644.84	—	—	0.142 9	—	0.288 0	—	—
1-192	浆砌料石面 勾平缝	$100m^2$	589.07	—	—	—	—	—	0.288 0	—
1-193	浆砌预制块面 勾平缝	$100m^2$	547.11	—	—	—	1.000 0	—	—	0.288 0
1-194	干砌块石面 勾凸缝	$100m^2$	1 252.26	—	0.142 9	—	—	—	—	—
1-195	浆砌块石面 勾凸缝	$100m^2$	1 209.33	—	—	0.142 9	—	—	—	—
1-201	伸缩缝 沥青板	$10m^2$	978.19	—	0.100 0	0.100 0	0.100 0	0.100 0	0.100 0	0.100 0
	名称	单位	单价(元)	消耗量						
人工	二类人工	工日	135.00	5.580 0	5.337 0	7.855 0	14.670 0	11.385 0	14.372 0	10.466 0
材料	圆钉	kg	4.74	—	0.005 0	0.005 0	0.005 0	0.005 0	0.005 0	0.005 0
	块石	t	77.67	19.820 0	18.660 0	18.660 0	—	18.660 0	—	—
	料石	t	97.09	—		—	—	—	21.770 0	—
	混凝土预制块 综合	m^3	345.00	—	—	—	9.670 0	—	—	9.070 0
	非泵送商品混凝土 C15	m^3	399.00	—	1.900 0	—	—	—	—	—
	木板 δ20	m^3	1 638.00	—	0.023 0	0.023 0	0.023 0	0.023 0	0.023 0	0.023 0
	木柴	kg	0.16	—	7.956 0	7.956 0	7.956 0	7.956 0	7.956 0	7.956 0
	石油沥青	kg	2.67	—	3.300 0	3.300 0	3.300 0	3.300 0	3.300 0	3.300 0
	PVC 塑料管 φ100	m	13.63	—	9.520 0	9.520 0	9.520 0	—	—	—
	水	m^3	4.27	—	2.580 5	3.430 5	7.560 0	2.953 4	2.953 4	2.953 4
	干混砌筑砂浆 DM M7.5	m^3	413.73	—	0.358 6	3.878 6	1.410 0	3.819 8	1.862 3	1.833 5

三、基础、护底

工作内容：选修石料、砌筑、养护；截铺油毡，现场制作沥青板；材料场内运输。　　**计量单位：**$10m^3$

定额编号				1-49	1-50	1-51
项目				基础、护底		
				干砌块石	浆砌块石	砖砌体
基价（元）				**2 159.72**	**3 401.47**	**4 071.75**
其中	人工费（元）			654.48	750.20	844.29
	材料费（元）			1 505.24	2 629.75	3 208.46
	机械费（元）			—	21.52	19.00
预算定额编号	项目名称	单位	单价(元)	消耗量		
1-177	基础、护底 干砌块石	$10m^3$	2 159.72	1.000 0	—	—
1-178	基础、护底 浆砌块石	$10m^3$	3 303.65	—	1.000 0	—
1-179	基础、护底 砖砌体	$10m^3$	3 973.93	—	—	1.000 0
1-201	伸缩缝 沥青板	$10m^2$	978.19	—	0.100 0	0.100 0
	名称	单位	单价(元)	消耗量		
人工	二类人工	工日	135.00	4.848 0	5.557 0	6.254 0
材料	圆钉	kg	4.74	—	0.005 0	0.005 0
	块石	t	77.67	19.380 0	18.660 0	—
	标准砖 240×115×53	千块	388.00	—	—	5.230 0
	木板 δ20	m^3	1 638.00	—	0.023 0	0.023 0
	木柴	kg	0.16	—	7.956 0	7.956 0
	石油沥青	kg	2.67	—	3.300 0	3.300 0
	水	m^3	4.27	—	3.500 0	10.000 0
	干混砌筑砂浆 DM M7.5	m^3	413.73	—	2.700 0	2.630 0

四、压　　顶

工作内容：调制砂浆，砌筑；制作、安拆模板，灌捣混凝土，养护；截铺油毡，现场制作沥青板；场内材料运输。

计量单位：$10m^3$

定额编号				1-52	1-53	1-54
项目				压顶		
				浆砌料石	浆砌预制块	现浇混凝土
基价（元）				**4 277.72**	**5 079.89**	**6 219.95**
其中	人工费（元）			1 568.68	1 422.47	837.52
	材料费（元）			2 697.80	3 646.18	5 343.65
	机械费（元）			11.24	11.24	38.78
预算定额编号	项目名称	单位	单价(元)	消耗量		
1-180	压顶 浆砌料石	$10m^3$	4 253.95	1.000 0	—	—
1-181	压顶 浆砌预制块	$10m^3$	5 056.12	—	1.000 0	—
1-182	压顶 现浇混凝土 混凝土	$10m^3$	4 643.67	—	—	1.000 0
1-183	压顶 现浇混凝土 模板	$100m^2$	3 881.26	—	—	0.400 0
1-199	伸缩缝 二毡三油	$10m^2$	237.70	0.100 0	0.100 0	0.100 0
名称		单位	单价(元)	消耗量		
人工	二类人工	工日	135.00	11.620 0	10.537 0	6.204 0
材料	无纺土工布	m^2	8.62	—	—	6.273 0
	圆钉	kg	4.74	—	—	0.720 0
	镀锌铁丝 12#	kg	5.38	—	—	3.332 0
	料石	t	97.09	20.300 0	—	—
	混凝土预制块 综合	m^3	345.00	—	8.440 0	—
	泵送商品混凝土 C20	m^3	431.00	—	—	10.100 0
	木柴	kg	0.16	2.434 0	2.434 0	2.434 0
	石油沥青	kg	2.67	4.867 0	4.867 0	4.867 0
	石油沥青油毡 350g	m^2	1.90	2.040 0	2.040 0	2.040 0
	水	m^3	4.27	5.300 0	5.120 0	7.455 0
	木模板	m^3	1 445.00	—	—	0.599 2
	干混砌筑砂浆 DM M7.5	m^3	413.73	1.660 0	1.680 0	—

五、挡　　墙

工作内容:1. 砌筑挡墙:挡墙砌筑、勾缝、伸缩缝、滤层、泄水孔等。

2. 现浇混凝土挡墙:现浇混凝土、模板、伸缩缝、滤层、泄水孔等。

计量单位:$10m^3$

定额编号				1-55	1-56	1-57	1-58	1-59
项目				挡墙				
				干砌块石	浆砌块石	浆砌预制块	现浇混凝土	
							悬臂式	重力式
基价(元)				**2 315.24**	**4 109.60**	**4 643.36**	**7 890.72**	**6 121.11**
其中	人工费(元)			810.00	1 002.42	868.94	1 367.84	727.00
	材料费(元)			1 505.24	3 085.02	3 763.23	5 919.92	5 162.93
	机械费(元)			—	22.16	11.19	602.96	231.18
预算定额编号	项目名称	单位	单价(元)	消耗量				
1-163	碎石滤层	$10m^3$	1 824.60	—	0.014 0	0.014 0	0.454 5	0.169 5
1-164	护岸泄水孔	m	19.57	—	1.667 0	1.667 0	4.545 5	1.694 9
1-184	挡墙 干砌块石	$10m^3$	2 315.24	1.000 0	—	—	—	—
1-185	挡墙 浆砌块石	$10m^3$	3 900.09	—	1.000 0	—	—	—
1-186	挡墙 浆砌预制块	$10m^3$	4 441.97	—	—	1.000 0	—	—
1-188	挡墙 现浇混凝土 混凝土	$10m^3$	4 970.84	—	—	—	1.000 0	1.000 0
1-189	挡墙 现浇混凝土 模板	$100m^2$	5 236.06	—	—	—	0.363 6	0.135 6
1-191	浆砌块石面 勾平缝	$100m^2$	644.84	—	0.083 0	—	—	—
1-193	浆砌预制块面 勾平缝	$100m^2$	547.11	—	—	0.083 0	—	—
1-201	伸缩缝 沥青板	$10m^2$	978.19	—	0.100 0	0.100 0	0.100 0	0.100 0
	名称	单位	单价(元)	消耗量				
人工	二类人工	工日	135.00	6.000 0	7.425 0	6.437 0	10.132 0	5.385 0
材料	铁件	kg	3.71	—	—	—	36.869 0	13.749 8
	尼龙帽	个	0.60	—	—	—	12.980 5	4.840 9
	无纺土工布	m^2	8.62	—	—	—	0.328 0	0.328 0
	圆钉	kg	4.74	—	0.005 0	0.005 0	0.695 8	0.262 6
	碎石 综合	t	102.00	—	0.194 2	0.194 2	6.303 9	2.351 0
	块石	t	77.67	19.380 0	18.660 0	—	—	—
	混凝土预制块 综合	m^3	345.00	—	—	7.730 0	—	—
	泵送商品混凝土 C30	m^3	461.00	—	—	—	10.100 0	10.100 0
	木板 δ20	m^3	1 638.00	—	0.023 0	0.023 0	0.023 0	0.023 0
	木柴	kg	0.16	—	7.956 0	7.956 0	7.956 0	7.956 0
	石油沥青	kg	2.67	—	3.300 0	3.300 0	3.300 0	3.300 0
	模板嵌缝料	kg	1.42	—	—	—	1.818 0	0.678 0
	脱模剂	kg	1.54	—	—	—	3.636 0	1.356 0
	PVC 塑料管 ϕ100	m	13.63	—	1.700 3	1.700 3	4.636 4	1.728 8
	钢支撑	kg	3.97	—	—	—	21.925 1	8.176 7
	水	m^3	4.27	—	1.888 0	0.488 0	1.260 0	1.260 0
	木模板	m^3	1 445.00	—	—	—	0.094 5	0.035 3
	组合钢模板	kg	3.71	—	—	—	23.161 3	8.637 7
	钢模板连接件	kg	3.79	—	—	—	9.344 5	3.484 9
	干混砌筑砂浆 DM M7.5	m^3	413.73	—	3.713 2	2.424 1	—	—

第三节　地基加固、围护工程

说　　明

一、本节定额包括地基注浆、高压旋喷桩、水泥搅拌桩、地下连续墙、渠式切割深层搅拌地下水泥土连续墙(TRD)、咬合灌注桩、振冲碎石桩、钢筋锚杆(索)、土钉、喷射混凝土(护坡)。

二、地基加固、围护工程所用的浆体材料(水泥、外加剂等)用量应按设计含量调整。

三、高压旋喷桩已综合考虑接头处的复喷工料及涌土、浮浆的清除及外运15km。若实际运输距离不同,按本章第一节中的汽车运土每增减1km定额子目调整。

四、水泥搅拌桩:

1. 单轴、双轴、三轴深层水泥搅、钉型水泥土双向搅拌桩定额的水泥掺入量分别按加固土重(1 800 kg/m^3)的13%、13%、18%和13%考虑,如设计水泥掺量不同时,按每增减1%定额子目调整;定额按不掺添加剂编制,如设计有要求时,另按设计要求增加添加剂材料费。

2. 单、双轴深层水泥搅拌桩、三轴水泥搅拌桩定额按二搅二喷施工工艺考虑,如设计不同时,每增(减)一搅一喷按相应定额中的人工及机械消耗量(除挖掘机和自卸汽车外)乘以系数0.40增加(减少)相应费用。

3. 三轴水泥搅拌桩设计要求全断面套打时,相应定额的人工及机械消耗量(除挖掘机和自卸汽车外)乘以系数1.50,其余不变。

4. 水泥搅拌桩空搅部分费用按相应定额人工及搅拌桩机台班消耗量乘以系数0.50计算,其余不计。

5. 插、拔型钢定额中已综合考虑了正常施工条件下的型钢施工损耗,型钢的租赁使用费另行计取。若遇设计或场地原因要求只插不拔时,每吨工程量增加型钢消耗量950kg。

6. 水泥搅拌桩加灌、桩顶凿除、涌土、浮浆的清除外运15km已在定额中综合考虑。若实际运输距离不同,按本章第一节中的汽车运土、运石渣每增减1km定额子目调整。

五、地下连续墙:

1. 挖土成槽的护壁泥浆按普通泥浆编制,若需要采用重晶石泥浆,可进行调整。

2. 地下连续墙定额中包括加灌、墙顶凿除、泥浆池搭拆、土方、石渣及泥浆弃运15km,若实际运输距离不同,按本章第一节中的汽车运土、运石渣、泥浆运输每增减1km定额子目调整。

3. 地下连续墙钢筋笼、钢筋网片、预埋铁件以及导墙钢筋制作、安装,执行本章第四节"钢筋工程"相应定额子目。

4. 地下连续墙在软岩与极软岩中施工时不计入岩增加费。

5. 地下连续墙墙底注浆管埋设及注浆定额执行《浙江省市政工程预算定额》(2018版)第三册《桥涵工程》桩基工程的相应子目。

六、渠式切割深层搅拌地下水泥土连续墙(TRD)、咬合灌注桩的导墙按地下连续墙导墙定额子目执行。渠式切割深层搅拌地下水泥土连续墙(TRD)定额中包括加灌、桩顶凿除、土方及石渣弃运15km,若实际运输距离不同,按本章第一节中的汽车运土、运石渣每增减1km定额子目调整。

七、咬合灌注桩定额中包括加灌、桩顶凿除、土方及石渣弃运15km,若实际运输距离不同,按本章第一节中的汽车运土、运石渣每增减 1km 定额子目调整。

八、振冲碎石桩空打部分按相应定额的人工及机械消耗量乘以系数 0.50 计算，其余不计。定额中包括泥浆池搭拆、泥浆弃运 15km，若实际运输距离不同，按本章第一节中的泥浆运输每增减 1km 定额子目调整。

九、本节定额产生的泥浆按未经处理直接外运考虑，如需采用固化处理，根据设计方案进行调整。

十、锚杆、锚索注浆定额中注浆材料按水泥砂浆编制，如设计不同时，材料价格换算，其余不变。

十一、高压旋喷桩、深层水泥搅拌桩、振冲碎石桩的单位工程打桩工程量少于 100m^3时，打桩定额人工及机械消耗量乘以系数 1.25。

工程量计算规则

一、地基注浆：

1. 分层注浆：钻孔按设计图纸规定深度以“m”计算，注浆工程量按设计图纸注明体积计算。

2. 压密注浆：钻孔按设计图纸规定深度以“m”计算，注浆工程量按以下规定计算：

(1) 设计图纸明确加固土体体积的，按设计图纸注明的体积计算；

(2) 设计图纸以布点形式图示土体加固范围的，则按两孔间距的一半作为扩散半径，以布点边线各加扩散半径，形成计算平面，计算注浆体积；

(3) 如设计图纸注浆点在钻孔灌注桩之间，按两注浆孔距的一半作为每孔的扩散半径，以此圆柱体积计算注浆体积。

二、高压旋喷桩工程量，钻孔按原地面至设计桩底底面的距离按延长米以“m”计算，喷浆按设计加固桩截面面积乘以设计桩长以“m^3”计算，不扣除桩与桩之间的搭接。

三、水泥搅拌桩：

1. 深层水泥搅拌桩不分单轴、双轴和三轴，均按设计图示单个圆形截面积乘以桩长以“m^3”计算，不扣除重叠部分面积。

2. 空搅部分的长度按原地面至设计桩顶面的长度计算。

3. 插、拔型钢工程量按设计图示型钢重量以“t”计算。

4. 钉型水泥土双向搅拌桩按单个桩截面积乘以桩长计算，不扣除重叠部分面积。

四、地下连续墙：

1. 导墙混凝土按设计图示以“m^3”计算。

2. 成槽入岩增加费按设计长度乘以墙厚及入岩深度以“m^3”计算。

3. 连续墙混凝土浇注工程量按设计长度乘以墙厚及墙深以“m^3”计算，定额中已综合考虑墙顶标高与工作面之间的成槽工程量。

五、渠式切割深层搅拌地下水泥土连续墙(TRD)工程量按成槽设计长度乘以墙厚及成槽深度以“m^3”计算。

六、咬合灌注桩按设计图示单个圆形截面积乘以桩长以“m^3”计算，不扣除重叠部分面积。

七、振冲碎石桩按设计桩长乘以设计桩径截面积以“m^3”计算。

八、锚杆(索)工程量按设计图示重量以“t”计算。

九、砂浆土钉、钢管护坡土钉工程量按设计图示长度以“m”计算。

十、护坡喷射混凝土按设计图示尺寸以“m^2”计算，挂网按设计用钢量以“t”计算。

十一、本节定额子目中高压旋喷桩、深层水泥搅拌桩、地下连续墙、渠式切割深层搅拌地下水泥土连续墙(TRD)及振冲碎石桩等工艺成桩、成槽所产生的泥浆和渣土工程量按下表规定计算。

泥浆、渣土工程量计算表

桩型	泥浆、渣土产生工程量	
	泥浆	渣土
高压旋喷桩	—	按成桩工程量乘以系数0.25计算
深层水泥搅拌桩	—	按成桩工程量乘以系数0.20计算
地下连续墙	按成槽工程量乘以系数0.20计算	按成槽工程量计算
渠式切割深层搅拌地下水泥土连续墙(TRD)	—	按成桩工程量乘以系数0.25计算
振冲碎石桩	按成桩工程量乘以系数0.20计算	—

一、地 基 注 浆

工作内容:1. 分层注浆:定位、钻孔,注护壁泥浆,放置注浆阀管,配置浆液、插入注浆芯管,分层劈裂注浆,检测注浆效果等。

2. 压密注浆:定位、钻孔,配置浆液、安插注浆管,分段压密注浆,检测注浆效果等。　　计量单位:见表

定额编号				1-60	1-61	1-62	1-63
项目				分层注浆		压密注浆	
				钻孔	注浆	钻孔	注浆
计量单位				m	m^3	m	m^3
基价(元)				**28.08**	**138.18**	**21.39**	**77.15**
其中	人工费(元)			16.20	22.68	16.20	23.63
	材料费(元)			11.51	106.11	4.82	45.06
	机械费(元)			0.37	9.39	0.37	8.46
预算定额编号	项目名称	单位	单价(元)	消耗量			
1-202	地基 分层 钻孔	m	28.08	1.000 0	—	—	—
1-203	地基 分层 注浆	m^3	138.18	—	1.000 0	—	—
1-204	压密注浆 钻孔	m	21.39	—	—	1.000 0	—
1-205	压密注浆 注浆	m^3	77.15	—	—	—	1.000 0
名称		单位	单价(元)	消耗量			
人工	二类人工	工日	135.00	0.120 0	0.168 0	0.120 0	0.175 0
材料	普通硅酸盐水泥 P·O 42.5 综合	t	346.00	—	0.164 0	—	0.128 0
	促进剂 KA	kg	4.61	—	10.300 0	—	—
	塑料注浆阀管	m	11.51	1.000 0	—	—	—
	注浆管	kg	6.03	—	—	0.800 0	—

二、高压旋喷桩

工作内容：测量放线，桩机移位、定位、钻孔、调制水泥浆，插入旋喷管，分层旋喷水泥浆、清理等；浮浆清运。

计量单位：见表

定额编号				1-64	1-65	1-66	1-67
项目				钻孔	喷浆		
					单重管	双重管	三重管
					水泥掺量25%		水泥掺量30%
计量单位				10m	10m³		
基价（元）				**233.03**	**2 151.09**	**2 465.95**	**3 071.31**
其中	人工费（元）			109.08	195.71	344.88	396.45
	材料费（元）			5.08	1 646.26	1 660.85	2 001.91
	机械费（元）			118.87	309.12	460.22	672.95
预算定额编号	项目名称	单位	单价（元）	消耗量			
1-72	挖掘机挖土装车 三类土	1 000m³	3 558.76	—	0.002 5	0.002 5	0.002 5
1-94	自卸汽车运土方 运距1km以内	1 000m³	5 564.89	—	0.002 5	0.002 5	0.002 5
1-95H	自卸汽车运土方 运距增加14km	1 000m³	21 792.54	—	0.002 5	0.002 5	0.002 5
1-206	高压旋喷桩 钻孔	10m	233.03	1.000 0	—	—	—
1-207	高压旋喷桩 喷浆 单重管 水泥掺量25%	10m³	2 073.80	—	1.000 0	—	—
1-208	高压旋喷桩 喷浆 双重管 水泥掺量25%	10m³	2 388.66	—	—	1.000 0	—
1-209	高压旋喷桩 喷浆 三重管 水泥掺量30%	10m³	2 994.02	—	—	—	1.000 0
	名称	单位	单价（元）	消耗量			
人工	一类人工	工日	125.00	—	0.007 0	0.007 0	0.007 0
	二类人工	工日	135.00	0.808 0	1.443 0	2.548 0	2.930 0
材料	普通硅酸盐水泥 P·O 42.5 综合	t	346.00	—	4.590 0	4.590 0	5.508 0
	高压橡胶管 ϕ100	m	32.41	—	—	0.443 0	0.885 0
	橡胶管	m	5.14	—	0.885 0	0.885 0	0.885 0
	喷射管	m	20.47	—	0.199 0	0.199 0	0.199 0
	水	m³	4.27	1.189 0	5.013 0	5.010 0	5.778 0

三、水泥搅拌桩

1. 深层水泥搅拌桩

工作内容:机具就位,预搅下沉,拌制水泥浆或筛水泥粉,喷水泥浆或水泥粉,并搅拌提升,重复下、上搅拌,移位;凿桩头;渣土及浮浆清运。

计量单位:$10m^3$

定额编号				1-68	1-69	1-70	1-71	1-72
项目				三轴水泥搅拌桩	双轴搅拌桩	单轴搅拌桩	单头搅拌桩	水泥掺量每增减 1%
				二搅二喷	喷浆		喷粉	
基价(元)				**2 142.35**	**1 328.69**	**1 556.18**	**1 528.23**	**66.23**
其中	人工费(元)			212.96	203.22	381.42	381.42	—
	材料费(元)			1 197.78	845.61	845.61	833.60	66.23
	机械费(元)			731.61	279.86	329.15	313.21	—
预算定额编号	项目名称	单位	单价(元)	消耗量				
1-72	挖掘机挖土装车 三类土	1 000m³	3 558.76	0.002 0	0.002 0	0.002 0	0.002 0	—
1-94	自卸汽车运土方 运距 1km 以内	1 000m³	5 564.89	0.002 0	0.002 0	0.002 0	0.002 0	—
1-95H	自卸汽车运土方 运距增加 14km	1 000m³	21 792.54	0.002 0	0.002 0	0.002 0	0.002 0	—
1-154	履带式液压挖掘机挖碴 装车	1 000m³	5 813.63	0.000 3	—	—	—	—
1-155	自卸汽车运石碴 运距 1km 以内	1 000m³	9 052.97	0.000 3	—	—	—	—
1-156H	自卸汽车运石碴 运距增加 14km	1 000m³	31 021.06	0.000 3	—	—	—	—
1-210	深层水泥搅拌桩 三轴水泥搅拌桩 二搅二喷	10m³	2 003.48	1.028 0	—	—	—	—
1-211	深层水泥搅拌桩 双轴搅拌桩 喷浆	10m³	1 266.86	—	1.000 0	—	—	—
1-212	深层水泥搅拌桩 单轴搅拌桩 喷浆	10m³	1 494.35	—	—	1.000 0	—	—
1-213	深层水泥搅拌桩 单头搅拌桩 喷粉	10m³	1 466.40	—	—	—	1.000 0	—
1-214	深层水泥搅拌桩 水泥掺量每增减 1%	10m³	66.23	—	—	—	—	1.000 0
3-525H	凿除桩顶钢筋混凝土 钻孔灌注桩	10m³	215.63	0.033 3	—	—	—	—
名称		单位	单价(元)	消耗量				
人工	一类人工	工日	125.00	0.007 0	0.006 0	0.006 0	0.006 0	—
	二类人工	工日	135.00	1.571 0	1.500 0	2.820 0	2.820 0	—
材料	普通硅酸盐水泥 P·O 42.5 综合	t	346.00	3.363 6	2.363 0	2.363 0	2.363 0	0.182 0
	水	m³	4.27	3.622 7	3.048 0	3.048 0	—	0.762 0

2. 插、拔型钢

工作内容:准备工作,安、拆插桩机具,刷脱膜剂,插型钢桩,安、拆拔桩机具,拔桩,堆放,清理。

计量单位:t

定额编号				1-73
项目				插、拔型钢
基价(元)				**735.87**
其中	人工费(元)			87.62
	材料费(元)			484.39
	机械费(元)			163.86
预算定额编号	项目名称	单位	单价(元)	消耗量
1-215	插、拔型钢	t	735.87	1.000 0
名称		单位	单价(元)	消耗量
人工	二类人工	工日	135.00	0.649 0
材料	型钢 综合	kg	3.84	50.000 0
	电焊条 E43 系列	kg	4.74	5.170 0
	减磨剂	kg	15.52	14.000 0
	氧气	m³	3.62	2.580 0
	乙炔气	m³	8.90	1.940 0

3. 钉型水泥土双向搅拌桩

工作内容：机具就位，搅拌水泥浆，喷浆搅拌下沉，搅拌，桩顶提升，桩顶整平，桩机移位；浮浆清运。　计量单位：$10m^3$

定额编号				1-74
项目				钉型水泥土双向搅拌桩
基价（元）				**1 657.21**
其中	人工费（元）			327.02
	材料费（元）			831.26
	机械费（元）			498.93
预算定额编号	项目名称	单位	单价(元)	消耗量
1-72	挖掘机挖土 装车 三类土	1 000m^3	3 558.76	0.002 0
1-94	自卸汽车运土方 运距1km以内	1 000m^3	5 564.89	0.002 0
1-95H	自卸汽车运土方 运距增加14km	1 000m^3	21 792.54	0.002 0
1-216	钉型水泥土双向搅拌桩	10m^3	1 595.38	1.000 0
	名称	单位	单价(元)	消耗量
人工	一类人工	工日	125.00	0.006 0
	二类人工	工日	135.00	2.417 0
材料	普通硅酸盐水泥 P·O 42.5 综合	t	346.00	2.363 0
	水	m^3	4.27	3.200 0

四、地下连续墙

1. 导　墙

工作内容：导墙开挖、回填、余土外运、导墙模板、现浇混凝土导墙等。　计量单位：$10m^3$

定额编号				1-75
项目				地下连续墙 导墙
基价（元）				**6 850.49**
其中	人工费（元）			1 436.10
	材料费（元）			4 931.48
	机械费（元）			482.91
预算定额编号	项目名称	单位	单价(元)	消耗量
1-94	自卸汽车运土方 运距1km以内	1 000m^3	5 564.89	0.010 0
1-95H	自卸汽车运土方 运距增加14km	1 000m^3	21 792.54	0.010 0
1-217	导墙开挖	100m^3	2 100.83	0.214 3
1-116	机械 填土夯实 槽、坑	100m^3	1 051.68	0.114 3
1-218	现浇混凝土导墙 混凝土	10m^3	4 683.04	1.000 0
1-219	现浇混凝土导墙 模板	10m^2	492.16	2.689 1
	名称	单位	单价(元)	消耗量
人工	二类人工	工日	135.00	9.937 0
	一类人工	工日	125.00	0.757 0
材料	铁件	kg	3.71	26.121 9
	圆钉	kg	4.74	0.521 7
	泵送商品混凝土 C20	m^3	431.00	10.100 0
	钢模支撑	kg	4.74	9.874 4
	钢模板	kg	5.96	16.758 5
	木模板	m^3	1 445.00	0.199 0
	钢模板连接件	kg	3.79	3.154 3

2. 地下连续墙

工作内容:机具定位,安放跑板导轨,制浆、输送、循环分离泥浆,钻孔、挖土成槽、护壁整修测量等;接口管对接组装,入槽就位,浇捣混凝土工程中上下移动,拔除、拆卸、冲洗堆放;清底置换;浇捣架就位,导管安、拆,商品混凝土浇注,吸泥浆入池;凿桩头;渣土、泥浆清运。

计量单位:$10m^3$

定额编号				1-76	1-77	1-78
项目				地下连续墙		
				深度 45m 以内	深度 45 ~ 55m	深度 55m 以上
基价 (元)				**10 128.40**	**11 161.06**	**11 824.44**
其中	人工费 (元)			1 325.76	1 776.10	1 887.83
	材料费 (元)			6 222.25	6 172.63	6 157.66
	机械费 (元)			2 580.39	3 212.33	3 778.95
预算定额编号	项目名称	单位	单价(元)	消耗量		
1-72	挖掘机挖土装车 三类土	$1\ 000m^3$	3 558.76	0.010 0	0.010 0	0.010 0
1-94	自卸汽车运土方 运距 1km 以内	$1\ 000m^3$	5 564.89	0.010 0	0.010 0	0.010 0
1-95H	自卸汽车运土方 运距增加 14km	$1\ 000m^3$	21 792.54	0.010 0	0.010 0	0.010 0
1-154	履带式液压挖掘机挖碴 装车	$1\ 000m^3$	5 813.63	0.000 2	0.000 1	0.000 1
1-155	自卸汽车运石碴 运距 1km 以内	$1\ 000m^3$	9 052.97	0.000 2	0.000 1	0.000 1
1-156H	自卸汽车运石碴 运距增加 14km	$1\ 000m^3$	31 021.06	0.000 2	0.000 1	0.000 1
1-223	挖土成槽 履带式液压抓斗成槽 45m 以内	$10m^3$	2 805.87	1.066 7	—	—
1-224	挖土成槽 履带式液压抓斗成槽 55m 以内	$10m^3$	3 963.37	—	1.044 4	—
1-225	挖土成槽 履带式液压抓斗成槽 55m 以上	$10m^3$	4 687.01	—	—	1.036 4
1-238	接头箱吊拔 45m 以内	段	3 885.99	0.069 4	—	—
1-239	接头箱吊拔 55m 以内	段	5 329.79	—	0.046 3	—
1-240	接头箱吊拔 55m 以上	段	5 881.85	—	—	0.037 9
1-241	清底置换	段	1 752.20	0.069 4	0.046 3	0.037 9
1-242	浇注混凝土	$10m^3$	6 001.72	1.016 7	1.011 1	1.009 1
3-150	泥浆池建造、拆除	$10m^3$	56.69	0.200 0	0.200 0	0.200 0
3-152	泥浆运输 运距 5km 以内	$10m^3$	898.64	0.200 0	0.200 0	0.200 0
3-153H	泥浆运输 运距增加 10km	$10m^3$	483.60	0.200 0	0.200 0	0.200 0
3-525	凿除桩顶钢筋混凝土 钻孔灌注桩	$10m^3$	2 156.25	0.016 7	0.011 1	0.009 1
名称		单位	单价(元)	消耗量		
人工	一类人工	工日	125.00	0.029 0	0.029 0	0.029 0
	二类人工	工日	135.00	9.793 0	13.129 0	13.957 0
材料	钢丝绳 综合	kg	6.45	0.044 1	0.032 8	0.029 6
	混凝土实心砖 240×115×53 MU10	千块	388.00	0.010 0	0.010 0	0.010 0
	非泵送水下商品混凝土 C30	m^3	462.00	12.322 4	12.254 5	12.230 3
	橡胶管	m	5.14	0.312 3	0.231 5	0.208 5
	接头箱	kg	4.31	11.928 5	10.319 3	10.377 0
	水	m^3	4.27	28.847 9	28.253 7	28.046 4
	护壁泥浆	m^3	30.17	8.214 3	7.988 4	7.907 1
	干混砌筑砂浆 DM M5.0	m^3	397.23	0.004 0	0.004 0	0.004 0

工作内容：1. 入岩增加费：准备机具、成槽出渣、清孔等。

2. 工字钢封口：钢筋解捆、除锈，调直、下料、弯曲，焊接、除碴，绑扎成型，运输入模。　　**计量单位**：见表

定额编号				1-79	1-80
项目				入岩增加费	工字钢封口
计量单位				$10m^3$	t
基价（元）				**9 957.29**	**6 553.16**
其中	人工费（元）			3 555.90	922.59
	材料费（元）			—	5 203.89
	机械费（元）			6 401.39	426.68
预算定额编号	项目名称	单位	单价(元)	消耗量	
1-226	挖土成槽 入岩增加费	$10m^3$	9 957.29	1.000 0	—
1-227	工字钢封口 制作	t	6 252.53	—	1.000 0
1-228	工字钢封口 安装	t	300.63	—	1.000 0
名称		单位	单价(元)	消耗量	
人工	二类人工	工日	135.00	26.340 0	6.834 0
材料	型钢 综合	t	3 836.00	—	1.060 0
	电焊条	kg	4.31	—	77.540 0
	枕木	m^3	2 457.00	—	0.005 0
	氧气	m^3	3.62	—	3.585 0
	乙炔气	m^3	8.90	—	2.689 0
	氯丁胶黏结剂	kg	12.24	—	6.180 0
	硬泡沫塑料板	m^3	474.00	—	1.360 0
	枋木	m^3	776.00	—	0.003 0

五、渠式切割深层搅拌地下水泥土连续墙(TRD)

工作内容:桩机就位箱体,放护筒,定位,下切割箱体,拌制膨润土,上下左右移动切割,拌制水泥浆来回切割三遍,移位;凿桩头;渣土清运。

计量单位:$10m^3$

定额编号				1-81
项目				TRD 工法搅拌
基价(元)				**6 422.65**
其中	人工费(元)			689.98
	材料费(元)			2 201.34
	机械费(元)			3 531.33
预算定额编号	项目名称	单位	单价(元)	消耗量
1-72	挖掘机挖土装车 三类土	$1\ 000m^3$	3 558.76	0.002 5
1-94	自卸汽车运土方 运距 1km 以内	$1\ 000m^3$	5 564.89	0.002 5
1-95H	自卸汽车运土方 运距增加 14km	$1\ 000m^3$	21 792.54	0.002 5
1-154	履带式液压挖掘机挖碴 装车	$1\ 000m^3$	5 813.63	0.000 3
1-155	自卸汽车运石碴 运距 1km 以内	$1\ 000m^3$	9 052.97	0.000 3
1-156H	自卸汽车运石碴 运距增加 14km	$1\ 000m^3$	31 021.06	0.000 3
1-243	TRD 工法搅拌	$10m^3$	6 171.91	1.025 0
3-525H	凿除桩顶钢筋混凝土 钻孔灌注桩	$10m^3$	215.63	0.025 0
名称		单位	单价(元)	消耗量
人工	一类人工	工日	125.00	0.008 0
	二类人工	工日	135.00	5.104 0
材料	金属周转材料	kg	3.95	132.102 0
	普通硅酸盐水泥 P·O 42.5 综合	t	346.00	3.353 8
	膨润土	kg	0.47	922.500 0
	硅酸钠 水玻璃	kg	0.70	42.435 0
	水	m^3	4.27	5.637 5

六、咬合灌注桩

工作内容：桩机移位、成孔、固壁，混凝土灌注、养护，套管压拔；凿桩头；渣土清运。　　**计量单位**：$10m^3$

定额编号				1-82
项目				咬合灌注桩
基价（元）				**9 576.41**
其中	人工费（元）			1 298.21
	材料费（元）			5 305.21
	机械费（元）			2 972.99
预算定额编号	项目名称	单位	单价(元)	消耗量
1-72	挖掘机挖土装车 三类土	$1\ 000m^3$	3 558.76	0.010 0
1-94	自卸汽车运土方 运距 1km 以内	$1\ 000m^3$	5 564.89	0.010 0
1-95H	自卸汽车运土方 运距增加 14km	$1\ 000m^3$	21 792.54	0.010 0
1-244	咬合灌注桩 钻孔	$10m^3$	3 726.00	1.000 0
1-154	履带式液压挖掘机挖碴 装车	$1\ 000m^3$	5 813.63	0.000 6
1-155	自卸汽车运石碴 运距 1km 以内	$1\ 000m^3$	9 052.97	0.000 6
1-156H	自卸汽车运石碴 运距增加 14km	$1\ 000m^3$	31 021.06	0.000 6
1-245	咬合灌注桩 混凝土	$10m^3$	5 079.56	1.060 0
3-525	凿除桩顶钢筋混凝土 钻孔灌注桩	$10m^3$	2 156.25	0.060 0
名称		单位	单价(元)	消耗量
人工	一类人工	工日	125.00	0.031 0
	二类人工	工日	135.00	9.588 0
材料	铁件	kg	3.71	10.500 0
	六角螺栓	kg	8.75	0.434 6
	非泵送水下商品混凝土 C25	m^3	448.00	11.391 8
	枕木	m^3	2 457.00	0.040 0
	导管	kg	1.98	4.028 0

七、振冲碎石桩

工作内容:准备机具、移动桩机、成孔、灌注碎石、振实;泥浆池建造、拆除,泥浆清运。 **计量单位**:$10m^3$

定额编号				1-83	1-84
项目				桩径(mm)	
				600 以内	600 以上
基价 (元)				**4 271.17**	**3 750.96**
其中	人工费 (元)			684.78	519.20
	材料费 (元)			2 447.01	2 354.28
	机械费 (元)			1 139.38	877.48
预算定额编号	项目名称	单位	单价(元)	消耗量	
1-246	振冲碎石桩 桩径 600mm 以内	$10m^3$	3 677.08	1.083 3	—
1-247	振冲碎石桩 桩径 800mm 以内	$10m^3$	3 388.69	—	0.520 8
1-248	振冲碎石桩 桩径 800mm 以上	$10m^3$	3 261.02	—	0.520 8
3-150	泥浆池建造、拆除	$10m^3$	56.69	0.200 0	0.200 0
3-152	泥浆运输 运距 5km 以内	$10m^3$	898.64	0.200 0	0.200 0
3-153H	泥浆运输 运距增加 10km	$10m^3$	483.60	0.200 0	0.200 0
名称		单位	单价(元)	消耗量	
人工	二类人工	工日	135.00	5.072 0	3.846 0
材料	碎石 综合	t	102.00	22.971 4	22.087 1
	混凝土实心砖 240×115×53 MU10	千块	388.00	0.010 0	0.010 0
	水	m^3	4.27	21.536 0	20.707 0
	干混砌筑砂浆 DM M5.0	m^3	397.23	0.004 0	0.004 0

八、钢筋锚杆(索)

1. 锚杆、锚索钻孔及注浆

工作内容:1. 钻孔及注浆:钻孔机具安、拆,钻孔,安、拔防护套管;搅拌灰浆、灌浆、浇捣端头锚固件保护混凝土。

2. 入岩增加费:钻孔机具安、拆,钻孔,安、拔防护套管。

计量单位:100m

定额编号				1-85	1-86	1-87	1-88	1-89
项目				锚钻孔 孔径(mm)				
				土层机械钻孔及注浆			入岩增加费	
				150以内	200以内	250以内	200以内	250以内
基价(元)				3 330.06	4 316.71	5 547.27	6 223.30	7 780.48
其中	人工费(元)			1 505.39	1 843.16	2 263.28	3 306.15	4 153.28
	材料费(元)			707.96	1 152.86	1 720.96	146.94	146.94
	机械费(元)			1 116.71	1 320.69	1 563.03	2 770.21	3 480.26
预算定额编号	项目名称	单位	单价(元)	消耗量				
1-249	锚钻孔 土层机械钻孔 孔径150mm以内	100m	2 150.52	1.000 0	—	—	—	—
1-250	锚钻孔 土层机械钻孔 孔径200mm以内	100m	2 414.75	—	1.000 0	—	—	—
1-251	锚钻孔 土层机械钻孔 孔径250mm以内	100m	2 692.06	—	—	1.000 0	—	—
1-252	锚钻孔 入岩增加费 孔径200mm以内	100m	6 223.30	—	—	—	1.000 0	—
1-253	锚钻孔 入岩增加费 孔径200mm以外	100m	7 780.48	—	—	—	—	1.000 0
1-254	锚杆、锚索注浆 孔径150mm以内	100m	1 179.54	1.000 0	—	—	—	—
1-255	锚杆、锚索注浆 孔径200mm以内	100m	1 901.96	—	1.000 0	—	—	—
1-256	锚杆、锚索注浆 孔径250mm以内	100m	2 855.21	—	—	1.000 0	—	—
名称		单位	单价(元)	消耗量				
人工	二类人工	工日	135.00	11.151 0	13.653 0	16.765 0	24.490 0	30.765 0
材料	金属周转材料	kg	3.95	9.300 0	9.300 0	9.300 0	37.200 0	37.200 0
	非泵送商品混凝土 C25	m^3	421.00	0.129 0	0.169 0	0.227 0	—	—
	高压胶管 $\phi50$	m	17.24	1.500 0	1.500 0	1.500 0	—	—
	水泥砂浆 1:1	m^3	294.20	2.009 0	3.464 0	5.312 0	—	—

2. 锚杆(索)制作、安装

工作内容:1. 锚杆制作、安装:钢筋除锈、调直、切断、焊接、成型、包裹。
2. 锚索制作、安装及张拉:制作、穿入孔内,就位、固定、张拉、锚固等。
3. 锚墩、承压板制作、安装:制作、安装、锚固、防锈处理等。

计量单位:见表

定额编号				1-90	1-91	1-92
项目				锚杆制作、安装	锚索制作、安装及张拉	锚墩、承压板制作、安装
计量单位				t	t	10 个
基价(元)				**4 875.36**	**10 075.32**	**1 982.22**
其中	人工费(元)			550.67	3 077.19	1 196.10
	材料费(元)			4 290.26	5 953.89	786.12
	机械费(元)			34.43	1 044.24	—
预算定额编号	项目名称	单位	单价(元)	消耗量		
1-257	锚杆制作、安装 钢筋	t	4 875.36	1.000 0	—	—
1-259	锚索制作、安装及张拉	t	10 075.32	—	1.000 0	—
1-260	锚墩、承压板制作、安装	10 个	1 982.22	—	—	1.000 0
	名称	单位	单价(元)	消耗量		
人工	二类人工	工日	135.00	4.079 0	22.794 0	8.860 0
材料	热轧带肋钢筋 HRB400 综合	t	3 849.00	1.100 0	—	—
	钢绞线 综合	t	5 336.00	—	1.030 0	—
	热轧光圆钢筋 综合	kg	3.97	—	51.500 0	—
	中厚钢板 综合	kg	3.79	—	—	98.280 0
	铁件	kg	3.71	—	19.330 0	12.700 0
	电焊条 E55 系列	kg	10.34	4.000 0	8.710 0	—
	非泵送商品混凝土 C30	m^3	438.00	—	—	0.430 0
	防锈漆 C53-1	kg	14.05	—	—	1.000 0
	石油沥青	kg	2.67	—	—	19.000 0
	聚氯乙烯软管 $D20\times2.5$	m	0.33	—	233.900 0	—
	板枋材	m^3	1 034.00	—	—	0.100 0

九、土　钉

工作内容：搭、拆操作平台、选眼位、打眼、洗眼，土钉制作、安装，调制砂浆、灌浆、封口等。　**计量单位**：10m

定额编号				1-93	1-94
项目				砂浆土钉	钢管护坡土钉
基价（元）				**313.17**	**400.57**
其中	人工费（元）			125.55	182.25
	材料费（元）			153.16	185.91
	机械费（元）			34.46	32.41
预算定额编号	项目名称	单位	单价(元)	消耗量	
1-261	砂浆土钉	10m	313.17	1.000 0	—
1-262	钢管护坡土钉	10m	400.57	—	1.000 0
	名称	单位	单价(元)	消耗量	
人工	二类人工	工日	135.00	0.930 0	1.350 0
材料	钢筋 ϕ10 以外	kg	3.04	31.290 0	—
	中厚钢板 综合	kg	3.79	5.890 0	—
	合金钢钻头	个	21.55	0.300 0	—
	普通硅酸盐水泥 P·O 42.5 综合	kg	0.34	30.590 0	98.000 0
	黄砂 净砂(中粗砂)	t	102.00	0.060 0	—
	碳素结构钢镀锌焊接钢管 *DN*32×3.5	m	14.69	—	10.200 0
	水	m^3	4.27	0.381 0	—
	板枋材	m^3	1 034.00	0.010 0	—

十、喷射混凝土(护坡)

工作内容：1. 挂网：钢筋网制作、挂网、绑扎点焊。
2. 支护：基层清理、喷射混凝土、收回弹料、找平面层等。　**计量单位**：见表

定额编号				1-95	1-96	1-97
项目				喷射混凝土挂网	喷射混凝土支护	
				制作、安装	初喷 5cm	每增 1cm
计量单位				t	$100m^2$	
基价（元）				**5 461.21**	**4 394.18**	**688.38**
其中	人工费（元）			1 059.35	1 874.07	201.42
	材料费（元）			4 139.90	1 987.81	380.54
	机械费（元）			261.96	532.30	106.42
预算定额编号	项目名称	单位	单价(元)	消耗量		
1-263	喷射混凝土挂网制作、安装	t	5 461.21	1.000 0	—	—
1-266	喷射混凝土支护有筋(斜面) 初喷 5cm	$100m^2$	4 394.18	—	1.000 0	—
1-267	喷射混凝土支护有筋(斜面) 每增 1cm	$100m^2$	688.38	—	—	1.000 0
	名称	单位	单价(元)	消耗量		
人工	二类人工	工日	135.00	7.847 0	13.882 0	1.492 0
材料	热轧光圆钢筋 综合	t	3 966.00	1.020 0	—	—
	镀锌铁丝	kg	6.55	0.800 0	—	—
	低合金钢焊条 E43 系列	kg	4.74	10.200 0	—	—
	高压胶皮风管 ϕ25－6P－20m	m	15.52	—	5.750 0	0.200 0
	喷射混凝土 1:2.5:2	m^3	337.71	—	5.500 0	1.100 0

第四节　钢 筋 工 程

说　　明

一、本节定额包括普通钢筋制作、安装,预埋铁件制作、安装,预应力钢筋,预应力钢绞线。

二、本节定额适用于市政道路、桥梁、隧道、给排水及生活垃圾处理等工程。

三、定额中钢筋按圆钢及带肋钢筋两种分列,圆钢采用 HPB300,带肋钢筋采用 HRB400,钢板均按 A3 钢计列,预应力筋采用Ⅳ级钢、钢绞线和高强钢丝。因设计要求采用钢材与定额不符时,可以换算调整。

四、隧道洞内工程使用本节定额子目时,人工、机械消耗量应乘以系数 1.20。

五、预应力构件中的非预应力钢筋按普通钢筋相应项目计算。

六、现浇构件和预制构件的钢筋制作、安装均按本节定额执行。

七、本节普通钢筋制作、安装定额中已包含 500m 的钢筋水平运输距离,若现场钢筋水平运距超过 500m,超运距费用另行套用《浙江省市政工程预算定额》(2018 版)中钢筋水平运输定额。

八、本节除钢筋笼外的普通钢筋制作、安装定额中已包含提升高度 22m 以内的钢筋垂直运输距离,若现场钢筋垂直运距超过 22m,超运距费用另行套用《浙江省市政工程预算定额》(2018 版)中钢筋垂直运输定额。如构筑物在设计地坪 ±3.00m 以内不计钢筋垂直运输费时,扣除普通钢筋制作、安装定额中人工 2.162 工日,同时扣除履带式起重机 25t 台班消耗量。

九、普通钢筋:

1. 钢筋工作内容包括加工制作、绑扎(焊接)成型、安放及浇捣混凝土时的维护用工等全部工作。

2. 带肋钢筋制作、安装定额已综合考虑机械连接,如不采用机械连接时,扣除定额中人工 0.4 工日,同时扣除连接套筒材料数量。

3. 普通钢筋未包括冷拉、冷拔,如设计要求冷拉、冷拔时,费用另行计算。

十、预应力钢筋、预应力钢绞线:

1. 预应力钢筋项目未包括时效处理,设计要求时效处理时,费用另行计算。

2. 预应力钢筋、钢绞线项目中已包括锚具安装的人工费,但未包含锚具数量,锚具材料费用另行计算。

3. 先张法预应力钢筋、钢绞线制作以及安装定额中未考虑张拉、冷拉台座,发生时按本节先张法预应力钢筋张拉台座、冷拉台座定额另行计算。

4. 后张法预应力张拉定额中未包括张拉脚手架,实际发生时另行计算。

5. 预应力钢绞线定额中钢绞线按 ϕ15.24 考虑,束长按一次张拉长度考虑。

6. 预应力钢绞线智能张拉定额已包括制作、安装压浆管道、压浆等相关内容。定额中已计入波纹管定位钢筋的消耗量,并已综合考虑了不同结构形式,定位钢筋固定预应力钢束设置原则为:直线段每 80cm,平、纵弯曲范围内每 50cm。当定位钢筋的设计消耗量与定额消耗量不同时,可按设计量予以调整。定额中的波纹管按塑料波纹管考虑,当设计采用金属波纹管成品或管材直径不同时,可根据设计规格予以调整。

工程量计算规则

一、钢筋工程，应区分不同钢筋种类和规格，以“t”计算；钢筋混凝土中固定钢筋位置的支撑钢筋、双层钢筋用的架立筋（铁马），锚固钢筋及钢筋搭接均并入钢筋工程量内。

二、先张法预应力钢筋长度按构件外形长度计算。

三、后张法预应力钢筋按设计图示的预应力钢筋孔道长度计算，定额已综合考虑不同锚具类型的钢筋、钢绞线的预留长度，使用时不得重复计算。

四、锚具为外购成品，包括锚头、锚杯、夹片、锚垫板和螺旋筋，工程量按设计用量计算。

五、钢筋笼制作、安放按设计图示尺寸及施工规范以“t”计算。

一、普通钢筋制作、安装

工作内容：除锈、制作、运输、安装、绑扎、焊接、机械连接、灌注桩及地下连续墙钢筋笼安放、钢筋场内运输。

计量单位：t

定额编号				1-98	1-99	1-100	1-101
项目				圆钢	带肋钢筋	冷轧扭钢筋	钢筋网片
基价（元）				**5 393.87**	**5 054.34**	**5 330.13**	**5 338.50**
其中	人工费（元）			1 118.23	865.76	1 175.74	932.47
	材料费（元）			4 106.50	4 015.69	3 991.11	4 106.35
	机械费（元）			169.14	172.89	163.28	299.68
预算定额编号	项目名称	单位	单价(元)	消耗量			
1-268	普通钢筋制作、安装 圆钢	t	5 216.14	1.000 0	—	—	—
1-269	普通钢筋制作、安装 带肋钢筋	t	4 716.01	—	1.000 0	—	—
1-270	普通钢筋制作、安装 冷轧扭钢筋	t	5 152.40	—	—	1.000 0	—
1-271	普通钢筋制作、安装 钢筋网片	t	5 160.77	—	—	—	1.000 0
1-276	钢筋连接 机械连接 直螺纹套筒	10 个	84.34	—	1.331 7	—	—
1-277	钢筋连接 焊接 电渣压力焊	10 个	54.39	—	0.887 8	—	—
1-331H	钢筋场内运输 水平运输 运距 500m 以内	10t	198.45	0.100 0	0.100 0	0.100 0	0.100 0
1-333	钢筋场内运输 垂直运输 提升高度 22m 以内	10t	1 578.82	0.100 0	0.100 0	0.100 0	0.100 0
名称		单位	单价(元)	消耗量			
人工	二类人工	工日	135.00	8.283 0	6.413 0	8.709 0	6.907 0
材料	冷轧扭钢筋 $\phi10$	kg	3.84	—	—	1 020.000 0	—
	热轧带肋钢筋 HRB400 综合	t	3 849.00	—	1.020 0	—	—
	镀锌铁丝 $\phi0.7\sim1.0$	kg	6.74	7.230 0	4.200 0	11.025 0	—
	热轧光圆钢筋 综合	t	3 966.00	1.020 0	—	—	1.025 0
	焊剂	kg	3.66	—	0.213 1	—	—
	低碳钢焊条 综合	kg	6.72	1.853 0	1.395 0	—	—
	直螺纹连接套筒	只	3.53	—	13.450 2	—	—

工作内容：除锈、制作、运输、安装、绑扎、焊接、机械连接、灌注桩及地下连续墙钢筋笼安放、钢筋场内运输。

计量单位：t

定额编号				1-102	1-103
项目				灌注桩钢筋笼	地下连续墙钢筋笼
基价（元）				**5 231.80**	**5 531.00**
其中	人工费（元）			863.04	1 149.83
	材料费（元）			4 147.77	4 087.55
	机械费（元）			220.99	293.62
预算定额编号	项目名称	单位	单价(元)	消耗量	
1-269	普通钢筋制作、安装 带肋钢筋	t	4 716.01	—	1.000 0
1-272	普通钢筋制作、安装 灌注桩钢筋笼 圆钢	t	5 086.88	0.130 0	—
1-273	普通钢筋制作、安装 灌注桩钢筋笼 带肋钢筋	t	4 996.66	0.870 0	—
1-276	钢筋连接 机械连接 直螺纹套筒	10个	84.34	2.413 7	2.014 2
1-331H	钢筋场内运输 水平运输 运距500m以内	10t	198.45	0.100 0	0.100 0
1-338	地下连续墙钢筋笼安放 钢筋笼安放深度35m以上	t	625.27	—	1.000 0
名称		单位	单价(元)	消耗量	
人工	二类人工	工日	135.00	6.393 0	8.517 0
材料	热轧带肋钢筋 HRB400 综合	t	3 849.00	0.887 4	1.020 0
	镀锌铁丝 ϕ0.7～1.0	kg	6.74	4.182 1	4.200 0
	热轧光圆钢筋 综合	t	3 966.00	0.132 6	—
	铁件	kg	3.71	—	9.910 0
	低碳钢焊条 综合	kg	6.72	5.846 4	2.725 0
	直螺纹连接套筒	只	3.53	24.378 4	20.343 4

二、预埋铁件制作、安装

工作内容：铁件埋设、焊接固定。

计量单位：t

定额编号				1-104	1-105	1-106
项目				预埋铁件	止水螺杆	T形梁连接板
基价（元）				**7 476.80**	**7 894.86**	**13 307.40**
其中	人工费（元）			2 792.88	3 511.35	4 422.60
	材料费（元）			4 282.20	4 221.37	5 524.79
	机械费（元）			401.72	162.14	3 360.01
预算定额编号	项目名称	单位	单价(元)	消耗量		
1-279	铁件制作、安装 预埋铁件	t	7 476.80	1.000 0	—	—
1-280	铁件制作、安装 止水螺杆	t	7 894.86	—	1.000 0	—
1-281	铁件制作、安装 T形梁连接板	t	13 307.40	—	—	1.000 0
名称		单位	单价(元)	消耗量		
人工	二类人工	工日	135.00	20.688 0	26.010 0	32.760 0
材料	热轧光圆钢筋 综合	t	3 966.00	0.243 0	1.040 0	—
	型钢 综合	kg	3.84	139.000 0	—	—
	中厚钢板 综合	t	3 750.00	0.673 0	—	1.050 0
	低碳钢焊条 综合	kg	6.72	29.130 0	11.580 0	208.300 0
	汽油 70#～90#	kg	6.12	—	3.090 0	—
	乙炔气	kg	7.60	3.530 0	—	10.160 0
	氧气	m^3	3.62	10.600 0	—	30.470 0

三、预应力钢筋

工作内容:1. 先张法:调直、下料、进入台座、安夹具、张拉、切断、整修、装车、运输、现场卸车等。
2. 后张法:调直、切断、编束、穿束、安装锚具、张拉、锚固、拆除、切割钢丝(束)、封锚等,装车、运输、现场卸车。

计量单位:t

定额编号				1-107	1-108	1-109
项目				先张法制作、安装		后张法制作、安装
				高强钢丝	预应力钢筋	
基价(元)				**6 258.67**	**4 937.19**	**5 712.18**
其中	人工费(元)			1 371.74	651.24	1 307.48
	材料费(元)			4 815.58	4 114.32	4 161.15
	机械费(元)			71.35	171.63	243.55
预算定额编号	项目名称	单位	单价(元)	消耗量		
1-291	先张法制作、安装 高强钢丝	t	6 258.67	1.000 0	—	—
1-292	先张法制作、安装 预应力钢筋	t	4 937.19	—	1.000 0	—
1-293	后张法制作、安装 预应力钢筋	t	5 712.18	—	—	1.000 0
	名称	单位	单价(元)	消耗量		
人工	二类人工	工日	135.00	10.161 0	4.824 0	9.685 0
材料	预应力带肋钢筋	t	3 879.00	—	1.060 0	1.060 0
	高强钢丝 $\phi5$	t	4 543.00	1.060 0	—	—
	水	m^3	4.27	—	0.605 0	0.495 0

四、预应力钢绞线

1. 先张法制作、安装

工作内容:调直、下料、进入台座、安夹具、张拉、切断、整修、装车、运输、现场卸车等。

计量单位:t

定额编号				1-110
项目				钢绞线
基价(元)				**6 990.08**
其中	人工费(元)			691.74
	材料费(元)			6 154.24
	机械费(元)			144.10
预算定额编号	项目名称	单位	单价(元)	消耗量
1-294	预应力钢绞线制作、安装 先张法 钢绞线	t	6 990.08	1.000 0
	名称	单位	单价(元)	消耗量
人工	二类人工	工日	135.00	5.124 0
材料	钢绞线	t	5 336.00	1.140 0
	中厚钢板 综合	kg	3.71	13.000 0
	铁件	kg	3.71	4.370 0
	氧气	m^3	3.62	1.030 0
	乙炔气	m^3	8.90	0.340 0

2. 后张法制作、安装

工作内容：调直、切断、编束、穿束、安装锚具、张拉、锚固、拆除、切割钢丝(束)、封锚等；镀锌钢导管、波纹管安装，定位固定；孔道压浆。

计量单位：t

定额编号				1-111	1-112	1-113	1-114
项目				后张法群锚			
				3 孔以内	7 孔以内	12 孔以内	19 孔以内
基价（元）				**13 914.61**	**10 401.41**	**8 721.74**	**7 667.75**
其中	人工费（元）			4 165.42	2 284.95	1 554.73	1 130.94
	材料费（元）			8 760.96	7 623.71	6 828.83	6 361.04
	机械费（元）			988.23	492.75	338.18	175.77
预算定额编号	项目名称	单位	单价(元)	消耗量			
1-295	预应力钢绞线制作、安装 后张法群锚 束长 20m 以内 3 孔以内	t	9 048.80	1.000 0	—	—	—
1-296	预应力钢绞线制作、安装 后张法群锚 束长 20m 以内 7 孔以内	t	7 353.40	—	0.600 0	—	—
1-297	预应力钢绞线制作、安装 后张法群锚 束长 20m 以内 12 孔以内	t	6 869.18	—	—	0.400 0	—
1-298	预应力钢绞线制作、安装 后张法群锚 束长 40m 以内 7 孔以内	t	6 639.63	—	0.300 0	—	—
1-299	预应力钢绞线制作、安装 后张法群锚 束长 40m 以内 12 孔以内	t	6 411.85	—	—	0.300 0	—
1-300	预应力钢绞线制作、安装 后张法群锚 束长 40m 以内 19 孔以内	t	6 355.86	—	—	—	0.500 0
1-301	预应力钢绞线制作、安装 后张法群锚 束长 80m 以内 7 孔以内	t	6 672.17	—	0.100 0	—	—
1-302	预应力钢绞线制作、安装 后张法群锚 束长 80m 以内 12 孔以内	t	6 466.34	—	—	0.300 0	—
1-303	预应力钢绞线制作、安装 后张法群锚 束长 80m 以内 19 孔以内	t	6 415.14	—	—	—	0.500 0
1-309	压浆管道 波纹管	100m	1 589.79	2.801 1	1.631 7	0.903 6	0.549 2
1-310	有粘结钢绞线孔道压浆	$10m^3$	11 723.06	0.035 2	0.062 8	0.057 5	0.034 9
名称		单位	单价(元)	消耗量			
人工	二类人工	工日	135.00	30.855 0	16.926 0	11.516 0	8.377 0
材料	镀锌铁丝 ϕ0.7～1.0	kg	6.74	0.750 0	0.319 9	0.181 5	0.122 0
	钢绞线	t	5 336.00	1.040 0	1.042 0	1.046 0	1.050 0
	氧气	m^3	3.62	0.630 0	0.494 0	0.426 0	0.290 0
	乙炔气	m^3	8.90	0.210 0	0.166 4	0.145 2	0.102 0
	波纹管 ϕ50	m	10.00	302.070 6	175.962 5	97.444 2	59.225 7
	水	m^3	4.27	0.316 8	0.565 2	0.517 5	0.314 1
	纯水泥浆	m^3	430.36	0.369 6	0.659 4	0.603 8	0.366 5

3. 先张法预应力钢筋张拉台座、冷拉台座

工作内容: 1. 张拉台座:挖基、回填、夯实、铺碎石垫层、台面、压柱、横系梁的模板、钢筋、混凝土全部操作、安装钢横梁。
2. 冷拉台座:挖槽、修整、埋设地锚、模板、钢筋、混凝土的全部操作、钢板切割、安装、就位等。

计量单位:座

定额编号				1-115	1-116	1-117
项目				60m 张拉台座(kN)		45m 冷拉台座
				3 000	6 000	
基价(元)				**75 055.73**	**128 336.99**	**44 706.19**
其中	人工费(元)			19 164.60	30 253.50	13 737.60
	材料费(元)			54 114.88	94 546.91	30 910.59
	机械费(元)			1 776.25	3 536.58	58.00
预算定额编号	项目名称	单位	单价(元)	消耗量		
1-304	先张法预应力钢筋张拉台座、冷拉台座 60m 张拉台座 3 000kN	座	75 055.73	1.000 0	—	—
1-305	先张法预应力钢筋张拉台座、冷拉台座 60m 张拉台座 6 000kN	座	128 336.99	—	1.000 0	—
1-306	先张法预应力钢筋张拉台座、冷拉台座 45m 冷拉台座	座	44 706.19	—	—	1.000 0
	名称	单位	单价(元)	消耗量		
人工	二类人工	工日	135.00	141.960 0	224.100 0	101.760 0
材料	热轧带肋钢筋 HRB400 综合	t	3 849.00	1.841 0	3.682 0	—
	镀锌铁丝 ϕ0.7~1.0	kg	6.74	12.300 0	24.600 0	—
	热轧光圆钢筋 综合	t	3 966.00	0.629 0	1.258 0	0.663 0
	型钢 综合	kg	3.84	2 353.000 0	4 706.000 0	—
	中厚钢板 综合	kg	3.71	220.000 0	440.000 0	1 954.000 0
	铁件	kg	3.71	27.800 0	55.600 0	4.200 0
	圆钉	kg	4.74	12.700 0	25.400 0	8.800 0
	低碳钢焊条 综合	kg	6.72	179.900 0	359.800 0	—
	碎石 40 以内	t	102.00	23.580 0	23.580 0	—
	非泵送商品混凝土 C20	m^3	412.00	27.100 0	27.100 0	39.700 0
	非泵送商品混凝土 C40	m^3	455.00	37.800 0	75.600 0	—
	原木	m^3	1 552.00	—	—	1.429 0
	水	m^3	4.27	64.000 0	104.000 0	41.000 0
	板枋材	m^3	1 034.00	1.992 0	3.984 0	1.330 0

4. 预应力钢绞线智能张拉

工作内容:制作、安装波纹管定位钢筋,塑料波纹管安装,安装压浆嘴、排气管,搭、拆临时脚手架及操作平台,钢绞线束制作、穿束,安装锚具,智能程控张拉机安装、钢绞线张拉,切割钢绞线(束)头,封锚头,清洗孔道及孔道压浆,机具安、拆及保养,张拉压浆数据分析汇总。 **计量单位**:t

				1-118	1-119	1-120	1-121
定额编号				1-118	1-119	1-120	1-121
项目				后张法群锚			
				3 孔以内	7 孔以内	12 孔以内	19 孔以内
基价(元)				**12 642.06**	**9 611.95**	**8 221.47**	**7 643.84**
其中	人工费(元)			2 454.30	1 109.70	793.80	589.03
	材料费(元)			8 645.44	7 777.10	6 973.69	6 718.34
	机械费(元)			1 542.32	725.15	453.98	336.47
预算定额编号	项目名称	单位	单价(元)	消耗量			
1-312	预应力钢绞线智能张拉 后张法群锚 束长 20m 以内 3 孔以内	t	12 642.06	1.000 0	—	—	—
1-313	预应力钢绞线智能张拉 后张法群锚 束长 20m 以内 7 孔以内	t	9 742.59	—	0.500 0	—	—
1-314	预应力钢绞线智能张拉 后张法群锚 束长 20m 以内 12 孔以内	t	8 411.83	—	—	0.500 0	—
1-315	预应力钢绞线智能张拉 后张法群锚 束长 20m 以内 19 孔以内	t	7 837.08	—	—	—	0.400 0
1-317	预应力钢绞线智能张拉 后张法群锚 束长 40m 以内 7 孔以内	t	9 481.30	—	0.500 0	—	—
1-318	预应力钢绞线智能张拉 后张法群锚 束长 40m 以内 12 孔以内	t	8 031.10	—	—	0.500 0	—
1-319	预应力钢绞线智能张拉 后张法群锚 束长 40m 以内 19 孔以内	t	7 522.93	—	—	—	0.300 0
1-322	预应力钢绞线智能张拉 后张法群锚 束长 80m 以内 19 孔以内	t	7 507.13	—	—	—	0.300 0
名称		单位	单价(元)	消耗量			
人工	二类人工	工日	135.00	18.180 0	8.220 0	5.880 0	4.363 0
材料	热轧带肋钢筋 HRB400 综合	t	3 849.00	0.098 0	0.135 5	0.102 5	0.097 0
	钢绞线	t	5 336.00	1.040 0	1.040 0	1.040 0	1.040 0
	低碳钢焊条 综合	kg	6.72	1.700 0	1.550 0	1.300 0	1.090 0
	镀锌铁丝 18# ~22#	kg	6.55	1.100 0	0.750 0	0.400 0	0.500 0
	集成压浆料	t	862.00	0.356 0	0.571 5	0.378 5	0.310 5
	波纹管 ϕ50	m	10.00	231.000 0	115.500 0	66.000 0	49.000 0

工作内容:制作、安装波纹管定位钢筋,塑料波纹管安装,安装压浆嘴、排气管,搭、拆临时脚手架及操作平台,钢绞线束制作、穿束,安装锚具,智能程控张拉机安装、钢绞线张拉,切割钢绞线(束)头,封锚头,清洗孔道及孔道压浆,机具安、拆及保养,张拉压浆数据分析汇总。 **计量单位:**t

定额编号				1-122	1-123	1-124	1-125
项目				后张法群锚		横向预应力钢绞线	负弯矩预应力钢绞线
				22 孔以内	31 孔以内		
基价(元)				**7 280.98**	**6 957.27**	**11 941.29**	**12 972.25**
其中	人工费(元)			449.55	405.00	2 478.60	2 713.50
	材料费(元)			6 571.58	6 385.22	8 003.78	7 878.86
	机械费(元)			259.85	167.05	1 458.91	2 379.89
预算定额编号	项目名称	单位	单价(元)	消耗量			
1-320	预应力钢绞线智能张拉 后张法群锚 束长 40m 以内 22 孔以内	t	7 272.84	0.500 0	—	—	—
1-323	预应力钢绞线智能张拉 后张法群锚 束长 80m 以内 22 孔以内	t	7 289.11	0.500 0	—	—	—
1-324	预应力钢绞线智能张拉 后张法群锚 束长 80m 以内 31 孔以内	t	6 942.44	—	0.400 0	—	—
1-326	预应力钢绞线智能张拉 后张法群锚 束长 120m 以内 31 孔以内	t	6 919.60	—	0.300 0	—	—
1-327	预应力钢绞线智能张拉 后张法群锚 束长 200m 以内 31 孔以内	t	7 014.68	—	0.300 0	—	—
1-328	预应力钢绞线智能张拉 横向预应力钢绞线	t	11 941.29	—	—	1.000 0	—
1-329	预应力钢绞线智能张拉 负弯矩应力钢绞线 8m 以内	t	12 972.25	—	—	—	1.000 0
名称		单位	单价(元)	消耗量			
人工	二类人工	工日	135.00	3.330 0	3.000 0	18.360 0	20.100 0
材料	热轧带肋钢筋 HRB400 综合	t	3 849.00	0.093 0	0.091 0	—	—
	钢绞线	t	5 336.00	1.040 0	1.040 0	1.040 0	1.040 0
	热轧光圆钢筋 综合	t	3 966.00	—	—	0.025 0	0.114 0
	低碳钢焊条 综合	kg	6.72	0.950 0	0.700 0	0.400 0	2.000 0
	镀锌铁丝 18#~22#	kg	6.55	0.500 0	0.500 0	1.100 0	4.100 0
	集成压浆料	t	862.00	0.248 0	0.191 6	—	—
	波纹管 ϕ50	m	10.00	42.000 0	30.000 0	231.000 0	177.700 0

第五节 拆除工程

说 明

一、本节定额包括拆除旧路，拆除人行道及侧、平石，拆除障碍物，水泥混凝土路面碎石化。

二、本节定额拆除均不包括挖土方，挖土方按本章第一节“土石方工程”相应定额子目执行。

三、拆除后的旧料、废料的清理外运费用可套用本章第一节“土石方工程”相应定额子目，处置费按各地有关规定执行。

四、人行道拆除面层中综合考虑基层，侧平石拆除已综合考虑混凝土、石质侧平石。

五、本节定额中未考虑地下水因素，若发生则另行计算。

六、拆除坑、槽混凝土按拆除混凝土障碍物定额乘以系数1.30。

七、拆除石砌障碍物按拆除砖砌体定额乘以系数1.17。

八、水泥混凝土路面多锤头碎石化和共振碎石化适用于原水泥路面的就地破碎处理再利用。

九、管道拆除要求拆除后的旧管保持基本完好时，可执行《浙江省市政工程预算定额》(2018版)相应子目。

工程量计算规则

一、拆除旧路及人行道按实际拆除面积以“m^2”计算。

二、拆除侧、平石按长度以“m”计算。

三、拆除障碍物按其实体体积以“m^3”计算。

四、路面铣刨按施工组织设计的面积以“m^2”计算。铣刨路面厚度大于5cm时需分层铣刨。

五、水泥混凝土路面多锤头碎石化和共振碎石化按设计顶面面积以“m^2”计算。

一、拆除旧路

工作内容:拆除、清底、运输、旧料清理成堆。　　　　**计量单位**:100m²

定额编号				1-126	1-127	1-128	1-129
项目				沥青类路面层		混凝土路面层	
				厚 10cm 以内	每增 1cm	厚 15cm 以内	每增 1cm
基价（元）				**533.67**	**53.35**	**1 379.15**	**91.79**
其中	人工费（元）			439.76	43.44	252.40	12.53
	材料费（元）			2.98	0.24	0.57	0.06
	机械费（元）			90.93	9.67	1 126.18	79.20
预算定额编号	项目名称	单位	单价(元)	消耗量			
1-339	拆除沥青柏油类路面层 人工拆除 厚 10cm 以内	100m²	895.05	0.050 0	—	—	—
1-340	拆除沥青柏油类路面层 人工拆除 每增 1cm	100m²	89.10	—	0.050 0	—	—
1-341	拆除沥青柏油类路面层 风镐拆除 厚 10cm 以内	100m²	514.66	0.950 0	—	—	—
1-342	拆除沥青柏油类路面层 风镐拆除 每增 1cm	100m²	51.47	—	0.950 0	—	—
1-343	风镐拆除混凝土类路面层 无筋 厚 15cm 以内	100m²	1 152.16	—	—	0.050 0	—
1-344	风镐拆除混凝土类路面层 无筋 每增 1cm	100m²	76.67	—	—	—	0.050 0
1-345	风镐拆除混凝土类路面层 有筋 厚 15cm 以内	100m²	1 794.87	—	—	0.050 0	—
1-346	风镐拆除混凝土类路面层 有筋 每增 1cm	100m²	90.79	—	—	—	0.050 0
1-347	岩石破碎机拆除混凝土类路面层 无筋 厚 15cm 以内	100m²	1 346.08	—	—	0.450 0	—
1-348	岩石破碎机拆除混凝土类路面层 无筋 每增 1cm	100m²	80.36	—	—	—	0.450 0
1-349	岩石破碎机拆除混凝土类路面层 有筋 厚 15cm 以内	100m²	1 391.23	—	—	0.450 0	—
1-350	岩石破碎机拆除混凝土类路面层 有筋 每增 1cm	100m²	104.99	—	—	—	0.450 0
名称		单位	单价(元)	消耗量			
人工	二类人工	工日	135.00	3.258 0	0.322 0	1.870 0	0.093 0
材料	六角空心钢 综合	kg	2.48	0.304 0	0.028 5	0.057 5	0.006 0
	合金钢钻头 一字型	个	8.62	0.190 0	0.019 0	0.037 5	0.004 0
	高压胶皮风管 ϕ25－6P－20m	m	15.52	0.038 0	—	0.006 5	0.000 5

工作内容:拆除、清底、运输、旧料清理成堆。 **计量单位**:见表

定额编号				1-130	1-131	1-132	1-133
项目				道路基层		铣刨机铣刨沥青路面	
				厚15cm以内	每增1cm	厚度3cm	每增1cm
计量单位				$100m^2$		$1\ 000m^2$	
基价(元)				**1 061.35**	**63.99**	**3 846.49**	**237.83**
其中	人工费(元)			174.10	9.59	324.00	19.44
	材料费(元)			0.36	0.03	—	—
	机械费(元)			886.89	54.37	3 522.49	218.39
预算定额编号	项目名称	单位	单价(元)	消耗量			
1-343H	风镐拆除混凝土类路面层 无筋 厚15cm以内	$100m^2$	921.73	0.100 0	—	—	—
1-344H	风镐拆除混凝土类路面层 无筋 每增1cm	$100m^2$	61.34	—	0.100 0	—	—
1-347H	岩石破碎机拆除混凝土类路面层 无筋 厚15cm以内	$100m^2$	1 076.86	0.900 0	—	—	—
1-348H	岩石破碎机拆除混凝土类路面层 无筋 每增1cm	$100m^2$	64.29	—	0.900 0	—	—
1-351	铣刨机铣刨路面 厚度3cm	$1\ 000m^2$	3 846.49	—	—	1.000 0	—
1-352	铣刨机铣刨路面 每增1cm	$1\ 000m^2$	237.83	—	—	—	1.000 0
	名称	单位	单价(元)	消耗量			
人工	二类人工	工日	135.00	1.290 0	0.071 0	2.400 0	0.144 0
材料	六角空心钢 综合	kg	2.48	0.037 6	0.004 0	—	—
	合金钢钻头 一字型	个	8.62	0.024 0	0.002 4	—	—
	高压胶皮风管 $\phi25-6P-20m$	m	15.52	0.004 0	—	—	—

二、拆除人行道及侧、平石

工作内容:拆除、清底、刮净、运输、旧料清理成堆。 **计量单位**:见表

定额编号				1-134	1-135
项目				预制人行道板	拆除侧、平石
计量单位				$100m^2$	100m
基价(元)				**1 710.15**	**287.50**
其中	人工费(元)			1 598.40	287.50
	材料费(元)			4.39	—
	机械费(元)			107.36	—
预算定额编号	项目名称	单位	单价(元)	消耗量	
1-369	预制人行道板	$100m^2$	241.92	1.000 0	—
1-370	现浇混凝土面层 厚10cm以内	$100m^2$	976.58	1.000 0	—
1-371	现浇混凝土面层 每增1cm	$100m^2$	98.33	5.000 0	—
1-372	侧、平石混凝土	100m	241.92	—	0.400 0
1-373	侧、平石石质	100m	318.60	—	0.500 0
1-374	混凝土侧平石(L型)	100m	314.28	—	0.100 0
	名称	单位	单价(元)	消耗量	
人工	二类人工	工日	135.00	11.840 0	2.130 0
材料	六角空心钢 综合	kg	2.48	0.470 0	—
	合金钢钻头 一字型	个	8.62	0.300 0	—
	高压胶皮风管 $\phi25-6P-20m$	m	15.52	0.040 0	—

三、拆除障碍物

工作内容:拆除、清底、运输、旧料清理成堆。 计量单位:$10m^3$

定额编号				1-136	1-137
项目				砖砌体	混凝土
基价(元)				**929.88**	**1 639.14**
其中	人工费(元)			929.88	942.87
	材料费(元)			—	2.11
	机械费(元)			—	694.16
预算定额编号	项目名称	单位	单价(元)	消耗量	
1-396	砖砌其他构筑物	$10m^3$	929.88	1.000 0	—
1-399	拆除混凝土障碍物 风镐拆除 无筋	$10m^3$	1 798.31	—	0.150 0
1-400	拆除混凝土障碍物 风镐拆除 有筋	$10m^3$	2 651.16	—	0.350 0
1-401	拆除混凝土障碍物 岩石破碎机拆除 无筋	$10m^3$	855.40	—	0.150 0
1-402	拆除混凝土障碍物 岩石破碎机拆除 有筋	$10m^3$	894.78	—	0.350 0
	名称	单位	单价(元)	消耗量	
人工	二类人工	工日	135.00	6.888 0	6.984 0
材料	六角空心钢 综合	kg	2.48	—	0.212 5
	合金钢钻头 一字型	个	8.62	—	0.135 0
	高压胶皮风管 ϕ25-6P-20m	m	15.52	—	0.027 0

四、水泥混凝土路面碎石化

工作内容:场地清理、路面碎化、整平,撒布沥青和石屑(洒水)、碾压、养护。 计量单位:$1\ 000m^2$

定额编号				1-138	1-139
项目				路面厚度 24cm	每增减 1cm
基价(元)				**35 641.74**	**866.03**
其中	人工费(元)			931.50	24.30
	材料费(元)			13 002.31	14.93
	机械费(元)			21 707.93	826.80
预算定额编号	项目名称	单位	单价(元)	消耗量	
1-417	水泥混凝土路面碎石化 多锤头碎石化 路面厚 24cm	$1\ 000m^2$	34 913.66	0.500 0	—
1-418	水泥混凝土路面碎石化 多锤头碎石化 每增减 1cm	$1\ 000m^2$	301.81	—	0.500 0
1-419	水泥混凝土路面碎石化 共振碎石化 路面厚 24cm	$1\ 000m^2$	36 369.82	0.500 0	—
1-420	水泥混凝土路面碎石化 共振碎石化 每增减 1cm	$1\ 000m^2$	1 430.23	—	0.500 0
	名称	单位	单价(元)	消耗量	
人工	二类人工	工日	135.00	6.900 0	0.180 0
材料	碎石 综合	m^3	153.00	1.820 0	0.075 0
	石屑	m^3	58.25	4.830 0	—
	乳化沥青	kg	4.00	3 090.000 0	—

第六节　措 施 项 目

说　　明

一、本节定额包括打、拔工具桩，支撑工程，脚手架工程，围堰工程，施工降水、排水，固定式施工围挡，工程监测、监控，汽车运输小型构件及半成品混合料。

二、打、拔工具桩：

1. 打、拔工具桩定额中所指的水上作业，是以距岸线1.5m以外或者水深在2m以上的打、拔桩。距岸线1.5m以内时，水深在1m以内者，按陆上作业考虑。如水深在1m以上、2m以内者，其工程量则按水、陆各50%计算。

2. 打、拔工具桩已综合考虑不同土壤类别和不同施工机具，使用时不做调整。

3. 打、拔工具桩均以直桩为准，如遇打斜桩（斜度≤1∶6，包括俯打、仰打）按相应定额人工、机械消耗量乘以系数1.23。

4. 圆木桩按疏打计算，钢板桩按密打计算。如钢板桩需要疏打时，按相应定额人工消耗量乘以系数1.04。

5. 水上打、拔工具桩已综合船排压舱费用，定额未考虑水上短驳，如有发生则另行计算其短驳费。

6. 打、拔槽型钢板桩定额是按钢板桩周转摊销方式考虑的。打、拔拉森钢板桩定额是按拉森钢板桩市场租赁方式考虑的，租赁费用另计。

7. 水上打圆木桩只考虑打桩费用，其余打、拔工具桩均考虑了打、拔工序。

三、支撑工程：

1. 除槽钢挡土板外，本节定额均按横板、竖撑计算，如采用竖板、横撑时，其人工消耗量乘以系数1.20。

2. 定额中挡土板支撑按槽坑两侧同时支撑挡土板考虑，支撑面积为两侧挡土板面积之和，槽坑支撑宽度为4.1m以内。如槽坑宽度超过4.1m时，其两侧均按一侧支挡土板考虑。按槽坑一侧支撑挡土板面积计算时，人工消耗量乘以系数1.33，其他材料（除挡土板外）消耗量乘以系数2.00。

3. 如采用井字支撑时，按疏挡土板定额乘以系数0.61。

4. 大型基坑钢支撑安装及拆除定额是按钢支撑周转摊销方式考虑的。

四、脚手架工程：脚手架定额中钢管脚手架已包括斜道及拐弯平台的搭设。砌筑物高度超过1.2m时，可计算脚手架搭拆费用。

五、围堰工程：

1. 围堰定额未包括施工期内发生潮汛冲刷后所需的养护工料。潮汛养护工料费用可根据当地有关规定另计。如遇特大潮汛发生人力所不能抗拒的损失时，应根据实际情况，另行处理。

2. 围堰工程50m范围以内就地取土、砂、砂砾，均不计土方和砂、砂砾的材料价格。取50m范围以外的取土、砂、砂砾，应计算土方和砂、砂砾材料的挖、运费用，但应扣除定额中土方现场挖运的人工20工日/100m^3黏土。定额括号中所列黏土数量为取自然土方数量，结算中可按取土的实际情况调整。

3. 围堰定额已包含围堰挖除及外运15km的费用，实际运距不同时单独调整运距。

4. 围堰施工中若未使用驳船，而采用搭设栈桥，则应扣除定额中驳船费用并套用相应脚手架子目。

5.定额围堰尺寸的取定:

(1)土草围堰的堰顶宽为 1 ~2m,堰高为 4m 以内;

(2)土石混合围堰的堰顶宽为 2m,堰高为 6m 以内;

(3)圆木桩围堰的堰顶宽为 2 ~2.5m,堰高为 5m 以内;

(4)钢板桩围堰的堰顶宽为 2.5 ~3m,堰高为 6m 以内。

6.施工围堰的尺寸按有关设计施工规范确定。堰内坡脚至堰内基坑边缘距离根据河床土质及基坑深度而定,但不得小于 1m。

7.圆木桩围堰、钢桩围堰、钢板桩围堰中已包含打、拔木桩、槽形桩、钢板桩费用,实际数量不同时,按实调整。

六、施工降水、排水:

1.轻型井点、喷射井点、大口径井点的采用由设计确定。一般情况下,降水深度 6m 以内采用轻型井点,特殊情况下可选用大口径井点。一般轻型井点管间距为 1.2m,大口径井点管间距为 10m。

2.井点降水成孔过程中产生的泥水处理及挖沟排水工作应另行计算。遇有天然水源可用时,不计水费。

七、固定式施工围挡:固定式施工围挡板定额按其垂直投影面积以“m^2”计算,定额已综合考虑基础开挖、回填,土方外运 15km,混凝土基础及模板、砖砌体、抹灰、立柱、斜撑等内容;未含美化、亮化、防尘等费用,发生时另行计算。

八、工程监测、监控:工程监测、监控是地下构筑物建造时,反映施工对周围建筑群影响程度的测试手段。工程监测、监控定额适用于建设单位确认需监测的工程项目,但不适用对特殊房屋及建筑物的特殊监测。

工程量计算规则

一、打、拔工具桩:打、拔圆木桩按设计桩长 L(检尺长)和圆木桩小头直径 D(检尺径)查《木材、立木材积速算表》计算圆木桩体积。

二、大型基坑支撑安装及拆除工程量按设计质量以“t”计算,其余支撑工程按设计确定的支撑面积以“m^2”计算。

三、脚手架工程量按墙面水平边线长度乘以墙面砌筑高度以“m^2”计算。柱形砌体按图示柱结构外围周长另加 3.6m 乘以砌筑高度以“m^2”计算。

四、围堰工程分别采用“m^3”和“m”计量。用“m^3”计算的围堰工程按围堰的施工断面乘以围堰中心线的长度计算。以“m”计算的围堰工程按围堰中心线的长度计算。围堰高度按施工期内的最高临水面加 0.5m 计算。

五、施工降水、排水:

1.轻型井点 50 根为 1 套,大口径井点以 10 根为 1 套。井点使用以“套·d”计算,一天按 24h 计算。除轻型井点外,累计根数不足 1 套者按 1 套计算;轻型井点尾数 25 根以内的按 0.5 套计算,超过 25 根的按 1 套计算。井管的安装、拆除以“10 根”计算。

2.湿土排水工程量按所挖湿土方量进行计算,抽水工程量按实际的排水量进行计算。

六、工程监测、监控:工程监测、监控包括地表监测孔布置、地下监测孔布置和监测三部分。其中地表测孔深度与定额不同时可内插计算。工程量由设计确定。

一、打、拔工具桩

1. 陆上打、拔工具桩

工作内容：1. 圆木桩：准备工作，木桩制作（加靴），打桩，机具移动调整，拔桩，清场，整堆。
2. 槽型钢板桩：准备工作，打桩，机具移动调整，打、拔缆风桩，埋、拆地垄，拔桩，清场，整堆。
3. 拉森钢板桩：准备工作，打桩，机具移动调整，打、拔缆风桩，埋、拆地垄，拔桩，清场，整堆。

计量单位：见表

定额编号				1-140	1-141	1-142	1-143	1-144
项目				圆木桩	槽型钢板桩		拉森钢板桩	
				打、拔6m以内		打、拔6m以上	打、拔8m以内	打、拔8m以上
计量单位				10m³	10t			
基价（元）				**4 121.30**	**3 597.82**	**5 152.29**	**3 795.63**	**2 850.19**
其中	人工费（元）			963.90	844.02	1 631.80	677.70	552.83
	材料费（元）			1 712.04	1 131.56	1 132.78	—	—
	机械费（元）			1 445.36	1 622.24	2 387.71	3 117.93	2 297.36
预算定额编号	项目名称	单位	单价（元）	消耗量				
1-422	陆上挖掘机打、拔圆木桩 打6m以内 三类土	10m³	3 245.53	1.000 0	—	—	—	—
1-424	陆上挖掘机打、拔圆木桩 拔6m以内 三类土	10m³	875.77	1.000 0	—	—	—	—
1-426	陆上挖掘机打、拔槽型钢板桩 打6m以内 三类土	10t	2 711.58	—	1.000 0	—	—	—
1-428	陆上挖掘机打、拔槽型钢板桩 拔6m以内 三类土	10t	886.24	—	1.000 0	—	—	—
1-430	陆上挖掘机打、拔拉森钢板桩 打8m以内 三类土	10t	1 948.59	—	—	—	1.000 0	—
1-434	陆上挖掘机打、拔拉森钢板桩 打12m以上 三类土	10t	1 461.51	—	—	—	—	1.000 0
1-436	陆上挖掘机打、拔拉森钢板桩 拔8m以内 三类土	10t	1 847.04	—	—	1.000 0	1.000 0	—
1-440	陆上挖掘机打、拔拉森钢板桩 拔12m以上 三类土	10t	1 388.68	—	—	—	—	1.000 0
1-446	陆上柴油打桩机打槽型钢板桩 打8m以内 三类土	10t	3 321.36	—	—	0.800 0	—	—
1-448	陆上柴油打桩机打槽型钢板桩 打12m以内 三类土	10t	3 240.85	—	—	0.200 0	—	—
名称		单位	单价（元）	消耗量				
人工	二类人工	工日	135.00	7.140 0	6.252 0	12.087 0	5.020 0	4.095 0
材料	槽型钢板桩	t	4 828.00	—	0.230 0	0.230 0	—	—
	圆木桩	m³	1 379.00	1.053 0	—	—	—	—
	桩靴	kg	4.85	34.970 0	—	—	—	—

2. 水上打、拔工具桩

工作内容:1. 圆木桩:准备工作,木桩制作(加靴),船排压仓、绑扎、拆除、固定,移动,打桩,清场,整堆。

2. 槽型钢板桩:准备工作,船排压仓、绑扎、拆除、固定,移动,打桩,清场,整堆。 **计量单位:**见表

定额编号				1-145	1-146	1-147	1-148
项目				圆木桩		槽型钢板桩	
				打 5m 以内	打 8m 以内	打、拔 8m 以内	打、拔 8m 以上
计量单位				$10m^3$		10t	
基价(元)				**7 528.90**	**5 862.29**	**7 402.31**	**6 768.62**
其中	人工费(元)			2 808.45	1 893.10	1 940.69	1 755.52
	材料费(元)			3 187.75	3 027.90	2 559.08	2 553.45
	机械费(元)			1 532.70	941.29	2 902.54	2 459.65
预算定额编号	项目名称	单位	单价(元)	消耗量			
1-159	船上双面抛石	$10m^3$	1 741.15	1.103 0	1.103 0	1.103 0	1.103 0
1-450	水上柴油打桩机打圆木桩 打 5m 以内 三类土	$10m^3$	5 260.22	1.000 0	—	—	—
1-452	水上柴油打桩机打圆木桩 打 8m 以内 三类土	$10m^3$	3 731.69	—	1.000 0	—	—
1-454	水上柴油打桩机打槽型钢板桩 打 8m 以内 三类土	10t	3 323.19	—	—	1.000 0	—
1-456	水上柴油打桩机打槽型钢板桩 打 12m 以内 三类土	10t	3 103.22	—	—	—	0.800 0
1-458	水上柴油打桩机打槽型钢板桩 打 12m 以上 三类土	10t	2 935.75	—	—	—	0.200 0
1-466	水上挖掘机打、拔拉森钢板桩 拔 8m 以内 三类土	10t	1 966.52	—	—	1.000 0	—
1-468	水上挖掘机打、拔拉森钢板桩 拔 12m 以内 三类土	10t	1 648.09	—	—	—	0.800 0
1-470	水上挖掘机打、拔拉森钢板桩 拔 12m 以上 三类土	10t	1 474.24	—	—	—	0.200 0
3-511	组装、拆卸船排 船吨位(t 以内)60×2	次	3 001.70	0.116 0	0.070 0	0.064 0	0.055 0
名称		单位	单价(元)	消耗量			
人工	二类人工	工日	135.00	20.803 0	14.023 0	14.375 0	13.004 0
材料	钢丝绳 综合	kg	6.45	2.415 1	1.457 4	1.332 5	1.145 1
	槽型钢板桩	t	4 828.00	—	—	0.230 0	0.230 0
	扒钉	kg	3.73	0.799 2	0.482 3	0.441 0	0.379 0
	镀锌铁丝 8#~12#	kg	6.55	3.274 7	1.976 1	1.806 7	1.552 7
	块石	t	77.67	18.001 0	18.001 0	18.001 0	18.001 0
	圆木桩	m^3	1 379.00	1.053 0	1.053 0	—	—
	桩靴	kg	4.85	34.970 0	17.430 0	—	—
	枋木	m^3	776.00	0.040 8	0.024 6	0.022 5	0.019 4

工作内容：准备工作，船排压仓、绑扎、拆除、固定，移动，打、拔缆风桩，埋、拆地垄，拔桩，清场，整堆。 **计量单位**：10t

定额编号				1-149	1-150
项目				拉森钢板桩	
				打、拔 8m 以内	打、拔 8m 以上
基价（元）				**6 368.80**	**5 580.82**
其中	人工费（元）			1 164.85	1 092.24
	材料费（元）			1 438.11	1 432.48
	机械费（元）			3 765.84	3 056.10
预算定额编号	项目名称	单位	单价(元)	消耗量	
1-159	船上双面抛石	$10m^3$	1 741.15	1.103 0	1.103 0
1-460	水上挖掘机打、拔拉森钢板桩 打 8m 以内 三类土	10t	2 289.68	1.000 0	—
1-462	水上挖掘机打、拔拉森钢板桩 打 12m 以内 三类土	10t	1 922.76	—	0.800 0
1-464	水上挖掘机打、拔拉森钢板桩 打 12m 以上 三类土	10t	1 718.57	—	0.200 0
1-466	水上挖掘机打、拔拉森钢板桩 拔 8m 以内 三类土	10t	1 966.52	1.000 0	—
1-468	水上挖掘机打、拔拉森钢板桩 拔 12m 以内 三类土	10t	1 648.09	—	0.800 0
1-470	水上挖掘机打、拔拉森钢板桩 拔 12m 以上 三类土	10t	1 474.24	—	0.200 0
3-511	组装、拆卸船排 船吨位(t 以内)60×2	次	3 001.70	0.064 0	0.055 0
名称		单位	单价(元)	消耗量	
人工	二类人工	工日	135.00	8.628 0	8.091 0
材料	钢丝绳 综合	kg	6.45	1.332 5	1.145 1
	扒钉	kg	3.73	0.441 0	0.379 0
	镀锌铁丝 8#~12#	kg	6.55	1.806 7	1.552 7
	块石	t	77.67	18.001 0	18.001 0
	枋木	m^3	776.00	0.022 5	0.019 4

二、支 撑 工 程

1.木 挡 土 板

工作内容:制作,运输,安装,拆除,堆放指定点。 计量单位:100m²

定额编号				1-151	1-152	1-153	1-154
项目				密挡土板		疏挡土板	
				木支撑	钢支撑	木支撑	钢支撑
基价(元)				**2 505.34**	**2 093.69**	**1 983.47**	**1 640.89**
其中	人工费(元)			1 299.24	988.20	1 010.07	769.50
	材料费(元)			1 185.06	1 084.45	960.48	858.84
	机械费(元)			21.04	21.04	12.92	12.55
预算定额编号	项目名称	单位	单价(元)	消耗量			
1-471	木挡土板 密挡土板 木支撑	100m²	2 505.34	1.000 0	—	—	—
1-472	木挡土板 密挡土板 钢支撑	100m²	2 093.69	—	1.000 0	—	—
1-473	木挡土板 疏挡土板 木支撑	100m²	1 983.47	—	—	1.000 0	—
1-474	木挡土板 疏挡土板 钢支撑	100m²	1 640.89	—	—	—	1.000 0
名称		单位	单价(元)	消耗量			
人工	二类人工	工日	135.00	9.624 0	7.320 0	7.482 0	5.700 0
材料	扒钉	kg	3.73	9.140 0	9.140 0	9.140 0	9.140 0
	镀锌铁丝 10#	kg	5.38	7.200 0	7.200 0	7.200 0	7.200 0
	混凝土实心砖 240×115×53 MU10	千块	388.00	—	—	0.188 0	0.188 0
	木挡土板	m³	1 789.00	0.395 0	0.395 0	0.240 0	0.237 0
	钢套管	kg	3.88	—	15.613 0	—	15.613 0
	圆木桩	m³	1 379.00	0.226 0	—	0.226 0	—
	木模板	m³	1 445.00	0.065 0	0.060 0	0.051 0	0.049 0
	铁撑脚	kg	8.17	—	19.301 0	—	19.301 0

2. 钢制挡土板

工作内容:制作,运输,安装,拆除,堆放指定点。　　　　**计量单位**:$100m^2$

定额编号				1-155	1-156	1-157	1-158
项目				密挡土板		疏挡土板	
				木支撑	钢支撑	木支撑	钢支撑
基价(元)				**2 331.16**	**1 932.47**	**1 942.13**	**1 603.21**
其中	人工费(元)			1 299.24	1 001.16	1 018.17	778.41
	材料费(元)			874.93	774.32	814.88	715.72
	机械费(元)			156.99	156.99	109.08	109.08
预算定额编号	项目名称	单位	单价(元)	消耗量			
1-479	钢制挡土板 密挡土板 木支撑	$100m^2$	2 331.16	1.000 0	—	—	—
1-480	钢制挡土板 密挡土板 钢支撑	$100m^2$	1 932.47	—	1.000 0	—	—
1-481	钢制挡土板 疏挡土板 木支撑	$100m^2$	1 942.13	—	—	1.000 0	—
1-482	钢制挡土板 疏挡土板 钢支撑	$100m^2$	1 603.21	—	—	—	1.000 0
	名称	单位	单价(元)	消耗量			
人工	二类人工	工日	135.00	9.624 0	7.416 0	7.542 0	5.766 0
材料	钢挡土板	t	4 310.00	0.092 0	0.092 0	0.064 0	0.064 0
	扒钉	kg	3.73	9.140 0	9.140 0	9.140 0	9.140 0
	镀锌铁丝 10#	kg	5.38	7.200 0	7.200 0	7.200 0	7.200 0
	混凝土实心砖 240×115×53 MU10	千块	388.00	—	—	0.160 0	0.160 0
	钢套管	kg	3.88	—	15.613 0	—	15.613 0
	圆木桩	m^3	1 379.00	0.226 0	—	0.226 0	—
	木模板	m^3	1 445.00	0.065 0	0.060 0	0.064 0	0.060 0
	铁撑脚	kg	8.17	—	19.301 0	—	19.301 0

3. 钢制桩挡土板

工作内容:打、拔槽型钢板桩;支撑制作,运输,安装,拆除,堆放指定点。　　　　**计量单位**:$100m^2$

定额编号				1-159	1-160
项目				木支撑	钢支撑
基价(元)				**5 510.14**	**5 444.35**
其中	人工费(元)			1 668.83	1 646.15
	材料费(元)			1 514.09	1 470.98
	机械费(元)			2 327.22	2 327.22
预算定额编号	项目名称	单位	单价(元)	消耗量	
1-436	陆上挖掘机打、拔拉森钢板桩 拔 8m 以内 三类土	10t	1 847.04	0.950 0	0.950 0
1-446	陆上柴油打桩机打槽型钢板桩 打 8m 以内 三类土	10t	3 321.36	0.950 0	0.950 0
1-483	木支撑	$100m^2$	600.16	1.000 0	—
1-484	钢支撑	$100m^2$	534.37	—	1.000 0
	名称	单位	单价(元)	消耗量	
人工	二类人工	工日	135.00	12.362 0	12.194 0
材料	槽钢 综合	t	4 052.00	0.030 0	0.030 0
	槽型钢板桩	t	4 828.00	0.218 5	0.218 5
	扒钉	kg	3.73	3.920 0	3.920 0
	镀锌铁丝 10#	kg	5.38	22.100 0	22.100 0
	钢套管	kg	3.88	—	6.691 0
	圆木桩	m^3	1 379.00	0.097 0	—
	木模板	m^3	1 445.00	0.034 0	0.032 0
	铁撑脚	kg	8.17	—	8.272 0

4. 混凝土支撑

工作内容:混凝土浇筑,抹平,模板,浇水养护等全部操作过程。 **计量单位**:$10m^3$

定额编号				1-161
项目				混凝土支撑制作
基价(元)				**9 938.48**
其中	人工费(元)			2 615.14
	材料费(元)			6 589.28
	机械费(元)			734.06
预算定额编号	项目名称	单位	单价(元)	消耗量
1-485	混凝土支撑制作 混凝土	$10m^3$	5 028.03	1.000 0
1-486	混凝土支撑制作 模板	$10m^2$	565.72	8.680 0
名称		单位	单价(元)	消耗量
人工	二类人工	工日	135.00	19.371 0
材料	零星卡具	kg	5.88	9.843 1
	铁件	kg	3.71	142.716 6
	无纺土工布	m^2	8.62	7.333 0
	圆钉	kg	4.74	22.134 0
	泵送商品混凝土 C25	m^3	447.00	10.100 0
	水	m^3	4.27	0.821 0
	钢模板	kg	5.96	67.105 1
	木模板	m^3	1 445.00	0.633 6

5. 大型基坑钢支撑安装、拆除

工作内容:吊车配合,围令、支撑驳运卸车,定位放样,槽壁面凿除预埋件,钢牛腿焊接,支撑拼接,焊接安全栏杆,安装定位,活络接头固定,切割,调出支撑分段,装车及堆放。 **计量单位**:t

定额编号				1-162
项目				安装、拆除
基价(元)				**1 045.95**
其中	人工费(元)			357.21
	材料费(元)			226.28
	机械费(元)			462.46
预算定额编号	项目名称	单位	单价(元)	消耗量
1-489	大型基坑钢支撑安装	t	640.86	1.000 0
1-490	大型基坑钢支撑拆除	t	405.09	1.000 0
名称		单位	单价(元)	消耗量
人工	二类人工	工日	135.00	2.646 0
材料	中厚钢板	kg	3.71	4.750 0
	六角带帽螺栓	kg	5.47	2.140 0
	电焊条	kg	4.31	0.660 0
	预埋铁件	kg	3.75	7.000 0
	枕木	m^3	2 457.00	0.020 0
	钢支撑	kg	3.97	27.000 0
	钢围檩	kg	3.09	3.180 0

三、脚手架工程

1.脚 手 架

工作内容:清理场地,搭脚手架,挂安全网,拆除,堆放,材料场内运输。 **计量单位**:$100m^2$

定额编号				1-163	1-164
项目				单排	双排
基价(元)				**656.71**	**872.83**
其中	人工费(元)			412.29	547.56
	材料费(元)			207.50	277.27
	机械费(元)			36.92	48.00
预算定额编号	项目名称	单位	单价(元)	消耗量	
1-492	钢管脚手架 单排8m以内	$100m^2$	656.71	1.0000	—
1-494	钢管脚手架 双排8m以内	$100m^2$	872.83	—	1.0000
	名称	单位	单价(元)	消耗量	
人工	二类人工	工日	135.00	3.0540	4.0560
材料	底座	个	2.03	0.2500	0.4300
	安全网	m^2	7.76	1.3800	1.3800
	脚手管扣件	个	4.14	4.3900	6.4800
	脚手架钢管	t	3621.00	0.0360	0.0500
	竹脚手片	m^2	8.19	5.1100	5.9800

2.浇混凝土用仓面脚手架

工作内容:清理场地,搭脚手架,挂安全网,拆除,堆放,材料场内运输。 **计量单位**:$100m^2$

定额编号				1-165
项目				支架高度在1.5m以内
基价(元)				**908.13**
其中	人工费(元)			388.80
	材料费(元)			482.41
	机械费(元)			36.92
预算定额编号	项目名称	单位	单价(元)	消耗量
1-495	支架高度在1.5m以内	$100m^2$	908.13	1.0000
	名称	单位	单价(元)	消耗量
人工	二类人工	工日	135.00	2.8800
材料	铁件	kg	3.71	1.0000
	圆钉	kg	4.74	0.7000
	圆木桩	m^3	1379.00	0.2000
	木脚手板	m^3	1124.00	0.1600

四、围 堰 工 程

1.围 堰 工 程

工作内容:清理基底,50m范围内取、装、运土,编织袋装土,封包运输,堆筑,填土夯实,拆除清理,弃渣运输。

计量单位:100m³

定额编号				1-166	1-167
项目				筑土围堰	编织袋围堰
基价(元)				**8 468.47**	**12 648.21**
其中	人工费(元)			4 529.34	7 192.26
	材料费(元)			—	2 423.67
	机械费(元)			3 939.13	3 032.28
预算定额编号	项目名称	单位	单价(元)	消耗量	
1-71	挖掘机挖土装车 一、二类土	1 000m³	3 057.45	0.121 0	0.093 0
1-94	自卸汽车运土方 运距1km以内	1 000m³	5 564.89	0.121 0	0.093 0
1-95H	自卸汽车运土方 运距增加14km	1 000m³	21 792.54	0.121 0	0.093 0
1-496	土草围堰 筑土围堰	100m³	4 788.27	1.000 0	—
1-497	土草围堰 编织袋围堰	100m³	9 819.63	—	1.000 0
	名称	单位	单价(元)	消耗量	
人工	一类人工	工日	125.00	0.348 0	0.268 0
	二类人工	工日	135.00	33.228 0	53.028 0
材料	黏土	m³	—	(121.000 0)	(93.000 0)
	麻绳	kg	7.51	—	9.250 0
	尼龙编织袋	只	1.58	—	1 490.000 0

工作内容：清理基底，50m 范围内取土，块石抛填，浇筑混凝土或干砌堆筑石料，拆除清理，弃渣运输。

计量单位：$100m^3$

定额编号				1-168	1-169
项目				过水土、石围堰	不过水土、石围堰
基价（元）				**26 890.67**	**24 782.54**
其中	人工费（元）			5 888.10	8 151.23
	材料费（元）			14 653.24	10 735.34
	机械费（元）			6 349.33	5 895.97
预算定额编号	项目名称	单位	单价(元)	消耗量	
1-71	挖掘机挖土装车 一、二类土	$1\ 000m^3$	3 057.45	0.041 7	0.040 1
1-94	自卸汽车运土方 运距 1km 以内	$1\ 000m^3$	5 564.89	0.041 7	0.040 1
1-95H	自卸汽车运土方 运距增加 14km	$1\ 000m^3$	21 792.54	0.041 7	0.040 1
1-154	履带式液压挖掘机挖碴 装车	$1\ 000m^3$	5 813.63	0.079 2	0.097 7
1-155	自卸汽车运石碴 运距 1km 以内	$1\ 000m^3$	9 052.97	0.079 2	0.097 7
1-156H	自卸汽车运石碴 运距增加 14km	$1\ 000m^3$	31 021.06	0.079 2	0.097 7
1-401	拆除混凝土障碍物 岩石破碎机拆除 无筋	$10m^3$	855.40	1.682 0	—
1-498	过水土、石围堰	$100m^3$	20 549.28	1.000 0	—
1-499	不过水土、石围堰	$100m^3$	19 079.68	—	1.000 0
名称		单位	单价(元)	消耗量	
人工	一类人工	工日	125.00	0.348 0	0.397 0
	二类人工	工日	135.00	43.293 0	60.012 0
材料	黏土	m^3	—	(41.660 0)	(40.070 0)
	碎石 综合	t	102.00	15.860 0	—
	非泵送商品混凝土 C20	m^3	412.00	16.820 0	—
	木模板	m^3	1 445.00	0.065 0	—
	圆钉	kg	4.74	6.180 0	—
	水	m^3	4.27	3.690 0	—
	块石	t	77.67	74.620 0	128.640 0
	砂砾 综合	t	50.11	—	12.950 0

工作内容:打、拔圆木桩,安挡竹篱笆,挂草帘,铁丝固定木桩,50m 内取土,夯填,拆除清理,弃渣运输。

计量单位:10m

定额编号				1-170	1-171	1-172
项目				双排圆木桩围堰高		
				3m 以内	4m 以内	5m 以内
基价(元)				8 601.75	13 998.74	18 113.05
其中	人工费(元)			4 367.90	7 653.15	10 137.16
	材料费(元)			1 426.28	1 900.96	2 370.12
	机械费(元)			2 807.57	4 444.63	5 605.77
预算定额编号	项目名称	单位	单价(元)	消耗量		
1-71	挖掘机挖土装车 一、二类土	1 000m^3	3 057.45	0.063 0	0.105 0	0.132 0
1-94	自卸汽车运土方 运距 1km 以内	1 000m^3	5 564.89	0.063 0	0.105 0	0.132 0
1-95H	自卸汽车运土方 运距增加 14km	1 000m^3	21 792.54	0.063 0	0.105 0	0.132 0
1-422	陆上挖掘机打、拔圆木桩 打 6m 以内 三类土	10m^3	3 245.53	0.513 0	0.693 0	0.886 0
1-424	陆上挖掘机打、拔圆木桩 拔 6m 以内 三类土	10m^3	875.77	0.513 0	0.693 0	0.886 0
1-500	双排圆木桩围堰高 3m 以内	10m	4 571.38	1.000 0	—	—
1-501	双排圆木桩围堰高 4m 以内	10m	7 949.12	—	1.000 0	—
1-502	双排圆木桩围堰高 5m 以内	10m	10 446.81	—	—	1.000 0
名称		单位	单价(元)	消耗量		
人工	一类人工	工日	125.00	0.181 0	0.302 0	0.380 0
	二类人工	工日	135.00	32.187 0	56.410 0	74.738 0
材料	黏土	m^3	—	(63.180 0)	(105.300 0)	(131.630 0)
	圆木桩	m^3	—	(5.130 0)	(6.930 0)	(8.860 0)
	草帘	m^2	2.76	63.000 0	83.360 0	104.200 0
	镀锌铁丝 8#	kg	6.55	24.150 0	28.620 0	28.620 0
	竹篱片	m^2	2.83	61.800 0	82.480 0	103.100 0
	桩靴	kg	4.85	17.939 6	24.234 2	30.983 4

工作内容：打、拔钢桩，安挡土篱笆、挂草帘、铁丝固定钢桩、50m 取土、夯填，拆除清理，弃渣运输。　**计量单位**：10m

定额编号					1-173	1-174	1-175
项目					双排钢桩围堰高		
					4m 以内	5m 以内	6m 以内
基　价（元）					**14 583.23**	**18 436.53**	**25 229.55**
其中	人工费（元）				7 706.38	9 950.09	14 419.50
	材料费（元）				1 577.68	1 888.87	2 102.43
	机械费（元）				5 299.17	6 597.57	8 707.62
预算定额编号	项目名称		单位	单价(元)	消耗量		
1-71	挖掘机挖土装车 一、二类土		1 000m³	3 057.45	0.105 0	0.132 0	0.190 0
1-94	自卸汽车运土方 运距 1km 以内		1 000m³	5 564.89	0.105 0	0.132 0	0.190 0
1-95H	自卸汽车运土方 运距增加 14km		1 000m³	21 792.54	0.105 0	0.132 0	0.190 0
1-456	水上柴油打桩机打槽型钢板桩 打 12m 以内 三类土		10t	3 103.22	0.776 0	0.950 0	1.037 0
1-468	水上挖掘机打、拔拉森钢板桩 拔 12m 以内 三类土		10t	1 648.09	0.776 0	0.950 0	1.037 0
1-503	双排钢桩围堰高 4m 以内		10m	7 702.65	1.000 0	—	—
1-504	双排钢桩围堰高 5m 以内		10m	9 908.02	—	1.000 0	—
1-505	双排钢桩围堰高 6m 以内		10m	14 523.61	—	—	1.000 0
名称			单位	单价(元)	消耗量		
人工	一类人工		工日	125.00	0.302 0	0.380 0	0.547 0
	二类人工		工日	135.00	56.804 0	73.352 0	106.304 0
材料	槽钢 综合		t	—	(7.776 0)	(9.504 0)	(10.370 0)
	黏土		m³	—	(105.300 0)	(131.630 0)	(189.540 0)
	草帘		m²	2.76	83.360 0	104.200 0	125.040 0
	镀锌铁丝 8#		kg	6.55	28.360 0	28.360 0	28.360 0
	竹篱片		m²	2.83	82.480 0	103.100 0	123.720 0

工作内容：打、拔钢板桩，50m 内取土，夯填，压草袋，拆除清理，弃渣运输。　**计量单位**：10m

定额编号					1-176	1-177	1-178
项目					双排钢板围堰高		
					4m 以内	5m 以内	6m 以内
基　价（元）					**19 866.26**	**25 310.00**	**32 760.41**
其中	人工费（元）				8 588.34	11 415.48	15 883.05
	材料费（元）				2 950.81	3 617.36	4 208.20
	机械费（元）				8 327.11	10 277.16	12 669.16
预算定额编号	项目名称		单位	单价(元)	消耗量		
1-71	挖掘机挖土装车 一、二类土		1 000m³	3 057.45	0.103 0	0.129 0	0.185 0
1-94	自卸汽车运土方 运距 1km 以内		1 000m³	5 564.89	0.103 0	0.129 0	0.185 0
1-95H	自卸汽车运土方 运距增加 14km		1 000m³	21 792.54	0.103 0	0.129 0	0.185 0
1-456	水上柴油打桩机打槽型钢板桩打 12m 以内 三类土		10t	3 103.22	2.067 0	2.526 0	2.756 0
1-468	水上挖掘机打、拔拉森钢板桩拔 12m 以内 三类土		10t	1 648.09	2.067 0	2.526 0	2.756 0
1-506	双排钢板围堰高 4m 以内		10m	6 912.57	1.000 0	—	—
1-507	双排钢板围堰高 5m 以内		10m	9 384.67	—	1.000 0	—
1-508	双排钢板围堰高 6m 以内		10m	14 039.05	—	—	1.000 0
名称			单位	单价(元)	消耗量		
人工	一类人工		工日	125.00	0.297 0	0.372 0	0.533 0
	二类人工		工日	135.00	63.343 0	84.215 0	117.159 0
材料	黏土		m³	—	(103.080 0)	(128.580 0)	(185.000 0)
	钢板桩		t	—	(20.671 0)	(25.261 0)	(27.557 0)
	草袋		个	3.62	167.000 0	209.000 0	301.000 0

2. 筑 岛 填 心

工作内容:50m 内取土运砂,填筑,夯实,拆除清理。 **计量单位**:100m³

定额编号				1-179	1-180	1-181	1-182	1-183	1-184
项目				填土		填砂		填砂砾石	
				夯填	松填	夯填	松填	夯填	松填
基价(元)				**4 969.76**	**4 170.89**	**18 153.55**	**14 067.44**	**15 746.45**	**12 267.52**
其中	人工费(元)			4 638.87	3 945.51	2 827.71	2 215.35	4 142.34	2 990.52
	材料费(元)			—	—	14 928.87	11 586.59	11 220.20	9 011.50
	机械费(元)			330.89	225.38	396.97	265.50	383.91	265.50
预算定额编号	项目名称	单位	单价(元)	消耗量					
1-512	筑岛填心 填土 夯填	100m³	4 969.76	1.000 0	—	—	—	—	—
1-513	筑岛填心 填土 松填	100m³	4 170.89	—	1.000 0	—	—	—	—
1-514	筑岛填心 填砂 夯填	100m³	18 153.55	—	—	1.000 0	—	—	—
1-515	筑岛填心 填砂 松填	100m³	14 067.44	—	—	—	1.000 0	—	—
1-516	筑岛填心 填砂砾石 夯填	100m³	15 746.45	—	—	—	—	1.000 0	—
1-517	筑岛填心 填砂砾石 松填	100m³	12 267.52	—	—	—	—	—	1.000 0
	名称	单位	单价(元)	消耗量					
人工	二类人工	工日	135.00	34.362 0	29.226 0	20.946 0	16.410 0	30.684 0	22.152 0
材料	黏土	m³	—	(105.000 0)	(90.000 0)	—	—	—	—
	黄砂 毛砂	t	87.38	—	—	170.850 0	132.600 0	—	—
	砂砾石	t	67.96	—	—	—	—	165.100 0	132.600 0

五、施工降水、排水

1. 轻 型 井 点

工作内容:1. 安装、拆除:井管装配、地面试管,铺总管,装拆水泵,钻孔沉管,灌砂封口,连接,试抽;拔管,拆管,回填,清洗整理,堆放。

2. 使用:抽水,井管堵漏。 **计量单位**:见表

定额编号				1-185	1-186
项目				安装、拆除	使用
计量单位				10 根	套·d
基价(元)				**1 968.62**	**583.58**
其中	人工费(元)			681.89	364.50
	材料费(元)			560.49	24.89
	机械费(元)			726.24	194.19
预算定额编号	项目名称	单位	单价(元)	消耗量	
1-518	轻型井点 安装	10 根	1 188.59	1.000 0	—
1-519	轻型井点 拆除	10 根	780.03	1.000 0	—
1-520	轻型井点 使用	套·d	583.58	—	1.000 0
	名称	单位	单价(元)	消耗量	
人工	二类人工	工日	135.00	5.051 0	2.700 0
材料	黄砂 净砂	t	92.23	4.720 0	—
	橡胶管 $D50$	m	17.24	1.700 0	—
	轻型井点总管 $D100$	m	47.22	0.011 0	0.040 0
	轻型井点总管 $\phi40$	m	26.53	0.220 0	0.830 0
	水	m³	4.27	18.180 0	—

2. 直流深井降水

工作内容:钻孔、安装井管、装水泵、滤砂、孔口封土及拆管、清洗、整理等全部操作过程。　　**计量单位**:见表

				1-187	1-188	1-189
定额编号				1-187	1-188	1-189
项目				直流深井降水(井管深 20m,钻孔 D800)		
				安、拆深井	每增减 1m	使用
计量单位				座		座·d
基价(元)				**6 999.63**	**305.42**	**48.57**
其中	人工费(元)			1 155.06	37.53	7.56
	材料费(元)			4 122.56	206.48	—
	机械费(元)			1 722.01	61.41	41.01
预算定额编号	项目名称	单位	单价(元)	消耗量		
1-546	直流深井降水(井管深 20m,钻孔 D800) 安、拆深井	座	6 999.63	1.000 0	—	—
1-547	直流深井降水(井管深 20m,钻孔 D800) 每增减 1m	座	305.42	—	1.000 0	—
1-548	直流深井降水(井管深 20m,钻孔 D800) 使用	座·d	48.57	—	—	1.000 0
名称		单位	单价(元)	消耗量		
人工	二类人工	工日	135.00	8.556 0	0.278 0	0.056 0
材料	镀锌铁丝	kg	6.55	13.500 0	0.660 0	—
	黄砂 净砂	t	92.23	16.000 0	0.800 0	—
	黏土	m^3	32.04	0.580 0	0.029 0	—
	PVC－U 加筋管 DN400	m	101.00	21.000 0	1.050 0	—
	水	m^3	4.27	46.000 0	2.400 0	—
	密目网	m^2	4.79	27.630 0	1.385 0	—

3. 大口径井点

工作内容:1. 安装、拆除:井管装配、地面试管,铺总管,装拆水泵箱,钻孔沉管,清孔,卸 ϕ400 滤水钢管、定位、安装滤水钢管,外壁灌砂,封口,连接,试抽;拔管,拆管,灌砂,清洗整理,堆放。

2. 使用:抽水,井管堵漏。

计量单位:见表

定额编号				1-190	1-191	1-192	1-193
项目				井管深 15m		井管深 25m	
				安装、拆除	使用	安装、拆除	使用
计量单位				10 根	套·d	10 根	套·d
基价(元)				**45 891.72**	**1 384.61**	**63 528.83**	**1 530.97**
其中	人工费(元)			15 778.80	243.00	20 355.30	243.00
	材料费(元)			16 928.20	292.55	24 917.23	438.91
	机械费(元)			13 184.72	849.06	18 256.30	849.06
预算定额编号	项目名称	单位	单价(元)	消耗量			
1-536	大口径井点 井管深 15m 安装	10 根	30 947.25	1.000 0	—	—	—
1-537	大口径井点 井管深 15m 拆除	10 根	14 944.47	1.000 0	—	—	—
1-538	大口径井点 井管深 15m 使用	套·d	1 384.61	—	1.000 0	—	—
1-539	大口径井点 井管深 25m 安装	10 根	44 225.07	—	—	1.000 0	—
1-540	大口径井点 井管深 25m 拆除	10 根	19 303.76	—	—	1.000 0	—
1-541	大口径井点 井管深 25m 使用	套·d	1 530.97	—	—	—	1.000 0
名称		单位	单价(元)	消耗量			
人工	二类人工	工日	135.00	116.880 0	1.800 0	150.780 0	1.800 0
材料	黄砂 净砂	t	92.23	148.950 0	—	218.270 0	—
	井管 ϕ400	m	159.00	1.950 0	1.500 0	2.930 0	2.250 0
	喷射井点井管 ϕ159	m	89.66	0.046 0	0.120 0	0.046 0	0.120 0
	水箱	kg	4.29	1.120 0	1.020 0	1.120 0	1.020 0
	水	m^3	4.27	660.000 0	—	990.000 0	—
	大口径井点吸水器 15m	套	583.00	0.060 0	0.060 0	—	—
	大口径井点吸水器 25m	套	668.00	—	—	0.090 0	0.090 0

4. 湿土排水、抽水

工作内容:1. 湿土排水:抽水机具的安装、移动、拆除以及施工期间的全部排水。

2. 抽水:水泵就位、抽水、移动等。

计量单位:$100m^3$

定额编号				1-194	1-195
项目				湿土排水	抽水
基价(元)				**689.99**	**98.39**
其中	人工费(元)			243.00	81.00
	材料费(元)			—	—
	机械费(元)			446.99	17.39
预算定额编号	项目名称	单位	单价(元)	消耗量	
1-552	湿土排水	$100m^3$	689.99	1.000 0	—
1-553	抽水	$100m^3$	98.39	—	1.000 0
名称		单位	单价(元)	消耗量	
人工	二类人工	工日	135.00	1.800 0	0.600 0

六、固定式施工围挡

工作内容：挖基础、土方外运；混凝土基础；模板制作、安装、拆除；砖砌体砌筑及抹灰、材料运输；立杆制作、安装，材料运输，拆除。

计量单位：$100m^2$

定额编号				1-196
项目				围挡板
基价（元）				**10 910.91**
其中	人工费（元）			3 304.70
	材料费（元）			6 543.62
	机械费（元）			1 062.59
预算定额编号	项目名称	单位	单价(元)	消耗量
14-121	金属面 镀锌	$100m^2$	1 696.42	0.301 0
1-18	人工挖沟槽、基坑土方 三类土 深度在4m以内	$100m^3$	3 178.50	0.279 0
1-94	自卸汽车运土方 运距1km以内	$1\ 000m^3$	5 564.89	0.002 0
1-95H	自卸汽车运土方 运距增加14km	$1\ 000m^3$	21 792.54	0.002 0
1-116	机械 填土夯实 槽、坑	$100m^3$	1 051.68	0.223 0
1-593	固定式施工围挡 混凝土基础	$10m^3$	4 540.47	0.159 0
1-594	固定式施工围挡 模板	$10m^2$	370.91	0.760 0
1-595	固定式施工围挡 砖砌体	$10m^3$	4 208.07	0.340 0
1-596	固定式施工围挡 围挡板	$100m^2$	4 506.27	1.000 0
3-185	钢立柱安装	t	858.73	1.678 0
3-187	基础 垫层混凝土	$10m^3$	4 522.98	0.063 0
3-529	水泥砂浆抹面 墙面无嵌线	$100m^2$	2 042.18	0.273 0
名称		单位	单价(元)	消耗量
人工	一类人工	工日	125.00	8.572 0
	二类人工	工日	135.00	16.287 0
	三类人工	工日	155.00	0.223 0
材料	钢立柱	t	—	(1.678 0)
	双面彩钢夹芯板 0.4×0.3×75	m^2	84.83	38.550 0
	混凝土实心砖 240×115×53 MU10	千块	388.00	1.778 2
	非泵送商品混凝土 C15	m^3	399.00	0.636 3
	非泵送商品混凝土 C20	m^3	412.00	1.605 9
	板枋材	m^3	2 069.00	0.040 3
	水	m^3	4.27	3.239 5
	钢模板	kg	5.96	4.841 2
	木模板	m^3	1 445.00	0.022 8
	脚手管扣件	个	4.14	1.190 0
	脚手架钢管	t	3 621.00	0.014 0
	纯水泥浆	m^3	430.36	0.028 1
	干混抹灰砂浆 DP M20.0	m^3	446.95	0.601 7
	干混砌筑砂浆 DM M7.5	m^3	413.73	0.823 1

七、工程监测、监控

1. 地表监测孔布置

工作内容:测点布置、仪表标定、钻孔、导向管加工、预埋件加工埋设、安装导向管磁环、浇灌水泥浆、钻孔、测读初读数。

计量单位:孔

定额编号				1-197	1-198	1-199
项目				土体分层沉降		
				10m	20m	30m
基价(元)				**1 093.40**	**1 958.08**	**2 822.85**
其中	人工费(元)			259.34	360.86	462.51
	材料费(元)			752.38	1 491.71	2 230.99
	机械费(元)			81.68	105.51	129.35
预算定额编号	项目名称	单位	单价(元)	消耗量		
1-554	地表监测孔布置 土体分层沉降 10m	孔	1 093.40	1.000 0	—	—
1-555	地表监测孔布置 土体分层沉降 20m	孔	1 958.08	—	1.000 0	—
1-556	地表监测孔布置 土体分层沉降 30m	孔	2 822.85	—	—	1.000 0
	名称	单位	单价(元)	消耗量		
人工	二类人工	工日	135.00	1.921 0	2.673 0	3.426 0
材料	保护圈盖	套	12.93	1.000 0	1.000 0	1.000 0
	普通硅酸盐水泥 P·O 42.5 综合	kg	0.34	387.600 0	775.200 0	1 162.800 0
	膨润土	kg	0.47	115.710 0	231.420 0	347.130 0
	促进剂 KA	kg	4.61	7.830 0	15.660 0	23.480 0
	导向铝管 ϕ30	m	19.63	12.000 0	24.000 0	36.000 0
	塑料注浆阀管	m	11.51	10.500 0	21.000 0	31.500 0
	磁环(夹具)	个	12.93	5.500 0	11.000 0	16.500 0
	磁环	个	15.52	5.500 0	11.000 0	16.500 0

工作内容:测点布置、仪表标定、钻孔、斜管加工焊接、埋设测斜管、浇灌水泥浆、做保护圈盖、测读初读数。

计量单位:孔

定额编号				1-200	1-201	1-202
项目				土体水平位移		
				10m	20m	30m
基价(元)				**900.74**	**1 572.62**	**2 244.45**
其中	人工费(元)			272.70	387.59	502.47
	材料费(元)			546.36	1 079.52	1 612.63
	机械费(元)			81.68	105.51	129.35
预算定额编号	项目名称	单位	单价(元)	消耗量		
1-557	地表监测孔布置 土体水平位移 10m	孔	900.74	1.000 0	—	—
1-558	地表监测孔布置 土体水平位移 20m	孔	1 572.62	—	1.000 0	—
1-559	地表监测孔布置 土体水平位移 30m	孔	2 244.45	—	—	1.000 0
	名称	单位	单价(元)	消耗量		
人工	二类人工	工日	135.00	2.020 0	2.871 0	3.722 0
材料	保护圈盖	套	12.93	1.000 0	1.000 0	1.000 0
	普通硅酸盐水泥 P·O 42.5 综合	kg	0.34	387.600 0	775.200 0	1 162.800 0
	膨润土	kg	0.47	115.710 0	231.420 0	347.130 0
	促进剂 KA	kg	4.61	7.830 0	15.660 0	23.480 0
	塑料测斜管 ϕ80	m	16.81	11.000 0	22.000 0	33.000 0
	塑料注浆阀管	m	11.51	10.500 0	21.000 0	31.500 0

工作内容:测点布置、密封检查、钻孔、接线、预埋件加工、埋设、接线、埋设泥球形成止水隔离层、回填黄砂及原状土、钻孔、测读初读数。

计量单位:孔

定额编号				1-203	1-204	1-205	1-206
项目				孔隙水压力			水位观察孔
				10m	20m	30m	15m
基价(元)				**733.34**	**867.48**	**1 016.61**	**1 068.61**
其中	人工费(元)			208.44	237.87	267.30	267.30
	材料费(元)			449.88	532.08	614.27	715.03
	机械费(元)			75.02	97.53	135.04	86.28
预算定额编号	项目名称	单位	单价(元)	消耗量			
1-560	地表监测孔布置 孔隙水压力10m	孔	733.34	1.000 0	—	—	—
1-561	地表监测孔布置 孔隙水压力20m	孔	867.48	—	1.000 0	—	—
1-562	地表监测孔布置 孔隙水压力30m	孔	1 016.61	—	—	1.000 0	—
1-563	地表监测孔布置 水位观察孔15m	孔	1 068.61	—	—	—	1.000 0
	名称	单位	单价(元)	消耗量			
人工	二类人工	工日	135.00	1.544 0	1.762 0	1.980 0	1.980 0
材料	保护圈盖	套	12.93	1.000 0	1.000 0	1.000 0	1.000 0
	膨润土	kg	0.47	115.710 0	231.420 0	347.130 0	271.000 0
	碳素结构钢流体无缝钢管 70×3	m	36.34	—	—	—	15.400 0
	透水管	m	9.74	—	—	—	1.100 0
	界面式孔隙水压计	支	344.00	1.000 0	1.000 0	1.000 0	—
	屏蔽线二芯	m	2.59	12.600 0	23.100 0	33.600 0	—

工作内容:1. 地表桩:测点布置、预埋标志点、做保护圈盖、测读初读数。
2. 混凝土构件变形:测点布置、测点表面处理、粘贴应变片、做保护圈盖、接线、测读初读数。
3. 建筑物侧斜:测点布置、手枪钻打孔、安装倾斜预埋件、测读初读数。
4. 建筑物振动:测点布置、仪器标定、预埋传感器、测读初读数。

计量单位:个

定额编号				1-207	1-208	1-209	1-210
项目				地表桩	混凝土构件变形	建筑物倾斜	建筑物振动
基价(元)				**372.00**	**106.04**	**322.31**	**304.31**
其中	人工费(元)			109.62	37.40	40.10	40.10
	材料费(元)			249.17	68.64	269.00	251.00
	机械费(元)			13.21	—	13.21	13.21
预算定额编号	项目名称	单位	单价(元)	消耗量			
1-564	地表监测孔布置 地表桩	个	372.00	1.000 0	—	—	—
1-565	地表监测孔布置 混凝土构件变形	个	106.04	—	1.000 0	—	—
1-566	地表监测孔布置 建筑物倾斜	个	322.31	—	—	1.000 0	—
1-567	地表监测孔布置 建筑物振动	个	304.31	—	—	—	1.000 0
	名称	单位	单价(元)	消耗量			
人工	二类人工	工日	135.00	0.812 0	0.277 0	0.297 0	0.297 0
材料	保护圈盖	套	12.93	1.000 0	—	—	—
	倾斜预埋件	个	259.00	—	—	1.000 0	—
	振动预埋件	个	241.00	—	—	—	1.000 0
	非泵送商品混凝土 C30	m^3	438.00	0.500 0	—	—	—
	环氧密封胶	kg	15.52	—	0.110 0	—	—
	应变片	片	6.11	—	4.800 0	—	—
	屏蔽线四芯	m	5.17	—	5.250 0	—	—
	预埋标志点	个	17.24	1.000 0	—	—	—

工作内容: 1. 地下管线沉降、位移:测点布置、开挖暴露管线、埋设抱箍标志头、回填、测读初读数。
2. 混凝土构件钢筋应力:测点布置、钢笼上安装钢筋计、排线固定、保护圈盖、测读初读数。
3. 混凝土构件混凝土应变:测点布置、钢笼上安装混凝土应变计、排线固定、保护圈盖、测读初读数。

计量单位: 个

定额编号				1-211	1-212	1-213	1-214
项目				地下管线沉降	地下管线位移	混凝土构件钢筋应力	混凝土构件混凝土应变
基价(元)				**233.67**	**233.67**	**524.23**	**424.14**
其中	人工费(元)			88.16	88.16	53.46	50.76
	材料费(元)			129.00	129.00	430.95	337.58
	机械费(元)			16.51	16.51	39.82	35.80
预算定额编号	项目名称	单位	单价(元)	消耗量			
1-568	地表监测孔布置 地下管线沉降	个	233.67	1.000 0	—	—	—
1-569	地表监测孔布置 地下管线位移	个	233.67	—	1.000 0	—	—
1-570	地表监测孔布置 混凝土构件钢筋应力	个	524.23	—	—	1.000 0	—
1-571	地表监测孔布置 混凝土构件混凝土应变	个	424.14	—	—	—	1.000 0
名称		单位	单价(元)	消耗量			
人工	二类人工	工日	135.00	0.653 0	0.653 0	0.396 0	0.376 0
材料	保护圈盖	套	12.93	—	—	1.000 0	1.000 0
	钢筋应力计	个	321.00	—	—	1.100 0	—
	混凝土应变计	个	267.00	—	—	—	1.000 0
	屏蔽线二芯	m	2.59	—	—	21.000 0	21.000 0
	管线抱箍标志	个	129.00	1.000 0	1.000 0	—	—

工作内容: 1. 钢支撑轴力:测点布置、仪器标定、安装预埋件、安装轴力计、排线、加预应力读初读数。
2. 混凝土水化热:测点布置、安装预埋件、安装埋设、做保护装置、测读初读数。
3. 混凝土构件界面土压力(孔隙水压力):测点布置、预埋件加工、预埋件埋设、拆除预埋件、安装土压计(孔隙水压计)、测读初读数。

计量单位: 个

定额编号				1-215	1-216	1-217	1-218
项目				钢支撑轴力	混凝土水化热	混凝土结构界面土压力	混凝土结构界面孔隙水压力
基价(元)				**2 430.29**	**139.79**	**758.55**	**801.45**
其中	人工费(元)			80.19	50.76	189.81	189.81
	材料费(元)			2 175.30	53.23	393.94	436.84
	机械费(元)			174.80	35.80	174.80	174.80
预算定额编号	项目名称	单位	单价(元)	消耗量			
1-572	地表监测孔布置 钢支撑轴力	个	2 430.29	1.000 0	—	—	—
1-573	地表监测孔布置 混凝土水化热	个	139.79	—	1.000 0	—	—
1-574	地表监测孔布置 混凝土结构界面土压力	个	758.55	—	—	1.000 0	—
1-575	地表监测孔布置 混凝土结构界面孔隙水压力	个	801.45	—	—	—	1.000 0
名称		单位	单价(元)	消耗量			
人工	二类人工	工日	135.00	0.594 0	0.376 0	1.406 0	1.406 0
材料	碳素结构钢流体无缝钢管 50×3.5	m	24.64	—	—	0.310 0	0.310 0
	铂电阻温度计	支	26.03	—	1.000 0	—	—
	界面式孔隙水压计	支	344.00	—	—	—	1.100 0
	界面式土压计	支	305.00	—	—	1.100 0	—
	支撑轴力计 200t	个	1 451.00	1.100 0	—	—	—
	屏蔽线二芯	m	2.59	10.500 0	10.500 0	5.300 0	5.300 0
	传力板	块	276.00	1.000 0	—	—	—
	木模具	个	37.07	—	—	1.000 0	1.000 0
	反力架	个	276.00	1.000 0	—	—	—

工作内容:测点布置、仪器标定、钢笼安装测斜管、浇捣混凝土、定测斜管倾斜方向、测读初读数。　**计量单位**:孔

定额编号				1-219	1-220	1-221
项目				墙体位移		
				20m	30m	40m
基价（元）				**1 065.92**	**1 317.22**	**1 699.09**
其中	人工费（元）			128.25	154.98	181.71
	材料费（元）			543.85	768.42	992.99
	机械费（元）			393.82	393.82	524.39
预算定额编号	项目名称	单位	单价(元)	消耗量		
1-576	地表监测孔布置 墙体位移 20m	孔	1 065.92	1.000 0	—	—
1-577	地表监测孔布置 墙体位移 30m	孔	1 317.22	—	1.000 0	—
1-578	地表监测孔布置 墙体位移 40m	孔	1 699.09	—	—	1.000 0
	名称	单位	单价(元)	消耗量		
人工	二类人工	工日	135.00	0.950 0	1.148 0	1.346 0
材料	热轧光圆钢筋 综合	t	3 966.00	0.030 0	0.040 0	0.050 0
	碳素结构钢流体无缝钢管 102×4	m	53.45	1.030 0	1.030 0	1.030 0
	塑料测斜管 ϕ80	m	16.81	22.000 0	33.000 0	44.000 0

工作内容:测点布置、仪器标定、钢笼安装 ϕ50 钢管、测读深度、测试、做测试报告。　**计量单位**:孔

定额编号				1-222	1-223
项目				超声波	
				45m 以内	45m 以外
基价（元）				**4 292.24**	**6 154.17**
其中	人工费（元）			320.76	400.95
	材料费（元）			3 971.48	5 753.22
	机械费（元）			—	—
预算定额编号	项目名称	单位	单价(元)	消耗量	
1-579	地表监测孔布置 超声波 45m 以内	孔	4 292.24	1.000 0	—
1-580	地表监测孔布置 超声波 45m 以外	孔	6 154.17	—	1.000 0
	名称	单位	单价(元)	消耗量	
人工	二类人工	工日	135.00	2.376 0	2.970 0
材料	碳素结构钢流体无缝钢管 50×3.5	m	24.64	123.000 0	184.500 0
	活接头 ϕ50	个	4.24	61.500 0	92.250 0

2. 地下监测孔布置

工作内容: 1. 基坑回弹:测点布置、仪器标定,钻孔,埋设,水泥灌浆,做保护圈盖,测读初读数。

2. 混凝土支撑轴力:测点布置、仪器标定、埋设、测读初读数。

3. 隧道纵向沉降及位移:测点布置、仪器标定、埋设、测读初读数。

计量单位: 见表

定额编号				1-224	1-225	1-226
项目				基坑回弹	混凝土支撑轴力	隧道纵向沉降及位移
计量单位				孔	断面	个
基价(元)				**2 305.57**	**1 586.11**	**118.46**
其中	人工费(元)			315.36	112.32	61.43
	材料费(元)			1 661.45	1 473.79	42.67
	机械费(元)			328.76	—	14.36
预算定额编号	项目名称	单位	单价(元)	消耗量		
1-581	地下监测孔布置 基坑回弹	孔	2 305.57	1.000 0	—	—
1-582	地下监测孔布置 混凝土支撑轴力	断面	1 586.11	—	1.000 0	—
1-583	地下监测孔布置 隧道纵向沉降及位移	个	118.46	—	—	1.000 0
	名称	单位	单价(元)	消耗量		
人工	二类人工	工日	135.00	2.336 0	0.832 0	0.455 0
材料	保护圈盖	套	12.93	1.000 0	—	—
	普通硅酸盐水泥 P·O 42.5 综合	kg	0.34	775.200 0	—	—
	膨润土	kg	0.47	231.420 0	—	—
	促进剂 KA	kg	4.61	15.660 0	—	—
	导向铝管 ϕ30	m	19.63	30.000 0	—	—
	塑料注浆阀管	m	11.51	26.250 0	—	—
	钢筋应力计	个	321.00	—	4.400 0	—
	磁环(夹具)	个	12.93	11.000 0	—	—
	磁环	个	15.52	11.000 0	—	—
	屏蔽线二芯	m	2.59	—	15.800 0	—
	沉降预埋点	个	38.79	—	—	1.100 0

工作内容: 1. 隧道直径变形(收敛):测点布置、仪器标定、埋设、测读初读数。

2. 隧道环缝纵缝变化:测点布置、仪器标定、埋设、测读初读数。

计量单位: 环(个)

定额编号				1-227	1-228	1-229
项目				隧道直径变形(收敛)	隧道环缝纵缝变化	衬砌表面应变计
基价(元)				**171.65**	**384.86**	**345.63**
其中	人工费(元)			61.43	61.43	61.43
	材料费(元)			93.20	306.41	267.18
	机械费(元)			17.02	17.02	17.02
预算定额编号	项目名称	单位	单价(元)	消耗量		
1-584	地下监测孔布置 隧道直径变形(收敛)	环(个)	171.65	1.000 0	—	—
1-585	地下监测孔布置 隧道环缝纵缝变化	环(个)	384.86	—	1.000 0	—
1-586	地下监测孔布置 衬砌表面应变计	环(个)	345.63	—	—	1.000 0
	名称	单位	单价(元)	消耗量		
人工	二类人工	工日	135.00	0.455 0	0.455 0	0.455 0
材料	预埋件	个	47.41	—	1.000 0	—
	普通硅酸盐水泥 P·O 42.5 综合	kg	0.34	51.000 0	—	—
	应变计	个	229.00	—	—	1.000 0
	应变计预埋件	个	38.18	—	—	1.000 0
	接缝变化装置	个	259.00	—	1.000 0	—
	收敛标志点	个	17.24	4.400 0	—	—

工作内容:测试及数据采集、监测日报表、阶段处理报告、最终报告、资料立案归档。 **计量单位**:组日

定额编号				1-230	1-231	1-232
项目				地面监测		
				3项以内	6项以内	6项以外
基价(元)				**229.58**	**459.15**	**688.73**
其中	人工费(元)			200.48	400.95	601.43
	材料费(元)			29.10	58.20	87.30
	机械费(元)			—	—	—
预算定额编号	项目名称	单位	单价(元)	消耗量		
1-587	监控测试 地面监测3项以内	组日	229.58	1.0000	—	—
1-588	监控测试 地面监测6项以内	组日	459.15	—	1.0000	—
1-589	监控测试 地面监测6项以外	组日	688.73	—	—	1.0000
名称		单位	单价(元)	消耗量		
人工	二类人工	工日	135.00	1.4850	2.9700	4.4550

工作内容:测试及数据采集、监测日报表、阶段处理报告、最终报告、资料立案归档。 **计量单位**:组日

定额编号				1-233	1-234	1-235
项目				地下监测		
				3项以内	6项以内	6项以外
基价(元)				**257.81**	**515.61**	**773.42**
其中	人工费(元)			227.21	454.41	681.62
	材料费(元)			30.60	61.20	91.80
	机械费(元)			—	—	—
预算定额编号	项目名称	单位	单价(元)	消耗量		
1-590	监控测试 地下监测3项以内	组日	257.81	1.0000	—	—
1-591	监控测试 地下监测6项以内	组日	515.61	—	1.0000	—
1-592	监控测试 地下监测6项以外	组日	773.42	—	—	1.0000
名称		单位	单价(元)	消耗量		
人工	二类人工	工日	135.00	1.6830	3.3660	5.0490

八、汽车运输小型构件及半成品混合料

工作内容:装、运输、卸。　　　　　　　　　　　　　　　　计量单位:$10m^3$

定额编号				1-236	1-237	1-238	1-239
项目				运输小型构件		运输半成品混合料	
				运距 1km 以内	运距每增 1km	运距 1km 以内	运距每增 1km
基价(元)				**760.49**	**40.52**	**53.67**	**14.97**
其中	人工费(元)			353.39	—	—	—
	材料费(元)			—	—	—	—
	机械费(元)			407.10	40.52	53.67	14.97
预算定额编号	项目名称	单位	单价(元)	消耗量			
1-601	汽车运输 人力装卸 运距 1km 以内	$10m^3$	767.59	0.900 0	—	—	—
1-602	汽车运输 机械装卸 运距 1km 以内	$10m^3$	696.57	0.100 0	—	—	—
1-603	汽车运输 运距每增 1km	$10m^3$	40.52	—	1.000 0	—	—
1-606	汽车运输 运距 1km	$10m^3$	53.67	—	—	1.000 0	—
1-607	汽车运输 运距每增 1km	$10m^3$	14.97	—	—	—	1.000 0
名称		单位	单价(元)	消耗量			
人工	二类人工	工日	135.00	2.618 0	—	—	—

第七节　大型施工机械进(退)场安拆费

说　　明

一、自升式塔式起重机、施工电梯基础费用:

1. 固定式基础未考虑打桩,发生时可另行计算。

2. 不带配重的自升塔式起重机固定式基础、混凝土搅拌站的基础按实际计算。

二、特、大型机械安装、拆卸费用:

1. 安装、拆卸费中已包括机械安装后的试运转费用。

2. 自升式塔式起重机安装、拆卸费定额是按塔高60m确定的;若塔高超过60m,每增加15m,安装、拆卸费用(扣除试车台班后)增加10%。

3. 步履式柴油打桩机按相应规格柴油打桩机计算,多功能压桩机按相应规格静力压桩机计算。

三、特、大型机械场外运输费用:

1. 场外运输费用为运距25km以内的机械进出场费用,并综合考虑机械的回程费用。

2. 凡利用自身行走装置转移的特、大型机械场外运输费用,按实际发生台班计算,不足0.5台班的,按0.5台班计算,超过0.5台班、不足1台班的,按1台班计算。

3. 特、大型机械在同一施工点内、不同单位工程之间的转移,定额按100m以内综合考虑,若转移距离超过100m:在300m以内的,按相应场外运输费用乘以系数0.30;在500m以内的,按相应场外运输费用乘以系数0.60。若机械为自行移运者,按"利用自身行走装置转移的特、大型机械场外运输费用"的有关规定进行计算。需解体或铺设轨道转移的,其费用另行计算。

4. 步履式柴油打柱机按相应规格柴油打柱机计算;多功能压柱机按相应规格静力压柱机计算;双头搅拌桩机按5t以内轨道式柴油打桩机乘以系数0.70,单头搅拌桩机按5t以内轨道式柴油打柱机乘以系数0.40,振动沉拔桩机、静压振拔桩机、旋喷桩机按5t以内轨道式柴油打柱机计算。

四、凡本定额未考虑到的大型施工机械进(退)场费用,可参照《浙江省市政工程预算定额》(2018版)附录中有关规定计算。

一、土石方及筑路机械进(退)场

计量单位:台次

定额编号				1-240	1-241	1-242	1-243	1-244	1-245	1-246
项目				履带式				强夯机械	压路机	沥青混凝土摊铺机
				挖掘机		推土机				
				$1m^3$ 以内	$1m^3$ 以外	90kW 以内	90kW 以外			
基价(元)				**3 249.84**	**3 921.70**	**2 805.96**	**3 603.15**	**8 349.54**	**2 773.74**	**4 266.14**
其中	人工费(元)			540.00	540.00	540.00	540.00	540.00	405.00	810.00
	材料费(元)			1 181.33	1 360.80	836.01	1 303.25	2 953.14	1 069.91	1 149.19
	机械费(元)			1 528.51	2 020.90	1 429.95	1 759.90	4 856.40	1 298.83	2 306.95
预算定额编号	项目名称	单位	单价(元)	消耗量						
3001	履带式挖掘机 $1m^3$ 以内	台次	3 249.84	1.000 0	—	—	—	—	—	—
3002	履带式挖掘机 $1m^3$ 以外	台次	3 921.70	—	1.000 0	—	—	—	—	—
3003	履带式推土机 90kW 以内	台次	2 805.96	—	—	1.000 0	—	—	—	—
3004	履带式推土机 90kW 以外	台次	3 603.15	—	—	—	1.000 0	—	—	—
3007	强夯机械	台次	8 349.54	—	—	—	—	1.000 0	—	—
3010	压路机	台次	2 773.74	—	—	—	—	—	1.000 0	—
3012	沥青混凝土摊铺机	台次	4 266.14	—	—	—	—	—	—	1.000 0
	名称	单位	单价(元)	消耗量						
人工	二类人工	工日	135.00	4.000 0	4.000 0	4.000 0	4.000 0	4.000 0	3.000 0	6.000 0
材料	镀锌铁丝 综合	kg	5.40	5.000 0	10.000 0	5.000 0	5.000 0	5.000 0	2.000 0	5.000 0
	夹布橡胶平板 δ3	m^2	19.31	—	—	0.780 0	0.780 0	—	—	—
	草袋	个	3.62	10.000 0	15.000 0	10.000 0	20.000 0	20.000 0	10.000 0	20.000 0
	枕木	m^3	2 457.00	0.080 0	0.080 0	0.080 0	0.080 0	0.080 0	0.080 0	0.080 0

二、桩工机械进(退)场及安拆

计量单位:台次

定额编号				1-247	1-248
项目				柴油打桩机	
				5t 以内	5t 以外
基价(元)				**16 363.67**	**17 683.66**
其中	人工费(元)			4 860.00	4 860.00
	材料费(元)			2 819.52	3 196.66
	机械费(元)			8 684.15	9 627.00
预算定额编号	项目名称	单位	单价(元)	消耗量	
2002	柴油打桩机	台次	7 968.86	1.000 0	1.000 0
3008	柴油打桩机 5t 以内	台次	8 394.81	1.000 0	—
3009	柴油打桩机 5t 以外	台次	9 714.80	—	1.000 0
	名称	单位	单价(元)	消耗量	
人工	二类人工	工日	135.00	36.000 0	36.000 0
材料	镀锌铁丝 综合	kg	5.40	10.000 0	10.000 0
	草袋	个	3.62	20.000 0	20.000 0
	镀锌六角螺栓 M12×50	个	0.46	50.000 0	50.000 0

计量单位：台次

定额编号				1-249	1-250	1-251	1-252	1-253
项目				静力压桩机(kN)				
				900	1 200 以内	1 600 以内	4 000 以内	10 000 以内
基价(元)				**21 176.87**	**24 882.61**	**32 859.17**	**39 707.36**	**48 277.25**
其中	人工费(元)			6 480.00	7 290.00	10 260.00	11 610.00	11 610.00
	材料费(元)			4 377.41	4 904.84	6 452.41	7 623.20	9 618.94
	机械费(元)			10 319.46	12 687.77	16 146.76	20 474.16	27 048.31
预算定额编号	项目名称	单位	单价(元)	消耗量				
2003	静力压桩机 900kN 以内	台次	6 291.34	1.000 0	—	—	—	—
2004	静力压桩机 1 200kN 以内	台次	8 168.57	—	1.000 0	—	—	—
2005	静力压桩机 1 600kN 以内	台次	10 728.63	—	—	1.000 0	—	—
2006	静力压桩机 4 000kN 以内	台次	13 514.06	—	—	—	1.000 0	—
2007	静力压桩机 10 000kN 以内	台次	15 098.86	—	—	—	—	1.000 0
3013	静力压桩机 900kN	台次	14 885.53	1.000 0	—	—	—	—
3014	静力压桩机 1 200kN 以内	台次	16 714.04	—	1.000 0	—	—	—
3015	静力压桩机 1 600kN 以内	台次	22 130.54	—	—	1.000 0	—	—
3016	静力压桩机 4 000kN 以内	台次	26 193.30	—	—	—	1.000 0	—
3017	静力压桩机 10 000kN 以内	台次	33 178.39	—	—	—	—	1.000 0
	名称	单位	单价(元)	消耗量				
人工	二类人工	工日	135.00	48.000 0	54.000 0	76.000 0	86.000 0	86.000 0
材料	镀锌铁丝 综合	kg	5.40	5.000 0	5.000 0	5.000 0	5.000 0	5.000 0
	草袋	个	3.62	20.000 0	20.000 0	20.000 0	20.000 0	20.000 0

计量单位：台次

定额编号				1-254	1-255	1-256	1-257	1-258	1-259
项目				转盘钻孔机	三轴搅拌机	履带式旋挖钻机	履带式抓斗成槽机	冲击成孔机	TRD 搅拌桩机 Ⅲ型
基价(元)				**3 817.04**	**22 643.71**	**14 402.26**	**20 273.54**	**3 477.64**	**89 766.02**
其中	人工费(元)			675.00	5 130.00	3 915.00	2 430.00	540.00	9 450.00
	材料费(元)			792.31	2 751.48	1 840.72	1 663.53	991.49	15 186.06
	机械费(元)			2 349.73	14 762.23	8 646.54	16 180.01	1 946.15	65 129.96
预算定额编号	项目名称	单位	单价(元)	消耗量					
2015	三轴搅拌机	台次	10 038.33	—	1.000 0	—	—	—	—
2016	履带式旋挖钻机	台次	6 928.45	—	—	1.000 0	—	—	—
2018	抓斗成槽机	台次	14 090.69	—	—	—	1.000 0	—	—
2019	TRD 搅拌桩机 Ⅲ型	台次	37 421.20	—	—	—	—	—	1.000 0
3026	转盘钻孔机	台次	3 817.04	1.000 0	—	—	—	—	—
3027	三轴搅拌机	台次	12 605.38	—	1.000 0	—	—	—	—
3028	履带式旋挖钻机	台次	7 473.81	—	—	1.000 0	—	—	—
3029	履带式抓斗成槽机	台次	6 182.85	—	—	—	1.000 0	—	—
3030	冲击成孔机	台次	3 477.64	—	—	—	—	1.000 0	—
3032	TRD 搅拌桩机 Ⅲ型	台次	52 344.82	—	—	—	—	—	1.000 0
	名称	单位	单价(元)	消耗量					
人工	二类人工	工日	135.00	5.000 0	38.000 0	29.000 0	18.000 0	4.000 0	70.000 0
材料	镀锌铁丝 综合	kg	5.40	2.000 0	25.000 0	10.000 0	25.000 0	5.000 0	25.000 0
	草袋	个	3.62	5.000 0	20.000 0	20.000 0	20.000 0	20.000 0	20.000 0
	镀锌六角螺栓 M12×50	个	0.46	—	50.000 0	50.000 0	50.000 0	—	50.000 0
	枕木	m^3	2 457.00	—	—	0.080 0	0.080 0	0.080 0	—

三、起重机械进(退)场

计量单位:台次

定额编号				1-260	1-261	1-262
项目				履带式起重机		自升式塔式起重机
				30t 以内	30t 以外	
基价(元)				**4 442.55**	**5 550.85**	**67 355.96**
其中	人工费(元)			540.00	540.00	18 700.20
	材料费(元)			1 456.07	1 661.53	26 192.90
	机械费(元)			2 446.48	3 349.32	22 462.86
预算定额编号	项目名称	单位	单价(元)	消耗量		
1001	固定式基础(带配重)	座	24 823.47	—	—	1.000 0
2001	自升式塔式起重机	台次	25 938.52	—	—	1.000 0
3005	履带式起重机 30t 以内	台次	4 442.55	1.000 0	—	—
3006	履带式起重机 30t 以外	台次	5 550.85	—	1.000 0	—
3018	自升式塔式起重机	台次	16 593.97	—	—	1.000 0
名称		单位	单价(元)	消耗量		
人工	二类人工	工日	135.00	4.000 0	4.000 0	138.520 0
材料	镀锌铁丝 综合	kg	5.40	5.000 0	2.000 0	60.000 0
	热轧光圆钢筋 综合	t	3 966.00	—	—	1.906 0
	零星卡具	kg	5.88	—	—	2.610 0
	草袋	个	3.62	20.000 0	20.000 0	37.000 0
	镀锌六角螺栓 M12×50	个	0.46	—	—	64.000 0
	黄砂 净砂(中粗砂)	t	102.00	—	—	7.561 0
	非泵送商品混凝土 C30	m^3	438.00	—	—	31.720 0
	枕木	m^3	2 457.00	0.080 0	0.080 0	0.006 0
	水	t	4.27	—	—	6.370 0
	钢模板	kg	5.96	—	—	25.250 0
	木模板	m^3	1 445.00	—	—	0.106 0

注:自升式塔式起重机包含固定式基础(带配重)。

四、垂直运输机械固定式基础及进(退)场及安拆

计量单位:台次

定额编号				1-263	1-264	1-265	1-266
项目				施工电梯(m)			
				50	100	150	200 以内
基价(元)				**24 569.11**	**28 772.87**	**35 598.00**	**40 596.85**
其中	人工费(元)			8 100.00	10 260.00	12 825.00	13 095.00
	材料费(元)			6 745.11	7 263.27	8 268.69	8 952.29
	机械费(元)			9 724.00	11 249.60	14 504.31	18 549.56
预算定额编号	项目名称	单位	单价(元)	消耗量			
1002	施工电梯固定式基础	座	6 231.39	1.000 0	1.000 0	1.000 0	1.000 0
2009	施工电梯 50m	台次	9 272.35	1.000 0	—	—	—
2010	施工电梯 100m	台次	11 355.99	—	1.000 0	—	—
2011	施工电梯 130m	台次	14 007.50	—	—	1.000 0	—
2012	施工电梯 200m	台次	16 380.71	—	—	—	1.000 0
3020	施工电梯 50m	台次	9 065.37	1.000 0	—	—	—
3021	施工电梯 100m	台次	11 185.49	—	1.000 0	—	—
3022	施工电梯 130m	台次	15 359.11	—	—	1.000 0	—
3023	施工电梯 200m 以内	台次	17 984.75	—	—	—	1.000 0
	名称	单位	单价(元)	消耗量			
人工	二类人工	工日	135.00	60.000 0	76.000 0	95.000 0	97.000 0
材料	镀锌铁丝 综合	kg	5.40	15.000 0	17.000 0	22.500 0	32.000 0
	热轧光圆钢筋 综合	t	3 966.00	0.205 0	0.205 0	0.205 0	0.205 0
	零星卡具	kg	5.88	2.650 0	2.650 0	2.650 0	2.650 0
	草袋	个	3.62	10.000 0	15.000 0	20.000 0	25.000 0
	镀锌六角螺栓 M12×50	个	0.46	24.000 0	24.000 0	12.000 0	30.000 0
	黄砂 净砂(中粗砂)	t	102.00	4.320 0	4.320 0	4.320 0	4.320 0
	块石	t	77.67	3.900 0	3.900 0	3.900 0	3.900 0
	非泵送商品混凝土 C30	m^3	438.00	6.150 0	6.150 0	6.150 0	6.150 0
	水	t	4.27	6.510 0	6.510 0	6.510 0	6.510 0
	钢模板	kg	5.96	5.560 0	5.560 0	5.560 0	5.560 0
	木模板	m^3	1 445.00	0.108 0	0.108 0	0.108 0	0.108 0

五、其他机械进(退)场及安拆

计量单位:台次

定额编号				1-267	1-268	1-269	1-270	1-271
项目				架桥机 160t 以内	锚杆钻孔机	混凝土搅拌站	潜水钻孔机	压滤机
基价(元)				**19 417.53**	**6 278.85**	**22 356.10**	**9 056.02**	**3 594.79**
其中	人工费(元)			6 345.00	1 080.00	11 205.00	3 915.00	405.00
	材料费(元)			3 472.00	1 893.36	2 774.15	879.23	392.99
	机械费(元)			9 600.53	3 305.49	8 376.95	4 261.79	2 796.80
预算定额编号	项目名称	单位	单价(元)	消耗量				
2008	架桥机 160t 以内	台次	7 486.72	1.000 0	—	—	—	—
2013	潜水钻孔机	台次	4 850.36	—	—	—	1.000 0	—
2014	混凝土搅拌站	台次	12 867.77	—	—	1.000 0	—	—
2017	压滤机	台次	1 236.87	—	—	—	—	1.000 0
3011	锚杆钻孔机	台次	6 278.85	—	1.000 0	—	—	—
3019	架桥机	台次	11 930.81	1.000 0	—	—	—	—
3024	混凝土搅拌站	台次	9 488.33	—	—	1.000 0	—	—
3025	潜水钻孔机	台次	4 205.66	—	—	—	1.000 0	—
3031	压滤机	台次	2 357.92	—	—	—	—	1.000 0
名称		单位	单价(元)	消耗量				
人工	二类人工	工日	135.00	47.000 0	8.000 0	83.000 0	29.000 0	3.000 0
材料	镀锌铁丝 综合	kg	5.40	5.000 0	5.000 0	5.000 0	2.000 0	—
	草袋	个	3.62	10.000 0	20.000 0	10.000 0	5.000 0	—
	镀锌六角螺栓 M12×50	个	0.46	—	—	—	20.000 0	—

第二章
道 路 工 程

章 说 明

一、本章定额包括路基处理、道路基层、道路面层、人行道及其他、交通管理设施，共 5 节 180 个子目。

二、本章定额适用于城镇范围内的新建、改建、扩建的市政道路工程。

三、本章定额编制依据：

1.《市政工程设计概算编制办法》(2011 版)；

2.《市政公用工程设计文件编制深度规定》(2013 版)；

3.《市政工程消耗量定额》ZYA1 - 31 - 2015；

4.《浙江省市政工程预算定额》(2018 版)；

5.《杭州市交通设施工程预算定额(试行)》；

6.《城市道路交通标志和标线设置规范》GB 51038 - 2015；

7. 现行的设计、施工验收规范、安全操作规程、质量评定标准；

8. 典型工程设计资料。

四、道路工程中的排水项目执行本定额第五章“给排水工程”相应定额子目。

五、道路基层、道路面层的铺筑厚度均为压实厚度。

六、本章定额凡使用石灰的子目，均包含了消解石灰的工作内容。

七、本章定额未包括智能交通系统。

八、未尽事宜详见各节说明。

第一节 路 基 处 理

说 明

一、本节定额包括路基盲沟和弹软土基处理。

二、砂石盲沟设计断面与定额断面不同时，定额消耗量按比例换算。

三、滤管盲沟定额中不含滤管外滤层材料，发生时另行计算。

四、堆载预压中未包括堆载材料的运输，发生时另行计算。

五、真空预压砂垫层厚度按70cm考虑，当设计材料、厚度不同时，应做调整。

六、水泥粉煤灰碎石桩(CFG)发生土方场外运输时，执行本定额第一章“通用项目”相应定额子目。水泥粉煤灰碎石桩(CFG)按C15强度等级的配合比编制，若设计强度等级不同，可按设计调整相应的材料消耗量。

七、路基填筑泡沫混凝土按干密度级别为500kg/m^3的配合比编制，若设计干密度级别不同，可按设计调整相应的材料消耗量。

工程量计算规则

一、堆载预压、真空预压按设计图示尺寸的加固面积以“m^2”计算。

二、强夯分满夯、点夯，区分不同的夯击能量，按设计图示尺寸的夯击范围计算，设计无规定时，按每边超边基础外缘的宽度3m计算。

三、掺石灰、改换片石，工程量按设计图示尺寸以“m^3”计算。

四、石灰砂桩、水泥粉煤灰碎石桩(CFG)工程量为设计桩断面乘以设计桩长以“m^3”计算。弃土外运按成孔体积以“m^3”计算。

五、塑料排水板工程量应按设计深度以“m”计算。

六、铺设土工合成材料工程量应按设计图示尺寸以“m^2”计算。

七、路基填筑应按填筑体积以“m^3”计算。

一、路基盲沟

工作内容:放样、挖土、运料、填充夯实。　　计量单位:100m

定额编号				2-1	2-2
项目				砂石盲沟	滤管盲沟
				400×400	ϕ30
基价(元)				**3 588.46**	**7 230.87**
其中	人工费(元)			970.38	4 033.80
	材料费(元)			2 618.08	3 197.07
	材料费(元)			—	—
预算定额编号	项目名称	单位	单价(元)	消耗量	
2-4	路基盲沟 砂石盲沟 400×400	100m	3 588.46	1.000 0	—
2-5	路基盲沟 滤管盲沟 ϕ30	100m	7 230.87	—	1.000 0
名称		单位	单价(元)	消耗量	
人工	二类人工	工日	135.00	7.188 0	29.880 0
材料	黄砂 毛砂	t	87.38	3.900 0	—
	碎石 综合	t	102.00	22.195 0	—
	滤管 ϕ30	m	30.17	—	105.300 0

二、弹软土基处理

1.堆载预压

工作内容:测量放线,安沉降盘,堆,卸载,整平,观测。　　计量单位:1 000m^2

定额编号				2-3	2-4	2-5	2-6
项目				预压荷载(kN/m^2)			
				90	110	130	150
基价(元)				**46 692.11**	**59 341.41**	**71 378.17**	**83 459.11**
其中	人工费(元)			25 369.20	31 334.85	37 725.75	44 019.45
	材料费(元)			419.10	465.66	512.22	558.79
	机械费(元)			20 903.81	27 540.90	33 140.20	38 880.87
预算定额编号	项目名称	单位	单价(元)	消耗量			
2-7	堆载预压 预压荷载 90kN/m^2	1 000m^2	46 692.11	1.000 0	—	—	—
2-9	堆载预压 预压荷载 110kN/m^2	1 000m^2	59 341.41	—	1.000 0	—	—
2-11	堆载预压 预压荷载 130kN/m^2	1 000m^2	71 378.17	—	—	1.000 0	—
2-13	堆载预压 预压荷载 150kN/m^2	1 000m^2	83 459.11	—	—	—	1.000 0
名称		单位	单价(元)	消耗量			
人工	二类人工	工日	135.00	187.920 0	232.110 0	279.450 0	326.070 0
材料	型钢 综合	t	3 836.00	0.108 0	0.120 0	0.132 0	0.144 0

2. 真空预压

工作内容：测量放线，制、安、拆滤排水管，铺设砂垫层及薄膜，施工密封沟，安、拆真空设备，抽真空，观测。

计量单位：1000m²

定额编号				2-7	2-8
项目				预压期(3个月)	预压期(每增减0.5个月)
基价(元)				**262 126.46**	**7 024.57**
其中	人工费(元)			56 424.60	2 430.00
	材料费(元)			175 071.23	—
	机械费(元)			30 630.63	4 594.57
预算定额编号	项目名称	单位	单价(元)	消耗量	
2-14	真空预压 预压期(3个月)	1 000m²	262 126.46	1.000 0	—
2-15	真空预压 预压期(每增减0.5个月)	1 000m²	7 024.57	—	1.000 0
	名称	单位	单价(元)	消耗量	
人工	二类人工	工日	135.00	417.960 0	18.000 0
材料	铁件	kg	3.71	19.000 0	—
	土工膜	m²	23.28	2 493.624 0	—
	土工布	m²	4.31	2 063.355 0	—
	黄砂 净砂	t	92.23	1 141.000 0	—
	UPVC塑料管 *De*50	m	6.03	214.480 0	—
	UPVC塑料管 *De*75	m	11.21	116.617 0	—

3. 强夯地基

(1) 满　夯

工作内容：机具准备、夯击、夯锤位移、施工道路平整、资料记载。

计量单位：100m²

定额编号				2-9	2-10	2-11	2-12
项目				夯击能量			
				1 200kN·m以内		2 000kN·m以内	
				1遍1击	每增1击	1遍1击	每增1击
基价(元)				**296.76**	**168.90**	**445.28**	**242.86**
其中	人工费(元)			111.24	65.61	147.83	74.66
	材料费(元)			—	—	—	—
	机械费(元)			185.52	103.29	297.45	168.20
预算定额编号	项目名称	单位	单价(元)	消耗量			
2-16	满夯 夯击能量1 200kN·m以内 1遍1击	100m²	296.76	1.000 0	—	—	—
2-17	满夯 夯击能量1 200kN·m以内 每增1击	100m²	168.90	—	1.000 0	—	—
2-18	满夯 夯击能量2 000kN·m以内 1遍1击	100m²	445.28	—	—	1.000 0	—
2-19	满夯 夯击能量2 000kN·m以内 每增1击	100m²	242.86	—	—	—	1.000 0
	名称	单位	单价(元)	消耗量			
人工	二类人工	工日	135.00	0.824 0	0.486 0	1.095 0	0.553 0

工作内容:机具准备、夯击、夯锤位移、施工道路平整、资料记载。 **计量单位**:100m²

定额编号				2-13	2-14	2-15	2-16
项目				夯击能量			
				3 000kN·m 以内		4 000kN·m 以内	
				1遍1击	每增1击	1遍1击	每增1击
基价（元）				**602.91**	**375.90**	**1 044.21**	**766.00**
其中	人工费（元）			192.78	116.64	301.05	218.03
	材料费（元）			—	—	—	—
	机械费（元）			410.13	259.26	743.16	547.97
预算定额编号	项目名称	单位	单价(元)	消耗量			
2-20	满夯 夯击能量3 000kN·m以内 1遍1击	100m²	602.91	1.000 0	—	—	—
2-21	满夯 夯击能量3 000kN·m以内 每增1击	100m²	375.90	—	1.000 0	—	—
2-22	满夯 夯击能量4 000kN·m以内 1遍1击	100m²	1 044.21	—	—	1.000 0	—
2-23	满夯 夯击能量4 000kN·m以内 每增1击	100m²	766.00	—	—	—	1.000 0
名称		单位	单价(元)	消耗量			
人工	二类人工	工日	135.00	1.428 0	0.864 0	2.230 0	1.615 0

(2)点　　夯

工作内容:机具准备、夯击、夯锤位移、施工道路平整、资料记载。 **计量单位**:100m²

定额编号				2-17	2-18	2-19	2-20
项目				夯击能量			
				1 200kN·m 以内			
				每100m² 夯点			
				9 以内		每增1夯点	
				4击以下	每增1击	4击以下	每增1击
基价（元）				**542.46**	**81.37**	**60.45**	**7.28**
其中	人工费（元）			220.32	41.18	24.44	2.97
	材料费（元）			—	—	—	—
	机械费（元）			322.14	40.19	36.01	4.31
预算定额编号	项目名称	单位	单价(元)	消耗量			
2-24	点夯 夯击能量1 200kN·m以内 每100m² 夯点9以内4击以下	100m²	542.46	1.000 0	—	—	—
2-25	点夯 夯击能量1 200kN·m以内 每100m² 夯点9以内 每增1击	100m²	81.37	—	1.000 0	—	—
2-26	点夯 夯击能量1 200kN·m以内 每100m² 夯点每增加1夯点 4击以下	100m²	60.45	—	—	1.000 0	—
2-27	点夯 夯击能量1 200kN·m以内 每100m² 夯点每增加1夯点 每增1击	100m²	7.28	—	—	—	1.000 0
名称		单位	单价(元)	消耗量			
人工	二类人工	工日	135.00	1.632 0	0.305 0	0.181 0	0.022 0

工作内容：机具准备、夯击、夯锤位移、施工道路平整、资料记载。　　　　**计量单位**：100m²

定额编号				2-21	2-22	2-23	2-24
项目				夯击能量			
				2 000kN·m 以内			
				每100m² 夯点			
				9 以内		每增加 1 夯点	
				4 击以下	每增 1 击	4 击以下	每增 1 击
基价（元）				**800.28**	**113.74**	**89.27**	**12.25**
其中	人工费（元）			250.02	45.63	27.81	5.13
	材料费（元）			—	—	—	—
	机械费（元）			550.26	68.11	61.46	7.12
预算定额编号	项目名称	单位	单价(元)	消耗量			
2-28	点夯 夯击能量 2 000kN·m 以内 每100m² 夯点 9 以内 4 击以下	100m²	800.28	1.000 0	—	—	—
2-29	点夯 夯击能量 2 000kN·m 以内 每100m² 夯点 9 以内 每增 1 击	100m²	113.74	—	1.000 0	—	—
2-30	点夯 夯击能量 2 000kN·m 以内 每100m² 夯点每增加 1 夯点 4 击以下	100m²	89.27	—	—	1.000 0	—
2-31	点夯 夯击能量 2 000kN·m 以内 每100m² 夯点每增加 1 夯点 每增 1 击	100m²	12.25	—	—	—	1.000 0
名称		单位	单价(元)	消耗量			
人工	二类人工	工日	135.00	1.852 0	0.338 0	0.206 0	0.038 0

工作内容：机具准备、夯击、夯锤位移、施工道路平整、资料记载。　　　　**计量单位**：100m²

定额编号				2-25	2-26	2-27	2-28
项目				夯击能量			
				3 000kN·m 以内			
				每100m² 夯点			
				9 以内		每增加 1 夯点	
				4 击以下	每增 1 击	4 击以下	每增 1 击
基价（元）				**1 099.44**	**177.35**	**121.84**	**19.90**
其中	人工费（元）			337.50	63.99	37.53	7.16
	材料费（元）			—	—	—	—
	机械费（元）			761.94	113.36	84.31	12.74
预算定额编号	项目名称	单位	单价(元)	消耗量			
2-32	点夯 夯击能量 3 000kN·m 以内 每100m² 夯点 9 以内 4 击以下	100m²	1 099.44	1.000 0	—	—	—
2-33	点夯 夯击能量 3 000kN·m 以内 每100m² 夯点 9 以内 每增 1 击	100m²	177.35	—	1.000 0	—	—
2-34	点夯 夯击能量 3 000kN·m 以内 每100m² 夯点每增加 1 夯点 4 击以下	100m²	121.84	—	—	1.000 0	—
2-35	点夯 夯击能量 3 000kN·m 以内 每100m² 夯点每增加 1 夯点 每增 1 击	100m²	19.90	—	—	—	1.000 0
名称		单位	单价(元)	消耗量			
人工	二类人工	工日	135.00	2.500 0	0.474 0	0.278 0	0.053 0

工作内容:机具准备、夯击、夯锤位移、施工道路平整、资料记载。 **计量单位**:$100m^2$

定额编号				2-29	2-30	2-31	2-32
项目				夯击能量			
				4 000kN·m以内			
				每$100m^2$夯点			
				9以内		每增加1夯点	
				4击以下	每增1击	4击以下	每增1击
基价(元)				**2 349.04**	**408.77**	**261.11**	**46.02**
其中	人工费(元)			646.38	134.19	71.82	14.99
	材料费(元)			—	—	—	—
	机械费(元)			1 702.66	274.58	189.29	31.03
预算定额编号	项目名称	单位	单价(元)	消耗量			
2-36	点夯 夯击能量4 000kN·m以内 每$100m^2$夯点9以内4击以下	$100m^2$	2 349.04	1.000 0	—	—	—
2-37	点夯 夯击能量4 000kN·m以内 每$100m^2$夯点9以内 每增1击	$100m^2$	408.77	—	1.000 0	—	—
2-38	点夯 夯击能量4 000kN·m以内 每$100m^2$夯点每增加1夯点4击以下	$100m^2$	261.11	—	—	1.000 0	—
2-39	点夯 夯击能量4 000kN·m以内 每$100m^2$夯点每增加1夯点 每增1击	$100m^2$	46.02	—	—	—	1.000 0
名称		单位	单价(元)	消耗量			
人工	二类人工	工日	135.00	4.788 0	0.994 0	0.532 0	0.111 0

4. 掺石灰、改换片石

工作内容:放样、机械挖土、石灰消解、掺料、推拌、分层排压、找平、碾压、清理杂物。 **计量单位**:$10m^3$

定额编号				2-33	2-34
项目				掺石灰	
				8%含灰量	改换片石
基价(元)				**789.75**	**2 148.88**
其中	人工费(元)			198.74	844.02
	材料费(元)			423.05	1 304.86
	机械费(元)			167.96	—
预算定额编号	项目名称	单位	单价(元)	消耗量	
2-41	掺石灰、改换片石 人工操作 8%含灰量	$10m^3$	825.18	0.200 0	—
2-42	掺石灰、改换片石 人工操作 改换片石	$10m^3$	2 148.88	—	1.000 0
2-44	掺石灰、改换片石 机械操作 8%含灰量	$10m^3$	731.64	0.800 0	—
2-145	集中消解石灰	t	28.97	1.360 0	—
名称		单位	单价(元)	消耗量	
人工	二类人工	工日	135.00	1.472 0	6.252 0
材料	黄土	m^3	—	(13.750 0)	—
	片石	t	67.96	—	19.088 0
	生石灰	t	305.00	1.360 0	—
	水	m^3	4.27	1.428 0	—

5. 石灰砂桩

工作内容:放样、挖孔、石灰消解、填料、夯实、清理余土至路边。　　**计量单位**:$10m^3$

定额编号				2-35
项目				石灰砂桩
基价(元)				**3 875.94**
其中	人工费(元)			1 299.89
	材料费(元)			2 470.17
	机械费(元)			105.88
预算定额编号	项目名称	单位	单价(元)	消耗量
2-46	石灰砂桩 直径10cm以上	$10m^3$	3 678.94	1.000 0
2-145	集中消解石灰	t	28.97	6.800 0
名称		单位	单价(元)	消耗量
人工	二类人工	工日	135.00	9.629 0
材料	黄砂 毛砂	t	87.38	3.900 0
	生石灰	t	305.00	6.800 0
	水	m^3	4.27	7.140 0

6. 水泥粉煤灰碎石桩(CFG)

工作内容:准备钻孔机具,钻孔就位,钻孔取土,土方现场转运,安装、拆除输送管,混合料配、拌、运输、灌注等。　　**计量单位**:$10m^3$

定额编号				2-36
项目				水泥粉煤灰碎石桩(CFG)
基价(元)				**8 067.49**
其中	人工费(元)			2 912.04
	材料费(元)			3 134.97
	机械费(元)			2 020.48
预算定额编号	项目名称	单位	单价(元)	消耗量
2-47	水泥粉煤灰碎石桩(CFG) 桩径 ϕ300mm以内	10m	569.98	14.154 0
名称		单位	单价(元)	消耗量
材料	铁件	kg	3.71	4.359 4
	普通硅酸盐水泥 P·O 42.5 综合	t	346.00	3.043 1
	石屑	t	38.83	6.341 0
	碎石 综合	t	102.00	14.621 1
	粉煤灰	t	136.00	1.967 4
	输送管	kg	4.74	3.807 4
	水	m^3	4.27	2.165 6

7. 塑料排水板

工作内容:定位、穿塑料排水板、剪板、插入、机械移位。 **计量单位:**1 000m

定额编号				2-37
项目				排水板插板机插板
基价(元)				**4 716.86**
其中	人工费(元)			592.25
	材料费(元)			2 942.77
	机械费(元)			1 181.84
预算定额编号	项目名称	单位	单价(元)	消耗量
2-56	排水板插板机插板 板长 15m 以内	1 000m	4 716.86	1.000 0
名称		单位	单价(元)	消耗量
人工	二类人工	工日	135.00	4.387 0
材料	钢轨	t	4 138.00	0.040 0
	铁件	kg	3.71	4.500 0
	塑料排水板 SPB－100－A	m	2.50	1 065.000 0
	枕木	m^3	2 457.00	0.033 0

8. 土工合成材料

工作内容:1. 土工布:清理平整基层、挖填锚固沟、场内运输、铺设土工布、缝合及锚固。

2. 土工格栅:清理平整基层、场内运输、铺设土工格栅、固定土工格栅。 **计量单位:**$100m^2$

定额编号				2-38	2-39
项目				土工布	土工格栅
基价(元)				**635.32**	**896.61**
其中	人工费(元)			170.10	158.11
	材料费(元)			465.22	738.50
	材料费(元)			—	—
预算定额编号	项目名称	单位	单价(元)	消耗量	
2-58	土工合成材料 土工布 平铺	$100m^2$	626.35	0.800 0	—
2-59	土工合成材料 土工布 斜铺	$100m^2$	671.21	0.200 0	—
2-60	土工合成材料 土工格栅 平铺	$100m^2$	887.78	—	0.800 0
2-61	土工合成材料 土工格栅 斜铺	$100m^2$	931.93	—	0.200 0
名称		单位	单价(元)	消耗量	
人工	二类人工	工日	135.00	1.260 0	1.171 0
材料	土工布	m^2	4.31	106.700 0	—
	土工格栅	m^2	6.81	—	107.200 0

注:本定额按针缝计,若采用搭接,土工布乘以系数 1.05。

工作内容：清理平整基层，场内运输，铺设。　　**计量单位**：$100m^2$

定额编号				2-40
项目				铺装玻璃纤维格栅
基价（元）				**740.91**
其中	人工费（元）			163.08
	材料费（元）			577.83
	机械费（元）			—
预算定额编号	项目名称	单位	单价(元)	消耗量
2-62	玻璃纤维格栅	$100m^2$	740.91	1.000 0
	名称	单位	单价(元)	消耗量
人工	二类人工	工日	135.00	1.208 0
材料	玻璃纤维格栅	m^2	5.60	102.000 0

9. 水泥稳定土

工作内容：放样、运料（水泥）、上料、人工摊铺土方（水泥）、拌和、找平、碾压、人工拌和处理碾压不到之处。　　**计量单位**：$100m^2$

定额编号				2-41	2-42
项目				水泥含量：5%	
				人机配合	
				厚度(cm)	
				15	每增减 1
基价（元）				**1 016.87**	**45.60**
其中	人工费（元）			271.62	13.50
	材料费（元）			460.23	32.10
	机械费（元）			285.02	—
预算定额编号	项目名称	单位	单价(元)	消耗量	
2-63	水泥稳定土 水泥含量：5% 人机配合 厚度 15cm	$100m^2$	1 016.87	1.000 0	—
2-64	水泥稳定土 水泥含量：5% 人机配合 厚度每增减 1cm	$100m^2$	45.60	—	1.000 0
	名称	单位	单价(元)	消耗量	
人工	二类人工	工日	135.00	2.012 0	0.100 0
材料	黄土	m^3	—	(21.690 0)	(1.450 0)
	普通硅酸盐水泥 P · O 42.5 综合	t	346.00	1.290 0	0.090 0
	水	m^3	4.27	2.630 0	0.180 0

10. 路基填筑

工作内容:铺筑、整平、冲撼、分层碾压。　　计量单位:10m³

定额编号				2-43	2-44	2-45	2-46	2-47	2-48
项目				砂	塘渣	石屑	粉煤灰	抛石挤淤	泡沫混凝土
基价(元)				**1 649.51**	**785.99**	**812.29**	**1 948.31**	**1 333.06**	**2 361.43**
其中	人工费(元)			94.77	31.59	95.04	94.77	28.35	299.70
	材料费(元)			1 548.47	713.68	710.98	1 832.53	1 267.57	1 616.59
	机械费(元)			6.27	40.72	6.27	21.01	37.14	445.14
预算定额编号	项目名称	单位	单价(元)	消耗量					
2-67	路基填筑 砂	10m³	1 649.51	1.000 0	—	—	—	—	—
2-68	路基填筑 塘渣	10m³	785.99	—	1.000 0	—	—	—	—
2-69	路基填筑 石屑	10m³	812.29	—	—	1.000 0	—	—	—
2-70	路基填筑 粉煤灰	10m³	1 948.31	—	—	—	1.000 0	—	—
2-71	路基填筑 抛石挤淤	10m³	1 333.06	—	—	—	—	1.000 0	—
2-72	路基填筑 泡沫混凝土	10m³	2 361.43	—	—	—	—	—	1.000 0
	名称	单位	单价(元)	消耗量					
人工	二类人工	工日	135.00	0.702 0	0.234 0	0.704 0	0.702 0	0.210 0	2.220 0
材料	普通硅酸盐水泥 P·O 42.5 综合	t	346.00	—	—	—	—	—	4.250 0
	黄砂 毛砂	t	87.38	17.680 0	—	—	—	—	—
	石屑	t	38.83	—	—	18.220 0	—	—	—
	塘渣	t	34.95	—	20.420 0	—	—	—	—
	粉煤灰	t	136.00	—	—	—	13.395 0	—	—
	块石	t	77.67	—	—	—	—	16.320 0	—
	发泡剂	kg	8.80	—	—	—	—	—	11.930 0
	水	m³	4.27	0.840 0	—	0.820 0	2.532 0	—	3.200 0

第二节 道路基层

说 明

一、本节定额包括石灰、土、碎石基层,粉煤灰三渣基层,砂砾石底层(天然级配),碎石底层,块石底层,塘渣底层,砂底层,石屑底层,沥青稳定碎石,水泥稳定碎石基层,水泥稳定碎石砂基层。

二、本节垫层定额中已综合考虑路床(槽)整形工作内容,当两种垫层一起使用时,扣除上面一层垫层中的路床整形相关费用。

三、多合土基层中材料设计配合比与定额不符时,有关的材料消耗量应按设计调整,但人工、机械消耗量不变。

四、多合土及混合料养生费用并入相应的基层铺筑子目中。

五、水泥稳定碎石基层分现拌人铺、现拌沥青摊铺机摊铺、厂拌人铺、厂拌沥青摊铺机摊铺,发生时分别套用相应定额子目。其他基层如采用沥青混凝土摊铺机摊铺的,可套用厂拌粉煤灰三渣基层(沥青混凝土摊铺机摊铺)相应定额子目,材料需换算,但人工、机械消耗量不变。

六、本节中设有“每减 1cm”的子目,适用于压实厚度 20cm 以内;压实厚度在 20cm 以上按规范应按两层结构层铺筑,以此类推。

七、本节定额未包括搅拌点至施工地点半成品运输,发生时执行本定额第一章“通用项目”相应定额子目。

八、现拌水泥稳定碎石基层、水泥稳定碎石砂基层定额按水泥掺量 5% 编制,如设计水泥掺入量与定额不同时,应按设计调整,但人工、机械消耗量不变。

工程量计算规则

一、道路工程路基应按设计道路基层图示尺寸以“m^2”计算。

二、道路基层与底层工程量计算时不扣除各种井所占的面积。设计道路基层横断面是梯形时,应按其截面平均宽度计算面积。

一、石灰、土、碎石基层

工作内容:1. 机拌:放线、路床整形、消解石灰、运料、上料、铺石灰、焖水、拌合机拌和、找平、碾压、人工拌和处理碾压不到之处、清除杂物、养护。

2. 厂拌:放线、路床整形、运料、上料、配合压路机碾压、养护。

计量单位:$100m^2$

定额编号				2-49	2-50	2-51	2-52
项目				石灰:土:碎石(8:72:20)		石灰:土:碎石(10:60:30)	
				机拌		厂拌	
				厚 20cm	每减 1cm	厚 20cm	每减 1cm
基价(元)				**2 828.80**	**147.04**	**517.68**	**20.39**
其中	人工费(元)			630.42	49.57	326.93	20.39
	材料费(元)			1 893.31	94.82	6.29	—
	机械费(元)			305.07	2.65	184.46	—
预算定额编号	项目名称	单位	单价(元)	消耗量			
2-1	路床(槽)整形 路床碾压检验	$100m^2$	128.92	1.070 0	—	1.070 0	—
2-85	石灰:土:碎石(8:72:20) 机拌 厚 20cm	$100m^2$	2 565.53	1.000 0	—	—	—
2-86	石灰:土:碎石(8:72:20) 机拌 每减 1cm	$100m^2$	142.12	—	1.000 0	—	—
2-87	石灰:土:碎石(10:60:30) 厂拌 厚 20cm	$100m^2$	352.34	—	—	1.000 0	—
2-88	石灰:土:碎石(10:60:30) 厂拌 每减 1cm	$100m^2$	20.39	—	—	—	1.000 0
2-143	顶层多合土养生 洒水车洒水	$100m^2$	27.40	1.000 0	—	1.000 0	—
2-145	集中消解石灰	t	28.97	3.380 0	0.170 0	—	—
名称		单位	单价(元)	消耗量			
人工	二类人工	工日	135.00	4.670 0	0.367 0	2.422 0	0.151 0
材料	厂拌石灰土碎石	t	—	—	—	(41.820 0)	(2.090 0)
	黄土	m^3	—	(26.750 0)	(1.340 0)	—	—
	碎石 综合	t	102.00	7.847 0	0.394 0	—	—
	生石灰	t	305.00	3.380 0	0.170 0	—	—
	水	m^3	4.27	12.259 0	0.538 5	1.470 0	—

二、粉煤灰三渣基层

工作内容：放样、路床整形、摊铺、找平、洒水、碾压、清理场地、养护。　　**计量单位：**100m²

定额编号				2-53	2-54
项目				厂拌粉煤灰三渣基层 沥青混凝土摊铺机摊铺	
				厚 20cm	每减 1cm
基价（元）				**3 218.41**	**140.24**
其中	人工费（元）			214.47	0.81
	材料费（元）			2 812.23	139.43
	机械费（元）			191.71	—
预算定额编号	项目名称	单位	单价（元）	消耗量	
2-1	路床（槽）整形 路床碾压检验	100m²	128.92	1.070 0	—
2-93	厂拌粉煤灰三渣基层 沥青混凝土摊铺机摊铺 厚 20cm	100m²	3 053.07	1.000 0	—
2-94	厂拌粉煤灰三渣基层 沥青混凝土摊铺机摊铺 每减 1cm	100m²	140.24	—	1.000 0
2-143	顶层多合土养生 洒水车洒水	100m²	27.40	1.000 0	—
	名称	单位	单价（元）	消耗量	
人工	二类人工	工日	135.00	1.589 0	0.006 0
材料	厂拌粉煤灰三渣	m³	136.00	20.400 0	1.020 0
	水	m³	4.27	5.490 0	—

三、砂砾石底层（天然级配）

工作内容：放样、路床整形、清理路床、取料、运料、上料、摊铺、找平、碾压。　　**计量单位：**100m²

定额编号				2-55	2-56
项目				人机配合	
				厚 20cm	每减 1cm
基价（元）				**2 659.70**	**121.08**
其中	人工费（元）			246.87	9.45
	材料费（元）			2 229.63	111.63
	机械费（元）			183.20	—
预算定额编号	项目名称	单位	单价（元）	消耗量	
2-1	路床（槽）整形 路床碾压检验	100m²	128.92	1.070 0	—
2-97	砂砾石底层（天然级配）人机配合 厚 20cm	100m²	2 521.76	1.000 0	—
2-98	砂砾石底层（天然级配）人机配合 每减 1cm	100m²	121.08	—	1.000 0
	名称	单位	单价（元）	消耗量	
人工	二类人工	工日	135.00	1.829 0	0.070 0
材料	砂砾石	t	67.96	32.640 0	1.632 0

四、碎 石 底 层

工作内容:放样、路床整形、清理路床、取料、运料、上料、摊铺、灌缝、找平、碾压。 计量单位:100m²

定 额 编 号				2-57	2-58
项 目				人机配合	
				厚 20cm	每减 1cm
基 价 (元)				**4 057.02**	**188.34**
其中	人 工 费 (元)			175.59	4.32
	材 料 费 (元)			3 697.67	184.02
	机 械 费 (元)			183.76	—
预算定额编号	项 目 名 称	单位	单价(元)	消 耗 量	
2-1	路床(槽)整形 路床碾压检验	100m²	128.92	1.070 0	—
2-105	碎石底层 人机配合 厚 20cm	100m²	3 919.08	1.000 0	—
2-106	碎石底层 人机配合 每减 1cm	100m²	188.34	—	1.000 0
名 称		单位	单价(元)	消 耗 量	
人工	二类人工	工日	135.00	1.301 0	0.032 0
材料	碎石 综合	t	102.00	36.066 0	1.803 0

五、块 石 底 层

工作内容:放样、路床整形、清理路床、取料、运料、上料、摊铺、找平、碾压。 计量单位:100m²

定 额 编 号				2-59	2-60
项 目				人机配合	
				厚 20cm	每减 1cm
基 价 (元)				**4 055.06**	**189.44**
其中	人 工 费 (元)			136.17	5.40
	材 料 费 (元)			3 682.15	184.04
	机 械 费 (元)			236.74	—
预算定额编号	项 目 名 称	单位	单价(元)	消 耗 量	
2-1	路床(槽)整形 路床碾压检验	100m²	128.92	1.070 0	—
2-109	块石底层 人机配合 厚 20cm	100m²	3 917.12	1.000 0	—
2-110	块石底层 人机配合 每减 1cm	100m²	189.44	—	1.000 0
名 称		单位	单价(元)	消 耗 量	
人工	二类人工	工日	135.00	1.009 0	0.040 0
材料	碎石 综合	t	102.00	3.604 0	0.180 0
	块石	t	77.67	42.432 0	2.121 0

六、塘 渣 底 层

工作内容：放线、路床整形、清理路床、取料、运料、上料、摊铺、找平、洒水、碾压。 计量单位：100m²

定额编号				2-61	2-62
项目				人机配合	
				厚 20cm	每减 1cm
基价（元）				**1 785.51**	**74.20**
其中	人工费（元）			98.24	1.76
	材料费（元）			1 448.83	72.44
	机械费（元）			238.44	—
预算定额编号	项目名称	单位	单价(元)	消耗量	
2-1	路床(槽)整形 路床碾压检验	100m²	128.92	1.070 0	—
2-117	塘渣底层 人机配合 厚 20cm	100m²	1 647.57	1.000 0	—
2-118	塘渣底层 人机配合 每减 1cm	100m²	74.20	—	1.000 0
	名称	单位	单价(元)	消耗量	
人工	二类人工	工日	135.00	0.728 0	0.013 0
材料	塘渣	t	34.95	40.840 0	2.042 0
	水	m³	4.27	3.290 0	0.164 0

七、砂 底 层

工作内容：放样、路床整形、清理路床、取料、运料、上料、摊铺、找平、洒水、碾压。 计量单位：100m²

定额编号				2-63	2-64
项目				人机配合	
				厚 20cm	每减 1cm
基价（元）				**3 330.01**	**157.31**
其中	人工费（元）			43.56	1.35
	材料费（元）			3 119.23	155.96
	机械费（元）			167.22	—
预算定额编号	项目名称	单位	单价(元)	消耗量	
2-1	路床(槽)整形 路床碾压检验	100m²	128.92	1.070 0	—
2-121	砂底层 人机配合 厚 20cm	100m²	3 192.07	1.000 0	—
2-122	砂底层 人机配合 每减 1cm	100m²	157.31	—	1.000 0
	名称	单位	单价(元)	消耗量	
人工	二类人工	工日	135.00	0.323 0	0.010 0
材料	黄砂 毛砂	t	87.38	35.360 0	1.768 0
	水	m³	4.27	3.160 0	0.158 0

八、石屑底层

工作内容:放样、路床整形、清理路床、取料、运料、上料、摊铺、找平、洒水、碾压。　　计量单位:100m²

定额编号					2-65	2-66
项目					人机配合	
					厚 20cm	每减 1cm
基价(元)					**1 646.60**	**72.74**
其中	人工费(元)				43.56	0.95
	材料费(元)				1 435.82	71.79
	机械费(元)				167.22	—
预算定额编号	项目名称		单位	单价(元)	消耗量	
2-1	路床(槽)整形 路床碾压检验		100m²	128.92	1.070 0	—
2-125	石屑底层 人机配合 厚 20cm		100m²	1 508.66	1.000 0	—
2-126	石屑底层 人机配合 每减 1cm		100m²	72.74	—	1.000 0
名称			单位	单价(元)	消耗量	
人工	二类人工		工日	135.00	0.323 0	0.007 0
材料	石屑		t	38.83	36.440 0	1.822 0
	水		m³	4.27	3.160 0	0.158 0

九、沥青稳定碎石

工作内容:放样、清扫路基、人工摊铺、洒水、喷洒机喷油、嵌缝、碾压、侧平石保护、清理。　　计量单位:100m²

定额编号					2-67	2-68
项目					厚度(cm)	
					5	每增减 1
基价(元)					**2 183.31**	**502.81**
其中	人工费(元)				268.25	29.84
	材料费(元)				1 799.68	454.66
	机械费(元)				115.38	18.31
预算定额编号	项目名称		单位	单价(元)	消耗量	
2-127	沥青稳定碎石 厚度 5cm		100m²	2 183.31	1.000 0	—
2-128	沥青稳定碎石 厚度每增减 1cm		100m²	502.81	—	1.000 0
名称			单位	单价(元)	消耗量	
人工	二类人工		工日	135.00	1.987 0	0.221 0
材料	碎石 综合		t	102.00	11.234 0	2.856 0
	石油沥青		t	2 672.00	0.240 0	0.060 0
	水		m³	4.27	0.680 0	0.140 0

十、水泥稳定碎石基层

工作内容：放样、清理基层、拌和、摊铺、找平、碾压、养护。　　**计量单位**：$100m^2$

定额编号				2-69	2-70	2-71	2-72
项目				现拌人铺		现拌沥青摊铺机摊铺	
				5%水泥稳定碎石基层			
				厚20cm	每减1cm	厚20cm	每减1cm
基价（元）				**4 797.85**	**229.44**	**4 497.73**	**214.49**
其中	人工费（元）			605.07	24.30	224.94	5.32
	材料费（元）			4 015.02	200.41	4 015.44	200.41
	机械费（元）			177.76	4.73	257.35	8.76
预算定额编号	项目名称	单位	单价(元)	消耗量			
2-129	现拌人铺 5%水泥稳定碎石基层 厚20cm	$100m^2$	4 770.45	1.000 0	—	0.050 0	—
2-130	现拌人铺 5%水泥稳定碎石基层 每减1cm	$100m^2$	229.44	—	1.000 0	—	0.050 0
2-133	现拌沥青摊铺机摊铺 5%水泥稳定碎石基层 厚20cm	$100m^2$	4 454.53	—	—	0.950 0	—
2-134	现拌沥青摊铺机摊铺 5%水泥稳定碎石基层 每减1cm	$100m^2$	213.70	—	—	—	0.950 0
2-143	顶层多合土养生 洒水车洒水	$100m^2$	27.40	1.000 0	—	1.000 0	—
	名称	单位	单价(元)	消耗量			
人工	二类人工	工日	135.00	4.482 0	0.180 0	1.666 0	0.039 0
材料	普通硅酸盐水泥 P·O 42.5 综合	t	346.00	2.200 0	0.110 0	2.200 0	0.110 0
	石屑	t	38.83	16.700 0	0.835 0	16.700 0	0.835 0
	碎石 综合	t	102.00	25.140 0	1.257 0	25.140 0	1.257 0
	水	m^3	4.27	4.790 0	0.155 0	4.790 0	0.155 0

工作内容：放样、清理基层、摊铺、找平、碾压、养护。　　**计量单位**：$100m^2$

定额编号				2-73	2-74	2-75	2-76
项目				厂拌人铺		厂拌沥青摊铺机摊铺	
				5%水泥稳定碎石基层			
				厚20cm	每减1cm	厚20cm	每减1cm
基价（元）				**4 634.53**	**221.92**	**4 299.05**	**209.82**
其中	人工费（元）			476.82	18.90	123.62	4.79
	材料费（元）			4 073.38	203.02	4 073.38	203.02
	机械费（元）			84.33	—	102.05	2.01
预算定额编号	项目名称	单位	单价(元)	消耗量			
2-135	厂拌人铺 5%水泥稳定碎石基层 厚20cm	$100m^2$	4 607.13	1.000 0	—	0.050 0	—
2-136	厂拌人铺 5%水泥稳定碎石基层 每减1cm	$100m^2$	221.92	—	1.000 0	—	0.050 0
2-137	厂拌沥青摊铺机摊铺 5%水泥稳定碎石基层 厚20cm	$100m^2$	4 253.99	—	—	0.950 0	—
2-138	厂拌沥青摊铺机摊铺 5%水泥稳定碎石基层 每减1cm	$100m^2$	209.19	—	—	—	0.950 0
2-143	顶层多合土养生 洒水车洒水	$100m^2$	27.40	1.000 0	—	1.000 0	—
	名称	单位	单价(元)	消耗量			
人工	二类人工	工日	135.00	3.532 0	0.140 0	0.916 0	0.036 0
材料	厂拌水泥稳定碎石	m^3	200.00	20.200 0	1.010 0	20.200 0	1.010 0
	水	m^3	4.27	3.030 0	—	3.030 0	—

十一、水泥稳定碎石砂基层

工作内容:放样、清理基层、拌和、摊铺、找平、碾压、养护。 **计量单位**:100m²

定额编号				2-77	2-78
项目				5% 水泥稳定碎石砂基层	
				厚度(cm)	
				20	每减 1
基价(元)				**5 727.92**	**275.90**
其中	人工费(元)			605.07	24.30
	材料费(元)			4 941.53	246.87
	机械费(元)			181.32	4.73
预算定额编号	项目名称	单位	单价(元)	消耗量	
2-139	水泥稳定碎石砂基层 5% 水泥稳定碎石砂基层 厚度 20cm	100m²	5 700.52	1.000 0	—
2-140	水泥稳定碎石砂基层 5% 水泥稳定碎石砂基层 厚度每减 1cm	100m²	275.90	—	1.000 0
2-143	顶层多合土养生 洒水车洒水	100m²	27.40	1.000 0	—
名称		单位	单价(元)	消耗量	
人工	二类人工	工日	135.00	4.482 0	0.180 0
材料	普通硅酸盐水泥 P·O 42.5 综合	t	346.00	2.160 0	0.108 0
	黄砂 毛砂	t	87.38	17.260 0	0.863 0
	碎石 综合	t	102.00	25.880 0	1.294 0
	水	m³	4.27	4.790 0	0.159 0

第三节　道 路 面 层

说　　明

一、本节定额包括透层、黏层、封层,橡胶沥青应力吸收层(SAMI),粗粒式沥青混凝土路面,中粒式沥青混凝土路面,细粒式沥青混凝土路面,透水沥青混凝土路面,水泥混凝土路面,块料面层路面。

二、透层、黏层、封层,橡胶沥青应力吸收层(SAMI)如设计喷油量与定额不同时,消耗量应按设计调整。

三、摊铺彩色沥青混凝土面层时,套用细粒式沥青混凝土路面定额,主材换算,柴油消耗量乘以系数1.2。

四、水泥混凝土路面定额包含了混凝土浇筑、模板安拆、拉杆、传力杆钢筋设置(不含钢筋网片、角隅加固钢筋)、伸缩缝设置、路面防滑条设置、水泥混凝土路面养生等相关工作内容。钢筋网片、角隅加固钢筋执行本定额第一章“通用项目”相应定额子目。

五、块料路面定额石材厚度按8cm厚编制,若设计厚度不同,主材换算;同时石材厚度每增加1cm,相应定额人工消耗量每100m^2增加1工日。

工程量计算规则

沥青混凝土、水泥混凝土及其他类型路面工程量按设计图示尺寸以“m^2”计算。带平石的面层不扣除平石面积,不扣除各类井所占面积。

一、透层、黏层、封层

工作内容:清扫下承层、运油、加热、洒布车喷油、人工撒矿粉、移动挡板、保护平侧石。 **计量单位:**100m²

定额编号				2-79	2-80	2-81	2-82
项目				透层			
				粒料基层		半刚性基层	
				石油沥青	乳化沥青	石油沥青	乳化沥青
基价(元)				**432.87**	**499.21**	**397.25**	**457.69**
其中	人工费(元)			17.82	4.86	13.64	2.97
	材料费(元)			408.95	486.42	374.71	445.82
	机械费(元)			6.10	7.93	8.90	8.90
预算定额编号	项目名称	单位	单价(元)	消耗量			
2-160	透层 粒料基层 石油沥青 1.2L/m²	100m²	432.87	1.000 0	—	—	—
2-161	透层 粒料基层 乳化沥青 1.2L/m²	100m²	499.21	—	1.000 0	—	—
2-162	透层 半刚性基层 石油沥青 1.1L/m²	100m²	397.25	—	—	1.000 0	—
2-163	透层 半刚性基层 乳化沥青 1.1L/m²	100m²	457.69	—	—	—	1.000 0
名称		单位	单价(元)	消耗量			
人工	二类人工	工日	135.00	0.132 0	0.036 0	0.101 0	0.022 0
材料	石屑	t	38.83	—	—	0.043 0	0.043 0
	乳化沥青	kg	4.00	—	119.950 0	—	109.956 0
	石油沥青	t	2 672.00	0.147 0	—	0.135 0	—
	煤	t	603.00	0.021 0	—	0.016 0	—

工作内容:清扫下承层、运油、加热、洒布车喷油、移动挡板、保护平侧石。 **计量单位:**100m²

定额编号				2-83	2-84
项目				黏层	
				沥青层	
				石油沥青	乳化沥青
基价(元)				**176.03**	**206.81**
其中	人工费(元)			9.45	2.70
	材料费(元)			164.14	201.06
	机械费(元)			2.44	3.05
预算定额编号	项目名称	单位	单价(元)	消耗量	
2-164	黏层 沥青层 石油沥青 0.5L/m²	100m²	176.03	1.000 0	—
2-165	黏层 沥青层 乳化沥青 0.5L/m²	100m²	206.81	—	1.000 0
名称		单位	单价(元)	消耗量	
人工	二类人工	工日	135.00	0.070 0	0.020 0
材料	乳化沥青	kg	4.00	—	49.980 0
	石油沥青	t	2 672.00	0.061 0	—

工作内容:清扫下承层、运油、加热、洒布车喷油、移动挡板、保护平侧石、碾压、找补、初期养护。 **计量单位**:100m²

定额编号				2-85	2-86
项目				封层	
				石油沥青	乳化沥青
基价(元)				**456.43**	**520.37**
其中	人工费(元)			66.83	42.53
	材料费(元)			376.19	463.21
	机械费(元)			13.41	14.63
预算定额编号	项目名称	单位	单价(元)	消耗量	
2-170	封层 石油沥青	100m²	456.43	1.000 0	—
2-171	封层 乳化沥青	100m²	520.37	—	1.000 0
	名称	单位	单价(元)	消耗量	
人工	二类人工	工日	135.00	0.495 0	0.315 0
材料	石屑	t	38.83	1.390 0	1.390 0
	乳化沥青	kg	4.00	—	101.000 0
	石油沥青	t	2 672.00	0.119 0	—

二、橡胶沥青应力吸收层(SAMI)

工作内容:清扫下承层、运油、加热、洒布车喷油、人工撒矿粉、移动挡板、保护平侧石。 **计量单位**:100m²

定额编号				2-87	2-88
项目				厚度(cm)	
				1.0	每增减0.1
基价(元)				**1 626.91**	**152.46**
其中	人工费(元)			32.40	2.70
	材料费(元)			1 405.31	142.93
	机械费(元)			189.20	6.83
预算定额编号	项目名称	单位	单价(元)	消耗量	
2-172	橡胶沥青应力吸收层(SAMI) 厚度1cm	100m²	1 626.91	1.000 0	—
2-173	橡胶沥青应力吸收层(SAMI) 厚度 每增减0.1cm	100m²	152.46	—	1.000 0
	名称	单位	单价(元)	消耗量	
人工	二类人工	工日	135.00	0.240 0	0.020 0
材料	碎石 5~15	t	102.00	1.887 0	0.189 0
	橡胶沥青	t	4 694.00	0.255 0	0.026 0

注:橡胶沥青喷油量按2.5kg/m² 编制,若设计喷油量不同,可做调整。

三、粗粒式沥青混凝土路面

工作内容:清扫路基、整修侧平石、测温、摊铺、接茬、找平、点补、撒垫料、碾压、清理。　　**计量单位**:100m²

定额编号				2-89	2-90	2-91	2-92
项目				人工摊铺		机械摊铺	
				厚度(cm)			
				6	每增减 1	6	每增减 1
基价(元)				**4 824.02**	**790.41**	**4 737.22**	**788.50**
其中	人工费(元)			189.54	18.63	81.17	13.50
	材料费(元)			4 483.09	746.16	4 483.09	746.16
	机械费(元)			151.39	25.62	172.96	28.84
预算定额编号	项目名称	单位	单价(元)	消耗量			
2-187	粗粒式沥青混凝土路面 人工摊铺 厚度 6cm	100m²	4 824.02	1.000 0	—	0.050 0	—
2-188	粗粒式沥青混凝土路面 人工摊铺 厚度每增减 1cm	100m²	790.41	—	1.000 0	—	0.050 0
2-192	粗粒式沥青混凝土路面 机械摊铺 厚度 6cm	100m²	4 732.65	—	—	0.950 0	—
2-193	粗粒式沥青混凝土路面 机械摊铺 厚度每增减 1cm	100m²	788.40	—	—	—	0.950 0
	名称	单位	单价(元)	消耗量			
人工	二类人工	工日	135.00	1.404 0	0.138 0	0.601 0	0.100 0
材料	粗粒式沥青混凝土	m³	733.00	6.060 0	1.010 0	6.060 0	1.010 0
	柴油 0#	kg	5.09	3.000 0	0.300 0	3.000 0	0.300 0

四、中粒式沥青混凝土路面

工作内容:清扫路基、整修侧平石、测温、摊铺、接茬、找平、点补、撒垫料、碾压、清理。　　**计量单位**:100m²

定额编号				2-93	2-94	2-95
项目				人工摊铺		
				厚度(cm)		
				5	6	每增减 1
基价(元)				**4 127.59**	**4 933.32**	**824.69**
其中	人工费(元)			179.01	195.21	35.64
	材料费(元)			3 822.27	4 586.72	763.43
	机械费(元)			126.31	151.39	25.62
预算定额编号	项目名称	单位	单价(元)	消耗量		
2-196	中粒式沥青混凝土路面 人工摊铺 厚度 5cm	100m²	4 127.59	1.000 0	—	—
2-197	中粒式沥青混凝土路面 人工摊铺 厚度 6cm	100m²	4 933.32	—	1.000 0	—
2-198	中粒式沥青混凝土路面 人工摊铺 厚度每增减 1cm	100m²	824.69	—	—	1.000 0
	名称	单位	单价(元)	消耗量		
人工	二类人工	工日	135.00	1.326 0	1.446 0	0.264 0
材料	中粒式沥青混凝土	m³	750.00	5.050 0	6.060 0	1.010 0
	柴油 0#	kg	5.09	2.500 0	3.000 0	0.300 0

工作内容：清扫路基、整修侧平石、测温、摊铺、接茬、找平、点补、撒垫料、碾压、清理。 **计量单位**：$100m^2$

定额编号					2-96	2-97	2-98
项目					机械摊铺		
					厚度(cm)		
					5	6	每增减 1
基价（元）					**4 040.50**	**4 841.14**	**806.75**
其中	人工费（元）				74.10	81.46	14.48
	材料费（元）				3 822.27	4 586.72	763.43
	机械费（元）				144.13	172.96	28.84
预算定额编号	项目名称		单位	单价(元)	消耗量		
2-196	中粒式沥青混凝土路面 人工摊铺 厚度 5cm		$100m^2$	4 127.59	0.050 0	—	—
2-197	中粒式沥青混凝土路面 人工摊铺 厚度 6cm		$100m^2$	4 933.32	—	0.050 0	—
2-198	中粒式沥青混凝土路面 人工摊铺 厚度每增减 1cm		$100m^2$	824.69	—	—	0.050 0
2-201	中粒式沥青混凝土路面 机械摊铺 厚度 5cm		$100m^2$	4 035.92	0.950 0	—	—
2-202	中粒式沥青混凝土路面 机械摊铺 厚度 6cm		$100m^2$	4 836.28	—	0.950 0	—
2-203	中粒式沥青混凝土路面 机械摊铺 厚度每增减 1cm		$100m^2$	805.81	—	—	0.950 0
	名称		单位	单价(元)	消耗量		
人工	二类人工		工日	135.00	0.549 0	0.603 0	0.107 0
材料	中粒式沥青混凝土		m^3	750.00	5.050 0	6.060 0	1.010 0
	柴油 0#		kg	5.09	2.500 0	3.000 0	0.300 0

五、细粒式沥青混凝土路面

工作内容：清扫路基、整修侧平石、测温、摊铺、接茬、找平、点补、撒垫料、碾压、清理。 **计量单位**：$100m^2$

定额编号					2-99	2-100	2-101	2-102
项目					人工摊铺		机械摊铺	
					厚度(cm)			
					3	每增减 1	3	每增减 1
基价（元）					**3 000.00**	**1 001.67**	**2 924.94**	**976.83**
其中	人工费（元）				156.87	57.24	66.33	23.00
	材料费（元）				2 721.60	907.17	2 721.60	907.17
	机械费（元）				121.53	37.26	137.01	46.66
预算定额编号	项目名称		单位	单价(元)	消耗量			
2-205	细粒式沥青混凝土路面 人工摊铺 厚度 3cm		$100m^2$	3 000.00	1.000 0	—	0.050 0	—
2-206	细粒式沥青混凝土路面 人工摊铺 厚度每增减 1cm		$100m^2$	1 001.67	—	1.000 0	—	0.050 0
2-208	细粒式沥青混凝土路面 机械摊铺 厚度 3cm		$100m^2$	2 920.98	—	—	0.950 0	—
2-209	细粒式沥青混凝土路面 机械摊铺 厚度每增减 1cm		$100m^2$	975.52	—	—	—	0.950 0
	名称		单位	单价(元)	消耗量			
人工	二类人工		工日	135.00	1.162 0	0.424 0	0.491 0	0.170 0
材料	细粒式沥青混凝土		m^3	888.00	3.030 0	1.010 0	3.030 0	1.010 0
	柴油 0#		kg	5.09	3.000 0	1.000 0	3.000 0	1.000 0

六、透水沥青混凝土路面

工作内容:1. 沥青摊铺:清扫基层、修整侧平石、测温、摊铺、接茬、找平、点补、撒填料、碾压、清理。
2. 排水管安装:放样、铺管、接口、定位。

计量单位:见表

<table>
<tr><td colspan="4">定额编号</td><td>2-103</td><td>2-104</td><td>2-105</td></tr>
<tr><td colspan="4" rowspan="3">项目</td><td colspan="2">透水沥青混凝土</td><td>透水钢管安装</td></tr>
<tr><td colspan="2">厚度(cm)</td><td rowspan="2">φ50 镀锌钢管</td></tr>
<tr><td>5</td><td>每增减 1</td></tr>
<tr><td colspan="4">计量单位</td><td colspan="2">100m²</td><td>100m</td></tr>
<tr><td colspan="4">基价(元)</td><td>7 796.00</td><td>1 541.94</td><td>4 725.55</td></tr>
<tr><td rowspan="3">其中</td><td colspan="3">人工费(元)</td><td>133.92</td><td>11.21</td><td>74.25</td></tr>
<tr><td colspan="3">材料费(元)</td><td>7 586.20</td><td>1 516.23</td><td>4 651.30</td></tr>
<tr><td colspan="3">机械费(元)</td><td>75.88</td><td>14.50</td><td>—</td></tr>
<tr><td>预算定额编号</td><td>项目名称</td><td>单位</td><td>单价(元)</td><td colspan="3">消耗量</td></tr>
<tr><td>2-210</td><td>透水沥青混凝土 厚度 5cm</td><td>100m²</td><td>7 796.00</td><td>1.000 0</td><td>—</td><td>—</td></tr>
<tr><td>2-211</td><td>透水沥青混凝土 厚度每增减 1cm</td><td>100m²</td><td>1 541.94</td><td>—</td><td>1.000 0</td><td>—</td></tr>
<tr><td>2-212</td><td>透水钢管安装 φ50 镀锌钢管</td><td>100m</td><td>4 725.55</td><td>—</td><td>—</td><td>1.000 0</td></tr>
<tr><td colspan="2">名称</td><td>单位</td><td>单价(元)</td><td colspan="3">消耗量</td></tr>
<tr><td>人工</td><td>二类人工</td><td>工日</td><td>135.00</td><td>0.992 0</td><td>0.083 0</td><td>0.550 0</td></tr>
<tr><td rowspan="3">材料</td><td>透水沥青混凝土</td><td>m³</td><td>1 491.00</td><td>5.050 0</td><td>1.010 0</td><td>—</td></tr>
<tr><td>柴油</td><td>kg</td><td>5.09</td><td>2.500 0</td><td>0.300 0</td><td>—</td></tr>
<tr><td>透水镀锌钢管(钻孔钢管) φ50</td><td>m</td><td>45.40</td><td>—</td><td>—</td><td>102.000 0</td></tr>
</table>

七、水泥混凝土路面

工作内容：模板制作、安装及拆除、混凝土浇筑养护，伸缩缝、传力杆设置、防滑条设置。 **计量单位：**100m²

定额编号				2-106	2-107
项目				商品混凝土	
				厚度(cm)	
				20	每增减 1
基价（元）				**10 476.46**	**565.74**
其中	人工费（元）			1 277.35	64.86
	材料费（元）			8 958.97	498.55
	机械费（元）			240.14	2.33
预算定额编号	项目名称	单位	单价(元)	消耗量	
1-283	拉杆 直径 40mm 以内	t	8 090.91	0.002 2	—
1-284	混凝土道路传力杆制作、安装 带套筒	t	5 672.87	0.000 3	—
2-213	道路混凝土 厚度 20cm	100m²	8 477.32	1.000 0	—
2-214	道路混凝土 厚度每增减 1cm	100m²	401.54	—	1.000 0
2-215	水泥混凝土路面 模板	100m²	4 863.10	0.112 5	0.005 6
2-217	伸缝沥青玛瑞脂	10m²	1 074.42	0.020 0	—
2-219	锯缝机切缝 缝深 5cm	100m	293.25	0.500 0	—
2-220	锯缝机切缝 缝深每增减 1cm	100m	42.57	—	0.500 0
2-221	人工填灌缝 塑料油膏 缝深 5cm	100m	1 156.81	0.500 0	—
2-222	人工填灌缝 塑料油膏 缝深每增减 1cm	100m	231.36	—	0.500 0
2-223	路面防滑条	100m²	386.60	1.000 0	—
2-224	养护毯养护	100m²	299.41	1.000 0	—
	名称	单位	单价(元)	消耗量	
人工	二类人工	工日	135.00	9.462 0	0.480 0
材料	热轧带肋钢筋 HRB400 ϕ32	kg	3.89	2.244 0	—
	非泵送道路混凝土 4.0MPa	m³	388.00	20.200 0	1.010 0
	钢模板	kg	5.96	7.444 1	0.370 6
	木模板	m³	1 445.00	0.004 5	0.000 2
	滑石粉	kg	1.07	0.009 9	—
	UPVC 塑料管 *De*50	m	6.03	0.021 1	—
	底漆	kg	17.24	0.001 7	—
	汽油 70# ~90#	kg	6.12	0.000 8	—
	热轧光圆钢筋 HPB300 ϕ22	kg	3.98	0.306 0	—

八、块料面层路面

工作内容：清理基层、铺砌、灌缝、补空、勾缝、扫漫、养护等全过程。　　　　**计量单位：**100m²

定额编号				2-108	2-109
项目				青条石路面	花岗岩路面
基价（元）				**21 530.06**	**20 344.40**
其中	人工费（元）			2 799.63	2 875.50
	材料费（元）			18 705.04	17 443.90
	机械费（元）			25.39	25.00
预算定额编号	项目名称	单位	单价(元)	消耗量	
2-227	青条石路面	100m²	21 530.06	1.000 0	—
2-228	花岗岩路面	100m²	20 344.40	—	1.000 0
名称		单位	单价(元)	消耗量	
人工	二类人工	工日	135.00	20.738 0	21.300 0
材料	白色硅酸盐水泥 42.5 二级白度	kg	0.59	—	4.000 0
	方整天然石板 8cm	m²	172.00	101.000 0	—
	花岗岩板 δ80	m²	159.00	—	101.000 0
	水	m³	4.27	2.600 0	2.600 0
	干混砌筑砂浆 DM M7.5	m³	413.73	3.075 0	3.075 0

第四节　人行道及其他

说　　明

一、本节定额包括人行道基础，人行道板安砌，铺草坪砖，石材面层安砌，广场砖铺设，现浇人行道面层，侧、平石安砌，现浇侧、平石和砌筑树池。

二、设计与本节定额所采用的人行道板，侧、平石，石材等铺砌材料不同时，应按设计换算，除定额另有说明外，人工、机械消耗量不变。

三、人行道混凝土基础、现浇人行道面层混凝土定额均包含了混凝土浇筑、模板安拆、切缝、养生等相关工作内容。

四、高度大于40cm的侧石按高侧石定额套用。

五、花岗岩面层安砌定额中石材厚度按4cm编制，若设计厚度不同，主材换算，同时石材厚度每增加1cm，相应定额人工消耗量每$100m^2$增加0.5工日。

六、侧、平石安砌定额包含了砂浆垫层、混凝土靠背及模板等相关工作内容。

七、现浇人行道面层按本色水泥编制，如设计配色与上光，应另外增加配色与上光费用。

工程量计算规则

一、人行道板安砌、铺草坪砖、石材面层安砌、广场砖铺设按设计图示尺寸以“m^2”计算，不应扣除树池及各类井所占面积。

二、侧、平石安砌，砌筑树池等项目以“m”计算，现浇侧石与零星砌砖以“m^3”计算。

三、花坛、台阶花岗岩面层安砌按设计图示尺寸展开面积以“m^2”计算。

一、人行道基础

工作内容：放样，安、拆模板，配制，运输，浇筑，找平，切缝，养护，清理场地。　　　　**计量单位**：$100m^2$

定额编号				2-110	2-111
项目				混凝土	
				厚度 10cm	厚度每增减 1cm
基价（元）				**4 956.51**	**513.21**
其中	人工费（元）			563.38	57.18
	材料费（元）			4 362.03	453.34
	机械费（元）			31.10	2.69
预算定额编号	项目名称	单位	单价(元)	消耗量	
2-215	水泥混凝土路面 模板	$100m^2$	4 863.10	0.080 0	0.008 0
2-219	锯缝机切缝 缝深 5cm	100m	293.25	0.200 0	—
2-220	锯缝机切缝 缝深每增减 1cm	100m	42.57	—	0.200 0
2-221	人工填灌缝 塑料油膏 缝深 5cm	100m	1 156.81	0.200 0	—
2-222	人工填灌缝 塑料油膏 缝深每增减 1cm	100m	231.36	—	0.200 0
2-230	人行道基础 混凝土 厚度 10cm	$100m^2$	4 277.46	1.000 0	—
2-231	人行道基础 混凝土 厚度每增减 1cm	$100m^2$	419.52	—	1.000 0
名称		单位	单价(元)	消耗量	
人工	二类人工	工日	135.00	4.173 0	0.424 0
材料	铁件	kg	3.71	14.400 0	1.440 0
	圆钉	kg	4.74	0.106 4	0.010 6
	切缝机片	片	155.00	0.088 0	—
	非泵送商品混凝土 C15	m^3	399.00	10.100 0	1.010 0
	塑料油膏	kg	16.38	11.600 0	2.320 0
	脱模剂	kg	1.54	0.800 0	0.080 0
	水	m^3	4.27	3.175 0	0.160 0
	钢模板	kg	5.96	5.293 6	0.529 4
	木模板	m^3	1 445.00	0.003 2	0.000 3

二、人行道板安砌

工作内容：放样、运料、找平、安砌、灌缝、扫缝、清理场地。　　**计量单位：**100m²

定额编号				2-112	2-113
项目				人行道板	
				砂浆垫层	砂垫层
				厚度 2cm	厚度 5cm
基价（元）				**6 487.52**	**5 741.56**
其中	人工费（元）			1 447.88	861.30
	材料费（元）			5 025.10	4 880.26
	机械费（元）			14.54	—
预算定额编号	项目名称	单位	单价(元)	消耗量	
2-232	人行道板 砂浆垫层 厚度 2cm	100m²	6 487.52	1.000 0	—
2-233	人行道板 砂垫层 厚度 5cm	100m²	5 741.56	—	1.000 0
	名称	单位	单价(元)	消耗量	
人工	二类人工	工日	135.00	10.725 0	6.380 0
材料	黄砂 毛砂	t	87.38	—	8.490 0
	水	m³	4.27	2.136 0	—
	人行道砖 200×100×60	m²	39.91	103.000 0	103.000 0
	干混砌筑砂浆 DM M7.5	m³	413.73	2.120 0	—

三、铺草坪砖

工作内容：放样、运料、砂浆找平、安砌、清理场地。　　**计量单位：**100m²

定额编号				2-114	2-115
项目				铺草坪砖	
				砂垫层	砂浆垫层
基价（元）				**4 178.47**	**4 894.55**
其中	人工费（元）			745.20	1 192.05
	材料费（元）			3 413.65	3 667.20
	机械费（元）			19.62	35.30
预算定额编号	项目名称	单位	单价(元)	消耗量	
2-234	铺草坪砖 砂垫层 厚度 2cm	100m²	4 178.47	1.000 0	—
2-235	铺草坪砖 砂浆垫层 厚度 2cm	100m²	4 894.55	—	1.000 0
	名称	单位	单价(元)	消耗量	
人工	二类人工	工日	135.00	5.520 0	8.830 0
材料	黄砂 毛砂	t	87.38	3.200 0	—
	水	m³	4.27	—	1.811 0
	草坪砖 600×400×100	m²	31.03	101.000 0	101.000 0
	干混砌筑砂浆 DM M7.5	m³	413.73	—	1.270 0

四、石材面层安砌

工作内容:放样、清理基层、调制水泥砂浆、刷水泥浆、锯板磨边、贴面层、清理净面。 **计量单位**:100m²

定额编号				2-116	2-117
项目				人行道、广场	花坛、台阶
基价(元)				**15 972.94**	**16 584.11**
其中	人工费(元)			1 354.32	1 780.92
	材料费(元)			14 576.29	14 523.10
	机械费(元)			42.33	280.09
预算定额编号	项目名称	单位	单价(元)	消耗量	
2-236	人行道、广场	100m²	15 972.94	1.000 0	—
2-237	花坛、台阶	100m²	16 584.11	—	1.000 0
	名称	单位	单价(元)	消耗量	
人工	二类人工	工日	135.00	10.032 0	13.192 0
材料	石料切割锯片	片	27.17	0.360 0	3.500 0
	白色硅酸盐水泥 42.5 二级白度	kg	0.59	—	10.000 0
	花岗岩板 δ40	m²	129.00	102.000 0	104.000 0
	水	m³	4.27	2.423 0	3.000 0
	纯水泥浆	m³	430.36	0.100 0	—
	干混砌筑砂浆 DM M7.5	m³	413.73	—	2.200 0
	干混砌筑砂浆 DM M10.0	m³	413.73	3.075 0	—

五、广场砖铺设

工作内容:放样弹线、清理基层、调制水泥砂浆、刷水泥浆、贴面层、勾逢、清理净面。 **计量单位**:100m²

定额编号				2-118
项目				广场砖铺设
基价(元)				**6 434.33**
其中	人工费(元)			3 040.20
	材料费(元)			3 357.71
	机械费(元)			36.42
预算定额编号	项目名称	单位	单价(元)	消耗量
2-239	广场砖铺设 离缝(缝宽 1cm)拼图案	100m²	6 434.33	1.000 0
	名称	单位	单价(元)	消耗量
人工	二类人工	工日	135.00	22.520 0
材料	石料切割锯片	片	27.17	0.320 0
	水	m³	4.27	2.112 0
	广场砖 100×100	m²	28.45	84.300 0
	干混抹灰砂浆 DP M20.0	m³	446.95	0.177 0
	干混砌筑砂浆 DM M10.0	m³	413.73	2.040 0

六、现浇人行道面层

工作内容:放样,安、拆模板,配制,运输,浇筑,找平,压制面层,养护,清理场地。 **计量单位:**100m²

定额编号				2-119	2-120	2-121
项目				混凝土厚度6cm		混凝土
				面层分格	面层压花	厚度每增减1cm
基价(元)				**4 866.29**	**5 340.82**	**488.94**
其中	人工费(元)			1 429.26	1 903.79	72.03
	材料费(元)			3 404.61	3 404.61	414.22
	机械费(元)			32.42	32.42	2.69
预算定额编号	项目名称	单位	单价(元)	消耗量		
2-215	水泥混凝土路面 模板	100m²	4 863.10	0.048 0	0.048 0	0.008 0
2-242	混凝土 厚度6cm	100m²	2 805.26	1.000 0	1.000 0	—
2-243	混凝土 厚度每增减1cm	100m²	450.03	—	—	1.000 0
2-244	1:2水泥砂浆面层 面层分格 厚度2cm	100m²	1 827.60	1.000 0	—	—
2-245	1:2水泥砂浆面层 面层压花 厚度2cm	100m²	2 302.13	—	1.000 0	—
名称		单位	单价(元)	消耗量		
人工	二类人工	工日	135.00	10.587 0	14.102 0	0.534 0
材料	铁件	kg	3.71	8.640 0	8.640 0	1.440 0
	圆钉	kg	4.74	0.063 8	0.063 8	0.010 6
	非泵送商品混凝土 C15	m³	399.00	6.060 0	6.060 0	1.010 0
	脱模剂	kg	1.54	0.480 0	0.480 0	0.080 0
	水	m³	4.27	2.603 0	2.603 0	—
	钢模板	kg	5.96	3.176 2	3.176 2	0.529 4
	木模板	m³	1 445.00	0.001 9	0.001 9	0.000 3
	干混地面砂浆 DS M20.0	m³	443.08	2.040 0	2.040 0	—

七、侧、平石安砌

工作内容:放样、开槽、运料、调配砂浆、安砌、勾缝、养护、清理;安、拆靠背模板,浇筑靠背。　　**计量单位:**100m

定额编号				2-122	2-123	2-124
项目				侧石	平石	高侧石
基价(元)				**10 421.70**	**2 972.25**	**7 644.67**
其中	人工费(元)			1 634.97	506.60	2 240.52
	材料费(元)			8 720.78	2 457.78	5 300.69
	机械费(元)			65.95	7.87	103.46
预算定额编号	项目名称	单位	单价(元)	消耗量		
2-246	人工铺装混凝土垫层	m^3	513.65	3.225 0	—	4.500 0
2-248	人工铺装砂浆黏结层	m^3	556.96	0.450 0	0.360 0	0.450 0
2-250	侧石石质	100m	7 979.44	1.000 0	—	—
2-252	平石石质	100m	2 771.74	—	1.000 0	—
2-253	混凝土高侧石	100m	4 190.77	—	—	1.000 0
2-257	侧、平石模板	$100m^2$	4 459.20	0.120 0	—	0.200 0
	名称	单位	单价(元)	消耗量		
人工	二类人工	工日	135.00	12.111 0	3.753 0	16.596 0
材料	铁件	kg	3.71	18.000 0	—	30.000 0
	圆钉	kg	4.74	0.319 2	—	0.532 0
	非泵送商品混凝土 C15	m^3	399.00	3.257 3	—	4.545 0
	脱模剂	kg	1.54	1.200 0	—	2.000 0
	水	m^3	4.27	0.721 5	0.061 2	0.976 5
	钢模板	kg	5.96	3.972 0	—	6.620 0
	木模板	m^3	1 445.00	0.009 6	—	0.016 0
	石质平石 120×120×1 000	m	22.34	—	101.000 0	—
	高侧石 500×150×1 000	m	30.17	—	—	101.000 0
	石质侧石 300×150×1 000	m	69.90	101.000 0	—	—
	干混砌筑砂浆 DM M7.5	m^3	413.73	0.529 0	0.407 2	0.549 0

八、现浇侧、平石

工作内容：垫层铺装，混凝土侧、平石浇筑、养生，模板的安装、拆除。

计量单位：$10m^3$

定额编号				2-125
项目				现浇侧、平石
基价（元）				**13 414.22**
其中	人工费（元）			5 239.81
	材料费（元）			7 616.73
	机械费（元）			557.68
预算定额编号	项目名称	单位	单价(元)	消耗量
2-246	人工铺装混凝土垫层	m^3	513.65	5.811 0
2-256	现浇侧、平石	$10m^3$	5 127.41	1.000 0
2-257	侧、平石模板	$100m^2$	4 459.20	1.189 0
	名称	单位	单价(元)	消耗量
人工	二类人工	工日	135.00	38.813 0
材料	铁件	kg	3.71	178.350 0
	圆钉	kg	4.74	3.162 7
	非泵送商品混凝土 C15	m^3	399.00	5.869 1
	非泵送商品混凝土 C20	m^3	412.00	10.100 0
	脱模剂	kg	1.54	11.890 0
	水	m^3	4.27	6.662 2
	钢模板	kg	5.96	39.355 9
	木模板	m^3	1 445.00	0.095 1

九、砌筑树池

工作内容：放样、开槽、运料、调制砂浆、找平、安砌、勾逢、夯实、清理。

计量单位：见表

定额编号				2-126	2-127	2-128
项目				石质条	人行道砖	砖砌
				规格(cm)	立砌	
				15×5		
计量单位				100m		$10m^3$
基价（元）				**2 060.16**	**2 827.37**	**4 657.62**
其中	人工费（元）			392.85	328.86	1 644.30
	材料费（元）			1 667.31	2 497.73	3 012.74
	机械费（元）			—	0.78	0.58
预算定额编号	项目名称	单位	单价(元)	消耗量		
2-259	砌筑树池 石质条规格 15cm×5cm	100m	2 060.16	1.000 0	—	—
2-260	砌筑树池 人行道砖立砌	100m	2 827.37	—	1.000 0	—
2-261	砌筑树池 零星砌砖	$10m^3$	4 657.62	—	—	1.000 0
	名称	单位	单价(元)	消耗量		
人工	二类人工	工日	135.00	2.910 0	2.436 0	12.180 0
材料	混凝土实心砖 240×115×53 MU10	千块	388.00	—	—	5.460 0
	水	m^3	4.27	—	1.100 0	1.100 0
	人行道砖 200×100×60	m^2	39.91	—	33.830 0	—
	石质条 150×50	m	16.29	101.000 0	—	—
	干混砌筑砂浆 DM M7.5	m^3	413.73	0.030 0	2.730 0	2.110 0

第五节　交通管理设施

说　　明

一、本节定额包括标志牌、标志杆、路面标线、信号灯安装、交通隔离设施、其他附属设施。

二、本节定额交通标志杆、门架杆、信号灯及标志牌按成品考虑。定额中的柱式标志杆、标志牌为未计价材料,标志牌未计价材料单价应包括铝槽、抱箍、螺栓和反光膜等费用。

三、柱式标志杆依据杆的直径和长度按"根"设置定额子目。若安装双柱式标志杆,按相应定额消耗量乘以系数 2。悬臂式 F 杆依据杆的直径按"根"设置定额子目。门架式标志杆按"套"设置定额子目。标志杆均包含基础施工及杆件架设工作。若设计杆件重量与定额消耗量不符,可按设计调整。

四、信号灯按发光单元透光面尺寸及功能分类。若设计的类型、规格、型号与定额不同,可按设计换算。

五、定额中分隔护栏、机非塑胶隔离墩、防撞设施、减速垄、塑胶警示柱、路边线轮廓标等均为成品,计算时按成品价考虑。若设计成品材料的规格、型号与定额不同,可按设计换算。

六、定额中防撞筒、水马未包括灌水或灌砂的费用,发生时另行计算。

工程量计算规则

一、标志牌按不同面积区分,以"块"计算。

二、柱式标志杆依据杆的直径和长度以"根"计算。悬臂式 F 杆依据杆的直径以"根"计算。门架式标志杆以"套"计算。

三、路面标线、预成型标带、箭头按净面积以"m^2"计算,交通标志尺寸见下表。文字、字符按单体的外围矩形面积以"m^2"计算,图形按外框尺寸面积以"m^2"计算。凸起路标以"个"计算。标线清除按面积以"m^2"计算。

四、信号灯按发光单元透光面积尺寸及功能分类,以"组"计算。

五、防眩板按设计长度按延长米以"m"为单位计算工程量,若防眩板的设计间距与定额取定不同,可按设计间距调整材料数量。

交通标志尺寸表

编号	1	2	3	4	5	6	7
图样	 直行	 转弯	 直行转弯	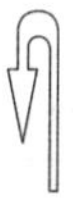 掉头	 直行掉头	 转弯掉头	 左右拐弯
尺寸（m）	9.00	9.00	9.00	9.00	9.00	9.00	9.00
面积（m^2）	4.94	6.31	8.42	11.87	8.00	9.46	10.18
尺寸（m）	6.00	6.00	6.00	6.00	6.00	6.00	6.00
面积（m^2）	2.19	2.8	3.74	5.28	3.55	4.2	4.53
尺寸（m）	4.50	4.50	4.50	4.50	4.50	4.50	4.50
面积（m^2）	1.23	1.58	2.10	2.97	2.00	2.40	2.55
尺寸（m）	3.00	3.00	3.00	3.00	3.00	3.00	3.00
面积（m^2）	0.55	0.70	0.94	1.32	0.89	1.05	1.13

一、标 志 牌

工作内容:安装、位置调整等。

计量单位:块

定额编号				2-129	2-130	2-131	2-132	2-133
项目				面积(m^2)				
				1.5 以内	5 以内	9 以内	15 以内	15 以上
基价(元)				142.19	227.42	440.45	623.08	689.99
其中	人工费(元)			56.70	105.30	238.95	348.30	396.90
	材料费(元)			—	—	—	—	—
	机械费(元)			85.49	122.12	201.50	274.78	293.09
预算定额编号	项目名称	单位	单价(元)	消耗量				
2-279	标志牌面积 1.5~3m^2 以内	块	142.19	1.000 0	—	—	—	—
2-280	标志牌面积 5m^2 以内	块	227.42	—	1.000 0	—	—	—
2-282	标志牌面积 9m^2 以内	块	440.45	—	—	1.000 0	—	—
2-284	标志牌面积 15m^2 以内	块	623.08	—	—	—	1.000 0	—
2-285	标志牌面积 15m^2 以上	块	689.99	—	—	—	—	1.000 0
名称		单位	单价(元)	消耗量				
人工	二类人工	工日	135.00	0.420 0	0.780 0	1.770 0	2.580 0	2.940 0
材料	标志牌	块	—	(1.000 0)	(1.000 0)	(1.000 0)	(1.000 0)	(1.000 0)

二、标 志 杆

1. 柱 式

工作内容：基础土方开挖、回填及余土外运，基础浇筑，模板安、拆，基础预埋件制作、安装，标杆安装及调整垂直度等。

计量单位：根

定额编号				2-134	2-135	2-136
项目				单柱式(mm)		
				ϕ89×5 000以内	ϕ114×5 050以内	ϕ140×8 000以内
基价（元）				867.16	1 294.56	1 334.52
其中	人工费（元）			451.55	590.17	610.42
	材料费（元）			384.47	661.01	661.01
	机械费（元）			31.14	43.38	63.09
预算定额编号	项目名称	单位	单价(元)	消耗量		
1-14	人工挖沟槽、基坑土方 一、二类土，深度在4m以内	$100m^3$	2 152.50	0.059 0	0.069 0	0.069 0
1-53	填土夯实 槽、坑	$100m^3$	2 387.37	0.053 0	0.057 0	0.057 0
1-269	普通钢筋制作、安装 带肋钢筋	t	4 716.01	0.002 0	0.002 0	0.002 0
1-279	铁件制作、安装预埋铁件	t	7 476.80	0.012 0	0.014 0	0.014 0
2-288	标志杆 单柱式 ϕ89×5 000mm以内	根	46.43	1.000 0	—	—
2-289	标志杆 单柱式 ϕ114×5 050mm以内	根	63.75	—	1.000 0	—
2-291	标志杆 单柱式 ϕ140×8 000mm以内	根	103.71	—	—	1.000 0
2-374	混凝土基础	m^3	541.77	0.640 0	1.200 0	1.200 0
2-375	混凝土基础 模板	m^2	37.91	3.200 0	4.800 0	4.800 0
名称		单位	单价(元)	消耗量		
人工	一类人工	工日	125.00	2.025 0	2.274 0	2.274 0
	二类人工	工日	135.00	1.469 0	2.266 0	2.416 0
材料	标志杆	根	—	(1.000 0)	(1.000 0)	(1.000 0)
	热轧带肋钢筋 HRB400 综合	t	3 849.00	0.002 0	0.002 0	0.002 0
	镀锌铁丝 ϕ0.7~1.0	kg	6.74	0.008 4	0.008 4	0.008 4
	零星卡具	kg	5.88	0.761 6	1.142 4	1.142 4
	圆钉	kg	4.74	0.041 6	0.062 4	0.062 4
	低碳钢焊条 综合	kg	6.72	0.352 4	0.410 6	0.410 6
	非泵送商品混凝土 C25	m^3	421.00	0.646 4	1.212 0	1.212 0
	养护毯	m^2	2.84	1.600 0	3.000 0	3.000 0
	钢模支撑	kg	4.74	1.603 2	2.404 8	2.404 8
	水	m^3	4.27	0.188 4	0.287 6	0.287 6
	钢模板	kg	5.96	2.038 4	3.057 6	3.057 6
	松板枋材 模板	m^3	1 422.00	0.012 8	0.019 2	0.019 2
	中厚钢板 综合	t	3 750.00	0.008 1	0.009 4	0.009 4
	型钢 综合	kg	3.84	1.668 0	1.946 0	1.946 0
	氧气	m^3	3.62	0.127 2	0.148 4	0.148 4
	乙炔气	kg	7.60	0.042 4	0.049 4	0.049 4
	热轧光圆钢筋 综合	t	3 966.00	0.002 9	0.003 4	0.003 4

2. 悬臂式、门式架

工作内容:基础土方开挖、回填及余土外运,基础浇筑,模板安、拆,基础预埋件制作、安装,标杆、门式安装及调整垂直度等。

计量单位:根

定额编号				2-137	2-138	2-139	2-140
项目				悬臂式			
				F 杆(mm)			
				ϕ219 以内	ϕ273 以内	ϕ325 以内	ϕ377 以内
基价(元)				**13 318.91**	**15 100.38**	**20 631.31**	**29 545.38**
其中	人工费(元)			1 953.81	2 028.94	2 997.99	3 373.91
	材料费(元)			10 887.82	12 532.67	16 949.61	25 180.09
	机械费(元)			477.28	538.77	683.71	991.38
预算定额编号	项目名称	单位	单价(元)	消耗量			
1-14	人工挖沟槽、基坑土方 一、二类土,深度在4m以内	$100m^3$	2 152.50	0.160 0	0.160 0	0.281 0	0.281 0
1-43	人工装汽车土方	$100m^3$	845.00	0.055 0	0.055 0	0.047 0	0.047 0
1-53	填土夯实 槽、坑	$100m^3$	2 387.37	0.091 0	0.091 0	0.203 0	0.203 0
1-94	自卸汽车运土方 运距1km以内	$1\,000m^3$	5 564.89	0.006 0	0.006 0	0.005 0	0.005 0
1-95H	自卸汽车运土方 运距增加14km	$1\,000m^3$	21 792.54	0.006 0	0.006 0	0.005 0	0.005 0
1-269	普通钢筋制作、安装 带肋钢筋	t	4 716.01	0.138 2	0.138 2	0.171 5	0.171 5
1-279	铁件制作、安装 预埋铁件	t	7 476.80	0.007 4	0.007 4	0.009 2	0.009 2
2-293	悬臂式、门式架 悬臂式F杆	t	6 722.53	1.150 0	1.415 0	2.026 0	3.352 0
2-374	混凝土基础	m^3	541.77	6.912 0	6.912 0	7.776 0	7.776 0
2-375	混凝土基础 模板	m^2	37.91	9.600 0	9.600 0	17.280 0	17.280 0
名称		单位	单价(元)	消耗量			
人工	一类人工	工日	125.00	4.860 0	4.860 0	9.023 0	9.023 0
	二类人工	工日	135.00	9.972 0	10.528 0	13.852 0	16.637 0
材料	热轧带肋钢筋 HRB400 综合	t	3 849.00	0.141 0	0.141 0	0.174 9	0.174 9
	镀锌铁丝 ϕ0.7~1.0	kg	6.74	0.580 4	0.580 4	0.720 3	0.720 3
	零星卡具	kg	5.88	2.284 8	2.284 8	4.112 6	4.112 6
	圆钉	kg	4.74	0.124 8	0.124 8	0.224 6	0.224 6
	低碳钢焊条 综合	kg	6.72	0.408 4	0.408 4	0.507 2	0.507 2
	非泵送商品混凝土 C25	m^3	421.00	6.981 1	6.981 1	7.853 8	7.853 8
	养护毯	m^2	2.84	17.280 0	17.280 0	19.440 0	19.440 0
	钢模支撑	kg	4.74	4.809 6	4.809 6	8.657 3	8.657 3
	水	m^3	4.27	1.288 4	1.288 4	1.605 5	1.605 5
	钢模板	kg	5.96	6.115 2	6.115 2	11.007 4	11.007 4
	标志杆 F 杆	t	6 207.00	1.150 0	1.415 0	2.026 0	3.352 0
	松板枋材 模板	m^3	1 422.00	0.038 4	0.038 4	0.069 1	0.069 1
	中厚钢板 综合	t	3 750.00	0.005 0	0.005 0	0.006 2	0.006 2
	型钢 综合	kg	3.84	1.028 6	1.028 6	1.278 8	1.278 8
	氧气	m^3	3.62	0.078 4	0.078 4	0.097 5	0.097 5
	乙炔气	kg	7.60	0.026 1	0.026 1	0.032 5	0.032 5
	热轧光圆钢筋 综合	t	3 966.00	0.001 8	0.001 8	0.002 2	0.002 2

工作内容：基础土方开挖、回填及余土外运，基础浇筑，模板安、拆，基础预埋件制作、安装，标杆、门式安装及调整垂直度等。

计量单位：套

定额编号				2-141
项目				门式架(mm) φ325 以内
基价（元）				**45 605.37**
其中	人工费（元）			6 179.12
	材料费（元）			37 908.94
	机械费（元）			1 517.31
预算定额编号	项目名称	单位	单价(元)	消耗量
1-14	人工挖沟槽、基坑土方 一、二类土，深度在 4m 以内	$100m^3$	2 152.50	0.562 0
1-43	人工装汽车土方	$100m^3$	845.00	0.094 0
1-53	填土夯实 槽、坑	$100m^3$	2 387.37	0.406 0
1-94	自卸汽车运土方 运距 1km 以内	$1\ 000m^3$	5 564.89	0.010 0
1-95H	自卸汽车运土方 运距增加 14km	$1\ 000m^3$	21 792.54	0.010 0
1-269	普通钢筋制作、安装 带肋钢筋	t	4 716.01	0.343 0
1-279	铁件制作、安装 预埋铁件	t	7 476.80	0.018 4
2-293	悬臂式、门式架 悬臂式 F 杆	t	6 722.53	4.698 0
2-374	混凝土基础	m^3	541.77	15.552 0
2-375	混凝土基础 模板	m^2	37.91	34.560 0
	名称	单位	单价(元)	消耗量
人工	一类人工	工日	125.00	18.046 0
	二类人工	工日	135.00	29.060 0
材料	热轧带肋钢筋 HRB400 综合	t	3 849.00	0.349 9
	镀锌铁丝 φ0.7～1.0	kg	6.74	1.440 6
	零星卡具	kg	5.88	8.225 3
	圆钉	kg	4.74	0.449 3
	低碳钢焊条 综合	kg	6.72	1.014 5
	非泵送商品混凝土 C25	m^3	421.00	15.707 5
	养护毯	m^2	2.84	38.880 0
	钢模支撑	kg	4.74	17.314 6
	水	m^3	4.27	3.210 9
	钢模板	kg	5.96	22.014 7
	标志杆 F 杆	t	6 207.00	4.698 0
	松板枋材 模板	m^3	1 422.00	0.138 2
	中厚钢板 综合	t	3 750.00	0.012 4
	型钢 综合	kg	3.84	2.557 6
	氧气	m^3	3.62	0.195 0
	乙炔气	kg	7.60	0.065 0
	热轧光圆钢筋 综合	t	3 966.00	0.004 5

三、路面标线

1. 标　　线

工作内容:1. 常温型:清扫、放样、划漆、护线等。

2. 热熔型、振荡标线:清扫、放样、上底漆、再清扫、划漆、撒下玻璃珠、修线型、护线等。

3. 预成型标带:清扫、放样、涂胶层或胶结剂、贴附于路面等。

计量单位:$10m^2$

定额编号				2-142	2-143	2-144	2-145	2-146
项目				常温型		热熔型	振荡标线	预成型标带
				立面标线	地面标线			热塑型
基价(元)				**101.01**	**113.01**	**308.79**	**744.51**	**740.29**
其中	人工费(元)			42.93	37.08	82.32	87.48	81.00
	材料费(元)			53.65	54.76	173.60	565.74	600.22
	机械费(元)			4.43	21.17	52.87	91.29	59.07
预算定额编号	项目名称	单位	单价(元)	消耗量				
2-296	路面纵向标线 常温型立面标线	$10m^2$	101.01	1.000 0	—	—	—	—
2-297	路面纵向标线 常温型地面标线	$10m^2$	89.31	—	0.650 0	—	—	—
2-298	路面纵向标线 热熔型地面标线	$10m^2$	285.60	—	—	0.650 0	—	—
2-302	路面标线 横道线 常温型	$10m^2$	157.02	—	0.350 0	—	—	—
2-303	路面标线 横道线 热熔型	$10m^2$	351.84	—	—	0.350 0	—	—
2-299	路面纵向标线 振荡标线	$10m^2$	721.83	—	—	—	0.650 0	—
2-304	路面标线 横道线 振荡标线	$10m^2$	786.63	—	—	—	0.350 0	—
2-301	路面纵向标线 预成型标带 热塑型	$10m^2$	740.29	—	—	—	—	1.000 0
	名称	单位	单价(元)	消耗量				
人工	二类人工	工日	135.00	0.318 0	0.275 0	0.610 0	0.648 0	0.600 0
材料	环氧树脂	kg	15.52	—	—	—	—	10.300 0
	标线漆	kg	10.34	5.100 0	5.205 0	—	—	—
	底油	kg	9.91	—	—	2.000 0	2.000 0	—
	反光玻璃珠	kg	2.21	—	—	3.884 5	4.000 0	—
	热熔涂料	kg	3.02	—	—	47.100 0	—	—
	预成型标带	m^2	43.10	—	—	—	—	10.100 0
	振荡涂料	kg	5.86	—	—	—	90.000 0	—

2.标 记

(1)箭 头

工作内容:1.常温型:清扫、放样、再清扫、粘胶带、划漆、除胶带、修线形、护线等。

2.热熔型:清扫、放样、上底漆、再清扫、划漆、除胶带、撒玻璃珠、修线型、护线等。 **计量单位**:10m²

定额编号				2-147	2-148
项目				常温型	热熔型
基价(元)				**197.62**	**408.06**
其中	人工费(元)			95.57	140.54
	材料费(元)			51.92	178.03
	材料费(元)			50.13	89.49
预算定额编号	项目名称	单位	单价(元)	消耗量	
2-307	标记 箭头 直行(6m) 常温型	个	43.28	4.566 0	—
2-308	标记 箭头 直行(6m) 热熔型	个	89.37	—	4.566 0
名称		单位	单价(元)	消耗量	
人工	二类人工	工日	135.00	0.708 0	1.041 0
材料	稀释剂	kg	12.07	0.200 9	—
	标线漆	kg	10.34	4.698 4	—
	底油	kg	9.91	—	1.789 9
	反光玻璃珠	kg	2.21	—	3.502 1
	热熔涂料	kg	3.02	—	49.500 0

(2)字符标记

工作内容:1.常温型:清扫、放样、再清扫、粘胶带、划漆、除胶带、修线形、护线等。

2.热熔型:清扫、放样、上底漆、再清扫、划漆、除胶带、撒玻璃珠、修线型、护线等。 **计量单位**:10m²

定额编号				2-149	2-150
项目				常温型	热熔型
基价(元)				**196.35**	**407.12**
其中	人工费(元)			95.85	140.40
	材料费(元)			51.89	178.00
	机械费(元)			48.61	88.72
预算定额编号	项目名称	单位	单价(元)	消耗量	
2-337	文字、字符、图型 常温型	10m²	196.35	1.000 0	—
2-338	文字、字符、图型 热熔型	10m²	407.12	—	1.000 0
名称		单位	单价(元)	消耗量	
人工	二类人工	工日	135.00	0.710 0	1.040 0
材料	稀释剂	kg	12.07	0.199 0	—
	标线漆	kg	10.34	4.700 0	—
	底油	kg	9.91	—	1.790 0
	反光玻璃珠	kg	2.21	—	3.500 0
	热熔涂料	kg	3.02	—	49.500 0

(3)清 除 标 线

工作内容:清除油漆、清扫现场等。　　计量单位:m^2

定额编号				2-151	2-152
项目				机械清除	化学清除
基价(元)				**16.87**	**80.02**
其中	人工费(元)			2.70	64.40
	材料费(元)			0.22	15.62
	机械费(元)			13.95	—
预算定额编号	项目名称	单位	单价(元)	消耗量	
2-339	清除标线 机械清除	m^2	16.87	1.000 0	—
2-340	清除标线 化学清除	m^2	80.02	—	1.000 0
名称		单位	单价(元)	消耗量	
人工	二类人工	工日	135.00	0.020 0	0.477 0
材料	脱漆剂	kg	7.62	—	2.050 0
	钢丝扁帚	盘	31.03	0.007 0	—

四、信号灯安装

信号灯安装

工作内容:现场组装、安装、调整、固定、接线、初步调试。　　计量单位:组

定额编号				2-153	2-154	2-155	2-156
项目				机动车道灯(3 个/组)	非机动车道灯		人行道灯
				JD403LED	3 个/组	4 个/组	2 个/组
基价(元)				**1 533.23**	**1 291.23**	**1 864.73**	**833.23**
其中	人工费(元)			121.50	94.50	108.00	67.50
	材料费(元)			1 379.00	1 164.00	1 724.00	733.00
	机械费(元)			32.73	32.73	32.73	32.73
预算定额编号	项目名称	单位	单价(元)	消耗量			
2-342	信号灯安装 机动车道灯(3 个/组) JD403LED	组	1 533.23	1.000 0	—	—	—
2-343	信号灯安装 非机动车道灯 3 个/组	组	1 291.23	—	1.000 0	—	—
2-344	信号灯安装 非机动车道灯 4 个/组	组	1 864.73	—	—	1.000 0	—
2-345	信号灯安装 人行道灯 2 个/组	组	833.23	—	—	—	1.000 0
名称		单位	单价(元)	消耗量			
人工	二类人工	工日	135.00	0.900 0	0.700 0	0.800 0	0.500 0
材料	非机动车道灯 303LED	组	1 164.00	—	1.000 0	—	—
	非机动车道灯 304LED	组	1 724.00	—	—	1.000 0	—
	机动车道 满屏灯 JD403LED	组	1 379.00	1.000 0	—	—	—
	人行道灯 静态	组	733.00	—	—	—	1.000 0

工作内容：现场组装、安装、调整、固定、接线、初步调试。　　计量单位：组

定额编号				2-157	2-158	2-159
项目				车道灯（2个/组）	黄闪警灯	辅灯（3个/组）
				ϕ400		ϕ300
基价（元）				**1 254.98**	**897.90**	**1 406.73**
其中	人工费（元）			101.25	60.75	81.00
	材料费（元）			1 121.00	815.00	1 293.00
	机械费（元）			32.73	22.15	32.73
预算定额编号	项目名称	单位	单价（元）	消耗量		
2-347	信号灯安装 车道灯（2个/组）ϕ400	组	1 254.98	1.000 0	—	—
2-349	信号灯安装 黄闪警灯 ϕ400	组	897.90	—	1.000 0	—
2-350	信号灯安装 辅灯（3个/组）ϕ300	组	1 406.73	—	—	1.000 0
	名称	单位	单价（元）	消耗量		
人工	二类人工	工日	135.00	0.750 0	0.450 0	0.600 0
材料	车道灯 402LED	组	1 121.00	1.000 0	—	—
	辅灯 303LED	组	1 293.00	—	—	1.000 0
	黄闪警示灯 ϕ400	个	815.00	—	1.000 0	—

五、交通隔离设施

1. 柱式护栏制作、安装

工作内容：护拦、运输、挖洞，柱脚填石（砂浆）固定，夯实、护栏油漆。　　计量单位：10 根

定额编号				2-160	2-161
项目				护栏设置部位	
				路肩上	挡土墙上
基价（元）				**1 137.44**	**742.00**
其中	人工费（元）			641.25	433.35
	材料费（元）			467.52	290.22
	机械费（元）			28.67	18.43
预算定额编号	项目名称	单位	单价（元）	消耗量	
2-351	护栏设置部位 路肩上	10 根	1 137.44	1.000 0	—
2-352	护栏设置部位 挡土墙上	10 根	742.00	—	1.000 0
	名称	单位	单价（元）	消耗量	
人工	二类人工	工日	135.00	4.750 0	3.210 0
材料	热轧光圆钢筋 综合	t	3 966.00	0.034 0	0.021 0
	圆钉	kg	4.74	1.600 0	1.000 0
	镀锌铁丝 18# ~22#	kg	6.55	0.200 0	0.100 0
	非泵送商品混凝土 C20	m^3	412.00	0.530 0	0.330 0
	油性调和漆 蓝、白、灰	kg	7.72	2.900 0	1.800 0
	松板枋材 模板	m^3	1 422.00	0.053 0	0.033 0

2. 分隔护栏安装

工作内容:1. 隔离护栏、隔离墩安装:定位放样、挖洞、安装、校正、灌混凝土、油漆、防腐等。
2. 隔离护栏制作和安装:划线、切割,煨弯、分段组合、连接,焊接,油漆,堆放,运输、现场安装等。

计量单位:m

定额编号				2-162	2-163	2-164
项目				分隔护栏		机非塑胶隔离墩安装
				固定式	活动式	
基价(元)				**142.08**	**576.41**	**71.91**
其中	人工费(元)			7.83	100.36	26.46
	材料费(元)			131.30	463.73	40.65
	机械费(元)			2.95	12.32	4.80
预算定额编号	项目名称	单位	单价(元)	消耗量		
2-353	全封闭固定式隔离护栏安装 型钢道路护栏	m	142.08	1.000 0	—	—
2-357	伸缩活动式隔离护栏制作、安装 不锈钢管	t	16 468.98	—	0.035 0	—
2-358	机非塑胶隔离墩安装	m	71.91	—	—	1.000 0
	名称	单位	单价(元)	消耗量		
人工	二类人工	工日	135.00	0.058 0	0.743 0	0.196 0
材料	型钢 综合	t	3 836.00	—	0.005 6	—
	金属膨胀螺栓 M8×80	套	0.28	2.700 0	—	—
	电焊条	kg	4.31	—	0.941 5	—
	氧气	m^3	3.62	—	0.140 0	—
	乙炔气	m^3	8.90	—	0.059 5	—
	不锈钢管	t	13 793.00	—	0.031 5	—
	预制型钢护栏	m	129.00	1.010 0	—	—
	塑胶隔离墩 JD-01F360×800	个	51.72	—	—	0.510 0
	特型塑胶管 ϕ55×2.5	m	6.90	—	—	2.000 0

3. 钢筋混凝土隔离墩

工作内容:预制混凝土的配料、运输、搅捣、养生、模板的安装及拆除、隔离墩安装固定。

计量单位:10m^3

定额编号				2-165
项目				隔离墩预制、安装
				混凝土
基价(元)				**11 385.51**
其中	人工费(元)			5 427.54
	材料费(元)			5 023.43
	机械费(元)			934.54
预算定额编号	项目名称	单位	单价(元)	消耗量
2-359	钢筋混凝土隔离墩 隔离墩预制 混凝土	10m^3	7 490.62	1.000 0
2-360	钢筋混凝土隔离墩 隔离墩预制 模板	10m^2	584.48	3.500 0
2-361	钢筋混凝土隔离墩 安装	10m^3	1 849.20	1.000 0
	名称	单位	单价(元)	消耗量
人工	二类人工	工日	135.00	40.204 0
材料	铁件	kg	3.71	15.505 0
	圆钉	kg	4.74	2.100 0
	非泵送商品混凝土 C20	m^3	412.00	10.100 0
	养护毯	m^2	2.84	50.260 0
	油性金属闪光漆	kg	25.86	6.530 0
	模板嵌缝料	kg	1.42	1.750 0
	脱模剂	kg	1.54	3.500 0
	松板枋材 模板	m^3	1 422.00	0.238 0
	干混砌筑砂浆 DM M10.0	m^3	413.73	0.240 0

4. 防 眩 板

工作内容：支撑板、压板和面板等金属构件的制作、运输、定位、安装等。　　**计量单位**：延长米

定额编号				2-166	2-167
项目				防眩板(mm)	
				800×100×1.5	900×220×6
基价（元）				**160.75**	**351.61**
其中	人工费（元）			51.84	257.85
	材料费（元）			106.96	83.55
	机械费（元）			1.95	10.21
预算定额编号	项目名称	单位	单价(元)	消耗量	
2-362	防眩板 800×100×1.5	延长米	160.75	1.000 0	—
2-363	防眩板 900×220×6	延长米	351.61	—	1.000 0
	名称	单位	单价(元)	消耗量	
人工	二类人工	工日	135.00	0.384 0	1.910 0
材料	中厚钢板	kg	3.71	0.236 0	5.000 0
	金属膨胀螺栓 M10×80	套	0.48	4.000 0	8.000 0
	电焊条	kg	4.31	0.130 0	0.640 0
	油性调和漆 蓝、白、灰	kg	7.72	0.140 0	0.680 0
	碳素结构钢焊接钢管 *DN*25×3.2	kg	3.88	3.440 0	—
	碳素结构钢焊接钢管 *DN*50×3.8	kg	3.88	2.070 0	—
	防眩板 800×180×1.5	块	19.83	4.000 0	—
	防眩板 900×220×6	块	25.86	—	2.000 0

5. 防撞隔离设施

工作内容：钻孔、安装。　　**计量单位**：个

定额编号				2-168	2-169
项目				防撞筒	水马
				塑料防撞筒	塑料水马
基价（元）				**90.80**	**125.80**
其中	人工费（元）			16.20	16.20
	材料费（元）			70.17	104.80
	机械费（元）			4.43	4.80
预算定额编号	项目名称	单位	单价(元)	消耗量	
2-364	防撞隔离设施 防撞筒 塑料防撞筒	个	90.80	1.000 0	—
2-366	防撞隔离设施 水马 塑料水马	个	125.80	—	1.000 0
	名称	单位	单价(元)	消耗量	
人工	二类人工	工日	135.00	0.120 0	0.120 0
材料	塑料防撞桶	个	68.97	1.000 0	—
	塑料水马	个	103.00	—	1.000 0

6. 减速垄(减速带)

工作内容:钻孔、安装。 **计量单位:**10m

定额编号				2-170
项目				减速垄(减速带)
基价(元)				**882.46**
其中	人工费(元)			160.65
	材料费(元)			691.22
	机械费(元)			30.59
预算定额编号	项目名称	单位	单价(元)	消耗量
2-368	减速垄(减速带)	10m	882.46	1.000 0
名称		单位	单价(元)	消耗量
人工	二类人工	工日	135.00	1.190 0
材料	橡胶反光减速带 1 000×380×50	m	67.24	10.100 0

7. 警 示 柱

工作内容:1. 钢管警示柱:基础、杆件油漆、贴反光膜等。
2. 橡胶警示柱:清理地面、安装。 **计量单位:**根

定额编号				2-171	2-172
项目				钢管警示柱(地理式)	塑胶警示柱
				ϕ80	
基价(元)				**60.67**	**186.24**
其中	人工费(元)			12.15	9.72
	材料费(元)			48.52	176.52
	机械费(元)			—	—
预算定额编号	项目名称	单位	单价(元)	消耗量	
2-369	钢管警示柱(地理式) ϕ80	根	60.67	1.000 0	—
2-370	塑胶警示柱 ϕ80	根	186.24	—	1.000 0
名称		单位	单价(元)	消耗量	
人工	二类人工	工日	135.00	0.090 0	0.072 0
材料	金属膨胀螺栓 M10	套	0.48	—	3.000 0
	圆钉	kg	4.74	0.002 0	—
	非泵送商品混凝土 C25	m^3	421.00	0.028 0	—
	碳素结构钢焊接钢管 *DN*80×4.0	kg	3.88	8.510 0	—
	水	m^3	4.27	0.011 0	—
	松板枋材 模板	m^3	1 422.00	0.002 0	—
	橡胶警示柱 ϕ80	根	172.00	—	1.000 0

六、其他附属设施

1. 人(手)孔井

工作内容:铺垫层、混凝土配制、浇筑混凝土基础、砌井、水泥砂浆抹面、安装窨井盖座等。　　**计量单位:**座

定额编号				2-173	2-174	2-175
项目				井(mm)		
				350×250	500×450	500×500
					H=500 以内	
基价(元)				**332.91**	**410.57**	**438.65**
其中	人工费(元)			104.63	128.25	135.00
	材料费(元)			226.24	279.47	300.59
	机械费(元)			2.04	2.85	3.06
预算定额编号	项目名称	单位	单价(元)	消耗量		
2-376	人(手)孔井 井 350×250(H=500 以内)	座	332.91	1.000 0	—	—
2-377	人(手)孔井 井 500×450(H=500 以内)	座	410.57	—	1.000 0	—
2-378	人(手)孔井 井 500×500(H=500 以内)	座	438.65	—	—	1.000 0
	名称	单位	单价(元)	消耗量		
人工	二类人工	工日	135.00	0.775 0	0.950 0	1.000 0
材料	非泵送商品混凝土 C15	m^3	399.00	0.056 0	0.086 0	0.091 0
	非泵送商品混凝土 C25	m^3	421.00	0.029 0	0.031 0	0.041 0
	水	m^3	4.27	0.007 0	0.098 0	0.114 0
	混凝土实心砖 53×115×240	千块	395.00	0.055 0	0.078 0	0.081 0
	再生树脂复合材料检查井盖 350×250	套	125.00	1.000 0	—	—
	再生树脂复合材料检查井盖 500×450	套	147.00	—	1.000 0	—
	再生树脂复合材料检查井盖 500×500	套	159.00	—	—	1.000 0
	干混抹灰砂浆 DP M15.0	m^3	446.85	0.065 0	0.080 0	0.082 0
	干混砌筑砂浆 DM M7.5	m^3	413.73	0.023 0	0.033 0	0.034 0

2. 安全广角镜安装

工作内容:放样、定位、钻孔、安装。　　**计量单位:**套

定额编号				2-176
项目				安全广角镜(mm)
				φ800
基价(元)				**278.99**
其中	人工费(元)			31.19
	材料费(元)			193.33
	机械费(元)			54.47
预算定额编号	项目名称	单位	单价(元)	消耗量
2-380	安全广角镜 φ800	套	278.99	1.000 0
	名称	单位	单价(元)	消耗量
人工	二类人工	工日	135.00	0.231 0
材料	安全广角镜 φ800	套	190.00	1.000 0

3. 视线诱导器

工作内容: 1. 柱式轮廓标:加工成形、油漆、装反射器,挖洞、柱脚浇混凝土、埋设铁件,安装、回填夯实等。
2. 附着式轮廓标:制作、粘贴反光膜、螺栓固定。
3. 路边线轮廓标:放样、定位、钻孔、安装。

计量单位: 见表

定额编号				2-177	2-178	2-179
项目				玻璃钢柱式轮廓标	附着式轮廓标	路边线轮廓标
计量单位				10 根	10 块	10 只
基价(元)				**841.45**	**129.42**	**162.65**
其中	人工费(元)			157.55	68.99	41.45
	材料费(元)			651.78	28.31	97.64
	机械费(元)			32.12	32.12	23.56
预算定额编号	项目名称	单位	单价(元)	消耗量		
2-381	视线诱导器 玻璃钢柱式轮廓标	10 根	841.45	1.000 0	—	—
2-382	视线诱导器 附着式轮廓标	10 块	129.42	—	1.000 0	—
2-383	视线诱导器 路边线轮廓标	10 只	162.65	—	—	1.000 0
名称		单位	单价(元)	消耗量		
人工	二类人工	工日	135.00	1.167 0	0.511 0	0.307 0
材料	镀锌薄钢板 综合	kg	4.46	—	0.800 0	—
	镀锌铁件	kg	3.73	—	1.620 0	—
	金属膨胀螺栓 M10	套	0.48	—	—	20.000 0
	预埋铁件	kg	3.75	46.700 0	—	—
	玻璃钢柱体 120×100×1 050	根	43.10	10.000 0	—	—
	反光膜	m^2	138.00	—	0.132 0	—
	反射器 180×40	片	3.45	10.000 0	—	—
	路边线轮廓标	个	8.62	—	—	10.000 0

4. 凸起路标

工作内容: 凸起路标:放样、钻孔、安装等。

计量单位: 个

定额编号				2-180
项目				凸起路标
				铸铝
基价(元)				**21.99**
其中	人工费(元)			4.73
	材料费(元)			14.31
	材料费(元)			2.95
预算定额编号	项目名称	单位	单价(元)	消耗量
2-385	凸起路标 铸铝	个	21.99	1.000 0
名称		单位	单价(元)	消耗量
人工	二类人工	工日	135.00	0.035 0
材料	环氧树脂	kg	15.52	0.200 0
	铸铝凸起路标	个	11.21	1.000 0

第三章
桥 涵 工 程

章　说　明

一、本章定额包括桩基工程、钢结构安装工程、现浇混凝土工程、预制混凝土工程、立交箱涵工程、临时工程和其他工程，共7节342个子目。

二、本章定额适用范围：

1. 本章定额适用于城镇范围内的桥梁工程；

2. 单跨5m以内的各种板涵、拱涵工程；

3. 穿越城市道路及铁路的立交箱涵工程。

三、本章定额的编制依据：

1.《市政工程设计概算编制办法》(2011版)；

2.《市政公用工程设计文件编制深度规定》(2013版)；

3.《市政工程消耗量定额》ZYA1－31－2015；

4.《浙江省市政工程预算定额》(2018版)；

5. 现行的设计、施工及验收技术规范、安全操作规程、质量评定标准；

6. 典型工程设计资料。

四、本章定额有关说明：

1. 本章定额混凝土工程中已综合考虑模板费用。

2. 本章定额中模板提升高度若超过8m但不超过22m，将5t履带式电动起重机调整为25t履带式起重机；若超过22m，调整为40t履带式起重机；人工和机械消耗量不变。

3. 本章定额中陆上安装梁提升高度按原地面标高至梁底标高8m为界，高度超过8m需按本章相应定额计算超高增加费。

4. 本章定额预制混凝土及钢筋混凝土构件均按现场预制考虑。如采用商品构配件编制造价时，构件价格按到达工地的价格计算，其安装费用执行《浙江省市政工程预算定额》(2018版)相应子目。

5. 本章定额不包含装饰工程，装饰工程执行《浙江省房屋建筑与装饰工程概算定额》(2018版)和《浙江省房屋建筑与装饰工程预算定额》(2018版)的相应子目。

6. 本章定额中均未包括各类操作脚手架，发生时执行本定额第一章“通用项目”相应定额子目。

7. 圆管涵执行本定额第五章“给排水工程”相应子目，其中管道铺设及基础项目人工和机械的消耗量乘以系数1.25。

8. 本章定额中钢筋制作、安装执行本定额第一章“通用项目”相应定额子目。

9. 本章定额不包含预制场的建设及用地费用，发生时另行计算。

五、未尽事宜详见各节说明。

第一节 桩基工程

说明

一、本节定额内容包括打基础圆木桩、打钢筋混凝土方桩、打钢筋混凝土板桩、打钢筋混凝土管桩、打钢管桩、送桩、钻孔桩、空钻、注浆管埋设及桩底后注浆。

二、定额中人工挖孔、机械钻(冲)孔桩涉及的各类土(岩石)层鉴别标准如下:

1. 砂土层:粒径为2~20mm的颗粒质量小于或等于50%总质量的土层,包括黏土、粉质黏土、粉土、粉砂、细砂、中砂、粗砂、砾砂。

2. 碎(卵)石层:粒径为2~20mm的颗粒质量大于50%总质量的土层,包括角砾、圆砾及粒径为20~200mm的碎石、卵石、块石、漂石,此外亦包括极软岩、软岩。

3. 岩石层:除极软岩、软岩以外的各类较软岩、较硬岩、坚硬岩。

三、本节定额打桩均为打直桩,如打斜桩(包括俯打、仰打)斜率在1:6以内时,人工消耗量乘以系数1.33,机械消耗量乘以系数1.43。

四、本节定额均考虑在已搭置的支架平台上操作,但不包括支架平台,其支架平台的搭设与拆除执行本章第六节“临时工程”相应定额子目。

五、船上打桩定额按两艘船只拼搭、捆绑考虑,不包括组装、拆卸船排和压舱费用。

六、打基础圆木桩综合各类打桩机械,使用时不得进行调整。

七、打板桩定额中综合考虑了打、拔导向桩内容。

八、打PHC桩的定额桩径适用范围见下表。

PHC桩适用范围

单位:mm

定额桩径	600	800	1 000
适用范围	$\phi \leq 600$	$600 < \phi \leq 800$	$800 < \phi \leq 1\ 000$

九、管桩桩顶连接处理定额按承压桩测算,若设计采用抗拔桩时,定额按下表系数调整。

管桩桩顶连接处理调整系数

单位:mm

桩径	400	600	800	1 000
调整系数	1.802	1.524	1.378	1.283

十、钢筋混凝土方桩定额和钢筋混凝土管桩定额包括了打桩、接桩和凿桩头的费用。

十一、钢筋混凝土管桩定额已综合考虑桩尖费用。

十二、钢管桩定额已综合考虑钢管桩接桩、钢管桩内切割和钢管桩精割盖帽。

十三、钢管桩填芯定额分为混凝土填芯定额和碎石填芯定额,如采用其他材料时,执行碎石填芯定额,材料按实调整,定额消耗量不变。

十四、送桩定额按送4m为界,如实际超过4m时,按相应定额乘以下列调整系数:

1. 送桩5m以内乘以系数1.20。

2. 送桩 6m 以内乘以系数 1.50。

3. 送桩 7m 以内乘以系数 2.00。

4. 送桩 7m 以上,以调整后 7m 为基础,每超过 1m 递增系数 0.75。

十五、打钢管桩送桩,根据送桩深度,按相应打桩定额的人工、机械消耗量乘以下列系数计算:

1. 送桩深度小于或等于 2m,系数为 1.25。

2. 送桩深度小于或等于 4m,系数为 1.43。

3. 送桩深度大于 4m,系数为 1.67。

十六、钢护筒按摊销量综合计入灌注桩中。若在水中作业,钢护筒不拔出时,删除定额中钢护筒材料消耗量,并根据钢护筒实际用量(当实际用量不能确定时,可参考下表中质量)按本节钢护筒水中埋设定额子目另计。

钢护筒定额每米质量表

桩径(mm)	600	800	1 000	1 200	1 500	2 000
每米护筒质量(kg/m)	120.28	155.37	184.96	286.06	345.09	554.99

十七、本节定额人工挖孔桩成孔包括土方外运 15km,实际运输距离不同,按本定额第一章"通用项目"相应定额子目调整。

十八、灌注桩定额中已经综合考虑钢护筒、成孔、泥浆池建造和拆除、泥浆(渣土)外运 15km、灌注桩混凝土浇筑、声测管制作、安装和凿桩头,并综合考虑混凝土加灌长度(除人工挖孔桩外)。实际运输距离不同,按本定额第一章"通用项目"相应定额子目调整。

十九、灌注桩空钻定额已经综合考虑成孔、桩孔回填、泥浆池建造和拆除、泥浆(渣土)外运 15km,实际运输距离不同,按本定额第一章"通用项目"相应定额子目调整。

二十、本节定额产生的泥浆按未经处理直接外运考虑,若需采用固化处理,根据设计方案进行调整。

二十一、本节定额桩孔回填采用原土回填,若回填材料不同,只增加回填材料费。

二十二、各类成孔灌注桩定额中泥浆(渣土)产生工程量按下表计算。

成孔灌注桩泥浆(渣土)工程量计算表

桩型	泥浆(渣土)产生工程量	
	泥浆	渣土
转盘式钻机成孔灌注桩	按成孔工程量	—
旋挖钻机成孔灌注桩	按成孔工程量乘以系数 0.20	按成孔工程量
冲击锤成孔灌注桩	按成孔工程量	—
人工挖孔灌注桩	—	按成孔工程量

二十三、旋挖钻机定额按湿作业成孔工艺考虑,若实际采用干作业成孔工艺,按《浙江省市政工程预算定额》(2018 版)执行。

二十四、成孔工艺灌注桩的充盈系数按常规地质情况编制,未考虑地下障碍物、溶洞、暗河等特殊地层。灌注混凝土定额中混凝土材料消耗量已包含了灌注充盈量,见下表。

灌注混凝土充盈系数表

项目名称	充盈系数
转盘式钻机成孔	1.20
旋挖钻机成孔	1.15
冲孔钻机成孔	1.35

二十五、钻机场外运输费用执行本定额第一章“通用项目”相应定额子目。

二十六、本节定额未包括截除余桩、障碍物清理,发生时另行计算。

二十七、钻孔桩采用转盘钻机成孔、旋挖钻机成孔、冲孔钻机成孔时,若工程量小于 $150m^3$,相应定额的人工、机械消耗量乘以系数1.25。

二十八、注浆管埋设定额按桩底注浆考虑,若设计采用侧向注浆,则人工、机械消耗量乘以系数1.20。若利用声测管注浆,不得重复计算。注浆管埋设如遇材质、规格不同时,材料单价换算,其余不变。

工程量计算规则

一、打桩:

1. 钢筋混凝土方桩、板桩按桩长度(包括桩尖长度)乘以桩截面积以“m^3”计算。

2. 钢筋混凝土管桩按桩长度(不包括桩尖长度)乘以桩截面积,减去空心部分体积以“m^3”计算。

3. 钢筋混凝土管桩桩顶连接处理按根数计算。

4. 钢管桩按成品桩考虑,以“t”计算。

5. 钢管桩填芯按内截面积乘以填芯长度以“m^3”计算。

二、送桩:

1. 陆上打桩时,以原地面平均标高增加1m为界线,界线以下至设计桩顶标高之间的打桩实体积为送桩工程量。

2. 支架上打桩时,以当地施工期间的最高潮水位增加0.5m为界线,界线以下至设计桩顶标高之间的打桩实体积为送桩工程量。

3. 船上打桩时,以当地施工期间的平均水位增加1m为界线,界线以下至设计桩顶标高之间的打桩实体积为送桩工程量。

三、人工挖孔桩:

1. 人工挖孔桩工程量按护壁外围截面积乘以深度以“m^3”计算,孔深按自然地坪至设计桩底标高的长度计算。

2. 挖淤泥、流砂、入岩增加费按实际挖、凿数量以“m^3”计算。

3. 护壁按设计图示截面积乘以护壁长度以“m^3”计算,护壁长度按打桩前的自然地坪标高至设计桩底标高(不含入岩长度)另加0.2m计算。

4. 桩芯混凝土按设计图示截面积乘以设计桩长另加加灌长度以“m^3”计算。加灌长度和凿桩头设计无规定时,按0.25m计算。

四、转盘式钻孔桩、旋挖式钻孔桩、冲孔桩机钻孔桩工程量分别按进入各类土层、岩石层的设计长度乘以设计桩截面积以“m^3”计算。

五、人工挖孔桩、转盘式钻孔桩、旋挖式钻孔桩、冲孔桩机钻孔桩空钻工程量按空钻长度乘以设计桩截面积以“m^3”计算。空钻长度:陆上时,为原地面至设计桩顶的长度;水上时,为水平面至设计桩顶的长度减去水深。

六、注浆管工程量按打桩前的自然地坪标高至设计桩底标高的长度另加0.2m计算。

七、桩底(侧)后注浆工程量按设计注浆量计算。

一、打基础圆木桩

工作内容:制桩、安桩箍,运桩,移动桩架,安、拆桩帽,吊桩、定位、校正、打桩、送桩,打、拔缆风桩,松紧缆风绳,锯桩顶等。

计量单位:$10m^3$

定额编号				3-1	3-2	3-3
项目				打基础圆木桩 陆上	打基础圆木桩 支架上	打基础圆木桩 船上
基价(元)				**16 784.24**	**17 605.45**	**18 281.29**
其中	人工费(元)			1 615.14	2 160.27	2 363.58
	材料费(元)			14 521.17	14 521.17	14 521.17
	机械费(元)			647.93	924.01	1 396.54
预算定额编号	项目名称	单位	单价(元)	消耗量		
3-4	打基础圆木桩 0.6t 柴油打桩机 陆上	$10m^3$	16 784.24	1.000 0	—	—
3-5	打基础圆木桩 0.6t 柴油打桩机 支架上	$10m^3$	17 605.45	—	1.000 0	—
3-6	打基础圆木桩 0.6t 柴油打桩机 船上	$10m^3$	18 281.29	—	—	1.000 0
名称		单位	单价(元)	消耗量		
人工	二类人工	工日	135.00	11.964 0	16.002 0	17.508 0
材料	白棕绳	kg	14.31	0.080 0	0.080 0	0.080 0
	垫木	m^3	2 328.00	0.010 0	0.010 0	0.010 0
	草纸	kg	6.90	2.500 0	2.500 0	2.500 0
	圆木桩	m^3	1 379.00	10.500 0	10.500 0	10.500 0

二、打钢筋混凝土方桩

工作内容：准备，安、拆桩帽，捆桩，吊桩，就位，打桩，校正，移动桩架安置或更换衬垫，测量，记录等；接桩、凿桩头；挖渣、运渣全部工序。

计量单位：$10m^3$

定额编号				3-4	3-5	3-6
项目				L≤8m		
				打钢筋混凝土方桩		
				陆上	支架上	船上
基价（元）				**2 378.73**	**2 525.11**	**3 699.14**
其中	人工费（元）			1 253.38	1 436.30	1 915.55
	材料费（元）			72.39	72.39	72.39
	机械费（元）			1 052.96	1 016.42	1 711.20
预算定额编号	项目名称	单位	单价(元)	消耗量		
1-154	履带式液压挖掘机挖碴 装车	$1\ 000m^3$	5 813.63	0.000 6	0.000 6	0.000 6
1-155	自卸汽车运石碴 运距 1km 以内	$1\ 000m^3$	9 052.97	0.000 6	0.000 6	0.000 6
1-156H	自卸汽车运石碴 运距增加 14km	$1\ 000m^3$	31 021.06	0.000 6	0.000 6	0.000 6
3-7	打钢筋混凝土方桩 L≤8m 陆上	$10m^3$	2 188.97	1.000 0	—	—
3-8	打钢筋混凝土方桩 L≤8m 支架上	$10m^3$	2 335.35	—	1.000 0	—
3-9	打钢筋混凝土方桩 L≤8m 船上	$10m^3$	3 509.38	—	—	1.000 0
3-524	凿除桩顶钢筋混凝土 预制混凝土桩	$10m^3$	2 595.59	0.062 5	0.062 5	0.062 5
名称		单位	单价(元)	消耗量		
人工	一类人工	工日	125.00	0.002 0	0.002 0	0.002 0
	二类人工	工日	135.00	9.283 0	10.638 0	14.188 0
材料	钢筋混凝土方桩	m^3	—	(10.100 0)	(10.100 0)	(10.100 0)
	白棕绳	kg	14.31	0.900 0	0.900 0	0.900 0
	垫木	m^3	2 328.00	0.010 0	0.010 0	0.010 0
	草纸	kg	6.90	2.500 0	2.500 0	2.500 0
	桩帽	kg	4.03	4.710 0	4.710 0	4.710 0

工作内容:准备,安、拆桩帽,捆桩,吊桩,就位,打桩,校正,移动桩架安置或更换衬垫,测量,记录等;
接桩、凿桩头;挖渣、运渣全部工序。

计量单位:10m³

定额编号				3-7	3-8	3-9
项目				8m＜L≤16m		
				打钢筋混凝土方桩		
				陆上	支架上	船上
基价(元)				**1 960.90**	**2 082.23**	**2 816.76**
其中	人工费(元)			854.14	931.23	1 165.05
	材料费(元)			375.53	375.53	375.53
	机械费(元)			731.23	775.47	1 276.18
预算定额编号	项目名称	单位	单价(元)	消耗量		
1-154	履带式液压挖掘机挖碴 装车	1 000m³	5 813.63	0.000 4	0.000 4	0.000 4
1-155	自卸汽车运石碴 运距 1km 以内	1 000m³	9 052.97	0.000 4	0.000 4	0.000 4
1-156H	自卸汽车运石碴 运距增加 14km	1 000m³	31 021.06	0.000 4	0.000 4	0.000 4
3-10	打钢筋混凝土方桩 8m＜L≤16m 陆上	10m³	1 072.48	1.000 0	—	—
3-11	打钢筋混凝土方桩 8m＜L≤16m 支架上	10m³	1 193.81	—	1.000 0	—
3-12	打钢筋混凝土方桩 8m＜L≤16m 船上	10m³	1 928.34	—	—	1.000 0
3-52	方桩接桩 焊接桩	个	304.73	2.500 0	2.500 0	2.500 0
3-524	凿除桩顶钢筋混凝土 预制混凝土桩	10m³	2 595.59	0.041 7	0.041 7	0.041 7
	名称	单位	单价(元)	消耗量		
人工	一类人工	工日	125.00	0.001 0	0.001 0	0.001 0
	二类人工	工日	135.00	6.326 0	6.897 0	8.629 0
材料	钢筋混凝土方桩	m³	—	(10.100 0)	(10.100 0)	(10.100 0)
	型钢 综合	kg	3.84	63.750 0	63.750 0	63.750 0
	白棕绳	kg	14.31	0.900 0	0.900 0	0.900 0
	低合金钢焊条 E43 系列	kg	4.74	10.000 0	10.000 0	10.000 0
	垫木	m³	2 328.00	0.010 0	0.010 0	0.010 0
	氧气	m³	3.62	0.215 0	0.215 0	0.215 0
	乙炔气	m³	8.90	0.072 5	0.072 5	0.072 5
	草纸	kg	6.90	2.500 0	2.500 0	2.500 0
	桩帽	kg	4.03	7.070 0	7.070 0	7.070 0

工作内容:准备,安、拆桩帽,捆桩,吊桩,就位,打桩,校正,移动桩架安置或更换衬垫,测量,记录等;
接桩、凿桩头;挖渣、运渣全部工序。

计量单位:10m³

定额编号				3-10	3-11	3-12
项目				16m < L≤28m		
				打钢筋混凝土方桩		
				陆上	支架上	船上
基价(元)				**2 244.14**	**2 141.64**	**3 139.41**
其中	人工费(元)			710.06	728.56	988.16
	材料费(元)			441.07	441.07	441.07
	机械费(元)			1 093.01	972.01	1 710.18
预算定额编号	项目名称	单位	单价(元)	消耗量		
1-154	履带式液压挖掘机挖碴 装车	1 000m³	5 813.63	0.000 2	0.000 2	0.000 2
1-155	自卸汽车运石碴 运距1km以内	1 000m³	9 052.97	0.000 2	0.000 2	0.000 2
1-156H	自卸汽车运石碴 运距增加14km	1 000m³	31 021.06	0.000 2	0.000 2	0.000 2
3-16	打钢筋混凝土方桩 24m < L≤28m 陆上	10m³	1 414.21	1.000 0	—	—
3-17	打钢筋混凝土方桩 24m < L≤28m 支架上	10m³	1 311.71	—	1.000 0	—
3-18	打钢筋混凝土方桩 24m < L≤28m 船上	10m³	2 309.48	—	—	1.000 0
3-52	方桩接桩 焊接桩	个	304.73	2.500 0	2.500 0	2.500 0
3-524	凿除桩顶钢筋混凝土 预制混凝土桩	10m³	2 595.59	0.022 7	0.022 7	0.022 7
名称		单位	单价(元)	消耗量		
人工	一类人工	工日	125.00	0.001 0	0.001 0	0.001 0
	二类人工	工日	135.00	5.259 0	5.396 0	7.319 0
材料	钢筋混凝土方桩	m³	—	(10.100 0)	(10.100 0)	(10.100 0)
	型钢 综合	kg	3.84	63.750 0	63.750 0	63.750 0
	白棕绳	kg	14.31	0.900 0	0.900 0	0.900 0
	低合金钢焊条 E43系列	kg	4.74	10.000 0	10.000 0	10.000 0
	垫木	m³	2 328.00	0.030 0	0.030 0	0.030 0
	氧气	m³	3.62	0.215 0	0.215 0	0.215 0
	乙炔气	m³	8.90	0.072 5	0.072 5	0.072 5
	草纸	kg	6.90	2.500 0	2.500 0	2.500 0
	桩帽	kg	4.03	11.780 0	11.780 0	11.780 0

工作内容:准备,安、拆桩帽,捆桩,吊桩,就位,打桩,校正,移动桩架安置或更换衬垫,测量,记录等;接桩、凿桩头;挖渣、运渣全部工序。

计量单位:10m³

定额编号				3-13	3-14
项目				28m < L≤32m	32m < L≤40m
				打钢筋混凝土方桩 陆上	
基价(元)				**1 993.15**	**2 081.00**
其中	人工费(元)			611.12	595.08
	材料费(元)			460.01	479.04
	机械费(元)			922.02	1 006.88
预算定额编号	项目名称	单位	单价(元)	消耗量	
1-154	履带式液压挖掘机挖碴 装车	1 000m³	5 813.63	0.000 2	0.000 1
1-155	自卸汽车运石碴 运距 1km 以内	1 000m³	9 052.97	0.000 2	0.000 1
1-156H	自卸汽车运石碴 运距增加 14km	1 000m³	31 021.06	0.000 2	0.000 1
3-19	打钢筋混凝土方桩 28m < L≤32m 陆上	10m³	1 178.80	1.000 0	—
3-20	打钢筋混凝土方桩 32m < L≤40m 陆上	10m³	1 278.50	—	1.000 0
3-52	方桩接桩 焊接桩	个	304.73	2.500 0	2.500 0
3-524	凿除桩顶钢筋混凝土 预制混凝土桩	10m³	2 595.59	0.016 7	0.013 9
	名称	单位	单价(元)	消耗量	
人工	一类人工	工日	125.00	0.001 0	—
	二类人工	工日	135.00	4.526 0	4.408 0
材料	钢筋混凝土方桩	m³	—	(10.100 0)	(10.100 0)
	型钢 综合	kg	3.84	63.750 0	63.750 0
	白棕绳	kg	14.31	0.900 0	0.900 0
	低合金钢焊条 E43 系列	kg	4.74	10.000 0	10.000 0
	垫木	m³	2 328.00	0.030 0	0.030 0
	氧气	m³	3.62	0.215 0	0.215 0
	乙炔气	m³	8.90	0.072 5	0.072 5
	草纸	kg	6.90	2.500 0	2.500 0
	桩帽	kg	4.03	16.480 0	21.200 0

三、打钢筋混凝土板桩

工作内容:准备,打、拔导桩,安、拆导向夹桩,移动桩架,捆桩,吊桩,就位,打桩,校正,安置或更换衬垫,测量,记录等。

计量单位:$10m^3$

定额编号				3-15	3-16	3-17
项目				L≤8m		
				打钢筋混凝土板桩		
				陆上	支架上	船上
基价(元)				**1 996.74**	**2 379.41**	**3 197.27**
其中	人工费(元)			618.03	803.39	1 602.86
	材料费(元)			86.65	86.65	86.65
	机械费(元)			1 292.06	1 489.37	1 507.76
预算定额编号	项目名称	单位	单价(元)	消耗量		
3-21	打钢筋混凝土板桩 L≤8m 陆上	$10m^3$	1 996.74	1.000 0	—	—
3-22	打钢筋混凝土板桩 L≤8m 支架上	$10m^3$	2 379.41	—	1.000 0	—
3-23	打钢筋混凝土板桩 L≤8m 船上	$10m^3$	3 197.27	—	—	1.000 0
	名称	单位	单价(元)	消耗量		
人工	二类人工	工日	135.00	4.578 0	5.951 0	11.873 0
材料	钢筋混凝土板桩	m^3	—	(10.100 0)	(10.100 0)	(10.100 0)
	白棕绳	kg	14.31	0.900 0	0.900 0	0.900 0
	垫木	m^3	2 328.00	0.010 0	0.010 0	0.010 0
	草纸	kg	6.90	2.500 0	2.500 0	2.500 0
	桩帽	kg	4.03	7.070 0	7.070 0	7.070 0

工作内容:准备,打、拔导桩,安、拆导向夹桩,移动桩架,捆桩,吊桩,就位,打桩,校正,安置或更换衬垫,测量,记录等。

计量单位:$10m^3$

定额编号				3-18	3-19	3-20
项目				L≤16m		
				打钢筋混凝土板桩		
				陆上	支架上	船上
基价(元)				**1 273.09**	**1 658.53**	**1 964.29**
其中	人工费(元)			380.43	494.37	714.42
	材料费(元)			134.12	134.61	135.10
	机械费(元)			758.54	1 029.55	1 114.77
预算定额编号	项目名称	单位	单价(元)	消耗量		
3-27	打钢筋混凝土板桩 L≤16m 陆上	$10m^3$	1 273.09	1.000 0	—	—
3-28	打钢筋混凝土板桩 L≤16m 支架上	$10m^3$	1 658.53	—	1.000 0	—
3-29	打钢筋混凝土板桩 L≤16m 船上	$10m^3$	1 964.29	—	—	1.000 0
	名称	单位	单价(元)	消耗量		
人工	二类人工	工日	135.00	2.818 0	3.662 0	5.292 0
材料	钢筋混凝土板桩	m^3	—	(10.100 0)	(10.100 0)	(10.100 0)
	白棕绳	kg	14.31	0.900 0	0.900 0	0.900 0
	垫木	m^3	2 328.00	0.020 0	0.020 0	0.020 0
	草纸	kg	6.90	2.500 0	2.500 0	2.500 0
	桩帽	kg	4.03	14.130 0	14.130 0	14.130 0

四、打钢筋混凝土管桩

1. PC桩

工作内容:准备工作,安、拆桩帽,捆桩、吊桩、就位、打桩、校正,移动桩架,安置或更换衬垫,测量、记录等,电焊接桩,凿桩头,挖渣、运渣等全部工序。

计量单位:10m³

定额编号				3-21	3-22	3-23
项目				ϕ400		
				打钢筋混凝土管桩(PC桩)		
				陆上	支架上	船上
基价(元)				**3 885.73**	**4 431.30**	**5 000.64**
其中	人工费(元)			1 235.57	1 392.98	1 724.13
	材料费(元)			885.01	885.01	885.01
	机械费(元)			1 765.15	2 153.31	2 391.50
预算定额编号	项目名称	单位	单价(元)	消耗量		
1-154	履带式液压挖掘机挖碴 装车	1 000m³	5 813.63	0.000 3	0.000 3	0.000 3
1-155	自卸汽车运石碴 运距1km以内	1 000m³	9 052.97	0.000 3	0.000 3	0.000 3
1-156H	自卸汽车运石碴 运距增加14km	1 000m³	31 021.06	0.000 3	0.000 3	0.000 3
1-279	铁件制作、安装 预埋铁件	t	7 476.80	0.158 6	0.158 6	0.158 6
3-30	打钢筋混凝土管桩(PC桩) ϕ400,L≤24m 陆上	10m³	1 894.98	1.000 0	—	—
3-31	打钢筋混凝土管桩(PC桩) ϕ400,L≤24m 支架上	10m³	2 440.55	—	1.000 0	—
3-32	打钢筋混凝土管桩(PC桩) ϕ400,L≤24m 船上	10m³	3 009.89	—	—	1.000 0
3-57	钢筋混凝土管桩(PC桩) 电焊接桩 ϕ400	个	117.75	6.106 2	6.106 2	6.106 2
3-524	凿除桩顶钢筋混凝土 预制混凝土桩	10m³	2 595.59	0.027 8	0.027 8	0.027 8
名称		单位	单价(元)	消耗量		
人工	一类人工	工日	125.00	0.001 0	0.001 0	0.001 0
	二类人工	工日	135.00	9.151 0	10.317 0	12.770 0
材料	钢筋混凝土管桩	m³	—	(10.100 0)	(10.100 0)	(10.100 0)
	热轧光圆钢筋 综合	t	3 966.00	0.038 5	0.038 5	0.038 5
	型钢 综合	kg	3.84	22.045 4	22.045 4	22.045 4
	中厚钢板 综合	t	3 750.00	0.106 7	0.106 7	0.106 7
	白棕绳	kg	14.31	0.900 0	0.900 0	0.900 0
	低合金钢焊条 E43系列	kg	4.74	11.235 4	11.235 4	11.235 4
	低碳钢焊条 综合	kg	6.72	4.620 0	4.620 0	4.620 0
	垫木	m³	2 328.00	0.020 0	0.020 0	0.020 0
	乙炔气	kg	7.60	0.559 9	0.559 9	0.559 9
	氧气	m³	3.62	1.681 2	1.681 2	1.681 2
	草纸	kg	6.90	2.500 0	2.500 0	2.500 0
	桩帽	kg	4.03	18.840 0	18.840 0	18.840 0

工作内容:准备工作,安、拆桩帽,捆桩、吊桩、就位、打桩、校正,移动桩架,安置或更换衬垫,测量、记录等,电焊接桩,凿桩头,挖渣、运渣等全部工序。

计量单位:10m³

定额编号				3-24	3-25	3-26
项目				ϕ550		
				打钢筋混凝土管桩(PC桩)		
				陆上	支架上	船上
基价(元)				**4 107.35**	**4 265.43**	**4 865.60**
其中	人工费(元)			1 065.34	1 246.92	1 522.72
	材料费(元)			892.72	892.72	892.72
	机械费(元)			2 149.29	2 125.79	2 450.16
预算定额编号	项目名称	单位	单价(元)	消耗量		
1-154	履带式液压挖掘机挖碴 装车	1 000m³	5 813.63	0.000 3	0.000 3	0.000 3
1-155	自卸汽车运石碴 运距1km以内	1 000m³	9 052.97	0.000 3	0.000 3	0.000 3
1-156H	自卸汽车运石碴 运距增加14km	1 000m³	31 021.06	0.000 3	0.000 3	0.000 3
1-279	铁件制作、安装 预埋铁件	t	7 476.80	0.159 2	0.159 2	0.159 2
3-33	打钢筋混凝土管桩(PC桩) $\phi550,L\leq24$m 陆上	10m³	2 267.03	1.000 0	—	—
3-34	打钢筋混凝土管桩(PC桩) $\phi550,L\leq24$m 支架上	10m³	2 425.11	—	1.000 0	—
3-35	打钢筋混凝土管桩(PC桩) $\phi550,L\leq24$m 船上	10m³	3 025.28	—	—	1.000 0
3-58	钢筋混凝土管桩(PC桩) 电焊接桩 ϕ550	个	171.85	3.282 5	3.282 5	3.282 5
3-524	凿除桩顶钢筋混凝土 预制混凝土桩	10m³	2 595.59	0.027 8	0.027 8	0.027 8
名称		单位	单价(元)	消耗量		
人工	一类人工	工日	125.00	0.001 0	0.001 0	0.001 0
	二类人工	工日	135.00	7.890 0	9.235 0	11.278 0
材料	钢筋混凝土管桩	m³	—	(10.100 0)	(10.100 0)	(10.100 0)
	热轧光圆钢筋 综合	t	3 966.00	0.038 7	0.038 7	0.038 7
	型钢 综合	kg	3.84	22.128 8	22.128 8	22.128 8
	中厚钢板 综合	t	3 750.00	0.107 1	0.107 1	0.107 1
	白棕绳	kg	14.31	0.900 0	0.900 0	0.900 0
	低合金钢焊条 E43系列	kg	4.74	8.304 7	8.304 7	8.304 7
	低碳钢焊条 综合	kg	6.72	4.637 5	4.637 5	4.637 5
	垫木	m³	2 328.00	0.020 0	0.020 0	0.020 0
	乙炔气	kg	7.60	0.562 0	0.562 0	0.562 0
	氧气	m³	3.62	1.687 5	1.687 5	1.687 5
	草纸	kg	6.90	2.500 0	2.500 0	2.500 0
	桩帽	kg	4.03	23.560 0	23.560 0	23.560 0

2. PHC 桩

工作内容:准备工作,安、拆桩帽,捆桩、吊桩、就位、打桩、校正,移动桩架,安置或更换衬垫,测量、记录等,电焊接桩,凿桩头,挖渣、运渣等全部工序。

计量单位:10m³

定额编号				3-27	3-28	3-29
项目				φ600		φ800
				陆上打 PHC 桩		
				L≤25m	L≤50m	L≤25m
基价(元)				4 511.03	4 758.82	5 863.36
其中	人工费(元)			1 084.45	915.20	1 648.26
	材料费(元)			914.99	537.49	1 990.63
	机械费(元)			2 511.59	3 306.13	2 224.47
预算定额编号	项目名称	单位	单价(元)	消耗量		
1-154	履带式液压挖掘机挖碴 装车	1 000m³	5 813.63	0.000 3	0.000 1	0.000 3
1-155	自卸汽车运石碴 运距 1km 以内	1 000m³	9 052.97	0.000 3	0.000 1	0.000 3
1-156H	自卸汽车运石碴 运距增加 14km	1 000m³	31 021.06	0.000 3	0.000 1	0.000 3
1-279	铁件制作、安装 预埋铁件	t	7 476.80	0.159 2	0.068 2	0.396 6
3-36	陆上打钢筋混凝土管桩(PHC 桩) φ600 L≤25m	m³	2 269.38	1.000 0	—	—
3-37	陆上打钢筋混凝土管桩(PHC 桩) φ600 L≤50m	m³	2 972.17	—	1.000 0	—
3-38	陆上打钢筋混凝土管桩(PHC 桩) φ800 L≤25m	m³	1 923.24	—	—	1.000 0
3-59	钢筋混凝土管桩(PHC 桩) 电焊接桩 φ600	个	294.11	3.282 5	4.220 4	—
3-60	钢筋混凝土管桩(PHC 桩) 电焊接桩 φ800	个	381.32	—	—	2.331 1
3-524	凿除桩顶钢筋混凝土 预制混凝土桩	10m³	2 595.59	0.027 8	0.011 9	0.027 8
	名称	单位	单价(元)	消耗量		
人工	一类人工	工日	125.00	0.001 0	—	0.001 0
	二类人工	工日	135.00	8.032 0	6.779 0	12.209 0
材料	钢筋混凝土 PHC 桩	m³	—	(10.100 0)	(10.100 0)	(10.100 0)
	热轧光圆钢筋 综合	t	3 966.00	0.038 7	0.016 6	0.096 4
	型钢 综合	kg	3.84	22.128 8	9.479 8	55.127 4
	中厚钢板 综合	t	3 750.00	0.107 1	0.045 9	0.266 9
	白棕绳	kg	14.31	0.900 0	0.900 0	0.900 0
	低合金钢焊条 E43 系列	kg	4.74	8.994 1	11.563 9	8.531 8
	低碳钢焊条 综合	kg	6.72	4.637 5	1.986 7	11.553 0
	垫木	m³	2 328.00	0.020 0	0.020 0	0.030 0
	乙炔气	kg	7.60	0.562 0	0.240 7	1.400 0
	氧气	m³	3.62	1.687 5	0.722 9	4.204 0
	草纸	kg	6.90	2.500 0	2.500 0	2.500 0
	桩帽	kg	4.03	28.270 0	28.270 0	37.690 0

工作内容:准备工作,安、拆桩帽,捆桩、吊桩、就位、打桩、校正,移动桩架,安置或更换衬垫,测量、记录等,电焊接桩,凿桩头,挖渣、运渣等全部工序。

计量单位:10m³

定额编号				3-30	3-31	3-32
项目				φ800		φ1 000
				陆上打 PHC 桩		
				L≤50m	L≤25m	L≤50m
基价(元)				**5 149.93**	**6 349.00**	**5 027.78**
其中	人工费(元)			1 119.11	1 790.77	1 115.52
	材料费(元)			1 031.83	2 382.82	1 229.48
	机械费(元)			2 998.99	2 175.41	2 682.78
预算定额编号	项目名称	单位	单价(元)	消耗量		
1-154	履带式液压挖掘机挖碴 装车	1 000m³	5 813.63	0.000 1	0.000 3	0.000 1
1-155	自卸汽车运石碴 运距 1km 以内	1 000m³	9 052.97	0.000 1	0.000 3	0.000 1
1-156H	自卸汽车运石碴 运距增加 14km	1 000m³	31 021.06	0.000 1	0.000 3	0.000 1
1-279	铁件制作、安装 预埋铁件	t	7 476.80	0.170 0	0.475 4	0.203 8
3-39	陆上打钢筋混凝土管桩(PHC 桩) φ800 L≤50m	m³	2 700.54	1.000 0	—	—
3-40	陆上打钢筋混凝土管桩(PHC 桩) φ1 000 L≤25m	m³	1 883.59	—	1.000 0	—
3-41	陆上打钢筋混凝土管桩(PHC 桩) φ1 000 L≤50m	m³	2 407.83	—	—	1.000 0
3-60	钢筋混凝土管桩(PHC 桩) 电焊接桩 φ800	个	381.32	2.997 1	—	—
3-61	钢筋混凝土管桩(PHC 桩) 电焊接桩 φ1 000	个	527.37	—	1.564 4	2.011 3
3-524	凿除桩顶钢筋混凝土 预制混凝土桩	10m³	2 595.59	0.011 9	0.027 8	0.011 9
名称		单位	单价(元)	消耗量		
人工	一类人工	工日	125.00	—	0.001 0	—
	二类人工	工日	135.00	8.289 0	13.264 0	8.263 0
材料	钢筋混凝土 PHC 桩	m³	—	(10.100 0)	(10.100 0)	(10.100 0)
	热轧光圆钢筋 综合	t	3 966.00	0.041 3	0.115 5	0.049 5
	型钢 综合	kg	3.84	23.630 0	66.080 6	28.328 2
	中厚钢板 综合	t	3 750.00	0.114 4	0.319 9	0.137 2
	白棕绳	kg	14.31	0.900 0	0.900 0	0.900 0
	低合金钢焊条 E43 系列	kg	4.74	10.969 4	7.165 0	9.211 8
	低碳钢焊条 综合	kg	6.72	4.952 1	13.848 4	5.936 7
	垫木	m³	2 328.00	0.030 0	0.040 0	0.040 0
	乙炔气	kg	7.60	0.600 1	1.678 2	0.719 4
	氧气	m³	3.62	1.802 0	5.039 2	2.160 3
	草纸	kg	6.90	2.500 0	2.500 0	2.500 0
	桩帽	kg	4.03	37.690 0	47.110 0	47.110 0

3. 钢筋混凝土管桩桩顶连接处理

工作内容:准备钻孔机具,钻机就位,钻孔取土,土方现场150m运输,冲洗管桩内芯,排水,填芯,钢筋制作、安装等工序。

计量单位:根

定额编号				3-33	3-34	3-35	3-36
项目				桩径(mm)			
				φ400以内	φ600以内	φ800以内	φ1 000以内
基价(元)				221.11	456.65	780.59	1 356.92
其中	人工费(元)			45.16	97.76	175.42	308.27
	材料费(元)			154.72	312.89	522.17	898.21
	机械费(元)			21.23	46.00	83.00	150.44
预算定额编号	项目名称	单位	单价(元)	消耗量			
1-272	普通钢筋制作、安装 灌注桩钢筋笼 圆钢	t	5 086.88	0.001 6	0.004 9	0.013 7	0.021 7
1-273	普通钢筋制作、安装 灌注桩钢筋笼 带肋钢筋	t	4 996.66	0.021 1	0.036 1	0.045 0	0.071 9
1-279	铁件制作、安装 预埋铁件	t	7 476.80	0.001 4	0.004 5	0.010 4	0.017 0
3-94	钢管桩 管内钻孔取土	$10m^3$	1 969.00	0.013 6	0.030 5	0.057 2	0.106 5
3-95	钢管桩填芯 混凝土	$10m^3$	5 168.77	0.013 6	0.030 5	0.057 2	0.106 5
	名称	单位	单价(元)	消耗量			
人工	二类人工	工日	135.00	0.335 0	0.724 0	1.299 0	2.283 0
材料	热轧带肋钢筋 HRB400 综合	t	3 849.00	0.021 5	0.036 8	0.045 9	0.073 3
	镀锌铁丝 φ0.7~1.0	kg	6.74	0.086 5	0.168 8	0.283 3	0.450 8
	热轧光圆钢筋 综合	t	3 966.00	0.002 0	0.006 1	0.016 5	0.026 3
	型钢 综合	kg	3.84	0.194 6	0.625 5	1.445 6	2.363 0
	中厚钢板 综合	t	3 750.00	0.000 9	0.003 0	0.007 0	0.011 4
	低碳钢焊条 综合	kg	6.72	0.182 6	0.373 7	0.605 4	0.978 4
	非泵送商品混凝土 C20	m^3	412.00	0.137 4	0.308 1	0.577 7	1.075 7
	乙炔气	kg	7.60	0.004 9	0.015 9	0.036 7	0.060 0
	氧气	m^3	3.62	0.014 8	0.047 7	0.110 2	0.180 2
	水	m^3	4.27	0.040 8	0.091 5	0.171 6	0.319 5

五、打钢管桩

1.打 桩

工作内容：准备工作，安、拆桩帽，打桩，接桩，钻孔取土，混凝土填芯，盖帽，移动桩架，安置或更新衬垫，测量，记录等；测定标高；钢管桩内排水；内切割钢管；截除钢管、就地安放等；测定标高划线，整圆；排水；精割；清泥；除锈；安放及焊接盖帽。

计量单位：10t

定额编号				3-37	3-38	3-39	3-40	3-41	3-42
项目				ϕ406.40		ϕ609.60		ϕ914.40	
				$L≤30m$	$30m<L≤70m$	$L≤30m$	$30m<L≤70m$	$L≤30m$	$30m<L≤70m$
基价（元）				**6 341.92**	**6 814.13**	**5 969.87**	**5 182.65**	**4 684.07**	**4 324.98**
其中	人工费（元）			2 582.69	2 174.47	1 734.32	1 463.75	1 274.46	1 102.37
	材料费（元）			401.57	489.72	388.86	465.91	519.43	633.59
	机械费（元）			3 357.66	4 149.94	3 846.69	3 252.99	2 890.18	2 589.02
预算定额编号	项目名称	单位	单价(元)	消耗量					
3-42	打钢管桩 ϕ406.40 $L≤30m$	10t	3 962.60	1.000 0	—	—	—	—	—
3-44	打钢管桩 ϕ406.40 $L≤70m$	10t	4 384.35	—	1.000 0	—	—	—	—
3-45	打钢管桩 ϕ609.60 $L≤30m$	10t	4 232.72	—	—	1.000 0	—	—	—
3-47	打钢管桩 ϕ609.60 $L≤70m$	10t	3 310.52	—	—	—	1.000 0	—	—
3-48	打钢管桩 ϕ914.40 $L≤30m$	10t	3 219.41	—	—	—	—	1.000 0	—
3-50	打钢管桩 ϕ914.40 $L≤70m$	10t	2 695.07	—	—	—	—	—	1.000 0
3-54	钢管桩电焊接桩 ϕ406.40	个	146.59	4.525 9	6.110 0	—	—	—	—
3-55	钢管桩电焊接桩 ϕ609.60	个	247.27	—	—	2.500 6	3.375 8	—	—
3-56	钢管桩电焊接桩 ϕ914.40	个	334.86	—	—	—	—	1.653 3	2.232 0
3-88	钢管桩内切割 ϕ406.40	根	192.06	4.525 9	2.036 7	—	—	—	—
3-89	钢管桩内切割 ϕ609.60	根	210.18	—	—	2.500 6	1.125 3	—	—
3-90	钢管桩内切割 ϕ914.40	根	233.48	—	—	—	—	1.653 3	0.744 0
3-91	钢管桩精割盖帽 ϕ406.40	个	187.06	4.525 9	6.110 0	—	—	—	—
3-92	钢管桩精割盖帽 ϕ609.60	个	237.24	—	—	2.500 6	3.375 8	—	—
3-93	钢管桩精割盖帽 ϕ914.40	个	317.56	—	—	—	—	1.653 3	2.232 0
	名称	单位	单价(元)	消耗量					
人工	二类人工	工日	135.00	19.131 0	16.107 0	12.847 0	10.842 0	9.440 0	8.166 0
材料	钢帽 ϕ900	个	—	—	—	—	—	(1.653 3)	(2.232 0)
	钢管桩	t	—	(10.100 0)	(10.100 0)	(10.100 0)	(10.100 0)	(10.100 0)	(10.100 0)
	白棕绳	kg	14.31	0.900 0	0.900 0	0.900 0	0.900 0	0.900 0	0.900 0
	焊丝 ϕ3.2	kg	10.78	15.569 1	21.018 4	12.953 1	17.486 6	12.763 5	17.231 0
	钢帽 ϕ400	个	50.00	4.525 9	6.110 0	—	—	—	—
	钢帽 ϕ600	个	142.00	—	—	2.500 6	3.375 8	—	—
	垫木	m^3	2 328.00	0.020 0	0.020 0	0.046 0	0.046 0	0.104 0	0.104 0
	氧气	m^3	3.62	14.392 4	6.476 7	8.127 0	3.657 2	6.447 9	2.901 6
	乙炔气	m^3	8.90	4.797 5	2.158 9	2.700 6	1.215 3	2.149 3	0.967 2
	草纸	kg	6.90	2.500 0	2.500 0	2.500 0	2.500 0	2.500 0	2.500 0
	桩帽	kg	4.03	5.560 0	22.340 0	9.730 0	22.340 0	12.960 0	33.840 0

2. 钢管桩填芯

工作内容:准备钻孔机具,钻机就位,钻孔取土,土方现场150m运输,冲洗管桩内芯,排水,填芯,钢筋制作、安装等工序。

计量单位:10m³

定额编号				3-43	3-44	3-45	3-46
项目				φ406.40		φ609.60	
				混凝土填芯	碎石填芯	混凝土填芯	碎石填芯
基价(元)				**8 064.87**	**4 034.15**	**8 104.76**	**4 034.15**
其中	人工费(元)			1 994.40	1 167.08	2 058.75	1 167.08
	材料费(元)			4 862.20	1 711.11	4 830.82	1 711.11
	机械费(元)			1 208.27	1 155.96	1 215.19	1 155.96
预算定额编号	项目名称	单位	单价(元)	消耗量			
1-272	普通钢筋制作、安装 灌注桩钢筋笼 圆钢	t	5 086.88	0.126 4	—	0.082 8	—
1-279	铁件制作、安装 预埋铁件	t	7 476.80	0.038 0	—	0.073 0	—
3-94	钢管桩 管内钻孔取土	10m³	1 969.00	1.000 0	1.000 0	1.000 0	1.000 0
3-95	钢管桩填芯 混凝土	10m³	5 168.77	1.000 0	—	1.000 0	—
3-98	钢管桩填芯 碎石	10m³	2 065.15	—	1.000 0	—	1.000 0
	名称	单位	单价(元)	消耗量			
人工	二类人工	工日	135.00	14.773 0	8.645 0	15.250 0	8.645 0
材料	镀锌铁丝 φ0.7~1.0	kg	6.74	1.213 1	—	0.794 6	—
	热轧光圆钢筋 综合	t	3 966.00	0.138 2	—	0.102 2	—
	型钢 综合	kg	3.84	5.282 0	—	10.147 0	—
	中厚钢板 综合	t	3 750.00	0.025 6	—	0.049 1	—
	低碳钢焊条 综合	kg	6.72	1.106 9	—	2.126 5	—
	碎石 综合	t	102.00	—	16.650 0	—	16.650 0
	非泵送商品混凝土 C20	m³	412.00	10.100 0	—	10.100 0	—
	乙炔气	kg	7.60	0.134 1	—	0.257 7	—
	氧气	m³	3.62	0.402 8	—	0.773 8	—
	水	m³	4.27	3.000 0	3.000 0	3.000 0	3.000 0

六、送　　桩

1.方　　桩

工作内容:准备工作,安装、拆除送桩帽,送桩杆,打送桩,安置或更换衬垫,移动桩架,测量、记录等。**计量单位**:10m³

定额编号					3-47	3-48	3-49
项目					方桩送桩 L≤8m		
					陆上	支架上	船上
基价(元)					**4 196.81**	**4 483.74**	**4 715.26**
其中	人工费(元)				1 427.22	1 677.51	1 932.66
	材料费(元)				140.30	140.30	140.30
	机械费(元)				2 629.29	2 665.93	2 642.30
预算定额编号	项目名称		单位	单价(元)	消耗量		
3-62	方桩送桩 L≤8m 陆上		10m³	4 196.81	1.000 0	—	—
3-63	方桩送桩 L≤8m 支架上		10m³	4 483.74	—	1.000 0	—
3-64	方桩送桩 L≤8m 船上		10m³	4 715.26	—	—	1.000 0
名称			单位	单价(元)	消耗量		
人工	二类人工		工日	135.00	10.572 0	12.426 0	14.316 0
材料	送桩帽		kg	4.85	12.510 0	12.510 0	12.510 0
	垫木		m³	2 328.00	0.010 0	0.010 0	0.010 0
	草纸		kg	6.90	5.000 0	5.000 0	5.000 0
	桩帽		kg	4.03	5.420 0	5.420 0	5.420 0

工作内容:准备工作,安装、拆除送桩帽,送桩杆,打送桩,安置或更换衬垫,移动桩架,测量、记录等。**计量单位**:10m³

定额编号					3-50	3-51	3-52
项目					方桩送桩 8m<L≤16m		
					陆上	支架上	船上
基价(元)					**3 843.76**	**4 413.62**	**5 010.12**
其中	人工费(元)				1 291.95	1 521.18	1 745.55
	材料费(元)				181.53	181.53	181.53
	机械费(元)				2 370.28	2 710.91	3 083.04
预算定额编号	项目名称		单位	单价(元)	消耗量		
3-65	方桩送桩 8m<L≤16m 陆上		10m³	3 843.76	1.000 0	—	—
3-66	方桩送桩 8m<L≤16m 支架上		10m³	4 413.62	—	1.000 0	—
3-67	方桩送桩 8m<L≤16m 船上		10m³	5 010.12	—	—	1.000 0
名称			单位	单价(元)	消耗量		
人工	二类人工		工日	135.00	9.570 0	11.268 0	12.930 0
材料	送桩帽		kg	4.85	18.760 0	18.760 0	18.760 0
	垫木		m³	2 328.00	0.010 0	0.010 0	0.010 0
	草纸		kg	6.90	5.000 0	5.000 0	5.000 0
	桩帽		kg	4.03	8.130 0	8.130 0	8.130 0

工作内容:准备工作,安装、拆除送桩帽,送桩杆,打送桩,安置或更换衬垫,移动桩架,测量、记录等。**计量单位**:10m³

定额编号				3-53	3-54	3-55
项目				方桩送桩 16m < L≤28m		
				陆上	支架上	船上
基价(元)				**8 428.29**	**7 649.53**	**8 932.48**
其中	人工费(元)			1 573.02	1 848.42	2 123.82
	材料费(元)			280.34	280.34	280.34
	机械费(元)			6 574.93	5 520.77	6 528.32
预算定额编号	项目名称	单位	单价(元)	消耗量		
3-71	方桩送桩 24m < L≤28m 陆上	10m³	8 428.29	1.000 0	—	—
3-72	方桩送桩 24m < L≤28m 支架上	10m³	7 649.53	—	1.000 0	—
3-73	方桩送桩 24m < L≤28m 船上	10m³	8 932.48	—	—	1.000 0
名称		单位	单价(元)	消耗量		
人工	二类人工	工日	135.00	11.652 0	13.692 0	15.732 0
材料	送桩帽	kg	4.85	26.500 0	26.500 0	26.500 0
	垫木	m³	2 328.00	0.030 0	0.030 0	0.030 0
	草纸	kg	6.90	5.000 0	5.000 0	5.000 0
	桩帽	kg	4.03	11.780 0	11.780 0	11.780 0

工作内容:准备工作,安装、拆除送桩帽,送桩杆,打送桩,安置或更换衬垫,移动桩架,测量、记录等。**计量单位**:10m³

定额编号				3-56	3-57
项目				方桩送桩 28m < L≤32m	方桩送桩 32m < L≤40m
				陆上	
基价(元)				**8 306.09**	**11 966.02**
其中	人工费(元)			1 594.89	2 064.69
	材料费(元)			350.73	421.12
	机械费(元)			6 360.47	9 480.21
预算定额编号	项目名称	单位	单价(元)	消耗量	
3-74	方桩送桩 28m < L≤32m 陆上	10m³	8 306.09	1.000 0	—
3-75	方桩送桩 32m < L≤40m 陆上	10m³	11 966.02	—	1.000 0
名称		单位	单价(元)	消耗量	
人工	二类人工	工日	135.00	11.814 0	15.294 0
材料	送桩帽	kg	4.85	37.100 0	47.700 0
	垫木	m³	2 328.00	0.030 0	0.030 0
	草纸	kg	6.90	5.000 0	5.000 0
	桩帽	kg	4.03	16.490 0	21.200 0

2. PC 桩

工作内容:准备工作,安装、拆除送桩帽,送桩杆,打送桩,安置或更换衬垫,移动桩架,测量、记录等。**计量单位:**10m³

定额编号					3-58	3-59	3-60
项目					PC 桩送桩 ϕ400		
					陆上	支架上	船上
基价(元)					**3 931.76**	**7 049.53**	**8 743.14**
其中	人工费(元)				1 877.58	2 208.87	2 540.16
	材料费(元)				392.01	392.01	392.01
	机械费(元)				1 662.17	4 448.65	5 810.97
预算定额编号	项目名称		单位	单价(元)	消耗量		
3-76	送桩 ϕ400 钢筋混凝土管桩(PC 桩) 陆上		10m³	3 931.76	1.000 0	—	—
3-77	送桩 ϕ400 钢筋混凝土管桩(PC 桩) 支架上		10m³	7 049.53	—	1.000 0	—
3-78	送桩 ϕ400 钢筋混凝土管桩(PC 桩) 船上		10m³	8 743.14	—	—	1.000 0
名称			单位	单价(元)	消耗量		
人工	二类人工		工日	135.00	13.908 0	16.362 0	18.816 0
材料	送桩帽		kg	4.85	48.450 0	48.450 0	48.450 0
	垫木		m³	2 328.00	0.020 0	0.020 0	0.020 0
	草纸		kg	6.90	5.000 0	5.000 0	5.000 0
	桩帽		kg	4.03	18.850 0	18.850 0	18.850 0

工作内容:准备工作,安装、拆除送桩帽,送桩杆,打送桩,安置或更换衬垫,移动桩架,测量、记录等。**计量单位:**10m³

定额编号					3-61	3-62	3-63
项目					PC 桩送桩 ϕ550		
					陆上	支架上	船上
基价(元)					**10 575.68**	**9 433.71**	**11 775.33**
其中	人工费(元)				2 101.14	2 473.74	2 844.72
	材料费(元)				469.73	469.73	469.73
	机械费(元)				8 004.81	6 490.24	8 460.88
预算定额编号	项目名称		单位	单价(元)	消耗量		
3-79	送桩 ϕ550 钢筋混凝土管桩(PC 桩) 陆上		10m³	10 575.68	1.000 0	—	—
3-80	送桩 ϕ550 钢筋混凝土管桩(PC 桩) 支架上		10m³	9 433.71	—	1.000 0	—
3-81	送桩 ϕ550 钢筋混凝土管桩(PC 桩) 船上		10m³	11 775.33	—	—	1.000 0
名称			单位	单价(元)	消耗量		
人工	二类人工		工日	135.00	15.564 0	18.324 0	21.072 0
材料	送桩帽		kg	4.85	60.570 0	60.570 0	60.570 0
	垫木		m³	2 328.00	0.020 0	0.020 0	0.020 0
	草纸		kg	6.90	5.000 0	5.000 0	5.000 0
	桩帽		kg	4.03	23.550 0	23.550 0	23.550 0

3. PHC 桩

工作内容:准备工作,安装、拆除送桩帽、送桩杆,打送桩,安置或更换衬垫,移动桩架,测量、记录等。 **计量单位:**$10m^3$

定额编号				3-64	3-65	3-66
项目				PHC 桩送桩		
				ϕ600	ϕ800	ϕ1 000
基价(元)				**11 616.10**	**11 392.99**	**10 458.91**
其中	人工费(元)			1 974.78	1 907.55	1 676.70
	材料费(元)			547.49	726.29	881.77
	机械费(元)			9 093.83	8 759.15	7 900.44
预算定额编号	项目名称	单位	单价(元)	消耗量		
3-83	送桩 钢筋混凝土管桩 ϕ600(PHC 桩) $L\leqslant$50m	$10m^3$	11 616.10	1.000 0	—	—
3-85	送桩 钢筋混凝土管桩 ϕ800(PHC 桩) $L\leqslant$50m	$10m^3$	11 392.99	—	1.000 0	—
3-87	送桩 钢筋混凝土管桩 ϕ1 000(PHC 桩) $L\leqslant$50m	$10m^3$	10 458.91	—	—	1.000 0
	名称	单位	单价(元)	消耗量		
人工	二类人工	工日	135.00	14.628 0	14.130 0	12.420 0
材料	送桩帽	kg	4.85	72.680 0	96.920 0	121.150 0
	垫木	m^3	2 328.00	0.020 0	0.030 0	0.030 0
	草纸	kg	6.90	5.000 0	5.000 0	5.000 0
	桩帽	kg	4.03	28.270 0	37.690 0	47.110 0

4. 钢 管 桩

工作内容:准备工作,安装、拆除送桩帽、送桩杆,打送桩,安置或更换衬垫,移动桩架,测量、记录等。 **计量单位:**10t

定额编号				3-67	3-68	3-69	3-70	3-71	3-72
项目				ϕ406.40		ϕ609.60		ϕ914.40	
				$L\leqslant$30m	30m<$L\leqslant$70m	$L\leqslant$30m	30m<$L\leqslant$70m	$L\leqslant$30m	30m<$L\leqslant$70m
基价(元)				**3 962.60**	**4 384.35**	**4 232.72**	**3 310.52**	**3 219.41**	**2 695.07**
其中	人工费(元)			1 514.03	1 005.62	1 060.83	722.25	752.63	519.62
	材料费(元)			99.10	166.72	176.43	227.25	324.47	408.62
	机械费(元)			2 349.47	3 212.01	2 995.46	2 361.02	2 142.31	1 766.83
预算定额编号	项目名称	单位	单价(元)	消耗量					
3-42	打钢管桩 ϕ406.40 $L\leqslant$30m	10t	3 962.60	1.000 0	—	—	—	—	—
3-44	打钢管桩 ϕ406.40 $L\leqslant$70m	10t	4 384.35	—	1.000 0	—	—	—	—
3-45	打钢管桩 ϕ609.60 $L\leqslant$30m	10t	4 232.72	—	—	1.000 0	—	—	—
3-47	打钢管桩 ϕ609.60 $L\leqslant$70m	10t	3 310.52	—	—	—	1.000 0	—	—
3-48	打钢管桩 ϕ914.40 $L\leqslant$30m	10t	3 219.41	—	—	—	—	1.000 0	—
3-50	打钢管桩 ϕ914.40 $L\leqslant$70m	10t	2 695.07	—	—	—	—	—	1.000 0
	名称	单位	单价(元)	消耗量					
人工	二类人工	工日	135.00	11.215 0	7.449 0	7.858 0	5.350 0	5.575 0	3.849 0
材料	钢管桩	t	—	(10.100 0)	(10.100 0)	(10.100 0)	(10.100 0)	(10.100 0)	(10.100 0)
	白棕绳	kg	14.31	0.900 0	0.900 0	0.900 0	0.900 0	0.900 0	0.900 0
	垫木	m^3	2 328.00	0.020 0	0.020 0	0.046 0	0.046 0	0.104 0	0.104 0
	草纸	kg	6.90	2.500 0	2.500 0	2.500 0	2.500 0	2.500 0	2.500 0
	桩帽	kg	4.03	5.560 0	22.340 0	9.730 0	22.340 0	12.960 0	33.840 0

七、钻 孔 桩

1. 人工挖孔桩

(1)人 工 挖 孔

工作内容:孔内挖土,提运土方,筑沟抽水,修整桩底;送风,照明,安、拆安全设施;集土,装车,运土。**计量单位**:10m³

定额编号				3-73	3-74	3-75
项目				桩径 1 000mm 以内		
				孔深(m)		
				6 以内	10 以内	10 以上
基价(元)				**1 223.98**	**1 552.89**	**1 940.69**
其中	人工费(元)			850.05	1 165.55	1 535.18
	材料费(元)			18.00	20.00	22.00
	机械费(元)			355.93	367.34	383.51
预算定额编号	项目名称	单位	单价(元)	消耗量		
1-88	装载机装松散土	1 000m³	1 761.86	0.010 0	0.010 0	0.010 0
1-94	自卸汽车运土方 运距 1km 以内	1 000m³	5 564.89	0.010 0	0.010 0	0.010 0
1-95H	自卸汽车运土方 运距增加 14km	1 000m³	21 792.54	0.010 0	0.010 0	0.010 0
3-111	人工挖孔 桩径 1 000mm 以内 孔深 6 以内	10m³	932.79	1.000 0	—	—
3-112	人工挖孔 桩径 1 000mm 以内 孔深 10 以内	10m³	1 261.70	—	1.000 0	—
3-113	人工挖孔 桩径 1 000mm 以内 孔深 10 以上	10m³	1 649.50	—	—	1.000 0
名称		单位	单价(元)	消耗量		
人工	一类人工	工日	125.00	0.029 0	0.029 0	0.029 0
	二类人工	工日	135.00	6.270 0	8.607 0	11.345 0

工作内容:孔内挖土,提运土方,筑沟抽水,修整桩底;送风,照明,安、拆安全设施;集土,装车,运土。**计量单位**:10m³

定额编号				3-76	3-77	3-78
项目				桩径 1 000mm 以上		
				孔深(m)		
				6 以内	10 以内	10 以上
基价(元)				**1 105.99**	**1 290.98**	**1 527.80**
其中	人工费(元)			693.72	858.56	1 068.62
	材料费(元)			19.00	21.00	23.00
	机械费(元)			393.27	411.42	436.18
预算定额编号	项目名称	单位	单价(元)	消耗量		
1-88	装载机装松散土	1 000m³	1 761.86	0.010 0	0.010 0	0.010 0
1-94	自卸汽车运土方 运距 1km 以内	1 000m³	5 564.89	0.010 0	0.010 0	0.010 0
1-95H	自卸汽车运土方 运距增加 14km	1 000m³	21 792.54	0.010 0	0.010 0	0.010 0
3-114	人工挖孔 桩径 1 000mm 以上 孔深 6 以内	10m³	814.80	1.000 0	—	—
3-115	人工挖孔 桩径 1 000mm 以上 孔深 10 以内	10m³	999.79	—	1.000 0	—
3-116	人工挖孔 桩径 1 000mm 以上 孔深 10 以上	10m³	1 236.61	—	—	1.000 0
名称		单位	单价(元)	消耗量		
人工	一类人工	工日	125.00	0.029 0	0.029 0	0.029 0
	二类人工	工日	135.00	5.112 0	6.333 0	7.889 0

(2)人工挖孔增加费、制作安设混凝土护壁

工作内容:1. 人工挖孔增加费:挖淤泥、流砂,堵漏、防塌;机械凿岩,挖渣,弃渣于孔边 5m 以内,修整边底;桩孔内通风、照明。

2. 制作、安设混凝土护壁:木模板制作、安装、拆除、整理堆放及场内运输,清理模板黏结物及模内杂物、刷隔离剂等;浇灌、养护或制作、安设混凝土护壁。

3. 桩芯混凝土:安装、拆除导管、漏斗、浇捣等,材料运输等全部操作过程。

计量单位:$10m^3$

定额编号				3-79	3-80	3-81	3-82
项目				人工挖孔增加费		制作、安设混凝土护壁	桩芯混凝土
				挖淤泥、流沙	入岩石层		
基价(元)				**955.38**	**1 535.30**	**11 783.68**	**4 520.21**
其中	人工费(元)			780.03	1 455.03	5 167.53	268.11
	材料费(元)			30.00	20.00	5 718.42	4 252.10
	机械费(元)			145.35	60.27	897.73	—
预算定额编号	项目名称	单位	单价(元)	消耗量			
3-117	人工挖孔增加费 挖淤泥、流砂	$10m^3$	955.38	1.000 0	—	—	—
3-118	人工挖孔增加费 入岩石层	$10m^3$	1 535.30	—	1.000 0	—	—
3-119	制作、安设混凝土护壁	$10m^3$	11 783.68	—	—	1.000 0	—
3-154	灌注桩混凝土 人工挖孔	$10m^3$	4 520.21	—	—	—	1.000 0
名称		单位	单价(元)	消耗量			
人工	二类人工	工日	135.00	5.778 0	10.778 0	38.278 0	1.986 0
材料	圆钉	kg	4.74	—	—	17.600 0	—
	泵送商品混凝土 C20	m^3	431.00	—	—	10.200 0	—
	非泵送商品混凝土 C25	m^3	421.00	—	—	—	10.100 0
	木模板	m^3	1 445.00	—	—	0.840 0	—

2. 转盘式钻孔桩

工作内容:护筒埋设、拆除;安、拆泥浆系统,造浆;准备钻具,钻机就位;钻孔、出渣、提钻、压浆、清孔等;泥浆池建造、拆除;泥浆装卸、运输、清理场地等;混凝土浇筑全部工序;声测管制作、安装,超声波检测;截桩头;泥浆及余渣场外运输等。

计量单位:$10m^3$

定额编号				3-83	3-84	3-85
项目				砂土层		
				桩径(mm)		
				600 以内	800 以内	1 000 以内
基价(元)				**13 007.27**	**11 505.07**	**10 516.91**
其中	人工费(元)			2 898.12	2 356.47	1 918.29
	材料费(元)			7 121.56	6 597.62	6 357.43
	机械费(元)			2 987.59	2 550.98	2 241.19
预算定额编号	项目名称	单位	单价(元)	消耗量		
1-154	履带式液压挖掘机挖碴 装车	$1\ 000m^3$	5 813.63	0.000 6	0.000 6	0.000 6
1-155	自卸汽车运石碴 运距 1km 以内	$1\ 000m^3$	9 052.97	0.000 6	0.000 6	0.000 6
1-156H	自卸汽车运石碴 运距增加 14km	$1\ 000m^3$	31 021.06	0.000 6	0.000 6	0.000 6
3-99	埋设钢护筒 陆上 $\phi \leq 600$	10m	1 237.29	0.353 9	—	—
3-100	埋设钢护筒 陆上 $\phi \leq 800$	10m	1 641.27	—	0.199 0	—
3-101	埋设钢护筒 陆上 $\phi \leq 1\ 000$	10m	2 039.43	—	—	0.127 4
3-120	转盘式钻孔桩基成孔 桩径 ϕ600 以内	$10m^3$	3 661.84	1.000 0	—	—
3-121	转盘式钻孔桩基成孔 桩径 ϕ800 以内	$10m^3$	2 718.19	—	1.000 0	—
3-122	转盘式钻孔桩基成孔 桩径 ϕ1 000 以内	$10m^3$	2 003.87	—	—	1.000 0
3-150	泥浆池建造、拆除	$10m^3$	56.69	1.000 0	1.000 0	1.000 0
3-152	泥浆运输 运距 5km 以内	$10m^3$	898.64	1.000 0	1.000 0	1.000 0
3-153H	泥浆运输 运距增加 10km	$10m^3$	483.60	1.000 0	1.000 0	1.000 0
3-155	灌注桩混凝土 回旋钻孔	$10m^3$	5 933.21	1.060 0	1.060 0	1.060 0
3-162	声测管	t	4 883.05	0.209 4	0.117 8	0.075 4
3-525	凿除桩顶钢筋混凝土 钻孔灌注桩	$10m^3$	2 156.25	0.060 0	0.060 0	0.060 0
名称		单位	单价(元)	消耗量		
人工	一类人工	工日	125.00	0.002 0	0.002 0	0.002 0
	二类人工	工日	135.00	21.466 0	17.454 0	14.208 0
材料	中厚钢板	kg	3.71	0.209 4	0.117 8	0.075 4
	六角带帽螺栓	kg	5.47	0.434 6	0.434 6	0.434 6
	低合金钢焊条 E43 系列	kg	4.74	0.712 0	0.400 5	0.256 4
	钢护筒	t	5 862.00	0.009 2	0.006 6	0.005 0
	镀锌铁丝 8# ~ 12#	kg	6.55	0.272 2	0.153 1	0.098 0
	黏土	m^3	32.04	0.780 0	0.620 0	0.480 0
	混凝土实心砖 240 × 115 × 53 MU10	千块	388.00	0.050 0	0.050 0	0.050 0
	非泵送水下商品混凝土 C25	m^3	448.00	12.720 0	12.720 0	12.720 0
	垫木	m^3	2 328.00	0.120 0	0.070 0	0.050 0
	钢管	t	3 879.00	0.222 0	0.124 9	0.079 9
	导管	kg	1.98	4.028 0	4.028 0	4.028 0
	水	m^3	4.27	28.300 0	27.300 0	26.700 0
	干混砌筑砂浆 DM M5.0	m^3	397.23	0.020 0	0.020 0	0.020 0

注:水上钻孔,定额人工和机械乘以系数 1.11。

工作内容:护筒埋设、拆除;安、拆泥浆系统,造浆;准备钻具,钻机就位;钻孔、出渣、提钻、压浆、清孔等;泥浆池建造、拆除;泥浆装卸、运输、清理场地等;混凝土浇筑全部工序;声测管制作、安装,超声波检测;截桩头;泥浆及余渣场外运输等。

计量单位:10m³

定额编号				3-86	3-87	3-88
项目				砂土层		
				桩径(mm)		
				1 200 以内	1 500 以内	2 000 以内
基价(元)				**10 132.39**	**9 721.21**	**9 294.43**
其中	人工费(元)			1 729.20	1 582.81	1 393.72
	材料费(元)			6 345.40	6 198.55	6 078.27
	机械费(元)			2 057.79	1 939.85	1 822.44
预算定额编号	项目名称	单位	单价(元)	消耗量		
1-154	履带式液压挖掘机挖碴 装车	1 000m³	5 813.63	0.000 6	0.000 6	0.000 6
1-155	自卸汽车运石碴 运距 1km 以内	1 000m³	9 052.97	0.000 6	0.000 6	0.000 6
1-156H	自卸汽车运石碴 运距增加 14km	1 000m³	31 021.06	0.000 6	0.000 6	0.000 6
3-102	埋设钢护筒 陆上 $\phi \leq 1\ 200$	10m	2 576.26	0.088 5	—	—
3-103	埋设钢护筒 陆上 $\phi \leq 1\ 500$	10m	3 295.38	—	0.056 6	—
3-104	埋设钢护筒 陆上 $\phi \leq 2\ 000$	10m	4 264.20	—	—	0.031 8
3-123	转盘式钻孔桩基成孔 桩径 ϕ1 200 以内	10m³	1 636.03	1.000 0	—	—
3-124	转盘式钻孔桩基成孔 桩径 ϕ1 500 以内	10m³	1 404.52	—	1.000 0	—
3-125	转盘式钻孔桩基成孔 桩径 ϕ2 000 以内	10m³	1 135.61	—	—	1.000 0
3-150	泥浆池建造、拆除	10m³	56.69	1.000 0	1.000 0	1.000 0
3-152	泥浆运输 运距 5km 以内	10m³	898.64	1.000 0	1.000 0	1.000 0
3-153H	泥浆运输 运距增加 10km	10m³	483.60	1.000 0	1.000 0	1.000 0
3-155	灌注桩混凝土 回旋钻孔	10m³	5 933.21	1.060 0	1.060 0	1.060 0
3-162	声测管	t	4 883.05	0.078 5	0.050 2	0.028 3
3-525	凿除桩顶钢筋混凝土 钻孔灌注桩	10m³	2 156.25	0.060 0	0.060 0	0.060 0
	名称	单位	单价(元)	消耗量		
人工	一类人工	工日	125.00	0.002 0	0.002 0	0.002 0
	二类人工	工日	135.00	12.807 0	11.723 0	10.322 0
材料	中厚钢板	kg	3.71	0.078 5	0.050 2	0.028 3
	六角带帽螺栓	kg	5.47	0.434 6	0.434 6	0.434 6
	低合金钢焊条 E43 系列	kg	4.74	0.266 9	0.170 7	0.096 2
	钢护筒	t	5 862.00	0.005 3	0.004 2	0.003 7
	镀锌铁丝 8# ~12#	kg	6.55	0.102 1	0.065 3	0.036 8
	黏土	m³	32.04	0.390 0	0.290 0	0.150 0
	混凝土实心砖 240×115×53 MU10	千块	388.00	0.050 0	0.050 0	0.050 0
	非泵送水下商品混凝土 C25	m³	448.00	12.720 0	12.720 0	12.720 0
	垫木	m³	2 328.00	0.040 0	0.040 0	0.030 0
	钢管	t	3 879.00	0.083 2	0.053 2	0.030 0
	导管	kg	1.98	4.028 0	4.028 0	4.028 0
	水	m³	4.27	26.500 0	22.100 0	22.500 0
	干混砌筑砂浆 DM M5.0	m³	397.23	0.020 0	0.020 0	0.020 0

注:水上钻孔,定额人工和机械乘以系数 1.11。

工作内容:护筒埋设、拆除;安、拆泥浆系统,造浆;准备钻具,钻机就位;钻孔、出渣、提钻、压浆、清孔等;泥浆池建造、拆除;泥浆装卸、运输、清理场地等;混凝土浇筑全部工序;声测管制作、安装,超声波检测;截桩头;泥浆及余渣场外运输等。

计量单位:10m³

定额编号				3-89	3-90	3-91
项目				碎(卵)石层		
				桩径(mm)		
				600 以内	800 以内	1 000 以内
基价(元)				**17 610.93**	**15 604.19**	**14 305.89**
其中	人工费(元)			5 481.28	4 645.59	3 913.33
	材料费(元)			7 130.80	6 605.47	6 363.90
	机械费(元)			4 998.85	4 353.13	4 028.66
预算定额编号	项目名称	单位	单价(元)	消耗量		
1-154	履带式液压挖掘机挖碴 装车	1 000m³	5 813.63	0.000 6	0.000 6	0.000 6
1-155	自卸汽车运石碴 运距1km以内	1 000m³	9 052.97	0.000 6	0.000 6	0.000 6
1-156H	自卸汽车运石碴 运距增加14km	1 000m³	31 021.06	0.000 6	0.000 6	0.000 6
3-99	埋设钢护筒 陆上 $\phi \leqslant 600$	10m	1 237.29	0.353 9	—	—
3-100	埋设钢护筒 陆上 $\phi \leqslant 800$	10m	1 641.27	—	0.199 0	—
3-101	埋设钢护筒 陆上 $\phi \leqslant 1\ 000$	10m	2 039.43	—	—	0.127 4
3-120	转盘式钻孔桩基成孔 桩径 ϕ600 以内	10m³	3 661.84	1.000 0	—	—
3-121	转盘式钻孔桩基成孔 桩径 ϕ800 以内	10m³	2 718.19	—	1.000 0	—
3-122	转盘式钻孔桩基成孔 桩径 ϕ1 000 以内	10m³	2 003.87	—	—	1.000 0
3-126	转盘式钻孔桩基成孔 入岩增加费 桩径 ϕ600 以内	10m³	13 153.31	0.350 0	—	—
3-127	转盘式钻孔桩基成孔 入岩增加费 桩径 ϕ800 以内	10m³	11 711.79	—	0.350 0	—
3-128	转盘式钻孔桩基成孔 入岩增加费 桩径 ϕ1 000 以内	10m³	10 825.61	—	—	0.350 0
3-150	泥浆池建造、拆除	10m³	56.69	1.000 0	1.000 0	1.000 0
3-152	泥浆运输 运距5km以内	10m³	898.64	1.000 0	1.000 0	1.000 0
3-153H	泥浆运输 运距增加10km	10m³	483.60	1.000 0	1.000 0	1.000 0
3-155	灌注桩混凝土 回旋钻孔	10m³	5 933.21	1.060 0	1.060 0	1.060 0
3-162	声测管	t	4 883.05	0.209 4	0.117 8	0.075 4
3-525	凿除桩顶钢筋混凝土 钻孔灌注桩	10m³	2 156.25	0.060 0	0.060 0	0.060 0
	名称	单位	单价(元)	消耗量		
人工	一类人工	工日	125.00	0.002 0	0.002 0	0.002 0
	二类人工	工日	135.00	40.600 0	34.410 0	28.986 0
材料	中厚钢板	kg	3.71	0.209 4	0.117 8	0.075 4
	六角带帽螺栓	kg	5.47	0.434 6	0.434 6	0.434 6
	低合金钢焊条 E43 系列	kg	4.74	0.712 0	0.400 5	0.256 4
	钢护筒	t	5 862.00	0.009 2	0.006 6	0.005 0
	镀锌铁丝 8# ~ 12#	kg	6.55	0.272 2	0.153 1	0.098 0
	黏土	m³	32.04	1.068 4	0.865 0	0.681 6
	混凝土实心砖 240×115×53 MU10	千块	388.00	0.050 0	0.050 0	0.050 0
	非泵送水下商品混凝土 C25	m³	448.00	12.720 0	12.720 0	12.720 0
	垫木	m³	2 328.00	0.120 0	0.070 0	0.050 0
	钢管	t	3 879.00	0.222 0	0.124 9	0.079 9
	导管	kg	1.98	4.028 0	4.028 0	4.028 0
	水	m³	4.27	28.300 0	27.300 0	26.700 0
	干混砌筑砂浆 DM M5.0	m³	397.23	0.020 0	0.020 0	0.020 0

注:水上钻孔,定额人工和机械乘以系数1.05。

工作内容:护筒埋设、拆除;安、拆泥浆系统,造浆;准备钻具,钻机就位;钻孔、出渣、提钻、压浆、清孔等;泥浆池建造、拆除;泥浆装卸、运输、清理场地等;混凝土浇筑全部工序;声测管制作、安装,超声波检测;截桩头;泥浆及余渣场外运输等。

计量单位:10m³

定额编号				3-92	3-93	3-94
项目				碎(卵)石层		
				桩径(mm)		
				1 200 以内	1 500 以内	2 000 以内
基价(元)				**13 461.03**	**12 356.98**	**11 838.25**
其中	人工费(元)			3 430.15	3 000.45	2 527.82
	材料费(元)			6 350.81	6 202.92	6 081.77
	机械费(元)			3 680.07	3 153.61	3 228.66
预算定额编号	项目名称	单位	单价(元)	消耗量		
1-154	履带式液压挖掘机挖碴 装车	1 000m³	5 813.63	0.000 6	0.000 6	0.000 6
1-155	自卸汽车运石碴 运距 1km 以内	1 000m³	9 052.97	0.000 6	0.000 6	0.000 6
1-156H	自卸汽车运石碴 运距增加 14km	1 000m³	31 021.06	0.000 6	0.000 6	0.000 6
3-102	埋设钢护筒 陆上 $\phi \leq 1\ 200$	10m	2 576.26	0.088 5	—	—
3-103	埋设钢护筒 陆上 $\phi \leq 1\ 500$	10m	3 295.38	—	0.056 6	—
3-104	埋设钢护筒 陆上 $\phi \leq 2\ 000$	10m	4 264.20	—	—	0.031 8
3-123	转盘式钻孔桩基成孔 桩径 ϕ1 200 以内	10m³	1 636.03	1.000 0	—	—
3-124	转盘式钻孔桩基成孔 桩径 ϕ1 500 以内	10m³	1 404.52	—	1.000 0	—
3-125	转盘式钻孔桩基成孔 桩径 ϕ2 000 以内	10m³	1 135.61	—	—	1.000 0
3-129	转盘式钻孔桩基成孔 入岩增加费 桩径 ϕ1 200 以内	10m³	9 510.43	0.350 0	—	—
3-130	转盘式钻孔桩基成孔 入岩增加费 桩径 ϕ1 500 以内	10m³	7 530.79	—	0.350 0	—
3-131	转盘式钻孔桩基成孔 入岩增加费 桩径 ϕ2 000 以内	10m³	7 268.04	—	—	0.350 0
3-150	泥浆池建造、拆除	10m³	56.69	1.000 0	1.000 0	1.000 0
3-152	泥浆运输 运距 5km 以内	10m³	898.64	1.000 0	1.000 0	1.000 0
3-153H	泥浆运输 运距增加 10km	10m³	483.60	1.000 0	1.000 0	1.000 0
3-155	灌注桩混凝土 回旋钻孔	10m³	5 933.21	1.060 0	1.060 0	1.060 0
3-162	声测管	t	4 883.05	0.078 5	0.050 2	0.028 3
3-525	凿除桩顶钢筋混凝土 钻孔灌注桩	10m³	2 156.25	0.060 0	0.060 0	0.060 0
	名称	单位	单价(元)	消耗量		
人工	一类人工	工日	125.00	0.002 0	0.002 0	0.002 0
	二类人工	工日	135.00	25.407 0	22.224 0	18.723 0
材料	中厚钢板	kg	3.71	0.078 5	0.050 2	0.028 3
	六角带帽螺栓	kg	5.47	0.434 6	0.434 6	0.434 6
	低合金钢焊条 E43 系列	kg	4.74	0.266 9	0.170 7	0.096 2
	钢护筒	t	5 862.00	0.005 3	0.004 2	0.003 7
	镀锌铁丝 8# ~ 12#	kg	6.55	0.102 1	0.065 3	0.036 8
	黏土	m³	32.04	0.559 1	0.426 5	0.259 2
	混凝土实心砖 240 × 115 × 53 MU10	千块	388.00	0.050 0	0.050 0	0.050 0
	非泵送水下商品混凝土 C25	m³	448.00	12.720 0	12.720 0	12.720 0
	垫木	m³	2 328.00	0.040 0	0.040 0	0.030 0
	钢管	t	3 879.00	0.083 2	0.053 2	0.030 0
	导管	kg	1.98	4.028 0	4.028 0	4.028 0
	水	m³	4.27	26.500 0	22.100 0	22.500 0
	干混砌筑砂浆 DM M5.0	m³	397.23	0.020 0	0.020 0	0.020 0

注:水上钻孔,定额人工和机械乘以系数 1.05。

工作内容：护筒埋设、拆除；安、拆泥浆系统，造浆；准备钻具，钻机就位；钻孔、出渣、提钻、压浆、清孔等；泥浆池建造、拆除；泥浆装卸、运输、清理场地等；混凝土浇筑全部工序；声测管制作、安装，超声波检测；截桩头；泥浆及余渣场外运输等。

计量单位：$10m^3$

定额编号				3-95	3-96	3-97
项目				岩石层		
				桩径(mm)		
				600 以内	800 以内	1 000 以内
基价（元）				**26 160.58**	**23 216.86**	**21 342.52**
其中	人工费（元）			10 278.57	8 896.82	7 618.40
	材料费（元）			7 147.96	6 620.05	6 375.89
	机械费（元）			8 734.05	7 699.99	7 348.23
预算定额编号	项目名称	单位	单价(元)	消耗量		
1-154	履带式液压挖掘机挖碴 装车	$1\ 000m^3$	5 813.63	0.000 6	0.000 6	0.000 6
1-155	自卸汽车运石碴 运距 1km 以内	$1\ 000m^3$	9 052.97	0.000 6	0.000 6	0.000 6
1-156H	自卸汽车运石碴 运距增加 14km	$1\ 000m^3$	31 021.06	0.000 6	0.000 6	0.000 6
3-99	埋设钢护筒 陆上 $\phi \leq 600$	10m	1 237.29	0.353 9	—	—
3-100	埋设钢护筒 陆上 $\phi \leq 800$	10m	1 641.27	—	0.199 0	—
3-101	埋设钢护筒 陆上 $\phi \leq 1\ 000$	10m	2 039.43	—	—	0.127 4
3-120	转盘式钻孔桩基成孔 桩径 $\phi 600$ 以内	$10m^3$	3 661.84	1.000 0	—	—
3-121	转盘式钻孔桩基成孔 桩径 $\phi 800$ 以内	$10m^3$	2 718.19	—	1.000 0	—
3-122	转盘式钻孔桩基成孔 桩径 $\phi 1\ 000$ 以内	$10m^3$	2 003.87	—	—	1.000 0
3-126	转盘式钻孔桩基成孔 入岩增加费 桩径 $\phi 600$ 以内	$10m^3$	13 153.31	1.000 0	—	—
3-127	转盘式钻孔桩基成孔 入岩增加费 桩径 $\phi 800$ 以内	$10m^3$	11 711.79	—	1.000 0	—
3-128	转盘式钻孔桩基成孔 入岩增加费 桩径 $\phi 1\ 000$ 以内	$10m^3$	10 825.61	—	—	1.000 0
3-150	泥浆池建造、拆除	$10m^3$	56.69	1.000 0	1.000 0	1.000 0
3-152	泥浆运输 运距 5km 以内	$10m^3$	898.64	1.000 0	1.000 0	1.000 0
3-153H	泥浆运输 运距增加 10km	$10m^3$	483.60	1.000 0	1.000 0	1.000 0
3-155	灌注桩混凝土 回旋钻孔	$10m^3$	5 933.21	1.060 0	1.060 0	1.060 0
3-162	声测管	t	4 883.05	0.209 4	0.117 8	0.075 4
3-525	凿除桩顶钢筋混凝土 钻孔灌注桩	$10m^3$	2 156.25	0.060 0	0.060 0	0.060 0
名称		单位	单价(元)	消耗量		
人工	一类人工	工日	125.00	0.002 0	0.002 0	0.002 0
	二类人工	工日	135.00	76.136 0	65.901 0	56.431 0
材料	中厚钢板	kg	3.71	0.209 4	0.117 8	0.075 4
	六角带帽螺栓	kg	5.47	0.434 6	0.434 6	0.434 6
	低合金钢焊条 E43 系列	kg	4.74	0.712 0	0.400 5	0.256 4
	钢护筒	t	5 862.00	0.009 2	0.006 6	0.005 0
	镀锌铁丝 8# ~ 12#	kg	6.55	0.272 2	0.153 1	0.098 0
	黏土	m^3	32.04	1.604 0	1.320 0	1.056 0
	混凝土实心砖 240 × 115 × 53 MU10	千块	388.00	0.050 0	0.050 0	0.050 0
	非泵送水下商品混凝土 C25	m^3	448.00	12.720 0	12.720 0	12.720 0
	垫木	m^3	2 328.00	0.120 0	0.070 0	0.050 0
	钢管	t	3 879.00	0.222 0	0.124 9	0.079 9
	导管	kg	1.98	4.028 0	4.028 0	4.028 0
	水	m^3	4.27	28.300 0	27.300 0	26.700 0
	干混砌筑砂浆 DM M5.0	m^3	397.23	0.020 0	0.020 0	0.020 0

注：水上钻孔，定额人工和机械乘以系数 1.03。

工作内容:护筒埋设、拆除;安、拆泥浆系统,造浆;准备钻具,钻机就位;钻孔、出渣、提钻、压浆、清孔等;泥浆池建造、拆除;泥浆装卸、运输、清理场地等;混凝土浇筑全部工序;声测管制作、安装,超声波检测;截桩头;泥浆及余渣场外运输等。

计量单位:$10m^3$

定额编号					3-98	3-99	3-100
项目					岩石层		
					桩径(mm)		
					1 200 以内	1 500 以内	2 000 以内
基价(元)					**19 642.82**	**17 252.00**	**16 562.47**
其中	人工费(元)				6 589.07	5 633.22	4 633.99
	材料费(元)				6 360.88	6 211.05	6 088.27
	机械费(元)				6 692.87	5 407.73	5 840.21
预算定额编号	项目名称		单位	单价(元)	消耗量		
1-154	履带式液压挖掘机挖碴 装车		$1\ 000m^3$	5 813.63	0.000 6	0.000 6	0.000 6
1-155	自卸汽车运石碴 运距 1km 以内		$1\ 000m^3$	9 052.97	0.000 6	0.000 6	0.000 6
1-156H	自卸汽车运石碴 运距增加 14km		$1\ 000m^3$	31 021.06	0.000 6	0.000 6	0.000 6
3-102	埋设钢护筒 陆上 $\phi \leq 1\ 200$		10m	2 576.26	0.088 5	—	—
3-103	埋设钢护筒 陆上 $\phi \leq 1\ 500$		10m	3 295.38	—	0.056 6	—
3-104	埋设钢护筒 陆上 $\phi \leq 2\ 000$		10m	4 264.20	—	—	0.031 8
3-123	转盘式钻孔桩基成孔 桩径 $\phi 1\ 200$ 以内		$10m^3$	1 636.03	1.000 0	—	—
3-124	转盘式钻孔桩基成孔 桩径 $\phi 1\ 500$ 以内		$10m^3$	1 404.52	—	1.000 0	—
3-125	转盘式钻孔桩基成孔 桩径 $\phi 2\ 000$ 以内		$10m^3$	1 135.61	—	—	1.000 0
3-129	转盘式钻孔桩基成孔 入岩增加费 桩径 $\phi 1\ 200$ 以内		$10m^3$	9 510.43	1.000 0	—	—
3-130	转盘式钻孔桩基成孔 入岩增加费 桩径 $\phi 1\ 500$ 以内		$10m^3$	7 530.79	—	1.000 0	—
3-131	转盘式钻孔桩基成孔 入岩增加费 桩径 $\phi 2\ 000$ 以内		$10m^3$	7 268.04	—	—	1.000 0
3-150	泥浆池建造、拆除		$10m^3$	56.69	1.000 0	1.000 0	1.000 0
3-152	泥浆运输 运距 5km 以内		$10m^3$	898.64	1.000 0	1.000 0	1.000 0
3-153H	泥浆运输 运距增加 10km		$10m^3$	483.60	1.000 0	1.000 0	1.000 0
3-155	灌注桩混凝土 回旋钻孔		$10m^3$	5 933.21	1.060 0	1.060 0	1.060 0
3-162	声测管		t	4 883.05	0.078 5	0.050 2	0.028 3
3-525	凿除桩顶钢筋混凝土 钻孔灌注桩		$10m^3$	2 156.25	0.060 0	0.060 0	0.060 0
名称			单位	单价(元)	消耗量		
人工	一类人工		工日	125.00	0.002 0	0.002 0	0.002 0
	二类人工		工日	135.00	48.806 0	41.726 0	34.324 0
材料	中厚钢板		kg	3.71	0.078 5	0.050 2	0.028 3
	六角带帽螺栓		kg	5.47	0.434 6	0.434 6	0.434 6
	低合金钢焊条 E43 系列		kg	4.74	0.266 9	0.170 7	0.096 2
	钢护筒		t	5 862.00	0.005 3	0.004 2	0.003 7
	镀锌铁丝 8# ~ 12#		kg	6.55	0.102 1	0.065 3	0.036 8
	黏土		m^3	32.04	0.873 0	0.680 0	0.462 0
	混凝土实心砖 240 × 115 × 53 MU10		千块	388.00	0.050 0	0.050 0	0.050 0
	非泵送水下商品混凝土 C25		m^3	448.00	12.720 0	12.720 0	12.720 0
	垫木		m^3	2 328.00	0.040 0	0.040 0	0.030 0
	钢管		t	3 879.00	0.083 2	0.053 2	0.030 0
	导管		kg	1.98	4.028 0	4.028 0	4.028 0
	水		m^3	4.27	26.500 0	22.100 0	22.500 0
	干混砌筑砂浆 DM M5.0		m^3	397.23	0.020 0	0.020 0	0.020 0

注:水上钻孔,定额人工和机械乘以系数 1.03。

3.旋挖式钻孔桩

工作内容:护筒埋设、拆除;钻机就位;钻孔、提钻、出渣、渣土清理堆放、造浆、压浆、清孔等;泥浆池建造、拆除;泥浆装卸、运输、清理场地等;混凝土浇筑全部工序;声测管制作、安装,超声波检测;截桩头;泥浆及余渣场外运输等。

计量单位:$10m^3$

定额编号				3-101	3-102	3-103	3-104
项目				砂土层			
				桩径(mm)			
				1 000 以内	1 500 以内	2 000 以内	2 000 以上
基价(元)				**10 773.06**	**9 563.22**	**9 255.61**	**8 862.15**
其中	人工费(元)			1 545.12	1 229.76	1 082.26	980.32
	材料费(元)			5 968.05	5 850.67	5 749.80	5 692.97
	机械费(元)			3 259.89	2 482.79	2 423.55	2 188.86
预算定额编号	项目名称	单位	单价(元)	消耗量			
1-72	挖掘机挖土装车 三类土	$1\ 000m^3$	3 558.76	0.010 0	0.010 0	0.010 0	0.010 0
1-94	自卸汽车运土方 运距1km以内	$1\ 000m^3$	5 564.89	0.010 0	0.010 0	0.010 0	0.010 0
1-95H	自卸汽车运土方 运距增加14km	$1\ 000m^3$	21 792.54	0.010 0	0.010 0	0.010 0	0.010 0
1-154	履带式液压挖掘机挖碴 装车	$1\ 000m^3$	5 813.63	0.000 6	0.000 6	0.000 6	0.000 6
1-155	自卸汽车运石碴 运距1km以内	$1\ 000m^3$	9 052.97	0.000 6	0.000 6	0.000 6	0.000 6
1-156H	自卸汽车运石碴 运距增加14km	$1\ 000m^3$	31 021.06	0.000 6	0.000 6	0.000 6	0.000 6
3-101	埋设钢护筒 陆上 $\phi \leq 1\ 000$	10m	2 039.43	0.127 4	—	—	—
3-103	埋设钢护筒 陆上 $\phi \leq 1\ 500$	10m	3 295.38	—	0.056 6	—	—
3-104	埋设钢护筒 陆上 $\phi \leq 2\ 000$	10m	4 264.20	—	—	0.031 8	0.020 4
3-132	旋挖桩机成孔 桩径 $\phi 1\ 000$ 以内	$10m^3$	3 333.00	1.000 0	—	—	—
3-133	旋挖桩机成孔 桩径 $\phi 1\ 500$ 以内	$10m^3$	2 319.52	—	1.000 0	—	—
3-134	旋挖桩机成孔 桩径 $\phi 2\ 000$ 以内	$10m^3$	2 169.76	—	—	1.000 0	—
3-135	旋挖桩机成孔 桩径 $\phi 2\ 000$ 以上	$10m^3$	1 874.73	—	—	—	1.000 0
3-150	泥浆池建造、拆除	$10m^3$	56.69	0.200 0	0.200 0	0.200 0	0.200 0
3-152	泥浆运输 运距5km以内	$10m^3$	898.64	0.200 0	0.200 0	0.200 0	0.200 0
3-153H	泥浆运输 运距增加10km	$10m^3$	483.60	0.200 0	0.200 0	0.200 0	0.200 0
3-156	灌注桩混凝土 旋挖钻成孔	$10m^3$	5 715.28	1.060 0	1.060 0	1.060 0	1.060 0
3-162	声测管	t	4 883.05	0.075 4	0.050 2	0.028 3	0.018 1
3-525	凿除桩顶钢筋混凝土 钻孔灌注桩	$10m^3$	2 156.25	0.060 0	0.060 0	0.060 0	0.060 0
	名称	单位	单价(元)	消耗量			
人工	一类人工	工日	125.00	0.031 0	0.031 0	0.031 0	0.031 0
	二类人工	工日	135.00	11.417 0	9.081 0	7.988 0	7.233 0
材料	中厚钢板	kg	3.71	0.075 4	0.050 2	0.028 3	0.018 1
	六角带帽螺栓	kg	5.47	0.434 6	0.434 6	0.434 6	0.434 6
	低合金钢焊条 E43 系列	kg	4.74	0.256 4	0.170 7	0.096 2	0.061 5
	钢护筒	t	5 862.00	0.005 0	0.004 2	0.003 7	0.002 4
	镀锌铁丝 $8^{\#} \sim 12^{\#}$	kg	6.55	0.098 0	0.065 3	0.036 8	0.023 5
	黏土	m^3	32.04	0.610 0	0.510 0	0.460 0	0.380 0
	混凝土实心砖 240×115×53 MU10	千块	388.00	0.010 0	0.010 0	0.010 0	0.010 0
	非泵送水下商品混凝土 C25	m^3	448.00	12.190 0	12.190 0	12.190 0	12.190 0
	钢管	t	3 879.00	0.079 9	0.053 2	0.030 0	0.019 2
	导管	kg	1.98	4.028 0	4.028 0	4.028 0	4.028 0
	水	m^3	4.27	19.800 0	19.400 0	18.500 0	18.100 0
	干混砌筑砂浆 DM M5.0	m^3	397.23	0.004 0	0.004 0	0.004 0	0.004 0

注:水上钻孔,定额人工和机械乘以系数1.15。

工作内容:护筒埋设、拆除;钻机就位;钻孔、提钻、出渣、渣土清理堆放、造浆、压浆、清孔等;泥浆池建造、拆除;泥浆装卸、运输、清理场地等;混凝土浇筑全部工序;声测管制作、安装,超声波检测;截桩头;泥浆及余渣场外运输等。

计量单位:$10m^3$

定额编号				3-105	3-106	3-107	3-108
项目				碎(卵)石层			
				桩径(mm)			
				1 000 以内	1 500 以内	2 000 以内	2 000 以上
基价(元)				**14 096.51**	**11 909.72**	**11 519.99**	**10 822.60**
其中	人工费(元)			2 136.86	1 640.33	1 411.76	1 259.87
	材料费(元)			6 010.24	5 885.38	5 777.04	5 714.49
	机械费(元)			5 949.41	4 384.01	4 331.19	3 848.24
预算定额编号	项目名称	单位	单价(元)	消耗量			
1-154	履带式液压挖掘机挖碴 装车	$1\ 000m^3$	5 813.63	0.010 6	0.010 6	0.010 6	0.010 6
1-155	自卸汽车运石碴 运距 1km 以内	$1\ 000m^3$	9 052.97	0.010 6	0.010 6	0.010 6	0.010 6
1-156H	自卸汽车运石碴 运距增加 14km	$1\ 000m^3$	31 021.06	0.010 6	0.010 6	0.010 6	0.010 6
3-101	埋设钢护筒 陆上 $\phi \leqslant 1\ 000$	10m	2 039.43	0.127 4	—	—	—
3-103	埋设钢护筒 陆上 $\phi \leqslant 1\ 500$	10m	3 295.38	—	0.056 6	—	—
3-104	埋设钢护筒 陆上 $\phi \leqslant 2\ 000$	10m	4 264.20	—	—	0.031 8	0.020 4
3-132	旋挖桩机成孔 桩径 ϕ1 000 以内	$10m^3$	3 333.00	1.000 0	—	—	—
3-133	旋挖桩机成孔 桩径 ϕ1 500 以内	$10m^3$	2 319.52	—	1.000 0	—	—
3-134	旋挖桩机成孔 桩径 ϕ2 000 以内	$10m^3$	2 169.76	—	—	1.000 0	—
3-135	旋挖桩机成孔 桩径 ϕ2 000 以上	$10m^3$	1 874.73	—	—	—	1.000 0
3-136	旋挖桩机成孔 入岩增加费 桩径 ϕ1 000 以内	$10m^3$	12 694.92	0.250 0	—	—	—
3-137	旋挖桩机成孔 入岩增加费 桩径 ϕ1 500 以内	$10m^3$	8 787.13	—	0.250 0	—	—
3-138	旋挖桩机成孔 入岩增加费 桩径 ϕ2 000 以内	$10m^3$	8 458.70	—	—	0.250 0	—
3-139	旋挖桩机成孔 入岩增加费 桩径 ϕ2 000 以上	$10m^3$	7 242.92	—	—	—	0.250 0
3-150	泥浆池建造、拆除	$10m^3$	56.69	0.200 0	0.200 0	0.200 0	0.200 0
3-152	泥浆运输 运距 5km 以内	$10m^3$	898.64	0.200 0	0.200 0	0.200 0	0.200 0
3-153H	泥浆运输 运距增加 10km	$10m^3$	483.60	0.200 0	0.200 0	0.200 0	0.200 0
3-156	灌注桩混凝土 旋挖钻成孔	$10m^3$	5 715.28	1.060 0	1.060 0	1.060 0	1.060 0
3-162	声测管	t	4 883.05	0.075 4	0.050 2	0.028 3	0.018 1
3-525	凿除桩顶钢筋混凝土 钻孔灌注桩	$10m^3$	2 156.25	0.060 0	0.060 0	0.060 0	0.060 0
	名称	单位	单价(元)	消耗量			
人工	一类人工	工日	125.00	0.031 0	0.031 0	0.031 0	0.031 0
	二类人工	工日	135.00	15.800 0	12.122 0	10.429 0	9.304 0
材料	中厚钢板	kg	3.71	0.075 4	0.050 2	0.028 3	0.018 1
	金属周转材料	kg	3.95	2.400 0	1.975 0	1.550 0	1.225 0
	六角带帽螺栓	kg	5.47	0.434 6	0.434 6	0.434 6	0.434 6
	低合金钢焊条 E43 系列	kg	4.74	0.256 4	0.170 7	0.096 2	0.061 5
	钢护筒	t	5 862.00	0.005 0	0.004 2	0.003 7	0.002 4
	镀锌铁丝 8# ~ 12#	kg	6.55	0.098 0	0.065 3	0.036 8	0.023 5
	黏土	m^3	32.04	0.895 0	0.744 5	0.644 0	0.525 3
	混凝土实心砖 240 × 115 × 53 MU10	千块	388.00	0.010 0	0.010 0	0.010 0	0.010 0
	非泵送水下商品混凝土 C25	m^3	448.00	12.190 0	12.190 0	12.190 0	12.190 0
	钢管	t	3 879.00	0.079 9	0.053 2	0.030 0	0.019 2
	导管	kg	1.98	4.028 0	4.028 0	4.028 0	4.028 0
	水	m^3	4.27	25.320 0	23.942 5	22.065 0	20.916 3
	干混砌筑砂浆 DM M5.0	m^3	397.23	0.004 0	0.004 0	0.004 0	0.004 0

注:水上钻孔,定额人工和机械乘以系数 1.08。

工作内容：护筒埋设、拆除；钻机就位；钻孔、提钻、出渣、渣土清理堆放、造浆、压浆、清孔等；泥浆池建造、拆除；泥浆装卸、运输、清理场地等；混凝土浇筑全部工序；声测管制作、安装，超声波检测；截桩头；泥浆及余渣场外运输等。

计量单位：10m³

定额编号				3-109	3-110	3-111	3-112
项目				岩石层			
				桩径(mm)			
				1 000 以内	1 500 以内	2 000 以内	2 000 以上
基价（元）				**23 617.69**	**18 500.07**	**17 864.02**	**16 254.79**
其中	人工费（元）			3 912.08	2 872.04	2 400.27	2 098.53
	材料费（元）			6 136.78	5 989.51	5 858.76	5 779.04
	机械费（元）			13 568.83	9 638.52	9 604.99	8 377.22
预算定额编号	项目名称	单位	单价(元)	消耗量			
1-154	履带式液压挖掘机挖碴 装车	1 000m³	5 813.63	0.010 6	0.010 6	0.010 6	0.010 6
1-155	自卸汽车运石碴 运距1km以内	1 000m³	9 052.97	0.010 6	0.010 6	0.010 6	0.010 6
1-156H	自卸汽车运石碴 运距增加14km	1 000m³	31 021.06	0.010 6	0.010 6	0.010 6	0.010 6
3-101	埋设钢护筒 陆上 $\phi \leq 1\ 000$	10m	2 039.43	0.127 4	—	—	—
3-103	埋设钢护筒 陆上 $\phi \leq 1\ 500$	10m	3 295.38	—	0.056 6	—	—
3-104	埋设钢护筒 陆上 $\phi \leq 2\ 000$	10m	4 264.20	—	—	0.031 8	0.020 4
3-132	旋挖桩机成孔 桩径 ϕ1 000 以内	10m³	3 333.00	1.000 0	—	—	—
3-133	旋挖桩机成孔 桩径 ϕ1 500 以内	10m³	2 319.52	—	1.000 0	—	—
3-134	旋挖桩机成孔 桩径 ϕ2 000 以内	10m³	2 169.76	—	—	1.000 0	—
3-135	旋挖桩机成孔 桩径 ϕ2 000 以上	10m³	1 874.73	—	—	—	1.000 0
3-136	旋挖桩机成孔 入岩增加费 桩径 ϕ1 000 以内	10m³	12 694.92	1.000 0	—	—	—
3-137	旋挖桩机成孔 入岩增加费 桩径 ϕ1 500 以内	10m³	8 787.13	—	1.000 0	—	—
3-138	旋挖桩机成孔 入岩增加费 桩径 ϕ2 000 以内	10m³	8 458.70	—	—	1.000 0	—
3-139	旋挖桩机成孔 入岩增加费 桩径 ϕ2 000 以上	10m³	7 242.92	—	—	—	1.000 0
3-150	泥浆池建造、拆除	10m³	56.69	0.200 0	0.200 0	0.200 0	0.200 0
3-152	泥浆运输 运距5km以内	10m³	898.64	0.200 0	0.200 0	0.200 0	0.200 0
3-153H	泥浆运输 运距增加10km	10m³	483.60	0.200 0	0.200 0	0.200 0	0.200 0
3-156	灌注桩混凝土 旋挖钻成孔	10m³	5 715.28	1.060 0	1.060 0	1.060 0	1.060 0
3-162	声测管	t	4 883.05	0.075 4	0.050 2	0.028 3	0.018 1
3-525	凿除桩顶钢筋混凝土 钻孔灌注桩	10m³	2 156.25	0.060 0	0.060 0	0.060 0	0.060 0
	名称	单位	单价(元)	消耗量			
人工	一类人工	工日	125.00	0.031 0	0.031 0	0.031 0	0.031 0
	二类人工	工日	135.00	28.950 0	21.246 0	17.751 0	15.516 0
材料	中厚钢板	kg	3.71	0.075 4	0.050 2	0.028 3	0.018 1
	金属周转材料	kg	3.95	9.600 0	7.900 0	6.200 0	4.900 0
	六角带帽螺栓	kg	5.47	0.434 6	0.434 6	0.434 6	0.434 6
	低合金钢焊条 E43 系列	kg	4.74	0.256 4	0.170 7	0.096 2	0.061 5
	钢护筒	t	5 862.00	0.005 0	0.004 2	0.003 7	0.002 4
	镀锌铁丝 8#～12#	kg	6.55	0.098 0	0.065 3	0.036 8	0.023 5
	黏土	m³	32.04	1.750 0	1.448 0	1.196 0	0.961 0
	混凝土实心砖 240×115×53 MU10	千块	388.00	0.010 0	0.010 0	0.010 0	0.010 0
	非泵送水下商品混凝土 C25	m³	448.00	12.190 0	12.190 0	12.190 0	12.190 0
	钢管	t	3 879.00	0.079 9	0.053 2	0.030 0	0.019 2
	导管	kg	1.98	4.028 0	4.028 0	4.028 0	4.028 0
	水	m³	4.27	41.880 0	37.570 0	32.760 0	29.365 0
	干混砌筑砂浆 DM M5.0	m³	397.23	0.004 0	0.004 0	0.004 0	0.004 0

注：水上钻孔，定额人工和机械乘以系数1.04。

4. 冲孔桩机钻孔桩

工作内容:护筒埋设、拆除;准备抓锤,桩机就位;冲抓、提锤、出渣;加水、加黏土、清孔等;泥浆池建造、拆除;泥浆装卸、运输、清理场地等;混凝土浇筑全部工序;声测管制作、安装,超声波检测;截桩头;泥浆及余渣场外运输等。

计量单位:10m³

预算定额编号	项目名称	单位	单价(元)	3-113	3-114	3-115
	项目			孔深 $H\leq30$m		
				砂土层	碎(卵)石层	岩石层
	基价(元)			**16 172.72**	**20 720.90**	**40 023.78**
其中	人工费(元)			5 249.04	7 208.03	16 007.73
	材料费(元)			7 804.70	8 002.69	7 757.93
	机械费(元)			3 118.98	5 510.18	16 258.12
预算定额编号	项目名称	单位	单价(元)	消耗量		
1-154	履带式液压挖掘机挖碴 装车	1 000m³	5 813.63	0.000 6	0.000 6	0.000 6
1-155	自卸汽车运石碴 运距1km以内	1 000m³	9 052.97	0.000 6	0.000 6	0.000 6
1-156H	自卸汽车运石碴 运距增加14km	1 000m³	31 021.06	0.000 6	0.000 6	0.000 6
3-103	埋设钢护筒 陆上 $\phi\leq1\ 500$	10m	3 295.38	1.273 9	1.273 9	1.273 9
3-144	冲孔桩机带冲击锤成孔 孔深 $H\leq30$m 砂土层	10m³	2 953.70	1.000 0	—	—
3-145	冲孔桩机带冲击锤成孔 孔深 $H\leq30$m 碎(卵)石层	10m³	7 501.88	—	1.000 0	—
3-146	冲孔桩机带冲击锤成孔 孔深 $H\leq30$m 岩石层	10m³	26 804.76	—	—	1.000 0
3-150	泥浆池建造、拆除	10m³	56.69	1.000 0	1.000 0	1.000 0
3-152	泥浆运输 运距5km以内	10m³	898.64	1.000 0	1.000 0	1.000 0
3-153H	泥浆运输 运距增加10km	10m³	483.60	1.000 0	1.000 0	1.000 0
3-157	灌注桩混凝土 冲孔成孔	10m³	6 657.56	1.060 0	1.060 0	1.060 0
3-162	声测管	t	4 883.05	0.075 4	0.075 4	0.075 4
3-525	凿除桩顶钢筋混凝土 钻孔灌注桩	10m³	2 156.25	0.060 0	0.060 0	0.060 0
	名称	单位	单价(元)	消耗量		
人工	一类人工	工日	125.00	0.002 0	0.002 0	0.002 0
	二类人工	工日	135.00	38.880 0	53.391 0	118.574 0
材料	中厚钢板	kg	3.71	0.075 4	0.075 4	0.075 4
	六角带帽螺栓	kg	5.47	0.434 6	0.434 6	0.434 6
	低合金钢焊条 E43 系列	kg	4.74	0.710 4	1.174 4	3.593 4
	钢护筒	t	5 862.00	0.094 3	0.094 3	0.094 3
	镀锌铁丝 8# ~12#	kg	6.55	0.098 0	0.098 0	0.098 0
	黏土	m³	32.04	11.490 0	17.436 0	9.192 0
	混凝土实心砖 240×115×53 MU10	千块	388.00	0.050 0	0.050 0	0.050 0
	非泵送水下商品混凝土 C25	m³	448.00	14.310 0	14.310 0	14.310 0
	钢管	t	3 879.00	0.079 9	0.079 9	0.079 9
	导管	kg	1.98	4.028 0	4.028 0	4.028 0
	水	m³	4.27	17.304 0	18.540 0	20.394 0
	干混砌筑砂浆 DM M5.0	m³	397.23	0.020 0	0.020 0	0.020 0

工作内容：护筒埋设、拆除；准备抓锤，桩机就位；冲抓、提锤、出渣；加水、加黏土、清孔等；泥浆池建造、拆除；泥浆装卸、运输、清理场地等；混凝土浇筑全部工序；声测管制作、安装，超声波检测；截桩头；泥浆及余渣场外运输等。

计量单位：$10m^3$

定额编号				3-116	3-117	3-118
项目				孔深 $H>30m$		
				砂土层	碎(卵)石层	岩石层
基价（元）				**16 577.83**	**21 828.88**	**44 289.09**
其中	人工费（元）			5 431.83	7 707.80	17 932.02
	材料费（元）			7 804.70	8 002.69	7 757.93
	机械费（元）			3 341.30	6 118.39	18 599.14
预算定额编号	项目名称	单位	单价(元)	消耗量		
1-154	履带式液压挖掘机挖碴 装车	$1\ 000m^3$	5 813.63	0.000 6	0.000 6	0.000 6
1-155	自卸汽车运石碴 运距1km以内	$1\ 000m^3$	9 052.97	0.000 6	0.000 6	0.000 6
1-156H	自卸汽车运石碴 运距增加14km	$1\ 000m^3$	31 021.06	0.000 6	0.000 6	0.000 6
3-103	埋设钢护筒 陆上 $\phi\leq1\ 500$	10m	3 295.38	1.273 9	1.273 9	1.273 9
3-147	冲孔桩机带冲击锤成孔 孔深 $H>30m$ 砂土层	$10m^3$	3 358.81	1.000 0	—	—
3-148	冲孔桩机带冲击锤成孔 孔深 $H>30m$ 碎(卵)石层	$10m^3$	8 609.86	—	1.000 0	—
3-149	冲孔桩机带冲击锤成孔 孔深 $H>30m$ 岩石层	$10m^3$	31 070.07	—	—	1.000 0
3-150	泥浆池建造、拆除	$10m^3$	56.69	1.000 0	1.000 0	1.000 0
3-152	泥浆运输 运距5km以内	$10m^3$	898.64	1.000 0	1.000 0	1.000 0
3-153H	泥浆运输 运距增加10km	$10m^3$	483.60	1.000 0	1.000 0	1.000 0
3-157	灌注桩混凝土 冲孔成孔	$10m^3$	6 657.56	1.060 0	1.060 0	1.060 0
3-162	声测管	t	4 883.05	0.075 4	0.075 4	0.075 4
3-525	凿除桩顶钢筋混凝土 钻孔灌注桩	$10m^3$	2 156.25	0.060 0	0.060 0	0.060 0
名称		单位	单价(元)	消耗量		
人工	一类人工	工日	125.00	0.002 0	0.002 0	0.002 0
	二类人工	工日	135.00	40.234 0	57.093 0	132.828 0
材料	中厚钢板	kg	3.71	0.075 4	0.075 4	0.075 4
	六角带帽螺栓	kg	5.47	0.434 6	0.434 6	0.434 6
	低合金钢焊条 E43系列	kg	4.74	0.710 4	1.174 4	3.593 4
	钢护筒	t	5 862.00	0.094 3	0.094 3	0.094 3
	镀锌铁丝 8#～12#	kg	6.55	0.098 0	0.098 0	0.098 0
	黏土	m^3	32.04	11.490 0	17.436 0	9.192 0
	混凝土实心砖 240×115×53 MU10	千块	388.00	0.050 0	0.050 0	0.050 0
	非泵送水下商品混凝土 C25	m^3	448.00	14.310 0	14.310 0	14.310 0
	钢管	t	3 879.00	0.079 9	0.079 9	0.079 9
	导管	kg	1.98	4.028 0	4.028 0	4.028 0
	水	m^3	4.27	17.304 0	18.540 0	20.394 0
	干混砌筑砂浆 DM M5.0	m^3	397.23	0.020 0	0.020 0	0.020 0

5. 钢护筒水中埋设

工作内容:准备工作,挖土,吊装,就位、埋设、接护筒、定位下沉、还土、夯实,材料运输,清洗堆放等全部操作规程。

计量单位:t

定额编号				3-119	3-120	3-121	3-122	3-123	3-124
项目				水中埋设					
				φ≤600	φ≤800	φ≤1 000	φ≤1 200	φ≤1 500	φ≤2 000
基价(元)				**6 741.26**	**6 752.32**	**6 733.40**	**6 522.65**	**6 568.82**	**6 570.64**
其中	人工费(元)			323.09	333.33	327.78	230.77	248.52	298.89
	材料费(元)			6 051.34	6 041.65	6 033.48	6 030.89	6 020.85	6 002.88
	机械费(元)			366.83	377.34	372.14	260.99	299.45	268.87
预算定额编号	项目名称	单位	单价(元)	消耗量					
3-105H	埋设钢护筒 支架上 φ≤600	10m	8 112.23	0.831 0	—	—	—	—	—
3-106H	埋设钢护筒 支架上 φ≤800	10m	10 484.97	—	0.644 0	—	—	—	—
3-107H	埋设钢护筒 支架上 φ≤1 000	10m	12 446.21	—	—	0.541 0	—	—	—
3-108H	埋设钢护筒 支架上 φ≤1 200	10m	18 636.12	—	—	—	0.350 0	—	—
3-109H	埋设钢护筒 支架上 φ≤1 500	10m	22 651.10	—	—	—	—	0.290 0	—
3-110H	埋设钢护筒 支架上 φ≤2 000	10m	36 503.56	—	—	—	—	—	0.180 0
名称		单位	单价(元)	消耗量					
人工	二类人工	工日	135.00	2.393 0	2.469 0	2.428 0	1.709 0	1.841 0	2.214 0
材料	钢轨	kg	4.14	10.570 3	8.191 7	6.881 5	7.122 5	5.901 5	5.036 4
	扒钉	kg	3.73	0.257 6	0.199 6	0.167 7	0.108 5	0.089 9	0.055 8
	圆钉	kg	4.74	0.008 3	0.006 4	0.005 4	0.003 5	0.002 9	0.001 8
	钢护筒	t	5 862.00	1.019 6	1.020 6	1.020 7	1.021 2	1.020 8	1.019 0
	圆木桩	m^3	1 379.00	0.003 3	0.002 6	0.002 2	0.001 4	0.001 2	0.000 7
	板枋材	m^3	1 034.00	0.001 7	0.001 3	0.001 1	0.000 7	0.000 6	0.000 4
	枋木	m^3	776.00	0.023 3	0.018 0	0.015 1	0.009 8	0.008 1	0.005 0

八、空　　钻

1. 转盘式钻孔桩成孔

工作内容：安、拆泥浆系统，造浆；准备钻具，钻机就位；钻孔、出渣、提钻、压浆、清孔等；泥浆池建造、拆除；泥浆装卸、运输、清理场地等；泥浆及余渣场外运输等。

计量单位：$10m^3$

定额编号				3-125	3-126	3-127
项目				桩径(mm)		
				600 以内	800 以内	1 000 以内
基价（元）				**5 154.12**	**4 210.47**	**3 496.15**
其中	人工费（元）			2 015.98	1 612.60	1 249.72
	材料费（元）			452.53	326.74	273.13
	机械费（元）			2 685.61	2 271.13	1 973.30
预算定额编号	项目名称	单位	单价(元)	消耗量		
1-51	松填土槽、坑	$100m^3$	533.50	0.100 0	0.100 0	0.100 0
3-120	转盘式钻孔桩基成孔 桩径 ϕ600 以内	$10m^3$	3 661.84	1.000 0	—	—
3-121	转盘式钻孔桩基成孔 桩径 ϕ800 以内	$10m^3$	2 718.19	—	1.000 0	—
3-122	转盘式钻孔桩基成孔 桩径 ϕ1 000 以内	$10m^3$	2 003.87	—	—	1.000 0
3-150	泥浆池建造、拆除	$10m^3$	56.69	1.000 0	1.000 0	1.000 0
3-152	泥浆运输 运距 5km 以内	$10m^3$	898.64	1.000 0	1.000 0	1.000 0
3-153H	泥浆运输 运距增加 10km	$10m^3$	483.60	1.000 0	1.000 0	1.000 0
名称		单位	单价(元)	消耗量		
人工	一类人工	工日	125.00	0.427 0	0.427 0	0.427 0
	二类人工	工日	135.00	14.538 0	11.550 0	8.862 0
材料	黏土	m^3	32.04	0.780 0	0.620 0	0.480 0
	混凝土实心砖 240×115×53 MU10	千块	388.00	0.050 0	0.050 0	0.050 0
	垫木	m^3	2 328.00	0.120 0	0.070 0	0.050 0
	水	m^3	4.27	28.300 0	27.300 0	26.700 0
	干混砌筑砂浆 DM M5.0	m^3	397.23	0.020 0	0.020 0	0.020 0

注：水上钻孔，定额人工和机械乘以系数 1.13。

工作内容:安、拆泥浆系统,造浆;准备钻具,钻机就位;钻孔、出渣、提钻、压浆、清孔等;泥浆池建造、拆除;泥浆装卸、运输、清理场地等;泥浆及余渣场外运输等。

计量单位:$10m^3$

定额编号				3-128	3-129	3-130
项目				桩径(mm)		
				1 200 以内	1 500 以内	2 000 以内
基价(元)				**3 128.31**	**2 896.80**	**2 627.89**
其中	人工费(元)			1 088.53	988.90	855.25
	材料费(元)			246.11	224.12	198.06
	机械费(元)			1 793.67	1 683.78	1 574.58
预算定额编号	项目名称	单位	单价(元)	消耗量		
1-51	松填土槽、坑	$100m^3$	533.50	0.100 0	0.100 0	0.100 0
3-123	转盘式钻孔桩基成孔 桩径 ϕ1 200 以内	$10m^3$	1 636.03	1.000 0	—	—
3-124	转盘式钻孔桩基成孔 桩径 ϕ1 500 以内	$10m^3$	1 404.52	—	1.000 0	—
3-125	转盘式钻孔桩基成孔 桩径 ϕ2 000 以内	$10m^3$	1 135.61	—	—	1.000 0
3-150	泥浆池建造、拆除	$10m^3$	56.69	1.000 0	1.000 0	1.000 0
3-152	泥浆运输 运距 5km 以内	$10m^3$	898.64	1.000 0	1.000 0	1.000 0
3-153H	泥浆运输 运距增加 10km	$10m^3$	483.60	1.000 0	1.000 0	1.000 0
名称		单位	单价(元)	消耗量		
人工	一类人工	工日	125.00	0.427 0	0.427 0	0.427 0
	二类人工	工日	135.00	7.668 0	6.930 0	5.940 0
材料	黏土	m^3	32.04	0.390 0	0.290 0	0.150 0
	混凝土实心砖 240×115×53 MU10	千块	388.00	0.050 0	0.050 0	0.050 0
	垫木	m^3	2 328.00	0.040 0	0.040 0	0.030 0
	水	m^3	4.27	26.500 0	22.100 0	22.500 0
	干混砌筑砂浆 DM M5.0	m^3	397.23	0.020 0	0.020 0	0.020 0

注:水上钻孔,定额人工和机械乘以系数 1.13。

2. 旋挖桩机成孔

工作内容：安、拆泥浆系统，造浆；准备钻具，钻机就位；钻孔、出渣、提钻、压浆、清孔等；泥浆池建造、拆除；泥浆装卸、运输、清理场地等；泥浆及余渣场外运输等。

计量单位：$10m^3$

定额编号				3-131	3-132	3-133	3-134
项目				桩径(mm)			
				1 000 以内	1 500 以内	2 000 以内	2 000 以上
基价（元）				**3 983.30**	**2 969.82**	**2 820.06**	**2 525.03**
其中	人工费（元）			866.25	625.55	533.48	473.27
	材料费（元）			125.06	117.55	110.90	104.63
	机械费（元）			2 991.99	2 226.72	2 175.68	1 947.13
预算定额编号	项目名称	单位	单价(元)	消耗量			
1-51	松填土槽、坑	$100m^3$	533.50	0.100 0	0.100 0	0.100 0	0.100 0
1-72	挖掘机挖土 装车 三类土	$1\ 000m^3$	3 558.76	0.010 0	0.010 0	0.010 0	0.010 0
1-94	自卸汽车运土 运距 1km 以内	$1\ 000m^3$	5 564.89	0.010 0	0.010 0	0.010 0	0.010 0
1-95H	自卸汽车运土 运距增加 14km	$1\ 000m^3$	21 792.54	0.010 0	0.010 0	0.010 0	0.010 0
3-132	旋挖桩机成孔 桩径 ϕ1 000 以内	$10m^3$	3 333.00	1.000 0	—	—	—
3-133	旋挖桩机成孔 桩径 ϕ1 500 以内	$10m^3$	2 319.52	—	1.000 0	—	—
3-134	旋挖桩机成孔 桩径 ϕ2 000 以内	$10m^3$	2 169.76	—	—	1.000 0	—
3-135	旋挖桩机成孔 桩径 ϕ2 000 以上	$10m^3$	1 874.73	—	—	—	1.000 0
3-150	泥浆池建造、拆除	$10m^3$	56.69	0.200 0	0.200 0	0.200 0	0.200 0
3-152	泥浆运输 运距 5km 以内	$10m^3$	898.64	0.200 0	0.200 0	0.200 0	0.200 0
3-153H	泥浆运输 运距增加 10km	$10m^3$	483.60	0.200 0	0.200 0	0.200 0	0.200 0
名称		单位	单价(元)	消耗量			
人工	一类人工	工日	125.00	0.456 0	0.456 0	0.456 0	0.456 0
	二类人工	工日	135.00	5.995 0	4.212 0	3.530 0	3.084 0
材料	黏土	m^3	32.04	0.610 0	0.510 0	0.460 0	0.380 0
	混凝土实心砖 240×115×53 MU10	千块	388.00	0.010 0	0.010 0	0.010 0	0.010 0
	水	m^3	4.27	19.800 0	19.400 0	18.500 0	18.100 0
	干混砌筑砂浆 DM M5.0	m^3	397.23	0.004 0	0.004 0	0.004 0	0.004 0

注：水上钻孔，定额人工和机械乘以系数 1.17。

3. 冲孔桩机成孔

工作内容:安、拆泥浆系统,造浆;准备钻具,钻机就位;钻孔、出渣、提钻、压浆、清孔等;泥浆池建造、拆除;泥浆装卸、运输、清理场地等;泥浆及余渣场外运输等。

计量单位:$10m^3$

定额编号				3-135	3-136
项目				孔深 $H\leqslant30m$	孔深 $H>30m$
基价(元)				**4 445.98**	**4 851.09**
其中	人工费(元)			1 545.64	1 728.43
	材料费(元)			471.52	471.52
	机械费(元)			2 428.82	2 651.14
预算定额编号	项目名称	单位	单价(元)	消耗量	
1-51	松填土槽、坑	$100m^3$	533.50	0.100 0	0.100 0
3-144	冲孔桩机带冲击锤成孔 孔深 $H\leqslant30m$ 砂土层	$10m^3$	2 953.70	1.000 0	—
3-147	冲孔桩机带冲击锤成孔 孔深 $H>30m$ 砂土层	$10m^3$	3 358.81	—	1.000 0
3-150	泥浆池建造、拆除	$10m^3$	56.69	1.000 0	1.000 0
3-152	泥浆运输 运距 5km 以内	$10m^3$	898.64	1.000 0	1.000 0
3-153H	泥浆运输 运距增加 10km	$10m^3$	483.60	1.000 0	1.000 0
名称		单位	单价(元)	消耗量	
人工	一类人工	工日	125.00	0.427 0	0.427 0
	二类人工	工日	135.00	11.054 0	12.408 0
材料	低合金钢焊条 E43 系列	kg	4.74	0.454 0	0.454 0
	黏土	m^3	32.04	11.490 0	11.490 0
	混凝土实心砖 240×115×53 MU10	千块	388.00	0.050 0	0.050 0
	水	m^3	4.27	17.304 0	17.304 0
	干混砌筑砂浆 DM M5.0	m^3	397.23	0.020 0	0.020 0

九、注浆管埋设及桩底后注浆

工作内容：1. 注浆管埋设：注浆管制作，焊接，埋设安装，清洗管道等全部过程。
2. 注浆：准备机具，浆液配置，压注浆等全部过程。

计量单位：见表

定额编号				3-137	3-138	3-139	3-140
项目				注浆管埋设	预留孔注浆		
				无缝钢管	水泥浆	水泥水玻璃双浆液	水泥砂浆
计量单位				100m	m^3		
基价（元）				**1 211.61**	**417.98**	**643.86**	**575.12**
其中	人工费（元）			291.60	111.11	134.73	111.11
	材料费（元）			887.08	288.21	490.03	452.90
	机械费（元）			32.93	18.66	19.10	11.11
预算定额编号	项目名称	单位	单价(元)	消耗量			
3-158	注浆管埋设 无缝钢管	100m	1 211.61	1.000 0	—	—	—
3-159	预留孔注浆 水泥浆	m^3	417.98	—	1.000 0	—	—
3-160	预留孔注浆 水泥水玻璃双液浆	m^3	643.86	—	—	1.000 0	—
3-161	预留孔注浆 水泥砂浆	m^3	575.12	—	—	—	1.000 0
	名称	单位	单价(元)	消耗量			
人工	二类人工	工日	135.00	2.160 0	0.823 0	0.998 0	0.823 0
材料	低合金钢焊条 E43 系列	kg	4.74	2.500 0	—	—	—
	普通硅酸盐水泥 P·O 42.5 综合	t	346.00	—	0.765 0	0.441 0	—
	枕木	m^3	2 457.00	—	0.008 0	0.011 0	0.011 0
	硅酸钠 水玻璃	kg	0.70	—	—	390.000 0	—
	磷酸氢二钠	kg	5.22	—	—	6.600 0	—
	氧气	m^3	3.62	0.660 0	—	—	—
	乙炔气	m^3	8.90	0.490 0	—	—	—
	无缝钢管 $\phi32\times2.5$	m	8.58	101.000 0	—	—	—
	水	m^3	4.27	—	0.905 0	0.695 0	0.905 0
	干混砌筑砂浆 DM M10.0	m^3	413.73	—	—	—	1.020 0

注：注浆管如遇材质、规格不同，材料换算，其余不变。

第二节　钢结构安装工程

说　明

一、本节定额包括钢梁安装、钢管拱安装、钢立柱安装。

二、本节定额适用于工厂制作、现场吊装的钢结构。构件价格需包含制作工厂至安装现场的运输、除锈、防腐和锚钉等费用。

三、本节定额不包含钢结构安装后的整体涂装。

四、拱肋安装已包含拱肋试拼装。

五、钢梁安装定额中未包括临时支撑。

六、系杆、吊索定额中未包括锚具用量,但已包括锚具安装。

工程量计算规则

一、钢构件工程量按设计图纸的主材(不包括螺栓)质量以“t”计算。

二、钢梁质量为钢梁(含横隔板)、桥面板、横肋、横梁及锚筋等钢结构工程量之和。

三、钢拱肋的工程量包括拱肋钢管、横撑、腹板、拱脚处外侧钢板、拱脚接头钢板及各种加劲块。

四、钢立柱上的节点板、加强环、内衬管、牛腿等并入钢立柱工程量内。

一、钢 梁 安 装

工作内容：起吊就位、安装。 计量单位：t

定额编号				3-141	3-142
项目				人行天桥 钢梁	高架桥 钢箱梁
基价（元）				**985.62**	**914.38**
其中	人工费（元）			318.78	297.68
	材料费（元）			437.49	416.88
	机械费（元）			229.35	199.82
预算定额编号	项目名称	单位	单价(元)	消耗量	
3-179	钢梁安装 人行天桥 钢主梁	t	1 002.74	0.905 0	—
3-180	钢梁安装 人行天桥 钢盖梁	t	822.53	0.095 0	—
3-181	钢梁安装 高架桥 钢箱梁	t	914.38	—	1.000 0
名称		单位	单价(元)	消耗量	
人工	二类人工	工日	135.00	2.361 0	2.205 0
材料	箱型钢梁	t	—	(1.000 0)	(1.000 0)
	热轧带肋钢筋 HRB400 综合	kg	3.85	10.317 0	—
	型钢 综合	kg	3.84	7.783 0	—
	铁件	kg	3.71	2.531 3	1.650 0
	六角带帽螺栓 综合	kg	5.47	1.031 7	12.260 0
	低合金钢焊条 E43 系列	kg	4.74	3.129 2	4.110 0
	砂轮片	片	7.08	9.050 0	10.000 0
	氧气	m^3	3.62	39.973 7	36.500 0
	乙炔气	m^3	8.90	13.324 6	12.170 0

二、钢管拱安装

工作内容:1. 拱肋:起吊;调整扣索应力;横撑定位焊接,拱肋合拢;调整线型等。

2. 系杆、吊索:穿系杆钢绞线索,安装油泵及千斤顶,安装锚具、张拉、锚固、检查等。 **计量单位**:t

定额编号				3-143	3-144	3-145
项目				拱肋安装	系杆安装	吊索安装
基价(元)				**1 582.04**	**2 255.74**	**3 984.02**
其中	人工费(元)			1 108.08	1 300.05	3 171.15
	材料费(元)			140.31	805.44	136.81
	机械费(元)			333.65	150.25	676.06
预算定额编号	项目名称	单位	单价(元)	消耗量		
3-182	钢管拱安装 拱肋安装	t	1 582.04	1.000 0	—	—
3-183	钢管拱安装 系杆	t	2 255.74	—	1.000 0	—
3-184	钢管拱安装 吊索	t	3 984.02	—	—	1.000 0
	名称	单位	单价(元)	消耗量		
人工	二类人工	工日	135.00	8.208 0	9.630 0	23.490 0
材料	吊索	t	—	—	—	(1.000 0)
	钢管拱肋	t	—	(1.000 0)	—	—
	系杆	t	—	—	(1.000 0)	—
	热轧带肋钢筋 HRB400 综合	t	3 849.00	0.002 0	0.004 0	0.001 0
	钢丝绳 综合	kg	6.45	1.000 0	—	1.000 0
	型钢 综合	t	3 836.00	0.013 0	0.001 0	—
	中厚钢板 综合	t	3 750.00	0.008 0	0.203 0	0.026 0
	六角带帽螺栓 综合	kg	5.47	0.520 0	—	—
	低合金钢焊条 E43 系列	kg	4.74	4.220 0	1.500 0	4.200 0
	板枋材	m^3	2 069.00	0.004 0	—	—
	钢拉杆	kg	8.62	—	1.000 0	—

三、钢立柱安装

工作内容:起吊就位、安装。 **计量单位**:t

定额编号				3-146
项目				钢立柱安装
基价(元)				**858.73**
其中	人工费(元)			480.60
	材料费(元)			210.62
	机械费(元)			167.51
预算定额编号	项目名称	单位	单价(元)	消耗量
3-185	钢立柱安装	t	858.73	1.000 0
	名称	单位	单价(元)	消耗量
人工	二类人工	工日	135.00	3.560 0
材料	钢立柱	t	—	(1.000 0)
	铆钉 综合	kg	7.86	0.124 0
	低合金钢焊条 E43 系列	kg	4.74	2.030 0
	板枋材	m^3	2 069.00	0.024 0
	氧气	m^3	3.62	21.900 0
	乙炔气	m^3	8.90	7.370 0

第三节　现浇混凝土工程

说　　明

一、本节定额适用于桥涵工程现浇各种混凝土构筑物，包括基础、墩、台、柱、梁、桥面铺装等。

二、本节定额中嵌石混凝土的块石含量按15%考虑，如设计不同时，块石和混凝土消耗量应按下表进行调整，人工和机械消耗量不变。

嵌石混凝土块石、混凝土消耗量调整表

块石掺量(%)	10	15	20	25
每立方米块石掺量(t)	0.254	0.381	0.610	0.635

注：1. 块石掺量另加损耗率2%。
2. 混凝土用量扣除嵌石百分数后，乘以损耗率1%。

三、现浇混凝土0号块件已经综合考虑0#扇形支架制、安、拆费用，悬浇混凝土箱梁已经综合考虑挂篮制、安、拆和使用费用。挂篮、扇形支架场外运输可另行计算。

四、现浇混凝土箱涵定额适用于穿越城市道路的现浇箱涵。

五、桥面铺装定额综合考虑桥面处理、桥面混凝土铺装、桥面防水和排(泄)水孔安装。

六、沥青混凝土桥面铺装、下穿箱涵路面铺装执行本定额第二章“道路工程”相应定额子目。

七、除0号块件和悬浇混凝土箱梁外，现浇梁、板等混凝土定额中未包括支架费用，发生时执行本章第六节“临时工程”相应定额子目。

八、板与板梁的划分以跨径8m为界，即跨径8m以内的为板，跨径8m以上的为板梁。

九、当设计对混凝土结构的外观有特殊要求时，模板费用可根据实际情况另行调整。

工程量计算规则

一、混凝土工程量按设计尺寸以实体积计算(不包括空心板、梁的空心体积)，不扣除钢筋、铁丝、铁件、预留压浆孔道和螺栓所占的体积。

二、现浇混凝土墙、板上不扣除单孔面积在0.3m^2以内的孔洞体积。

三、现浇箱涵的底板、顶板和侧墙按断面积乘以长度以“m^3”计算。

一、垫　层

工作内容:1. 碎石垫层:安放流槽,碎石装运、找平。
2. 混凝土:装、运、抛块石;浇筑、捣固、抹平、养护;模板制作、安装,涂脱模剂;模板拆除、修理、整堆。

计量单位:$10m^3$

定额编号				3-147	3-148
项目				碎石垫层	混凝土垫层
基价(元)				**2 292.92**	**5 028.88**
其中	人工费(元)			528.93	630.86
	材料费(元)			1 763.99	4 241.12
	机械费(元)			—	156.90
预算定额编号	项目名称	单位	单价(元)	消耗量	
3-186	基础 垫层 碎石	$10m^3$	2 292.92	1.000 0	—
3-187	基础 垫层 混凝土	$10m^3$	4 522.98	—	1.000 0
3-190	基础 混凝土基础 模板	$10m^2$	425.13	—	1.190 0
	名称	单位	单价(元)	消耗量	
人工	二类人工	工日	135.00	3.918 0	4.673 0
材料	零星卡具	kg	5.88	—	15.481 9
	圆钉	kg	4.74	—	0.285 6
	碎石 综合	t	102.00	17.294 0	—
	非泵送商品混凝土 C15	m^3	399.00	—	10.100 0
	模板嵌缝料	kg	1.42	—	0.595 0
	脱模剂	kg	1.54	—	1.190 0
	钢支撑	kg	3.97	—	2.986 9
	水	m^3	4.27	—	1.853 0
	工具式钢模板	kg	5.91	—	7.580 3
	木模板	m^3	1 445.00	—	0.035 7

二、基 础

工作内容：装、运、抛块石；浇筑、捣固、抹平、养护；模板制作、安装，涂脱模剂；模板拆除、修理、整堆。**计量单位**：$10m^3$

定额编号				3-149	3-150
项目				毛石混凝土基础	混凝土基础
基价（元）				**4 489.82**	**4 942.70**
其中	人工费（元）			516.16	517.24
	材料费（元）			3 875.54	4 309.50
	机械费（元）			98.12	115.96
预算定额编号	项目名称	单位	单价(元)	消耗量	
3-188	基础 混凝土基础 毛石混凝土	$10m^3$	4 165.87	1.000 0	—
3-189	基础 混凝土基础 混凝土	$10m^3$	4 618.75	—	1.000 0
3-190	基础 混凝土基础 模板	$10m^2$	425.13	0.762 0	0.762 0
名称		单位	单价(元)	消耗量	
人工	二类人工	工日	135.00	3.823 0	3.831 0
材料	零星卡具	kg	5.88	9.913 6	9.913 6
	无纺土工布	m^2	8.62	1.279 0	1.279 0
	圆钉	kg	4.74	0.182 9	0.182 9
	块石	t	77.67	3.886 0	—
	非泵送商品混凝土 C15	m^3	399.00	8.585 0	—
	非泵送商品混凝土 C20	m^3	412.00	—	10.100 0
	模板嵌缝料	kg	1.42	0.381 0	0.381 0
	脱模剂	kg	1.54	0.762 0	0.762 0
	钢支撑	kg	3.97	1.912 6	1.912 6
	水	m^3	4.27	1.659 0	1.659 0
	工具式钢模板	kg	5.91	4.853 9	4.853 9
	木模板	m^3	1 445.00	0.022 9	0.022 9

三、承　　台

工作内容:混凝土浇筑、捣固、抹平、养护;模板制作、安装,涂脱模剂;模板拆除、修理、整堆。　　**计量单位:**10m³

定额编号				3-151	3-152
项目				承台 混凝土(有底模)	承台 混凝土(无底模)
基价(元)				**6 283.59**	**5 100.06**
其中	人工费(元)			935.53	531.60
	材料费(元)			5 169.44	4 536.35
	机械费(元)			178.62	32.11
预算定额编号	项目名称	单位	单价(元)	消耗量	
3-191	承台 混凝土	10m³	4 671.33	1.000 0	1.000 0
3-192	承台 模板(无底模)	10m²	355.20	—	1.207 0
3-193	承台 模板(有底模)	10m²	641.57	2.513 0	—
	名称	单位	单价(元)	消耗量	
人工	二类人工	工日	135.00	6.930 0	3.938 0
材料	零星卡具	kg	5.88	—	3.102 0
	铁件	kg	3.71	4.096 2	—
	无纺土工布	m²	8.62	1.998 0	1.998 0
	圆钉	kg	4.74	2.487 9	0.543 2
	泵送商品混凝土 C20	m³	431.00	10.100 0	10.100 0
	模板嵌缝料	kg	1.42	1.256 5	0.603 5
	脱模剂	kg	1.54	2.513 0	1.207 0
	钢支撑	kg	3.97	—	5.817 7
	水	m³	4.27	2.615 0	2.615 0
	工具式钢模板	kg	5.91	—	7.688 6
	木模板	m³	1 445.00	0.522 7	0.043 5

四、支撑梁与横梁

工作内容：混凝土浇筑、捣固、抹平、养护，砂浆勾缝、抹平、养护等；模板制作、安装，涂脱模剂；模板拆除、修理、整堆。

计量单位：$10m^3$

定额编号				3-153
项目				支撑梁、横梁
基价（元）				**11 762.36**
其中	人工费（元）			3 603.96
	材料费（元）			7 528.06
	机械费（元）			630.34
预算定额编号	项目名称	单位	单价（元）	消耗量
3-194	支撑梁 混凝土	$10m^3$	4 844.12	1.000 0
3-195H	支撑梁 模板	$10m^2$	691.82	10.000 0
名称		单位	单价（元）	消耗量
人工	二类人工	工日	135.00	26.696 0
材料	无纺土工布	m^2	8.62	5.176 0
	圆钉	kg	4.74	8.800 0
	泵送商品混凝土 C20	m^3	431.00	10.100 0
	模板嵌缝料	kg	1.42	5.000 0
	脱模剂	kg	1.54	10.000 0
	水	m^3	4.27	10.784 0
	木模板	m^3	1 445.00	2.090 0

五、墩台、台身

工作内容：混凝土浇筑、捣固、抹平、养护，砂浆勾缝、抹平、养护等；模板制作、安装，涂脱模剂；模板拆除、修理、整堆。

计量单位：$10m^3$

定额编号				3-154	3-155	3-156	3-157
项目				轻型桥台	实体式桥台	柱式墩台身	拱桥墩台身
基价（元）				**7 329.67**	**5 590.68**	**8 867.61**	**5 325.24**
其中	人工费（元）			1 622.25	831.56	3 019.61	597.93
	材料费（元）			5 382.31	4 589.96	5 125.59	4 673.16
	机械费（元）			325.11	169.16	722.41	54.15
预算定额编号	项目名称	单位	单价(元)	消耗量			
3-198	墩身、台身 轻型桥台 混凝土	$10m^3$	4 829.64	1.000 0	—	—	—
3-199H	墩身、台身 轻型桥台 模板	$10m^2$	595.24	4.200 0	—	—	—
3-200	墩身、台身 实体式桥台 混凝土	$10m^3$	4 667.58	—	1.000 0	—	—
3-201H	墩身、台身 实体式桥台 模板	$10m^2$	615.81	—	1.499 0	—	—
3-202	墩身、台身 拱桥墩身 混凝土	$10m^3$	4 647.18	—	—	—	1.000 0
3-203H	墩身、台身 拱桥墩身 模板	$10m^2$	679.42	—	—	—	0.998 0
3-206	墩身、台身 柱式墩台身 混凝土	$10m^3$	4 929.05	—	—	1.000 0	—
3-207H	墩身、台身 柱式墩台身 模板	$10m^2$	917.01	—	—	4.295 0	—
	名称	单位	单价(元)	消耗量			
人工	二类人工	工日	135.00	12.017 0	6.160 0	22.367 0	4.429 0
材料	零星卡具	kg	5.88	—	3.852 4	11.038 2	—
	铁件	kg	3.71	4.830 0	11.872 1	29.506 7	16.516 9
	尼龙帽	个	0.60	—	5.246 5	15.333 2	—
	无纺土工布	m^2	8.62	0.396 0	0.405 0	0.290 0	0.316 0
	圆钉	kg	4.74	2.016 0	0.149 9	1.503 3	0.818 4
	泵送商品混凝土 C20	m^3	431.00	10.100 0	10.100 0	10.100 0	10.100 0
	模板嵌缝料	kg	1.42	2.100 0	0.749 5	2.147 5	0.499 0
	脱模剂	kg	1.54	4.200 0	1.499 0	4.295 0	0.998 0
	钢支撑	kg	3.97	—	7.225 2	40.330 1	—
	水	m^3	4.27	2.751 0	1.171 0	2.804 0	0.781 0
	工具式钢模板	kg	5.91	—	9.551 6	27.359 2	—
	木模板	m^3	1 445.00	0.676 2	0.048 0	0.163 2	0.170 7

工作内容：混凝土浇筑、捣固、抹平、养护，砂浆勾缝、抹平、养护等；模板制作、安装，涂脱模剂；模板拆除、修理、整堆。

计量单位：$10m^3$

定额编号				3-158	3-159
项目				墩帽台帽	墩台盖梁
基价（元）				**7 791.69**	**7 515.59**
其中	人工费（元）			1 720.73	1 865.50
	材料费（元）			5 696.18	5 092.45
	机械费（元）			374.78	557.64
预算定额编号	项目名称	单位	单价（元）	消耗量	
3-210	墩身、台身 台帽 混凝土	$10m^3$	4 770.51	1.000 0	—
3-211H	墩身、台身 台帽 模板	$10m^2$	795.26	3.799 0	—
3-214	墩身、台身 台盖梁 混凝土	$10m^3$	5 070.18	—	1.000 0
3-215H	墩身、台身 台盖梁 模板	$10m^2$	806.80	—	3.031 0
名称		单位	单价（元）	消耗量	
人工	二类人工	工日	135.00	12.746 0	13.819 0
材料	零星卡具	kg	5.88	—	7.789 7
	铁件	kg	3.71	—	0.606 2
	无纺土工布	m^2	8.62	2.058 0	1.639 0
	圆钉	kg	4.74	3.039 2	0.606 2
	泵送商品混凝土 C20	m^3	431.00	10.100 0	—
	泵送商品混凝土 C30	m^3	461.00	—	10.100 0
	模板嵌缝料	kg	1.42	1.899 5	1.515 5
	脱模剂	kg	1.54	3.799 0	3.031 0
	钢支撑	kg	3.97	—	15.185 3
	水	m^3	4.27	4.179 0	3.486 0
	工具式钢模板	kg	5.91	—	19.307 5
	木模板	m^3	1 445.00	0.889 0	0.121 2

六、拱　　桥

工作内容:混凝土浇筑、捣固、抹平、养护,砂浆勾缝、抹平、养护等;模板制作、安装,涂脱模剂;模板拆除、修理、整堆。

计量单位:$10m^3$

定额编号				3-160	3-161	3-162	3-163
项目				拱座	拱肋	板拱	拱上构件
基价(元)				**7 688.50**	**10 319.93**	**8 974.98**	**17 703.62**
其中	人工费(元)			2 444.64	4 192.64	2 614.65	9 316.56
	材料费(元)			5 195.39	6 008.45	5 698.59	8 229.14
	机械费(元)			48.47	118.84	661.74	157.92
预算定额编号	项目名称	单位	单价(元)	消耗量			
3-216	拱桥 拱座 混凝土	$10m^3$	5 423.53	1.000 0	—	—	—
3-217H	拱桥 拱座 模板	$10m^2$	1 275.32	1.776 0	—	—	—
3-218	拱桥 拱肋 混凝土	$10m^3$	5 775.81	—	1.000 0	—	—
3-219H	拱桥 拱肋 模板	$10m^2$	855.61	—	5.311 0	—	—
3-220	拱桥 板拱 混凝土	$10m^3$	5 287.74	—	—	1.000 0	—
3-221H	拱桥 板拱 模板	$10m^2$	959.97	—	—	3.841 0	—
3-222	拱桥 拱上构件 混凝土	$10m^3$	5 840.12	—	—	—	1.000 0
3-223H	拱桥 拱上构件 模板	$10m^2$	959.36	—	—	—	12.366 0
名称		单位	单价(元)	消耗量			
人工	二类人工	工日	135.00	18.108 0	31.057 0	19.368 0	69.012 0
材料	铁件	kg	3.71	2.450 9	—	—	—
	无纺土工布	m^2	8.62	1.086 0	1.354 0	5.181 0	9.001 0
	圆钉	kg	4.74	4.848 5	4.355 0	2.611 9	8.285 2
	泵送商品混凝土 C25	m^3	447.00	—	—	—	10.100 0
	泵送商品混凝土 C30	m^3	461.00	10.100 0	10.100 0	10.100 0	—
	模板嵌缝料	kg	1.42	0.888 0	2.655 5	1.920 5	6.183 0
	脱模剂	kg	1.54	1.776 0	5.311 0	3.841 0	12.366 0
	水	m^3	4.27	2.066 0	4.396 0	5.195 0	15.786 0
	木模板	m^3	1 445.00	0.335 7	0.892 2	0.660 7	2.423 7

七、箱　　梁

工作内容:1. 现浇梁:混凝土浇筑、捣固、抹平、养护,砂浆勾缝、抹平、养护等;模板制作、安装,涂脱模剂;模板拆除、修理、整堆;0#扇形支架制作、安装、推移、拆除、清理等。

2. 悬浇梁:混凝土浇筑、捣固、抹平、养护,砂浆勾缝、抹平、养护等;模板制作、安装,涂脱模剂;模板拆除、修理、整堆;挂篮制作、安装、推移、拆除、清理等。

计量单位:$10m^3$

定额编号				3-164	3-165	3-166
项目				现浇混凝土0号块件	支架上现浇混凝土箱梁	悬浇混凝土箱梁
基价(元)				**28 615.12**	**10 900.48**	**15 588.35**
其中	人工费(元)			9 852.21	3 524.17	5 333.15
	材料费(元)			16 170.50	6 735.69	8 395.67
	机械费(元)			2 592.41	640.62	1 859.53
预算定额编号	项目名称	单位	单价(元)	消耗量		
3-224	箱梁 现浇混凝土0号块件 混凝土	$10m^3$	6 084.31	1.000 0	—	—
3-225H	箱梁 现浇混凝土0号块件 模板	$10m^2$	1 221.43	4.879 0	—	—
3-226	箱梁 悬浇混凝土箱梁 混凝土	$10m^3$	6 330.67	—	—	1.000 0
3-227	箱梁 悬浇混凝土箱梁 模板	$10m^2$	1 080.23	—	—	5.108 0
3-228	箱梁 支架上现浇混凝土箱梁 混凝土	$10m^3$	5 927.20	—	1.000 0	—
3-229H	箱梁 支架上现浇混凝土箱梁 模板	$10m^2$	923.20	—	5.387 0	—
3-515	挂篮 制作	t	7 387.30	—	—	0.309 0
3-516	挂篮 安拆	t	619.45	—	—	1.030 0
3-517	挂篮 推移	t·m	18.24	—	—	44.910 0
3-518	0#扇形支架 制作	t	6 926.21	2.111 0	—	—
3-519	0#扇形支架 安拆	m	3 004.94	0.649 0	—	—
	名称	单位	单价(元)	消耗量		
人工	二类人工	工日	135.00	72.979 0	26.105 0	39.505 0
材料	挂篮	t	—	—	—	(0.309 0)
	扇形支架	t	—	(2.111 2)	—	—
	型钢 综合	kg	3.84	2 237.660 0	—	336.522 0
	中厚钢板 综合	kg	3.71	4.000 0	7.000 0	5.000 0
	铁件	kg	3.71	5.054 6	6.162 7	3.023 9
	无纺土工布	m^2	8.62	2.150 0	2.814 0	2.638 0
	圆钉	kg	4.74	5.123 0	4.137 2	4.372 4
	低合金钢焊条 E43 系列	kg	4.74	90.238 7	—	16.418 2
	泵送商品混凝土 C40	m^3	503.00	10.100 0	10.100 0	10.100 0
	模板嵌缝料	kg	1.42	2.439 5	2.693 5	2.554 0
	氧气	m^3	3.62	10.257 7	—	2.222 7
	乙炔气	m^3	8.90	3.401 7	—	0.737 5
	水	m^3	4.27	4.504 0	5.828 0	5.502 0
	木模板	m^3	1 445.00	1.000 2	1.055 9	1.098 2

八、板

工作内容:混凝土浇筑、捣固、抹平、养护;模板制作、安装,涂脱模剂;模板拆除、修理、整堆。 **计量单位**:$10m^3$

定额编号				3-167	3-168
项目				矩形实体连续板	矩形空心连续板
基价(元)				**6 271.08**	**11 912.69**
其中	人工费(元)			902.00	4 055.06
	材料费(元)			5 081.63	7 185.15
	机械费(元)			287.45	672.48
预算定额编号	项目名称	单位	单价(元)	消耗量	
3-230	矩形实体连续板 混凝土	$10m^3$	5 001.56	1.000 0	—
3-231H	矩形实体连续板 模板	$10m^2$	395.61	3.209 0	—
3-232	矩形空心连续板 混凝土	$10m^3$	5 084.24	—	1.000 0
3-233H	矩形空心连续板 模板	$10m^2$	631.62	—	10.811 0
名称		单位	单价(元)	消耗量	
人工	二类人工	工日	135.00	6.681 0	30.037 0
材料	零星卡具	kg	5.88	8.247 1	—
	铁件	kg	3.71	—	28.108 6
	无纺土工布	m^2	8.62	4.492 0	5.171 0
	圆钉	kg	4.74	0.513 4	4.216 3
	泵送商品混凝土 C30	m^3	461.00	10.100 0	10.100 0
	模板嵌缝料	kg	1.42	1.604 5	5.405 5
	脱模剂	kg	1.54	3.209 0	10.811 0
	钢支撑	kg	3.97	16.077 1	—
	水	m^3	4.27	4.410 0	9.240 0
	工具式钢模板	kg	5.91	20.441 3	—
	木模板	m^3	1 445.00	0.086 6	1.589 2

九、板　　梁

工作内容:混凝土浇筑、捣固、抹平、养护;模板制作、安装,涂脱模剂;模板拆除、修理、整堆。　　**计量单位**:$10m^3$

定额编号				3-169	3-170
项目				实心板梁	空心板梁
基价(元)				**5 821.54**	**9 878.40**
其中	人工费(元)			801.86	3 384.42
	材料费(元)			4 864.00	6 052.40
	机械费(元)			155.68	441.58
预算定额编号	项目名称	单位	单价(元)	消耗量	
3-234	实心板梁 混凝土	$10m^3$	4 943.10	1.000 0	—
3-235H	实心板梁 模板	$10m^2$	578.68	1.518 0	—
3-236	空心板梁 混凝土	$10m^3$	5 015.44	—	1.000 0
3-237H	空心板梁 模板	$10m^2$	883.05	—	5.507 0
名称		单位	单价(元)	消耗量	
人工	二类人工	工日	135.00	5.940 0	25.070 0
材料	零星卡具	kg	5.88	3.901 3	—
	无纺土工布	m^2	8.62	1.943 0	2.768 0
	圆钉	kg	4.74	1.123 3	7.269 2
	泵送商品混凝土 C30	m^3	461.00	10.100 0	10.100 0
	模板嵌缝料	kg	1.42	0.759 0	2.753 5
	脱模剂	kg	1.54	1.518 0	5.507 0
	钢支撑	kg	3.97	7.605 2	—
	水	m^3	4.27	1.995 0	4.809 0
	工具式钢模板	kg	5.91	9.669 7	—
	木模板	m^3	1 445.00	0.044 0	0.903 1

十、现浇混凝土箱涵

工作内容:混凝土浇筑、捣固、抹平、养护;模板制作、安装,涂脱模剂;模板拆除、修理、整堆。 **计量单位:**$10m^3$

定额编号				3-171	3-172	3-173
项目				现浇混凝土箱涵 底板	现浇混凝土箱涵 侧墙	现浇混凝土箱涵 顶板
基价(元)				**5 096.86**	**7 009.73**	**5 885.90**
其中	人工费(元)			360.64	1 391.41	800.31
	材料费(元)			4 707.68	5 276.40	4 927.64
	机械费(元)			28.54	341.92	157.95
预算定额编号	项目名称	单位	单价(元)	消耗量		
3-238	现浇混凝土箱涵 底板 混凝土	$10m^3$	4 965.25	1.000 0	—	—
3-239	现浇混凝土箱涵 底板 模板	$10m^2$	329.05	0.400 0	—	—
3-240	现浇混凝土箱涵 侧墙 混凝土	$10m^3$	5 010.73	—	1.000 0	—
3-241	现浇混凝土箱涵 侧墙 模板	$10m^2$	372.67	—	5.364 0	—
3-242	现浇混凝土箱涵 顶板 混凝土	$10m^3$	4 991.09	—	—	1.000 0
3-243	现浇混凝土箱涵 顶板 模板	$10m^2$	372.84	—	—	2.400 0
名称		单位	单价(元)	消耗量		
人工	二类人工	工日	135.00	2.671 0	10.307 0	5.928 0
材料	无纺土工布	m^2	8.62	1.333 0	0.580 0	1.574 0
	泵送商品混凝土 C30	m^3	461.00	10.100 0	10.100 0	10.100 0
	钢支撑	kg	3.97	0.902 8	30.472 9	13.634 4
	水	m^3	4.27	1.134 0	3.392 0	3.051 0
	工具式钢模板	kg	5.91	2.548 0	34.168 7	15.288 0
	木模板	m^3	1 445.00	0.006 4	0.085 8	0.038 4

十一、小 型 构 件

工作内容:混凝土浇筑、捣固、抹平、养护;模板制作、安装,涂脱模剂;模板拆除、修理、整堆。 **计量单位:**10m³

定额编号				3-174	3-175	3-176	3-177	3-178
项目				楼梯	防撞护栏	立柱、端柱、灯柱	地梁、侧石、平石	支座垫石
基价(元)				**8 052.33**	**7 637.34**	**34 909.65**	**8 768.28**	**11 112.84**
其中	人工费(元)			2 789.78	2 082.18	20 770.93	2 637.51	3 542.94
	材料费(元)			4 949.67	4 919.75	13 290.53	6 031.61	7 454.84
	机械费(元)			312.88	635.41	848.19	99.16	115.06
预算定额编号	项目名称	单位	单价(元)	消耗量				
3-254	楼梯 混凝土	10m³	4 922.13	1.000 0	—	—	—	—
3-255	楼梯 模板	10m²	1 043.40	3.000 0	—	—	—	—
3-256	防撞护栏 混凝土	10m³	4 912.23	—	1.000 0	—	—	—
3-257	防撞护栏 模板	10m²	566.55	—	4.810 0	—	—	—
3-258	立柱、端柱、灯柱 混凝土	10m³	5 363.15	—	—	1.000 0	—	—
3-259	立柱、端柱、灯柱 模板	10m²	802.24	—	—	36.830 0	—	—
3-260	地梁、侧石、平石 混凝土	10m³	4 989.01	—	—	—	1.000 0	—
3-261	支座垫石 混凝土	10m³	6 036.89	—	—	—	—	1.000 0
3-262	地梁、侧石、平石 模板	10m²	461.45	—	—	—	8.190 0	11.000 0
	名称	单位	单价(元)	消耗量				
人工	二类人工	工日	135.00	20.665 0	15.424 0	153.859 0	19.537 0	26.244 0
材料	无纺土工布	m²	8.62	1.004 0	0.738 0	—	5.179 0	6.033 0
	泵送商品混凝土 C25	m³	447.00	10.100 0	10.100 0	—	—	—
	泵送商品混凝土 C40	m³	503.00	—	—	—	—	10.100 0
	非泵送商品混凝土 C25	m³	421.00	—	—	10.100 0	10.100 0	—
	板枋材	m³	2 069.00	0.153 0	—	—	—	—
	钢模支撑	kg	4.74	5.364 0	—	—	—	—
	水	m³	4.27	7.256 0	2.825 0	14.700 0	8.915 0	10.200 0
	定型钢模板	kg	5.91	—	63.588 2	—	—	—
	木模板	m³	1 445.00	—	—	5.524 5	1.138 4	1.529 0
	组合钢模板	kg	3.71	8.904 0	—	—	—	—

十二、桥面铺装及桥头搭板

工作内容:1. 桥面铺装:桥面处理,桥面防水,混凝土浇筑、抹平、养护,安装排(泄)水口。

2. 桥头搭板:混凝土浇筑、抹平、养护;模板制作、安装,涂脱模剂;模板拆除、维修、整堆。 **计量单位**:$10m^3$

定额编号				3-179	3-180
项目				桥面铺装	
				混凝土桥面	钢桥面
基价(元)				**11 702.90**	**30 709.88**
其中	人工费(元)			1 431.23	3 551.10
	材料费(元)			9 924.84	25 991.53
	机械费(元)			346.83	1 167.25
预算定额编号	项目名称	单位	单价(元)	消耗量	
3-263	水泥混凝土桥面抛丸处理	$100m^2$	702.77	1.250 0	—
3-264	钢桥面抛丸	$100m^2$	972.08	—	2.850 0
3-269	桥面防水层 聚氨酯沥青防水涂料	$100m^2$	4 085.60	1.250 0	—
3-271	桥面防水层 钢桥面防水粘结层	$100m^2$	7 761.61	—	2.850 0
3-272	桥面混凝土铺装 基层	$10m^3$	5 367.27	1.000 0	—
3-273	桥面混凝土铺装 面层	$10m^3$	5 468.71	—	1.000 0
3-471	安装排(泄)水孔 钢管	10m	1 061.10	0.330 0	0.330 0
	名称	单位	单价(元)	消耗量	
人工	二类人工	工日	135.00	10.602 0	26.304 0
材料	钢制磨料	kg	5.17	10.000 0	185.250 0
	石屑	m^3	58.25	—	188.955 0
	石粉	kg	0.38	—	87.210 0
	泵送商品混凝土 C40	m^3	503.00	10.100 0	10.100 0
	湿拌砌筑砂浆 WMM10	m^3	409.00	0.000 3	0.000 3
	石油沥青	kg	2.67	8.741 7	8.741 7
	单组分聚氨酯防水涂料 Ⅰ型	kg	13.79	321.875 0	—
	碳素结构钢焊接钢管 综合	kg	3.88	76.206 2	76.206 2
	水	m^3	4.27	6.000 0	13.700 0

工作内容:混凝土浇筑、抹平、养护;模板制作、安装,涂脱模剂;模板拆除、维修、整堆。 **计量单位**:$10m^3$

定额编号				3-181
项目				桥头搭板
基价(元)				**5 166.01**
其中	人工费(元)			539.66
	材料费(元)			4 606.22
	机械费(元)			20.13
预算定额编号	项目名称	单位	单价(元)	消耗量
3-275	桥头搭板及枕梁 混凝土	$10m^3$	4 881.93	1.000 0
3-276	桥头搭板及枕梁 模板	$10m^2$	454.54	0.625 0
	名称	单位	单价(元)	消耗量
人工	二类人工	工日	135.00	3.998 0
材料	圆钉	kg	4.74	0.052 5
	泵送商品混凝土 C25	m^3	447.00	10.150 0
	板枋材	m^3	2 069.00	0.009 4
	钢模支撑	kg	4.74	1.597 5
	水	m^3	4.27	4.410 0
	工具式钢模板	kg	5.91	2.030 0

十三、钢管拱肋混凝土

工作内容：安装进料管，增压管，钻气孔，安装导管，砂浆润滑，泵送混凝土。　　**计量单位**：$10m^3$

定额编号				3-182
项目				钢管拱肋混凝土
基价（元）				**6 154.63**
其中	人工费（元）			607.50
	材料费（元）			5 528.51
	机械费（元）			18.62
预算定额编号	项目名称	单位	单价(元)	消耗量
3-277	钢管拱肋	$10m^3$	6 154.63	1.000 0
名称		单位	单价(元)	消耗量
人工	二类人工	工日	135.00	4.500 0
材料	电焊条 E43 系列	kg	4.74	2.500 0
	泵送商品混凝土 C40	m^3	503.00	10.100 0
	碳素结构钢焊接钢管 综合	t	3 879.00	0.044 0

第四节　预制混凝土工程

说　　明

一、本节定额包括预制桩制作,预制立柱制作、安装,预制板制作、安装,预制梁制作、安装,预制双曲拱构件制作、安装,预制桁架拱构件制作、安装,预制板拱制作、安装,预制小型构件制作、安装、预制构件场内运输,陆上安装梁超高增加费。

二、本节定额适用于桥涵工程预制构件的现场制作和安装,若预制构件采用成品外购,执行《浙江省市政工程预算定额》(2018 版)相应定额子目。

三、预制构件包括混凝土浇筑,模板安、拆,运输 1km 和安装。若实际运输距离不同,按本节预制构件运输定额调整,运输定额适用于运距 35km 以下的运输,超过另行计算。

四、预制空心板梁按橡胶囊做内模,定额已综合考虑其压缩变形因素。

五、平板拖车运输中未包括龙门架费用,发生时另行计算。

六、本节定额未包括预埋铁件、脚手架,发生时执行本定额第一章"通用项目"相应定额子目。

七、除梁的预制安装分陆上、水上外,其他构件安装均未考虑船上吊装,发生时船只费用另行计算。

八、陆上安装钢筋混凝土梁的提升高度超过 8m 时,需按本节相应定额子目计算超高增加费,若提升高度超过 22m,超高增加费定额乘以系数 1.70。

工程量计算规则

一、预制桩工程量按桩长度(包括桩尖长度)乘以桩横断面面积以"m^3"计算。

二、预制空心构件按设计图示尺寸扣除空心体积,以实体体积计算。空心板梁的堵头板体积不计入工程量内,其消耗量已在定额中考虑。

三、预应力混凝土构件的封锚混凝土数量并入构件混凝土工程量计算。

四、陆上安装梁超高增加费按超高部分的实体体积计算。

一、预制桩制作

工作内容：浇筑，捣固，抹平，养护，模板制作、安装、拆除；预制构件运输。　　　　**计量单位：**$10m^3$

定额编号				3-183	3-184
项目				方桩	板桩
基价（元）				**7 244.20**	**8 599.94**
其中	人工费（元）			1 835.62	2 351.45
	材料费（元）			5 071.79	5 877.95
	机械费（元）			336.79	370.54
预算定额编号	项目名称	单位	单价(元)	消耗量	
3-280	方桩 混凝土	$10m^3$	5 012.86	1.000 0	—
3-281	方桩 模板	$10m^2$	310.90	6.287 0	—
3-282	板桩 混凝土	$10m^3$	5 065.12	—	1.000 0
3-283	板桩 模板	$10m^2$	644.15	—	5.058 0
3-345	平板拖车运输 第一个 1km 起重机装车 构件重量 25t 以内	$10m^3$	276.71	1.000 0	1.000 0
名称		单位	单价(元)	消耗量	
人工	二类人工	工日	135.00	13.597 0	17.418 0
材料	非泵送商品混凝土 C30	m^3	438.00	10.100 0	10.100 0
	钢支撑	kg	3.97	31.497 9	—
	工具式钢模板	kg	5.91	13.391 3	—
	木模板	m^3	1 445.00	0.201 2	0.895 3
	枋木	m^3	776.00	0.017 0	0.017 0

二、预制立柱制作、安装

工作内容:浇筑,捣固,抹平,养护,模板制作、安装、拆除;吊装;混凝土填充;预制构件运输。 **计量单位:**10m^3

定额编号				3-185	3-186
项目				矩形立柱制作、安装	异型立柱制作、安装
基价(元)				**7 627.55**	**9 791.80**
其中	人工费(元)			1 932.75	2 902.33
	材料费(元)			4 774.05	5 899.18
	机械费(元)			920.75	990.29
预算定额编号	项目名称	单位	单价(元)	消耗量	
3-284	立柱 矩形 混凝土	10m^3	4 997.33	1.000 0	—
3-285	立柱 矩形 模板	10m^2	309.39	2.403 0	—
3-286	立柱 异型 混凝土	10m^3	5 057.22	—	1.000 0
3-287	立柱 异型 模板	10m^2	632.99	—	4.499 0
3-343	平板拖车运输 第一个 1km 起重机装车 构件重量 10t 以内	10m^3	374.56	1.000 0	1.000 0
3-390	安装排架立柱 起重机安装	10m^3	1 512.20	1.000 0	1.000 0
	名称	单位	单价(元)	消耗量	
人工	二类人工	工日	135.00	14.317 0	21.499 0
材料	非泵送商品混凝土 C20	m^3	412.00	0.160 0	0.160 0
	非泵送商品混凝土 C30	m^3	438.00	10.100 0	10.100 0
	钢支撑	kg	3.97	12.039 0	—
	工具式钢模板	kg	5.91	5.118 4	—
	木模板	m^3	1 445.00	0.069 7	0.854 8
	枋木	m^3	776.00	0.033 0	0.033 0
机械	汽车式起重机 10t	台班	709.76	0.828 0	0.828 0

三、预制板制作、安装

工作内容：浇筑，捣固，抹平，养护，模板制作、安装、拆除；吊装；铺装、固定；预制构件运输。　　**计量单位：**$10m^3$

定额编号				3-187	3-188	3-189
项目				矩形板 制作、安装	空心板 制作、安装	微形板 制作、安装
基价（元）				**6 697.11**	**10 680.07**	**13 446.06**
其中	人工费（元）			1 399.12	3 836.44	5 601.46
	材料费（元）			4 784.16	6 165.93	6 343.49
	机械费（元）			513.83	677.70	1 501.11
预算定额编号	项目名称	单位	单价(元)	消耗量		
3-288	矩形板 混凝土	$10m^3$	5 035.22	1.000 0	—	—
3-289	矩形板 模板	$10m^2$	293.59	2.403 0	—	—
3-290	空心板 混凝土	$10m^3$	5 061.86	—	1.000 0	—
3-291	空心板 模板	$10m^2$	441.94	—	11.023 0	—
3-292	微弯板 混凝土	$10m^3$	5 158.86	—	—	1.000 0
3-293	微弯板 模板	$10m^2$	489.15	—	—	9.263 0
3-343	平板拖车运输 第一个1km 起重机装车 构件重量10t以内	$10m^3$	374.56	1.000 0	1.000 0	1.000 0
3-396	矩形板 起重机安装	$10m^3$	581.83	1.000 0	—	—
3-397	空心板 起重机安装	$10m^3$	372.15	—	1.000 0	—
3-398	微弯板 扒杆安装	$10m^3$	3 381.64	—	—	1.000 0
名称		单位	单价(元)	消耗量		
人工	二类人工	工日	135.00	10.364 0	28.418 0	41.492 0
材料	非泵送商品混凝土 C30	m^3	438.00	10.100 0	10.100 0	10.100 0
	干混砌筑砂浆 DM M10.0	kg	0.25	0.420 0	0.400 0	0.780 0
	钢支撑	kg	3.97	12.039 0	—	—
	工具式钢模板	kg	5.91	5.118 4	—	—
	木模板	m^3	1 445.00	0.088 9	1.047 2	1.037 5
	板枋材	m^3	1 034.00	—	—	0.002 0
	枋木	m^3	776.00	0.033 0	0.033 0	0.035 0
机械	汽车式起重机 8t	台班	648.48	0.290 0	—	—
	汽车式起重机 12t	台班	748.60	—	0.220 0	—
	电动卷扬机—单筒快速 10kN	台班	172.88	—	—	3.841 0
	电动卷扬机—双筒慢速 30kN	台班	204.80	—	—	1.921 0

四、预制梁制作、安装

工作内容:浇筑,捣固,抹平,养护,模板制作、安装、拆除;吊装;铺装、固定;预制构件运输。 **计量单位**:$10m^3$

定额编号				3-190	3-191	3-192	3-193
项目				陆上安装T形梁			双导梁架桥机安装T形梁
				T形梁制作、安装			
				$L\leq20m$	$L\leq40m$	$L\leq50m$	
基价(元)				**14 809.59**	**15 461.43**	**15 176.61**	**14 596.97**
其中	人工费(元)			5 322.32	5 300.86	5 288.44	5 427.62
	材料费(元)			7 859.49	7 859.49	7 859.49	7 859.78
	机械费(元)			1 627.78	2 301.08	2 028.68	1 309.57
预算定额编号	项目名称	单位	单价(元)	消耗量			
3-294	T形梁 混凝土	$10m^3$	5 238.08	1.000 0	1.000 0	1.000 0	1.000 0
3-295	T形梁 模板	$10m^2$	714.83	12.011 0	12.011 0	12.011 0	12.011 0
3-343	平板拖车运输 第一个1km 起重机装车 构件重量10t以内	$10m^3$	374.56	1.000 0	1.000 0	1.000 0	1.000 0
3-409	陆上安装T形梁 起重机 $L\leq20m$	$10m^3$	611.12	1.000 0	—	—	—
3-411	陆上安装T形梁 起重机 $L\leq40m$	$10m^3$	1 262.96	—	1.000 0	—	—
3-412	陆上安装T形梁 起重机 $L\leq50m$	$10m^3$	978.14	—	—	1.000 0	—
3-427	混凝土梁 双导梁架桥机安装	$10m^3$	398.50	—	—	—	1.000 0
	名称	单位	单价(元)	消耗量			
人工	二类人工	工日	135.00	39.425 0	39.266 0	39.174 0	40.205 0
材料	非泵送商品混凝土 C40	m^3	455.00	10.100 0	10.100 0	10.100 0	10.100 0
	木模板	m^3	1 445.00	1.921 8	1.921 8	1.921 8	1.921 8
	枋木	m^3	776.00	0.033 0	0.033 0	0.033 0	0.033 0
机械	汽车式起重机 75t	台班	3 154.17	0.156 0	—	—	—
	汽车式起重机 100t	台班	4 718.03	—	0.247 0	—	—
	汽车式起重机 150t	台班	8 586.02	—	—	0.104 0	—
	架桥机 160t	台班	999.37	—	—	—	0.146 0

工作内容：浇筑，捣固，抹平，养护，模板制作、安装、拆除；吊装；铺装、固定；预制构件运输。　　**计量单位**：$10m^3$

定额编号				3-194	3-195
项目				水上安装 T 形梁	
				T 形梁制作、安装	
				$L \leqslant 30m$	$L \leqslant 50m$
基价（元）				**17 781.77**	**18 342.00**
其中	人工费（元）			6 099.38	6 035.80
	材料费（元）			7 935.08	8 039.57
	机械费（元）			3 747.31	4 266.63
预算定额编号	项目名称	单位	单价(元)	消耗量	
3-294	T 形梁 混凝土	$10m^3$	5 238.08	1.000 0	1.000 0
3-295	T 形梁 模板	$10m^2$	714.83	12.011 0	12.011 0
3-343	平板拖车运输 第一个 1km 起重机装车 构件重量 10t 以内	$10m^3$	374.56	1.000 0	1.000 0
3-414	水上安装 T 形梁 $L \leqslant 30m$	$10m^3$	3 583.30	1.000 0	—
3-416	水上安装 T 形梁 $L \leqslant 50m$	$10m^3$	4 143.53	—	1.000 0
名称		单位	单价(元)	消耗量	
人工	二类人工	工日	135.00	45.181 0	44.710 0
材料	非泵送商品混凝土 C40	m^3	455.00	10.100 0	10.100 0
	原木	m^3	1 552.00	0.004 0	0.008 0
	枕木	m^3	2 457.00	0.024 0	0.064 0
	木模板	m^3	1 445.00	1.921 8	1.921 8
	板枋材	m^3	1 034.00	0.006 0	0.006 0
	枋木	m^3	776.00	0.033 0	0.033 0
机械	履带式起重机 10t	台班	589.37	0.156 0	0.338 0
	电动卷扬机—单筒快速 10kN	台班	172.88	5.694 0	4.992 0
	电动卷扬机—双筒快速 50kN	台班	266.20	1.820	—
	电动卷扬机—双筒慢速 100kN	台班	304.96	0.910 0	2.496 0

工作内容:浇筑,捣固,抹平,养护,模板制作、安装、拆除;吊装;铺装、固定;预制构件运输。 计量单位:$10m^3$

定额编号				3-196	3-197	3-198	3-199	3-200
项目				陆上安装 I 形梁		水上安装 I 形梁		双导梁架桥机安装I形梁
				I 形梁制作、安装				
				L≤20m	L≤30m	L≤20m	L≤30m	
基价(元)				**13 454.37**	**13 650.98**	**15 603.28**	**16 669.47**	**13 191.43**
其中	人工费(元)			4 759.09	4 752.74	5 665.34	5 633.21	4 855.07
	材料费(元)			7 597.85	7 597.85	7 802.74	7 804.25	7 598.14
	机械费(元)			1 097.43	1 300.39	2 135.20	3 232.01	738.22
预算定额编号	项目名称	单位	单价(元)	消耗量				
3-296	I 形梁 混凝土	$10m^3$	5 191.36	1.000 0	1.000 0	1.000 0	1.000 0	1.000 0
3-297	I 形梁 模板	$10m^2$	623.18	11.597 0	11.597 0	11.597 0	11.597 0	11.597 0
3-343	平板拖车运输 第一个 1km 起重机装车 构件重量 10t 以内	$10m^3$	374.56	1.000 0	1.000 0	1.000 0	1.000 0	1.000 0
3-417	陆上安装 I 形梁 起重机 L≤20m	$10m^3$	661.44	1.000 0	—	—	—	—
3-418	陆上安装 I 形梁 起重机 L≤30m	$10m^3$	858.05	—	1.000 0	—	—	—
3-419	水上安装 I 形梁 L≤20m	$10m^3$	2 810.35	—	—	1.000 0	—	—
3-420	水上安装 I 形梁 L≤30m	$10m^3$	3 876.54	—	—	—	1.000 0	—
3-427	混凝土梁 双导梁架桥机安装	$10m^3$	398.50	—	—	—	—	1.000 0
	名称	单位	单价(元)	消耗量				
人工	二类人工	工日	135.00	35.252 0	35.205 0	41.965 0	41.727 0	35.963 0
材料	非泵送商品混凝土 C40	m^3	455.00	10.100 0	10.100 0	10.100 0	10.100 0	10.100 0
	木模板	m^3	1 445.00	1.751 1	1.751 1	1.751 1	1.751 1	1.751 1
	板枋材	m^3	1 034.00	—	—	0.005 0	0.005 0	—
	枋木	m^3	776.00	0.033 0	0.033 0	0.062 0	0.062 0	0.033 0
机械	汽车式起重机 75t	台班	3 154.17	0.169 0	—	—	—	—
	汽车式起重机 100t	台班	4 718.03	—	0.156 0	—	—	—
	电动卷扬机—单筒快速 10kN	台班	172.88	—	—	6.396 0	6.084 0	—
	电动卷扬机—双筒慢速 100kN	台班	304.96	—	—	—	3.042 0	—
	木驳船 50t	t·d	3.29	—	—	110.208 0	—	—
	木驳船 80t	t·d	3.29	—	—	—	167.552 0	—
	架桥机 160t	台班	999.37	—	—	—	—	0.146 0

工作内容：浇筑，捣固，抹平，养护，模板制作、安装、拆除；吊装；铺装、固定；预制构件运输。　**计量单位**：$10m^3$

定额编号				3-201	3-202	3-203
项目				陆上安装实心板梁		
				实心板梁制作、安装		
				$L\leq10m$	$L\leq20m$	$L\leq25m$
基价（元）				**6 337.59**	**6 496.23**	**6 587.82**
其中	人工费（元）			1 127.37	1 092.81	1 083.09
	材料费（元）			4 745.96	4 745.96	4 745.96
	机械费（元）			464.26	657.46	758.77
预算定额编号	项目名称	单位	单价(元)	消耗量		
3-298	实心板梁 混凝土	$10m^3$	4 944.06	1.000 0	1.000 0	1.000 0
3-299	实心板梁 模板	$10m^2$	342.54	2.187 0	2.187 0	2.187 0
3-343	平板拖车运输 第一个1km 起重机装车 构件重量10t以内	$10m^3$	374.56	1.000 0	1.000 0	1.000 0
3-399	陆上安装板梁 起重机 $L\leq10m$	$10m^3$	269.83	1.000 0	—	—
3-402	陆上安装板梁 起重机 $L\leq20m$	$10m^3$	428.47	—	1.000 0	—
3-403	陆上安装板梁 起重机 $L\leq25m$	$10m^3$	520.06	—	—	1.000 0
	名称	单位	单价(元)	消耗量		
人工	二类人工	工日	135.00	8.351 0	8.095 0	8.023 0
材料	非泵送商品混凝土 C30	m^3	438.00	10.100 0	10.100 0	10.100 0
	钢支撑	kg	3.97	10.956 9	10.956 9	10.956 9
	工具式钢模板	kg	5.91	4.658 3	4.658 3	4.658 3
	木模板	m^3	1 445.00	0.094 0	0.094 0	0.094 0
	枋木	m^3	776.00	0.033 0	0.033 0	0.033 0
机械	汽车式起重机 20t	台班	942.85	0.143 0	—	—
	汽车式起重机 75t	台班	3 154.17	—	0.104 0	—
	汽车式起重机 100t	台班	4 718.03	—	—	0.091 0

工作内容:浇筑,捣固,抹平,养护,模板制作、安装、拆除;吊装;铺装、固定;预制构件运输。 **计量单位**:$10m^3$

定额编号				3-204
项目				水上安装
				实心板梁制作、安装
				$L \leq 20m$
基价(元)				**8 569.13**
其中	人工费(元)			1 607.97
	材料费(元)			4 939.31
	机械费(元)			2 021.85
预算定额编号	项目名称	单位	单价(元)	消耗量
3-298	实心板梁 混凝土	$10m^3$	4 944.06	1.000 0
3-299	实心板梁 模板	$10m^2$	342.54	2.187 0
3-343	平板拖车运输 第一个 1km 起重机装车 构件重量 10t 以内	$10m^3$	374.56	1.000 0
3-407	水上安装板梁 $L \leq 20m$	$10m^3$	2 501.37	1.000 0
名称		单位	单价(元)	消耗量
人工	二类人工	工日	135.00	11.911 0
材料	非泵送商品混凝土 C30	m^3	438.00	10.100 0
	原木	m^3	1 552.00	0.002 0
	钢支撑	kg	3.97	10.956 9
	工具式钢模板	kg	5.91	4.658 3
	木模板	m^3	1 445.00	0.094 0
	板枋材	m^3	1 034.00	0.005 0
	枋木	m^3	776.00	0.061 0
机械	电动卷扬机—双筒慢速 100kN	台班	304.96	2.123 0
	电动卷扬机—单筒快速 10kN	台班	172.88	4.246 0
	木驳船 80t	t·d	3.29	71.680 0

工作内容：浇筑，捣固，抹平，养护，模板制作、安装、拆除；吊装；铺装、固定；预制构件运输。　　**计量单位**：$10m^3$

定额编号					3-205	3-206	3-207
项目					陆上安装空心板梁(非预应力)		
					空心板梁制作、安装		
					$L\leq10m$	$L\leq20m$	$L\leq25m$
基价(元)					**10 693.00**	**13 731.28**	**13 822.87**
其中	人工费(元)				4 176.24	6 218.19	6 208.47
	材料费(元)				5 501.15	5 951.35	5 951.35
	机械费(元)				1 015.61	1 561.74	1 663.05
预算定额编号	项目名称		单位	单价(元)	消耗量		
3-300	空心板梁(非预应力) 混凝土		$10m^3$	5 082.29	1.070 0	1.090 0	1.090 0
3-301	空心板梁(非预应力) 模板		$10m^2$	857.14	5.379 0	8.620 0	8.620 0
3-343	平板拖车运输 第一个 1km 起重机装车 构件重量 10t 以内		$10m^3$	374.56	1.000 0	1.000 0	1.000 0
3-399	陆上安装板梁 起重机 $L\leq10m$		$10m^3$	269.83	1.000 0	—	—
3-402	陆上安装板梁 起重机 $L\leq20m$		$10m^3$	428.47	—	1.000 0	—
3-403	陆上安装板梁 起重机 $L\leq25m$		$10m^3$	520.06	—	—	1.000 0
名称			单位	单价(元)	消耗量		
人工	二类人工		工日	135.00	30.935 0	46.061 0	45.989 0
材料	橡胶囊 $\phi36$		m	73.28	0.753 1	1.206 8	1.206 8
	非泵送商品混凝土 C20		m^3	412.00	0.071 7	0.073 0	0.073 0
	非泵送商品混凝土 C30		m^3	438.00	10.807 0	11.009 0	11.009 0
	钢支撑		kg	3.97	26.948 8	43.186 2	43.186 2
	工具式钢模板		kg	5.91	11.457 3	18.360 6	18.360 6
	木模板		m^3	1 445.00	0.204 4	0.327 6	0.327 6
	枋木		m^3	776.00	0.033 0	0.033 0	0.033 0
机械	汽车式起重机 20t		台班	942.85	0.143 0	—	—
	汽车式起重机 75t		台班	3 154.17	—	0.104 0	—
	汽车式起重机 100t		台班	4 718.03	—	—	0.091 0

工作内容:浇筑,捣固,抹平,养护,模板制作、安装、拆除;吊装;铺装、固定;预制构件运输。　　　　**计量单位**:$10m^3$

定额编号				3-208
项目				水上安装 空心板梁(非预应力)制作、安装 $L\leq25m$
基价(元)				**15 804.18**
其中	人工费(元)			6 733.35
	材料费(元)			6 144.70
	机械费(元)			2 926.13
预算定额编号	项目名称	单位	单价(元)	消耗量
3-300	空心板梁(非预应力) 混凝土	$10m^3$	5 082.29	1.090 0
3-301	空心板梁(非预应力) 模板	$10m^2$	857.14	8.620 0
3-343	平板拖车运输 第一个 1km 起重机装车 构件重量 10t 以内	$10m^3$	374.56	1.000 0
3-407	水上安装板梁 $L\leq25m$	$10m^3$	2 501.37	1.000 0
名称		单位	单价(元)	消耗量
人工	二类人工	工日	135.00	49.877 0
材料	非泵送商品混凝土 C20	m^3	412.00	0.073 0
	非泵送商品混凝土 C30	m^3	438.00	11.009 0
	原木	m^3	1 552.00	0.002 0
	钢支撑	kg	3.97	43.186 2
	工具式钢模板	kg	5.91	18.360 6
	木模板	m^3	1 445.00	0.327 6
	板枋材	m^3	1 034.00	0.005 0
	枋木	m^3	776.00	0.061 0
机械	电动卷扬机—双筒慢速 100kN	台班	304.96	2.123 0
	电动卷扬机—单筒快速 10kN	台班	172.88	4.246 0
	木驳船 80t	t·d	3.29	71.680 0

工作内容：浇筑，捣固，抹平，养护，模板制作、安装、拆除；吊装；铺装、固定；预制构件运输。　　**计量单位**：$10m^3$

定额编号				3-209	3-210	3-211
项目				陆上安装		
				空心板梁(预应力)制作、安装		
				$L\leq10m$	$L\leq20m$	$L\leq25m$
基价（元）				**11 491.98**	**14 921.82**	**15 013.41**
其中	人工费（元）			4 611.42	6 938.78	6 929.06
	材料费（元）			5 730.01	6 207.41	6 207.41
	机械费（元）			1 150.55	1 775.63	1 876.94
预算定额编号	项目名称	单位	单价(元)	消耗量		
3-302	空心板梁(预应力)混凝土	$10m^3$	5 226.10	1.070 0	1.090 0	1.090 0
3-303	空心板梁(预应力)模板	$10m^2$	977.07	5.379 0	8.620 0	8.620 0
3-343	平板拖车运输 第一个1km 起重机装车 构件重量10t 以内	$10m^3$	374.56	1.000 0	1.000 0	1.000 0
3-399	陆上安装板梁 起重机 $L\leq10m$	$10m^3$	269.83	1.000 0	—	—
3-402	陆上安装板梁 起重机 $L\leq20m$	$10m^3$	428.47	—	1.000 0	—
3-403	陆上安装板梁 起重机 $L\leq25m$	$10m^3$	520.06	—	—	1.000 0
	名称	单位	单价(元)	消耗量		
人工	二类人工	工日	135.00	34.159 0	51.398 0	51.326 0
材料	非泵送商品混凝土 C20	m^3	412.00	0.074 9	0.076 3	0.076 3
	非泵送商品混凝土 C40	m^3	455.00	10.807 0	11.009 0	11.009 0
	钢支撑	kg	3.97	26.948 8	43.186 2	43.186 2
	工具式钢模板	kg	5.91	11.457 3	18.360 6	18.360 6
	木模板	m^3	1 445.00	0.188 3	0.301 7	0.301 7
	枋木	m^3	776.00	0.033 0	0.033 0	0.033 0
机械	汽车式起重机 20t	台班	942.85	0.143 0	—	—
	汽车式起重机 75t	台班	3 154.17	—	0.104 0	—
	汽车式起重机 100t	台班	4 718.03	—	—	0.091 0

工作内容:浇筑,捣固,抹平,养护,模板制作、安装、拆除;吊装;铺装、固定;预制构件运输。 **计量单位**:10m³

定额编号				3-212
项目				水上安装 空心板梁(预应力)制作、安装 $L \leqslant 20$m
基价(元)				**16 994.72**
其中	人工费(元)			7 453.94
	材料费(元)			6 400.76
	机械费(元)			3 140.02
预算定额编号	项目名称	单位	单价(元)	消耗量
3-302	空心板梁(预应力)混凝土	10m³	5 226.10	1.090 0
3-303	空心板梁(预应力)模板	10m²	977.07	8.620 0
3-343	平板拖车运输 第一个 1km 起重机装车 构件重量 10t 以内	10m³	374.56	1.000 0
3-407	水上安装板梁 $L \leqslant 20$m	10m³	2 501.37	1.000 0
名称		单位	单价(元)	消耗量
人工	二类人工	工日	135.00	55.214 0
材料	橡胶囊 ϕ36	m	73.28	1.034 4
	非泵送商品混凝土 C20	m³	412.00	0.076 3
	非泵送商品混凝土 C40	m³	455.00	11.009 0
	原木	m³	1 552.00	0.002 0
	钢支撑	kg	3.97	43.186 2
	工具式钢模板	kg	5.91	18.360 6
	木模板	m³	1 445.00	0.301 7
	板枋材	m³	1 034.00	0.005 0
	枋木	m³	776.00	0.061 0
机械	电动卷扬机—双筒慢速 100kN	台班	304.96	2.123 0
	电动卷扬机—单筒快速 10kN	台班	172.88	4.246 0
	木驳船 80t	t·d	3.29	71.680 0

工作内容:浇筑,捣固,抹平,养护,模板制作、安装、拆除;吊装;铺装、固定;预制构件运输。 **计量单位**:10m³

定额编号				3-213	3-214	3-215	3-216
项目				陆上安装		双导梁架桥机安装	架桥机安装
				箱形梁制作、安装		箱形梁制作、安装	箱形节段梁制作、安装
				起重机 $L \leqslant 30m$	起重机 $L \leqslant 35m$		
基价(元)				**13 690.26**	**13 669.58**	**12 812.04**	**18 742.99**
其中	人工费(元)			5 271.49	5 251.78	5 377.19	6 632.12
	材料费(元)			6 077.92	6 077.92	6 078.21	6 116.75
	机械费(元)			2 340.85	2 339.88	1 356.64	5 994.12
预算定额编号	项目名称	单位	单价(元)	消耗量			
3-304	箱形梁 混凝土	10m³	5 446.13	1.000 0	1.000 0	1.000 0	—
3-305	箱形梁 模板	10m²	992.75	6.641 0	6.641 0	6.641 0	—
3-306	箱形块件 混凝土	10m³	5 417.29	—	—	—	1.000 0
3-307	箱形块件 模板	10m²	1 006.09	—	—	—	6.315 0
3-343	平板拖车运输 第一个1km 起重机装车 构件重量10t以内	10m³	374.56	1.000 0	1.000 0	1.000 0	1.000 0
3-425	陆上安装箱形梁 起重机 $L \leqslant 30m$	10m³	1 276.72	1.000 0	—	—	—
3-426	陆上安装箱形梁 起重机 $L \leqslant 35m$	10m³	1 256.04	—	1.000 0	—	—
3-427	混凝土梁 双导梁架桥机安装	10m³	398.50	—	—	1.000 0	—
3-428	箱形节段梁 架桥机安装	10m³	6 597.69	—	—	—	1.000 0
名称		单位	单价(元)	消耗量			
人工	二类人工	工日	135.00	39.048 0	38.902 0	39.831 0	49.127 0
材料	钢筋 综合	kg	3.04	—	—	—	4.810 0
	中厚钢板 综合	kg	3.71	—	—	—	6.820 0
	非泵送商品混凝土 C40	m³	455.00	10.100 0	10.100 0	10.100 0	10.100 0
	木模板	m³	1 445.00	0.889 9	0.889 9	0.889 9	0.884 1
	枋木	m³	776.00	0.033 0	0.033 0	0.033 0	0.033 0
机械	履带式起重机 200t	台班	4 985.45	0.220 0	—	—	—
	履带式起重机 250t	台班	5 955.58	—	0.184 0	—	—
	架桥机 160t	台班	999.37	—	—	0.146 0	—
	架桥机 800t	台班	4 685.00	—	—	—	0.877 0
	平台作业升降车 20m	台班	431.63	—	—	—	0.705 0

工作内容:浇筑,捣固,抹平,养护,模板制作、安装、拆除;吊装;铺装、固定;预制构件运输。 **计量单位**:10m³

定额编号				3-217	3-218	3-219	3-220
项目				陆上安装		水上安装	
				槽形梁制作、安装			
				起重机 $L≤30m$	起重机 $L>30m$	起重机 $L≤30m$	起重机 $L>30m$
基价(元)				**14 970.37**	**15 225.98**	**17 477.02**	**18 401.37**
其中	人工费(元)			6 309.34	6 284.63	7 049.27	7 141.61
	材料费(元)			6 416.26	6 416.26	6 630.49	6 698.98
	机械费(元)			2 244.77	2 525.09	3 797.26	4 560.78
预算定额编号	项目名称	单位	单价(元)	消耗量			
3-308	槽形梁 混凝土	10m³	5 277.74	1.000 0	1.000 0	1.000 0	1.000 0
3-309	槽形梁 模板	10m²	1 047.39	7.923 0	7.923 0	7.923 0	7.923 0
3-343	平板拖车运输 第一个1km 起重机装车 构件重量10t以内	10m³	374.56	1.000 0	1.000 0	1.000 0	1.000 0
3-421	陆上安装槽形梁 起重机 $L≤30m$	10m³	1 019.60	1.000 0	—	—	—
3-422	陆上安装槽形梁 起重机 $L>30m$	10m³	1 275.21	—	1.000 0	—	—
3-423	水上安装槽形梁 $L≤30m$	10m³	3 526.25	—	—	1.000 0	—
3-424	水上安装槽形梁 $L>30m$	10m³	4 450.60	—	—	—	1.000 0
名称		单位	单价(元)	消耗量			
人工	二类人工	工日	135.00	46.736 0	46.553 0	52.217 0	52.901 0
材料	非泵送商品混凝土 C40	m³	455.00	10.100 0	10.100 0	10.100 0	10.100 0
	原木	m³	1 552.00	—	—	0.002 0	0.008 0
	木模板	m³	1 445.00	1.125 1	1.125 1	1.125 1	1.125 1
	板枋材	m³	1 034.00	—	—	0.034 0	0.040 0
	枋木	m³	776.00	0.033 0	0.033 0	0.033 0	0.033 0
机械	汽车式起重机 75t	台班	3 154.17	0.265 0	—	—	—
	汽车式起重机 150t	台班	8 586.02	—	0.130 0	—	—
	电动卷扬机—单筒快速 10kN	台班	172.88	—	—	5.466 0	6.013 0
	电动卷扬机—双筒慢速 100kN	台班	304.96	—	—	2.733 0	3.006 0
	木驳船 80t	t·d	3.29	—	—	133.325 0	289.800 0

五、预制双曲拱构件制作、安装

工作内容：浇筑，捣固，抹平，养护，模板制作、安装、拆除；构件安装；预制构件运输。　　计量单位：10m³

定额编号				3-221	3-222	3-223	3-224
项目				扒杆安装			人力安装拱波
				拱肋制作、安装	腹拱圈制作、安装	横隔板系梁制作、安装	
基价（元）				**21 536.45**	**39 731.84**	**39 333.56**	**39 892.74**
其中	人工费（元）			9 649.46	27 893.67	27 651.48	29 391.36
	材料费（元）			8 046.19	7 966.66	7 966.59	7 945.54
	机械费（元）			3 840.80	3 871.51	3 715.49	2 555.84
预算定额编号	项目名称	单位	单价(元)	消耗量			
3-310	双曲拱构件 拱肋 混凝土	10m³	5 447.59	1.000 0	—	—	—
3-311	双曲拱构件 拱肋 模板	10m²	582.02	15.034 0	—	—	—
3-320	小型构件 拱上构件 混凝土	10m³	5 667.62	—	1.000 0	1.000 0	1.000 0
3-321	小型构件 拱上构件 模板	10m²	1 101.91	—	27.328 0	27.328 0	27.328 0
3-343	平板拖车运输 第一个 1km 起重机装车 构件重量 10t 以内	10m³	374.56	1.000 0	1.000 0	1.000 0	1.000 0
3-430	安装双曲拱构件 扒杆安装 拱肋	10m³	6 964.21	1.000 0	—	—	—
3-431	安装双曲拱构件 扒杆安装 腹拱圈	10m³	3 576.66	—	1.000 0	—	—
3-432	安装双曲拱构件 扒杆安装 横隔板系梁	10m³	3 178.38	—	—	1.000 0	—
3-433	安装双曲拱构件 人力安装拱波	10m³	3 737.56	—	—	—	1.000 0
	名称	单位	单价(元)	消耗量			
人工	二类人工	工日	135.00	71.477 0	206.620 0	204.826 0	217.714 0
材料	非泵送商品混凝土 C25	m³	421.00	—	10.100 0	10.100 0	10.100 0
	非泵送商品混凝土 C30	m³	438.00	10.100 0	—	—	—
	干混砌筑砂浆 DM M10.0	kg	0.25	0.320 0	0.480 0	0.190 0	0.860 0
	原木	m³	1 552.00	0.008 0	0.004 0	0.004 0	—
	木模板	m³	1 445.00	2.255 1	2.268 2	2.268 2	2.268 2
	板枋材	m³	1 034.00	0.002 0	0.001 0	0.001 0	—
	枋木	m³	776.00	0.035 0	0.034 0	0.034 0	0.033 0
机械	电动卷扬机—单筒快速 10kN	台班	172.88	8.425 0	4.779 0	4.213 0	—
	电动卷扬机—双筒慢速 30kN	台班	204.80	8.425 0	2.390 0	2.106 0	—

六、预制桁架拱构件制作、安装

工作内容:浇筑,捣固,抹平,养护,模板制作、安装、拆除;构件安装;预制构件运输。 **计量单位**:$10m^3$

定额编号				3-225	3-226	3-227	3-228
项目				桁架梁制作、安装 陆上		桁架梁制作、安装 水上	
				起重机 $L\leq30m$	起重机 $L>30m$	起重机 $L\leq30m$	起重机 $L>30m$
基价(元)				**24 628.85**	**24 884.46**	**27 135.50**	**28 059.85**
其中	人工费(元)			15 152.32	15 127.61	15 892.25	15 984.59
	材料费(元)			7 352.21	7 352.21	7 566.44	7 634.93
	机械费(元)			2 124.32	2 404.64	3 676.81	4 440.33
预算定额编号	项目名称	单位	单价(元)	消耗量			
3-312	桁架拱构件 桁架梁及桁架拱片 混凝土	$10m^3$	5 447.28	1.000 0	1.000 0	1.000 0	1.000 0
3-313	桁架拱构件 桁架梁及桁架拱片·模板	$10m^2$	1 050.52	16.932 0	16.932 0	16.932 0	16.932 0
3-343	平板拖车运输 第一个1km 起重机装车 构件重量10t以内	$10m^3$	374.56	1.000 0	1.000 0	1.000 0	1.000 0
3-421	陆上安装槽形梁 起重机 $L\leq30m$	$10m^3$	1 019.60	1.000 0	—	—	—
3-422	陆上安装槽形梁 起重机 $L>30m$	$10m^3$	1 275.21	—	1.000 0	—	—
3-423	水上安装槽形梁 $L\leq30m$	$10m^3$	3 526.25	—	—	1.000 0	—
3-424	水上安装槽形梁 $L>30m$	$10m^3$	4 450.60	—	—	—	1.000 0
	名称	单位	单价(元)	消耗量			
人工	二类人工	工日	135.00	112.239 0	112.056 0	117.720 0	118.404 0
材料	非泵送商品混凝土 C30	m^3	438.00	10.100 0	10.100 0	10.100 0	10.100 0
	木模板	m^3	1 445.00	1.794 8	1.794 8	1.794 8	1.794 8
	板枋材	m^3	1 034.00	—	—	0.034 0	0.040 0
	枋木	m^3	776.00	0.033 0	0.033 0	0.033 0	0.033 0
机械	汽车式起重机 75t	台班	3 154.17	0.265 0	—	—	—
	汽车式起重机 150t	台班	8 586.02	—	0.130 0	—	—
	电动卷扬机—单筒快速 10kN	台班	172.88	—	—	5.466 0	6.013 0
	电动卷扬机—双筒慢速 100kN	台班	304.96	—	—	2.733 0	3.006 0
	木驳船 80t	t·d	3.29	—	—	133.325 0	289.800 0

工作内容：浇筑，捣固，抹平，养护，模板制作、安装、拆除；构件安装；预制构件运输。 **计量单位**：$10m^3$

定额编号					3-229	3-230
项目					扒杆安装	
					拱片制作、安装	横向联系构件制作、安装
基价（元）					**27 361.71**	**21 408.89**
其中	人工费（元）				16 881.80	11 303.02
	材料费（元）				7 544.09	7 645.21
	机械费（元）				2 935.82	2 460.66
预算定额编号	项目名称		单位	单价(元)	消耗量	
3-312	桁架拱构件 桁架梁及桁架拱片 混凝土		$10m^3$	5 447.28	1.000 0	—
3-313	桁架拱构件 桁架梁及桁架拱片 模板		$10m^2$	1 050.52	16.932 0	—
3-314	桁架拱构件 横向联系构件 混凝土		$10m^3$	5 620.79	—	1.000 0
3-315	桁架拱构件 横向联系构件 模板		$10m^2$	759.41	—	16.250 0
3-343	平板拖车运输 第一个1km 起重机装车 构件重量10t以内		$10m^3$	374.56	1.000 0	1.000 0
3-434	安装桁架拱构件 扒杆安装 拱片		$10m^3$	3 752.46	1.000 0	—
3-435	安装桁架拱构件 扒杆安装 横向联系构件		$10m^3$	3 073.12	—	1.000 0
	名称		单位	单价(元)	消耗量	
人工	二类人工		工日	135.00	125.050 0	83.726 0
材料	非泵送商品混凝土 C30		m^3	438.00	10.100 0	10.100 0
	木模板		m^3	1 445.00	1.794 8	1.982 5
	板枋材		m^3	1 034.00	0.003 0	0.002 0
	枋木		m^3	776.00	0.038 0	0.035 0
机械	电动卷扬机—单筒快速 10kN		台班	172.88	4.160 0	3.611 0
	电动卷扬机—双筒快速 50kN		台班	223.12	4.160 0	3.611 0

七、预制板拱制作、安装

工作内容:浇筑,捣固,抹平,养护,模板制作、安装、拆除;构件安装;预制构件运输。 **计量单位**:10m³

定额编号				3-231	3-232
项目				板拱制作、安装	
				扒杆安装	起重机安装
基价(元)				**11 931.92**	**12 094.08**
其中	人工费(元)			4 628.76	3 570.09
	材料费(元)			5 365.93	5 268.30
	机械费(元)			1 937.23	3 255.69
预算定额编号	项目名称	单位	单价(元)	消耗量	
3-322	板拱 混凝土	10m³	5 154.65	1.000 0	1.000 0
3-323	板拱 模板	10m²	728.26	3.841 0	3.841 0
3-343	平板拖车运输 第一个 1km 起重机装车 构件重量 10t 以内	10m³	374.56	1.000 0	1.000 0
3-436	安装板拱 扒杆安装	10m³	3 605.46	1.000 0	—
3-437	安装板拱 起重机安装	10m³	3 767.62	—	1.000 0
名称		单位	单价(元)	消耗量	
人工	二类人工	工日	135.00	34.287 0	26.445 0
材料	非泵送商品混凝土 C30	m³	438.00	10.100 0	10.100 0
	干混砌筑砂浆 DM M10.0	kg	0.25	0.140 0	0.140 0
	木模板	m³	1 445.00	0.495 5	0.495 5
	板枋材	m³	1 034.00	0.002 0	—
	枋木	m³	776.00	0.036 0	0.033 0
机械	电动卷扬机—单筒快速 10kN	台班	172.88	3.726 0	—
	电动卷扬机—双筒慢速 50kN	台班	223.12	3.726 0	—
	汽车式起重机 40t	台班	1 517.63	—	1.841 0

八、预制小型构件制作、安装

工作内容：浇筑，捣固，抹平，养护，模板制作、安装、拆除；构件运输和安装。　　计量单位：$10m^3$

定额编号				3-233	3-234
项目				缘石、人行道板、锚锭板制作、安装	灯柱、端柱、栏杆制作、安装
基价（元）				**9 373.66**	**45 352.77**
其中	人工费（元）			3 839.48	30 686.78
	材料费（元）			5 103.79	12 092.00
	机械费（元）			430.39	2 573.99
预算定额编号	项目名称	单位	单价（元）	消耗量	
3-316	小型构件 缘石、人行道、锚锭板 混凝土	$10m^3$	5 136.76	1.000 0	—
3-317	小型构件 缘石、人行道、锚锭板 模板	$10m^2$	533.70	5.240 0	—
3-318	小型构件 灯柱、端柱、栏杆 混凝土	$10m^3$	5 458.69	—	1.000 0
3-319	小型构件 灯柱、端柱、栏杆 模板	$10m^2$	1 017.23	—	36.830 0
3-343	平板拖车运输 第一个 1km 起重机装车 构件重量 10t 以内	$10m^3$	374.56	1.000 0	1.000 0
3-438	安装小型构件 端柱、灯柱	$10m^3$	2 146.59	—	0.450 0
3-439	安装小型构件 人行道板	$10m^3$	1 034.37	0.350 0	—
3-440	安装小型构件 缘石	$10m^3$	1 117.80	0.550 0	—
3-441	安装小型构件 锚锭板	$10m^3$	889.27	0.100 0	—
3-442	安装小型构件 栏杆	$10m^3$	1 979.96	—	0.550 0
名称		单位	单价（元）	消耗量	
人工	二类人工	工日	135.00	28.441 0	227.309 0
材料	低合金钢焊条 E43 系列	kg	4.74	—	60.855 0
	非泵送商品混凝土 C25	m^3	421.00	10.100 0	10.100 0
	木模板	m^3	1 445.00	0.356 3	4.714 2
	板枋材	m^3	1 034.00	—	0.021 3
	枋木	m^3	776.00	0.033 0	0.033 0
机械	汽车式起重机 5t	台班	366.47	0.023 4	0.248 0

九、预制构件场内运输

工作内容:构件垂直提升,铺垫、倒换、返回枕木、滚杠,绞运,安装、拆除卷扬机。 计量单位:10m³

定额编号				3-235	3-236	3-237	3-238
项目				平板拖车运输		载货汽车运输	
				第一个 1km	每增运 1km	第一个 1km	每增运 1km
基价(元)				**213.70**	**31.30**	**262.50**	**19.74**
其中	人工费(元)			19.04	—	9.32	—
	材料费(元)			12.91	—	28.62	—
	机械费(元)			181.75	31.30	224.56	19.74
预算定额编号	项目名称	单位	单价(元)	消耗量			
3-334	第一个 1km 载货汽车 载重量 8t 以内	10m³	262.50	—	—	1.000 0	—
3-337	每增运 1km 载货汽车 载重量 8t 以内	10m³	19.74	—	—	—	1.000 0
3-346	平板拖车运输 第一个 1km 起重机装车 构件重量 40t 以内	10m³	213.70	1.000 0	—	—	—
3-350	平板拖车运输 每增运 1km 构件重量 40t 以内	10m³	31.30	—	1.000 0	—	—
名称		单位	单价(元)	消耗量			
人工	二类人工	工日	135.00	0.141 0	—	0.069 0	—
材料	铁件	kg	3.71	0.110 0	—	—	—
	枋木	m³	776.00	0.010 0	—	0.024 0	—

十、陆上安装梁超高增加费

工作内容:整修构件、起吊设备就位、构件安装等。 计量单位:10m³

定额编号				3-239	3-240	3-241	3-242	3-243
项目				陆上安装梁超高增加费				
				板梁	T 形梁	I 形梁	槽形梁	箱形梁
基价(元)				**221.95**	**740.40**	**471.93**	**709.02**	**750.71**
其中	人工费(元)			52.03	64.41	67.12	88.42	69.78
	材料费(元)			—	—	—	—	—
	机械费(元)			169.92	675.99	404.81	620.60	680.93
预算定额编号	项目名称	单位	单价(元)	消耗量				
3-402	陆上安装板梁 起重机 $L\leq20$m	10m³	428.47	0.518 0	—	—	—	—
3-410	陆上安装 T 形梁 起重机 $L\leq30$m	10m³	1 298.95	—	0.570 0	—	—	—
3-418	陆上安装 I 形梁 起重机 $L\leq30$m	10m³	858.05	—	—	0.550 0	—	—
3-422	陆上安装槽形梁 起重机 $L>30$m	10m³	1 275.21	—	—	—	0.556 0	—
3-425	陆上安装箱形梁 起重机 $L\leq30$m	10m³	1 276.72	—	—	—	—	0.588 0
名称		单位	单价(元)	消耗量				
人工	二类人工	工日	135.00	0.385 0	0.477 0	0.497 0	0.655 0	0.517 0
机械	汽车式起重机 75t	台班	3 154.17	0.053 9	—	—	—	—
	汽车式起重机 100t	台班	4 718.03	—	—	0.085 8	—	—
	汽车式起重机 125t	台班	8 293.36	—	0.081 5	—	—	—
	汽车式起重机 150t	台班	8 586.02	—	—	—	0.072 3	—
	履带式起重机 200t	台班	4 985.45	—	—	—	—	0.129 4

工作内容:整修构件、起吊设备就位、构件安装等。

计量单位:$10m^3$

定额编号					3-244	3-245
项目					陆上安装梁超高增加费	
					双导梁架桥机安装	架桥机安装
					混凝土梁	箱形节段梁
基价(元)					**71.65**	**620.19**
其中	人工费(元)				40.34	168.22
	材料费(元)				0.05	5.27
	机械费(元)				31.26	446.70
预算定额编号	项目名称		单位	单价(元)	消耗量	
3-427	混凝土梁 双导梁架桥机安装		$10m^3$	398.50	0.179 8	—
3-428	箱形节段梁 架桥机安装		$10m^3$	6 597.69	—	0.094 0
名称			单位	单价(元)	消耗量	
人工	二类人工		工日	135.00	0.299 0	1.246 0
材料	钢筋 综合		kg	3.04	—	0.452 1
	中厚钢板 综合		kg	3.71	—	0.641 1
	轧丝锚具 $\phi25$		套	26.99	—	0.036 7
	连接器(锚具) $\phi25$		套	15.54	—	0.033 8
机械	架桥机 160t		台班	999.37	0.026 3	—
	架桥机 800t		台班	4 685.00	—	0.082 4
	平台作业升降车 20m		台班	431.63	—	0.066 3

第五节　立交箱涵工程

说　明

一、本节定额包括透水管,箱涵制作、箱涵外壁及滑板面处理,气垫安装、拆除及使用,箱涵顶进,箱涵内挖土,箱涵接缝处理,金属顶柱、护套及支架制作。

二、本节定额适用于穿越城市道路及铁路的立交箱涵顶进工程。

三、本节定额顶进土质按一、二类土考虑,若实际土质与定额不同,可进行调整。

四、定额中未包括箱涵顶进的后靠背设施等,发生时另行计算。

五、定额中未包括深基坑开挖、支撑及排水的工作内容,发生时执行本定额第一章“通用项目”相应定额子目。

工程量计算规则

一、混凝土工程量按设计尺寸以实体积计算,箱涵滑板下的肋楞,其工程量并入滑板内计算。

二、箱涵混凝土工程量,不扣除单孔面积 0.3m^2 以内的孔洞体积。

三、顶柱、中继间护套及挖土支架均属专用周转性金属构件,定额中已按摊销量计列,不得重复计算。

四、箱涵顶进定额分空顶、无中继间实土顶和有中继间实土顶三类,其工程量计算如下:

1. 空顶工程量按空顶的单节箱涵重量乘以箱涵位移距离计算。

2. 实土顶工程量按被顶箱涵的重量乘以箱涵位移距离分段累计计算。

五、气垫只考虑在预制箱涵底板上使用,按箱涵底面积计算。气垫的使用天数由设计方案确定,但采用气垫后再套用顶进定额时应乘以系数 0.70。

六、箱涵顶进土方按设计图结构外围尺寸乘以箱涵长度以“m^3”计算。

一、透 水 管

工作内容:1.钢透水管:钢管钻孔、涂防锈漆、钢管埋设、碎石填充。

2.混凝土透水管:浇捣管道垫层、透水管铺设、接口坞砂浆、填砂。

计量单位:10m

定额编号				3-246	3-247	3-248	3-249	3-250	3-251
项目				钢透水管		混凝土透水管			
				φ≤100	φ≤200	φ≤200	φ≤300	φ≤380	φ≤450
基价(元)				**1 204.87**	**2 564.15**	**1 265.99**	**1 578.23**	**1 860.15**	**2 253.20**
其中	人工费(元)			429.84	617.76	412.56	471.96	556.20	666.36
	材料费(元)			755.33	1 920.45	851.64	1 104.24	1 301.68	1 583.98
	机械费(元)			19.70	25.94	1.79	2.03	2.27	2.86
预算定额编号	项目名称	单位	单价(元)	消耗量					
3-351	透水管铺设 钢透水管 φ≤100	10m	1 204.87	1.000 0	—	—	—	—	—
3-352	透水管铺设 钢透水管 φ≤200	10m	2 564.15	—	1.000 0	—	—	—	—
3-353	透水管铺设 混凝土透水管 φ≤200	10m	1 265.99	—	—	1.000 0	—	—	—
3-354	透水管铺设 混凝土透水管 φ≤300	10m	1 578.23	—	—	—	1.000 0	—	—
3-355	透水管铺设 混凝土透水管 φ≤380	10m	1 860.15	—	—	—	—	1.000 0	—
3-356	透水管铺设 混凝土透水管 φ≤450	10m	2 253.20	—	—	—	—	—	1.000 0
名称		单位	单价(元)	消耗量					
人工	二类人工	工日	135.00	3.184 0	4.576 0	3.056 0	3.496 0	4.120 0	4.936 0
材料	热轧光圆钢筋 综合	t	3 966.00	—	—	0.022 0	0.022 0	0.022 0	0.022 0
	黄砂 毛砂	t	87.38	—	—	1.808 0	2.750 0	3.600 0	4.295 0
	碎石 综合	t	102.00	2.290 0	3.440 0	—	—	—	—
	非泵送商品混凝土 C15	m^3	399.00	—	—	0.914 0	1.066 0	1.188 0	1.451 0
	防锈漆 C53-1	kg	14.05	1.830 0	3.250 0	—	—	—	—
	碳素结构钢流体无缝钢管 108×4.5	kg	4.74	104.650 0	—	—	—	—	—
	碳素结构钢流体无缝钢管 219×8	kg	4.74	—	321.500 0	—	—	—	—
	混凝土透水管 φ200	m	22.67	—	—	10.250 0	—	—	—
	混凝土透水管 φ300	m	33.15	—	—	—	10.250 0	—	—
	混凝土透水管 φ380	m	40.20	—	—	—	—	10.250 0	—
	混凝土透水管 φ450	m	51.47	—	—	—	—	—	10.250 0
	水泥砂浆 M10.0	m^3	222.61	—	—	0.042 0	0.052 0	0.062 0	0.067 0

二、箱 涵 制 作

工作内容:浇筑、捣固、抹平、养护;模板制作、安装,涂脱模剂;模板拆除、修理、整堆。　　计量单位:$10m^3$

定额编号				3-252	3-253
项目				滑板	底板
				混凝土	
基价(元)				4 689.65	4 900.46
其中	人工费(元)			440.15	422.33
	材料费(元)			4 237.79	4 466.75
	机械费(元)			11.71	11.38
预算定额编号	项目名称	单位	单价(元)	消耗量	
3-357	箱涵制作 滑板 混凝土	$10m^3$	4 599.66	1.000 0	—
3-358	箱涵制作 底板 混凝土	$10m^3$	4 810.47	—	1.000 0
3-359	箱涵制作 滑板、底板 模板	$10m^2$	299.96	0.300 0	0.300 0
	名称	单位	单价(元)	消耗量	
人工	二类人工	工日	135.00	3.260 0	3.128 0
材料	无纺土工布	m^2	8.62	4.812 0	1.332 0
	非泵送商品混凝土 C20	m^3	412.00	10.100 0	—
	非泵送商品混凝土 C30	m^3	438.00	—	10.100 0
	钢支撑	kg	3.97	0.678 0	0.678 0
	水	m^3	4.27	1.985 0	1.134 0
	工具式钢模板	kg	5.91	1.941 0	1.941 0
	木模板	m^3	1 445.00	0.004 8	0.004 8

工作内容:浇筑、捣固、抹平、养护;模板制作、安装,涂脱模剂;模板拆除、修理、整堆。　　计量单位:$10m^3$

定额编号				3-254	3-255
项目				侧墙	顶板
				混凝土	
基价(元)				7 694.34	6 036.25
其中	人工费(元)			1 868.55	958.39
	材料费(元)			5 408.80	4 927.66
	机械费(元)			416.99	150.20
预算定额编号	项目名称	单位	单价(元)	消耗量	
3-360	箱涵制作 侧墙 混凝土	$10m^3$	5 169.61	1.000 0	—
3-361	箱涵制作 侧墙 模板	$10m^2$	378.52	6.670 0	—
3-362	箱涵制作 顶板 混凝土	$10m^3$	5 126.48	—	1.000 0
3-363	箱涵制作 顶板 模板	$10m^2$	379.07	—	2.400 0
	名称	单位	单价(元)	消耗量	
人工	二类人工	工日	135.00	13.841 0	7.099 0
材料	无纺土工布	m^2	8.62	0.579 0	1.573 0
	泵送商品混凝土 C30	m^3	461.00	10.100 0	10.100 0
	钢支撑	kg	3.97	37.885 6	13.632 0
	水	m^3	4.27	3.392 0	3.051 0
	工具式钢模板	kg	5.91	42.487 9	15.288 0
	木模板	m^3	1 445.00	0.106 7	0.038 4

三、箱涵外壁及滑板面处理

工作内容:1. 外壁面处理:外壁面清洗;拌制水泥砂浆,熬制沥青,配料;墙面涂刷。

2. 滑板面处理:石蜡加热,涂刷,铺塑料薄膜层。　　　　**计量单位**:100m²

定额编号				3-256	3-257	3-258	3-259
项目				箱涵外壁		滑板面层	
				防水砂浆	沥青层	石蜡层	塑料薄膜层
基价(元)				**2 402.37**	**1 302.40**	**853.97**	**1 017.60**
其中	人工费(元)			1 219.05	230.85	667.44	929.88
	材料费(元)			1 167.04	1 071.55	186.53	87.72
	机械费(元)			16.28	—	—	—
预算定额编号	项目名称	单位	单价(元)	消耗量			
3-364	箱涵外壁 防水砂浆	100m²	2 402.37	1.000 0	—	—	—
3-365	箱涵外壁 沥青层	100m²	1 302.40	—	1.000 0	—	—
3-366	滑板面层 石蜡层	100m²	853.97	—	—	1.000 0	—
3-367	滑板面层 塑料薄膜层	100m²	1 017.60	—	—	—	1.000 0
	名称	单位	单价(元)	消耗量			
人工	二类人工	工日	135.00	9.030 0	1.710 0	4.944 0	6.888 0
材料	聚乙烯薄膜	m²	0.86	—	—	—	102.000 0
	防水剂	kg	3.65	58.600 0	—	—	—
	木柴	kg	0.16	—	3.700 0	0.530 0	—
	石油沥青	kg	2.67	—	376.000 0	—	—
	石蜡	kg	5.00	—	—	36.810 0	—
	煤	kg	0.60	—	37.000 0	4.000 0	—
	水	m³	4.27	10.500 0	10.500 0	—	—
	干混地面砂浆 DS M20.0	m³	443.08	2.050 0	—	—	—

四、气垫安装、拆除及使用

工作内容:设备及管路安装、拆除,气垫起动及使用。 **计量单位:**见表

定额编号				3-260	3-261
项目				安装、拆除	使用
计量单位				$100m^2$	$100m^2·d$
基价(元)				**4 160.45**	**1 588.70**
其中	人工费(元)			2 601.72	205.74
	材料费(元)			1 320.10	—
	机械费(元)			238.63	1 382.96
预算定额编号	项目名称	单位	单价(元)	消耗量	
3-368	气垫安装、拆除及使用 安装、拆除	$100m^2$	4 160.45	1.000 0	—
3-369	气垫安装、拆除及使用 使用	$100m^2·d$	1 588.70	—	1.000 0
	名称	单位	单价(元)	消耗量	
人工	二类人工	工日	135.00	19.272 0	1.524 0
材料	热轧薄钢板 Q235B 综合	kg	3.97	23.000 0	—
	铁件	kg	3.71	1.010 0	—
	电焊条	kg	4.31	18.920 0	—
	防锈漆 C53-1	kg	14.05	8.623 0	—
	氧气	m^3	3.62	1.490 0	—
	乙炔气	m^3	8.90	0.500 0	—
	碳素结构钢焊接钢管 综合	kg	3.88	87.000 0	—
	截止阀 J41T-16 *DN*80	个	431.00	1.540 0	—
	截止阀 J11T-16K *DN*50	个	112.00	0.100 0	—

五、箱涵顶进

工作内容:安装顶进设备及横梁垫块,操作液压系统,安放顶铁,顶进,设备拆除等。 **计量单位:**1000t·m

定额编号				3-262	3-263	3-264
项目				空顶自重(t)		
				1 000 以内	2 000 以内	3 000 以内
基价(元)				**2 529.75**	**2 965.04**	**3 450.29**
其中	人工费(元)			1 240.92	1 468.53	1 697.76
	材料费(元)			164.83	143.57	132.75
	机械费(元)			1 124.00	1 352.94	1 619.78
预算定额编号	项目名称	单位	单价(元)	消耗量		
3-370	箱涵顶进 空顶自重 1 000t 以内	1 000t·m	2 529.75	1.000 0	—	—
3-371	箱涵顶进 空顶自重 2 000t 以内	1 000t·m	2 965.04	—	1.000 0	—
3-372	箱涵顶进 空顶自重 3 000t 以内	1 000t·m	3 450.29	—	—	1.000 0
	名称	单位	单价(元)	消耗量		
人工	二类人工	工日	135.00	9.192 0	10.878 0	12.576 0
材料	箱涵顶柱	kg	—	(275.000 0)	(268.180 0)	(260.760 0)
	板枋材	m^3	2 069.00	0.035 0	0.035 0	0.035 0
	千斤顶支架	kg	5.12	10.270 0	8.710 0	8.080 0
	液压控制系统	套	1 897.00	0.021 0	0.014 0	0.010 0

工作内容:安装顶进设备及横梁垫块,操作液压系统,安放顶铁,顶进,设备拆除等。 **计量单位**:1000t·m

定额编号				3-265	3-266	3-267
项目				无中继间实土顶自重(t)		
				1 000 以内	2 000 以内	3 000 以内
基价(元)				**3 633.53**	**4 418.35**	**5 309.94**
其中	人工费(元)			1 864.62	2 264.76	2 661.66
	材料费(元)			164.83	143.57	132.75
	机械费(元)			1 604.08	2 010.02	2 515.53
预算定额编号	项目名称	单位	单价(元)	消耗量		
3-373	箱涵顶进 无中继间实土顶自重 1 000t 以内	1 000t·m	3 633.53	1.000 0	—	—
3-374	箱涵顶进 无中继间实土顶自重 2 000t 以内	1 000t·m	4 418.35	—	1.000 0	—
3-375	箱涵顶进 无中继间实土顶自重 3 000t 以内	1 000t·m	5 309.94	—	—	1.000 0
	名称	单位	单价(元)	消耗量		
人工	二类人工	工日	135.00	13.812 0	16.776 0	19.716 0
材料	箱涵顶柱	kg	—	(275.000 0)	(268.000 0)	(261.000 0)
	板枋材	m^3	2 069.00	0.035 0	0.035 0	0.035 0
	千斤顶支架	kg	5.12	10.270 0	8.710 0	8.080 0
	液压控制系统	套	1 897.00	0.021 0	0.014 0	0.010 0

六、箱涵内挖土

工作内容:1. 人工挖土:安、拆挖土支架;铺钢轨,挖土,运土;机械配合吊土、出坑、堆放、清理。

2. 机械挖土:操作机械挖土,人工配合修底边;吊土、出坑、堆放、清理。 **计量单位**:$100m^3$

定额编号				3-268	3-269
项目				人工挖土	机械挖土
基价(元)				**10 380.61**	**4 609.53**
其中	人工费(元)			5 379.53	1 892.16
	材料费(元)			153.16	130.33
	机械费(元)			4 847.92	2 587.04
预算定额编号	项目名称	单位	单价(元)	消耗量	
3-379	箱涵内挖土 人工挖土 人运机吊	$100m^3$	9 673.76	0.100 0	—
3-380	箱涵内挖土 人工挖土 机运机吊	$100m^3$	10 459.15	0.900 0	—
3-381	机械挖土	$100m^3$	4 609.53	—	1.000 0
	名称	单位	单价(元)	消耗量	
人工	二类人工	工日	135.00	39.848 0	14.016 0
材料	挖土支架	kg	—	(15.490 0)	—
	钢轨	kg	4.14	24.300 0	27.000 0
	铁件	kg	3.71	4.500 0	5.000 0
	电焊条	kg	4.31	1.910 0	—
	氧气	m^3	3.62	0.271 0	—
	乙炔气	m^3	8.90	0.090 0	—
	板枋材	m^3	1 034.00	0.025 0	—

七、箱涵接缝处理

工作内容：混凝土表面处理，材料调制、涂刷，嵌缝。　　　　**计量单位：**见表

定额编号				3-270	3-271	3-272	3-273	3-274
项目				石棉水泥嵌缝	嵌防水膏	沥青二度	沥青封口	嵌沥青木丝板
计量单位				10m		10m²		
基价（元）				**202.11**	**759.68**	**618.48**	**2 327.46**	**354.00**
其中	人工费（元）			45.36	197.64	59.13	801.90	34.02
	材料费（元）			156.75	562.04	559.35	1 525.56	319.98
	机械费（元）			—	—	—	—	—
预算定额编号	项目名称	单位	单价(元)	消耗量				
3-382	箱涵接缝处理 石棉水泥嵌缝	10m	202.11	1.000 0	—	—	—	—
3-383	箱涵接缝处理 嵌防水膏	10m	759.68	—	1.000 0	—	—	—
3-384	箱涵接缝处理 沥青二度	10m²	618.48	—	—	1.000 0	—	—
3-385	箱涵接缝处理 沥青封口	10m²	2 327.46	—	—	—	1.000 0	—
3-386	箱涵接缝处理 嵌沥青木丝板	10m²	354.00	—	—	—	—	1.000 0
名称		单位	单价(元)	消耗量				
人工	二类人工	工日	135.00	0.336 0	1.464 0	0.438 0	5.940 0	0.252 0
材料	油麻丝	kg	20.69	1.000 0	—	—	—	—
	复合硅酸盐水泥 P·C 32.5R 综合	t	319.00	0.075 0	—	—	—	—
	木柴	kg	0.16	—	—	80.000 0	54.000 0	8.000 0
	木丝板 25×610×1830	m²	9.31	—	—	—	—	10.200 0
	沥青防水油膏	kg	6.90	—	79.800 0	—	—	—
	石油沥青	kg	2.67	—	—	194.000 0	556.000 0	82.000 0
	石棉绒	kg	3.49	32.130 0	—	—	—	—
	煤	kg	0.60	—	—	—	54.000 0	8.000 0
	冷底子油	kg	5.57	—	2.050 0	5.130 0	—	—

八、金属顶柱、护套及支架制作

工作内容：选料、划线、切割、焊接、矫正、油漆，堆放。　　计量单位：t

定额编号				3-275	3-276	3-277
项目				箱涵顶柱	中继间护套	挖土支架
基价（元）				**6 358.66**	**7 511.81**	**7 116.82**
其中	人工费（元）			1 251.45	1 859.76	1 757.70
	材料费（元）			4 234.10	4 389.17	4 819.41
	机械费（元）			873.11	1 262.88	539.71
预算定额编号	项目名称	单位	单价(元)	消耗量		
3-387	金属顶柱、护套及支架制作 箱涵顶柱	t	6 358.66	1.000 0	—	—
3-388	金属顶柱、护套及支架制作 中继间护套	t	7 511.81	—	1.000 0	—
3-389	金属顶柱、护套及支架制作 挖土支架	t	7 116.82	—	—	1.000 0
名称		单位	单价(元)	消耗量		
人工	二类人工	工日	135.00	9.270 0	13.776 0	13.020 0
材料	中厚钢板 综合	kg	3.71	1 060.000 0	1 060.000 0	1 060.000 0
	低合金钢焊条 E43 系列	kg	4.74	38.600 0	49.600 0	48.680 0
	防锈漆 C53－1	kg	14.05	4.820 0	9.330 0	43.050 0
	氧气	m^3	3.62	7.720 0	12.870 0	7.780 0
	乙炔气	m^3	8.90	2.570 0	4.920 0	2.590 0

第六节　临 时 工 程

说　　明

一、本节定额内容包括搭、拆桩基础工作平台，搭、拆木垛，拱、板涵拱盔支架，桥梁支架，组装、拆卸船排，筑、拆胎、地模，凿除桩顶钢筋混凝土。

二、本节定额支架平台适用于陆上、支架上打桩及钻孔灌注桩。支架平台分陆上平台与水上平台两类，其划分范围及结构组成如下：

1. 水上支架平台：凡河道原有河岸线、向陆地延伸 2.5m 范围，均可套用水上支架平台。

2. 陆上支架平台：除水上支架平台范围以外的陆地部分，均属陆上支架平台，但不包括坑洼地段。坑洼地段平均水深超过 2m 的部分，可套用水上支架平台；平均水深在 1 ~ 2m 时，按水上支架平台和陆上支架平台各取 50% 计算；如平均水深在 1m 以内时，按陆上工作平台计算。

3. 水上支架采用打圆木桩，在圆木桩上放盖梁、横梁大板，圆木桩固定采用型钢斜撑，桩与盖梁连接采用 U 形箍。若采用钢结构形式水上工作平台，应另行计算。

三、桥涵拱盔、支架均未包括底模及地基加固，发生时另行计算。

四、组装、拆卸船排定额中不包括压舱费用，发生时另行计算。

五、打桩工作平台应根据相应的打桩定额中打桩机的锤重进行选择。钻孔灌注桩工作平台按孔径 1 000mm 以内的套用锤重 2 500kg 打桩工作平台，孔径 1 000mm 以上的套用锤重 5 000kg 打桩工作平台(水上时锤重 4 000kg)。当钻孔桩采用硬地法施工时，陆上工作平台不再计算。

六、搭、拆水上工作平台定额已综合考虑了组装、拆卸船排及组装、拆卸打拔桩架工作内容。

七、满堂式钢管支架、门式钢支架、装配式钢支架定额包括搭拆费，未包括使用费。使用费单价按各地市场价格确定，工程量按设计方案计算，若无明确规定，可分别按每立方米空间体积 50kg、40kg 和 125kg 计算。

八、水上安装挂篮未包括浮吊费用，发生时另行计算。

工程量计算规则

一、搭、拆打桩工作平台面积计算(见下图)：

1. 桥梁打桩：

$$F = N_1F_1 + N_2F_2$$

每座桥台(桥墩)：

$$F_1 = (5.5 + A + 2.5) \times (6.5 + D)$$

每条通道：

$$F_2 = 6.5 \times [L - (6.5 + D)]$$

2. 护岸打桩：

$$F=(L+6)\times(6.5+D)$$

3. 钻孔灌注桩：

$$F=N_1F_1+N_2F_2$$

每座桥台（桥墩）：

$$F_1=(A+6.5)\times(6.5+D)$$

每条通道：

$$F_2=6.5\times[L-(6.5+D)]$$

式中：F——工作平台总面积（m^2）；

F_1——每座桥台（桥墩）工作平台面积（m^2）；

F_2——桥台至桥墩间或桥墩至桥墩间通道工作平台面积（m^2）；

N_1——桥台和桥墩总数量；

N_2——通道总数量；

D——两排桩之间距离（m）；

L——桥梁跨径或护岸的第一根桩中心至最后一根桩中心之间的距离（m）；

A——桥台（桥墩）每排桩的第一根桩中心至最后一根桩中心之间的距离（m）。

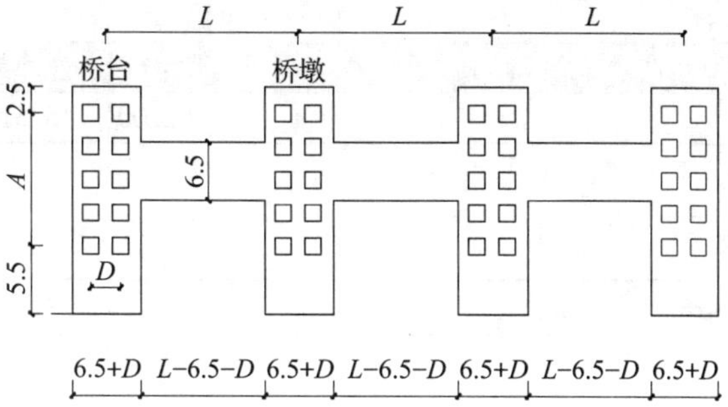

工作平台面积计算示意图

注：图中尺寸单位均为“m”，桩中心距为 D，通道宽 6.5m。

二、凡台与墩或墩与墩之间不能连续施工时（如不能断航、断交通或拆迁工作不能配合时），每个墩、台可计一次组装、拆卸柴油打桩架及设备运输费。

三、桥涵拱盔、支架空间体积计算：

1. 桥涵拱盔体积按起拱线以上弓形侧面积乘以（桥宽 +2m）计算；

2. 桥涵支架体积按结构底至原地面（水上支架为水上支架平台顶面）平均标高乘以纵向距离再乘以（桥宽 +2m）计算。

3. 现浇盖梁支架体积按盖梁底至承台顶面高度乘以长度（盖梁长 +1m）再乘以宽度（盖梁宽 +1m）计算，并扣除立柱所占体积。

4. 预制盖梁安装操作平台按水平投影面积计算。

5. 支架堆载预压工程量按施工组织设计要求计算，设计无要求时，按支架承载的梁体设计重量乘以系数 1.10 计算。定额中堆载材料按黄砂考虑，实际材料不同时，按实际使用材料调整。

一、搭、拆桩基础工作平台

工作内容:平整场地,铺碎石,碾压等。 **计量单位**:100m²

定额编号				3-278	3-279	3-280
项目				陆上工作平台		
				锤重(kg)		
				2 500 以内	5 000 以内	8 000 以内
基价(元)				**2 610.22**	**3 581.28**	**4 550.60**
其中	人工费(元)			843.48	934.74	1 026.00
	材料费(元)			1 582.02	2 373.54	3 164.04
	机械费(元)			184.72	273.00	360.56
预算定额编号	项目名称	单位	单价(元)	消耗量		
3-492	搭、拆桩基础工作平台 陆上工作平台 锤重 2 500kg 以内	100m²	2 610.22	1.000 0	—	—
3-493	搭、拆桩基础工作平台 陆上工作平台 锤重 5 000kg 以内	100m²	3 581.28	—	1.000 0	—
3-494	搭、拆桩基础工作平台 陆上工作平台 锤重 8 000kg 以内	100m²	4 550.60	—	—	1.000 0
	名称	单位	单价(元)	消耗量		
人工	二类人工	工日	135.00	6.248 0	6.924 0	7.600 0
材料	碎石 综合	t	102.00	15.510 0	23.270 0	31.020 0

工作内容:平整场地,铺碎石,碾压等。 **计量单位**:100m²

定额编号				3-281	3-282	3-283
项目				水上支架		
				锤重(kg)		
				600 以内	1 200 以内	1 800 以内
基价(元)				**12 985.18**	**15 308.70**	**19 715.67**
其中	人工费(元)			6 015.87	6 914.16	8 921.34
	材料费(元)			2 363.37	2 879.30	3 669.93
	机械费(元)			4 605.94	5 515.24	7 124.40
预算定额编号	项目名称	单位	单价(元)	消耗量		
3-495	搭、拆桩基础工作平台 水上支架 锤重 600kg 以内	100m²	12 985.18	1.000 0	—	—
3-496	搭、拆桩基础工作平台 水上支架 锤重 1 200kg 以内	100m²	15 308.70	—	1.000 0	—
3-497	搭、拆桩基础工作平台 水上支架 锤重 1 800kg 以内	100m²	19 715.67	—	—	1.000 0
	名称	单位	单价(元)	消耗量		
人工	二类人工	工日	135.00	44.562 0	51.216 0	66.084 0
材料	型钢 综合	kg	3.84	56.000 0	64.000 0	75.000 0
	铁件	kg	3.71	17.400 0	20.830 0	28.690 0
	六角带帽螺栓	kg	5.47	8.500 0	10.970 0	16.210 0
	圆钉	kg	4.74	0.010 0	0.010 0	0.010 0
	镀锌铁丝 8#~12#	kg	6.55	0.240 0	0.240 0	0.240 0
	圆木桩	m³	1 379.00	1.008 0	1.302 0	1.751 0
	枋木	m³	776.00	0.832 0	0.901 0	0.993 0

工作内容：平整场地，铺碎石，碾压等。　　　　计量单位：$100m^2$

定额编号				3-284	3-285
项目				水上支架	
				锤重(kg)	
				2 500以内	4 000以内
基价（元）				**26 172.73**	**37 836.80**
其中	人工费（元）			11 182.86	16 610.67
	材料费（元）			4 942.89	7 169.95
	机械费（元）			10 046.98	14 056.18
预算定额编号	项目名称	单位	单价(元)	消耗量	
3-498	搭、拆桩基础工作平台 水上支架 锤重2 500kg以内	$100m^2$	26 172.73	1.000 0	—
3-499	搭、拆桩基础工作平台 水上支架 锤重4 000kg以内	$100m^2$	37 836.80	—	1.000 0
名称		单位	单价(元)	消耗量	
人工	二类人工	工日	135.00	82.836 0	123.042 0
材料	型钢 综合	kg	3.84	89.000 0	111.000 0
	铁件	kg	3.71	40.950 0	62.630 0
	六角带帽螺栓	kg	5.47	25.140 0	38.590 0
	圆钉	kg	4.74	0.010 0	0.010 0
	镀锌铁丝 8#～12#	kg	6.55	0.240 0	0.240 0
	圆木桩	m^3	1 379.00	2.493 0	3.827 0
	枋木	m^3	776.00	1.124 0	1.316 0

二、搭、拆木垛

工作内容：平整场地；搭设、拆除等。　　　　计量单位：$100m^3$

定额编号				3-286
项目				搭、拆木垛
基价（元）				**2 877.90**
其中	人工费（元）			1 853.28
	材料费（元）			514.71
	机械费（元）			509.91
预算定额编号	项目名称	单位	单价(元)	消耗量
3-500	搭、拆木垛	$100m^3$	2 877.90	1.000 0
名称		单位	单价(元)	消耗量
人工	二类人工	工日	135.00	13.728 0
材料	扒钉	kg	3.73	11.710 0
	枋木	m^3	776.00	0.607 0

三、拱、板涵拱盔支架

工作内容:选料;制作;安装,校正,拆除;机械移动;清场,整堆等。 **计量单位**:100m³

定额编号				3-287	3-288
项目				拱、板涵	
				拱盔	支架
基价(元)				**7 835.19**	**3 916.46**
其中	人工费(元)			6 027.21	2 457.54
	材料费(元)			663.75	1 116.16
	机械费(元)			1 144.23	342.76
预算定额编号	项目名称	单位	单价(元)	消耗量	
3-501	拱、板涵 拱盔	100m³	7 835.19	1.000 0	—
3-502	拱、板涵 支架	100m³	3 916.46	—	1.000 0
名称		单位	单价(元)	消耗量	
人工	二类人工	工日	135.00	44.646 0	18.204 0
材料	扒钉	kg	3.73	26.610 0	10.300 0
	圆钉	kg	4.74	3.510 0	3.740 0
	原木	m³	1 552.00	—	0.240 0
	枋木	m³	776.00	0.706 0	0.886 0

四、桥梁支架

工作内容:1. 桁架式包括踏步,工作平台的制作、搭设、拆除,地锚埋设、拆除,缆风架设、拆除等。
2. 钢支架:平整场地,搭、拆钢管支架,材料堆放等。
3. 门式钢支架:地梁、门式钢支架、钢管搭、拆,支架上帽梁安、拆。

计量单位:100m³

定额编号				3-289	3-290	3-291	3-292
项目				桁架式		满堂式钢管支架	门式钢支架
				拱盔	支架		
基价(元)				**6 669.25**	**5 468.45**	**1 188.24**	**818.54**
其中	人工费(元)			3 758.40	3 401.19	1 087.83	540.27
	材料费(元)			2 412.45	1 241.09	100.41	188.44
	机械费(元)			498.40	826.17	—	89.83
预算定额编号	项目名称	单位	单价(元)	消耗量			
3-503	桥梁支架 桁架式 拱盔	100m³	6 669.25	1.000 0	—	—	—
3-504	桥梁支架 桁架式 支架	100m³	5 468.45	—	1.000 0	—	—
3-505	桥梁支架 满堂式钢管支架	100m³	1 188.24	—	—	1.000 0	—
3-506	桥梁支架 门式钢支架	100m³	818.54	—	—	—	1.000 0
	名称	单位	单价(元)	消耗量			
人工	二类人工	工日	135.00	27.840 0	25.194 0	8.058 0	4.002 0
材料	型钢 综合	kg	3.84	—	—	—	11.000 0
	铁件	kg	3.71	—	—	—	1.250 0
	扒钉	kg	3.73	93.530 0	33.530 0	—	—
	圆钉	kg	4.74	4.790 0	1.010 0	—	—
	直角扣件	个	4.14	—	—	4.830 0	—
	原木	m³	1 552.00	0.822 0	0.536 0	—	—
	碳素结构钢焊接钢管 *DN*50×3.8	kg	3.88	—	—	19.360 0	—
	碳素结构钢镀锌焊接钢管 *DN*20	m	7.90	—	—	0.310 0	—
	碳素结构钢流体无缝钢管	kg	4.74	—	—	—	5.000 0
	门式钢支架	t	4 043.00	—	—	—	0.017 0
	木模板	m³	1 445.00	—	—	—	0.034 0
	对接扣件	个	2.29	—	—	0.560 0	—
	回转扣件	个	2.41	—	—	0.650 0	—
	枋木	m³	776.00	0.986 0	0.360 0	—	—

注:满堂式钢管支架、门式支架:定额只含搭、拆,使用费单价(t·d)按各地实际价格确定,工程量按施工组织设计计算,如无明确规定,分别按每立方米空间体积50kg和40kg计算(包括扣件等)。

工作内容:1. 装配式钢支架:安装、拆除、整理、堆放等。
2. 防撞墙悬挑支架:准备工作;焊接、固定;搭、拆支架,铺脚手板、安全网等。
3. 支架堆载预压:黄砂装袋,堆载;卸载,清理等。
4. 操作平台:平台制作、安装、拆除等。

计量单位:见表

定额编号				3-293	3-294	3-295	3-296
项目				装配式钢支架	防撞墙悬挑支架	支架堆载预压	预制盖梁安装操作平台
计量单位				$100m^3$	10m	t	$10m^2$
基价(元)				**6 270.63**	**1 360.54**	**54.31**	**794.31**
其中	人工费(元)			5 067.36	813.24	24.30	417.15
	材料费(元)			273.17	315.85	25.98	86.83
	机械费(元)			930.10	231.45	4.03	290.33
预算定额编号	项目名称	单位	单价(元)	消耗量			
3-507	桥梁支架 装配式钢支架	$100m^3$	6 270.63	1.000 0	—	—	—
3-508	桥梁支架 防撞墙悬挑支架	10m	1 360.54	—	1.000 0	—	—
3-509	桥梁支架 支架堆载预压	t	54.31	—	—	1.000 0	—
3-510	桥梁支架 预制盖梁安装操作平台	$10m^2$	794.31	—	—	—	1.000 0
名称		单位	单价(元)	消耗量			
人工	二类人工	工日	135.00	37.536 0	6.024 0	0.180 0	3.090 0
材料	型钢 综合	kg	3.84	—	17.000 0	—	11.907 0
	热轧薄钢板 Q235B 综合	kg	3.97	—	—	—	5.760 0
	尼龙编织袋	只	1.58	—	—	4.000 0	—
	六角带帽螺栓 综合	kg	5.47	—	—	—	0.735 0
	六角带帽螺栓	kg	5.47	—	17.200 0	—	—
	电焊条 E43 系列	kg	4.74	—	10.640 0	—	1.776 0
	镀锌铁丝 8#~12#	kg	6.55	—	1.000 0	—	—
	黄砂 毛砂	t	87.38	—	—	0.225 0	—
	垫木	m^3	2 328.00	—	0.003 0	—	—
	调和漆	kg	11.21	—	—	—	0.188 0
	红丹防锈漆	kg	6.90	—	—	—	0.243 0
	汽油 综合	kg	6.12	—	—	—	0.076 0
	乙炔气	kg	7.60	—	—	—	0.084 0
	氧气	m^3	3.62	—	—	—	0.253 0
	碳素结构钢焊接钢管 综合	kg	3.88	—	2.000 0	—	—
	圆木桩	m^3	1 379.00	—	0.060 0	—	—
	装配式钢支架	t	4 336.00	0.063 0	—	—	—
	安全网	m^2	7.76	—	0.260 0	—	—

注:装配式钢支架定额只含搭、拆钢支架摊销量,其使用费单价(t·d)按各地实际价格确定,工程量按施工组织设计计算,如无明确规定,按每立方米空间体积125kg计算。

五、组装、拆卸船排

工作内容：选料；捆绑船排；就位；拆除，整理，堆放等。

计量单位：次

定额编号				3-297	3-298	3-299	3-300
项目				船吨位			
				2×60t以内	2×80t以内	2×100t以内	2×120t以内
基价（元）				**3 001.70**	**4 749.63**	**5 668.21**	**9 910.10**
其中	人工费（元）			1 383.48	1 892.97	2 075.22	3 658.77
	材料费（元）			624.64	1 056.37	1 362.58	1 415.76
	机械费（元）			993.58	1 800.29	2 230.41	4 835.57
预算定额编号	项目名称	单位	单价(元)	消耗量			
3-511	组装、拆卸船排 船吨位2×60t以内	次	3 001.70	1.000 0	—	—	—
3-512	组装、拆卸船排 船吨位2×80t以内	次	4 749.63	—	1.000 0	—	—
3-513	组装、拆卸船排 船吨位2×100t以内	次	5 668.21	—	—	1.000 0	—
3-514	组装、拆卸船排 船吨位2×120t以内	次	9 910.10	—	—	—	1.000 0
名称		单位	单价(元)	消耗量			
人工	二类人工	工日	135.00	10.248 0	14.022 0	15.372 0	27.102 0
材料	钢丝绳 综合	kg	6.45	20.820 0	30.260 0	33.910 0	35.110 0
	扒钉	kg	3.73	6.890 0	9.180 0	9.180 0	9.180 0
	镀锌铁丝 8#~12#	kg	6.55	28.230 0	41.020 0	46.010 0	47.630 0
	枋木	m^3	776.00	0.352 0	0.708 0	1.030 0	1.075 0

六、筑、拆胎、地模

工作内容：平整场地，模板制作、安装、拆除，混凝土筑、浇、砌、堆，拆除等。　　计量单位：见表

定额编号				3-301	3-302	3-303	3-304
项目				砖地膜	混凝土地膜		土胎膜
					混凝土	模板	
计量单位				$100m^2$	$10m^3$	$10m^2$	$100m^2$
基价（元）				**3 445.50**	**5 877.48**	**435.30**	**3 217.38**
其中	人工费（元）			1 492.83	1 593.27	334.53	1 302.75
	材料费（元）			1 933.29	4 178.04	93.55	1 885.79
	机械费（元）			19.38	106.17	7.22	28.84
预算定额编号	项目名称	单位	单价(元)	消耗量			
3-520	筑、拆胎、地模 砖地模	$100m^2$	3 445.50	1.000 0	—	—	—
3-521	筑、拆胎、地模 混凝土地模 混凝土	$10m^3$	5 877.48	—	1.000 0	—	—
3-522	筑、拆胎、地模 混凝土地模 模板	$10m^2$	435.30	—	—	1.000 0	—
3-523	筑、拆胎、地模 土胎模	$100m^2$	3 217.38	—	—	—	1.000 0
	名称	单位	单价(元)	消耗量			
人工	二类人工	工日	135.00	11.058 0	11.802 0	2.478 0	9.650 0
材料	无纺土工布	m^2	8.62	15.424 0	10.363 0	—	—
	圆钉	kg	4.74	—	—	2.190 0	—
	块石灰	m^3	340.00	—	—	—	3.020 0
	黏土	m^3	32.04	—	—	—	26.810 0
	混凝土实心砖 240×115×53 MU10	千块	388.00	2.852 0	—	—	—
	非泵送商品混凝土 C15	m^3	399.00	—	10.150 0	—	—
	干混地面砂浆 DS M25 散装	t	312.00	2.050 0	—	—	—
	干混砌筑砂浆 DM M10.0	kg	0.25	1.445 0	—	—	—
	模板嵌缝料	kg	1.42	—	—	0.500 0	—
	脱模剂	kg	1.54	—	—	1.000 0	—
	水	m^3	4.27	12.600 0	9.100 0	—	—
	木模板	m^3	1 445.00	—	—	0.056 0	—

注：若实施的地模结构与定额不同，可另行组价。

七、凿除桩顶钢筋混凝土

工作内容：拆除，旧料运输。　　计量单位：$10m^3$

定额编号				3-305	3-306
项目				凿除混凝土桩	
				预制混凝土桩	钻孔灌注桩
基价（元）				**2 595.59**	**2 156.25**
其中	人工费（元）			2 293.11	1 940.22
	材料费（元）			—	—
	机械费（元）			302.48	216.03
预算定额编号	项目名称	单位	单价(元)	消耗量	
3-524	凿除桩顶钢筋混凝土 预制混凝土桩	$10m^3$	2 595.59	1.000 0	—
3-525	凿除桩顶钢筋混凝土 钻孔灌注桩	$10m^3$	2 156.25	—	1.000 0
	名称	单位	单价(元)	消耗量	
人工	二类人工	工日	135.00	16.986 0	14.372 0

第七节　其 他 工 程

说　　明

一、本节定额包括浆砌块石、浆砌料石、浆砌混凝土预制块、砖砌体、钢管栏杆及扶手安装、安装支座、安装伸缩缝、隔声屏障。

二、本节定额未包括的砌筑项目，执行本定额第一章"通用项目"相应定额子目。

三、砌筑定额未包括垫层、拱背和台背的填充项目，发生时执行本定额第二章"道路工程"相应定额子目。

四、拱圈砌筑定额中已综合拱圈底模，不包括拱盔和支架，发生时执行本章第六节"临时工程"相应定额子目。

五、钢管栏杆制作和安装定额已综合油漆、防腐等内容。

六、伸缩缝定额已综合考虑钢纤维混凝土，使用时不得重复计算。

七、伸缩缝均按成品安装考虑，成品费用另计。

八、隔声屏制作与安装定额已综合下部基础顶面的预埋铁件。

九、隔声屏安装未包括搭、拆脚手架，发生时执行本定额第一章"通用项目"相应定额子目。

工程量计算规则

一、砌筑工程量按设计砌体尺寸以"m^3"计算，不扣除嵌入砌体中的钢管、沉降缝、伸缩缝以及单孔面积在0.3 m^2 以内的预留空洞体积。

二、隔声屏板按设计图示高度乘以长度以"m^2"为单位计算。

一、浆砌块石

工作内容:放样;安、拆样架、样桩,选修石料,砌筑;勾缝、湿治养护等,底模制、安、拆。 **计量单位**:$10m^3$

定额编号				3-307	3-308	3-309
项目				浆砌护拱	浆砌墩、台、墙	浆砌拱圈
基价(元)				**3 152.31**	**3 824.09**	**5 232.27**
其中	人工费(元)			612.36	1 050.84	2 569.22
	材料费(元)			2 518.43	2 556.19	2 369.79
	机械费(元)			21.52	217.06	293.26
预算定额编号	项目名称	单位	单价(元)	消耗量		
3-163	浆砌块石 护拱	$10m^3$	3 152.31	1.000 0	—	—
3-164	浆砌块石 墩、台、墙	$10m^3$	3 824.09	—	1.000 0	—
3-165	浆砌块石 拱圈	$10m^3$	3 792.79	—	—	1.000 0
3-178	拱圈底模	$10m^2$	734.43	—	—	1.960 0
名称		单位	单价(元)	消耗量		
人工	二类人工	工日	135.00	4.536 0	7.784 0	19.031 0
材料	圆钉	kg	4.74	—	—	2.312 8
	块石	t	77.67	17.850 0	17.850 0	10.500 0
	模板嵌缝料	kg	1.42	—	—	0.980 0
	脱模剂	kg	1.54	—	—	1.960 0
	水	m^3	4.27	3.500 0	7.500 0	14.501 0
	木模板	m^3	1 445.00	—	—	0.217 6
	干混砌筑砂浆 DM M7.5	m^3	413.73	2.700 0	2.750 0	2.810 0

二、浆砌料石

工作内容:放样,安、拆样架、样桩,选修石料,砌筑,勾缝、湿治养护等,底模制、安、拆。　　**计量单位:**10m³

定额编号				3-310	3-311	3-312	3-313
项目				浆砌墩、台、墙	浆砌栏杆	浆砌帽石、缘石	浆砌料石拱圈
基价(元)				**3 779.37**	**4 959.37**	**4 064.31**	**5 633.22**
其中	人工费(元)			1 077.03	2 425.68	1 483.65	2 505.90
	材料费(元)			2 539.13	2 526.32	2 573.29	2 903.04
	机械费(元)			163.21	7.37	7.37	224.28
预算定额编号	项目名称	单位	单价(元)	消耗量			
3-166	浆砌料石 墩、台、墙	10m³	3 779.37	1.000 0	—	—	—
3-167	浆砌料石 栏杆	10m³	4 959.37	—	1.000 0	—	—
3-168	浆砌料石 帽石、缘石	10m³	4 064.31	—	—	1.000 0	—
3-169	浆砌料石 拱圈	10m³	4 193.74	—	—	—	1.000 0
3-178	拱圈底模	10m²	734.43	—	—	—	1.960 0
	名称	单位	单价(元)	消耗量			
人工	二类人工	工日	135.00	7.978 0	17.968 0	10.990 0	18.562 0
材料	圆钉	kg	4.74	—	—	—	2.312 8
	料石	t	97.09	22.056 0	22.056 0	22.056 0	22.056 0
	模板嵌缝料	kg	1.42	—	—	—	0.980 0
	脱模剂	kg	1.54	—	—	—	1.960 0
	水	m³	4.27	4.000 0	1.000 0	12.000 0	12.000 0
	木模板	m³	1 445.00	—	—	—	0.217 6
	干混砌筑砂浆 DM M7.5	m³	413.73	0.920 0	0.920 0	0.920 0	0.920 0

三、浆砌混凝土预制块

工作内容:放样,安、拆样架、样桩,选修石料,砌筑,勾缝、湿治养护等,底模制、安、拆。 **计量单位**:$10m^3$

定额编号				3-314	3-315	3-316	3-317
项目				浆砌混凝土预制块 墩、台、墙	浆砌混凝土预制块 栏杆	浆砌混凝土预制块 帽石、缘石	浆砌混凝土预制块 拱圈
基价(元)				**5 013.14**	**5 594.82**	**5 114.88**	**6 658.67**
其中	人工费(元)			1 031.94	1 644.30	1 270.08	2 118.86
	材料费(元)			3 778.51	3 937.73	3 833.36	4 341.52
	机械费(元)			202.69	12.79	11.44	198.29
预算定额编号	项目名称	单位	单价(元)	消耗量			
3-170	浆砌混凝土预制块 墩、台、墙	$10m^3$	5 013.14	1.000 0	—	—	—
3-171	浆砌混凝土预制块 栏杆	$10m^3$	5 594.82	—	1.000 0	—	—
3-172	浆砌混凝土预制块 帽石、缘石	$10m^3$	5 114.88	—	—	1.000 0	—
3-173	浆砌混凝土预制块 拱圈	$10m^3$	5 219.19	—	—	—	1.000 0
3-178	拱圈底模	$10m^2$	734.43	—	—	—	1.960 0
名称		单位	单价(元)	消耗量			
人工	二类人工	工日	135.00	7.644 0	12.180 0	9.408 0	15.695 0
材料	圆钉	kg	4.74	—	—	—	3.312 8
	混凝土预制块 综合	m^3	345.00	9.190 0	9.190 0	9.190 0	9.190 0
	板枋材	m^3	2 069.00	—	—	—	0.100 0
	模板嵌缝料	kg	1.42	—	—	—	0.980 0
	脱模剂	kg	1.54	—	—	—	1.960 0
	水	m^3	4.27	7.700 0	22.701 0	15.700 0	14.700 0
	木模板	m^3	1 445.00	—	—	—	0.217 6
	干混砌筑砂浆 DM M7.5	m^3	413.73	1.390 0	1.620 0	1.440 0	1.370 0

四、砖　砌　体

工作内容：放样，安、拆样架、样桩，砌筑，勾缝、湿治养护等。　　　　**计量单位**：$10m^3$

定额编号				3-318	3-319	3-320	3-321
项目				砖砌体 墩、台、墙	砖砌体 栏杆	砖砌体 帽石、缘石	砖砌体 拱圈
基价（元）				**4 203.22**	**4 779.36**	**4 075.93**	**6 280.02**
其中	人工费（元）			919.49	1 554.39	899.51	2 320.28
	材料费（元）			3 093.95	3 204.23	3 156.65	3 715.52
	机械费（元）			189.78	20.74	19.77	244.22
预算定额编号	项目名称	单位	单价(元)	消耗量			
3-174	砖砌体 墩、台、墙	$10m^3$	4 203.22	1.000 0	—	—	—
3-175	砖砌体 栏杆	$10m^3$	4 779.36	—	1.000 0	—	—
3-176	砖砌体 帽石、缘石	$10m^3$	4 075.93	—	—	1.000 0	—
3-177	砖砌体 拱圈	$10m^3$	4 840.54	—	—	—	1.000 0
3-178	拱圈底模	$10m^2$	734.43	—	—	—	1.960 0
名称		单位	单价(元)	消耗量			
人工	二类人工	工日	135.00	6.811 0	11.514 0	6.663 0	17.187 0
材料	圆钉	kg	4.74	—	—	—	3.312 8
	混凝土实心砖 240×115×53 MU10	千块	388.00	5.310 0	5.310 0	5.310 0	5.310 0
	板枋材	m^3	2 069.00	—	—	—	0.100 0
	模板嵌缝料	kg	1.42	—	—	—	0.980 0
	脱模剂	kg	1.54	—	—	—	1.960 0
	水	m^3	4.27	7.500 0	15.500 0	15.500 0	22.500 0
	木模板	m^3	1 445.00	—	—	—	0.217 6
	干混砌筑砂浆 DM M7.5	m^3	413.73	2.421 0	2.605 0	2.490 0	2.460 0

五、钢管栏杆及扶手安装

工作内容:选料、切口、挖孔、切割,安装、焊接、校正固定等(不包括混凝土捣脚)。　　**计量单位:**见表

定额编号				3-322	3-323	3-324
项目				钢管栏杆制作、安装	不锈钢栏杆制作、安装	防撞护栏钢管扶手
计量单位				10m		t
基价(元)				**5 812.55**	**6 812.64**	**5 619.93**
其中	人工费(元)			1 800.78	1 372.13	1 283.04
	材料费(元)			3 747.20	5 228.91	4 128.00
	机械费(元)			264.57	211.60	208.89
预算定额编号	项目名称	单位	单价(元)	消耗量		
1-279	铁件制作、安装 预埋铁件	t	7 476.80	0.076 0	0.076 0	—
3-258	立柱、端柱、灯柱 混凝土	$10m^3$	5 363.15	0.040 0	0.040 0	—
3-451	钢管栏杆	100m	9 752.10	0.100 0	0.100 0	—
3-452	钢管栏杆	1t	6 132.37	0.650 0	—	—
3-453	不锈钢栏杆 主桥栏杆	1t	19 944.51	—	0.250 0	—
3-455	防撞护栏钢管扶手	1t	5 619.93	—	—	1.000 0
3-562	油漆 金属面防锈漆一遍 栏杆	t	197.91	0.154 0	0.154 0	—
3-564	油漆 金属面调和漆一遍 栏杆	t	279.85	0.136 0	0.136 0	—
	名称	单位	单价(元)	消耗量		
人工	二类人工	工日	135.00	13.339 0	10.164 0	9.504 0
材料	钢筋 综合	kg	3.04	0.021 4	0.003 8	—
	热轧光圆钢筋 综合	t	3 966.00	0.018 5	0.018 5	—
	型钢 综合	kg	3.84	10.564 0	10.564 0	—
	中厚钢板 综合	kg	3.71	30.278 5	5.858 0	192.000 0
	中厚钢板 综合	t	3 750.00	0.051 1	0.051 1	—
	钨棒	kg	254.00	—	1.002 8	—
	塑料薄膜	m^2	0.86	4.000 0	4.000 0	—
	不锈钢焊丝 1Cr18Ni9Ti	kg	47.41	—	2.295 0	—
	低碳钢焊条 综合	kg	6.72	2.213 9	2.213 9	—
	电焊条	kg	4.31	15.422 0	2.901 0	11.100 0
	铁砂布 0#~2#	张	1.03	8.120 0	8.120 0	—
	非泵送商品混凝土 C25	m^3	421.00	0.404 0	0.404 0	—
	调和漆	kg	11.21	0.258 4	0.258 4	—
	防锈漆 C53-1	kg	14.05	1.001 0	1.001 0	—
	溶剂油	kg	2.29	0.136 4	0.136 4	—
	乙炔气	kg	7.60	0.268 3	0.268 3	—
	乙炔气	m^3	8.90	1.653 1	0.318 0	—
	氩气	m^3	7.00	—	6.450 3	—
	氧气	m^3	3.62	5.496 1	1.758 6	—
	碳素结构钢焊接钢管 综合	kg	3.88	775.650 0	153.600 0	868.000 0
	不锈钢管	t	13 793.00	—	0.265 0	—
	水	m^3	4.27	0.588 0	0.588 0	—

六、安装支座

工作内容：安装、固定、焊接等。 **计量单位**：见表

定额编号				3-325	3-326	3-327	3-328	3-329	3-330
项目				钢支座			橡胶支座		油毛毡支座
				辊轴钢座安装	切线支座	摆式支座	板式橡胶支座	四氟板式橡胶支座	
计量单位				t			100cm³		10m²
基价（元）				**6 257.88**	**9 419.28**	**6 148.40**	**5.41**	**16.16**	**182.95**
其中	人工费（元）			1 195.56	2 029.05	2 029.05	1.62	1.62	59.94
	材料费（元）			5 046.44	6 431.01	3 628.88	3.79	14.54	123.01
	机械费（元）			15.88	959.22	490.47	—	—	—
预算定额编号	项目名称	单位	单价(元)	消耗量					
3-456	钢支座 辊轴钢座	t	6 257.88	1.000 0	—	—	—	—	—
3-457	钢支座 切线支座	t	9 419.28	—	1.000 0	—	—	—	—
3-458	钢支座 摆式支座	t	6 148.40	—	—	1.000 0	—	—	—
3-459	橡胶支座 板式橡胶支座	100cm³	5.41	—	—	—	1.000 0	—	—
3-460	橡胶支座 四氟板式橡胶支座	100cm³	16.16	—	—	—	—	1.000 0	—
3-461	油毛毡支座	10m²	182.95	—	—	—	—	—	1.000 0
	名称	单位	单价(元)	消耗量					
人工	二类人工	工日	135.00	8.856 0	15.030 0	15.030 0	0.012 0	0.012 0	0.444 0
材料	钢筋 综合	kg	3.04	37.000 0	207.000 0	132.000 0	—	—	—
	型钢 综合	kg	3.84	60.000 0	—	—	—	—	—
	不锈钢板 304	kg	15.95	—	—	—	—	0.100 0	—
	中厚钢板 综合	kg	3.71	—	—	—	—	1.100 0	—
	铁件	kg	3.71	13.200 0	—	—	—	0.100 0	—
	烟囱金属竖井架	kg	6.03	—	—	—	—	—	20.400 0
	摆式钢支座	t	3 147.00	—	—	1.000 0	—	—	—
	板式橡胶支座	100cm³	3.79	—	—	—	1.000 0	—	—
	四氟板式橡胶支座	100cm³	8.45	—	—	—	—	1.000 0	—
	电焊条	kg	4.31	0.600 0	35.900 0	18.700 0	—	0.010 0	—
	辊轴钢支座	t	4 652.00	1.000 0	—	—	—	—	—
	切线钢支座	t	5 647.00	—	1.000 0	—	—	—	—

工作内容:安装、定位、固定、焊接等。 **计量单位:**个

定额编号				3-331	3-332	3-333	3-334	3-335
项目				盆式金属橡胶组合支座(kN)				
				3 000 以内	4 000 以内	5 000 以内	7 000 以内	10 000 以内
基价(元)				**4 629.57**	**5 962.21**	**7 858.53**	**11 405.61**	**18 808.03**
其中	人工费(元)			251.91	316.71	364.50	607.50	769.50
	材料费(元)			4 215.95	5 469.72	7 304.18	10 601.76	17 685.47
	机械费(元)			161.71	175.78	189.85	196.35	353.06
预算定额编号	项目名称	单位	单价(元)	消耗量				
3-462	盆式金属橡胶组合支座 3 000kN 以内	个	4 629.57	1.000 0	—	—	—	—
3-463	盆式金属橡胶组合支座 4 000kN 以内	个	5 962.21	—	1.000 0	—	—	—
3-464	盆式金属橡胶组合支座 5 000kN 以内	个	7 858.53	—	—	1.000 0	—	—
3-465	盆式金属橡胶组合支座 7 000kN 以内	个	11 405.61	—	—	—	1.000 0	—
3-466	盆式金属橡胶组合支座 10 000kN 以内	个	18 808.03	—	—	—	—	1.000 0
名称		单位	单价(元)	消耗量				
人工	二类人工	工日	135.00	1.866 0	2.346 0	2.700 0	4.500 0	5.700 0
材料	钢盆式橡胶支座 3 000kN 以内	个	4 153.00	1.000 0	—	—	—	—
	钢盆式橡胶支座 4 000kN 以内	个	5 391.00	—	1.000 0	—	—	—
	钢盆式橡胶支座 5 000kN 以内	个	7 209.00	—	—	1.000 0	—	—
	钢盆式橡胶支座 7 000kN 以内	个	10 487.00	—	—	—	1.000 0	—
	钢盆式橡胶支座 10 000kN 以内	个	17 528.00	—	—	—	—	1.000 0
	低合金钢焊条 E43 系列	kg	4.74	1.800 0	1.900 0	2.100 0	2.300 0	2.600 0
	普通硅酸盐水泥 P·O 52.5 综合	t	388.00	0.010 0	0.020 0	0.020 0	0.032 0	0.041 0
	黄砂 净砂(中粗砂)	t	102.00	0.015 0	0.030 0	0.030 0	0.030 0	0.045 0
	环氧树脂	kg	15.52	2.900 0	3.500 0	4.500 0	5.400 0	7.700 0

注:1. 预埋钢板套用本定额第一章“通用项目”钢筋工程中预埋铁件定额。
2. 支座垫石套用本章第三节“现浇混凝土工程”中支座垫石定额。

工作内容：安装、定位、固定、焊接等。　　　　**计量单位：**个

定额编号				3-336	3-337	3-338	3-339
项目				盆式金属橡胶组合支座(kN)			
				15 000 以内	20 000 以内	25 000 以内	30 000 以内
基价（元）				**33 587.95**	**34 651.22**	**47 308.96**	**62 427.43**
其中	人工费（元）			1 093.50	1 630.80	2 084.40	2 343.60
	材料费（元）			32 120.82	32 615.87	44 803.15	59 643.71
	机械费（元）			373.63	404.55	421.41	440.12
预算定额编号	项目名称	单位	单价(元)	消耗量			
3-467	盆式金属橡胶组合支座 15 000kN 以内	个	33 587.95	1.000 0	—	—	—
3-468	盆式金属橡胶组合支座 20 000kN 以内	个	34 651.22	—	1.000 0	—	—
3-469	盆式金属橡胶组合支座 25 000kN 以内	个	47 308.96	—	—	1.000 0	—
3-470	盆式金属橡胶组合支座 30 000kN 以内	个	62 427.43	—	—	—	1.000 0
名称		单位	单价(元)	消耗量			
人工	二类人工	工日	135.00	8.100 0	12.080 0	15.440 0	17.360 0
材料	钢盆式橡胶支座 15 000kN 以内	个	31 904.00	1.000 0	—	—	—
	钢盆式橡胶支座 20 000kN 以内	个	32 336.00	—	1.000 0	—	—
	钢盆式橡胶支座 25 000kN 以内	个	44 448.00	—	—	1.000 0	—
	钢盆式橡胶支座 30 000kN 以内	个	59 241.00	—	—	—	1.000 0
	低合金钢焊条 E43 系列	kg	4.74	3.000 0	2.200 0	2.500 0	2.700 0
	普通硅酸盐水泥 P·O 52.5 综合	t	388.00	0.051 0	0.071 0	0.092 0	0.102 0
	黄砂 净砂(中粗砂)	t	102.00	0.075 0	0.090 0	0.120 0	0.135 0
	环氧树脂	kg	15.52	10.900 0	14.700 0	18.700 0	21.300 0

注：1. 预埋钢板套用本定额第一章“通用项目”钢筋工程中预埋铁件定额。
2. 支座垫石套用本章第三节“现浇混凝土工程”中支座垫石定额。

七、安装伸缩缝

工作内容:焊接、安装、固定等。 **计量单位:**10m

定额编号				3-340	3-341
项目				梳型钢板	型钢伸缩缝
基价(元)				**3 343.11**	**1 877.81**
其中	人工费(元)			743.45	530.85
	材料费(元)			2 319.21	1 098.76
	机械费(元)			280.45	248.20
预算定额编号	项目名称	单位	单价(元)	消耗量	
3-274	伸缩缝 钢纤维混凝土	$10m^3$	7 901.79	0.265 0	0.126 0
3-476	安装伸缩缝 梳型钢板	10m	1 249.13	1.000 0	—
3-477	安装伸缩缝 型钢伸缩缝	10m	882.19	—	1.000 0
名称		单位	单价(元)	消耗量	
人工	二类人工	工日	135.00	5.507 0	3.932 0
材料	钢板伸缩缝	m	—	—	(10.000 0)
	梳型钢板伸缩缝	m	—	(10.000 0)	—
	热轧光圆钢筋 综合	t	3 966.00	0.007 0	0.006 0
	钢纤维	t	4 138.00	0.132 5	0.063 0
	无纺土工布	m^2	8.62	8.233 6	3.914 8
	低合金钢焊条 E43 系列	kg	4.74	26.580 0	25.340 0
	沥青砂	t	505.00	0.047 0	—
	泵送商品混凝土 C40	m^3	503.00	2.676 5	1.272 6
	板枋材	m^3	2 069.00	0.004 5	0.002 1
	石油沥青	kg	2.67	50.000 0	—
	模板嵌缝料	kg	1.42	0.021 2	0.010 1
	脱模剂	kg	1.54	0.039 8	0.018 9
	水	m^3	4.27	7.791 0	3.704 4

八、隔声屏障

工作内容：划线、号料、切割、校正、焊接成型、镀锌、喷塑、编号、堆放，安装，预埋铁件埋设。　　计量单位：m^2

定额编号				3-342
项目				隔声屏障制作、安装
基价（元）				**493.06**
其中	人工费（元）			127.41
	材料费（元）			301.59
	机械费（元）			64.06
预算定额编号	项目名称	单位	单价(元)	消耗量
1-279	铁件制作、安装 预埋铁件	t	7 476.80	0.002 0
3-488	隔声屏障制作 金属构件	t	9 100.22	0.031 0
3-489	隔声屏障制作 隔音屏体	m^2	89.91	1.000 0
3-490	隔声屏障安装 金属构件	t	2 876.64	0.031 0
3-491	隔声屏障安装 隔音屏体	$10m^2$	169.22	0.100 0
名称		单位	单价(元)	消耗量
人工	二类人工	工日	135.00	0.944 0
材料	热轧光圆钢筋 综合	t	3 966.00	0.000 5
	H 型钢 125×125×6.5	t	3 750.00	0.030 8
	型钢 综合	t	3 836.00	0.001 0
	型钢 综合	kg	3.84	0.278 0
	中厚钢板 Q235B δ10	kg	3.71	2.678 1
	中厚钢板 综合	t	3 750.00	0.001 3
	铁件镀锌费(热镀)	t	1 379.00	0.032 9
	铁件喷塑费	t	517.00	0.032 9
	螺栓	kg	5.69	0.303 8
	低碳钢焊条 综合	kg	6.72	0.058 3
	电焊条	kg	4.31	2.131 3
	乙炔气	kg	7.60	0.007 1
	氧气	m^3	3.62	0.244 4
	乙炔气	m^3	8.90	0.091 8
	PC 隔音板 10mm	m^2	70.69	1.050 0
	抽芯铆钉	个	0.22	34.014 8

第四章
隧 道 工 程

章 说 明

一、本章定额由岩石隧道(第一节、第二节)和软土隧道(第三节~第六节)两大部分组成,包括隧道开挖与出渣、隧道内衬、盾构法掘进、隧道沉井、地下混凝土结构和矩形顶管,共6节322个子目。

二、岩石隧道适用于城镇管辖范围内新建、改建和扩建的各种车行隧道、人行隧道、给排水隧道、电缆(公用事业)隧道及综合管廊等工程。软土隧道适用于城镇管辖范围内新建和扩建的各种车行隧道、人行隧道、给排水隧道、电缆(公用事业)隧道及综合管廊等工程。

三、本章定额的编制依据:

1.《市政工程设计概算编制办法》(2011版);

2.《市政公用工程设计文件编制深度规定》(2013版);

3.《市政工程消耗量定额》ZYA1-31-2015;

4.《浙江省市政工程预算定额》(2018版);

5.现行的设计、施工验收规范、安全操作规程、质量评定标准;

6.典型工程设计资料。

四、岩石隧道根据现行的隧道设计和施工规范,将围岩按Ⅰ~Ⅵ级进行级别划分。软土隧道的围护土层一般指沿海地区细颗粒的软弱冲击土层,按土壤分类包括黏土、亚黏土、淤泥质亚黏土、淤泥质黏土、亚砂土、粉砂土和细砂。

五、本章定额中的现浇混凝土工程,除岩石隧道的喷射混凝土支护采用现场拌制混凝土外,其他的现浇混凝土工程均采用商品混凝土。

六、本章定额不包含装饰工程和通用安装工程,装饰工程执行《浙江省房屋建筑与装饰工程概算定额》(2018版)和《浙江省房屋建筑与装饰工程预算定额》(2018版)的相应项目,通用安装工程执行《浙江省通用安装工程概算定额》(2018版)和《浙江省通用安装工程预算定额》(2018版)的相应项目。

七、隧道工程洞内其他项目,执行市政工程概算定额其他章、市政工程预算定额(除第四章"隧道工程"外)及本省其他专业工程概算、预算定额的项目时,除章节另有说明外,其人工、机械的消耗量乘以系数1.20。

八、未尽事宜详见各节说明。

第一节　隧道开挖与出渣

说　　明

一、本节定额包括平洞钻爆开挖，斜井钻爆开挖，竖井钻爆开挖，隧道内地沟钻爆开挖，平洞非爆开挖，斜井非爆开挖，竖井非爆开挖，隧道内地沟非爆开挖，隧道平洞出渣，隧道斜井、竖井出渣，临时工程。

二、本节定额的围岩分级，详见《公路隧道设计规范》JTGD70－2004 中的“公路隧道围岩分级表”；隧道内地沟钻爆开挖、非爆开挖定额的岩石分类，详见本定额第一章“通用项目”中的“土壤及岩石分类表”。

三、本节的开挖定额均按光面爆破编制，已综合考虑了规范内的超挖。

四、平洞全断面开挖适用于坡度在 5°以内的洞；斜井全断面开挖适用于坡度在 90°以内、长度 100m 以内的井；竖井全断面开挖适用于垂直度为 90°、深度 50m 以内的井。平洞和斜井洞内出渣的“机械装渣、自卸汽车运输”定额已综合考虑洞门外 500m 以内的运距，当洞门外运距超过 500m 时，应执行本定额第一章“通用项目”中石渣运输相应定额子目。洞内地沟开挖定额，只适用于洞内独立开挖的地沟，非独立开挖地沟不得执行本定额。

五、爆破材料未包括由相关部门规定配送而发生的专项配送费、爆破监理费，发生时按实计算。

六、本节定额未包括溶洞处理费用、超前地质预报费用、竖井出渣吊架费用，发生时另行计算。

七、“斜井人装卷扬机轻轨运输”“竖井人装卷扬机吊斗提升”出渣定额，均包括洞口外 50m 运输，若出洞口后运距超过 50m，运输方式与本运输方式相同时，超过部分可执行“平洞出渣、轻轨斗车运输，每增加 50m 运距”定额；若出洞后改变了运输方式，应执行本定额第一章“通用项目”中石渣运输相应定额子目。

八、本节定额是按无地下水考虑的（不含施工湿式作业积水），如遇地下水时，积水的排水费和施工的防水措施费另行计算。

九、隧道工程洞口的明洞开挖、仰坡及天沟开挖等执行本定额第一章“通用项目”土石方工程的相应定额子目。

十、洞内外轻便轨道定额按年摊销量计算，“一年内”不足一年按一年计算，超过一年按“每增一季”定额增加，不足一季（三个月）按一季计算（不分月）。

十一、洞内施工排水定额仅适用于反坡排水情况。

工程量计算规则

一、本节定额所指的岩石隧道长度是指隧道进出口（不含与隧道相连的明洞）洞门端墙墙面之间的距离，即两端墙面与路面的交线同路线中线交点间的距离。双线隧道按上、下行隧道长度的平均值计算。

二、本节洞内临时工程包括洞内通风，洞内通风筒安、拆年摊销，洞内风、水管道安、拆年摊销，洞内电路架设、拆除年摊销等工作内容，按洞长以“m”计列，洞长＝主洞＋支洞（均以洞口断面为起止点，不含明槽)。

三、本节洞内临时工程对应相应洞长区间定额应按全洞长计算。

四、隧道的平洞、斜井、竖井的开挖、出渣工程量,按设计图示开挖断面尺寸计算,包含其洞身及附属洞室的数量。定额中已综合考虑规范内超挖因素,不得另行计算超挖量。

五、隧道内地沟的开挖和出渣工程量按设计断面尺寸以“m^3”计算,不得另行计算超挖量。

六、平洞出渣的运距按装渣重心至卸渣重心的直线距离计算,若平洞的轴线为曲线时,洞内段的运距按相应的轴线长度计算。

七、斜井出渣的运距按装渣重心至斜井口摘钩点的斜距离计算。

八、竖井的提升运距按装渣重心至井口吊斗摘钩点的垂直距离计算。

九、轻便轨道以设计方案所布置的起止点为准,对所设置的道岔,每处按相应轨道折合 30m 计算,定额为单线,如实际为双线时,应加倍计算。

一、平洞钻爆开挖

1. 断面面积 $35m^2$ 以内

工作内容：选孔位、钻孔、装药、放炮、安全处理、爆破材料的领退。 **计量单位**：$100m^3$

定额编号				4-1	4-2	4-3
项目				洞长1km以内		
				围岩级别		
				Ⅰ级	Ⅱ级	Ⅲ级
基价（元）				**10 763.03**	**8 869.49**	**6 431.20**
其中	人工费（元）			4 945.19	4 047.71	3 017.39
	材料费（元）			2 670.98	2 186.00	1 556.55
	机械费（元）			3 146.86	2 635.78	1 857.26
预算定额编号	项目名称	单位	单价(元)	消耗量		
4-1	平洞钻爆开挖 断面面积 $35m^2$ 以内 洞长1km以内 围岩级别Ⅰ级	$100m^3$	10 763.03	1.000 0	—	—
4-2	平洞钻爆开挖 断面面积 $35m^2$ 以内 洞长1km以内 围岩级别Ⅱ级	$100m^3$	8 869.49	—	1.000 0	—
4-3	平洞钻爆开挖 断面面积 $35m^2$ 以内 洞长1km以内 围岩级别Ⅲ级	$100m^3$	6 431.20	—	—	1.000 0
	名称	单位	单价(元)	消耗量		
人工	二类人工	工日	135.00	36.631 0	29.983 0	22.351 0
材料	六角空心钢 综合	kg	2.48	23.894 0	17.074 0	11.527 0
	合金钢钻头 一字型	个	8.62	15.043 0	10.749 0	7.257 0
	高压胶皮水管 ϕ19－6P－20m	m	12.07	3.682 0	2.812 0	1.983 0
	高压风管 ϕ25	m	11.21	3.682 0	2.812 0	1.983 0
	铜芯塑料绝缘线 BVR2.5	m	1.55	24.398 0	24.398 0	24.398 0
	导爆索	m	3.17	66.272 0	61.854 0	51.545 0
	乳化炸药	kg	9.11	183.063 0	146.450 0	97.634 0
	非电毫秒雷管	个	1.29	220.196 0	205.516 0	171.263 0
	水	m^3	4.27	36.818 0	28.116 0	19.825 0

工作内容:选孔位、钻孔、装药、放炮、安全处理、爆破材料的领退。 **计量单位:**100m³

定额编号				4-4	4-5	4-6
项目				洞长1km以内		
				围岩级别		
				Ⅳ级	Ⅴ级	Ⅵ级
基价(元)				**5 455.07**	**5 411.82**	**5 421.77**
其中	人工费(元)			2 504.66	2 617.38	5 249.75
	材料费(元)			1 458.14	1 207.33	53.56
	机械费(元)			1 492.27	1 587.11	118.46
预算定额编号	项目名称	单位	单价(元)	消耗量		
4-4	平洞钻爆开挖 断面面积35m²以内 洞长1km以内 围岩级别Ⅳ级	100m³	5 455.07	1.000 0	—	—
4-5	平洞钻爆开挖 断面面积35m²以内 洞长1km以内 围岩级别Ⅴ级	100m³	5 411.82	—	1.000 0	—
4-6	平洞钻爆开挖 断面面积35m²以内 洞长1km以内 围岩级别Ⅵ级	100m³	5 421.77	—	—	1.000 0
	名称	单位	单价(元)	消耗量		
人工	二类人工	工日	135.00	18.553 0	19.388 0	38.887 0
材料	六角空心钢 综合	kg	2.48	10.640 0	9.852 0	6.100 0
	合金钢钻头 一字型	个	8.62	6.699 0	6.203 0	—
	原木	m³	1 552.00	—	—	0.022 0
	高压胶皮水管 ϕ19-6P-20m	m	12.07	1.586 0	1.694 0	—
	高压风管 ϕ25	m	11.21	1.586 0	1.694 0	—
	铜芯塑料绝缘线 BVR2.5	m	1.55	24.398 0	24.398 0	—
	导爆索	m	3.17	47.580 0	44.056 0	—
	乳化炸药	kg	9.11	93.878 0	69.539 0	—
	非电毫秒雷管	个	1.29	158.089 0	146.379 0	—
	水	m³	4.27	15.860 0	16.944 0	—

工作内容:选孔位、钻孔、装药、放炮、安全处理、爆破材料的领退。 **计量单位:**100m³

定额编号				4-7	4-8	4-9
项目				洞长1km以上,每1km增加人工、机械		
				围岩级别		
				Ⅰ级	Ⅱ级	Ⅲ级
基价(元)				**221.73**	**175.43**	**127.52**
其中	人工费(元)			117.72	96.39	71.82
	材料费(元)			—	—	—
	机械费(元)			104.01	79.04	55.70
预算定额编号	项目名称	单位	单价(元)	消耗量		
4-7	平洞钻爆开挖 断面面积35m²以内 洞长1km以上,每1km增加人工、机械 围岩级别Ⅰ级	100m³	221.73	1.000 0	—	—
4-8	平洞钻爆开挖 断面面积35m²以内 洞长1km以上,每1km增加人工、机械 围岩级别Ⅱ级	100m³	175.43	—	1.000 0	—
4-9	平洞钻爆开挖 断面面积35m²以内 洞长1km以上,每1km增加人工、机械 围岩级别Ⅲ级	100m³	127.52	—	—	1.000 0
	名称	单位	单价(元)	消耗量		
人工	二类人工	工日	135.00	0.872 0	0.714 0	0.532 0

工作内容：选孔位、钻孔、装药、放炮、安全处理、爆破材料的领退。　　计量单位：100m³

定额编号				4-10	4-11	4-12
项目				洞长1km以上，每1km增加人工、机械		
				围岩级别		
				Ⅳ级	Ⅴ级	Ⅵ级
基价（元）				**104.70**	**109.76**	**91.57**
其中	人工费（元）			59.67	62.24	87.62
	材料费（元）			—	—	—
	机械费（元）			45.03	47.52	3.95
预算定额编号	项目名称	单位	单价(元)	消耗量		
4-10	平洞钻爆开挖 断面面积35m² 以内 洞长1km以上，每1km增加人工、机械 围岩级别Ⅳ级	100m³	104.70	1.000 0	—	—
4-11	平洞钻爆开挖 断面面积35m² 以内 洞长1km以上，每1km增加人工、机械 围岩级别Ⅴ级	100m³	109.76	—	1.000 0	—
4-12	平洞钻爆开挖 断面面积35m² 以内 洞长1km以上，每1km增加人工、机械 围岩级别Ⅵ级	100m³	91.57	—	—	1.000 0
	名称	单位	单价(元)	消耗量		
人工	二类人工	工日	135.00	0.442 0	0.461 0	0.649 0

2. 断面面积65m² 以内

工作内容：选孔位、钻孔、装药、放炮、安全处理、爆破材料的领退。　　计量单位：100m³

定额编号				4-13	4-14	4-15
项目				洞长1km以内		
				围岩级别		
				Ⅰ级	Ⅱ级	Ⅲ级
基价（元）				**9 197.21**	**7 305.37**	**5 586.95**
其中	人工费（元）			4 129.25	3 319.65	2 579.72
	材料费（元）			2 203.76	1 802.84	1 469.83
	机械费（元）			2 864.20	2 182.88	1 537.40
预算定额编号	项目名称	单位	单价(元)	消耗量		
4-13	平洞钻爆开挖 断面面积65m² 以内 洞长1km以内 围岩级别Ⅰ级	100m³	9 197.21	1.000 0	—	—
4-14	平洞钻爆开挖 断面面积65m² 以内 洞长1km以内 围岩级别Ⅱ级	100m³	7 305.37	—	1.000 0	—
4-15	平洞钻爆开挖 断面面积65m² 以内 洞长1km以内 围岩级别Ⅲ级	100m³	5 586.95	—	—	1.000 0
	名称	单位	单价(元)	消耗量		
人工	二类人工	工日	135.00	30.587 0	24.590 0	19.109 0
材料	六角空心钢 综合	kg	2.48	19.778 0	14.133 0	9.541 0
	合金钢钻头 一字型	个	8.62	12.452 0	8.898 0	6.007 0
	高压胶皮水管 ϕ19－6P－20m	m	12.07	3.048 0	2.327 0	1.641 0
	高压风管 ϕ25	m	11.21	3.048 0	2.327 0	1.641 0
	铜芯塑料绝缘线 BVR2.5	m	1.55	20.563 0	20.563 0	20.563 0
	导爆索	m	3.17	54.857 0	51.200 0	42.667 0
	乳化炸药	kg	9.11	151.500 0	121.200 0	101.000 0
	非电毫秒雷管	个	1.29	176.571 0	164.800 0	137.333 0
	水	m³	4.27	30.476 0	23.273 0	16.410 0

工作内容:选孔位、钻孔、装药、放炮、安全处理、爆破材料的领退。

计量单位:100m³

定额编号				4-16	4-17	4-18
项目				洞长 1km 以内		
				围岩级别		
				Ⅳ级	Ⅴ级	Ⅵ级
基价(元)				**4 545.63**	**4 510.48**	**5 001.21**
其中	人工费(元)			2 108.43	2 201.72	4 852.71
	材料费(元)			1 202.05	994.90	49.79
	机械费(元)			1 235.15	1 313.86	98.71
预算定额编号	项目名称	单位	单价(元)	消耗量		
4-16	平洞钻爆开挖 断面面积 65m² 以内 洞长 1km 以内 围岩级别Ⅳ级	100m³	4 545.63	1.000 0	—	—
4-17	平洞钻爆开挖 断面面积 65m² 以内 洞长 1km 以内 围岩级别Ⅴ级	100m³	4 510.48	—	1.000 0	—
4-18	平洞钻爆开挖 断面面积 65m² 以内 洞长 1km 以内 围岩级别Ⅵ级	100m³	5 001.21	—	—	1.000 0
	名称	单位	单价(元)	消耗量		
人工	二类人工	工日	135.00	15.618 0	16.309 0	35.946 0
材料	六角空心钢 综合	kg	2.48	8.807 0	8.155 0	4.940 0
	合金钢钻头 一字型	个	8.62	5.545 0	5.134 0	—
	原木	m³	1 552.00	—	—	0.022 0
	高压胶皮水管 ϕ19-6P-20m	m	12.07	1.313 0	1.403 0	—
	高压风管 ϕ25	m	11.21	1.313 0	1.403 0	—
	铜芯塑料绝缘线 BVR2.5	m	1.55	20.563 0	20.563 0	—
	导爆索	m	3.17	39.385 0	36.467 0	—
	乳化炸药	kg	9.11	77.692 0	57.550 0	—
	非电毫秒雷管	个	1.29	126.769 0	117.379 0	—
	水	m³	4.27	13.128 0	14.026 0	—

工作内容:选孔位、钻孔、装药、放炮、安全处理、爆破材料的领退。

计量单位:100m³

定额编号				4-19	4-20	4-21
项目				洞长 1km 以上,每 1km 增加人工、机械		
				围岩级别		
				Ⅰ级	Ⅱ级	Ⅲ级
基价(元)				**204.81**	**160.42**	**118.09**
其中	人工费(元)			98.28	79.11	60.75
	材料费(元)			—	—	—
	机械费(元)			106.53	81.31	57.34
预算定额编号	项目名称	单位	单价(元)	消耗量		
4-19	平洞钻爆开挖 断面面积 65m² 以内 洞长 1km 以上,每 1km 增加人工、机械 围岩级别Ⅰ级	100m³	204.81	1.000 0	—	—
4-20	平洞钻爆开挖 断面面积 65m² 以内 洞长 1km 以上,每 1km 增加人工、机械 围岩级别Ⅱ级	100m³	160.42	—	1.000 0	—
4-21	平洞钻爆开挖 断面面积 65m² 以内 洞长 1km 以上,每 1km 增加人工、机械 围岩级别Ⅲ级	100m³	118.09	—	—	1.000 0
	名称	单位	单价(元)	消耗量		
人工	二类人工	工日	135.00	0.728 0	0.586 0	0.450 0

工作内容：选孔位、钻孔、装药、放炮、安全处理、爆破材料的领退。　　计量单位：100m³

定额编号				4-22	4-23	4-24
项目				洞长1km以上，每1km增加人工、机械		
				围岩级别		
				Ⅳ级	Ⅴ级	Ⅵ级
基价（元）				**96.16**	**101.18**	**73.71**
其中	人工费（元）			50.22	52.38	73.71
	材料费（元）			—	—	—
	机械费（元）			45.94	48.80	—
预算定额编号	项目名称	单位	单价(元)	消耗量		
4-22	平洞钻爆开挖 断面面积65m² 以内 洞长1km以上，每1km增加人工、机械 围岩级别Ⅳ级	100m³	96.16	1.000 0	—	—
4-23	平洞钻爆开挖 断面面积65m² 以内 洞长1km以上，每1km增加人工、机械 围岩级别Ⅴ级	100m³	101.18	—	1.000 0	—
4-24	平洞钻爆开挖 断面面积65m² 以内 洞长1km以上，每1km增加人工、机械 围岩级别Ⅵ级	100m³	73.71	—	—	1.000 0
	名称	单位	单价(元)	消耗量		
人工	二类人工	工日	135.00	0.372 0	0.388 0	0.546 0

3. 断面面积100m² 以内

工作内容：选孔位、钻孔、装药、放炮、安全处理、爆破材料的领退。　　计量单位：100m³

定额编号				4-25	4-26	4-27
项目				洞长1km以内		
				围岩级别		
				Ⅰ级	Ⅱ级	Ⅲ级
基价（元）				**8 784.78**	**7 012.19**	**5 364.31**
其中	人工费（元）			4 118.58	3 343.82	2 597.94
	材料费（元）			2 019.06	1 651.11	1 345.76
	机械费（元）			2 647.14	2 017.26	1 420.61
预算定额编号	项目名称	单位	单价(元)	消耗量		
4-25	平洞钻爆开挖 断面面积100m² 以内 洞长1km以内 围岩级别Ⅰ级	100m³	8 784.78	1.000 0	—	—
4-26	平洞钻爆开挖 断面面积100m² 以内 洞长1km以内 围岩级别Ⅱ级	100m³	7 012.19	—	1.000 0	—
4-27	平洞钻爆开挖 断面面积100m² 以内 洞长1km以内 围岩级别Ⅲ级	100m³	5 364.31	—	—	1.000 0
	名称	单位	单价(元)	消耗量		
人工	二类人工	工日	135.00	30.508 0	24.769 0	19.244 0
材料	六角空心钢 综合	kg	2.48	18.277 0	13.061 0	8.817 0
	合金钢钻头 一字型	个	8.62	11.507 0	8.222 0	5.551 0
	高压胶皮水管 ϕ19-6P-20m	m	12.07	2.816 0	2.151 0	1.516 0
	高压风管 ϕ25	m	11.21	2.816 0	2.151 0	1.516 0
	铜芯塑料绝缘线 BVR2.5	m	1.55	18.666 0	18.666 0	18.666 0
	导爆索	m	3.17	50.694 0	47.314 0	39.428 0
	乳化炸药	kg	9.11	138.875 0	111.100 0	92.583 0
	非电毫秒雷管	个	1.29	158.226 0	147.677 0	123.064 0
	水	m³	4.27	28.163 0	21.506 0	15.165 0

工作内容:选孔位、钻孔、装药、放炮、安全处理、爆破材料的领退。 **计量单位**:100m³

定额编号				4-28	4-29	4-30
项目				洞长 1km 以内		
				围岩级别		
				Ⅳ级	Ⅴ级	Ⅵ级
基价(元)				**4 420.12**	**4 408.48**	**3 879.29**
其中	人工费(元)			2 197.67	2 283.80	3 757.73
	材料费(元)			1 081.00	910.59	42.59
	机械费(元)			1 141.45	1 214.09	78.97
预算定额编号	项目名称	单位	单价(元)	消耗量		
4-28	平洞钻爆开挖 断面面积 $100m^2$ 以内 洞长 1km 以内 围岩级别Ⅳ级	$100m^3$	4 420.12	1.000 0	—	—
4-29	平洞钻爆开挖 断面面积 $100m^2$ 以内 洞长 1km 以内 围岩级别Ⅴ级	$100m^3$	4 408.48	—	1.000 0	—
4-30	平洞钻爆开挖 断面面积 $100m^2$ 以内 洞长 1km 以内 围岩级别Ⅵ级	$100m^3$	3 879.29	—	—	1.000 0
	名称	单位	单价(元)	消耗量		
人工	二类人工	工日	135.00	16.279 0	16.917 0	27.835 0
材料	六角空心钢 综合	kg	2.48	8.139 0	7.536 0	3.670 0
	合金钢钻头 一字型	个	8.62	5.124 0	4.744 0	—
	原木	m^3	1 552.00	—	—	0.020 0
	高压胶皮水管 ϕ19－6P－20m	m	12.07	1.213 0	1.296 0	—
	高压风管 ϕ25	m	11.21	1.213 0	1.296 0	—
	铜芯塑料绝缘线 BVR2.5	m	1.55	18.666 0	18.666 0	—
	导爆索	m	3.17	36.395 0	33.700 0	—
	乳化炸药	kg	9.11	71.218 0	52.754 0	—
	非电毫秒雷管	个	1.29	113.598 0	105.183 0	—
	水	m^3	4.27	7.678 0	12.961 0	—

工作内容:选孔位、钻孔、装药、放炮、安全处理、爆破材料的领退。 **计量单位**:100m³

定额编号				4-31	4-32	4-33
项目				洞长 1km 以上,每 1km 增加人工、机械		
				围岩级别		
				Ⅰ级	Ⅱ级	Ⅲ级
基价(元)				**174.63**	**131.51**	**102.80**
其中	人工费(元)			95.18	77.22	60.21
	材料费(元)			—	—	—
	机械费(元)			79.45	54.29	42.59
预算定额编号	项目名称	单位	单价(元)	消耗量		
4-31	平洞钻爆开挖 断面面积 $100m^2$ 以内 洞长 1km 以上,每 1km 增加人工、机械 围岩级别Ⅰ级	$100m^3$	174.63	1.000 0	—	—
4-32	平洞钻爆开挖 断面面积 $100m^2$ 以内 洞长 1km 以上,每 1km 增加人工、机械 围岩级别Ⅱ级	$100m^3$	131.51	—	1.000 0	—
4-33	平洞钻爆开挖 断面面积 $100m^2$ 以内 洞长 1km 以上,每 1km 增加人工、机械 围岩级别Ⅲ级	$100m^3$	102.80	—	—	1.000 0
	名称	单位	单价(元)	消耗量		
人工	二类人工	工日	135.00	0.705 0	0.572 0	0.446 0

工作内容：选孔位、钻孔、装药、放炮、安全处理、爆破材料的领退。

计量单位：100m³

定额编号				4-34	4-35	4-36
项目				洞长1km以上，每1km增加人工、机械		
				围岩级别		
				Ⅳ级	Ⅴ级	Ⅵ级
基价（元）				**85.30**	**68.31**	**44.96**
其中	人工费（元）			51.30	31.86	44.96
	材料费（元）			—	—	—
	机械费（元）			34.00	36.45	—
预算定额编号	项目名称	单位	单价(元)	消耗量		
4-34	平洞钻爆开挖 断面面积100m²以内 洞长1km以上，每1km增加人工、机械 围岩级别Ⅳ级	100m³	85.30	1.000 0	—	—
4-35	平洞钻爆开挖 断面面积100m²以内 洞长1km以上，每1km增加人工、机械 围岩级别Ⅴ级	100m³	68.31	—	1.000 0	—
4-36	平洞钻爆开挖 断面面积100m²以内 洞长1km以上，每1km增加人工、机械 围岩级别Ⅵ级	100m³	44.96	—	—	1.000 0
	名称	单位	单价(元)	消耗量		
人工	二类人工	工日	135.00	0.380 0	0.236 0	0.333 0

4. 断面面积200m²以内

工作内容：选孔位、钻孔、装药、放炮、安全处理、爆破材料的领退。

计量单位：100m³

定额编号				4-37	4-38	4-39
项目				洞长1km以内		
				围岩级别		
				Ⅰ级	Ⅱ级	Ⅲ级
基价（元）				**8 415.66**	**6 715.02**	**5 146.61**
其中	人工费（元）			3 997.35	3 244.05	2 531.12
	材料费（元）			1 908.01	1 557.85	1 268.10
	机械费（元）			2 510.30	1 913.12	1 347.39
预算定额编号	项目名称	单位	单价(元)	消耗量		
4-37	平洞钻爆开挖 断面面积200m²以内 洞长1km以内 围岩级别Ⅰ级	100m³	8 415.66	1.000 0	—	—
4-38	平洞钻爆开挖 断面面积200m²以内 洞长1km以内 围岩级别Ⅱ级	100m³	6 715.02	—	1.000 0	—
4-39	平洞钻爆开挖 断面面积200m²以内 洞长1km以内 围岩级别Ⅲ级	100m³	5 146.61	—	—	1.000 0
	名称	单位	单价(元)	消耗量		
人工	二类人工	工日	135.00	29.610 0	24.030 0	18.749 0
材料	六角空心钢 综合	kg	2.48	17.334 0	12.386 0	8.362 0
	合金钢钻头 一字型	个	8.62	10.913 0	7.798 0	5.264 0
	高压胶皮水管 ϕ19-6P-20m	m	12.07	2.671 0	2.040 0	1.438 0
	高压风管 ϕ25	m	11.21	2.671 0	2.040 0	1.438 0
	铜芯塑料绝缘线 BVR2.5	m	1.55	11.995 0	11.995 0	11.995 0
	导爆索	m	3.17	48.077 0	44.872 0	37.393 0
	乳化炸药	kg	9.11	132.563 0	106.050 0	88.375 0
	非电毫秒雷管	个	1.29	145.645 0	135.935 0	113.279 0
	水	m³	4.27	26.709 0	20.396 0	14.382 0

工作内容:选孔位、钻孔、装药、放炮、安全处理、爆破材料的领退。 **计量单位**:100m³

定额编号				4-40	4-41	4-42
项目				洞长 1km 以内		
				围岩级别		
				Ⅳ级	Ⅴ级	Ⅵ级
基价(元)				**4 269.62**	**4 239.50**	**3 207.17**
其中	人工费(元)			2 152.58	2 234.39	3 143.88
	材料费(元)			1 034.46	853.78	23.80
	机械费(元)			1 082.58	1 151.33	39.49
预算定额编号	项目名称	单位	单价(元)	消耗量		
4-40	平洞钻爆开挖 断面面积 200m² 以内 洞长 1km 以内 围岩级别Ⅳ级	100m³	4 269.62	1.000 0	—	—
4-41	平洞钻爆开挖 断面面积 200m² 以内 洞长 1km 以内 围岩级别Ⅴ级	100m³	4 239.50	—	1.000 0	—
4-42	平洞钻爆开挖 断面面积 200m² 以内 洞长 1km 以内 围岩级别Ⅵ级	100m³	3 207.17	—	—	1.000 0
名称		单位	单价(元)	消耗量		
人工	二类人工	工日	135.00	15.945 0	16.551 0	23.288 0
材料	六角空心钢 综合	kg	2.48	7.719 0	7.147 0	1.780 0
	合金钢钻头 一字型	个	8.62	4.860 0	4.500 0	—
	原木	m³	1 552.00	—	—	0.012 0
	高压胶皮水管 ϕ19-6P-20m	m	12.07	1.151 0	1.229 0	—
	高压风管 ϕ25	m	11.21	1.151 0	1.229 0	—
	铜芯塑料绝缘线 BVR2.5	m	1.55	11.995 0	11.995 0	—
	导爆索	m	3.17	34.517 0	31.960 0	—
	乳化炸药	kg	9.11	67.981 0	50.356 0	—
	非电毫秒雷管	个	1.29	104.565 0	96.820 0	—
	水	m³	4.27	11.506 0	12.292 0	—

工作内容:选孔位、钻孔、装药、放炮、安全处理、爆破材料的领退。 **计量单位**:100m³

定额编号				4-43	4-44	4-45
项目				洞长 1km 以上,每 1km 增加人工、机械		
				围岩级别		
				Ⅰ级	Ⅱ级	Ⅲ级
基价(元)				**233.98**	**186.13**	**140.59**
其中	人工费(元)			158.63	128.79	100.44
	材料费(元)			—	—	—
	机械费(元)			75.35	57.34	40.15
预算定额编号	项目名称	单位	单价(元)	消耗量		
4-43	平洞钻爆开挖 断面面积 200m² 以内 洞长 1km 以上,每 1km 增加人工、机械 围岩级别Ⅰ级	100m³	233.98	1.000 0	—	—
4-44	平洞钻爆开挖 断面面积 200m² 以内 洞长 1km 以上,每 1km 增加人工、机械 围岩级别Ⅱ级	100m³	186.13	—	1.000 0	—
4-45	平洞钻爆开挖 断面面积 200m² 以内 洞长 1km 以上,每 1km 增加人工、机械 围岩级别Ⅲ级	100m³	140.59	—	—	1.000 0
名称		单位	单价(元)	消耗量		
人工	二类人工	工日	135.00	1.175 0	0.954 0	0.744 0

工作内容:选孔位、钻孔、装药、放炮、安全处理、爆破材料的领退。

计量单位:$100m^3$

定额编号				4-46	4-47	4-48
项目				洞长1km以上,每1km增加人工、机械		
				围岩级别		
				Ⅳ级	Ⅴ级	Ⅵ级
基价(元)				**117.81**	**87.60**	**74.79**
其中	人工费(元)			85.46	53.19	74.79
	材料费(元)			—	—	—
	机械费(元)			32.35	34.41	—
预算定额编号	项目名称	单位	单价(元)	消耗量		
4-46	平洞钻爆开挖 断面面积$200m^2$以内 洞长1km以上,每1km增加人工、机械 围岩级别Ⅳ级	$100m^3$	117.81	1.000 0	—	—
4-47	平洞钻爆开挖 断面面积$200m^2$以内 洞长1km以上,每1km增加人工、机械 围岩级别Ⅴ级	$100m^3$	87.60	—	1.000 0	—
4-48	平洞钻爆开挖 断面面积$200m^2$以内 洞长1km以上,每1km增加人工、机械 围岩级别Ⅵ级	$100m^3$	74.79	—	—	1.000 0
	名称	单位	单价(元)	消耗量		
人工	二类人工	工日	135.00	0.633 0	0.394 0	0.554 0

二、斜井钻爆开挖

1. 断面面积$5m^2$以内

工作内容:选孔位、钻孔、装药、放炮、安全处理、爆破材料的领退。

计量单位:$100m^3$

定额编号				4-49	4-50	4-51
项目				围岩级别		
				Ⅰ级	Ⅱ级	Ⅲ级
基价(元)				**17 997.29**	**13 717.49**	**10 067.38**
其中	人工费(元)			9 599.99	7 373.70	5 449.01
	材料费(元)			3 213.72	2 582.26	2 054.38
	机械费(元)			5 183.58	3 761.53	2 563.99
预算定额编号	项目名称	单位	单价(元)	消耗量		
4-49	斜井钻爆开挖 断面面积$5m^2$以内 围岩级别Ⅰ级	$100m^3$	17 997.29	1.000 0	—	—
4-50	斜井钻爆开挖 断面面积$5m^2$以内 围岩级别Ⅱ级	$100m^3$	13 717.49	—	1.000 0	—
4-51	斜井钻爆开挖 断面面积$5m^2$以内 围岩级别Ⅲ级	$100m^3$	10 067.38	—	—	1.000 0
	名称	单位	单价(元)	消耗量		
人工	二类人工	工日	135.00	71.111 0	54.620 0	40.363 0
材料	六角空心钢 综合	kg	2.48	45.713 0	32.666 0	22.053 0
	合金钢钻头 一字型	个	8.62	28.779 0	20.565 0	13.883 0
	高压胶皮水管 $\phi19-6P-20m$	m	12.07	9.056 0	6.574 0	4.482 0
	高压风管 $\phi25$	m	11.21	9.056 0	6.574 0	4.482 0
	铜芯塑料绝缘线 BVR2.5	m	1.55	40.808 0	40.808 0	40.808 0
	导爆索	m	3.17	63.394 0	59.168 0	49.307 0
	乳化炸药	kg	9.11	174.762 0	139.810 0	116.508 0
	非电毫秒雷管	个	1.29	272.067 0	253.929 0	211.607 0
	水	m^3	4.27	90.563 0	65.742 0	44.824 0

工作内容:选孔位、钻孔、装药、放炮、安全处理、爆破材料的领退。

计量单位:100m³

定额编号				4-52	4-53	4-54
项目				围岩级别		
				Ⅳ级	Ⅴ级	Ⅵ级
基价(元)				**8 098.96**	**8 318.84**	**7 604.70**
其中	人工费(元)			4 394.39	4 668.98	7 388.01
	材料费(元)			1 693.20	1 458.28	98.23
	机械费(元)			2 011.37	2 191.58	118.46
预算定额编号	项目名称	单位	单价(元)	消耗量		
4-52	斜井钻爆开挖 断面面积 $5m^2$ 以内 围岩级别Ⅳ级	$100m^3$	8 098.96	1.000 0	—	—
4-53	斜井钻爆开挖 断面面积 $5m^2$ 以内 围岩级别Ⅴ级	$100m^3$	8 318.84	—	1.000 0	—
4-54	斜井钻爆开挖 断面面积 $5m^2$ 以内 围岩级别Ⅵ级	$100m^3$	7 604.70	—	—	1.000 0
	名称	单位	单价(元)	消耗量		
人工	二类人工	工日	135.00	32.551 0	34.585 0	54.726 0
材料	六角空心钢 综合	kg	2.48	20.356 0	18.848 0	—
	合金钢钻头 一字型	个	8.62	12.846 0	11.866 0	5.200 0
	原木	m^3	1 552.00	—	—	0.030 0
	高压胶皮水管 $\phi19-6P-20m$	m	12.07	3.501 0	3.831 0	—
	高压风管 $\phi25$	m	11.21	3.501 0	3.831 0	—
	铜芯塑料绝缘线 BVR2.5	m	1.55	40.808 0	40.808 0	—
	导爆索	m	3.17	45.514 0	42.143 0	—
	乳化炸药	kg	9.11	89.622 0	66.386 0	—
	非电毫秒雷管	个	1.29	195.330 0	180.861 0	—
	水	m^3	4.27	35.011 0	38.311 0	—

2. 断面面积 $10m^2$ 以内

工作内容:选孔位、钻孔、装药、放炮、安全处理、爆破材料的领退。

计量单位:100m³

定额编号				4-55	4-56	4-57
项目				围岩级别		
				Ⅰ级	Ⅱ级	Ⅲ级
基价(元)				**14 790.64**	**11 303.82**	**8 318.08**
其中	人工费(元)			7 991.73	6 177.87	4 592.97
	材料费(元)			2 570.01	2 057.45	1 633.17
	机械费(元)			4 228.90	3 068.50	2 091.94
预算定额编号	项目名称	单位	单价(元)	消耗量		
4-55	斜井钻爆开挖 断面面积 $10m^2$ 以内 围岩级别Ⅰ级	$100m^3$	14 790.64	1.000 0	—	—
4-56	斜井钻爆开挖 断面面积 $10m^2$ 以内 围岩级别Ⅱ级	$100m^3$	11 303.82	—	1.000 0	—
4-57	斜井钻爆开挖 断面面积 $10m^2$ 以内 围岩级别Ⅲ级	$100m^3$	8 318.08	—	—	1.000 0
	名称	单位	单价(元)	消耗量		
人工	二类人工	工日	135.00	59.198 0	45.762 0	34.022 0
材料	六角空心钢 综合	kg	2.48	37.294 0	26.650 0	17.991 0
	合金钢钻头 一字型	个	8.62	23.479 0	16.778 0	11.327 0
	高压胶皮水管 $\phi19-6P-20m$	m	12.07	7.388 0	5.363 0	3.657 0
	高压风管 $\phi25$	m	11.21	7.388 0	5.363 0	3.657 0
	铜芯塑料绝缘线 BVR2.5	m	1.55	26.218 0	26.218 0	26.218 0
	导爆索	m	3.17	51.719 0	48.272 0	40.226 0
	乳化炸药	kg	9.11	142.663 0	114.130 0	95.109 0
	非电毫秒雷管	个	1.29	190.253 0	177.570 0	147.975 0
	水	m^3	4.27	73.885 0	53.635 0	36.569 0

工作内容：选孔位、钻孔、装药、放炮、安全处理、爆破材料的领退。　　　　**计量单位**：$100m^3$

定额编号				4-58	4-59	4-60
项目				围岩级别		
				Ⅳ级	Ⅴ级	Ⅵ级
基价（元）				**6 693.91**	**6 875.61**	**6 412.10**
其中	人工费（元）			3 712.23	3 936.33	6 228.77
	材料费（元）			1 340.62	1 151.31	84.62
	机械费（元）			1 641.06	1 787.97	98.71
预算定额编号	项目名称	单位	单价(元)	消耗量		
4-58	斜井钻爆开挖 断面面积 $10m^2$ 以内 围岩级别Ⅳ级	$100m^3$	6 693.91	1.000 0	—	—
4-59	斜井钻爆开挖 断面面积 $10m^2$ 以内 围岩级别Ⅴ级	$100m^3$	6 875.61	—	1.000 0	—
4-60	斜井钻爆开挖 断面面积 $10m^2$ 以内 围岩级别Ⅵ级	$100m^3$	6 412.10	—	—	1.000 0
	名称	单位	单价(元)	消耗量		
人工	二类人工	工日	135.00	27.498 0	29.158 0	46.139 0
材料	六角空心钢 综合	kg	2.48	16.607 0	15.377 0	—
	合金钢钻头 一字型	个	8.62	10.455 0	9.681 0	4.700 0
	原木	m^3	1 552.00	—	—	0.025 0
	高压胶皮水管 $\phi19-6P-20m$	m	12.07	2.856 0	3.126 0	—
	高压风管 $\phi25$	m	11.21	2.856 0	3.126 0	—
	铜芯塑料绝缘线 BVR2.5	m	1.55	26.218 0	26.218 0	—
	导爆索	m	3.17	37.132 0	34.382 0	—
	乳化炸药	kg	9.11	73.161 0	54.193 0	—
	非电毫秒雷管	个	1.29	136.592 0	126.474 0	—
	水	m^3	4.27	28.563 0	31.256 0	—

3. 断面面积 $20m^2$ 以内

工作内容：选孔位、钻孔、装药、放炮、安全处理、爆破材料的领退。　　　　**计量单位**：$100m^3$

定额编号				4-61	4-62	4-63
项目				围岩级别		
				Ⅰ级	Ⅱ级	Ⅲ级
基价（元）				**11 980.48**	**9 171.71**	**6 769.90**
其中	人工费（元）			6 561.41	5 089.10	3 805.65
	材料费（元）			2 038.01	1 628.96	1 291.72
	机械费（元）			3 381.06	2 453.65	1 672.53
预算定额编号	项目名称	单位	单价(元)	消耗量		
4-61	斜井钻爆开挖 断面面积 $20m^2$ 以内 围岩级别Ⅰ级	$100m^3$	11 980.48	1.000 0	—	—
4-62	斜井钻爆开挖 断面面积 $20m^2$ 以内 围岩级别Ⅱ级	$100m^3$	9 171.71	—	1.000 0	—
4-63	斜井钻爆开挖 断面面积 $20m^2$ 以内 围岩级别Ⅲ级	$100m^3$	6 769.90	—	—	1.000 0
	名称	单位	单价(元)	消耗量		
人工	二类人工	工日	135.00	48.603 0	37.697 0	28.190 0
材料	六角空心钢 综合	kg	2.48	29.817 0	21.307 0	14.384 0
	合金钢钻头 一字型	个	8.62	18.772 0	13.414 0	9.056 0
	高压胶皮水管 $\phi19-6P-20m$	m	12.07	5.907 0	4.288 0	2.924 0
	高压风管 $\phi25$	m	11.21	5.907 0	4.288 0	2.924 0
	铜芯塑料绝缘线 BVR2.5	m	1.55	18.342 0	18.342 0	18.342 0
	导爆索	m	3.17	41.351 0	38.594 0	32.162 0
	乳化炸药	kg	9.11	114.130 0	91.304 0	76.087 0
	非电毫秒雷管	个	1.29	141.970 0	132.506 0	110.422 0
	水	m^3	4.27	59.072 0	42.882 0	29.238 0

工作内容:选孔位、钻孔、装药、放炮、安全处理、爆破材料的领退。 **计量单位**:100m³

定额编号					4-64	4-65	4-66
项目					围岩级别		
					Ⅳ级	Ⅴ级	Ⅵ级
基价(元)					**5 456.62**	**5 602.59**	**5 289.64**
其中	人工费(元)				3 086.24	3 265.11	5 166.86
	材料费(元)				1 058.53	907.78	43.81
	机械费(元)				1 311.85	1 429.70	78.97
预算定额编号	项目名称		单位	单价(元)	消耗量		
4-64	斜井钻爆开挖 断面面积 20m² 以内 围岩级别Ⅳ级		100m³	5 456.62	1.000 0	—	—
4-65	斜井钻爆开挖 断面面积 20m² 以内 围岩级别Ⅴ级		100m³	5 602.59	—	1.000 0	—
4-66	斜井钻爆开挖 断面面积 20m² 以内 围岩级别Ⅵ级		100m³	5 289.64	—	—	1.000 0
名称			单位	单价(元)	消耗量		
人工	二类人工		工日	135.00	22.861 0	24.186 0	38.273 0
材料	六角空心钢 综合		kg	2.48	13.278 0	12.294 0	4.100 0
	合金钢钻头 一字型		个	8.62	8.359 0	7.740 0	—
	原木		m³	1 552.00	—	—	0.020 0
	高压胶皮水管 ϕ19-6P-20m		m	12.07	2.284 0	2.499 0	—
	高压风管 ϕ25		m	11.21	2.284 0	2.499 0	—
	铜芯塑料绝缘线 BVR2.5		m	1.55	18.342 0	18.342 0	—
	导爆索		m	3.17	29.688 0	27.489 0	—
	乳化炸药		kg	9.11	58.528 0	43.354 0	—
	非电毫秒雷管		个	1.29	101.928 0	94.377 0	—
	水		m³	4.27	22.837 0	24.990 0	—

三、竖井钻爆开挖

1. 断面面积 $5m^2$ 以内

工作内容：选孔位、钻孔、装药、放炮、安全处理、爆破材料的领退。 **计量单位**：$100m^3$

定额编号				4-67	4-68	4-69
项目				围岩级别		
				Ⅰ级	Ⅱ级	Ⅲ级
基价（元）				**19 749.67**	**15 193.82**	**11 301.65**
其中	人工费（元）			10 991.43	8 474.76	6 295.05
	材料费（元）			4 102.22	3 340.59	2 703.43
	机械费（元）			4 656.02	3 378.47	2 303.17
预算定额编号	项目名称	单位	单价(元)	消耗量		
4-67	竖井钻爆开挖 断面面积 $5m^2$ 以内 围岩级别Ⅰ级	$100m^3$	19 749.67	1.000 0	—	—
4-68	竖井钻爆开挖 断面面积 $5m^2$ 以内 围岩级别Ⅱ级	$100m^3$	15 193.82	—	1.000 0	—
4-69	竖井钻爆开挖 断面面积 $5m^2$ 以内 围岩级别Ⅲ级	$100m^3$	11 301.65	—	—	1.000 0
名称		单位	单价(元)	消耗量		
人工	二类人工	工日	135.00	81.418 0	62.776 0	46.630 0
材料	六角空心钢 综合	kg	2.48	41.061 0	29.341 0	19.809 0
	合金钢钻头 一字型	个	8.62	25.851 0	18.472 0	12.471 0
	高压胶皮水管 $\phi19-6P-20m$	m	12.07	8.135 0	5.905 0	4.026 0
	高压风管 $\phi25$	m	11.21	8.135 0	5.905 0	4.026 0
	铜芯塑料绝缘线 BVR2.5	m	1.55	63.763 0	63.763 0	63.763 0
	导爆索	m	3.17	91.110 0	85.032 0	70.863 0
	乳化炸药	kg	9.11	251.167 0	200.930 0	167.445 0
	非电毫秒雷管	个	1.29	391.013 0	364.930 0	304.121 0
	水	m^3	4.27	81.348 0	59.050 0	40.263 0

工作内容:选孔位、钻孔、装药、放炮、安全处理、爆破材料的领退。　　　　计量单位:$100m^3$

定额编号				4-70	4-71	4-72
项目				围岩级别		
				Ⅳ级	Ⅴ级	Ⅵ级
基价(元)				**9 119.56**	**9 246.98**	**5 576.85**
其中	人工费(元)			5 086.26	5 394.47	5 394.47
	材料费(元)			2 226.71	1 884.09	63.92
	机械费(元)			1 806.59	1 968.42	118.46
预算定额编号	项目名称	单位	单价(元)	消耗量		
4-70	竖井钻爆开挖 断面面积 $5m^2$ 以内 围岩级别Ⅳ级	$100m^3$	9 119.56	1.000 0	—	—
4-71	竖井钻爆开挖 断面面积 $5m^2$ 以内 围岩级别Ⅴ级	$100m^3$	9 246.98	—	1.000 0	—
4-72	竖井钻爆开挖 断面面积 $5m^2$ 以内 围岩级别Ⅵ级	$100m^3$	5 576.85	—	—	1.000 0
	名称	单位	单价(元)	消耗量		
人工	二类人工	工日	135.00	37.676 0	39.959 0	39.959 0
材料	六角空心钢 综合	kg	2.48	18.285 0	16.931 0	5.200 0
	合金钢钻头 一字型	个	8.62	11.512 0	10.659 0	—
	原木	m^3	1 552.00	—	—	0.030 0
	高压胶皮水管 $\phi19-6P-20m$	m	12.07	3.145 0	3.441 0	—
	高压风管 $\phi25$	m	11.21	3.145 0	3.441 0	—
	铜芯塑料绝缘线 BVR2.5	m	1.55	63.763 0	63.763 0	—
	导爆索	m	3.17	65.412 0	60.567 0	—
	乳化炸药	kg	9.11	128.803 0	95.410 0	—
	非电毫秒雷管	个	1.29	280.727 0	259.933 0	—
	水	m^3	4.27	31.448 0	34.413 0	—

2. 断面面积 $10m^2$ 以内

工作内容:选孔位、钻孔、装药、放炮、安全处理、爆破材料的领退。　　　　计量单位:$100m^3$

定额编号				4-73	4-74	4-75
项目				围岩级别		
				Ⅰ级	Ⅱ级	Ⅲ级
基价(元)				**18 501.57**	**14 296.42**	**10 709.98**
其中	人工费(元)			9 162.72	7 112.88	5 316.30
	材料费(元)			4 682.83	3 805.07	3 090.51
	机械费(元)			4 656.02	3 378.47	2 303.17
预算定额编号	项目名称	单位	单价(元)	消耗量		
4-73	竖井钻爆开挖 断面面积 $10m^2$ 以内 围岩级别Ⅰ级	$100m^3$	18 501.57	1.000 0	—	—
4-74	竖井钻爆开挖 断面面积 $10m^2$ 以内 围岩级别Ⅱ级	$100m^3$	14 296.42	—	1.000 0	—
4-75	竖井钻爆开挖 断面面积 $10m^2$ 以内 围岩级别Ⅲ级	$100m^3$	10 709.98	—	—	1.000 0
	名称	单位	单价(元)	消耗量		
人工	二类人工	工日	135.00	67.872 0	52.688 0	39.380 0
材料	六角空心钢 综合	kg	2.48	41.061 0	29.341 0	19.809 0
	合金钢钻头 一字型	个	8.62	25.851 0	18.472 0	12.471 0
	高压胶皮水管 $\phi19-6P-20m$	m	12.07	8.135 0	5.905 0	4.026 0
	高压风管 $\phi25$	m	11.21	8.135 0	5.905 0	4.026 0
	铜芯塑料绝缘线 BVR2.5	m	1.55	63.763 0	63.763 0	63.763 0
	导爆索	m	3.17	91.110 0	85.032 0	70.863 0
	乳化炸药	kg	9.11	313.959 0	251.162 0	209.306 0
	非电毫秒雷管	个	1.29	391.013 0	364.930 0	304.121 0
	水	m^3	4.27	81.348 0	59.050 0	40.263 0

工作内容：选孔位、钻孔、装药、放炮、安全处理、爆破材料的领退。　　　　**计量单位**：100m³

定额编号				4-76	4-77	4-78
项目				围岩级别		
				Ⅳ级	Ⅴ级	Ⅵ级
基价（元）				**8 636.47**	**8 629.20**	**4 709.48**
其中	人工费（元）			4 305.42	4 556.93	4 556.93
	材料费（元）			2 524.46	2 103.85	53.84
	机械费（元）			1 806.59	1 968.42	98.71
预算定额编号	项目名称	单位	单价(元)	消耗量		
4-76	竖井钻爆开挖 断面面积 $10m^2$ 以内 围岩级别Ⅳ级	100m³	8 636.47	1.000 0	—	—
4-77	竖井钻爆开挖 断面面积 $10m^2$ 以内 围岩级别Ⅴ级	100m³	8 629.20	—	1.000 0	—
4-78	竖井钻爆开挖 断面面积 $10m^2$ 以内 围岩级别Ⅵ级	100m³	4 709.48	—	—	1.000 0
	名称	单位	单价(元)	消耗量		
人工	二类人工	工日	135.00	31.892 0	33.755 0	33.755 0
材料	六角空心钢 综合	kg	2.48	18.285 0	16.931 0	4.700 0
	合金钢钻头 一字型	个	8.62	11.512 0	10.569 0	—
	原木	m³	1 552.00	—	—	0.025 0
	高压胶皮水管 ϕ19－6P－20m	m	12.07	3.145 0	3.441 0	—
	高压风管 ϕ25	m	11.21	3.145 0	3.441 0	—
	铜芯塑料绝缘线 BVR2.5	m	1.55	63.763 0	63.763 0	—
	导爆索	m	3.17	65.412 0	60.567 0	—
	乳化炸药	kg	9.11	161.004 0	119.262 0	—
	非电毫秒雷管	个	1.29	280.727 0	259.933 0	—
	水	m³	4.27	31.448 0	34.413 0	—

3. 断面面积 $25m^2$ 以内

工作内容：选孔位、钻孔、装药、放炮、安全处理、爆破材料的领退。　　　　**计量单位**：100m³

定额编号				4-79	4-80	4-81
项目				围岩级别		
				Ⅰ级	Ⅱ级	Ⅲ级
基价（元）				**14 516.92**	**11 124.06**	**8 236.49**
其中	人工费（元）			7 273.40	5 655.96	4 250.48
	材料费（元）			2 525.52	2 047.81	1 654.56
	机械费（元）			4 718.00	3 420.29	2 331.45
预算定额编号	项目名称	单位	单价(元)	消耗量		
4-79	竖井钻爆开挖 断面面积 $25m^2$ 以内 围岩级别Ⅰ级	100m³	14 516.92	1.000 0	—	—
4-80	竖井钻爆开挖 断面面积 $25m^2$ 以内 围岩级别Ⅱ级	100m³	11 124.06	—	1.000 0	—
4-81	竖井钻爆开挖 断面面积 $25m^2$ 以内 围岩级别Ⅲ级	100m³	8 236.49	—	—	1.000 0
	名称	单位	单价(元)	消耗量		
人工	二类人工	工日	135.00	53.877 0	41.896 0	31.485 0
材料	六角空心钢 综合	kg	2.48	26.005 0	18.583 0	12.545 0
	合金钢钻头 一字型	个	8.62	16.372 0	11.699 0	7.898 0
	高压胶皮水管 ϕ19－6P－20m	m	12.07	5.152 0	3.740 0	2.550 0
	高压风管 ϕ25	m	11.21	5.152 0	3.740 0	2.550 0
	铜芯塑料绝缘线 BVR2.5	m	1.55	36.494 0	36.494 0	36.494 0
	导爆索	m	3.17	57.702 0	53.855 0	44.879 0
	乳化炸药	kg	9.11	158.903 0	127.118 0	105.935 0
	非电毫秒雷管	个	1.29	198.110 0	184.903 0	154.086 0
	水	m³	4.27	51.520 0	37.400 0	25.500 0

工作内容:选孔位、钻孔、装药、放炮、安全处理、爆破材料的领退。　　**计量单位:**$100m^3$

定额编号				4-82	4-83	4-84
项目				围岩级别		
				Ⅳ级	Ⅴ级	Ⅵ级
基价(元)				**6 640.69**	**6 786.67**	**3 799.66**
其中	人工费(元)			3 454.92	3 650.13	3 650.13
	材料费(元)			1 356.77	1 143.42	70.56
	机械费(元)			1 829.00	1 993.12	78.97
预算定额编号	项目名称	单位	单价(元)	消耗量		
4-82	竖井钻爆开挖 断面面积$25m^2$以内 围岩级别Ⅳ级	$100m^3$	6 640.69	1.000 0	—	—
4-83	竖井钻爆开挖 断面面积$25m^2$以内 围岩级别Ⅴ级	$100m^3$	6 786.67	—	1.000 0	—
4-84	竖井钻爆开挖 断面面积$25m^2$以内 围岩级别Ⅵ级	$100m^3$	3 799.66	—	—	1.000 0
名称		单位	单价(元)	消耗量		
人工	二类人工	工日	135.00	25.592 0	27.038 0	27.038 0
材料	六角空心钢 综合	kg	2.48	11.580 0	10.723 0	—
	合金钢钻头 一字型	个	8.62	7.291 0	6.750 0	4.100 0
	原木	m^3	1 552.00	—	—	0.020 0
	高压胶皮水管 $\phi19-6P-20m$	m	12.07	1.992 0	2.179 0	—
	高压风管 $\phi25$	m	11.21	1.992 0	2.179 0	—
	铜芯塑料绝缘线 BVR2.5	m	1.55	36.494 0	36.494 0	—
	导爆索	m	3.17	41.427 0	38.358 0	—
	乳化炸药	kg	9.11	81.489 0	60.362 0	—
	非电毫秒雷管	个	1.29	142.233 0	131.698 0	—
	水	m^3	4.27	19.917 0	21.795 0	—

四、隧道内地沟钻爆开挖

工作内容：选孔位、钻孔、装药、放炮、安全处理、爆破材料的领退，弃渣堆放在沟边。　　　　**计量单位**：$100m^3$

定额编号				4-85	4-86	4-87	4-88	4-89
项目				坚硬岩	较硬岩	较软岩	软岩	极软岩
基价（元）				**13 357.89**	**10 188.88**	**8 474.04**	**7 474.53**	**7 274.22**
其中	人工费（元）			7 797.33	7 012.44	6 122.39	5 593.86	5 541.89
	材料费（元）			1 979.96	1 234.36	1 003.07	852.74	747.17
	机械费（元）			3 580.60	1 942.08	1 348.58	1 027.93	985.16
预算定额编号	项目名称	单位	单价(元)	消耗量				
4-85	隧道内地沟钻爆开挖 坚硬岩	$100m^3$	13 357.89	1.000 0	—	—	—	—
4-91	隧道内地沟钻爆开挖 较硬岩	$100m^3$	10 188.88	—	1.000 0	—	—	—
4-92	隧道内地沟钻爆开挖 较软岩	$100m^3$	8 474.04	—	—	1.000 0	—	—
4-93	隧道内地沟钻爆开挖 软岩	$100m^3$	7 474.53	—	—	—	1.000 0	—
4-94	隧道内地沟钻爆开挖 极软岩	$100m^3$	7 274.22	—	—	—	—	1.000 0
	名称	单位	单价(元)	消耗量				
人工	二类人工	工日	135.00	57.758 0	51.944 0	45.351 0	41.436 0	41.051 0
材料	六角空心钢 综合	kg	2.48	35.962 0	19.415 0	13.442 0	11.490 0	9.820 0
	合金钢钻头 一字型	个	8.62	28.301 0	15.278 0	10.578 0	9.040 0	7.728 0
	高压胶皮水管 ϕ19－6P－20m	m	12.07	6.234 0	3.381 0	2.348 0	1.784 0	1.715 0
	高压风管 ϕ25	m	11.21	6.234 0	3.381 0	2.348 0	1.784 0	1.715 0
	铜芯塑料绝缘线 BVR2.5	m	1.55	36.414 0	33.966 0	33.966 0	33.966 0	33.966 0
	乳化炸药	kg	9.11	91.910 0	71.220 0	60.868 0	52.025 0	44.466 0
	非电毫秒雷管	个	1.29	297.273 0	116.451 0	99.524 0	85.065 0	72.705 0
	水	m^3	4.27	45.716 0	24.796 0	17.219 0	13.082 0	12.579 0

五、平洞非爆开挖

1. 岩石破碎机开挖

工作内容：机械定位、钻孔、凿打岩石、清理、堆积、安全处理。　　　　**计量单位**：$100m^3$

定额编号				4-90	4-91	4-92
项目				断面 $35m^2$ 以内		
				围岩级别		
				Ⅰ级	Ⅱ级	Ⅲ级
基价（元）				**37 480.01**	**28 834.24**	**21 585.63**
其中	人工费（元）			7 826.09	6 020.19	4 515.08
	材料费（元）			88.56	71.15	57.59
	机械费（元）			29 565.36	22 742.90	17 012.96
预算定额编号	项目名称	单位	单价(元)	消耗量		
4-95	岩石破碎机开挖 断面 $35m^2$ 以内 围岩级别Ⅰ级	$100m^3$	37 480.01	1.000 0	—	—
4-96	岩石破碎机开挖 断面 $35m^2$ 以内 围岩级别Ⅱ级	$100m^3$	28 834.24	—	1.000 0	—
4-97	岩石破碎机开挖 断面 $35m^2$ 以内 围岩级别Ⅲ级	$100m^3$	21 585.63	—	—	1.000 0
	名称	单位	单价(元)	消耗量		
人工	二类人工	工日	135.00	57.971 0	44.594 0	33.445 0
材料	水	m^3	4.27	15.654 0	11.578 0	8.401 0
	板枋材	m^3	1 034.00	0.021 0	0.021 0	0.021 0
机械	平行水钻机	台班	580.00	37.161 0	28.586 0	21.439 0
	履带式液压岩石破碎机 HB30G	台班	417.01	14.457 0	11.120 0	8.261 0

工作内容:机械定位、钻孔、凿打岩石、清理、堆积、安全处理。 **计量单位:**100m³

定额编号					4-93	4-94
项目					断面 35m² 以内	
					围岩级别	
					Ⅳ级	Ⅴ级
基价(元)					**17 272.63**	**13 822.69**
其中	人工费(元)				3 612.06	2 889.68
	材料费(元)				50.41	44.67
	机械费(元)				13 610.16	10 888.34
预算定额编号	项目名称		单位	单价(元)	消耗量	
4-98	岩石破碎机开挖 断面 35m² 以内 围岩级别Ⅳ级		100m³	17 272.63	1.000 0	—
4-99	岩石破碎机开挖 断面 35m² 以内 围岩级别Ⅴ级		100m³	13 822.69	—	1.000 0
	名称		单位	单价(元)	消耗量	
人工	二类人工		工日	135.00	26.756 0	21.405 0
材料	水		m³	4.27	6.721 0	5.376 0
	板枋材		m³	1 034.00	0.021 0	0.021 0
机械	平行水钻机		台班	580.00	17.151 0	13.721 0
	履带式液压岩石破碎机 HB30G		台班	417.01	6.609 0	5.287 0

工作内容:机械定位、钻孔、凿打岩石、清理、堆积、安全处理。 **计量单位:**100m³

定额编号				4-95	4-96	4-97
项目				断面 65m² 以内		
				围岩级别		
				Ⅰ级	Ⅱ级	Ⅲ级
基价(元)				**29 080.29**	**22 374.04**	**16 348.04**
其中	人工费(元)			6 019.25	4 630.23	3 071.93
	材料费(元)			74.18	60.55	49.91
	机械费(元)			22 986.86	17 683.26	13 226.20
预算定额编号	项目名称	单位	单价(元)	消耗量		
4-100	岩石破碎机开挖 断面 65m² 以内 围岩级别Ⅰ级	100m³	29 080.29	1.000 0	—	—
4-101	岩石破碎机开挖 断面 65m² 以内 围岩级别Ⅱ级	100m³	22 374.04	—	1.000 0	—
4-102	岩石破碎机开挖 断面 65m² 以内 围岩级别Ⅲ级	100m³	16 348.04	—	—	1.000 0
	名称	单位	单价(元)	消耗量		
人工	二类人工	工日	135.00	44.587 0	34.298 0	22.755 0
材料	水	m³	4.27	12.288 0	9.095 0	6.603 0
	板枋材	m³	1 034.00	0.021 0	0.021 0	0.021 0
机械	平行水钻机	台班	580.00	28.581 0	21.986 0	16.489 0
	履带式液压岩石破碎机 HB30G	台班	417.01	11.565 0	8.897 0	6.609 0

工作内容：机械定位、钻孔、凿打岩石、清理、堆积、安全处理。　　**计量单位**：$100m^3$

定额编号					4-98	4-99
项目					断面 $65m^2$ 以内	
					围岩级别	
					Ⅳ级	Ⅴ级
基价（元）					**13 403.38**	**10 727.98**
其中	人工费（元）				2 778.17	2 222.64
	材料费（元）				44.27	39.76
	机械费（元）				10 580.94	8 465.58
预算定额编号	项目名称		单位	单价(元)	消耗量	
4-103	岩石破碎机开挖 断面 $65m^2$ 以内 围岩级别Ⅳ级		$100m^3$	13 403.38	1.000 0	—
4-104	岩石破碎机开挖 断面 $65m^2$ 以内 围岩级别Ⅴ级		$100m^3$	10 727.98	—	1.000 0
名称			单位	单价(元)	消耗量	
人工	二类人工		工日	135.00	20.579 0	16.464 0
材料	水		m^3	4.27	5.282 0	4.226 0
	板枋材		m^3	1 034.00	0.021 0	0.021 0
机械	平行水钻机		台班	580.00	13.191 0	10.553 0
	履带式液压岩石破碎机 HB30G		台班	417.01	5.287 0	4.230 0

工作内容：机械定位、钻孔、凿打岩石、清理、堆积、安全处理。　　**计量单位**：$100m^3$

定额编号				4-100	4-101	4-102
项目				断面 $100m^2$ 以内		
				围岩级别		
				Ⅰ级	Ⅱ级	Ⅲ级
基价（元）				**19 198.61**	**14 912.69**	**11 372.58**
其中	人工费（元）			3 883.68	2 987.55	2 240.60
	材料费（元）			57.39	48.77	42.28
	机械费（元）			15 257.54	11 876.37	9 089.70
预算定额编号	项目名称	单位	单价(元)	消耗量		
4-105	岩石破碎机开挖 断面 $100m^2$ 以内 围岩级别Ⅰ级	$100m^3$	19 198.61	1.000 0	—	—
4-106	岩石破碎机开挖 断面 $100m^2$ 以内 围岩级别Ⅱ级	$100m^3$	14 912.69	—	1.000 0	—
4-107	岩石破碎机开挖 断面 $100m^2$ 以内 围岩级别Ⅲ级	$100m^3$	11 372.58	—	—	1.000 0
名称		单位	单价(元)	消耗量		
人工	二类人工	工日	135.00	28.768 0	22.130 0	16.597 0
材料	水	m^3	4.27	8.355 0	6.337 0	4.817 0
	板枋材	m^3	1 034.00	0.021 0	0.021 0	0.021 0
机械	平行水钻机	台班	580.00	18.441 0	14.186 0	10.639 0
	履带式液压岩石破碎机 HB30G	台班	417.01	8.230 0	6.584 0	5.267 0

工作内容:机械定位、钻孔、凿打岩石、清理、堆积、安全处理。 **计量单位**:$100m^3$

定额编号					4-103	4-104
项目					断面 $100m^2$ 以内	
					围岩级别	
					Ⅳ级	Ⅴ级
基价(元)					**9 102.51**	**7 338.06**
其中	人工费(元)				1 792.53	1 434.11
	材料费(元)				38.17	34.88
	机械费(元)				7 271.81	5 869.07
预算定额编号	项目名称		单位	单价(元)	消耗量	
4-108	岩石破碎机开挖 断面 $100m^2$ 以内 围岩级别Ⅳ级		$100m^3$	9 102.51	1.000 0	—
4-109	岩石破碎机开挖 断面 $100m^2$ 以内 围岩级别Ⅴ级		$100m^3$	7 338.06	—	1.000 0
名称			单位	单价(元)	消耗量	
人工	二类人工		工日	135.00	13.278 0	10.623 0
材料	水		m^3	4.27	3.854 0	3.083 0
	板枋材		m^3	1 034.00	0.021 0	0.021 0
机械	平行水钻机		台班	580.00	8.511 0	6.809 0
	履带式液压岩石破碎机 HB30G		台班	417.01	4.214 0	3.371 0

2. 静力破碎开挖

工作内容:布孔、钻孔、验孔、装膨胀剂、填塞、破碎、撬移、安全处理。 **计量单位**:$100m^3$

定额编号				4-105	4-106	4-107
项目				围岩级别		
				Ⅰ~Ⅱ级	Ⅲ级	Ⅳ级
基价(元)				**38 453.92**	**33 783.46**	**24 052.20**
其中	人工费(元)			17 701.34	16 262.37	10 864.53
	材料费(元)			7 128.62	6 517.86	5 772.76
	机械费(元)			13 623.96	11 003.23	7 414.91
预算定额编号	项目名称	单位	单价(元)	消耗量		
4-110	静力破碎开挖 围岩级别Ⅰ~Ⅱ级	$100m^3$	38 453.92	1.000 0	—	—
4-111	静力破碎开挖 围岩级别Ⅲ级	$100m^3$	33 783.46	—	1.000 0	—
4-112	静力破碎开挖 围岩级别Ⅳ级	$100m^3$	24 052.20	—	—	1.000 0
名称		单位	单价(元)	消耗量		
人工	二类人工	工日	135.00	131.121 0	120.462 0	80.478 0
材料	合金钢钻头 一字型	个	8.62	36.200 0	27.700 0	17.800 0
	钢钎 $\phi 22\sim25$	kg	5.04	25.100 0	17.800 0	9.700 0
	膨胀剂	kg	2.76	2 352.000 0	2 176.000 0	1 958.400 0
	水	m^3	4.27	46.500 0	43.000 0	38.700 0
机械	气腿式风动凿岩机	台班	13.62	49.600 0	40.900 0	27.300 0
	电动空气压缩机 $10m^3/min$	台班	394.85	26.800 0	22.200 0	15.000 0

工作内容:布孔、钻孔、验孔、装膨胀剂、填塞、破碎、撬移、安全处理。 **计量单位**:100m³

定额编号				4-108	4-109
项目				围岩级别	
				Ⅴ级	Ⅵ级
基价(元)				**19 648.87**	**15 803.40**
其中	人工费(元)			9 317.97	7 742.12
	材料费(元)			3 973.85	2 611.73
	机械费(元)			6 357.05	5 449.55
预算定额编号	项目名称	单位	单价(元)	消耗量	
4-113	静力破碎开挖 围岩级别Ⅴ级	100m³	19 648.87	1.000 0	—
4-114	静力破碎开挖 围岩级别Ⅵ级	100m³	15 803.40	—	1.000 0
名称		单位	单价(元)	消耗量	
人工	二类人工	工日	135.00	69.022 0	57.349 0
材料	合金钢钻头 一字型	个	8.62	15.260 0	13.082 0
	钢钎 ϕ22~25	kg	5.04	8.316 0	7.129 0
	膨胀剂	kg	2.76	1 325.625 0	848.400 0
	水	m³	4.27	33.178 0	28.443 0
机械	气腿式风动凿岩机	台班	13.62	23.404 0	20.064 0
	电动空气压缩机 10m³/min	台班	394.85	12.860 0	11.024 0

六、斜井非爆开挖

工作内容:钻孔、机械凿打岩石、清理、堆积、安全处理。 **计量单位**:100m³

定额编号				4-110	4-111	4-112
项目				岩石破碎机开挖		
				围岩级别		
				Ⅰ级	Ⅱ级	Ⅲ级
基价(元)				**16 578.12**	**12 755.36**	**9 232.17**
其中	人工费(元)			7 987.82	6 144.39	4 608.23
	材料费(元)			85.29	68.86	54.79
	机械费(元)			8 505.01	6 542.11	4 569.15
预算定额编号	项目名称	单位	单价(元)	消耗量		
4-119	斜井非爆开挖 岩石破碎机开挖 围岩级别Ⅰ级	100m³	16 578.12	1.000 0	—	—
4-120	斜井非爆开挖 岩石破碎机开挖 围岩级别Ⅱ级	100m³	12 755.36	—	1.000 0	—
4-121	斜井非爆开挖 岩石破碎机开挖 围岩级别Ⅲ级	100m³	9 232.17	—	—	1.000 0
名称		单位	单价(元)	消耗量		
人工	二类人工	工日	135.00	59.169 0	45.514 0	34.135 0
材料	水	m³	4.27	14.888 0	11.042 0	7.747 0
	板枋材	m³	1 034.00	0.021 0	0.021 0	0.021 0
机械	履带式液压岩石破碎机 HB20G	台班	384.83	16.291 0	12.531 0	8.752 0

工作内容:钻孔、机械凿打岩石、清理、堆积、安全处理。　　计量单位:100m³

定额编号					4-113	4-114
项目					岩石破碎机开挖	
					围岩级别	
					Ⅳ级	Ⅴ级
基价(元)					**7 389.87**	**5 916.09**
其中	人工费(元)				3 686.58	2 949.35
	材料费(元)				48.18	42.88
	机械费(元)				3 655.11	2 923.86
预算定额编号	项目名称		单位	单价(元)	消耗量	
4-122	斜井非爆开挖 岩石破碎机开挖 围岩级别Ⅳ级		100m³	7 389.87	1.000 0	—
4-123	斜井非爆开挖 岩石破碎机开挖 围岩级别Ⅴ级		100m³	5 916.09	—	1.000 0
名称			单位	单价(元)	消耗量	
人工	二类人工		工日	135.00	27.308 0	21.847 0
材料	水		m³	4.27	6.198 0	4.958 0
	板枋材		m³	1 034.00	0.021 0	0.021 0
机械	履带式液压岩石破碎机 HB20G		台班	384.83	7.002 0	5.601 0

七、竖井非爆开挖

工作内容:切割、开凿石方、清理、堆积岩石、安全处理。　　计量单位:100m³

定额编号				4-115	4-116	4-117
项目				人机配合开挖		
				围岩级别		
				Ⅰ级	Ⅱ级	Ⅲ级
基价(元)				**22 929.92**	**16 912.99**	**12 522.13**
其中	人工费(元)			22 038.75	16 186.23	12 005.96
	材料费(元)			136.89	123.75	92.83
	机械费(元)			754.28	603.01	423.34
预算定额编号	项目名称	单位	单价(元)	消耗量		
4-124	竖井非爆开挖 人机配合开挖 围岩级别Ⅰ级	100m³	22 929.92	1.000 0	—	—
4-125	竖井非爆开挖 人机配合开挖 围岩级别Ⅱ级	100m³	16 912.99	—	1.000 0	—
4-126	竖井非爆开挖 人机配合开挖 围岩级别Ⅲ级	100m³	12 522.13	—	—	1.000 0
名称		单位	单价(元)	消耗量		
人工	二类人工	工日	135.00	163.250 0	119.898 0	88.933 0
材料	水	m³	4.27	30.530 0	27.761 0	20.883 0
	刀片 *D*1 500	片	4.74	1.378 0	1.099 0	0.773 0

工作内容:切割、开凿石方、清理、堆积岩石、安全处理。 **计量单位**:100m³

定额编号				4-118	4-119
项目				人机配合开挖	
				围岩级别	
				Ⅳ级	Ⅴ级
基价(元)				**10 017.64**	**8 014.16**
其中	人工费(元)			9 604.71	7 683.80
	材料费(元)			74.26	59.41
	机械费(元)			338.67	270.95
预算定额编号	项目名称	单位	单价(元)	消耗量	
4-127	竖井非爆开挖 人机配合开挖 围岩级别Ⅳ级	100m³	10 017.64	1.000 0	—
4-128	竖井非爆开挖 人机配合开挖 围岩级别Ⅴ级	100m³	8 014.16	—	1.000 0
名称		单位	单价(元)	消耗量	
人工	二类人工	工日	135.00	71.146 0	56.917 0
材料	水	m³	4.27	16.706 0	13.365 0
	刀片 D1 500	片	4.74	0.618 0	0.495 0

八、隧道内地沟非爆开挖

工作内容:机械开挖、弃渣堆放在沟边。 **计量单位**:100m³

定额编号				4-120	4-121	4-122	4-123	4-124
项目				机械开挖				
				坚硬岩	较硬岩	较软岩	软岩	极软岩
基价(元)				**12 234.83**	**8 033.29**	**5 287.90**	**4 540.42**	**3 923.79**
其中	人工费(元)			7 236.81	4 139.64	2 288.93	2 027.16	1 799.28
	材料费(元)			35.87	31.20	26.67	26.67	26.67
	机械费(元)			4 962.15	3 862.45	2 972.30	2 486.59	2 097.84
预算定额编号	项目名称	单位	单价(元)	消耗量				
4-129	隧道内地沟非爆开挖 机械开挖 坚硬岩	100m³	12 234.83	1.000 0	—	—	—	—
4-130	隧道内地沟非爆开挖 机械开挖 较硬岩	100m³	8 033.29	—	1.000 0	—	—	—
4-131	隧道内地沟非爆开挖 机械开挖 较软岩	100m³	5 287.90	—	—	1.000 0	—	—
4-132	隧道内地沟非爆开挖 机械开挖 软岩	100m³	4 540.42	—	—	—	1.000 0	—
4-133	隧道内地沟非爆开挖 机械开挖 极软岩	100m³	3 923.79	—	—	—	—	1.000 0
名称		单位	单价(元)	消耗量				
人工	二类人工	工日	135.00	53.606 0	30.664 0	16.955 0	15.016 0	13.328 0
材料	水	m³	4.27	8.000 0	7.000 0	6.000 0	6.000 0	6.000 0
	刀片 D1 000	片	4.74	0.361 0	0.277 0	0.222 0	0.222 0	0.222 0
机械	履带式液压岩石破碎机 HB20G	台班	384.83	10.800 0	8.100 0	5.892 0	4.714 0	3.771 0

九、隧道平洞出渣

工作内容:石渣装、运、卸,清理道路。　　计量单位:$100m^3$

定额编号				4-125	4-126	4-127	4-128
项目				人力双轮车运输		人机配合装渣,轻轨斗车运输	
				运距60m以内	每增运20m	运距100m以内	每增运50m
基价(元)				**4 762.80**	**379.89**	**4 083.13**	**416.68**
其中	人工费(元)			4 762.80	379.89	2 570.21	366.26
	材料费(元)			—	—	152.44	—
	机械费(元)			—	—	1 360.48	50.42
预算定额编号	项目名称	单位	单价(元)	消耗量			
4-134	隧道平洞出渣 人力双轮车运输 运距60m以内	$100m^3$	4 762.80	1.000 0	—	—	—
4-135	隧道平洞出渣 人力双轮车运输 每增运20m	$100m^3$	379.89	—	1.000 0	—	—
4-136	隧道平洞出渣 人力装渣,轻轨斗车运输 人力装 运距100m以内	$100m^3$	4 078.88	—	—	0.100 0	—
4-137	隧道平洞出渣 机械装渣,轻轨斗车运输 机械装 运距100m以内	$100m^3$	4 083.60	—	—	0.900 0	—
4-138	隧道平洞出渣 人机配合装渣,轻轨斗车运输 每增运距50m	$100m^3$	416.68	—	—	—	1.000 0
名称		单位	单价(元)	消耗量			
人工	二类人工	工日	135.00	35.280 0	2.814 0	19.039 0	2.713 0
材料	扒钉	kg	3.73	—	—	2.060 0	—
	板枋材	m^3	1 034.00	—	—	0.140 0	—

工作内容:石渣装、卷扬机提升、卸(含扒平)及人工推运(距井口50m内)。　　计量单位:$100m^3$

定额编号				4-129	4-130	4-131	4-132
项目				平洞石渣			
				经斜井运输		经竖井运输	
				运距25m以内	每增运25m	运距25m以内	每增运25m
基价(元)				**1 734.03**	**433.20**	**1 704.33**	**361.70**
其中	人工费(元)			1 015.88	338.72	914.36	274.32
	材料费(元)			—	—	109.23	—
	机械费(元)			718.15	94.48	680.74	87.38
预算定额编号	项目名称	单位	单价(元)	消耗量			
4-139	隧道平洞出渣 平洞石渣经斜井运输 运距25m以内	$100m^3$	1 734.03	1.000 0	—	—	—
4-140	隧道平洞出渣 平洞石渣经斜井运输 每增运25m	$100m^3$	433.20	—	1.000 0	—	—
4-141	隧道平洞出渣 平洞石渣经竖井运输 运距25m以内	$100m^3$	1 704.33	—	—	1.000 0	—
4-142	隧道平洞出渣 平洞石渣经竖井运输 每增运25m	$100m^3$	361.70	—	—	—	1.000 0
名称		单位	单价(元)	消耗量			
人工	二类人工	工日	135.00	7.525 0	2.509 0	6.773 0	2.032 0
材料	吊斗摊销	kg	6.90	—	—	15.831 0	—

工作内容:装载机装,汽车运、卸、空回,清理道路。　　**计量单位**:$100m^3$

定额编号				4-133	4-134	4-135	4-136
项目				机械装渣、电瓶车运输		机械装渣、自卸汽车运输	
				运距500m以内	每增运200m	运距1km以内	每增运1km
基价(元)				**4 662.43**	**434.76**	**1 815.38**	**392.76**
其中	人工费(元)			1 541.70	245.30	90.72	18.09
	材料费(元)			152.44	—	—	—
	机械费(元)			2 968.29	189.46	1 724.66	374.67
预算定额编号	项目名称	单位	单价(元)	消耗量			
4-143	隧道平洞出渣 机械装渣、电瓶车运输 运距500m以内	$100m^3$	4 662.43	1.000 0	—	—	—
4-144	隧道平洞出渣 机械装渣、电瓶车运输 每增运200m	$100m^3$	434.76	—	1.000 0	—	—
4-145	隧道平洞出渣 机械装渣、自卸汽车运输 运距1km以内	$100m^3$	1 815.38	—	—	1.000 0	—
4-146	隧道平洞出渣 机械装渣、自卸汽车运输 每增运1km	$100m^3$	392.76	—	—	—	1.000 0
	名称	单位	单价(元)	消耗量			
人工	二类人工	工日	135.00	11.420 0	1.817 0	0.672 0	0.134 0
材料	扒钉	kg	3.73	2.060 0	—	—	—
	板枋材	m^3	1 034.00	0.140 0	—	—	—

十、隧道斜井、竖井出渣

工作内容:装渣、运、卸(含扒平)、空回,清理道路。　　**计量单位**:$100m^3$

定额编号				4-137	4-138	4-139	4-140
项目				斜井人装、卷扬机轻轨运输		竖井人装、卷扬机吊斗提升	
				运距25m以内	每增运25m	运距25m以内	每增运25m
基价(元)				**5 254.04**	**1 063.03**	**4 733.34**	**894.87**
其中	人工费(元)			3 203.55	581.85	3 036.29	648.54
	材料费(元)			185.81	—	370.91	—
	机械费(元)			1 864.68	481.18	1 326.14	246.33
预算定额编号	项目名称	单位	单价(元)	消耗量			
4-147	斜井人装、卷扬机轻轨运输 运距25m以内	$100m^3$	5 254.04	1.000 0	—	—	—
4-148	斜井人装、卷扬机轻轨运输 每增运25m	$100m^3$	1 063.03	—	1.000 0	—	—
4-149	竖井人装、卷扬机吊斗提升 运距25m以内	$100m^3$	4 733.34	—	—	1.000 0	—
4-150	竖井人装、卷扬机吊斗提升 每增运25m	$100m^3$	894.87	—	—	—	1.000 0
	名称	单位	单价(元)	消耗量			
人工	二类人工	工日	135.00	23.730 0	4.310 0	22.491 0	4.804 0
材料	扒钉	kg	3.73	2.060 0	—	2.060 0	—
	吊斗摊销	kg	6.90	—	—	31.662 0	—
	板枋材	m^3	1 034.00	0.140 0	—	0.140 0	—
	托绳地滚用钢材摊销	kg	4.03	8.280 0	—	—	—

十一、临 时 工 程

1. 洞内临时工程

工作内容:通风机安装、调试使用、维护及拆除;铺设洞内通风筒、清扫污物、维修保养、拆除及材料运输;铺设水管、阀门,清扫污物、除锈、校正维修保养、拆除及材料运输;电路线路沿壁架设、安装、随用、随移、安全检查、维修保养、拆除及材料运输。

计量单位:100m

定额编号				4-141	4-142	4-143
项目				开挖断面 $35m^2$ 以内		
				洞长 1km 以内	洞长 1.5km 以内	洞长 2km 以内
基价(元)				**40 984.36**	**49 007.57**	**56 905.31**
其中	人工费(元)			20 505.70	25 343.67	30 181.64
	材料费(元)			14 116.38	17 158.11	20 199.85
	机械费(元)			6 362.28	6 505.79	6 523.82
预算定额编号	项目名称	单位	单价(元)	消耗量		
4-151	洞内通风 开挖断面 $35m^2$ 以内 运行洞长 1km 以内	1 000m	85 066.01	0.100 0	—	—
4-152	洞内通风 开挖断面 $35m^2$ 以内 运行洞长 1km 以外	100m	8 632.09	—	1.000 0	1.000 0
4-159	洞内通风筒安、拆年摊销 粘胶布轻便软管 一年内	100m	7 002.45	0.490 0	0.490 0	0.490 0
4-160	洞内通风筒安、拆年摊销 粘胶布轻便软管 每增一季	100m	1 318.84	—	0.490 0	0.980 0
4-161	洞内通风筒安、拆年摊销 $\delta=2$ 薄钢板风筒 一年内	100m	9 207.37	0.490 0	0.490 0	0.490 0
4-162	洞内通风筒安、拆年摊销 $\delta=2$ 薄钢板风筒 每增一季	100m	1 473.52	—	0.490 0	0.980 0
4-171	洞内风、水管道安、拆年摊销 镀锌钢管水管 一年内	100m	3 433.34	1.100 0	1.100 0	1.100 0
4-172	洞内风、水管道安、拆年摊销 镀锌钢管水管 每增一季	100m	497.21	—	1.100 0	2.200 0
4-185	洞内电路架设、拆除年摊销 照明 一年内	100m	11 532.96	1.000 0	1.000 0	1.000 0
4-186	洞内电路架设、拆除年摊销 照明 每增一季	100m	3 502.59	—	1.000 0	2.000 0
4-187	洞内电路架设、拆除年摊销 动力 一年内	100m	8 786.01	1.050 0	1.050 0	1.050 0
4-188	洞内电路架设、拆除年摊销 动力 每增一季	100m	2 361.86	—	1.050 0	2.100 0
名称		单位	单价(元)	消耗量		
人工	二类人工	工日	135.00	151.894 0	187.731 0	223.568 0
材料	型钢 综合	kg	3.84	27.979 0	33.574 8	39.170 6
	粘胶布风筒 $\phi500$	m	11.21	16.170 0	19.404 0	22.638 0
	截止阀 J11T-16K $DN25$	个	68.97	0.660 0	0.792 0	0.924 0
	电	kW·h	0.78	8 400.000 0	10 500.000 0	12 600.000 0
	铁风筒 $\phi500$	m	33.62	9.800 0	11.760 0	13.720 0

工作内容:通风机安装、调试使用、维护及拆除;铺设洞内通风筒、清扫污物、维修保养、拆除及材料运输;铺设水管、阀门,清扫污物、除锈、校正维修保养、拆除及材料运输;电路线路沿壁架设、安装、随用、随移、安全检查、维修保养、拆除及材料运输。

计量单位:100m

定额编号				4-144	4-145
项目				开挖断面 $35m^2$ 以内	
				洞长 2.5km 以内	洞长 3km 以内
基价(元)				**64 803.03**	**72 700.76**
其中	人工费(元)			35 019.61	39 857.58
	材料费(元)			23 241.58	26 283.32
	机械费(元)			6 541.84	6 559.86
预算定额编号	项目名称	单位	单价(元)	消耗量	
4-152	洞内通风 开挖断面 $35m^2$ 以内 运行洞长 1km 以外	100m	8 632.09	1.000 0	1.000 0
4-159	洞内通风筒安、拆年摊销 粘胶布轻便软管 一年内	100m	7 002.45	0.490 0	0.490 0
4-160	洞内通风筒安、拆年摊销 粘胶布轻便软管 每增一季	100m	1 318.84	1.470 0	1.960 0
4-161	洞内通风筒安、拆年摊销 $\delta=2$ 薄钢板风筒 一年内	100m	9 207.37	0.490 0	0.490 0
4-162	洞内通风筒安、拆年摊销 $\delta=2$ 薄钢板风筒 每增一季	100m	1 473.52	1.470 0	1.960 0
4-171	洞内风、水管道安、拆年摊销 镀锌钢管水管 一年内	100m	3 433.34	1.100 0	1.100 0
4-172	洞内风、水管道安、拆年摊销 镀锌钢管水管 每增一季	100m	497.21	3.300 0	4.400 0
4-185	洞内电路架设、拆除年摊销 照明 一年内	100m	11 532.96	1.000 0	1.000 0
4-186	洞内电路架设、拆除年摊销 照明 每增一季	100m	3 502.59	3.000 0	4.000 0
4-187	洞内电路架设、拆除年摊销 动力 一年内	100m	8 786.01	1.050 0	1.050 0
4-188	洞内电路架设、拆除年摊销 动力 每增一季	100m	2 361.86	3.150 0	4.200 0
	名称	单位	单价(元)	消耗量	
人工	二类人工	工日	135.00	259.404 0	295.241 0
材料	型钢 综合	kg	3.84	44.766 4	50.362 2
	粘胶布风筒 $\phi500$	m	11.21	25.872 0	29.106 0
	截止阀 J11T-16K $DN25$	个	68.97	1.056 0	1.188 0
	电	kW·h	0.78	14 700.000 0	16 800.000 0
	铁风筒 $\phi500$	m	33.62	15.680 0	17.640 0

工作内容:通风机安装、调试使用、维护及拆除;铺设洞内通风筒、清扫污物、维修保养、拆除及材料运输;铺设水管、阀门,清扫污物、除锈、校正维修保养、拆除及材料运输;电路线路沿壁架设、安装、随用、随移、安全检查、维修保养、拆除及材料运输。

计量单位:100m

定额编号				4-146	4-147
项目				开挖断面 $35m^2$ 以内	
				洞长 3.5km 以内	洞长 4km 以内
基价(元)				**80 598.51**	**88 496.23**
其中	人工费(元)			44 695.56	49 533.53
	材料费(元)			29 325.06	32 366.79
	机械费(元)			6 577.89	6 595.91
预算定额编号	项目名称	单位	单价(元)	消耗量	
4-152	洞内通风 开挖断面 $35m^2$ 以内 运行洞长 1km 以外	100m	8 632.09	1.000 0	1.000 0
4-159	洞内通风筒安、拆年摊销 粘胶布轻便软管 一年内	100m	7 002.45	0.490 0	0.490 0
4-160	洞内通风筒安、拆年摊销 粘胶布轻便软管 每增一季	100m	1 318.84	2.450 0	2.940 0
4-161	洞内通风筒安、拆年摊销 $\delta=2$ 薄钢板风筒 一年内	100m	9 207.37	0.490 0	0.490 0
4-162	洞内通风筒安、拆年摊销 $\delta=2$ 薄钢板风筒 每增一季	100m	1 473.52	2.450 0	2.940 0
4-171	洞内风、水管道安、拆年摊销 镀锌钢管水管 一年内	100m	3 433.34	1.100 0	1.100 0
4-172	洞内风、水管道安、拆年摊销 镀锌钢管水管 每增一季	100m	497.21	5.500 0	6.600 0
4-185	洞内电路架设、拆除年摊销 照明 一年内	100m	11 532.96	1.000 0	1.000 0
4-186	洞内电路架设、拆除年摊销 照明 每增一季	100m	3 502.59	5.000 0	6.000 0
4-187	洞内电路架设、拆除年摊销 动力 一年内	100m	8 786.01	1.050 0	1.050 0
4-188	洞内电路架设、拆除年摊销 动力 每增一季	100m	2 361.86	5.250 0	6.300 0
	名称	单位	单价(元)	消耗量	
人工	二类人工	工日	135.00	331.078 0	366.915 0
材料	型钢 综合	kg	3.84	55.958 0	61.553 8
	粘胶布风筒 $\phi500$	m	11.21	32.340 0	35.574 0
	截止阀 J11T-16K *DN*25	个	68.97	1.320 0	1.452 0
	电	kW·h	0.78	18 900.000 0	21 000.000 0
	铁风筒 $\phi500$	m	33.62	19.600 0	21.560 0

工作内容:通风机安装、调试使用、维护及拆除;铺设洞内通风筒、清扫污物、维修保养、拆除及材料运输;铺设水管、阀门,清扫污物、除锈、校正维修保养、拆除及材料运输;电路线路沿壁架设、安装、随用、随移、安全检查、维修保养、拆除及材料运输。

计量单位:100m

定额编号				4-148	4-149	4-150
项目				开挖断面 $65m^2$ 以内		
				洞长 1km 以内	洞长 1.5km 以内	洞长 2km 以内
基价(元)				**71 091.32**	**79 858.97**	**87 916.96**
其中	人工费(元)			21 098.49	26 045.46	30 992.43
	材料费(元)			14 410.10	17 499.70	20 589.29
	机械费(元)			35 582.73	36 313.81	36 335.24
预算定额编号	项目名称	单位	单价(元)	消耗量		
4-153	洞内通风 开挖断面 $65m^2$ 以内 运行洞长 1km 以内	1 000m	374 310.12	0.100 0	—	—
4-154	洞内通风 开挖断面 $65m^2$ 以内 运行洞长 1km 以外	100m	38 140.65	—	1.000 0	1.000 0
4-159	洞内通风筒安、拆年摊销 粘胶布轻便软管 一年内	100m	7 002.45	0.490 0	0.490 0	0.490 0
4-160	洞内通风筒安、拆年摊销 粘胶布轻便软管 每增一季	100m	1 318.84	—	0.490 0	0.980 0
4-161	洞内通风筒安、拆年摊销 $\delta=2$ 薄钢板风筒 一年内	100m	9 207.37	0.490 0	0.490 0	0.490 0
4-162	洞内通风筒安、拆年摊销 $\delta=2$ 薄钢板风筒 每增一季	100m	1 473.52	—	0.490 0	0.980 0
4-173	洞内风、水管道安、拆年摊销 镀锌钢管水管 一年内	100m	4 508.39	1.100 0	1.100 0	1.100 0
4-174	洞内风、水管道安、拆年摊销 镀锌钢管水管 每增一季	100m	642.91	—	1.100 0	2.200 0
4-185	洞内电路架设、拆除年摊销 照明 一年内	100m	11 532.96	1.000 0	1.000 0	1.000 0
4-186	洞内电路架设、拆除年摊销 照明 每增一季	100m	3 502.59	—	1.000 0	2.000 0
4-187	洞内电路架设、拆除年摊销 动力 一年内	100m	8 786.01	1.050 0	1.050 0	1.050 0
4-188	洞内电路架设、拆除年摊销 动力 每增一季	100m	2 361.86	—	1.050 0	2.100 0
名称		单位	单价(元)	消耗量		
人工	二类人工	工日	135.00	156.285 0	192.929 0	229.574 0
材料	型钢 综合	kg	3.84	27.979 0	33.574 8	39.170 6
	粘胶布风筒 $\phi500$	m	11.21	16.170 0	19.404 0	22.638 0
	截止阀 J11T-16K *DN*50	个	112.00	0.660 0	0.792 0	0.924 0
	电	kW·h	0.78	8 400.000 0	10 500.000 0	12 600.000 0
	铁风筒 $\phi500$	m	33.62	9.800 0	11.760 0	13.720 0

工作内容:通风机安装、调试使用、维护及拆除;铺设洞内通风筒、清扫污物、维修保养、拆除及材料运输;铺设水管、阀门,清扫污物、除锈、校正维修保养、拆除及材料运输;电路线路沿壁架设、安装、随用、随移、安全检查、维修保养、拆除及材料运输。

计量单位:100m

定额编号					4-151	4-152
项目					开挖断面 $65m^2$ 以内	
					洞长 2.5km 以内	洞长 3km 以内
基价(元)					**95 974.96**	**104 032.97**
其中	人工费(元)				35 939.40	40 886.37
	材料费(元)				23 678.89	26 768.49
	机械费(元)				36 356.67	36 378.11
预算定额编号	项目名称		单位	单价(元)	消耗量	
4-154	洞内通风 开挖断面 $65m^2$ 以内 运行洞长 1km 以外		100m	38 140.65	1.000 0	1.000 0
4-159	洞内通风筒安、拆年摊销 粘胶布轻便软管 一年内		100m	7 002.45	0.490 0	0.490 0
4-160	洞内通风筒安、拆年摊销 粘胶布轻便软管 每增一季		100m	1 318.84	1.470 0	1.960 0
4-161	洞内通风筒安、拆年摊销 $\delta=2$ 薄钢板风筒 一年内		100m	9 207.37	0.490 0	0.490 0
4-162	洞内通风筒安、拆年摊销 $\delta=2$ 薄钢板风筒 每增一季		100m	1 473.52	1.470 0	1.960 0
4-173	洞内风、水管道安、拆年摊销 镀锌钢管水管 一年内		100m	4 508.39	1.100 0	1.100 0
4-174	洞内风、水管道安、拆年摊销 镀锌钢管水管 每增一季		100m	642.91	3.300 0	4.400 0
4-185	洞内电路架设、拆除年摊销 照明 一年内		100m	11 532.96	1.000 0	1.000 0
4-186	洞内电路架设、拆除年摊销 照明 每增一季		100m	3 502.59	3.000 0	4.000 0
4-187	洞内电路架设、拆除年摊销 动力 一年内		100m	8 786.01	1.050 0	1.050 0
4-188	洞内电路架设、拆除年摊销 动力 每增一季		100m	2 361.86	3.150 0	4.200 0
名称			单位	单价(元)	消耗量	
人工	二类人工		工日	135.00	266.218 0	302.862 0
材料	型钢 综合		kg	3.84	44.766 4	50.362 2
	粘胶布风筒 $\phi500$		m	11.21	25.872 0	29.106 0
	截止阀 J11T-16K $DN50$		个	112.00	1.056 0	1.188 0
	电		kW·h	0.78	14 700.000 0	16 800.000 0
	铁风筒 $\phi500$		m	33.62	15.680 0	17.640 0

工作内容：通风机安装、调试使用、维护及拆除；铺设洞内通风筒、清扫污物、维修保养、拆除及材料运输；铺设水管、阀门，清扫污物、除锈、校正维修保养、拆除及材料运输；电路线路沿壁架设、安装、随用、随移、安全检查、维修保养、拆除及材料运输。

计量单位：100m

定额编号					4-153	4-154
项目					开挖断面 $65m^2$ 以内	
					洞长 3.5km 以内	洞长 4km 以内
基价（元）					**112 090.96**	**120 148.97**
其中	人工费（元）				45 833.34	50 780.31
	材料费（元）				29 858.08	32 947.68
	机械费（元）				36 399.54	36 420.98
预算定额编号	项目名称		单位	单价(元)	消耗量	
4-154	洞内通风 开挖断面 $65m^2$ 以内运行洞长 1km 以外		100m	38 140.65	1.000 0	1.000 0
4-159	洞内通风筒安、拆年摊销 粘胶布轻便软管 一年内		100m	7 002.45	0.490 0	0.490 0
4-160	洞内通风筒安、拆年摊销 粘胶布轻便软管 每增一季		100m	1 318.84	2.450 0	2.940 0
4-161	洞内通风筒安、拆年摊销 $\delta=2$ 薄钢板风筒 一年内		100m	9 207.37	0.490 0	0.490 0
4-162	洞内通风筒安、拆年摊销 $\delta=2$ 薄钢板风筒 每增一季		100m	1 473.52	2.450 0	2.940 0
4-173	洞内风、水管道安、拆年摊销 镀锌钢管水管 一年内		100m	4 508.39	1.100 0	1.100 0
4-174	洞内风、水管道安、拆年摊销 镀锌钢管水管 每增一季		100m	642.91	5.500 0	6.600 0
4-185	洞内电路架设、拆除年摊销 照明 一年内		100m	11 532.96	1.000 0	1.000 0
4-186	洞内电路架设、拆除年摊销 照明 每增一季		100m	3 502.59	5.000 0	6.000 0
4-187	洞内电路架设、拆除年摊销 动力 一年内		100m	8 786.01	1.050 0	1.050 0
4-188	洞内电路架设、拆除年摊销 动力 每增一季		100m	2 361.86	5.250 0	6.300 0
名称			单位	单价(元)	消耗量	
人工	二类人工		工日	135.00	339.506 0	376.150 0
材料	型钢 综合		kg	3.84	55.958 0	61.553 8
	粘胶布风筒 $\phi500$		m	11.21	32.340 0	35.574 0
	截止阀 J11T－16K *DN*50		个	112.00	1.320 0	1.452 0
	电		kW·h	0.78	18 900.000 0	21 000.000 0
	铁风筒 $\phi500$		m	33.62	19.600 0	21.560 0

工作内容: 通风机安装、调试使用、维护及拆除;铺设洞内通风筒、清扫污物、维修保养、拆除及材料运输;铺设水管、阀门,清扫污物、除锈、校正维修保养、拆除及材料运输;电路线路沿壁架设、安装、随用、随移、安全检查、维修保养、拆除及材料运输。

计量单位: 100m

定额编号					4-155	4-156	4-157
项目					开挖断面 $200m^2$ 以内		
					洞长 1km 以内	洞长 1.5km 以内	洞长 2km 以内
基价(元)					**76 030.86**	**95 538.75**	**114 414.66**
其中	人工费(元)				27 549.66	39 305.29	51 060.92
	材料费(元)				16 303.02	23 194.68	30 086.34
	机械费(元)				32 178.18	33 038.78	33 267.40
预算定额编号	项目名称		单位	单价(元)	消耗量		
4-155	洞内通风 开挖断面 $100m^2$ 以内 运行洞长 1km 以内		1 000m	334 432.65	0.100 0	—	—
4-156	洞内通风 开挖断面 $100m^2$ 以内 运行洞长 1km 以外		100m	34 075.25	—	1.000 0	1.000 0
4-163	洞内通风筒安、拆年摊销 粘胶布轻便软管 一年内		100m	10 757.25	0.490 0	0.490 0	0.490 0
4-164	洞内通风筒安、拆年摊销 粘胶布轻便软管 每增一季		100m	2 012.94	—	0.980 0	1.960 0
4-165	洞内通风筒安、拆年摊销 $\delta=2$ 薄钢板风筒 一年内		100m	14 657.56	0.490 0	0.490 0	0.490 0
4-166	洞内通风筒安、拆年摊销 $\delta=2$ 薄钢板风筒 每增一季		100m	2 379.37	—	0.980 0	1.960 0
4-181	洞内风、水管道安、拆年摊销 钢管 一年内		100m	8 523.69	1.100 0	1.100 0	1.100 0
4-182	洞内风、水管道安、拆年摊销 钢管 每增一季		100m	1 184.71	—	2.200 0	4.400 0
4-185	洞内电路架设、拆除年摊销 照明 一年内		100m	11 532.96	1.000 0	1.000 0	1.000 0
4-186	洞内电路架设、拆除年摊销 照明 每增一季		100m	3 502.59	—	2.000 0	4.000 0
4-187	洞内电路架设、拆除年摊销 动力 一年内		100m	8 786.01	1.050 0	1.050 0	1.050 0
4-188	洞内电路架设、拆除年摊销 动力 每增一季		100m	2 361.86	—	2.100 0	4.200 0
名称			单位	单价(元)	消耗量		
人工	二类人工		工日	135.00	204.071 0	291.150 0	378.229 0
材料	型钢 综合		kg	3.84	55.958 0	78.341 2	100.724 4
	粘胶布风筒 ϕ1 000		m	22.41	16.170 0	22.638 0	29.106 0
	截止阀 J41T－16 *DN*100		个	440.00	0.660 0	0.924 0	1.188 0
	电		kW·h	0.78	8 400.000 0	12 600.000 0	16 800.000 0
	铁风筒 ϕ1 000		m	77.59	9.800 0	13.720 0	17.640 0

工作内容：通风机安装、调试使用、维护及拆除；铺设洞内通风筒、清扫污物、维修保养、拆除及材料运输；铺设水管、阀门，清扫污物、除锈、校正维修保养、拆除及材料运输；电路线路沿壁架设、安装、随用、随移、安全检查、维修保养、拆除及材料运输。

计量单位：100m

定额编号				4-158	4-159
项目				开挖断面 $200m^2$ 以内	
				洞长 2.5km 以内	洞长 3km 以内
基价（元）				**123 852.62**	**133 290.57**
其中	人工费（元）			56 938.74	62 816.56
	材料费（元）			33 532.17	36 978.00
	机械费（元）			33 381.71	33 496.01
预算定额编号	项目名称	单位	单价(元)	消耗量	
4-156	洞内通风 开挖断面 $100m^2$ 以内 运行洞长 1km 以外	100m	34 075.25	1.000 0	1.000 0
4-163	洞内通风筒安、拆年摊销 粘胶布轻便软管 一年内	100m	10 757.25	0.490 0	0.490 0
4-164	洞内通风筒安、拆年摊销 粘胶布轻便软管 每增一季	100m	2 012.94	2.450 0	2.940 0
4-165	洞内通风筒安、拆年摊销 $\delta=2$ 薄钢板风筒 一年内	100m	14 657.56	0.490 0	0.490 0
4-166	洞内通风筒安、拆年摊销 $\delta=2$ 薄钢板风筒 每增一季	100m	2 379.37	2.450 0	2.940 0
4-181	洞内风、水管道安、拆年摊销 钢管 一年内	100m	8 523.69	1.100 0	1.100 0
4-182	洞内风、水管道安、拆年摊销 钢管 每增一季	100m	1 184.71	5.500 0	6.600 0
4-185	洞内电路架设、拆除年摊销 照明 一年内	100m	11 532.96	1.000 0	1.000 0
4-186	洞内电路架设、拆除年摊销 照明 每增一季	100m	3 502.59	5.000 0	6.000 0
4-187	洞内电路架设、拆除年摊销 动力 一年内	100m	8 786.01	1.050 0	1.050 0
4-188	洞内电路架设、拆除年摊销 动力 每增一季	100m	2 361.86	5.250 0	6.300 0
	名称	单位	单价(元)	消耗量	
人工	二类人工	工日	135.00	421.768 0	465.307 0
材料	型钢 综合	kg	3.84	111.916 0	123.107 6
	粘胶布风筒 $\phi1\ 000$	m	22.41	32.340 0	35.574 0
	截止阀 J41T－16 *DN*100	个	440.00	1.320 0	1.452 0
	电	kW·h	0.78	18 900.000 0	21 000.000 0
	铁风筒 $\phi1\ 000$	m	77.59	19.600 0	21.560 0

工作内容:通风机安装、调试使用、维护及拆除;铺设洞内通风筒、清扫污物、维修保养、拆除及材料运输;铺设水管、阀门,清扫污物、除锈、校正维修保养、拆除及材料运输;电路线路沿壁架设、安装、随用、随移、安全检查、维修保养、拆除及材料运输。

计量单位:100m

定额编号				4-160	4-161
项目				开挖断面 200m² 以内	
				洞长 3.5km 以内	洞长 4km 以内
基价(元)				**142 728.52**	**152 166.48**
其中	人工费(元)			68 694.37	74 572.19
	材料费(元)			40 423.83	43 869.66
	机械费(元)			33 610.32	33 724.63
预算定额编号	项目名称	单位	单价(元)	消耗量	
4-156	洞内通风 开挖断面 100m² 以内 运行洞长 1km 以外	100m	34 075.25	1.000 0	1.000 0
4-163	洞内通风筒安、拆年摊销 粘胶布轻便软管 一年内	100m	10 757.25	0.490 0	0.490 0
4-164	洞内通风筒安、拆年摊销 粘胶布轻便软管 每增一季	100m	2 012.94	3.430 0	3.920 0
4-165	洞内通风筒安、拆年摊销 $\delta=2$ 薄钢板风筒 一年内	100m	14 657.56	0.490 0	0.490 0
4-166	洞内通风筒安、拆年摊销 $\delta=2$ 薄钢板风筒 每增一季	100m	2 379.37	3.430 0	3.920 0
4-181	洞内风、水管道安、拆年摊销 钢管 一年内	100m	8 523.69	1.100 0	1.100 0
4-182	洞内风、水管道安、拆年摊销 钢管 每增一季	100m	1 184.71	7.700 0	8.800 0
4-185	洞内电路架设、拆除年摊销 照明 一年内	100m	11 532.96	1.000 0	1.000 0
4-186	洞内电路架设、拆除年摊销 照明 每增一季	100m	3 502.59	7.000 0	8.000 0
4-187	洞内电路架设、拆除年摊销 动力 一年内	100m	8 786.01	1.050 0	1.050 0
4-188	洞内电路架设、拆除年摊销 动力 每增一季	100m	2 361.86	7.350 0	8.400 0
	名称	单位	单价(元)	消耗量	
人工	二类人工	工日	135.00	508.847 0	552.386 0
材料	型钢 综合	kg	3.84	134.299 2	145.490 8
	粘胶布风筒 ϕ1 000	m	22.41	38.808 0	42.042 0
	截止阀 J41T-16 *DN*100	个	440.00	1.584 0	1.716 0
	电	kW·h	0.78	23 100.000 0	25 200.000 0
	铁风筒 ϕ1 000	m	77.59	23.520 0	25.480 0

2. 洞内外轻便轨道铺、拆年摊销

工作内容：铺设枕木、轻轨，校平调顺，固定，拆除，材料运输及保养维修。　　**计量单位**：100m

定额编号				4-162	4-163
项目				轻便轨道(kg/m) 15 一年内	轻便轨道(kg/m) 15 每增一季
基价(元)				**10 089.77**	**1 351.97**
其中	人工费(元)			5 179.01	468.45
	材料费(元)			4 910.76	883.52
	机械费(元)			—	—
预算定额编号	项目名称	单位	单价(元)	消耗量	
4-189	洞内外轻便轨道铺、拆年摊销 轻便轨道 15kg/m 一年内	100m	10 089.77	1.000 0	—
4-190	洞内外轻便轨道铺、拆年摊销 轻便轨道 15kg/m 每增一季	100m	1 351.97	—	1.000 0
	名称	单位	单价(元)	消耗量	
人工	二类人工	工日	135.00	38.363 0	3.470 0
材料	钢轨	kg	4.14	430.000 0	70.000 0
	鱼尾螺栓	kg	10.34	6.910 0	1.280 0
	圆钉	kg	4.74	1.000 0	0.200 0
	道钉	kg	5.60	19.520 0	3.660 0
	镀锌铁丝 16#	kg	6.55	10.650 0	2.130 0
	枕木	m^3	2 457.00	1.050 0	0.200 0
	钢板垫板	kg	3.72	25.190 0	4.580 0
	鱼尾板	kg	2.11	16.910 0	3.210 0

工作内容：铺设枕木、轻轨，校平调顺，固定，拆除，材料运输及保养维修。　　**计量单位**：100m

定额编号				4-164	4-165
项目				轻便轨道(kg/m) 18 一年内	轻便轨道(kg/m) 18 每增一季
基价(元)				**12 424.53**	**1 755.77**
其中	人工费(元)			5 327.78	480.87
	材料费(元)			7 096.75	1 274.90
	机械费(元)			—	—
预算定额编号	项目名称	单位	单价(元)	消耗量	
4-191	洞内外轻便轨道铺、拆年摊销 轻便轨道 18kg/m 一年内	100m	12 424.53	1.000 0	—
4-192	洞内外轻便轨道铺、拆年摊销 轻便轨道 18kg/m 每增一季	100m	1 755.77	—	1.000 0
	名称	单位	单价(元)	消耗量	
人工	二类人工	工日	135.00	39.465 0	3.562 0
材料	钢轨	kg	4.14	450.000 0	70.000 0
	鱼尾螺栓	kg	10.34	7.940 0	1.470 0
	圆钉	kg	4.74	1.000 0	0.200 0
	道钉	kg	5.60	31.520 0	5.910 0
	镀锌铁丝 16#	kg	6.55	13.650 0	2.730 0
	枕木	m^3	2 457.00	1.750 0	0.330 0
	钢板垫板	kg	3.72	81.280 0	15.240 0
	鱼尾板	kg	2.11	18.430 0	3.490 0

工作内容:铺设枕木、轻轨,校平调顺,固定,拆除,材料运输及保养维修。 **计量单位**:100m

定额编号					4-166	4-167
项目					轻便轨道(kg/m)	
					24	
					一年内	每增一季
基价(元)					**12 777.67**	**1 811.45**
其中	人工费(元)				5 377.32	484.92
	材料费(元)				7 400.35	1 326.53
	机械费(元)				—	—
预算定额编号	项目名称		单位	单价(元)	消耗量	
4-193	洞内外轻便轨道铺、拆年摊销 轻便轨道 24kg/m 一年内		100m	12 777.67	1.000 0	—
4-194	洞内外轻便轨道铺、拆年摊销 轻便轨道 24kg/m 每增一季		100m	1 811.45	—	1.000 0
名称			单位	单价(元)	消耗量	
人工	二类人工		工日	135.00	39.832 0	3.592 0
材料	钢轨		kg	4.14	510.000 0	80.000 0
	鱼尾螺栓		kg	10.34	7.940 0	1.470 0
	圆钉		kg	4.74	1.000 0	0.200 0
	道钉		kg	5.60	35.680 0	6.690 0
	镀锌铁丝 16#		kg	6.55	13.650 0	2.730 0
	枕木		m^3	2 457.00	1.750 0	0.330 0
	钢板垫板		kg	3.72	81.280 0	15.240 0
	鱼尾板		kg	2.11	28.690 0	5.440 0

3. 洞内施工排水

工作内容:水泵安、拆,集水坑设置,排水,维护。 **计量单位**:100m^3 水量

定额编号				4-168
项目				洞内施工排水
基价(元)				**77.43**
其中	人工费(元)			8.10
	材料费(元)			8.00
	机械费(元)			61.33
预算定额编号	项目名称	单位	单价(元)	消耗量
4-198H	洞内施工排水	100m^3水量	77.43	1.000 0
名称		单位	单价(元)	消耗量
人工	二类人工	工日	135.00	0.060 0

第二节　隧道内衬

说　　明

一、本节定额包括混凝土及钢筋混凝土衬砌平洞，斜井衬砌，竖井衬砌和支护，石料衬砌，洞内喷射混凝土支护，锚杆，防水板与止水带（条），排水管，拱、墙背压浆，隧道钢支撑，管棚、小导管。

二、隧道内衬现浇混凝土边墙、拱部均考虑了施工操作平台；定额已综合考虑竖井的脚手架费用，不再另行计算。喷射混凝土定额中已考虑喷射操作平台费用。

三、混凝土边墙、拱部衬砌，按先拱后墙、先墙后拱的衬砌比例综合考虑。本节定额中已综合考虑超挖回填因素，当设计采用的混凝土与本节定额不同时，可进行换算调整。

四、隧道混凝土衬砌定额中已综合考虑了周转模板的材料消耗量，编制概算时不得另行计算。

五、本节定额中，喷射混凝土已综合考虑回弹量。钢纤维混凝土定额中，当设计采用的钢纤维掺入量与本节定额不同或采用其他材料时，可进行换算调整。

六、喷射混凝土定额已包括混合料 200m 的运输，超过该运距时另行按本定额第一章“通用项目”中场内运输半成品混合料定额计算现场运输增加的费用。

七、斜井支护执行平洞的相关支护定额子目。

八、隧道钢支撑定额是按永久性支护考虑编制的，如作为临时支护使用时，应按规定计取回收。编制概算时，临时支护的钢支撑按下表规定的周转次数计算耗用量，如因工程规模或工期限制达不到规定的周转次数时，可按初步设计工程量编制概算，并按下表规定的回收率计算回收费用。

临时支护钢支撑回收率计算表

回收项目	周转次数					计算基数
	50	40	30	20	10	
型钢、钢板、钢筋	—	30%	50%	65%	80%	材料原价

工程量计算规则

一、隧道内衬现浇混凝土和石料衬砌的工程量，按设计图示尺寸以“m^3”计算，不扣除单孔面积 0.3m^2 以内孔洞所占体积。

二、隧道边墙为直墙时，以起拱线为分界线，以下为边墙，以上为拱部；隧道为单心圆或多心圆断面时，以拱部 120°为分界线，以下为边墙，以上为拱部。边墙底部的扩大部分工程量（含附壁水沟）应并入相应厚度边墙体积内计算。拱部两端支座，先拱后墙的扩大部分工程量应并入拱部体积内计算。

三、喷射混凝土数量及厚度按设计图示计算，不另增加超挖、填平补齐的数量。

四、砂浆锚杆及药卷锚杆工程量按锚杆设计图示尺寸以重量计算，锁定钢筋、定位钢筋等重量已包含在定额消耗量内,不单独计算;中空注浆锚杆、自进式锚杆的工程量按锚杆设计长度计算。

五、定额中砂浆锚杆按 ϕ22 计算,如实际不同时,人工、机械的消耗量应按下表中系数调整,锚杆按净重计算不加损耗。

砂浆锚杆人工、机械系数调整表

锚杆直径	ϕ28	ϕ25	ϕ22	ϕ20	ϕ18	ϕ16
调整系数	0.62	0.78	1.00	1.21	1.49	1.89

六、防水板按设计敷设面积以“m^2”计算工程量;止水带(条)、盲沟、透水管的工程量均按初步设计工程量以“m”计算。纵向弹簧管按隧道纵向每侧铺设长度之和以“m”计算。环向盲沟按隧道横断面敷设长度以“m”计算。

七、钢筋工程应区分不同钢筋种类和规格以“t”计算,执行本定额第一章“通用项目”相应定额子目。

八、拱、墙背压浆的工程量按初步设计工程量以“m^3”计算。

九、钢支撑工程量按钢架的初步设计工程量以“t”计算。

十、管棚、小导管的工程量按设计钢管长度以“m”计算。当管径不同时,可调整定额中钢管的消耗量。

一、混凝土及钢筋混凝土衬砌平洞

工作内容:1. 模板台车浇注混凝土:岩面清理,台车就位、调整,挡头板制作、安装、拆除、修理、堆放,台车维护,混凝土浇筑、养护等。

2. 模架浇筑混凝土:岩面清理,模架制作、安装、拆除、移动,模板制作、安装、拆除、修理、堆放,混凝土浇筑、养护等。

计量单位:$10m^3$

定额编号				4-169	4-170	4-171
项目				混凝土		
				拱顶、边墙模筑混凝土		仰拱混凝土衬砌
				模板台车	模架	
基价(元)				**6 157.61**	**7 558.81**	**4 775.99**
其中	人工费(元)			445.50	2 301.75	315.90
	材料费(元)			5 601.03	5 216.43	4 443.32
	机械费(元)			111.08	40.63	16.77
预算定额编号	项目名称	单位	单价(元)	消耗量		
4-199	混凝土 拱顶、边墙模筑混凝土 模板台车	$10m^3$	6 157.61	1.000 0	—	—
4-200	混凝土 拱顶、边墙模筑混凝土 模架	$10m^3$	7 558.81	—	1.000 0	—
4-201	混凝土 仰拱混凝土衬砌	$10m^3$	4 775.99	—	—	1.000 0
	名称	单位	单价(元)	消耗量		
人工	二类人工	工日	135.00	3.300 0	17.050 0	2.340 0
材料	型钢 综合	kg	3.84	—	8.000 0	—
	中厚钢板 综合	kg	3.79	—	28.000 0	—
	铁件	kg	3.71	—	8.000 0	—
	圆钉	kg	4.74	—	0.100 0	—
	镀锌铁丝 8#~12#	kg	6.55	—	1.800 0	—
	非泵送商品混凝土 C25	m^3	421.00	11.700 0	11.700 0	10.400 0
	原木	m^3	1 552.00	—	0.012 0	—
	枕木	m^3	2 457.00	0.013 0	—	—
	水	m^3	4.27	11.000 0	12.000 0	11.000 0
	钢模板	kg	5.96	56.339 0	—	—
	木模板	m^3	1 445.00	0.012 0	0.024 0	0.010 0

工作内容:1. 中隔墙混凝土浇筑:模板及支撑制作、安装、拆除、修理、堆放,混凝土浇筑、养护等。
2. 洞门墙:搭、拆脚手架;模板制作、安装、拆除、修理、堆放;混凝土浇筑、养护等。 **计量单位**:$10m^3$

定额编号				4-172	4-173	4-174
项目				混凝土		
				仰拱回填	连拱隧道中隔墙	洞门墙
基价(元)				**4 299.64**	**5 163.23**	**6 751.92**
其中	人工费(元)			202.50	680.40	1 530.90
	材料费(元)			4 080.37	4 446.89	4 897.07
	机械费(元)			16.77	35.94	323.95
预算定额编号	项目名称	单位	单价(元)	消耗量		
4-202	混凝土 仰拱回填	$10m^3$	4 299.64	1.000 0	—	—
4-203	混凝土 连拱隧道中隔墙	$10m^3$	5 163.23	—	1.000 0	—
4-204	混凝土 洞门墙	$10m^3$	6 751.92	—	—	1.000 0
名称		单位	单价(元)	消耗量		
人工	二类人工	工日	135.00	1.500 0	5.040 0	11.340 0
材料	型钢 综合	kg	3.84	—	2.000 0	12.000 0
	中厚钢板 综合	kg	3.79	—	10.000 0	—
	铁件	kg	3.71	—	2.400 0	15.300 0
	圆钉	kg	4.74	—	0.100 0	0.200 0
	镀锌铁丝 $8^{\#}\sim12^{\#}$	kg	6.55	—	0.600 0	0.300 0
	非泵送商品混凝土 C15	m^3	399.00	10.100 0	—	—
	非泵送商品混凝土 C25	m^3	421.00	—	10.100 0	10.100 0
	原木	m^3	1 552.00	—	0.004 0	0.072 0
	碳素结构钢流体无缝钢管	kg	4.74	—	—	8.000 0
	水	m^3	4.27	11.000 0	12.000 0	12.000 0
	钢模板	kg	5.96	—	9.899 0	28.259 0
	木模板	m^3	1 445.00	—	0.008 0	0.082 0

二、斜 井 衬 砌

工作内容:岩面及基底清理,脚手架及衬砌平台制作、安装、拆除,模板制作、安装、拆除及维修,混凝土浇筑、养护等。

计量单位:10m³

定额编号				4-175	4-176
项目				模筑混凝土	仰拱混凝土
基价(元)				**7 559.31**	**5 702.53**
其中	人工费(元)			2 875.50	1 231.20
	材料费(元)			4 542.83	4 330.35
	机械费(元)			140.98	140.98
预算定额编号	项目名称	单位	单价(元)	消耗量	
4-205	模筑混凝土	10m³	7 559.31	1.000 0	—
4-206	仰拱混凝土	10m³	5 702.53	—	1.000 0
	名称	单位	单价(元)	消耗量	
人工	二类人工	工日	135.00	21.300 0	9.120 0
材料	型钢 综合	kg	3.84	8.000 0	—
	中厚钢板 综合	kg	3.79	28.000 0	2.000 0
	铁件	kg	3.71	8.000 0	0.400 0
	圆钉	kg	4.74	0.100 0	—
	镀锌铁丝 8# ~12#	kg	6.55	1.800 0	—
	非泵送商品混凝土 C25	m³	421.00	10.100 0	10.100 0
	原木	m³	1 552.00	0.012 0	—
	水	m³	4.27	12.000 0	12.000 0
	木模板	m³	1 445.00	0.024 0	0.010 0

三、竖井衬砌和支护

工作内容:1.模筑混凝土:岩面清理,搭、拆、移工作台,模板制作、安装、拆除及维护,混凝土浇筑、养护等。

2.喷射混凝土:清洗岩面,安、拆、移机具,混凝土配料、上料、喷射、养护、冲洗机具。

3.锚杆:搭、拆、移工作台,锚杆及附件制作、吊运、钻机、安装,调制砂浆、灌浆、锚固。 **计量单位**:见表

定额编号				4-177	4-178	4-179	4-180
项目				模筑混凝土	喷射混凝土支护		锚杆
					初喷5cm	每增1cm	
计量单位				$10m^3$	$100m^2$		t
基价(元)				**6 578.96**	**5 527.95**	**807.54**	**12 141.61**
其中	人工费(元)			1 393.20	1 527.66	191.16	4 552.20
	材料费(元)			4 647.90	2 734.01	413.51	4 462.86
	机械费(元)			537.86	1 266.28	202.87	3 126.55
预算定额编号	项目名称	单位	单价(元)	消耗量			
4-207	竖井衬砌和支护 模筑混凝土	$10m^3$	6 578.96	1.000 0	—	—	—
4-208	竖井衬砌和支护 喷射混凝土支护 初喷5cm	$100m^2$	5 527.95	—	1.000 0	—	—
4-209	竖井衬砌和支护 喷射混凝土支护 每增1cm	$100m^2$	807.54	—	—	1.000 0	—
4-210	竖井衬砌和支护 锚杆	t	12 141.61	—	—	—	1.000 0
	名称	单位	单价(元)	消耗量			
人工	二类人工	工日	135.00	10.320 0	11.316 0	1.416 0	33.720 0
材料	热轧带肋钢筋 HRB400 综合	t	3 849.00	—	—	—	1.100 0
	六角空心钢 综合	kg	2.48	—	—	—	13.900 0
	铁件	kg	3.71	0.900 0	—	—	—
	合金钢钻头 一字型	个	8.62	—	—	—	9.000 0
	镀锌铁丝 10#	kg	5.38	—	—	—	0.100 0
	非泵送商品混凝土 C25	m^3	421.00	10.100 0	—	—	—
	原木	m^3	1 552.00	0.015 0	—	—	0.001 0
	高压胶皮风管 $\phi50$	m	17.24	—	4.000 0	0.500 0	—
	水	m^3	4.27	12.000 0	19.200 0	2.400 0	—
	钢模板	kg	5.96	22.859 0	—	—	—
	木模板	m^3	1 445.00	0.049 0	—	—	0.002 0
	水泥砂浆 1:1	m^3	294.20	—	—	—	0.340 0
	喷射混凝土 1:2.5:2	m^3	337.71	—	7.500 0	1.150 0	—

四、石 料 衬 砌

工作内容：运料，拌浆，表面修凿，搭、拆简易脚手架；拱部钢拱架制作、安装、拆除；选料、砌筑、勾缝、养护等。

计量单位：$10m^3$

定额编号				4-181	4-182	4-183	4-184	4-185
项目				洞门		水沟		
				浆砌块石	浆砌条石	浆砌块石	浆砌清条石	浆砌砖
基价（元）				**4 683.52**	**6 791.88**	**4 661.47**	**6 431.21**	**3 878.57**
其中	人工费（元）			1 636.20	1 530.36	1 579.23	1 188.41	806.76
	材料费（元）			3 016.11	5 256.09	3 051.03	5 237.37	3 054.17
	机械费（元）			31.21	5.43	31.21	5.43	17.64
预算定额编号	项目名称	单位	单价（元）	消耗量				
4-211	洞门 浆砌块石	$10m^3$	4 683.52	1.000 0	—	—	—	—
4-212	洞门 浆砌条石	$10m^3$	6 791.88	—	1.000 0	—	—	—
4-217	水沟 浆砌块石	$10m^3$	4 661.47	—	—	1.000 0	—	—
4-218	水沟 浆砌清条石	$10m^3$	6 431.21	—	—	—	1.000 0	—
4-219	水沟 浆砌砖	$10m^3$	3 878.57	—	—	—	—	1.000 0
	名称	单位	单价（元）	消耗量				
人工	二类人工	工日	135.00	12.120 0	11.336 0	11.698 0	8.803 0	5.976 0
材料	块石	t	77.67	17.952 0	—	17.952 0	—	—
	条石	t	205.00	—	24.000 0	—	24.000 0	—
	混凝土实心砖 240×115×53 MU10	千块	388.00	—	—	—	—	5.340 0
	水	m^3	4.27	7.200 0	6.500 0	7.200 0	6.500 0	9.120 0
	木模板	m^3	1 445.00	0.020 0	0.020 0	—	—	—
	干混砌筑砂浆 DM M5.0	m^3	397.23	3.930 0	0.700 0	—	—	—
	干混砌筑砂浆 DM M7.5	m^3	413.73	—	—	3.930 0	0.700 0	2.280 0

五、洞内喷射混凝土支护

工作内容:清洗岩面,安、拆、移机具,混凝土或钢纤维混凝土配料、上料、喷射、养护、冲洗机具,移动喷浆架。

计量单位:$100m^2$

定额编号				4-186	4-187	4-188	4-189
项目				喷射混凝土			
				混凝土		钢纤维混凝土	
				初喷 5cm	每增 1cm	初喷 5cm	每增 1cm
基价(元)				**4 841.85**	**741.80**	**6 164.93**	**983.54**
其中	人工费(元)			1 198.92	174.85	1 558.49	227.31
	材料费(元)			2 863.61	453.42	3 749.14	631.36
	机械费(元)			779.32	113.53	857.30	124.87
预算定额编号	项目名称	单位	单价(元)	消耗量			
4-220	洞内 喷射混凝土(拱部) 混凝土 初喷 5cm	$100m^2$	5 004.49	0.450 0	—	—	—
4-221	洞内 喷射混凝土(拱部) 混凝土 每增 1cm	$100m^2$	793.60	—	0.450 0	—	—
4-222	洞内 喷射混凝土(拱部) 钢纤维混凝土 初喷 5cm	$100m^2$	6 358.59	—	—	0.450 0	—
4-223	洞内 喷射混凝土(拱部) 钢纤维混凝土 每增 1cm	$100m^2$	1 039.82	—	—	—	0.450 0
4-224	洞内 喷射混凝土(边墙) 混凝土 初喷 5cm	$100m^2$	4 708.77	0.550 0	—	—	—
4-225	洞内 喷射混凝土(边墙) 混凝土 每增 1cm	$100m^2$	699.42	—	0.550 0	—	—
4-226	洞内 喷射混凝土(边墙) 钢纤维混凝土 初喷 5cm	$100m^2$	6 006.48	—	—	0.550 0	—
4-227	洞内 喷射混凝土(边墙) 钢纤维混凝土 每增 1cm	$100m^2$	937.49	—	—	—	0.550 0
名称		单位	单价(元)	消耗量			
人工	二类人工	工日	135.00	8.881 0	1.295 0	11.544 0	1.684 0
材料	钢纤维	t	4 138.00	—	—	0.214 0	0.043 0
	高压胶皮风管 φ50	m	17.24	3.725 0	0.465 9	3.725 0	0.465 9
	水	m^3	4.27	19.200 0	2.400 0	19.200 0	2.400 0
	脚手架钢管	kg	3.62	2.586 0	—	2.586 0	—
	板枋材	m^3	1 034.00	0.021 0	—	0.021 0	—
	喷射混凝土 1:2.5:2	m^3	337.71	7.822 5	1.272 0	7.822 5	1.272 0

六、锚　　杆

工作内容：1. 砂浆锚杆：搭、拆、移脚手架，锚杆及附件制作、运输，钻孔、安装、砂浆拌和、灌注、锚固。
2. 药卷锚杆：搭、拆、移脚手架，锚杆及附件制作、运输，钻孔、安装、药卷制作、灌注、锚固。
3. 中空注浆及自进式锚杆：搭、拆、移脚手架，锚杆运输、钻进、安装附件，砂浆拌和、灌注、锚固。

计量单位：见表

定额编号				4-190	4-191	4-192	4-193
项目				锚杆			
				砂浆锚杆	药卷锚杆	中空注浆锚杆	自进式锚杆
计量单位				t		100m	
基价（元）				**10 582.68**	**10 649.09**	**4 415.53**	**5 389.79**
其中	人工费（元）			3 928.50	3 484.49	1 069.20	1 069.20
	材料费（元）			4 568.05	5 078.47	2 775.20	3 607.31
	机械费（元）			2 086.13	2 086.13	571.13	713.28
预算定额编号	项目名称	单位	单价(元)	消耗量			
4-228	锚杆 砂浆锚杆	t	10 582.68	1.000 0	—	—	—
4-229	锚杆 药卷锚杆	t	10 649.09	—	1.000 0	—	—
4-230	锚杆 中空注浆锚杆	100m	4 415.53	—	—	1.000 0	—
4-231	锚杆 自进式锚杆	100m	5 389.79	—	—	—	1.000 0
	名称	单位	单价(元)	消耗量			
人工	二类人工	工日	135.00	29.100 0	25.811 0	7.920 0	7.920 0
材料	热轧带肋钢筋 HRB400 综合	t	3 849.00	1.100 0	1.100 0	—	—
	六角空心钢 综合	kg	2.48	13.900 0	13.900 0	5.100 0	—
	圆钉	kg	4.74	0.100 0	0.100 0	0.100 0	0.100 0
	合金钢钻头 一字型	个	8.62	9.000 0	9.000 0	3.000 0	—
	中空注浆锚杆	m	25.86	—	—	101.000 0	—
	自进式锚杆	m	34.48	—	—	—	101.000 0
	镀锌铁丝 8#～12#	kg	6.55	1.800 0	1.800 0	0.900 0	0.900 0
	原木	m^3	1 552.00	0.013 0	0.013 0	0.007 0	0.007 0
	锚固药卷	kg	1.55	—	399.840 0	—	—
	水	m^3	4.27	13.000 0	13.000 0	5.000 0	5.000 0
	板枋材	m^3	1 034.00	0.024 0	0.024 0	0.013 0	0.013 0
	水泥砂浆 1:1	m^3	294.20	0.340 0	—	0.240 0	0.240 0

七、防水板与止水带(条)

工作内容:1. 防水板:搭、拆、移工作平台,基面处理、钻孔、钉锚固钉,下料、运至现场、拼接就位、焊接、检查。
2. 橡胶止水带:取运料、钢筋除锈、制作,钢筋卡就位、安装止水带、固定检查,移动工作平台。
3. 橡胶止水条:清洗混凝土表面,安装止水条、固定检查。

计量单位:见表

定额编号				4-194	4-195	4-196
项目				复合防水板	橡胶止水带	橡胶止水条
计量单位				100m²	10m	
基价(元)				**2 936.26**	**1 111.27**	**452.62**
其中	人工费(元)			340.20	186.30	166.05
	材料费(元)			2 561.06	924.07	286.57
	机械费(元)			35.00	0.90	—
预算定额编号	项目名称	单位	单价(元)	消耗量		
4-232	复合防水板	100m²	2 936.26	1.000 0	—	—
4-233	橡胶止水带	10m	1 111.27	—	1.000 0	—
4-234	橡胶止水条	10m	452.62	—	—	1.000 0
	名称	单位	单价(元)	消耗量		
人工	二类人工	工日	135.00	2.520 0	1.380 0	1.230 0
材料	复合式防水板	m²	22.41	106.000 0	—	—
	内防水橡胶止水带	m	87.07	—	10.250 0	—
	橡胶止水带	m	27.93	—	—	10.250 0

八、排水管

工作内容:1. 塑料排水管:取运料,铺挂排水管、连接、固定,移动工作台。
2. 环向无纺布:取运料,铺挂无纺布、塑料布、铁丝网,钻孔、膨胀螺丝固定,移动工作台。

计量单位:见表

定额编号				4-197	4-198	4-199
项目				纵向排水管		横向排水管
				弹簧管	HPDE 管	
计量单位				100m		m
基价(元)				**3 221.16**	**1 835.85**	**23.54**
其中	人工费(元)			275.40	275.40	8.10
	材料费(元)			2 945.76	1 560.45	15.44
	机械费(元)			—	—	—
预算定额编号	项目名称	单位	单价(元)	消耗量		
4-235	纵向排水管 弹簧管	100m	3 221.16	1.000 0	—	—
4-236	纵向排水管 HPDE 管	100m	1 835.85	—	1.000 0	—
4-237	横向排水管	m	23.54	—	—	1.000 0
	名称	单位	单价(元)	消耗量		
人工	二类人工	工日	135.00	2.040 0	2.040 0	0.060 0
材料	土工布	m²	4.31	—	35.700 0	0.350 0
	PVC 塑料管 ϕ100	m	13.63	—	—	1.000 0
	塑料打孔波纹管 ϕ100	m	13.79	—	102.000 0	—
	塑料弹簧软管 ϕ110	m	28.88	102.000 0	—	—

工作内容:1. 塑料排水管:取运料,铺挂排水管、连接、固定,移动工作台。

2. 环向无纺布:取运料,铺挂无纺布、塑料布、铁丝网,钻孔、膨胀螺丝固定,移动工作台。 **计量单位**:100m

定额编号				4-200	4-201	4-202
项目				环向排水管		
				弹簧管	无纺布	塑料板盲沟
基价(元)				**2 596.74**	**1 432.82**	**2 268.16**
其中	人工费(元)			1 490.40	1 093.50	1 150.20
	材料费(元)			1 106.34	339.32	1 117.96
	机械费(元)			—	—	—
预算定额编号	项目名称	单位	单价(元)	消耗量		
4-238	环向排水管 弹簧管	100m	2 596.74	1.000 0	—	—
4-239	环向排水管 无纺布	100m	1 432.82	—	1.000 0	—
4-240	环向排水管 塑料板盲沟	100m	2 268.16	—	—	1.000 0
	名称	单位	单价(元)	消耗量		
人工	二类人工	工日	135.00	11.040 0	8.100 0	8.520 0
材料	塑料板盲沟	m	10.34	—	—	106.000 0
	土工布	m^2	4.31	—	51.000 0	—
	金属膨胀螺栓 M8×60	套	0.27	418.000 0	418.000 0	—
	塑料弹簧软管 ϕ50	m	9.74	102.000 0	—	—

九、拱、墙背压浆

工作内容:搭拆脚手架,钻孔,砂浆制作、压浆,检查,堵孔。 **计量单位**:$10m^3$

定额编号				4-203	4-204	4-205	4-206
项目				Ⅰ~Ⅲ级围岩		Ⅳ~Ⅴ级围岩	
				预留孔压浆	钻孔压浆	预留孔压浆	钻孔压浆
基价(元)				**6 006.13**	**7 087.45**	**5 780.07**	**6 560.04**
其中	人工费(元)			1 401.30	2 195.10	1 166.40	1 757.70
	材料费(元)			4 528.93	4 541.82	4 537.77	4 550.66
	机械费(元)			75.90	350.53	75.90	251.68
预算定额编号	项目名称	单位	单价(元)	消耗量			
4-241	拱、墙背压浆 Ⅰ~Ⅲ级围岩 预留孔压浆	$10m^3$	6 006.13	1.000 0	—	—	—
4-242	拱、墙背压浆 Ⅰ~Ⅲ级围岩 钻孔压浆	$10m^3$	7 087.45	—	1.000 0	—	—
4-243	拱、墙背压浆 Ⅳ~Ⅴ级围岩 预留孔压浆	$10m^3$	5 780.07	—	—	1.000 0	—
4-244	拱、墙背压浆 Ⅳ~Ⅴ级围岩 钻孔压浆	$10m^3$	6 560.04	—	—	—	1.000 0
	名称	单位	单价(元)	消耗量			
人工	二类人工	工日	135.00	10.380 0	16.260 0	8.640 0	13.020 0
材料	合金钢钻头 一字型	个	8.62	—	1.000 0	—	1.000 0
	水	m^3	4.27	6.000 0	7.000 0	8.000 0	9.000 0
	板枋材	m^3	1 034.00	0.077 0	0.077 0	0.077 0	0.077 0
	纯水泥浆	m^3	430.36	10.250 0	10.250 0	10.250 0	10.250 0

十、隧道钢支撑

工作内容:下料、成型、钻孔、焊接、修正,安装就位、紧固螺栓,拆除、整理、堆放。 **计量单位**:1t 钢架

定额编号				4-207	4-208	4-209	4-210
项目				制作、安装		每增一次安装	每增一次拆除
				型钢钢架	格栅钢架		
基价(元)				**6 140.82**	**8 085.51**	**518.40**	**178.20**
其中	人工费(元)			1 514.70	2 916.00	518.40	178.20
	材料费(元)			4 331.17	4 599.59	—	—
	机械费(元)			294.95	569.92	—	—
预算定额编号	项目名称	单位	单价(元)	消耗量			
4-245	隧道钢支撑 制作、安装 型钢钢架	1t 钢架	6 140.82	1.000 0	—	—	—
4-246	隧道钢支撑 制作、安装 格栅钢架	1t 钢架	8 085.51	—	1.000 0	—	—
4-247	隧道钢支撑 每增一次安装	1t 钢架	518.40	—	—	1.000 0	—
4-248	隧道钢支撑 每增一次拆除	1t 钢架	178.20	—	—	—	1.000 0
	名称	单位	单价(元)	消耗量			
人工	二类人工	工日	135.00	11.220 0	21.600 0	3.840 0	1.320 0
材料	热轧带肋钢筋 HRB400 综合	t	3 849.00	0.048 0	0.953 0	—	—
	热轧光圆钢筋 综合	t	3 966.00	—	0.072 0	—	—
	型钢 综合	kg	3.84	960.000 0	61.000 0	—	—
	中厚钢板 综合	kg	3.71	100.000 0	54.000 0	—	—
	铁件	kg	3.71	15.000 0	15.100 0	—	—
	电焊条	kg	4.31	4.100 0	14.000 0	—	—

十一、管棚、小导管

工作内容:1. 管棚:场地清理、搭设脚手架,布眼、钻孔、清孔,钢管制作、运输、就位、顶进。

2. 超前小导管:清理、搭设脚手架,布眼、钻孔、清孔,钢管制作、运输、就位、顶进。 **计量单位**:见表

定额编号				4-211	4-212	4-213
项目				管棚 管径(mm)		超前小导管
				80	108	
计量单位				10m		100m
基价(元)				**1 617.23**	**2 227.35**	**3 795.40**
其中	人工费(元)			348.30	413.10	2 025.00
	材料费(元)			613.38	876.50	1 375.79
	机械费(元)			655.55	937.75	394.61
预算定额编号	项目名称	单位	单价(元)	消耗量		
4-249	管棚 管径 80mm	10m	1 617.23	1.000 0	—	—
4-250	管棚 管径 108mm	10m	2 227.35	—	1.000 0	—
4-251	超前小导管	100m	3 795.40	—	—	1.000 0
	名称	单位	单价(元)	消耗量		
人工	二类人工	工日	135.00	2.580 0	3.060 0	15.000 0
材料	六角空心钢 综合	kg	2.48	—	—	3.800 0
	合金钢钻头 ϕ50	个	59.10	—	—	2.000 0
	合金钢钻头 ϕ150 以内	个	94.83	0.180 0	0.200 0	—
	碳素结构钢流体无缝钢管	kg	4.74	108.000 0	161.000 0	251.000 0
	水	m^3	4.27	2.000 0	2.000 0	9.000 0
	板枋材	m^3	1 034.00	0.025 0	0.025 0	—

工作内容：注浆：浆液制作、注浆、检查、堵孔。　　　　**计量单位**：$10m^3$

定额编号				4-214	4-215
项目				注浆	
				水泥浆	水泥水玻璃浆
基价（元）				**7 843.65**	**6 712.73**
其中	人工费（元）			1 587.60	1 660.50
	材料费（元）			5 962.47	4 589.75
	机械费（元）			293.58	462.48
预算定额编号	项目名称	单位	单价(元)	消耗量	
4-252	注浆 水泥浆	$10m^3$	7 843.65	1.000 0	—
4-253	注浆 水泥水玻璃浆	$10m^3$	6 712.73	—	1.000 0
名称		单位	单价(元)	消耗量	
人工	二类人工	工日	135.00	11.760 0	12.300 0
材料	复合硅酸盐水泥 P·C 32.5R 综合	t	319.00	7.711 0	4.410 0
	硅酸钠 水玻璃	kg	0.70	—	3 900.000 0
	磷酸二氢钠	kg	3.53	—	66.000 0
	水	m^3	4.27	9.500 0	7.300 0
	板枋材	m^3	1 034.00	0.112 0	0.140 0
	纯水泥浆	m^3	430.36	7.711 0	—

第三节　盾构法掘进

说　　明

一、本节定额包括盾构吊装及吊拆、水力出土盾构掘进、刀盘式泥水平衡盾构掘进、刀盘式土压平衡盾构掘进、衬砌壁后压浆、钢筋混凝土管片场内运输、洞口接缝环和钢管片。

二、盾构吊装及吊拆定额中的盾构车架安装按井下一次安装就位考虑,如井下车架安装受施工现场影响,需要增加车架转换时,其费用另计。

三、盾构机及车架场外运输费按实另计。

四、盾构掘进定额分为水力出土盾构、刀盘式泥水平衡盾构、刀盘式土压平衡盾构三种掘进机掘进。盾构掘进机选型应根据地质报告、隧道覆土层厚度、地表沉降量要求及掘进机技术性能等条件进行确定。

五、如盾构掘进地层遇有下列表情形时,相应定额的人工、机械、材料消耗量按下列表中系数调整。

盾构掘进软硬不均、上软下硬段系数调整表

地质类型	强度、断面、长度	定额调整系数
软硬不均、上软下硬	1. 同一掘进断面强度、断面要求: (1)有单轴饱和抗压强度大于或等于 60MPa 硬岩面,且硬岩面占掘进断面的比例大于或等于 25%; (2)有单轴饱和抗压强度小于或等于 20MPa 的软土(岩)面,且软土(岩)面占掘进断面的比例大于或等于 25%; 2. 长度要求:符合以上掘进断面、强度要求的连续长度大于或等于 30m	人工和机械消耗量乘以系数 1.4,不构成实体的损耗材料消耗量乘以系数 2,另行增加 4 500 元/延长米的带压开仓费

注:1. 断面单轴饱和抗压强度以地勘资料确认为准,硬岩占断面比和软土(岩)面占断面比均按"掘进断面中达到强度标准的地勘岩芯长度/掘进断面岩芯总长度"确定。
2. 软硬不均、上软下硬地质影响长度指在盾构掘进路线方向上符合本表要求的软硬不均、上软下硬的地层累计长度,系数只在影响长度内调整。
3. 如采取注浆加固等措施处理软硬不均地质,盾构掘进通过该受影响段,则采取措施的措施费另计,人工和机械消耗量乘以系数 1.1,不构成实体的损耗材料消耗量乘以系数 1.25。
4. 不构成实体的损耗性材料是指水、电、各种油脂、泡沫添加剂、膨润土、盾构刀具费。

盾构掘进孤石段系数调整表

地质类型	通过方式	定额调整系数
孤石	盾构机直接掘进孤石影响段	人工和机械消耗量乘以系数 1.25,不构成实体的损耗性材料消耗量乘以系数 1.5
	采用了其他措施处理,如爆破分解成小孤石等,再盾构掘进通过影响段	人工和机械消耗量乘以系数 1.1,不构成实体的损耗性材料消耗量乘以系数 1.25,其他措施费用另计

注:1. 孤石情况按地勘资料、签证等确认。
2. 一个孤立孤石影响长度按 1 个盾构管片结构外径计;孤石在掘进方向上的间距大于 1 倍盾构结构外径的,按孤立孤石考虑;孤石在掘进方向上的间距小于 1 倍盾管片结构外径的连续孤石群,其影响长度按掘进线路上相距最远的孤石间距离再加 1 个盾构管片结构外径计;系数只在影响长度内调整。
3. 不构成实体的损耗性材料是指水、电、各种油脂、泡沫添加剂、膨润土、盾构刀具费。

六、盾构掘进出土，其土方(泥浆)以出井口至堆土场地为止，土方和泥浆需外运时，应执行本定额第一章“通用项目”的相应定额子目。

七、采用水力出土和泥水平衡盾构掘进时，井口到泥浆沉淀池的管路铺设费用按实另计。泥水平衡盾构掘进所需泥水分离处理系统的安、拆等费用另计。

八、泥浆经泥水分离处理形成渣土或泥浆不经处理直接外运的工程量应按初步设计工程量计算，并执行本定额第一章“通用项目”的相应定额子目。

九、给排水隧道的盾构壳体废弃费用另计。

十、盾构掘进定额已综合考虑了管片的宽度和成环块数等因素，执行定额时不做调整。

十一、盾构掘进定额中包含贯通测量费用，不包括设置平面控制网、高程控制网、过江水准及方向、高程传递等测量，发生时费用另计。

十二、同步压浆和分步压浆中的压浆材料与定额不同时，可以据实调整。

十三、混凝土管片按成品外购考虑，费用另计。管片的场内运输定额适用于管片现场堆场至工作井或洞口(含引道段)。

工程量计算规则

一、盾构掘进过程中的施工阶段分为：

1. 负环段：从拼装后靠管片起至盾尾离开出洞井内壁止。

2. 出洞段：从盾尾离开出洞井内壁起，按下表计算掘进长度：

出洞段掘进长度

直径(mm)	$\phi\leq$4 000	$\phi\leq$5 000	$\phi\leq$6 000	$\phi\leq$7 000	$\phi\leq$11 500	$\phi\leq$15 500
掘进长度(m)	40	50	80	100	150	200

3. 正常段：从出口段掘进结束至进洞段掘进开始的全段掘进。

4. 进洞段：按盾构切口距进洞井外壁的距离，按下表计算掘进长度：

进洞段掘进长度

直径(mm)	$\phi\leq$4 000	$\phi\leq$5 000	$\phi\leq$6 000	$\phi\leq$7 000	$\phi\leq$11 500	$\phi\leq$15 500
掘进长度(m)	25	30	50	80	100	150

二、盾构掘进的外弃渣土量按盾构机刀盘最大开挖面计算断面面积乘以掘进长度，按体积计算。

三、衬砌压浆量根据盾尾间隙，由初步设计工程量以“m^3”为单位确定。

四、洞口接缝环定额包含施工阶段安装临时防水环板、临时止水缝，正式阶段拆除临时钢环板、洞口环管片，安装钢环片、柔性接缝环，浇筑养护洞口混凝土环圈等工作内容，以洞口为单位计量。

五、混凝土管片工程量按实体积加1%损耗计算。

一、盾构吊装及吊拆

工作内容:车架安装及拆除,盾构吊装及吊拆,盾构钢基座制作、安装或钢筋混凝土基座浇捣、养护。　**计量单位:**台

定额编号				4-216	4-217
项目				盾构整体吊装及吊拆	
				ϕ5 000 以内	ϕ7 000 以内
基价(元)				**326 694.52**	**380 237.34**
其中	人工费(元)			78 038.16	94 821.36
	材料费(元)			140 408.41	147 764.77
	机械费(元)			108 247.95	137 651.21
预算定额编号	项目名称	单位	单价(元)	消耗量	
4-254	盾构整体吊装 ϕ5 000 以内	台	62 151.38	1.000 0	—
4-255	盾构整体吊装 ϕ7 000 以内	台	91 861.24	—	1.000 0
4-258	盾构整体吊拆 ϕ5 000 以内	台	48 797.48	1.000 0	—
4-259	盾构整体吊拆 ϕ7 000 以内	台	72 630.44	—	1.000 0
4-263	车架安装 30t 以内	节	7 098.04	6.000 0	6.000 0
4-267	车架拆除 30t 以内	节	6 796.07	6.000 0	6.000 0
4-483	盾构基座	t	6 619.05	20.000 0	20.000 0
名称		单位	单价(元)	消耗量	
人工	二类人工	工日	135.00	578.060 0	702.380 0
材料	钢丝绳 综合	kg	6.45	310.244 0	392.976 0
	型钢 综合	t	3 836.00	1.680 0	1.680 0
	型钢 综合	kg	3.84	21 670.000 0	22 110.000 0
	中厚钢板	kg	3.71	380.000 0	380.000 0
	中厚钢板 综合	t	3 750.00	2.860 0	3.100 0
	枕木	m^3	2 457.00	6.160 0	7.100 0
	防锈漆 C53－1	kg	14.05	340.000 0	340.000 0
	柴油	kg	5.09	85.486 0	106.857 0
	汽油 综合	kg	6.12	108.940 0	108.940 0
	轻轨	kg	3.79	746.340 0	746.340 0
	盾构托架	t	2 178.00	1.440 0	1.660 0

工作内容：车架安装及拆除，盾构吊装及吊拆，盾构钢基座制作、安装或钢筋混凝土基座浇捣、养护。　**计量单位**：台

定额编号					4-218	4-219
项目					盾构分体吊装及吊拆	
					ϕ11 500 以内	ϕ15 500 以内
基价（元）					**3 393 617.73**	**4 058 302.27**
其中	人工费（元）				572 101.70	793 640.79
	材料费（元）				1 149 607.27	1 364 194.72
	机械费（元）				1 671 908.76	1 900 466.76
预算定额编号	项目名称		单位	单价(元)	消耗量	
1-268	普通钢筋制作、安装 圆钢		t	5 216.14	15.577 0	17.280 0
1-269	普通钢筋制作、安装 带肋钢筋		t	4 716.01	15.577 0	17.280 0
1-334	钢筋垂直运输		10t	2 517.02	3.115 4	3.456 0
4-256	盾构分体吊装 ϕ11 500 以内		台	856 738.46	1.000 0	—
4-257	盾构分体吊装 ϕ15 500 以内		台	1 033 806.51	—	1.000 0
4-260	盾构分体吊拆 ϕ11 500 以内		台	358 551.24	1.000 0	—
4-261	盾构分体吊拆 ϕ15 500 以内		台	763 823.64	—	1.000 0
4-265	车架安装 100t 以内		节	344 753.57	3.000 0	3.000 0
4-269	车架拆除 100t 以内		节	195 549.56	3.000 0	3.000 0
4-441	钢筋混凝土底板		$10m^3$	4 877.19	48.300 0	53.568 0
4-483	盾构基座		t	6 619.05	20.000 0	25.000 0
4-443	钢筋混凝土 模板底板		$10m^2$	908.30	29.632 0	36.000 0
名称			单位	单价(元)	消耗量	
人工	二类人工		工日	135.00	4 237.790 0	5 878.820 0
材料	热轧带肋钢筋 HRB400 综合		t	3 849.00	15.888 5	17.625 6
	热轧光圆钢筋 综合		t	3 966.00	15.888 5	17.625 6
	型钢 综合		t	3 836.00	121.341 0	121.341 0
	型钢 综合		kg	3.84	24 610.000 0	33 717.123 0
	中厚钢板 综合		t	3 750.00	9.051 0	21.904 0
	泵送商品混凝土 C30		m^3	461.00	487.830 0	541.036 8
	柴油		kg	5.09	285.600 0	691.152 0
	水		m^3	4.27	138.621 0	153.740 2
	钢模板		kg	5.96	201.497 6	244.800 0
	木模板		m^3	1 445.00	2.963 2	3.600 0
	中厚钢板		kg	3.71	380.000 0	475.000 0
	乙炔气		m^3	8.90	32.000 0	40.000 0
	电焊条 E43 系列		kg	4.74	282.200 0	352.750 0
	汽油 综合		kg	6.12	108.940 0	136.175 0
	防锈漆 C53－1		kg	14.05	340.000 0	425.000 0

二、水力出土盾构掘进

工作内容:1. 负环段:负环段掘进、负环管片拆除。
2. 出洞段:出洞段掘进、管片设置密封条、管片嵌缝、管线路拆除。
3. 正常段:正常段掘进、管片设置密封条、管片嵌缝、管线路拆除。
4. 进洞段:进洞段掘进、管片设置密封条、管片嵌缝、管线路拆除。

计量单位:m

定额编号				4-220	4-221	4-222	4-223
项目				ϕ≤5 000 水力出土盾构掘进			
				负环段	出洞段	正常段	进洞段
基价(元)				**12 805.32**	**9 208.72**	**5 842.35**	**8 043.80**
其中	人工费(元)			6 452.60	2 708.60	1 633.59	2 265.12
	材料费(元)			2 114.94	2 314.46	1 945.83	2 161.46
	机械费(元)			4 237.78	4 185.66	2 262.93	3 617.22
预算定额编号	项目名称	单位	单价(元)	消耗量			
4-270	ϕ≤5 000 水力出土盾构掘进 负环段	m	9 721.90	1.000 0	—	—	—
4-271	ϕ≤5 000 水力出土盾构掘进 出洞段	m	7 765.91	—	1.000 0	—	—
4-272	ϕ≤5 000 水力出土盾构掘进 正常段	m	4 399.54	—	—	1.000 0	—
4-273	ϕ≤5 000 水力出土盾构掘进 进洞段	m	6 600.99	—	—	—	1.000 0
4-330	三元乙丙密封条 ϕ5 000 以内	环	804.19	—	1.000 0	1.000 0	1.000 0
4-351	管片嵌缝 环氧聚氨酯嵌缝膏 ϕ5 000 以内	环	450.48	—	1.000 0	1.000 0	1.000 0
4-357	管片手孔封堵 ϕ5 000 以内	100个	360.77	—	0.106 0	0.106 0	0.106 0
4-363	负环管片拆除 ϕ5 000 以内	m	3 083.42	1.000 0	—	—	—
4-368	隧道内管线路拆除 ϕ5 000 以内	100m	14 989.78	—	0.010 0	0.010 0	0.010 0
	名称	单位	单价(元)	消耗量			
人工	二类人工	工日	135.00	47.797 0	20.064 0	12.101 0	16.779 0
材料	管片连接螺栓	kg	6.98	29.530 0	59.061 0	59.061 0	59.061 0
	普通硅酸盐水泥 P·O 42.5 综合	kg	0.34	—	34.344 0	34.344 0	34.344 0
	非泵送商品混凝土 C20	m^3	412.00	0.259 0	—	—	—
	三元乙丙密封胶条	m	10.78	—	36.420 0	36.420 0	36.420 0
	钢支撑	kg	3.97	115.730 0	—	—	—
	电	kW·h	0.78	771.900 0	641.842 0	307.942 0	503.242 0
机械	水力出土盾构掘进机 5 000mm	台班	1 625.82	0.700 0	1.280 0	0.600 0	1.000 0

工作内容:1. 负环段:负环段掘进、负环管片拆除。
2. 出洞段:出洞段掘进、管片设置密封条、管片嵌缝、管线路拆除。
3. 正常段:正常段掘进、管片设置密封条、管片嵌缝、管线路拆除。
4. 进洞段:进洞段掘进、管片设置密封条、管片嵌缝、管线路拆除。

计量单位:m

定额编号				4-224	4-225	4-226	4-227
项目				φ≤6 000 水力出土盾构掘进			
				负环段	出洞段	正常段	进洞段
基价(元)				**17 309.11**	**12 403.24**	**7 977.42**	**10 902.63**
其中	人工费(元)			8 476.79	3 478.86	2 071.48	2 894.04
	材料费(元)			3 494.02	3 832.17	3 111.45	3 531.90
	机械费(元)			5 338.30	5 092.21	2 794.49	4 476.69
预算定额编号	项目名称	单位	单价(元)	消耗量			
4-274	φ≤6 000 水力出土盾构掘进 负环段	m	12 834.23	1.000 0	—	—	—
4-275	φ≤6 000 水力出土盾构掘进 出洞段	m	10 603.25	—	1.000 0	—	—
4-276	φ≤6 000 水力出土盾构掘进 正常段	m	6 177.43	—	—	1.000 0	—
4-277	φ≤6 000 水力出土盾构掘进 进洞段	m	9 102.64	—	—	—	1.000 0
4-331	三元乙丙密封条 φ6 000 以内	环	990.94	—	1.000 0	1.000 0	1.000 0
4-352	管片嵌缝 环氧聚氨酯嵌缝膏 φ6 000 以内	环	566.26	—	1.000 0	1.000 0	1.000 0
4-358	管片手孔封堵 φ6 000 以内	100 个	436.33	—	0.127 0	0.127 0	0.127 0
4-364	负环管片拆除 φ6 000 以内	m	4 474.88	1.000 0	—	—	—
4-369	隧道内管线路拆除 φ7 000 以内	100m	18 737.41	—	0.010 0	0.010 0	0.010 0
	名称	单位	单价(元)	消耗量			
人工	二类人工	工日	135.00	62.791 0	25.769 0	15.344 0	21.437 0
材料	管片连接螺栓	kg	6.98	55.803 0	111.606 0	111.606 0	111.606 0
	普通硅酸盐水泥 P·O 42.5 综合	kg	0.34	—	49.403 0	49.403 0	49.403 0
	非泵送商品混凝土 C20	m^3	412.00	0.438 0	—	—	—
	钢支撑	kg	3.97	168.570 0	—	—	—
	电	kW·h	0.78	1 375.900 0	1 226.240 0	578.390 0	956.390 0
	可发性聚氨酯泡沫塑料	kg	19.66	—	0.420 0	0.420 0	0.420 0
	三元乙丙密封胶条	m	10.78	—	43.710 0	43.710 0	43.710 0
	丁醛自粘腻子	kg	6.90	—	2.240 0	2.240 0	2.240 0
	氯丁胶黏结剂	kg	12.24	—	2.240 0	2.240 0	2.240 0
	环氧聚氨酯嵌缝膏	kg	2.22	—	13.390 0	13.390 0	13.390 0
	泡沫条 φ18	m	0.39	—	24.600 0	24.600 0	24.600 0
机械	水力出土盾构掘进机 6 000mm	台班	1 933.93	0.811 0	1.241 0	0.579 0	0.970 0

三、刀盘式泥水平衡盾构掘进

工作内容:1. 负环段:负环段掘进、负环管片拆除。
2. 出洞段:出洞段掘进、管片设置密封条、管片嵌缝、管线路拆除。
3. 正常段:正常段掘进、管片设置密封条、管片嵌缝、管线路拆除。
4. 进洞段:进洞段掘进、管片设置密封条、管片嵌缝、管线路拆除。

计量单位:m

定额编号				4-228	4-229	4-230	4-231
项目				ϕ≤7 000 刀盘式泥水平衡盾构掘进			
				负环段	出洞段	正常段	进洞段
基价(元)				**23 155.82**	**18 837.67**	**10 856.75**	**16 127.23**
其中	人工费(元)			10 225.31	4 321.22	2 330.24	3 561.31
	材料费(元)			4 676.59	5 119.95	3 879.11	4 638.44
	机械费(元)			8 253.92	9 396.50	4 647.40	7 927.48
预算定额编号	项目名称	单位	单价(元)	消耗量			
4-278	ϕ≤7 000 刀盘式泥水平衡盾构掘进负环段	m	17 296.97	1.000 0	—	—	—
4-279	ϕ≤7 000 刀盘式泥水平衡盾构掘进出洞段	m	16 816.85	—	1.000 0	—	—
4-280	ϕ≤7 000 刀盘式泥水平衡盾构掘进正常段	m	8 835.93	—	—	1.000 0	—
4-281	ϕ≤7 000 刀盘式泥水平衡盾构掘进进洞段	m	14 106.41	—	—	—	1.000 0
4-332	三元乙丙密封条 ϕ7 000 以内	环	1 221.56	—	0.833 0	0.833 0	0.833 0
4-353	管片嵌缝 环氧聚氨酯嵌缝膏 ϕ7 000 以内	环	693.05	—	0.833 0	0.833 0	0.833 0
4-359	管片手孔封堵 ϕ7 000 以内	100 个	510.86	—	0.467 0	0.467 0	0.467 0
4-365	负环管片拆除 ϕ7 000 以内	m	5 858.85	1.000 0	—	—	—
4-369	隧道内管线路拆除 ϕ7 000 以内	100m	18 737.41	—	0.010 0	0.010 0	0.010 0
	名称	单位	单价(元)	消耗量			
人工	二类人工	工日	135.00	75.743 0	32.009 0	17.261 0	26.380 0
材料	管片连接螺栓	kg	6.98	82.026 0	164.062 0	164.062 0	164.062 0
	普通硅酸盐水泥 P·O 42.5 综合	kg	0.34	—	211.831 2	211.831 2	211.831 2
	非泵送商品混凝土 C20	m^3	412.00	0.557 0	—	—	—
	三元乙丙密封胶条	m	10.78	—	42.466 3	42.466 3	42.466 3
	钢支撑	kg	3.97	191.640 0	—	—	—
	电	kW·h	0.78	2 483.350 0	2 144.130 0	892.762 0	1 658.602 0
机械	刀盘式水力出土泥水平衡盾构掘进机 7 000mm	台班	7 020.28	0.491 0	0.912 0	0.455 0	0.788 0

工作内容：1. 负环段：负环段掘进、负环管片拆除。
2. 出洞段：出洞段掘进、管片设置密封条、管片嵌缝、管线路拆除。
3. 正常段：正常段掘进、管片设置密封条、管片嵌缝、管线路拆除。
4. 进洞段：进洞段掘进、管片设置密封条、管片嵌缝、管线路拆除。

计量单位：m

定额编号				4-232	4-233	4-234	4-235
项目				$\phi \leq 11\ 500$ 刀盘式泥水平衡盾构掘进			
				负环段	出洞段	正常段	进洞段
基价（元）				**55 205.84**	**46 004.32**	**24 537.51**	**37 537.40**
其中	人工费（元）			23 121.32	7 709.28	3 942.65	6 247.77
	材料费（元）			9 103.06	10 286.33	8 201.05	9 477.13
	机械费（元）			22 981.46	28 008.71	12 393.81	21 812.50
预算定额编号	项目名称	单位	单价(元)	消耗量			
4-282	$\phi \leq 11\ 500$ 刀盘式泥水平衡盾构掘进负环段	m	44 012.07	1.000 0	—	—	—
4-283	$\phi \leq 11\ 500$ 刀盘式泥水平衡盾构掘进出洞段	m	42 860.86	—	1.000 0	—	—
4-284	$\phi \leq 11\ 500$ 刀盘式泥水平衡盾构掘进正常段	m	21 394.05	—	—	1.000 0	—
4-285	$\phi \leq 11\ 500$ 刀盘式泥水平衡盾构掘进进洞段	m	34 393.94	—	—	—	1.000 0
4-333	三元乙丙密封条 $\phi 11\ 500$ 以内	环	2 117.50	—	0.667 0	0.667 0	0.667 0
4-354	管片嵌缝 环氧聚氨酯嵌缝膏 $\phi 11\ 500$ 以内	环	1 344.40	—	0.667 0	0.667 0	0.667 0
4-360	管片手孔封堵 $\phi 11\ 500$ 以内	100 个	1 012.23	—	0.533 0	0.533 0	0.533 0
4-366	负环管片拆除 $\phi 11\ 500$ 以内	m	11 193.77	1.000 0	—	—	—
4-370	隧道内管线路拆除 $\phi 11\ 500$ 以内	100m	29 485.08	—	0.010 0	0.010 0	0.010 0
	名称	单位	单价(元)	消耗量			
人工	二类人工	工日	135.00	171.269 0	57.106 0	29.205 0	46.280 0
材料	管片连接螺栓	kg	6.98	216.240 0	432.480 0	432.480 0	432.480 0
	普通硅酸盐水泥 P·O 42.5 综合	kg	0.34	—	397.085 0	397.085 0	397.085 0
	非泵送商品混凝土 C20	m^3	412.00	0.657 0	—	—	—
	三元乙丙密封胶条	m	10.78	—	64.032 0	64.032 0	64.032 0
	钢支撑	kg	3.97	307.300 0	—	—	—
	电	kW·h	0.78	4 091.000 0	3 476.720 0	1 447.070 0	2 689.220 0
机械	刀盘式水力出土泥水平衡盾构掘进机 11 500mm	台班	13 822.57	1.052 0	1.655 0	0.714 0	1.280 0

工作内容:1. 负环段:负环段掘进、负环管片拆除。
2. 出洞段:出洞段掘进、管片设置密封条、管片嵌缝、管线路拆除。 **计量单位**:m

定额编号				4-236	4-237
项目				$\phi\le$15 500 刀盘式泥水平衡盾构掘进	
				负环段	出洞段
基价(元)				**126 490.90**	**100 528.21**
其中	人工费(元)			21 489.84	10 995.38
	材料费(元)			42 231.52	25 957.10
	机械费(元)			62 769.54	63 575.73
预算定额编号	项目名称	单位	单价(元)	消耗量	
4-286	$\phi\le$15 500 刀盘式泥水平衡盾构掘进 负环段	m	108 102.60	1.000 0	—
4-287	$\phi\le$15 500 刀盘式泥水平衡盾构掘进 出洞段	m	96 384.34	—	1.000 0
4-334	三元乙丙密封条 ϕ15 500 以内	环	3 325.58	—	0.500 0
4-355	管片嵌缝 环氧聚氨酯嵌缝膏 ϕ15 500 以内	环	1 935.07	—	0.500 0
4-361	管片手孔封堵 ϕ15 500 以内	100 个	2 541.61	—	0.390 0
4-367	负环管片拆除 ϕ15 500 以内	m	18 388.30	1.000 0	—
4-371	隧道内管线路拆除 ϕ15 500 以内	100m	52 232.03	—	0.010 0
	名称	单位	单价(元)	消耗量	
人工	二类人工	工日	135.00	159.184 0	81.447 0
材料	中厚钢板 综合	t	3 750.00	0.583 0	0.486 0
	管片连接螺栓	kg	6.98	324.360 0	553.544 0
	普通硅酸盐水泥 P·O 42.5 综合	kg	0.34	—	391.950 0
	非泵送商品混凝土 C25	m^3	421.00	1.286 0	—
	三元乙丙密封胶条	m	10.78	—	92.400 0
	钢支撑	kg	3.97	5 136.359 0	—
	电	kW·h	0.78	11 271.064 0	14 444.100 0
	水	m^3	4.27	78.927 0	78.927 0
机械	刀盘式泥水平衡盾构掘进机 ϕ15 500	台班	50 760.00	0.750 0	1.000 0

工作内容:1. 正常段:正常段掘进、管片设置密封条、管片嵌缝、管线路拆除。
2. 进洞段:进洞段掘进、管片设置密封条、管片嵌缝、管线路拆除。 **计量单位**:m

定额编号				4-238	4-239
项目				$\phi\le$15 500 刀盘式泥水平衡盾构掘进	
				正常段	进洞段
基价(元)				**76 297.11**	**99 801.74**
其中	人工费(元)			8 389.07	10 995.38
	材料费(元)			20 543.64	25 957.10
	机械费(元)			47 364.40	62 849.26
预算定额编号	项目名称	单位	单价(元)	消耗量	
4-288	$\phi\le$15 500 刀盘式泥水平衡盾构掘进 正常段	m	72 153.24	1.000 0	—
4-289	$\phi\le$15 500 刀盘式泥水平衡盾构掘进 进洞段	m	95 657.87	—	1.000 0
4-334	三元乙丙密封条 ϕ15 500 以内	环	3 325.58	0.500 0	0.500 0
4-355	管片嵌缝 环氧聚氨酯嵌缝膏 ϕ15 500 以内	环	1 935.07	0.500 0	0.500 0
4-361	管片手孔封堵 ϕ15 500 以内	100 个	2 541.61	0.390 0	0.390 0
4-371	隧道内管线路拆除 ϕ15 500 以内	100m	52 232.03	0.010 0	0.010 0
	名称	单位	单价(元)	消耗量	
人工	二类人工	工日	135.00	62.141 0	81.447 0
材料	中厚钢板 综合	t	3 750.00	—	0.486 0
	管片连接螺栓	kg	6.98	553.544 0	553.544 0
	普通硅酸盐水泥 P·O 42.5 综合	kg	0.34	391.950 0	391.950 0
	三元乙丙密封胶条	m	10.78	92.400 0	92.400 0
	电	kW·h	0.78	10 844.100 0	14 444.100 0
	水	m^3	4.27	78.927 0	78.927 0
机械	刀盘式泥水平衡盾构掘进机 ϕ15 500	台班	50 760.00	0.750 0	1.000 0

四、刀盘式土压平衡盾构掘进

工作内容:1. 负环段:负环段掘进、负环管片拆除。
2. 出洞段:出洞段掘进、管片设置密封条、管片嵌缝、管线路拆除。
3. 正常段:正常段掘进、管片设置密封条、管片嵌缝、管线路拆除。
4. 进洞段:进洞段掘进、管片设置密封条、管片嵌缝、管线路拆除。

计量单位:m

定额编号				4-240	4-241	4-242	4-243
项目				$\phi \le 5\,000$ 刀盘式土压平衡盾构掘进			
				负环段	出洞段	正常段	进洞段
基价(元)				**12 238.80**	**10 415.32**	**6 146.74**	**8 110.92**
其中	人工费(元)			5 323.46	2 305.62	1 544.63	1 782.36
	材料费(元)			2 515.89	2 786.07	2 277.41	2 422.53
	机械费(元)			4 399.45	5 323.63	2 324.70	3 906.03
预算定额编号	项目名称	单位	单价(元)	消耗量			
4-290	$\phi \le 5\,000$ 刀盘式土压平衡盾构掘进负环段	m	9 155.38	1.000 0	—	—	—
4-291	$\phi \le 5\,000$ 刀盘式土压平衡盾构掘进出洞段	m	8 972.51	—	1.000 0	—	—
4-292	$\phi \le 5\,000$ 刀盘式土压平衡盾构掘进正常段	m	4 703.93	—	—	1.000 0	—
4-293	$\phi \le 5\,000$ 刀盘式土压平衡盾构掘进进洞段	m	6 668.11	—	—	—	1.000 0
4-330	三元乙丙密封条 $\phi 5\,000$ 以内	环	804.19	—	1.000 0	1.000 0	1.000 0
4-351	管片嵌缝 环氧聚氨酯嵌缝膏 $\phi 5\,000$ 以内	环	450.48	—	1.000 0	1.000 0	1.000 0
4-357	管片手孔封堵 $\phi 5\,000$ 以内	100 个	360.77	—	0.106 0	0.106 0	0.106 0
4-363	负环管片拆除 $\phi 5\,000$ 以内	m	3 083.42	1.000 0	—	—	—
4-368	隧道内管线路拆除 $\phi 5\,000$ 以内	100m	14 989.78	—	0.010 0	0.010 0	0.010 0
	名称	单位	单价(元)	消耗量			
人工	二类人工	工日	135.00	39.433 0	17.079 0	11.442 0	13.203 0
材料	管片连接螺栓	kg	6.98	33.779 0	67.558 0	67.558 0	67.558 0
	普通硅酸盐水泥 P·O 42.5 综合	kg	0.34	—	34.344 0	34.344 0	34.344 0
	非泵送商品混凝土 C20	m^3	412.00	0.308 0	—	—	—
	三元乙丙密封胶条	m	10.78	—	36.420 0	36.420 0	36.420 0
	钢支撑	kg	3.97	114.410 0	—	—	—
	电	kW·h	0.78	965.650 0	842.392 0	451.792 0	573.592 0
	水	m^3	4.27	45.570 0	40.740 0	21.420 0	24.410 0
机械	刀盘式干出土土压平衡盾构掘进机 5 000mm	台班	3 250.71	0.580 0	1.140 0	0.355 0	0.760 0

工作内容:1. 负环段:负环段掘进、负环管片拆除。
2. 出洞段:出洞段掘进、管片设置密封条、管片嵌缝、管线路拆除。
3. 正常段:正常段掘进、管片设置密封条、管片嵌缝、管线路拆除。
4. 进洞段:进洞段掘进、管片设置密封条、管片嵌缝、管线路拆除。

计量单位:m

定额编号				4-244	4-245	4-246	4-247
项目				ϕ≤7 000 刀盘式土压平衡盾构掘进			
				负环段	出洞段	正常段	进洞段
基价(元)				**22 379.49**	**16 731.77**	**11 641.16**	**13 832.47**
其中	人工费(元)			10 328.18	3 775.96	2 504.66	2 908.58
	材料费(元)			4 026.83	5 071.94	4 160.11	4 447.36
	机械费(元)			8 024.48	7 883.87	4 976.39	6 476.53
预算定额编号	项目名称	单位	单价(元)	消耗量			
4-294	ϕ≤7 000 刀盘式土压平衡盾构掘进 负环段	m	16 520.64	1.000 0	—	—	—
4-295	ϕ≤7 000 刀盘式土压平衡盾构掘进 出洞段	m	14 710.95	—	1.000 0	—	—
4-296	ϕ≤7 000 刀盘式土压平衡盾构掘进 正常段	m	9 620.34	—	—	1.000 0	—
4-297	ϕ≤7 000 刀盘式土压平衡盾构掘进 进洞段	m	11 811.65	—	—	—	1.000 0
4-332	三元乙丙密封条 ϕ7 000 以内	环	1 221.56	—	0.833 0	0.833 0	0.833 0
4-353	管片嵌缝 环氧聚氨酯嵌缝膏 ϕ7 000 以内	环	693.05	—	0.833 0	0.833 0	0.833 0
4-359	管片手孔封堵 ϕ7 000 以内	100 个	510.86	—	0.467 0	0.467 0	0.467 0
4-365	负环管片拆除 ϕ7 000 以内	m	5 858.85	1.000 0	—	—	—
4-369	隧道内管线路拆除 ϕ7 000 以内	100m	18 737.41	—	0.010 0	0.010 0	0.010 0
	名称	单位	单价(元)	消耗量			
人工	二类人工	工日	135.00	76.505 0	27.970 0	18.553 0	21.545 0
材料	管片连接螺栓	kg	6.98	82.026 0	164.062 0	164.062 0	164.062 0
	普通硅酸盐水泥 P·O 42.5 综合	kg	0.34	—	211.831 2	211.831 2	211.831 2
	非泵送商品混凝土 C20	m^3	412.00	0.557 0	—	—	—
	三元乙丙密封胶条	m	10.78	—	42.466 3	42.466 3	42.466 3
	钢支撑	kg	3.97	32.380 0	—	—	—
	电	kW·h	0.78	1 941.550 0	1 677.740 0	934.340 0	1 168.490 0
	水	m^3	4.27	70.040 0	58.490 0	32.130 0	40.430 0
机械	刀盘式干出土土压平衡盾构掘进机 7 000mm	台班	6 687.80	0.497 0	0.830 0	0.525 0	0.650 0

工作内容:1. 负环段:负环段掘进、负环管片拆除。
2. 出洞段:出洞段掘进、管片设置密封条、管片嵌缝、管线路拆除。

计量单位:m

定额编号				4-248	4-249
项目				$\phi \leq$11 500 刀盘式土压平衡盾构掘进	
				负环段	出洞段
基价(元)				**47 360.94**	**37 438.92**
其中	人工费(元)			20 755.58	7 027.13
	材料费(元)			8 521.50	9 526.78
	机械费(元)			18 083.86	20 885.01
预算定额编号	项目名称	单位	单价(元)	消耗量	
4-298	$\phi \leq$11 500 刀盘式土压平衡盾构掘进 负环段	m	36 167.17	1.000 0	—
4-299	$\phi \leq$11 500 刀盘式土压平衡盾构掘进 出洞段	m	34 295.46	—	1.000 0
4-333	三元乙丙密封条 ϕ11 500 以内	环	2 117.50	—	0.667 0
4-354	管片嵌缝 环氧聚氨酯嵌缝膏 ϕ11 500 以内	环	1 344.40	—	0.667 0
4-360	管片手孔封堵 ϕ11 500 以内	100 个	1 012.23	—	0.533 0
4-366	负环管片拆除 ϕ11 500 以内	m	11 193.77	1.000 0	—
4-370	隧道内管线路拆除 ϕ11 500 以内	100m	29 485.08	—	0.010 0
	名称	单位	单价(元)	消耗量	
人工	二类人工	工日	135.00	153.745 0	52.053 0
材料	管片连接螺栓	kg	6.98	216.240 0	432.480 0
	普通硅酸盐水泥 P·O 42.5 综合	kg	0.34	—	397.085 0
	非泵送商品混凝土 C20	m^3	412.00	0.657 0	—
	钢支撑	kg	3.97	328.260 0	—
	电	kW·h	0.78	3 454.700 0	3 114.470 0
	水	m^3	4.27	106.790 0	28.250 0
机械	刀盘式干出土土压平衡盾构掘进机 11 500mm	台班	13 136.60	0.870 0	1.353 0

工作内容:1. 正常段:正常段掘进、管片设置密封条、管片嵌缝、管线路拆除。
2. 进洞段:进洞段掘进、管片设置密封条、管片嵌缝、管线路拆除。

计量单位:m

定额编号				4-250	4-251
项目				$\phi \leq$11 500 刀盘式土压平衡盾构掘进	
				正常段	进洞段
基价(元)				**25 840.15**	**32 313.45**
其中	人工费(元)			4 331.85	5 179.25
	材料费(元)			8 124.04	8 657.92
	机械费(元)			13 384.26	18 476.28
预算定额编号	项目名称	单位	单价(元)	消耗量	
4-300	$\phi \leq$11 500 刀盘式土压平衡盾构掘进 正常段	m	22 696.69	1.000 0	—
4-301	$\phi \leq$11 500 刀盘式土压平衡盾构掘进 进洞段	m	29 169.99	—	1.000 0
4-333	三元乙丙密封条 ϕ11 500 以内	环	2 117.50	0.667 0	0.667 0
4-354	管片嵌缝 环氧聚氨酯嵌缝膏 ϕ11 500 以内	环	1 344.40	0.667 0	0.667 0
4-360	管片手孔封堵 ϕ11 500 以内	100 个	1 012.23	0.533 0	0.533 0
4-370	隧道内管线路拆除 ϕ11 500 以内	100m	29 485.08	0.010 0	0.010 0
	名称	单位	单价(元)	消耗量	
人工	二类人工	工日	135.00	32.088 0	38.365 0
材料	管片连接螺栓	kg	6.98	432.480 0	432.480 0
	普通硅酸盐水泥 P·O 42.5 综合	kg	0.34	397.085 0	397.085 0
	电	kW·h	0.78	1 658.120 0	2 115.920 0
	水	m^3	4.27	48.090 0	61.640 0
机械	刀盘式干出土土压平衡盾构掘进机 11 500mm	台班	13 136.60	0.833 0	1.152 0

五、衬砌壁后压浆

工作内容:制浆、运浆,盾尾同步压浆,补压浆,封堵、清洗。 **计量单位:**10m³

定额编号				4-252	4-253	4-254	4-255
项目				同步压浆			
				水泥粉煤灰	水泥砂浆	水泥、水玻璃	惰性浆
基价(元)				**4 214.86**	**5 618.60**	**6 454.41**	**3 822.33**
其中	人工费(元)			1 530.90	1 671.03	2 170.80	1 453.14
	材料费(元)			1 585.86	2 849.47	3 185.51	1 271.09
	机械费(元)			1 098.10	1 098.10	1 098.10	1 098.10
预算定额编号	项目名称	单位	单价(元)	消耗量			
4-302	同步压浆 水泥粉煤灰	10m³	4 214.86	1.000 0	—	—	—
4-303	同步压浆 水泥砂浆	10m³	5 618.60	—	1.000 0	—	—
4-304	同步压浆 水泥、水玻璃	10m³	6 454.41	—	—	1.000 0	—
4-305	同步压浆 惰性浆	10m³	3 822.33	—	—	—	1.000 0
	名称	单位	单价(元)	消耗量			
人工	二类人工	工日	135.00	11.340 0	12.378 0	16.080 0	10.764 0
材料	普通硅酸盐水泥 P·O 52.5 综合	kg	0.39	1.593 0	—	3.000 0	—
	黄砂 净砂(中粗砂)	t	102.00	—	—	—	2.800 0
	粉煤灰	t	136.00	9.269 0	—	—	6.400 0
	膨润土	kg	0.47	331.000 0	—	—	2.640 0
	硅酸钠 水玻璃	kg	0.70	—	—	3 900.000 0	—
	磷酸二氢钠	kg	3.53	—	—	66.000 0	—
	三乙醇胺	kg	12.93	—	2.100 0	—	—
	微沫剂	kg	37.41	1.000 0	—	—	—
	高压皮龙管 $\phi150\times3$	根	151.00	0.040 0	0.040 0	0.040 0	0.040 0
	盖堵 $\phi75$ 以内	个	10.78	0.356 0	0.356 0	0.356 0	0.356 0
	水	m³	4.27	7.500 0	—	7.300 0	7.500 0
	水泥砂浆 1:2.5	m³	252.49	—	10.500 0	—	—

工作内容:制浆、运浆,盾尾分步压浆,补压浆,封堵、清洗。 **计量单位**:10m³

定额编号				4-256	4-257	4-258	4-259
项目				分步压浆			
				水泥粉煤灰	水泥砂浆	水泥、水玻璃	惰性浆
基价(元)				**3 977.47**	**5 381.21**	**6 217.02**	**3 584.94**
其中	人工费(元)			1 530.90	1 671.03	2 170.80	1 453.14
	材料费(元)			1 585.86	2 849.47	3 185.51	1 271.09
	机械费(元)			860.71	860.71	860.71	860.71
预算定额编号	项目名称	单位	单价(元)	消耗量			
4-306	分步压浆 水泥粉煤灰	10m³	3 977.47	1.000 0	—	—	—
4-307	分步压浆 水泥砂浆	10m³	5 381.21	—	1.000 0	—	—
4-308	分步压浆 水泥、水玻璃	10m³	6 217.02	—	—	1.000 0	—
4-309	分步压浆 惰性浆	10m³	3 584.94	—	—	—	1.000 0
	名称	单位	单价(元)	消耗量			
人工	二类人工	工日	135.00	11.340 0	12.378 0	16.080 0	10.764 0
材料	普通硅酸盐水泥 P·O 52.5 综合	kg	0.39	1.593 0	—	3.000 0	—
	黄砂 净砂(中粗砂)	t	102.00	—	—	—	2.800 0
	粉煤灰	t	136.00	9.269 0	—	—	6.400 0
	膨润土	kg	0.47	331.000 0	—	—	2.640 0
	硅酸钠 水玻璃	kg	0.70	—	—	3 900.000 0	—
	磷酸二氢钠	kg	3.53	—	—	66.000 0	—
	三乙醇胺	kg	12.93	—	2.100 0	—	—
	微沫剂	kg	37.41	1.000 0	—	—	—
	高压皮龙管 ϕ150×3	根	151.00	0.040 0	0.040 0	0.040 0	0.040 0
	盖堵 ϕ75 以内	个	10.78	0.356 0	0.356 0	0.356 0	0.356 0
	水	m³	4.27	7.500 0	—	7.300 0	7.500 0
	水泥砂浆 1:2.5	m³	252.49	—	10.500 0	—	—

六、钢筋混凝土管片场内运输

工作内容:从堆放起吊,行车配合、装车、驳运到中转场地;垫道木、吊车配合按类堆放。 **计量单位**:10m³

定额编号				4-260	4-261	4-262
项目				管片场内运输		
				ϕ4 000 以内	ϕ5 000 以内	ϕ6 000 以内
基价(元)				**536.25**	**555.23**	**605.41**
其中	人工费(元)			90.59	108.54	145.67
	材料费(元)			10.34	11.37	12.41
	机械费(元)			435.32	435.32	447.33
预算定额编号	项目名称	单位	单价(元)	消耗量		
4-323	钢筋混凝土管片场内运输 ϕ4 000 以内	10m³	536.25	1.000 0	—	—
4-324	钢筋混凝土管片场内运输 ϕ5 000 以内	10m³	555.23	—	1.000 0	—
4-325	钢筋混凝土管片场内运输 ϕ6 000 以内	10m³	605.41	—	—	1.000 0
	名称	单位	单价(元)	消耗量		
人工	二类人工	工日	135.00	0.671 0	0.804 0	1.079 0
材料	板枋材	m³	1 034.00	0.010 0	0.011 0	0.012 0

工作内容:从堆放起吊,行车配合、装车、驳运到中转场地;垫道木、吊车配合按类堆放。 **计量单位**:10m³

定额编号				4-263	4-264	4-265
项目				管片场内运输		
				ϕ7 000 以内	ϕ11 500 以内	ϕ15 500 以内
基价(元)				**649.28**	**512.26**	**604.89**
其中	人工费(元)			131.49	104.76	137.97
	材料费(元)			13.44	14.48	155.10
	机械费(元)			504.35	393.02	311.82
预算定额编号	项目名称	单位	单价(元)	消耗量		
4-326	钢筋混凝土管片场内运输 ϕ7 000 以内	10m³	649.28	1.000 0	—	—
4-327	钢筋混凝土管片场内运输 ϕ11 500 以内	10m³	512.26	—	1.000 0	—
4-328	钢筋混凝土管片场内运输 ϕ15 500 以内	10m³	604.89	—	—	1.000 0
名称		单位	单价(元)	消耗量		
人工	二类人工	工日	135.00	0.974 0	0.776 0	1.022 0
材料	板枋材	m³	1 034.00	0.013 0	0.014 0	0.150 0

七、洞口接缝环

工作内容:施工阶段安装临时防水环板、临时止水缝,正式阶段拆除临时钢环板、洞口环管片,安装钢环片、柔性接缝环,浇筑养护洞口混凝土环圈。 **计量单位**:洞口

定额编号				4-266	4-267	4-268
项目				洞口接缝环		
				ϕ7 000 以内	ϕ11 500 以内	ϕ15 500 以内
基价(元)				**175 418.50**	**570 917.99**	**884 978.42**
其中	人工费(元)			47 564.20	161 860.22	261 387.92
	材料费(元)			87 745.76	271 779.71	360 467.44
	机械费(元)			40 108.54	137 278.06	263 123.06
预算定额编号	项目名称	单位	单价(元)	消耗量		
1-269	普通钢筋制作、安装 带肋钢筋	t	4 716.01	1.800 0	4.900 0	7.700 0
4-335	柔性接缝环(施工阶段) 临时防水环板	t	9 583.68	1.830 0	6.000 0	15.270 0
4-336	柔性接缝环(施工阶段) 临时止水缝 ϕ7 000 以内	m	1 941.83	21.980 0	—	—
4-337	柔性接缝环(施工阶段) 临时止水缝 ϕ15 500 以内	m	2 905.58	—	48.690 0	48.690 0
4-338	柔性接缝环(正式阶段) 拆除临时钢环板	t	2 554.96	1.830 0	6.000 0	15.270 0
4-339	柔性接缝环(正式阶段) 拆除洞口环管片	m³	2 818.23	4.123 0	24.600 0	51.290 0
4-340	柔性接缝环(正式阶段) 安装钢环板	t	5 766.47	1.830 0	1.830 0	15.270 0
4-341	柔性接缝环(正式阶段) 柔性接缝环 ϕ7 000 以内	m	2 618.37	21.980 0	—	—
4-342	柔性接缝环(正式阶段) 柔性接缝环 ϕ15 500 以内	m	3 952.13	—	48.690 0	48.690 0
4-343	洞口混凝土环圈	m³	2 160.83	10.325 0	28.320 0	44.800 0
名称		单位	单价(元)	消耗量		
人工	二类人工	工日	135.00	352.327 0	1 198.961 0	1 936.202 0
材料	热轧带肋钢筋 HRB400 综合	t	3 849.00	1.836 0	4.998 0	7.854 0
	环圈钢板	t	4 181.00	1.939 8	6.360 0	16.186 2
	中厚钢板 综合	kg	3.79	8.729 1	28.620 0	72.837 9
	普通硅酸盐水泥 P·O 52.5 综合	kg	0.39	2 017.764 0	7 946.208 0	7 946.208 0
	黄砂 净砂	t	92.23	1.978 2	7.790 4	7.790 4
	泵送商品混凝土 C25	m³	447.00	10.428 3	28.603 2	45.248 0

八、钢 管 片

工作内容：划线、号料、切割、校正、滚圆弧、刨边、刨槽，上模具焊接成型、焊预埋件，钻孔，吊运油漆等。 **计量单位**：t

定额编号				4-269	4-270	4-271
项目				钢管片		复合管片钢壳
				1t 以内	1t 以外	
基价（元）				**11 548.21**	**10 766.40**	**9 299.98**
其中	人工费（元）			3 106.35	3 018.87	1 955.34
	材料费（元）			4 640.46	4 601.27	4 630.14
	机械费（元）			3 801.40	3 146.26	2 714.50
预算定额编号	项目名称	单位	单价(元)	消耗量		
4-473	钢管片 1t 以内	t	11 548.21	1.000 0	—	—
4-474	钢管片 1t 以外	t	10 766.40	—	1.000 0	—
4-475	复合管片钢壳	t	9 299.98	—	—	1.000 0
	名称	单位	单价(元)	消耗量		
人工	二类人工	工日	135.00	23.010 0	22.362 0	14.484 0
材料	型钢 综合	kg	3.84	—	118.700 0	—
	中厚钢板	kg	3.71	1 060.000 0	941.300 0	1 060.000 0
	举重臂螺丝	个	5.70	1.420 0	0.740 0	—
	电焊条	kg	4.31	59.080 0	49.750 0	38.000 0
	环氧沥青漆	kg	12.07	—	—	17.430 0
	防锈漆 C53－1	kg	14.05	17.430 0	17.430 0	—
	氧气	m^3	3.62	22.000 0	19.170 0	31.900 0
	乙炔气	m^3	8.90	7.330 0	6.390 0	10.630 0
	管堵 φ50	个	3.53	—	0.740 0	11.000 0
	活接头 φ50	个	4.24	—	1.440 0	11.000 0

第四节　隧道沉井

说　　明

一、本节定额包括沉井制作,吊车挖土下沉,水力机械冲吸泥下沉,不排水潜水员吸泥下沉,钻吸法出土下沉,触变泥浆制作和输送、环氧沥青防水层,砂石料填心,混凝土封底和钢封门。

二、本节定额适用于软土隧道工程中采用沉井方法施工的盾构工作井及暗埋段连续沉井。

三、沉井定额按矩形和圆形综合取定。

四、定额中列有几种沉井下沉方法,套用何种沉井下沉定额由设计方案确定。挖土下沉不包括土方外运费,水力出土不包括砌筑集水坑及排泥水处理费用。

五、水力机械出土下沉及钻吸法吸泥下沉等子目均包括井内、外管路及附属设备的费用。

六、"沉井制作"定额已综合考虑沉井制作前基础开挖、基坑砂垫层及刃脚基础垫层,刃脚、框架、井壁、隔墙及底板浇筑养护,沉井制作的脚手架安、拆,砖封预留孔洞等工作内容。

工程量计算规则

一、井壁、隔墙或底板混凝土中,不扣除单孔面积 $0.3m^2$ 以内的孔洞所占体积。

二、沉井下沉的土方工程量按沉井外壁所围的平面投影面积乘以下沉深度(预制时刃脚底面至下沉后设计刃脚底面的高度)计算,定额已综合考虑回淤系数。

三、沉井触变泥浆的工程量按刃脚外凸口的水平面积乘以高度计算。

一、沉 井 制 作

工作内容:沉井制作前基础开挖,装车场内运输,清理机下余土;砂垫层摊铺,刃脚基础垫层浇筑养护,刃脚、框架、井壁、隔墙及底板浇筑养护;金属脚手架搭、拆、堆放;砖封预留孔洞及沉井后拆除清理。

计量单位:$10m^3$

定额编号				4-272	4-273
项目				刃脚、框架、井壁及隔墙	底板
基价(元)				**8 971.28**	**5 390.90**
其中	人工费(元)			1 718.80	777.59
	材料费(元)			6 389.97	4 607.93
	机械费(元)			862.51	5.38
预算定额编号	项目名称	单位	单价(元)	消耗量	
1-72	挖掘机挖土装车 三类土	$1\ 000m^3$	3 558.76	0.015 0	—
1-94	自卸汽车运土方 运距1km以内	$1\ 000m^3$	5 564.89	0.015 0	—
1-95H	自卸汽车运土方 运距增加14km	$1\ 000m^3$	21 792.54	0.015 0	—
4-372	沉井基坑 砂垫层	$10m^3$	2 005.78	0.154 0	—
4-373	沉井基坑 刃脚基础垫层	$10m^3$	6 270.12	0.040 0	—
4-374	沉井制作 混凝土 刃脚	$10m^3$	5 101.16	0.064 0	—
4-375	沉井制作 混凝土 框架	$10m^3$	4 953.17	0.936 0	—
4-377	沉井制作 混凝土 底板	$10m^3$	5 294.90	—	1.000 0
4-378	沉井制作 模板 刃脚	$10m^2$	1 199.93	0.120 0	—
4-379	沉井制作 模板 框架	$10m^2$	1 588.32	1.414 3	—
4-381	沉井制作 模板 底板	$10m^2$	1 263.23	—	0.076 0
4-382	金属脚手架	$100m^2$	2 537.83	0.184 0	—
4-383	砖封预留孔洞	$10m^3$	7 522.74	0.017 0	—
名称		单位	单价(元)	消耗量	
人工	一类人工	工日	125.00	0.043 0	—
	二类人工	工日	135.00	12.692 0	5.760 0
材料	黄砂 毛砂	t	87.38	1.985 1	—
	泵送商品混凝土 C25	m^3	447.00	10.100 0	10.100 0
	非泵送商品混凝土 C20	m^3	412.00	0.404 0	—
	水	m^3	4.27	2.233 7	1.270 0
	钢模板	kg	5.96	6.117 5	—
	木模板	m^3	1 445.00	0.730 2	0.027 4

二、吊车挖土下沉

工作内容:吊车挖土、装车、卸土,人工挖刃脚及地梁下土体,纠偏控制沉井标高,清底修平、排水。 **计量单位:**100m³

定额编号					4-274	4-275	4-276
项目					排水下沉(m)		
					8 以内	12 以内	16 以内
基价(元)					**4 102.53**	**5 210.95**	**6 492.93**
其中	人工费(元)				1 603.80	2 076.92	2 632.58
	材料费(元)				377.25	396.11	396.11
	机械费(元)				2 121.48	2 737.92	3 464.24
预算定额编号	项目名称		单位	单价(元)	消耗量		
4-384	吊车挖土下沉 排水下沉 8m 以内		100m³	4 102.53	1.000 0	—	—
4-385	吊车挖土下沉 排水下沉 12m 以内		100m³	4 962.81	—	1.050 0	—
4-386	吊车挖土下沉 排水下沉 16m 以内		100m³	6 183.75	—	—	1.050 0
名称			单位	单价(元)	消耗量		
人工	二类人工		工日	135.00	11.880 0	15.385 0	19.501 0
材料	枕木		m³	2 457.00	0.090 0	0.094 5	0.094 5
	钢扶梯平台摊销		kg	5.13	20.840 0	21.882 0	21.882 0

三、水力机械冲吸泥下沉

工作内容:安装、拆除水力机械和管路,搭拆施工钢平台,水枪压力控制,水力机械冲吸泥下沉、纠偏等。

计量单位:100m³

定额编号					4-277	4-278
项目					下沉深度(m)	
					15 以内	20 以内
基价(元)					**5 194.93**	**6 610.97**
其中	人工费(元)				1 974.89	2 704.70
	材料费(元)				1 308.02	1 308.02
	机械费(元)				1 912.02	2 598.25
预算定额编号	项目名称		单位	单价(元)	消耗量	
4-387	水力机械冲吸泥下沉 下沉深度 15m 以内		100m³	5 093.07	1.020 0	—
4-388	水力机械冲吸泥下沉 下沉深度 20m 以内		100m³	6 481.34	—	1.020 0
名称			单位	单价(元)	消耗量	
人工	二类人工		工日	135.00	14.629 0	20.035 0
材料	碳素结构钢流体无缝钢管		kg	4.74	223.380 0	223.380 0
	钢扶梯平台摊销		kg	5.13	21.256 8	21.256 8

四、不排水潜水员吸泥下沉

工作内容：安装、拆除吸泥起重设备，升、降移动吸泥管，吸泥下沉纠偏，控制标高，排泥管、进水管安装、拆除。

计量单位：100m³

定额编号				4-279	4-280	4-281	4-282	4-283
项目				下沉深度(m)				
				13 以内	17 以内	25 以内	29 以内	32 以内
基价（元）				**15 435.16**	**18 393.63**	**21 986.22**	**25 882.54**	**31 056.69**
其中	人工费（元）			4 580.45	5 471.10	6 552.59	7 888.56	9 478.99
	材料费（元）			221.29	221.29	221.29	221.29	221.29
	机械费（元）			10 633.42	12 701.24	15 212.34	17 772.69	21 356.41
预算定额编号	项目名称	单位	单价(元)	消耗量				
4-389	不排水潜水员吸泥下沉 下沉深度 13m 以内	100m³	15 132.51	1.020 0	—	—	—	—
4-390	不排水潜水员吸泥下沉 下沉深度 17m 以内	100m³	18 032.97	—	1.020 0	—	—	—
4-391	不排水潜水员吸泥下沉 下沉深度 25m 以内	100m³	21 555.12	—	—	1.020 0	—	—
4-392	不排水潜水员吸泥下沉 下沉深度 29m 以内	100m³	25 375.04	—	—	—	1.020 0	—
4-393	不排水潜水员吸泥下沉 下沉深度 32m 以内	100m³	30 447.74	—	—	—	—	1.020 0
	名称	单位	单价(元)	消耗量				
人工	二类人工	工日	135.00	33.929 0	40.527 0	48.538 0	58.434 0	70.215 0
材料	碳素结构钢流体无缝钢管	kg	4.74	19.951 2	19.951 2	19.951 2	19.951 2	19.951 2
	钢扶梯平台摊销	kg	5.13	21.256 8	21.256 8	21.256 8	21.256 8	21.256 8

五、钻吸法出土下沉

工作内容：管路敷设、取水、机械移位，破碎土体、冲吸泥浆、排泥，测量检查，下沉纠偏，纠偏控制标高，管路及泵维修，清泥平整等。

计量单位：100m³

定额编号				4-284	4-285	4-286	4-287
项目				下沉深度(m)			
				20 以内	25 以内	30 以内	35 以内
基价（元）				**23 813.04**	**27 446.38**	**33 070.28**	**38 767.22**
其中	人工费（元）			4 455.56	5 136.76	6 286.01	7 411.43
	材料费（元）			901.97	653.44	537.93	522.63
	机械费（元）			18 455.51	21 656.18	26 246.34	30 833.16
预算定额编号	项目名称	单位	单价(元)	消耗量			
4-394	钻吸法出土下沉 下沉深度 20m 以内	100m³	23 346.12	1.020 0	—	—	—
4-395	钻吸法出土下沉 下沉深度 25m 以内	100m³	26 908.22	—	1.020 0	—	—
4-396	钻吸法出土下沉 下沉深度 30m 以内	100m³	32 421.84	—	—	1.020 0	—
4-397	钻吸法出土下沉 下沉深度 35m 以内	100m³	38 007.08	—	—	—	1.020 0
	名称	单位	单价(元)	消耗量			
人工	二类人工	工日	135.00	33.004 0	38.050 0	46.563 0	54.899 0
材料	六角带帽螺栓	kg	5.47	5.752 8	4.345 2	3.539 4	3.539 4
	碳素结构钢流体无缝钢管	kg	4.74	49.276 2	35.679 6	29.039 4	28.009 2
	橡胶管 $\phi150$ $\delta=6$	m	47.79	1.173 0	0.877 2	0.703 8	0.663 0
	闸阀 Z45T－10 *DN*150	个	764.00	0.224 4	0.163 2	0.142 8	0.142 8
	电力电缆 YHC3×50＋1×6	m	129.00	2.631 6	1.876 8	1.499 4	1.428 0
	钢扶梯平台摊销	kg	5.13	5.263 2	4.039 2	3.733 2	4.018 8
机械	沉井钻吸机组配 50t 履带吊	台班	2 922.00	5.293 8	6.211 8	7.527 6	8.843 4

六、触变泥浆制作和输送、环氧沥青防水层

工作内容:1. 触变泥浆制作和输送:沉井泥浆管路预埋,泥浆池至井壁管路敷设,触变泥浆制作、输送,泥浆性能指标测试。
2. 环氧沥青防水层:清洗混凝土表面,调制涂料、涂刷,搭、拆简易脚手架。

计量单位:见表

定额编号				4-288	4-289
项目				触变泥浆制作、输送	环氧沥青防水层(两度)
计量单位				$10m^3$	$100m^2$
基价(元)				**4 531.30**	**2 490.87**
其中	人工费(元)			392.04	1 240.11
	材料费(元)			2 178.24	1 250.76
	机械费(元)			1 961.02	—
预算定额编号	项目名称	单位	单价(元)	消耗量	
4-398	触变泥浆制作、输送	$10m^3$	4 531.30	1.000 0	—
4-399	环氧沥青防水层(两度)	$100m^2$	2 490.87	—	1.000 0
	名称	单位	单价(元)	消耗量	
人工	二类人工	工日	135.00	2.904 0	9.186 0
材料	型钢 综合	kg	3.84	25.910 0	—
	橡胶板 δ1~15	kg	5.09	10.440 0	—
	六角带帽螺栓	kg	5.47	1.170 0	—
	膨润土	kg	0.47	2 631.500 0	—
	羧甲基纤维素	kg	13.14	34.280 0	—
	环氧沥青漆	kg	12.07	—	25.650 0
	聚氨酯固化剂	kg	36.21	—	25.650 0
	碳酸钠 纯碱	kg	0.87	56.600 0	—
	碳素结构钢流体无缝钢管	kg	4.74	25.150 0	—
	高压橡胶管 φ100	m	32.41	0.080 0	—
	水	m^3	4.27	8.810 0	—

七、砂石料填心

工作内容:1. 排水下沉:装运砂石料;吊入井底,依次铺石料、黄砂;整平;工作面排水。
2. 不排水下沉:装运石料,吊入井底,潜水员铺平石料。

计量单位:10m³

定额编号				4-290	4-291	4-292	4-293	4-294
项目				排水下沉			不排水下沉	
				块石	碎石	黄砂	块石	碎石
基价(元)				**2 217.17**	**2 477.25**	**2 086.67**	**3 015.19**	**3 506.53**
其中	人工费(元)			559.71	556.47	375.03	631.80	622.08
	材料费(元)			1 408.27	1 587.55	1 493.51	1 408.27	1 587.55
	机械费(元)			249.19	333.23	218.13	975.12	1 296.90
预算定额编号	项目名称	单位	单价(元)	消耗量				
4-400	砂石料填心(排水下沉)井内铺块石	10m³	2 217.17	1.000 0	—	—	—	—
4-401	砂石料填心(排水下沉)井内铺碎石	10m³	2 477.25	—	1.000 0	—	—	—
4-402	砂石料填心(排水下沉)井内铺黄砂	10m³	2 086.67	—	—	1.000 0	—	—
4-403	砂石料填心(不排水下沉)井内水下抛铺块石	10m³	3 015.19	—	—	—	1.000 0	—
4-404	砂石料填心(不排水下沉)井内水下铺碎石	10m³	3 506.53	—	—	—	—	1.000 0
	名称	单位	单价(元)	消耗量				
人工	二类人工	工日	135.00	4.146 0	4.122 0	2.778 0	4.680 0	4.608 0
材料	黄砂 毛砂	t	87.38	—	—	16.757 0	—	—
	碎石 综合	t	102.00	—	15.259 0	—	—	15.259 0
	块石	t	77.67	17.776 0	—	—	17.776 0	—

八、混凝土封底

工作内容:1. 商品混凝土干封底:混凝土输送,浇捣、养护。
2. 水下混凝土封底:搭、拆浇捣平台、导管及送料架,混凝土输送、浇捣,测量平整,抽水,凿除凸面混凝土,废混凝土块吊出井口。

计量单位:10m³

定额编号				4-295	4-296
项目				混凝土干封底	水下混凝土封底
基价(元)				**4 998.13**	**6 871.73**
其中	人工费(元)			398.52	905.58
	材料费(元)			4 568.03	5 270.93
	机械费(元)			31.58	695.22
预算定额编号	项目名称	单位	单价(元)	消耗量	
4-405	混凝土干封底	10m³	4 998.13	1.000 0	—
4-406	水下混凝土封底	10m³	6 871.73	—	1.000 0
	名称	单位	单价(元)	消耗量	
人工	二类人工	工日	135.00	2.952 0	6.708 0
材料	型钢 综合	kg	3.84	—	46.500 0
	电焊条	kg	4.31	—	0.820 0
	泵送商品混凝土 C20	m³	431.00	10.100 0	11.443 0
	枕木	m³	2 457.00	0.060 0	—
	氧气	m³	3.62	—	0.190 0
	乙炔气	m³	8.90	—	0.060 0
	碳素结构钢流体无缝钢管	kg	4.74	—	11.040 0

九、钢 封 门

工作内容:钢封门的制作、安装、拆除及吊拔堆放。　　计量单位:t

定额编号				4-297
项目				钢封门制作、安装及拆除
基价(元)				**6 733.55**
其中	人工费(元)			1 476.63
	材料费(元)			4 533.24
	机械费(元)			723.68
预算定额编号	项目名称	单位	单价(元)	消耗量
4-408	钢封门安装	t	750.89	1.000 0
4-411	钢封门拆除	t	535.42	1.000 0
4-495	承插式钢封门制作	t	5 447.24	1.000 0
名称		单位	单价(元)	消耗量
人工	二类人工	工日	135.00	10.938 0
材料	热轧带肋钢筋 HRB400 综合	kg	3.85	5.500 0
	型钢 综合	kg	3.84	1 082.580 0
	电焊条	kg	4.31	10.010 0
	普通硅酸盐水泥 P·O 42.5 综合	kg	0.34	14.000 0
	防锈漆 C53-1	kg	14.05	17.000 0
	汽油 综合	kg	6.12	5.500 0
	硅酸钠 水玻璃	kg	0.70	2.730 0
	氧气	m^3	3.62	1.500 0
	乙炔气	m^3	8.90	0.500 0
	玻璃布 综合	m^2	2.59	1.370 0

第五节　地下混凝土结构

说　　明

一、本节定额包括基坑垫层，钢筋混凝土地梁、底板，钢筋混凝土墙、柱、梁，钢筋混凝土平台、顶板，钢筋混凝土楼梯、电缆沟、侧石，钢筋混凝土内衬弓形底板、支承墙，隧道内衬侧墙及顶内衬、行车道槽形板安装，隧道内车道。

二、本节定额适用于地下车行或人行通道、隧道暗埋段、引道段沉井内部结构、隧道内路面、综合管廊等地下设施的现浇内衬混凝土工程。

三、定额中混凝土浇捣未含脚手架费用，发生时执行本定额第一章"通用项目"相应定额子目。

四、隧道内衬施工各种滑模、台车及操作平台费用另行计算。

五、槽形板预制安装已经包含槽形板的预制、安装及1km场内运输。

六、结构定额中未列预埋件费用，执行本定额第一章"通用项目"相应定额子目。

工程量计算规则

现浇混凝土工程量按初步设计工程量以"m^3"计算，并应考虑围护结构外放后围护结构与主体结构间所需回填混凝土工程量，不扣除单孔面积0.3m^2以内的孔洞所占体积。

一、基 坑 垫 层

工作内容:1. 砂垫层:砂石料吊车吊运,摊铺平整分层浇水振实。
2. 混凝土垫层:配模,立模,拆模;商品混凝土浇捣、养护。

计量单位:10m³

定额编号				4-298	4-299
项目				砂垫层	混凝土垫层
基价(元)				**2 146.19**	**5 237.67**
其中	人工费(元)			510.30	543.51
	材料费(元)			1 483.42	4 599.42
	机械费(元)			152.47	94.74
预算定额编号	项目名称	单位	单价(元)	消耗量	
4-434	基坑垫层 砂垫层	10m³	2 146.19	1.000 0	—
4-435	基坑垫层 混凝土垫层	10m³	5 237.67	—	1.000 0
名称		单位	单价(元)	消耗量	
人工	二类人工	工日	135.00	3.780 0	4.026 0
材料	草袋	个	3.62	—	47.840 0
	圆钉	kg	4.74	—	0.460 0
	黄砂 毛砂	t	87.38	16.874 0	—
	泵送商品混凝土 C20	m³	431.00	—	10.100 0
	水	m³	4.27	2.100 0	9.850 0
	木模板	m³	1 445.00	—	0.020 0

二、钢筋混凝土地梁、底板

工作内容:1. 地梁:水泥砂浆砌砖,混凝土浇捣、养护。

2. 底板:配模,立模,拆模;混凝土浇捣、养护。

计量单位:$10m^3$

定额编号				4-300	4-301
项目				混凝土地梁(砖模)	混凝土底板
基价(元)				**12 038.68**	**5 149.68**
其中	人工费(元)			798.67	290.79
	材料费(元)			10 282.86	4 792.78
	机械费(元)			957.15	66.11
预算定额编号	项目名称	单位	单价(元)	消耗量	
4-440	钢筋混凝土 地梁	$10m^3$	4 995.54	1.000 0	—
4-441	钢筋混凝土 底板	$10m^3$	4 877.19	—	1.000 0
4-442	钢筋混凝土 模板 地梁(砖模)	$10m^2$	3 521.57	2.000 0	—
4-443	钢筋混凝土 模板 底板	$10m^2$	908.30	—	0.300 0
	名称	单位	单价(元)	消耗量	
人工	二类人工	工日	135.00	5.916 0	2.154 0
材料	尼龙帽	个	0.60	—	1.590 0
	草袋	个	3.62	3.850 0	13.520 0
	六角带帽螺栓	kg	5.47	—	2.520 0
	圆钉	kg	4.74	—	0.090 0
	黄砂 净砂	t	92.23	20.970 0	—
	混凝土实心砖 240×115×53 MU10	千块	388.00	3.940 0	—
	泵送商品混凝土 C30	m^3	461.00	10.100 0	10.100 0
	脱模油	kg	4.31	—	0.330 0
	钢模支撑	kg	4.74	—	0.714 0
	水	m^3	4.27	0.800 0	2.870 0
	钢模板	kg	5.96	—	2.040 0
	木模板	m^3	1 445.00	—	0.030 0
	干混砌筑砂浆 DM M7.5	m^3	413.73	1.240 0	—
	现浇现拌混凝土 C15(40)	m^3	276.46	5.740 0	—

三、钢筋混凝土墙、柱、梁

工作内容:1. 墙、柱、梁:配模,立模,折模;混凝土浇捣、养护;混凝土表面处理。

2. 衬墙:地下墙墙面凿毛,清洗;配模,立模,折模;混凝土浇捣、养护;混凝土表面处理。 **计量单位**:$10m^3$

定额编号				4-302	4-303	4-304	4-305	4-306
项目				混凝土				
				墙厚 0.5m 以内	墙厚 0.5m 以外	衬墙	柱	梁
基价(元)				**9 198.59**	**7 084.17**	**7 621.59**	**9 878.34**	**10 622.04**
其中	人工费(元)			2 596.71	1 400.37	1 895.63	3 472.25	3 626.25
	材料费(元)			5 968.31	5 366.06	5 405.69	5 684.81	5 964.57
	机械费(元)			633.57	317.74	320.27	721.28	1 031.22
预算定额编号	项目名称	单位	单价(元)	消耗量				
4-444	混凝土 墙	$10m^3$	4 968.47	1.000 0	1.000 0	—	—	—
4-445	混凝土 衬墙	$10m^3$	4 990.26	—	—	1.000 0	—	—
4-446	混凝土 柱	$10m^3$	5 010.90	—	—	—	1.000 0	—
4-447	混凝土 梁	$10m^3$	5 141.82	—	—	—	—	1.000 0
4-448	模板 墙	$10m^2$	634.20	6.670 0	3.336 0	—	—	—
4-449	模板 衬墙	$10m^2$	790.19	—	—	3.330 0	—	—
4-450	模板 柱	$10m^2$	783.05	—	—	—	6.216 0	—
4-451	模板 梁	$10m^2$	967.21	—	—	—	—	5.666 0
	名称	单位	单价(元)	消耗量				
人工	二类人工	工日	135.00	19.235 0	10.373 0	14.042 0	25.720 0	26.861 0
材料	零星卡具	kg	5.88	24.345 5	12.176 4	12.953 7	24.180 2	44.081 5
	尼龙帽	个	0.60	53.360 0	26.688 0	26.640 0	17.777 8	16.884 7
	草袋	个	3.62	11.540 0	11.540 0	11.540 0	—	34.660 0
	六角带帽螺栓	kg	5.47	41.887 6	20.950 1	25.174 8	27.972 0	26.573 5
	螺栓顶托	个	51.12	—	—	—	—	0.793 2
	圆钉	kg	4.74	1.467 4	0.733 9	0.566 1	1.305 4	1.189 9
	泵送商品混凝土 C30	m^3	461.00	10.100 0	10.100 0	10.100 0	10.100 0	10.100 0
	脱模油	kg	4.31	7.337 0	3.669 6	3.663 0	6.837 6	6.232 6
	钢模支撑	kg	4.74	35.777 9	17.894 3	11.568 4	33.466 9	42.631 0
	水	m^3	4.27	4.310 0	4.310 0	2.140 0	3.970 0	5.020 0
	钢模板	kg	5.96	50.885 4	25.450 3	26.170 5	47.857 0	43.622 5
	木模板	m^3	1 445.00	0.200 1	0.100 1	0.133 2	0.124 3	0.113 3

四、钢筋混凝土平台、顶板

工作内容：配模、立模、拆模，混凝土浇捣、养护，混凝土表面处理。　　　　**计量单位：**10m³

定额编号				4-307	4-308
项目				混凝土	
				平台、顶板（厚0.5m以内）	平台、顶板（厚0.5m以外）
基价（元）				**8 631.71**	**7 052.38**
其中	人工费（元）			1 954.53	1 197.50
	材料费（元）			5 974.44	5 442.98
	机械费（元）			702.74	411.90
预算定额编号	项目名称	单位	单价(元)	消耗量	
4-452	混凝土 板厚0.3m以内	10m³	4 978.47	0.500 0	—
4-453	混凝土 板厚0.5m以内	10m³	4 928.61	0.500 0	—
4-454	混凝土 板厚0.5m以外	10m³	4 900.10	—	1.000 0
4-455	模板	10m²	1 162.14	3.165 0	1.852 0
名称		单位	单价(元)	消耗量	
人工	二类人工	工日	135.00	14.478 0	8.870 0
材料	零星卡具	kg	5.88	33.485 7	19.594 2
	尼龙帽	个	0.60	4.620 9	2.703 9
	草袋	个	3.62	19.135 0	10.240 0
	六角带帽螺栓	kg	5.47	7.058 0	4.130 0
	螺栓顶托	个	51.12	1.361 0	0.796 4
	圆钉	kg	4.74	1.772 4	1.037 1
	泵送商品混凝土 C30	m³	461.00	10.100 0	10.100 0
	脱模油	kg	4.31	3.481 5	2.037 2
	钢模支撑	kg	4.74	58.058 8	33.973 1
	水	m³	4.27	4.280 0	2.420 0
	钢模板	kg	5.96	20.062 9	11.739 8
	木模板	m³	1 445.00	0.316 5	0.185 2

五、钢筋混凝土楼梯、电缆沟、侧石

工作内容:配模、立模、拆模,混凝土浇捣、养护,混凝土表面处理。 **计量单位**:$10m^3$

定额编号				4-309	4-310	4-311
项目				混凝土		
				楼梯	电缆沟	侧石
基价(元)				**15 641.95**	**8 485.36**	**8 053.74**
其中	人工费(元)			6 271.80	1 765.31	1 836.68
	材料费(元)			6 815.81	5 251.48	5 169.61
	机械费(元)			2 554.34	1 468.57	1 047.45
预算定额编号	项目名称	单位	单价(元)	消耗量		
4-456	混凝土 楼梯	$10m^3$	6 738.32	1.000 0	—	—
4-457	混凝土 电缆沟	$10m^3$	6 134.64	—	1.000 0	—
4-458	混凝土 车道侧石	$10m^3$	5 735.78	—	—	1.000 0
4-459	模板 楼梯	$10m^2$	1 137.70	7.826 0	—	—
4-460	模板 电缆沟	$10m^2$	602.75	—	3.900 0	—
4-461	模板 车道侧石	$10m^2$	618.12	—	—	3.750 0
	名称	单位	单价(元)	消耗量		
人工	二类人工	工日	135.00	46.458 0	13.076 0	13.605 0
材料	零星卡具	kg	5.88	30.443 1	15.171 0	17.512 5
	尼龙帽	个	0.60	21.443 2	31.200 0	21.412 5
	草袋	个	3.62	111.280 0	31.200 0	52.000 0
	六角带帽螺栓	kg	5.47	33.730 1	23.478 0	13.462 5
	螺栓顶托	个	51.12	6.260 8	—	—
	圆钉	kg	4.74	1.643 5	0.819 0	0.787 5
	非泵送商品混凝土 C30	m^3	438.00	10.100 0	10.100 0	10.100 0
	脱模油	kg	4.31	8.608 6	4.290 0	4.125 0
	钢模支撑	kg	4.74	75.129 6	20.709 0	—
	水	m^3	4.27	9.360 0	5.790 0	5.570 0
	钢模板	kg	5.96	58.851 5	29.328 0	28.200 0
	木模板	m^3	1 445.00	0.313 0	0.078 0	0.075 0

六、钢筋混凝土内衬弓形底板、支承墙

工作内容:隧道内冲洗,配模、立模、折模,混凝土浇捣、养护。 **计量单位**:$10m^3$

定额编号				4-312	4-313
项目				弓形底板混凝土	支承墙混凝土
基价(元)				**18 494.62**	**10 220.55**
其中	人工费(元)			3 781.08	3 265.13
	材料费(元)			12 386.79	6 346.27
	机械费(元)			2 326.75	609.15
预算定额编号	项目名称	单位	单价(元)	消耗量	
4-462	混凝土 弓形底板	$10m^3$	5 340.42	1.000 0	—
4-463	混凝土 支承墙	$10m^3$	5 302.29	—	1.000 0
4-464	模板 弓形底板	$10m^2$	3 288.55	4.000 0	—
4-465	模板 支承墙	$10m^2$	737.37	—	6.670 0
名称		单位	单价(元)	消耗量	
人工	二类人工	工日	135.00	28.008 0	24.186 0
材料	轻轨 24kg/m	kg	4.03	1 112.720 0	24.679 0
	零星卡具	kg	5.88	—	25.612 8
	尼龙帽	个	0.60	31.800 0	26.880 1
	六角带帽螺栓	kg	5.47	51.000 0	41.954 3
	圆钉	kg	4.74	8.520 0	1.534 1
	泵送商品混凝土 C30	m^3	461.00	10.100 0	10.100 0
	脱模油	kg	4.31	—	7.337 0
	钢模支撑	kg	4.74	46.856 0	35.911 3
	电	kW·h	0.78	440.000 0	409.500 0
	水	m^3	4.27	3.690 0	4.270 0
	钢模板	kg	5.96	—	50.752 0
	木模板	m^3	1 445.00	1.320 0	0.200 1
	钢轨鱼尾板 24~50kg/m	kg	4.87	76.360 0	1.800 9

七、隧道内衬侧墙及顶内衬、行车道槽形板安装

工作内容:1.顶内衬:牵引内衬滑模及操作平台,定位、上油、校正、脱卸清洗,混凝土泵送或集料斗电瓶车运至工作面浇捣、养护;混凝土表面处理。

2.槽形板:浇筑、捣固、抹平、养护,模板制作、安装、涂脱模剂,模板拆除、修理、整堆;装卸、绑扎构件;移动、安装、拆除装卸工具;汽车等待装卸,运行、掉头、空回;槽形板吊入隧道内驳运;行车安装;混凝土充填;焊接固定;槽形板下支撑搭、拆。

计量单位:见表

定额编号				4-314	4-315
项目				侧墙及顶内衬	槽形板预制安装
计量单位				$10m^3$	$100m^2$
基价(元)				**7 225.34**	**24 032.18**
其中	人工费(元)			1 580.31	3 767.26
	材料费(元)			4 947.60	16 462.74
	机械费(元)			697.43	3 802.18
预算定额编号	项目名称	单位	单价(元)	消耗量	
3-288	矩形板 混凝土	$10m^3$	5 035.22	—	3.000 0
3-289	矩形板 模板	$10m^2$	293.59	—	5.110 0
3-343	平板拖车运输 第一个1km 起重机装车 构件重量10t以内	$10m^3$	374.56	—	3.000 0
4-466	侧墙及顶内衬	$10m^3$	7 225.34	1.000 0	—
4-467	槽形板安装	$100m^2$	6 302.59	—	1.000 0
名称		单位	单价(元)	消耗量	
人工	二类人工	工日	135.00	11.706 0	27.906 0
材料	泵送商品混凝土 C30	m^3	461.00	10.100 0	—
	非泵送商品混凝土 C30	m^3	438.00	—	30.300 0
	木模板	m^3	1 445.00	—	0.889 1

八、隧道内车道

工作内容：配模、立模、折模；混凝土浇捣、制缝、扫面；湿治，沥青灌缝；伸缝。　　**计量单位：**$10m^3$

定额编号				4-316	4-317
项目				引道道路	隧道道路
基价（元）				**6 699.19**	**7 621.97**
其中	人工费（元）			1 371.28	2 213.43
	材料费（元）			5 233.49	5 208.93
	机械费（元）			94.42	199.61
预算定额编号	项目名称	单位	单价(元)	消耗量	
2-217H	伸缝沥青玛琋脂	$10m^2$	1 102.64	0.020 0	0.020 0
4-468	引道道路	$10m^3$	6 677.70	1.000 0	—
4-469	隧道道路	$10m^3$	7 599.92	—	1.000 0
名称		单位	单价(元)	消耗量	
人工	二类人工	工日	135.00	10.158 0	16.396 0
材料	草袋	个	3.62	50.960 0	—
	泵送商品混凝土 C30	m^3	461.00	10.100 0	10.100 0
	木柴	kg	0.16	0.064 0	0.064 0
	石油沥青	t	2 672.00	0.002 5	0.002 5
	石油沥青胶	kg	2.33	25.630 0	11.280 0
	脱模油	kg	4.31	0.630 0	—
	石棉	kg	3.92	2.160 0	2.160 0
	电	kW·h	0.78	150.000 0	325.000 0
	煤	t	603.00	0.000 7	0.000 7
	水	m^3	4.27	10.500 0	4.200 0
	木模板	m^3	1 445.00	0.070 0	0.130 0

第六节 矩 形 顶 管

说 明

一、本节定额包括矩形顶管机吊装、吊拆,安、拆矩形顶管设备及附属设施,矩形顶管机顶进。

二、本节定额适用于6.9m×4.2m 矩形顶管机施工的地下人行通道。

三、吊装指现场吊装及调试,吊拆指拆卸装车。矩形顶管机及附属设备的场外运输费用另计。

四、顶进中挖掘的土方以吊出井口至集土点为止,其装车、外运费用应执行本定额第一章"通用项目"的相应定额子目。

五、预制管节按成品构件外购价格另计。

六、遇地层软硬不均、上软下硬、孤石段等特殊地质或地下障碍物情况,费用另计。

工程量计算规则

顶进距离按设计图示顶进长度以"m"计算。

一、矩形顶管机吊装、吊拆

工作内容：起吊设备、矩形顶管机吊入井，矩形顶管机安装、调试；拆除矩形顶管与管节连杆、起吊机械及附属设备就位、矩形顶管机整体吊出井口，上液压轴线车装车。　　**计量单位：**台

定额编号				4-318
项目				矩形顶管机吊装、吊拆
基价（元）				**136 139.47**
其中	人工费（元）			32 873.85
	材料费（元）			60 807.31
	机械费（元）			42 458.31
预算定额编号	项目名称	单位	单价(元)	消耗量
4-496	矩形顶管机吊装	台	73 912.91	1.000 0
4-497	矩形顶管机吊拆	台	62 226.56	1.000 0
名称		单位	单价(元)	消耗量
人工	二类人工	工日	135.00	243.510 0
材料	钢丝绳 综合	kg	6.45	380.000 0
	型钢 综合	kg	3.84	1 290.000 0
	中厚钢板 综合	t	3 750.00	0.880 0
	橡胶板	kg	5.09	32.500 0
	电焊条	kg	4.31	76.500 0
	枕木	m^3	2 457.00	3.920 0
	机油 综合	kg	2.91	27.000 0
	柴油	kg	5.09	112.400 0
	氧气	m^3	3.62	155.200 0
	乙炔气	m^3	8.90	54.100 0
	钢支撑	kg	3.97	8 310.000 0

二、安、拆矩形顶管设备及附属设施

工作内容:划线、号料、切割、金加工、校正;焊接、钢筋成型;法兰与钢筋焊接成型等。 **计量单位:**套

定额编号				4-319	4-320
项目				安、拆顶进后座	安、拆矩形顶管附属设施
基价(元)				**20 584.43**	**84 804.33**
其中	人工费(元)			4 217.40	30 034.80
	材料费(元)			9 530.54	12 860.16
	机械费(元)			6 836.49	41 909.37
预算定额编号	项目名称	单位	单价(元)	消耗量	
4-498	安、拆顶进后座	套	20 584.43	1.000 0	—
4-499	安、拆矩形顶管附属设施	套	84 804.33	—	1.000 0
名称		单位	单价(元)	消耗量	
人工	二类人工	工日	135.00	31.240 0	222.480 0
材料	镀锌铁丝 综合	kg	5.40	0.095 0	—
	槽钢 Q235B 14# ~20#	kg	3.97	—	2.400 0
	槽形钢板桩	t	4 828.00	—	0.028 0
	中厚钢板 综合	t	3 750.00	0.419 0	—
	骑马钉	kg	6.90	0.096 0	4.040 0
	圆钉	kg	4.74	0.473 0	—
	泵送商品混凝土 C20	m^3	431.00	4.500 0	—
	枕木	m^3	2 457.00	1.010 0	1.189 0
	钢管栏杆	kg	6.90	—	63.000 0
	水	m^3	4.27	0.429 0	—
	木模板	m^3	1 445.00	1.016 0	—
	风镐凿子	根	4.31	0.600 0	—
	槽形钢板桩使用费	t·d	43.10	—	130.000 0
	铁撑板	t	3 578.00	0.550 0	0.500 0
	铁撑板使用费	t·d	38.79	—	50.000 0

三、矩形顶管机顶进

工作内容：操作顶管机，安、拆压浆管，电瓶车土箱出土管节吊装，管路铺设，施工测量，通信；触变泥浆减阻；管节防水；浆液置换；柔性接缝环。

计量单位：m

定额编号				4-321	4-322
项目				矩形顶管机顶进	
				顶进距离 20m 以内	顶进距离 20m 以外
基价（元）				**47 916.96**	**37 856.46**
其中	人工费（元）			13 062.31	3 894.34
	材料费（元）			15 577.92	32 170.81
	机械费（元）			19 276.73	1 791.31
预算定额编号	项目名称	单位	单价(元)	消耗量	
4-335	柔性接缝环(施工阶段) 临时防水环板	t	9 583.68	0.080 0	0.050 0
4-336	柔性接缝环(施工阶段) 临时止水缝 ϕ7 000 以内	m	1 941.83	2.220 0	1.390 0
4-338	柔性接缝环(正式阶段) 拆除临时钢环板	t	2 554.96	0.080 0	0.050 0
4-340	柔性接缝环(正式阶段) 安装钢环板	t	5 766.47	0.080 0	0.050 0
4-341	柔性接缝环(正式阶段) 柔性接缝环 ϕ7 000 以内	m	2 618.37	2.220 0	1.390 0
4-500H	矩形顶管机顶进	m	28 268.92	1.000 0	—
4-500	矩形顶管机顶进	m	22 530.53	—	1.000 0
4-501	顶进触变泥浆减阻	m	2 747.22	1.000 0	1.000 0
4-502	压浆孔封拆	孔	110.17	8.330 0	8.330 0
4-503	管节防水 橡胶止水条	环	3 060.96	0.833 0	0.833 0
4-504	管节防水 管节嵌缝	环	1 012.38	0.833 0	0.833 0
4-505	浆液置换	m^3	465.75	2.220 0	2.220 0
名称		单位	单价(元)	消耗量	
人工	二类人工	工日	135.00	96.758 0	74.997 0
材料	环圈钢板	t	4 181.00	0.084 8	0.053 0
	中厚钢板 综合	kg	3.79	0.381 6	0.238 5
	普通硅酸盐水泥 P·O 42.5 综合	t	346.00	0.843 6	0.843 6
	普通硅酸盐水泥 P·O 52.5 综合	kg	0.39	203.796 0	127.602 0
	黄砂 净砂	t	92.23	0.199 8	0.125 1
	硅酸钠 水玻璃	kg	0.70	266.400 0	266.400 0
	电	kW·h	0.78	1 450.000 0	1 450.000 0
	水	m^3	4.27	17.051 6	17.051 6

浙江省市政工程概算定额

(2018 版)

下册

中 国 计 划 出 版 社

2020 北 京

总　说　明

一、《浙江省市政工程概算定额》(2018 版)(以下简称“本定额”)是根据浙江省建设厅、省发改委、省财政厅联合印发的《关于组织编制〈浙江省建设工程计价依据(2018 版)〉的通知》〔建建发(2017)166 号〕要求,按照市政工程设计文件编制深度规定,以简明适用为原则,在《浙江省市政工程预算定额》(2018 版)的基础上,并结合浙江省工程特点和实际情况进行综合扩大编制。

二、本定额适用于浙江省行政区域范围内新建、扩建和改建的市政工程。

三、本定额统一了浙江省市政工程概算项目划分与计量单位,并约定计量规则以初步设计工程量为准,是工程项目建设投资评审、初步设计概算(书)编制和设计方案技术经济分析比选的主要依据,也是编制概算指标、估算指标和计算主要材料设备需用量的基础。

四、本定额共分上、下两册,上册包括通用项目、道路工程、桥涵工程、隧道工程;下册包括给排水工程、路灯工程、生活垃圾处理工程。

五、本定额是按照目前大多数施工企业在正常的气候、地理条件和施工环境以及安全的条件下采用的施工方法、机械化装备程度、合理的施工工期、施工工艺和劳动组织条件制定的,反映了社会平均消耗量水平。

六、本定额人工内容包括基本用工、超运距用工、人工幅度差和辅助用工,按定额用工的技术含量综合为一类人工和二类人工。其中土石方工程人工为一类人工,其余均为二类人工。本定额中的人工每工日按 8 小时工作制计算。

七、本定额材料消耗量:

1. 本定额中的材料消耗包括主要材料、辅助材料。材料消耗量包括净用量和损耗量。损耗量包括:从工地仓库、现场集中堆放地点或现场加工地点至操作或安装地点的现场施工场内运输损耗、施工操作损耗、施工现场堆放损耗等,规范或设计文件规定的预留量、搭接量不在损耗率中考虑。

2. 本定额中的混凝土、沥青混凝土、砌筑砂浆、抹灰砂浆及各种胶泥等均按半成品消耗量以体积表示。本定额中混凝土的养护,除另有说明者外,均按自然养护考虑。

3. 本定额中的周转性材料已按规定的材料周转次数摊销计入定额内。

4. 用量少、价值小的材料合并为其他材料费,以其他材料费形式表示。

八、本定额施工机械台班消耗量:

1. 本定额中的机械台班消耗量已包括了机械幅度差内容。

2. 本定额中均已包括材料、成品、半成品从工地仓库、现场集中堆放地点或现场加工地点至操作或安装地点的水平和垂直运输所需要的人工和机械消耗量。如需要再次搬运的,应在二次搬运费项目中列支。

九、本定额单价的取定:人工单价按一类人工 125 元/工日、二类人工 135 元/工日取定,材料单价按《浙江省建筑安装材料基期价格》(2018 版)取定,机械台班单价按《浙江省建设工程施工机械台班费用定额》(2018 版)取定,定额的基价均不包括进项税。

十、本定额中的混凝土、沥青混凝土、厂拌三渣、预制钢筋混凝土管片等均按商品价考虑,其单价中除包括产品出厂价外,还包括了至施工现场的运输、装卸费用。采用泵送混凝土的,其单价包括泵送费用。

十一、本定额中混凝土项目按运至施工现场的商品混凝土编制,若实际采用现拌混凝土浇捣的,人工、机械消耗量调整如下:

1. 人工增加 0.392 工日/m^3；

2. 增加 500L 混凝土搅拌机 0.03 台班/m^3。

十二、本定额中混凝土项目已根据不同结构部位的定额子目综合考虑了模板的制作、安拆，混凝土及钢筋混凝土预制构件的定额子目综合考虑了 1km 运距。

十三、本定额中均未考虑渣土消纳费、泥浆废弃处置费，发生时按工程所在地相关政策执行。

十四、高压旋喷桩、水泥搅拌桩、地下连续墙、钻孔灌注桩、水平定向钻牵引管道定额的定额子目综合考虑了泥浆、渣土的 15km 运距。

十五、本定额中混凝土已按结构部位取定强度等级，若设计混凝土强度等级与定额不同，应予以调整。

十六、施工与生产同时进行、在有害身体健康的环境中施工时的降效增加费，本定额未考虑，发生时另行计算。

十七、本定额是以预算定额为基础编制的，考虑概算定额与预算定额的水平幅度差及图纸设计深度等因素，编制概算时应按建筑安装工程概算费用计算程序并选取扩大系数计算概算扩大费用，扩大系数为 1% ~3%，具体数值可根据工程的复杂程度和图纸的设计深度确定。

十八、本定额编制工程概算费用的计算程序、费率标准与工程划分均按《浙江省建设工程计价规则》(2018 版)执行。

十九、本定额与浙江省其他专业工程概算定额的关系：凡本定额包含的项目，应按本定额项目执行；本定额缺项部分，可按其他专业工程概算定额执行，其他专业概算定额中未涉及的内容可参照相应预算定额执行。

二十、本定额中用“(　)”表示的消耗量，均未计入基价。

二十一、本定额中注有“××以内”或“××以下”者均包括“××”本身，“××以外”或“××以上”者，则不包括“××”本身。

二十二、本说明未尽事宜，详见各章节说明。

二十三、本定额由浙江省建设工程造价管理总站负责解释与管理。

下 册 目 录

第三节 电缆工程

第四节 配管、配线工程

第五节 照明器具安装工程

第六节 防雷接地装置工程

第七章 生活垃圾处理工程

第一节 生活垃圾卫生填埋

第二节　生活垃圾焚烧

附　　录

第五章
给排水工程

章　说　明

一、本章定额包括管道沟槽开挖及回填，管道基础，管道安装，管道阀门及附件安装，管道附属构筑物，取水工程，井、渠（管）道基础及砌筑，不开槽施工管道工程，给排水构筑物、给排水机械设备安装，共10节1 137个子目。

二、本章定额适用于城镇范围内的新建、改建、扩建的市政给排水管渠工程、净水厂、泵站及污水处理厂工程。

三、本章定额主要编制依据：

1.《市政工程设计概算编制办法》（2011版）；

2.《市政公用工程设计文件编制深度规定》（2013版）；

3.《市政工程消耗量定额》ZYA1－31－2015；

4.《浙江省市政工程预算定额》（2018版）；

5.《给水排水标准图集》10S505、13S201、05S502；

6.《市政排水管道工程及附属设施》06MS201；

7.《给水排水管道工程施工及验收规范》GB 50268－2008；

8.现行设计、施工及验收标准规范、安全操作规程质量评定标准；

9.典型工程设计资料。

四、本章定额的有关说明：

1.除各节另有说明外，本章定额所称混凝土管管径均指公称内径，钢管、塑料管等管径均指公称直径。

2.管道沟槽和构筑物基坑的打、拔工具桩，围堰工程，钢筋制作、安装等执行本定额第一章“通用项目”相应定额子目。

3.给水管过河工程及取水头工程中的打桩工程、桥管基础、承台、混凝土桩等执行本定额第三章“桥涵工程”相应定额子目。

4.给排水构筑物工程中的泵站上部建筑安装工程及本章定额中未包括的建筑安装工程应按《浙江省房屋建筑与装饰工程概算定额》（2018版）、《浙江省通用安装工程概算定额》（2018版）执行。

5.给排水机械设备安装中的通用机械应按《浙江省通用安装工程概算定额》（2018版）执行。

6.本章定额是按无地下水考虑的，如有地下水时，排（降）水费用执行本定额第一章“通用项目”相应定额子目。

五、未尽事宜详见各节说明。

第一节　管道沟槽开挖及回填

说　　明

一、本节定额分为综合定额与单项定额，包括管道沟槽开挖与回填综合定额、管腔护管材料回填综合定额、管腔护管材料回填单项定额。

二、综合定额按市政管网工程的不同基础类型典型设计编制，按延长米以“m”为单位设置管道沟槽开挖与回填、管腔护管材料回填两节综合定额。其中管道沟槽开挖及回填综合定额考虑管道沟槽开挖及原土回填、余土弃运等工作内容，管腔护管材料回填综合定额考虑沟槽护管材料回填、余土弃运等工作内容。

三、若初步设计阶段设计资料没有明确管道沟槽横断面，应执行综合定额；若设计资料已明确管道沟槽横断面，可根据设计资料参照执行综合定额。

四、管道沟槽开挖及回填综合定额按有无支护方式、管道基础类型、管道埋深、管道直径进行分类编制，管道沟槽横断面典型设计说明如下：

1. 管道支护方式分为无支护的放坡开挖与有支护的直槽开挖，放坡系数为1:0.33。

2. 管道基础类型分为混凝土基础（基础Ⅰ）、带基础支承角砂石基础（基础Ⅱ）、不带基础支承角砂石基础（基础Ⅲ）。

3. 管道埋深取沟槽垫层底标高至设计顶标高之间的高度。

4. 管道沟槽开挖标高与沟槽回填标高一致。

5. 管道沟槽回填材料按原土回填考虑。

6. 本节定额所指的管径已综合考虑不同材质管道的管径分类，对应混凝土管管径指内径，其余材质管道管径指公称直径。

7. 管道沟槽横断面典型设计如下图所示：

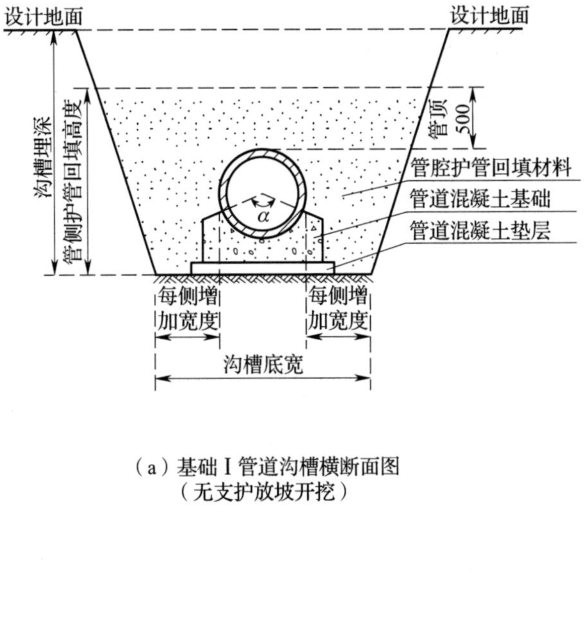

（a）基础Ⅰ管道沟槽横断面图
（无支护放坡开挖）

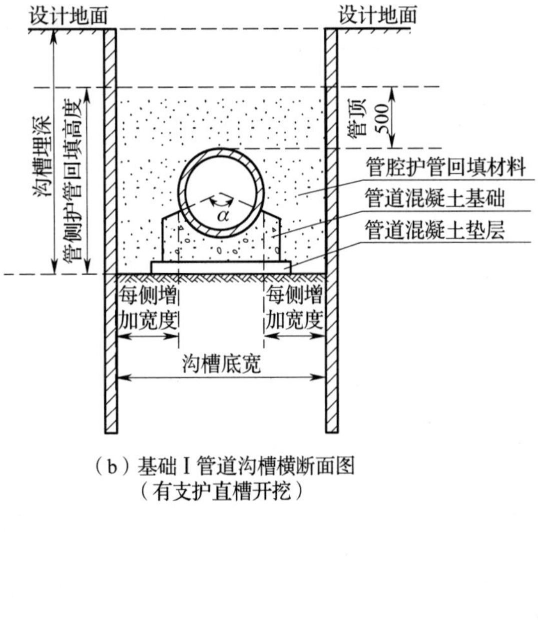

（b）基础Ⅰ管道沟槽横断面图
（有支护直槽开挖）

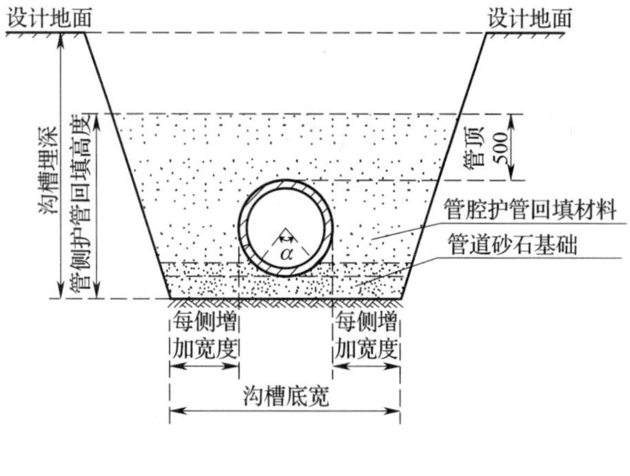

(c) 基础Ⅱ管道沟槽横断面图
(无支护放坡开挖)

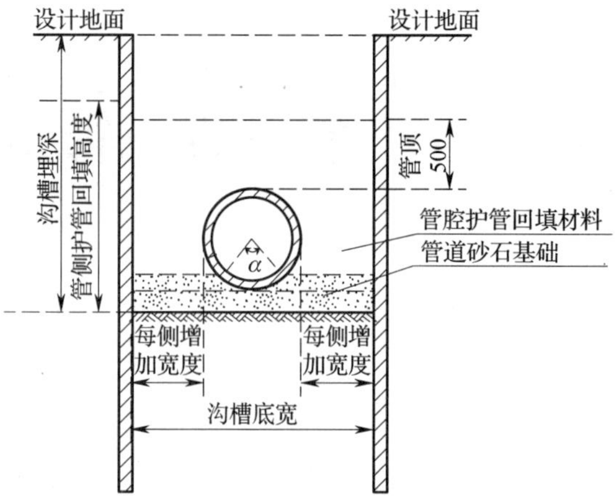

(d) 基础Ⅱ管道沟槽横断面图
(有支护直槽开挖)

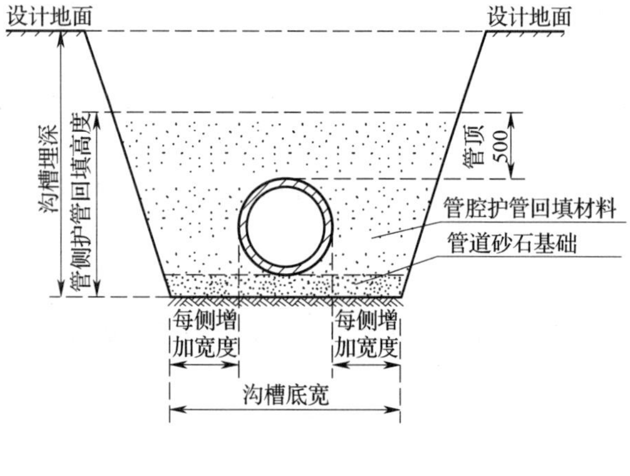

(e) 基础Ⅲ管道沟槽横断面图
(无支护放坡开挖)

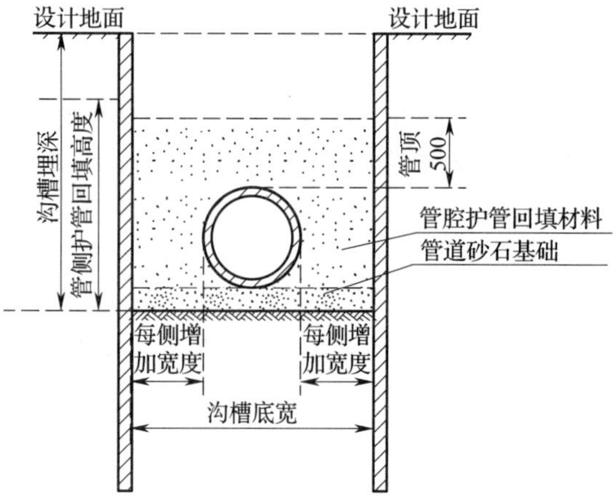

(f) 基础Ⅲ管道沟槽横断面图
(有支护直槽开挖)

管道沟槽横断面典型设计图

五、管道沟槽开挖及回填综合定额的沟槽底宽根据典型设计断面计算,沟槽底宽为管道直径与管道每侧增加宽度之和,管道每侧宽度增加值按下表有关内容计算:

管道沟槽底部每侧增加宽度表(mm)

管道直径	管道基础类型					
	混凝土基础(基础Ⅰ)		带基础支承角砂石基础(基础Ⅱ)		不带基础支承角砂石基础(基础Ⅲ)	
	放坡开挖	有支护开挖	放坡开挖	有支护开挖	放坡开挖	有支护开挖
500 以内	650	800	400	550	300	450
1 000 以内	750	900	500	650	400	550
1 500 以内	850	1 000	600	750	400	550
2 000 以内	1 100	1 250	800	950	400	550
2 500 以内	1 200	1 350	800	950	400	550
2 500 以上	1 300	1 450	800	950	500	650

注:管道每侧增加宽度已综合考虑基础支承角对沟槽底宽的影响。

六、管道沟槽开挖及回填综合定额中有支护开挖相关子目的定额管道埋深按典型设计编制，若设计管道埋深与定额管道埋深不同，按以下规则执行相应增减子目：

1. 若设计管道埋深大于定额管道埋深，按相应增减子目以 0.5m 为档进行增加，不足 0.5m 的按 0.5m 计算。

2. 若设计管道埋深小于定额管道埋深，按相应增减子目以 0.5m 为档进行减少，不足 0.5m 的不调整。

七、管腔护管材料回填综合定额的回填高度按管道基础顶标高至管道管顶以上 500mm 考虑。管腔护管回填材料按砂考虑，若设计回填材料不同，可按单项定额相应子目调整。

八、管道沟槽开挖及回填综合定额、管腔护管材料回填综合定额的余土弃运距离按 15km 考虑，若实际运输距离不同，按本定额第一章“通用项目”自卸汽车运土方每增减 1km 子目调整。

九、管道沟槽开挖及回填综合定额有支护相关子目已综合考虑支撑下挖土人工与机械的施工降效，不做调整。

十、管道沟槽开挖及回填定额子目未包括石方开挖、沟槽支护及横向支撑、沟槽降水、软基处理，发生时执行本定额第一章“通用项目”相应定额子目。

十一、本节定额不包括现场障碍物清理，障碍物清理费用另行计算。

工程量计算规则

一、管道沟槽开挖及回填综合定额按管道中心线设计桩号长度以“m”计算（支管长度从主管中心开始计算到支管末端交接处的中心），管道纵向坡度大于 5% 时，按管道中心线实际长度以“m”计算，均不扣除管件、阀门、检查井等所占长度。

二、管腔护管材料回填综合定额按设计要求护管的管道中心线长度以“m”计算，均不扣除管件、阀门、检查井等所占长度。

三、除有特殊工艺要求的管道节点开挖与回填工程量按实计算外，其他管道接口作业坑和沿线各种井室所需增加开挖与回填工程量已在管道沟槽开挖及回填综合定额与管腔护管材料回填综合定额中考虑，不再另行计算。

四、管腔护管材料回填单项定额按设计要求的护管材料回填体积以“m^3”计算。

一、管道沟槽开挖与回填综合定额

1. 沟槽开挖与回填(基础 I)

(1)无支护开挖

工作内容:沟槽挖土、就近堆放、修整底边及边坡、沟槽原土回填、余土外运。　　计量单位:10m

定额编号				5-1	5-2	5-3	5-4	5-5
项目				不放坡直槽开挖				
				管道埋深 $H=1.0$m		管道埋深 $H=1.5$m		
				管径(mm)				
				200	300	200	300	400
基价(元)				**194.90**	**222.32**	**302.22**	**315.27**	**342.44**
其中	人工费(元)			136.46	140.08	212.43	220.96	226.37
	材料费(元)			—	—	—	—	—
	机械费(元)			58.44	82.24	89.79	94.31	116.07
预算定额编号	项目名称	单位	单价(元)	消耗量				
1-17	人工挖沟槽、基坑土方 三类土 深度在2m以内	$100m^3$	2 544.00	0.007 7	0.008 2	0.011 5	0.012 3	0.013 1
1-69	挖掘机挖土不装车 三类土	$1\ 000m^3$	2 297.84	0.014 6	0.015 6	0.021 9	0.023 4	0.024 8
1-72	挖掘机挖土装车 三类土	$1\ 000m^3$	3 558.76	—	0.000 7	—	—	0.000 6
1-94	自卸汽车运土方 运距1km以内	$1\ 000m^3$	5 564.89	—	0.000 7	—	—	0.000 6
1-95H	自卸汽车运土方 运距增加14km	$1\ 000m^3$	21 792.54	—	0.000 7	—	—	0.000 6
1-116	机械 填土夯实 槽、坑	$100m^3$	1 051.68	0.134 8	0.136 9	0.211 7	0.218 9	0.222 1
	名称	单位	单价(元)	消耗量				
人工	一类人工	工日	125.00	1.092 0	1.121 0	1.699 0	1.768 0	1.811 0

工作内容:沟槽挖土、就近堆放、修整底边及边坡、沟槽原土回填、余土外运。　　计量单位:10m

定额编号				5-6	5-7	5-8	5-9
项目				放坡开挖			
				管道埋深 $H=2.0$m			
				管径(mm)			
				200	300	400	500
基价(元)				**598.77**	**618.86**	**634.74**	**647.64**
其中	人工费(元)			422.37	436.03	446.17	454.12
	材料费(元)			—	—	—	—
	机械费(元)			176.40	182.83	188.57	193.52
预算定额编号	项目名称	单位	单价(元)	消耗量			
1-17	人工挖沟槽、基坑土方 三类土 深度在2m以内	$100m^3$	2 544.00	0.022 1	0.023 2	0.024 2	0.025 2
1-69	挖掘机挖土不装车 三类土	$1\ 000m^3$	2 297.84	0.042 1	0.044 0	0.046 0	0.047 9
1-72	挖掘机挖土装车 三类土	$1\ 000m^3$	3 558.76	—	—	—	—
1-94	自卸汽车运土方 运距1km以内	$1\ 000m^3$	5 564.89	—	—	—	—
1-95	自卸汽车运土方 运距增加14km	$1\ 000m^3$	1 556.61	—	—	—	—
1-116	机械 填土夯实 槽、坑	$100m^3$	1 051.68	0.423 9	0.436 2	0.444 5	0.450 2
	名称	单位	单价(元)	消耗量			
人工	一类人工	工日	125.00	3.379 0	3.488 0	3.569 0	3.633 0

工作内容：沟槽挖土、就近堆放、修整底边及边坡、沟槽原土回填、余土外运。　　**计量单位**：10m

定额编号				5-10	5-11	5-12
项目				放坡开挖		
				管道埋深 $H=2.0$m		
				管径(mm)		
				600	700	800
基价（元）				**715.57**	**777.60**	**862.31**
其中	人工费（元）			500.73	504.19	503.92
	材料费（元）			—	—	—
	机械费（元）			214.84	273.41	358.39
预算定额编号	项目名称	单位	单价(元)	消耗量		
1-17	人工挖沟槽、基坑土方 三类土 深度在2m以内	100m^3	2 544.00	0.028 3	0.029 3	0.030 3
1-69	挖掘机挖土不装车 三类土	1 000m^3	2 297.84	0.053 8	0.055 7	0.057 6
1-72	挖掘机挖土装车 三类土	1 000m^3	3 558.76	—	0.001 8	0.004 5
1-94	自卸汽车运土方 运距1km以内	1 000m^3	5 564.89	—	0.001 8	0.004 5
1-95H	自卸汽车运土方 运距增加14km	1 000m^3	21 792.54	—	0.001 8	0.004 5
1-116	机械 填土夯实 槽、坑	100m^3	1 051.68	0.494 4	0.493 9	0.488 5
名称		单位	单价(元)	消耗量		
人工	一类人工	工日	125.00	4.006 0	4.034 0	4.031 0

工作内容：沟槽挖土、就近堆放、修整底边及边坡、沟槽原土回填、余土外运。　　**计量单位**：10m

定额编号				5-13	5-14
项目				放坡开挖	
				管道埋深 $H=2.0$m	
				管径(mm)	
				900	1 000
基价（元）				**953.40**	**1 056.01**
其中	人工费（元）			501.39	496.03
	材料费（元）			—	—
	机械费（元）			452.01	559.98
预算定额编号	项目名称	单位	单价(元)	消耗量	
1-17	人工挖沟槽、基坑土方 三类土 深度在2m以内	100m^3	2 544.00	0.031 4	0.032 4
1-69	挖掘机挖土不装车 三类土	1 000m^3	2 297.84	0.059 6	0.061 5
1-72	挖掘机挖土装车 三类土	1 000m^3	3 558.76	0.007 5	0.011 0
1-94	自卸汽车运土方 运距1km以内	1 000m^3	5 564.89	0.007 5	0.011 0
1-95H	自卸汽车运土方 运距增加14km	1 000m^3	21 792.54	0.007 5	0.011 0
1-116	机械 填土夯实 槽、坑	100m^3	1 051.68	0.479 9	0.468 0
名称		单位	单价(元)	消耗量	
人工	一类人工	工日	125.00	4.011 0	3.968 0

工作内容:沟槽挖土、就近堆放、修整底边及边坡、沟槽原土回填、余土外运。 计量单位:10m

定额编号				5-15	5-16	5-17	5-18
项目				放坡开挖 管道埋深 $H=2.5$m 管径(mm)			
				400	500	600	700
基价(元)				**883.51**	**904.20**	**995.94**	**1 010.53**
其中	人工费(元)			628.38	642.00	706.29	715.18
	材料费(元)			—	—	—	—
	机械费(元)			255.13	262.20	289.65	295.35
预算定额编号	项目名称	单位	单价(元)	消耗量			
1-18	人工挖沟槽、基坑土方 三类土 深度在4m以内	100m³	3 178.50	0.032 4	0.033 6	0.037 5	0.038 8
1-69	挖掘机挖土不装车 三类土	1 000m³	2 297.84	0.061 5	0.063 9	0.071 2	0.073 6
1-72	挖掘机挖土装车 三类土	1 000m³	3 558.76	—	—	—	—
1-94	自卸汽车运土方 运距1km以内	1 000m³	5 564.89	—	—	—	—
1-95	自卸汽车运土方 运距增加14km	1 000m³	1 556.61	—	—	—	—
1-116	机械 填土夯实 槽、坑	100m³	1 051.68	0.607 8	0.618 6	0.678 1	0.682 8
名称		单位	单价(元)	消耗量			
人工	一类人工	工日	125.00	5.027 0	5.136 0	5.650 0	5.721 0

工作内容:沟槽挖土、就近堆放、修整底边及边坡、沟槽原土回填、余土外运。 计量单位:10m

定额编号				5-19	5-20	5-21
项目				放坡开挖 管道埋深 $H=2.5$m 管径(mm)		
				800	900	1 000
基价(元)				**1 069.24**	**1 167.96**	**1 272.47**
其中	人工费(元)			720.22	723.40	723.95
	材料费(元)			—	—	—
	机械费(元)			349.02	444.56	548.52
预算定额编号	项目名称	单位	单价(元)	消耗量		
1-18	人工挖沟槽、基坑土方 三类土 深度在4m以内	100m³	3 178.50	0.040 0	0.041 3	0.042 6
1-69	挖掘机挖土不装车 三类土	1 000m³	2 297.84	0.076 1	0.078 5	0.080 9
1-72	挖掘机挖土装车 三类土	1 000m³	3 558.76	0.001 6	0.004 6	0.007 9
1-94	自卸汽车运土方 运距1km以内	1 000m³	5 564.89	0.001 6	0.004 6	0.007 9
1-95H	自卸汽车运土方 运距增加14km	1 000m³	21 792.54	0.001 6	0.004 6	0.007 9
1-116	机械 填土夯实 槽、坑	100m³	1 051.68	0.682 5	0.679 0	0.672 2
名称		单位	单价(元)	消耗量		
人工	一类人工	工日	125.00	5.762 0	5.787 0	5.792 0

工作内容:沟槽挖土、就近堆放、修整底边及边坡、沟槽原土回填、余土外运。　　**计量单位**:10m

定额编号				5-22	5-23
项目				放坡开挖	
				管道埋深 $H=2.5m$	
				管径(mm)	
				1 100	1 200
基价(元)				**1 434.42**	**1 557.07**
其中	人工费(元)			773.90	769.40
	材料费(元)			—	—
	机械费(元)			660.52	787.67
预算定额编号	项目名称	单位	单价(元)	消耗量	
1-18	人工挖沟槽、基坑土方 三类土 深度在4m以内	$100m^3$	3 178.50	0.046 4	0.047 7
1-69	挖掘机挖土不装车 三类土	$1\ 000m^3$	2 297.84	0.088 2	0.090 7
1-72	挖掘机挖土装车 三类土	$1\ 000m^3$	3 558.76	0.010 8	0.014 9
1-94	自卸汽车运土方 运距1km以内	$1\ 000m^3$	5 564.89	0.010 8	0.014 9
1-95H	自卸汽车运土方 运距增加14km	$1\ 000m^3$	21 792.54	0.010 8	0.014 9
1-116	机械 填土夯实 槽、坑	$100m^3$	1 051.68	0.713 5	0.700 2
	名称	单位	单价(元)	消耗量	
人工	一类人工	工日	125.00	6.191 0	6.155 0

工作内容:沟槽挖土、就近堆放、修整底边及边坡、沟槽原土回填、余土外运。　　**计量单位**:10m

定额编号				5-24	5-25	5-26	5-27
项目				放坡开挖			
				管道埋深 $H=3.0m$			
				管径(mm)			
				400	500	600	700
基价(元)				**1 140.82**	**1 169.08**	**1 282.58**	**1 304.33**
其中	人工费(元)			812.27	831.33	911.05	924.98
	材料费(元)			—	—	—	—
	机械费(元)			328.55	337.75	371.53	379.35
预算定额编号	项目名称	单位	单价(元)	消耗量			
1-18	人工挖沟槽、基坑土方 三类土 深度在4m以内	$100m^3$	3 178.50	0.041 4	0.042 9	0.047 5	0.049 0
1-69	挖掘机挖土不装车 三类土	$1\ 000m^3$	2 297.84	0.078 6	0.081 5	0.090 3	0.093 2
1-72	挖掘机挖土装车 三类土	$1\ 000m^3$	3 558.76	—	—	—	—
1-94	自卸汽车运土方 运距1km以内	$1\ 000m^3$	5 564.89	—	—	—	—
1-95	自卸汽车运土方 运距增加14km	$1\ 000m^3$	1 556.61	—	—	—	—
1-116	机械 填土夯实 槽、坑	$100m^3$	1 051.68	0.787 9	0.803 9	0.878 7	0.888 5
	名称	单位	单价(元)	消耗量			
人工	一类人工	工日	125.00	6.498 0	6.651 0	7.288 0	7.400 0

工作内容:沟槽挖土、就近堆放、修整底边及边坡、沟槽原土回填、余土外运。 **计量单位:**10m

定额编号				5-28	5-29	5-30	5-31
项目				放坡开挖			
				管道埋深 $H=3.0$m			
				管径(mm)			
				800	900	1 000	1 100
基价(元)				**1 321.22**	**1 374.53**	**1 486.85**	**1 664.47**
其中	人工费(元)			935.16	942.77	948.80	1 014.39
	材料费(元)			—	—	—	—
	机械费(元)			386.06	431.76	538.05	650.08
预算定额编号	项目名称	单位	单价(元)	消耗量			
1-18	人工挖沟槽、基坑土方 三类土 深度在 4m 以内	100m³	3 178.50	0.050 6	0.052 1	0.053 7	0.058 3
1-69	挖掘机挖土不装车 三类土	1 000m³	2 297.84	0.096 1	0.099 0	0.102 0	0.110 7
1-72	挖掘机挖土装车 三类土	1 000m³	3 558.76	—	0.001 3	0.004 6	0.007 3
1-94	自卸汽车运土方 运距 1km 以内	1 000m³	5 564.89	—	0.001 3	0.004 6	0.007 3
1-95H	自卸汽车运土方 运距增加 14km	1 000m³	21 792.54	—	0.001 3	0.004 6	0.007 3
1-116	机械 填土夯实 槽、坑	100m³	1 051.68	0.893 4	0.895 0	0.893 4	0.950 0
名称		单位	单价(元)	消耗量			
人工	一类人工	工日	125.00	7.481 0	7.542 0	7.590 0	8.115 0

工作内容:沟槽挖土、就近堆放、修整底边及边坡、沟槽原土回填、余土外运。 **计量单位:**10m

定额编号				5-32	5-33	5-34
项目				放坡开挖		
				管道埋深 $H=3.0$m		
				管径(mm)		
				1 200	1 350	1 500
基价(元)				**1 790.94**	**1 996.14**	**2 221.71**
其中	人工费(元)			1 014.85	1 010.92	1 001.44
	材料费(元)			—	—	—
	机械费(元)			776.09	985.22	1 220.27
预算定额编号	项目名称	单位	单价(元)	消耗量		
1-18	人工挖沟槽、基坑土方 三类土 深度在 4m 以内	100m³	3 178.50	0.059 8	0.062 1	0.064 4
1-69	挖掘机挖土不装车 三类土	1 000m³	2 297.84	0.113 6	0.118 0	0.122 4
1-72	挖掘机挖土装车 三类土	1 000m³	3 558.76	0.011 3	0.018 0	0.025 6
1-94	自卸汽车运土方 运距 1km 以内	1 000m³	5 564.89	0.011 3	0.018 0	0.025 6
1-95H	自卸汽车运土方 运距增加 14km	1 000m³	21 792.54	0.011 3	0.018 0	0.025 6
1-116	机械 填土夯实 槽、坑	100m³	1 051.68	0.941 8	0.923 4	0.897 9
名称		单位	单价(元)	消耗量		
人工	一类人工	工日	125.00	8.119 0	8.087 0	8.011 0

工作内容：沟槽挖土、就近堆放、修整底边及边坡、沟槽原土回填、余土外运。　　**计量单位**：10m

定额编号				5-35	5-36	5-37	5-38
项目				放坡开挖			
				管道埋深 $H=3.5$m			
				管径(mm)			
				400	500	600	700
基价（元）				**1 422.23**	**1 457.94**	**1 593.41**	**1 622.62**
其中	人工费（元）			1 013.35	1 037.76	1 133.28	1 152.57
	材料费（元）			—	—	—	—
	机械费（元）			408.88	420.18	460.13	470.05
预算定额编号	项目名称	单位	单价(元)	消耗量			
1-18	人工挖沟槽、基坑土方 三类土 深度在4m以内	100m³	3 178.50	0.051 2	0.053 0	0.058 4	0.060 2
1-69	挖掘机挖土不装车 三类土	1 000m³	2 297.84	0.097 3	0.100 7	0.110 9	0.114 3
1-72	挖掘机挖土装车 三类土	1 000m³	3 558.76	—	—	—	—
1-94	自卸汽车运土方 运距1km以内	1 000m³	5 564.89	—	—	—	—
1-95	自卸汽车运土方 运距增加14km	1 000m³	1 556.61	—	—	—	—
1-116	机械 填土夯实 槽、坑	100m³	1 051.68	0.985 0	1.006 1	1.096 3	1.111 2
	名称	单位	单价(元)	消耗量			
人工	一类人工	工日	125.00	8.107 0	8.302 0	9.066 0	9.221 0

工作内容：沟槽挖土、就近堆放、修整底边及边坡、沟槽原土回填、余土外运。　　**计量单位**：10m

定额编号				5-39	5-40	5-41
项目				放坡开挖		
				管道埋深 $H=3.5$m		
				管径(mm)		
				800	900	1 000
基价（元）				**1 646.90**	**1 667.47**	**1 715.60**
其中	人工费（元）			1 167.83	1 180.32	1 190.52
	材料费（元）			—	—	—
	机械费（元）			479.07	487.15	525.08
预算定额编号	项目名称	单位	单价(元)	消耗量		
1-18	人工挖沟槽、基坑土方 三类土 深度在4m以内	100m³	3 178.50	0.062 0	0.063 8	0.065 6
1-69	挖掘机挖土不装车 三类土	1 000m³	2 297.84	0.117 8	0.121 2	0.124 6
1-72	挖掘机挖土装车 三类土	1 000m³	3 558.76	—	—	0.001 0
1-94	自卸汽车运土方 运距1km以内	1 000m³	5 564.89	—	—	0.001 0
1-95H	自卸汽车运土方 运距增加14km	1 000m³	21 792.54	—	—	0.001 0
1-116	机械 填土夯实 槽、坑	100m³	1 051.68	1.121 2	1.127 9	1.131 4
	名称	单位	单价(元)	消耗量		
人工	一类人工	工日	125.00	9.343 0	9.443 0	9.524 0

工作内容:沟槽挖土、就近堆放、修整底边及边坡、沟槽原土回填、余土外运。 **计量单位**:10m

定额编号				5-42	5-43	5-44	5-45
项目				放坡开挖			
				管道埋深 $H=3.5$m			
				管径(mm)			
				1 100	1 200	1 350	1 500
基价(元)				**1 908.90**	**2 039.85**	**2 252.85**	**2 486.40**
其中	人工费(元)			1 271.56	1 277.42	1 281.28	1 279.74
	材料费(元)			—	—	—	—
	机械费(元)			637.34	762.43	971.57	1 206.66
预算定额编号	项目名称	单位	单价(元)	消耗量			
1-18	人工挖沟槽、基坑土方 三类土 深度在 4m 以内	100m^3	3 178.50	0.070 9	0.072 7	0.075 4	0.078 1
1-69	挖掘机挖土不装车 三类土	1 000m^3	2 297.84	0.134 8	0.138 2	0.143 3	0.148 4
1-72	挖掘机挖土装车 三类土	1 000m^3	3 558.76	0.003 5	0.007 4	0.014 0	0.021 5
1-94	自卸汽车运土方 运距 1km 以内	1 000m^3	5 564.89	0.003 5	0.007 4	0.014 0	0.021 5
1-95H	自卸汽车运土方 运距增加 14km	1 000m^3	21 792.54	0.003 5	0.007 4	0.014 0	0.021 5
1-116	机械 填土夯实 槽、坑	100m^3	1 051.68	1.203 4	1.200 4	1.189 6	1.171 9
名称		单位	单价(元)	消耗量			
人工	一类人工	工日	125.00	10.172 0	10.219 0	10.250 0	10.238 0

工作内容:沟槽挖土、就近堆放、修整底边及边坡、沟槽原土回填、余土外运。 **计量单位**:10m

定额编号				5-46	5-47	5-48
项目				放坡开挖		
				管道埋深 $H=3.5$m		
				管径(mm)		
				1 650	1 800	2 000
基价(元)				**2 909.58**	**3 177.25**	**3 564.06**
其中	人工费(元)			1 454.36	1 441.31	1 414.69
	材料费(元)			—	—	—
	机械费(元)			1 455.22	1 735.94	2 149.37
预算定额编号	项目名称	单位	单价(元)	消耗量		
1-18	人工挖沟槽、基坑土方 三类土 深度在 4m 以内	100m^3	3 178.50	0.089 8	0.092 5	0.096 1
1-69	挖掘机挖土不装车 三类土	1 000m^3	2 297.84	0.170 6	0.175 7	0.182 5
1-72	挖掘机挖土装车 三类土	1 000m^3	3 558.76	0.027 1	0.036 2	0.049 7
1-94	自卸汽车运土方 运距 1km 以内	1 000m^3	5 564.89	0.027 1	0.036 2	0.049 7
1-95H	自卸汽车运土方 运距增加 14km	1 000m^3	21 792.54	0.027 1	0.036 2	0.049 7
1-116	机械 填土夯实 槽、坑	100m^3	1 051.68	1.325 8	1.293 5	1.238 7
名称		单位	单价(元)	消耗量		
人工	一类人工	工日	125.00	11.635 0	11.531 0	11.318 0

(2)有支护开挖

工作内容:沟槽挖土、就近堆放、修整底边及边坡、沟槽原土回填、余土外运。　　**计量单位:**10m

定额编号				5-49	5-50	5-51
项目				有支护直立沟槽		
				管道埋深 $H=3.0$m		
				管径(mm)		
				400	500	600
基价(元)				**911.32**	**943.20**	**1 067.87**
其中	人工费(元)			646.74	668.30	755.75
	材料费(元)			—	—	—
	机械费(元)			264.58	274.90	312.12
预算定额编号	项目名称	单位	单价(元)	消耗量		
1-18H	人工挖沟槽、基坑土方 三类土 深度在4m以内 支撑下开挖	100m³	4 545.26	0.030 8	0.032 3	0.036 9
1-69H	挖掘机挖土不装车 三类土 支撑下开挖	1 000m³	2 840.21	0.058 4	0.061 3	0.070 1
1-72	挖掘机挖土装车 三类土	1 000m³	3 558.76	—	—	—
1-94	自卸汽车运土方 运距1km以内	1 000m³	5 564.89	—	—	—
1-95	自卸汽车运土方 运距增加14km	1 000m³	1 556.61	—	—	—
1-116	机械 填土夯实 槽、坑	100m³	1 051.68	0.575 7	0.591 7	0.666 6
	名称	单位	单价(元)	消耗量		
人工	一类人工	工日	125.00	5.174 0	5.346 0	6.046 0
机械	自卸汽车 15t	台班	794.19	—	—	—

工作内容:沟槽挖土、就近堆放、修整底边及边坡、沟槽原土回填、余土外运。　　**计量单位:**10m

定额编号				5-52	5-53	5-54
项目				有支护直立沟槽		
				管道埋深 $H=3.0$m		
				管径(mm)		
				700	800	900
基价(元)				**1 093.23**	**1 163.53**	**1 269.93**
其中	人工费(元)			772.18	785.54	796.22
	材料费(元)			—	—	—
	机械费(元)			321.05	377.99	473.71
预算定额编号	项目名称	单位	单价(元)	消耗量		
1-18H	人工挖沟槽、基坑土方 三类土 深度在4m以内 支撑下开挖	100m³	4 545.26	0.038 4	0.040 0	0.041 5
1-69H	挖掘机挖土不装车 三类土 支撑下开挖	1 000m³	2 840.21	0.073 0	0.076 0	0.078 9
1-72	挖掘机挖土装车 三类土	1 000m³	3 558.76	—	0.001 6	0.004 5
1-94	自卸汽车运土方 运距1km以内	1 000m³	5 564.89	—	0.001 6	0.004 5
1-95H	自卸汽车运土方 运距增加14km	1 000m³	21 792.54	—	0.001 6	0.004 5
1-116	机械 填土夯实 槽、坑	100m³	1 051.68	0.676 4	0.681 2	0.682 8
	名称	单位	单价(元)	消耗量		
人工	一类人工	工日	125.00	6.177 0	6.284 0	6.370 0

工作内容:沟槽挖土、就近堆放、修整底边及边坡、沟槽原土回填、余土外运。 **计量单位**:10m

定额编号				5-55	5-56	5-57
项目				有支护直立沟槽		
				管道埋深 $H=3.0$m		
				管径(mm)		
				1 000	1 100	1 200
基价(元)				**1 385.78**	**1 574.68**	**1 704.88**
其中	人工费(元)			804.85	878.13	881.17
	材料费(元)			—	—	—
	机械费(元)			580.93	696.55	823.71
预算定额编号	项目名称	单位	单价(元)	消耗量		
1-18H	人工挖沟槽、基坑土方 三类土 深度在4m以内 支撑下开挖	100m³	4 545.26	0.043 1	0.047 7	0.049 2
1-69H	挖掘机挖土不装车 三类土 支撑下开挖	1 000m³	2 840.21	0.081 8	0.090 6	0.093 5
1-72	挖掘机挖土装车 三类土	1 000m³	3 558.76	0.007 8	0.010 5	0.014 5
1-94	自卸汽车运土方 运距1km以内	1 000m³	5 564.89	0.007 8	0.010 5	0.014 5
1-95H	自卸汽车运土方 运距增加14km	1 000m³	21 792.54	0.007 8	0.010 5	0.014 5
1-116	机械 填土夯实 槽、坑	100m³	1 051.68	0.681 2	0.737 8	0.729 7
名称		单位	单价(元)	消耗量		
人工	一类人工	工日	125.00	6.439 0	7.025 0	7.049 0

工作内容:沟槽挖土、就近堆放、修整底边及边坡、沟槽原土回填、余土外运。 **计量单位**:10m

定额编号				5-58	5-59
项目				有支护直立沟槽	
				管道埋深 $H=3.0$m	
				管径(mm)	
				1 350	1 500
基价(元)				**1 915.52**	**2 146.43**
其中	人工费(元)			880.99	875.36
	材料费(元)			—	—
	机械费(元)			1 034.53	1 271.07
预算定额编号	项目名称	单位	单价(元)	消耗量	
1-18H	人工挖沟槽、基坑土方 三类土 深度在4m以内 支撑下开挖	100m³	4 545.26	0.051 5	0.053 8
1-69H	挖掘机挖土不装车 三类土 支撑下开挖	1 000m³	2 840.21	0.097 9	0.102 2
1-72	挖掘机挖土装车 三类土	1 000m³	3 558.76	0.021 2	0.028 8
1-94	自卸汽车运土方 运距1km以内	1 000m³	5 564.89	0.021 2	0.028 8
1-95H	自卸汽车运土方 运距增加14km	1 000m³	21 792.54	0.021 2	0.028 8
1-116	机械 填土夯实 槽、坑	100m³	1 051.68	0.711 2	0.685 8
名称		单位	单价(元)	消耗量	
人工	一类人工	工日	125.00	7.048 0	7.003 0

工作内容:沟槽挖土、就近堆放、修整底边及边坡、沟槽原土回填、余土外运。 **计量单位**:10m

定额编号				5-60	5-61	5-62	5-63
项目				有支护直立沟槽			
				管道埋深 $H=4.0$m			
				管径(mm)			
				1 650	1 800	2 000	2 200
基价(元)				**3 022.35**	**3 305.47**	**3 710.64**	**4 238.55**
其中	人工费(元)			1 500.18	1 500.10	1 490.69	1 561.26
	材料费(元)			—	—	—	—
	机械费(元)			1 522.17	1 805.37	2 219.95	2 677.29
预算定额编号	项目名称	单位	单价(元)	消耗量			
1-18H	人工挖沟槽、基坑土方 三类土深度在4m以内 支撑下开挖	100m³	4 545.26	0.085 1	0.088 2	0.092 3	0.100 5
1-69H	挖掘机挖土不装车 三类土 支撑下开挖	1 000m³	2 840.21	0.161 6	0.167 5	0.175 3	0.190 9
1-72	挖掘机挖土装车 三类土	1 000m³	3 558.76	0.028 5	0.037 5	0.050 8	0.064 4
1-94	自卸汽车运土方 运距1km以内	1 000m³	5 564.89	0.028 5	0.037 5	0.050 8	0.064 4
1-95H	自卸汽车运土方 运距增加14km	1 000m³	21 792.54	0.028 5	0.037 5	0.050 8	0.064 4
1-116	机械 填土夯实 槽、坑	100m³	1 051.68	1.231 8	1.207 1	1.162 6	1.187 2
	名称	单位	单价(元)	消耗量			
人工	一类人工	工日	125.00	12.001 0	12.001 0	11.926 0	12.490 0

工作内容:沟槽挖土、就近堆放、修整底边及边坡、沟槽原土回填、余土外运。 **计量单位**:10m

定额编号				5-64	5-65	5-66	5-67
项目				有支护直立沟槽			
				管道埋深 $H=5.0$m			
				管径(mm)			
				2 400	2 600	2 800	3 000
基价(元)				**5 342.90**	**5 899.69**	**6 452.12**	**7 036.89**
其中	人工费(元)			2 239.94	2 371.19	2 351.81	2 321.63
	材料费(元)			—	—	—	—
	机械费(元)			3 102.96	3 528.50	4 100.31	4 715.26
预算定额编号	项目名称	单位	单价(元)	消耗量			
1-19H	人工挖沟槽、基坑土方 三类土 深度在6m以内 支撑下开挖	100m³	5 448.30	0.130 7	0.140 9	0.146 1	0.151 2
1-69H	挖掘机挖土不装车 三类土 支撑下开挖	1 000m³	2 840.21	0.248 3	0.267 8	0.277 5	0.287 3
1-72	挖掘机挖土装车 三类土	1 000m³	3 558.76	0.070 5	0.082 4	0.100 9	0.120 9
1-94	自卸汽车运土方 运距1km以内	1 000m³	5 564.89	0.070 5	0.082 4	0.100 9	0.120 9
1-95H	自卸汽车运土方 运距增加14km	1 000m³	21 792.54	0.070 5	0.082 4	0.100 9	0.120 9
1-116	机械 填土夯实 槽、坑	100m³	1 051.68	1.660 2	1.734 3	1.662 6	1.577 8
	名称	单位	单价(元)	消耗量			
人工	一类人工	工日	125.00	17.920 0	18.970 0	18.814 0	18.573 0

工作内容:沟槽挖土、就近堆放、修整底边及边坡、沟槽原土回填、余土外运。 **计量单位**:10m

定额编号				5-68	5-69	5-70
项目				有支护直立沟槽 管道埋深 H 每增减 0.5m 管径(mm)		
				400	500	600
基价(元)				**137.05**	**143.83**	**164.30**
其中	人工费(元)			90.17	94.65	108.18
	材料费(元)			—	—	—
	机械费(元)			46.88	49.18	56.12
预算定额编号	项目名称	单位	单价(元)	消耗量		
1-69H	挖掘机挖土不装车 三类土 支撑下开挖	1 000m³	2 840.21	0.010 3	0.010 8	0.012 3
1-116	机械 填土夯实 槽、坑	100m³	1 051.68	0.102 5	0.107 6	0.123 0
名称		单位	单价(元)	消耗量		
人工	一类人工	工日	125.00	0.721 0	0.757 0	0.865 0

工作内容:沟槽挖土、就近堆放、修整底边及边坡、沟槽原土回填、余土外运。 **计量单位**:10m

定额编号				5-71	5-72	5-73	5-74
项目				有支护直立沟槽 管道埋深 H 每增减 0.5m 管径(mm)			
				700	800	900	1 000
基价(元)				**171.08**	**177.96**	**184.75**	**191.81**
其中	人工费(元)			112.66	117.22	121.70	126.23
	材料费(元)			—	—	—	—
	机械费(元)			58.42	60.74	63.05	65.58
预算定额编号	项目名称	单位	单价(元)	消耗量			
1-69H	挖掘机挖土不装车 三类土 支撑下开挖	1 000m³	2 840.21	0.012 8	0.013 3	0.013 8	0.014 4
1-116	机械 填土夯实 槽、坑	100m³	1 051.68	0.128 1	0.133 3	0.138 4	0.143 5
名称		单位	单价(元)	消耗量			
人工	一类人工	工日	125.00	0.901 0	0.938 0	0.974 0	1.010 0

工作内容：沟槽挖土、就近堆放、修整底边及边坡、沟槽原土回填、余土外运。　　计量单位：10m

定额编号				5-75	5-76	5-77	5-78
项目				有支护直立沟槽 管道埋深 H 每增减 0.5m 管径(mm)			
				1 100	1 200	1 350	1 500
基价（元）				**212.27**	**219.05**	**229.42**	**239.51**
其中	人工费（元）			139.75	144.23	151.02	157.76
	材料费（元）			—	—	—	—
	机械费（元）			72.52	74.82	78.40	81.75
预算定额编号	项目名称	单位	单价(元)	消耗量			
1-69H	挖掘机挖土不装车 三类土 支撑下开挖	1 000m³	2 840.21	0.015 9	0.016 4	0.017 2	0.017 9
1-116	机械 填土夯实 槽、坑	100m³	1 051.68	0.158 9	0.164 0	0.171 7	0.179 4
名称		单位	单价(元)	消耗量			
人工	一类人工	工日	125.00	1.118 0	1.154 0	1.208 0	1.262 0

工作内容：沟槽挖土、就近堆放、修整底边及边坡、沟槽原土回填、余土外运。　　计量单位：10m

定额编号				5-79	5-80	5-81	5-82
项目				有支护直立沟槽 管道埋深 H 每增减 0.5m 管径(mm)			
				1 650	1 800	2 000	2 200
基价（元）				**284.19**	**294.28**	**308.13**	**335.36**
其中	人工费（元）			187.08	193.82	202.83	220.83
	材料费（元）			—	—	—	—
	机械费（元）			97.11	100.46	105.30	114.53
预算定额编号	项目名称	单位	单价(元)	消耗量			
1-69H	挖掘机挖土不装车 三类土 支撑下开挖	1 000m³	2 840.21	0.021 3	0.022 0	0.023 1	0.025 1
1-116	机械 填土夯实 槽、坑	100m³	1 051.68	0.212 7	0.220 4	0.230 6	0.251 1
名称		单位	单价(元)	消耗量			
人工	一类人工	工日	125.00	1.497 0	1.551 0	1.623 0	1.767 0

工作内容:沟槽挖土、就近堆放、修整底边及边坡、沟槽原土回填、余土外运。 **计量单位**:10m

定额编号				5-83	5-84	5-85	5-86
项目				有支护直立沟槽 管道埋深 H 每增减 0.5m 管径(mm)			
				2 400	2 600	2 800	3 000
基价(元)				**349.04**	**376.56**	**390.13**	**403.80**
其中	人工费(元)			229.88	247.93	256.89	265.93
	材料费(元)			—	—	—	—
	机械费(元)			119.16	128.63	133.24	137.87
预算定额编号	项目名称	单位	单价(元)	消耗量			
1-69H	挖掘机挖土不装车 三类土 支撑下开挖	1 000m³	2 840.21	0.026 1	0.028 2	0.029 2	0.030 2
1-116	机械 填土夯实 槽、坑	100m³	1 051.68	0.261 4	0.281 9	0.292 1	0.302 4
名称		单位	单价(元)	消耗量			
人工	一类人工	工日	125.00	1.839 0	1.983 0	2.055 0	2.127 0

2. 沟槽开挖与回填(基础Ⅱ)

(1)无支护开挖

工作内容:沟槽挖土、就近堆放、修整底边及边坡、沟槽原土回填、余土外运。 **计量单位**:10m

定额编号				5-87	5-88
项目				不放坡直槽开挖 管道埋深 $H=1.0$m 管径(mm)	
				200	300
基价(元)				**133.05**	**163.87**
其中	人工费(元)			88.66	92.56
	材料费(元)			—	—
	机械费(元)			44.39	71.31
预算定额编号	项目名称	单位	单价(元)	消耗量	
1-17	人工挖沟槽、基坑土方 三类土 深度在 2m 以内	100m³	2 544.00	0.005 1	0.005 6
1-69	挖掘机挖土不装车 三类土	1 000m³	2 297.84	0.009 7	0.010 7
1-72	挖掘机挖土装车 三类土	1 000m³	3 558.76	0.000 2	0.001 0
1-94	自卸汽车运土方 运距 1km 以内	1 000m³	5 564.89	0.000 2	0.001 0
1-95H	自卸汽车运土方 运距增加 14km	1 000m³	21 792.54	0.000 2	0.001 0
1-116	机械 填土夯实 槽、坑	100m³	1 051.68	0.087 1	0.089 5
名称		单位	单价(元)	消耗量	
人工	一类人工	工日	125.00	0.709 0	0.741 0

工作内容：沟槽挖土、就近堆放、修整底边及边坡、沟槽原土回填、余土外运。　　**计量单位**：10m

定额编号				5-89	5-90	5-91
项目				不放坡直槽开挖		
				管道埋深 $H=1.5$m		
				管径(mm)		
				200	300	400
基　价　(元)				**198.59**	**215.15**	**258.36**
其中	人工费(元)			139.36	148.26	154.25
	材料费(元)			—	—	—
	机械费(元)			59.23	66.89	104.11
预算定额编号	项目名称	单位	单价(元)	消耗量		
1-17	人工挖沟槽、基坑土方 三类土 深度在2m以内	100m³	2 544.00	0.007 7	0.008 5	0.009 2
1-69	挖掘机挖土不装车 三类土	1 000m³	2 297.84	0.014 6	0.016 1	0.017 5
1-72	挖掘机挖土装车 三类土	1 000m³	3 558.76	—	0.000 1	0.001 2
1-94	自卸汽车运土方 运距1km以内	1 000m³	5 564.89	—	0.000 1	0.001 2
1-95H	自卸汽车运土方 运距增加14km	1 000m³	21 792.54	—	0.000 1	0.001 2
1-116	机械 填土夯实 槽、坑	100m³	1 051.68	0.138 3	0.145 9	0.149 9
名称		单位	单价(元)	消耗量		
人工	一类人工	工日	125.00	1.115 0	1.186 0	1.234 0

工作内容：沟槽挖土、就近堆放、修整底边及边坡、沟槽原土回填、余土外运。　　**计量单位**：10m

定额编号				5-92	5-93	5-94	5-95
项目				放坡开挖			
				管道埋深 $H=2.0$m			
				管径(mm)			
				200	300	400	500
基　价　(元)				**459.16**	**479.65**	**496.39**	**510.47**
其中	人工费(元)			323.89	337.67	348.69	357.42
	材料费(元)			—	—	—	—
	机械费(元)			135.27	141.98	147.70	153.05
预算定额编号	项目名称	单位	单价(元)	消耗量			
1-17	人工挖沟槽、基坑土方 三类土 深度在2m以内	100m³	2 544.00	0.017 0	0.018 0	0.019 1	0.020 1
1-69	挖掘机挖土不装车 三类土	1 000m³	2 297.84	0.032 3	0.034 3	0.036 2	0.038 2
1-72	挖掘机挖土装车 三类土	1 000m³	3 558.76	—	—	—	—
1-94	自卸汽车运土方 运距1km以内	1 000m³	5 564.89	—	—	—	—
1-95	自卸汽车运土方 运距增加14km	1 000m³	1 556.61	—	—	—	—
1-116	机械 填土夯实 槽、坑	100m³	1 051.68	0.324 9	0.337 6	0.346 7	0.353 3
名称		单位	单价(元)	消耗量			
人工	一类人工	工日	125.00	2.591 0	2.701 0	2.790 0	2.859 0

工作内容:沟槽挖土、就近堆放、修整底边及边坡、沟槽原土回填、余土外运。 **计量单位:**10m

定额编号				5-96	5-97	5-98	5-99	5-100
项目				放坡开挖				
				管道埋深 $H=2.0$m				
				管径(mm)				
				600	700	800	900	1 000
基价(元)				**600.80**	**688.20**	**764.11**	**865.67**	**957.59**
其中	人工费(元)			402.62	401.93	404.33	398.00	396.27
	材料费(元)			—	—	—	—	—
	机械费(元)			198.18	286.27	359.78	467.67	561.32
预算定额编号	项目名称	单位	单价(元)	消耗量				
1-17	人工挖沟槽、基坑土方 三类土 深度在2m以内	100m³	2 544.00	0.023 2	0.024 2	0.025 2	0.026 2	0.027 3
1-69	挖掘机挖土不装车 三类土	1 000m³	2 297.84	0.044 0	0.046 0	0.047 9	0.049 9	0.051 8
1-72	挖掘机挖土装车 三类土	1 000m³	3 558.76	0.000 8	0.003 6	0.005 9	0.009 4	0.012 4
1-94	自卸汽车运土方 运距1km以内	1 000m³	5 564.89	0.000 8	0.003 6	0.005 9	0.009 4	0.012 4
1-95H	自卸汽车运土方 运距增加14km	1 000m³	21 792.54	0.000 8	0.003 6	0.005 9	0.009 4	0.012 4
1-116	机械 填土夯实 槽、坑	100m³	1 051.68	0.395 5	0.389 5	0.387 5	0.374 4	0.366 8
名称		单位	单价(元)	消耗量				
人工	一类人工	工日	125.00	3.221 0	3.215 0	3.235 0	3.184 0	3.170 0

工作内容:沟槽挖土、就近堆放、修整底边及边坡、沟槽原土回填、余土外运。 **计量单位:**10m

定额编号				5-101	5-102	5-103
项目				放坡开挖		
				管道埋深 $H=2.5$m		
				管径(mm)		
				400	500	600
基价(元)				**704.93**	**726.99**	**816.63**
其中	人工费(元)			501.07	515.84	578.47
	材料费(元)			—	—	—
	机械费(元)			203.86	211.15	238.16
预算定额编号	项目名称	单位	单价(元)	消耗量		
1-18	人工挖沟槽、基坑土方 三类土 深度在4m以内	100m³	3 178.50	0.025 9	0.027 2	0.031 1
1-69	挖掘机挖土不装车 三类土	1 000m³	2 297.84	0.049 3	0.051 7	0.059 0
1-72	挖掘机挖土装车 三类土	1 000m³	3 558.76	—	—	—
1-94	自卸汽车运土方 运距1km以内	1 000m³	5 564.89	—	—	—
1-95	自卸汽车运土方 运距增加14km	1 000m³	1 556.61	—	—	—
1-116	机械 填土夯实 槽、坑	100m³	1 051.68	0.484 3	0.496 1	0.553 6
名称		单位	单价(元)	消耗量		
人工	一类人工	工日	125.00	4.009 0	4.127 0	4.628 0

工作内容:沟槽挖土、就近堆放、修整底边及边坡、沟槽原土回填、余土外运。　　**计量单位**:10m

定额编号					5-104	5-105	5-106
项目					放坡开挖		
					管道埋深 $H=2.5$m		
					管径(mm)		
					700	800	900
基价(元)					**859.58**	**940.28**	**1 049.73**
其中	人工费(元)				583.16	591.27	590.91
	材料费(元)				—	—	—
	机械费(元)				276.42	349.01	458.82
预算定额编号	项目名称		单位	单价(元)	消耗量		
1-18	人工挖沟槽、基坑土方 三类土 深度在4m以内		$100m^3$	3 178.50	0.032 4	0.033 6	0.034 9
1-69	挖掘机挖土不装车 三类土		$1\ 000m^3$	2 297.84	0.061 5	0.063 9	0.066 3
1-72	挖掘机挖土装车 三类土		$1\ 000m^3$	3 558.76	0.001 1	0.003 3	0.006 8
1-94	自卸汽车运土方 运距1km以内		$1\ 000m^3$	5 564.89	0.001 1	0.003 3	0.006 8
1-95H	自卸汽车运土方 运距增加14km		$1\ 000m^3$	21 792.54	0.001 1	0.003 3	0.006 8
1-116	机械 填土夯实 槽、坑		$100m^3$	1 051.68	0.552 7	0.555 9	0.547 9
名称			单位	单价(元)	消耗量		
人工	一类人工		工日	125.00	4.665 0	4.730 0	4.727 0

工作内容:沟槽挖土、就近堆放、修整底边及边坡、沟槽原土回填、余土外运。　　**计量单位**:10m

定额编号					5-107	5-108	5-109
项目					放坡开挖		
					管道埋深 $H=2.5$m		
					管径(mm)		
					1 000	1 100	1 200
基价(元)					**1 146.62**	**1 311.13**	**1 446.00**
其中	人工费(元)				594.91	644.48	635.35
	材料费(元)				—	—	—
	机械费(元)				551.71	666.65	810.65
预算定额编号	项目名称		单位	单价(元)	消耗量		
1-18	人工挖沟槽、基坑土方 三类土 深度在4m以内		$100m^3$	3 178.50	0.036 2	0.040 0	0.041 3
1-69	挖掘机挖土不装车 三类土		$1\ 000m^3$	2 297.84	0.068 8	0.076 1	0.078 5
1-72	挖掘机挖土装车 三类土		$1\ 000m^3$	3 558.76	0.009 7	0.012 7	0.017 4
1-94	自卸汽车运土方 运距1km以内		$1\ 000m^3$	5 564.89	0.009 7	0.012 7	0.017 4
1-95H	自卸汽车运土方 运距增加14km		$1\ 000m^3$	21 792.54	0.009 7	0.012 7	0.017 4
1-116	机械 填土夯实 槽、坑		$100m^3$	1 051.68	0.545 4	0.586 2	0.567 1
名称			单位	单价(元)	消耗量		
人工	一类人工		工日	125.00	4.759 0	5.156 0	5.083 0

工作内容:沟槽挖土、就近堆放、修整底边及边坡、沟槽原土回填、余土外运。 **计量单位**:10m

定额编号				5-110	5-111	5-112
项目				放坡开挖 管道埋深 H=3.0m 管径(mm)		
				400	500	600
基价(元)				**925.99**	**955.20**	**1 066.81**
其中	人工费(元)			659.08	678.89	757.12
	材料费(元)			—	—	—
	机械费(元)			266.91	276.31	309.69
预算定额编号	项目名称	单位	单价(元)	消耗量		
1-18	人工挖沟槽、基坑土方 三类土 深度在 4m 以内	$100m^3$	3 178.50	0.033 7	0.035 2	0.039 8
1-69	挖掘机挖土不装车 三类土	$1\ 000m^3$	2 297.84	0.064 0	0.066 9	0.075 7
1-72	挖掘机挖土装车 三类土	$1\ 000m^3$	3 558.76	—	—	—
1-94	自卸汽车运土方 运距 1km 以内	$1\ 000m^3$	5 564.89	—	—	—
1-95	自卸汽车运土方 运距增加 14km	$1\ 000m^3$	1 556.61	—	—	—
1-116	机械 填土夯实 槽、坑	$100m^3$	1 051.68	0.638 8	0.655 7	0.728 7
名称		单位	单价(元)	消耗量		
人工	一类人工	工日	125.00	5.273 0	5.431 0	6.057 0

工作内容:沟槽挖土、就近堆放、修整底边及边坡、沟槽原土回填、余土外运。 **计量单位**:10m

定额编号				5-113	5-114	5-115	5-116
项目				放坡开挖 管道埋深 H=3.0m 管径(mm)			
				700	800	900	1 000
基价(元)				**1 082.87**	**1 121.69**	**1 235.18**	**1 333.14**
其中	人工费(元)			766.64	779.63	784.26	793.52
	材料费(元)			—	—	—	—
	机械费(元)			316.23	342.06	450.92	539.62
预算定额编号	项目名称	单位	单价(元)	消耗量			
1-18	人工挖沟槽、基坑土方 三类土 深度在 4m 以内	$100m^3$	3 178.50	0.041 4	0.042 9	0.044 4	0.046 0
1-69	挖掘机挖土不装车 三类土	$1\ 000m^3$	2 297.84	0.078 6	0.081 5	0.084 4	0.087 3
1-72	挖掘机挖土装车 三类土	$1\ 000m^3$	3 558.76	—	0.000 6	0.004 0	0.006 7
1-94	自卸汽车运土方 运距 1km 以内	$1\ 000m^3$	5 564.89	—	0.000 6	0.004 0	0.006 7
1-95H	自卸汽车运土方 运距增加 14km	$1\ 000m^3$	21 792.54	—	0.000 6	0.004 0	0.006 7
1-116	机械 填土夯实 槽、坑	$100m^3$	1 051.68	0.732 8	0.741 2	0.738 3	0.740 9
名称		单位	单价(元)	消耗量			
人工	一类人工	工日	125.00	6.133 0	6.237 0	6.274 0	6.348 0

工作内容：沟槽挖土、就近堆放、修整底边及边坡、沟槽原土回填、余土外运。　　**计量单位**：10m

定额编号				5-117	5-118	5-119	5-120
项目				放坡开挖			
				管道埋深 $H=3.0$m			
				管径(mm)			
				1 100	1 200	1 350	1 500
基　价（元）				**1 513.54**	**1 655.67**	**1 839.00**	**2 070.37**
其中	人工费（元）			858.76	854.76	857.59	845.48
	材料费（元）			—	—	—	—
	机械费（元）			654.78	800.91	981.41	1 224.89
预算定额编号	项目名称	单位	单价(元)	消耗量			
1-18	人工挖沟槽、基坑土方 三类土 深度在4m以内	100m³	3 178.50	0.050 6	0.052 1	0.054 4	0.056 7
1-69	挖掘机挖土不装车 三类土	1 000m³	2 297.84	0.096 1	0.099 0	0.103 4	0.107 8
1-72	挖掘机挖土装车 三类土	1 000m³	3 558.76	0.009 5	0.014 2	0.019 9	0.027 8
1-94	自卸汽车运土方 运距1km以内	1 000m³	5 564.89	0.009 5	0.014 2	0.019 9	0.027 8
1-95H	自卸汽车运土方 运距增加14km	1 000m³	21 792.54	0.009 5	0.014 2	0.019 9	0.027 8
1-116	机械 填土夯实 槽、坑	100m³	1 051.68	0.797 0	0.783 1	0.773 3	0.744 5
名称		单位	单价(元)	消耗量			
人工	一类人工	工日	125.00	6.870 0	6.838 0	6.861 0	6.764 0

工作内容：沟槽挖土、就近堆放、修整底边及边坡、沟槽原土回填、余土外运。　　**计量单位**：10m

定额编号				5-121	5-122	5-123	5-124
项目				放坡开挖			
				管道埋深 $H=3.5$m			
				管径(mm)			
				400	500	600	700
基　价（元）				**1 170.83**	**1 207.50**	**1 340.96**	**1 364.27**
其中	人工费（元）			833.97	859.13	953.08	967.72
	材料费（元）			—	—	—	—
	机械费（元）			336.86	348.37	387.88	396.55
预算定额编号	项目名称	单位	单价(元)	消耗量			
1-18	人工挖沟槽、基坑土方 三类土 深度在4m以内	100m³	3 178.50	0.042 2	0.044 0	0.049 4	0.051 2
1-69	挖掘机挖土不装车 三类土	1 000m³	2 297.84	0.080 3	0.083 7	0.093 9	0.097 3
1-72	挖掘机挖土装车 三类土	1 000m³	3 558.76	—	—	—	—
1-94	自卸汽车运土方 运距1km以内	1 000m³	5 564.89	—	—	—	—
1-95	自卸汽车运土方 运距增加14km	1 000m³	1 556.61	—	—	—	—
1-116	机械 填土夯实 槽、坑	100m³	1 051.68	0.810 3	0.832 3	0.920 6	0.929 9
名称		单位	单价(元)	消耗量			
人工	一类人工	工日	125.00	6.672 0	6.873 0	7.625 0	7.742 0

工作内容:沟槽挖土、就近堆放、修整底边及边坡、沟槽原土回填、余土外运。　　**计量单位**:10m

定额编号				5-125	5-126	5-127	5-128
项目				放坡开挖			
				管道埋深 $H=3.5$m			
				管径(mm)			
				800	900	1 000	1 100
基价(元)				**1 391.90**	**1 435.68**	**1 540.78**	**1 734.21**
其中	人工费(元)			985.76	994.94	1 009.23	1 090.29
	材料费(元)			—	—	—	—
	机械费(元)			406.14	440.74	531.55	643.92
预算定额编号	项目名称	单位	单价(元)	消耗量			
1-18	人工挖沟槽、基坑土方 三类土 深度在 4m 以内	$100m^3$	3 178.50	0.053 0	0.054 8	0.056 6	0.062 0
1-69	挖掘机挖土不装车 三类土	$1\ 000m^3$	2 297.84	0.100 7	0.104 1	0.107 5	0.117 8
1-72	挖掘机挖土装车 三类土	$1\ 000m^3$	3 558.76	—	0.000 9	0.003 6	0.006 1
1-94	自卸汽车运土方 运距 1km 以内	$1\ 000m^3$	5 564.89	—	0.000 9	0.003 6	0.006 1
1-95H	自卸汽车运土方 运距增加 14km	$1\ 000m^3$	21 792.54	—	0.000 9	0.003 6	0.006 1
1-116	机械 填土夯实 槽、坑	$100m^3$	1 051.68	0.943 3	0.945 6	0.953 3	1.024 9
名称		单位	单价(元)	消耗量			
人工	一类人工	工日	125.00	7.886 0	7.960 0	8.074 0	8.722 0

工作内容:沟槽挖土、就近堆放、修整底边及边坡、沟槽原土回填、余土外运。　　**计量单位**:10m

定额编号				5-129	5-130	5-131
项目				放坡开挖		
				管道埋深 $H=3.5$m		
				管径(mm)		
				1 200	1 350	1 500
基价(元)				**1 880.60**	**2 071.82**	**2 310.76**
其中	人工费(元)			1 091.52	1 102.22	1 097.65
	材料费(元)			—	—	—
	机械费(元)			789.08	969.60	1 213.11
预算定额编号	项目名称	单位	单价(元)	消耗量		
1-18	人工挖沟槽、基坑土方 三类土 深度在 4m 以内	$100m^3$	3 178.50	0.063 8	0.066 5	0.069 1
1-69	挖掘机挖土不装车 三类土	$1\ 000m^3$	2 297.84	0.121 2	0.126 3	0.131 4
1-72	挖掘机挖土装车 三类土	$1\ 000m^3$	3 558.76	0.010 7	0.016 3	0.024 1
1-94	自卸汽车运土方 运距 1km 以内	$1\ 000m^3$	5 564.89	0.010 7	0.016 3	0.024 1
1-95H	自卸汽车运土方 运距增加 14km	$1\ 000m^3$	21 792.54	0.010 7	0.016 3	0.024 1
1-116	机械 填土夯实 槽、坑	$100m^3$	1 051.68	1.016 0	1.013 9	0.992 8
名称		单位	单价(元)	消耗量		
人工	一类人工	工日	125.00	8.732 0	8.818 0	8.781 0

工作内容:沟槽挖土、就近堆放、修整底边及边坡、沟槽原土回填、余土外运。　　**计量单位**:10m

定额编号				5-132	5-133	5-134
项目				放坡开挖		
				管道埋深 $H=3.5$m		
				管径(mm)		
				1 650	1 800	2 000
基价(元)				**2 713.95**	**2 953.21**	**3 293.93**
其中	人工费(元)			1 231.62	1 227.37	1 214.68
	材料费(元)			—	—	—
	机械费(元)			1 482.33	1 725.84	2 079.25
预算定额编号	项目名称	单位	单价(元)	消耗量		
1-18	人工挖沟槽、基坑土方 三类土 深度在4m以内	$100m^3$	3 178.50	0.079 0	0.081 7	0.085 3
1-69	挖掘机挖土不装车 三类土	$1\ 000m^3$	2 297.84	0.150 1	0.155 2	0.162 1
1-72	挖掘机挖土装车 三类土	$1\ 000m^3$	3 558.76	0.030 9	0.038 7	0.050 1
1-94	自卸汽车运土方 运距1km以内	$1\ 000m^3$	5 564.89	0.030 9	0.038 7	0.050 1
1-95H	自卸汽车运土方 运距增加14km	$1\ 000m^3$	21 792.54	0.030 9	0.038 7	0.050 1
1-116	机械 填土夯实 槽、坑	$100m^3$	1 051.68	1.105 5	1.084 4	1.047 3
名称		单位	单价(元)	消耗量		
人工	一类人工	工日	125.00	9.853 0	9.819 0	9.717 0

(2)有支护开挖

工作内容:沟槽挖土、就近堆放、修整底边及边坡、沟槽原土回填、余土外运。　　**计量单位**:10m

定额编号				5-135	5-136	5-137
项目				有支护直立沟槽		
				管道埋深 $H=3.0$m		
				管径(mm)		
				400	500	600
基价(元)				**663.21**	**694.25**	**855.48**
其中	人工费(元)			469.09	489.99	572.65
	材料费(元)			—	—	—
	机械费(元)			194.12	204.26	282.83
预算定额编号	项目名称	单位	单价(元)	消耗量		
1-18H	人工挖沟槽、基坑土方 三类土 深度在4m以内 支撑下开挖	$100m^3$	4 545.26	0.023 1	0.024 6	0.029 2
1-69H	挖掘机挖土不装车 三类土 支撑下开挖	$1\ 000m^3$	2 840.21	0.043 8	0.046 7	0.055 5
1-72	挖掘机挖土装车 三类土	$1\ 000m^3$	3 558.76	—	—	0.001 4
1-94	自卸汽车运土方 运距1km以内	$1\ 000m^3$	5 564.89	—	—	0.001 4
1-95H	自卸汽车运土方 运距增加14km	$1\ 000m^3$	21 792.54	—	—	0.001 4
1-116	机械 填土夯实 槽、坑	$100m^3$	1 051.68	0.412 5	0.427 7	0.496 2
名称		单位	单价(元)	消耗量		
人工	一类人工	工日	125.00	3.753 0	3.920 0	4.581 0

工作内容:沟槽挖土、就近堆放、修整底边及边坡、沟槽原土回填、余土外运。

计量单位:10m

定额编号				5-138	5-139	5-140	5-141
项目				有支护直立沟槽			
				管道埋深 $H=3.0$m			
				管径(mm)			
				700	800	900	1 000
基价(元)				**966.09**	**1 059.30**	**1 187.64**	**1 297.16**
其中	人工费(元)			581.95	596.64	600.44	611.28
	材料费(元)			—	—	—	—
	机械费(元)			384.14	462.66	587.20	685.88
预算定额编号	项目名称	单位	单价(元)	消耗量			
1-18H	人工挖沟槽、基坑土方 三类土 深度在 4m 以内 支撑下开挖	100m³	4 545.26	0.030 8	0.032 3	0.033 8	0.035 4
1-69H	挖掘机挖土不装车 三类土 支撑下开挖	1 000m³	2 840.21	0.058 4	0.061 3	0.064 3	0.067 2
1-72	挖掘机挖土装车 三类土	1 000m³	3 558.76	0.004 5	0.006 8	0.010 7	0.013 7
1-94	自卸汽车运土方 运距 1km 以内	1 000m³	5 564.89	0.004 5	0.006 8	0.010 7	0.013 7
1-95H	自卸汽车运土方 运距增加 14km	1 000m³	21 792.54	0.004 5	0.006 8	0.010 7	0.013 7
1-116	机械 填土夯实 槽、坑	100m³	1 051.68	0.495 5	0.502 2	0.495 0	0.496 2
名称		单位	单价(元)	消耗量			
人工	一类人工	工日	125.00	4.656 0	4.773 0	4.804 0	4.890 0

工作内容:沟槽挖土、就近堆放、修整底边及边坡、沟槽原土回填、余土外运。

计量单位:10m

定额编号				5-142	5-143	5-144	5-145
项目				有支护直立沟槽			
				管道埋深 $H=3.0$m			
				管径(mm)			
				1 100	1 200	1 350	1 500
基价(元)				**1 503.11**	**1 659.69**	**1 855.51**	**2 103.17**
其中	人工费(元)			678.80	673.83	678.77	667.14
	材料费(元)			—	—	—	—
	机械费(元)			824.31	985.86	1 176.74	1 436.03
预算定额编号	项目名称	单位	单价(元)	消耗量			
1-18H	人工挖沟槽、基坑土方 三类土 深度在 4m 以内 支撑下开挖	100m³	4 545.26	0.040 0	0.041 5	0.043 8	0.046 1
1-69H	挖掘机挖土不装车 三类土 支撑下开挖	1 000m³	2 840.21	0.076 0	0.078 9	0.083 3	0.087 6
1-72	挖掘机挖土装车 三类土	1 000m³	3 558.76	0.017 2	0.022 4	0.028 4	0.036 8
1-94	自卸汽车运土方 运距 1km 以内	1 000m³	5 564.89	0.017 2	0.022 4	0.028 4	0.036 8
1-95H	自卸汽车运土方 运距增加 14km	1 000m³	21 792.54	0.017 2	0.022 4	0.028 4	0.036 8
1-116	机械 填土夯实 槽、坑	100m³	1 051.68	0.545 5	0.527 2	0.515 2	0.482 2
名称		单位	单价(元)	消耗量			
人工	一类人工	工日	125.00	5.430 0	5.391 0	5.430 0	5.337 0

工作内容:沟槽挖土、就近堆放、修整底边及边坡、沟槽原土回填、余土外运。　　**计量单位**:10m

定额编号				5-146	5-147	5-148	5-149
项目				有支护直立沟槽			
				管道埋深 $H=4.0$m			
				管径(mm)			
				1 650	1 800	2 000	2 200
基价(元)				**2 938.55**	**3 199.62**	**3 570.47**	**3 965.03**
其中	人工费(元)			1 172.26	1 178.97	1 180.91	1 175.13
	材料费(元)			—	—	—	—
	机械费(元)			1 766.29	2 020.65	2 389.56	2 789.90
预算定额编号	项目名称	单位	单价(元)	消耗量			
1-18H	人工挖沟槽、基坑土方 三类土 深度在4m以内 支撑下开挖	100m³	4 545.26	0.072 8	0.075 9	0.080 0	0.084 1
1-69H	挖掘机挖土不装车 三类土 支撑下开挖	1 000m³	2 840.21	0.138 3	0.144 1	0.151 9	0.159 7
1-72	挖掘机挖土装车 三类土	1 000m³	3 558.76	0.040 6	0.048 6	0.060 3	0.073 1
1-94	自卸汽车运土方 运距1km以内	1 000m³	5 564.89	0.040 6	0.048 6	0.060 3	0.073 1
1-95H	自卸汽车运土方 运距增加14km	1 000m³	21 792.54	0.040 6	0.048 6	0.060 3	0.073 1
1-116	机械 填土夯实 槽、坑	100m³	1 051.68	0.912 5	0.896 5	0.866 4	0.826 5
	名称	单位	单价(元)	消耗量			
人工	一类人工	工日	125.00	9.378 0	9.432 0	9.447 0	9.401 0

工作内容:沟槽挖土、就近堆放、修整底边及边坡、沟槽原土回填、余土外运。　　**计量单位**:10m

定额编号				5-150	5-151	5-152	5-153
项目				有支护直立沟槽			
				管道埋深 $H=5.0$m			
				管径(mm)			
				2 400	2 600	2 800	3 000
基价(元)				**4 937.21**	**5 366.96**	**5 857.94**	**6 373.13**
其中	人工费(元)			1 752.71	1 770.92	1 770.19	1 762.08
	材料费(元)			—	—	—	—
	机械费(元)			3 184.50	3 596.04	4 087.75	4 611.05
预算定额编号	项目名称	单位	单价(元)	消耗量			
1-19H	人工挖沟槽、基坑土方 三类土 深度在6m以内 支撑下开挖	100m³	5 448.30	0.110 2	0.115 3	0.120 4	0.125 6
1-69H	挖掘机挖土不装车 三类土 支撑下开挖	1 000m³	2 840.21	0.209 4	0.219 1	0.228 8	0.238 6
1-72	挖掘机挖土装车 三类土	1 000m³	3 558.76	0.079 3	0.092 2	0.107 9	0.124 7
1-94	自卸汽车运土方 运距1km以内	1 000m³	5 564.89	0.079 3	0.092 2	0.107 9	0.124 7
1-95H	自卸汽车运土方 运距增加14km	1 000m³	21 792.54	0.079 3	0.092 2	0.107 9	0.124 7
1-116	机械 填土夯实 槽、坑	100m³	1 051.68	1.227 0	1.203 8	1.156 5	1.099 1
	名称	单位	单价(元)	消耗量			
人工	一类人工	工日	125.00	14.022 0	14.167 0	14.162 0	14.097 0

工作内容:沟槽挖土、就近堆放、修整底边及边坡、沟槽原土回填、余土外运。 **计量单位**:10m

定额编号				5-154	5-155	5-156	5-157	5-158
项目				有支护直立沟槽				
				管道埋深 H 每增减 0.5m				
				管径(mm)				
				400	500	600	700	800
基价(元)				**102.75**	**109.53**	**129.98**	**137.05**	**143.83**
其中	人工费(元)			67.64	72.12	85.64	90.17	94.65
	材料费(元)			—	—	—	—	—
	机械费(元)			35.11	37.41	44.34	46.88	49.18
预算定额编号	项目名称	单位	单价(元)	消耗量				
1-69H	挖掘机挖土不装车 三类土 支撑下开挖	1 000m³	2 840.21	0.007 7	0.008 2	0.009 7	0.010 3	0.010 8
1-116	机械 填土夯实 槽、坑	100m³	1 051.68	0.076 9	0.082 0	0.097 4	0.102 5	0.107 6
名称		单位	单价(元)	消耗量				
人工	一类人工	工日	125.00	0.541 0	0.577 0	0.685 0	0.721 0	0.757 0

工作内容:沟槽挖土、就近堆放、修整底边及边坡、沟槽原土回填、余土外运。 **计量单位**:10m

定额编号				5-159	5-160	5-161	5-162	5-163
项目				有支护直立沟槽				
				管道埋深 H 每增减 0.5m				
				管径(mm)				
				900	1 000	1 100	1 200	1 350
基价(元)				**150.73**	**157.51**	**177.96**	**184.75**	**195.12**
其中	人工费(元)			99.22	103.70	117.22	121.70	128.49
	材料费(元)			—	—	—	—	—
	机械费(元)			51.51	53.81	60.74	63.05	66.63
预算定额编号	项目名称	单位	单价(元)	消耗量				
1-69H	挖掘机挖土不装车 三类土 支撑下开挖	1 000m³	2 840.21	0.011 3	0.011 8	0.013 3	0.013 8	0.014 6
1-116	机械 填土夯实 槽、坑	100m³	1 051.68	0.112 8	0.117 9	0.133 3	0.138 4	0.146 1
名称		单位	单价(元)	消耗量				
人工	一类人工	工日	125.00	0.794 0	0.830 0	0.938 0	0.974 0	1.028 0

工作内容：沟槽挖土、就近堆放、修整底边及边坡、沟槽原土回填、余土外运。　　**计量单位**：10m

定额编号				5-164	5-165	5-166	5-167	5-168
项目				有支护直立沟槽				
				管道埋深 H 每增减 0.5m				
				管径(mm)				
				1 500	1 650	1 800	2 000	2 200
基价（元）				**205.48**	**242.99**	**253.36**	**267.03**	**280.60**
其中	人工费（元）			135.27	159.98	166.77	175.81	184.77
	材料费（元）			—	—	—	—	—
	机械费（元）			70.21	83.01	86.59	91.22	95.83
预算定额编号	项目名称	单位	单价(元)	消耗量				
1-69H	挖掘机挖土不装车 三类土 支撑下开挖	1 000m³	2 840.21	0.015 4	0.018 2	0.019 0	0.020 0	0.021 0
1-116	机械 填土夯实 槽、坑	100m³	1 051.68	0.153 8	0.181 9	0.189 6	0.199 9	0.210 1
名称		单位	单价(元)	消耗量				
人工	一类人工	工日	125.00	1.082 0	1.280 0	1.334 0	1.407 0	1.478 0

工作内容：沟槽挖土、就近堆放、修整底边及边坡、沟槽原土回填、余土外运。　　**计量单位**：10m

定额编号				5-169	5-170	5-171	5-172
项目				有支护直立沟槽			
				管道埋深 H 每增减 0.5m			
				管径(mm)			
				2 400	2 600	2 800	3 000
基价（元）				**294.28**	**308.13**	**321.80**	**335.36**
其中	人工费（元）			193.82	202.83	211.87	220.83
	材料费（元）			—	—	—	—
	机械费（元）			100.46	105.30	109.93	114.53
预算定额编号	项目名称	单位	单价(元)	消耗量			
1-69H	挖掘机挖土不装车 三类土 支撑下开挖	1 000m³	2 840.21	0.022 0	0.023 1	0.024 1	0.025 1
1-116	机械 填土夯实 槽、坑	100m³	1 051.68	0.220 4	0.230 6	0.240 9	0.251 1
名称		单位	单价(元)	消耗量			
人工	一类人工	工日	125.00	1.551 0	1.623 0	1.695 0	1.767 0

3. 沟槽开挖与回填(基础Ⅲ)

(1)无支护开挖

工作内容:沟槽挖土、就近堆放、修整底边及边坡、沟槽原土回填、余土外运。 **计量单位**:10m

定额编号				5-173	5-174
项目				不放坡直槽开挖	
				管道埋深 $H=1.0$m	
				管径(mm)	
				100	200
基价(元)				**91.67**	**116.11**
其中	人工费(元)			64.27	67.94
	材料费(元)			—	—
	机械费(元)			27.40	48.17
预算定额编号	项目名称	单位	单价(元)	消耗量	
1-17	人工挖沟槽、基坑土方 三类土 深度在2m以内	100m³	2 544.00	0.003 6	0.004 1
1-69	挖掘机挖土不装车 三类土	1 000m³	2 297.84	0.006 8	0.007 8
1-72	挖掘机挖土装车 三类土	1 000m³	3 558.76	—	0.000 6
1-94	自卸汽车运土方 运距1km以内	1 000m³	5 564.89	—	0.000 6
1-95H	自卸汽车运土方 运距增加14km	1 000m³	21 792.54	—	0.000 6
1-116	机械 填土夯实 槽、坑	100m³	1 051.68	0.063 6	0.065 8
名称		单位	单价(元)	消耗量	
人工	一类人工	工日	125.00	0.514 0	0.543 0

工作内容:沟槽挖土、就近堆放、修整底边及边坡、沟槽原土回填、余土外运。 **计量单位**:10m

定额编号				5-175	5-176	5-177
项目				不放坡直槽开挖		
				管道埋深 $H=1.5$m		
				管径(mm)		
				200	300	400
基价(元)				**154.98**	**185.11**	**217.35**
其中	人工费(元)			108.42	118.50	127.75
	材料费(元)			—	—	—
	机械费(元)			46.56	66.61	89.60
预算定额编号	项目名称	单位	单价(元)	消耗量		
1-17	人工挖沟槽、基坑土方 三类土 深度在2m以内	100m³	2 544.00	0.006 2	0.006 9	0.007 7
1-69	挖掘机挖土不装车 三类土	1 000m³	2 297.84	0.011 7	0.013 1	0.014 6
1-72	挖掘机挖土装车 三类土	1 000m³	3 558.76	—	0.000 5	0.001 1
1-94	自卸汽车运土方 运距1km以内	1 000m³	5 564.89	—	0.000 5	0.001 1
1-95H	自卸汽车运土方 运距增加14km	1 000m³	21 792.54	—	0.000 5	0.001 1
1-116	机械 填土夯实 槽、坑	100m³	1 051.68	0.106 8	0.116 0	0.123 8
名称		单位	单价(元)	消耗量		
人工	一类人工	工日	125.00	0.867 0	0.948 0	1.022 0

工作内容：沟槽挖土、就近堆放、修整底边及边坡、沟槽原土回填、余土外运。　　**计量单位**：10m

定额编号				5-178	5-179	5-180	5-181
项目				放坡开挖			
				管道埋深 $H=2.0$m			
				管径(mm)			
				200	300	400	500
基价（元）				**400.41**	**422.60**	**443.06**	**461.78**
其中	人工费（元）			282.21	297.32	311.22	323.60
	材料费（元）			—	—	—	—
	机械费（元）			118.20	125.28	131.84	138.18
预算定额编号	项目名称	单位	单价(元)	消耗量			
1-17	人工挖沟槽、基坑土方 三类土 深度在2m以内	$100m^3$	2 544.00	0.015 0	0.016 0	0.017 0	0.018 0
1-69	挖掘机挖土不装车 三类土	$1\,000m^3$	2 297.84	0.028 4	0.030 4	0.032 3	0.034 3
1-72	挖掘机挖土装车 三类土	$1\,000m^3$	3 558.76	—	—	—	—
1-94	自卸汽车运土方 运距1km以内	$1\,000m^3$	5 564.89	—	—	—	—
1-95	自卸汽车运土方 运距增加14km	$1\,000m^3$	1 556.61	—	—	—	—
1-116	机械 填土夯实 槽、坑	$100m^3$	1 051.68	0.282 4	0.296 7	0.309 6	0.320 6
名称		单位	单价(元)	消耗量			
人工	一类人工	工日	125.00	2.258 0	2.379 0	2.490 0	2.589 0

工作内容：沟槽挖土、就近堆放、修整底边及边坡、沟槽原土回填、余土外运。　　**计量单位**：10m

定额编号				5-182	5-183	5-184
项目				放坡开挖		
				管道埋深 $H=2.0$m		
				管径(mm)		
				600	800	1 000
基价（元）				**549.47**	**653.43**	**777.19**
其中	人工费（元）			366.73	386.51	400.24
	材料费（元）			—	—	—
	机械费（元）			182.74	266.92	376.95
预算定额编号	项目名称	单位	单价(元)	消耗量		
1-17	人工挖沟槽、基坑土方 三类土 深度在2m以内	$100m^3$	2 544.00	0.021 1	0.023 2	0.025 2
1-69	挖掘机挖土不装车 三类土	$1\,000m^3$	2 297.84	0.040 1	0.044 0	0.047 9
1-72	挖掘机挖土装车 三类土	$1\,000m^3$	3 558.76	0.000 8	0.003 2	0.006 5
1-94	自卸汽车运土方 运距1km以内	$1\,000m^3$	5 564.89	0.000 8	0.003 2	0.006 5
1-95H	自卸汽车运土方 运距增加14km	$1\,000m^3$	21 792.54	0.000 8	0.003 2	0.006 5
1-116	机械 填土夯实 槽、坑	$100m^3$	1 051.68	0.360 3	0.375 0	0.382 3
名称		单位	单价(元)	消耗量		
人工	一类人工	工日	125.00	2.934 0	3.092 0	3.202 0

工作内容:沟槽挖土、就近堆放、修整底边及边坡、沟槽原土回填、余土外运。 **计量单位**:10m

定额编号				5-185	5-186	5-187
项目				放坡开挖		
				管道埋深 $H=2.5$m		
				管径(mm)		
				400	500	600
基价(元)				**635.88**	**662.79**	**749.60**
其中	人工费(元)			452.11	470.56	530.89
	材料费(元)			—	—	—
	机械费(元)			183.77	192.23	218.71
预算定额编号	项目名称	单位	单价(元)	消耗量		
1-18	人工挖沟槽、基坑土方 三类土 深度在4m以内	100m³	3 178.50	0.023 4	0.024 7	0.028 5
1-69	挖掘机挖土不装车 三类土	1 000m³	2 297.84	0.044 4	0.046 9	0.0 542
1-72	挖掘机挖土装车 三类土	1 000m³	3 558.76	—	—	—
1-94	自卸汽车运土方 运距1km以内	1 000m³	5 564.89	—	—	—
1-95	自卸汽车运土方 运距增加14km	1 000m³	1 556.61	—	—	—
1-116	机械 填土夯实 槽、坑	100m³	1 051.68	0.436 9	0.453 1	0.508 2
	名称	单位	单价(元)	消耗量		
人工	一类人工	工日	125.00	3.617 0	3.764 0	4.247 0

工作内容:沟槽挖土、就近堆放、修整底边及边坡、沟槽原土回填、余土外运。 **计量单位**:10m

定额编号				5-188	5-189	5-190
项目				放坡开挖		
				管道埋深 $H=2.5$m		
				管径(mm)		
				800	1 000	1 200
基价(元)				**819.91**	**953.37**	**1 133.76**
其中	人工费(元)			561.87	587.19	599.17
	材料费(元)			—	—	—
	机械费(元)			258.04	366.18	534.59
预算定额编号	项目名称	单位	单价(元)	消耗量		
1-18	人工挖沟槽、基坑土方 三类土 深度在4m以内	100m³	3 178.50	0.031 1	0.033 6	0.036 2
1-69	挖掘机挖土不装车 三类土	1 000m³	2 297.84	0.059 0	0.063 9	0.068 8
1-72	挖掘机挖土装车 三类土	1 000m³	3 558.76	0.000 8	0.003 9	0.009 1
1-94	自卸汽车运土方 运距1km以内	1 000m³	5 564.89	0.000 8	0.003 9	0.009 1
1-95H	自卸汽车运土方 运距增加14km	1 000m³	21 792.54	0.000 8	0.003 9	0.009 1
1-116	机械 填土夯实 槽、坑	100m³	1 051.68	0.533 2	0.550 7	0.550 8
	名称	单位	单价(元)	消耗量		
人工	一类人工	工日	125.00	4.495 0	4.697 0	4.793 0

工作内容：沟槽挖土、就近堆放、修整底边及边坡、沟槽原土回填、余土外运。　　　　**计量单位**：10m

定额编号				5-191	5-192	5-193	5-194
项目				放坡开挖			
				管道埋深 $H=3.0\text{m}$			
				管径(mm)			
				400	500	600	800
基价（元）				**842.00**	**876.07**	**984.72**	**1 045.25**
其中	人工费（元）			599.41	622.90	698.94	740.15
	材料费（元）			—	—	—	—
	机械费（元）			242.59	253.17	285.78	305.10
预算定额编号	项目名称	单位	单价(元)	消耗量			
1-18	人工挖沟槽、基坑土方 三类土 深度在4m以内	100m^3	3 178.50	0.030 6	0.032 1	0.036 7	0.039 8
1-69	挖掘机挖土不装车 三类土	$1\ 000\text{m}^3$	2 297.84	0.058 1	0.061 1	0.069 8	0.075 7
1-72	挖掘机挖土装车 三类土	$1\ 000\text{m}^3$	3 558.76	—	—	—	—
1-94	自卸汽车运土方 运距1km以内	$1\ 000\text{m}^3$	5 564.89	—	—	—	—
1-95	自卸汽车运土方 运距增加14km	$1\ 000\text{m}^3$	1 556.61	—	—	—	—
1-116	机械 填土夯实 槽、坑	100m^3	1 051.68	0.581 2	0.602 5	0.672 9	0.708 2
	名称	单位	单价(元)	消耗量			
人工	一类人工	工日	125.00	4.795 0	4.983 0	5.592 0	5.921 0

工作内容：沟槽挖土、就近堆放、修整底边及边坡、沟槽原土回填、余土外运。　　　　**计量单位**：10m

定额编号				5-195	5-196	5-197
项目				放坡开挖		
				管道埋深 $H=3.0\text{m}$		
				管径(mm)		
				1 000	1 200	1 500
基价（元）				**1 134.77**	**1 320.27**	**1 598.15**
其中	人工费（元）			775.54	797.77	831.85
	材料费（元）			—	—	—
	机械费（元）			359.23	522.50	766.30
预算定额编号	项目名称	单位	单价(元)	消耗量		
1-18	人工挖沟槽、基坑土方 三类土 深度在4m以内	100m^3	3 178.50	0.042 9	0.046 0	0.050 6
1-69	挖掘机挖土不装车 三类土	$1\ 000\text{m}^3$	2 297.84	0.081 5	0.087 3	0.096 1
1-72	挖掘机挖土装车 三类土	$1\ 000\text{m}^3$	3 558.76	0.001 2	0.006 1	0.013 4
1-94	自卸汽车运土方 运距1km以内	$1\ 000\text{m}^3$	5 564.89	0.001 2	0.006 1	0.013 4
1-95H	自卸汽车运土方 运距增加14km	$1\ 000\text{m}^3$	21 792.54	0.001 2	0.006 1	0.013 4
1-116	机械 填土夯实 槽、坑	100m^3	1 051.68	0.736 0	0.746 3	0.762 8
	名称	单位	单价(元)	消耗量		
人工	一类人工	工日	125.00	6.204 0	6.382 0	6.655 0

工作内容:沟槽挖土、就近堆放、修整底边及边坡、沟槽原土回填、余土外运。　　**计量单位**:10m

定额编号				5-198	5-199	5-200
项目				放坡开挖		
				管道埋深 $H=3.5$m		
				管径(mm)		
				400	500	600
基价(元)				**1 072.44**	**1 113.65**	**1 244.48**
其中	人工费(元)			764.14	792.66	884.54
	材料费(元)			—	—	—
	机械费(元)			308.30	320.99	359.94
预算定额编号	项目名称	单位	单价(元)	消耗量		
1-18	人工挖沟槽、基坑土方 三类土 深度在4m以内	100m³	3 178.50	0.038 7	0.040 4	0.045 8
1-69	挖掘机挖土不装车 三类土	1 000m³	2 297.84	0.073 4	0.076 9	0.087 1
1-72	挖掘机挖土装车 三类土	1 000m³	3 558.76	—	—	—
1-94	自卸汽车运土方 运距1km以内	1 000m³	5 564.89	—	—	—
1-95	自卸汽车运土方 运距增加14km	1 000m³	1 556.61	—	—	—
1-116	机械 填土夯实 槽、坑	100m³	1 051.68	0.742 4	0.768 8	0.854 6
名称		单位	单价(元)	消耗量		
人工	一类人工	工日	125.00	6.113 0	6.341 0	7.076 0

工作内容:沟槽挖土、就近堆放、修整底边及边坡、沟槽原土回填、余土外运。　　**计量单位**:10m

定额编号				5-201	5-202	5-203
项目				放坡开挖		
				管道埋深 $H=3.5$m		
				管径(mm)		
				800	1 000	1 200
基价(元)				**1 319.40**	**1 386.43**	**1 524.82**
其中	人工费(元)			936.10	981.46	1 013.45
	材料费(元)			—	—	—
	机械费(元)			383.30	404.97	511.37
预算定额编号	项目名称	单位	单价(元)	消耗量		
1-18	人工挖沟槽、基坑土方 三类土 深度在4m以内	100m³	3 178.50	0.049 4	0.053 0	0.056 6
1-69	挖掘机挖土不装车 三类土	1 000m³	2 297.84	0.093 9	0.100 7	0.107 5
1-72	挖掘机挖土装车 三类土	1 000m³	3 558.76	—	—	0.002 9
1-94	自卸汽车运土方 运距1km以内	1 000m³	5 564.89	—	—	0.002 9
1-95H	自卸汽车运土方 运距增加14km	1 000m³	21 792.54	—	—	0.002 9
1-116	机械 填土夯实 槽、坑	100m³	1 051.68	0.900 1	0.938 1	0.958 7
名称		单位	单价(元)	消耗量		
人工	一类人工	工日	125.00	7.489 0	7.852 0	8.108 0

工作内容：沟槽挖土、就近堆放、修整底边及边坡、沟槽原土回填、余土外运。　　**计量单位**：10m

定额编号				5-204	5-205	5-206
项目				放坡开挖		
				管道埋深 $H=3.5$m		
				管径(mm)		
				1 500	1 800	2 000
基价（元）				**1 818.71**	**2 175.83**	**2 422.62**
其中	人工费（元）			1 063.29	1 093.52	1 110.07
	材料费（元）			—	—	—
	机械费（元）			755.42	1 082.31	1 312.55
预算定额编号	项目名称	单位	单价(元)	消耗量		
1-18	人工挖沟槽、基坑土方 三类土 深度在4m以内	100m³	3 178.50	0.062 0	0.067 4	0.070 9
1-69	挖掘机挖土不装车 三类土	1 000m³	2 297.84	0.117 8	0.128 0	0.134 8
1-72	挖掘机挖土装车 三类土	1 000m³	3 558.76	0.010 0	0.020 0	0.027 1
1-94	自卸汽车运土方 运距1km以内	1 000m³	5 564.89	0.010 0	0.020 0	0.027 1
1-95H	自卸汽车运土方 运距增加14km	1 000m³	21 792.54	0.010 0	0.020 0	0.027 1
1-116	机械 填土夯实 槽、坑	100m³	1 051.68	0.990 6	0.997 6	0.998 1
名称		单位	单价(元)	消耗量		
人工	一类人工	工日	125.00	8.506 0	8.748 0	8.881 0

(2)有支护开挖

工作内容：沟槽挖土、就近堆放、修整底边及边坡、沟槽原土回填、余土外运。　　**计量单位**：10m

定额编号				5-207	5-208	5-209	5-210
项目				有支护直立沟槽			
				管道埋深 $H=3.0$m			
				管径(mm)			
				400	500	600	800
基价（元）				**582.90**	**620.36**	**739.35**	**865.68**
其中	人工费（元）			412.85	438.80	521.78	568.69
	材料费（元）			—	—	—	—
	机械费（元）			170.05	181.56	217.57	296.99
预算定额编号	项目名称	单位	单价(元)	消耗量			
1-18H	人工挖沟槽、基坑土方 三类土 深度在4m以内 支撑下开挖	100m³	4 545.26	0.020 0	0.021 5	0.026 1	0.029 2
1-69H	挖掘机挖土不装车 三类土 支撑下开挖	1 000m³	2 840.21	0.038 0	0.040 9	0.049 7	0.055 5
1-72	挖掘机挖土装车 三类土	1 000m³	3 558.76	—	—	—	0.001 9
1-94	自卸汽车运土方 运距1km以内	1 000m³	5 564.89	—	—	—	0.001 9
1-95H	自卸汽车运土方 运距增加14km	1 000m³	21 792.54	—	—	—	0.001 9
1-116	机械 填土夯实 槽、坑	100m³	1 051.68	0.365 2	0.386 5	0.456 0	0.491 2
名称		单位	单价(元)	消耗量			
人工	一类人工	工日	125.00	3.303 0	3.510 0	4.174 0	4.550 0

工作内容:沟槽挖土、就近堆放、修整底边及边坡、沟槽原土回填、余土外运。 **计量单位**:10m

定额编号				5-211	5-212	5-213
项目				有支护直立沟槽		
				管道埋深 $H=3.0$m		
				管径(mm)		
				1 000	1 200	1 500
基价(元)				**1 018.22**	**1 213.75**	**1 505.68**
其中	人工费(元)			609.86	636.74	678.42
	材料费(元)			—	—	—
	机械费(元)			408.36	577.01	827.26
预算定额编号	项目名称	单位	单价(元)	消耗量		
1-18H	人工挖沟槽、基坑土方 三类土 深度在4m以内 支撑下开挖	$100m^3$	4 545.26	0.032 3	0.035 4	0.040 0
1-69H	挖掘机挖土不装车 三类土 支撑下开挖	$1\ 000m^3$	2 840.21	0.061 3	0.067 2	0.076 0
1-72	挖掘机挖土装车 三类土	$1\ 000m^3$	3 558.76	0.004 9	0.009 9	0.017 3
1-94	自卸汽车运土方 运距1km以内	$1\ 000m^3$	5 564.89	0.004 9	0.009 9	0.017 3
1-95H	自卸汽车运土方 运距增加14km	$1\ 000m^3$	21 792.54	0.004 9	0.009 9	0.017 3
1-116	机械 填土夯实 槽、坑	$100m^3$	1 051.68	0.519 0	0.528 6	0.545 0
名称		单位	单价(元)	消耗量		
人工	一类人工	工日	125.00	4.879 0	5.094 0	5.427 0

工作内容:沟槽挖土、就近堆放、修整底边及边坡、沟槽原土回填、余土外运。 **计量单位**:10m

定额编号				5-214	5-215
项目				有支护直立沟槽	
				管道埋深 $H=4.0$m	
				管径(mm)	
				1 800	2 000
基价(元)				**2 181.91**	**2 447.10**
其中	人工费(元)			1 026.90	1 060.93
	材料费(元)			—	—
	机械费(元)			1 155.01	1 386.17
预算定额编号	项目名称	单位	单价(元)	消耗量	
1-18H	人工挖沟槽、基坑土方 三类土 深度在4m以内 支撑下开挖	$100m^3$	4 545.26	0.059 5	0.063 6
1-69H	挖掘机挖土不装车 三类土 支撑下开挖	$1\ 000m^3$	2 840.21	0.113 0	0.120 7
1-72	挖掘机挖土装车 三类土	$1\ 000m^3$	3 558.76	0.023 1	0.030 0
1-94	自卸汽车运土方 运距1km以内	$1\ 000m^3$	5 564.89	0.023 1	0.030 0
1-95H	自卸汽车运土方 运距增加14km	$1\ 000m^3$	21 792.54	0.023 1	0.030 0
1-116	机械 填土夯实 槽、坑	$100m^3$	1 051.68	0.833 3	0.844 1
名称		单位	单价(元)	消耗量	
人工	一类人工	工日	125.00	8.215 0	8.487 0

工作内容:沟槽挖土、就近堆放、修整底边及边坡、沟槽原土回填、余土外运。 **计量单位**:10m

定额编号				5-216	5-217	5-218
项目				有支护直立沟槽 管道埋深 H 每增减 0.5m 管径(mm)		
				400	500	600
基价(元)				**89.07**	**95.96**	**116.31**
其中	人工费(元)			58.59	63.16	76.60
	材料费(元)			—	—	—
	机械费(元)			30.48	32.80	39.71
预算定额编号	项目名称	单位	单价(元)	消耗量		
1-69H	挖掘机挖土不装车 三类土 支撑下开挖	1 000m³	2 840.21	0.006 7	0.007 2	0.008 7
1-116	机械 填土夯实 槽、坑	100m³	1 051.68	0.066 6	0.071 8	0.087 1
名称		单位	单价(元)	消耗量		
人工	一类人工	工日	125.00	0.469 0	0.505 0	0.613 0

工作内容:沟槽挖土、就近堆放、修整底边及边坡、沟槽原土回填、余土外运。 **计量单位**:10m

定额编号				5-219	5-220	5-221
项目				有支护直立沟槽 管道埋深 H 每增减 0.5m 管径(mm)		
				800	1 000	1 200
基价(元)				**129.98**	**143.83**	**157.51**
其中	人工费(元)			85.64	94.65	103.70
	材料费(元)			—	—	—
	机械费(元)			44.34	49.18	53.81
预算定额编号	项目名称	单位	单价(元)	消耗量		
1-69H	挖掘机挖土不装车 三类土 支撑下开挖	1 000m³	2 840.21	0.009 7	0.010 8	0.011 8
1-116	机械 填土夯实 槽、坑	100m³	1 051.68	0.097 4	0.107 6	0.117 9
名称		单位	单价(元)	消耗量		
人工	一类人工	工日	125.00	0.685 0	0.757 0	0.830 0

工作内容:沟槽挖土、就近堆放、修整底边及边坡、沟槽原土回填、余土外运。 计量单位:10m

定额编号				5-222	5-223	5-224
项目				有支护直立沟槽		
				管道埋深 H 每增减 0.5m		
				管径(mm)		
				1 500	1 800	2 000
基价(元)				**177.96**	**198.60**	**212.27**
其中	人工费(元)			117.22	130.71	139.75
	材料费(元)			—	—	—
	机械费(元)			60.74	67.89	72.52
预算定额编号	项目名称	单位	单价(元)	消耗量		
1-69H	挖掘机挖土不装车 三类土 支撑下开挖	1 000m³	2 840.21	0.013 3	0.014 9	0.015 9
1-116	机械 填土夯实 槽、坑	100m³	1 051.68	0.133 3	0.148 6	0.158 9
名称		单位	单价(元)	消耗量		
人工	一类人工	工日	125.00	0.938 0	1.046 0	1.118 0

二、管腔护管材料回填综合定额

1. 管腔护管材料回填(基础Ⅰ)

(1)无支护开挖

工作内容:原土弃运、管腔护管材料回填、洒水、分层整平夯实。 计量单位:10m

定额编号				5-225	5-226	5-227
项目				不放坡直槽开挖		
				管腔护管材料回填 砂		
				管径(mm)		
				200	300	400
基价(元)				**2 217.90**	**2 529.56**	**2 869.87**
其中	人工费(元)			249.45	284.44	322.45
	材料费(元)			1 947.92	2 221.62	2 518.14
	机械费(元)			20.53	23.50	29.28
预算定额编号	项目名称	单位	单价(元)	消耗量		
1-72	挖掘机挖土装车 三类土	1 000m³	3 558.76	0.001 4	0.001 6	0.001 9
1-94	自卸汽车运土方 运距 1km 以内	1 000m³	5 564.89	0.001 4	0.001 6	0.001 9
1-95H	自卸汽车运土方 运距增加 14km	1 000m³	21 792.54	0.001 4	0.001 6	0.001 9
1-116	机械 填土夯实 槽、坑	100m³	1 051.68	-0.125 5	-0.143 2	-0.162 3
6-306	沟槽回填 黄砂	10m³	1 837.34	1.255 4	1.431 8	1.622 9
名称		单位	单价(元)	消耗量		
人工	一类人工	工日	125.00	-0.827 0	-0.944 0	-1.070 0
	二类人工	工日	135.00	2.614 0	2.981 0	3.379 0
材料	黄砂 毛砂	t	87.38	22.195 5	25.314 2	28.692 9
	水	m³	4.27	1.983 5	2.262 2	2.564 2

工作内容:原土弃运、管腔护管材料回填、洒水、分层整平夯实。　　**计量单位**:10m

定额编号				5-228	5-229	5-230	5-231
项目				放坡开挖			
				管腔护管材料回填 砂			
				管径(mm)			
				200	300	400	500
基价(元)				**2 756.92**	**3 187.29**	**3 681.31**	**4 189.45**
其中	人工费(元)			309.81	358.12	413.77	470.98
	材料费(元)			2 419.77	2 796.97	3 231.11	3 677.98
	机械费(元)			27.34	32.20	36.43	40.49
预算定额编号	项目名称	单位	单价(元)	消耗量			
1-72	挖掘机挖土装车 三类土	1 000m³	3 558.76	0.001 8	0.002 1	0.002 4	0.002 7
1-94	自卸汽车运土方 运距1km以内	1 000m³	5 564.89	0.001 8	0.002 1	0.002 4	0.002 7
1-95H	自卸汽车运土方 运距增加14km	1 000m³	21 792.54	0.001 8	0.002 1	0.002 4	0.002 7
1-116	机械 填土夯实 槽、坑	100m³	1 051.68	-0.156 0	-0.180 3	-0.208 2	-0.237 0
6-306	沟槽回填 黄砂	10m³	1 837.34	1.559 5	1.802 6	2.082.4	2.370 4
	名称	单位	单价(元)	消耗量			
人工	一类人工	工日	125.00	-1.028 0	-1.188 0	-1.372 0	-1.562 0
	二类人工	工日	135.00	3.247 0	3.753 0	4.336 0	4.935 0
材料	黄砂 毛砂	t	87.38	27.572 0	31.870 0	36.816 8	41.908 7
	水	m³	4.27	2.464 0	2.848 1	3.290 2	3.745 2

工作内容:原土弃运、管腔护管材料回填、洒水、分层整平夯实。　　**计量单位**:10m

定额编号				5-232	5-233	5-234	5-235
项目				放坡开挖			
				管腔护管材料回填 砂			
				管径(mm)			
				600	700	800	900
基价(元)				**5 215.94**	**5 808.41**	**6 437.43**	**7 079.20**
其中	人工费(元)			586.26	652.80	723.53	795.67
	材料费(元)			4 578.08	5 097.73	5 650.11	6 213.97
	机械费(元)			51.60	57.88	63.79	69.56
预算定额编号	项目名称	单位	单价(元)	消耗量			
1-72	挖掘机挖土装车 三类土	1 000m³	3 558.76	0.003 4	0.003 8	0.004 2	0.004 6
1-94	自卸汽车运土方 运距1km以内	1 000m³	5 564.89	0.003 4	0.003 8	0.004 2	0.004 6
1-95H	自卸汽车运土方 运距增加14km	1 000m³	21 792.54	0.003 4	0.003 8	0.004 2	0.004 6
1-116	机械 填土夯实 槽、坑	100m³	1 051.68	-0.295 0	-0.328 5	-0.364 1	-0.400 5
6-306	沟槽回填 黄砂	10m³	1 837.34	2.950 5	3.285 4	3.641 4	4.004 8
	名称	单位	单价(元)	消耗量			
人工	一类人工	工日	125.00	-1.944 0	-2.165 0	-2.400 0	-2.640 0
	二类人工	工日	135.00	6.143 0	6.840 0	7.581 0	8.338 0
材料	黄砂 毛砂	t	87.38	52.164 8	58.085 9	64.380 0	70.804 9
	水	m³	4.27	4.661 8	5.190 9	5.753 4	6.327 6

工作内容:原土弃运、管腔护管材料回填、洒水、分层整平夯实。　　计量单位:10m

定额编号				5-236	5-237	5-238	5-239
项目				放坡开挖			
				管腔护管材料回填 砂			
				管径(mm)			
				1 000	1 100	1 200	1 350
基价(元)				**7 733.65**	**9 138.74**	**9 868.58**	**10 986.68**
其中	人工费(元)			869.29	1 027.27	1 109.25	1 235.00
	材料费(元)			6 789.16	8 022.86	8 662.75	9 644.93
	机械费(元)			75.20	88.61	96.58	106.75
预算定额编号	项目名称	单位	单价(元)	消耗量			
1-72	挖掘机挖土装车 三类土	1 000m³	3 558.76	0.005 0	0.005 9	0.006 4	0.007 1
1-94	自卸汽车运土方 运距 1km 以内	1 000m³	5 564.89	0.005 0	0.005 9	0.006 4	0.007 1
1-95H	自卸汽车运土方 运距增加 14km	1 000m³	21 792.54	0.005 0	0.005 9	0.006 4	0.007 1
1-116	机械 填土夯实 槽、坑	100m³	1 051.68	-0.437 6	-0.517 1	-0.558 3	-0.621 6
6-306	沟槽回填 黄砂	10m³	1 837.34	4.375 5	5.170 6	5.583 0	6.216 0
名称		单位	单价(元)	消耗量			
人工	一类人工	工日	125.00	-2.884 0	-3.408 0	-3.680 0	-4.097 0
	二类人工	工日	135.00	9.110 0	10.765 0	11.624 0	12.942 0
材料	黄砂 毛砂	t	87.38	77.358 8	91.416 2	98.707 4	109.898 9
	水	m³	4.27	6.913 3	8.169 5	8.821 1	9.821 3

工作内容:原土弃运、管腔护管材料回填、洒水、分层整平夯实。　　计量单位:10m

定额编号				5-240	5-241	5-242	5-243
项目				放坡开挖			
				管腔护管材料回填 砂			
				管径(mm)			
				1 500	1 650	1 800	2 000
基价(元)				**12 134.24**	**15 811.35**	**17 194.36**	**19 084.70**
其中	人工费(元)			1 363.83	1 777.09	1 932.49	2 145.04
	材料费(元)			10 650.70	13 878.09	15 092.08	16 752.17
	机械费(元)			119.71	156.17	169.79	187.49
预算定额编号	项目名称	单位	单价(元)	消耗量			
1-72	挖掘机挖土装车 三类土	1 000m³	3 558.76	0.007 9	0.010 3	0.011 2	0.012 4
1-94	自卸汽车运土方 运距 1km 以内	1 000m³	5 564.89	0.007 9	0.010 3	0.011 2	0.012 4
1-95H	自卸汽车运土方 运距增加 14km	1 000m³	21 792.54	0.007 9	0.010 3	0.011 2	0.012 4
1-116	机械 填土夯实 槽、坑	100m³	1 051.68	-0.686 4	-0.894 4	-0.972 7	-1.079 7
6-306	沟槽回填 黄砂	10m³	1 837.34	6.864 2	8.944 2	9.726 6	10.796 5
名称		单位	单价(元)	消耗量			
人工	一类人工	工日	125.00	-4.524 0	-5.895 0	-6.411 0	-7.116 0
	二类人工	工日	135.00	14.291 0	18.622 0	20.251 0	22.478 0
材料	黄砂 毛砂	t	87.38	121.359 1	158.133 5	171.966 3	190.882 1
	水	m³	4.27	10.845 4	14.131 8	15.368 0	17.058 5

(2)有支护开挖

工作内容:原土弃运、管腔护管材料回填、洒水、分层整平夯实。　　计量单位:10m

定额编号				5-244	5-245	5-246
项目				有支护开挖		
				管腔护管材料回填 砂		
				管径(mm)		
				400	500	600
基价(元)				**3 495.43**	**3 892.71**	**4 791.93**
其中	人工费(元)			392.78	437.60	538.65
	材料费(元)			3 067.42	3 417.78	4 206.62
	机械费(元)			35.23	37.33	46.66
预算定额编号	项目名称	单位	单价(元)	消耗量		
1-72	挖掘机挖土装车 三类土	1 000m³	3 558.76	0.002 3	0.002 5	0.003 1
1-94	自卸汽车运土方 运距1km以内	1 000m³	5 564.89	0.002 3	0.002 5	0.003 1
1-95H	自卸汽车运土方 运距增加14km	1 000m³	21 792.54	0.002 3	0.002 5	0.003 1
1-116	机械 填土夯实 槽、坑	100m³	1 051.68	-0.197 7	-0.220 3	-0.271 1
6-306	沟槽回填 黄砂	10m³	1 837.34	1.976 9	2.202 7	2.711 1
名称		单位	单价(元)	消耗量		
人工	一类人工	工日	125.00	-1.303 0	-1.452 0	-1.787 0
	二类人工	工日	135.00	4.116 0	4.586 0	5.645 0
材料	黄砂 毛砂	t	87.38	34.951 6	38.943 7	47.932 2
	水	m³	4.27	3.123 5	3.480 3	4.283 5

工作内容:原土弃运、管腔护管材料回填、洒水、分层整平夯实。　　计量单位:10m

定额编号				5-247	5-248	5-249
项目				有支护开挖		
				管腔护管材料回填 砂		
				管径(mm)		
				700	800	900
基价(元)				**5 234.45**	**5 681.77**	**6 120.81**
其中	人工费(元)			588.36	638.60	687.91
	材料费(元)			4 594.69	4 987.09	5 372.05
	机械费(元)			51.40	56.08	60.85
预算定额编号	项目名称	单位	单价(元)	消耗量		
1-72	挖掘机挖土装车 三类土	1 000m³	3 558.76	0.003 4	0.003 7	0.004 0
1-94	自卸汽车运土方 运距1km以内	1 000m³	5 564.89	0.003 4	0.003 7	0.004 0
1-95H	自卸汽车运土方 运距增加14km	1 000m³	21 792.54	0.003 4	0.003 7	0.004 0
1-116	机械 填土夯实 槽、坑	100m³	1 051.68	-0.296 1	-0.321 4	-0.346 2
6-306	沟槽回填 黄砂	10m³	1 837.34	2.961 2	3.214 1	3.462 2
名称		单位	单价(元)	消耗量		
人工	一类人工	工日	125.00	-1.952 0	-2.118 0	-2.282 0
	二类人工	工日	135.00	6.165 0	6.692 0	7.208 0
材料	黄砂 毛砂	t	87.38	52.354 0	56.825 3	61.211 7
	水	m³	4.27	4.678 7	5.078 3	5.470 3

工作内容:原土弃运、管腔护管材料回填、洒水、分层整平夯实。

计量单位:10m

定额编号				5-250	5-251	5-252
项目				有支护开挖		
				管腔护管材料回填 砂		
				管径(mm)		
				1 000	1 100	1 200
基价(元)				**6 551.82**	**7 709.39**	**8 170.95**
其中	人工费(元)			736.25	866.51	918.40
	材料费(元)			5 749.88	6 767.43	7 172.56
	机械费(元)			65.69	75.45	79.99
预算定额编号	项目名称	单位	单价(元)	消耗量		
1-72	挖掘机挖土装车 三类土	1 000m^3	3 558.76	0.004 3	0.005 0	0.005 3
1-94	自卸汽车运土方 运距1km以内	1 000m^3	5 564.89	0.004 3	0.005 0	0.005 3
1-95H	自卸汽车运土方 运距增加14km	1 000m^3	21 792.54	0.004 3	0.005 0	0.005 3
1-116	机械 填土夯实 槽、坑	100m^3	1 051.68	-0.370 6	-0.436 2	-0.462 3
6-306	沟槽回填 黄砂	10m^3	1 837.34	3.705 7	4.361 5	4.622 6
名称		单位	单价(元)	消耗量		
人工	一类人工	工日	125.00	-2.442 0	-2.875 0	-3.047 0
	二类人工	工日	135.00	7.715 0	9.081 0	9.624 0
材料	黄砂 毛砂	t	87.38	65.516 8	77.111 3	81.727 6
	水	m^3	4.27	5.855 0	6.891 2	7.303 7

工作内容:原土弃运、管腔护管材料回填、洒水、分层整平夯实。

计量单位:10m

定额编号				5-253	5-254	5-255
项目				有支护开挖		
				管腔护管材料回填 砂		
				管径(mm)		
				1 350	1 500	1 650
基价(元)				**8 849.75**	**9 506.94**	**12 644.47**
其中	人工费(元)			994.57	1 068.47	1 421.29
	材料费(元)			7 766.68	8 344.36	11 099.43
	机械费(元)			88.50	94.11	123.75
预算定额编号	项目名称	单位	单价(元)	消耗量		
1-72	挖掘机挖土装车 三类土	1 000m^3	3 558.76	0.005 8	0.006 2	0.008 2
1-94	自卸汽车运土方 运距1km以内	1 000m^3	5 564.89	0.005 8	0.006 2	0.008 2
1-95H	自卸汽车运土方 运距增加14km	1 000m^3	21 792.54	0.005 8	0.006 2	0.008 2
1-116	机械 填土夯实 槽、坑	100m^3	1 051.68	-0.500 5	-0.537 8	-0.715 3
6-306	沟槽回填 黄砂	10m^3	1 837.34	5.005 5	5.377 8	7.153 4
名称		单位	单价(元)	消耗量		
人工	一类人工	工日	125.00	-3.299 0	-3.545 0	-4.715 0
	二类人工	工日	135.00	10.421 0	11.197 0	14.893 0
材料	黄砂 毛砂	t	87.38	88.497 2	95.079 5	126.472 1
	水	m^3	4.27	7.908 7	8.496 9	11.302 4

工作内容：原土弃运、管腔护管材料回填、洒水、分层整平夯实。 计量单位：10m

定额编号				5-256	5-257	5-258	5-259
项目				有支护开挖			
				管腔护管材料回填 砂			
				管径(mm)			
				1 800	2 000	2 200	2 400
基价（元）				**13 443.69**	**14 481.92**	**16 749.31**	**17 857.95**
其中	人工费（元）			1 511.15	1 627.75	1 882.53	2 007.24
	材料费（元）			11 801.54	12 712.19	14 701.69	15 675.34
	机械费（元）			131.00	141.98	165.09	175.37
预算定额编号	项目名称	单位	单价(元)	消耗量			
1-72	挖掘机挖土装车 三类土	1 000m^3	3 558.76	0.008 7	0.009 4	0.010 9	0.011 6
1-94	自卸汽车运土方 运距1km以内	1 000m^3	5 564.89	0.008 7	0.009 4	0.010 9	0.011 6
1-95H	自卸汽车运土方 运距增加14km	1 000m^3	21 792.54	0.008 7	0.009 4	0.010 9	0.011 6
1-116	机械 填土夯实 槽、坑	100m^3	1 051.68	-0.760 6	-0.819 3	-0.947 5	-1.010 2
6-306	沟槽回填 黄砂	10m^3	1 837.34	7.605 9	8.192 8	9.475 0	10.102 5
名称		单位	单价(元)	消耗量			
人工	一类人工	工日	125.00	-5.013 0	-5.400 0	-6.245 0	-6.658 0
	二类人工	工日	135.00	15.835 0	17.057 0	19.727 0	21.033 0
材料	黄砂 毛砂	t	87.38	134.472 3	144.848 7	167.518 0	178.612 2
	水	m^3	4.27	12.017 3	12.944 6	14.970 5	15.962 0

工作内容：原土弃运、管腔护管材料回填、洒水、分层整平夯实。 计量单位：10m

定额编号				5-260	5-261	5-262
项目				有支护开挖		
				管腔护管材料回填 砂		
				管径(mm)		
				2 600	2 800	3 000
基价（元）				**20 411.66**	**21 548.37**	**22 652.62**
其中	人工费（元）			2 294.07	2 422.01	2 546.18
	材料费（元）			17 915.90	18 914.68	19 884.45
	机械费（元）			201.69	211.68	221.99
预算定额编号	项目名称	单位	单价(元)	消耗量		
1-72	挖掘机挖土装车 三类土	1 000m^3	3 558.76	0.013 3	0.014 0	0.014 7
1-94	自卸汽车运土方 运距1km以内	1 000m^3	5 564.89	0.013 3	0.014 0	0.014 7
1-95H	自卸汽车运土方 运距增加14km	1 000m^3	21 792.54	0.013 3	0.014 0	0.014 7
1-116	机械 填土夯实 槽、坑	100m^3	1 051.68	-1.154 7	-1.219 0	-1.281 5
6-306	沟槽回填 黄砂	10m^3	1 837.34	11.546 5	12.190 2	12.815 2
名称		单位	单价(元)	消耗量		
人工	一类人工	工日	125.00	-7.610 0	-8.034 0	-8.446 0
	二类人工	工日	135.00	24.040 0	25.380 0	26.681 0
材料	黄砂 毛砂	t	87.38	204.142 1	215.522 7	226.572 7
	水	m^3	4.27	18.243 5	19.260 5	20.248 0

2. 管腔护管材料回填(基础Ⅱ)

(1)无支护开挖

工作内容:原土弃运、管腔护管材料回填、洒水、分层整平夯实。 **计量单位:**10m

定额编号				5-263	5-264	5-265
项目				不放坡直槽开挖		
				管腔护管材料回填 砂		
				管径(mm)		
				200	300	400
基价(元)				**1 253.40**	**1 467.44**	**1 694.25**
其中	人工费(元)			140.95	164.81	190.40
	材料费(元)			1 100.57	1 286.77	1 487.24
	机械费(元)			11.88	15.86	16.61
预算定额编号	项目名称	单位	单价(元)	消耗量		
1-72	挖掘机挖土装车 三类土	1 000m³	3 558.76	0.000 8	0.001 0	0.001 1
1-94	自卸汽车运土方 运距1km以内	1 000m³	5 564.89	0.000 8	0.001 0	0.001 1
1-95H	自卸汽车运土方 运距增加14km	1 000m³	21 792.54	0.000 8	0.001 0	0.001 1
1-116	机械 填土夯实 槽、坑	100m³	1 051.68	-0.070 9	-0.082 9	-0.095 9
6-306	沟槽回填 黄砂	10m³	1 837.34	0.709 3	0.829 3	0.958 5
名称		单位	单价(元)	消耗量		
人工	一类人工	工日	125.00	-0.467 0	-0.546 0	-0.632 0
	二类人工	工日	135.00	1.477 0	1.727 0	1.996 0
材料	黄砂 毛砂	t	87.38	12.540 4	14.662 0	16.946 3
	水	m³	4.27	1.120 7	1.310 3	1.514 4

工作内容:原土弃运、管腔护管材料回填、洒水、分层整平夯实。 **计量单位:**10m

定额编号				5-266	5-267	5-268	5-269
项目				放坡开挖			
				管腔护管材料回填 砂			
				管径(mm)			
				200	300	400	500
基价(元)				**1 685.50**	**2 003.48**	**2 373.60**	**2 761.85**
其中	人工费(元)			189.46	225.22	266.96	310.43
	材料费(元)			1 479.32	1 758.62	2 084.61	2 424.11
	机械费(元)			16.72	19.64	22.03	27.31
预算定额编号	项目名称	单位	单价(元)	消耗量			
1-72	挖掘机挖土装车 三类土	1 000m³	3 558.76	0.001 1	0.001 3	0.001 5	0.001 8
1-94	自卸汽车运土方 运距1km以内	1 000m³	5 564.89	0.001 1	0.001 3	0.001 5	0.001 8
1-95H	自卸汽车运土方 运距增加14km	1 000m³	21 792.54	0.001 1	0.001 3	0.001 5	0.001 8
1-116	机械 填土夯实 槽、坑	100m³	1 051.68	-0.095 3	-0.113 3	-0.134 3	-0.156 2
6-306	沟槽回填 黄砂	10m³	1 837.34	0.953 4	1.133 4	1.343 5	1.562 3
名称		单位	单价(元)	消耗量			
人工	一类人工	工日	125.00	-0.628 0	-0.747 0	-0.885 0	-1.029 0
	二类人工	工日	135.00	1.985 0	2.360 0	2.797 0	3.253 0
材料	黄砂 毛砂	t	87.38	16.856 1	20.038 5	23.753 1	27.621 5
	水	m³	4.27	1.506 4	1.790 8	2.122 7	2.468 4

工作内容：原土弃运、管腔护管材料回填、洒水、分层整平夯实。　　　　**计量单位**：10m

定额编号				5-270	5-271	5-272	5-273
项目				放坡开挖			
				管腔护管材料回填 砂			
				管径(mm)			
				600	700	800	900
基价（元）				**3 580.12**	**4 145.97**	**4 621.20**	**5 232.53**
其中	人工费（元）			402.47	466.00	519.44	588.13
	材料费（元）			3 143.29	3 639.04	4 056.43	4 592.98
	机械费（元）			34.36	40.93	45.33	51.42
预算定额编号	项目名称	单位	单价(元)	消耗量			
1-72	挖掘机挖土装车 三类土	1 000m³	3 558.76	0.002 3	0.002 7	0.003 0	0.003 4
1-94	自卸汽车运土方 运距1km以内	1 000m³	5 564.89	0.002 3	0.002 7	0.003 0	0.003 4
1-95H	自卸汽车运土方 运距增加14km	1 000m³	21 792.54	0.002 3	0.002 7	0.003 0	0.003 4
1-116	机械 填土夯实 槽、坑	100m³	1 051.68	-0.202 6	-0.234 5	-0.261 4	-0.296 0
6-306	沟槽回填 黄砂	10m³	1 837.34	2.025 8	2.345 3	2.614 3	2.960 1
	名称	单位	单价(元)	消耗量			
人工	一类人工	工日	125.00	-1.335 0	-1.546 0	-1.723 0	-1.951 0
	二类人工	工日	135.00	4.218 0	4.883 0	5.443 0	6.163 0
材料	黄砂 毛砂	t	87.38	35.816 1	41.464 9	46.220 8	52.334 6
	水	m³	4.27	3.200 8	3.705 6	4.130 6	4.677 0

工作内容：原土弃运、管腔护管材料回填、洒水、分层整平夯实。　　　　**计量单位**：10m

定额编号				5-274	5-275	5-276	5-277
项目				放坡开挖			
				管腔护管材料回填 砂			
				管径(mm)			
				1 000	1 100	1 200	1 350
基价（元）				**5 743.03**	**6 892.12**	**7 617.59**	**8 521.02**
其中	人工费（元）			645.57	774.56	856.00	957.87
	材料费（元）			5 042.02	6 049.18	6 685.20	7 480.56
	机械费（元）			55.44	68.38	76.39	82.59
预算定额编号	项目名称	单位	单价(元)	消耗量			
1-72	挖掘机挖土装车 三类土	1 000m³	3 558.76	0.003 7	0.004 5	0.005 0	0.005 5
1-94	自卸汽车运土方 运距1km以内	1 000m³	5 564.89	0.003 7	0.004 5	0.005 0	0.005 5
1-95H	自卸汽车运土方 运距增加14km	1 000m³	21 792.54	0.003 7	0.004 5	0.005 0	0.005 5
1-116	机械 填土夯实 槽、坑	100m³	1 051.68	-0.325 0	-0.389 9	-0.430 9	-0.482 1
6-306	沟槽回填 黄砂	10m³	1 837.34	3.249 5	3.898 6	4.308 5	4.821 1
	名称	单位	单价(元)	消耗量			
人工	一类人工	工日	125.00	-2.142 0	-2.570 0	-2.840 0	-3.178 0
	二类人工	工日	135.00	6.765 0	8.117 0	8.970 0	10.038 0
材料	黄砂 毛砂	t	87.38	57.451 2	68.927 2	76.174 3	85.237 0
	水	m³	4.27	5.134 2	6.159 8	6.807 4	7.617 3

工作内容:原土弃运、管腔护管材料回填、洒水、分层整平夯实。 **计量单位**:10m

定额编号				5-278	5-279	5-280	5-281
项目				放坡开挖			
				管腔护管材料回填 砂			
				管径(mm)			
				1 500	1 650	1 800	2 000
基价(元)				**9 625.26**	**12 291.94**	**13 420.36**	**14 979.50**
其中	人工费(元)			1 081.73	1 381.51	1 508.51	1 683.75
	材料费(元)			8 447.54	10 789.26	11 780.60	13 149.60
	机械费(元)			95.99	121.17	131.25	146.15
预算定额编号	项目名称	单位	单价(元)	消耗量			
1-72	挖掘机挖土装车 三类土	1 000m^3	3 558.76	0.006 3	0.008 0	0.008 7	0.009 7
1-94	自卸汽车运土方 运距1km以内	1 000m^3	5 564.89	0.006 3	0.008 0	0.008 7	0.009 7
1-95H	自卸汽车运土方 运距增加14km	1 000m^3	21 792.54	0.006 3	0.008 0	0.008 7	0.009 7
1-116	机械 填土夯实 槽、坑	100m^3	1 051.68	−0.544 4	−0.695 4	−0.759 2	−0.847 5
6-306	沟槽回填 黄砂	10m^3	1 837.34	5.444 3	6.953 5	7.592 4	8.474 7
	名称	单位	单价(元)	消耗量			
人工	一类人工	工日	125.00	−3.588 0	−4.583 0	−5.004 0	−5.586 0
	二类人工	工日	135.00	11.335 0	14.477 0	15.807 0	17.644 0
材料	黄砂 毛砂	t	87.38	96.255 2	122.937 9	134.233 6	149.832 7
	水	m^3	4.27	8.602 0	10.986 5	11.996 0	13.390 0

(2)有支护开挖

工作内容:原土弃运、管腔护管材料回填、洒水、分层整平夯实。 **计量单位**:10m

定额编号				5-282	5-283	5-284	5-285
项目				有支护开挖			
				管腔护管材料回填 砂			
				管径(mm)			
				400	500	600	700
基价(元)				**2 022.61**	**2 285.52**	**2 914.54**	**3 207.82**
其中	人工费(元)			227.35	256.82	327.55	360.53
	材料费(元)			1 775.84	2 005.79	2 558.17	2 815.28
	机械费(元)			19.42	22.91	28.82	32.01
预算定额编号	项目名称	单位	单价(元)	消耗量			
1-72	挖掘机挖土装车 三类土	1 000m^3	3 558.76	0.001 3	0.001 5	0.001 9	0.002 1
1-94	自卸汽车运土方 运距1km以内	1 000m^3	5 564.89	0.001 3	0.001 5	0.001 9	0.002 1
1-95H	自卸汽车运土方 运距增加14km	1 000m^3	21 792.54	0.001 3	0.001 5	0.001 9	0.002 1
1-116	机械 填土夯实 槽、坑	100m^3	1 051.68	−0.114 5	−0.129 3	−0.164 9	−0.181 4
6-306	沟槽回填 黄砂	10m^3	1 837.34	1.144 5	1.292 7	1.648 7	1.814 4
	名称	单位	单价(元)	消耗量			
人工	一类人工	工日	125.00	−0.755 0	−0.852 0	−1.087 0	−1.196 0
	二类人工	工日	135.00	2.383 0	2.691 0	3.433 0	3.778 0
材料	黄砂 毛砂	t	87.38	20.234 8	22.854 9	29.149 0	32.078 6
	水	m^3	4.27	1.808 3	2.042 5	2.604 9	2.866 8

工作内容:原土弃运、管腔护管材料回填、洒水、分层整平夯实。　　　　**计量单位**:10m

定额编号				5-286	5-287	5-288	5-289
项目				有支护开挖			
				管腔护管材料回填 砂			
				管径(mm)			
				800	900	1 000	1 100
基价(元)				**3 500.99**	**3 793.72**	**4 085.97**	**4 903.61**
其中	人工费(元)			393.43	426.33	459.09	551.10
	材料费(元)			3 072.38	3 329.02	3 585.35	4 303.91
	机械费(元)			35.18	38.37	41.53	48.60
预算定额编号	项目名称	单位	单价(元)	消耗量			
1-72	挖掘机挖土装车 三类土	1 000m³	3 558.76	0.002 3	0.002 5	0.002 7	0.003 2
1-94	自卸汽车运土方 运距1km以内	1 000m³	5 564.89	0.002 3	0.002 5	0.002 7	0.003 2
1-95H	自卸汽车运土方 运距增加14km	1 000m³	21 792.54	0.002 3	0.002 5	0.002 7	0.003 2
1-116	机械 填土夯实 槽、坑	100m³	1 051.68	-0.198 0	-0.214 5	-0.231 1	-0.277 4
6-306	沟槽回填 黄砂	10m³	1 837.34	1.980 1	2.145 5	2.310 7	2.773 8
名称		单位	单价(元)	消耗量			
人工	一类人工	工日	125.00	-1.305	-1.414	-1.523	-1.828
	二类人工	工日	135.00	4.123 0	4.467 0	4.811 0	5.775 0
材料	黄砂 毛砂	t	87.38	35.008 2	37.932 4	40.853 2	49.040 8
	水	m³	4.27	3.128 6	3.389 9	3.650 9	4.382 6

工作内容:原土弃运、管腔护管材料回填、洒水、分层整平夯实。　　　　**计量单位**:10m

定额编号				5-290	5-291	5-292	5-293
项目				有支护开挖			
				管腔护管材料回填 砂			
				管径(mm)			
				1 200	1 350	1 500	1 650
基价(元)				**5 226.42**	**5 710.31**	**6 193.39**	**8 081.98**
其中	人工费(元)			587.40	641.83	696.21	908.26
	材料费(元)			4 587.55	5 012.70	5 437.07	7 092.81
	机械费(元)			51.47	55.78	60.11	80.91
预算定额编号	项目名称	单位	单价(元)	消耗量			
1-72	挖掘机挖土装车 三类土	1 000m³	3 558.76	0.003 4	0.003 7	0.004 0	0.005 3
1-94	自卸汽车运土方 运距1km以内	1 000m³	5 564.89	0.003 4	0.003 7	0.004 0	0.005 3
1-95H	自卸汽车运土方 运距增加14km	1 000m³	21 792.54	0.003 4	0.003 7	0.004 0	0.005 3
1-116	机械 填土夯实 槽、坑	100m³	1 051.68	-0.295 7	-0.323 1	-0.350 4	-0.457 1
6-306	沟槽回填 黄砂	10m³	1 837.34	2.956 6	3.230 6	3.504 1	4.571 2
名称		单位	单价(元)	消耗量			
人工	一类人工	工日	125.00	-1.949 0	-2.130 0	-2.310 0	-3.013 0
	二类人工	工日	135.00	6.156 0	6.726 0	7.296 0	9.517 0
材料	黄砂 毛砂	t	87.38	52.272 7	57.117 0	61.952 5	80.818 8
	水	m³	4.27	4.671 4	5.104 3	5.536 5	7.222 5

工作内容:原土弃运、管腔护管材料回填、洒水、分层整平夯实。　　　　**计量单位:**10m

定额编号					5-294	5-295	5-296	5-297
项目					有支护开挖			
					管腔护管材料回填 砂			
					管径(mm)			
					1 800	2 000	2 200	2 400
基价(元)					**8 657.12**	**9 425.89**	**10 193.48**	**10 973.75**
其中	人工费(元)				973.11	1 059.51	1 145.80	1 233.56
	材料费(元)				7 599.73	8 274.53	8 948.25	9 633.29
	机械费(元)				84.28	91.85	99.43	106.90
预算定额编号	项目名称		单位	单价(元)	消耗量			
1-72	挖掘机挖土装车 三类土		1 000m³	3 558.76	0.005 6	0.006 1	0.006 6	0.007 1
1-94	自卸汽车运土方 运距1km以内		1 000m³	5 564.89	0.005 6	0.006 1	0.006 6	0.007 1
1-95H	自卸汽车运土方 运距增加14km		1 000m³	21 792.54	0.005 6	0.006 1	0.006 6	0.007 1
1-116	机械 填土夯实 槽、坑		100m³	1 051.68	-0.489 8	-0.533 3	-0.576 7	-0.620 8
6-306	沟槽回填 黄砂		10m³	1 837.34	4.897 9	5.332 8	5.767 0	6.208 5
名称			单位	单价(元)	消耗量			
人工	一类人工		工日	125.00	-3.228 0	-3.515 0	-3.801 0	-4.092 0
	二类人工		工日	135.00	10.197 0	11.103 0	12.007 0	12.926 0
材料	黄砂 毛砂		t	87.38	86.594 9	94.283 9	101.960 6	109.766 3
	水		m³	4.27	7.738 7	8.425 8	9.111 9	9.809 4

工作内容:原土弃运、管腔护管材料回填、洒水、分层整平夯实。　　　　**计量单位:**10m

定额编号					5-298	5-299	5-300
项目					有支护开挖		
					管腔护管材料回填 砂		
					管径(mm)		
					2 600	2 800	3 000
基价(元)					**11 774.13**	**12 551.12**	**13 326.82**
其中	人工费(元)				1 323.22	1 410.61	1 497.80
	材料费(元)				10 333.70	11 015.80	11 696.81
	机械费(元)				117.21	124.71	132.21
预算定额编号	项目名称		单位	单价(元)	消耗量		
1-72	挖掘机挖土装车 三类土		1 000m³	3 558.76	0.007 7	0.008 2	0.008 7
1-94	自卸汽车运土方 运距1km以内		1 000m³	5 564.89	0.007 7	0.008 2	0.008 7
1-95H	自卸汽车运土方 运距增加14km		1 000m³	21 792.54	0.007 7	0.008 2	0.008 7
1-116	机械 填土夯实 槽、坑		100m³	1 051.68	-0.666 0	-0.709 9	-0.753 8
6-306	沟槽回填 黄砂		10m³	1 837.34	6.659 9	7.099 5	7.538 4
名称			单位	单价(元)	消耗量		
人工	一类人工		工日	125.00	-4.389 0	-4.679 0	-4.968 0
	二类人工		工日	135.00	13.866 0	14.781 0	15.695 0
材料	黄砂 毛砂		t	87.38	117.747 0	125.519 2	133.278 9
	水		m³	4.27	10.522 6	11.217 2	11.910 7

3. 管腔护管材料回填(基础Ⅲ)

(1)无支护开挖

工作内容:原土弃运、管腔护管材料回填、洒水、分层整平夯实。　　计量单位:10m

定额编号				5-301	5-302	5-303	5-304
项目				不放坡直槽开挖			
				管腔护管材料回填 砂			
				管径(mm)			
				100	200	300	400
基价(元)				**736.78**	**949.72**	**1 167.23**	**1 384.93**
其中	人工费(元)			82.77	106.77	131.03	155.63
	材料费(元)			646.10	834.16	1 023.46	1 215.70
	机械费(元)			7.91	8.79	12.74	13.60
预算定额编号	项目名称	单位	单价(元)	消耗量			
1-72	挖掘机挖土装车 三类土	1 000m³	3 558.76	0.000 5	0.000 6	0.000 8	0.000 9
1-94	自卸汽车运土方 运距1km以内	1 000m³	5 564.89	0.000 5	0.000 6	0.000 8	0.000 9
1-95H	自卸汽车运土方 运距增加14km	1 000m³	21 792.54	0.000 5	0.000 6	0.000 8	0.000 9
1-116	机械 填土夯实 槽、坑	100m³	1 051.68	-0.041 6	-0.053 8	-0.066 0	-0.078 4
6-306	沟槽回填 黄砂	10m³	1 837.34	0.416 4	0.537 6	0.659 6	0.783 5
名称		单位	单价(元)	消耗量			
人工	一类人工	工日	125.00	-0.274 0	-0.355 0	-0.435 0	-0.517 0
	二类人工	工日	135.00	0.867 0	1.119 0	1.373 0	1.631 0
材料	黄砂 毛砂	t	87.38	7.362 0	9.504 8	11.661 7	13.852 3
	水	m³	4.27	0.657 9	0.849 4	1.042 2	1.237 9

工作内容:原土弃运、管腔护管材料回填、洒水、分层整平夯实。　　计量单位:10m

定额编号				5-305	5-306	5-307	5-308	5-309
项目				放坡开挖				
				管腔护管材料回填 砂				
				管径(mm)				
				200	300	400	500	600
基价(元)				**1 377.74**	**1 707.11**	**2 046.41**	**2 411.24**	**3 253.85**
其中	人工费(元)			154.86	191.90	230.12	270.88	365.77
	材料费(元)			1 209.19	1 498.72	1 797.10	2 115.65	2 856.55
	机械费(元)			13.69	16.49	19.19	24.71	31.53
预算定额编号	项目名称	单位	单价(元)	消耗量				
1-72	挖掘机挖土装车 三类土	1 000m³	3 558.76	0.000 9	0.001 1	0.001 3	0.001 6	0.002 1
1-94	自卸汽车运土方 运距1km以内	1 000m³	5 564.89	0.000 9	0.001 1	0.001 3	0.001 6	0.002 1
1-95H	自卸汽车运土方 运距增加14km	1 000m³	21 792.54	0.000 9	0.001 1	0.001 3	0.001 6	0.002 1
1-116	机械 填土夯实 槽、坑	100m³	1 051.68	-0.077 9	-0.096 6	-0.115 8	-0.136 4	-0.184 1
6-306	沟槽回填 黄砂	10m³	1 837.34	0.779 3	0.965 9	1.158 2	1.363 5	1.841 0
名称		单位	单价(元)	消耗量				
人工	一类人工	工日	125.00	-0.513 0	-0.637 0	-0.763 0	-0.899 0	-1.213 0
	二类人工	工日	135.00	1.623 0	2.011 0	2.411 0	2.839 0	3.833 0
材料	黄砂 毛砂	t	87.38	13.778 0	17.077 1	20.477 0	24.106 7	32.548 9
	水	m³	4.27	1.231 3	1.526 1	1.830 0	2.154 3	2.908 8

工作内容:原土弃运、管腔护管材料回填、洒水、分层整平夯实。 **计量单位**:10m

定额编号				5-310	5-311	5-312
项目				放坡开挖		
				管腔护管材料回填 砂		
				管径(mm)		
				800	1 000	1 200
基价(元)				**4 125.36**	**5 094.88**	**6 244.23**
其中	人工费(元)			463.65	572.71	701.68
	材料费(元)			3 620.57	4 472.42	5 479.89
	机械费(元)			41.14	49.75	62.66
预算定额编号	项目名称	单位	单价(元)	消耗量		
1-72	挖掘机挖土装车 三类土	1 000m³	3 558.76	0.002 7	0.003 3	0.004 1
1-94	自卸汽车运土方 运距 1km 以内	1 000m³	5 564.89	0.002 7	0.003 3	0.004 1
1-95H	自卸汽车运土方 运距增加 14km	1 000m³	21 792.54	0.002 7	0.003 3	0.004 1
1-116	机械 填土夯实 槽、坑	100m³	1 051.68	-0.233 3	-0.288 2	-0.353 2
6-306	沟槽回填 黄砂	10m³	1 837.34	2.333 4	2.882 4	3.531 7
名称		单位	单价(元)	消耗量		
人工	一类人工	工日	125.00	-1.538 0	-1.900 0	-2.328 0
	二类人工	工日	135.00	4.858 0	6.001 0	7.353 0
材料	黄砂 毛砂	t	87.38	41.254 5	50.960 8	62.440 5
	水	m³	4.27	3.686 8	4.554 2	5.580 1

工作内容:原土弃运、管腔护管材料回填、洒水、分层整平夯实。 **计量单位**:10m

定额编号				5-313	5-314	5-315
项目				放坡开挖		
				管腔护管材料回填 砂		
				管径(mm)		
				1 500	1 800	2 000
基价(元)				**7 996.11**	**10 017.72**	**11 422.63**
其中	人工费(元)			898.76	1 126.02	1 283.97
	材料费(元)			7 018.64	8 793.55	10 027.10
	机械费(元)			78.71	98.15	111.56
预算定额编号	项目名称	单位	单价(元)	消耗量		
1-72	挖掘机挖土装车 三类土	1 000m³	3 558.76	0.005 2	0.006 5	0.007 4
1-94	自卸汽车运土方 运距 1km 以内	1 000m³	5 564.89	0.005 2	0.006 5	0.007 4
1-95H	自卸汽车运土方 运距增加 14km	1 000m³	21 792.54	0.005 2	0.006 5	0.007 4
1-116	机械 填土夯实 槽、坑	100m³	1 051.68	-0.452 3	-0.566 7	-0.646 2
6-306	沟槽回填 黄砂	10m³	1 837.34	4.523 4	5.667 3	6.462 3
名称		单位	单价(元)	消耗量		
人工	一类人工	工日	125.00	-2.981 0	-3.735 0	-4.259 0
	二类人工	工日	135.00	9.418 0	11.799 0	13.455 0
材料	黄砂 毛砂	t	87.38	79.973 7	100.197 9	114.253 5
	水	m³	4.27	7.147 0	8.954 3	10.210 4

(2)有支护开挖

工作内容:原土弃运、管腔护管材料回填、洒水、分层整平夯实。 **计量单位**:10m

定额编号				5-316	5-317	5-318
项目				有支护开挖		
				管腔护管材料回填 砂		
				管径(mm)		
				400	500	600
基价(元)				**1 875.48**	**2 158.08**	**2 846.53**
其中	人工费(元)			210.88	242.56	319.81
	材料费(元)			1 646.74	1 894.39	2 497.19
	机械费(元)			17.86	21.13	29.53
预算定额编号	项目名称	单位	单价(元)	消耗量		
1-72	挖掘机挖土装车 三类土	1 000m³	3 558.76	0.001 2	0.001 4	0.001 9
1-94	自卸汽车运土方 运距1km以内	1 000m³	5 564.89	0.001 2	0.001 4	0.001 9
1-95H	自卸汽车运土方 运距增加14km	1 000m³	21 792.54	0.001 2	0.001 4	0.001 9
1-116	机械 填土夯实 槽、坑	100m³	1 051.68	-0.106 1	-0.122 1	-0.160 9
6-306	沟槽回填 黄砂	10m³	1 837.34	1.061 3	1.220 9	1.609 4
	名称	单位	单价(元)	消耗量		
人工	一类人工	工日	125.00	-0.699 0	-0.805 0	-1.060 0
	二类人工	工日	135.00	2.210 0	2.542 0	3.351 0
材料	黄砂 毛砂	t	87.38	18.763 8	21.585 5	28.454 2
	水	m³	4.27	1.676 9	1.929 0	2.542 9

工作内容:原土弃运、管腔护管材料回填、洒水、分层整平夯实。 **计量单位**:10m

定额编号				5-319	5-320	5-321
项目				有支护开挖		
				管腔护管材料回填 砂		
				管径(mm)		
				800	1 000	1 200
基价(元)				**3 501.18**	**4 197.94**	**4 927.49**
其中	人工费(元)			393.46	471.95	553.82
	材料费(元)			3 072.54	3 685.59	4 325.32
	机械费(元)			35.18	40.40	48.35
预算定额编号	项目名称	单位	单价(元)	消耗量		
1-72	挖掘机挖土装车 三类土	1 000m³	3 558.76	0.002 3	0.002 7	0.003 2
1-94	自卸汽车运土方 运距1km以内	1 000m³	5 564.89	0.002 3	0.002 7	0.003 2
1-95H	自卸汽车运土方 运距增加14km	1 000m³	21 792.54	0.002 3	0.002 7	0.003 2
1-116	机械 填土夯实 槽、坑	100m³	1 051.68	-0.198 0	-0.237 5	-0.278 8
6-306	沟槽回填 黄砂	10m³	1 837.34	1.980 2	2.375 3	2.787 6
	名称	单位	单价(元)	消耗量		
人工	一类人工	工日	125.00	-1.305 0	-1.565 0	-1.838 0
	二类人工	工日	135.00	4.123 0	4.945 0	5.804 0
材料	黄砂 毛砂	t	87.38	35.009 9	41.995 3	49.284 8
	水	m³	4.27	3.128 7	3.753 0	4.404 4

工作内容:原土弃运、管腔护管材料回填、洒水、分层整平夯实。 计量单位:10m

定额编号				5-322	5-323	5-324
项目				有支护开挖		
				管腔护管材料回填 砂		
				管径(mm)		
				1 500	1 800	2 000
基价(元)				**6 082.34**	**7 295.34**	**8 145.89**
其中	人工费(元)			683.49	820.09	915.56
	材料费(元)			5 337.61	6 404.82	7 150.07
	机械费(元)			61.24	70.43	80.26
预算定额编号	项目名称	单位	单价(元)	消耗量		
1-72	挖掘机挖土装车 三类土	1 000m³	3 558.76	0.004 0	0.004 7	0.005 3
1-94	自卸汽车运土方 运距1km以内	1 000m³	5 564.89	0.004 0	0.004 7	0.005 3
1-95H	自卸汽车运土方 运距增加14km	1 000m³	21 792.54	0.004 0	0.004 7	0.005 3
1-116	机械 填土夯实 槽、坑	100m³	1 051.68	-0.344 0	-0.412 8	-0.460 8
6-306	沟槽回填 黄砂	10m³	1 837.34	3.440 0	4.127 8	4.608 1
名称		单位	单价(元)	消耗量		
人工	一类人工	工日	125.00	-2.267 0	-2.721 0	-3.037 0
	二类人工	工日	135.00	7.162 0	8.594 0	9.594 0
材料	黄砂 毛砂	t	87.38	60.819 2	72.979 5	81.471 2
	水	m³	4.27	5.435 2	6.521 9	7.280 8

三、管腔护管材料回填单项定额

工作内容:填料回填、洒水、分层整平夯实。 计量单位:m³

定额编号				5-325	5-326	5-327	5-328	5-329
项目				沟槽回填				
				砂	石屑	砂砾石	碎石	塘渣
基价(元)				**183.73**	**97.59**	**155.18**	**211.59**	**97.53**
其中	人工费(元)			28.11	28.11	25.11	26.66	25.19
	材料费(元)			155.16	69.02	129.12	183.95	71.30
	机械费(元)			0.46	0.46	0.95	0.98	1.04
预算定额编号	项目名称	单位	单价(元)	消耗量				
6-306	沟槽回填 黄砂	10m³	1 837.34	0.100 0	—	—	—	—
6-307	沟槽回填 石屑	10m³	975.86	—	0.100 0	—	—	—
6-308	沟槽回填 砂砾石天然级配	10m³	1 551.87	—	—	0.100 0	—	—
6-310	沟槽回填 碎石	10m³	2 115.91	—	—	—	0.100 0	—
6-311	沟槽回填 塘渣	10m³	975.26	—	—	—	—	0.100 0
名称		单位	单价(元)	消耗量				
人工	二类人工	工日	135.00	0.208 0	0.208 0	0.186 0	0.198 0	0.187 0
材料	黄砂 毛砂	t	87.38	1.768 0	—	—	—	—
	砂砾石	t	67.96	—	—	1.900 0	—	—
	石屑	t	38.83	—	1.760 0	—	—	—
	碎石 综合	t	102.00	—	—	—	1.803 4	—
	塘渣	t	34.95	—	—	—	—	2.040 0
	水	m³	4.27	0.158 0	0.158 0	—	—	—

第二节　管道基础

说　明

一、本节定额包括管道基础综合定额与管道基础单项定额，其中管道基础综合定额根据《市政排水管道工程及附属设施》06MS201 图集，并结合浙江省市政管网工程管道基础典型设计资料进行编制。

二、管道基础综合定额的基础类型分为混凝土基础（基础Ⅰ）、带基础支承角砂石基础（基础Ⅱ）、不带基础支承角砂石基础（基础Ⅲ），典型设计详见第一节定额说明。

三、混凝土基础（基础Ⅰ）按 120°混凝土基础进行编制，综合混凝土垫层、混凝土基础及模板安、拆等工作内容，135°及 180°混凝土基础按下表进行调整。

混凝土基础（基础Ⅰ）定额调整系数

序号	管道直径	管道基础类型	
		135°混凝土基础	180°混凝土基础
1	600mm 以内	1.30	1.25
2	600mm 以外	不调整	1.50

四、带基础支承角砂石基础（基础Ⅱ）按 120°支承角砂石基础进行编制，综合砂石基础摊铺、夯实等工作内容。若砂石基础支承角角度不同，按下表进行调整。

带基础支承角砂石基础（基础Ⅱ）定额调整系数

序号	基础类型	调整系数
1	90°砂石基础	0.80
2	150°砂石基础	1.20
3	180°砂石基础	1.40

五、不带基础支承角砂石基础（基础Ⅲ）结合典型设计资料综合考虑，其中砂基础厚度按下表进行编制。

不带基础支承角砂石基础（基础Ⅲ）厚度

管道直径（mm）	100 以内	500 以内	1 000 以内	1 500 以内	2 000 以内
砂基础厚度（mm）	100	150	200	250	300

六、若初步设计阶段设计没有明确管道基础断面，应执行综合定额；若设计基础断面与定额不同，可根据设计断面参照执行综合定额。

七、管道混凝土基础未包括钢筋制作、安装，发生时执行本定额第一章“通用项目”相应定额子目。

工程量计算规则

一、管道基础综合定额按管道中心线设计桩号长度以“m”计算(支管长度从主管中心开始计算到支管末端交接处的中心),管道纵向坡度大于5%时,按管道中心线实际长度以“m”计算,均不扣除管件、阀门、检查井等所占长度。

二、管道基础单项定额的垫层、基础等按实体积以“m^3”计算。

一、管道基础综合定额

1. 混凝土基础(基础 I)

工作内容:清底,垫层浇筑,管道混凝土基础浇筑,模板安、拆,基础沉降缝设置。 **计量单位:**10m

定额编号				5-330	5-331	5-332	5-333	5-334
项目				管道直径(mm)				
				200	300	400	500	600
基价(元)				**852.77**	**1 030.48**	**1 256.49**	**1 496.68**	**1 751.05**
其中	人工费(元)			156.52	181.40	212.21	244.06	276.94
	材料费(元)			688.96	840.73	1 034.63	1 241.66	1 461.81
	机械费(元)			7.29	8.35	9.65	10.96	12.30
预算定额编号	项目名称	单位	单价(元)	消耗量				
6-292	渠(管)道垫层 混凝土	$10m^3$	4 406.63	0.066 0	0.076 0	0.088 0	0.100 0	0.112 0
6-304	混凝土管座 泵送商品混凝土 C25	$10m^3$	5 067.69	0.065 5	0.086 5	0.114 2	0.144 7	0.178 0
6-759	施工缝 油浸木丝板	100m	1 063.62	0.003 1	0.003 7	0.004 5	0.005 3	0.006 1
6-1090	混凝土基础垫层 木模	$100m^2$	2 562.66	0.020 0	0.020 0	0.020 0	0.020 0	0.020 0
6-1144	管座 复合木模	$100m^2$	5 316.60	0.033 0	0.038 0	0.044 0	0.050 0	0.056 0
	名称	单位	单价(元)	消耗量				
人工	二类人工	工日	135.00	1.159 0	1.344 0	1.572 0	1.808 0	2.051 0
材料	泵送商品混凝土 C25	m^3	447.00	0.661 6	0.873 7	1.153 4	1.461 5	1.797 8
	非泵送商品混凝土 C15	m^3	399.00	0.666 6	0.767 6	0.888 8	1.010 0	1.131 2
	木模板	m^3	1 445.00	0.024 3	0.025 0	0.025 9	0.026 7	0.027 6
	复合木模板面板	m^2	56.03	0.554 4	0.638 4	0.739 2	0.840 0	0.940 8
	木支撑	m^3	1 552.00	0.019 8	0.022 8	0.026 4	0.030 1	0.033 7

工作内容:清底,垫层浇筑,管道混凝土基础浇筑,模板安、拆,基础沉降缝设置。 **计量单位:**10m

定额编号				5-335	5-336	5-337	5-338
项目				管道直径(mm)			
				700	800	900	1 000
基价(元)				**2 071.53**	**2 531.66**	**3 037.89**	**3 589.74**
其中	人工费(元)			317.05	372.12	430.55	492.33
	材料费(元)			1 740.58	2 143.53	2 589.15	3 076.97
	机械费(元)			13.90	16.01	18.19	20.44
预算定额编号	项目名称	单位	单价(元)	消耗量			
6-292	渠(管)道垫层 混凝土	$10m^3$	4 406.63	0.125 0	0.140 0	0.155 0	0.170 0
6-304	混凝土管座 泵送商品混凝土 C25	$10m^3$	5 067.69	0.222 4	0.290 5	0.367 7	0.453 9
6-759	施工缝 油浸木丝板	100m	1 063.62	0.007 0	0.008 0	0.009 0	0.010 0
6-1090	混凝土基础垫层 木模	$100m^2$	2 562.66	0.020 0	0.020 0	0.020 0	0.020 0
6-1144	管座 复合木模	$100m^2$	5 316.60	0.063 0	0.072 0	0.081 0	0.090 0
	名称	单位	单价(元)	消耗量			
人工	二类人工	工日	135.00	2.349 0	2.756 0	3.189 0	3.647 0
材料	泵送商品混凝土 C25	m^3	447.00	2.246 2	2.934 1	3.713 8	4.584 4
	非泵送商品混凝土 C15	m^3	399.00	1.262 5	1.414 0	1.565 5	1.717 0
	木模板	m^3	1 445.00	0.028 6	0.029 9	0.031 2	0.032 5
	复合木模板面板	m^2	56.03	1.058 4	1.209 6	1.360 8	1.512 0
	木支撑	m^3	1 552.00	0.037 9	0.043 3	0.048 7	0.054 1

工作内容:清底,垫层浇筑,管道混凝土基础浇筑,模板安、拆,基础沉降缝设置。 **计量单位**:10m

定额编号				5-339	5-340	5-341	5-342
项目				管道直径(mm)			
				1 100	1 200	1 350	1 500
基价(元)				**4 187.70**	**4 831.77**	**5 893.12**	**7 040.21**
其中	人工费(元)			557.48	626.01	736.01	851.82
	材料费(元)			3 607.46	4 180.61	5 128.21	6 155.63
	机械费(元)			22.76	25.15	28.90	32.76
预算定额编号	项目名称	单位	单价(元)	消耗量			
6-292	渠(管)道垫层 混凝土	$10m^3$	4 406.63	0.185 0	0.200 0	0.222 6	0.245 0
6-304	混凝土管座 泵送商品混凝土 C25	$10m^3$	5 067.69	0.549 2	0.653 6	0.828 8	1.021 3
6-759	施工缝 油浸木丝板	100m	1 063.62	0.011 0	0.012 0	0.013 5	0.015 0
6-1090	混凝土基础垫层 木模	$100m^2$	2 562.66	0.020 0	0.020 0	0.020 0	0.020 0
6-1144	管座 复合木模	$100m^2$	5 316.60	0.099 0	0.108 0	0.121 6	0.135 0
名称		单位	单价(元)	消耗量			
人工	二类人工	工日	135.00	4.130 0	4.637 0	5.452 0	6.310 0
材料	泵送商品混凝土 C25	m^3	447.00	5.546 9	6.601 4	8.370 9	10.315 1
	非泵送商品混凝土 C15	m^3	399.00	1.868 5	2.020 0	2.248 3	2.474 5
	木模板	m^3	1 445.00	0.033 8	0.035 1	0.037 0	0.039 0
	复合木模板面板	m^2	56.03	1.663 2	1.814 4	2.042 9	2.268 0
	木支撑	m^3	1 552.00	0.059 5	0.064 9	0.073 1	0.081 1

工作内容:清底,垫层浇筑,管道混凝土基础浇筑,模板安、拆,基础沉降缝设置。 **计量单位**:10m

定额编号				5-343	5-344	5-345	5-346
项目				管道直径(mm)			
				1 600	1 800	2 000	2 200
基价(元)				**8 310.34**	**9 662.16**	**11 640.54**	**13 802.36**
其中	人工费(元)			977.10	1 107.89	1 295.48	1 496.49
	材料费(元)			7 296.41	8 513.26	10 298.20	12 252.87
	机械费(元)			36.83	41.01	46.86	53.00
预算定额编号	项目名称	单位	单价(元)	消耗量			
6-292	渠(管)道垫层 混凝土	$10m^3$	4 406.63	0.267 6	0.290 0	0.320 0	0.350 0
6-304	混凝土管座 泵送商品混凝土 C25	$10m^3$	5 067.69	1.237 7	1.470 6	1.815 6	2.196 8
6-759	施工缝 油浸木丝板	100m	1 063.62	0.016 5	0.018 0	0.020 0	0.022 0
6-1090	混凝土基础垫层 木模	$100m^2$	2 562.66	0.020 0	0.020 0	0.020 0	0.020 0
6-1144	管座 复合木模	$100m^2$	5 316.60	0.148 6	0.162 0	0.180 0	0.198 0
名称		单位	单价(元)	消耗量			
人工	二类人工	工日	135.00	7.238 0	8.207 0	9.596 0	11.085 0
材料	泵送商品混凝土 C25	m^3	447.00	12.500 8	14.853 1	18.337 6	22.187 7
	非泵送商品混凝土 C15	m^3	399.00	2.702 8	2.929 0	3.232 0	3.535 0
	木模板	m^3	1 445.00	0.040 9	0.042 8	0.045 4	0.048 0
	复合木模板面板	m^2	56.03	2.496 5	2.721 6	3.024 0	3.326 4
	木支撑	m^3	1 552.00	0.089 3	0.097 4	0.108 2	0.119 0

工作内容：清底，垫层浇筑，管道混凝土基础浇筑，模板安、拆，基础沉降缝设置。　　计量单位：10m

定额编号				5-347	5-348	5-349	5-350
项目				管道直径(mm)			
				2 400	2 600	2 800	3 000
基价（元）				**15 561.27**	**17 129.52**	**19 730.21**	**22 515.37**
其中	人工费（元）			1 658.53	1 802.09	2 035.23	2 281.88
	材料费（元）			13 844.83	15 265.20	17 625.93	20 157.34
	机械费（元）			57.91	62.23	69.05	76.15
预算定额编号	项目名称	单位	单价(元)	消耗量			
6-292	渠(管)道垫层 混凝土	$10m^3$	4 406.63	0.375 0	0.397 6	0.427 6	0.457 6
6-304	混凝土管座 泵送商品混凝土 C25	$10m^3$	5 067.69	2.507 1	2.783 9	3.251 7	3.755 9
6-759	施工缝 油浸木丝板	100m	1 063.62	0.023 7	0.025 2	0.027 2	0.029 2
6-1090	混凝土基础垫层 木模	$100m^2$	2 562.66	0.020 0	0.020 0	0.020 0	0.020 0
6-1144	管座 复合木模	$100m^2$	5 316.60	0.212 0	0.224 1	0.242 1	0.260 1
名称		单位	单价(元)	消耗量			
人工	二类人工	工日	135.00	12.285 0	13.349 0	15.076 0	16.903 0
材料	泵送商品混凝土 C25	m^3	447.00	25.321 7	28.117 4	32.842 2	37.934 6
	非泵送商品混凝土 C15	m^3	399.00	3.787 5	4.015 8	4.318 8	4.621 8
	木模板	m^3	1 445.00	0.050 0	0.051 8	0.054 4	0.057 0
	复合木模板面板	m^2	56.03	3.561 6	3.764 9	4.067 3	4.369 7
	木支撑	m^3	1 552.00	0.127 4	0.134 7	0.145 5	0.156 3

2. 带基础支承角砂石基础(基础Ⅱ)

工作内容：清底、砂石基础摊铺、找平、夯实、检查标高。　　计量单位：10m

定额编号				5-351	5-352	5-353	5-354	5-355
项目				管道直径(mm)				
				200	300	400	500	600
基价（元）				**192.98**	**247.15**	**309.63**	**376.27**	**502.80**
其中	人工费（元）			37.16	47.59	59.62	72.45	96.81
	材料费（元）			153.63	196.76	246.50	299.55	400.29
	机械费（元）			2.19	2.80	3.51	4.27	5.70
预算定额编号	项目名称	单位	单价(元)	消耗量				
6-290	渠(管)道垫层 砂	$10m^3$	1 977.19	0.097 6	0.125 0	0.156 6	0.190 3	0.254 3
名称		单位	单价(元)	消耗量				
人工	二类人工	工日	135.00	0.275 0	0.353 0	0.442 0	0.537 0	0.717 0
材料	黄砂 毛砂	t	87.38	1.744 6	2.234 4	2.799 2	3.401 6	4.545 6

工作内容:清底、砂石基础摊铺、找平、夯实、检查标高。 计量单位:10m

定额编号				5-356	5-357	5-358	5-359
项目				管道直径(mm)			
				700	800	900	1 000
基价(元)				724.44	821.92	1 091.01	1 208.86
其中	人工费(元)			139.49	158.26	210.07	232.76
	材料费(元)			576.74	654.34	868.57	962.39
	机械费(元)			8.21	9.32	12.37	13.71
预算定额编号	项目名称	单位	单价(元)	消耗量			
6-290	渠(管)道垫层 砂	$10m^3$	1 977.19	0.366 4	0.415 7	0.551 8	0.611 4
	名称	单位	单价(元)	消耗量			
人工	二类人工	工日	135.00	1.033 0	1.172 0	1.556 0	1.724 0
材料	黄砂 毛砂	t	87.38	6.549 4	7.430 6	9.863 4	10.928 8

工作内容:清底、砂石基础摊铺、找平、夯实、检查标高。 计量单位:10m

定额编号				5-360	5-361	5-362	5-363
项目				管道直径(mm)			
				1 100	1 200	1 350	1 500
基价(元)				1 435.83	1 784.21	2 008.63	2 497.39
其中	人工费(元)			276.46	343.54	386.75	480.86
	材料费(元)			1 143.09	1 420.44	1 599.10	1 988.21
	机械费(元)			16.28	20.23	22.78	28.32
预算定额编号	项目名称	单位	单价(元)	消耗量			
6-290	渠(管)道垫层 砂	$10m^3$	1 977.19	0.726 2	0.902 4	1.015 9	1.263 1
	名称	单位	单价(元)	消耗量			
人工	二类人工	工日	135.00	2.048 0	2.545 0	2.865 0	3.562 0
材料	黄砂 毛砂	t	87.38	12.980 8	16.130 4	18.159 2	22.577 9

工作内容:清底、砂石基础摊铺、找平、夯实、检查标高。 计量单位:10m

定额编号				5-364	5-365	5-366	5-367
项目				管道直径(mm)			
				1 650	1 800	2 000	2 200
基价(元)				3 073.34	3 362.22	3 762.39	4 179.78
其中	人工费(元)			591.76	647.38	724.43	804.80
	材料费(元)			2 446.73	2 676.71	2 995.30	3 327.58
	机械费(元)			34.85	38.13	42.66	47.40
预算定额编号	项目名称	单位	单价(元)	消耗量			
6-290	渠(管)道垫层 砂	$10m^3$	1 977.19	1.554 4	1.700 5	1.902 9	2.114 0
	名称	单位	单价(元)	消耗量			
人工	二类人工	工日	135.00	4.383 0	4.795 0	5.366 0	5.961 0
材料	黄砂 毛砂	t	87.38	27.784 9	30.396 4	34.014 3	37.787 8

工作内容:清底、砂石基础摊铺、找平、夯实、检查标高。 计量单位:10m

定额编号				5-368	5-369	5-370	5-371
项目				管道直径(mm)			
				2 400	2 600	2 800	3 000
基价(元)				**4 610.80**	**5 058.44**	**5 528.61**	**6 016.19**
其中	人工费(元)			887.79	973.98	1 064.51	1 158.39
	材料费(元)			3 670.73	4 027.10	4 401.41	4 789.58
	机械费(元)			52.28	57.36	62.69	68.22
预算定额编号	项目名称	单位	单价(元)	消耗量			
6-290	渠(管)道垫层 砂	$10m^3$	1 977.19	2.332 0	2.558 4	2.796 2	3.042 8
	名称	单位	单价(元)	消耗量			
人工	二类人工	工日	135.00	6.576 0	7.215 0	7.885 0	8.581 0
材料	黄砂 毛砂	t	87.38	41.684 5	45.731 4	49.982 1	54.390 1

3. 不带基础支承角砂石基础(基础Ⅲ)

工作内容:清底、砂石基础摊铺、找平、夯实、检查标高。 计量单位:10m

定额编号				5-372	5-373	5-374	5-375
项目				管道直径(mm)			
				100	200	300	400
基价(元)				**138.40**	**251.90**	**281.55**	**311.21**
其中	人工费(元)			26.65	48.50	54.21	59.92
	材料费(元)			110.18	200.54	224.15	247.76
	机械费(元)			1.57	2.86	3.19	3.53
预算定额编号	项目名称	单位	单价(元)	消耗量			
6-290	渠(管)道垫层 砂	$10m^3$	1 977.19	0.070 0	0.127 4	0.142 4	0.157 4
	名称	单位	单价(元)	消耗量			
人工	二类人工	工日	135.00	0.197 0	0.359 0	0.402 0	0.444 0
材料	黄砂 毛砂	t	87.38	1.251 3	2.277 3	2.545 4	2.813 5

工作内容:清底、砂石基础摊铺、找平、夯实、检查标高。 计量单位:10m

定额编号				5-376	5-377	5-378	5-379
项目				管道直径(mm)			
				500	600	800	1 000
基价(元)				**340.87**	**579.71**	**658.80**	**737.89**
其中	人工费(元)			65.63	111.62	126.85	142.08
	材料费(元)			271.37	461.52	524.48	587.44
	机械费(元)			3.87	6.57	7.47	8.37
预算定额编号	项目名称	单位	单价(元)	消耗量			
6-290	渠(管)道垫层 砂	$10m^3$	1 977.19	0.172 4	0.293 2	0.333 2	0.373 2
	名称	单位	单价(元)	消耗量			
人工	二类人工	工日	135.00	0.486 0	0.827 0	0.940 0	1.052 0
材料	黄砂 毛砂	t	87.38	3.081 7	5.241 0	5.956 0	6.671 0

工作内容:清底、砂石基础摊铺、找平、夯实、检查标高。 计量单位:10m

定额编号				5-380	5-381	5-382	5-383
项目				管道直径(mm)			
				1 200	1 500	1 800	2 000
基价(元)				**1 029.32**	**1 177.61**	**1 600.92**	**1 719.56**
其中	人工费(元)			198.19	226.74	308.25	331.09
	材料费(元)			819.46	937.52	1 274.52	1 368.97
	机械费(元)			11.67	13.35	18.15	19.50
预算定额编号	项目名称	单位	单价(元)	消耗量			
6-290	渠(管)道垫层 砂	$10m^3$	1 977.19	0.520 6	0.595 6	0.809 7	0.869 7
	名称	单位	单价(元)	消耗量			
人工	二类人工	工日	135.00	1.468 0	1.680 0	2.283 0	2.453 0
材料	黄砂 毛砂	t	87.38	9.305 7	10.646 4	14.473 4	15.545 9

二、管道基础单项定额

1. 管(渠)道垫层

工作内容:非混凝土垫层清底、拌料、摊铺、夯实等。 计量单位:m^3

定额编号				5-384	5-385	5-386	5-387	5-388
项目				毛石		碎石		砂砾石
				灌浆	干铺	灌浆	干铺	
基价(元)				**354.55**	**222.97**	**326.78**	**244.14**	**180.66**
其中	人工费(元)			90.01	55.08	54.86	56.94	48.36
	材料费(元)			261.41	165.96	269.27	185.13	130.23
	机械费(元)			3.13	1.93	2.65	2.07	2.07
预算定额编号	项目名称	单位	单价(元)	消耗量				
6-284	渠(管)道垫层 毛石 灌浆	$10m^3$	3 545.41	0.100 0	—	—	—	—
6-285	渠(管)道垫层 毛石 干铺	$10m^3$	2 229.77	—	0.100 0	—	—	—
6-286	渠(管)道垫层 碎石 灌浆	$10m^3$	3 267.82	—	—	0.100 0	—	—
6-287	渠(管)道垫层 碎石 干铺	$10m^3$	2 441.51	—	—	—	0.100 0	—
6-288	渠(管)道垫层 砂砾石 天然级配	$10m^3$	1 806.65	—	—	—	—	0.100 0
	名称	单位	单价(元)	消耗量				
人工	二类人工	工日	135.00	0.667 0	0.408 0	0.406 0	0.422 0	0.358 0
材料	砂砾石	t	67.96	—	—	—	—	1.900 0
	碎石 综合	t	102.00	—	—	1.512 3	1.803 4	—
	块石	t	77.67	1.958 4	2.121 6	—	—	—

工作内容:1. 非混凝土垫层:清底、拌料、摊铺、夯实等。
2. 混凝土垫层:清底,混凝土浇筑,模板安、折,捣固抹平等。

计量单位:m^3

定额编号				5-389	5-390	5-391	5-392	5-393
项目				砂	块片石	混凝土	砾石	灰土
基价(元)				197.72	232.59	473.98	177.12	202.78
其中	人工费(元)			38.07	64.56	43.23	51.44	115.67
	材料费(元)			157.41	165.96	428.73	122.56	79.43
	机械费(元)			2.24	2.07	2.02	3.12	7.68
预算定额编号	项目名称	单位	单价(元)	消耗量				
6-290	渠(管)道垫层 砂	$10m^3$	1 977.19	0.100 0	—	—	—	—
6-291	渠(管)道垫层 块片石	$10m^3$	2 325.94	—	0.100 0	—	—	—
6-292	渠(管)道垫层 混凝土	$10m^3$	4 406.63	—	—	0.100 0	—	—
6-293	渠(管)道垫层 砾石	$10m^3$	1 771.11	—	—	—	0.100 0	—
6-294	渠(管)道垫层 2∶8 灰土	$10m^3$	2 027.76	—	—	—	—	0.100 0
6-1090	混凝土基础垫层 木模	$100m^2$	2 562.66	—	—	0.013 0	—	—
	名称	单位	单价(元)	消耗量				
人工	二类人工	工日	135.00	0.282 0	0.478 0	0.320 0	0.381 0	0.857 0
材料	黄砂 毛砂	t	87.38	1.787 5	—	—	—	—
	砾石 40	t	67.96	—	—	—	1.803 4	—
	黄泥	m^3	19.90	—	—	—	—	1.366 8
	生石灰	t	305.00	—	—	—	—	0.168 3
	块石	t	77.67	—	2.121 6	—	—	—
	非泵送商品混凝土 C15	m^3	399.00	—	—	1.010 0	—	—
	木模板	m^3	1 445.00	—	—	0.012 7	—	—

2. 管(渠)道基础

工作内容:清底,垫层浇筑,选砌砖石,混凝土浇筑,模板安、折,基础沉降缝设置。

计量单位:m^3

定额编号				5-394	5-395	5-396	5-397
项目				砖石平基		混凝土平基	
				砌砖	块石	嵌石混凝土	混凝土
基价(元)				422.37	401.35	578.59	612.80
其中	人工费(元)			108.34	101.72	128.91	112.48
	材料费(元)			312.32	297.05	443.33	494.27
	机械费(元)			1.71	2.58	6.35	6.05
预算定额编号	项目名称	单位	单价(元)	消耗量			
6-296	砖石平基 砌砖	$10m^3$	4 223.60	0.100 0	—	—	—
6-297	砖石平基 块石	$10m^3$	4 013.47	—	0.100 0	—	—
6-298	混凝土平基 嵌石混凝土 非泵送商品混凝土 C15	$10m^3$	4 234.73	—	—	0.100 0	—
6-299	混凝土平基 混凝土 非泵送商品混凝土 C15	$10m^3$	4 576.81	—	—	—	0.100 0
6-1142	管、渠道平基 复合木模	$100m^2$	4 432.01	—	—	0.035 0	0.035 0
	名称	单位	单价(元)	消耗量			
人工	二类人工	工日	135.00	0.803 0	0.754 0	0.955 0	0.833 0
材料	块石	t	77.67	—	1.844 2	0.648 0	—
	混凝土实心砖 240×115×53 MU10	千块	388.00	0.537 7	—	—	—
	非泵送商品混凝土 C15	m^3	399.00	—	—	0.761 0	1.010 0
	木模板	m^3	1 445.00	—	—	0.005 0	0.005 0
	复合木模板面板	m^2	56.03	—	—	0.577 5	0.577 5
	木支撑	m^3	1 552.00	—	—	0.021 0	0.021 0

工作内容:清底,垫层浇筑,选砌砖石,混凝土浇筑,模板安、拆,基础沉降缝设置。 **计量单位**:m^3

定额编号				5-398	5-399	5-400
项目				混凝土枕基 预制	混凝土管座	满包混凝土浇筑
基价(元)				**1 487.32**	**692.85**	**647.23**
其中	人工费(元)			750.37	133.46	138.48
	材料费(元)			694.61	553.34	502.95
	机械费(元)			42.34	6.05	5.80
预算定额编号	项目名称	单位	单价(元)	消耗量		
1-601	汽车运输 人力装卸 运距 1km 以内	$10m^3$	767.59	0.100 0	—	—
6-302	混凝土枕基 预制 非泵送商品混凝土 C15	$10m^3$	5 651.36	0.100 0	—	—
6-303	混凝土枕基 安装	$10m^3$	2 285.82	0.100 0	—	—
6-304	混凝土管座 泵送商品混凝土 C25	$10m^3$	5 067.69	—	0.100 0	—
6-305	满包混凝土加固 非泵送商品混凝土 C15	$10m^3$	4 611.50	—	—	0.100 0
6-1144	管座 复合木模	$100m^2$	5 316.60	—	0.035 0	0.035 0
6-1170	小型构件 木模	$10m^3$	6 168.45	0.100 0	—	—
名称		单位	单价(元)	消耗量		
人工	二类人工	工日	135.00	5.558 0	0.989 0	1.026 0
材料	预制混凝土枕基	m^3	—	(1.0 100)	—	—
	泵送商品混凝土 C25	m^3	447.00	—	1.010 0	—
	非泵送商品混凝土 C15	m^3	399.00	1.010 0	—	1.010 0
	复合木模板面板	m^2	56.03	—	0.588 0	0.588 0

第三节　管 道 安 装

说　　明

一、本节定额包括给水管道安装、排水管道安装和管道检测，其中给水管道安装包括衬塑镀锌钢管安装、钢管安装、铸铁管安装、预应力（自应力）混凝土管安装、给水塑料管安装，排水管道安装包括混凝土管安装、排水塑料管安装。

二、给水管道安装：

1. 给水管道安装包括管道安装、管件安装、管道试压和管道消毒冲洗等工作内容。

2. 衬塑镀锌钢管安装按螺纹连接编制。

3. 钢管安装按电弧焊焊接编制，已综合考虑钢管除锈、管道内外防腐、管件安装及焊缝 X 射线检测等内容，其中 X 射线检测比例按 20% 考虑，若设计要求的检测比例不同，可做调整。

4. 铸铁管安装按膨胀水泥接口、胶圈接口编制。

5. 预应力混凝土管安装按胶圈接口编制。

6. 给水塑料管安装按粘接、电熔连接编制。

7. 给水管道安装已综合管件安装，管件安装费用按采用成品件安装考虑，综合不同接口形式的管件安装费用，若实际管件类型与数量不同，仅可按实调整管件主材费及消耗量，管件安装费用不调整。

三、排水管道安装：

1. 排水管道安装包括管道安装、管道接口、闭水试验等工作内容。

2. 混凝土管道安装分平接（企口）式、承插式两类，平接（企口）式混凝土管按水泥砂浆接口、钢丝网水泥砂浆接口、膨胀水泥砂浆接口、混凝土套环接口编制，承插式混凝土管按水泥砂浆接口、胶圈接口编制。

3. 排水塑料管安装按胶圈接口、热熔接口、电热熔接口编制。

四、套管内的管道铺设按相应的管道安装人工、机械消耗量乘以系数 1.20。

五、设计管道规格与定额子目规格不符时，按相近规格套用，主材按实际规格计算。

六、排水管道安装定额已综合考虑不同角度管座，若管座角度不同，定额不做调整。

七、管道检测不分新旧管道，已综合考虑。本定额不包括管道清淤、冲洗、封堵等前期工作费用，发生时另行计算。

工程量计算规则

一、管道安装按管道中心线设计桩号长度以“m”计算(支管长度从主管中心开始计算到支管末端交接处的中心),管道纵向坡度大于 5% 时,按管道中心线实际长度以“m”计算,均不扣除管件、阀门、检查井等所占长度。

二、管道检测长度按检查井间的管道中心线长度以“100m”计算。当检测长度小于或等于 100m 时,按 100m 计算;当检测长度大于 100m 时,按实际检测长度计算。

一、给水管道安装

1. 衬塑镀锌钢管安装(螺纹连接)

工作内容:管道安装、管件安装、管道试压、管道消毒冲洗。　　**计量单位:**m

定额编号				5-401	5-402
项目				管道直径(mm)	
				*DN*100	*DN*150
基价(元)				**14.48**	**18.10**
其中	人工费(元)			12.73	14.94
	材料费(元)			1.46	2.55
	机械费(元)			0.29	0.61
预算定额编号	项目名称	单位	单价(元)	消耗量	
5-9	衬塑镀锌钢管安装(螺纹连接)安装 公称直径100mm以内	10m	112.09	0.1000	—
5-10	衬塑镀锌钢管安装(螺纹连接)安装 公称直径150mm以内	10m	129.09	—	0.1000
5-155	管道试压 公称直径100mm以内	100m	180.54	0.0100	—
5-156	管道试压 公称直径200mm以内	100m	274.87	—	0.0100
5-173	管道消毒冲洗 公称直径100mm以内	100m	146.62	0.0100	—
5-174	管道消毒冲洗 公称直径200mm以内	100m	244.50	—	0.0100
名称		单位	单价(元)	消耗量	
人工	二类人工	工日	135.00	0.0940	0.1110
材料	衬塑镀锌钢管接头	个	—	(0.1630)	(0.1510)
	衬塑镀锌钢管	m	—	(1.0150)	(1.0150)

2.钢 管 安 装

工作内容:管道安装、管道接口、管道除锈防腐、管道试压、管道消毒冲洗、X 射线探伤、管件安装。　　**计量单位:**m

定额编号				5-403	5-404	5-405
项目				管道直径(mm)		
				*DN*100	*DN*150	*DN*200
基价(元)				**54.64**	**75.02**	**99.24**
其中	人工费(元)			29.97	40.03	51.58
	材料费(元)			22.34	31.96	43.59
	机械费(元)			2.33	3.03	4.07
预算定额编号	项目名称	单位	单价(元)	消耗量		
5-11	钢管安装(电弧焊) 管外径×壁厚 ϕ108×4mm 以内	10m	93.60	0.100 0	—	—
5-12	钢管安装(电弧焊) 管外径×壁厚 ϕ159×6mm 以内	10m	126.13	—	0.100 0	—
5-13	钢管安装(电弧焊) 管外径×壁厚 ϕ219×6mm 以内	10m	185.95	—	—	0.100 0
5-156	管道试压 公称直径 200mm 以内	100m	274.87	0.010 0	0.010 0	0.010 0
5-174	管道消毒冲洗 公称直径 200mm 以内	100m	244.50	0.010 0	0.010 0	0.010 0
5-218H	管道内防腐 底漆一道	$10m^2$	189.20	0.031 4	0.046 2	0.065 0
5-219H	管道内防腐 面漆两道	$10m^2$	318.86	0.031 4	0.046 2	0.065 0
5-223H	玻璃布 管道	$10m^2$	37.67	0.067 9	0.099 9	0.137 6
5-228H	管道 一底	$10m^2$	87.08	0.033 9	0.050 0	0.068 8
5-229H	管道 一油	$10m^2$	100.04	0.067 9	0.099 9	0.137 6
8-6-5	焊缝 X 射线检测 80mm×150mm 管壁厚 16mm 以内	10 张	497.81	0.008 9	0.011 1	—
8-6-1	焊缝 X 射线检测 80mm×300mm 管壁厚 16mm 以内	10 张	546.84	—	—	0.006 7
12-1-1	手工除锈 管道 轻锈	$10m^2$	23.01	0.065 3	0.096 2	0.133 8
5-287	管件安装 管外径×壁厚 ϕ108×6mm 以内	个	65.58	0.090 0	—	—
5-288	管件安装 管外径×壁厚 ϕ159×6mm 以内	个	91.80	—	0.086 0	—
5-289	管件安装 管外径×壁厚 ϕ219×8mm 以内	个	124.91	—	—	0.086 0
名称		单位	单价(元)	消耗量		
人工	二类人工	工日	135.00	0.222 0	0.296 0	0.382 0
材料	钢板卷管	m	—	(1.015 0)	(1.015 0)	(1.015 0)
	钢制管件	个	—	(0.090 0)	(0.086 0)	(0.086 0)

工作内容：管道安装、管道接口、管道除锈防腐、管道试压、管道消毒冲洗、X 射线探伤、管件安装。　　**计量单位**：m

定额编号				5-406	5-407
项目				管道直径(mm)	
				*DN*300	*DN*400
基价（元）				**147.42**	**205.16**
其中	人工费（元）			73.14	98.54
	材料费（元）			66.06	87.56
	机械费（元）			8.22	19.06
预算定额编号	项目名称	单位	单价(元)	消耗量	
5-14	钢管安装(电弧焊) 管外径×壁厚 ϕ325×6mm 以内	10m	286.04	0.100 0	—
5-15	钢管安装(电弧焊) 管外径×壁厚 ϕ426×8mm 以内	10m	467.29	—	0.100 0
5-157	管道试压 公称直径 300mm 以内	100m	336.97	0.010 0	—
5-158	管道试压 公称直径 400mm 以内	100m	447.00	—	0.010 0
5-175	管道消毒冲洗 公称直径 300mm 以内	100m	359.60	0.010 0	—
5-176	管道消毒冲洗 公称直径 400mm 以内	100m	524.19	—	0.010 0
5-218H	管道内防腐 底漆一道	$10m^2$	189.20	0.098 3	0.128 8
5-219H	管道内防腐 面漆两道	$10m^2$	318.86	0.098 3	0.128 8
5-223H	玻璃布 管道	$10m^2$	37.67	0.204 2	0.267 7
5-228H	管道 一底	$10m^2$	87.08	0.102 1	0.133 8
5-229H	管道 一油	$10m^2$	100.04	0.204 2	0.267 7
8-6-1	焊缝 X 射线检测 80mm×300mm 管壁厚 16mm 以内	10 张	546.84	0.008 9	0.013 3
12-1-1	手工除锈 管道 轻锈	$10m^2$	23.01	0.200 4	0.267 6
5-290	管件安装 管外径×壁厚 ϕ325×8mm 以内	个	190.30	0.081 0	—
5-291	管件安装 管外径×壁厚 ϕ426×8mm 以内	个	284.33	—	0.075 0
名称		单位	单价(元)	消耗量	
人工	二类人工	工日	135.00	0.542 0	0.730 0
材料	钢板卷管	m	—	(1.015 0)	(1.015 0)
	钢制管件	个	—	(0.081 0)	(0.075 0)

工作内容:管道安装、管道接口、管道除锈防腐、管道试压、管道消毒冲洗、X 射线探伤、管件安装。 **计量单位:**m

定额编号				5-408	5-409	5-410
项目				管道直径(mm)		
				*DN*500	*DN*600	*DN*700
基价(元)				**263.09**	**294.88**	**349.64**
其中	人工费(元)			129.66	142.00	164.91
	材料费(元)			110.65	132.07	156.57
	机械费(元)			22.78	20.81	28.16
预算定额编号	项目名称	单位	单价(元)	消耗量		
5-16	钢管安装(电弧焊) 管外径×壁厚 ϕ529×10mm 以内	10m	648.04	0.100 0	—	—
5-17	钢管安装(电弧焊) 管外径×壁厚 ϕ630×10mm 以内	10m	763.64	—	0.100 0	—
5-18	钢管安装(电弧焊) 管外径×壁厚 ϕ720×10mm 以内	10m	932.81	—	—	0.100 0
5-159	管道试压 公称直径 500mm 以内	100m	556.77	0.010 0	—	—
5-160	管道试压 公称直径 600mm 以内	100m	703.21	—	0.010 0	—
5-161	管道试压 公称直径 800mm 以内	100m	1 002.75	—	—	0.010 0
5-177	管道消毒冲洗 公称直径 500mm 以内	100m	728.17	0.010 0	—	—
5-178	管道消毒冲洗 公称直径 600mm 以内	100m	994.18	—	0.010 0	—
5-179	管道消毒冲洗 公称直径 800mm 以内	100m	1 589.13	—	—	0.010 0
5-218H	管道内防腐 底漆一道	$10m^2$	189.20	0.159 9	0.191 6	0.219 9
5-219H	管道内防腐 面漆两道	$10m^2$	318.86	0.159 9	0.191 6	0.219 9
5-223H	玻璃布 管道	$10m^2$	37.67	0.332 4	0.395 8	0.452 4
5-228H	管道 一底	$10m^2$	87.08	0.166 2	0.197 9	0.226 2
5-229H	管道 一油	$10m^2$	100.04	0.332 4	0.395 8	0.452 4
8-6-1	焊缝 X 射线检测 80mm×300mm 管壁厚 16mm 以内	10 张	546.84	0.015 6	0.026 7	0.030 0
12-1-1	手工除锈 管道 轻锈	$10m^2$	23.01	0.326 1	0.389 5	0.446 1
5-292	管件安装 管外径×壁厚 ϕ529×10mm 以内	个	377.26	0.074 0	—	—
5-293	管件安装 管外径×壁厚 ϕ630×10mm 以内	个	444.89	—	0.020 0	—
5-294	管件安装 管外径×壁厚 ϕ720×10mm 以内	个	502.77	—	—	0.020 0
名称		单位	单价(元)	消耗量		
人工	二类人工	工日	135.00	0.960 0	1.052 0	1.222 0
材料	钢板卷管	m	—	(1.015 0)	(1.015 0)	(1.015 0)
	钢制管件	个	—	(0.074 0)	(0.020 0)	(0.020 0)

工作内容：管道安装、管道接口、管道除锈防腐、管道试压、管道消毒冲洗、X射线探伤、管件安装。　　**计量单位**：m

定额编号				5-411	5-412
项目				管道直径(mm)	
				*DN*800	*DN*900
基价（元）				**396.46**	**454.11**
其中	人工费（元）			187.23	211.55
	材料费（元）			176.66	205.69
	机械费（元）			32.57	36.87
预算定额编号	项目名称	单位	单价(元)	消耗量	
5-19	钢管安装(电弧焊) 管外径×壁厚 $\phi820\times10$mm 以内	10m	1 056.85	0.100 0	—
5-20	钢管安装(电弧焊) 管外径×壁厚 $\phi920\times10$mm 以内	10m	1 183.43	—	0.100 0
5-161	管道试压 公称直径 800mm 以内	100m	1 002.75	0.010 0	—
5-162	管道试压 公称直径 1 000mm 以内	100m	1 293.69	—	0.010 0
5-179	管道消毒冲洗 公称直径 800mm 以内	100m	1 589.13	0.010 0	—
5-180	管道消毒冲洗 公称直径 1 000mm 以内	100m	2 370.03	—	0.010 0
5-218H	管道内防腐 底漆一道	$10m^2$	189.20	0.251 3	0.282 7
5-219H	管道内防腐 面漆两道	$10m^2$	318.86	0.251 3	0.282 7
5-223H	玻璃布 管道	$10m^2$	37.67	0.515 2	0.578 1
5-228H	管道 一底	$10m^2$	87.08	0.257 6	0.289 0
5-229H	管道 一油	$10m^2$	100.04	0.515 2	0.578 1
8-6-1	焊缝X射线检测 80mm×300mm 管壁厚 16mm 以内	10张	546.84	0.036 7	0.040 0
12-1-1	手工除锈 管道 轻锈	$10m^2$	23.01	0.508 9	0.571 7
5-295	管件安装 管外径×壁厚 $\phi820\times10$mm 以内	个	601.27	0.020 0	—
5-296	管件安装 管外径×壁厚 $\phi1\ 020\times12$mm 以内	个	785.01	—	0.020 0
名称		单位	单价(元)	消耗量	
人工	二类人工	工日	135.00	1.387 0	1.567 0
材料	钢板卷管	m	—	(1.015 0)	(1.015 0)
	钢制管件	个	—	(0.020 0)	(0.020 0)

工作内容:管道安装、管道接口、管道除锈防腐、管道试压、管道消毒冲洗、X 射线探伤、管件安装。 **计量单位**:m

定额编号				5-413	5-414	5-415
项目				管道直径(mm)		
				*DN*1 000	*DN*1 200	*DN*1 400
基价(元)				**499.60**	**608.72**	**734.73**
其中	人工费(元)			231.37	285.67	347.68
	材料费(元)			226.36	277.05	328.34
	机械费(元)			41.87	46.00	58.71
预算定额编号	项目名称	单位	单价(元)	消耗量		
5-21	钢管安装(电弧焊) 管外径×壁厚 ϕ1 020×12mm 以内	10m	1 338.82	0.100 0	—	—
5-22	钢管安装(电弧焊) 管外径×壁厚 ϕ1 220×12mm 以内	10m	1 725.36	—	0.100 0	—
5-23	钢管安装(电弧焊) 管外径×壁厚 ϕ1 420×14mm 以内	10m	2 233.98	—	—	0.100 0
5-162	管道试压 公称直径 1 000mm 以内	100m	1 293.69	0.010 0	—	—
5-163	管道试压 公称直径 1 200mm 以内	100m	1 634.51	—	0.010 0	—
5-164	管道试压 公称直径 1 400mm 以内	100m	1 991.51	—	—	0.010 0
5-180	管道消毒冲洗 公称直径 1 000mm 以内	100m	2 370.03	0.010 0	—	—
5-181	管道消毒冲洗 公称直径 1 200mm 以内	100m	3 401.86	—	0.010 0	—
5-182	管道消毒冲洗 公称直径 1 400mm 以内	100m	4 239.65	—	—	0.010 0
5-218H	管道内防腐 底漆一道	10m^2	189.20	0.312 9	0.375 7	0.437 3
5-219H	管道内防腐 面漆两道	10m^2	318.86	0.312 9	0.375 7	0.437 3
5-223H	玻璃布 管道	10m^2	37.67	0.640 9	0.766 5	0.892 2
5-228H	管道 一底	10m^2	87.08	0.320 4	0.383 3	0.446 1
5-229H	管道 一油	10m^2	100.04	0.640 9	0.766 5	0.892 2
8-6-1	焊缝 X 射线检测 80mm×300mm 管壁厚 16mm 以内	10 张	546.84	0.043 3	0.053 3	0.060 0
12-1-1	手工除锈 管道 轻锈	10m^2	23.01	0.633 3	0.759 0	0.883 4
5-296	管件安装 管外径×壁厚 ϕ1 020×12mm 以内	个	785.01	0.020 0	—	—
5-297	管件安装 管外径×壁厚 ϕ1 220×12mm 以内	个	939.78	—	0.010 0	—
5-298	管件安装 管外径×壁厚 ϕ1 420×14mm 以内	个	1 199.81	—	—	0.010 0
	名称	单位	单价(元)	消耗量		
人工	二类人工	工日	135.00	1.714 0	2.116 0	2.575 0
材料	钢板卷管	m	—	(1.015 0)	(1.015 0)	(1.015 0)
	钢制管件	个	—	(0.020 0)	(0.010 0)	(0.010 0)

工作内容:管道安装、管道接口、管道除锈防腐、管道试压、管道消毒冲洗、X射线探伤、管件安装。 计量单位:m

定额编号				5-416	5-417	5-418
项目				管道直径(mm)		
				*DN*1 500	*DN*1 600	*DN*1 800
基价(元)				**807.74**	**857.62**	**986.38**
其中	人工费(元)			364.21	391.16	437.10
	材料费(元)			370.14	390.81	461.78
	机械费(元)			73.39	75.65	87.50
预算定额编号	项目名称	单位	单价(元)	消耗量		
5-24	钢管安装(电弧焊) 管外径×壁厚 ϕ1 528×14mm以内	10m	2 409.35	0.100 0	—	—
5-25	钢管安装(电弧焊) 管外径×壁厚 ϕ1 620×16mm以内	10m	2 602.31	—	0.100 0	—
5-26	钢管安装(电弧焊) 管外径×壁厚 ϕ1 820×16mm以内	10m	2 926.07	—	—	0.100 0
5-165	管道试压 公称直径1 600mm以内	100m	2 419.24	0.010 0	0.010 0	—
5-166	管道试压 公称直径1 800mm以内	100m	2 883.96	—	—	0.010 0
5-183	管道消毒冲洗 公称直径1 600mm以内	100m	5 962.02	0.010 0	0.010 0	—
5-184	管道消毒冲洗 公称直径1 800mm以内	100m	8 734.00	—	—	0.010 0
5-218H	管道内防腐 底漆一道	$10m^2$	189.20	0.471 2	0.498 9	0.561 7
5-219H	管道内防腐 面漆两道	$10m^2$	318.86	0.471 2	0.498 9	0.561 7
5-223H	玻璃布 管道	$10m^2$	37.67	0.960 1	1.017 9	1.143 5
5-228H	管道 一底	$10m^2$	87.08	0.480 0	0.508 9	0.571 8
5-229H	管道 一油	$10m^2$	100.04	0.960 1	1.017 9	1.143 5
8-6-1	焊缝X射线检测 80mm×300mm 管壁厚16mm以内	10张	546.84	0.063 3	0.070 0	0.076 7
12-1-1	手工除锈 管道 轻锈	$10m^2$	23.01	0.951 2	1.007 8	1.133 5
5-299	管件安装 管外径×壁厚 ϕ1 520×14mm以内	个	1 308.30	0.010 0	—	—
5-300	管件安装 管外径×壁厚 ϕ1 620×16mm以内	个	1 416.00	—	0.010 0	—
5-301	管件安装 管外径×壁厚 ϕ1 820×16mm以内	个	1 692.90	—	—	0.010 0
名称		单位	单价(元)	消耗量		
人工	二类人工	工日	135.00	2.698 0	2.897 0	3.238 0
材料	钢板卷管	m	—	(1.015 0)	(1.015 0)	(1.015 0)
	钢制管件	个	—	(0.010 0)	(0.010 0)	(0.010 0)

3. 铸铁管安装

(1)膨胀水泥接口

工作内容:管道安装、管道接口、管道试压、管道消毒冲洗、管件安装。 计量单位:m

定额编号				5-419	5-420	5-421	5-422
项目				管道直径(mm)			
				DN75	DN100	DN150	DN200
基价(元)				**16.18**	**16.82**	**22.80**	**30.90**
其中	人工费(元)			14.12	14.43	18.91	26.34
	材料费(元)			1.96	2.29	3.77	4.44
	机械费(元)			0.10	0.10	0.12	0.12
预算定额编号	项目名称	单位	单价(元)	消耗量			
5-27	铸铁管安装 膨胀水泥接口 公称直径75mm以内	10m	84.15	0.100 0	—	—	—
5-28	铸铁管安装 膨胀水泥接口 公称直径100mm以内	10m	88.07	—	0.100 0	—	—
5-29	铸铁管安装 膨胀水泥接口 公称直径150mm以内	10m	113.05	—	—	0.100 0	—
5-30	铸铁管安装 膨胀水泥接口 公称直径200mm以内	10m	177.38	—	—	—	0.100 0
5-155	管道试压 公称直径100mm以内	100m	180.54	0.010 0	0.010 0	—	—
5-156	管道试压 公称直径200mm以内	100m	274.87	—	—	0.010 0	0.010 0
5-173	管道消毒冲洗 公称直径100mm以内	100m	146.62	0.010 0	0.010 0	—	—
5-174	管道消毒冲洗 公称直径200mm以内	100m	244.50	—	—	0.010 0	0.010 0
5-318	铸铁管件安装 膨胀水泥 公称直径75mm以内	个	42.03	0.107 0	—	—	—
5-319	铸铁管件安装 膨胀水泥 公称直径100mm以内	个	44.38	—	0.107 0	—	—
5-320	铸铁管件安装 膨胀水泥 公称直径150mm以内	个	62.48	—	—	0.101 0	—
5-321	铸铁管件安装 膨胀水泥 公称直径200mm以内	个	81.32	—	—	—	0.098 0
名称		单位	单价(元)	消耗量			
人工	二类人工	工日	135.00	0.105 0	0.107 0	0.140 0	0.195 0
材料	承插铸铁给水管	m	—	(1.000 0)	(1.000 0)	(1.000 0)	(1.000 0)
	铸铁管件	个	—	(0.107 0)	(0.107 0)	(0.101 0)	(0.098 0)

工作内容：管道安装、管道接口、管道试压、管道消毒冲洗、管件安装。　　计量单位：m

定额编号				5-423	5-424	5-425	5-426
项目				管道直径(mm)			
				DN300	DN400	DN500	DN600
基价（元）				**39.80**	**47.45**	**61.15**	**60.83**
其中	人工费（元）			29.01	32.46	41.08	36.38
	材料费（元）			6.72	9.99	14.18	15.33
	机械费（元）			4.07	5.00	5.89	9.12
预算定额编号	项目名称	单位	单价(元)	消耗量			
5-31	铸铁管安装 膨胀水泥接口 公称直径300mm以内	10m	236.78	0.100 0	—	—	—
5-32	铸铁管安装 膨胀水泥接口 公称直径400mm以内	10m	258.59	—	0.100 0	—	—
5-33	铸铁管安装 膨胀水泥接口 公称直径500mm以内	10m	329.49	—	—	0.100 0	—
5-34	铸铁管安装 膨胀水泥接口 公称直径600mm以内	10m	419.73	—	—	—	0.100 0
5-157	管道试压 公称直径300mm以内	100m	336.97	0.010 0	—	—	—
5-158	管道试压 公称直径400mm以内	100m	447.00	—	0.010 0	—	—
5-159	管道试压 公称直径500mm以内	100m	556.77	—	—	0.010 0	—
5-160	管道试压 公称直径600mm以内	100m	703.21	—	—	—	0.010 0
5-175	管道消毒冲洗 公称直径300mm以内	100m	359.60	0.010 0	—	—	—
5-176	管道消毒冲洗 公称直径400mm以内	100m	524.19	—	0.010 0	—	—
5-177	管道消毒冲洗 公称直径500mm以内	100m	728.17	—	—	0.010 0	—
5-178	管道消毒冲洗 公称直径600mm以内	100m	994.18	—	—	—	0.010 0
5-322	铸铁管件安装 膨胀水泥 公称直径300mm以内	个	104.03	0.088 0	—	—	—
5-323	铸铁管件安装 膨胀水泥 公称直径400mm以内	个	146.69	—	0.081 0	—	—
5-324	铸铁管件安装 膨胀水泥 公称直径500mm以内	个	201.97	—	—	0.076 0	—
5-325	铸铁管件安装 膨胀水泥 公称直径600mm以内	个	280.57	—	—	—	0.006 7
名称		单位	单价(元)	消耗量			
人工	二类人工	工日	135.00	0.215 0	0.240 0	0.304 0	0.269 0
材料	离心球墨铸铁上水管 综合	m	—	(1.000 0)	(1.000 0)	(1.000 0)	(1.000 0)
	铸铁管件	个	—	(0.088 0)	(0.081 0)	(0.076 0)	(0.006 7)

工作内容:管道安装、管道接口、管道试压、管道消毒冲洗、管件安装。 计量单位:m

定额编号				5-427	5-428	5-429	5-430
项目				管道直径(mm)			
				*DN*700	*DN*800	*DN*900	*DN*1 000
基价(元)				**83.81**	**87.43**	**112.18**	**121.85**
其中	人工费(元)			49.63	51.13	64.86	66.97
	材料费(元)			23.27	24.46	34.40	36.54
	机械费(元)			10.91	11.84	12.92	18.34
预算定额编号	项目名称	单位	单价(元)	消耗量			
5-35	铸铁管安装 膨胀水泥接口 公称直径 700mm 以内	10m	553.58	0.100 0	—	—	—
5-36	铸铁管安装 膨胀水泥接口 公称直径 800mm 以内	10m	588.27	—	0.100 0	—	—
5-37	铸铁管安装 膨胀水泥接口 公称直径 900mm 以内	10m	720.13	—	—	0.100 0	—
5-38	铸铁管安装 膨胀水泥接口 公称直径 1 000mm 以内	10m	811.48	—	—	—	0.100 0
5-161	管道试压 公称直径 800mm 以内	100m	1 002.75	0.010 0	0.010 0	—	—
5-162	管道试压 公称直径 1 000mm 以内	100m	1 293.69	—	—	0.010 0	0.010 0
5-179	管道消毒冲洗 公称直径 800mm 以内	100m	1 589.13	0.010 0	0.010 0	—	—
5-180	管道消毒冲洗 公称直径 1 000mm 以内	100m	2 370.03	—	—	0.010 0	0.010 0
5-326	铸铁管件安装 膨胀水泥 公称直径 700mm 以内	个	377.09	0.006 7	—	—	—
5-327	铸铁管件安装 膨胀水泥 公称直径 800mm 以内	个	401.92	—	0.006 7	—	—
5-328	铸铁管件安装 膨胀水泥 公称直径 900mm 以内	个	526.38	—	—	0.006 7	—
5-329	铸铁管件安装 膨胀水泥 公称直径 1 000mm 以内	个	608.67	—	—	—	0.006 7
	名称	单位	单价(元)	消耗量			
人工	二类人工	工日	135.00	0.368 0	0.379 0	0.480 0	0.496 0
材料	离心球墨铸铁上水管 综合	m	—	(1.000 0)	(1.000 0)	(1.000 0)	(1.000 0)
	铸铁管件	个	—	(0.006 7)	(0.006 7)	(0.006 7)	(0.006 7)

工作内容:管道安装、管道接口、管道试压、管道消毒冲洗、管件安装。 计量单位:m

定额编号				5-431	5-432	5-433
项目				管道直径(mm)		
				*DN*1 200	*DN*1 400	*DN*1 600
基价(元)				**151.21**	**193.83**	**245.30**
其中	人工费(元)			80.98	105.41	132.39
	材料费(元)			51.04	65.24	87.80
	机械费(元)			19.19	23.18	25.11
预算定额编号	项目名称	单位	单价(元)	消耗量		
5-39	铸铁管安装 膨胀水泥接口 公称直径 1 200mm 以内	10m	968.16	0.100 0	—	—
5-40	铸铁管安装 膨胀水泥接口 公称直径 1 400mm 以内	10m	1 260.89	—	0.100 0	—
5-41	铸铁管安装 膨胀水泥接口 公称直径 1 600mm 以内	10m	1 537.59	—	—	0.100 0
5-163	管道试压 公称直径 1 200mm 以内	100m	1 634.51	0.010 0	—	—
5-164	管道试压 公称直径 1 400mm 以内	100m	1 991.51	—	0.010 0	—
5-165	管道试压 公称直径 1 600mm 以内	100m	2 419.24	—	—	0.010 0
5-181	管道消毒冲洗 公称直径 1 200mm 以内	100m	3 401.86	0.010 0	—	—
5-182	管道消毒冲洗 公称直径 1 400mm 以内	100m	4 239.65	—	0.010 0	—
5-183	管道消毒冲洗 公称直径 1 600mm 以内	100m	5 962.02	—	—	0.010 0
5-330	铸铁管件安装 膨胀水泥 公称直径 1 200mm 以内	个	808.10	0.005 0	—	—
5-331	铸铁管件安装 膨胀水泥 公称直径 1 400mm 以内	个	1 084.78	—	0.005 0	—
5-332	铸铁管件安装 膨胀水泥 公称直径 1 600mm 以内	个	1 545.03	—	—	0.005 0
	名称	单位	单价(元)	消耗量		
人工	二类人工	工日	135.00	0.600 0	0.781 0	0.981 0
材料	离心球墨铸铁上水管 综合	m	—	(1.000 0)	(1.000 0)	(1.000 0)
	铸铁管件	个	—	(0.005 0)	(0.005 0)	(0.005 0)

(2)胶圈接口

工作内容:管道安装、管道接口、管道试压、管道消毒冲洗、管件安装。　　计量单位:m

定额编号				5-434	5-435	5-436	5-437
项目				管道直径(mm)			
				DN150	DN200	DN300	DN400
基价(元)				**23.46**	**31.88**	**39.70**	**46.96**
其中	人工费(元)			21.54	29.82	32.13	36.27
	材料费(元)			1.80	1.94	3.13	5.24
	机械费(元)			0.12	0.12	4.44	5.45
预算定额编号	项目名称	单位	单价(元)	消耗量			
5-42	铸铁管安装 胶圈接口 公称直径150mm以内	10m	107.15	0.100 0	—	—	—
5-43	铸铁管安装 胶圈接口 公称直径200mm以内	10m	171.50	—	0.100 0	—	—
5-44	铸铁管安装 胶圈接口 公称直径300mm以内	10m	230.46	—	—	0.100 0	—
5-45	铸铁管安装 胶圈接口 公称直径400mm以内	10m	246.29	—	—	—	0.100 0
5-156	管道试压 公称直径200mm以内	100m	274.87	0.010 0	0.010 0	—	—
5-157	管道试压 公称直径300mm以内	100m	336.97	—	—	0.010 0	—
5-158	管道试压 公称直径400mm以内	100m	447.00	—	—	—	0.010 0
5-174	管道消毒冲洗 公称直径200mm以内	100m	244.50	0.010 0	0.010 0	—	—
5-175	管道消毒冲洗 公称直径300mm以内	100m	359.60	—	—	0.010 0	—
5-176	管道消毒冲洗 公称直径400mm以内	100m	524.19	—	—	—	0.010 0
5-333	铸铁管件安装 胶圈接口 公称直径150mm以内	个	74.84	0.101 0	—	—	—
5-334	铸铁管件安装 胶圈接口 公称直径200mm以内	个	97.34	—	0.098 0	—	—
5-335	铸铁管件安装 胶圈接口 公称直径300mm以内	个	110.14	—	—	0.088 0	—
5-336	铸铁管件安装 胶圈接口 公称直径400mm以内	个	155.80	—	—	—	0.081 0
	名称	单位	单价(元)	消耗量			
人工	二类人工	工日	135.00	0.160 0	0.221 0	0.238 0	0.269 0
材料	橡胶圈 DN150	个	—	(0.465 6)	—	—	—
	橡胶圈 DN200	个	—	—	(0.459 4)	—	—
	橡胶圈 DN300	个	—	—	—	(0.387 3)	—
	橡胶圈 DN400	个	—	—	—	—	(0.372 9)
	承插铸铁给水管	m	—	(1.000 0)	(1.000 0)	(1.000 0)	(1.000 0)
	铸铁管件	个	—	(0.101 0)	(0.098 0)	(0.088 0)	(0.081 0)

工作内容:管道安装、管道接口、管道试压、管道消毒冲洗、管件安装。 **计量单位:**m

定额编号				5-438	5-439	5-440	5-441
项目				管道直径(mm)			
				*DN*500	*DN*600	*DN*700	*DN*800
基价(元)				**61.97**	**62.95**	**87.47**	**93.35**
其中	人工费(元)			51.24	42.47	58.09	62.86
	材料费(元)			7.62	10.40	17.31	17.39
	机械费(元)			3.11	10.08	12.07	13.10
预算定额编号	项目名称	单位	单价(元)	消耗量			
5-46	铸铁管安装 胶圈接口 公称直径 500mm 以内	10m	312.95	0.100 0	—	—	—
5-47	铸铁管安装 胶圈接口 公称直径 600mm 以内	10m	436.52	—	0.100 0	—	—
5-48	铸铁管安装 胶圈接口 公称直径 700mm 以内	10m	582.58	—	—	0.100 0	—
5-49	铸铁管安装 胶圈接口 公称直径 800mm 以内	10m	640.92	—	—	—	0.100 0
5-159	管道试压 公称直径 500mm 以内	100m	556.77	0.010 0	—	—	—
5-160	管道试压 公称直径 600mm 以内	100m	703.21	—	0.010 0	—	—
5-161	管道试压 公称直径 800mm 以内	100m	1 002.75	—	—	0.010 0	0.010 0
5-177	管道消毒冲洗 公称直径 500mm 以内	100m	728.17	0.010 0	—	—	—
5-178	管道消毒冲洗 公称直径 600mm 以内	100m	994.18	—	0.010 0	—	—
5-179	管道消毒冲洗 公称直径 800mm 以内	100m	1 589.13	—	—	0.010 0	0.010 0
5-337	铸铁管件安装 胶圈接口 公称直径 500mm 以内	个	234.63	0.076 0	—	—	—
5-338	铸铁管件安装 胶圈接口 公称直径 600mm 以内	个	346.45	—	0.006 7	—	—
5-339	铸铁管件安装 胶圈接口 公称直径 700mm 以内	个	491.96	—	—	0.006 7	—
5-340	铸铁管件安装 胶圈接口 公称直径 800mm 以内	个	498.44	—	—	—	0.006 7
名称		单位	单价(元)	消耗量			
人工	二类人工	工日	135.00	0.380 0	0.315 0	0.430 0	0.466 0
材料	橡胶圈 *DN*500	个	—	(0.362 6)	—	—	—
	橡胶圈 *DN*600	个	—	—	(0.219 8)	—	—
	橡胶圈 *DN*700	个	—	—	—	(0.219 8)	—
	橡胶圈 *DN*800	个	—	—	—	—	(0.219 8)
	离心球墨铸铁上水管 综合	m	—	(1.000 0)	(1.000 0)	(1.000 0)	(1.000 0)
	铸铁管件	个	—	(0.076 0)	(0.006 7)	(0.006 7)	(0.006 7)

工作内容：管道安装、管道接口、管道试压、管道消毒冲洗、管件安装。　　　**计量单位**：m

定额编号				5-442	5-443	5-444
项目				管道直径(mm)		
				*DN*900	*DN*1 000	*DN*1 200
基价(元)				**117.76**	**130.28**	**171.09**
其中	人工费(元)			77.32	83.73	111.79
	材料费(元)			26.19	26.29	38.10
	机械费(元)			14.25	20.26	21.20
预算定额编号	项目名称	单位	单价(元)	消耗量		
5-50	铸铁管安装 胶圈接口 公称直径 900mm 以内	10m	767.21	0.100 0	—	—
5-51	铸铁管安装 胶圈接口 公称直径 1 000mm 以内	10m	884.95	—	0.100 0	—
5-52	铸铁管安装 胶圈接口 公称直径 1 200mm 以内	10m	1 155.33	—	—	0.100 0
5-162	管道试压 公称直径 1 000mm 以内	100m	1 293.69	0.010 0	0.010 0	—
5-163	管道试压 公称直径 1 200mm 以内	100m	1 634.51	—	—	0.010 0
5-180	管道消毒冲洗 公称直径 1 000mm 以内	100m	2 370.03	0.010 0	0.010 0	—
5-181	管道消毒冲洗 公称直径 1 200mm 以内	100m	3 401.86	—	—	0.010 0
5-341	铸铁管件安装 胶圈接口 公称直径 900mm 以内	个	656.27	0.006 7	—	—
5-342	铸铁管件安装 胶圈接口 公称直径 1 000mm 以内	个	768.90	—	0.006 7	—
5-343	铸铁管件安装 胶圈接口 公称直径 1 200mm 以内	个	1 037.79	—	—	0.005 0
	名称	单位	单价(元)	消耗量		
人工	二类人工	工日	135.00	0.573 0	0.620 0	0.828 0
材料	橡胶圈 *DN*900	个	—	(0.219 8)	—	—
	橡胶圈 *DN*1 000	个	—	—	(0.219 8)	—
	橡胶圈 *DN*1 200	个	—	—	—	(0.216 3)
	离心球墨铸铁上水管 综合	m	—	(1.000 0)	(1.000 0)	(1.000 0)
	铸铁管件	个	—	(0.006 7)	(0.006 7)	(0.005 0)

工作内容：管道安装、管道接口、管道试压、管道消毒冲洗、管件安装。　　　**计量单位**：m

定额编号				5-445	5-446
项目				管道直径(mm)	
				*DN*1 400	*DN*1 600
基价(元)				**205.16**	**268.25**
其中	人工费(元)			131.58	173.61
	材料费(元)			47.97	66.92
	机械费(元)			25.61	27.72
预算定额编号	项目名称	单位	单价(元)	消耗量	
5-53	铸铁管安装 胶圈接口 公称直径 1 400mm 以内	10m	1 358.34	0.100 0	—
5-54	铸铁管安装 胶圈接口 公称直径 1 600mm 以内	10m	1 745.64	—	0.100 0
5-164	管道试压 公称直径 1 400mm 以内	100m	1 991.51	0.010 0	—
5-165	管道试压 公称直径 1 600mm 以内	100m	2 419.24	—	0.010 0
5-182	管道消毒冲洗 公称直径 1 400mm 以内	100m	4 239.65	0.010 0	—
5-183	管道消毒冲洗 公称直径 1 600mm 以内	100m	5 962.02	—	0.010 0
5-344	铸铁管件安装 胶圈接口 公称直径 1 400mm 以内	个	1 401.58	0.005 0	—
5-345	铸铁管件安装 胶圈接口 公称直径 1 600mm 以内	个	1 973.72	—	0.005 0
	名称	单位	单价(元)	消耗量	
人工	二类人工	工日	135.00	0.975 0	1.286 0
材料	橡胶圈 *DN*1 400	个	—	(0.216 3)	—
	橡胶圈 *DN*1 600	个	—	—	(0.216 3)
	离心球墨铸铁上水管 综合	m	—	(1.000 0)	(1.000 0)
	铸铁管件	个	—	(0.005 0)	(0.005 0)

4. 预应力(自应力)混凝土管安装(胶圈接口)

工作内容:管道安装、管道接口、管道试压、管道消毒冲洗、管件安装。 **计量单位**:m

<table>
<tr><td colspan="4">定额编号</td><td>5-447</td><td>5-448</td><td>5-449</td></tr>
<tr><td colspan="4" rowspan="2">项目</td><td colspan="3">管道直径(mm)</td></tr>
<tr><td>DN300</td><td>DN400</td><td>DN500</td></tr>
<tr><td colspan="4">基价(元)</td><td>49.37</td><td>72.52</td><td>91.74</td></tr>
<tr><td rowspan="3">其中</td><td colspan="3">人工费(元)</td><td>39.15</td><td>58.73</td><td>73.75</td></tr>
<tr><td colspan="3">材料费(元)</td><td>3.94</td><td>5.93</td><td>8.57</td></tr>
<tr><td colspan="3">机械费(元)</td><td>6.28</td><td>7.86</td><td>9.42</td></tr>
<tr><td>预算定额编号</td><td>项目名称</td><td>单位</td><td>单价(元)</td><td colspan="3">消耗量</td></tr>
<tr><td>5-68</td><td>预应力(自应力)混凝土管安装(胶圈接口)
公称直径 300mm 以内</td><td>10m</td><td>293.31</td><td>0.100 0</td><td>—</td><td>—</td></tr>
<tr><td>5-69</td><td>预应力(自应力)混凝土管安装(胶圈接口)
公称直径 400mm 以内</td><td>10m</td><td>429.17</td><td>—</td><td>0.100 0</td><td>—</td></tr>
<tr><td>5-70</td><td>预应力(自应力)混凝土管安装(胶圈接口)
公称直径 500mm 以内</td><td>10m</td><td>530.82</td><td>—</td><td>—</td><td>0.100 0</td></tr>
<tr><td>5-157</td><td>管道试压 公称直径 300mm 以内</td><td>100m</td><td>336.97</td><td>0.010 0</td><td>—</td><td>—</td></tr>
<tr><td>5-158</td><td>管道试压 公称直径 400mm 以内</td><td>100m</td><td>447.00</td><td>—</td><td>0.010 0</td><td>—</td></tr>
<tr><td>5-159</td><td>管道试压 公称直径 500mm 以内</td><td>100m</td><td>556.77</td><td>—</td><td>—</td><td>0.010 0</td></tr>
<tr><td>5-175</td><td>管道消毒冲洗 公称直径 300mm 以内</td><td>100m</td><td>359.60</td><td>0.010 0</td><td>—</td><td>—</td></tr>
<tr><td>5-176</td><td>管道消毒冲洗 公称直径 400mm 以内</td><td>100m</td><td>524.19</td><td>—</td><td>0.010 0</td><td>—</td></tr>
<tr><td>5-177</td><td>管道消毒冲洗 公称直径 500mm 以内</td><td>100m</td><td>728.17</td><td>—</td><td>—</td><td>0.010 0</td></tr>
<tr><td>5-361</td><td>承插式预应力混凝土转换件安装
公称直径 300mm 以内</td><td>个</td><td>148.46</td><td>0.088 0</td><td>—</td><td>—</td></tr>
<tr><td>5-362</td><td>承插式预应力混凝土转换件安装
公称直径 400mm 以内</td><td>个</td><td>245.51</td><td>—</td><td>0.081 0</td><td>—</td></tr>
<tr><td>5-363</td><td>承插式预应力混凝土转换件安装
公称直径 500mm 以内</td><td>个</td><td>339.63</td><td>—</td><td>—</td><td>0.076 0</td></tr>
<tr><td colspan="2">名称</td><td>单位</td><td>单价(元)</td><td colspan="3">消耗量</td></tr>
<tr><td>人工</td><td>二类人工</td><td>工日</td><td>135.00</td><td>0.290 0</td><td>0.435 0</td><td>0.546 0</td></tr>
<tr><td rowspan="5">材料</td><td>橡胶圈 DN300</td><td>个</td><td>—</td><td>(0.206 0)</td><td>—</td><td>—</td></tr>
<tr><td>橡胶圈 DN400</td><td>个</td><td>—</td><td>—</td><td>(0.206 0)</td><td>—</td></tr>
<tr><td>橡胶圈 DN500</td><td>个</td><td>—</td><td>—</td><td>—</td><td>(0.206 0)</td></tr>
<tr><td>预应力混凝土管</td><td>m</td><td>—</td><td>(1.000 0)</td><td>(1.000 0)</td><td>(1.000 0)</td></tr>
<tr><td>混凝土转换件</td><td>个</td><td>—</td><td>(0.088 0)</td><td>(0.081 0)</td><td>(0.076 0)</td></tr>
</table>

工作内容：管道安装、管道接口、管道试压、管道消毒冲洗、管件安装。　　**计量单位：**m

定额编号				5-450	5-451	5-452
项目				管道直径(mm)		
				*DN*600	*DN*700	*DN*800
基价（元）				**91.04**	**120.10**	**125.69**
其中	人工费（元）			65.03	84.08	87.41
	材料费（元）			10.22	17.15	17.28
	机械费（元）			15.79	18.87	21.00
预算定额编号	项目名称	单位	单价(元)	消耗量		
5-71	预应力(自应力)混凝土管安装(胶圈接口) 公称直径600mm以内	10m	681.81	0.100 0	—	—
5-72	预应力(自应力)混凝土管安装(胶圈接口) 公称直径700mm以内	10m	875.73	—	0.100 0	—
5-73	预应力(自应力)混凝土管安装(胶圈接口) 公称直径800mm以内	10m	924.42	—	—	0.100 0
5-160	管道试压 公称直径600mm以内	100m	703.21	0.010 0	—	—
5-161	管道试压 公称直径800mm以内	100m	1 002.75	—	0.010 0	0.010 0
5-178	管道消毒冲洗 公称直径600mm以内	100m	994.18	0.010 0	—	—
5-179	管道消毒冲洗 公称直径800mm以内	100m	1 589.13	—	0.010 0	0.010 0
5-364	承插式预应力混凝土转换件安装 公称直径600mm以内	个	470.25	0.012 5	—	—
5-365	承插式预应力混凝土转换件安装 公称直径700mm以内	个	528.58	—	0.012 5	—
5-366	承插式预应力混凝土转换件安装 公称直径800mm以内	个	586.66	—	—	0.012 5
	名称	单位	单价(元)	消耗量		
人工	二类人工	工日	135.00	0.482 0	0.623 0	0.647 0
材料	橡胶圈 *DN*600	个	—	(0.206 0)	—	—
	橡胶圈 *DN*700	个	—	—	(0.206 0)	—
	橡胶圈 *DN*800	个	—	—	—	(0.206 0)
	预应力混凝土管	m	—	(1.000 0)	(1.000 0)	(1.000 0)
	混凝土转换件	个	—	(0.012 5)	(0.012 5)	(0.012 5)

工作内容:管道安装、管道接口、管道试压、管道消毒冲洗、管件安装。 **计量单位**:m

定额编号				5-453	5-454	5-455
项目				管道直径(mm)		
				*DN*900	*DN*1 000	*DN*1 200
基价(元)				**171.42**	**186.51**	**240.39**
其中	人工费(元)			121.06	125.57	163.17
	材料费(元)			26.13	26.31	38.53
	机械费(元)			24.23	34.63	38.69
预算定额编号	项目名称	单位	单价(元)	消耗量		
5-74	预应力(自应力)混凝土管安装(胶圈接口)公称直径 900mm 以内	10m	1 261.38	0.100 0	—	—
5-75	预应力(自应力)混凝土管安装(胶圈接口)公称直径 1 000mm 以内	10m	1 398.62	—	0.100 0	—
5-76	预应力(自应力)混凝土管安装(胶圈接口)公称直径 1 200mm 以内	10m	1 768.88	—	—	0.100 0
5-162	管道试压 公称直径 1 000mm 以内	100m	1 293.69	0.010 0	0.010 0	—
5-163	管道试压 公称直径 1 200mm 以内	100m	1 634.51	—	—	0.010 0
5-180	管道消毒冲洗 公称直径 1 000mm 以内	100m	2 370.03	0.010 0	0.010 0	—
5-181	管道消毒冲洗 公称直径 1 200mm 以内	100m	3 401.86	—	—	0.010 0
5-367	承插式预应力混凝土转换件安装 公称直径 900mm 以内	个	691.69	0.012 5	—	—
5-368	承插式预应力混凝土转换件安装 公称直径 1 000mm 以内	个	800.68	—	0.012 5	—
5-369	承插式预应力混凝土转换件安装 公称直径 1 200mm 以内	个	1 051.22	—	—	0.012 5
名称		单位	单价(元)	消耗量		
人工	二类人工	工日	135.00	0.897 0	0.930 0	1.209 0
材料	橡胶圈 *DN*900	个	—	(0.206 0)	—	—
	橡胶圈 *DN*1 000	个	—	—	(0.206 0)	—
	橡胶圈 *DN*1 200	个	—	—	—	(0.206 0)
	预应力混凝土管	m	—	(1.000 0)	(1.000 0)	(1.000 0)
	混凝土转换件	个	—	(0.012 5)	(0.012 5)	(0.012 5)

工作内容:管道安装、管道接口、管道试压、管道消毒冲洗、管件安装。　　**计量单位**:m

				5-456	5-457	5-458
定额编号				5-456	5-457	5-458
项目				管道直径(mm)		
				*DN*1 400	*DN*1 600	*DN*1 800
基价(元)				**293.31**	**368.55**	**449.24**
其中	人工费(元)			196.57	235.19	280.22
	材料费(元)			48.83	68.17	98.80
	机械费(元)			47.91	65.19	70.22
预算定额编号	项目名称	单位	单价(元)	消耗量		
5-77	预应力(自应力)混凝土管安装(胶圈接口)公称直径1 400mm以内	10m	2 147.96	0.100 0	—	—
5-78	预应力(自应力)混凝土管安装(胶圈接口)公称直径1 600mm以内	10m	2 653.51	—	0.100 0	—
5-79	预应力(自应力)混凝土管安装(胶圈接口)公称直径1 800mm以内	10m	3 104.68	—	—	0.100 0
5-164	管道试压 公称直径1 400mm以内	100m	1 991.51	0.010 0	—	—
5-165	管道试压 公称直径1 600mm以内	100m	2 419.24	—	0.010 0	—
5-166	管道试压 公称直径1 800mm以内	100m	2 883.96	—	—	0.010 0
5-182	管道消毒冲洗 公称直径1 400mm以内	100m	4 239.65	0.010 0	—	—
5-183	管道消毒冲洗 公称直径1 600mm以内	100m	5 962.02	—	0.010 0	—
5-184	管道消毒冲洗 公称直径1 800mm以内	100m	8 734.00	—	—	0.010 0
5-370	承插式预应力混凝土转换件安装 公称直径1 400mm以内	个	1 295.97	0.012 5	—	—
5-371	承插式预应力混凝土转换件安装 公称直径1 600mm以内	个	1 551.77	—	0.012 5	—
5-372	承插式预应力混凝土转换件安装 公称直径1 800mm以内	个	1 806.77	—	—	0.012 5
名称		单位	单价(元)	消耗量		
人工	二类人工	工日	135.00	1.456 0	1.742 0	2.076 0
材料	橡胶圈 *DN*1 400	个	—	(0.206 0)	—	—
	橡胶圈 *DN*1 600	个	—	—	(0.206 0)	—
	橡胶圈 *DN*1 800	个	—	—	—	(0.206 0)
	预应力混凝土管	m	—	(1.000 0)	(1.000 0)	(1.000 0)
	混凝土转换件	个	—	(0.012 5)	(0.012 5)	(0.012 5)

5. 给水塑料管安装

(1)粘　　接

工作内容:管道安装、管件安装、管道接口、管道试压、管道消毒冲洗。　　　　**计量单位:**m

定额编号				5-459	5-460	5-461
项目				管外径(mm)		
				32	50	75
基价(元)				**7.61**	**9.76**	**12.10**
其中	人工费(元)			6.57	8.64	10.86
	材料费(元)			0.94	1.02	1.11
	机械费(元)			0.10	0.10	0.13
预算定额编号	项目名称	单位	单价(元)	消耗量		
5-81	塑料管安装(粘接) 管外径 32mm 以内	10m	31.86	0.100 0	—	—
5-82	塑料管安装(粘接) 管外径 50mm 以内	10m	43.81	—	0.100 0	—
5-83	塑料管安装(粘接) 管外径 75mm 以内	10m	58.78	—	—	0.100 0
5-155	管道试压 公称直径 100mm 以内	100m	180.54	0.010 0	0.010 0	0.010 0
5-173	管道消毒冲洗 公称直径 100mm 以内	100m	146.62	0.010 0	0.010 0	0.010 0
5-374	粘接 管外径 32mm 以内	个	3.90	0.296 0	—	—
5-375	粘接 管外径 50mm 以内	个	7.50	—	0.281 0	—
5-376	粘接 管外径 75mm 以内	个	10.81	—	—	0.273 0
名称		单位	单价(元)	消耗量		
人工	二类人工	工日	135.00	0.049 0	0.064 0	0.080 0
材料	塑料管	m	—	(1.000 0)	(1.000 0)	(1.000 0)
	塑料管件	个	—	(0.296 0)	(0.281 0)	(0.273 0)

工作内容:管道安装、管件安装、管道接口、管道试压、管道消毒冲洗。　　　　**计量单位:**m

定额编号				5-462	5-463	5-464	5-465
项目				管外径(mm)			
				110	125	140	160
基价(元)				**15.48**	**17.43**	**18.75**	**20.53**
其中	人工费(元)			14.07	15.24	16.52	18.26
	材料费(元)			1.28	2.04	2.08	2.12
	机械费(元)			0.13	0.15	0.15	0.15
预算定额编号	项目名称	单位	单价(元)	消耗量			
5-84	塑料管安装(粘接) 管外径 110mm 以内	10m	77.38	0.100 0	—	—	—
5-85	塑料管安装(粘接) 管外径 125mm 以内	10m	88.63	—	0.100 0	—	—
5-86	塑料管安装(粘接) 管外径 140mm 以内	10m	96.96	—	—	0.100 0	—
5-87	塑料管安装(粘接) 管外径 160mm 以内	10m	111.71	—	—	—	0.100 0
5-155	管道试压 公称直径 100mm 以内	100m	180.54	0.010 0	—	—	—
5-156	管道试压 公称直径 200mm 以内	100m	274.87	—	0.010 0	0.010 0	0.010 0
5-173	管道消毒冲洗 公称直径 100mm 以内	100m	146.62	0.010 0	—	—	—
5-174	管道消毒冲洗 公称直径 200mm 以内	100m	244.50	—	0.010 0	0.010 0	0.010 0
5-377	塑料管件安装 粘接 管外径 110mm 以内	个	16.36	0.273 0	—	—	—
5-378	塑料管件安装 粘接 管外径 125mm 以内	个	19.38	—	0.174 0	—	—
5-379	塑料管件安装 粘接 管外径 140mm 以内	个	22.19	—	—	0.174 0	—
5-380	塑料管件安装 粘接 管外径 160mm 以内	个	23.99	—	—	—	0.174 0
名称		单位	单价(元)	消耗量			
人工	二类人工	工日	135.00	0.104 0	0.113 0	0.122 0	0.135 0
材料	塑料管	m	—	(1.000 0)	(1.000 0)	(1.000 0)	(1.000 0)
	塑料管件	个	—	(0.273 0)	(0.174 0)	(0.174 0)	(0.174 0)

(2)电　熔

工作内容:管道安装、管件安装、管道接口、管道试压、管道消毒冲洗。　　**计量单位**:m

定额编号				5-466	5-467	5-468	5-469
项目				管外径(mm)			
				160	200	315	400
基价(元)				**13.77**	**15.50**	**16.71**	**22.19**
其中	人工费(元)			11.43	13.07	13.19	16.62
	材料费(元)			1.60	1.60	2.70	4.55
	机械费(元)			0.74	0.83	0.82	1.02
预算定额编号	项目名称	单位	单价(元)	消耗量			
5-96	塑料管安装(电熔连接) 管外径160mm以内	10m	51.04	0.100 0	—	—	—
5-97	塑料管安装(电熔连接) 管外径200mm以内	10m	60.08	—	0.100 0	—	—
5-98	塑料管安装(电熔连接) 管外径315mm以内	10m	81.11	—	—	0.100 0	—
5-99	塑料管安装(电熔连接) 管外径400mm以内	10m	104.33	—	—	—	0.100 0
5-156	管道试压 公称直径200mm以内	100m	274.87	0.010 0	0.010 0	—	—
5-157	管道试压 公称直径300mm以内	100m	336.97	—	—	0.010 0	—
5-158	管道试压 公称直径400mm以内	100m	447.00	—	—	—	0.010 0
5-174	管道消毒冲洗 公称直径200mm以内	100m	244.50	0.010 0	0.010 0	—	—
5-175	管道消毒冲洗 公称直径300mm以内	100m	359.60	—	—	0.010 0	—
5-176	管道消毒冲洗 公称直径400mm以内	100m	524.19	—	—	—	0.010 0
5-389	塑料管件安装 电熔连接 管外径160mm以内	个	19.95	0.174 0	—	—	—
5-390	塑料管件安装 电熔连接 管外径200mm以内	个	25.13	—	0.171 0	—	—
5-391	塑料管件安装 电熔连接 管外径315mm以内	个	25.99	—	—	0.063 0	—
5-392	塑料管件安装 电熔连接 管外径400mm以内	个	35.23	—	—	—	0.058 0
名称		单位	单价(元)	消耗量			
人工	二类人工	工日	135.00	0.085 0	0.097 0	0.098 0	0.123 0
材料	塑料管	m	—	(1.000 0)	(1.000 0)	(1.000 0)	(1.000 0)
	塑料管件(电熔熔接)	个	—	(0.174 0)	(0.171 0)	(0.063 0)	(0.058 0)

工作内容:管道安装、管件安装、管道接口、管道试压、管道消毒冲洗。　　计量单位:m

定额编号					5-470	5-471	5-472	5-473
项目					管外径(mm)			
					500	600	700	800
基价(元)					**28.32**	**38.06**	**50.21**	**52.87**
其中	人工费(元)				20.26	24.47	28.63	30.57
	材料费(元)				6.79	9.81	16.63	16.65
	机械费(元)				1.27	3.78	4.95	5.65
预算定额编号	项目名称		单位	单价(元)	消耗量			
5-100	塑料管安装(电熔连接) 管外径 500mm 以内		10m	131.68	0.100 0	—	—	—
5-101	塑料管安装(电熔连接) 管外径 600mm 以内		10m	206.78	—	0.100 0	—	—
5-102	塑料管安装(电熔连接) 管外径 700mm 以内		10m	238.37	—	—	0.100 0	—
5-103	塑料管安装(电熔连接) 管外径 800mm 以内		10m	264.46	—	—	—	0.100 0
5-159	管道试压 公称直径 500mm 以内		100m	556.77	0.010 0	—	—	—
5-160	管道试压 公称直径 600mm 以内		100m	703.21	—	0.010 0	—	—
5-161	管道试压 公称直径 800mm 以内		100m	1 002.75	—	—	0.010 0	0.010 0
5-177	管道消毒冲洗 公称直径 500mm 以内		100m	728.17	0.010 0	—	—	—
5-178	管道消毒冲洗 公称直径 600mm 以内		100m	994.18	—	0.010 0	—	—
5-179	管道消毒冲洗 公称直径 800mm 以内		100m	1 589.13	—	—	0.010 0	0.010 0
5-393	塑料管件安装 电熔连接 管外径 500mm 以内		个	39.70	0.058 0	—	—	—
5-394	塑料管件安装 电熔连接 管外径 600mm 以内		个	40.85	—	0.010 0	—	—
5-395	塑料管件安装 电熔连接 管外径 700mm 以内		个	45.46	—	—	0.010 0	—
5-396	塑料管件安装 电熔连接 管外径 800mm 以内		个	50.60	—	—	—	0.010 0
名称			单位	单价(元)	消耗量			
人工	二类人工		工日	135.00	0.150 0	0.181 0	0.212 0	0.226 0
材料	塑料管		m	—	(1.000 0)	(1.000 0)	(1.000 0)	(1.000 0)
	塑料管件(电熔熔接)		个	—	(0.058 0)	(0.010 0)	(0.010 0)	(0.010 0)

工作内容:管道安装、管件安装、管道接口、管道试压、管道消毒冲洗。　　计量单位:m

定额编号				5-474	5-475	5-476
项目				管外径(mm)		
				900	1 000	1 200
基价(元)				**66.87**	**70.38**	**87.18**
其中	人工费(元)			34.27	36.54	40.06
	材料费(元)			25.36	25.37	37.11
	机械费(元)			7.24	8.47	10.01
预算定额编号	项目名称	单位	单价(元)	消耗量		
5-104	塑料管安装(电熔连接) 管外径 900mm 以内	10m	296.85	0.100 0	—	—
5-105	塑料管安装(电熔连接) 管外径 1 000mm 以内	10m	331.56	—	0.100 0	—
5-106	塑料管安装(电熔连接) 管外径 1 200mm 以内	10m	363.89	—	—	0.100 0
5-162	管道试压 公称直径 1 000mm 以内	100m	1 293.69	0.010 0	0.010 0	—
5-163	管道试压 公称直径 1 200mm 以内	100m	1 634.51	—	—	0.010 0
5-180	管道消毒冲洗 公称直径 1 000mm 以内	100m	2 370.03	0.010 0	0.010 0	—
5-181	管道消毒冲洗 公称直径 1 200mm 以内	100m	3 401.86	—	—	0.0 100
5-397	塑料管件安装 电熔连接 管外径 900mm 以内	个	55.01	0.010 0	—	—
5-398	塑料管件安装 电熔连接 管外径 1 000mm 以内	个	59.51	—	0.010 0	—
5-399	塑料管件安装 电熔连接 管外径 1 200mm 以内	个	63.86	—	—	0.006 7
名称		单位	单价(元)	消耗量		
人工	二类人工	工日	135.00	0.254 0	0.271 0	0.297 0
材料	塑料管	m	—	(1.000 0)	(1.000 0)	(1.000 0)
	塑料管件(电熔熔接)	个	—	(0.010 0)	(0.010 0)	(0.006 7)

工作内容:管道安装、管件安装、管道接口、管道试压、管道消毒冲洗。 **计量单位:**m

定额编号				5-477	5-478	5-479
项目				管外径(mm)		
				1 500	1 800	2 000
基价(元)				**124.71**	**163.08**	**193.88**
其中	人工费(元)			46.50	50.67	55.16
	材料费(元)			65.69	95.81	117.83
	机械费(元)			12.52	16.60	20.89
预算定额编号	项目名称	单位	单价(元)	消耗量		
5-107	塑料管安装(电熔连接) 管外径1 500mm以内	10m	404.52	0.100 0	—	—
5-108	塑料管安装(电熔连接) 管外径1 800mm以内	10m	464.19	—	0.100 0	—
5-109	塑料管安装(电熔连接) 管外径2 000mm以内	10m	525.94	—	—	0.100 0
5-165	管道试压 公称直径1 600mm以内	100m	2 419.24	0.010 0	—	—
5-166	管道试压 公称直径1 800mm以内	100m	2 883.96	—	0.010 0	—
5-167	管道试压 公称直径2 000mm以内	100m	3 413.14	—	—	0.010 0
5-183	管道消毒冲洗 公称直径1 600mm以内	100m	5 962.02	0.010 0	—	—
5-184	管道消毒冲洗 公称直径1 800mm以内	100m	8 734.00	—	0.010 0	—
5-185	管道消毒冲洗 公称直径2 000mm以内	100m	10 664.33	—	—	0.010 0
5-400	塑料管件安装 电熔连接 管外径1 500mm以内	个	68.23	0.006 7	—	—
5-401	塑料管件安装 电熔连接 管外径1 800mm以内	个	72.49	—	0.006 7	—
5-402	塑料管件安装 电熔连接 管外径2 000mm以内	个	76.98	—	—	0.006 7
名称		单位	单价(元)	消耗量		
人工	二类人工	工日	135.00	0.344 0	0.375 0	0.409 0
材料	塑料管	m	—	(1.000 0)	(1.000 0)	(1.000 0)
	塑料管件(电熔熔接)	个	—	(0.006 7)	(0.006 7)	(0.006 7)

二、排水管道安装

1. 混凝土管道安装 平接(企口)式

(1)水泥砂浆接口

工作内容:管道安装、管道接口安装、管道闭水试验。 **计量单位:**m

定额编号				5-480	5-481	5-482	5-483
项目				平接(企口)式 管径(mm)			
				D300 以内	D400 以内	D500 以内	D600 以内
基价(元)				**15.23**	**18.31**	**23.47**	**28.79**
其中	人工费(元)			11.22	12.98	16.34	19.44
	材料费(元)			1.81	2.59	3.61	4.71
	机械费(元)			2.20	2.74	3.52	4.64
预算定额编号	项目名称	单位	单价(元)	消耗量			
6-6	混凝土管道安装 平接(企口)式 人机配合下管 管径 300mm 以内	100m	848.23	0.010 0	—	—	—
6-7	混凝土管道安装 平接(企口)式 人机配合下管 管径 400mm 以内	100m	1 012.86	—	0.010 0	—	—
6-8	混凝土管道安装 平接(企口)式 人机配合下管 管径 500mm 以内	100m	1 336.92	—	—	0.010 0	—
6-9	混凝土管道安装 平接(企口)式 人机配合下管 管径 600mm 以内	100m	1 679.15	—	—	—	0.010 0
6-60	水泥砂浆接口(120°管基) 管径 300mm 以内	10 个口	98.82	0.050 0	—	—	—
6-61	水泥砂浆接口(120°管基) 管径 400mm 以内	10 个口	111.72	—	0.050 0	—	—
6-62	水泥砂浆接口(120°管基) 管径 500mm 以内	10 个口	125.87	—	—	0.050 0	—
6-63	水泥砂浆接口(120°管基) 管径 600mm 以内	10 个口	141.63	—	—	—	0.050 0
6-225	管道闭水试验 管径 300mm 以内	100m	179.63	0.010 0	—	—	—
6-226	管道闭水试验 管径 400mm 以内	100m	259.01	—	0.010 0	—	—
6-227	管道闭水试验 管径 500mm 以内	100m	380.77	—	—	0.010 0	—
6-228	管道闭水试验 管径 600mm 以内	100m	491.23	—	—	—	0.010 0
名称		单位	单价(元)	消耗量			
人工	二类人工	工日	135.00	0.083 0	0.096 0	0.121 0	0.144 0
材料	钢筋混凝土管 ϕ300	m	—	(1.010 0)	—	—	—
	钢筋混凝土管 ϕ400	m	—	—	(1.010 0)	—	—
	钢筋混凝土管 ϕ500	m	—	—	—	(1.010 0)	—
	钢筋混凝土管 ϕ600	m	—	—	—	—	(1.010 0)

工作内容:管道安装、管道接口安装、管道闭水试验。　　　　**计量单位**:m

定额编号				5-484	5-485	5-486	5-487
项目				平接(企口)式 管径(mm)			
				D700 以内	D800 以内	D900 以内	D1 000 以内
基价(元)				**35.13**	**39.59**	**50.12**	**57.40**
其中	人工费(元)			23.14	25.58	31.58	36.68
	材料费(元)			6.74	7.16	9.77	10.09
	机械费(元)			5.25	6.85	8.77	10.63
预算定额编号	项目名称	单位	单价(元)	消耗量			
6-10	混凝土管道安装 平接(企口)式 人机配合下管 管径700mm以内	100m	1 959.13	0.010 0	—	—	—
6-11	混凝土管道安装 平接(企口)式 人机配合下管 管径800mm以内	100m	2 303.98	—	0.010 0	—	—
6-12	混凝土管道安装 平接(企口)式 人机配合下管 管径900mm以内	100m	2 881.65	—	—	0.010 0	—
6-13	混凝土管道安装 平接(企口)式 人机配合下管 管径1 000mm以内	100m	3 459.97	—	—	—	0.010 0
6-64	水泥砂浆接口(120°管基) 管径700mm以内	10个口	158.67	0.050 0	—	—	—
6-65	水泥砂浆接口(120°管基) 管径800mm以内	10个口	179.06	—	0.050 0	—	—
6-66	水泥砂浆接口(120°管基) 管径900mm以内	10个口	202.51	—	—	0.050 0	—
6-67	水泥砂浆接口(120°管基) 管径1 000mm以内	10个口	232.43	—	—	—	0.050 0
6-229	管道闭水试验 管径800mm以内	100m	760.27	0.010 0	0.010 0	—	—
6-230	管道闭水试验 管径1 000mm以内	100m	1 117.93	—	—	0.010 0	0.010 0
名称		单位	单价(元)	消耗量			
人工	二类人工	工日	135.00	0.171 0	0.189 0	0.234 0	0.272 0
材料	钢筋混凝土管 ϕ700	m	—	(1.010 0)	—	—	—
	钢筋混凝土管 ϕ800	m	—	—	(1.010 0)	—	—
	钢筋混凝土管 ϕ900	m	—	—	—	(1.010 0)	—
	钢筋混凝土管 ϕ1 000	m	—	—	—	—	(1.010 0)

(2)钢丝网水泥砂浆接口

工作内容:管道安装、管道接口、管道闭水试验。　　　　计量单位:m

定额编号				5-488	5-489	5-490	5-491
项目				平接(企口)式 管径(mm)			
				D600以内	D700以内	D800以内	D900以内
基价(元)				**36.72**	**44.90**	**51.07**	**63.31**
其中	人工费(元)			25.62	30.78	34.73	42.10
	材料费(元)			6.45	8.86	9.47	12.42
	机械费(元)			4.65	5.26	6.87	8.79
预算定额编号	项目名称	单位	单价(元)	消耗量			
6-9	混凝土管道安装 平接(企口)式 人机配合下管 管径600mm以内	100m	1 679.15	0.010 0	—	—	—
6-10	混凝土管道安装 平接(企口)式 人机配合下管 管径700mm以内	100m	1 959.13	—	0.010 0	—	—
6-11	混凝土管道安装 平接(企口)式 人机配合下管 管径800mm以内	100m	2 303.98	—	—	0.010 0	—
6-12	混凝土管道安装 平接(企口)式 人机配合下管 管径900mm以内	100m	2 881.65	—	—	—	0.010 0
6-76	钢丝网水泥砂浆接口(120°管基) 管径600mm以内	10个口	300.37	0.050 0	—	—	—
6-77	钢丝网水泥砂浆接口(120°管基) 管径700mm以内	10个口	354.07	—	0.050 0	—	—
6-78	钢丝网水泥砂浆接口(120°管基) 管径800mm以内	10个口	408.61	—	—	0.050 0	—
6-79	钢丝网水泥砂浆接口(120°管基) 管径900mm以内	10个口	466.33	—	—	—	0.050 0
6-228	管道闭水试验 管径600mm以内	100m	491.23	0.010 0	—	—	—
6-229	管道闭水试验 管径800mm以内	100m	760.27	—	0.010 0	0.010 0	—
6-230	管道闭水试验 管径1 000mm以内	100m	1 117.93	—	—	—	0.010 0
名称		单位	单价(元)	消耗量			
人工	二类人工	工日	135.00	0.190 0	0.228 0	0.257 0	0.312 0
材料	钢筋混凝土管 $\phi600$	m	—	(1.010 0)	—	—	—
	钢筋混凝土管 $\phi700$	m	—	—	(1.010 0)	—	—
	钢筋混凝土管 $\phi800$	m	—	—	—	(1.010 0)	—
	钢筋混凝土管 $\phi900$	m	—	—	—	—	(1.010 0)

工作内容：管道安装、管道接口、管道闭水试验。　　计量单位：m

定额编号				5-492	5-493	5-494
项目				平接(企口)式 管径(mm)		
				D1 000 以内	D1 100 以内	D1 200 以内
基价（元）				**72.04**	**83.11**	**86.33**
其中	人工费（元）			48.15	49.61	51.29
	材料费（元）			13.23	19.99	21.02
	机械费（元）			10.66	13.51	14.02
预算定额编号	项目名称	单位	单价(元)	消耗量		
6-13	混凝土管道安装 平接(企口)式 人机配合下管 管径 1 000mm 以内	100m	3 459.97	0.010 0	—	—
6-14	混凝土管道安装 平接(企口)式 人机配合下管 管径 1 100mm 以内	100m	3 547.35	—	0.010 0	—
6-15	混凝土管道安装 平接(企口)式 人机配合下管 管径 1 200mm 以内	100m	3 615.57	—	—	0.010 0
6-80	钢丝网水泥砂浆接口(120°管基) 管径 1 000mm 以内	10 个口	525.34	0.050 0	—	—
6-81	钢丝网水泥砂浆接口(120°管基) 管径 1 100mm 以内	10 个口	641.23	—	0.050 0	—
6-82	钢丝网水泥砂浆接口(120°管基) 管径 1 200mm 以内	10 个口	692.08	—	—	0.050 0
6-230	管道闭水试验 管径 1 000mm 以内	100m	1 117.93	0.010 0	—	—
6-231	管道闭水试验 管径 1 200mm 以内	100m	1 557.55	—	0.010 0	0.010 0
名称		单位	单价(元)	消耗量		
人工	二类人工	工日	135.00	0.357 0	0.368 0	0.380 0
材料	钢筋混凝土管 ϕ1 000	m	—	(1.010 0)	—	—
	钢筋混凝土管 ϕ1 100	m	—	—	(1.010 0)	—
	钢筋混凝土管 ϕ1 200	m	—	—	—	(1.010 0)

工作内容:管道安装、管道接口、管道闭水试验。 **计量单位**:m

定额编号				5-495	5-496	5-497	5-498
项目				平接(企口)式 管径(mm)			
				$D1$ 350 以内	$D1$ 500 以内	$D1$ 650 以内	$D1$ 800 以内
基价(元)				**100.03**	**121.99**	**148.77**	**178.30**
其中	人工费(元)			57.87	67.71	80.28	95.22
	材料费(元)			25.26	29.55	37.67	43.40
	机械费(元)			16.90	24.73	30.82	39.68
预算定额编号	项目名称	单位	单价(元)	消耗量			
6-16	混凝土管道安装 平接(企口)式 人机配合下管 管径1 350mm 以内	100m	4 103.55	0.010 0	—	—	—
6-17	混凝土管道安装 平接(企口)式 人机配合下管 管径1 500mm 以内	100m	5 279.87	—	0.010 0	—	—
6-18	混凝土管道安装 平接(企口)式 人机配合下管 管径1 650mm 以内	100m	6 347.55	—	—	0.010 0	—
6-19	混凝土管道安装 平接(企口)式 人机配合下管 管径1 800mm 以内	100m	7 982.81	—	—	—	0.010 0
6-83	钢丝网水泥砂浆接口(120°管基) 管径1 350mm 以内	10 个口	788.76	0.050 0	—	—	—
6-84	钢丝网水泥砂浆接口(120°管基) 管径1 500mm 以内	10 个口	910.41	—	0.050 0	—	—
6-85	钢丝网水泥砂浆接口(120°管基) 管径1 650mm 以内	10 个口	998.84	—	—	0.050 0	—
6-86	钢丝网水泥砂浆接口(120°管基) 管径1 800mm 以内	10 个口	1 138.64	—	—	—	0.050 0
6-232	管道闭水试验 管径1 350mm 以内	100m	1 956.48	0.010 0	—	—	—
6-233	管道闭水试验 管径1 500mm 以内	100m	2 366.11	—	0.010 0	—	—
6-234	管道闭水试验 管径1 650mm 以内	100m	3 534.74	—	—	0.010 0	—
6-235	管道闭水试验 管径1 800mm 以内	100m	4 154.39	—	—	—	0.010 0
名称		单位	单价(元)	消耗量			
人工	二类人工	工日	135.00	0.429 0	0.502 0	0.595 0	0.705 0
材料	钢筋混凝土管 $\phi 1$ 350	m	—	(1.010 0)	—	—	—
	钢筋混凝土管 $\phi 1$ 500	m	—	—	(1.010 0)	—	—
	钢筋混凝土管 $\phi 1$ 650	m	—	—	—	(1.010 0)	—
	钢筋混凝土管 $\phi 1$ 800	m	—	—	—	—	(1.010 0)

工作内容：管道安装、管道接口、管道闭水试验。　　计量单位：m

定额编号				5-499	5-500	5-501
项目				平接(企口)式 管径(mm)		
				D2 000 以内	D2 200 以内	D2 400 以内
基价（元）				**228.41**	**281.93**	**351.72**
其中	人工费（元）			117.86	148.55	171.14
	材料费（元）			51.57	60.48	69.37
	机械费（元）			58.98	72.90	111.21
预算定额编号	项目名称	单位	单价(元)	消耗量		
6-20	混凝土管道安装 平接(企口)式 人机配合下管 管径 2 000mm 以内	100m	11 146.20	0.010 0	—	—
6-21	混凝土管道安装 平接(企口)式 人机配合下管 管径 2 200mm 以内	100m	14 265.56	—	0.010 0	—
6-22	混凝土管道安装 平接(企口)式 人机配合下管 管径 2 400mm 以内	100m	18 959.53	—	—	0.010 0
6-87	钢丝网水泥砂浆接口(120°管基) 管径 2 000mm 以内	10 个口	1 322.68	0.050 0	—	—
6-88	钢丝网水泥砂浆接口(120°管基) 管径 2 200mm 以内	10 个口	1 564.07	—	0.050 0	—
6-89	钢丝网水泥砂浆接口(120°管基) 管径 2 400mm 以内	10 个口	1 802.67	—	—	0.050 0
6-236	管道闭水试验 管径 2 000mm 以内	100m	5 081.67	0.010 0	—	—
6-237	管道闭水试验 管径 2 200mm 以内	100m	6 106.48	—	0.010 0	—
6-238	管道闭水试验 管径 2 400mm 以内	100m	7 198.66	—	—	0.010 0
名称		单位	单价(元)	消耗量		
人工	二类人工	工日	135.00	0.873 0	1.100 0	1.268 0
材料	钢筋混凝土管 ϕ2 000	m	—	(1.010 0)	—	—
	钢筋混凝土管 ϕ2 200	m	—	—	(1.010 0)	—
	钢筋混凝土管 ϕ2 400	m	—	—	—	(1.010 0)

工作内容:管道安装、管道接口、管道闭水试验。 **计量单位**:m

定额编号				5-502	5-503	5-504
项目				平接(企口)式 管径(mm)		
				D2 600 以内	D2 800 以内	D3 000 以内
基价(元)				**401.05**	**527.16**	**633.75**
其中	人工费(元)			193.37	215.58	238.14
	材料费(元)			80.06	90.64	101.75
	机械费(元)			127.62	220.94	293.86
预算定额编号	项目名称	单位	单价(元)	消耗量		
6-23	混凝土管道安装 平接(企口)式 人机配合下管 管径 2 600mm 以内	100m	21 776.74	0.010 0	—	—
6-24	混凝土管道安装 平接(企口)式 人机配合下管 管径 2 800mm 以内	100m	32 324.37	—	0.010 0	—
6-25	混凝土管道安装 平接(企口)式 人机配合下管 管径 3 000mm 以内	100m	40 839.72	—	—	0.010 0
6-90	钢丝网水泥砂浆接口(120°管基) 管径 2 600mm 以内	10 个口	1 949.00	0.050 0	—	—
6-91	钢丝网水泥砂浆接口(120°管基) 管径 2 800mm 以内	10 个口	2 109.66	—	0.050 0	—
6-92	钢丝网水泥砂浆接口(120°管基) 管径 3 000mm 以内	10 个口	2 269.57	—	—	0.050 0
6-239	管道闭水试验 管径 2 600mm 以内	100m	8 584.14	0.010 0	—	—
6-240	管道闭水试验 管径 2 800mm 以内	100m	9 843.69	—	0.010 0	—
6-241	管道闭水试验 管径 3 000mm 以内	100m	11 187.74	—	—	0.010 0
名称		单位	单价(元)	消耗量		
人工	二类人工	工日	135.00	1.432 0	1.597 0	1.764 0
材料	钢筋混凝土管 ϕ2 600	m	—	(1.010 0)	—	—
	钢筋混凝土管 ϕ2 800	m	—	—	(1.010 0)	—
	钢筋混凝土管 ϕ3 000	m	—	—	—	(1.010 0)

(3)膨胀水泥砂浆接口

工作内容:管道安装、管道接口、管道闭水试验。　　**计量单位**:m

定额编号				5-505	5-506	5-507
项目				平接(企口)式 管径(mm)		
				D1 100 以内	D1 200 以内	D1 350 以内
基价(元)				**65.18**	**66.10**	**78.41**
其中	人工费(元)			40.89	41.08	47.48
	材料费(元)			10.88	11.11	14.15
	机械费(元)			13.41	13.91	16.78
预算定额编号	项目名称	单位	单价(元)	消耗量		
6-14	混凝土管道安装 平接(企口)式 人机配合下管 管径 1 100mm 以内	100m	3 547.35	0.010 0	—	—
6-15	混凝土管道安装 平接(企口)式 人机配合下管 管径 1 200mm 以内	100m	3 615.57	—	0.010 0	—
6-16	混凝土管道安装 平接(企口)式 人机配合下管 管径 1 350mm 以内	100m	4 103.55	—	—	0.010 0
6-110	膨胀水泥砂浆接口 管径 1 100mm 以内	10 个口	282.67	0.050 0	—	—
6-111	膨胀水泥砂浆接口 管径 1 200mm 以内	10 个口	287.15	—	0.050 0	—
6-112	膨胀水泥砂浆接口 管径 1 350mm 以内	10 个口	356.13	—	—	0.050 0
6-231	管道闭水试验 管径 1 200mm 以内	100m	1 557.55	0.010 0	0.010 0	—
6-232	管道闭水试验 管径 1 350mm 以内	100m	1 956.48	—	—	0.010 0
	名称	单位	单价(元)	消耗量		
人工	二类人工	工日	135.00	0.303 0	0.304 0	0.352 0
材料	钢筋混凝土管 ϕ1 100	m	—	(1.010 0)	—	—
	钢筋混凝土管 ϕ1 200	m	—	—	(1.010 0)	—
	钢筋混凝土管 ϕ1 350	m	—	—	—	(1.010 0)

工作内容:管道安装、管道接口、管道闭水试验。　　　　计量单位:m

定额编号				5-508	5-509	5-510
项目				平接(企口)式 管径(mm)		
				D1 500 以内	D1 650 以内	D1 800 以内
基价(元)				**98.71**	**124.78**	**151.40**
其中	人工费(元)			56.92	69.94	83.21
	材料费(元)			17.20	24.17	28.67
	机械费(元)			24.59	30.67	39.52
预算定额编号	项目名称	单位	单价(元)	消耗量		
6-17	混凝土管道安装 平接(企口)式 人机配合下管 管径 1 500mm 以内	100m	5 279.87	0.010 0	—	—
6-18	混凝土管道安装 平接(企口)式 人机配合下管 管径 1 650mm 以内	100m	6 347.55	—	0.010 0	—
6-19	混凝土管道安装 平接(企口)式 人机配合下管 管径 1 800mm 以内	100m	7 982.81	—	—	0.010 0
6-113	膨胀水泥砂浆接口 管径 1 500mm 以内	10 个口	444.91	0.050 0	—	—
6-114	膨胀水泥砂浆接口 管径 1 650mm 以内	10 个口	518.92	—	0.050 0	—
6-115	膨胀水泥砂浆接口 管径 1 800mm 以内	10 个口	600.70	—	—	0.050 0
6-233	管道闭水试验 管径 1 500mm 以内	100m	2 366.11	0.010 0	—	—
6-234	管道闭水试验 管径 1 650mm 以内	100m	3 534.74	—	0.010 0	—
6-235	管道闭水试验 管径 1 800mm 以内	100m	4 154.39	—	—	0.010 0
名称		单位	单价(元)	消耗量		
人工	二类人工	工日	135.00	0.422 0	0.518 0	0.616 0
材料	钢筋混凝土管 ϕ1 500	m	—	(1.010 0)	—	—
	钢筋混凝土管 ϕ1 650	m	—	—	(1.010 0)	—
	钢筋混凝土管 ϕ1 800	m	—	—	—	(1.010 0)

工作内容:管道安装、管道接口、管道闭水试验。　　　　**计量单位**:m

定额编号				5-511	5-512	5-513
项目				平接(企口)式 管径(mm)		
				*D*2 000 以内	*D*2 200 以内	*D*2 400 以内
基价(元)				**195.82**	**243.25**	**306.54**
其中	人工费(元)			101.81	128.09	145.68
	材料费(元)			35.22	42.48	49.89
	机械费(元)			58.79	72.68	110.97
预算定额编号	项目名称	单位	单价(元)	消耗量		
6-20	混凝土管道安装 平接(企口)式 人机配合下管 管径 2 000mm 以内	100m	11 146.20	0.010 0	—	—
6-21	混凝土管道安装 平接(企口)式 人机配合下管 管径 2 200mm 以内	100m	14 265.56	—	0.010 0	—
6-22	混凝土管道安装 平接(企口)式 人机配合下管 管径 2 400mm 以内	100m	18 959.53	—	—	0.010 0
6-116	膨胀水泥砂浆接口 管径 2 000mm 以内	10 个口	670.70	0.050 0	—	—
6-117	膨胀水泥砂浆接口 管径 2 200mm 以内	10 个口	790.60	—	0.050 0	—
6-118	膨胀水泥砂浆接口 管径 2 400mm 以内	10 个口	899.21	—	—	0.050 0
6-236	管道闭水试验 管径 2 000mm 以内	100m	5 081.67	0.010 0	—	—
6-237	管道闭水试验 管径 2 200mm 以内	100m	6 106.48	—	0.010 0	—
6-238	管道闭水试验 管径 2 400mm 以内	100m	7 198.66	—	—	0.010 0
	名称	单位	单价(元)	消耗量		
人工	二类人工	工日	135.00	0.754 0	0.949 0	1.079 0
材料	钢筋混凝土管 ϕ2 000	m	—	(1.010 0)	—	—
	钢筋混凝土管 ϕ2 200	m	—	—	(1.010 0)	—
	钢筋混凝土管 ϕ2 400	m	—	—	—	(1.010 0)

(4)混凝土套环接口

工作内容:管道安装、管道接口、管道闭水试验。 计量单位:m

定额编号				5-514	5-515	5-516	5-517
项目				平接(企口)式 管径(mm)			
				D600 以内	D700 以内	D800 以内	D900 以内
基价(元)				**36.86**	**44.62**	**50.80**	**62.73**
其中	人工费(元)			20.61	24.48	27.25	33.37
	材料费(元)			11.60	14.89	16.68	20.57
	机械费(元)			4.65	5.25	6.87	8.79
预算定额编号	项目名称	单位	单价(元)	消耗量			
6-9	混凝土管道安装 平接(企口)式 人机配合下管 管径 600mm 以内	100m	1 679.15	0.010 0	—	—	—
6-10	混凝土管道安装 平接(企口)式 人机配合下管 管径 700mm 以内	100m	1 959.13	—	0.010 0	—	—
6-11	混凝土管道安装 平接(企口)式 人机配合下管 管径 800mm 以内	100m	2 303.98	—	—	0.010 0	—
6-12	混凝土管道安装 平接(企口)式 人机配合下管 管径 900mm 以内	100m	2 881.65	—	—	—	0.010 0
6-135	混凝土套环接口(120°管基) 管径 600mm 以内	10 个口	302.92	0.050 0	—	—	—
6-136	混凝土套环接口(120°管基) 管径 700mm 以内	10 个口	348.59	—	0.050 0	—	—
6-137	混凝土套环接口(120°管基) 管径 800mm 以内	10 个口	403.06	—	—	0.050 0	—
6-138	混凝土套环接口(120°管基) 管径 900mm 以内	10 个口	454.66	—	—	—	0.050 0
6-228	管道闭水试验 管径 600mm 以内	100m	491.23	0.010 0	—	—	—
6-229	管道闭水试验 管径 800mm 以内	100m	760.27	—	0.010 0	0.010 0	—
6-230	管道闭水试验 管径 1 000mm 以内	100m	1 117.93	—	—	—	0.010 0
名称		单位	单价(元)	消耗量			
人工	二类人工	工日	135.00	0.153 0	0.181 0	0.202 0	0.247 0
材料	钢筋混凝土管 $\phi600$	m	—	(1.010 0)	—	—	—
	钢筋混凝土管 $\phi700$	m	—	—	(1.010 0)	—	—
	钢筋混凝土管 $\phi800$	m	—	—	—	(1.010 0)	—
	钢筋混凝土管 $\phi900$	m	—	—	—	—	(1.010 0)

工作内容：管道安装、管道接口、管道闭水试验。　　　　**计量单位**：m

定额编号				5-518	5-519	5-520
项目				平接(企口)式 管径(mm)		
				D1 000 以内	D1 100 以内	D1 200 以内
基价（元）				**71.63**	**80.69**	**84.97**
其中	人工费（元）			38.54	39.71	41.56
	材料费（元）			22.43	27.50	29.43
	机械费（元）			10.66	13.48	13.98
预算定额编号	项目名称	单位	单价(元)	消耗量		
6-13	混凝土管道安装 平接(企口)式 人机配合下管 管径 1 000mm 以内	100m	3 459.97	0.010 0	—	—
6-14	混凝土管道安装 平接(企口)式 人机配合下管 管径 1 100mm 以内	100m	3 547.35	—	0.010 0	—
6-15	混凝土管道安装 平接(企口)式 人机配合下管 管径 1 200mm 以内	100m	3 615.57	—	—	0.010 0
6-139	混凝土套环接口(120°管基) 管径 1 000mm 以内	10 个口	516.87	0.050 0	—	—
6-140	混凝土套环接口(120°管基) 管径 1 100mm 以内	10 个口	592.86	—	0.050 0	—
6-141	混凝土套环接口(120°管基) 管径 1 200mm 以内	10 个口	664.76	—	—	0.050 0
6-230	管道闭水试验 管径 1 000mm 以内	100m	1 117.93	0.010 0	—	—
6-231	管道闭水试验 管径 1 200mm 以内	100m	1 557.55	—	0.010 0	0.010 0
名称		单位	单价(元)	消耗量		
人工	二类人工	工日	135.00	0.285 0	0.294 0	0.308 0
材料	钢筋混凝土管 φ1 000	m	—	(1.010 0)	—	—
	钢筋混凝土管 φ1 100	m	—	—	(1.010 0)	—
	钢筋混凝土管 φ1 200	m	—	—	—	(1.010 0)

工作内容:管道安装、管道接口、管道闭水试验。 计量单位:m

定额编号				5-521	5-522	5-523	5-524
项目				平接(企口)式 管径(mm)			
				D1 350 以内	D1 500 以内	D1 650 以内	D1 800 以内
基价(元)				**130.11**	**155.67**	**182.78**	**213.04**
其中	人工费(元)			56.26	65.68	77.38	89.98
	材料费(元)			56.98	65.29	74.58	83.38
	机械费(元)			16.87	24.70	30.82	39.68
预算定额编号	项目名称	单位	单价(元)	消耗量			
6-16	混凝土管道安装 平接(企口)式 人机配合下管 管径1 350mm以内	100m	4 103.55	0.010 0	—	—	—
6-17	混凝土管道安装 平接(企口)式 人机配合下管 管径1 500mm以内	100m	5 279.87	—	0.010 0	—	—
6-18	混凝土管道安装 平接(企口)式 人机配合下管 管径1 650mm以内	100m	6 347.55	—	—	0.010 0	—
6-19	混凝土管道安装 平接(企口)式 人机配合下管 管径1 800mm以内	100m	7 982.81	—	—	—	0.010 0
6-142	混凝土套环接口(120°管基) 管径1 350mm以内	10个口	1 390.12	0.050 0	—	—	—
6-143	混凝土套环接口(120°管基) 管径1 500mm以内	10个口	1 584.40	—	0.050 0	—	—
6-144	混凝土套环接口(120°管基) 管径1 650mm以内	10个口	1 679.02	—	—	0.050 0	—
6-145	混凝土套环接口(120°管基) 管径1 800mm以内	10个口	1 833.19	—	—	—	0.050 0
6-232	管道闭水试验 管径1 350mm以内	100m	1 956.48	0.010 0	—	—	—
6-233	管道闭水试验 管径1 500mm以内	100m	2 366.11	—	0.010 0	—	—
6-234	管道闭水试验 管径1 650mm以内	100m	3 534.74	—	—	0.010 0	—
6-235	管道闭水试验 管径1 800mm以内	100m	4 154.39	—	—	—	0.010 0
名称		单位	单价(元)	消耗量			
人工	二类人工	工日	135.00	0.417 0	0.487 0	0.573 0	0.667 0
材料	钢筋混凝土管 ϕ1 350	m	—	(1.010 0)	—	—	—
	钢筋混凝土管 ϕ1 500	m	—	—	(1.010 0)	—	—
	钢筋混凝土管 ϕ1 650	m	—	—	—	(1.010 0)	—
	钢筋混凝土管 ϕ1 800	m	—	—	—	—	(1.010 0)

工作内容：管道安装、管道接口、管道闭水试验。 计量单位：m

定额编号				5-525	5-526	5-527
项目				平接(企口)式 管径(mm)		
				D2 000 以内	D2 200 以内	D2 400 以内
基价（元）				**264.04**	**316.61**	**383.50**
其中	人工费（元）			109.54	135.06	151.18
	材料费（元）			95.51	108.64	121.10
	机械费（元）			58.99	72.91	111.22
预算定额编号	项目名称	单位	单价(元)	消耗量		
6-20	混凝土管道安装 平接(企口)式 人机配合下管 管径 2 000mm 以内	100m	11 146.20	0.010 0	—	—
6-21	混凝土管道安装 平接(企口)式 人机配合下管 管径 2 200mm 以内	100m	14 265.56	—	0.010 0	—
6-22	混凝土管道安装 平接(企口)式 人机配合下管 管径 2 400mm 以内	100m	18 959.53	—	—	0.010 0
6-146	混凝土套环接口(120°管基) 管径 2 000mm 以内	10 个口	2 035.31	0.050 0	—	—
6-147	混凝土套环接口(120°管基) 管径 2 200mm 以内	10 个口	2 257.68	—	0.050 0	—
6-148	混凝土套环接口(120°管基) 管径 2 400mm 以内	10 个口	2 438.38	—	—	0.050 0
6-236	管道闭水试验 管径 2 000mm 以内	100m	5 081.67	0.010 0	—	—
6-237	管道闭水试验 管径 2 200mm 以内	100m	6 106.48	—	0.010 0	—
6-238	管道闭水试验 管径 2 400mm 以内	100m	7 198.66	—	—	0.010 0
	名称	单位	单价(元)	消耗量		
人工	二类人工	工日	135.00	0.811 0	1.000 0	1.120 0
材料	钢筋混凝土管 ϕ2 000	m	—	(1.010 0)	—	—
	钢筋混凝土管 ϕ2 200	m	—	—	(1.010 0)	—
	钢筋混凝土管 ϕ2 400	m	—	—	—	(1.010 0)

工作内容:管道安装、管道接口、管道闭水试验。 计量单位:m

定额编号				5-528	5-529	5-530
项目				平接(企口)式 管径(mm)		
				D2 600以内	D2 800以内	D3 000以内
基价(元)				**433.76**	**561.82**	**670.77**
其中	人工费(元)			171.16	191.38	212.04
	材料费(元)			134.96	149.48	164.83
	机械费(元)			127.64	220.96	293.90
预算定额编号	项目名称	单位	单价(元)	消耗量		
6-23	混凝土管道安装 平接(企口)式 人机配合下管 管径2 600mm以内	100m	21 776.74	0.010 0	—	—
6-24	混凝土管道安装 平接(企口)式 人机配合下管 管径2 800mm以内	100m	32 324.37	—	0.010 0	—
6-25	混凝土管道安装 平接(企口)式 人机配合下管 管径3 000mm以内	100m	40 839.72	—	—	0.010 0
6-149	混凝土套环接口(120°管基) 管径2 600mm以内	10个口	2 603.15	0.050 0	—	—
6-150	混凝土套环接口(120°管基) 管径2 800mm以内	10个口	2 802.84	—	0.050 0	—
6-151	混凝土套环接口(120°管基) 管径3 000mm以内	10个口	3 010.04	—	—	0.050 0
6-239	管道闭水试验 管径2 600mm以内	100m	8 584.14	0.010 0	—	—
6-240	管道闭水试验 管径2 800mm以内	100m	9 843.69	—	0.010 0	—
6-241	管道闭水试验 管径3 000mm以内	100m	11 187.74	—	—	0.010 0
	名称	单位	单价(元)	消耗量		
人工	二类人工	工日	135.00	1.268 0	1.418 0	1.571 0
材料	钢筋混凝土管 ϕ2 600	m	—	(1.010 0)	—	—
	钢筋混凝土管 ϕ2 800	m	—	—	(1.010 0)	—
	钢筋混凝土管 ϕ3 000	m	—	—	—	(1.010 0)

2. 混凝土管道安装 承插式

(1)水泥砂浆接口

工作内容:管道安装、管道接口、管道闭水试验。 计量单位:m

定额编号				5-531	5-532	5-533
项目				承插式 管径(mm)		
				D200以内	D250以内	D300以内
基价(元)				**51.87**	**61.88**	**69.06**
其中	人工费(元)			9.96	11.20	9.88
	材料费(元)			41.91	50.68	57.73
	机械费(元)			—	—	1.45
预算定额编号	项目名称	单位	单价(元)	消耗量		
6-26	混凝土管道安装 承插式 人工下管 管径200mm以内	100m	4 838.53	0.010 0	—	—
6-27	混凝土管道安装 承插式 人工下管 管径250mm以内	100m	5 808.78	—	0.010 0	—
6-32	混凝土管道安装 承插式 人机配合下管 管径300mm以内	100m	6 457.31	—	—	0.010 0
6-169	水泥砂浆接口 管径200mm以内	10个口	33.86	0.050 0	—	—
6-170	水泥砂浆接口 管径250mm以内	10个口	40.06	—	0.050 0	—
6-171	水泥砂浆接口 管径300mm以内	10个口	53.85	—	—	0.050 0
6-225	管道闭水试验 管径300mm以内	100m	179.63	0.010 0	0.010 0	0.010 0
	名称	单位	单价(元)	消耗量		
人工	二类人工	工日	135.00	0.074 0	0.083 0	0.073 0
材料	钢筋混凝土承插管 ϕ200×4 000	m	40.52	1.010 0	—	—
	钢筋混凝土承插管 ϕ250×4 000	m	49.14	—	1.010 0	—
	钢筋混凝土承插管 ϕ300×4 000	m	56.03	—	—	1.010 0

工作内容：管道安装、管道接口、管道闭水试验。　　　　**计量单位**：m

定额编号				5-534	5-535	5-536
项目				承插式 管径(mm)		
				D400 以内	D500 以内	D600 以内
基价（元）				**89.95**	**124.37**	**152.90**
其中	人工费（元）			11.86	14.79	19.06
	材料费（元）			75.90	106.95	130.28
	机械费（元）			2.19	2.63	3.56
预算定额编号	项目名称	单位	单价(元)	消耗量		
6-33	混凝土管道安装 承插式 人机配合下管 管径 400mm 以内	100m	8 421.72	0.010 0	—	—
6-34	混凝土管道安装 承插式 人机配合下管 管径 500mm 以内	100m	11 692.71	—	0.010 0	—
6-35	混凝土管道安装 承插式 人机配合下管 管径 600mm 以内	100m	14 377.62	—	—	0.010 0
6-173	水泥砂浆接口 管径 400mm 以内	10 个口	62.76	0.050 0	—	—
6-175	水泥砂浆接口 管径 500mm 以内	10 个口	72.78	—	0.050 0	—
6-176	水泥砂浆接口 管径 600mm 以内	10 个口	84.15	—	—	0.050 0
6-226	管道闭水试验 管径 400mm 以内	100m	259.01	0.010 0	—	—
6-227	管道闭水试验 管径 500mm 以内	100m	380.77	—	0.010 0	—
6-228	管道闭水试验 管径 600mm 以内	100m	491.23	—	—	0.010 0
	名称	单位	单价(元)	消耗量		
人工	二类人工	工日	135.00	0.088 0	0.110 0	0.141 0
材料	钢筋混凝土承插管 ϕ400 ×4 000	m	73.28	1.010 0	—	—
	钢筋混凝土承插管 ϕ500 ×4 000	m	103.00	—	1.010 0	—
	钢筋混凝土承插管 ϕ600 ×4 000	m	125.00	—	—	1.010 0

(2)胶圈接口

工作内容：管道安装、管道接口、管道闭水试验。　　　　**计量单位**：m

定额编号				5-537	5-538	5-539	5-540
项目				承插式 管径(mm)			
				D200 以内	D250 以内	D300 以内	D400 以内
基价（元）				**56.73**	**67.40**	**73.89**	**95.78**
其中	人工费（元）			13.57	15.05	13.13	15.48
	材料费（元）			43.16	52.35	59.31	78.11
	机械费（元）			—	—	1.45	2.19
预算定额编号	项目名称	单位	单价(元)	消耗量			
6-26	混凝土管道安装 承插式 人工下管 管径 200mm 以内	100m	4 838.53	0.010 0	—	—	—
6-27	混凝土管道安装 承插式 人工下管 管径 250mm 以内	100m	5 808.78	—	0.010 0	—	—
6-32	混凝土管道安装 承插式 人机配合下管 管径 300mm 以内	100m	6 457.31	—	—	0.010 0	—
6-33	混凝土管道安装 承插式 人机配合下管 管径 400mm 以内	100m	8 421.72	—	—	—	0.010 0
6-185	混凝土管胶圈(承插)接口 管径 200mm 以内	10 个口	131.01	0.050 0	—	—	—
6-186	混凝土管胶圈(承插)接口 管径 300mm 以内	10 个口	150.41	—	0.050 0	0.050 0	—
6-187	混凝土管胶圈(承插)接口 管径 400mm 以内	10 个口	179.46	—	—	—	0.050 0
6-225	管道闭水试验 管径 300mm 以内	100m	179.63	0.010 0	0.010 0	0.010 0	—
6-226	管道闭水试验 管径 400mm 以内	100m	259.01	—	—	—	0.010 0
	名称	单位	单价(元)	消耗量			
人工	二类人工	工日	135.00	0.101 0	0.112 0	0.097 0	0.115 0
材料	钢筋混凝土承插管 ϕ200 ×4 000	m	40.52	1.010 0	—	—	—
	钢筋混凝土承插管 ϕ250 ×4 000	m	49.14	—	1.010 0	—	—
	钢筋混凝土承插管 ϕ300 ×4 000	m	56.03	—	—	1.010 0	—
	钢筋混凝土承插管 ϕ400 ×4 000	m	73.28	—	—	—	1.010 0

工作内容:管道安装、管道接口、管道闭水试验。 **计量单位:**m

定额编号				5-541	5-542	5-543	5-544
项目				承插式 管径(mm)			
				D500以内	D600以内	D700以内	D800以内
基价(元)				**130.67**	**160.08**	**204.54**	**241.24**
其中	人工费(元)			18.72	23.31	25.79	28.26
	材料费(元)			109.32	133.21	173.31	206.44
	机械费(元)			2.63	3.56	5.44	6.54
预算定额编号	项目名称	单位	单价(元)	消耗量			
6-34	混凝土管道安装 承插式 人机配合下管 管径500mm以内	100m	11 692.71	0.010 0	—	—	—
6-35	混凝土管道安装 承插式 人机配合下管 管径600mm以内	100m	14 377.62	—	0.010 0	—	—
6-36	混凝土管道安装 承插式 人机配合下管 管径700mm以内	100m	18 100.46	—	—	0.010 0	—
6-37	混凝土管道安装 承插式 人机配合下管 管径800mm以内	100m	21 535.58	—	—	—	0.010 0
6-188	混凝土管胶圈(承插)接口 管径500mm以内	10个口	198.75	0.050 0	—	—	—
6-189	混凝土管胶圈(承插)接口 管径600mm以内	10个口	227.92	—	0.050 0	—	—
6-190	混凝土管胶圈(承插)接口 管径700mm以内	10个口	318.72	—	—	0.050 0	—
6-191	混凝土管胶圈(承插)接口 管径800mm以内	10个口	365.57	—	—	—	0.050 0
6-227	管道闭水试验 管径500mm以内	100m	380.77	0.010 0	—	—	—
6-228	管道闭水试验 管径600mm以内	100m	491.23	—	0.010 0	—	—
6-229	管道闭水试验 管径800mm以内	100m	760.27	—	—	0.010 0	0.010 0
名称		单位	单价(元)	消耗量			
人工	二类人工	工日	135.00	0.139 0	0.173 0	0.191 0	0.209 0
材料	钢筋混凝土承插管 ϕ500×4 000	m	103.00	1.010 0	—	—	—
	钢筋混凝土承插管 ϕ600×4 000	m	125.00	—	1.010 0	—	—
	钢筋混凝土承插管 ϕ700×4 000	m	159.00	—	—	1.010 0	—
	钢筋混凝土承插管 ϕ800×3 000	m	190.00	—	—	—	1.010 0

工作内容：管道安装、管道接口、管道闭水试验。　　　　计量单位：m

定额编号				5-545	5-546	5-547	5-548
项目				承插式 管径(mm)			
				D900以内	D1 000以内	D1 100以内	D1 200以内
基价（元）				279.61	360.16	400.13	482.65
其中	人工费（元）			34.01	36.61	39.28	39.99
	材料费（元）			236.34	312.32	348.32	428.91
	机械费（元）			9.26	11.23	12.53	13.75
预算定额编号	项目名称	单位	单价(元)	消耗量			
6-38	混凝土管道安装 承插式 人机配合下管 管径900mm以内	100m	24 830.02	0.010 0	—	—	—
6-39	混凝土管道安装 承插式 人机配合下管 管径1 000mm以内	100m	32 607.11	—	0.010 0	—	—
6-40	混凝土管道安装 承插式 人机配合下管 管径1 100mm以内	100m	35 845.85	—	—	0.010 0	—
6-41	混凝土管道安装 承插式 人机配合下管 管径1 200mm以内	100m	43 864.54	—	—	—	0.010 0
6-192	混凝土管胶圈(承插)接口 管径900mm以内	10个口	402.64	0.050 0	—	—	—
6-193	混凝土管胶圈(承插)接口 管径1 000mm以内	10个口	458.25	—	0.050 0	—	—
6-194	混凝土管胶圈(承插)接口 管径1 100mm以内	10个口	521.85	—	—	0.050 0	—
6-195	混凝土管胶圈(承插)接口 管径1 200mm以内	10个口	568.63	—	—	—	0.050 0
6-230	管道闭水试验 管径1 000mm以内	100m	1 117.93	0.010 0	0.010 0	—	—
6-231	管道闭水试验 管径1 200mm以内	100m	1 557.55	—	—	0.010 0	0.010 0
名称		单位	单价(元)	消耗量			
人工	二类人工	工日	135.00	0.252 0	0.271 0	0.291 0	0.296 0
材料	钢筋混凝土承插管 ϕ900×3 000	m	216.00	1.010 0	—	—	—
	钢筋混凝土承插管 ϕ1 000×3 000	m	289.00	—	1.010 0	—	—
	钢筋混凝土承插管 ϕ1 100×3 000	m	319.00	—	—	1.010 0	—
	钢筋混凝土承插管 ϕ1 200×3 000	m	397.00	—	—	—	1.010 0

工作内容:管道安装、管道接口、管道闭水试验。 计量单位:m

定额编号				5-549	5-550	5-551	5-552
项目				承插式 管径(mm)			
				D1 350 以内	D1 500 以内	D1 650 以内	D1 800 以内
基价(元)				**575.09**	**730.88**	**970.31**	**1 393.81**
其中	人工费(元)			43.44	49.94	61.10	71.01
	材料费(元)			511.26	656.00	872.51	1 254.00
	机械费(元)			20.39	24.94	36.70	68.80
预算定额编号	项目名称	单位	单价(元)	消耗量			
6-42	混凝土管道安装 承插式 人机配合下管 管径 1 350mm 以内	100m	52 469.78	0.010 0	—	—	—
6-43	混凝土管道安装 承插式 人机配合下管 管径 1 500mm 以内	100m	67 322.46	—	0.010 0	—	—
6-44	混凝土管道安装 承插式 人机配合下管 管径 1 650mm 以内	100m	89 950.38	—	—	0.010 0	—
6-45	混凝土管道安装 承插式 人机配合下管 管径 1 800mm 以内	100m	131 356.98	—	—	—	0.010 0
6-196	混凝土管胶圈(承插)接口 管径 1 350mm 以内	10 个口	616.41	0.050 0	—	—	—
6-197	混凝土管胶圈(承插)接口 管径 1 500mm 以内	10 个口	680.02	—	0.050 0	—	—
6-198	混凝土管胶圈(承插)接口 管径 1 650mm 以内	10 个口	709.19	—	—	0.050 0	—
6-199	混凝土管胶圈(承插)接口 管径 1 800mm 以内	10 个口	773.73	—	—	—	0.050 0
6-232	管道闭水试验 管径 1 350mm 以内	100m	1 956.48	0.010 0	—	—	—
6-233	管道闭水试验 管径 1 500mm 以内	100m	2 366.11	—	0.010 0	—	—
6-234	管道闭水试验 管径 1 650mm 以内	100m	3 534.74	—	—	0.010 0	—
6-235	管道闭水试验 管径 1 800mm 以内	100m	4 154.39	—	—	—	0.010 0
名称		单位	单价(元)	消耗量			
人工	二类人工	工日	135.00	0.322 0	0.370 0	0.453 0	0.526 0
材料	钢筋混凝土承插管 ϕ1 350×3 000	m	474.00	1.010 0	—	—	—
	钢筋混凝土承插管 ϕ1 500×3 000	m	612.00	—	1.010 0	—	—
	钢筋混凝土承插管 ϕ1 650×3 000	m	819.00	—	—	1.010 0	—
	钢筋混凝土承插管 ϕ1 800×3 000	m	1 190.00	—	—	—	1.010 0

工作内容:管道安装、管道接口、管道闭水试验。 计量单位:m

定额编号				5-553	5-554	5-555
项目				承插式 管径(mm)		
				D2 000 以内	D2 200 以内	D2 400 以内
基价(元)				**2 414.38**	**2 684.58**	**3 094.70**
其中	人工费(元)			81.74	100.23	115.92
	材料费(元)			2 235.50	2 462.94	2 820.94
	机械费(元)			97.14	121.41	157.84
预算定额编号	项目名称	单位	单价(元)	消耗量		
6-46	混凝土管道安装 承插式 人机配合下管 管径 2 000mm 以内	100m	232 334.65	0.010 0	—	—
6-47	混凝土管道安装 承插式 人机配合下管 管径 2 200mm 以内	100m	257 995.62	—	0.010 0	—
6-48	混凝土管道安装 承插式 人机配合下管 管径 2 400mm 以内	100m	297 587.47	—	—	0.010 0
6-200	混凝土管胶圈(承插)接口 管径 2 000mm 以内	10 个口	804.29	0.050 0	—	—
6-201	混凝土管胶圈(承插)接口 管径 2 200mm 以内	10 个口	871.36	—	0.050 0	—
6-202	混凝土管胶圈(承插)接口 管径 2 400mm 以内	10 个口	936.97	—	—	0.050 0
6-236	管道闭水试验 管径 2 000mm 以内	100m	5 081.67	0.010 0	—	—
6-237	管道闭水试验 管径 2 200mm 以内	100m	6 106.48	—	0.010 0	—
6-238	管道闭水试验 管径 2 400mm 以内	100m	7 198.66	—	—	0.010 0
名称		单位	单价(元)	消耗量		
人工	二类人工	工日	135.00	0.605 0	0.742 0	0.859 0
材料	钢筋混凝土承插管 ϕ2 000×3 000	m	2 155.00	1.010 0	—	—
	钢筋混凝土承插管 ϕ2 200×3 000	m	2 371.00	—	1.010 0	—
	钢筋混凝土承插管 ϕ2 400×3 000	m	2 716.00	—	—	1.010 0

工作内容：管道安装、管道接口、管道闭水试验。　　　　计量单位：m

定额编号				5-556	5-557	5-558
项目				承插式 管径(mm)		
				*D*2 600以内	*D*2 800以内	*D*3 000以内
基价（元）				**3 708.51**	**4 706.49**	**5 323.49**
其中	人工费（元）			132.62	148.80	165.28
	材料费（元）			3 398.11	4 322.85	4 899.69
	机械费（元）			177.78	234.84	258.52
预算定额编号	项目名称	单位	单价(元)	消耗量		
6-49	混凝土管道安装 承插式 人机配合下管 管径2 600mm以内	100m	357 244.85	0.010 0	—	—
6-50	混凝土管道安装 承插式 人机配合下管 管径2 800mm以内	100m	455 449.93	—	0.010 0	—
6-51	混凝土管道安装 承插式 人机配合下管 管径3 000mm以内	100m	515 470.75	—	—	0.010 0
6-203	混凝土管胶圈(承插)接口 管径2 600mm以内	10个口	1 004.34	0.050 0	—	—
6-204	混凝土管胶圈(承插)接口 管径2 800mm以内	10个口	1 071.03	—	0.050 0	—
6-205	混凝土管胶圈(承插)接口 管径3 000mm以内	10个口	1 138.09	—	—	0.050 0
6-239	管道闭水试验 管径2 600mm以内	100m	8 584.14	0.010 0	—	—
6-240	管道闭水试验 管径2 800mm以内	100m	9 843.69	—	0.010 0	—
6-241	管道闭水试验 管径3 000mm以内	100m	11 187.74	—	—	0.010 0
名称		单位	单价(元)	消耗量		
人工	二类人工	工日	135.00	0.982 0	1.102 0	1.224 0
材料	钢筋混凝土承插管 ϕ2 600×3 000	m	3 276.00	1.010 0	—	—
	钢筋混凝土承插管 ϕ2 800×3 000	m	4 181.00	—	1.010 0	—
	钢筋混凝土承插管 ϕ3 000×3 000	m	4 741.00	—	—	1.010 0

3. 塑料管道安装

(1)胶 圈 接 口

工作内容:管道安装、管道接口、管道闭水试验。

计量单位:m

定额编号				5-559	5-560	5-561	5-562
项目				管径(mm)			
				DN150 以内	DN250 以内	DN300 以内	DN400 以内
基价(元)				22.86	42.71	58.97	74.44
其中	人工费(元)			4.46	5.83	6.97	8.80
	材料费(元)			18.40	36.88	52.00	65.64
	机械费(元)			—	—	—	—
预算定额编号	项目名称	单位	单价(元)	消耗量			
6-52	塑料排水管铺设 管径 DN150mm 以内	100m	2 037.87	0.010 0	—	—	—
6-53	塑料排水管铺设 管径 DN250mm 以内	100m	3 927.33	—	0.010 0	—	—
6-54	塑料排水管铺设 管径 DN300mm 以内	100m	5 488.47	—	—	0.010 0	—
6-55	塑料排水管铺设 管径 DN400mm 以内	100m	6 918.30	—	—	—	0.010 0
6-206	承插式橡胶圈接口 管径 DN150mm 以内	10 只口	34.45	0.020 0	—	—	—
6-207	承插式橡胶圈接口 管径 DN250mm 以内	10 只口	82.48	—	0.020 0	—	—
6-208	承插式橡胶圈接口 管径 DN300mm 以内	10 只口	114.46	—	—	0.020 0	—
6-209	承插式橡胶圈接口 管径 DN400mm 以内	10 只口	133.38	—	—	—	0.020 0
6-225	管道闭水试验 管径 300mm 以内	100m	179.63	0.010 0	0.010 0	0.010 0	—
6-226	管道闭水试验 管径 400mm 以内	100m	259.01	—	—	—	0.010 0
名称		单位	单价(元)	消耗量			
人工	二类人工	工日	135.00	0.033 0	0.043 0	0.052 0	0.065 0
材料	橡胶圈 DN150	个	—	(0.203 0)	—	—	—
	橡胶圈 DN250	个	—	—	(0.203 0)	—	—
	橡胶圈 DN300	个	—	—	—	(0.203 0)	—
	橡胶圈 DN400	个	—	—	—	—	(0.203 0)
	UPVC 双壁波纹排水管 DN150	m	17.24	1.015 0	—	—	—
	UPVC 双壁波纹排水管 DN250	m	35.37	—	1.015 0	—	—
	UPVC 双壁波纹排水管 DN300	m	50.25	—	—	1.015 0	—
	UPVC 双壁波纹排水管 DN400	m	63.22	—	—	—	1.015 0

工作内容：管道安装、管道接口、管道闭水试验。　　　　**计量单位**：m

定额编号				5-563	5-564	5-565	5-566
项目				管径(mm)			
				*DN*500 以内	*DN*600 以内	*DN*800 以内	*DN*1 000 以内
基价（元）				**122.79**	**186.71**	**363.27**	**531.56**
其中	人工费（元）			9.86	11.79	17.20	20.24
	材料费（元）			111.85	172.55	342.88	507.65
	机械费（元）			1.08	2.37	3.19	3.67
预算定额编号	项目名称	单位	单价(元)	消耗量			
6-56	塑料排水管铺设 管径 *DN*500mm 以内	100m	11 573.39	0.010 0	—	—	—
6-57	塑料排水管铺设 管径 *DN*600mm 以内	100m	17 783.97	—	0.010 0	—	—
6-58	塑料排水管铺设 管径 *DN*800mm 以内	100m	35 084.00	—	—	0.010 0	—
6-59	塑料排水管铺设 管径 *DN*1 000mm 以内	100m	51 450.24	—	—	—	0.010 0
6-210	承插式橡胶圈接口 管径 *DN*500mm 以内	10 只口	162.60	0.020 0	—	—	—
6-211	承插式橡胶圈接口 管径 *DN*600mm 以内	10 只口	197.88	—	0.020 0	—	—
6-212	承插式橡胶圈接口 管径 *DN*800mm 以内	10 只口	241.74	—	—	0.020 0	—
6-213	承插式橡胶圈接口 管径 *DN*1 000mm 以内	10 只口	294.10	—	—	—	0.020 0
6-227	管道闭水试验 管径 500mm 以内	100m	380.77	0.010 0	—	—	—
6-228	管道闭水试验 管径 600mm 以内	100m	491.23	—	0.010 0	—	—
6-229	管道闭水试验 管径 800mm 以内	100m	760.27	—	—	0.010 0	—
6-230	管道闭水试验 管径 1 000mm 以内	100m	1 117.93	—	—	—	0.010 0
	名称	单位	单价(元)	消耗量			
人工	二类人工	工日	135.00	0.073 0	0.087 0	0.127 0	0.150 0
材料	橡胶圈 *DN*500	个	—	(0.203 0)	—	—	—
	橡胶圈 *DN*600	个	—	—	(0.203 0)	—	—
	橡胶圈 *DN*800	个	—	—	—	(0.203 0)	—
	橡胶圈 *DN*1 000	个	—	—	—	—	(0.203 0)
	UPVC 双壁波纹排水管 *DN*500	m	108.00	1.015 0	—	—	—
	UPVC 双壁波纹排水管 *DN*600	m	167.00	—	1.015 0	—	—
	UPVC 双壁波纹排水管 *DN*800	m	333.00	—	—	1.015 0	—
	UPVC 双壁波纹排水管 *DN*1 000	m	493.00	—	—	—	1.015 0

(2)热 熔 接 口

工作内容:管道安装、管道接口、管道闭水试验。　　计量单位:m

定额编号				5-567	5-568	5-569	5-570	5-571
项目				管径(mm)				
				DN150以内	DN250以内	DN300以内	DN400以内	DN500以内
基价(元)				**27.08**	**50.09**	**67.76**	**87.09**	**141.23**
其中	人工费(元)			4.46	5.83	6.97	8.80	9.86
	材料费(元)			22.62	44.26	60.79	78.29	130.29
	机械费(元)			—	—	—	—	1.08
预算定额编号	项目名称	单位	单价(元)	消耗量				
6-52	塑料排水管铺设 管径 DN150mm 以内	100m	2 037.87	0.010 0	—	—	—	—
6-53	塑料排水管铺设 管径 DN250mm 以内	100m	3 927.33	—	0.010 0	—	—	—
6-54	塑料排水管铺设 管径 DN300mm 以内	100m	5 488.47	—	—	0.010 0	—	—
6-55	塑料排水管铺设 管径 DN400mm 以内	100m	6 918.30	—	—	—	0.010 0	—
6-56	塑料排水管铺设 管径 DN500mm 以内	100m	11 573.39	—	—	—	—	0.010 0
6-214	热熔接口 管径 DN150mm 以内	10 个口	245.07	0.020 0	—	—	—	—
6-215	热熔接口 管径 DN250mm 以内	10 个口	451.56	—	0.020 0	—	—	—
6-216	热熔接口 管径 DN300mm 以内	10 个口	554.08	—	—	0.020 0	—	—
6-217	热熔接口 管径 DN400mm 以内	10 个口	766.09	—	—	—	0.020 0	—
6-218	热熔接口 管径 DN500mm 以内	10 个口	1 084.52	—	—	—	—	0.020 0
6-225	管道闭水试验 管径 300mm 以内	100m	179.63	0.010 0	0.010 0	0.010 0	—	—
6-226	管道闭水试验 管径 400mm 以内	100m	259.01	—	—	—	0.010 0	—
6-227	管道闭水试验 管径 500mm 以内	100m	380.77	—	—	—	—	0.010 0
名称		单位	单价(元)	消耗量				
人工	二类人工	工日	135.00	0.033 0	0.043 0	0.052 0	0.065 0	0.073 0
材料	UPVC 双壁波纹排水管 DN150	m	17.24	1.015 0	—	—	—	—
	UPVC 双壁波纹排水管 DN250	m	35.37	—	1.015 0	—	—	—
	UPVC 双壁波纹排水管 DN300	m	50.25	—	—	1.015 0	—	—
	UPVC 双壁波纹排水管 DN400	m	63.22	—	—	—	1.015 0	—
	UPVC 双壁波纹排水管 DN500	m	108.00	—	—	—	—	1.015 0
	热熔带 150×200×3	只	20.69	0.203 0	—	—	—	—
	热熔带 250×200×3	只	36.21	—	0.203 0	—	—	—
	热熔带 300×350×3	只	43.10	—	—	0.203 0	—	—
	热熔带 400×350×3	只	62.07	—	—	—	0.203 0	—
	热熔带 500×350×3	只	90.52	—	—	—	—	0.203 0

(3)电热熔接口

工作内容：管道安装、管道接口、管道闭水试验。　　　　**计量单位**：m

定额编号				5-572	5-573	5-574
项目				管径(mm)		
				DN300 以内	DN400 以内	DN500 以内
基价（元）				**76.04**	**96.35**	**186.19**
其中	人工费（元）			6.29	7.89	8.44
	材料费（元）			69.40	88.09	176.29
	机械费（元）			0.35	0.37	1.46
预算定额编号	项目名称	单位	单价(元)	消耗量		
6-54	塑料排水管铺设 管径 DN300mm 以内	100m	5 488.47	0.010 0	—	—
6-55	塑料排水管铺设 管径 DN400mm 以内	100m	6 918.30	—	0.010 0	—
6-56	塑料排水管铺设 管径 DN500mm 以内	100m	11 573.39	—	—	0.010 0
6-219	电热熔接口 管径 DN300mm 以内	10 个口	967.88	0.020 0	—	—
6-220	电热熔接口 管径 DN400mm 以内	10 个口	1 228.76	—	0.020 0	—
6-221	电热熔接口 管径 DN500mm 以内	10 个口	3 332.22	—	—	0.020 0
6-225	管道闭水试验 管径 300mm 以内	100m	179.63	0.010 0	—	—
6-226	管道闭水试验 管径 400mm 以内	100m	259.01	—	0.010 0	—
6-227	管道闭水试验 管径 500mm 以内	100m	380.77	—	—	0.010 0
	名称	单位	单价(元)	消耗量		
人工	二类人工	工日	135.00	0.047 0	0.058 0	0.063 0
材料	UPVC 双壁波纹排水管 DN300	m	50.25	1.015 0	—	—
	UPVC 双壁波纹排水管 DN400	m	63.22	—	1.015 0	—
	UPVC 双壁波纹排水管 DN500	m	108.00	—	—	1.015 0
	电热熔带 300×200×7	只	84.48	0.203 0	—	—
	电热熔带 400×200×7	只	109.00	—	0.203 0	—
	电热熔带 500×350×9	只	312.00	—	—	0.203 0

工作内容:管道安装、管道接口、管道闭水试验。 **计量单位**:m

定额编号				5-575	5-576	5-577
项目				管径(mm)		
				DN600 以内	DN800 以内	DN1 000 以内
基价(元)				**259.53**	**456.37**	**674.71**
其中	人工费(元)			11.29	16.50	19.21
	材料费(元)			245.47	436.26	651.31
	机械费(元)			2.77	3.61	4.19
预算定额编号	项目名称	单位	单价(元)	消耗量		
6-57	塑料排水管铺设 管径 DN600mm 以内	100m	17 783.97	0.010 0	—	—
6-58	塑料排水管铺设 管径 DN800mm 以内	100m	35 084.00	—	0.010 0	—
6-59	塑料排水管铺设 管径 DN1 000mm 以内	100m	51 450.24	—	—	0.010 0
6-222	电热熔接口 管径 DN600mm 以内	10 个口	3 839.10	0.020 0	—	—
6-223	电热熔接口 管径 DN800mm 以内	10 个口	4 896.59	—	0.020 0	—
6-224	电热熔接口 管径 DN1 000mm 以内	10 个口	7 451.15	—	—	0.020 0
6-228	管道闭水试验 管径 600mm 以内	100m	491.23	0.010 0	—	—
6-229	管道闭水试验 管径 800mm 以内	100m	760.27	—	0.010 0	—
6-230	管道闭水试验 管径 1 000mm 以内	100m	1 117.93	—	—	0.010 0
	名称	单位	单价(元)	消耗量		
人工	二类人工	工日	135.00	0.084 0	0.122 0	0.142 0
材料	UPVC 双壁波纹排水管 DN600	m	167.00	1.015 0	—	—
	UPVC 双壁波纹排水管 DN800	m	333.00	—	1.015 0	—
	UPVC 双壁波纹排水管 DN1 000	m	493.00	—	—	1.015 0
	电热熔带 600×350×9	只	353.00	0.203 0	—	—
	电热熔带 800×350×9	只	452.00	—	0.203 0	—
	电热熔带 1 000×350×9	只	694.00	—	—	0.203 0

三、管道检测

工作内容:启闭井盖、有毒气体测试、强制通风、设备调试、检测设备下井、管道检测、图像判读、取出检测设备、清理装车、场内运输等。 **计量单位**:100m

定额编号				5-578	5-579
项目				潜望镜检测(QV 检测)	电视检测(CCTV 检测)
基价(元)				**1 490.52**	**1 664.26**
其中	人工费(元)			207.90	196.43
	材料费(元)			—	—
	机械费(元)			1 282.62	1 467.83
预算定额编号	项目名称	单位	单价(元)	消耗量	
6-242	潜望镜检测(QV 检测)	100m	1 490.52	1.000 0	—
6-243	电视检测(CCTV 检测)	100m	1 664.26	—	1.000 0
	名称	单位	单价(元)	消耗量	
人工	二类人工	工日	135.00	1.540 0	1.455 0

第四节　管道阀门及附件安装

说　　明

一、本节定额包括管道阀门安装、水表安装、室外消火栓安装。

二、法兰阀门安装、法兰式水表安装已综合法兰安装工作内容。

工程量计算规则

一、阀门安装按设计图示数量以“个”计算。

二、水表安装按设计图示数量以“组”计算。

三、室外消火栓按设计图示数量以“套”计算。

一、管道阀门安装

1. 螺纹阀门安装

工作内容:阀门安装、阀门水压试验。 计量单位:个

定额编号				5-580	5-581	5-582	5-583	5-584
项目				公称直径(mm)				
				15 以内	20 以内	25 以内	32 以内	40
基价(元)				**90.59**	**93.27**	**98.21**	**104.97**	**115.05**
其中	人工费(元)			40.50	41.85	44.55	48.60	55.35
	材料费(元)			44.03	45.36	47.60	50.31	53.64
	机械费(元)			6.06	6.06	6.06	6.06	6.06
预算定额编号	项目名称	单位	单价(元)	消耗量				
7-597	螺纹阀门安装 公称直径 15mm 以内	个	31.03	1.000 0	—	—	—	—
7-598	螺纹阀门安装 公称直径 20mm 以内	个	33.71	—	1.000 0	—	—	—
7-599	螺纹阀门安装 公称直径 25mm 以内	个	38.65	—	—	1.000 0	—	—
7-600	螺纹阀门安装 公称直径 32mm 以内	个	45.41	—	—	—	1.000 0	—
7-601	螺纹阀门安装 公称直径 40mm 以内	个	55.49	—	—	—	—	1.000 0
7-649	阀门水压试验 公称直径 50mm 以内	个	59.56	1.000 0	1.000 0	1.000 0	1.000 0	1.000 0
名称		单位	单价(元)	消耗量				
人工	二类人工	工日	135.00	0.300 0	0.310 0	0.330 0	0.360 0	0.410 0
材料	螺纹阀门	个	—	(1.000 0)	(1.000 0)	(1.000 0)	(1.000 0)	(1.000 0)

工作内容:阀门安装、阀门水压试验。 计量单位:个

定额编号				5-585	5-586	5-587	5-588
项目				公称直径(mm)			
				50 以内	65 以内	80 以内	100 以内
基价(元)				**127.73**	**164.12**	**197.57**	**275.89**
其中	人工费(元)			62.10	66.15	86.40	141.75
	材料费(元)			59.57	89.86	103.06	126.03
	机械费(元)			6.06	8.11	8.11	8.11
预算定额编号	项目名称	单位	单价(元)	消耗量			
7-602	螺纹阀门安装 公称直径 50mm 以内	个	68.17	1.000 0	—	—	—
7-603	螺纹阀门安装 公称直径 70mm 以内	个	91.55	—	1.000 0	—	—
7-604	螺纹阀门安装 公称直径 80mm 以内	个	125.00	—	—	1.000 0	—
7-605	螺纹阀门安装 公称直径 100mm 以内	个	203.32	—	—	—	1.000 0
7-649	阀门水压试验 公称直径 50mm 以内	个	59.56	1.000 0	—	—	—
7-650	阀门水压试验 公称直径 100mm 以内	个	72.57	—	1.000 0	1.000 0	1.000 0
名称		单位	单价(元)	消耗量			
人工	二类人工	工日	135.00	0.460 0	0.490 0	0.640 0	1.050 0
材料	螺纹阀门	个	—	(1.000 0)	(1.000 0)	(1.000 0)	(1.000 0)

2. 法兰阀门安装

工作内容：阀门安装、法兰安装、阀门水压试验。　　　　计量单位：个

定额编号				5-589	5-590	5-591	5-592	5-593
项目				公称直径(mm)				
				50 以内	65 以内	80 以内	100 以内	125 以内
基价（元）				**128.15**	**162.99**	**173.07**	**201.10**	**249.14**
其中	人工费（元）			72.36	94.91	100.31	125.01	149.31
	材料费（元）			45.12	54.25	58.02	59.40	72.36
	机械费（元）			10.67	13.83	14.74	16.69	27.47
预算定额编号	项目名称	单位	单价(元)	消耗量				
7-542H	平焊法兰 公称直径 50mm 以内	副	47.93	1.000 0	—	—	—	—
7-543H	平焊法兰 公称直径 65mm 以内	副	54.11	—	1.000 0	—	—	—
7-544H	平焊法兰 公称直径 80mm 以内	副	63.15	—	—	1.000 0	—	—
7-545H	平焊法兰 公称直径 100mm 以内	副	73.80	—	—	—	1.000 0	—
7-546H	平焊法兰 公称直径 125mm 以内	副	85.68	—	—	—	—	1.000 0
7-606	法兰阀门安装 公称直径 50mm 以内	个	20.66	1.000 0	—	—	—	—
7-607	法兰阀门安装 公称直径 65mm 以内	个	36.31	—	1.000 0	—	—	—
7-608	法兰阀门安装 公称直径 80mm 以内	个	37.35	—	—	1.000 0	—	—
7-609	法兰阀门安装 公称直径 100mm 以内	个	54.73	—	—	—	1.000 0	—
7-610	法兰阀门安装 公称直径 125mm 以内	个	66.96	—	—	—	—	1.000 0
7-649	阀门水压试验 公称直径 50mm 以内	个	59.56	1.000 0	—	—	—	—
7-650	阀门水压试验 公称直径 100mm 以内	个	72.57	—	1.000 0	1.000 0	1.000 0	—
7-651	阀门水压试验 公称直径 150mm 以内	个	96.50	—	—	—	—	1.000 0
名称		单位	单价(元)	消耗量				
人工	二类人工	工日	135.00	0.536 0	0.703 0	0.743 0	0.926 0	1.106 0
材料	法兰阀门	个	—	(1.000 0)	(1.000 0)	(1.000 0)	(1.000 0)	(1.000 0)
	平焊法兰	片	—	(2.000 0)	(2.000 0)	(2.000 0)	(2.000 0)	(2.000 0)

工作内容:阀门安装、法兰安装、阀门水压试验。　　计量单位:个

定额编号				5-594	5-595	5-596	5-597	5-598
项目				公称直径(mm)				
				150以内	200以内	250以内	300以内	350以内
基价(元)				**272.76**	**374.56**	**513.28**	**620.47**	**767.95**
其中	人工费(元)			168.35	227.88	321.71	362.89	424.04
	材料费(元)			74.08	103.35	137.97	155.05	198.70
	机械费(元)			30.33	43.33	53.60	102.53	145.21
预算定额编号	项目名称	单位	单价(元)	消耗量				
7-547H	平焊法兰 公称直径150mm以内	副	107.79	1.000 0	—	—	—	—
7-548H	平焊法兰 公称直径200mm以内	副	156.48	—	1.000 0	—	—	—
7-549H	平焊法兰 公称直径250mm以内	副	217.00	—	—	1.000 0	—	—
7-550H	平焊法兰 公称直径300mm以内	副	278.69	—	—	—	1.000 0	—
7-551H	平焊法兰 公称直径350mm以内	副	308.89	—	—	—	—	1.000 0
7-611	法兰阀门安装 公称直径150mm以内	个	68.47	1.000 0	—	—	—	—
7-612	法兰阀门安装 公称直径200mm以内	个	91.03	—	1.000 0	—	—	—
7-613	法兰阀门安装 公称直径250mm以内	个	135.15	—	—	1.000 0	—	—
7-614	法兰阀门安装 公称直径300mm以内	个	180.65	—	—	—	1.000 0	—
7-615	法兰阀门安装 公称直径350mm以内	个	208.48	—	—	—	—	1.000 0
7-651	阀门水压试验 公称直径150mm以内	个	96.50	1.000 0	—	—	—	—
7-652	阀门水压试验 公称直径200mm以内	个	127.05	—	1.000 0	—	—	—
7-653	阀门水压试验 公称直径300mm以内	个	161.13	—	—	1.000 0	1.000 0	—
7-654	阀门水压试验 公称直径400mm以内	个	250.58	—	—	—	—	1.000 0
名称		单位	单价(元)	消耗量				
人工	二类人工	工日	135.00	1.247 0	1.688 0	2.383 0	2.688 0	3.141 0
材料	法兰阀门	个	—	(1.000 0)	(1.000 0)	(1.000 0)	(1.000 0)	(1.000 0)
	平焊法兰	片	—	(2.000 0)	(2.000 0)	(2.000 0)	(2.000 0)	(2.000 0)

工作内容：阀门安装、法兰安装、阀门水压试验。 **计量单位：**个

定额编号				5-599	5-600	5-601	5-602	5-603
项目				公称直径(mm)				
				400 以内	450 以内	500 以内	600 以内	700 以内
基价（元）				**858.56**	**1 119.79**	**1 199.86**	**1 322.35**	**1 867.37**
其中	人工费（元）			490.19	631.81	679.86	751.01	1 037.75
	材料费（元）			217.18	319.22	326.56	359.37	562.97
	机械费（元）			151.19	168.76	193.44	211.97	266.65
预算定额编号	项目名称	单位	单价(元)	消耗量				
7-552H	平焊法兰 公称直径 400mm 以内	副	359.61	1.000 0	—	—	—	—
7-553H	平焊法兰 公称直径 450mm 以内	副	404.04	—	1.000 0	—	—	—
7-554H	平焊法兰 公称直径 500mm 以内	副	447.73	—	—	1.000 0	—	—
7-555H	平焊法兰 公称直径 600mm 以内	副	503.77	—	—	—	1.000 0	—
7-556H	平焊法兰 公称直径 700mm 以内	副	618.84	—	—	—	—	1.000 0
7-616	法兰阀门安装 公称直径 400mm 以内	个	248.37	1.000 0	—	—	—	—
7-617	法兰阀门安装 公称直径 450mm 以内	个	278.42	—	1.000 0	—	—	—
7-618	法兰阀门安装 公称直径 500mm 以内	个	314.80	—	—	1.000 0	—	—
7-619	法兰阀门安装 公称直径 600mm 以内	个	381.25	—	—	—	1.000 0	—
7-620	法兰阀门安装 公称直径 700mm 以内	个	457.70	—	—	—	—	1.000 0
7-654	阀门水压试验 公称直径 400mm 以内	个	250.58	1.000 0	—	—	—	—
7-655	阀门水压试验 公称直径 600mm 以内	个	437.33	—	1.000 0	1.000 0	1.000 0	—
7-656	阀门水压试验 公称直径 800mm 以内	个	790.83	—	—	—	—	1.000 0
名称		单位	单价(元)	消耗量				
人工	二类人工	工日	135.00	3.631 0	4.680 0	5.036 0	5.563 0	7.687 0
材料	法兰阀门	个	—	(1.000 0)	(1.000 0)	(1.000 0)	(1.000 0)	(1.000 0)
	平焊法兰	片	—	(2.000 0)	(2.000 0)	(2.000 0)	(2.000 0)	(2.000 0)

工作内容:阀门安装、法兰安装、阀门水压试验。 **计量单位**:个

定额编号				5-604	5-605	5-606	5-607	5-608
项目				公称直径(mm)				
				800 以内	900 以内	1 000 以内	1 200 以内	1 400 以内
基价(元)				**2 190.49**	**2 248.47**	**2 485.49**	**3 129.38**	**3 562.28**
其中	人工费(元)			1 134.82	1 384.29	1 487.44	1 961.01	2 151.10
	材料费(元)			653.03	395.43	443.40	482.13	515.31
	机械费(元)			402.64	468.75	554.65	686.24	895.87
预算定额编号	项目名称	单位	单价(元)	消耗量				
7-557H	平焊法兰 公称直径 800mm 以内	副	783.44	1.000 0	—	—	—	—
7-558H	平焊法兰 公称直径 900mm 以内	副	865.61	—	1.000 0	—	—	—
7-559H	平焊法兰 公称直径 1 000mm 以内	副	1 004.63	—	—	1.000 0	—	—
7-560H	平焊法兰 公称直径 1 200mm 以内	副	1 139.93	—	—	—	1.000 0	—
7-561H	平焊法兰 公称直径 1 400mm 以内	副	1 373.00	—	—	—	—	1.000 0
7-621	法兰阀门安装 公称直径 800mm 以内	个	616.22	1.000 0	—	—	—	—
7-622	法兰阀门安装 公称直径 900mm 以内	个	662.55	—	1.000 0	—	—	—
7-623	法兰阀门安装 公称直径 1 000mm 以内	个	760.55	—	—	1.000 0	—	—
7-624	法兰阀门安装 公称直径 1 200mm 以内	个	918.07	—	—	—	1.000 0	—
7-625	法兰阀门安装 公称直径 1 400mm 以内	个	1 117.90	—	—	—	—	1.000 0
7-656	阀门水压试验 公称直径 800mm 以内	个	790.83	1.000 0	—	—	—	—
7-657	阀门水压试验 公称直径 1 000mm 以内	个	720.31	—	1.000 0	1.000 0	—	—
7-658	阀门水压试验 公称直径 1 200mm 以内	个	1 071.38	—	—	—	1.000 0	1.000 0
	名称	单位	单价(元)	消耗量				
人工	二类人工	工日	135.00	8.406 0	10.254 0	11.018 0	14.526 0	15.934 0
材料	法兰阀门	个	—	(1.000 0)	(1.000 0)	(1.000 0)	(1.000 0)	(1.000 0)
	平焊法兰	片	—	(2.000 0)	(2.000 0)	(2.000 0)	(2.000 0)	(2.000 0)

工作内容:阀门安装、法兰安装、阀门水压试验。 **计量单位**:个

定额编号				5-609	5-610	5-611	5-612	5-613
项目				公称直径(mm)				
				1 600 以内	1 800 以内	2 000 以内	2 200 以内	2 400 以内
基价(元)				**3 987.05**	**4 793.84**	**5 318.69**	**5 955.63**	**6 500.85**
其中	人工费(元)			2 333.75	2 737.94	2 989.45	3 302.24	3 556.99
	材料费(元)			550.56	609.69	635.60	684.96	714.04
	机械费(元)			1 102.74	1 446.21	1 693.64	1 968.43	2 229.82
预算定额编号	项目名称	单位	单价(元)	消耗量				
7-562H	平焊法兰 公称直径 1 600mm 以内	副	1 517.66	1.000 0	—	—	—	—
7-563H	平焊法兰 公称直径 1 800mm 以内	副	1 974.34	—	1.000 0	—	—	—
7-564H	平焊法兰 公称直径 2 000mm 以内	副	2 206.30	—	—	1.000 0	—	—
7-565H	平焊法兰 公称直径 2 200mm 以内	副	2 569.38	—	—	—	1.000 0	—
7-566H	平焊法兰 公称直径 2 400mm 以内	副	2 855.85	—	—	—	—	1.000 0
7-626	法兰阀门安装 公称直径 1 600mm 以内	个	1 398.01	1.000 0	—	—	—	—
7-627	法兰阀门安装 公称直径 1 800mm 以内	个	1 748.12	—	1.000 0	—	—	—
7-628	法兰阀门安装 公称直径 2 000mm 以内	个	2 041.01	—	—	1.000 0	—	—
7-629	法兰阀门安装 公称直径 2 200mm 以内	个	2 314.87	—	—	—	1.000 0	—
7-630	法兰阀门安装 公称直径 2 400mm 以内	个	2 573.62	—	—	—	—	1.000 0
7-658	阀门水压试验 公称直径 1 200mm 以内	个	1 071.38	1.000 0	1.000 0	1.000 0	1.000 0	1.000 0
	名称	单位	单价(元)	消耗量				
人工	二类人工	工日	135.00	17.287 0	20.281 0	22.144 0	24.461 0	26.348 0
材料	法兰阀门	个	—	(1.000 0)	(1.000 0)	(1.000 0)	(1.000 0)	(1.000 0)
	平焊法兰	片	—	(2.000 0)	(2.000 0)	(2.000 0)	(2.000 0)	(2.000 0)

二、水 表 安 装

法兰式水表安装

工作内容:法兰式水表安装,闸阀、止回阀及伸缩接头安装,法兰安装,水压试验。 **计量单位:**组

定额编号				5-614	5-615	5-616	5-617
项目				公称直径(mm)			
				50 以内	80 以内	100 以内	150 以内
基价(元)				**156.60**	**246.00**	**341.03**	**438.43**
其中	人工费(元)			143.91	228.04	314.42	396.79
	材料费(元)			8.08	11.33	18.03	29.68
	机械费(元)			4.61	6.63	8.58	11.96
预算定额编号	项目名称	单位	单价(元)	消耗量			
5-451	法兰式水表安装 公称直径 50mm 以内	个	28.83	1.000 0	—	—	—
5-452	法兰式水表安装 公称直径 80mm 以内	个	39.00	—	1.000 0	—	—
5-453	法兰式水表安装 公称直径 100mm 以内	个	53.87	—	—	1.000 0	—
5-454	法兰式水表安装 公称直径 150mm 以内	个	68.47	—	—	—	1.000 0
7-542	平焊法兰 公称直径 50mm 以内	副	45.13	1.000 0	—	—	—
7-544	平焊法兰 公称直径 80mm 以内	副	57.60	—	1.000 0	—	—
7-545	平焊法兰 公称直径 100mm 以内	副	68.24	—	—	1.000 0	—
7-547	平焊法兰 公称直径 150mm 以内	副	96.08	—	—	—	1.000 0
7-606	法兰阀门安装 公称直径 50mm 以内	个	20.66	4.000 0	—	—	—
7-608	法兰阀门安装 公称直径 80mm 以内	个	37.35	—	4.000 0	—	—
7-609	法兰阀门安装 公称直径 100mm 以内	个	54.73	—	—	4.000 0	—
7-611	法兰阀门安装 公称直径 150mm 以内	个	68.47	—	—	—	4.000 0
名称		单位	单价(元)	消耗量			
人工	二类人工	工日	135.00	1.066 0	1.689 0	2.329 0	2.939 0
材料	平焊法兰	片	—	(2.000 0)	(2.000 0)	(2.000 0)	(2.000 0)
	法兰水表	只	—	(1.000 0)	(1.000 0)	(1.000 0)	(1.000 0)
	法兰阀门	个	—	(4.000 0)	(4.000 0)	(4.000 0)	(4.000 0)

工作内容:法兰式水表安装,闸阀、止回阀及伸缩接头安装,法兰安装,水压试验。 **计量单位**:组

定额编号				5-618	5-619	5-620
项目				公称直径(mm)		
				200 以内	250 以内	300 以内
基价(元)				**590.41**	**854.90**	**1 089.97**
其中	人工费(元)			528.39	766.69	825.42
	材料费(元)			37.06	52.98	58.98
	机械费(元)			24.96	35.23	205.57
预算定额编号	项目名称	单位	单价(元)	消耗量		
5-455	法兰式水表安装 公称直径 200mm 以内	个	82.09	1.000 0	—	—
5-456	法兰式水表安装 公称直径 250mm 以内	个	116.62	—	1.000 0	—
5-457	法兰式水表安装 公称直径 300mm 以内	个	121.47	—	—	1.000 0
7-548	平焊法兰 公称直径 200mm 以内	副	144.20	1.000 0	—	—
7-549	平焊法兰 公称直径 250mm 以内	副	197.68	—	1.000 0	—
7-550	平焊法兰 公称直径 300mm 以内	副	245.90	—	—	1.000 0
7-612	法兰阀门安装 公称直径 200mm 以内	个	91.03	4.000 0	—	—
7-613	法兰阀门安装 公称直径 250mm 以内	个	135.15	—	4.000 0	—
7-614	法兰阀门安装 公称直径 300mm 以内	个	180.65	—	—	4.000 0
名称		单位	单价(元)	消耗量		
人工	二类人工	工日	135.00	3.914 0	5.679 0	6.114 0
材料	平焊法兰	片	—	(2.000 0)	(2.000 0)	(2.000 0)
	法兰水表	只	—	(1.000 0)	(1.000 0)	(1.000 0)
	法兰阀门	个	—	(4.000 0)	(4.000 0)	(4.000 0)

三、室外消火栓安装

1. 室外地下式消火栓

工作内容:管口除沥青、制垫、加垫、紧螺栓、消火栓安装。 **计量单位**:套

定额编号				5-621	5-622	5-623
项目				1.0MPa		
				浅型	深Ⅰ型	深Ⅱ型
基价(元)				**57.83**	**57.83**	**63.86**
其中	人工费(元)			53.46	53.46	53.46
	材料费(元)			4.37	4.37	10.40
	机械费(元)			—	—	—
预算定额编号	项目名称	单位	单价(元)	消耗量		
5-472	室外地下式消火栓 1.0MPa 浅型	套	57.83	1.000 0	—	—
5-473	室外地下式消火栓 1.0MPa 深Ⅰ型	套	57.83	—	1.000 0	—
5-474	室外地下式消火栓 1.0MPa 深Ⅱ型	套	63.86	—	—	1.000 0
名称		单位	单价(元)	消耗量		
人工	二类人工	工日	135.00	0.396 0	0.396 0	0.396 0
材料	地下式消防栓	套	—	(1.000 0)	(1.000 0)	(1.000 0)

工作内容:管口除沥青、制垫、加垫、紧螺栓、消火栓安装。　　**计量单位:**套

定额编号				5-624	5-625	5-626
项目				1.6MPa		
				浅型	深Ⅰ型	深Ⅱ型
基价（元）				**139.24**	**139.24**	**86.54**
其中	人工费（元）			76.14	76.14	76.14
	材料费（元）			57.71	57.71	10.40
	机械费（元）			5.39	5.39	—
预算定额编号	项目名称	单位	单价(元)	消耗量		
5-475	室外地下式消火栓 1.6MPa 浅型	套	139.24	1.000 0	—	—
5-476	室外地下式消火栓 1.6MPa 深Ⅰ型	套	139.24	—	1.000 0	—
5-477	室外地下式消火栓 1.6MPa 深Ⅱ型	套	86.54	—	—	1.000 0
名称		单位	单价(元)	消耗量		
人工	二类人工	工日	135.00	0.564 0	0.564 0	0.564 0
材料	地下式消防栓	套	—	(1.000 0)	(1.000 0)	(1.000 0)

2. 室外地上式消火栓

工作内容:管口除沥青、制垫、加垫、紧螺栓、消火栓安装。　　**计量单位:**套

定额编号				5-627	5-628	5-629	5-630
项目				1.0MPa			
				浅100型	深100型	浅150型	深150型
基价（元）				**73.22**	**85.37**	**104.07**	**116.22**
其中	人工费（元）			68.85	81.00	98.01	110.16
	材料费（元）			4.37	4.37	6.06	6.06
	机械费（元）			—	—	—	—
预算定额编号	项目名称	单位	单价(元)	消耗量			
5-478	室外地上式消火栓 1.0MPa 浅100型	套	73.22	1.000 0	—	—	—
5-479	室外地上式消火栓 1.0MPa 深100型	套	85.37	—	1.000 0	—	—
5-480	室外地上式消火栓 1.0MPa 浅150型	套	104.07	—	—	1.000 0	—
5-481	室外地上式消火栓 1.0MPa 深150型	套	116.22	—	—	—	1.000 0
名称		单位	单价(元)	消耗量			
人工	二类人工	工日	135.00	0.510 0	0.600 0	0.726 0	0.816 0
材料	地上消火栓	套	—	(1.000 0)	(1.000 0)	(1.000 0)	(1.000 0)

工作内容:管口除沥青、制垫、加垫、紧螺栓、消火栓安装。　　计量单位:套

定额编号				5-631	5-632	5-633	5-634
项目				1.6MPa			
				浅 100 型	深 100 型	浅 150 型	深 150 型
基价(元)				**154.63**	**167.59**	**219.54**	**231.69**
其中	人工费(元)			91.53	104.49	121.50	133.65
	材料费(元)			57.71	57.71	89.72	89.72
	机械费(元)			5.39	5.39	8.32	8.32
预算定额编号	项目名称	单位	单价(元)	消耗量			
5-482	室外地上式消火栓 1.6MPa 浅 100 型	套	154.63	1.000 0	—	—	—
5-483	室外地上式消火栓 1.6MPa 深 100 型	套	167.59	—	1.000 0	—	—
5-484	室外地上式消火栓 1.6MPa 浅 150 型	套	219.54	—	—	1.000 0	—
5-485	室外地上式消火栓 1.6MPa 深 150 型	套	231.69	—	—	—	1.000 0
名称		单位	单价(元)	消耗量			
人工	二类人工	工日	135.00	0.678 0	0.774 0	0.900 0	0.990 0
材料	地上消火栓	套	—	(1.000 0)	(1.000 0)	(1.000 0)	(1.000 0)

第五节　管道附属构筑物

说　　明

一、本节定额分为给水管道附属构筑物和排水管道附属构筑物两部分，给水管道附属构筑物包括阀门井、砖砌矩形水表井、消火栓井、砖砌圆形排泥湿井、管道支墩（挡墩），排水管道附属构筑物包括砖砌圆形定型检查井、砖砌矩形检查井、混凝土矩形检查井、井深高度调整、雨水口。

二、给水管道附属构筑物按《室外给水管道附属构筑物标准图集》05S502 编制，全部按无地下水考虑。给水管道附属构筑物井深是指垫层顶面至井盖顶面的距离。

三、排水管道附属构筑物结合初步设计阶段浙江省市政管网工程排水检查井典型设计资料进行编制。排水检查井根据材质、形状、用途、尺寸、井深分类：

1. 检查井根据井室材质、形状不同分为砖砌圆形检查井、砖砌矩形检查井与混凝土矩形检查井，井筒材质均按砖砌编制。

2. 根据检查井用途分为不落底检查井与落底检查井。

3. 检查井井室尺寸根据典型设计选取常用规格编制，具体规格参数见下列表格。

4. 检查井井深是指基础底板顶面至井盖顶面的距离，检查井井室高度是指基础底板顶面至井室盖板底面的距离，落底检查井井室落底高度按 50cm 考虑。不同尺寸检查井的井室高度详见下列表格。

5. 雨水口根据《杭州市城市道路检查井盖及雨水口设计图集》HZ－JY 编制。

6. 排水检查井典型设计如下列图所示：

砖砌圆形检查井典型设计规格参数表

序号	井材质	检查井类型	井室直径(m)	井深	
				基准值(m)	适用范围(m)
1	砖砌圆形检查井	落底	1.00	3.50	2.70～4.70
2	砖砌圆形检查井	落底	1.25	3.50	2.70～4.70
3	砖砌圆形检查井	落底	1.50	3.50	2.70～4.70
4	砖砌圆形检查井	不落底	1.00	3.00	2.20～4.20
5	砖砌圆形检查井	不落底	1.25	3.00	2.20～4.20
6	砖砌圆形检查井	不落底	1.50	3.00	2.20～4.20

序号	垫层厚度(m)	底板厚度(m)	井室		井筒			顶板厚度 t(m)
			井室高度 H_1(m)	井壁厚度 a(m)	井筒直径(m)	井筒壁厚(m)	井筒高度适用范围(m)	
1	0.10	0.20	2.30	0.37	0.70	0.20	≤2.0	0.10
2			2.30					
3			2.30					
4			1.80					
5			1.80					
6			1.80					

砖砌矩形检查井典型设计规格参数表

<table>
<tr><th rowspan="2">序号</th><th rowspan="2">检查井类型</th><th colspan="2">井室尺寸</th><th colspan="2">井深</th><th colspan="2">井深适用范围</th></tr>
<tr><th>A 边(m)</th><th>B 边(m)</th><th>检查井(落底)(m)</th><th>检查井(不落底)(m)</th><th>检查井(落底)(m)</th><th>检查井(不落底)(m)</th></tr>
<tr><td>1</td><td>砖砌矩形检查井</td><td>1.10</td><td>1.10</td><td>3.50</td><td>3.00</td><td rowspan="2">2.70～4.70</td><td rowspan="2">2.20～4.20</td></tr>
<tr><td>2</td><td>砖砌矩形检查井</td><td>1.10</td><td>1.25</td><td>3.50</td><td>3.00</td></tr>
<tr><td>3</td><td>砖砌矩形检查井</td><td>1.10</td><td>1.50</td><td>4.00</td><td>3.50</td><td rowspan="2">2.90～4.90</td><td rowspan="2">2.40～4.40</td></tr>
<tr><td>4</td><td>砖砌矩形检查井</td><td>1.10</td><td>1.75</td><td>4.00</td><td>3.50</td></tr>
<tr><td>5</td><td>砖砌矩形检查井</td><td>1.10</td><td>2.10</td><td>4.50</td><td>4.00</td><td>3.40～5.40</td><td>2.90～4.90</td></tr>
<tr><td>6</td><td>砖砌矩形检查井</td><td>1.10</td><td>2.40</td><td>4.50</td><td>4.00</td><td>3.50～5.50</td><td>3.00～5.00</td></tr>
<tr><td>7</td><td>砖砌矩形检查井</td><td>1.10</td><td>2.60</td><td>5.00</td><td>4.50</td><td>3.80～5.80</td><td>3.30～5.30</td></tr>
<tr><td>8</td><td>砖砌矩形检查井</td><td>1.25</td><td>1.25</td><td>3.50</td><td>3.00</td><td>2.70～4.70</td><td>2.20～4.20</td></tr>
<tr><td>9</td><td>砖砌矩形检查井</td><td>1.50</td><td>1.50</td><td>4.00</td><td>3.50</td><td rowspan="2">2.90～4.90</td><td rowspan="2">2.40～4.40</td></tr>
<tr><td>10</td><td>砖砌矩形检查井</td><td>1.75</td><td>1.75</td><td>4.00</td><td>3.50</td></tr>
<tr><td>11</td><td>砖砌矩形检查井</td><td>2.10</td><td>2.10</td><td>4.50</td><td>4.00</td><td>3.40～5.40</td><td>2.90～4.90</td></tr>
<tr><td>12</td><td>砖砌矩形检查井</td><td>2.40</td><td>2.40</td><td>4.50</td><td>4.00</td><td>3.50～5.50</td><td>3.00～5.00</td></tr>
<tr><td>13</td><td>砖砌矩形检查井</td><td>2.60</td><td>2.60</td><td>5.00</td><td>4.50</td><td>3.80～5.80</td><td>3.30～5.30</td></tr>
</table>

<table>
<tr><th rowspan="2">序号</th><th rowspan="2">垫层厚度(m)</th><th rowspan="2">底板厚度(m)</th><th colspan="2">井室高度 H_1</th><th rowspan="2">井壁厚度 a(m)</th><th colspan="3">井筒</th><th rowspan="2">顶板厚度 t(m)</th></tr>
<tr><th>检查井(落底)(m)</th><th>检查井(不落底)(m)</th><th>井筒直径(m)</th><th>井筒壁厚(m)</th><th>井筒高度适用范围(m)</th></tr>
<tr><td>1</td><td rowspan="13">0.10</td><td rowspan="13">0.20</td><td>2.30</td><td>1.80</td><td rowspan="5">0.37</td><td rowspan="13">0.70</td><td rowspan="13">0.20</td><td rowspan="13">≤2.00</td><td rowspan="13">0.12</td></tr>
<tr><td>2</td><td>2.30</td><td>1.80</td></tr>
<tr><td>3</td><td>2.50</td><td>2.00</td></tr>
<tr><td>4</td><td>2.50</td><td>2.00</td></tr>
<tr><td>5</td><td>3.00</td><td>2.50</td></tr>
<tr><td>6</td><td>3.10</td><td>2.60</td><td rowspan="2">0.49</td></tr>
<tr><td>7</td><td>3.40</td><td>2.90</td></tr>
<tr><td>8</td><td>2.30</td><td>1.80</td><td rowspan="3">0.37</td></tr>
<tr><td>9</td><td>2.50</td><td>2.00</td></tr>
<tr><td>10</td><td>2.50</td><td>2.00</td></tr>
<tr><td>11</td><td>3.00</td><td>2.50</td><td rowspan="3">0.49</td></tr>
<tr><td>12</td><td>3.10</td><td>2.60</td></tr>
<tr><td>13</td><td>3.40</td><td>290</td></tr>
</table>

混凝土矩形检查井典型设计规格参数表

<table>
<tr><th rowspan="2">序号</th><th rowspan="2">检查井类型</th><th colspan="2">井室尺寸</th><th colspan="2">井深</th><th colspan="2">井深适用范围</th></tr>
<tr><th>A 边（m）</th><th>B 边（m）</th><th>检查井（落底）（m）</th><th>检查井（不落底）（m）</th><th>检查井（落底）（m）</th><th>检查井（不落底）（m）</th></tr>
<tr><td>1</td><td>混凝土矩形检查井</td><td>1.10</td><td>1.10</td><td>3.50</td><td>3.00</td><td rowspan="2">2.70～4.70</td><td rowspan="2">2.20～4.20</td></tr>
<tr><td>2</td><td>混凝土矩形检查井</td><td>1.10</td><td>1.25</td><td>3.50</td><td>3.00</td></tr>
<tr><td>3</td><td>混凝土矩形检查井</td><td>1.10</td><td>1.50</td><td>4.00</td><td>3.50</td><td rowspan="2">2.90～4.90</td><td rowspan="2">2.40～4.40</td></tr>
<tr><td>4</td><td>混凝土矩形检查井</td><td>1.10</td><td>1.75</td><td>4.00</td><td>3.50</td></tr>
<tr><td>5</td><td>混凝土矩形检查井</td><td>1.10</td><td>2.10</td><td>4.50</td><td>4.00</td><td>3.40～5.40</td><td>2.90～4.90</td></tr>
<tr><td>6</td><td>混凝土矩形检查井</td><td>1.10</td><td>2.40</td><td>4.50</td><td>4.00</td><td>3.50～5.50</td><td>3.00～5.00</td></tr>
<tr><td>7</td><td>混凝土矩形检查井</td><td>1.10</td><td>2.60</td><td>5.00</td><td>4.50</td><td>3.80～5.80</td><td>3.30～5.30</td></tr>
<tr><td>8</td><td>混凝土矩形检查井</td><td>1.25</td><td>1.25</td><td>3.50</td><td>3.00</td><td>2.70～4.70</td><td>2.20～4.20</td></tr>
<tr><td>9</td><td>混凝土矩形检查井</td><td>1.50</td><td>1.50</td><td>4.00</td><td>3.50</td><td rowspan="2">2.90～4.90</td><td rowspan="2">2.40～4.40</td></tr>
<tr><td>10</td><td>混凝土矩形检查井</td><td>1.75</td><td>1.75</td><td>4.00</td><td>3.50</td></tr>
<tr><td>11</td><td>混凝土矩形检查井</td><td>2.10</td><td>2.10</td><td>4.50</td><td>4.00</td><td>3.40～5.40</td><td>2.90～4.90</td></tr>
<tr><td>12</td><td>混凝土矩形检查井</td><td>2.40</td><td>2.40</td><td>4.50</td><td>4.00</td><td>3.50～5.50</td><td>3.00～5.00</td></tr>
<tr><td>13</td><td>混凝土矩形检查井</td><td>2.60</td><td>2.60</td><td>5.00</td><td>4.50</td><td>3.80～5.80</td><td>3.30～5.30</td></tr>
</table>

<table>
<tr><th rowspan="2">序号</th><th rowspan="2">垫层厚度（m）</th><th rowspan="2">底板厚度（m）</th><th colspan="2">井室高度 H_1</th><th rowspan="2">井壁厚度 a（m）</th><th colspan="3">井筒</th><th rowspan="2">顶板厚度 t（m）</th></tr>
<tr><th>检查井（落底）（m）</th><th>检查井（不落底）（m）</th><th>井筒直径（m）</th><th>井筒壁厚（m）</th><th>井筒高度适用范围（m）</th></tr>
<tr><td>1</td><td rowspan="13">0.10</td><td rowspan="13">0.30</td><td>2.30</td><td>1.80</td><td rowspan="13">0.25</td><td rowspan="13">0.70</td><td rowspan="13">0.24</td><td rowspan="13">≤2.00</td><td rowspan="13">0.12</td></tr>
<tr><td>2</td><td>2.30</td><td>1.80</td></tr>
<tr><td>3</td><td>2.50</td><td>2.00</td></tr>
<tr><td>4</td><td>2.50</td><td>2.00</td></tr>
<tr><td>5</td><td>3.00</td><td>2.50</td></tr>
<tr><td>6</td><td>3.10</td><td>2.60</td></tr>
<tr><td>7</td><td>3.40</td><td>2.90</td></tr>
<tr><td>8</td><td>2.30</td><td>1.80</td></tr>
<tr><td>9</td><td>2.50</td><td>2.00</td></tr>
<tr><td>10</td><td>2.50</td><td>2.00</td></tr>
<tr><td>11</td><td>3.00</td><td>2.50</td></tr>
<tr><td>12</td><td>3.10</td><td>2.60</td></tr>
<tr><td>13</td><td>3.40</td><td>2.90</td></tr>
</table>

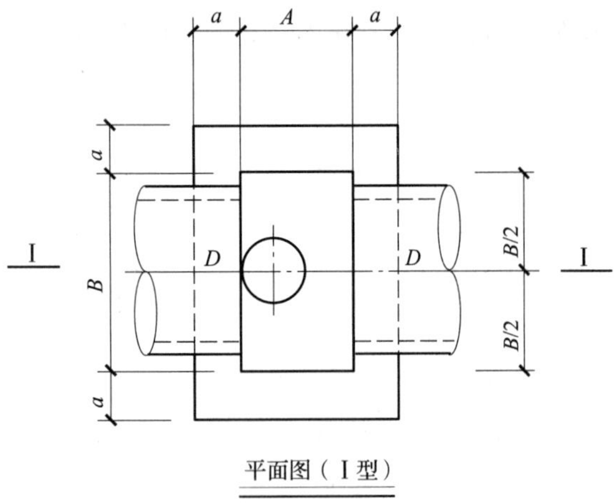

砖砌矩形检查井（落底）平面图

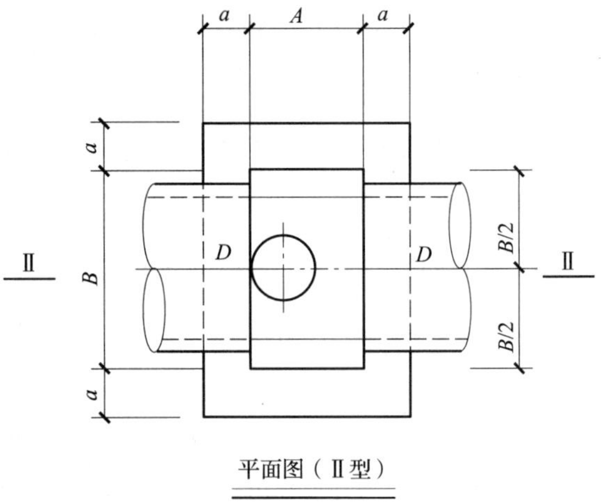

砖砌矩形检查井（不落底）平面图

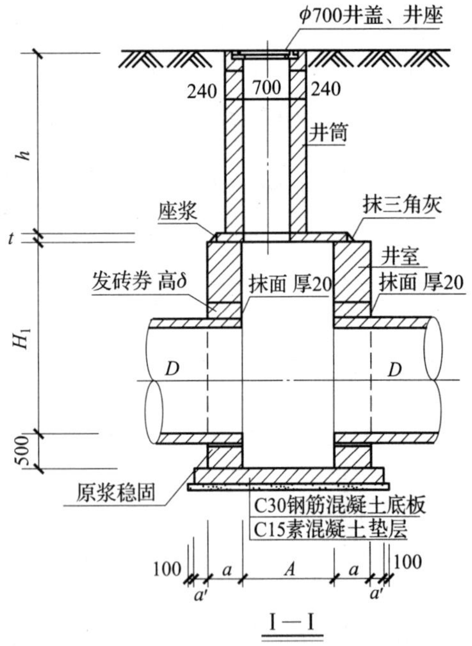

砖砌矩形检查井（落底）剖面图

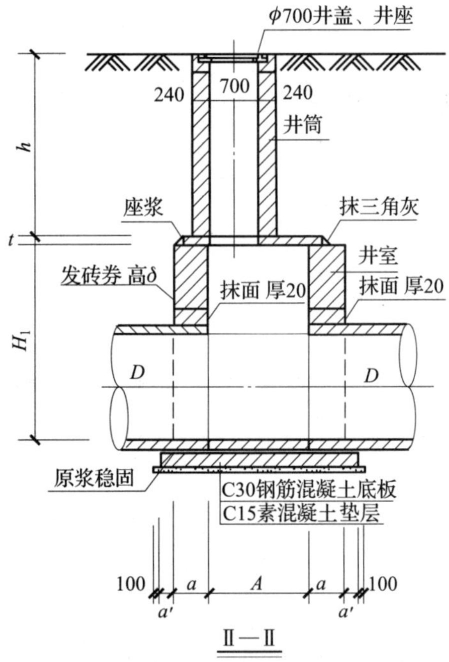

砖砌矩形检查井（不落底）剖面图

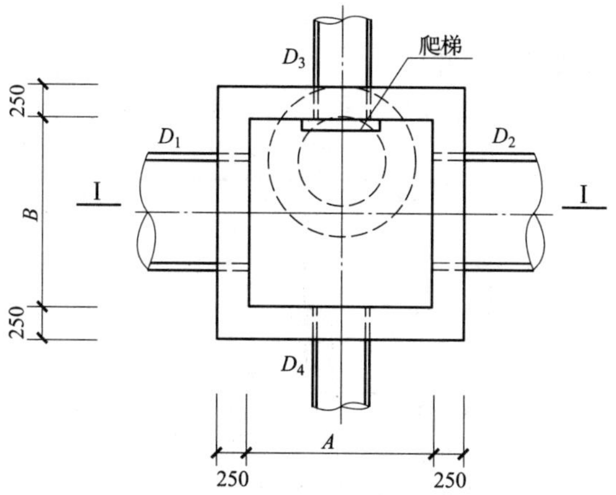

混凝土矩形检查井平面图

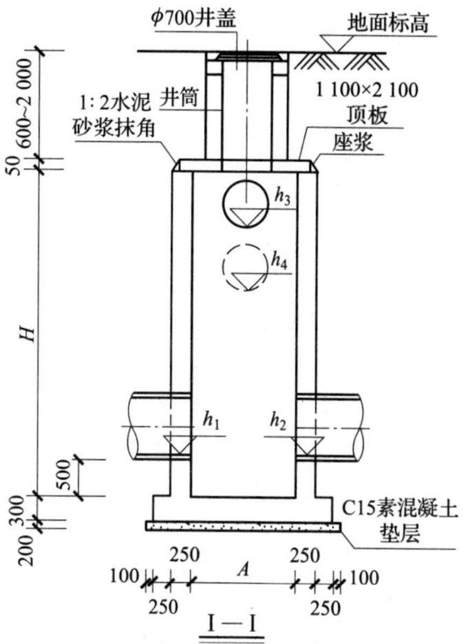

混凝土矩形检查井剖面图

四、若初步设计阶段设计没有明确管道附属构筑物规格参数，应执行综合定额；若设计明确构筑物的规格参数与定额不同，可根据设计要求参照执行综合定额。

五、管道附属构筑物定额已综合考虑模板安装、拆除，钢筋制作、安装，井字架安、拆等工作内容。

六、管道附属构筑物的井室盖板等预制构件已综合考虑构件制作、运输1km及构件安装费用，不做调整。

七、管道附属构筑物开挖及回填已综合考虑在管道沟槽开挖及回填综合定额内，若构筑物外侧采用非原土材料分层夯实回填，执行本章定额第一节相应子目。

八、管道附属构筑物定额子目未包括基坑支护及横向支撑、施工降水、软基处理，发生时执行本定额第一章"通用项目"相应子目。

九、管道附属构筑物是按普通铸铁井盖、井座考虑的，若设计要求采用不同材质井盖、井座，其材料单价换算，但人工、其余材料及机械不做调整。

十、排气阀井可套用阀门井的有关定额。

工程量计算规则

管道附属构筑物按不同井深、井室尺寸以"座"计算。

一、给水管道附属构筑物

1. 阀 门 井

(1)砖砌圆形阀门井

工作内容:垫层浇筑,混凝土搅拌,浇捣、养护,砌砖,勾缝,安装井盖,模板安装、拆除,钢筋制作、安装,井字架安、拆。

计量单位:座

定额编号				5-635	5-636	5-637	5-638
项目				井内径(m)			
				1.2	1.5	1.8	2.0
				井深(m)			
				2.1	2.4	3.2	3.5
基价(元)				**3 545.30**	**4 546.44**	**6 591.87**	**7 770.44**
其中	人工费(元)			996.40	1 304.54	1 948.42	2 312.08
	材料费(元)			2 488.65	3 157.56	4 505.75	5 292.12
	机械费(元)			60.25	84.34	137.70	166.24
预算定额编号	项目名称	单位	单价(元)	消耗量			
1-268	普通钢筋制作、安装 圆钢	t	5 216.14	0.005 0	0.005 0	0.005 0	0.005 0
1-269	普通钢筋制作、安装 带肋钢筋	t	4 716.01	0.101 0	0.136 0	0.223 0	0.274 0
1-279	铁件制作、安装 预埋铁件	t	7 476.80	0.012 6	0.015 1	0.020 2	0.022 7
6-249	井 垫层 混凝土	$10m^3$	4 727.31	0.035 7	0.046 7	0.059 2	0.068 4
6-250	井 底板 混凝土	$10m^3$	4 994.41	0.058 3	0.078 4	0.101 4	0.118 5
6-251	井砌筑 砖砌 圆形	$10m^3$	4 675.50	0.174 6	0.247 9	0.400 2	0.488 6
6-260	砖墙 抹灰 井壁	$100m^2$	2 934.44	0.145 5	0.206 6	0.333 5	0.407 2
6-272	井圈制作 非泵送商品混凝土 C20	$10m^3$	5 101.29	0.007 8	0.007 8	0.007 8	0.007 8
6-275	检查井盖 铸铁井盖	10 套	6 984.11	0.100 0	0.100 0	0.100 0	0.100 0
6-278H	小型构件安装	$10m^3$	514.85	0.007 8	0.007 8	0.007 8	0.007 8
6-354	钢筋混凝土盖板预制 井室盖板 非泵送商品混凝土 C20	$10m^3$	5 622.20	0.021 9	0.034 1	0.064 6	0.078 9
1-601	汽车运输 人力装卸 运距 1km 以内	$10m^3$	767.59	0.029 7	0.041 9	0.072 4	0.086 8
6-365H	矩形盖板 单块体积 $0.3m^3$ 以内	$10m^3$	2 024.97	0.021 9	0.034 1	0.064 6	0.078 9
6-1090	混凝土基础垫层 木模	$100m^2$	2 562.66	0.006 5	0.007 5	0.008 4	0.009 0
6-1102	平池底 木模	$100m^2$	5 196.93	0.011 8	0.013 7	0.015 6	0.016 8
6-1167	井盖板 木模	$10m^3$	2 286.83	0.021 9	0.034 1	0.064 6	0.078 9
6-1168	井圈 木模	$10m^3$	4 574.21	0.007 8	0.007 8	0.007 8	0.007 8
6-1172	钢管井字架 井深 4m 以内	座	149.22	1.000 0	1.000 0	1.000 0	1.000 0
名称		单位	单价(元)	消耗量			
人工	二类人工	工日	135.00	7.381 0	9.663 0	14.433 0	17.127 0
材料	热轧带肋钢筋 HRB400 综合	t	3 849.00	0.103 0	0.138 7	0.227 5	0.279 5
	热轧光圆钢筋 综合	t	3 966.00	0.008 2	0.008 8	0.010 0	0.010 6
	混凝土实心砖 240×115×53 MU10	千块	388.00	0.904 6	1.284 4	2.073 4	2.531 4
	非泵送商品混凝土 C15	m^3	399.00	0.360 6	0.471 7	0.597 9	0.690 8
	非泵送商品混凝土 C20	m^3	412.00	0.300 0	0.423 2	0.731 2	0.875 7
	非泵送商品混凝土 C25	m^3	421.00	0.588 8	0.791 8	1.024 1	1.196 9
	铸铁检查井盖 ϕ700 重型	套	642.00	1.000 0	1.000 0	1.000 0	1.000 0
	干混抹灰砂浆 DP M20.0	m^3	446.95	0.374 6	0.522 2	0.834 8	1.012 3
	干混砌筑砂浆 DM M7.5	m^3	413.73	0.565 5	0.802 9	1.296 2	1.582 6

(2)钢筋混凝土矩形阀门井

工作内容:垫层浇筑,混凝土搅拌、浇捣、养护,砌砖,勾缝,安装井盖,模板安装、拆除,钢筋制作、安装,井字架安、拆。

计量单位:座

定额编号				5-639	5-640	5-641	5-642
项目				井内尺寸(m)			
				1.1×1.1	1.3×1.3	1.4×1.8	1.5×2.1
				井深(m)			
				2.1	2.4	3.2	3.7
基价(元)				**4 222.30**	**5 360.64**	**9 231.58**	**11 463.25**
其中	人工费(元)			1 029.98	1 310.88	2 178.17	2 718.37
	材料费(元)			3 128.53	3 963.93	6 898.59	8 547.27
	机械费(元)			63.79	85.83	154.82	197.61
预算定额编号	项目名称	单位	单价(元)	消耗量			
1-268	普通钢筋制作、安装 圆钢	t	5 216.14	0.005 0	0.005 0	0.005 0	0.005 0
1-269	普通钢筋制作、安装 带肋钢筋	t	4 716.01	0.273 0	0.369 0	0.680 0	0.845 0
1-279	铁件制作、安装 预埋铁件	t	7 476.80	0.012 6	0.015 1	0.020 2	0.025 2
6-249	井 垫层 混凝土	$10m^3$	4 727.31	0.026 9	0.034 0	0.050 4	0.059 5
6-250	井 底板 混凝土	$10m^3$	4 994.41	0.041 2	0.053 8	0.104 0	0.124 7
6-251	井砌筑 砖砌 圆形	$10m^3$	4 675.50	0.011 8	0.011 8	0.011 8	0.011 8
6-257	井浇筑 井身 矩形	$10m^3$	4 574.88	0.112 5	0.156 6	0.360 0	0.480 0
6-260	砖墙 抹灰 井壁	$100m^2$	2 934.44	0.009 8	0.009 8	0.009 8	0.009 8
6-272	井圈制作 非泵送商品混凝土 C20	$10m^3$	5 101.29	0.007 8	0.007 8	0.007 8	0.007 8
6-275	检查井盖 铸铁井盖	10套	6 984.11	0.100 0	0.100 0	0.100 0	0.100 0
6-278H	小型构件安装	$10m^3$	514.85	0.007 8	0.007 8	0.007 8	0.007 8
6-354	钢筋混凝土盖板预制 井室盖板 非泵送商品混凝土 C20	$10m^3$	5 622.20	0.017 8	0.026 2	0.061 3	0.076 3
1-601	汽车运输 人力装卸 运距1km以内	$10m^3$	767.59	0.025 7	0.034 1	0.069 2	0.084 2
6-365H	矩形盖板 单块体积$0.3m^3$以内	$10m^3$	2 024.97	0.017 8	0.026 2	0.061 3	0.076 3
6-1090	混凝土基础垫层 木模	$100m^2$	2 562.66	0.006 4	0.007 2	0.008 8	0.009 6
6-1102	平池底 木模	$100m^2$	5 196.93	0.011 2	0.012 8	0.020 0	0.022 0
6-1105	池壁(隔墙) 矩形池壁 木模	$100m^2$	4 564.86	0.150 0	0.208 8	0.360 0	0.480 0
6-1167	井盖板 木模	$10m^3$	2 286.83	0.017 8	0.026 2	0.061 3	0.076 3
6-1168	井圈 木模	$10m^3$	4 574.21	0.007 8	0.007 8	0.007 8	0.007 8
6-1172	钢管井字架 井深4m以内	座	149.22	1.000 0	1.000 0	1.000 0	1.000 0
名称		单位	单价(元)	消耗量			
人工	二类人工	工日	135.00	7.630 0	9.710 0	16.135 0	20.136 0
材料	热轧带肋钢筋 HRB400 综合	t	3 849.00	0.278 5	0.376 4	0.693 6	0.861 9
	热轧光圆钢筋 综合	t	3 966.00	0.008 2	0.008 8	0.010 0	0.011 2
	混凝土实心砖 240×115×53 MU10	千块	388.00	0.061 1	0.061 1	0.061 1	0.061 1
	非泵送商品混凝土 C15	m^3	399.00	0.271 7	0.343 4	0.509 0	0.601 0
	非泵送商品混凝土 C20	m^3	412.00	1.394 8	1.925 1	4.333 9	5.6974
	非泵送商品混凝土 C25	m^3	421.00	0.416 1	0.543 4	1.050 4	1.259 5
	铸铁检查井盖 $\phi700$ 重型	套	642.00	1.000 0	1.000 0	1.000 0	1.000 0
	干混抹灰砂浆 DP M20.0	m^3	446.95	0.074 7	0.084 8	0.127 1	0.145 2
	干混砌筑砂浆 DM M7.5	m^3	413.73	0.038 2	0.038 2	0.038 2	0.038 2

(3)井筒高度调整

工作内容:配料砌筑、勾缝抹灰、清理场地。 **计量单位**:座

定额编号				5-643
项目				砖砌井筒 高度每增 0.2m
基价(元)				**122.31**
其中	人工费(元)			46.91
	材料费(元)			72.02
	机械费(元)			3.38
预算定额编号	项目名称	单位	单价(元)	消耗量
1-279	铁件制作、安装 预埋铁件	t	7 476.80	0.001 4
6-251	井砌筑 砖砌 圆形	$10m^3$	4 675.50	0.015 7
6-260	砖墙 抹灰 井壁	$100m^2$	2 934.44	0.013 1
名称		单位	单价(元)	消耗量
人工	二类人工	工日	135.00	0.348 0
材料	热轧光圆钢筋 综合	t	3 966.00	0.000 3
	混凝土实心砖 240×115×53 MU10	千块	388.00	0.081 3
	干混抹灰砂浆 DP M20.0	m^3	446.95	0.028 5
	干混砌筑砂浆 DM M7.5	m^3	413.73	0.050 9

2. 砖砌矩形水表井

工作内容:垫层浇筑,混凝土搅拌、浇捣、养护,砌砖,勾缝,安装井盖,模板安装、拆除,钢筋制作、安装,井字架安、拆。

计量单位:座

定额编号				5-644	5-645	5-646	5-647
项目				井内尺寸(m)			
				2.15×1.1	2.75×1.3	2.75×1.5	3.5×2.0
				井深(m)			
				1.95	2.15		2.2
基价(元)				**7 132.55**	**9 166.46**	**9 694.82**	**13 130.77**
其中	人工费(元)			1 851.92	2 466.23	2 598.21	3 569.09
	材料费(元)			5 137.20	6 511.12	6 895.39	9 249.68
	机械费(元)			143.43	189.11	201.22	312.00
预算定额编号	项目名称	单位	单价(元)	消耗量			
1-268	普通钢筋制作、安装 圆钢	t	5 216.14	0.010 0	0.010 0	0.010 0	0.015 0
1-269	普通钢筋制作、安装 带肋钢筋	t	4 716.01	0.161 0	0.203 0	0.228 0	0.304 0
1-279	铁件制作、安装 预埋铁件	t	7 476.80	0.012 6	0.012 6	0.012 6	0.015 1
6-249	井 垫层 混凝土	$10m^3$	4 727.31	0.091 9	0.116 2	0.124 9	0.173 2
6-250	井 底板 混凝土	$10m^3$	4 994.41	0.159 4	0.204 7	0.221 2	0.312 5
6-252	砖砌 矩形	$10m^3$	4 061.05	0.580 4	0.788 7	0.820 1	1.016 1
6-260	砖墙 抹灰 井壁	$100m^2$	2 934.44	0.236 9	0.321 9	0.334 7	0.414 7
6-272	井圈制作 非泵送商品混凝土 C20	$10m^3$	5 101.29	0.012 6	0.012 6	0.012 6	0.012 6
6-275	检查井盖 铸铁井盖	10 套	6 984.11	0.100 0	0.100 0	0.100 0	0.100 0
6-278H	小型构件安装	$10m^3$	514.85	0.012 6	0.012 6	0.012 6	0.012 6
6-354	钢筋混凝土盖板预制 井室盖板 非泵送商品混凝土 C20	$10m^3$	5 622.20	0.082 5	0.111 2	0.122 1	0.242 2
1-601	汽车运输 人力装卸 运距 1km 以内	$10m^3$	767.59	0.095 0	0.123 7	0.134 6	0.254 8
6-365H	矩形盖板 单块体积 $0.3m^3$ 以内	$10m^3$	2 024.97	0.082 5	0.111 2	0.122 1	0.242 2
6-1090	混凝土基础垫层 木模	$100m^2$	2 562.66	0.012 0	0.013 6	0.014 0	0.016 5
6-1102	平池底 木模	$100m^2$	5 196.93	0.022 4	0.025 6	0.026 4	0.031 4
6-1167	井盖板 木模	$10m^3$	2 286.83	0.082 5	0.111 2	0.122 1	0.242 2
6-1168	井圈 木模	$10m^3$	4 574.21	0.012 6	0.012 6	0.012 6	0.012 6
6-1171	钢管井字架 井深 2m 以内	座	77.70	1.000 0	—	—	—
6-1172	钢管井字架 井深 4m 以内	座	149.22	—	1.000 0	1.000 0	1.000 0
	名称	单位	单价(元)	消耗量			
人工	二类人工	工日	135.00	13.718 0	18.269 0	19.246 0	26.438 0
材料	热轧带肋钢筋 HRB400 综合	t	3 849.00	0.164 2	0.207 1	0.232 6	0.310 1
	热轧光圆钢筋 综合	t	3 966.00	0.013 3	0.013 3	0.013 3	0.019 0
	混凝土实心砖 240×115×53 MU10	千块	388.00	3.162 6	4.297 6	4.468 7	5.536 7
	非泵送商品混凝土 C15	m^3	399.00	0.928 2	1.173 6	1.261 5	1.749 3
	非泵送商品混凝土 C20	m^3	412.00	0.960 5	1.250 4	1.360 5	2.573 5
	非泵送商品混凝土 C25	m^3	421.00	1.609 9	2.067 5	2.234 1	3.156 3
	铸铁检查井盖 ϕ700 重型	套	642.00	1.000 0	1.000 0	1.000 0	1.000 0
	干混抹灰砂浆 DP M20.0	m^3	446.95	0.648 5	0.867 9	0.908 9	1.227 6
	干混砌筑砂浆 DM M7.5	m^3	413.73	1.326 8	1.803 0	1.874 7	2.322 8

3.消火栓井

工作内容:垫层浇筑,混凝土搅拌、浇捣、养护,砌砖,勾缝,安装井盖,模板安装、拆除,钢筋制作、安装。 **计量单位:**座

定额编号				5-648	5-649	5-650
项目				浅型	深型(m)	
					井深 1.2	每增减 0.25
基价(元)				**405.88**	**2 470.40**	**170.83**
其中	人工费(元)			76.01	597.63	63.72
	材料费(元)			328.71	1 848.30	106.14
	机械费(元)			1.16	24.47	0.97
预算定额编号	项目名称	单位	单价(元)	消耗量		
1-268	普通钢筋制作、安装 圆钢	t	5 216.14	—	0.004 0	—
1-269	普通钢筋制作、安装 带肋钢筋	t	4 716.01	—	0.098 0	—
5-542	消火栓井 浅型	座	405.88	1.000 0	—	—
5-543	消火栓井 深型 井深 1.2m	座	1 410.92	—	1.000 0	—
5-544	消火栓井 深型 每增减 0.25m	座	170.83	—	—	1.000 0
6-250	井 底板 混凝土	$10m^3$	4 994.41	—	0.056 0	—
6-354	钢筋混凝土盖板预制 井室盖板 非泵送商品混凝土 C20	$10m^3$	5 622.20	—	0.022 0	—
1-601	汽车运输 人力装卸 运距 1km 以内	$10m^3$	767.59	—	0.022 0	—
6-365H	矩形盖板 单块体积 0.3m^3 以内	$10m^3$	2 024.97	—	0.022 0	—
6-1102	平池底 木模	$100m^2$	5 196.93	—	0.011 8	—
6-1167	井盖板 木模	$10m^3$	2 286.83	—	0.022 0	—
名称		单位	单价(元)	消耗量		
人工	二类人工	工日	135.00	0.563 0	4.427 0	0.472 0
材料	热轧带肋钢筋 HRB400 综合	t	3 849.00	—	0.100 0	—
	热轧光圆钢筋 综合	t	3 966.00	—	0.004 1	—
	混凝土实心砖 240×115×53 MU10	千块	388.00	0.177 0	0.894 0	0.141 0
	非泵送商品混凝土 C20	m^3	412.00	0.053 0	0.275 2	—
	铸铁检查井盖 ϕ600 轻型	套	184.00	1.000 0	—	—
	铸铁检查井盖 ϕ700 轻型	套	459.00	—	1.000 0	—
	干混砌筑砂浆 DM M7.5	m^3	414.00	0.122 0	0.428 0	0.093 0
	干混抹灰砂浆 DP M20.0	m^3	446.95	—	0.026 5	—
	非泵送商品混凝土 C25	m^3	421.00	—	0.565 6	—

4. 砖砌圆形排泥湿井

工作内容：垫层浇筑，混凝土搅拌、浇捣、养护，砌砖，勾缝，安装井盖，模板安装、拆除，钢筋制作、安装，井字架安、拆。

计量单位：座

定额编号				5-651	5-652	5-653	5-654	5-655	5-656
项目				井内径(m)					
				0.8		1.0		1.2	
				井深(m)					
				2	每增减 0.2	3	每增减 0.2	4	每增减 0.2
基价（元）				**2 467.65**	**122.31**	**3 786.50**	**143.69**	**5 164.03**	**165.04**
其中	人工费（元）			652.84	46.91	1 134.88	55.13	1 615.18	63.34
	材料费（元）			1 777.87	72.02	2 581.19	84.64	3 443.51	97.25
	机械费（元）			36.94	3.38	70.43	3.92	105.34	4.45
预算定额编号	项目名称	单位	单价(元)	消耗量					
1-268	普通钢筋制作、安装 圆钢	t	5 216.14	—	—	0.005 0	—	0.005 0	—
1-269	普通钢筋制作、安装 带肋钢筋	t	4 716.01	0.038 0	—	0.076 0	—	0.100 0	—
1-279	铁件制作、安装 预埋铁件	t	7 476.80	0.012 6	0.001 4	0.020 2	0.001 4	0.027 7	0.001 4
6-249	井 垫层 混凝土	10m^3	4 727.31	0.023 3	—	0.029 1	—	0.035 7	—
6-250	井 底板 混凝土	10m^3	4 994.41	0.036 1	—	0.046 6	—	0.058 3	—
6-251	井砌筑 砖砌 圆形	10m^3	4 675.50	0.125 5	0.015 7	0.229 1	0.018 7	0.374 6	0.021 7
6-260	砖墙 抹灰 井壁	100m^2	2 934.44	0.104 6	0.013 1	0.190 9	0.015 6	0.312 1	0.018 1
6-272	井圈制作 非泵送商品混凝土 C20	10m^3	5 101.29	0.015 7	—	0.015 7	—	0.015 7	—
6-275	检查井盖 铸铁井盖	10 套	6 984.11	0.100 0	—	0.100 0	—	0.100 0	—
6-278H	小型构件安装	10m^3	514.85	0.015 7	—	0.015 7	—	0.015 7	—
6-354	钢筋混凝土盖板预制 井室盖板 非泵送商品混凝土 C20	10m^3	5 622.20	—	—	0.014 9	—	0.021 9	—
1-601	汽车运输 人力装卸 运距 1km 以内	10m^3	767.59	0.015 7	—	0.030 6	—	0.037 6	—
6-365H	矩形盖板 单块体积 0.3m^3 以内	10m^3	2 024.97	—	—	0.014 9	—	0.021 9	—
6-1090	混凝土基础垫层 木模	100m^2	2 562.66	0.005 3	—	0.005 9	—	0.006 5	—
6-1102	平池底 木模	100m^2	5 196.93	0.009 3	—	0.010 6	—	0.011 8	—
6-1167	井盖板 木模	10m^3	2 286.83	—	—	0.014 9	—	0.021 9	—
6-1168	井圈 木模	10m^3	4 574.21	0.015 7	—	0.015 7	—	0.015 7	—
6-1171	钢管井字架 井深 2m 以内	座	77.70	1.000 0	—	—	—	—	—
6-1172	钢管井字架 井深 4m 以内	座	149.22	—	—	1.000 0	—	1.000 0	—
	名称	单位	单价(元)	消耗量					
人工	二类人工	工日	135.00	4.836 0	0.348 0	8.407 0	0.408 0	11.964 0	0.469 0
材料	热轧带肋钢筋 HRB400 综合	t	3 849.00	0.038 8	—	0.077 5	—	0.102 0	—
	热轧光圆钢筋 综合	t	3 966.00	0.003 1	0.000 3	0.010 0	0.000 3	0.011 8	0.000 3
	混凝土实心砖 240×115×53 MU10	千块	388.00	0.650 2	0.081 3	1.187 0	0.096 9	1.940 8	0.112 4
	非泵送商品混凝土 C15	m^3	399.00	0.235 3	—	0.293 9	—	0.360 6	—
	非泵送商品混凝土 C20	m^3	412.00	0.158 6	—	0.309 1	—	0.379 8	—
	非泵送商品混凝土 C25	m^3	421.00	0.364 6	—	0.470 7	—	0.588 8	—
	铸铁检查井盖 ϕ700 重型	套	642.00	1.000 0	—	1.000 0	—	1.000 0	—
	干混抹灰砂浆 DP M20.0	m^3	446.95	0.262 8	0.028 5	0.468 3	0.033 9	0.740 3	0.039 3
	干混砌筑砂浆 DM M7.5	m^3	413.73	0.406 5	0.050 9	0.742 1	0.060 6	1.213 3	0.070 3

5. 管道支墩(挡墩)

工作内容:混凝土浇捣、养护,模板安装、拆除。　　计量单位:m^3

定额编号				5-657	5-658	5-659
项目				每处(m^3)		
				1 以内	3 以内	3 以外
基价(元)				**980.47**	**778.93**	**692.49**
其中	人工费(元)			391.09	257.25	202.63
	材料费(元)			565.11	501.32	471.31
	机械费(元)			24.27	20.36	18.55
预算定额编号	项目名称	单位	单价(元)	消耗量		
5-551	管道支墩(挡墩) 每处 $1m^3$ 以外	$10m^3$	6 827.35	0.100 0	—	—
5-552	管道支墩(挡墩) 每处 $3m^3$ 以外	$10m^3$	6 194.24	—	0.100 0	—
5-553	管道支墩(挡墩) 每处 $5m^3$ 以外	$10m^3$	5 967.99	—	—	0.100 0
6-1144	管座 复合木模	$100m^2$	5 316.60	0.056 0	0.030 0	0.018 0
名称		单位	单价(元)	消耗量		
人工	二类人工	工日	135.00	2.897 0	1.906 0	1.501 0
材料	非泵送商品混凝土 C20	m^3	412.00	1.020 0	1.020 0	1.020 0

二、排水管道附属构筑物

1. 砖砌圆形定型检查井

工作内容：垫层浇筑，混凝土浇捣、养护，模板安装、拆除，砌砖，抹灰勾缝，安装井盖，钢筋制作、安装，井字架安、拆。

计量单位：座

定额编号				5-660	5-661	5-662
项目				砖砌圆形检查井(不落底)		
				井内径(m)		
				1.0	1.25	1.5
				井深(m)		
				3		
基价（元）				**4 472.96**	**5 157.26**	**5 897.34**
其中	人工费（元）			1 299.03	1 490.39	1 693.93
	材料费（元）			3 097.54	3 575.44	4 095.67
	机械费（元）			76.39	91.43	107.74
预算定额编号	项目名称	单位	单价(元)	消耗量		
1-268	普通钢筋制作、安装 圆钢	t	5 216.14	0.007 9	0.010 2	0.012 7
1-269	普通钢筋制作、安装 带肋钢筋	t	4 716.01	0.071 5	0.091 5	0.114 5
1-279	铁件制作、安装 预埋铁件	t	7 476.80	0.018 3	0.018 3	0.018 3
6-249	井 垫层 混凝土	$10m^3$	4 727.31	0.036 0	0.044 9	0.054 7
6-250	井 底板 混凝土	$10m^3$	4 994.41	0.059 1	0.075 3	0.093 5
6-251	井砌筑 砖砌 圆形	$10m^3$	4 675.50	0.351 4	0.413 4	0.478 4
6-260	砖墙 抹灰 井壁	$100m^2$	2 934.44	0.201 0	0.229 3	0.257 6
6-272	井圈制作 非泵送商品混凝土 C20	$10m^3$	5 101.29	0.018 2	0.018 2	0.018 2
6-275H	检查井盖 铸铁井盖	10 套	7 234.11	0.100 0	0.100 0	0.100 0
6-278H	小型构件安装	$10m^3$	514.85	0.018 2	0.018 2	0.018 2
6-354	钢筋混凝土盖板预制 井室盖板 非泵送商品混凝土 C20	$10m^3$	5 622.20	0.011 3	0.018 0	0.025 9
1-601	汽车运输 人力装卸 运距 1km 以内	$10m^3$	767.59	0.011 3	0.018 0	0.025 9
6-365H	矩形盖板 单块体积 $0.3m^3$ 以内	$10m^3$	2 024.97	0.011 3	0.018 0	0.025 9
6-1090	混凝土基础垫层 木模	$100m^2$	2 562.66	0.006 7	0.007 5	0.008 3
6-1102	平池底 木模	$100m^2$	5 196.93	0.012 2	0.013 8	0.015 3
6-1167	井盖板 木模	$10m^3$	2 286.83	0.011 3	0.018 0	0.025 9
6-1168	井圈 木模	$10m^3$	4 574.21	0.018 2	0.018 2	0.018 2
6-1172	钢管井字架 井深 4m 以内	座	149.22	1.000 0	1.000 0	1.000 0
	名称	单位	单价(元)	消耗量		
人工	二类人工	工日	135.00	9.623 0	11.040 0	12.548 0
材料	热轧带肋钢筋 HRB400 综合	t	3 849.00	0.072 9	0.093 3	0.116 8
	热轧光圆钢筋 综合	t	3 966.00	0.012 5	0.014 9	0.017 4
	混凝土实心砖 240×115×53 MU10	千块	388.00	1.820 6	2.141 8	2.478 6
	非泵送商品混凝土 C15	m^3	399.00	0.363 6	0.453 5	0.552 5
	非泵送商品混凝土 C20	m^3	412.00	0.298 0	0.365 6	0.445 4
	非泵送商品混凝土 C25	m^3	421.00	0.596 9	0.760 5	0.944 4
	铸铁检查井盖 ϕ700 重型	套	642.00	1.000 0	1.000 0	1.000 0
	干混抹灰砂浆 DP M20.0	m^3	446.95	0.487 1	0.556 7	0.627 7
	干混砌筑砂浆 DM M7.5	m^3	413.73	1.138 2	1.339 0	1.549 5
	防坠网	套	25.00	1.000 0	1.000 0	1.000 0

工作内容:垫层浇筑,混凝土浇捣、养护,模板安装、拆除,砌砖,抹灰勾缝,安装井盖,钢筋制作、安装,井字架安、拆。

计量单位:座

定额编号				5-663	5-664	5-665
项目				砖砌圆形检查井(落底)		
				井内径(m)		
				1.0	1.25	1.5
				井深(m)		
				3.5		
基价(元)				**4 962.06**	**5 691.67**	**6 463.05**
其中	人工费(元)			1 475.17	1 686.78	1 907.05
	材料费(元)			3 397.26	3 899.07	4 433.06
	机械费(元)			89.63	105.82	122.94
预算定额编号	项目名称	单位	单价(元)	消耗量		
1-268	普通钢筋制作、安装 圆钢	t	5 216.14	0.007 9	0.010 2	0.012 7
1-269	普通钢筋制作、安装 带肋钢筋	t	4 716.01	0.071 5	0.091 5	0.114 5
1-279	铁件制作、安装 预埋铁件	t	7 476.80	0.022 9	0.022 9	0.022 9
6-249	井 垫层 混凝土	$10m^3$	4 727.31	0.036 0	0.044 9	0.054 7
6-250	井 底板 混凝土	$10m^3$	4 994.41	0.059 1	0.075 3	0.093 5
6-251	井砌筑 砖砌 圆形	$10m^3$	4 675.50	0.421 6	0.488 4	0.555 2
6-260	砖墙 抹灰 井壁	$100m^2$	2 934.44	0.244 1	0.280 2	0.316 3
6-272	井圈制作 非泵送商品混凝土 C20	$10m^3$	5 101.29	0.018 2	0.018 2	0.018 2
6-275H	检查井盖 铸铁井盖	10 套	7 234.11	0.100 0	0.100 0	0.100 0
6-278H	小型构件安装	$10m^3$	514.85	0.018 2	0.018 2	0.018 2
6-354	钢筋混凝土盖板预制 井室盖板 非泵送商品混凝土 C20	$10m^3$	5 622.20	0.011 3	0.018 0	0.025 9
1-601	汽车运输 人力装卸 运距 1km 以内	$10m^3$	767.59	0.011 3	0.018 0	0.025 9
6-365H	矩形盖板 单块体积 $0.3m^3$ 以内	$10m^3$	2 024.97	0.011 3	0.018 0	0.025 9
6-1090	混凝土基础垫层 木模	$100m^2$	2 562.66	0.006 7	0.007 5	0.008 3
6-1102	平池底 木模	$100m^2$	5 196.93	0.012 2	0.013 8	0.015 3
6-1167	井盖板 木模	$10m^3$	2 286.83	0.011 3	0.018 0	0.025 9
6-1168	井圈 木模	$10m^3$	4 574.21	0.018 2	0.018 2	0.018 2
6-1172	钢管井字架 井深 4m 以内	座	149.22	1.000 0	1.000 0	1.000 0
名称		单位	单价(元)	消耗量		
人工	二类人工	工日	135.00	10.927 0	12.495 0	14.127 0
材料	热轧带肋钢筋 HRB400 综合	t	3 849.00	0.072 9	0.093 3	0.116 8
	热轧光圆钢筋 综合	t	3 966.00	0.013 6	0.016 0	0.018 5
	混凝土实心砖 240×115×53 MU10	千块	388.00	2.184 3	2.530 4	2.876 5
	非泵送商品混凝土 C15	m^3	399.00	0.363 6	0.453 5	0.552 5
	非泵送商品混凝土 C20	m^3	412.00	0.298 0	0.365 6	0.445 4
	非泵送商品混凝土 C25	m^3	421.00	0.596 9	0.760 5	0.944 4
	铸铁检查井盖 $\phi700$ 重型	套	642.00	1.000 0	1.000 0	1.000 0
	干混抹灰砂浆 DP M20.0	m^3	446.95	0.580 8	0.667 3	0.755 4
	干混砌筑砂浆 DM M7.5	m^3	413.73	1.365 6	1.581 9	1.798 3
	防坠网	套	25.00	1.000 0	1.000 0	1.000 0

2. 砖砌矩形检查井

(1)不 落 底

工作内容:垫层浇筑,混凝土浇捣、养护,模板安装、拆除,砌砖,抹灰勾缝,安装井盖,钢筋制作、安装,井字架安、拆。

计量单位:座

定额编号				5-666	5-667	5-668
项目				砖砌矩形检查井(不落底)		
				井内尺寸(m)		
				1.1×1.1	1.1×1.25	1.1×1.5
				井深(m)		
				3		3.5
基价(元)				**5 381.10**	**5 638.75**	**6 535.82**
其中	人工费(元)			1 519.10	1 587.79	1 867.61
	材料费(元)			3 773.91	3 957.66	4 554.48
	机械费(元)			88.09	93.30	113.73
预算定额编号	项目名称	单位	单价(元)	消耗量		
1-268	普通钢筋制作、安装 圆钢	t	5 216.14	0.011 0	0.011 9	0.013 3
1-269	普通钢筋制作、安装 带肋钢筋	t	4 716.01	0.099 2	0.106 7	0.119 3
1-279	铁件制作、安装 预埋铁件	t	7 476.80	0.018 3	0.018 3	0.022 9
6-249	井 垫层 混凝土	$10m^3$	4 727.31	0.050 2	0.053 5	0.059 1
6-250	井 底板 混凝土	$10m^3$	4 994.41	0.083 2	0.089 4	0.099 6
6-251	井砌筑 砖砌 圆形	$10m^3$	4 675.50	0.055 3	0.055 3	0.076 5
6-252	井砌筑 砖砌 矩形	$10m^3$	4 061.05	0.412 4	0.438 9	0.533 6
6-260	砖墙 抹灰 井壁	$100m^2$	2 934.44	0.257 7	0.268 5	0.331 0
6-272	井圈制作 非泵送商品混凝土 C20	$10m^3$	5 101.29	0.018 2	0.018 2	0.018 2
6-275H	检查井盖 铸铁井盖	10套	7 234.11	0.100 0	0.100 0	0.100 0
6-278H	小型构件安装	$10m^3$	514.85	0.018 2	0.018 2	0.018 2
6-354	钢筋混凝土盖板预制 井室盖板 非泵送商品混凝土 C20	$10m^3$	5 622.20	0.019 7	0.022 3	0.026 5
1-601	汽车运输 人力装卸 运距1km以内	$10m^3$	767.59	0.019 7	0.022 3	0.026 5
6-365H	矩形盖板 单块体积0.3m^3以内	$10m^3$	2 024.97	0.019 7	0.022 3	0.026 5
6-1090	混凝土基础垫层 木模	$100m^2$	2 562.66	0.009 0	0.009 3	0.009 8
6-1102	平池底 木模	$100m^2$	5 196.93	0.016 3	0.016 9	0.017 9
6-1167	井盖板 木模	$10m^3$	2 286.83	0.019 7	0.022 3	0.026 5
6-1168	井圈 木模	$10m^3$	4 574.21	0.018 2	0.018 2	0.018 2
6-1172	钢管井字架 井深4m以内	座	149.22	1.000 0	1.000 0	1.000 0
	名称	单位	单价(元)	消耗量		
人工	二类人工	工日	135.00	11.253 0	11.762 0	13.834 0
材料	热轧带肋钢筋 HRB400 综合	t	3 849.00	0.101 2	0.108 8	0.121 7
	热轧光圆钢筋 综合	t	3 966.00	0.015 7	0.016 6	0.019 1
	混凝土实心砖 240×115×53 MU10	千块	388.00	2.533 7	2.678 1	3.303 9
	非泵送商品混凝土 C15	m^3	399.00	0.507 0	0.540 4	0.596 9
	非泵送商品混凝土 C20	m^3	412.00	0.382 8	0.409 1	0.451 5
	非泵送商品混凝土 C25	m^3	421.00	0.840 3	0.902 9	1.006 0
	铸铁检查井盖 ϕ700 重型	套	642.00	1.000 0	1.000 0	1.000 0
	干混抹灰砂浆 DP M20.0	m^3	446.95	0.620 5	0.647 1	0.788 1
	干混砌筑砂浆 DM M7.5	m^3	413.73	1.121 9	1.182 4	1.467 6
	防坠网	套	25.00	1.000 0	1.000 0	1.000 0

工作内容:垫层浇筑,混凝土浇捣、养护,模板安装、拆除,砌砖,抹灰勾缝,安装井盖,钢筋制作、安装,井字架安、拆。

计量单位:座

定额编号				5-669	5-670	5-671	5-672
项目				砖砌矩形检查井(不落底)			
				井内尺寸(m)			
				1.1×1.75	1.1×2.1	1.1×2.4	1.1×2.6
				井深(m)			
				3.5	4		4.5
基价(元)				**6 996.19**	**8 494.68**	**10 964.93**	**12 394.67**
其中	人工费(元)			1 991.13	2 450.04	3 048.52	3 531.02
	材料费(元)			4 882.04	5 889.48	7 715.97	8 633.40
	机械费(元)			123.02	155.16	200.44	230.25
预算定额编号	项目名称	单位	单价(元)	消耗量			
1-268	普通钢筋制作、安装 圆钢	t	5 216.14	0.014 6	0.016 6	0.020 3	0.021 5
1-269	普通钢筋制作、安装 带肋钢筋	t	4 716.01	0.131 8	0.149 4	0.182 7	0.193 4
1-279	铁件制作、安装 预埋铁件	t	7 476.80	0.022 9	0.025 2	0.025 2	0.029 7
6-249	井 垫层 混凝土	$10m^3$	4 727.31	0.064 7	0.072 6	0.093 7	0.098 7
6-250	井 底板 混凝土	$10m^3$	4 994.41	0.109 8	0.124 0	0.163 2	0.172 4
6-251	井砌筑 砖砌 圆形	$10m^3$	4 675.50	0.076 5	0.076 5	0.069 5	0.083 6
6-252	井砌筑 砖砌 矩形	$10m^3$	4 061.05	0.584 6	0.805 0	1.239 1	1.443 3
6-260	砖墙 抹灰 井壁	$100m^2$	2 934.44	0.351 0	0.457 8	0.523 8	0.612 6
6-272	井圈制作 非泵送商品混凝土 C20	$10m^3$	5 101.29	0.018 2	0.018 2	0.018 2	0.018 2
6-275H	检查井盖 铸铁井盖	10 套	7 234.11	0.100 0	0.100 0	0.100 0	0.100 0
6-278H	小型构件安装	$10m^3$	514.85	0.018 2	0.018 2	0.018 2	0.018 2
6-354	钢筋混凝土盖板预制 井室盖板 非泵送商品混凝土 C20	$10m^3$	5 622.20	0.030 7	0.036 5	0.041 6	0.044 9
1-601	汽车运输 人力装卸 运距 1km 以内	$10m^3$	767.59	0.030 7	0.036 5	0.041 6	0.044 9
6-365H	矩形盖板 单块体积 $0.3m^3$ 以内	$10m^3$	2 024.97	0.030 7	0.036 5	0.041 6	0.044 9
6-1090	混凝土基础垫层 木模	$100m^2$	2 562.66	0.010 3	0.011 0	0.012 5	0.012 9
6-1102	平池底 木模	$100m^2$	5 196.93	0.018 9	0.020 3	0.023 4	0.024 2
6-1167	井盖板 木模	$10m^3$	2 286.83	0.030 7	0.036 5	0.041 6	0.044 9
6-1168	井圈 木模	$10m^3$	4 574.21	0.018 2	0.018 2	0.018 2	0.018 2
6-1172	钢管井字架 井深 4m 以内	座	149.22	1.000 0	1.000 0	1.000 0	—
6-1173	钢管井字架 井深 6m 以内	座	222.75	—	—	—	1.000 0
	名称	单位	单价(元)	消耗量			
人工	二类人工	工日	135.00	14.749 0	18.149 0	22.582 0	26.156 0
材料	热轧带肋钢筋 HRB400 综合	t	3 849.00	0.134 4	0.152 4	0.186 4	0.197 3
	热轧光圆钢筋 综合	t	3 966.00	0.020 5	0.023 1	0.026 8	0.029 1
	混凝土实心砖 240×115×53 MU10	千块	388.00	3.581 8	4.782 8	7.111 9	8.297 7
	非泵送商品混凝土 C15	m^3	399.00	0.653 5	0.733 3	0.946 4	0.996 9
	非泵送商品混凝土 C20	m^3	412.00	0.493 9	0.552 5	0.604 0	0.637 3
	非泵送商品混凝土 C25	m^3	421.00	1.109 0	1.252 4	1.648 3	1.741 2
	铸铁检查井盖 ϕ700 重型	套	642.00	1.000 0	1.000 0	1.000 0	1.000 0
	干混抹灰砂浆 DP M20.0	m^3	446.95	0.836 6	1.075 8	1.225 4	1.422 5
	干混砌筑砂浆 DM M7.5	m^3	413.73	1.584 2	2.088 0	3.057 7	3.570 2
	防坠网	套	25.00	1.000 0	1.000 0	1.000 0	1.000 0

工作内容：垫层浇筑，混凝土浇捣、养护，模板安装、拆除，砌砖，抹灰勾缝，安装井盖，钢筋制作、安装、井字架安、拆。

计量单位：座

定额编号				5-673	5-674	5-675
项目				砖砌矩形检查井(不落底)		
				井内尺寸(m)		
				1.25×1.25	1.5×1.5	1.75×1.75
				井深(m)		
				3	3.5	
基价（元）				**5 894.27**	**7 312.70**	**8 363.97**
其中	人工费（元）			1 655.84	2 073.71	2 348.64
	材料费（元）			4 139.98	5 109.41	5 864.29
	机械费（元）			98.45	129.58	151.04
预算定额编号	项目名称	单位	单价(元)	消耗量		
1-268	普通钢筋制作、安装 圆钢	t	5 216.14	0.012 8	0.016 0	0.019 7
1-269	普通钢筋制作、安装 带肋钢筋	t	4 716.01	0.115 0	0.144 4	0.177 5
1-279	铁件制作、安装 预埋铁件	t	7 476.80	0.018 3	0.022 9	0.022 9
6-249	井 垫层 混凝土	$10m^3$	4 727.31	0.057 1	0.069 7	0.083 5
6-250	井 底板 混凝土	$10m^3$	4 994.41	0.095 9	0.119 1	0.144 7
6-251	井砌筑 砖砌 圆形	$10m^3$	4 675.50	0.055 3	0.076 5	0.076 5
6-252	井砌筑 砖砌 矩形	$10m^3$	4 061.05	0.462 7	0.607 1	0.712 3
6-260	砖墙 抹灰 井壁	$100m^2$	2 934.44	0.279 3	0.363 0	0.403 0
6-272	井圈制作 非泵送商品混凝土 C20	$10m^3$	5 101.29	0.018 2	0.018 2	0.018 2
6-275H	检查井盖 铸铁井盖	10套	7 234.11	0.100 0	0.100 0	0.100 0
6-278H	小型构件安装	$10m^3$	514.85	0.018 2	0.018 2	0.018 2
6-354	钢筋混凝土盖板预制 井室盖板 非泵送商品混凝土 C20	$10m^3$	5 622.20	0.025 1	0.035 3	0.047 0
1-601	汽车运输 人力装卸 运距1km以内	$10m^3$	767.59	0.025 1	0.035 3	0.047 0
6-365H	矩形盖板 单块体积 $0.3m^3$ 以内	$10m^3$	2 024.97	0.025 1	0.035 3	0.047 0
6-1090	混凝土基础垫层 木模	$100m^2$	2 562.66	0.009 6	0.010 6	0.011 6
6-1102	平池底 木模	$100m^2$	5 196.93	0.017 5	0.019 5	0.021 5
6-1167	井盖板 木模	$10m^3$	2 286.83	0.025 1	0.035 3	0.047 0
6-1168	井圈 木模	$10m^3$	4 574.21	0.018 2	0.018 2	0.018 2
6-1172	钢管井字架 井深4m以内	座	149.22	1.000 0	1.000 0	1.000 0
	名称	单位	单价(元)	消耗量		
人工	二类人工	工日	135.00	12.266 0	15.361 0	17.397 0
材料	热轧带肋钢筋 HRB400 综合	t	3 849.00	0.117 3	0.147 3	0.181 1
	热轧光圆钢筋 综合	t	3 966.00	0.017 5	0.021 9	0.025 7
	混凝土实心砖 240×115×53 MU10	千块	388.00	2.807 8	3.704 4	4.277 7
	非泵送商品混凝土 C15	m^3	399.00	0.576 7	0.704 0	0.843 4
	非泵送商品混凝土 C20	m^3	412.00	0.437 3	0.540 4	0.658 5
	非泵送商品混凝土 C25	m^3	421.00	0.968 6	1.202 9	1.461 5
	铸铁检查井盖 ϕ700 重型	套	642.00	1.000 0	1.000 0	1.000 0
	干混抹灰砂浆 DP M20.0	m^3	446.95	0.674 0	0.868 2	0.969 3
	干混砌筑砂浆 DM M7.5	m^3	413.73	1.236 8	1.635 6	1.876 1
	防坠网	套	25.00	1.000 0	1.000 0	1.000 0

工作内容:垫层浇筑,混凝土浇捣、养护,模板安装、拆除,砌砖,抹灰勾缝,安装井盖,钢筋制作、安装,井字架安、拆。

计量单位:座

定额编号				5-676	5-677	5-678
项目				砖砌矩形检查井(不落底)		
				井内尺寸(m)		
				2.1×2.1	2.4×2.4	2.6×2.6
				井深(m)		
				4		4.5
基价(元)				**12 906.12**	**15 005.21**	**17 503.81**
其中	人工费(元)			3 535.00	4 079.08	4 839.06
	材料费(元)			9 131.06	10 643.32	12 329.90
	机械费(元)			240.06	282.81	334.85
预算定额编号	项目名称	单位	单价(元)	消耗量		
1-268	普通钢筋制作、安装 圆钢	t	5 216.14	0.027 8	0.033 7	0.038 0
1-269	普通钢筋制作、安装 带肋钢筋	t	4 716.01	0.250 6	0.303 4	0.341 6
1-279	铁件制作、安装 预埋铁件	t	7 476.80	0.025 2	0.025 2	0.029 7
6-249	井 垫层 混凝土	$10m^3$	4 727.31	0.121 1	0.142 9	0.158 4
6-250	井 底板 混凝土	$10m^3$	4 994.41	0.215 2	0.256 3	0.285 8
6-251	井砌筑 砖砌 圆形	$10m^3$	4 675.50	0.076 5	0.069 5	0.083 6
6-252	井砌筑 砖砌 矩形	$10m^3$	4 061.05	1.414 3	1.685 8	2.023 9
6-260	砖墙 抹灰 井壁	$100m^2$	2 934.44	0.581 8	0.659 0	0.786 6
6-272	井圈制作 非泵送商品混凝土 C20	$10m^3$	5 101.29	0.018 2	0.018 2	0.018 2
6-275H	检查井盖 铸铁井盖	10 套	7 234.11	0.100 0	0.100 0	0.100 0
6-278H	小型构件安装	$10m^3$	514.85	0.018 2	0.018 2	0.018 2
6-354	钢筋混凝土盖板预制 井室盖板 非泵送商品混凝土 C20	$10m^3$	5 622.20	0.065 9	0.084 5	0.098 0
1-601	汽车运输 人力装卸 运距 1km 以内	$10m^3$	767.59	0.065 9	0.084 5	0.098 0
6-365H	矩形盖板 单块体积 $0.3m^3$ 以内	$10m^3$	2 024.97	0.065 9	0.084 5	0.098 0
6-1090	混凝土基础垫层 木模	$100m^2$	2 562.66	0.013 9	0.015 1	0.015 9
6-1102	平池底 木模	$100m^2$	5 196.93	0.026 2	0.028 6	0.030 2
6-1167	井盖板 木模	$10m^3$	2 286.83	0.065 9	0.084 5	0.098 0
6-1168	井圈 木模	$10m^3$	4 574.21	0.018 2	0.018 2	0.018 2
6-1172	钢管井字架 井深 4m 以内	座	149.22	1.000 0	1.000 0	—
6-1173	钢管井字架 井深 6m 以内	座	222.75	—	—	1.000 0
名称		单位	单价(元)	消耗量		
人工	二类人工	工日	135.00	26.185 0	30.216 0	35.845 0
材料	热轧带肋钢筋 HRB400 综合	t	3 849.00	0.255 6	0.309 5	0.348 4
	热轧光圆钢筋 综合	t	3 966.00	0.034 5	0.040 5	0.046 0
	混凝土实心砖 240×115×53 MU10	千块	388.00	8.102 9	9.546 0	11.461 4
	非泵送商品混凝土 C15	m^3	399.00	1.223 1	1.443 3	1.599 8
	非泵送商品混凝土 C20	m^3	412.00	0.849 4	1.037 3	1.173 6
	非泵送商品混凝土 C25	m^3	421.00	2.173 5	2.588 6	2.886 6
	铸铁检查井盖 ϕ700 重型	套	642.00	1.000 0	1.000 0	1.000 0
	干混抹灰砂浆 DP M20.0	m^3	446.95	1.380 8	1.571 1	1.864 8
	干混砌筑砂浆 DM M7.5	m^3	413.73	3.480 9	4.078 8	4.897 4
	防坠网	套	25.00	1.000 0	1.000 0	1.000 0

(2)落　　底

工作内容：垫层浇筑，混凝土浇捣、养护，模板安装、拆除，砌砖，抹灰勾缝，安装井盖，钢筋制作、安装，井字架安、拆。

计量单位：座

定额编号				5-679	5-680	5-681
项目				砖砌矩形检查井(落底)		
				井内尺寸(m)		
				1.1×1.1	1.1×1.25	1.1×1.5
				井深(m)		
				3.5		4
基价(元)				**5 945.42**	**6 208.57**	**7 091.38**
其中	人工费(元)			1 720.07	1 793.88	2 073.87
	材料费(元)			4 123.68	4 307.28	4 890.81
	机械费(元)			101.67	107.41	126.70
预算定额编号	项目名称	单位	单价(元)	消耗量		
1-268	普通钢筋制作、安装 圆钢	t	5 216.14	0.011 0	0.011 9	0.013 3
1-269	普通钢筋制作、安装 带肋钢筋	t	4 716.01	0.099 2	0.106 7	0.119 3
1-279	铁件制作、安装 预埋铁件	t	7 476.80	0.022 9	0.022 9	0.025 2
6-249	井 垫层 混凝土	$10m^3$	4 727.31	0.050 2	0.053 5	0.059 1
6-250	井 底板 混凝土	$10m^3$	4 994.41	0.083 2	0.089 4	0.099 6
6-251	井砌筑 砖砌 圆形	$10m^3$	4 675.50	0.055 3	0.055 3	0.076 5
6-252	井砌筑 砖砌 矩形	$10m^3$	4 061.05	0.500 4	0.525 9	0.617 9
6-260	砖墙 抹灰 井壁	$100m^2$	2 934.44	0.316 5	0.330 3	0.397 8
6-272	井圈制作 非泵送商品混凝土 C20	$10m^3$	5 101.29	0.018 2	0.018 2	0.018 2
6-275H	检查井盖 铸铁井盖	10 套	7 234.11	0.100 0	0.100 0	0.100 0
6-278H	小型构件安装	$10m^3$	514.85	0.018 2	0.018 2	0.018 2
6-354	钢筋混凝土盖板预制 井室 盖板 非泵送商品混凝土 C20	$10m^3$	5 622.20	0.019 7	0.022 3	0.026 5
1-601	汽车运输 人力装卸 运距 1km 以内	$10m^3$	767.59	0.019 7	0.023 3	0.026 5
6-365H	矩形盖板 单块体积 $0.3m^3$ 以内	$10m^3$	2 024.97	0.019 7	0.022 3	0.026 5
6-1090	混凝土基础垫层 木模	$100m^2$	2 562.66	0.009 0	0.009 3	0.009 8
6-1102	平池底 木模	$100m^2$	5 196.93	0.016 3	0.016 9	0.017 9
6-1167	井盖板 木模	$10m^3$	2 286.83	0.019 7	0.022 3	0.026 5
6-1168	井圈 木模	$10m^3$	4 574.21	0.018 2	0.018 2	0.018 2
6-1172	钢管井字架 井深 4m 以内	座	149.22	1.000 0	1.000 0	1.000 0
	名称	单位	单价(元)	消耗量		
人工	二类人工	工日	135.00	12.741 0	13.288 0	15.362 0
材料	热轧带肋钢筋 HRB400 综合	t	3 849.00	0.101 2	0.108 8	0.121 7
	热轧光圆钢筋 综合	t	3 966.00	0.016 8	0.017 7	0.019 7
	混凝土实心砖 240×115×53 MU10	千块	388.00	3.013 2	3.152 1	3.763 3
	非泵送商品混凝土 C15	m^3	399.00	0.507 0	0.540 4	0.596 9
	非泵送商品混凝土 C20	m^3	412.00	0.382 8	0.409 1	0.451 5
	非泵送商品混凝土 C25	m^3	421.00	0.840 3	0.902 9	1.006 0
	铸铁检查井盖 ϕ700 重型	套	642.00	1.000 0	1.000 0	1.000 0
	干混抹灰砂浆 DP M20.0	m^3	446.95	0.748 3	0.781 5	0.933 3
	干混砌筑砂浆 DM M7.5	m^3	413.73	1.323 0	1.381 3	1.660 3
	防坠网	套	25.00	1.000 0	1.000 0	1.000 0

工作内容:垫层浇筑,混凝土浇捣、养护,模板安装、拆除,砌砖,抹灰勾缝,安装井盖,钢筋制作、安装,井字架安、拆。

计量单位:座

定额编号				5-682	5-683	5-684
项目				砖砌矩形检查井(落底)		
				井内尺寸(m)		
				1.1×1.75	1.1×2.1	1.1×2.4
				井深(m)		
				4	4.5	
基价(元)				**7 547.33**	**9 116.15**	**11 830.08**
其中	人工费(元)			2 202.60	2 743.98	3 408.92
	材料费(元)			5 208.74	6 203.42	8 202.04
	机械费(元)			135.99	168.75	219.12
预算定额编号	项目名称	单位	单价(元)	消耗量		
1-268	普通钢筋制作、安装 圆钢	t	5 216.14	0.014 6	0.016 6	0.020 3
1-269	普通钢筋制作、安装 带肋钢筋	t	4 716.01	0.131 8	0.149 4	0.182 7
1-279	铁件制作、安装 预埋铁件	t	7 476.80	0.025 2	0.029 7	0.029 7
6-249	井 垫层 混凝土	$10m^3$	4 727.31	0.064 7	0.072 6	0.093 7
6-250	井 底板 混凝土	$10m^3$	4 994.41	0.109 8	0.124 0	0.163 2
6-251	井砌筑 砖砌 圆形	$10m^3$	4 675.50	0.076 5	0.076 5	0.069 5
6-252	井砌筑 砖砌 矩形	$10m^3$	4 061.05	0.664 2	0.874 7	1.361 0
6-260	砖墙 抹灰 井壁	$100m^2$	2 934.44	0.422 8	0.536 6	0.613 4
6-272	井圈制作 非泵送商品混凝土 C20	$10m^3$	5 101.29	0.018 2	0.018 2	0.018 2
6-275H	检查井盖 铸铁井盖	10 套	7 234.11	0.100 0	0.100 0	0.100 0
6-278H	小型构件安装	$10m^3$	514.85	0.018 2	0.018 2	0.018 2
6-354	钢筋混凝土盖板预制 井室盖板 非泵送商品混凝土 C20	$10m^3$	5 622.20	0.030 7	0.036 5	0.041 6
1-601	汽车运输 人力装卸 运距 1km 以内	$10m^3$	767.59	0.030 7	0.036 5	0.041 6
6-365H	矩形盖板 单块体积 $0.3m^3$ 以内	$10m^3$	2 024.97	0.030 7	0.036 5	0.041 6
6-1090	混凝土基础垫层 木模	$100m^2$	2 562.66	0.010 3	0.011 0	0.012 5
6-1102	平池底 木模	$100m^2$	5 196.93	0.018 9	0.020 3	0.023 4
6-1167	井盖板 木模	$10m^3$	2 286.83	0.030 7	0.036 5	0.041 6
6-1168	井圈 木模	$10m^3$	4 574.21	0.018 2	0.018 2	0.018 2
6-1172	钢管井字架 井深 4m 以内	座	149.22	1.000 0	—	—
6-1173	钢管井字架 井深 6m 以内	座	222.75	—	1.000 0	1.000 0
	名称	单位	单价(元)	消耗量		
人工	二类人工	工日	135.00	16.316 0	20.326 0	25.251 0
材料	热轧带肋钢筋 HRB400 综合	t	3 849.00	0.134 4	0.152 4	0.186 4
	热轧光圆钢筋 综合	t	3 966.00	0.021 0	0.024 1	0.027 9
	混凝土实心砖 240×115×53 MU10	千块	388.00	4.015 6	5.162 6	7.776 2
	非泵送商品混凝土 C15	m^3	399.00	0.653 5	0.733 3	0.946 4
	非泵送商品混凝土 C20	m^3	412.00	0.493 9	0.552 5	0.604 0
	非泵送商品混凝土 C25	m^3	421.00	1.109 0	1.252 4	1.648 3
	铸铁检查井盖 ϕ700 重型	套	642.00	1.000 0	1.000 0	1.000 0
	干混抹灰砂浆 DP M20.0	m^3	446.95	0.992 7	1.247 1	1.420 2
	干混砌筑砂浆 DM M7.5	m^3	413.73	1.766 1	2.247 3	3.336 4
	防坠网	套	25.00	1.000 0	1.000 0	1.000 0

工作内容:垫层浇筑,混凝土浇捣、养护,模板安装、拆除,砌砖,抹灰勾缝,安装井盖,钢筋制作、安装,井字架安、拆。

计量单位:座

定额编号				5-685	5-686	5-687
项目				砖砌矩形检查井(落底)		
				井内尺寸(m)		
				1.1×2.6	1.25×1.25	1.5×1.5
				井深(m)		
				5	3.5	4
基价(元)				**13 158.04**	**6 479.03**	**7 893.77**
其中	人工费(元)			3 815.68	1 868.68	2 295.41
	材料费(元)			9 094.47	4 497.80	5 455.15
	机械费(元)			247.89	112.55	143.21
预算定额编号	项目名称	单位	单价(元)	消耗量		
1-268	普通钢筋制作、安装 圆钢	t	5 216.14	0.021 5	0.012 8	0.016 0
1-269	普通钢筋制作、安装 带肋钢筋	t	4 716.01	0.193 4	0.115 0	0.144 4
1-279	铁件制作、安装 预埋铁件	t	7 476.80	0.032 0	0.022 9	0.025 2
6-249	井 垫层 混凝土	$10m^3$	4 727.31	0.098 7	0.057 1	0.069 7
6-250	井 底板 混凝土	$10m^3$	4 994.41	0.172 4	0.095 9	0.119 1
6-251	井砌筑 砖砌 圆形	$10m^3$	4 675.50	0.083 6	0.055 3	0.076 5
6-252	井砌筑 砖砌 矩形	$10m^3$	4 061.05	1.559 4	0.551 4	0.691 9
6-260	砖墙 抹灰 井壁	$100m^2$	2 934.44	0.706 2	0.344 1	0.437 8
6-272	井圈制作 非泵送商品混凝土 C20	$10m^3$	5 101.29	0.018 2	0.018 2	0.018 2
6-275H	检查井盖 铸铁井盖	10套	7 234.11	0.100 0	0.100 0	0.100 0
6-278H	小型构件安装	$10m^3$	514.85	0.018 2	0.018 2	0.018 2
6-354	钢筋混凝土盖板预制 井室盖板 非泵送商品混凝土 C20	$10m^3$	5 622.20	0.044 9	0.025 1	0.035 3
1-601	汽车运输 人力装卸 运距1km以内	$10m^3$	767.59	0.044 9	0.025 1	0.035 3
6-365H	矩形盖板 单块体积 $0.3m^3$ 以内	$10m^3$	2 024.97	0.044 9	0.025 1	0.035 3
6-1090	混凝土基础垫层 木模	$100m^2$	2 562.66	0.012 9	0.009 6	0.010 6
6-1102	平池底 木模	$100m^2$	5 196.93	0.024 2	0.017 5	0.019 5
6-1167	井盖板 木模	$10m^3$	2 286.83	0.044 9	0.025 1	0.035 3
6-1168	井圈 木模	$10m^3$	4 574.21	0.018 2	0.018 2	0.018 2
6-1172	钢管井字架 井深4m以内	座	149.22	—	1.000 0	1.000 0
6-1173	钢管井字架 井深6m以内	座	222.75	1.000 0	—	—
	名称	单位	单价(元)	消耗量		
人工	二类人工	工日	135.00	28.264 0	13.842 0	17.003 0
材料	热轧带肋钢筋 HRB400 综合	t	3 849.00	0.197 3	0.117 3	0.147 3
	热轧光圆钢筋 综合	t	3 966.00	0.029 7	0.018 6	0.022 4
	混凝土实心砖 240×115×53 MU10	千块	388.00	8.930 3	3.291 1	4.166 5
	非泵送商品混凝土 C15	m^3	399.00	0.996 9	0.576 7	0.704 0
	非泵送商品混凝土 C20	m^3	412.00	0.637 3	0.437 3	0.540 4
	非泵送商品混凝土 C25	m^3	421.00	1.741 2	0.968 6	1.202 9
	铸铁检查井盖 ϕ700 重型	套	642.00	1.000 0	1.000 0	1.000 0
	干混抹灰砂浆 DP M20.0	m^3	446.95	1.625 9	0.814 8	1.030 8
	干混砌筑砂浆 DM M7.5	m^3	413.73	3.835 6	1.439 6	1.829 5
	防坠网	套	25.00	1.000 0	1.000 0	1.000 0

工作内容:垫层浇筑,混凝土浇捣、养护,模板安装、拆除,砌砖,抹灰勾缝,安装井盖,钢筋制作、安装,井字架安、拆。

计量单位:座

定额编号				5-688	5-689	5-690	5-691
项目				砖砌矩形检查井(落底)			
				井内尺寸(m)			
				1.75×1.75	2.1×2.1	2.4×2.4	2.6×2.6
				井深(m)			
				4	4.5		5
基价(元)				**8 922.81**	**13 758.34**	**15 736.69**	**18 027.06**
其中	人工费(元)			2 577.84	3 909.86	4 442.43	5 108.39
	材料费(元)			6 180.57	9 589.74	10 994.98	12 570.46
	机械费(元)			164.40	258.74	299.28	348.21
预算定额编号	项目名称	单位	单价(元)	消耗量			
1-268	普通钢筋制作、安装 圆钢	t	5 216.14	0.019 7	0.027 8	0.033 7	0.038 0
1-269	普通钢筋制作、安装 带肋钢筋	t	4 716.01	0.177 5	0.250 6	0.303 4	0.341 6
1-279	铁件制作、安装 预埋铁件	t	7 476.80	0.025 2	0.029 7	0.029 7	0.032 0
6-249	井 垫层 混凝土	$10m^3$	4 727.31	0.083 5	0.121 1	0.142 9	0.158 4
6-250	井 底板 混凝土	$10m^3$	4 994.41	0.144 7	0.215 2	0.256 3	0.285 8
6-251	井砌筑 砖砌 圆形	$10m^3$	4 675.50	0.076 5	0.076 5	0.069 5	0.083 6
6-252	井砌筑 砖砌 矩形	$10m^3$	4 061.05	0.784 4	1.522 9	1.756 0	2.059 2
6-260	砖墙 抹灰 井壁	$100m^2$	2 934.44	0.487 8	0.685 4	0.774 6	0.910 2
6-272	井圈制作 非泵送商品混凝土 C20	$10m^3$	5 101.29	0.018 2	0.018 2	0.018 2	0.018 2
6-275H	检查井盖 铸铁井盖	10 套	7 234.11	0.100 0	0.100 0	0.100 0	0.100 0
6-278H	小型构件安装	$10m^3$	514.85	0.018 2	0.018 2	0.018 2	0.018 2
6-354	钢筋混凝土盖板预制 井室盖板 非泵送商品混凝土 C20	$10m^3$	5 622.20	0.047 0	0.065 9	0.084 5	0.098 0
1-601	汽车运输 人力装卸 运距 1km 以内	$10m^3$	767.59	0.047 0	0.065 9	0.084 5	0.098 0
6-365H	矩形盖板 单块体积 $0.3m^3$ 以内	$10m^3$	2 024.97	0.047 0	0.065 9	0.084 5	0.098 0
6-1090	混凝土基础垫层 木模	$100m^2$	2 562.66	0.011 6	0.013 9	0.015 1	0.015 9
6-1102	平池底 木模	$100m^2$	5 196.93	0.021 5	0.026 2	0.028 6	0.030 2
6-1167	井盖板 木模	$10m^3$	2 286.83	0.047 0	0.065 9	0.084 5	0.098 0
6-1168	井圈 木模	$10m^3$	4 574.21	0.018 2	0.018 2	0.018 2	0.018 2
6-1172	钢管井字架 井深 4m 以内	座	149.22	1.000 0	—	—	—
6-1173	钢管井字架 井深 6m 以内	座	222.75	—	1.000 0	1.000 0	1.000 0
	名称	单位	单价(元)	消耗量			
人工	二类人工	工日	135.00	19.095 0	28.962 0	32.907 0	37.840 0
材料	热轧带肋钢筋 HRB400 综合	t	3 849.00	0.181 1	0.255 6	0.309 5	0.348 4
	热轧光圆钢筋 综合	t	3 966.00	0.026 2	0.035 6	0.041 6	0.046 5
	混凝土实心砖 240×115×53 MU10	千块	388.00	4.670 5	8.694 6	9.928 5	11.653 7
	非泵送商品混凝土 C15	m^3	399.00	0.843 4	1.223 1	1.443 3	1.599 8
	非泵送商品混凝土 C20	m^3	412.00	0.658 5	0.849 4	1.037 3	1.173 6
	非泵送商品混凝土 C25	m^3	421.00	1.461 5	2.173 5	2.588 6	2.886 6
	铸铁检查井盖 ϕ700 重型	套	642.00	1.000 0	1.000 0	1.000 0	1.000 0
	干混抹灰砂浆 DP M20.0	m^3	446.95	1.153 7	1.606 0	1.822 4	2.133 5
	干混砌筑砂浆 DM M7.5	m^3	413.73	2.040 9	3.729 1	4.239 3	4.978 1
	防坠网	套	25.00	1.000 0	1.000 0	1.000 0	1.000 0

3. 混凝土矩形检查井

(1)不　落　底

工作内容:垫层浇筑,混凝土浇捣、养护,模板安装、拆除,砌砖,抹灰勾缝,安装井盖,钢筋制作、安装,井字架安、拆。

计量单位:座

定额编号				5-692	5-693	5-694
项目				混凝土矩形检查井(不落底)		
				井内尺寸(m)		
				1.1×1.1	1.1×1.25	1.1×1.5
				井深(m)		
				3		3.5
基价(元)				**7 067.33**	**7 441.35**	**8 683.43**
其中	人工费(元)			1 628.66	1 708.23	2 008.48
	材料费(元)			5 347.71	5 636.98	6 558.25
	机械费(元)			90.96	96.14	116.70
预算定额编号	项目名称	单位	单价(元)	消耗量		
1-268	普通钢筋制作、安装 圆钢	t	5 216.14	0.043 9	0.046 6	0.054 8
1-269	普通钢筋制作、安装 带肋钢筋	t	4 716.01	0.394 7	0.419 1	0.493 2
1-279	铁件制作、安装 预埋铁件	t	7 476.80	0.018 3	0.018 3	0.022 9
6-249	井 垫层 混凝土	$10m^3$	4 727.31	0.052 9	0.056 4	0.062 1
6-250	井 底板 混凝土	$10m^3$	4 994.41	0.132 3	0.141 8	0.157 5
6-251	井砌筑 砖砌 圆形	$10m^3$	4 675.50	0.055 3	0.055 3	0.076 5
6-257	井浇筑 井身 矩形	$10m^3$	4 574.88	0.243 0	0.256 5	0.310 0
6-258	井浇筑 井底 流槽	$10m^3$	5 453.01	0.020 7	0.027 4	0.039 3
6-260	砖墙 抹灰 井壁	$100m^2$	2 934.44	0.046 1	0.046 1	0.063 8
6-272	井圈制作 非泵送商品混凝土 C20	$10m^3$	5 101.29	0.018 2	0.018 2	0.018 2
6-275H	检查井盖 铸铁井盖	10套	7 234.11	0.100 0	0.100 0	0.100 0
6-278H	小型构件安装	$10m^3$	514.85	0.018 2	0.018 2	0.018 2
6-354	钢筋混凝土盖板预制 井室盖板 非泵送商品混凝土 C20	$10m^3$	5 622.20	0.019 7	0.022 3	0.026 5
1-601	汽车运输 人力装卸 运距1km以内	$10m^3$	767.59	0.019 7	0.022 3	0.026 5
6-365H	矩形盖板 单块体积 $0.3m^3$ 以内	$10m^3$	2 024.97	0.019 7	0.022 3	0.026 5
6-1090	混凝土基础垫层 木模	$100m^2$	2 562.66	0.009 2	0.009 5	0.010 0
6-1102	平池底 木模	$100m^2$	5 196.93	0.025 2	0.026 1	0.027 6
6-1105	池壁(隔墙) 矩形池壁 木模	$100m^2$	4 564.86	0.194 4	0.205 2	0.248 0
6-1167	井盖板 木模	$10m^3$	2 286.83	0.019 7	0.022 3	0.026 5
6-1168	井圈木模	$10m^3$	4 574.21	0.018 2	0.018 2	0.018 2
6-1172	钢管井字架 井深4m以内	座	149.22	1.000 0	1.000 0	1.000 0
	名称	单位	单价(元)	消耗量		
人工	二类人工	工日	135.00	12.064 0	12.654 0	14.878 0
材料	热轧带肋钢筋 HRB400 综合	t	3 849.00	0.402 6	0.427 5	0.503 1
	热轧光圆钢筋 综合	t	3 966.00	0.049 2	0.052 0	0.061 5
	混凝土实心砖 240×115×53 MU10	千块	388.00	0.286 5	0.286 5	0.396 3
	非泵送商品混凝土 C15	m^3	399.00	0.534 3	0.569 6	0.627 2
	非泵送商品混凝土 C20	m^3	412.00	3.046 2	3.276 4	3.979 4
	非泵送商品混凝土 C25	m^3	421.00	1.336 2	1.432 2	1.590 8
	铸铁检查井盖 ϕ700 重型	套	642.00	1.000 0	1.000 0	1.000 0
	干混抹灰砂浆 DP M20.0	m^3	446.95	0.160 5	0.163 6	0.207 2
	干混砌筑砂浆 DM M7.5	m^3	413.73	0.179 1	0.179 1	0.247 8
	防坠网	套	25.00	1.000 0	1.000 0	1.000 0

工作内容:垫层浇筑,混凝土浇捣、养护,模板安装、拆除,砌砖,抹灰勾缝,安装井盖,钢筋制作、安装,井字架安、拆。

计量单位:座

定额编号				5-695	5-696	5-697
项目				混凝土矩形检查井(不落底)		
				井内尺寸(m)		
				1.1×1.75	1.1×2.1	1.1×2.4
				井深(m)		
				3.5	4	
基价(元)				**9 355.03**	**11 617.71**	**12 783.20**
其中	人工费(元)			2 151.39	2 649.23	2 892.55
	材料费(元)			7 077.87	8 810.08	9 716.89
	机械费(元)			125.77	158.40	173.76
预算定额编号	项目名称	单位	单价(元)	消耗量		
1-268	普通钢筋制作、安装 圆钢	t	5 216.14	0.059 6	0.077 4	0.086 5
1-269	普通钢筋制作、安装 带肋钢筋	t	4 716.01	0.536 5	0.697 0	0.778 7
1-279	铁件制作、安装 预埋铁件	t	7 476.80	0.022 9	0.025 2	0.025 2
6-249	井 垫层 混凝土	$10m^3$	4 727.31	0.067 9	0.075 9	0.082 8
6-250	井 底板 混凝土	$10m^3$	4 994.41	0.173 3	0.195 3	0.214 2
6-251	井砌筑 砖砌 圆形	$10m^3$	4 675.50	0.076 5	0.076 5	0.069 5
6-257	井浇筑 井身 矩形	$10m^3$	4 574.88	0.335 0	0.462 5	0.520 0
6-258	井浇筑 井底流槽	$10m^3$	5 453.01	0.053 3	0.076 1	0.097 6
6-260	砖墙 抹灰 井壁	$100m^2$	2 934.44	0.063 8	0.063 8	0.057 9
6-272	井圈制作 非泵送商品混凝土 C20	$10m^3$	5 101.29	0.018 2	0.018 2	0.018 2
6-275H	检查井盖 铸铁井盖	10 套	7 234.11	0.100 0	0.100 0	0.100 0
6-278H	小型构件安装	$10m^3$	514.85	0.018 2	0.018 2	0.018 2
6-354	钢筋混凝土盖板预制 井室盖板 非泵送商品混凝土 C20	$10m^3$	5 622.20	0.030 7	0.036 5	0.041 6
1-601	汽车运输 人力装卸 运距 1km 以内	$10m^3$	767.59	0.030 7	0.036 5	0.041 6
6-365H	矩形盖板 单块体积 $0.3m^3$ 以内	$10m^3$	2 024.97	0.030 7	0.036 5	0.041 6
6-1090	混凝土基础垫层 木模	$100m^2$	2 562.66	0.010 5	0.011 2	0.011 8
6-1102	平池底 木模	$100m^2$	5 196.93	0.029 1	0.031 2	0.033 0
6-1105	池壁(隔墙) 矩形池壁 木模	$100m^2$	4 564.86	0.268 0	0.370 0	0.416 0
6-1167	井盖板 木模	$10m^3$	2 286.83	0.030 7	0.036 5	0.041 6
6-1168	井圈 木模	$10m^3$	4 574.21	0.018 2	0.018 2	0.018 2
6-1172	钢管井字架 井深 4m 以内	座	149.22	1.000 0	1.000 0	1.000 0
	名称	单位	单价(元)	消耗量		
人工	二类人工	工日	135.00	15.936 0	19.624 0	21.426 0
材料	热轧带肋钢筋 HRB400 综合	t	3 849.00	0.547 2	0.710 9	0.794 3
	热轧光圆钢筋 综合	t	3 966.00	0.066 4	0.085 1	0.094 4
	混凝土实心砖 240×115×53 MU10	千块	388.00	0.396 3	0.396 3	0.360 1
	非泵送商品混凝土 C15	m^3	399.00	0.685 8	0.766 6	0.836 3
	非泵送商品混凝土 C20	m^3	412.00	4.415 7	5.992 3	6.841 7
	非泵送商品混凝土 C25	m^3	421.00	1.750 3	1.972 5	2.163 4
	铸铁检查井盖 φ700 重型	套	642.00	1.000 0	1.000 0	1.000 0
	干混抹灰砂浆 DP M20.0	m^3	446.95	0.212 2	0.219 2	0.212 6
	干混砌筑砂浆 DM M7.5	m^3	413.73	0.247 8	0.247 8	0.225 1
	防坠网	套	25.00	1.000 0	1.000 0	1.000 0

工作内容：垫层浇筑，混凝土浇捣、养护，模板安装、拆除，砌砖，抹灰勾缝，安装井盖，钢筋制作、安装，井字架安、拆。

计量单位：座

定额编号				5-698	5-699	5-700
项目				混凝土矩形检查井(不落底)		
				井内尺寸(m)		
				1.1×2.6	1.25×1.25	1.5×1.5
				井深(m)		
				4.5	3	3.5
基价（元）				**14 513.06**	**7 809.36**	**9 799.46**
其中	人工费（元）			3 349.66	1 786.51	2 245.67
	材料费（元）			10 963.86	5 921.39	7 420.95
	机械费（元）			199.54	101.46	132.84
预算定额编号	项目名称	单位	单价(元)	消耗量		
1-268	普通钢筋制作、安装 圆钢	t	5 216.14	0.098 6	0.049 4	0.063 2
1-269	普通钢筋制作、安装 带肋钢筋	t	4 716.01	0.887 8	0.444 4	0.568 6
1-279	铁件制作、安装 预埋铁件	t	7 476.80	0.029 7	0.018 3	0.022 9
6-249	井 垫层 混凝土	$10m^3$	4 727.31	0.087 4	0.060 0	0.072 9
6-250	井 底板 混凝土	$10m^3$	4 994.41	0.226 8	0.151 9	0.187 5
6-251	井砌筑 砖砌 圆形	$10m^3$	4 675.50	0.083 6	0.055 3	0.076 5
6-257	井浇筑 井身 矩形	$10m^3$	4 574.88	0.609 0	0.270 0	0.350 0
6-258	井浇筑 井底流槽	$10m^3$	5 453.01	0.113 2	0.031 1	0.053 6
6-260	砖墙 抹灰 井壁	$100m^2$	2 934.44	0.069 7	0.046 1	0.063 8
6-272	井圈制作 非泵送商品混凝土 C20	$10m^3$	5 101.29	0.018 2	0.018 2	0.018 2
6-275H	检查井盖 铸铁井盖	10套	7 234.11	0.100 0	0.100 0	0.100 0
6-278H	小型构件安装	$10m^3$	514.85	0.018 2	0.018 2	0.018 2
6-354	钢筋混凝土盖板预制 井室盖板 非泵送商品混凝土 C20	$10m^3$	5 622.20	0.044 9	0.025 1	0.035 3
1-601	汽车运输 人力装卸 运距1km以内	$10m^3$	767.59	0.044 9	0.025 1	0.035 3
6-365H	矩形盖板 单块体积0.3m^3以内	$10m^3$	2 024.97	0.044 9	0.025 1	0.035 3
6-1090	混凝土基础垫层 木模	$100m^2$	2 562.66	0.012 2	0.009 8	0.010 8
6-1102	平池底 木模	$100m^2$	5 196.93	0.034 2	0.027 0	0.030 0
6-1105	池壁(隔墙) 矩形池壁 木模	$100m^2$	4 564.86	0.487 2	0.216 0	0.280 0
6-1167	井盖板 木模	$10m^3$	2 286.83	0.044 9	0.025 1	0.035 3
6-1168	井圈 木模	$10m^3$	4 574.21	0.018 2	0.018 2	0.018 2
6-1172	钢管井字架 井深4m以内	座	149.22	—	1.000 0	1.000 0
6-1173	钢管井字架 井深6m以内	座	222.75	1.000 0	—	—
	名称	单位	单价(元)	消耗量		
人工	二类人工	工日	135.00	24.812 0	13.234 0	16.635 0
材料	热轧带肋钢筋 HRB400 综合	t	3 849.00	0.905 6	0.453 3	0.580 0
	热轧光圆钢筋 综合	t	3 966.00	0.107 8	0.054 8	0.070 0
	混凝土实心砖 240×115×53 MU10	千块	388.00	0.433 1	0.286 5	0.396 3
	非泵送商品混凝土 C15	m^3	399.00	0.882 7	0.606 0	0.736 3
	非泵送商品混凝土 C20	m^3	412.00	7.931 5	3.478 4	4.616 7
	非泵送商品混凝土 C25	m^3	421.00	2.290 7	1.534 2	1.893 8
	铸铁检查井盖 ϕ700 重型	套	642.00	1.000 0	1.000 0	1.000 0
	干混抹灰砂浆 DP M20.0	m^3	446.95	0.242 2	0.167 0	0.217 8
	干混砌筑砂浆 DM M7.5	m^3	413.73	0.270 8	0.179 1	0.247 8
	防坠网	套	25.00	1.000 0	1.000 0	1.000 0

工作内容:垫层浇筑,混凝土浇捣、养护,模板安装、拆除,砌砖,抹灰勾缝,安装井盖,钢筋制作、安装,井字架安、拆。

计量单位:座

定额编号				5-701	5-702	5-703	5-704
项目				混凝土矩形检查井(不落底)			
				井内尺寸(m)			
				1.75×1.75	2.1×2.1	2.4×2.4	2.6×2.6
				井深(m)			
				3.5	4		4.5
基价(元)				**11 298.17**	**15 252.03**	**17 939.83**	**21 048.96**
其中	人工费(元)			2 562.94	3 419.93	3 983.24	4 732.89
	材料费(元)			8 581.55	11 621.97	13 710.24	16 025.04
	机械费(元)			153.68	210.13	246.35	291.03
预算定额编号	项目名称	单位	单价(元)	消耗量			
1-268	普通钢筋制作、安装 圆钢	t	5 216.14	0.073 9	0.103 8	0.123 2	0.144 9
1-269	普通钢筋制作、安装 带肋钢筋	t	4 716.01	0.665 0	0.934 5	1.108 6	1.303 8
1-279	铁件制作、安装 预埋铁件	t	7 476.80	0.022 9	0.025 2	0.025 2	0.029 7
6-249	井 垫层 混凝土	$10m^3$	4 727.31	0.087 0	0.108 9	0.129 6	0.144 4
6-250	井 底板 混凝土	$10m^3$	4 994.41	0.226 9	0.288 3	0.346 8	0.388 8
6-251	井砌筑 砖砌 圆形	$10m^3$	4 675.50	0.076 5	0.076 5	0.069 5	0.083 6
6-257	井浇筑 井身 矩形	$10m^3$	4 574.88	0.400 0	0.587 5	0.689 0	0.826 5
6-258	井浇筑 井底流槽	$10m^3$	5 453.01	0.084 8	0.145 2	0.213 0	0.267 6
6-260	砖墙 抹灰 井壁	$100m^2$	2 934.44	0.063 8	0.063 8	0.057 9	0.069 7
6-272	井圈制作 非泵送商品混凝土 C20	$10m^3$	5 101.29	0.018 2	0.018 2	0.018 2	0.018 2
6-275H	检查井盖 铸铁井盖	10 套	7 234.11	0.100 0	0.100 0	0.100 0	0.100 0
6-278H	小型构件安装	$10m^3$	514.85	0.018 2	0.018 2	0.018 2	0.018 2
6-354	钢筋混凝土盖板预制 井室盖板 非泵送商品混凝土 C20	$10m^3$	5 622.20	0.047 0	0.065 9	0.084 5	0.098 0
1-601	汽车运输 人力装卸 运距 1km 以内	$10m^3$	767.59	0.047 0	0.065 9	0.084 5	0.098 0
6-365H	矩形盖板 单块体积 $0.3m^3$ 以内	$10m^3$	2 024.97	0.047 0	0.065 9	0.084 5	0.098 0
6-1090	混凝土基础垫层 木模	$100m^2$	2 562.66	0.011 8	0.013 2	0.014 4	0.015 2
6-1102	平池底 木模	$100m^2$	5 196.93	0.033 0	0.037 2	0.040 8	0.043 2
6-1105	池壁(隔墙) 矩形池壁 木模	$100m^2$	4 564.86	0.320 0	0.470 0	0.551 2	0.661 2
6-1167	井盖板 木模	$10m^3$	2 286.83	0.047 0	0.065 9	0.084 5	0.098 0
6-1168	井圈 木模	$10m^3$	4 574.21	0.018 2	0.018 2	0.018 2	0.018 2
6-1172	钢管井字架 井深 4m 以内	座	149.22	1.000 0	1.000 0	1.000 0	—
6-1173	钢管井字架 井深 6m 以内	座	222.75	—	—	—	1.000 0
	名称	单位	单价(元)	消耗量			
人工	二类人工	工日	135.00	18.985 0	25.333 0	29.505 0	35.058 0
材料	热轧带肋钢筋 HRB400 综合	t	3 849.00	0.678 3	0.953 2	1.130 8	1.329 9
	热轧光圆钢筋 综合	t	3 966.00	0.080 9	0.112 0	0.131 8	0.155 0
	混凝土实心砖 240×115×53 MU10	千块	388.00	0.396 3	0.396 3	0.360 1	0.433 1
	非泵送商品混凝土 C15	m^3	399.00	0.878 7	1.099 9	1.309 0	1.458 4
	非泵送商品混凝土 C20	m^3	412.00	5.555 0	8.249 7	10.147 5	12.224 0
	非泵送商品混凝土 C25	m^3	421.00	2.291 7	2.911 8	3.502 7	3.926 9
	铸铁检查井盖 $\phi700$ 重型	套	642.00	1.000 0	1.000 0	1.000 0	1.000 0
	干混抹灰砂浆 DP M20.0	m^3	446.95	0.231 9	0.254 7	0.264 3	0.306 2
	干混砌筑砂浆 DM M7.5	m^3	413.73	0.247 8	0.247 8	0.225 1	0.270 8
	防坠网	套	25.00	1.000 0	1.000 0	1.000 0	1.000 0

(2)落　　底

工作内容:垫层浇筑,混凝土浇捣、养护,模板安装、拆除,砌砖,抹灰勾缝,安装井盖,钢筋制作、安装,井字架安、拆。

计量单位:座

定额编号				5-705	5-706	5-707
项目				混凝土矩形检查井(落底)		
				井内尺寸(m)		
				1.1×1.1	1.1×1.25	1.1×1.5
				井深(m)		
				3.5		4
基价(元)				**7 930.20**	**8 320.17**	**9 567.14**
其中	人工费(元)			1 829.21	1 913.11	2 213.37
	材料费(元)			5 994.45	6 294.62	7 220.49
	机械费(元)			106.54	112.44	133.28
预算定额编号	项目名称	单位	单价(元)	消耗量		
1-268	普通钢筋制作、安装 圆钢	t	5 216.14	0.052 0	0.055 1	0.064 1
1-269	普通钢筋制作、安装 带肋钢筋	t	4 716.01	0.467 6	0.496 1	0.576 9
1-279	铁件制作、安装 预埋铁件	t	7 476.80	0.022 9	0.022 9	0.025 2
6-249	井 垫层 混凝土	$10m^3$	4 727.31	0.052 9	0.056 4	0.062 1
6-250	井 底板 混凝土	$10m^3$	4 994.41	0.132 3	0.141 8	0.157 5
6-251	井砌筑 砖砌 圆形	$10m^3$	4 675.50	0.055 3	0.055 3	0.076 5
6-257	井浇筑 井身 矩形	$10m^3$	4 574.88	0.310 5	0.327 8	0.387 5
6-260	砖墙 抹灰 井壁	$100m^2$	2 934.44	0.046 1	0.046 1	0.063 8
6-272	井圈制作 非泵送商品混凝土 C20	$10m^3$	5 101.29	0.018 2	0.018 2	0.018 2
6-275H	检查井盖 铸铁井盖	10套	7 234.11	0.100 0	0.100 0	0.100 0
6-278H	小型构件安装	$10m^3$	514.85	0.018 2	0.018 2	0.018 2
6-354	钢筋混凝土盖板预制 井室盖板 非泵送商品混凝土 C20	$10m^3$	5 622.20	0.019 7	0.022 3	0.026 5
1-601	汽车运输 人力装卸 运距1km以内	$10m^3$	767.59	0.019 7	0.022 3	0.026 5
6-365H	矩形盖板 单块体积 $0.3m^3$ 以内	$10m^3$	2 024.97	0.019 7	0.022 3	0.026 5
6-1090	混凝土基础垫层 木模	$100m^2$	2 562.66	0.009 2	0.009 5	0.010 0
6-1102	平池底 木模	$100m^2$	5 196.93	0.025 2	0.026 1	0.027 6
6-1105	池壁(隔墙) 矩形池壁 木模	$100m^2$	4 564.86	0.248 4	0.262 2	0.310 0
6-1167	井盖板 木模	$10m^3$	2 286.83	0.019 7	0.022 3	0.026 5
6-1168	井圈 木模	$10m^3$	4 574.21	0.018 2	0.018 2	0.018 2
6-1172	钢管井字架 井深4m以内	座	149.22	1.000 0	1.000 0	1.000 0
	名称	单位	单价(元)	消耗量		
人工	二类人工	工日	135.00	13.550 0	14.171 0	16.395 0
材料	热轧带肋钢筋 HRB400 综合	t	3 849.00	0.477 0	0.506 0	0.588 4
	热轧光圆钢筋 综合	t	3 966.00	0.058 6	0.061 8	0.071 5
	混凝土实心砖 240×115×53 MU10	千块	388.00	0.286 5	0.286 5	0.396 3
	非泵送商品混凝土 C15	m^3	399.00	0.534 3	0.569 6	0.627 2
	非泵送商品混凝土 C20	m^3	412.00	3.518 8	3.719 8	4.365 2
	非泵送商品混凝土 C25	m^3	421.00	1.336 2	1.432 2	1.590 8
	铸铁检查井盖 ϕ700 重型	套	642.00	1.000 0	1.000 0	1.000 0
	干混抹灰砂浆 DP M20.0	m^3	446.95	0.160 5	0.163 6	0.207 2
	干混砌筑砂浆 DM M7.5	m^3	413.73	0.179 1	0.179 1	0.247 8
	防坠网	套	25.00	1.000 0	1.000 0	1.000 0

工作内容:垫层浇筑,混凝土浇捣、养护,模板安装、拆除,砌砖,抹灰勾缝,安装井盖,钢筋制作、安装,井字架安、拆。

计量单位:座

定额编号				5-708	5-709	5-710	5-711
项目				混凝土矩形检查井(落底)			
				井内尺寸(m)			
				1.1×1.75	1.1×2.1	1.1×2.4	1.1×2.6
				井深(m)			
				4	4.5		5
基价(元)				**10 249.82**	**12 599.91**	**13 752.76**	**15 377.30**
其中	人工费(元)			2 360.43	2 938.60	3 181.71	3 559.18
	材料费(元)			7 745.85	9 482.64	10 375.63	11 596.89
	机械费(元)			143.54	178.67	195.42	221.23
预算定额编号	项目名称	单位	单价(元)	消耗量			
1-268	普通钢筋制作、安装 圆钢	t	5 216.14	0.069 7	0.088 5	0.098 5	0.111 2
1-269	普通钢筋制作、安装 带肋钢筋	t	4 716.01	0.626 9	0.796 9	0.886 7	1.001 2
1-279	铁件制作、安装 预埋铁件	t	7 476.80	0.025 2	0.029 7	0.029 7	0.032 0
6-249	井 垫层 混凝土	$10m^3$	4 727.31	0.067 9	0.075 9	0.082 8	0.087 4
6-250	井 底板 混凝土	$10m^3$	4 994.41	0.173 3	0.195 3	0.214 2	0.226 8
6-251	井砌筑 砖砌 圆形	$10m^3$	4 675.50	0.076 5	0.076 5	0.069 5	0.083 6
6-257	井浇筑 井身 矩形	$10m^3$	4 574.88	0.418 8	0.555 0	0.620 0	0.714 0
6-260	砖墙 抹灰 井壁	$100m^2$	2 934.44	0.063 8	0.063 8	0.057 9	0.069 7
6-272	井圈制作 非泵送商品混凝土 C20	$10m^3$	5 101.29	0.018 2	0.018 2	0.018 2	0.018 2
6-275H	检查井盖 铸铁井盖	10 套	7 234.11	0.100 0	0.100 0	0.100 0	0.100 0
6-278H	小型构件安装	$10m^3$	514.85	0.018 2	0.018 2	0.018 2	0.018 2
6-354	钢筋混凝土盖板预制 井室盖板 非泵送商品混凝土 C20	$10m^3$	5 622.20	0.030 7	0.036 5	0.041 6	0.044 9
1-601	汽车运输 人力装卸 运距 1km 以内	$10m^3$	767.59	0.030 7	0.036 5	0.041 6	0.044 9
6-365H	矩形盖板 单块体积 $0.3m^3$ 以内	$10m^3$	2 024.97	0.030 7	0.036 5	0.041 6	0.044 9
6-1090	混凝土基础垫层 木模	$100m^2$	2 562.66	0.010 5	0.011 2	0.011 8	0.012 2
6-1102	平池底 木模	$100m^2$	5 196.93	0.029 1	0.031 2	0.033 0	0.034 2
6-1105	池壁(隔墙) 矩形池壁 木模	$100m^2$	4 564.86	0.335 0	0.444 0	0.496 0	0.571 2
6-1167	井盖板 木模	$10m^3$	2 286.83	0.030 7	0.036 5	0.041 6	0.044 9
6-1168	井圈 木模	$10m^3$	4 574.21	0.018 2	0.018 2	0.018 2	0.018 2
6-1172	钢管井字架 井深 4m 以内	座	149.22	1.000 0	—	—	—
6-1173	钢管井字架 井深 6m 以内	座	222.75	—	1.000 0	1.000 0	1.000 0
名称		单位	单价(元)	消耗量			
人工	二类人工	工日	135.00	17.485 0	21.767 0	23.568 0	26.364 0
材料	热轧带肋钢筋 HRB400 综合	t	3 849.00	0.639 4	0.812 8	0.904 4	1.021 2
	热轧光圆钢筋 综合	t	3 966.00	0.077 2	0.097 5	0.107 7	0.121 2
	混凝土实心砖 240×115×53 MU10	千块	388.00	0.396 3	0.396 3	0.360 1	0.433 1
	非泵送商品混凝土 C15	m^3	399.00	0.685 8	0.766 6	0.836 3	0.882 7
	非泵送商品混凝土 C20	m^3	412.00	4.723 8	6.158 0	6.866 0	7.848 7
	非泵送商品混凝土 C25	m^3	421.00	1.750 3	1.972 5	2.163 4	2.290 7
	铸铁检查井盖 ϕ700 重型	套	642.00	1.000 0	1.000 0	1.000 0	1.000 0
	干混抹灰砂浆 DP M20.0	m^3	446.95	0.212 2	0.219 2	0.212 6	0.242 2
	干混砌筑砂浆 DM M7.5	m^3	413.73	0.247 8	0.247 8	0.225 1	0.270 8
	防坠网	套	25.00	1.000 0	1.000 0	1.000 0	1.000 0

工作内容：垫层浇筑，混凝土浇捣、养护，模板安装、拆除，砌砖，抹灰勾缝，安装井盖，钢筋制作、安装，井字架安、拆。

计量单位：座

定额编号				5-712	5-713	5-714
项目				混凝土矩形检查井(落底)		
				井内尺寸(m)		
				1.25×1.25	1.5×1.5	1.75×1.75
				井深(m)		
				3.5	4	
基价(元)				**8 720.12**	**10 744.65**	**12 247.55**
其中	人工费(元)			1 999.03	2 466.04	2 788.04
	材料费(元)			6 602.58	8 127.24	9 284.96
	机械费(元)			118.51	151.37	174.55
预算定额编号	项目名称	单位	单价(元)	消耗量		
1-268	普通钢筋制作、安装 圆钢	t	5 216.14	0.058 4	0.073 7	0.085 9
1-269	普通钢筋制作、安装 带肋钢筋	t	4 716.01	0.525 4	0.663 1	0.773 0
1-279	铁件制作、安装 预埋铁件	t	7 476.80	0.022 9	0.025 2	0.025 2
6-249	井 垫层 混凝土	$10m^3$	4 727.31	0.060 0	0.072 9	0.087 0
6-250	井 底板 混凝土	$10m^3$	4 994.41	0.151 9	0.187 5	0.226 9
6-251	井砌筑 砖砌 圆形	$10m^3$	4 675.50	0.055 3	0.076 5	0.076 5
6-257	井浇筑 井身 矩形	$10m^3$	4 574.88	0.345 0	0.437 5	0.500 0
6-260	砖墙 抹灰 井壁	$100m^2$	2 934.44	0.046 1	0.063 8	0.063 8
6-272	井圈制作 非泵送商品混凝土 C20	$10m^3$	5 101.29	0.018 2	0.018 2	0.018 2
6-275H	检查井盖 铸铁井盖	10套	7 234.11	0.100 0	0.100 0	0.100 0
6-278H	小型构件安装	$10m^3$	514.85	0.018 2	0.018 2	0.018 2
6-354	钢筋混凝土盖板预制 井室盖板 非泵送商品混凝土 C20	$10m^3$	5 622.20	0.025 1	0.035 3	0.047 0
1-601	汽车运输 人力装卸 运距1km以内	$10m^3$	767.59	0.025 1	0.035 3	0.047 0
6-365H	矩形盖板 单块体积 $0.3m^3$ 以内	$10m^3$	2 024.97	0.025 1	0.035 3	0.047 0
6-1090	混凝土基础垫层 木模	$100m^2$	2 562.66	0.009 8	0.010 8	0.011 8
6-1102	平池底 木模	$100m^2$	5 196.93	0.027 0	0.030 0	0.033 0
6-1105	池壁(隔墙) 矩形池壁 木模	$100m^2$	4 564.86	0.276 0	0.350 0	0.400 0
6-1167	井盖板 木模	$10m^3$	2 286.83	0.025 1	0.035 3	0.047 0
6-1168	井圈 木模	$10m^3$	4 574.21	0.018 2	0.018 2	0.018 2
6-1172	钢管井字架 井深4m以内	座	149.22	1.000 0	1.000 0	1.000 0
	名称	单位	单价(元)	消耗量		
人工	二类人工	工日	135.00	14.808 0	18.267 0	20.652 0
材料	热轧带肋钢筋 HRB400 综合	t	3 849.00	0.535 9	0.676 4	0.788 5
	热轧光圆钢筋 综合	t	3 966.00	0.065 1	0.081 3	0.093 7
	混凝土实心砖 240×115×53 MU10	千块	388.00	0.286 5	0.396 3	0.396 3
	非泵送商品混凝土 C15	m^3	399.00	0.606 0	0.736 3	0.878 7
	非泵送商品混凝土 C20	m^3	412.00	3.921 8	4.959 1	5.708 5
	非泵送商品混凝土 C25	m^3	421.00	1.534 2	1.893 8	2.291 7
	铸铁检查井盖 ϕ700 重型	套	642.00	1.000 0	1.000 0	1.000 0
	干混抹灰砂浆 DP M20.0	m^3	446.95	0.167 0	0.217 8	0.231 9
	干混砌筑砂浆 DM M7.5	m^3	413.73	0.179 1	0.247 8	0.247 8
	防坠网	套	25.00	1.000 0	1.000 0	1.000 0

工作内容:垫层浇筑,混凝土浇捣、养护,模板安装、拆除,砌砖,抹灰勾缝,安装井盖,钢筋制作、安装,井字架安、拆。

计量单位:座

定额编号				5-715	5-716	5-717
项目				混凝土矩形检查井(落底)		
				井内尺寸(m)		
				2.1×2.1	2.4×2.4	2.6×2.6
				井深(m)		
				4.5		5
基价(元)				**16 206.09**	**18 733.37**	**21 594.23**
其中	人工费(元)			3 711.41	4 247.09	4 889.89
	材料费(元)			12 259.64	14 212.43	16 385.05
	机械费(元)			235.04	273.85	319.29
预算定额编号	项目名称	单位	单价(元)	消耗量		
1-268	普通钢筋制作、安装 圆钢	t	5 216.14	0.117 9	0.139 1	0.162 0
1-269	普通钢筋制作、安装 带肋钢筋	t	4 716.01	1.061 4	1.251 7	1.457 7
1-279	铁件制作、安装 预埋铁件	t	7 476.80	0.029 7	0.029 7	0.032 0
6-249	井 垫层 混凝土	$10m^3$	4 727.31	0.108 9	0.129 6	0.144 4
6-250	井 底板 混凝土	$10m^3$	4 994.41	0.288 3	0.346 8	0.388 8
6-251	井砌筑 砖砌 圆形	$10m^3$	4 675.50	0.076 5	0.069 5	0.083 6
6-257	井浇筑 井身 矩形	$10m^3$	4 574.88	0.705 0	0.821 5	0.969 0
6-260	砖墙 抹灰 井壁	$100m^2$	2 934.44	0.063 8	0.057 9	0.069 7
6-272	井圈制作 非泵送商品混凝土 C20	$10m^3$	5 101.29	0.018 2	0.018 2	0.018 2
6-275H	检查井盖 铸铁井盖	10 套	7 234.11	0.100 0	0.100 0	0.100 0
6-278H	小型构件安装	$10m^3$	514.85	0.018 2	0.018 2	0.018 2
6-354	钢筋混凝土盖板预制 井室盖板 非泵送商品混凝土 C20	$10m^3$	5 622.20	0.065 9	0.084 5	0.098 0
1-601	汽车运输 人力装卸 运距 1km 以内	$10m^3$	767.59	0.065 9	0.084 5	0.098 0
6-365H	矩形盖板 单块体积 $0.3m^3$ 以内	$10m^3$	2 024.97	0.065 9	0.084 5	0.098 0
6-1090	混凝土基础垫层 木模	$100m^2$	2 562.66	0.013 2	0.014 4	0.015 2
6-1102	平池底 木模	$100m^2$	5 196.93	0.037 2	0.040 8	0.043 2
6-1105	池壁(隔墙) 矩形池壁 木模	$100m^2$	4 564.86	0.564 0	0.657 2	0.775 2
6-1167	井盖板 木模	$10m^3$	2 286.83	0.065 9	0.084 5	0.098 0
6-1168	井圈 木模	$10m^3$	4 574.21	0.018 2	0.018 2	0.018 2
6-1173	钢管井字架 井深 6m 以内	座	222.75	1.000 0	1.000 0	1.000 0
名称		单位	单价(元)	消耗量		
人工	二类人工	工日	135.00	27.492 0	31.460 0	36.221 0
材料	热轧带肋钢筋 HRB400 综合	t	3 849.00	1.082 6	1.276 7	1.486 9
	热轧光圆钢筋 综合	t	3 966.00	0.127 5	0.149 1	0.173 0
	混凝土实心砖 240×115×53 MU10	千块	388.00	0.396 3	0.360 1	0.433 1
	非泵送商品混凝土 C15	m^3	399.00	1.099 9	1.309 0	1.458 4
	非泵送商品混凝土 C20	m^3	412.00	7.969 9	9.334 4	10.960 5
	非泵送商品混凝土 C25	m^3	421.00	2.911 8	3.502 7	3.926 9
	铸铁检查井盖 ϕ700 重型	套	642.00	1.000 0	1.000 0	1.000 0
	干混抹灰砂浆 DP M20.0	m^3	446.95	0.254 7	0.264 3	0.306 2
	干混砌筑砂浆 DM M7.5	m^3	413.73	0.247 8	0.225 1	0.270 8
	防坠网	套	25.00	1.000 0	1.000 0	1.000 0

4. 井深高度调整

工作内容:1. 砌筑井筒:配料砌筑、勾缝抹灰、清理场地。

2. 防沉降处理:清理现场,模板安、拆,混凝土浇筑、养护,钢筋制作、安装。　　**计量单位**:见表

定额编号				5-718	5-719
项目				砖砌井筒	检查井防沉降处理
				高度每增减 0.2m	井基座混凝土加固
计量单位				座	m^3
基价(元)				**111.50**	**871.39**
其中	人工费(元)			42.72	185.76
	材料费(元)			65.67	679.62
	机械费(元)			3.11	6.01
预算定额编号	项目名称	单位	单价(元)	消耗量	
1-268	普通钢筋制作、安装 圆钢	t	5 216.14	—	0.010 0
1-269	普通钢筋制作、安装 带肋钢筋	t	4 716.01	—	0.040 0
1-279	铁件制作、安装 预埋铁件	t	7 476.80	0.001 4	—
6-251	井砌筑 砖砌 圆形	$10m^3$	4 675.50	0.014 2	—
6-260	砖墙 抹灰 井壁	$100m^2$	2 934.44	0.011 8	—
6-283	检查井防沉降处理 井基座混凝土加固 非泵送商品混凝土 C25	$10m^3$	4 954.68	—	0.100 0
6-1102	平池底 木模	$100m^2$	5 196.93	—	0.026 0
名称		单位	单价(元)	消耗量	
人工	二类人工	工日	135.00	0.316 0	1.376 0
材料	热轧带肋钢筋 HRB400 综合	t	3 849.00	—	0.040 8
	热轧光圆钢筋 综合	t	3 966.00	0.000 3	0.010 2
	混凝土实心砖 240×115×53 MU10	千块	388.00	0.073 6	—
	非泵送商品混凝土 C25	m^3	421.00	—	1.010 0
	干混抹灰砂浆 DP M20.0	m^3	446.95	0.025 7	—
	干混砌筑砂浆 DM M7.5	m^3	413.73	0.046 0	—

5. 雨 水 口

工作内容:垫层浇筑,混凝土搅拌、浇捣、养护,砌砖,抹灰勾缝,安装井盖,模板安装、拆除,钢筋制作、安装,井字架安、拆。

计量单位:座

定额编号				5-720	5-721
项目				砖砌单箅雨水口	
				井深(m)	
				1.0	每增减 0.2
基价(元)				**1 229.56**	**96.20**
其中	人工费(元)			380.76	36.16
	材料费(元)			837.76	57.88
	机械费(元)			11.04	2.16
预算定额编号	项目名称	单位	单价(元)	消耗量	
1-268	普通钢筋制作、安装 圆钢	t	5 216.14	0.002 2	—
1-269	普通钢筋制作、安装 带肋钢筋	t	4 716.01	0.020 1	—
6-249	井 垫层 混凝土	$10m^3$	4 727.31	0.016 9	—
6-250	井 底板 混凝土	$10m^3$	4 994.41	0.018 1	—
6-252	井砌筑 砖砌 矩形	$10m^3$	4 061.05	0.051 7	0.014 8
6-260	砖墙 抹灰 井壁	$100m^2$	2 934.44	0.055 4	0.012 3
6-261	砖墙 抹灰 井底	$100m^2$	2 265.92	0.002 6	—
6-272	井圈制作 非泵送商品混凝土 C20	$10m^3$	5 101.29	0.014 8	—
6-278H	小型构件安装	$10m^3$	514.85	0.014 8	—
6-279	雨水井箅 铸铁井箅 安装	10 套	2 979.38	0.100 0	—
6-1090	混凝土基础垫层 木模	$100m^2$	2 562.66	0.005 2	—
6-1102	平池底 木模	$100m^2$	5 196.93	0.006 7	—
6-1168	井圈 木模	$10m^3$	4 574.21	0.014 8	—
6-1171	钢管井字架 井深 2m 以内	座	77.70	1.000 0	—
	名称	单位	单价(元)	消耗量	
人工	二类人工	工日	135.00	2.820 0	0.268 0
材料	热轧带肋钢筋 HRB400 综合	t	3 849.00	0.020 5	—
	热轧光圆钢筋 综合	t	3 966.00	0.002 2	—
	混凝土实心砖 240×115×53 MU10	千块	388.00	0.281 7	0.080 6
	非泵送商品混凝土 C15	m^3	399.00	0.170 7	—
	非泵送商品混凝土 C20	m^3	412.00	0.149 5	—
	非泵送商品混凝土 C25	m^3	421.00	0.182 8	—
	铸铁平箅 260×420	套	244.00	1.000 0	—
	干混抹灰砂浆 DP M20.0	m^3	446.95	0.1611	0.026 7
	干混砌筑砂浆 DM M7.5	m^3	413.73	0.118 2	0.033 8

工作内容：垫层浇筑，混凝土搅拌、浇捣，养护，砌砖，抹灰勾缝，安装井盖，模板安装、拆除，钢筋制作、安装，井字架安、拆。

计量单位：座

定额编号				5-722	5-723	5-724	5-725
项目				砖砌双箅雨水口		砖砌多箅雨水口	
				井深(m)			
				1.0	每增减 0.2	1.0	每增减 0.2
基价（元）				**2 067.61**	**154.34**	**2 904.43**	**212.20**
其中	人工费（元）			582.85	58.09	784.54	79.84
	材料费（元）			1 467.01	92.79	2 095.45	127.60
	机械费（元）			17.75	3.46	24.44	4.76
预算定额编号	项目名称	单位	单价(元)	消耗量			
1-268	普通钢筋制作、安装 圆钢	t	5 216.14	0.003 9	—	0.005 5	—
1-269	普通钢筋制作、安装 带肋钢筋	t	4 716.01	0.034 9	—	0.049 7	—
6-249	井 垫层 混凝土	$10m^3$	4 727.31	0.027 7	—	0.038 5	—
6-250	井 底板 混凝土	$10m^3$	4 994.41	0.031 5	—	0.044 9	—
6-252	井砌筑 砖砌 矩形	$10m^3$	4 061.05	0.083 0	0.023 7	0.114 2	0.032 6
6-260	砖墙 抹灰 井壁	$100m^2$	2 934.44	0.088 9	0.019 8	0.122 4	0.027 2
6-261	砖墙 抹灰 井底	$100m^2$	2 265.92	0.006 1	—	0.009 7	—
6-272	井圈制作 非泵送商品混凝土 C20	$10m^3$	5 101.29	0.023 7	—	0.032 6	—
6-278H	小型构件安装	$10m^3$	514.85	0.023 7	—	0.032 6	—
6-279	雨水井箅 铸铁井箅 安装	10 套	2 979.38	0.200 0	—	0.300 0	—
6-1090	混凝土基础垫层 木模	$100m^2$	2 562.66	0.007 1	—	0.009 0	—
6-1102	平池底 木模	$100m^2$	5 196.93	0.009 5	—	0.012 2	—
6-1168	井圈 木模	$10m^3$	4 574.21	0.023 7	—	0.032 6	—
6-1171	钢管井字架 井深 2m 以内	座	77.70	1.000 0	—	1.000 0	—
名称		单位	单价(元)	消耗量			
人工	二类人工	工日	135.00	4.317 0	0.430 0	5.811 0	0.591 0
材料	热轧带肋钢筋 HRB400 综合	t	3 849.00	0.035 6	—	0.050 7	—
	热轧光圆钢筋 综合	t	3 966.00	0.004 0	—	0.005 6	—
	混凝土实心砖 240×115×53 MU10	千块	388.00	0.452 3	0.129 1	0.622 3	0.177 6
	非泵送商品混凝土 C15	m^3	399.00	0.279 8	—	0.388 9	—
	非泵送商品混凝土 C20	m^3	412.00	0.239 4	—	0.329 3	—
	非泵送商品混凝土 C25	m^3	421.00	0.318 2	—	0.453 5	—
	铸铁平箅 260×420	套	244.00	2.000 0	—	3.000 0	—
	干混抹灰砂浆 DP M20.0	m^3	446.95	0.273 8	0.043 0	0.386 8	0.059 1
	干混砌筑砂浆 DM M7.5	m^3	413.73	0.189 7	0.054 2	0.261 1	0.074 5

第六节　取 水 工 程

说　　明

一、本节定额包括大口井内套管安装,辐射井管安装,钢筋混凝土渗渠管制作、安装,渗渠滤料填充。

二、大口井内套管安装:

1. 大口井内套管为井底封闭套管,按法兰套管全封闭接口考虑。

2. 大口井底做反滤层时,执行渗渠滤料填充项目。

三、本节定额不包括以下内容,如发生时,按以下规定执行:

1. 辐射井管的防腐执行《浙江省通用安装工程预算定额》(2018 版)的有关定额。

2. 土石方开挖、回填,脚手架搭设,围堰工程,钢筋制作、安装按本定额第一章“通用项目”相应定额子目执行。

3. 船上打桩机桩的制作按本定额第三章“桥涵工程”相应定额子目执行。

4. 水下管线铺设执行《浙江省市政工程预算定额》(2018 版)第七册《燃气与集中供热工程》的有关定额。

工程量计算规则

一、大口井内套管安装按不同套管内径以“处”计算。

二、辐射井管安装按设计图示中心线长度以“m”计算。

一、大口井内套管安装

工作内容:套管、盲板安装、接口、封闭。　　计量单位:处

定额编号				5-726	5-727	5-728
项目				套管内径(mm以内)		
				100	200	300
基价(元)				**322.83**	**531.69**	**886.38**
其中	人工费(元)			209.93	265.55	354.24
	材料费(元)			112.90	266.14	532.14
	机械费(元)			—	—	—
预算定额编号	项目名称	单位	单价(元)	消耗量		
5-555	大口井内套管安装 套管内径100mm以内	处	322.83	1.000 0	—	—
5-556	大口井内套管安装 套管内径200mm以内	处	531.69	—	1.000 0	—
5-557	大口井内套管安装 套管内径300mm以内	处	886.38	—	—	1.000 0
	名称	单位	单价(元)	消耗量		
人工	二类人工	工日	135.00	1.555 0	1.967 0	2.624 0
材料	套管 *DN*100	根	27.86	1.000 0	—	—
	套管 *DN*200	根	58.59	—	1.000 0	—
	套管 *DN*300	根	91.38	—	—	1.000 0
	盲板 *DN*100	片	67.24	1.000 0	—	—
	盲板 *DN*200	片	176.00	—	1.000 0	—
	盲板 *DN*300	片	380.00	—	—	1.000 0

二、辐射井管安装

工作内容:钻孔、井内辐射管安装、焊接、顶进。　　计量单位:m

定额编号				5-729	5-730	5-731	5-732
项目				套管外径(mm)			
				ϕ108以内	ϕ159以内	ϕ219以内	ϕ325以内
基价(元)				**244.40**	**322.76**	**493.35**	**739.92**
其中	人工费(元)			139.86	170.10	235.98	317.25
	材料费(元)			63.26	108.13	196.13	326.79
	机械费(元)			41.28	44.53	61.24	95.88
预算定额编号	项目名称	单位	单价(元)	消耗量			
5-558	辐射井管安装 套管外径ϕ108mm以内	m	244.40	1.000 0	—	—	—
5-559	辐射井管安装 套管外径ϕ159mm以内	m	322.76	—	1.000 0	—	—
5-560	辐射井管安装 套管外径ϕ219mm以内	m	493.35	—	—	1.000 0	—
5-561	辐射井管安装 套管外径ϕ325mm以内	m	739.92	—	—	—	1.000 0
	名称	单位	单价(元)	消耗量			
人工	二类人工	工日	135.00	1.036 0	1.260 0	1.748 0	2.350 0
材料	碳素结构钢流体无缝钢管 108×6	m	59.48	1.020 0	—	—	—
	碳素结构钢流体无缝钢管 159×6	m	102.00	—	1.020 0	—	—
	碳素结构钢流体无缝钢管 219×8	m	187.00	—	—	1.020 0	—
	碳素结构钢流体无缝钢管 325×8	m	314.00	—	—	—	1.020 0

三、钢筋混凝土渗渠管制作、安装

工作内容:混凝土搅拌、浇捣、养护、渗渠安装、连接找平。　　计量单位:m

定额编号				5-733	5-734	5-735	5-736
项目				混凝土渗渠制作		混凝土渗渠安装	
				ϕ600	ϕ1000	ϕ600	ϕ1000
基价(元)				**320.08**	**419.16**	**64.78**	**100.48**
其中	人工费(元)			206.69	244.62	52.49	72.28
	材料费(元)			113.39	174.54	—	—
	机械费(元)			—	—	12.29	28.20
预算定额编号	项目名称	单位	单价(元)	消耗量			
5-562	混凝土渗渠制作 ϕ600	延长米	320.08	1.000 0	—	—	—
5-563	混凝土渗渠制作 ϕ1 000	延长米	419.16	—	1.000 0	—	—
5-564	混凝土渗渠安装 ϕ600	10 延长米	647.75	—	—	0.100 0	—
5-565	混凝土渗渠安装 ϕ1 000	10 延长米	1 004.81	—	—	—	0.100 0
	名称	单位	单价(元)	消耗量			
人工	二类人工	工日	135.00	1.531 0	1.812 0	0.389 0	0.535 0
材料	非泵送商品混凝土 C20	m^3	412.00	0.224 0	0.347 0	—	—

四、渗渠滤料填充

工作内容:筛选滤料、填充、整平。　　计量单位:$10m^3$

定额编号				5-737	5-738	5-739
项目				滤料粒径(mm)		
				8 以内	16 以内	32 以内
基价(元)				**3 098.09**	**3 057.89**	**3 000.40**
其中	人工费(元)			1 739.21	1 701.14	1 645.79
	材料费(元)			955.55	953.42	951.28
	机械费(元)			403.33	403.33	403.33
预算定额编号	项目名称	单位	单价(元)	消耗量		
5-566	渗渠滤料填充 滤料粒径 8mm 以内	$10m^3$	3 098.09	1.000 0	—	—
5-567	渗渠滤料填充 滤料粒径 16mm 以内	$10m^3$	3 057.89	—	1.000 0	—
5-568	渗渠滤料填充 滤料粒径 32mm 以内	$10m^3$	3 000.40	—	—	1.000 0
	名称	单位	单价(元)	消耗量		
人工	二类人工	工日	135.00	12.883 0	12.601 0	12.191 0
材料	砾石 5	t	67.96	13.872 0	—	—
	砾石 15	t	67.96	—	13.872 0	—
	砾石 30	t	67.96	—	—	13.872 0

第七节　井、渠(管)道基础及砌筑

说　明

一、本节定额包括非定型井,渠道、方沟,排水管道出水口。

二、非定型井,渠道、方沟混凝土浇筑相关定额已综合考虑模板安装、拆除,未包括钢筋制作、安装,发生时执行本定额第一章"通用项目"相应定额子目。

三、定额中砖砌、石砌一字式、门字式、八字式排水管道出水口按《给水排水标准图集》S2(2002 合订本)的设计进行编制,仅适用于按上述图集标准设计的管道出水口。

工程量计算规则

一、本节所列各项目的工程量应按设计图示尺寸计算,其中:

1. 砌筑(不扣除管径 500mm 以内管道所占体积)按体积以"m^3"计算;

2. 各类混凝土按实体积以"m^3"计算。

二、管道出水口区分形式、材质及管径,以"处"计算。

一、非 定 型 井

1. 井垫层和底板

工作内容:1. 砂石垫层:清基,拌料,摊铺,找平,夯实,材料运输等。
2. 混凝土垫层、底板:清基,模板安、折,捣固,抹平、养护,材料运输等。 **计量单位**:m^3

定额编号				5-740	5-741	5-742	5-743	5-744	5-745
项目				垫层					底板
				块石	碎石	砂	砂砾石	混凝土	
基价 (元)				**224.83**	**247.46**	**220.12**	**189.16**	**511.17**	**582.59**
其中	人工费 (元)			56.94	60.26	60.75	56.86	76.85	117.78
	材料费 (元)			165.96	185.13	157.30	130.23	432.95	461.65
	机械费 (元)			1.93	2.07	2.07	2.07	1.37	3.16
预算定额编号	项目名称	单位	单价(元)	消耗量					
6-244	井 垫层 块石	$10m^3$	2 248.40	0.100 0	—	—	—	—	—
6-245	井 垫层 碎石	$10m^3$	2 474.72	—	0.100 0	—	—	—	—
6-246	井 垫层 砂	$10m^3$	2 201.26	—	—	0.100 0	—	—	—
6-247	井 垫层 砂砾石 天然级配	$10m^3$	1 891.70	—	—	—	0.100 0	—	—
6-249	井 垫层 混凝土	$10m^3$	4 727.31	—	—	—	—	0.100 0	—
6-250	井 底板 混凝土	$10m^3$	4 994.41	—	—	—	—	—	0.100 0
6-1090	混凝土基础垫层 木模	$100m^2$	2 562.66	—	—	—	—	0.015 0	—
6-1102	平池底 木模	$100m^2$	5 196.93	—	—	—	—	—	0.016 0
	名称	单位	单价(元)	消耗量					
人工	二类人工	工日	135.00	0.422 0	0.446 0	0.450 0	0.421 0	0.569 0	0.872 0
材料	黄砂 毛砂	t	87.38	—	—	1.787 5	—	—	—
	砂砾石	t	67.96	—	—	—	1.900 0	—	—
	碎石 综合	t	102.00	—	1.803 4	—	—	—	—
	块石	t	77.67	2.121 6	—	—	—	—	—
	非泵送商品混凝土 C15	m^3	399.00	—	—	—	—	1.010 0	—
	非泵送商品混凝土 C25	m^3	421.00	—	—	—	—	—	1.010 0
	木模板	m^3	1 445.00	—	—	—	—	0.014 6	0.012 1
	木支撑	m^3	1 552.00	—	—	—	—	—	0.005 4

2.井 墙

(1)砖 石 砌 筑

工作内容:清理现场、配料、砌筑、材料运输。 计量单位:m^3

定额编号				5-746	5-747	5-748	5-749	5-750
项目				砖砌		石砌		井底流槽
				圆形	矩形	圆形	矩形	石砌
基价(元)				**467.55**	**406.11**	**471.27**	**405.32**	**521.40**
其中	人工费(元)			117.53	88.55	124.31	95.24	174.07
	材料费(元)			338.54	309.40	330.42	297.06	330.20
	机械费(元)			11.48	8.16	16.54	13.02	17.13
预算定额编号	项目名称	单位	单价(元)	消耗量				
6-251	井砌筑 砖砌 圆形	$10m^3$	4 675.50	0.100 0	—	—	—	—
6-252	井砌筑 砖砌 矩形	$10m^3$	4 061.05	—	0.100 0	—	—	—
6-253	井砌筑 石砌 圆形	$10m^3$	4 712.64	—	—	0.100 0	—	—
6-254	井砌筑 石砌 矩形	$10m^3$	4 053.23	—	—	—	0.100 0	—
6-255	井砌筑 井底流槽 石砌	$10m^3$	5 214.04	—	—	—	—	0.100 0
	名称	单位	单价(元)	消耗量				
人工	二类人工	工日	135.00	0.871 0	0.656 0	0.921 0	0.706 0	1.289 0
材料	块石	t	77.67	—	—	1.752 8	1.844 2	1.844 2
	混凝土实心砖 240×115×53 MU10	千块	388.00	0.518 1	0.544 9	—	—	—
	干混抹灰砂浆 DP M20.0	m^3	446.95	—	—	—	—	0.073 5
	干混砌筑砂浆 DM M7.5	m^3	413.73	0.323 9	0.228 6	0.464 3	0.367 0	0.367 0

(2)浇 筑

工作内容:清理现场,模板安装、拆除,混凝土浇捣、养护,材料运输。 计量单位:m^3

定额编号				5-751	5-752	5-753
项目				井身		井底流槽
				圆形	矩形	
基价(元)				**990.71**	**877.45**	**682.80**
其中	人工费(元)			325.29	248.62	201.29
	材料费(元)			648.45	609.11	476.90
	机械费(元)			16.97	19.72	4.61
预算定额编号	项目名称	单位	单价(元)	消耗量		
6-256	井浇筑 井身 圆形	$10m^3$	4 584.46	0.100 0	—	—
6-257	井浇筑 井身 矩形	$10m^3$	4 574.88	—	0.100 0	—
6-258	井浇筑 井底流槽	$10m^3$	5 453.01	—	—	0.100 0
6-1105	池壁(隔墙) 矩形池壁 木模	$100m^2$	4 564.86	—	0.092 0	—
6-1106	池壁(隔墙) 圆形池壁 木模	$100m^2$	6 491.16	0.082 0	—	—
6-1149	井底流槽 木模	$100m^2$	3 928.69	—	—	0.035 0
	名称	单位	单价(元)	消耗量		
人工	二类人工	工日	135.00	2.410 0	1.842 0	1.491 0
材料	非泵送商品混凝土 C20	m^3	412.00	1.010 0	1.010 0	1.010 0
	木模板	m^3	1 445.00	0.066 6	0.057 2	0.024 7
	木支撑	m^3	1 552.00	0.047 7	0.054 0	—

(3)勾缝及抹灰

工作内容:清理墙面、调制砂浆、勾缝、抹灰、清扫落地灰、材料运输等。 **计量单位**:m²

定额编号				5-754	5-755	5-756	5-757
项目				砖墙			
				勾缝	抹灰		
					井壁	井底	流槽
基价(元)				**6.73**	**29.34**	**22.66**	**26.33**
其中	人工费(元)			5.66	18.74	12.06	15.73
	材料费(元)			0.98	9.83	9.83	9.83
	机械费(元)			0.09	0.77	0.77	0.77
预算定额编号	项目名称	单位	单价(元)	消耗量			
6-259	砖墙 勾缝	100m²	672.78	0.010 0	—	—	—
6-260	砖墙 抹灰 井壁	100m²	2 934.44	—	0.010 0	—	—
6-261	砖墙 抹灰 井底	100m²	2 265.92	—	—	0.010 0	—
6-262	砖墙 抹灰 流槽	100m²	2 633.39	—	—	—	0.010 0
名称		单位	单价(元)	消耗量			
人工	二类人工	工日	135.00	0.042 0	0.139 0	0.089 0	0.117 0
材料	干混抹灰砂浆 DP M20.0	m³	446.95	0.002 2	0.021 7	0.021 7	0.021 7

工作内容:清理墙面、调制砂浆、勾缝、抹灰、清扫落地灰、材料运输等。 **计量单位**:m²

定额编号				5-758	5-759	5-760	5-761
项目				石墙			
				勾缝	抹灰		
					井壁	井底	流槽
基价(元)				**12.04**	**31.27**	**22.63**	**26.31**
其中	人工费(元)			9.50	20.68	12.04	15.72
	材料费(元)			2.36	9.83	9.83	9.83
	机械费(元)			0.18	0.76	0.76	0.76
预算定额编号	项目名称	单位	单价(元)	消耗量			
6-263	石墙 勾缝	100m²	1 204.49	0.010 0	—	—	—
6-264	石墙 抹灰 井壁	100m²	3 126.80	—	0.010 0	—	—
6-265	石墙 抹灰 井底	100m²	2 262.53	—	—	0.010 0	—
6-266	石墙 抹灰 流槽	100m²	2 630.00	—	—	—	0.010 0
名称		单位	单价(元)	消耗量			
人工	二类人工	工日	135.00	0.070 0	0.153 0	0.089 0	0.116 0
材料	干混抹灰砂浆 DP M20.0	m³	446.95	0.005 2	0.021 7	0.021 7	0.021 7

3. 井室盖板、井盖(箅)

(1)井室盖板、井圈

工作内容:配料,模板安、拆,混凝土捣固、养护,调制砂浆,预制构件安装等。　　**计量单位**:m^3

定额编号				5-762	5-763	5-764
项目				井室盖板	井圈	小型构件
基价(元)				**977.47**	**1 019.04**	**1 179.14**
其中	人工费(元)			342.43	342.04	448.93
	材料费(元)			604.31	675.06	726.60
	机械费(元)			30.73	1.94	3.61
预算定额编号	项目名称	单位	单价(元)	消耗量		
6-272	井圈制作 非泵送商品混凝土 C20	$10m^3$	5 101.29	—	0.100 0	—
6-274	小型构件制作 非泵送商品混凝土 C20	$10m^3$	5 108.08	—	—	0.100 0
6-278H	小型构件安装	$10m^3$	514.85	—	0.100 0	0.100 0
6-354	钢筋混凝土盖板预制 井室盖板 非泵送商品混凝土 C20	$10m^3$	5 622.20	0.100 0	—	—
6-366H	矩形盖板 单块体积 $0.5m^3$ 以内	$10m^3$	1 865.59	0.100 0	—	—
6-1167	井盖板 木模	$10m^3$	2 286.83	0.100 0	—	—
6-1168	井圈 木模	$10m^3$	4 574.21	—	0.100 0	—
6-1170	小型构件 木模	$10m^3$	6 168.45	—	—	0.100 0
	名称	单位	单价(元)	消耗量		
人工	二类人工	工日	135.00	2.536 0	2.534 0	3.325 0
材料	非泵送商品混凝土 C20	m^3	412.00	1.010 0	1.010 0	1.010 0
	木模板	m^3	1 445.00	0.078 8	0.152 0	0.179 9
	干混抹灰砂浆 DP M20.0	m^3	446.95	0.111 1	0.044 0	0.048 0

(2)井盖、井箅安装

工作内容:配料,模板安、拆,混凝土捣固、养护,调制砂浆,预制构件安装等。　　**计量单位**:套

定额编号				5-765	5-766	5-767	5-768	5-769	5-770
项目				检查井盖			雨水井箅		
				铸铁井盖	混凝土井盖	高强模塑料井盖	铸铁井箅	混凝土井箅	高强模塑料井箅
基价(元)				**698.41**	**57.39**	**316.64**	**297.94**	**54.96**	**175.86**
其中	人工费(元)			39.88	44.58	35.83	37.87	42.15	34.05
	材料费(元)			658.53	12.81	280.81	260.07	12.81	141.81
	机械费(元)			—	—	—	—	—	—
预算定额编号	项目名称	单位	单价(元)	消耗量					
6-275	检查井盖 铸铁井盖安装	10 套	6 984.11	0.100 0	—	—	—	—	—
6-276	检查井盖 混凝土井盖安装	10 套	573.88	—	0.100 0	—	—	—	—
6-277	检查井盖 高强模塑料井盖安装	10 套	3 166.43	—	—	0.100 0	—	—	—
6-279	雨水井箅 铸铁井箅安装	10 套	2 979.38	—	—	—	0.100 0	—	—
6-280	雨水井箅 混凝土井箅安装	10 套	549.58	—	—	—	—	0.100 0	—
6-281	雨水井箅 高强模塑料井箅安装	10 套	1 758.61	—	—	—	—	—	0.100 0
	名称	单位	单价(元)	消耗量					
人工	二类人工	工日	135.00	0.295 0	0.330 0	0.265 0	0.281 0	0.312 0	0.252 0
材料	混凝土井盖	套	—	—	(1.000 0)	—	—	—	—
	混凝土雨水井箅	套	—	—	—	—	—	(1.000 0)	—
	复合材料检查井盖 $\phi700$	套	268.00	—	—	1.000 0	—	—	—
	铸铁检查井盖 $\phi700$ 重型	套	642.00	1.000 0	—	—	—	—	—
	高强模塑料平箅	套	129.00	—	—	—	—	—	1.000 0
	铸铁平箅 260×420	套	244.00	—	—	—	1.000 0	—	—
	干混抹灰砂浆 DP M20.0	m^3	446.95	0.028 4	0.028 4	0.028 4	0.028 4	0.028 4	0.028 4

二、渠道、方沟

1. 墙身、拱盖砖石砌筑

工作内容:清理基底,调制砂浆,砌筑,勾缝,沉降缝制、安,脚手架安、拆,清理场地等。 **计量单位**:m^3

定额编号				5-771	5-772	5-773
项目				墙身		
				砖砌	石砌	预制块
基价(元)				**522.18**	**493.85**	**581.35**
其中	人工费(元)			177.96	181.37	190.65
	材料费(元)			340.97	309.24	388.59
	机械费(元)			3.25	3.24	2.11
预算定额编号	项目名称	单位	单价(元)	消耗量		
1-493	钢管脚手架 双排 4m 以内	$100m^2$	779.49	0.027 0	0.010 0	0.027 0
6-312	渠道砌筑 墙身 砖砌	$10m^3$	4 380.58	0.100 0	—	—
6-313	渠道砌筑 墙身 石砌	$10m^3$	4 614.24	—	0.100 0	—
6-314	渠道砌筑 墙身 预制块	$10m^3$	4 972.29	—	—	0.100 0
6-331	渠道勾缝 砖墙	$100m^2$	672.78	0.027 0	—	0.027 0
6-335	渠道勾缝 块石墙 平缝	$100m^2$	799.13	—	0.010 0	—
6-342	渠道沉降缝 油浸麻丝	100m	1 663.47	0.027 0	0.010 0	0.027 0
名称		单位	单价(元)	消耗量		
人工	二类人工	工日	135.00	1.318 0	1.343 0	1.412 0
材料	混凝土实心砖 240×115×53 MU10	千块	388.00	0.535 6	—	—
	混凝土预制块 综合	m^3	345.00	—	—	0.929 4
	干混抹灰砂浆 DP M20.0	m^3	446.95	0.005 8	0.005 2	0.005 8
	干混砌筑砂浆 DM M7.5	m^3	413.73	0.245 0	0.367 0	0.082 0

工作内容：清理基底，调制砂浆，砌筑，勾缝，沉降缝制作、安装，脚手架安装、拆除，清理场地等。　　**计量单位**：m^3

定额编号				5-774	5-775	5-776	5-777
项目				拱盖			墙帽
				砖砌	石砌	预制块	混凝土
基价（元）				**585.31**	**560.30**	**661.98**	**802.45**
其中	人工费（元）			227.27	229.11	256.97	237.45
	材料费（元）			354.07	326.95	402.16	563.51
	机械费（元）			3.97	4.24	2.85	1.49
预算定额编号	项目名称	单位	单价（元）	消耗量			
1-493	钢管脚手架 双排 4m 以内	$100m^2$	779.49	0.040 0	0.025 0	0.040 0	—
6-315	渠道砌筑 拱盖 砖砌	$10m^3$	4 606.81	0.100 0	—	—	—
6-316	渠道砌筑 拱盖 石砌	$10m^3$	4 792.44	—	0.100 0	—	—
6-317	渠道砌筑 拱盖 预制块	$10m^3$	5 373.51	—	—	0.100 0	—
6-322	渠道砌筑 墙帽 混凝土无筋 非泵送商品混凝土 C20	$10m^3$	5 449.09	—	—	—	0.100 0
6-331	渠道勾缝 砖墙	$100m^2$	672.78	0.040 0	—	0.040 0	—
6-335	渠道勾缝 块石墙 平缝	$100m^2$	799.13	—	0.025 0	—	—
6-342	渠道沉降缝 油浸麻丝	100m	1 663.47	0.040 0	0.025 0	0.040 0	—
6-1150	小型构件 木模	$100m^2$	7 358.25	—	—	—	0.035 0
名称		单位	单价（元）	消耗量			
人工	二类人工	工日	135.00	1.684 0	1.697 0	1.904 0	1.759 0
材料	混凝土实心砖 240×115×53 MU10	千块	388.00	0.537 7	—	—	—
	混凝土预制块 综合	m^3	345.00	—	—	0.929 4	—
	非泵送商品混凝土 C20	m^3	412.00	—	—	—	1.010 0
	木模板	m^3	1 445.00	—	—	—	0.060 7
	干混抹灰砂浆 DP M20.0	m^3	446.95	0.008 6	0.013 0	0.008 6	—
	干混砌筑砂浆 DM M7.5	m^3	413.73	0.241 9	0.367 0	0.082 0	—

2. 渠道方沟混凝土浇筑

工作内容：模板安、拆，混凝土浇捣、养护，止水带及沉降缝制作、安装，脚手架安装、拆除，清理场地。　　**计量单位**：m^3

定额编号				5-778	5-779
项目				底板	侧墙
基价（元）				**596.03**	**909.15**
其中	人工费（元）			73.10	218.44
	材料费（元）			520.65	676.37
	机械费（元）			2.28	14.34
预算定额编号	项目名称	单位	单价（元）	消耗量	
1-493	钢管脚手架 双排 4m 以内	$100m^2$	779.49	—	0.033 0
6-318	渠道砌筑 混凝土方沟 沟底板 非泵送商品混凝土 C20	$10m^3$	4 604.14	0.100 0	—
6-319	渠道砌筑 混凝土方沟 壁板 非泵送商品混凝土 C20	$10m^3$	4 714.28	—	0.100 0
6-344	渠道沉降缝 预埋橡胶止水带	100m	3 969.26	0.023 0	0.025 0
6-1142	管、渠道平基 复合木模	$100m^2$	4 432.01	0.010 0	—
6-1146	渠（涵）直墙 复合木模	$100m^2$	4 668.06	—	0.067 0
名称		单位	单价（元）	消耗量	
人工	二类人工	工日	135.00	0.541 0	1.618 0
材料	非泵送商品混凝土 C20	m^3	412.00	1.010 0	1.010 0
	木模板	m^3	1 445.00	0.001 4	0.001 9
	复合木模板面板	m^2	56.03	0.165 0	0.958 1

工作内容:模板安、拆,混凝土浇捣、养护,止水带及沉降缝制、安,脚手架安、拆,清理场地。　　**计量单位:**见表

定额编号					5-780	5-781	5-782
项目					顶板		地沟水箅
					现浇	预制	
计量单位					m^3		m^2
基价(元)					**882.63**	**735.77**	**146.70**
其中	人工费(元)				212.84	217.80	27.43
	材料费(元)				658.85	487.67	119.27
	机械费(元)				10.94	30.30	—
预算定额编号	项目名称		单位	单价(元)	消耗量		
1-493	钢管脚手架 双排 4m 以内		$100m^2$	779.49	0.038 0	—	—
6-282	地沟水箅		$10m^2$	1 466.97	—	—	0.100 0
6-320	渠道砌筑 混凝土方沟 顶板 非泵送商品混凝土 C20		$10m^3$	4 674.04	0.100 0	—	—
6-344	渠道沉降缝 预埋橡胶止水带		100m	3 969.26	0.038 0	—	—
6-347	钢筋混凝土盖板预制 矩形盖板 板厚 20cm 以内 非泵送商品混凝土 C20		$10m^3$	5 338.60	—	0.100 0	—
6-358	渠道盖板安装 矩形盖板 单块体积 $0.5m^3$ 以内		$10m^3$	1 325.86	—	0.100 0	—
6-1133	板支模高度超过 3.6m,每增 1m 钢支撑		$100m^2$	574.28	0.038 0	—	—
6-1148	顶(盖)板 复合木模		$100m^2$	5 603.74	0.038 0	—	—
6-1166	地沟盖板 木模		$10m^3$	693.15	—	0.100 0	—
名称			单位	单价(元)	消耗量		
人工	二类人工		工日	135.00	1.577 0	1.613 0	0.203 0
材料	预制混凝土盖板		m^3	—	—	(1.010 0)	—
	非泵送商品混凝土 C20		m^3	412.00	1.010 0	1.010 0	—
	木模板		m^3	1 445.00	0.001 9	0.014 2	—
	复合木模板面板		m^2	56.03	0.543 4	—	—

3. 渠道抹灰

工作内容:湿润墙面、调拌砂浆、抹灰、材料运输、清理场地。　　**计量单位:**m^2

定额编号		单位	单价(元)	5-783	5-784	5-785
项目				渠道抹灰		
				底面	墙面	拱面
基价(元)				**18.28**	**33.06**	**35.80**
其中	人工费(元)			6.32	18.73	22.02
	材料费(元)			11.17	13.06	12.64
	机械费(元)			0.79	1.27	1.14
预算定额编号	项目名称	单位	单价(元)	消耗量		
18-47	满堂脚手架 基本层 3.6~5.2m	$100m^2$	987.36	—	—	0.010 0
1-493	钢管脚手架 双排 4m 以内	$100m^2$	779.49	—	0.010 0	—
6-326	渠道抹灰 底面	$100m^2$	1 828.18	0.010 0	—	—
6-328	渠道抹灰 石墙墙面	$100m^2$	2 526.67	—	0.010 0	—
6-329	渠道抹灰 正拱面	$100m^2$	2 592.68	—	—	0.010 0
名称		单位	单价(元)	消耗量		
人工	二类人工	工日	135.00	0.047 0	0.139 0	0.163 0
材料	干混抹灰砂浆 DP M20.0	m^3	446.95	0.021 7	0.021 7	0.021 7

三、排水管道出水口

1. 砖　　砌

(1)一　字　式

工作内容:清底,铺装垫层,混凝土浇捣、养护,调制砂浆,砌砖,抹灰,勾缝,材料运输。　　**计量单位**:处

定　额　编　号				5-786	5-787	5-788
项　　目				高度 H(m)		
				1.0 以内		1.5 以内
				管径(mm)		
				300 以内	400 以内	500 以内
基　价 (元)				**4 122.93**	**4 200.72**	**5 869.04**
其中	人　工　费 (元)			679.05	694.58	972.54
	材　料　费 (元)			3 434.39	3 494.88	4 879.92
	机　械　费 (元)			9.49	11.26	16.58
预算定额编号	项　目　名　称	单位	单价(元)	消　耗　量		
6-372	排水管道出水口 砖砌一字式 高度 1.0m 以内 管径 300mm 以内	处	4 122.93	1.000 0	—	—
6-373	排水管道出水口 砖砌一字式 高度 1.0m 以内 管径 400mm 以内	处	4 200.72	—	1.000 0	—
6-374	排水管道出水口 砖砌一字式 高度 1.5m 以内 管径 500mm 以内	处	5 869.04	—	—	1.000 0
名　称		单位	单价(元)	消　耗　量		
人工	二类人工	工日	135.00	5.030 0	5.145 0	7.204 0
材料	碎石 综合	t	102.00	6.876 0	6.910 0	9.033 0
	混凝土实心砖 240×115×53 MU10	千块	388.00	3.017 0	3.021 0	4.614 0
	非泵送商品混凝土 C15	m^3	399.00	2.009 0	2.050 0	2.509 0
	非泵送商品混凝土 C20	m^3	412.00	0.408 0	0.500 0	0.653 0
	干混抹灰砂浆 DP M20.0	m^3	446.95	0.012 0	0.017 0	0.018 0
	干混砌筑砂浆 DM M7.5	m^3	413.73	1.305 0	1.300 0	1.992 0

工作内容:清底,铺装垫层,混凝土浇捣、养护,调制砂浆,砌砖,抹灰,勾缝,材料运输。 **计量单位**:处

定额编号				5-789	5-790	5-791
项目				高度 H(m)		
				1.5 以内	2.0 以内	
				管径(mm)		
				600 以内	700 以内	800 以内
基价(元)				**7 040.14**	**10 306.62**	**10 403.26**
其中	人工费(元)			1 143.18	1 670.76	1 686.02
	材料费(元)			5 875.03	8 602.68	8 683.92
	机械费(元)			21.93	33.18	33.32
预算定额编号	项目名称	单位	单价(元)	消耗量		
6-375	排水管道出水口 砖砌一字式 高度 1.5m 以内 管径 600mm 以内	处	7 040.14	1.000 0	—	—
6-376	排水管道出水口 砖砌一字式 高度 2.0m 以内 管径 700mm 以内	处	10 306.62	—	1.000 0	—
6-377	排水管道出水口 砖砌一字式 高度 2.0m 以内 管径 800mm 以内	处	10 403.26	—	—	1.000 0
	名称	单位	单价(元)	消耗量		
人工	二类人工	工日	135.00	8.468 0	12.376 0	12.489 0
材料	碎石 综合	t	102.00	9.067 0	12.594 0	12.637 0
	混凝土实心砖 240×115×53 MU10	千块	388.00	6.200 0	9.556 0	9.551 0
	非泵送商品混凝土 C15	m^3	399.00	2.570 0	3.468 0	3.570 0
	非泵送商品混凝土 C20	m^3	412.00	0.734 0	0.867 0	0.959 0
	干混抹灰砂浆 DP M20.0	m^3	446.95	0.025 0	0.039 0	0.039 0
	干混砌筑砂浆 DM M7.5	m^3	413.73	2.727 0	4.213 0	4.210 0

工作内容:清底,铺装垫层,混凝土浇捣、养护,调制砂浆,砌砖,抹灰,勾缝,材料运输。 **计量单位**:处

定额编号				5-792	5-793	5-794
项目				高度 H(m)		
				2.5 以内		3.0 以内
				管径(mm)		
				900 以内	1 000 以内	1 100 以内
基价(元)				**14 003.05**	**14 185.84**	**18 643.76**
其中	人工费(元)			2 342.66	2 373.17	3 113.64
	材料费(元)			11 614.36	11 766.34	15 466.27
	机械费(元)			46.03	46.33	63.85
预算定额编号	项目名称	单位	单价(元)	消耗量		
6-378	排水管道出水口 砖砌一字式 高度 2.5m 以内 管径 900mm 以内	处	14 003.05	1.000 0	—	—
6-379	排水管道出水口 砖砌一字式 高度 2.5m 以内 管径 1 000mm 以内	处	14 185.84	—	1.000 0	—
6-380	排水管道出水口 砖砌一字式 高度 3.0m 以内 管径 1 100mm 以内	处	18 643.76	—	—	1.000 0
	名称	单位	单价(元)	消耗量		
人工	二类人工	工日	135.00	17.353 0	17.579 0	23.064 0
材料	碎石 综合	t	102.00	16.698 0	16.754 0	20.003 0
	混凝土实心砖 240×115×53 MU10	千块	388.00	13.427 0	13.427 0	18.309 0
	非泵送商品混凝土 C15	m^3	399.00	4.090 0	4.345 0	5.324 0
	非泵送商品混凝土 C20	m^3	412.00	1.091 0	1.204 0	1.346 0
	干混抹灰砂浆 DP M20.0	m^3	446.95	0.054 0	0.054 0	0.154 0
	干混砌筑砂浆 DM M7.5	m^3	413.73	5.926 0	5.915 0	8.180 0

工作内容：清底，铺装垫层，混凝土浇捣、养护，调制砂浆，砌砖，抹灰，勾缝，材料运输。　　　　**计量单位**：处

定额编号				5-795	5-796	5-797
项目				高度 H(m)		
				3.0 以内	3.5 以内	
				管径(mm)		
				1 200 以内	1 350 以内	1 500 以内
基价（元）				**19 847.13**	**24 804.05**	**25 990.40**
其中	人工费（元）			3 311.42	4 142.34	4 340.25
	材料费（元）			16 468.99	20 576.72	21 561.63
	机械费（元）			66.72	84.99	88.52
预算定额编号	项目名称	单位	单价(元)	消耗量		
6-381	排水管道出水口 砖砌一字式 高度 3.0m 以内 管径 1 200mm 以内	处	19 847.13	1.000 0	—	—
6-382	排水管道出水口 砖砌一字式 高度 3.5m 以内 管径 1 350mm 以内	处	24 804.05	—	1.000 0	—
6-383	排水管道出水口 砖砌一字式 高度 3.5m 以内 管径 1 500mm 以内	处	25 990.40	—	—	1.000 0
	名称	单位	单价(元)	消耗量		
人工	二类人工	工日	135.00	24.529 0	30.684 0	32.150 0
材料	碎石 综合	t	102.00	23.374 0	28.812 0	31.185 0
	混凝土实心砖 240×115×53 MU10	千块	388.00	19.372 0	24.893 0	25.948 0
	非泵送商品混凝土 C15	m^3	399.00	5.437 0	6.059 0	6.253 0
	非泵送商品混凝土 C20	m^3	412.00	1.428 0	1.622 0	1.754 0
	干混抹灰砂浆 DP M20.0	m^3	446.95	0.164 0	0.215 0	0.226 0
	干混砌筑砂浆 DM M7.5	m^3	413.73	8.549 0	10.998 0	11.449 0

工作内容：清底，铺装垫层，混凝土浇捣、养护，调制砂浆，砌砖，抹灰，勾缝，材料运输。　　　　**计量单位**：处

定额编号				5-798	5-799
项目				高度 H(m)	
				4.0 以内	
				管径(mm)	
				1 650 以内	1 800 以内
基价（元）				**31 244.16**	**32 552.87**
其中	人工费（元）			5 217.62	5 436.45
	材料费（元）			25 917.99	27 004.14
	机械费（元）			108.55	112.28
预算定额编号	项目名称	单位	单价(元)	消耗量	
6-384	排水管道出水口 砖砌一字式 高度 4.0m 以内 管径 1 650mm 以内	处	31 244.16	1.000 0	—
6-385	排水管道出水口 砖砌一字式 高度 4.0m 以内 管径 1 800mm 以内	处	32 552.87	—	1.000 0
	名称	单位	单价(元)	消耗量	
人工	二类人工	工日	135.00	38.649 0	40.270 0
材料	碎石 综合	t	102.00	34.915 0	37.593 0
	混凝土实心砖 240×115×53 MU10	千块	388.00	31.839 0	33.009 0
	非泵送商品混凝土 C15	m^3	399.00	7.395 0	7.599 0
	非泵送商品混凝土 C20	m^3	412.00	1.928 0	2.060 0
	干混抹灰砂浆 DP M20.0	m^3	446.95	0.267 0	0.277 0
	干混砌筑砂浆 DM M7.5	m^3	413.73	14.094 0	14.596 0

工作内容：清底，铺装垫层，混凝土浇捣、养护，调制砂浆，砌砖，抹灰，勾缝，材料运输。　　计量单位：处

定额编号				5-800	5-801	5-802
项目				高度 H(m)		
				4.5 以内		5.0 以内
				管径(mm)		
				2 000 以内	2 200 以内	2 400 以内
基价（元）				**38 441.89**	**39 967.36**	**46 412.93**
其中	人工费（元）			6 417.90	6 671.16	7 739.42
	材料费（元）			31 889.42	33 157.16	38 510.94
	机械费（元）			134.57	139.04	162.57
预算定额编号	项目名称	单位	单价(元)	消耗量		
6-386	排水管道出水口 砖砌一字式 高度 4.5m 以内 管径 2 000mm 以内	处	38 441.89	1.000 0	—	—
6-387	排水管道出水口 砖砌一字式 高度 4.5m 以内 管径 2 200mm 以内	处	39 967.36	—	1.000 0	—
6-388	排水管道出水口 砖砌一字式 高度 5.0m 以内 管径 2 400mm 以内	处	46 412.93	—	—	1.000 0
名称		单位	单价(元)	消耗量		
人工	二类人工	工日	135.00	47.540 0	49.416 0	57.329 0
材料	碎石 综合	t	102.00	41.672 0	44.710 0	52.132 0
	混凝土实心砖 240×115×53 MU10	千块	388.00	39.616 0	40.897 0	48.008 0
	非泵送商品混凝土 C15	m^3	399.00	8.884 0	9.211 0	10.078 0
	非泵送商品混凝土 C20	m^3	412.00	2.285 0	2.468 0	2.713 0
	干混抹灰砂浆 DP M20.0	m^3	446.95	0.318 0	0.328 0	0.400 0
	干混砌筑砂浆 DM M7.5	m^3	413.73	17.558 0	18.112 0	21.259 0

(2)八　字　式

工作内容:清底,铺装垫层,混凝土浇捣、养护,调制砂浆,砌砖,抹灰,勾缝,材料运输。　　**计量单位:**处

定额编号				5-803	5-804	5-805
项目				高度 $H \times$ 长度 L_1(m)		
				0.83×1.1以内	0.94×1.32以内	1.04×1.53以内
				管径(mm)		
				300以内	400以内	500以内
基价(元)				**1 816.57**	**2 163.92**	**2 534.38**
其中	人工费(元)			309.02	368.01	437.13
	材料费(元)			1 502.32	1 789.80	2 090.05
	机械费(元)			5.23	6.11	7.20
预算定额编号	项目名称	单位	单价(元)	消耗量		
6-389	排水管道出水口 砖砌八字式 $H \times L_1$ =0.83m×1.11m以内 管径300mm以内	处	1 816.57	1.000 0	—	—
6-390	排水管道出水口 砖砌八字式 $H \times L_1$ =0.94m×1.32m以内 管径400mm以内	处	2 163.92	—	1.000 0	—
6-391	排水管道出水口 砖砌八字式 $H \times L_1$ =1.04m×1.53m以内 管径500mm以内	处	2 534.38	—	—	1.000 0
	名称	单位	单价(元)	消耗量		
人工	二类人工	工日	135.00	2.289 0	2.726 0	3.238 0
材料	混凝土实心砖 240×115×53 MU10	千块	388.00	0.903 0	1.111 0	1.334 0
	非泵送商品混凝土 C15	m^3	399.00	0.653 0	0.826 0	1.010 0
	非泵送商品混凝土 C20	m^3	412.00	1.612 0	1.836 0	2.050 0
	干混抹灰砂浆 DP M15.0	m^3	446.85	0.049 0	0.055 0	0.060 0
	干混抹灰砂浆 DP M20.0	m^3	446.95	0.010 0	0.010 0	0.010 0
	干混砌筑砂浆 DM M7.5	m^3	413.73	0.420 0	0.513 0	0.615 0

工作内容:清底,铺装垫层,混凝土浇捣、养护,调制砂浆,砌砖,抹灰,勾缝,材料运输。 **计量单位**:处

定额编号				5-806	5-807	5-808
项目				高度 $H\times$长度 L_1(m)		
				1.15×1.75 以内	1.26×1.96 以内	1.37×2.18 以内
				管径(mm)		
				600 以内	700 以内	800 以内
基价(元)				**2 970.20**	**3 459.97**	**4 008.58**
其中	人工费(元)			504.36	586.44	678.38
	材料费(元)			2 457.30	2 863.62	3 318.32
	机械费(元)			8.54	9.91	11.88
预算定额编号	项目名称	单位	单价(元)	消耗量		
6-392	排水管道出水口 砖砌八字式 $H\times L_1=1.15m\times 1.75m$ 以内 管径 600mm 以内	处	2 970.20	1.000 0	—	—
6-393	排水管道出水口 砖砌八字式 $H\times L_1=1.26m\times 1.96m$ 以内 管径 700mm 以内	处	3 459.97	—	1.000 0	—
6-394	排水管道出水口 砖砌八字式 $H\times L_1=1.37m\times 2.18m$ 以内 管径 800mm 以内	处	4 008.58	—	—	1.000 0
	名称	单位	单价(元)	消耗量		
人工	二类人工	工日	135.00	3.736 0	4.344 0	5.025 0
材料	混凝土实心砖 240×115×53 MU10	千块	388.00	1.619 0	1.942 0	2.315 0
	非泵送商品混凝土 C15	m^3	399.00	1.224 0	1.469 0	1.734 0
	非泵送商品混凝土 C20	m^3	412.00	2.315 0	2.581 0	2.876 0
	干混抹灰砂浆 DP M15.0	m^3	446.85	0.064 0	0.069 0	0.074 0
	干混抹灰砂浆 DP M20.0	m^3	446.95	0.010 0	0.010 0	0.010 0
	干混砌筑砂浆 DM M7.5	m^3	413.73	0.748 0	0.902 0	1.076 0

工作内容:清底,铺装垫层,混凝土浇捣、养护,调制砂浆,砌砖,抹灰,勾缝,材料运输。 **计量单位**:处

定额编号				5-809	5-810	5-811
项目				高度 $H\times$长度 L_1(m)		
				1.47×2.39 以内	1.58×2.60 以内	1.69×2.82 以内
				管径(mm)		
				900 以内	1 000 以内	1 100 以内
基价(元)				**4 598.92**	**5 246.39**	**6 578.51**
其中	人工费(元)			777.33	886.95	1 104.57
	材料费(元)			3 807.90	4 343.72	5 454.97
	机械费(元)			13.69	15.72	18.97
预算定额编号	项目名称	单位	单价(元)	消耗量		
6-395	排水管道出水口 砖砌八字式 $H\times L_1=1.47m\times 2.39m$ 以内 管径 900mm 以内	处	4 598.92	1.000 0	—	—
6-396	排水管道出水口 砖砌八字式 $H\times L_1=1.58m\times 2.60m$ 以内 管径 1 000mm 以内	处	5 246.39	—	1.000 0	—
6-397	排水管道出水口 砖砌八字式 $H\times L_1=1.69m\times 2.82m$ 以内 管径 1 100mm 以内	处	6 578.51	—	—	1.000 0
	名称	单位	单价(元)	消耗量		
人工	二类人工	工日	135.00	5.758 0	6.570 0	8.182 0
材料	混凝土实心砖 240×115×53 MU10	千块	388.00	2.715 0	3.183 0	3.712 0
	非泵送商品混凝土 C15	m^3	399.00	2.020 0	2.326 0	3.315 0
	非泵送商品混凝土 C20	m^3	412.00	3.193 0	3.509 0	4.457 0
	干混抹灰砂浆 DP M15.0	m^3	446.85	0.080 0	0.085 0	0.089 0
	干混抹灰砂浆 DP M20.0	m^3	446.95	0.013 0	0.015 0	0.017 0
	干混砌筑砂浆 DM M7.5	m^3	413.73	1.261 0	1.476 0	1.722 0

工作内容:清底,铺装垫层,混凝土浇捣、养护,调制砂浆,砌砖,抹灰,勾缝,材料运输。　　**计量单位**:处

定额编号				5-812	5-813	5-814
项目				高度 $H\times$ 长度 L_1(m)		
				1.79×3.03 以内	1.96×3.36 以内	2.12×3.68 以内
				管径(mm)		
				1 200 以内	1 350 以内	1 500 以内
基价(元)				**7 339.76**	**8 797.69**	**10 577.96**
其中	人工费(元)			1 231.47	1 476.09	1 976.94
	材料费(元)			6 087.19	7 295.72	8 570.16
	机械费(元)			21.10	25.88	30.86
预算定额编号	项目名称	单位	单价(元)	消耗量		
6-398	排水管道出水口 砖砌八字式 $H\times L_1=1.79$m×3.03m 以内 管径 1 200mm 以内	处	7 339.76	1.000 0	—	—
6-399	排水管道出水口 砖砌八字式 $H\times L_1=1.96$m×3.36m 以内 管径 1 350mm 以内	处	8 797.69	—	1.000 0	—
6-400	排水管道出水口 砖砌八字式 $H\times L_1=2.12$m×3.68m 以内 管径 1 500mm 以内	处	10 577.96	—	—	1.000 0
	名称	单位	单价(元)	消耗量		
人工	二类人工	工日	135.00	9.122 0	10.934 0	14.644 0
材料	混凝土实心砖 240×115×53 MU10	千块	388.00	4.242 0	5.285 0	6.421 0
	非泵送商品混凝土 C15	m^3	399.00	3.703 0	4.468 0	5.233 0
	非泵送商品混凝土 C20	m^3	412.00	4.835 0	5.498 0	6.181 0
	干混抹灰砂浆 DP M15.0	m^3	446.85	0.095 0	0.102 0	0.110 0
	干混抹灰砂浆 DP M20.0	m^3	446.95	0.018 0	0.023 0	0.026 0
	干混砌筑砂浆 DM M7.5	m^3	413.73	1.968 0	2.450 0	2.983 0

工作内容:清底,铺装垫层,混凝土浇捣、养护,调制砂浆,砌砖,抹灰,勾缝,材料运输。　　**计量单位**:处

定额编号				5-815	5-816
项目				高度 $H\times$ 长度 L_1(m)	
				2.28×4.00 以内	2.44×4.33 以内
				管径(mm)	
				1 650 以内	1 800 以内
基价(元)				**12 068.84**	**13 941.35**
其中	人工费(元)			2 133.41	2 445.53
	材料费(元)			9 899.58	11 453.65
	机械费(元)			35.85	42.17
预算定额编号	项目名称	单位	单价(元)	消耗量	
6-401	排水管道出水口 砖砌八字式 $H\times L_1=2.28$m×4.00m 以内 管径 1 650mm 以内	处	12 068.84	1.000 0	—
6-402	排水管道出水口 砖砌八字式 $H\times L_1=2.44$m×4.33m 以内 管径 1 800mm 以内	处	13 941.35	—	1.000 0
	名称	单位	单价(元)	消耗量	
人工	二类人工	工日	135.00	15.803 0	18.115 0
材料	混凝土实心砖 240×115×53 MU10	千块	388.00	7.652 0	9.121 0
	非泵送商品混凝土 C15	m^3	399.00	5.987 0	6.875 0
	非泵送商品混凝土 C20	m^3	412.00	6.885 0	7.650 0
	干混抹灰砂浆 DP M15.0	m^3	446.85	0.118 0	0.125 0
	干混抹灰砂浆 DP M20.0	m^3	446.95	0.029 0	0.033 0
	干混砌筑砂浆 DM M7.5	m^3	413.73	3.547 0	4.233 0

工作内容:清底,铺装垫层,混凝土浇捣、养护,调制砂浆,砌砖,抹灰,勾缝,材料运输。　　**计量单位**:处

定额编号				5-817	5-818	5-819
项目				高度 $H\times$长度 L_1(m)		
				2.66×4.76 以内	2.88×5.20 以内	3.09×5.62 以内
				管径(mm)		
				2 000 以内	2 200 以内	2 400 以内
基价(元)				**16 788.50**	**19 984.92**	**23 481.82**
其中	人工费(元)			2 966.49	3 537.41	4 163.27
	材料费(元)			13 770.46	16 385.28	19 244.53
	机械费(元)			51.55	62.23	74.02
预算定额编号	项目名称	单位	单价(元)	消耗量		
6-403	排水管道出水口 砖砌八字式 $H\times L_1$ =2.66m×4.76m 以内 管径 2 000mm 以内	处	16 788.50	1.000 0	—	—
6-404	排水管道出水口 砖砌八字式 $H\times L_1$ =2.88m×5.20m 以内 管径 2 200mm 以内	处	19 984.92	—	1.000 0	—
6-405	排水管道出水口 砖砌八字式 $H\times L_1$ =3.09m×5.62m 以内 管径 2 400mm 以内	处	23 481.82	—	—	1.000 0
	名称	单位	单价(元)	消耗量		
人工	二类人工	工日	135.00	21.974 0	26.203 0	30.839 0
材料	混凝土实心砖 240×115×53 MU10	千块	388.00	11.379 0	14.016 0	16.955 0
	非泵送商品混凝土 C15	m^3	399.00	8.150 0	9.527 0	11.016 0
	非泵送商品混凝土 C20	m^3	412.00	8.752 0	9.925 0	11.159 0
	干混抹灰砂浆 DP M15.0	m^3	446.85	0.135 0	0.146 0	0.155 0
	干混抹灰砂浆 DP M20.0	m^3	446.95	0.039 0	0.045 0	0.051 0
	干混砌筑砂浆 DM M7.5	m^3	413.73	5.279 0	6.509 0	7.872 0

(3)门字式

工作内容:清底,铺装垫层,混凝土浇捣、养护,调制砂浆,砌砖,抹灰,勾缝,材料运输。　　**计量单位**:处

定额编号				5-820	5-821	5-822
项目				高度 $H\times$长度 L_1(m)		
				1.0×0.91 以内		1.5×1.06 以内
				管径(mm)		
				300 以内	400 以内	500 以内
基价(元)				**1 758.54**	**1 795.26**	**2 710.24**
其中	人工费(元)			284.18	287.82	547.70
	材料费(元)			1 469.93	1 502.96	2 155.57
	机械费(元)			4.43	4.48	6.97
预算定额编号	项目名称	单位	单价(元)	消耗量		
6-406	排水管道出水口 砖砌门字式 $H\times L_1$ =1.0m×0.91m 以内 管径 300mm 以内	处	1 758.54	1.000 0	—	—
6-407	排水管道出水口 砖砌门字式 $H\times L_1$ =1.0m×0.91m 以内 管径 400mm 以内	处	1 795.26	—	1.000 0	—
6-408	排水管道出水口 砖砌门字式 $H\times L_1$ =1.5m×1.06m 以内 管径 500mm 以内	处	2 710.24	—	—	1.000 0
	名称	单位	单价(元)	消耗量		
人工	二类人工	工日	135.00	2.105 0	2.132 0	4.057 0
材料	混凝土实心砖 240×115×53 MU10	千块	388.00	0.753 0	0.753 0	1.361 0
	非泵送商品混凝土 C15	m^3	399.00	0.806 0	0.847 0	1.306 0
	非泵送商品混凝土 C20	m^3	412.00	1.663 0	1.703 0	1.958 0
	干混抹灰砂浆 DP M20.0	m^3	446.95	0.006 0	0.006 0	0.013 0
	干混砌筑砂浆 DM M7.5	m^3	413.73	0.350 0	0.349 0	0.631 0

工作内容:清底,铺装垫层,混凝土浇捣、养护,调制砂浆,砌砖,抹灰,勾缝,材料运输。　　**计量单位**:处

定额编号				5-823	5-824	5-825
项目				高度 $H\times$长度 L_1(m)		
				1.5×1.06 以内		2.0×1.21 以内
				管径(mm)		
				600 以内	700 以内	800 以内
基价(元)				**2 797.55**	**2 886.68**	**3 885.24**
其中	人工费(元)			565.52	583.34	790.29
	材料费(元)			2 224.76	2 295.93	3 084.42
	机械费(元)			7.27	7.41	10.53
预算定额编号	项目名称	单位	单价(元)	消耗量		
6-409	排水管道出水口 砖砌门字式 $H\times L_1$=1.5m×1.06m以内 管径600mm以内	处	2 797.55	1.000 0	—	—
6-410	排水管道出水口 砖砌门字式 $H\times L_1$=1.5m×1.06m以内 管径700mm以内	处	2 886.68	—	1.000 0	—
6-411	排水管道出水口 砖砌门字式 $H\times L_1$=2.0m×1.21m以内 管径800mm以内	处	3 885.24	—	—	1.000 0
	名称	单位	单价(元)	消耗量		
人工	二类人工	工日	135.00	4.189 0	4.321 0	5.854 0
材料	混凝土实心砖 240×115×53 MU10	千块	388.00	1.371 0	1.371 0	2.170 0
	非泵送商品混凝土 C15	m^3	399.00	1.387 0	1.479 0	2.009 0
	非泵送商品混凝土 C20	m^3	412.00	2.030 0	2.111 0	2.356 0
	干混抹灰砂浆 DP M20.0	m^3	446.95	0.013 0	0.013 0	0.018 0
	干混砌筑砂浆 DM M7.5	m^3	413.73	0.636 0	0.636 0	1.005 0

工作内容:清底,铺装垫层,混凝土浇捣、养护,调制砂浆,砌砖,抹灰,勾缝,材料运输。　　**计量单位**:处

定额编号				5-826	5-827	5-828
项目				高度 $H\times$长度 L_1(m)		
				2.0×1.21 以内	2.5×1.49 以内	2.5×1.61 以内
				管径(mm)		
				900 以内	1 000 以内	1 100 以内
基价(元)				**3 985.16**	**5 437.27**	**6 270.18**
其中	人工费(元)			809.73	882.23	1 046.79
	材料费(元)			3 164.76	4 538.85	5 204.78
	机械费(元)			10.67	16.19	18.61
预算定额编号	项目名称	单位	单价(元)	消耗量		
6-412	排水管道出水口 砖砌门字式 $H\times L_1$=2.0m×1.21m以内 管径900mm以内	处	3 985.16	1.000 0	—	—
6-413	排水管道出水口 砖砌门字式 $H\times L_1$=2.5m×1.49m以内 管径1 000mm以内	处	5 437.27	—	1.000 0	—
6-414	排水管道出水口 砖砌门字式 $H\times L_1$=2.5m×1.61m以内 管径1 100mm以内	处	6 270.18	—	—	1.000 0
	名称	单位	单价(元)	消耗量		
人工	二类人工	工日	135.00	5.998 0	6.535 0	7.754 0
材料	混凝土实心砖 240×115×53 MU10	千块	388.00	2.160 0	3.535 0	4.039 0
	非泵送商品混凝土 C15	m^3	399.00	2.122 0	2.683 0	2.989 0
	非泵送商品混凝土 C20	m^3	412.00	2.438 0	3.244 0	3.825 0
	干混抹灰砂浆 DP M20.0	m^3	446.95	0.027 0	0.027 0	0.029 0
	干混砌筑砂浆 DM M7.5	m^3	413.73	1.005 0	1.640 0	1.876 0

工作内容:清底,铺装垫层,混凝土浇捣、养护,调制砂浆,砌砖,抹灰,勾缝,材料运输。 **计量单位**:处

定额编号				5-829	5-830	5-831
项目				高度 $H\times$长度 L_1(m)		
				3.0×1.76 以内		3.5×2.04 以内
				管径(mm)		
				1 200 以内	1 350 以内	1 500 以内
基价(元)				**7 856.78**	**8 016.76**	**11 183.13**
其中	人工费(元)			1 311.80	1 337.99	2 328.08
	材料费(元)			6 520.50	6 654.05	8 821.15
	机械费(元)			24.48	24.72	33.90
预算定额编号	项目名称	单位	单价(元)	消耗量		
6-415	排水管道出水口 砖砌门字式 $H\times L_1$=3.0m×1.76m以内 管径1 200mm以内	处	7 856.78	1.000 0	—	—
6-416	排水管道出水口 砖砌门字式 $H\times L_1$=3.0m×1.76m以内 管径1 350mm以内	处	8 016.76	—	1.000 0	—
6-417	排水管道出水口 砖砌门字式 $H\times L_1$=3.5m×2.04m以内 管径1 500mm以内	处	11 183.13	—	—	1.000 0
名称		单位	单价(元)	消耗量		
人工	二类人工	工日	135.00	9.717 0	9.911 0	17.245 0
材料	混凝土实心砖 240×115×53 MU10	千块	388.00	5.529 0	5.524 0	7.906 0
	非泵送商品混凝土 C15	m^3	399.00	3.713 0	3.917 0	4.712 0
	非泵送商品混凝土 C20	m^3	412.00	4.172 0	4.294 0	5.345 0
	干混抹灰砂浆 DP M20.0	m^3	446.95	0.037 0	0.040 0	0.049 0
	干混砌筑砂浆 DM M7.5	m^3	413.73	2.563 0	2.563 0	3.670 0

工作内容:清底,铺装垫层,混凝土浇捣、养护,调制砂浆,砌砖,抹灰,勾缝,材料运输。 **计量单位**:处

定额编号				5-832	5-833
项目				高度 $H\times$长度 L_1(m)	
				3.5×2.17 以内	4.0×2.32 以内
				管径(mm)	
				1 650 以内	1 800 以内
基价(元)				**12 671.06**	**15 243.61**
其中	人工费(元)			2 596.86	3 120.39
	材料费(元)			10 035.97	12 075.90
	机械费(元)			38.23	47.32
预算定额编号	项目名称	单位	单价(元)	消耗量	
6-418	排水管道出水口 砖砌门字式 $H\times L_1$=3.5m×2.17m以内 管径1 650mm以内	处	12 671.06	1.000 0	—
6-419	排水管道出水口 砖砌门字式 $H\times L_1$=4.0m×2.32m以内 管径1 800mm以内	处	15 243.61	—	1.000 0
名称		单位	单价(元)	消耗量	
人工	二类人工	工日	135.00	19.236 0	23.114 0
材料	混凝土实心砖 240×115×53 MU10	千块	388.00	8.887 0	11.286 0
	非泵送商品混凝土 C15	m^3	399.00	5.212 0	6.242 0
	非泵送商品混凝土 C20	m^3	412.00	6.181 0	6.650 0
	干混抹灰砂浆 DP M20.0	m^3	446.95	0.054 0	0.064 0
	干混砌筑砂浆 DM M7.5	m^3	413.73	4.121 0	5.238 0

工作内容：清底，铺装垫层，混凝土浇捣、养护，调制砂浆，砌砖，抹灰，勾缝，材料运输。 计量单位：处

定额编号					5-834	5-835	5-836
项目					高度 $H\times$长度 L_1(m)		
					4.0×2.32 以内	4.0×2.43 以内	
					管径(mm)		
					2 000 以内	2 200 以内	2 400 以内
基价（元）					**15 426.12**	**16 412.44**	**16 816.03**
其中	人工费（元）				3 166.97	3 376.76	3 458.97
	材料费（元）				12 211.82	12 984.80	13 305.34
	机械费（元）				47.33	50.88	51.72
预算定额编号	项目名称		单位	单价(元)	消耗量		
6-420	排水管道出水口 砖砌门字式 $H\times L_1$ =4.0m×2.32m 以内 管径 2 000mm 以内		处	15 426.12	1.000 0	—	—
6-421	排水管道出水口 砖砌门字式 $H\times L_1$ =4.0m×2.43m 以内 管径 2 200mm 以内		处	16 412.44	—	1.000 0	—
6-422	排水管道出水口 砖砌门字式 $H\times L_1$ =4.0m×2.43m 以内 管径 2 400mm 以内		处	16 816.03	—	—	1.000 0
名称			单位	单价(元)	消耗量		
人工	二类人工		工日	135.00	23.459 0	25.013 0	25.622 0
材料	混凝土实心砖 240×115×53 MU10		千块	388.00	11.140 0	12.189 0	12.324 0
	非泵送商品混凝土 C15		m^3	399.00	6.589 0	6.650 0	6.916 0
	非泵送商品混凝土 C20		m^3	412.00	6.834 0	7.099 0	7.405 0
	干混抹灰砂浆 DP M20.0		m^3	446.95	0.066 0	0.070 0	0.072 0
	干混砌筑砂浆 DM M7.5		m^3	413.73	5.166 0	5.658 0	5.720 0

2. 石　　砌

(1)一　字　式

工作内容：清底，铺装垫层，混凝土浇捣、养护，调制砂浆，砌块石，抹灰，勾缝，材料运输。　　计量单位：处

定额编号				5-837	5-838	5-839
项目				高度 H(m)		
				1.0 以内		1.5 以内
				管径(mm)		
				300 以内	400 以内	500 以内
基价(元)				**6 408.32**	**6 487.19**	**8 922.71**
其中	人工费(元)			1 167.48	1 180.31	1 628.78
	材料费(元)			5 209.95	5 275.69	7 249.30
	机械费(元)			30.89	31.19	44.63
预算定额编号	项目名称	单位	单价(元)	消耗量		
6-423	排水管道出水口 石砌一字式 高度 1.0m 以内 管径 300mm 以内	处	6 408.32	1.000 0	—	—
6-424	排水管道出水口 石砌一字式 高度 1.0m 以内 管径 400mm 以内	处	6 487.19	—	1.000 0	—
6-425	排水管道出水口 石砌一字式 高度 1.5m 以内 管径 500mm 以内	处	8 922.71	—	—	1.000 0
	名称	单位	单价(元)	消耗量		
人工	二类人工	工日	135.00	8.648 0	8.743 0	12.065 0
材料	碎石 综合	t	102.00	8.059 0	8.102 0	10.487 0
	块石	t	77.67	20.368 0	20.400 0	29.539 0
	非泵送商品混凝土 C15	m^3	399.00	2.122 0	2.162 0	2.570 0
	非泵送商品混凝土 C20	m^3	412.00	0.490 0	0.581 0	0.755 0
	干混抹灰砂浆 DP M20.0	m^3	446.95	0.057 0	0.057 0	0.083 0
	干混砌筑砂浆 DM M7.5	m^3	413.73	4.049 0	4.059 0	5.884 0

工作内容：清底，铺装垫层，混凝土浇捣、养护，调制砂浆，砌块石，抹灰，勾缝，材料运输。　　**计量单位**：处

定额编号				5-840	5-841	5-842
项目				高度 H(m)		
				1.5 以内	2.0 以内	
				管径(mm)		
				600 以内	700 以内	800 以内
基价（元）				**9 018.84**	**12 035.77**	**12 266.37**
其中	人工费（元）			1 645.11	2 200.64	2 238.71
	材料费（元）			7 328.99	9 773.59	9 965.99
	机械费（元）			44.74	61.54	61.67
预算定额编号	项目名称	单位	单价(元)	消耗量		
6-426	排水管道出水口 石砌一字式 高度 1.5m 以内 管径 600mm 以内	处	9 018.84	1.000 0	—	—
6-427	排水管道出水口 石砌一字式 高度 2.0m 以内 管径 700mm 以内	处	12 035.77	—	1.000 0	—
6-428	排水管道出水口 石砌一字式 高度 2.0m 以内 管径 800mm 以内	处	12 266.37	—	—	1.000 0
名称		单位	单价(元)	消耗量		
人工	二类人工	工日	135.00	12.186 0	16.301 0	16.583 0
材料	碎石 综合	t	102.00	10.543 0	12.915 0	13.955 0
	块石	t	77.67	29.621 0	40.816 0	40.898 0
	非泵送商品混凝土 C15	m^3	399.00	2.642 0	3.417 0	3.509 0
	非泵送商品混凝土 C20	m^3	412.00	0.836 0	1.000 0	1.081 0
	干混抹灰砂浆 DP M20.0	m^3	446.95	0.083 0	0.115 0	0.115 0
	干混砌筑砂浆 DM M7.5	m^3	413.73	5.894 0	8.118 0	8.128 0

工作内容:清底,铺装垫层,混凝土浇捣、养护,调制砂浆,砌砖,抹灰,勾缝,材料运输。 **计量单位**:处

定额编号				5-843	5-844	5-845
项目				高度H(m)		
				2.5以内		3以内
				管径(mm)		
				900以内	1 000以内	1 100以内
基价(元)				**15 943.39**	**16 888.63**	**22 077.84**
其中	人工费(元)			3 054.11	3 251.07	4 406.00
	材料费(元)			12 808.07	13 551.04	17 556.25
	机械费(元)			81.21	86.52	115.59
预算定额编号	项目名称	单位	单价(元)	消耗量		
6-429	排水管道出水口 石砌一字式 高度2.5m以内 管径900mm以内	处	15 943.39	1.000 0	—	—
6-430	排水管道出水口 石砌一字式 高度2.5m以内 管径1 000mm以内	处	16 888.63	—	1.000 0	—
6-431	排水管道出水口 石砌一字式 高度3.0m以内 管径1 100mm以内	处	22 077.84	—	—	1.000 0
	名称	单位	单价(元)	消耗量		
人工	二类人工	工日	135.00	22.623 0	24.082 0	32.637 0
材料	碎石 综合	t	102.00	17.063 0	17.118 0	21.737 0
	块石	t	77.67	54.019 0	57.691 0	77.552 0
	非泵送商品混凝土 C15	m^3	399.00	4.294 0	4.570 0	5.146 0
	非泵送商品混凝土 C20	m^3	412.00	1.244 0	1.316 0	1.479 0
	干混抹灰砂浆 DP M20.0	m^3	446.95	0.153 0	0.163 0	0.218 0
	干混砌筑砂浆 DM M7.5	m^3	413.73	10.752 0	11.480 0	15.426 0

工作内容:清底,铺装垫层,混凝土浇捣、养护,调制砂浆,砌砖,抹灰,勾缝,材料运输。 **计量单位**:处

定额编号				5-846	5-847	5-848
项目				高度H(m)		
				3以内	3.5以内	
				管径(mm)		
				1 200以内	1 350以内	1 500以内
基价(元)				**24 435.49**	**32 098.26**	**32 311.19**
其中	人工费(元)			4 730.81	6 213.11	6 259.55
	材料费(元)			19 576.53	25 713.65	25 880.29
	机械费(元)			128.15	171.50	171.35
预算定额编号	项目名称	单位	单价(元)	消耗量		
6-432	排水管道出水口 石砌一字式 高度3.0m以内 管径1 200mm以内	处	24 435.49	1.000 0	—	—
6-433	排水管道出水口 石砌一字式 高度3.5m以内 管径1 350mm以内	处	32 098.26	—	1.000 0	—
6-434	排水管道出水口 石砌一字式 高度3.5m以内 管径1 500mm以内	处	32 311.19	—	—	1.000 0
	名称	单位	单价(元)	消耗量		
人工	二类人工	工日	135.00	35.043 0	46.023 0	46.367 0
材料	碎石 综合	t	102.00	25.788 0	33.792 0	33.959 0
	块石	t	77.67	86.219 0	116.035 0	116.558 0
	非泵送商品混凝土 C15	m^3	399.00	5.528 0	6.467 0	6.671 0
	非泵送商品混凝土 C20	m^3	412.00	1.571 0	1.785 0	1.907 0
	干混抹灰砂浆 DP M20.0	m^3	446.95	0.246 0	0.328 0	0.328 0
	干混砌筑砂浆 DM M7.5	m^3	413.73	17.159 0	23.093 0	23.032 0

工作内容：清底，铺装垫层，混凝土浇捣，养护，调制砂浆，砌砖，抹灰，勾缝，材料运输。　　**计量单位**：处

定额编号					5-849	5-850
项目					高度 H(m)	
					4.0 以内	
					管径(mm)	
					1 650 以内	1 800 以内
基价（元）					**40 605.05**	**41 236.29**
其中	人工费（元）				8 008.07	8 021.03
	材料费（元）				32 373.36	32 993.71
	机械费（元）				223.62	221.55
预算定额编号	项目名称		单位	单价(元)	消耗量	
6-435	排水管道出水口 石砌一字式 高度 4.0m 以内 管径 1 650mm 以内		处	40 605.05	1.000 0	—
6-436	排水管道出水口 石砌一字式 高度 4.0m 以内 管径 1 800mm 以内		处	41 236.29	—	1.000 0
名称			单位	单价(元)	消耗量	
人工	二类人工		工日	135.00	59.319 0	59.415 0
材料	碎石 综合		t	102.00	43.045 0	43.253 0
	块石		t	77.67	144.234 0	150.258 0
	非泵送商品混凝土 C15		m^3	399.00	7.650 0	7.854 0
	非泵送商品混凝土 C20		m^3	412.00	2.101 0	2.234 0
	干混抹灰砂浆 DP M20.0		m^3	446.95	0.377 0	0.420 0
	干混砌筑砂浆 DM M7.5		m^3	413.73	29.971 0	29.899 0

工作内容：清底，铺装垫层，混凝土浇捣，养护，调制砂浆，砌砖，抹灰，勾缝，材料运输。　　**计量单位**：处

定额编号				5-851	5-852	5-853
项目				高度 H(m)		
				4.5 以内		5.0 以内
				管径(mm)		
				2 000 以内	2 200 以内	2 400 以内
基价（元）				**51 262.80**	**53 856.02**	**65 520.84**
其中	人工费（元）			9 992.97	10 524.06	12 842.28
	材料费（元）			40 991.42	43 036.53	52 316.85
	机械费（元）			278.41	295.43	361.71
预算定额编号	项目名称	单位	单价(元)	消耗量		
6-437	排水管道出水口 石砌一字式 高度 4.5m 以内 管径 2 000mm 以内	处	51 262.80	1.000 0	—	—
6-438	排水管道出水口 石砌一字式 高度 4.5m 以内 管径 2 200mm 以内	处	53 856.02	—	1.000 0	—
6-439	排水管道出水口 石砌一字式 高度 5.0m 以内 管径 2 400mm 以内	处	65 520.84	—	—	1.000 0
名称		单位	单价(元)	消耗量		
人工	二类人工	工日	135.00	74.022 0	77.956 0	95.128 0
材料	碎石 综合	t	102.00	53.532 0	53.837 0	65.241 0
	块石	t	77.67	189.573 0	201.405 0	246.971 0
	非泵送商品混凝土 C15	m^3	399.00	8.966 0	8.996 0	10.486 0
	非泵送商品混凝土 C20	m^3	412.00	2.479 0	2.662 0	2.907 0
	干混抹灰砂浆 DP M20.0	m^3	446.95	0.533 0	0.564 0	0.697 0
	干混砌筑砂浆 DM M7.5	m^3	413.73	37.720 0	40.078 0	49.139 0

(2)八 字 式

工作内容:清底,铺装垫层,混凝土浇捣,养护,调制砂浆,砌块石,抹灰,勾缝,材料运输。 计量单位:处

定额编号				5-854	5-855	5-856
项目				高度 $H\times$长度 L_1(m)		
				0.83×1.26以内	0.94×1.47以内	1.04×1.68以内
				管径(mm)		
				300 以内	400 以内	500 以内
基价(元)				**2 670.73**	**3 133.34**	**3 577.70**
其中	人工费(元)			477.77	561.33	638.42
	材料费(元)			2 179.65	2 556.28	2 921.37
	机械费(元)			13.31	15.73	17.91
预算定额编号	项目名称	单位	单价(元)	消耗量		
6-440	排水管道出水口 石砌八字式 $H\times L_1$ = 0.83m×1.26m 以内 管径 300mm 以内	处	2 670.73	1.000 0	—	—
6-441	排水管道出水口 石砌八字式 $H\times L_1$ = 0.94m×1.47m 以内 管径 400mm 以内	处	3 133.34	—	1.000 0	—
6-442	排水管道出水口 石砌八字式 $H\times L_1$ = 1.04m×1.68m 以内 管径 500mm 以内	处	3 577.70	—	—	1.000 0
	名称	单位	单价(元)	消耗量		
人工	二类人工	工日	135.00	3.539 0	4.158 0	4.729 0
材料	块石	t	77.67	8.389 0	9.776 0	11.179 0
	非泵送商品混凝土 C15	m^3	399.00	0.694 0	0.806 0	0.898 0
	非泵送商品混凝土 C20	m^3	412.00	1.244 0	1.489 0	1.724 0
	干混抹灰砂浆 DP M20.0	m^3	446.95	0.024 0	0.028 0	0.032 0
	干混砌筑砂浆 DM M7.5	m^3	413.73	1.671 0	1.948 0	2.224 0

工作内容:清底,铺装垫层,混凝土浇捣,养护,调制砂浆,砌块石,抹灰,勾缝,材料运输。 计量单位:处

定额编号				5-857	5-858	5-859
项目				高度 $H\times$长度 L_1(m)		
				1.15×1.90以内	1.26×2.11以内	1.37×2.18以内
				管径(mm)		
				600 以内	700 以内	800 以内
基价(元)				**4 115.54**	**4 649.00**	**5 241.90**
其中	人工费(元)			734.00	827.01	934.20
	材料费(元)			3 360.82	3 798.66	4 281.17
	机械费(元)			20.72	23.33	26.53
预算定额编号	项目名称	单位	单价(元)	消耗量		
6-443	排水管道出水口 石砌八字式 $H\times L_1$ = 1.15m×1.90m 以内 管径 600mm 以内	处	4 115.54	1.000 0	—	—
6-444	排水管道出水口 石砌八字式 $H\times L_1$ = 1.26m×2.11m 以内 管径 700mm 以内	处	4 649.00	—	1.000 0	—
6-445	排水管道出水口 石砌八字式 $H\times L_1$ = 1.37m×2.18m 以内 管径 800mm 以内	处	5 241.90	—	—	1.000 0
	名称	单位	单价(元)	消耗量		
人工	二类人工	工日	135.00	5.437 0	6.126 0	6.920 0
材料	块石	t	77.67	12.877 0	14.656 0	16.614 0
	非泵送商品混凝土 C15	m^3	399.00	1.010 0	1.112 0	1.224 0
	非泵送商品混凝土 C20	m^3	412.00	1.999 0	2.244 0	2.519 0
	干混抹灰砂浆 DP M20.0	m^3	446.95	0.036 0	0.041 0	0.047 0
	干混砌筑砂浆 DM M7.5	m^3	413.73	2.563 0	2.921 0	3.311 0

工作内容：清底，铺装垫层，混凝土浇捣，养护，调制砂浆，砌砖，抹灰，勾缝，材料运输。　　**计量单位：**处

定额编号					5-860	5-861	5-862
项目					高度 $H\times$长度 L_1(m)		
					1.47×2.54以内	1.58×2.75以内	1.69×2.97以内
					管径(mm)		
					900以内	1 000以内	1 100以内
基价（元）					**5 849.84**	**6 519.38**	**8 162.49**
其中	人工费（元）				1 043.01	1 159.65	1 451.25
	材料费（元）				4 777.10	5 326.58	6 669.29
	机械费（元）				29.73	33.15	41.95
预算定额编号	项目名称		单位	单价(元)	消耗量		
6-446	排水管道出水口 石砌八字式 $H\times L_1$ = 1.47m×2.54m以内 管径900mm以内		处	5 849.84	1.000 0	—	—
6-447	排水管道出水口 石砌八字式 $H\times L_1$ = 1.58m×2.75m以内 管径1 000mm以内		处	6 519.38	—	1.000 0	—
6-448	排水管道出水口 石砌八字式 $H\times L_1$ = 1.69m×2.97m以内 管径1 100mm以内		处	8 162.49	—	—	1.000 0
	名称		单位	单价(元)	消耗量		
人工	二类人工		工日	135.00	7.726 0	8.590 0	10.750 0
材料	块石		t	77.67	18.637 0	20.858 0	26.373 0
	非泵送商品混凝土 C15		m^3	399.00	1.336 0	1.438 0	1.938 0
	非泵送商品混凝土 C20		m^3	412.00	2.805 0	3.121 0	3.723 0
	干混抹灰砂浆 DP M20.0		m^3	446.95	0.052 0	0.085 0	0.075 0
	干混砌筑砂浆 DM M7.5		m^3	413.73	3.711 0	4.151 0	5.248 0

工作内容：清底，铺装垫层，混凝土浇捣，养护，调制砂浆，砌砖，抹灰，勾缝，材料运输。　　**计量单位：**处

定额编号					5-863	5-864	5-865
项目					高度 $H\times$长度 L_1(m)		
					1.79×3.08以内	1.96×3.51以内	2.12×3.83以内
					管径(mm)		
					1 200以内	1 350以内	1 500以内
基价（元）					**8 921.82**	**10 277.08**	**11 792.49**
其中	人工费（元）				1 584.90	1 826.69	2 213.46
	材料费（元）				7 290.92	8 397.00	9 518.08
	机械费（元）				46.00	53.39	60.95
预算定额编号	项目名称		单位	单价(元)	消耗量		
6-449	排水管道出水口 石砌八字式 $H\times L_1$ = 1.79m×3.08m以内 管径1 200mm以内		处	8 921.82	1.000 0	—	—
6-450	排水管道出水口 石砌八字式 $H\times L_1$ = 1.96m×3.51m以内 管径1 350mm以内		处	10 277.08	—	1.000 0	—
6-451	排水管道出水口 石砌八字式 $H\times L_1$ = 2.12m×3.83m以内 管径1 500mm以内		处	11 792.49	—	—	1.000 0
	名称		单位	单价(元)	消耗量		
人工	二类人工		工日	135.00	11.740 0	13.531 0	16.396 0
材料	块石		t	77.67	28.952 0	33.733 0	38.646 0
	非泵送商品混凝土 C15		m^3	399.00	2.060 0	2.275 0	2.468 0
	非泵送商品混凝土 C20		m^3	412.00	4.080 0	4.641 0	5.212 0
	干混抹灰砂浆 DP M20.0		m^3	446.95	0.082 0	0.095 0	0.109 0
	干混砌筑砂浆 DM M7.5		m^3	413.73	5.761 0	6.714 0	7.688 0

工作内容:清底,铺装垫层,混凝土浇捣,养护,调制砂浆,砌砖,抹灰,勾缝,材料运输。 **计量单位**:处

定额编号					5-866	5-867
项目					高度 $H \times$ 长度 L_1(m)	
					2.28×4.15 以内	2.44×4.48 以内
					管径(mm)	
					1 650 以内	1 800 以内
基价(元)					**13 243.22**	**14 895.13**
其中	人工费(元)				2 483.33	2 792.07
	材料费(元)				10 690.94	12 025.13
	机械费(元)				68.95	77.93
预算定额编号	项目名称		单位	单价(元)	消耗量	
6-452	排水管道出水口 石砌八字式 $H \times L_1$ = 2.28m×4.15m 以内 管径 1 650mm 以内		处	13 243.22	1.000 0	—
6-453	排水管道出水口 石砌八字式 $H \times L_1$ = 2.44m×4.48m 以内 管径 1 800mm 以内		处	14 895.13	—	1.000 0
名称			单位	单价(元)	消耗量	
人工	二类人工		工日	135.00	18.395 0	20.682 0
材料	块石		t	77.67	43.835 0	49.694 0
	非泵送商品混凝土 C15		m^3	399.00	2.662 0	2.866 0
	非泵送商品混凝土 C20		m^3	412.00	5.834 0	6.487 0
	干混抹灰砂浆 DP M20.0		m^3	446.95	0.124 0	0.140 0
	干混砌筑砂浆 DM M7.5		m^3	413.73	8.723 0	9.891 0

工作内容:清底,铺装垫层,混凝土浇捣,养护,调制砂浆,砌砖,抹灰,勾缝,材料运输。 **计量单位**:处

定额编号					5-868	5-869	5-870
项目					高度 $H \times$ 长度 L_1(m)		
					2.66×4.91 以内	2.88×5.35 以内	3.09×5.77 以内
					管径(mm)		
					2 000 以内	2 200 以内	2 400 以内
基价(元)					**17 229.40**	**19 810.29**	**22 561.24**
其中	人工费(元)				3 233.25	3 722.90	4 234.82
	材料费(元)				13 905.12	15 981.83	18 204.79
	机械费(元)				91.03	105.56	121.63
预算定额编号	项目名称		单位	单价(元)	消耗量		
6-454	排水管道出水口 石砌八字式 $H \times L_1$ = 2.66m×4.91m 以内 管径 2 000mm 以内		处	17 229.40	1.000 0	—	—
6-455	排水管道出水口 石砌八字式 $H \times L_1$ = 2.88m×5.35m 以内 管径 2 200mm 以内		处	19 810.29	—	1.000 0	—
6-456	排水管道出水口 石砌八字式 $H \times L_1$ = 3.09m×5.77m 以内 管径 2 400mm 以内		处	22 561.24	—	—	1.000 0
名称			单位	单价(元)	消耗量		
人工	二类人工		工日	135.00	23.950 0	27.577 0	31.369 0
材料	块石		t	77.67	58.246 0	67.778 0	77.896 0
	非泵送商品混凝土 C15		m^3	399.00	3.131 0	3.407 0	3.672 0
	非泵送商品混凝土 C20		m^3	412.00	7.375 0	8.344 0	9.333 0
	干混抹灰砂浆 DP M20.0		m^3	446.95	0.164 0	0.191 0	0.320 0
	干混砌筑砂浆 DM M7.5		m^3	413.73	11.593 0	13.486 0	15.498 0

(3)门 字 式

工作内容：清底，铺装垫层，混凝土浇捣，养护，调制砂浆，砌块石，抹灰，勾缝，材料运输。 **计量单位**：处

定额编号				5-871	5-872	5-873
项目				高度 $H\times$ 长度 L_1(m)		
				1.0×1.0 以内		1.5×1.1 以内
				管径(mm)		
				300 以内	400 以内	500 以内
基价（元）				**2 147.45**	**2 184.72**	**2 824.20**
其中	人工费（元）			371.39	378.54	495.05
	材料费（元）			1 769.13	1 799.20	2 318.73
	机械费（元）			6.93	6.98	10.42
预算定额编号	项目名称	单位	单价(元)	消耗量		
6-457	排水管道出水口 石砌门字式 $H\times L_1$ = 1.0m×1.0m 以内 管径 300mm 以内	处	2 147.45	1.000 0	—	—
6-458	排水管道出水口 石砌门字式 $H\times L_1$ = 1.0m×1.0m 以内 管径 400mm 以内	处	2 184.72	—	1.000 0	—
6-459	排水管道出水口 石砌门字式 $H\times L_1$ = 1.5m×1.1m 以内 管径 500mm 以内	处	2 824.20	—	—	1.000 0
名称		单位	单价(元)	消耗量		
人工	二类人工	工日	135.00	2.751 0	2.804 0	3.667 0
材料	块石	t	77.67	3.280 0	3.296 0	5.418 0
	非泵送商品混凝土 C15	m^3	399.00	1.000 0	1.040 0	1.275 0
	非泵送商品混凝土 C20	m^3	412.00	1.969 0	1.999 0	2.193 0
	干混抹灰砂浆 DP M20.0	m^3	446.95	0.010 0	0.010 0	0.015 0
	干混砌筑砂浆 DM M7.5	m^3	413.73	0.656 0	0.656 0	1.076 0

工作内容：清底，铺装垫层，混凝土浇捣，养护，调制砂浆，砌块石，抹灰，勾缝，材料运输。 **计量单位**：处

定额编号				5-874	5-875	5-876
项目				高度 $H\times$ 长度 L_1(m)		
				1.5×1.1 以内		2.0×1.3 以内
				管径(mm)		
				600 以内	700 以内	800 以内
基价（元）				**2 920.48**	**3 009.82**	**3 997.31**
其中	人工费（元）			510.98	525.15	725.63
	材料费（元）			2 398.94	2 473.79	3 256.33
	机械费（元）			10.56	10.88	15.35
预算定额编号	项目名称	单位	单价(元)	消耗量		
6-460	排水管道出水口 石砌门字式 $H\times L_1$ = 1.5m×1.1m 以内 管径 600mm 以内	处	2 920.48	1.000 0	—	—
6-461	排水管道出水口 石砌门字式 $H\times L_1$ = 1.5m×1.1m 以内 管径 700mm 以内	处	3 009.82	—	1.000 0	—
6-462	排水管道出水口 石砌门字式 $H\times L_1$ = 2.0m×1.3m 以内 管径 800mm 以内	处	3 997.31	—	—	1.000 0
名称		单位	单价(元)	消耗量		
人工	二类人工	工日	135.00	3.785 0	3.890 0	5.375 0
材料	块石	t	77.67	5.451 0	5.451 0	8.355 0
	非泵送商品混凝土 C15	m^3	399.00	1.367 0	1.459 0	1.897 0
	非泵送商品混凝土 C20	m^3	412.00	2.275 0	2.356 0	2.683 0
	干混抹灰砂浆 DP M20.0	m^3	446.95	0.015 0	0.023 0	0.024 0
	干混砌筑砂浆 DM M7.5	m^3	413.73	1.087 0	1.087 0	1.661 0

工作内容:清底,铺装垫层,混凝土浇捣,养护,调制砂浆,砌砖,抹灰,勾缝,材料运输。 **计量单位**:处

定额编号				5-877	5-878	5-879
项目				高度 $H\times$长度 L_1(m)		
				2.0×1.3 以内	2.5×1.6 以内	2.5×1.7 以内
				管径(mm)		
				900 以内	1 000 以内	1 100 以内
基价(元)				**6 205.60**	**6 322.45**	**7 060.52**
其中	人工费(元)			1 135.35	1 154.79	1 287.50
	材料费(元)			5 045.28	5 141.47	5 743.90
	机械费(元)			24.97	26.19	29.12
预算定额编号	项目名称	单位	单价(元)	消耗量		
6-463	排水管道出水口 石砌门字式 $H\times L_1$ = 2.5m×1.6m 以内 管径 900mm 以内	处	6 205.60	1.000 0	—	—
6-464	排水管道出水口 石砌门字式 $H\times L_1$ = 2.5m×1.7m 以内 管径 1 000mm 以内	处	6 322.45	—	1.000 0	—
6-465	排水管道出水口 石砌门字式 $H\times L_1$ = 2.5m×1.7m 以内 管径 1 100mm 以内	处	7 060.52	—	—	1.000 0
	名称	单位	单价(元)	消耗量		
人工	二类人工	工日	135.00	8.410 0	8.554 0	9.537 0
材料	块石	t	77.67	14.786 0	14.835 0	16.483 0
	非泵送商品混凝土 C15	m^3	399.00	2.683 0	2.805 0	3.080 0
	非泵送商品混凝土 C20	m^3	412.00	3.692 0	3.784 0	4.315 0
	干混抹灰砂浆 DP M20.0	m^3	446.95	0.042 0	0.042 0	0.046 0
	干混砌筑砂浆 DM M7.5	m^3	413.73	2.942 0	2.952 0	3.280 0

工作内容:清底,铺装垫层,混凝土浇捣,养护,调制砂浆,砌砖,抹灰,勾缝,材料运输。 **计量单位**:处

定额编号				5-880	5-881	5-882
项目				高度 $H\times$长度 L_1(m)		
				3.0×1.9 以内		3.5×2.1 以内
				管径(mm)		
				1 200 以内	1 350 以内	1 500 以内
基价(元)				**8 713.57**	**8 890.91**	**11 613.56**
其中	人工费(元)			1 599.62	1 629.45	2 142.05
	材料费(元)			7 076.25	7 223.48	9 419.35
	机械费(元)			37.70	37.98	52.16
预算定额编号	项目名称	单位	单价(元)	消耗量		
6-466	排水管道出水口 石砌门字式 $H\times L_1$ = 3.0m×1.9m 以内 管径 1 200mm 以内	处	8 713.57	1.000 0	—	—
6-467	排水管道出水口 石砌门字式 $H\times L_1$ = 3.0m×1.9m 以内 管径 1 350mm 以内	处	8 890.91	—	1.000 0	—
6-468	排水管道出水口 石砌门字式 $H\times L_1$ = 3.5m×2.1m 以内 管径 1 500mm 以内	处	11 613.56	—	—	1.000 0
	名称	单位	单价(元)	消耗量		
人工	二类人工	工日	135.00	11.849 0	12.070 0	15.867 0
材料	块石	t	77.67	21.982 0	21.982 0	30.926 0
	非泵送商品混凝土 C15	m^3	399.00	3.703 0	3.907 0	4.865 0
	非泵送商品混凝土 C20	m^3	412.00	4.753 0	4.906 0	5.753 0
	干混抹灰砂浆 DP M20.0	m^3	446.95	0.062 0	0.062 0	0.087 0
	干混砌筑砂浆 DM M7.5	m^3	413.73	4.377 0	4.377 0	6.150 0

工作内容：清底，铺装垫层，混凝土浇捣，养护，调制砂浆，砌砖，抹灰，勾缝，材料运输。　　计量单位：处

定额编号					5-883	5-884
项目					高度 $H\times$长度 L_1(m)	
					3.5×2.2 以内	4.0×2.4 以内
					管径(mm)	
					1 650 以内	1 800 以内
基价（元）					**12 744.26**	**14 780.26**
其中	人工费（元）				2 346.30	2 803.28
	材料费（元）				10 340.86	11 907.69
	机械费（元）				57.10	69.29
预算定额编号	项目名称		单位	单价(元)	消耗量	
6-469	排水管道出水口 石砌门字式 $H\times L_1$ = 3.5m×2.2m 以内 管径 1 650mm 以内		处	12 744.26	1.000 0	—
6-470	排水管道出水口 石砌门字式 $H\times L_1$ = 4.0m×2.4m 以内 管径 1 800mm 以内		处	14 780.26	—	1.000 0
名称			单位	单价(元)	消耗量	
人工	二类人工		工日	135.00	17.380 0	20.765 0
材料	块石		t	77.67	33.701 0	37.112 0
	非泵送商品混凝土 C15		m^3	399.00	5.304 0	6.181 0
	非泵送商品混凝土 C20		m^3	412.00	6.446 0	7.038 0
	干混抹灰砂浆 DP M20.0		m^3	446.95	0.095 0	0.118 0
	干混砌筑砂浆 DM M7.5		m^3	413.73	6.704 0	8.344 0

工作内容：清底，铺装垫层，混凝土浇捣，养护，调制砂浆，砌砖，抹灰，勾缝，材料运输。　　计量单位：处

定额编号				5-885	5-886	5-887
项目				高度 $H\times$长度 L_1(m)		
				4.0×2.4 以内	4.0×2.55 以内	
				管径(mm)		
				2 000 以内	2 200 以内	2 400 以内
基价（元）				**15 367.15**	**16 328.28**	**16 756.57**
其中	人工费（元）			2 837.70	3 021.30	3 048.98
	材料费（元）			12 459.18	13 232.58	13 632.43
	机械费（元）			70.27	74.40	75.16
预算定额编号	项目名称	单位	单价(元)	消耗量		
6-471	排水管道出水口 石砌门字式 $H\times L_1$ = 4.0m×2.4m 以内 管径 2 000mm 以内	处	15 367.15	1.000 0	—	—
6-472	排水管道出水口 石砌门字式 $H\times L_1$ = 4.0m×2.55m 以内 管径 2 200mm 以内	处	16 328.28	—	1.000 0	—
6-473	排水管道出水口 石砌门字式 $H\times L_1$ = 4.0m×2.55m 以内 管径 2 400mm 以内	处	16 756.57	—	—	1.000 0
名称		单位	单价(元)	消耗量		
人工	二类人工	工日	135.00	21.020 0	22.380 0	22.585 0
材料	块石	t	77.67	41.648 0	44.864 0	47.770 0
	非泵送商品混凝土 C15	m^3	399.00	6.518 0	6.814 0	7.069 0
	非泵送商品混凝土 C20	m^3	412.00	7.242 0	7.528 0	7.752 0
	干混抹灰砂浆 DP M20.0	m^3	446.95	0.117 0	0.126 0	0.126 0
	干混砌筑砂浆 DM M7.5	m^3	413.73	8.282 0	8.928 0	8.866 0

第八节　不开槽施工管道工程

说　　明

一、本节定额包括顶管工程、水平定向钻牵引管道。

二、本节定额内容未包括管道渣土弃运,相应费用执行本定额第一章“通用项目”相应定额子目。

三、顶管工程定额已综合触变泥浆减阻、压浆孔封堵、管道接口处理等,未包括泥浆泥水分离处理费用土或泥浆弃运费用,发生时另行计算。

四、顶管采用中继间顶进时,各级中继间后面的顶管人工与机械消耗量按下表中系数分级计算。

中继间顶进人工、机械消耗量调整系数表

中继间顶进分级	一级顶进	二级顶进	三级顶进	四级顶进	超过四级
人工费、机械费调整系数	1.20	1.45	1.75	2.10	另计

五、水平定向钻牵引管道定额适用于市政排水工程塑料管牵引项目,若采用其他管材,另行补充。

六、水平定向钻牵引管道定额已综合考虑泥浆池建造拆除及泥浆清除外运 15km,若实际运输距离不同,按本定额第一章“通用项目”相应定额子目调整。

工程量计算规则

一、各种材质管道的顶管工程量,按实际顶进长度以“m”计算。

二、安拆中继间工程量按不同顶管管径以“套”计算。

三、水平定向钻牵引工程量按井中到井中的中心距离以“m”计算,不扣除井所占长度。

一、顶 管 工 程

1. 安拆敞开式顶管设备与附属设备

工作内容：安拆顶进后座及坑内平台，安拆顶管设备及附属设施，洞口处理。　　计量单位：套

定　额　编　号				5-888	5-889	5-890	5-891
项　　目				敞开式			
				直径(mm)			
				1 000 以内	1 200 以内	1 350 以内	1 500 以内
基　价　(元)				**16 632.33**	**21 050.91**	**23 809.22**	**25 657.89**
其中	人　工　费　(元)			4 033.43	4 747.17	5 154.61	5 445.08
	材　料　费　(元)			6 795.62	9 484.66	11 087.09	12 167.93
	机　械　费　(元)			5 803.28	6 819.08	7 567.52	8 044.88
预算定额编号	项 目 名 称	单位	单价(元)	消　耗　量			
6-484	钢筋混凝土后座	$10m^3$	12 526.49	0.500 0	0.583 2	0.649 8	0.720 0
6-485	安拆敞开式顶管设备及附属设施 敞开式 φ1 000	套	5 749.53	1.000 0	—	—	—
6-486	安拆敞开式顶管设备及附属设施 敞开式 φ1 200	套	6 825.73	—	1.000 0	—	—
6-487	安拆敞开式顶管设备及附属设施 敞开式 φ1 350	套	7 460.19	—	—	1.000 0	—
6-488	安拆敞开式顶管设备及附属设施 敞开式 φ1 500	套	7 681.50	—	—	—	1.000 0
6-574	钢筋混凝土沉井洞口处理 φ1 000	个	2 061.12	2.000 0	—	—	—
6-575	钢筋混凝土沉井洞口处理 φ1 200	个	3 178.22	—	2.000 0	—	—
6-576	钢筋混凝土沉井洞口处理 φ1 350	个	3 797.05	—	—	2.000 0	—
6-577	钢筋混凝土沉井洞口处理 φ1 500	个	4 143.88	—	—	—	2.000 0
6-1096	设备基础(单体在 $5m^3$ 以外) 复合木模	$100m^2$	4 851.87	0.102 5	0.116 1	0.126 8	0.138 0
名　　称		单位	单价(元)	消　耗　量			
人工	二类人工	工日	135.00	29.877 0	35.164 0	38.182 0	40.334 0
材料	洞口止水环 φ1 000	套	1 086.00	2.000 0	—	—	—
	洞口止水环 φ1 200	套	2 140.00	—	2.000 0	—	—
	洞口止水环 φ1 350	套	2 648.00	—	—	2.000 0	—
	洞口止水环 φ1 500	套	2 939.00	—	—	—	2.000 0
	非泵送商品混凝土 C20	m^3	412.00	5.050 0	5.890 3	6.563 0	7.272 0
	热轧带肋钢筋 HRB400 综合	t	3 849.00	0.145 0	0.169 1	0.188 4	0.208 8

工作内容:安拆顶进后座及坑内平台,安拆顶管设备及附属设施,洞口处理。 **计量单位**:套

定额编号				5-892	5-893	5-894	5-895	5-896
项目				敞开式				
				直径(mm)				
				1 650 以内	1 800 以内	2 000 以内	2 200 以内	2 400 以内
基价(元)				**27 546.80**	**32 373.98**	**36 698.13**	**40 608.51**	**44 416.23**
其中	人工费(元)			5 743.07	6 754.33	7 570.83	8 165.09	8 728.28
	材料费(元)			13 257.75	14 792.22	16 908.77	19 164.03	21 191.35
	机械费(元)			8 545.98	10 827.43	12 218.53	13 279.39	14 496.60
预算定额编号	项目名称	单位	单价(元)	消耗量				
6-484	钢筋混凝土后座	$10m^3$	12 526.49	0.793 8	0.871 2	0.980 0	1.095 2	1.216 8
6-489	安拆敞开式顶管设备及附属设施 敞开式 ϕ1 650	套	7 905.65	1.000 0	—	—	—	—
6-490	安拆敞开式顶管设备及附属设施 敞开式 ϕ1 800	套	10 706.44	—	1.000 0	—	—	—
6-491	安拆敞开式顶管设备及附属设施 敞开式 ϕ2 000	套	12 033.29	—	—	1.000 0	—	—
6-492	安拆敞开式顶管设备及附属设施 敞开式 ϕ2 200	套	12 799.31	—	—	—	1.000 0	—
6-493	安拆敞开式顶管设备及附属设施 敞开式 ϕ2 400	套	13 720.78	—	—	—	—	1.000 0
6-578	钢筋混凝土沉井洞口处理 ϕ1 650	个	4 485.89	2.000 0	—	—	—	—
6-579	钢筋混凝土沉井洞口处理 ϕ1 800	个	4 984.96	—	2.000 0	—	—	—
6-580	钢筋混凝土沉井洞口处理 ϕ2 000	个	5 761.41	—	—	2.000 0	—	—
6-581	钢筋混凝土沉井洞口处理 ϕ2 200	个	6 569.37	—	—	—	2.000 0	—
6-582	钢筋混凝土沉井洞口处理 ϕ2 400	个	7 206.24	—	—	—	—	2.000 0
6-1096	设备基础(单体在 $5m^3$ 以外) 复合木模	$100m^2$	4 851.87	0.149 6	0.161 7	0.178 5	0.196 1	0.214 5
名称		单位	单价(元)	消耗量				
人工	二类人工	工日	135.00	42.541 0	50.032 0	56.080 0	60.482 0	64.654 0
材料	洞口止水环 ϕ1 650	套	3 225.00	2.000 0	—	—	—	—
	洞口止水环 ϕ1 800	套	3 670.00	—	2.000 0	—	—	—
	洞口止水环 ϕ2 000	套	4 340.00	—	—	2.000 0	—	—
	洞口止水环 ϕ2 200	套	5 040.00	—	—	—	2.000 0	—
	洞口止水环 ϕ2 400	套	5 622.00	—	—	—	—	2.000 0
	非泵送商品混凝土 C20	m^3	412.00	8.017 4	8.799 1	9.898 0	11.061 5	12.289 7
	热轧带肋钢筋 HRB400 综合	t	3 849.00	0.230 2	0.252 6	0.284 2	0.317 6	0.352 9

2. 安拆封闭式顶管设备及附属设施

工作内容：安拆顶进后座及坑内平台，安拆顶管设备及附属设施，洞口处理。　　　**计量单位：**套

定额编号				5-897	5-898	5-899
项目				封闭式 泥水平衡		
				直径(mm)		
				600 以内	800 以内	1 000 以内
基价（元）				**22 226.04**	**24 866.24**	**27 574.26**
其中	人工费（元）			7 246.47	8 067.47	8 896.40
	材料费（元）			8 488.03	9 544.28	10 865.48
	机械费（元）			6 491.54	7 254.49	7 812.38
预算定额编号	项目名称	单位	单价(元)	消耗量		
6-484	钢筋混凝土后座	$10m^3$	12 526.49	0.352 8	0.423 2	0.500 0
6-494	安拆封闭式顶管设备及附属设施 泥水平衡 φ600	套	14 155.03	1.000 0	—	—
6-495	安拆封闭式顶管设备及附属设施 泥水平衡 φ800	套	15 485.62	—	1.000 0	—
6-496	安拆封闭式顶管设备及附属设施 泥水平衡 φ1 000	套	16 691.46	—	—	1.000 0
6-572	钢筋混凝土沉井洞口处理 φ600	个	1 637.34	2.000 0	—	—
6-573	钢筋混凝土沉井洞口处理 φ800	个	1 822.10	—	2.000 0	—
6-574	钢筋混凝土沉井洞口处理 φ1 000	个	2 061.12	—	—	2.000 0
6-1096	设备基础(单体在 $5m^3$ 以外) 复合木模	$100m^2$	4 851.87	0.077 7	0.089 7	0.102 5
名称		单位	单价(元)	消耗量		
人工	二类人工	工日	135.00	53.677 0	59.759 0	65.899 0
材料	洞口止水环 φ600	套	845.00	2.000 0	—	—
	洞口止水环 φ800	套	905.00	—	2.000 0	—
	洞口止水环 φ1 000	套	1 086.00	—	—	2.000 0
	非泵送商品混凝土 C20	m^3	412.00	3.563 3	4.274 3	5.050 0
	热轧带肋钢筋 HRB400 综合	t	3 849.00	0.102 3	0.122 7	0.145 0

工作内容:安拆顶进后座及坑内平台,安拆顶管设备及附属设施,洞口处理。 **计量单位**:套

定额编号				5-900	5-901	5-902	5-903
项目				封闭式 泥水平衡			
				直径(mm)			
				1 200 以内	1 350 以内	1 500 以内	1 650 以内
基价(元)				**32 592.45**	**36 505.60**	**41 382.39**	**44 296.10**
其中	人工费(元)			9 798.06	10 767.24	11 495.92	12 274.27
	材料费(元)			14 055.32	16 051.87	17 526.37	19 063.57
	机械费(元)			8 739.07	9 686.49	12 360.10	12 958.26
预算定额编号	项目名称	单位	单价(元)	消耗量			
6-484	钢筋混凝土后座	$10m^3$	12 526.49	0.583 2	0.649 8	0.720 0	0.798 3
6-497	安拆封闭式顶管设备及附属设施 泥水平衡 ϕ1 200	套	18 367.27	1.000 0	—	—	—
6-498	安拆封闭式顶管设备及附属设施 泥水平衡 ϕ1 350	套	20 156.57	—	1.000 0	—	—
6-499	安拆封闭式顶管设备及附属设施 泥水平衡 ϕ1 500	套	23 406.00	—	—	1.000 0	—
6-500	安拆封闭式顶管设备及附属设施 泥水平衡 ϕ1 650	套	24 598.58	—	—	—	1.000 0
6-575	钢筋混凝土沉井洞口处理 ϕ1 200	个	3 178.22	2.000 0	—	—	—
6-576	钢筋混凝土沉井洞口处理 ϕ1 350	个	3 797.05	—	2.000 0	—	—
6-577	钢筋混凝土沉井洞口处理 ϕ1 500	个	4 143.88	—	—	2.000 0	—
6-578	钢筋混凝土沉井洞口处理 ϕ1 650	个	4 485.89	—	—	—	2.000 0
6-1096	设备基础(单体在 $5m^3$ 以外) 复合木模	$100m^2$	4 851.87	0.116 1	0.126 8	0.138 0	0.149 6
	名称	单位	单价(元)	消耗量			
人工	二类人工	工日	135.00	72.578 0	79.757 0	85.155 0	90.920 0
材料	洞口止水环 ϕ1 200	套	2 140.00	2.000 0	—	—	—
	洞口止水环 ϕ1 350	套	2 648.00	—	2.000 0	—	—
	洞口止水环 ϕ1 500	套	2 939.00	—	—	2.000 0	—
	洞口止水环 ϕ1 650	套	3 225.00	—	—	—	2.000 0
	非泵送商品混凝土 C20	m^3	412.00	5.890 3	6.563 0	7.272 0	8.062 8
	热轧带肋钢筋 HRB400 综合	t	3 849.00	0.169 1	0.188 4	0.208 8	0.231 5

工作内容:安拆顶进后座及坑内平台,安拆顶管设备及附属设施,洞口处理。　　**计量单位**:套

定额编号				5-904	5-905	5-906
项目				封闭式 泥水平衡		
				直径(mm)		
				1 800 以内	2 000 以内	2 200 以内
基价(元)				**49 411.71**	**57 104.50**	**66 876.61**
其中	人工费(元)			13 075.57	14 040.30	14 886.74
	材料费(元)			20 958.12	23 561.30	26 196.70
	机械费(元)			15 378.02	19 502.90	25 793.17
预算定额编号	项目名称	单位	单价(元)	消耗量		
6-484	钢筋混凝土后座	$10m^3$	12 526.49	0.871 2	0.980 0	1.095 2
6-501	安拆封闭式顶管设备及附属设施 泥水平衡 ϕ1 800	套	27 744.17	1.000 0	—	—
6-502	安拆封闭式顶管设备及附属设施 泥水平衡 ϕ2 000	套	32 439.66	—	1.000 0	—
6-503	安拆封闭式顶管设备及附属设施 泥水平衡 ϕ2 200	套	39 067.41	—	—	1.000 0
6-579	钢筋混凝土沉井洞口处理 ϕ1 800	个	4 984.96	2.000 0	—	—
6-580	钢筋混凝土沉井洞口处理 ϕ2 000	个	5 761.41	—	2.000 0	—
6-581	钢筋混凝土沉井洞口处理 ϕ2 200	个	6 569.37	—	—	2.000 0
6-1096	设备基础(单体在 $5m^3$ 以外) 复合木模	$100m^2$	4 851.87	0.161 7	0.178 5	0.196 1
名称		单位	单价(元)	消耗量		
人工	二类人工	工日	135.00	96.856 0	104.002 0	110.272 0
材料	洞口止水环 ϕ1 800	套	3 670.00	2.000 0	—	—
	洞口止水环 ϕ2 000	套	4 340.00	—	2.000 0	—
	洞口止水环 ϕ2 200	套	5 040.00	—	—	2.000 0
	非泵送商品混凝土 C20	m^3	412.00	8.799 1	9.898 0	11.061 5
	热轧带肋钢筋 HRB400 综合	t	3 849.00	0.252 6	0.284 2	0.317 6

工作内容:安拆顶进后座及坑内平台,安拆顶管设备及附属设施,洞口处理。 **计量单位:**套

定额编号				5-907	5-908	5-909
项目				封闭式 泥水平衡		
				直径(mm)		
				2 400 以内	2 700 以内	3 000 以内
基价(元)				**73 391.49**	**81 211.40**	**90 374.06**
其中	人工费(元)			15 725.47	16 846.74	18 026.11
	材料费(元)			28 893.88	31 585.52	34 596.33
	机械费(元)			28 772.14	32 779.14	37 751.62
预算定额编号	项目名称	单位	单价(元)	消耗量		
6-484	钢筋混凝土后座	$10m^3$	12 526.49	1.216 8	1.411 2	1.620 0
6-504	安拆封闭式顶管设备及附属设施 泥水平衡 ϕ2 400	套	42 696.04	1.000 0	—	—
6-505	安拆封闭式顶管设备及附属设施 泥水平衡 ϕ2 700	套	46 739.54	—	1.000 0	—
6-506	安拆封闭式顶管设备及附属设施 泥水平衡 ϕ3 000	套	51 937.33	—	—	1.000 0
6-582	钢筋混凝土沉井洞口处理 ϕ2 400	个	7 206.24	2.000 0	—	—
6-583	钢筋混凝土沉井洞口处理 ϕ2 700	个	7 806.28	—	2.000 0	—
6-584	钢筋混凝土沉井洞口处理 ϕ3 000	个	8 405.99	—	—	2.000 0
6-1096	设备基础(单体在 $5m^3$ 以外) 复合木模	$100m^2$	4 851.87	0.214 5	0.243 6	0.274 5
名称		单位	单价(元)	消耗量		
人工	二类人工	工日	135.00	116.485 0	124.791 0	133.527 0
材料	洞口止水环 ϕ2 400	套	5 622.00	2.000 0	—	—
	洞口止水环 ϕ2 700	套	6 064.00	—	2.000 0	—
	洞口止水环 ϕ3 000	套	6 506.00	—	—	2.000 0
	非泵送商品混凝土 C20	m^3	412.00	12.289 7	14.253 1	16.362 0
	热轧带肋钢筋 HRB400 综合	t	3 849.00	0.352 9	0.409 2	0.469 8

工作内容：安拆顶进后座及坑内平台，安拆顶管设备及附属设施，洞口处理。　　**计量单位**：套

定额编号				5-910	5-911	5-912
项目				封闭式 土压平衡		
				直径(mm)		
				1 650 以内	1 800 以内	2 000 以内
基价（元）				**41 714.85**	**46 521.01**	**53 045.43**
其中	人工费（元）			10 903.31	11 627.70	12 501.17
	材料费（元）			19 035.22	20 958.12	23 561.30
	机械费（元）			11 776.32	13 935.19	16 982.96
预算定额编号	项目名称	单位	单价(元)	消耗量		
6-484	钢筋混凝土后座	$10m^3$	12 526.49	0.793 8	0.871 2	0.980 0
6-507	安拆封闭式顶管设备及附属设施 土压平衡 ϕ1 650	套	22 073.70	1.000 0	—	—
6-508	安拆封闭式顶管设备及附属设施 土压平衡 ϕ1 800	套	24 853.47	—	1.000 0	—
6-509	安拆封闭式顶管设备及附属设施 土压平衡 ϕ2 000	套	28 380.59	—	—	1.000 0
6-578	钢筋混凝土沉井洞口处理 ϕ1 650	个	4 485.89	2.000 0	—	—
6-579	钢筋混凝土沉井洞口处理 ϕ1 800	个	4 984.96	—	2.000 0	—
6-580	钢筋混凝土沉井洞口处理 ϕ2 000	个	5 761.41	—	—	2.000 0
6-1096	设备基础(单体在 $5m^3$ 以外) 复合木模	$100m^2$	4 851.87	0.149 6	0.161 7	0.178 5
	名称	单位	单价(元)	消耗量		
人工	二类人工	工日	135.00	80.765 0	86.131 0	92.601 0
材料	洞口止水环 ϕ1 650	套	3 225.00	2.000 0	—	—
	洞口止水环 ϕ1 800	套	3 670.00	—	2.000 0	—
	洞口止水环 ϕ2 000	套	4 340.00	—	—	2.000 0
	非泵送商品混凝土 C20	m^3	412.00	8.017 4	8.799 1	9.898 0
	热轧带肋钢筋 HRB400 综合	t	3 849.00	0.230 2	0.252 6	0.284 2

工作内容:安拆顶进后座及坑内平台,安拆顶管设备及附属设施,洞口处理。 计量单位:套

定额编号				5-913	5-914	5-915	5-916
项目				封闭式 土压平衡			
				直径(mm)			
				2 200 以内	2 400 以内	2 700 以内	3 000 以内
基价(元)				**61 235.50**	**69 980.94**	**78 561.31**	**85 911.69**
其中	人工费(元)			13 276.06	14 039.86	15 082.83	16 180.12
	材料费(元)			26 196.70	28 893.88	31 761.66	34 596.33
	机械费(元)			21 762.74	27 047.20	31 716.82	35 135.24
预算定额编号	项目名称	单位	单价(元)	消耗量			
6-484	钢筋混凝土后座	$10m^3$	12 526.49	1.095 2	1.216 8	1.411 2	1.620 0
6-510	安拆封闭式顶管设备及附属设施 土压平衡 ϕ2 200	套	33 426.30	1.000 0	—	—	—
6-511	安拆封闭式顶管设备及附属设施 土压平衡 ϕ2 400	套	39 285.49	—	1.000 0	—	—
6-512	安拆封闭式顶管设备及附属设施 土压平衡 ϕ2 700	套	44 089.45	—	—	1.000 0	—
6-513	安拆封闭式顶管设备及附属设施 土压平衡 ϕ3 000	套	47 474.96	—	—	—	1.000 0
6-581	钢筋混凝土沉井洞口处理 ϕ2 200	个	6 569.37	2.000 0	—	—	—
6-582	钢筋混凝土沉井洞口处理 ϕ2 400	个	7 206.24	—	2.000 0	—	—
6-583	钢筋混凝土沉井洞口处理 ϕ2 700	个	7 806.28	—	—	2.000 0	—
6-584	钢筋混凝土沉井洞口处理 ϕ3 000	个	8 405.99	—	—	—	2.000 0
6-1096	设备基础(单体在 $5m^3$ 以外) 复合木模	$100m^2$	4 851.87	0.196 1	0.214 5	0.243 6	0.274 5
名称		单位	单价(元)	消耗量			
人工	二类人工	工日	135.00	98.341 0	103.999 0	111.725 0	119.853 0
材料	洞口止水环 ϕ2 200	套	5 040.00	2.000 0	—	—	—
	洞口止水环 ϕ2 400	套	5 622.00	—	2.000 0	—	—
	洞口止水环 ϕ2 700	套	6 064.00	—	—	2.000 0	—
	洞口止水环 ϕ3 000	套	6 506.00	—	—	—	2.000 0
	非泵送商品混凝土 C20	m^3	412.00	11.061 5	12.289 7	14.253 1	16.362 0
	热轧带肋钢筋 HRB400 综合	t	3 849.00	0.317 6	0.352 9	0.409 2	0.469 8

3. 敞开式顶管

工作内容:管道顶进并出土至地面,顶进触变泥浆减阻,压浆孔封拆,管道接口处理等。　　**计量单位**:m

定额编号				5-917	5-918	5-919
项目				敞开式顶管		
				直径(mm)		
				600 以内	800 以内	1 000 以内
基价(元)				**900.02**	**1 096.98**	**1 416.07**
其中	人工费(元)			253.62	260.22	264.84
	材料费(元)			546.07	726.44	962.19
	机械费(元)			100.33	110.32	189.04
预算定额编号	项目名称	单位	单价(元)	消耗量		
6-228	管道闭水试验 管径 600mm 以内	100m	491.23	0.010 0	—	—
6-229	管道闭水试验 管径 800mm 以内	100m	760.27	—	0.010 0	—
6-230	管道闭水试验 管径 1 000mm 以内	100m	1 117.93	—	—	0.010 0
6-514	敞开式管道顶进 全挤压式(不出土) ϕ600	100m	71 226.07	0.010 0	—	—
6-515	敞开式管道顶进 全挤压式(不出土) ϕ800	100m	87 623.10	—	0.010 0	—
6-516	敞开式管道顶进 挤压式(出土) ϕ1 000	100m	116 190.04	—	—	0.010 0
6-558	顶进触变泥浆减阻 ϕ600	100m	15 980.76	0.010 0	—	—
6-559	顶进触变泥浆减阻 ϕ800	100m	19 011.02	—	0.010 0	—
6-560	顶进触变泥浆减阻 ϕ1 000	100m	21 995.16	—	—	0.010 0
6-571	压浆孔封拆	孔	76.81	0.300 0	0.300 0	0.300 0
	名称	单位	单价(元)	消耗量		
人工	二类人工	工日	135.00	1.879 0	1.927 0	1.962 0
材料	钢筋混凝土顶管(F 管) ϕ600×3 000	m	414.00	1.005 0	—	—
	钢筋混凝土顶管(F 管) ϕ800×3 000	m	563.00	—	1.005 0	—
	钢筋混凝土顶管(F 管) ϕ1 000×3 000	m	760.00	—	—	1.005 0

工作内容:管道顶进并出土至地面,顶进触变泥浆减阻,压浆孔封拆,管道接口处理等。 计量单位:m

定额编号				5-920	5-921	5-922
项目				敞开式顶管 直径(mm) 1 200 以内	敞开式顶管 直径(mm) 1 350 以内	敞开式顶管 直径(mm) 1 500 以内
基价(元)				**1 780.97**	**2 301.54**	**2 842.44**
其中	人工费(元)			286.56	290.85	327.03
	材料费(元)			1 282.63	1 708.48	2 181.58
	机械费(元)			211.78	302.21	333.83
预算定额编号	项目名称	单位	单价(元)	消耗量		
6-231	管道闭水试验 管径 1 200mm 以内	100m	1 557.55	0.010 0	—	—
6-232	管道闭水试验 管径 1 350mm 以内	100m	1 956.48	—	0.010 0	—
6-233	管道闭水试验 管径 1 500mm 以内	100m	2 366.11	—	—	0.010 0
6-517	敞开式管道顶进 挤压式(出土) ϕ1 200	100m	149 414.77	0.010 0	—	—
6-518	敞开式管道顶进 挤压式(出土) ϕ1 350	100m	198 732.31	—	0.010 0	—
6-519	敞开式管道顶进 挤压式(出土) ϕ1 500	100m	249 553.59	—	—	0.010 0
6-561	顶进触变泥浆减阻 ϕ1 200	100m	24 820.50	0.010 0	—	—
6-562	顶进触变泥浆减阻 ϕ1 350	100m	27 160.92	—	0.010 0	—
6-563	顶进触变泥浆减阻 ϕ1 500	100m	30 019.74	—	—	0.010 0
6-571	压浆孔封拆	孔	76.81	0.300 0	0.300 0	0.300 0
名称		单位	单价(元)	消耗量		
人工	二类人工	工日	135.00	2.123 0	2.154 0	2.422 0
材料	钢筋混凝土顶管(F 管) ϕ1 200×3 000	m	1 041.00	1.005 0	—	—
	钢筋混凝土顶管(F 管) ϕ1 350×2 500	m	1 420.00	—	1.005 0	—
	钢筋混凝土顶管(F 管) ϕ1 500×2 500	m	1 859.00	—	—	1.005 0

工作内容:管道顶进并出土至地面,顶进触变泥浆减阻,压浆孔封拆,管道接口处理等。 计量单位:m

定额编号				5-923	5-924
项目				敞开式顶管 直径(mm) 1 650 以内	敞开式顶管 直径(mm) 1 800 以内
基价(元)				**3 154.15**	**3 706.87**
其中	人工费(元)			382.08	445.97
	材料费(元)			2 382.98	2 751.50
	机械费(元)			389.09	509.40
预算定额编号	项目名称	单位	单价(元)	消耗量	
6-234	管道闭水试验 管径 1 650mm 以内	100m	3 534.74	0.010 0	—
6-235	管道闭水试验 管径 1 800mm 以内	100m	4 154.39	—	0.010 0
6-520	敞开式管道顶进 挤压式(出土) ϕ1 650	100m	276 696.27	0.010 0	—
6-521	敞开式管道顶进 挤压式(出土) ϕ1 800	100m	328 075.57	—	0.010 0
6-564	顶进触变泥浆减阻 ϕ1 650	100m	32 879.12	0.010 0	—
6-565	顶进触变泥浆减阻 ϕ1 800	100m	36 153.15	—	0.010 0
6-571	压浆孔封拆	孔	76.81	0.300 0	0.300 0
名称		单位	单价(元)	消耗量	
人工	二类人工	工日	135.00	2.830 0	3.303 0
材料	钢筋混凝土顶管(F 管) ϕ1 650×2 500	m	2 025.00	1.005 0	—
	钢筋混凝土顶管(F 管) ϕ1 800×2 500	m	2 353.00	—	1.005 0

工作内容:管道顶进并出土至地面,顶进触变泥浆减阻,压浆孔封拆,管道接口处理等。　　**计量单位:**m

定额编号				5-925	5-926	5-927
项目				敞开式顶管		
				直径(mm)		
				2 000 以内	2 200 以内	2 400 以内
基价(元)				**4 219.73**	**5 046.59**	**6 070.36**
其中	人工费(元)			502.70	569.45	666.09
	材料费(元)			3 261.95	3 684.77	4 303.98
	机械费(元)			455.08	792.37	1 100.29
预算定额编号	项目名称	单位	单价(元)	消耗量		
6-236	管道闭水试验 管径 2 000mm 以内	100m	5 081.67	0.010 0	—	—
6-237	管道闭水试验 管径 2 200mm 以内	100m	6 106.48	—	0.010 0	—
6-238	管道闭水试验 管径 2 400mm 以内	100m	7 198.66	—	—	0.010 0
6-522	敞开式管道顶进 挤压式(出土) ϕ2 000	100m	373 738.10	0.010 0	—	—
6-523	敞开式管道顶进 挤压式(出土) ϕ2 200	100m	452 366.14	—	0.010 0	—
6-524	敞开式管道顶进 挤压式(出土) ϕ2 400	100m	550 592.47	—	—	0.010 0
6-566	顶进触变泥浆减阻 ϕ2 000	100m	40 848.77	0.010 0	—	—
6-567	顶进触变泥浆减阻 ϕ2 200	100m	43 881.15	—	0.010 0	—
6-568	顶进触变泥浆减阻 ϕ2 400	100m	46 940.27	—	—	0.010 0
6-571	压浆孔封拆	孔	76.81	0.300 0	0.300 0	0.300 0
	名称	单位	单价(元)	消耗量		
人工	二类人工	工日	135.00	3.724 0	4.218 0	4.934 0
材料	钢筋混凝土顶管(F 管) ϕ2 000×2 500	m	2 814.00	1.005 0	—	—
	钢筋混凝土顶管(F 管) ϕ2 200×2 500	m	3 184.00	—	1.005 0	—
	钢筋混凝土顶管(F 管) ϕ2 400×2 500	m	3 757.00	—	—	1.005 0

4. 封闭式顶管

(1)泥 水 平 衡

工作内容:管道顶进并出土至地面,顶进触变泥浆减阻,压浆孔封拆,管道接口处理等。 **计量单位:**m

定额编号				5-928	5-929	5-930
项目				封闭式顶管(泥水平衡)		
				直径(mm)		
				600 以内	800 以内	1 000 以内
基价(元)				**1 001.20**	**1 223.77**	**1 499.78**
其中	人工费(元)			175.48	193.52	210.67
	材料费(元)			564.76	743.38	974.59
	机械费(元)			260.96	286.87	314.52
预算定额编号	项目名称	单位	单价(元)	消耗量		
6-228	管道闭水试验 管径 600mm 以内	100m	491.23	0.010 0	—	—
6-229	管道闭水试验 管径 800mm 以内	100m	760.27	—	0.010 0	—
6-230	管道闭水试验 管径 1 000mm 以内	100m	1 117.93	—	—	0.010 0
6-525	封闭式管道顶进 泥水平衡 ϕ600	100m	81 343.05	0.010 0	—	—
6-526	封闭式管道顶进 泥水平衡 ϕ800	100m	100 301.28	—	0.010 0	—
6-527	封闭式管道顶进 泥水平衡 ϕ1 000	100m	124 560.27	—	—	0.010 0
6-558	顶进触变泥浆减阻 ϕ600	100m	15 980.76	0.010 0	—	—
6-559	顶进触变泥浆减阻 ϕ800	100m	19 011.02	—	0.010 0	—
6-560	顶进触变泥浆减阻 ϕ1 000	100m	21 995.16	—	—	0.010 0
6-571	压浆孔封拆	孔	76.81	0.300 0	0.300 0	0.300 0
名称		单位	单价(元)	消耗量		
人工	二类人工	工日	135.00	1.300 0	1.433 0	1.560 0
材料	钢筋混凝土顶管(F 管) $\phi600\times3\ 000$	m	414.00	1.005 0	—	—
	钢筋混凝土顶管(F 管) $\phi800\times3\ 000$	m	563.00	—	1.005 0	—
	钢筋混凝土顶管(F 管) $\phi1\ 000\times3\ 000$	m	760.00	—	—	1.005 0

工作内容：管道顶进并出土至地面，顶进触变泥浆减阻，压浆孔封拆，管道接口处理等。 计量单位：m

定额编号				5-931	5-932	5-933
项目				封闭式顶管(泥水平衡)		
				直径(mm)		
				1 200 以内	1 350 以内	1 500 以内
基价(元)				**1 873.35**	**2 426.25**	**3 059.24**
其中	人工费(元)			228.10	290.24	310.56
	材料费(元)			1 296.01	1 719.66	2 196.92
	机械费(元)			349.24	416.35	551.76
预算定额编号	项目名称	单位	单价(元)	消耗量		
6-231	管道闭水试验 管径 1 200mm 以内	100m	1 557.55	0.010 0	—	—
6-232	管道闭水试验 管径 1 350mm 以内	100m	1 956.48	—	0.010 0	—
6-233	管道闭水试验 管径 1 500mm 以内	100m	2 366.11	—	—	0.010 0
6-528	封闭式管道顶进 泥水平衡 ϕ1 200	100m	158 652.14	0.010 0	—	—
6-529	封闭式管道顶进 泥水平衡 ϕ1 350	100m	211 203.48	—	0.010 0	—
6-530	封闭式管道顶进 泥水平衡 ϕ1 500	100m	271 234.11	—	—	0.010 0
6-561	顶进触变泥浆减阻 ϕ1 200	100m	24 820.50	0.010 0	—	—
6-562	顶进触变泥浆减阻 ϕ1 350	100m	27 160.92	—	0.010 0	—
6-563	顶进触变泥浆减阻 ϕ1 500	100m	30 019.74	—	—	0.010 0
6-571	压浆孔封拆	孔	76.81	0.300 0	0.300 0	0.300 0
名称		单位	单价(元)	消耗量		
人工	二类人工	工日	135.00	1.690 0	2.150 0	2.300 0
材料	钢筋混凝土顶管(F 管) ϕ1 200×3 000	m	1 041.00	1.005 0	—	—
	钢筋混凝土顶管(F 管) ϕ1 350×2 500	m	1 420.00	—	1.005 0	—
	钢筋混凝土顶管(F 管) ϕ1 500×2 500	m	1 859.00	—	—	1.005 0

工作内容：管道顶进并出土至地面，顶进触变泥浆减阻，压浆孔封拆，管道接口处理等。 计量单位：m

定额编号				5-934	5-935	5-936
项目				封闭式顶管(泥水平衡)		
				直径(mm)		
				1 650 以内	1 800 以内	2 000 以内
基价(元)				**3 326.08**	**3 788.68**	**4 526.85**
其中	人工费(元)			335.46	360.31	446.34
	材料费(元)			2 402.57	2 767.46	3 301.01
	机械费(元)			588.05	660.91	779.50
预算定额编号	项目名称	单位	单价(元)	消耗量		
6-234	管道闭水试验 管径 1 650mm 以内	100m	3 534.74	0.010 0	—	—
6-235	管道闭水试验 管径 1 800mm 以内	100m	4 154.39	—	0.010 0	—
6-236	管道闭水试验 管径 2 000mm 以内	100m	5 081.67	—	—	0.010 0
6-531	封闭式管道顶进 泥水平衡 ϕ1 650	100m	293 890.16	0.010 0	—	—
6-532	封闭式管道顶进 泥水平衡 ϕ1 800	100m	336 255.71	—	0.010 0	—
6-533	封闭式管道顶进 泥水平衡 ϕ2 000	100m	404 449.61	—	—	0.010 0
6-564	顶进触变泥浆减阻 ϕ1 650	100m	32 879.12	0.010 0	—	—
6-565	顶进触变泥浆减阻 ϕ1 800	100m	36 153.15	—	0.010 0	—
6-566	顶进触变泥浆减阻 ϕ2 000	100m	40 848.77	—	—	0.010 0
6-571	压浆孔封拆	孔	76.81	0.300 0	0.300 0	0.300 0
名称		单位	单价(元)	消耗量		
人工	二类人工	工日	135.00	2.485 0	2.669 0	3.306 0
材料	钢筋混凝土顶管(F 管) ϕ1 650×2 500	m	2 025.00	1.005 0	—	—
	钢筋混凝土顶管(F 管) ϕ1 800×2 500	m	2 353.00	—	1.005 0	—
	钢筋混凝土顶管(F 管) ϕ2 000×2 500	m	2 814.00	—	—	1.005 0

工作内容:管道顶进并出土至地面,顶进触变泥浆减阻,压浆孔封拆,管道接口处理等。 计量单位:m

定额编号				5-937	5-938	5-939	5-940
项目				封闭式顶管(泥水平衡)			
				直径(mm)			
				2 200 以内	2 400 以内	2 700 以内	3 000 以内
基价(元)				**5 058.94**	**5 797.28**	**7 152.28**	**8 488.16**
其中	人工费(元)			468.70	492.28	522.27	549.15
	材料费(元)			3 718.70	4 342.21	5 256.95	6 285.28
	机械费(元)			871.54	962.79	1 373.06	1 653.73
预算定额编号	项目名称	单位	单价(元)	消耗量			
6-237	管道闭水试验 管径 2 200mm 以内	100m	6 106.48	0.010 0	—	—	—
6-238	管道闭水试验 管径 2 400mm 以内	100m	7 198.66	—	0.010 0	—	—
6-240	管道闭水试验 管径 2 800mm 以内	100m	9 843.69	—	—	0.010 0	—
6-241	管道闭水试验 管径 3 000mm 以内	100m	11 187.74	—	—	—	0.010 0
6-534	封闭式管道顶进 泥水平衡 ϕ2 200	100m	453 602.53	0.010 0	—	—	—
6-535	封闭式管道顶进 泥水平衡 ϕ2 400	100m	523 284.15	—	0.010 0	—	—
6-536	封闭式管道顶进 泥水平衡 ϕ2 700	100m	652 266.62	—	—	0.010 0	—
6-537	封闭式管道顶进 泥水平衡 ϕ3 000	100m	780 276.54	—	—	—	0.010 0
6-567	顶进触变泥浆减阻 ϕ2 200	100m	43 881.15	0.010 0	—	—	—
6-568	顶进触变泥浆减阻 ϕ2 400	100m	46 940.27	—	0.010 0	—	—
6-569	顶进触变泥浆减阻 ϕ2 700	100m	50 813.04	—	—	0.010 0	—
6-570	顶进触变泥浆减阻 ϕ3 000	100m	55 047.43	—	—	—	0.010 0
6-571	压浆孔封拆	孔	76.81	0.300 0	0.300 0	0.300 0	0.300 0
名称		单位	单价(元)	消耗量			
人工	二类人工	工日	135.00	3.472 0	3.646 0	3.869 0	4.068 0
材料	钢筋混凝土顶管(F 管) ϕ2 200×2 500	m	3 184.00	1.005 0	—	—	—
	钢筋混凝土顶管(F 管) ϕ2 400×2 500	m	3 757.00	—	1.005 0	—	—
	钢筋混凝土顶管(F 管) ϕ2 700×2 500	m	4 655.00	—	—	1.005 0	—
	钢筋混凝土顶管(F 管) ϕ3 000×2 500	m	5 603.00	—	—	—	1.005 0

(2)土压平衡

工作内容:管道顶进并出土至地面,顶进触变泥浆减阻,压浆孔封拆,管道接口处理等。 计量单位:m

定额编号				5-941	5-942	5-943
项目				封闭式顶管(土压平衡)		
				直径(mm)		
				1 650 以内	1 800 以内	2 000 以内
基价(元)				**3 278.41**	**3 734.21**	**4 426.78**
其中	人工费(元)			325.12	349.32	432.32
	材料费(元)			2 403.90	2 768.97	3 300.21
	机械费(元)			549.39	615.92	694.25
预算定额编号	项目名称	单位	单价(元)	消耗量		
6-234	管道闭水试验 管径 1 650mm 以内	100m	3 534.74	0.010 0	—	—
6-235	管道闭水试验 管径 1 800mm 以内	100m	4 154.39	—	0.010 0	—
6-236	管道闭水试验 管径 2 000mm 以内	100m	5 081.67	—	—	0.010 0
6-538	封闭式管道顶进 土压平衡 ϕ1 650	100m	289 122.73	0.010 0	—	—
6-539	封闭式管道顶进 土压平衡 ϕ1 800	100m	330 809.30	—	0.010 0	—
6-540	封闭式管道顶进 土压平衡 ϕ2 000	100m	394 443.70	—	—	0.010 0
6-564	顶进触变泥浆减阻 ϕ1 650	100m	32 879.12	0.010 0	—	—
6-565	顶进触变泥浆减阻 ϕ1 800	100m	36 153.15	—	0.010 0	—
6-566	顶进触变泥浆减阻 ϕ2 000	100m	40 848.77	—	—	0.010 0
6-571	压浆孔封拆	孔	76.81	0.300 0	0.300 0	0.300 0
名称		单位	单价(元)	消耗量		
人工	二类人工	工日	135.00	2.408 0	2.587 0	3.202 0
材料	钢筋混凝土顶管(F管) ϕ1 650×2 500	m	2 025.00	1.005 0	—	—
	钢筋混凝土顶管(F管) ϕ1 800×2 500	m	2 353.00	—	1.005 0	—
	钢筋混凝土顶管(F管) ϕ2 000×2 500	m	2 814.00	—	—	1.005 0

工作内容:管道顶进并出土至地面,顶进触变泥浆减阻,压浆孔封拆,管道接口处理等。　　**计量单位**:m

定额编号				5-944	5-945	5-946	5-947
项目				封闭式顶管(土压平衡)			
				直径(mm)			
				2 200 以内	2 400 以内	2 700 以内	3 000 以内
基价(元)				**4 905.68**	**5 848.43**	**7 066.33**	**8 410.57**
其中	人工费(元)			454.03	476.92	506.20	532.33
	材料费(元)			3 720.64	4 344.39	5 259.47	6 288.20
	机械费(元)			731.01	1 027.12	1 300.66	1 590.04
预算定额编号	项目名称	单位	单价(元)	消耗量			
6-237	管道闭水试验 管径 2 200mm 以内	100m	6 106.48	0.010 0	—	—	—
6-238	管道闭水试验 管径 2 400mm 以内	100m	7 198.66	—	0.010 0	—	—
6-240	管道闭水试验 管径 2 800mm 以内	100m	9 843.69	—	—	0.010 0	—
6-241	管道闭水试验 管径 3 000mm 以内	100m	11 187.74	—	—	—	0.010 0
6-541	封闭式管道顶进 土压平衡 ϕ2 200	100m	438 276.17	0.010 0	—	—	—
6-542	封闭式管道顶进 土压平衡 ϕ2 400	100m	528 400.23	—	0.010 0	—	—
6-543	封闭式管道顶进 土压平衡 ϕ2 700	100m	643 671.78	—	—	0.010 0	—
6-544	封闭式管道顶进 土压平衡 ϕ3 000	100m	772 517.23	—	—	—	0.010 0
6-567	顶进触变泥浆减阻 ϕ2 200	100m	43 881.15	0.010 0	—	—	—
6-568	顶进触变泥浆减阻 ϕ2 400	100m	46 940.27	—	0.010 0	—	—
6-569	顶进触变泥浆减阻 ϕ2 700	100m	50 813.04	—	—	0.010 0	—
6-570	顶进触变泥浆减阻 ϕ3 000	100m	55 047.43	—	—	—	0.010 0
6-571	压浆孔封拆	孔	76.81	0.300 0	0.300 0	0.300 0	0.300 0
名称		单位	单价(元)	消耗量			
人工	二类人工	工日	135.00	3.363 0	3.533 0	3.750 0	3.943 0
材料	钢筋混凝土顶管(F 管) ϕ2 200×2 500	m	3 184.00	1.005 0	—	—	—
	钢筋混凝土顶管(F 管) ϕ2 400×2 500	m	3 757.00	—	1.005 0	—	—
	钢筋混凝土顶管(F 管) ϕ2 700×2 500	m	4 655.00	—	—	1.005 0	—
	钢筋混凝土顶管(F 管) ϕ3 000×2 500	m	5 603.00	—	—	—	1.005 0

5. 安拆中继间

工作内容:安装吊卸中继间、装油泵及油管、接缝防水、拆除中继间内的全部设备、吊出井口。　**计量单位**:套

定额编号				5-948	5-949	5-950	5-951	5-952
项目				安拆中继间				
				直径(mm)				
				600	800	1 000	1 200	1 350
基价(元)				**6 290.41**	**7 152.41**	**8 187.41**	**9 839.70**	**12 096.89**
其中	人工费(元)			527.58	527.58	527.58	841.86	927.72
	材料费(元)			5 172.00	6 034.00	7 069.00	8 190.00	9 983.00
	机械费(元)			590.83	590.83	590.83	807.84	1 186.17
预算定额编号	项目名称	单位	单价(元)	消耗量				
6-545	安拆中继间 ϕ600	套	6 290.41	1.000 0	—	—	—	—
6-546	安拆中继间 ϕ800	套	7 152.41	—	1.000 0	—	—	—
6-547	安拆中继间 ϕ1 000	套	8 187.41	—	—	1.000 0	—	—
6-548	安拆中继间 ϕ1 200	套	9 839.70	—	—	—	1.000 0	—
6-549	安拆中继间 ϕ1 350	套	12 096.89	—	—	—	—	1.000 0
名称		单位	单价(元)	消耗量				
人工	二类人工	工日	135.00	3.908 0	3.908 0	3.908 0	6.236 0	6.872 0
材料	中继间 ϕ600	套	5 172.00	1.000 0	—	—	—	—
	中继间 ϕ800	套	6 034.00	—	1.000 0	—	—	—
	中继间 ϕ1 000	套	7 069.00	—	—	1.000 0	—	—
	中继间 ϕ1 200	套	8 190.00	—	—	—	1.000 0	—
	中继间 ϕ1 350	套	9 983.00	—	—	—	—	1.000 0

工作内容:安装吊卸中继间、装油泵及油管、接缝防水、拆除中继间内的全部设备、吊出井口。　**计量单位**:套

定额编号				5-953	5-954	5-955	5-956
项目				安拆中继间			
				直径(mm)			
				1 500	1 650	1 800	2 000
基价(元)				**13 819.56**	**14 889.16**	**17 785.33**	**21 505.94**
其中	人工费(元)			1 070.55	1 035.05	1 287.50	1 682.64
	材料费(元)			11 379.00	12 414.00	14 706.00	17 241.00
	机械费(元)			1 370.01	1 440.11	1 791.83	2 582.30
预算定额编号	项目名称	单位	单价(元)	消耗量			
6-550	安拆中继间 ϕ1 500	套	13 819.56	1.000 0	—	—	—
6-551	安拆中继间 ϕ1 650	套	14 889.16	—	1.000 0	—	—
6-552	安拆中继间 ϕ1 800	套	17 785.33	—	—	1.000 0	—
6-553	安拆中继间 ϕ2 000	套	21 505.94	—	—	—	1.000 0
名称		单位	单价(元)	消耗量			
人工	二类人工	工日	135.00	7.930 0	7.667 0	9.537 0	12.464 0
材料	中继间 ϕ1 500	套	11 379.00	1.000 0	—	—	—
	中继间 ϕ1 650	套	12 414.00	—	1.000 0	—	—
	中继间 ϕ1 800	套	14 706.00	—	—	1.000 0	—
	中继间 ϕ2 000	套	17 241.00	—	—	—	1.000 0

工作内容:安装吊卸中继间、装油泵及油管、接缝防水、拆除中继间内的全部设备、吊出井口。 **计量单位**:套

定额编号				5-957	5-958	5-959	5-960
项目				安拆中继间			
				直径(mm)			
				2 200	2 400	2 700	3 000
基价(元)				**23 486.25**	**24 897.96**	**29 150.48**	**33 344.72**
其中	人工费(元)			1 803.74	1 941.30	2 135.70	2 407.05
	材料费(元)			18 776.00	19 828.00	23 276.00	26 724.00
	机械费(元)			2 906.51	3 128.66	3 738.78	4 213.67
预算定额编号	项目名称	单位	单价(元)	消耗量			
6-554	安拆中继间 ϕ2 200	套	23 486.25	1.000 0	—	—	—
6-555	安拆中继间 ϕ2 400	套	24 897.96	—	1.000 0	—	—
6-556	安拆中继间 ϕ2 700	套	29 150.48	—	—	1.000 0	—
6-557	安拆中继间 ϕ3 000	套	33 344.72	—	—	—	1.000 0
名称		单位	单价(元)	消耗量			
人工	二类人工	工日	135.00	13.361 0	14.380 0	15.820 0	17.830 0
材料	中继间 ϕ2 200	套	18 776.00	1.000 0	—	—	—
	中继间 ϕ2 400	套	19 828.00	—	1.000 0	—	—
	中继间 ϕ2 700	套	23 276.00	—	—	1.000 0	—
	中继间 ϕ3 000	套	26 724.00	—	—	—	1.000 0

二、水平定向钻牵引管道

工作内容:施工准备、牵引管施工、管道接口处理、泥浆池建造拆除及泥浆外运。 **计量单位**:m

定额编号				5-961	5-962	5-963
项目				管径(mm)		
				200 以内	300 以内	400 以内
基价(元)				**207.12**	**308.34**	**458.82**
其中	人工费(元)			53.37	75.46	119.74
	材料费(元)			72.65	122.09	197.87
	机械费(元)			81.10	110.79	141.21
预算定额编号	项目名称	单位	单价(元)	消耗量		
3-150	泥浆池建造、拆除	$10m^3$	56.69	0.002 1	0.004 7	0.008 4
3-152	泥浆运输 运距 5km 以内	$10m^3$	898.64	0.002 1	0.004 7	0.008 4
3-153H	泥浆运输 运距增加 10km	$10m^3$	483.60	0.002 1	0.004 7	0.008 4
6-215	热熔接口 管径 *DN*250mm 以内	10 个口	451.56	0.025 0	—	—
6-219	电热熔接口 管径 *DN*300mm 以内	10 个口	967.88	—	0.025 0	—
6-220	电热熔接口 管径 *DN*400mm 以内	10 个口	1 228.76	—	—	0.025 0
6-611	水平定向钻牵引管道 管径 200mm 以内	10m	1 928.14	0.100 0	—	—
6-612	水平定向钻牵引管道 管径 300mm 以内	10m	2 773.82	—	0.100 0	—
6-613	水平定向钻牵引管道 管径 400mm 以内	10m	4 160.10	—	—	0.100 0
名称		单位	单价(元)	消耗量		
人工	二类人工	工日	135.00	0.395 0	0.559 0	0.887 0
材料	HDPE 缠绕结构壁管(A 型) SN8 *DN*200	m	52.33	1.020 0	—	—
	HDPE 缠绕结构壁管(A 型) SN8 *DN*300	m	84.57	—	1.020 0	—
	HDPE 缠绕结构壁管(A 型) SN8 *DN*400	m	147.00	—	—	1.020 0

工作内容:施工准备、牵引管施工、管道接口处理、泥浆池建造拆除及泥浆外运。 **计量单位**:m

定额编号				5-964	5-965	5-966	5-967
项目				管径(mm)			
				500 以内	600 以内	800 以内	1 000 以内
基价(元)				**684.33**	**972.27**	**1 530.59**	**2 217.18**
其中	人工费(元)			171.64	229.97	358.69	519.43
	材料费(元)			340.01	482.40	794.23	1 214.91
	机械费(元)			172.68	259.90	377.67	482.84
预算定额编号	项目名称	单位	单价(元)	消耗量			
3-150	泥浆池建造、拆除	$10m^3$	56.69	0.013 1	0.018 9	0.033 7	0.052 6
3-152	泥浆运输 运距5km以内	$10m^3$	898.64	0.013 1	0.018 9	0.033 7	0.052 6
3-153H	泥浆运输 运距每增减1km以内	$10m^3$	483.60	0.013 1	0.018 9	0.033 7	0.052 6
6-221	电热熔接口 管径 *DN*500mm 以内	10 个口	3 332.22	0.025 0	—	—	—
6-222	电热熔接口 管径 *DN*600mm 以内	10 个口	3 839.10	—	0.025 0	—	—
6-223	电热熔接口 管径 *DN*800mm 以内	10 个口	4 896.59	—	—	0.025 0	—
6-224	电热熔接口 管径 *DN*1 000mm 以内	10 个口	7 451.15	—	—	—	0.025 0
6-614	水平定向钻牵引管道 管径 500mm 以内	10m	5 821.80	0.100 0	—	—	—
6-615	水平定向钻牵引管道 管径 600mm 以内	10m	8 491.00	—	0.100 0	—	—
6-616	水平定向钻牵引管道 管径 800mm 以内	10m	13 596.84	—	—	0.100 0	—
6-617	水平定向钻牵引管道 管径 1 000mm 以内	10m	19 552.15	—	—	—	0.100 0
名称		单位	单价(元)	消耗量			
人工	二类人工	工日	135.00	1.271 0	1.703 0	2.657 0	3.848 0
材料	HDPE 缠绕结构壁管(A型) SN8 *DN*500	m	228.00	1.020 0	—	—	—
	HDPE 缠绕结构壁管(A型) SN8 *DN*600	m	346.00	—	1.020 0	—	—
	HDPE 缠绕结构壁管(A型) SN8 *DN*800	m	601.00	—	—	1.020 0	—
	HDPE 缠绕结构壁管(A型) SN8 *DN*1 000	m	932.00	—	—	—	1.020 0

第九节　给排水构筑物

说　　明

一、本节定额包括沉井,现浇钢筋混凝土池,预制混凝土构件,折板安装,滤料铺设,施工缝,井、池渗漏试验和垂直运输增加费。

二、沉井:

1. 沉井下沉定额已包括 15km 土方外运,若实际运距不同,按本定额第一章“通用项目”相应定额子目进行调整。

2. 沉井工程按深度 12m 以内,陆上排水沉井考虑。

3. 沉井工程未包括脚手架安拆以及需要采取地基加固等特殊措施,发生时执行本定额第一章“通用项目”相应定额子目。

4. 沉井下沉定额不包括压重助沉措施,若发生可另行计算。

三、现浇钢筋混凝土池:

1. 混凝土池壁、柱、梁、板项目已综合考虑模板及模板超高。

2. 混凝土池壁、柱、梁、板项目是按在设计室外地坪以上 3.6m 以内编制,超过 3.6m 的需按本节垂直运输增加费子目计算。垂直运输增加费(塔式起重机)未包括起重机的基础、进出场及安拆等费用,发生时执行本定额第一章“通用项目”相应定额子目。

四、预制混凝土构件:

1. 所有预制混凝土构件均按成品外购考虑。

2. 除滤板外,其他预制混凝土构件安装均执行其他构件安装子目。

五、本节定额未包括构筑物防水及防腐,若发生另行计算。

工程量计算规则

一、沉井:

1. 井壁、底板、顶板等混凝土构件均按混凝土实体积以“m^3”计算,不扣除单孔面积 $0.3m^2$ 以内的孔洞体积。底板下的地梁并入底板计算。

2. 沉井下沉的土方工程量,按沉井外壁所围的平面投影面积乘以下沉深度计算。

二、钢筋混凝土池:

1. 钢筋混凝土各类构件均按混凝土实体积以“m^3”计算,不扣除单孔面积 $0.3m^2$ 以内的孔洞体积。

2. 池壁挑檐、牛腿、附壁柱等工程量并入池壁计算。

3. 各类池板中的进人孔、透气孔盖以及与盖相连接的结构,工程量合并在池板中计算。梁工程量并入池板计算。

4. 无梁盖柱的柱高，应自池底上表面算至池板的下表面，无梁盖柱的体积包括柱座、柱帽的体积。

三、预制混凝土构件：

除钢筋混凝土滤板外，其他预制混凝土构件均按图示尺寸以"m^3"计算，不扣除单孔面积 $0.3m^2$ 以内孔洞所占体积。

四、折板安装按图示尺寸以"m^2"计算。

五、滤料铺设：各种滤料铺设均以"m^3"计算，锰砂、铁矿石滤料以"t"计算。

六、施工缝按设计缝长按延长米以"m"计算。

七、井、池渗漏试验以水容量计算。

一、沉　　井

1.沉井制作

工作内容:刃脚基础垫层铺设及拆除,混凝土浇捣,抹平,养护,场内材料运输,模板制作、安装、拆除。 **计量单位:**m^3

定额编号				5-968	5-969	5-970	5-971
项目				井壁及隔墙			
				矩形(厚度 cm)		圆形(厚度 cm)	
				50 以内	50 以外	50 以内	50 以外
基价(元)				**1 134.29**	**1 016.80**	**1 223.30**	**1 076.12**
其中	人工费(元)			290.66	232.15	346.57	269.41
	材料费(元)			811.09	756.09	844.61	778.44
	机械费(元)			32.54	28.56	32.12	28.27
预算定额编号	项目名称	单位	单价(元)	消耗量			
1-280	铁件制作、安装 止水螺杆	t	7 894.86	0.015 0	0.010 0	0.015 0	0.010 0
6-619	沉井 灌砂	$10m^3$	2 169.89	0.017 0	0.017 0	0.017 0	0.017 0
6-620	沉井 砂垫层	$10m^3$	2 521.39	0.050 0	0.050 0	0.050 0	0.050 0
6-621	沉井 混凝土垫层	$10m^3$	5 854.99	0.010 0	0.010 0	0.010 0	0.010 0
6-622	沉井制作 井壁及隔墙厚度 50cm 以内	$10m^3$	4 895.50	0.077 0	—	0.077 0	—
6-623	沉井制作 井壁及隔墙厚度 50cm 以外	$10m^3$	4 879.57	—	0.077 0	—	0.077 0
6-627	沉井制作 刃脚	$10m^3$	4 879.60	0.023 0	0.023 0	0.023 0	0.023 0
6-1090	混凝土基础垫层 木模	$100m^2$	2 562.66	0.001 3	0.001 3	0.001 3	0.001 3
6-1105	池壁(隔墙) 矩形池壁 木模	$100m^2$	4 564.86	0.046 2	0.030 8	—	—
6-1106	池壁(隔墙) 圆形池壁 木模	$100m^2$	6 491.16	—	—	0.046 2	0.030 8
6-1108H	池壁(隔墙) 支模高度超过 3.6m(超高增加费)	$100m^2$	706.92	0.027 7	0.018 5	0.027 7	0.018 5
6-1 150	小型构件 木模	$100m^2$	7 358.25	0.009 7	0.009 7	0.009 7	0.009 7
名称		单位	单价(元)	消耗量			
人工	二类人工	工日	135.00	2.153 0	1.720 0	2.567 0	1.996 0
材料	黄砂 毛砂	t	87.38	1.257 8	1.257 8	1.257 8	1.257 8
	泵送商品混凝土 C25	m^3	447.00	1.010 0	1.010 0	1.010 0	1.010 0
	非泵送商品混凝土 C15	m^3	399.00	0.101 0	0.101 0	0.101 0	0.101 0

工作内容：混凝土浇捣、抹平、养护，场内材料运输，模板制作、安装、拆除。　　　　**计量单位**：m^3

定额编号				5-972	5-973	5-974
项目				底板(厚度 cm)		顶板
				50 以内	50 以外	
基价（元）				**534.97**	**676.74**	**971.69**
其中	人工费（元）			55.75	144.01	275.35
	材料费（元）			476.95	526.55	678.40
	机械费（元）			2.27	6.18	17.94
预算定额编号	项目名称	单位	单价(元)	消耗量		
6-624	沉井制作 底板厚度 50cm 以内	$10m^3$	4 804.05	0.100 0	—	—
6-625	沉井制作 底板厚度 50cm 以外	$10m^3$	4 792.64	—	0.100 0	—
6-626	沉井制作 顶板	$10m^3$	4 860.69	—	—	0.100 0
6-1102	池底平池底木模	$100m^2$	5 196.93	0.010 5	0.038 0	—
6-1109	池盖 无梁池盖 木模	$100m^2$	7 005.59	—	—	0.050 0
6-1114H	池盖 支模高度超过 3.6m，每增 1m	$100m^2$	2 706.96	—	—	0.050 0
名称		单位	单价(元)	消耗量		
人工	二类人工	工日	135.00	0.413 0	1.067 0	2.040 0
材料	泵送商品混凝土 C25	m^3	447.00	1.010 0	1.010 0	1.010 0
	木模板	m^3	1 445.00	0.007 9	0.028 7	0.038 6
	木支撑	m^3	1 552.00	0.003 6	0.012 9	0.095 8

工作内容：混凝土浇捣，抹平，养护，场内材料运输，模板制作、安装、拆除。　　　　**计量单位**：m^3

定额编号				5-975	5-976	5-977
项目				地下结构梁	地下结构柱	地下结构平台
基价（元）				**1 288.82**	**1 229.52**	**1 154.85**
其中	人工费（元）			478.51	427.87	346.53
	材料费（元）			788.65	784.88	788.48
	机械费（元）			21.66	16.77	19.84
预算定额编号	项目名称	单位	单价(元)	消耗量		
6-628	沉井制作 地下结构梁	$10m^3$	5 067.51	0.100 0	—	—
6-629	沉井制作 地下结构柱	$10m^3$	4 959.85	—	0.100 0	—
6-630	沉井制作 地下结构平台	$10m^3$	4 928.88	—	—	0.100 0
6-1118	矩形柱 复合木模	$100m^2$	5 298.12	—	0.047 4	—
6-1119	圆形、异型柱 木模	$100m^2$	8 620.74	—	0.047 4	—
6-1121H	柱、梁 柱支模高度超过 3.6m，每增 1m	$100m^2$	1 298.91	—	0.056 8	—
6-1123	连续梁、单梁 复合木模	$100m^2$	6 476.70	0.086 8	—	—
6-1127H	柱、梁 梁支模高度超过 3.6m，每增 1m	$100m^2$	2 533.35	0.086 8	—	—
6-1129	平板、走道板 复合木模	$100m^2$	5 476.83	—	—	0.080 4
6-1134H	板 支模高度超过 3.6m，每增 1m	$100m^2$	2 756.49	—	—	0.080 4
名称		单位	单价(元)	消耗量		
人工	二类人工	工日	135.00	3.545 0	3.169 0	2.567 0
材料	泵送商品混凝土 C25	m^3	447.00	1.010 0	1.010 0	1.010 0
	木模板	m^3	1 445.00	0.001 5	0.079 7	0.004 1
	复合木模板面板	m^2	56.03	1.475 6	0.872 2	1.149 7
	木支撑	m^3	1 552.00	0.124 6	0.076 4	0.135 1

2. 沉 井 下 沉

工作内容：搭、拆平台及起吊设备，挖土，吊土，装车，运土，纠偏。 计量单位：m^3

定额编号				5-978
项目				沉井下沉
基价(元)				**79.09**
其中	人工费(元)			25.39
	材料费(元)			—
	机械费(元)			53.70
预算定额编号	项目名称	单位	单价(元)	消耗量
1-72	挖掘机挖土装车 三类土	1 000m^3	3 558.76	0.001 0
1-94	自卸汽车运土方 运距 1km 以内	1 000m^3	5 564.89	0.001 0
1-95H	自卸汽车运土方 运距增加 14km	1 000m^3	21 792.54	0.001 0
6-634	沉井下沉 机械挖土 井深 12m 以内	10m^3	467.73	0.103 0
名称		单位	单价(元)	消耗量
人工	一类人工	工日	125.00	0.003 0
	二类人工	工日	135.00	0.185 0

二、现浇钢筋混凝土池

工作内容：混凝土浇捣、抹平、养护，场内材料运输，模板制作、安装、拆除。 计量单位：m^3

定额编号				5-979	5-980	5-981	5-982
项目				半地下室池底			
				平池底(厚度 cm)		锥池底(厚度 cm)	
				50 以内	50 以外	50 以内	50 以外
基价(元)				**494.09**	**494.86**	**558.72**	**571.42**
其中	人工费(元)			37.78	38.18	67.84	73.78
	材料费(元)			455.37	455.68	487.74	494.04
	机械费(元)			0.94	1.00	3.14	3.60
预算定额编号	项目名称	单位	单价(元)	消耗量			
6-636	现浇钢筋混凝土池 半地下室池底 平池底厚度 50cm 以内	10m^3	4 850.85	0.050 0	—	—	—
6-637	现浇钢筋混凝土池 半地下室池底 平池底厚度 50cm 以外	10m^3	4 837.78	—	0.050 0	—	—
6-638	现浇钢筋混凝土池 半地下室池底 锥坡池底厚度 50cm 以内	10m^3	4 856.15	—	—	0.100 0	—
6-639	现浇钢筋混凝土池 半地下室池底 锥坡池底厚度 50cm 以外	10m^3	4 841.84	—	—	—	0.100 0
6-640	现浇钢筋混凝土池 半地下室池底 圆池底厚度 50cm 以内	10m^3	4 885.31	0.050 0	—	—	—
6-641	现浇钢筋混凝土池 半地下室池底 圆池底厚度 50cm 以外	10m^3	4 872.23	—	0.050 0	—	—
6-1102	平池底 木模	100m^2	5 196.93	0.001 4	0.001 8	—	—
6-1103	锥形池底 木模	100m^2	7 860.07	—	—	0.009 3	0.011 1
名称		单位	单价(元)	消耗量			
人工	二类人工	工日	135.00	0.280 0	0.283 0	0.502 0	0.547 0
材料	泵送商品混凝土 C25	m^3	447.00	1.010 0	1.010 0	1.010 0	1.010 0
	木模板	m^3	1 445.00	0.001 1	0.001 4	0.019 8	0.023 7
	木支撑	m^3	1 552.00	0.000 5	0.000 6	0.003 5	0.004 1

工作内容：混凝土浇捣、抹平、养护，场内材料运输，模板制作、安装、拆除。　　**计量单位**：m^3

定额编号				5-983	5-984	5-985	5-986
项目				架空式池底			
				平池底（厚度 cm）		锥池底（厚度 cm）	
				30以内	30以外	30以内	30以外
基价（元）				**775.20**	**666.77**	**568.80**	**557.66**
其中	人工费（元）			213.16	145.58	74.39	66.86
	材料费（元）			553.47	515.55	491.06	487.66
	机械费（元）			8.57	5.64	3.35	3.14
预算定额编号	项目名称	单位	单价（元）	消耗量			
6-642	现浇钢筋混凝土池 架空式池底 平池底厚度 30cm 以内	$10m^3$	4 888.48	0.100 0	—	—	—
6-643	现浇钢筋混凝土池 架空式池底 平池底厚度 30cm 以外	$10m^3$	4 874.78	—	0.100 0	—	—
6-644	现浇钢筋混凝土池 架空式池底 方锥池底厚度 30cm 以内	$10m^3$	4 894.15	—	—	0.100 0	—
6-645	现浇钢筋混凝土池 架空式池底 方锥池底厚度 30cm 以外	$10m^3$	4 845.62	—	—	—	0.100 0
6-1102	平池底 木模	$100m^2$	5 196.93	0.055 1	0.034 5	—	—
6-1103	锥形池底 木模	$100m^2$	7 860.07	—	—	0.010 1	0.009 3
	名称	单位	单价（元）	消耗量			
人工	二类人工	工日	135.00	1.579 0	1.078 0	0.551 0	0.495 0
材料	泵送商品混凝土 C25	m^3	447.00	1.010 0	1.010 0	1.010 0	1.010 0
	木模板	m^3	1 445.00	0.041 7	0.026 1	0.021 5	0.019 8
	木支撑	m^3	1 552.00	0.018 7	0.011 7	0.003 8	0.003 5

工作内容:混凝土浇捣、抹平、养护,场内材料运输,模板制作、安装、拆除。 **计量单位**:m^3

定额编号				5-987	5-988	5-989	5-990
项目				池壁			
				矩形(厚度 cm)		圆弧形(厚度 cm)	
				30 以内	30 以外	30 以内	30 以外
基价(元)				**1 046.96**	**879.95**	**1 194.70**	**1 041.82**
其中	人工费(元)			312.73	227.51	407.30	324.59
	材料费(元)			678.80	602.97	733.11	666.97
	机械费(元)			55.43	49.47	54.29	50.26
预算定额编号	项目名称	单位	单价(元)	消耗量			
1-280	铁件制作、安装 止水螺杆	t	7 894.86	0.018 7	0.013 1	0.018 4	0.014 4
6-647	现浇钢筋混凝土池 池壁(隔墙)直、矩形厚度 30cm 以内	$10m^3$	5 033.79	0.100 0	—	—	—
6-648	现浇钢筋混凝土池 池壁(隔墙)直、矩形厚度 30cm 以外	$10m^3$	4 994.19	—	0.100 0	—	—
6-650	现浇钢筋混凝土池 池壁(隔墙)圆、弧形厚度 30cm 以内	$10m^3$	5 043.93	—	—	0.100 0	—
6-651	现浇钢筋混凝土池 池壁(隔墙)圆、弧形厚度 30cm 以外	$10m^3$	4 999.92	—	—	—	0.100 0
6-1105	池壁(隔墙) 矩形池壁 木模	$100m^2$	4 564.86	0.083 3	0.058 3	—	—
6-1106	池壁(隔墙) 圆形池壁 木模	$100m^2$	6 491.16	—	—	0.081 6	0.064 1
6-1108H	池壁(隔墙) 支模高度超过 3.6m,每增 1m	$100m^2$	471.28	0.033 3	0.023 3	0.032 6	0.025 6
名称		单位	单价(元)	消耗量			
人工	二类人工	工日	135.00	2.316 0	1.685 0	3.017 0	2.404 0
材料	非泵送商品混凝土 C25	m^3	421.00	1.010 0	1.010 0	1.010 0	1.010 0
	木模板	m^3	1 445.00	0.051 8	0.036 3	0.066 3	0.052 0
	木支撑	m^3	1 552.00	0.052 0	0.036 4	0.050 6	0.039 7

工作内容：混凝土浇捣、抹平、养护，场内材料运输，模板制作、安装、拆除。　　　　计量单位：m^3

定额编号				5-991	5-992	5-993
项目				池柱	池梁板	其他混凝土构件
基价（元）				**1 104.14**	**1 028.44**	**1 151.74**
其中	人工费（元）			383.41	315.52	466.74
	材料费（元）			669.90	661.98	636.95
	机械费（元）			50.83	50.94	48.05
预算定额编号	项目名称	单位	单价(元)	消耗量		
6-661	现浇钢筋混凝土池 矩(方)形柱	$10m^3$	5 792.09	0.100 0	—	—
6-663	现浇钢筋混凝土池 连续梁	$10m^3$	5 113.50	—	0.010 0	—
6-667	现浇钢筋混凝土池 肋形盖	$10m^3$	5 034.46	—	0.090 0	—
6-680	现浇钢筋混凝土池 悬空L形槽厚度20cm以内	$10m^3$	4 875.52	—	—	0.100 0
6-1114H	池盖 支模高度超过3.6m(超高增加费)	$100m^2$	1 804.64	—	0.063 3	—
6-1118	矩形柱 复合木模	$100m^2$	5 298.12	0.093 0	—	—
6-1121H	柱、梁柱支模高度超过3.6m，每增1m	$100m^2$	865.94	0.037 2	—	—
6-1123	连续梁、单梁 复合木模	$100m^2$	6 476.70	—	0.063 3	—
6-1135	配、出水槽 木模	$100m^2$	6 313.59	—	—	0.105 2
名称		单位	单价(元)	消耗量		
人工	二类人工	工日	135.00	2.840 0	2.337 0	3.457 0
材料	非泵送商品混凝土 C20	m^3	412.00	—	—	1.010 0
	非泵送商品混凝土 C25	m^3	421.00	1.010 0	1.010 0	—
	木模板	m^3	1 445.00	0.006 0	0.001 1	0.088 5
	复合木模板面板	m^2	56.03	1.711 2	1.076 1	—
	木支撑	m^3	1 552.00	0.056 4	0.084 4	0.040 7

三、预制混凝土构件

工作内容：预制构件安装。　　　　计量单位：见表

定额编号				5-994	5-995
项目				滤板安装	其他构件安装
计量单位				$100m^2$	$10m^3$
基价（元）				**7 033.54**	**2 865.12**
其中	人工费（元）			2 948.67	1 891.35
	材料费（元）			3 759.93	958.85
	机械费（元）			324.94	14.92
预算定额编号	项目名称	单位	单价(元)	消耗量	
6-363	井室盖板安装 矩形盖板 单块体积$0.05m^3$以内	$10m^3$	2 865.12	—	1.000 0
6-718	预制混凝土构件安装 钢筋混凝土滤板安装	$100m^2$	7 033.54	1.000 0	—
名称		单位	单价(元)	消耗量	
人工	二类人工	工日	135.00	21.842 0	14.010 0
材料	预制混凝土构件	m^3	—	—	(10.100 0)
	滤板	m^2	—	(100.000 0)	—

四、折 板 安 装

工作内容:找平、找正、安装、固定等,场内材料运输。　　　　**计量单位**:$100m^2$

定额编号				5-996
项目				折板安装
基价(元)				**3 804.56**
其中	人工费(元)			3 796.20
	材料费(元)			8.17
	机械费(元)			0.19
预算定额编号	项目名称	单位	单价(元)	消耗量
6-722	玻璃钢折板 安装	$100m^2$	3 804.56	1.000 0
名称		单位	单价(元)	消耗量
人工	二类人工	工日	135.00	28.120 0
材料	折板	m^2	—	(100.000 0)

五、滤 料 铺 设

工作内容:筛运洗砂石、清底层、挂线、铺设砂石、整形找平等。　　　　**计量单位**:$10m^3$

定额编号				5-997	5-998	5-999
项目				黄砂	石英砂	卵石
基价(元)				**2 692.01**	**18 761.43**	**1 722.58**
其中	人工费(元)			989.01	916.11	774.36
	材料费(元)			1 487.96	17 630.28	733.18
	机械费(元)			215.04	215.04	215.04
预算定额编号	项目名称	单位	单价(元)	消耗量		
6-729	滤料铺设 黄砂	$10m^3$	2 692.01	1.000 0	—	—
6-730	滤料铺设 石英砂	$10m^3$	18 761.43	—	1.000 0	—
6-731	滤料铺设 卵石	$10m^3$	1 722.58	—	—	1.000 0
名称		单位	单价(元)	消耗量		
人工	二类人工	工日	135.00	7.326 0	6.786 0	5.736 0
材料	黄砂 毛砂	t	87.38	16.860 0	—	—
	石英砂 综合	m^3	1 553.00	—	11.240 0	—
	卵石 综合	t	52.33	—	—	13.872 0

工作内容：筛运洗砂石、清底层、挂线、铺设砂石、整形找平等。　　　　**计量单位**：$10m^3$

定额编号				5-1000	5-1001	5-1002
项目				碎石	粉末活性炭	颗粒活性炭
基价（元）				**2 426.59**	**53 906.86**	**48 758.06**
其中	人工费（元）			782.46	1 241.19	971.87
	材料费（元）			1 429.09	52 450.63	47 478.99
	机械费（元）			215.04	215.04	307.20
预算定额编号	项目名称	单位	单价(元)	消耗量		
6-732	滤料铺设 碎石	$10m^3$	2 426.59	1.000 0	—	—
6-733	滤料铺设 粉末活性炭	$10m^3$	53 906.86	—	1.000 0	—
6-734	滤料铺设 颗粒活性炭	$10m^3$	48 758.06	—	—	1.000 0
	名称	单位	单价(元)	消耗量		
人工	二类人工	工日	135.00	5.796 0	9.194 0	7.199 0
材料	碎石 综合	t	102.00	13.872 0	—	—
	粉末活性炭	m^3	4 526.00	—	11.474 0	—
	颗粒活性炭	m^3	4 224.00	—	—	11.129 0

工作内容：筛运洗砂石、清底层、挂线、铺设砂石、整形找平等。　　　　**计量单位**：见表

定额编号				5-1003	5-1004	5-1005
项目				锰砂	磁铁矿石	尼龙网制作、安装
计量单位				10t		$10m^2$
基价（元）				**1 516.65**	**1 784.77**	**6 568.16**
其中	人工费（元）			710.37	781.38	1 811.16
	材料费（元）			591.24	788.35	4 738.60
	机械费（元）			215.04	215.04	18.40
预算定额编号	项目名称	单位	单价(元)	消耗量		
6-735	滤料铺设 锰砂	10t	1 516.65	1.000 0	—	—
6-736	滤料铺设 磁铁矿石	10t	1 784.77	—	1.000 0	—
6-737	滤料铺设 尼龙网板制作、安装	$10m^2$	6 568.16	—	—	1.000 0
	名称	单位	单价(元)	消耗量		
人工	二类人工	工日	135.00	5.262 0	5.788 0	13.416 0
材料	尼龙网 30 目	m^2	1.21	—	—	25.270 0
	锰砂	m^3	58.25	10.150 0	—	—
	磁铁矿石	m^3	77.67	—	10.150 0	—

六、施 工 缝

工作内容:止水带制作、接头安装。 计量单位:100m

定额编号				5-1006	5-1007
项目				预埋式止水带	
				橡胶	钢板
基价(元)				**3 819.88**	**6 232.78**
其中	人工费(元)			787.32	1 676.70
	材料费(元)			3 032.56	4 477.00
	机械费(元)			—	79.08
预算定额编号	项目名称	单位	单价(元)	消耗量	
6-763	施工缝 预埋式止水带 橡胶	100m	3 819.88	1.000 0	—
6-764	施工缝 预埋式止水带 钢板	100m	6 232.78	—	1.000 0
	名称	单位	单价(元)	消耗量	
人工	二类人工	工日	135.00	5.832 0	12.420 0
材料	热轧薄钢板 Q235B δ4.0	t	3 721.00	—	1.123 0
	橡胶止水带	m	27.93	105.000 0	—

七、井、池渗漏试验

工作内容:准备工具、灌水、检查、排水、现场清理等。 计量单位:100m^3

定额编号				5-1008	5-1009	5-1010
项目				井容量(m^3)	池容量(m^3)	
				500 以内	5 000 以内	5 000 以上
基价(元)				**969.40**	**564.03**	**668.20**
其中	人工费(元)			483.44	87.76	141.22
	材料费(元)			456.61	450.97	450.97
	机械费(元)			29.35	25.30	76.01
预算定额编号	项目名称	单位	单价(元)	消耗量		
6-769	井、池渗漏试验 井容量 500m^3 以内	100m^3	969.40	1.000 0	—	—
6-770	井、池渗漏试验 池容量 5 000m^3 以内	1 000m^3	5 640.26	—	0.100 0	—
6-772	井、池渗漏试验 池容量 10 000m^3 以上	1 000m^3	6 682.02	—	—	0.100 0
	名称	单位	单价(元)	消耗量		
人工	二类人工	工日	135.00	3.581 0	0.650 0	1.046 0

八、垂直运输增加费

工作内容：垂直运输。　　　　计量单位：m^3

定额编号				5-1011	5-1012
项目				垂直运输增加费	
				卷扬机	塔式起重机
基价（元）				**116.71**	**30.42**
其中	人工费（元）			105.71	—
	材料费（元）			—	—
	机械费（元）			11.00	30.42
名称		单位	单价(元)	消耗量	
人工	二类人工	工日	135.00	0.783 0	—
机械	自升式塔式起重机 600kN·m	台班	596.43	—	0.051 0
	电动卷扬机 单筒慢速 50kN	台班	186.39	0.059 0	—

第十节　给排水机械设备安装

说　明

一、本节定额包括拦污及提水设备,投药、消毒处理设备,水处理设备,排泥、撇渣和除砂机械,污泥脱水浓缩机械,除臭设备,膜处理设备,闸门及驱动装置和其他。

二、本节定额未包括负荷试运转、生产准备试运转工作。

三、曝气器定额已包括曝气器、布气管安装。

工程量计算规则

一、本节定额的机械设备除另有说明外,均按“台”“个”“套”计算。

二、集水槽制作与安装,堰板制作与安装,斜板、斜管安装均按“m^2”计算。

三、格栅制作、安装按 “t”计算。

一、拦污及提水设备

工作内容：放样、下料、调直、打孔、加工、组对、点焊、成品校正、除锈刷油。

计量单位：t

定额编号					5-1013	5-1014
项目					格栅的制作、安装	
					碳钢	不锈钢
基价（元）					**13 994.48**	**30 354.88**
其中	人工费（元）				7 142.26	7 784.67
	材料费（元）				4 989.08	20 734.33
	机械费（元）				1 863.14	1 835.88
预算定额编号	项目名称		单位	单价(元)	消耗量	
6-773H	格栅制作 碳钢 0.3t 以内		t	11 117.36	1.000 0	—
6-775H	格栅制作 不锈钢 0.3t 以内		t	26 432.75	—	1.000 0
6-777H	格栅安装 碳钢		t	2 877.11	1.000 0	—
6-778H	格栅安装 不锈钢		t	3 922.12	—	1.000 0
名称			单位	单价(元)	消耗量	
人工	二类人工		工日	135.00	52.906 0	57.664 0
材料	不锈钢型钢 综合		kg	18.10	—	1 120.200 0
	型钢 综合		kg	3.84	1 122.890 0	—

工作内容：开箱点件、基础划线、场内运输、设备吊装就位、灌浆、精平、组装、附件组装、清洗、检查、加油，无负荷试运转。

计量单位：台

定额编号					5-1015	5-1016
项目					格栅除污机	
					固定式(宽度4m 以内)	移动式(重量4t 以内)
基价（元）					**9 294.31**	**6 716.46**
其中	人工费（元）				7 863.08	5 573.21
	材料费（元）				637.13	315.66
	机械费（元）				794.10	827.59
预算定额编号	项目名称		单位	单价(元)	消耗量	
6-781H	格栅除污机 固定式 格栅宽度 4m 以内		台	9 294.31	1.000 0	—
6-784H	格栅除污机 移动式 设备重量 4t 以内		台	6 716.45	—	1.000 0
名称			单位	单价(元)	消耗量	
人工	二类人工		工日	135.00	58.245 0	41.283 0

工作内容:开箱点件、基础划线、场内运输、设备吊装就位、灌浆、精平、组装、附件组装、清洗、检查、加油,无负荷试运转。

计量单位:台

定额编号				5-1017	5-1018	5-1019
项目				滤网清污机		螺旋泵
				重量 8t 以内	重量 12t 以内	
基价(元)				**9 381.72**	**12 035.33**	**6 400.43**
其中	人工费(元)			7 568.15	9 505.19	4 520.04
	材料费(元)			407.35	487.37	398.37
	机械费(元)			1 406.22	2 042.77	1 482.02
预算定额编号	项目名称	单位	单价(元)	消耗量		
6-787H	滤网清污机 设备重量 8t 以内	台	9 381.72	1.000 0	—	—
6-789H	滤网清污机 设备重量 12t 以内	台	12 035.32	—	1.000 0	—
6-793H	螺旋泵 泵体直径 ϕ1 200mm 以内	台	6 400.43	—	—	1.000 0
名称		单位	单价(元)	消耗量		
人工	二类人工	工日	135.00	56.060 0	70.409 0	33.482 0

二、投药、消毒处理设备

工作内容:开箱点件、基础划线、场内运输、设备吊装就位、灌浆、精平、组装、附件组装、清洗、检查、加油,无负荷试运转。

计量单位:台

定额编号				5-1020	5-1021	5-1022
项目				加氯机		消毒处理水射器
				柜式	挂式	*DN*80 以内
基价(元)				**523.01**	**374.22**	**320.10**
其中	人工费(元)			520.34	371.55	98.60
	材料费(元)			2.67	2.67	221.50
	机械费(元)			—	—	—
预算定额编号	项目名称	单位	单价(元)	消耗量		
6-794H	投药、消毒处理设备 柜式加氯机	套	523.01	1.000 0	—	—
6-795H	投药、消毒处理设备 挂式加氯机	套	374.22	—	1.000 0	—
6-801H	投药、消毒处理设备 水射器 公称直径 *DN*80mm 以内	个	99.31	—	—	1.000 0
8-4-83H	低压不锈钢对焊法兰(氩电联焊) 公称直径 *DN*80mm 以内	副	147.19	—	—	1.500 0
名称		单位	单价(元)	消耗量		
人工	二类人工	工日	135.00	3.854 0	2.752 0	1.366 0

工作内容：开箱点件、基础划线、场内运输、设备吊装就位、灌浆、精平、组装、附件组装、清洗、检查、加油，无负荷试运转。

计量单位：个

定额编号				5-1023	5-1024	5-1025
项目				管式混合器 公称直径(mm) DN400 以内	管式混合器 公称直径(mm) DN600 以内	管式混合器 公称直径(mm) DN900 以内
基价（元）				**749.72**	**1 105.14**	**1 711.94**
其中	人工费（元）			526.58	784.97	1 386.40
	材料费（元）			5.31	8.33	13.70
	机械费（元）			217.83	311.84	311.84
预算定额编号	项目名称	单位	单价(元)	消耗量		
6-802H	投药、消毒处理设备 管式混合器 公称直径 DN400mm 以内	个	749.73	1.000 0	—	—
6-803H	投药、消毒处理设备 管式混合器 公称直径 DN600mm 以内	个	1 105.14	—	1.000 0	—
6-804H	投药、消毒处理设备 管式混合器 公称直径 DN900mm 以内	个	1 711.94	—	—	1.000 0
名称		单位	单价(元)	消耗量		
人工	二类人工	工日	135.00	3.901 0	5.815 0	10.270 0

工作内容：开箱点件、基础划线、场内运输、设备吊装就位、灌浆、精平、组装、附件组装、清洗、检查、加油，无负荷试运转。

计量单位：个

定额编号				5-1026	5-1027	5-1028
项目				管式混合器 公称直径(mm) DN1 200 以内	管式混合器 公称直径(mm) DN1 600 以内	管式混合器 公称直径(mm) DN2 000 以内
基价（元）				**2 259.25**	**3 082.84**	**4 149.36**
其中	人工费（元）			1 866.65	2 391.44	3 068.60
	材料费（元）			16.56	25.22	28.50
	机械费（元）			376.04	666.18	1 052.26
预算定额编号	项目名称	单位	单价(元)	消耗量		
6-805H	投药、消毒处理设备 管式混合器 公称直径 DN1 200mm 以内	个	2 259.24	1.000 0	—	—
6-806H	投药、消毒处理设备 管式混合器 公称直径 DN1 600mm 以内	个	3 082.85	—	1.000 0	—
6-807H	投药、消毒处理设备 管式混合器 公称直径 DN2 000mm 以内	个	4 149.36	—	—	1.000 0
名称		单位	单价(元)	消耗量		
人工	二类人工	工日	135.00	13.827 0	17.714 0	22.730 0

工作内容:开箱点件、基础划线、场内运输、设备吊装就位、灌浆、精平、组装、附件组装、清洗、检查、加油,无负荷试运转。

计量单位:台

定额编号				5-1029	5-1030	5-1031
项目				搅拌机械		
				立式		卧式
				3t 以内	8t 以内	
基价(元)				**2 894.03**	**6 152.04**	**5 746.16**
其中	人工费(元)			2 068.90	4 503.11	4 171.66
	材料费(元)			122.71	188.87	249.91
	机械费(元)			702.42	1 460.06	1 324.59
预算定额编号	项目名称	单位	单价(元)	消耗量		
6-809H	投药、消毒处理设备 立式搅拌机 3t 以内	台	2 894.03	1.000 0	—	—
6-811H	投药、消毒处理设备 立式搅拌机 8t 以内	台	6 152.05	—	1.000 0	—
6-813H	投药、消毒处理设备 卧式搅拌机 8t 以内	台	5 746.16	—	—	1.000 0
	名称	单位	单价(元)	消耗量		
人工	二类人工	工日	135.00	15.325 0	33.356 0	30.901 0

三、水处理设备

1. 曝气设备

工作内容:曝气器安装调试、布器管安装、水压试验。

计量单位:个

定额编号				5-1032	5-1033
项目				曝气器	
				塑料布管	不锈钢布管
基价(元)				**245.44**	**414.23**
其中	人工费(元)			191.39	240.75
	材料费(元)			41.09	100.92
	机械费(元)			12.96	72.56
预算定额编号	项目名称	单位	单价(元)	消耗量	
6-815H	水处理设备 螺旋曝气器	10 个	1 273.08	0.100 0	0.100 0
6-823H	布气管安装 塑料管 *DN*100	10m	186.06	0.400 0	—
6-824H	布气管安装 塑料管 *DN*150	10m	218.55	0.200 0	—
6-825H	布气管安装 不锈钢管 *DN*100	10m	451.58	—	0.400 0
6-826H	布气管安装 不锈钢管 *DN*150	10m	531.44	—	0.200 0
	名称	单位	单价(元)	消耗量	
人工	二类人工	工日	135.00	1.418 0	1.783 0

工作内容:开箱点件、基础划线、场内运输、设备吊装就位、灌浆、精平、组装、附件组装、清洗、检查、加油,无负荷试运转。

计量单位:台

定额编号				5-1034
项目				立式表面曝气机
基价(元)				**4 217.31**
其中	人工费(元)			3 515.00
	材料费(元)			231.61
	机械费(元)			470.70
预算定额编号	项目名称	单位	单价(元)	消耗量
6-829H	立式表面曝气机 叶轮直径2m以内	台	4 217.31	1.000 0
名称		单位	单价(元)	消耗量
人工	二类人工	工日	135.00	26.037 0

工作内容:开箱点件、基础划线、场内运输、设备吊装就位、灌浆、精平、组装、附件组装、清洗、检查、加油,无负荷试运转。

计量单位:台

定额编号				5-1035	5-1036
项目				倒伞形叶轮曝气机	
				直径3.25m以内	直径3.25m以外
基价(元)				**3 905.17**	**4 731.62**
其中	人工费(元)			3 051.68	3 783.19
	材料费(元)			307.93	335.55
	机械费(元)			545.56	612.88
预算定额编号	项目名称	单位	单价(元)	消耗量	
6-833H	倒伞形叶轮曝气机 直径3.25m以内	台	3 905.16	1.000 0	—
6-834H	倒伞形叶轮曝气机 直径3.25m以外	台	4 731.61	—	1.000 0
名称		单位	单价(元)	消耗量	
人工	二类人工	工日	135.00	22.605 0	28.024 0

工作内容:开箱点件、基础划线、场内运输、设备吊装就位、灌浆、精平、组装、附件组装、清洗、检查、加油,无负荷试运转。

计量单位:台

定额编号				5-1037	5-1038
项目				转刷曝气机	
				长度6m以内	长度9m以内
基价(元)				**3 932.43**	**8 847.16**
其中	人工费(元)			3 314.52	3 843.18
	材料费(元)			206.08	4 537.55
	机械费(元)			411.83	466.43
预算定额编号	项目名称	单位	单价(元)	消耗量	
6-836H	转刷曝气机 长度6m以内 转刷直径1m	台	3 932.43	1.000 0	—
6-837H	转刷曝气机 长度9m以内 转刷直径1m	台	8 847.16	—	1.000 0
名称		单位	单价(元)	消耗量	
人工	二类人工	工日	135.00	24.552 0	28.468 0

工作内容:开箱点件、基础划线、场内运输、设备吊装就位、灌浆、精平、组装、附件组装、清洗、检查、加油,无负荷试运转。

计量单位:台

定额编号				5-1039	5-1040
项目				转碟曝气机	
				长度 9m 以内	长度 9m 以外
基价(元)				**5 156.54**	**5 869.72**
其中	人工费(元)			4 419.36	5 081.67
	材料费(元)			223.68	223.68
	机械费(元)			513.50	564.37
预算定额编号	项目名称	单位	单价(元)	消耗量	
6-840H	转碟曝气机 长度 9m 以内 转盘直径 1.4、1.5m	台	5 156.54	1.000 0	—
6-841H	转碟曝气机 长度 9m 以外 转盘直径 1.4、1.5m	台	5 869.72	—	1.000 0
名称		单位	单价(元)	消耗量	
人工	二类人工	工日	135.00	32.736 0	37.642 0

工作内容:开箱点件、基础划线、场内运输、设备吊装就位、灌浆、精平、组装、附件组装、清洗、检查、加油,无负荷试运转。

计量单位:台

定额编号				5-1041
项目				潜水离心式、射流式曝气机
基价(元)				**1 520.17**
其中	人工费(元)			1 339.47
	材料费(元)			123.06
	机械费(元)			57.64
预算定额编号	项目名称	单位	单价(元)	消耗量
6-845H	潜水离心式、射流式曝气机 进气量 $300m^3/h$ 以外	台	1 520.17	1.000 0
名称		单位	单价(元)	消耗量
人工	二类人工	工日	135.00	9.922 0

2. 生物转盘

工作内容:开箱点件、基础划线、场内运输、设备吊装就位、灌浆、精平、组装、附件组装、清洗、检查、加油,无负荷试运转。

计量单位:台

定额编号				5-1042	5-1043	5-1044
项目				生物转盘		
				设备重量(t)		
				6 以内	8 以内	8 以上
基价(元)				**5 860.87**	**7 956.41**	**9 132.90**
其中	人工费(元)			4 782.00	6 436.58	7 386.39
	材料费(元)			210.71	281.79	316.39
	机械费(元)			868.16	1 238.04	1 430.12
预算定额编号	项目名称	单位	单价(元)	消耗量		
6-848H	生物转盘 设备重量 6t 以内	台	5 860.87	1.000 0	—	—
6-850H	生物转盘 设备重量 8t 以内	台	7 956.41	—	1.000 0	—
6-851H	生物转盘 设备重量 8t 以上	台	9 132.90	—	—	1.000 0
名称		单位	单价(元)	消耗量		
人工	二类人工	工日	135.00	35.422 0	47.678 0	54.714 0

3.滗 水 笔

工作内容:开箱点件、基础划线、场内运输、设备吊装就位、灌浆、精平、组装、附件组装、清洗、检查、加油,无负荷试运转。

计量单位:台

定额编号				5-1045	5-1046
项目				旋转式、浮筒式滗水笔	
				堰长(m)	
				8 以内	16 以内
基价(元)				**3 939.26**	**4 377.04**
其中	人工费(元)			2 911.79	3 350.31
	材料费(元)			522.50	521.76
	机械费(元)			504.97	504.97
预算定额编号	项目名称	单位	单价(元)	消耗量	
6-854H	旋转式滗水器 堰长 8m 以内	台	3 939.25	1.000 0	—
6-855H	旋转式滗水器 堰长 12m 以内	台	4 377.04	—	1.000 0
名称		单位	单价(元)	消耗量	
人工	二类人工	工日	135.00	21.569 0	24.817 0

工作内容:开箱点件、基础划线、场内运输、设备吊装就位、灌浆、精平、组装、附件组装、清洗、检查、加油,无负荷试运转。

计量单位:台

定额编号				5-1047	5-1048
项目				旋转式、浮筒式滗水笔	
				堰长(m)	
				20 以内	20 以上
基价(元)				**5 478.02**	**6 039.17**
其中	人工费(元)			4 451.29	4 876.00
	材料费(元)			521.76	658.38
	机械费(元)			504.97	504.79
预算定额编号	项目名称	单位	单价(元)	消耗量	
6-857H	旋转式滗水器 堰长 20m 以内	台	5 478.02	1.000 0	—
6-858H	旋转式滗水器 堰长 20m 以外	台	6 039.17	—	1.000 0
名称		单位	单价(元)	消耗量	
人工	二类人工	工日	135.00	32.973 0	36.119 0

工作内容:开箱点件、基础划线、场内运输、设备吊装就位、灌浆、精平、组装、附件组装、清洗、检查、加油,无负荷试运转。

计量单位:台

定额编号				5-1049	5-1050
项目				虹吸式滗水笔	
				堰长(m)	
				8 以内	16 以内
基价(元)				**1 815.96**	**2 525.75**
其中	人工费(元)			1 680.88	2 327.74
	材料费(元)			39.24	49.52
	机械费(元)			95.84	148.49
预算定额编号	项目名称	单位	单价(元)	消耗量	
6-868H	虹吸式滗水器 堰长 8m 以内	台	1 815.96	1.000 0	—
6-870H	虹吸式滗水器 堰长 16m 以内	台	2 525.75	—	1.000 0
名称		单位	单价(元)	消耗量	
人工	二类人工	工日	135.00	12.451 0	17.243 0

工作内容:开箱点件、基础划线、场内运输、设备吊装就位、灌浆、精平、组装、附件组装、清洗、检查、加油,无负荷试运转。

计量单位:台

定额编号				5-1051	5-1052
项目				虹吸式滗水笔	
				堰长(m)	
				20 以内	20 以上
基价(元)				**3 210.49**	**4 309.71**
其中	人工费(元)			2 935.41	3 709.68
	材料费(元)			73.93	90.31
	机械费(元)			201.15	509.72
预算定额编号	项目名称	单位	单价(元)	消耗量	
6-871H	虹吸式滗水器 堰长 20m 以内	台	3 210.48	1.000 0	—
6-872H	虹吸式滗水器 堰长 20m 以外	台	4 309.71	—	1.000 0
名称		单位	单价(元)	消耗量	
人工	二类人工	工日	135.00	21.744 0	27.479 0

四、排泥、撇渣和除砂机械

工作内容:开箱点件、基础划线、场内运输、设备吊装就位、灌浆、精平、组装、附件组装、清洗、检查、加油,无负荷试运转。

计量单位:台

定额编号				5-1053	5-1054	5-1055
项目				行车式吸泥机		
				跨度(m)		
				12 以内	16 以内	20 以内
基价(元)				**11 476.37**	**15 350.40**	**19 066.86**
其中	人工费(元)			8 250.66	11 199.87	13 683.98
	材料费(元)			533.18	609.39	653.12
	机械费(元)			2 692.53	3 541.14	4 729.76
预算定额编号	项目名称	单位	单价(元)	消耗量		
6-875H	行车式吸泥机 跨度 12m 以内	台	11 476.37	1.000 0	—	—
6-877H	行车式吸泥机 跨度 16m 以内	台	15 350.40	—	1.000 0	—
6-879H	行车式吸泥机 跨度 20m 以内	台	19 066.86	—	—	1.000 0
名称		单位	单价(元)	消耗量		
人工	二类人工	工日	135.00	61.116 0	82.962 0	101.363 0

工作内容:开箱点件、基础划线、场内运输、设备吊装就位、灌浆、精平、组装、附件组装、清洗、检查、加油,无负荷试运转。

计量单位:台

定额编号				5-1056	5-1057
项目				行车式提板刮泥撇渣机	
				池宽(m)	
				12 以内	20 以内
基价(元)				**14 026.21**	**16 482.87**
其中	人工费(元)			11 759.42	13 123.54
	材料费(元)			192.43	283.42
	机械费(元)			2 074.36	3 075.91
预算定额编号	项目名称	单位	单价(元)	消耗量	
6-882H	行车式提板刮泥撇渣机 池宽 12m 以内	台	14 026.21	1.000 0	—
6-885H	行车式提板刮泥撇渣机 池宽 20m 以内	台	16 482.87	—	1.000 0
名称		单位	单价(元)	消耗量	
人工	二类人工	工日	135.00	87.107 0	97.211 0

工作内容:开箱点件、基础划线、场内运输、设备吊装就位、灌浆、精平、组装、附件组装、清洗、检查、加油,无负荷试运转。

计量单位:台

定额编号				5-1058	5-1059
项目				链条牵引式刮泥机	
				单链(m)	
				10 以内	10 以外
基价(元)				**7 559.84**	**8 919.01**
其中	人工费(元)			6 557.76	7 719.62
	材料费(元)			202.07	221.75
	机械费(元)			800.01	977.64
预算定额编号	项目名称	单位	单价(元)	消耗量	
6-887H	链条牵引式刮泥机 单链 10m 以内	台	7 559.84	1.000 0	—
6-888H	链条牵引式刮泥机 单链 10m 以外	台	8 919.01	—	1.000 0
名称		单位	单价(元)	消耗量	
人工	二类人工	工日	135.00	48.576 0	57.182 0

工作内容:开箱点件、基础划线、场内运输、设备吊装就位、灌浆、精平、组装、附件组装、清洗、检查、加油,无负荷试运转。

计量单位:台

定额编号				5-1060	5-1061
项目				链条牵引式刮泥机	
				双链(m)	
				10 以内	10 以外
基价(元)				**9 756.35**	**11 434.75**
其中	人工费(元)			8 545.58	10 019.30
	材料费(元)			245.34	263.44
	机械费(元)			965.43	1 152.01
预算定额编号	项目名称	单位	单价(元)	消耗量	
6-890H	链条牵引式刮泥机 双链 10m 以内	台	9 756.35	1.000 0	—
6-891H	链条牵引式刮泥机 双链 10m 以外	台	11 434.74	—	1.000 0
名称		单位	单价(元)	消耗量	
人工	二类人工	工日	135.00	63.301 0	74.217 0

工作内容:开箱点件、基础划线、场内运输、设备吊装就位、灌浆、精平、组装、附件组装、清洗、检查、加油,无负荷试运转。

计量单位:台

定额编号				5-1062	5-1063	5-1064
项目				悬挂式中心传动刮泥机		
				池径(m)		
				10 以内	14 以内	14 以上
基价(元)				**6 412.58**	**9 139.81**	**11 090.27**
其中	人工费(元)			4 242.94	6 510.54	7 869.31
	材料费(元)			817.19	921.68	931.21
	机械费(元)			1 352.45	1 707.59	2 289.75
预算定额编号	项目名称	单位	单价(元)	消耗量		
6-894H	悬挂式中心传动刮泥机 池径 10m 以内	台	6 412.58	1.000 0	—	—
6-896H	悬挂式中心传动刮泥机 池径 14m 以内	台	9 139.80	—	1.000 0	—
6-897H	悬挂式中心传动刮泥机 池径 14m 以上	台	11 090.27	—	—	1.000 0
名称		单位	单价(元)	消耗量		
人工	二类人工	工日	135.00	31.429 0	48.226 0	58.291 0

工作内容:开箱点件、基础划线、场内运输、设备吊装就位、灌浆、精平、组装、附件组装、清洗、检查、加油,无负荷试运转。

计量单位:台

定额编号				5-1065	5-1066
项目				垂架式中心传动刮、吸泥机	
				刮泥机池径(m)	
				22 以内	40 以内
基价(元)				**24 185.94**	**30 570.08**
其中	人工费(元)			14 376.29	17 444.00
	材料费(元)			1 516.03	1 676.76
	机械费(元)			8 293.62	11 449.32
预算定额编号	项目名称	单位	单价(元)	消耗量	
6-898H	垂架式中心传动刮、吸泥机 刮泥机池径 22m 以内	台	24 185.93	1.000 0	—
6-900H	垂架式中心传动刮、吸泥机 刮泥机池径 40m 以内	台	30 570.08	—	1.000 0
名称		单位	单价(元)	消耗量	
人工	二类人工	工日	135.00	106.491 0	129.215 0

工作内容:开箱点件、基础划线、场内运输、设备吊装就位、灌浆、精平、组装、附件组装、清洗、检查、加油,无负荷试运转。

计量单位:台

定额编号				5-1067	5-1068
项目				垂架式中心传动刮、吸泥机	
				吸泥机池径(m)	
				22 以内	40 以内
基价(元)				**32 052.23**	**42 313.74**
其中	人工费(元)			19 544.98	24 566.65
	材料费(元)			1 632.29	2 154.38
	机械费(元)			10 874.96	15 592.71
预算定额编号	项目名称	单位	单价(元)	消耗量	
6-901H	垂架式中心传动刮、吸泥机 吸泥机池径 22m 以内	台	32 052.23	1.000 0	—
6-903H	垂架式中心传动刮、吸泥机 吸泥机池径 40m 以内	台	42 313.74	—	1.000 0
名称		单位	单价(元)	消耗量	
人工	二类人工	工日	135.00	144.778 0	181.975 0

工作内容：开箱点件、基础划线、场内运输、设备吊装就位、灌浆、精平、组装、附件组装、清洗、检查、加油，无负荷试运转。

计量单位：台

定额编号				5-1069	5-1070	5-1071
项目				周边传动吸泥机		
				池径(m)		
				20以内	37以内	55以内
基价（元）				**21 056.63**	**31 437.23**	**42 512.51**
其中	人工费（元）			9 253.04	14 757.63	21 170.16
	材料费（元）			751.89	1 176.14	1 470.74
	机械费（元）			11 051.70	15 503.46	19 871.61
预算定额编号	项目名称	单位	单价(元)	消耗量		
6-904H	周边传动吸泥机 池径20m以内	台	21 056.63	1.000 0	—	—
6-907H	周边传动吸泥机 池径37m以内	台	31 437.23	—	1.000 0	—
6-909H	周边传动吸泥机 池径55m以内	台	42 512.51	—	—	1.000 0
名称		单位	单价(元)	消耗量		
人工	二类人工	工日	135.00	68.541 0	109.316 0	156.816 0

工作内容：开箱点件、基础划线、场内运输、设备吊装就位、灌浆、精平、组装、附件组装、清洗、检查、加油，无负荷试运转。

计量单位：台

定额编号				5-1072	5-1073	5-1074
项目				澄清池机械搅拌刮泥机		
				池径(m)		
				8以内	15以内	15以上
基价（元）				**3 875.68**	**7 024.03**	**7 906.34**
其中	人工费（元）			3 181.76	5 820.90	6 446.39
	材料费（元）			253.73	387.41	435.94
	机械费（元）			440.19	815.72	1 024.01
预算定额编号	项目名称	单位	单价(元)	消耗量		
6-910H	澄清池机械搅拌刮泥机 池径8m以内	台	3 875.68	1.000 0	—	—
6-912H	澄清池机械搅拌刮泥机 池径15m以内	台	7 024.03	—	1.000 0	—
6-913H	澄清池机械搅拌刮泥机 池径15m以上	台	7 906.34	—	—	1.000 0
名称		单位	单价(元)	消耗量		
人工	二类人工	工日	135.00	23.569 0	43.118 0	47.751 0

工作内容:开箱点件、基础划线、场内运输、设备吊装就位、灌浆、精平、组装、附件组装、清洗、检查、加油,无负荷试运转。

计量单位:台

定额编号					5-1075	5-1076	5-1077
项目					钟罩吸泥机		
					跨度(m)		
					2 以内	6 以内	9 以内
基价(元)					**4 678.22**	**8 753.36**	**11 673.80**
其中	人工费(元)				3 221.86	6 462.42	8 547.36
	材料费(元)				438.36	539.15	602.20
	机械费(元)				1 018.00	1 751.79	2 524.24
预算定额编号	项目名称		单位	单价(元)	消耗量		
6-914H	钟罩吸泥机 跨度 2m 以内		台	4 678.21	1.000 0	—	—
6-916H	钟罩吸泥机 跨度 6m 以内		台	8 753.37	—	1.000 0	—
6-918H	钟罩吸泥机 跨度 9m 以内		台	11 673.80	—	—	1.000 0
名称			单位	单价(元)	消耗量		
人工	二类人工		工日	135.00	23.866 0	47.870 0	63.314 0

工作内容:开箱点件、基础划线、场内运输、设备吊装就位、灌浆、精平、组装、附件组装、清洗、检查、加油,无负荷试运转。

计量单位:台

定额编号				5-1078	5-1079	5-1080
项目				螺旋输送压榨机		螺旋压榨机
				基本输送长(3m 以内)	输送长(每增加 2m 以内)	
基价(元)				**1 595.17**	**139.37**	**1 268.74**
其中	人工费(元)			1 247.40	124.74	1 069.20
	材料费(元)			203.99	—	119.67
	机械费(元)			143.78	14.63	79.87
预算定额编号	项目名称	单位	单价(元)	消耗量		
6-922H	螺旋输送压榨机 螺旋直径 550mm 以内 基本输送长 3m 以内	台	1 595.17	1.000 0	—	—
6-923H	螺旋输送压榨机 螺旋直径 550mm 以内 输送长每增加 2m 以内	台	139.37	—	1.000 0	—
6-925H	螺旋压榨机 螺旋直径 550mm 以内	台	1 268.74	—	—	1.000 0
名称		单位	单价(元)	消耗量		
人工	二类人工	工日	135.00	9.240 0	0.924 0	7.920 0

五、污泥脱水浓缩机械

工作内容：开箱点件、基础划线、场内运输、设备吊装就位、灌浆、精平、组装、附件组装、清洗、检查、加油，无负荷试运转。

计量单位：台

定额编号				5-1081
项目				辊压转鼓式污泥脱水机
基价（元）				**2 509.70**
其中	人工费（元）			2 284.52
	材料费（元）			153.73
	机械费（元）			71.45
预算定额编号	项目名称	单位	单价(元)	消耗量
6-927H	辊压转鼓式污泥脱水机 转鼓直径 800mm 以外	台	2 509.70	1.000 0
名称		单位	单价(元)	消耗量
人工	二类人工	工日	135.00	16.922 0

工作内容：开箱点件、基础划线、场内运输、设备吊装就位、灌浆、精平、组装、附件组装、清洗、检查、加油，无负荷试运转。

计量单位：台

定额编号				5-1082	5-1083	5-1084
项目				带式压滤机		
				设备重量(t)		
				6 以内	11 以内	20 以内
基价（元）				**4 614.04**	**6 654.58**	**8 857.26**
其中	人工费（元）			4 196.61	5 844.96	7 825.65
	材料费（元）			308.90	418.50	594.88
	机械费（元）			108.53	391.12	436.73
预算定额编号	项目名称	单位	单价(元)	消耗量		
6-928H	带式压滤机 设备重量 6t 以内	台	4 614.04	1.000 0	—	—
6-930H	带式压滤机 设备重量 11t 以内	台	6 654.58	—	1.000 0	—
6-932H	带式压滤机 设备重量 20t 以内	台	8 857.27	—	—	1.000 0
名称		单位	单价(元)	消耗量		
人工	二类人工	工日	135.00	31.086 0	43.296 0	57.968 0

工作内容：开箱点件、基础划线、场内运输、设备吊装就位、灌浆、精平、组装、附件组装、清洗、检查、加油，无负荷试运转。

计量单位：台

定额编号				5-1085	5-1086
项目				螺杆式污泥脱水机	
				杆直径(mm)	
				200 以内	350 以内
基价（元）				**910.40**	**2 861.80**
其中	人工费（元）			712.80	2 402.73
	材料费（元）			144.95	257.92
	机械费（元）			52.65	201.15
预算定额编号	项目名称	单位	单价(元)	消耗量	
6-933H	螺杆式污泥脱水机 杆直径 200mm 以内	台	910.40	1.000 0	—
6-935H	螺杆式污泥脱水机 杆直径 350mm 以内	台	2 861.80	—	1.000 0
名称		单位	单价(元)	消耗量	
人工	二类人工	工日	135.00	5.280 0	17.798 0

工作内容:开箱点件、基础划线、场内运输、设备吊装就位、灌浆、精平、组装、附件组装、清洗、检查、加油,无负荷试运转。

计量单位:台

定额编号				5-1087	5-1088	5-1089
项目				螺压式污泥脱水机		
				转鼓直径(mm)		
				250	500	1 000
基价(元)				**1 508.91**	**3 849.88**	**7 982.97**
其中	人工费(元)			1 239.98	3 033.86	5 717.25
	材料费(元)			173.09	306.21	595.52
	机械费(元)			95.84	509.81	1 670.20
预算定额编号	项目名称	单位	单价(元)	消耗量		
6-936H	螺压式污泥脱水机 转鼓直径 250mm	台	1 508.91	1.000 0	—	—
6-938H	螺压式污泥脱水机 转鼓直径 500mm	台	3 849.87	—	1.000 0	—
6-940H	螺压式污泥脱水机 转鼓直径 1 000mm	台	7 982.97	—	—	1.000 0
	名称	单位	单价(元)	消耗量		
人工	二类人工	工日	135.00	9.185 0	22.473 0	42.350 0

工作内容:开箱点件、基础划线、场内运输、设备吊装就位、灌浆、精平、组装、附件组装、清洗、检查、加油,无负荷试运转。

计量单位:台

定额编号				5-1090	5-1091
项目				离心式污泥脱水机	
				鼓径(mm)	
				550	1 600
基价(元)				**1 432.34**	**3 107.60**
其中	人工费(元)			1 177.61	2 650.73
	材料费(元)			158.89	255.72
	机械费(元)			95.84	201.15
预算定额编号	项目名称	单位	单价(元)	消耗量	
6-941H	离心式污泥脱水机 鼓径 550mm	台	1 432.34	1.000 0	—
6-943H	离心式污泥脱水机 鼓径 1 600mm	台	3 107.59	—	1.000 0
	名称	单位	单价(元)	消耗量	
人工	二类人工	工日	135.00	8.723 0	19.635 0

工作内容:开箱点件、基础划线、场内运输、设备吊装就位、灌浆、精平、组装、附件组装、清洗、检查、加油,无负荷试运转。

计量单位:台

定额编号				5-1092	5-1093
项目				板框式污泥脱水机	
				滤板(mm)	
				810×810	920×920
基价(元)				**2 993.25**	**4 606.47**
其中	人工费(元)			2 536.38	3 685.77
	材料费(元)			255.72	306.21
	机械费(元)			201.15	614.49
预算定额编号	项目名称	单位	单价(元)	消耗量	
6-945H	板框式污泥脱水机 滤板 810mm×810mm	台	2 993.25	1.000 0	—
6-947H	板框式污泥脱水机 滤板 920mm×920mm	台	4 606.47	—	1.000 0
	名称	单位	单价(元)	消耗量	
人工	二类人工	工日	135.00	18.788 0	27.302 0

工作内容:开箱点件、基础划线、场内运输、设备吊装就位、灌浆、精平、组装、附件组装、清洗、检查、加油,无负荷试运转。

计量单位:台

定额编号				5-1094	5-1095	5-1096
项目				箱式污泥脱水机		
				外框(mm)		
				500×500	1 000×1 000	2 000×2 000
基价(元)				**1 463.71**	**5 080.42**	**8 487.68**
其中	人工费(元)			1 177.61	4 215.92	6 569.64
	材料费(元)			190.26	354.69	680.20
	机械费(元)			95.84	509.81	1 237.84
预算定额编号	项目名称	单位	单价(元)	消耗量		
6-949H	箱式污泥脱水机 外框 500mm×500mm	台	1 463.71	1.000 0	—	—
6-951H	箱式污泥脱水机 外框 1 000mm×1 000mm	台	5 080.41	—	1.000 0	—
6-953H	箱式污泥脱水机 外框 2 000mm×2 000mm	台	8 487.68	—	—	1.000 0
	名称	单位	单价(元)	消耗量		
人工	二类人工	工日	135.00	8.723 0	31.229 0	48.664 0

工作内容:开箱点件、基础划线、场内运输、设备吊装就位、灌浆、精平、组装、附件组装、清洗、检查、加油,无负荷试运转。

计量单位:台

定额编号				5-1097	5-1098	5-1099	5-1100
项目				污泥造粒脱水机		转鼓式污泥浓缩机	
				转鼓直径(m)		处理量(m^3/h)	
				2 以内	3.5 以内	30 以内	100 以内
基价(元)				**3 455.24**	**5 324.04**	**1 688.75**	**3 121.54**
其中	人工费(元)			2 796.85	4 334.72	1 425.60	2 670.03
	材料费(元)			231.33	364.50	152.85	250.36
	机械费(元)			427.06	624.82	110.30	201.15
预算定额编号	项目名称	单位	单价(元)	消耗量			
6-955H	污泥造粒脱水机 转鼓直径 2m 以内	台	3 455.24	1.000 0	—	—	—
6-957H	污泥造粒脱水机 转鼓直径 3.5m 以内	台	5 324.04	—	1.000 0	—	—
6-960H	转鼓式污泥浓缩机 处理量 $30m^3/h$ 以内	台	1 688.75	—	—	1.000 0	—
6-962H	转鼓式污泥浓缩机 处理量 $100m^3/h$ 以内	台	3 121.54	—	—	—	1.000 0
	名称	单位	单价(元)	消耗量			
人工	二类人工	工日	135.00	20.717 0	32.109 0	10.560 0	19.778 0

工作内容:开箱点件、基础划线、场内运输、设备吊装就位、灌浆、精平、组装、附件组装、清洗、检查、加油,无负荷试运转。

计量单位:台

定额编号				5-1101	5-1102	5-1103	5-1104
项目				离心式污泥浓缩机		螺压式污泥浓缩机	
				处理量(m^3/h)			
				30 以内	100 以内	30 以内	100 以内
基价(元)				**3 149.44**	**6 198.78**	**4 301.56**	**7 556.47**
其中	人工费(元)			2 670.03	4 903.47	3 489.75	6 225.12
	材料费(元)			278.26	456.53	249.80	445.75
	机械费(元)			201.15	838.78	562.01	885.60
预算定额编号	项目名称	单位	单价(元)	消耗量			
6-965H	离心式污泥浓缩机 处理量 $30m^3$/h 以内	台	3 149.44	1.000 0	—	—	—
6-967H	离心式污泥浓缩机 处理量 $100m^3$/h 以内	台	6 198.78	—	1.000 0	—	—
6-970H	螺压式污泥浓缩机 处理量 $30m^3$/h 以内	台	4 301.56	—	—	1.000 0	—
6-972H	螺压式污泥浓缩机 处理量 $100m^3$/h 以内	台	7 556.47	—	—	—	1.000 0
名称		单位	单价(元)	消耗量			
人工	二类人工	工日	135.00	19.778 0	36.322 0	25.850 0	46.112 0

工作内容:开箱点件、基础划线、场内运输、设备吊装就位、灌浆、精平、组装、附件组装、清洗、检查、加油,无负荷试运转。

计量单位:台

定额编号				5-1105	5-1106	5-1107	5-1108
项目				带式浓缩脱水一体机		转鼓式浓缩脱水一体机	
				宽度(m)			
				1 以内	3 以内	1 以内	3 以内
基价(元)				**4 698.66**	**7 282.56**	**4 679.06**	**7 272.20**
其中	人工费(元)			4 140.93	6 352.69	4 140.93	6 352.69
	材料费(元)			327.57	489.48	307.97	479.12
	机械费(元)			230.16	440.39	230.16	440.39
预算定额编号	项目名称	单位	单价(元)	消耗量			
6-973H	带式浓缩脱水一体机 宽度 1m 以内	台	4 698.66	1.000 0	—	—	—
6-975H	带式浓缩脱水一体机 宽度 3m 以内	台	7 282.55	—	1.000 0	—	—
6-976H	转鼓式浓缩脱水一体机 宽度 1m 以内	台	4 679.06	—	—	1.000 0	—
6-978H	转鼓式浓缩脱水一体机 宽度 3m 以内	台	7 272.19	—	—	—	1.000 0
名称		单位	单价(元)	消耗量			
人工	二类人工	工日	135.00	30.674 0	47.057 0	30.674 0	47.057 0

工作内容:开箱点件、基础划线、场内运输、设备吊装就位、灌浆、精平、组装、附件组装、清洗、检查、加油,无负荷试运转。

计量单位:台

定额编号				5-1109
项目				污泥切割机
基价(元)				**1 487.83**
其中	人工费(元)			1 251.26
	材料费(元)			150.15
	机械费(元)			86.42
预算定额编号	项目名称	单位	单价(元)	消耗量
6-979H	污泥切割机	台	1 487.83	1.000 0
名称		单位	单价(元)	消耗量
人工	二类人工	工日	135.00	9.269 0

六、除 臭 设 备

工作内容：开箱检点、基础划线、场内运输、找平找正、固定安装、调试。　　**计量单位：**台

定额编号				5-1110
项目				离子除臭设备主机 风量 50 000m^3 以内
基价（元）				**1 279.06**
其中	人工费（元）			983.07
	材料费（元）			4.62
	机械费（元）			291.37
预算定额编号	项目名称	单位	单价(元)	消耗量
6-984H	离子除臭设备主机 风量 50 000m^3 以内	台	1 279.06	1.000 0
	名称	单位	单价(元)	消耗量
人工	二类人工	工日	135.00	7.282 0

七、膜处理设备

工作内容：开箱检点、基础划线、场内运输、设备吊装就位、组装、附件组装、清洗、补漆、检查、水压试验。　　**计量单位：**台

定额编号				5-1111	5-1112	5-1113
项目				膜处理设备		
				反渗透	超滤（微滤）	膜生物反应器
基价（元）				**16 534.56**	**32 811.33**	**21 250.56**
其中	人工费（元）			10 364.56	19 786.89	13 191.26
	材料费（元）			2 094.69	5 337.61	2 935.02
	机械费（元）			4 075.31	7 686.83	5 124.28
预算定额编号	项目名称	单位	单价(元)	消耗量		
6-985H	卷式膜 膜处理系统 单元产水能力 100m^3/h 以内	套	16 534.57	1.000 0	—	—
6-986H	中空纤维膜 膜处理系统 单元产水能力 100m^3/h 以内	套	32 811.33	—	1.000 0	—
6-987H	中控纤维帘式膜 膜处理系统 单元产水能力 200m^3/h 以内	套	21 250.56	—	—	1.000 0
	名称	单位	单价(元)	消耗量		
人工	二类人工	工日	135.00	76.775 0	146.570 0	97.713 0

八、闸门及驱动装置

1. 闸　　门

工作内容:开箱点件、基础划线、场内运输、闸门安装、找平、找正、试漏、试运转。　　**计量单位**:座

定额编号				5-1114	5-1115	5-1116	5-1117
项目				铸铁闸门			
				闸门面积(m^2)			
				0.5 以内	1 以内	2.5 以内	4 以内
基价(元)				**1 419.61**	**2 014.98**	**3 188.39**	**4 035.02**
其中	人工费(元)			1 000.59	1 458.57	2 245.32	2 833.38
	材料费(元)			252.89	406.15	709.03	877.94
	机械费(元)			166.13	150.26	234.04	323.70
预算定额编号	项目名称	单位	单价(元)	消耗量			
6-992H	铸铁圆闸门 直径 800mm 以内	座	1 419.62	1.000 0	—	—	—
6-1005H	铸铁方闸门 长×宽=1 000mm×1 000mm 以内	座	2 014.98	—	1.000 0	—	—
6-1008H	铸铁方闸门 长×宽=1 600mm×1 600mm 以内	座	3 188.39	—	—	1.000 0	—
6-1010H	铸铁方闸门 长×宽=2 000mm×2 000mm 以内	座	4 035.02	—	—	—	1.000 0
名称		单位	单价(元)	消耗量			
人工	二类人工	工日	135.00	7.412 0	10.804 0	16.632 0	20.988 0

工作内容:开箱点件、基础划线、场内运输、闸门安装、找平、找正、试漏、试运转。　　**计量单位**:座

定额编号				5-1118	5-1119	5-1120
项目				钢制闸门		
				闸门面积(m^2)		
				1 以内	5 以内	10 以内
基价(元)				**850.64**	**2 100.35**	**3 438.03**
其中	人工费(元)			641.52	1 706.27	2 835.16
	材料费(元)			111.12	150.51	245.40
	机械费(元)			98.00	243.57	357.47
预算定额编号	项目名称	单位	单价(元)	消耗量		
6-1011H	钢制闸门 进水口长×宽=1 000mm×800mm	座	850.64	1.000 0	—	—
6-1015H	钢制闸门 进水口长×宽=2 500mm×2 000mm	座	2 100.35	—	1.000 0	—
6-1020H	钢制闸门 进水口长×宽=3 600mm×3 000mm	座	3 438.03	—	—	1.000 0
名称		单位	单价(元)	消耗量		
人工	二类人工	工日	135.00	4.752 0	12.639 0	21.001 0

工作内容：开箱点件、基础划线、场内运输、闸门安装、找平、找正、试漏、试运转。 **计量单位**：座

定额编号				5-1121	5-1122	5-1123
项目				钢制调节堰门	旋转门	升杆式铸铁泥阀
基价（元）				**2 112.02**	**2 529.22**	**856.03**
其中	人工费（元）			1 671.52	1 836.35	612.12
	材料费（元）			162.72	367.36	96.77
	机械费（元）			277.78	325.51	147.14
预算定额编号	项目名称	单位	单价(元)	消耗量		
6-1022H	旋转门 长×宽=3 500mm×3 100mm	座	2 529.22	—	1.000 0	—
6-1031H	钢制调节堰门 宽度4 000mm以内	座	2 112.02	1.000 0	—	—
6-1036H	升杆式铸铁泥阀 公称直径500mm以内	座	856.02	—	—	1.000 0
名称		单位	单价(元)	消耗量		
人工	二类人工	工日	135.00	12.382 0	13.603 0	4.534 0

工作内容：开箱点件、基础划线、场内运输、闸门安装、找平、找正、试漏、试运转。 **计量单位**：座

定额编号				5-1124	5-1125
项目				平底盖闸	
				公称直径(mm)	
				500以内	1 000以内
基价（元）				**773.39**	**1 465.84**
其中	人工费（元）			568.46	1 088.80
	材料费（元）			71.53	99.62
	机械费（元）			133.40	277.42
预算定额编号	项目名称	单位	单价(元)	消耗量	
6-1038H	平底盖闸 公称直径500mm以内	座	773.39	1.000 0	—
6-1041H	平底盖闸 公称直径1 000mm以内	座	1 465.84	—	1.000 0
名称		单位	单价(元)	消耗量	
人工	二类人工	工日	135.00	4.211 0	8.065 0

2.起闭机械

工作内容：开箱点件、基础划线、场内运输、安装就位、找平、找正、检查、加油、无负荷运转。 **计量单位**：台

定额编号				5-1126	5-1127
项目				启闭机械	
				手动	电(汽)动
基价（元）				**770.71**	**1 414.72**
其中	人工费（元）			564.00	1 137.81
	材料费（元）			76.25	119.98
	机械费（元）			130.46	156.93
预算定额编号	项目名称	单位	单价(元)	消耗量	
6-1042H	启闭机械 手摇式	台	770.71	1.000 0	—
6-1045H	启闭机械 汽动	台	1 414.71	—	1.000 0
名称		单位	单价(元)	消耗量	
人工	二类人工	工日	135.00	4.178 0	8.428 0

九、其　他

1.集 水 槽

工作内容:放样、下料、折边、铣孔、法兰制作、组对、焊接、酸洗、清基、放线、安装、固定、场内运输等。**计量单位**:10m²

定额编号				5-1128	5-1129	5-1130	5-1131
项目				集水槽制作与安装			
				碳钢(厚度 mm)		不锈钢(厚度 mm)	
				4 以内	8 以内	4 以内	8 以内
基价(元)				**2 835.84**	**4 785.47**	**6 890.04**	**12 549.27**
其中	人工费(元)			973.86	1 417.58	1 142.26	1 563.71
	材料费(元)			1 525.90	2 846.49	5 385.53	10 486.89
	机械费(元)			336.08	521.40	362.25	498.67
预算定额编号	项目名称	单位	单价(元)	消耗量			
6-1046H	集水槽制作 碳钢 厚度4mm 以内	10m²	2 451.23	1.000 0	—	—	—
6-1048H	集水槽制作 碳钢 厚度 8mm 以内	10m²	4 284.87	—	1.000 0	—	—
6-1049H	集水槽制作 不锈钢 厚度4mm 以内	10m²	6 346.16	—	—	1.000 0	—
6-1051H	集水槽制作 不锈钢 厚度8mm 以内	10m²	11 808.29	—	—	—	1.000 0
6-1052H	集水槽安装 碳钢 厚度4mm 以内	10m²	384.62	1.000 0	—	—	—
6-1054H	集水槽安装 碳钢 厚度 8mm 以内	10m²	500.61	—	1.000 0	—	—
6-1055H	集水槽安装 不锈钢 厚度4mm 以内	10m²	543.89	—	—	1.000 0	—
6-1057H	集水槽安装 不锈钢 厚度8mm 以内	10m²	740.98	—	—	—	1.000 0
名称		单位	单价(元)	消耗量			
人工	二类人工	工日	135.00	7.214 0	10.501 0	8.461 0	11.583 0
材料	不锈钢扁钢 综合	kg	15.95	—	—	6.212 0	9.317 0
	不锈钢板 304 δ4	kg	14.91	—	—	5.830 0	11.660 0
	不锈钢板 304 δ4~8	kg	14.91	—	—	328.600 0	657.200 0

2.堰　板

工作内容:放样、下料、折边、铣孔、法兰制作、组对、焊接、酸洗、清基、放线、安装、固定、场内运输等。**计量单位**:10m²

定额编号				5-1132	5-1133	5-1134	5-1135
项目				堰板制作与安装			
				碳钢(厚度 mm)		不锈钢(厚度 mm)	
				4 以内	8 以内	4 以内	8 以内
基价(元)				**5 941.78**	**8 894.29**	**9 731.22**	**16 417.57**
其中	人工费(元)			2 598.16	3 529.25	2 820.02	3 817.04
	材料费(元)			2 984.92	4 819.64	6 366.37	11 820.00
	机械费(元)			358.70	545.40	544.83	780.53
预算定额编号	项目名称	单位	单价(元)	消耗量			
6-1058H	齿型堰板制作 碳钢 厚度 4mm 以内	10m²	3 184.41	1.000 0	—	—	—
6-1060H	齿型堰板制作 碳钢 厚度 8mm 以内	10m²	5 076.27	—	1.000 0	—	—
6-1061H	齿型堰板制作 不锈钢 厚度 4mm 以内	10m²	6 973.85	—	—	1.000 0	—
6-1063H	齿型堰板制作 不锈钢 厚度 8mm 以内	10m²	12 599.54	—	—	—	1.000 0
6-1064H	齿型堰板安装 金属 厚度 4mm 以内	10m²	2 757.37	1.000 0	—	1.000 0	—
6-1066H	齿型堰板安装 金属 厚度 8mm 以内	10m²	3 818.03	—	1.000 0	—	1.000 0
名称		单位	单价(元)	消耗量			
人工	二类人工	工日	135.00	19.246 0	26.143 0	20.889 0	28.274 0
材料	不锈钢板 304 δ4~8	kg	14.91	—	—	328.600 0	657.200 0
	中厚钢板 综合	kg	3.71	478.590 0	957.180 0	145.750 0	291.500 0

3. 斜板、斜管安装

工作内容：铺装、固定、场内材料运输等。　　计量单位：$10m^2$

定额编号				5-1136	5-1137
项目				斜板安装	聚丙烯斜管安装
基价（元）				**4 083.03**	**274.30**
其中	人工费（元）			441.94	89.10
	材料费（元）			3 641.09	185.20
	机械费（元）			—	—
预算定额编号	项目名称	单位	单价(元)	消耗量	
6-1078H	斜板安装	$10m^2$	4 083.03	1.000 0	—
6-1079H	聚丙烯斜管安装	$10m^2$	274.30	—	1.000 0
名称		单位	单价(元)	消耗量	
人工	二类人工	工日	135.00	3.274 0	0.660 0
材料	斜板	m^2	216.00	10.000 0	—
	聚丙烯斜管	m	18.10	—	10.000 0

第六章

路 灯 工 程

章　说　明

一、本章定额包括变配电设备工程，10kV 以下架空线路工程，电缆工程，配管、配线工程，照明器具安装工程，防雷接地装置工程，共 6 节 136 个子目。

二、本章定额适用于新建、扩建的城镇道路照明工程。

三、本章定额的编制依据：

1.《市政工程设计概算编制办法》(2011 版)；

2.《市政公用工程设计文件编制深度规定》(2013 版)；

3.《市政工程消耗量定额》ZYA1－31－2015；

4.《通用安装工程消耗量定额》TY02－31－2015；

5.《浙江省市政工程预算定额》(2018 版)；

6.《浙江省安装工程预算定额》(2018 版)；

7. 现行的设计、施工验收规范、安全操作规程、质量评定标准；

8. 典型工程设计资料。

四、本章定额与《浙江省通用安装工程概算定额》(2018 版)相关项目的界线划分：市政道路路灯安装工程、市政庭院艺术喷泉等电气安装工程的项目，按本章定额相应项目执行；厂区、住宅小区的道路路灯安装工程、庭院艺术喷泉等电器设备安装工程，按《浙江省通用安装工程概算定额》(2018 版)相应项目执行。

五、本章定额不包括线路参数的测定和运行工作。

六、本章定额电压等级是按 10kV 以下考虑的。

七、路灯设施迁移、迁改的保护性拆除按相应项目人工、机械消耗量乘以系数 0.45，材料不计。

八、未尽事宜详见各节说明。

第一节　变配电设备工程

说　　明

一、本节定额包括变压器安装,组合型成套箱式变电站安装,配电柜、箱安装。

二、变压器油按设备自带考虑,变压器油过滤已包含在有关定额中。

三、变压器安装定额中不包括变压器干燥,如发生时另行计算。地上安装变压器不含大门、网栏及网栏基础等内容,如发生时另行计算。

四、地埋变压器安装执行组合型成套箱式变电站安装子目。

五、干式变压器安装执行《浙江省通用安装工程概算定额》(2018 版)相应项目。

六、配电柜、箱安装定额按不同规格综合考虑,执行时不做换算。

七、各项设备安装均未包括二次接线。配电柜和组合箱式变电站均未包括母线、引下线的配置安装。

工程量计算规则

一、变压器安装按不同容量以“台”计算。

二、组合箱式变电站安装以“台”计算。

三、配电柜、箱安装以“套”计算。

一、变压器安装

1. 杆上安装变压器

工作内容：支架、横担、撑铁安装，变压器吊装固定，变压器油过滤，配线、接线、接地、编号。　　计量单位：台

定额编号				6-1	6-2	6-3
项目				杆上安装		
				容量(kV·A)		
				100 以内	315 以内	630 以内
基价(元)				2 834.98	3 326.40	3 756.46
其中	人工费(元)			1 258.04	1 652.46	2 032.46
	材料费(元)			1 130.75	1 203.30	1 226.87
	机械费(元)			446.19	470.64	497.13
预算定额编号	项目名称	单位	单价(元)	消耗量		
1-279	铁件制作、安装 预埋铁件	t	7 476.80	0.242 5	0.254 5	0.254 5
3-563	油漆 金属面防锈漆一遍 其他金属面	t	122.19	0.242 5	0.254 5	0.254 5
8-2	杆上安装变压器 容量 100kV·A 以内	台	907.51	1.000 0	—	—
8-4	杆上安装变压器 容量 315kV·A 以内	台	1 252.86	—	1.000 0	—
8-6	杆上安装变压器 容量 630kV·A 以内	台	1 608.82	—	—	1.000 0
8-8	变压器油过滤	t	548.86	0.125 0	0.225 0	0.360 0
8-168H	路灯设施编号 开关箱	100 个	1 610.79	0.010 0	0.010 0	0.010 0
名称		单位	单价(元)	消耗量		
人工	二类人工	工日	135.00	9.319 0	12.240 0	15.055 0
材料	路灯号牌	个	—	(1.010 0)	(1.010 0)	(1.010 0)
	变压器	台	—	(1.000 0)	(1.000 0)	(1.000 0)
	中厚钢板	kg	3.71	3.316 3	5.969 3	9.550 8
	中厚钢板 综合	t	3 750.00	0.163 2	0.171 3	0.171 3
	红酚醛调和漆	kg	12.76	0.011 5	0.011 5	0.011 5
	调和漆	kg	11.21	0.480 0	0.800 0	1.120 0
	防锈漆 C53－1	kg	14.05	1.372 5	1.668 5	1.828 5
	汽油 综合	kg	6.12	0.120 0	0.120 0	0.120 0
	型钢 综合	kg	3.84	33.707 5	35.375 5	35.375 5
	乙炔气	kg	7.60	0.856 0	0.898 4	0.898 4
	低碳钢焊条 综合	kg	6.72	7.064 0	7.413 6	7.413 6
	热轧光圆钢筋 综合	t	3 966.00	0.058 9	0.061 8	0.061 8
机械	钢筋切断机 40mm	台班	43.28	0.014 6	0.015 3	0.015 3
	直流弧焊机 32kW	台班	97.11	0.996 7	1.046 0	1.046 0

2. 地上安装变压器

工作内容:基础开挖、回填及余土外运,模板安、拆,基础浇筑,基础槽钢制作、安装,开箱检查,本体安装,变压器油过滤,补充注油及安装后的密封试验,编号。　　**计量单位:**台

定额编号				6-4
项目				台上安装
				500kV·A
基价(元)				**2 994.63**
其中	人工费(元)			1 321.47
	材料费(元)			1 052.83
	机械费(元)			620.33
预算定额编号	项目名称	单位	单价(元)	消耗量
1-279	铁件制作、安装 预埋铁件	t	7 476.80	0.040 1
1-13	人工挖沟槽、基坑土方 一、二类土,深度在2m以内	$100m^3$	1 491.75	0.013 0
1-53	填土夯实 槽、坑	$100m^3$	2 387.37	0.010 1
1-94	自卸汽车运土方 运距1km以内	$1\ 000m^3$	5 564.89	0.000 1
1-95H	自卸汽车运土方 运距增加14km	$1\ 000m^3$	21 792.54	0.000 1
3-189	基础 混凝土基础 混凝土	$10m^3$	4 618.75	0.130 0
3-190	基础 混凝土基础 模板	$10m^2$	425.13	1.080 0
3-563	油漆 金属面防锈漆一遍 其他金属面	t	122.19	0.040 1
8-7	台上安装 变压器 500kV·A	台	1 406.07	1.000 0
8-8	变压器油过滤	t	548.86	0.295 0
8-168H	路灯设施编号 开关箱	100个	1 610.79	0.010 0
名称		单位	单价(元)	消耗量
人工	一类人工	工日	125.00	0.348 0
	二类人工	工日	135.00	9.467 0
材料	变压器	台	—	(1.000 0)
	镀锌扁钢 4×25	kg	4.50	3.600 0
	钢垫板	kg	4.74	4.000 0
	中厚钢板	kg	3.71	7.826 4
	中厚钢板 综合	t	3 750.00	0.027 0
	无纺土工布	m^2	8.62	0.166 3
	酚醛磁漆	kg	12.07	0.160 0
	红酚醛调和漆	kg	12.76	0.011 5
	调和漆	kg	11.21	0.960 0
	防锈漆 C53-1	kg	14.05	0.907 3
	汽油 综合	kg	6.12	0.320 0
	水	m^3	4.27	0.231 3
	型钢 综合	kg	3.84	5.573 9
	乙炔气	kg	7.60	0.141 6
	低碳钢焊条 综合	kg	6.72	1.168 1
	热轧光圆钢筋 综合	t	3 966.00	0.009 7
机械	钢筋切断机 40mm	台班	43.28	0.002 4
	直流弧焊机 32kW	台班	97.11	0.164 8

二、组合型成套箱式变电站安装

工作内容：基础开挖、回填及余土外运，模板安、拆，基础浇筑，基础槽钢制作、安装，砖砌体及抹灰，开箱，检查，安装固定，接线，接地，变压器设备编号。

计量单位：台

定额编号				6-5	6-6	6-7
项目				容量(kV·A)		
				100 以内	315 以内	630 以内
基价(元)				**8 620.61**	**8 965.61**	**9 428.97**
其中	人工费(元)			2 673.46	2 929.42	3 176.93
	材料费(元)			5 003.36	5 092.40	5 298.50
	机械费(元)			943.79	943.79	953.54
预算定额编号	项目名称	单位	单价(元)	消耗量		
1-279	铁件制作、安装 预埋铁件	t	7 476.80	0.165 6	0.165 6	0.169 7
1-18	人工挖沟槽、基坑土方 三类土 深度在 4m 以内	100m³	3 178.50	0.104 4	0.104 4	0.108 0
1-53	填土夯实 槽、坑	100m³	2 387.37	0.014 4	0.014 4	0.015 5
1-94	自卸汽车运土方 运距 1km 以内	1 000m³	5 564.89	0.008 8	0.008 8	0.009 0
1-95H	自卸汽车运土方 运距增加 14km	1 000m³	21 792.54	0.008 8	0.008 8	0.009 0
3-174	砖砌体 墩、台、墙	10m³	4 203.22	0.442 8	0.442 8	0.453 6
3-186	基础 垫层 碎石	10m³	2 292.92	0.100 0	0.100 0	0.104 0
3-529	水泥砂浆抹面 墙面无嵌线	100m²	2 042.18	0.123 0	0.123 0	0.126 0
3-563	油漆 金属面防锈漆一遍 其他金属面	t	122.19	0.165 6	0.165 6	0.169 7
8-12	组合型成套箱式变电站安装 带高压开关柜 变压器容量 100kV·A 以内	台	1 880.37	1.000 0	—	—
8-13	组合型成套箱式变电站安装 带高压开关柜 变压器容量 315kV·A 以内	台	2 225.37	—	1.000 0	—
8-14	组合型成套箱式变电站安装 带高压开关柜变压器容量 630kV·A 以下	台	2 507.61	—	—	1.000 0
8-168H	路灯设施编号 开关箱	100 个	1 610.79	0.010 0	0.010 0	0.010 0
8-171	C20 钢筋混凝土基础 制作	m³	704.48	3.573 0	3.573 0	3.672 0
	名称	单位	单价(元)	消耗量		
人工	一类人工	工日	125.00	2.929 0	2.929 0	3.041 0
	二类人工	工日	135.00	17.091 0	18.987 0	20.717 0
材料	成套箱式变电站	台	—	(1.000 0)	(1.000 0)	(1.000 0)
	热轧带肋钢筋 HRB400 综合	t	3 849.00	0.107 2	0.107 2	0.110 2
	镀锌扁钢 6×60	kg	3.66	115.200 0	134.400 0	152.000 0
	钢垫板	kg	4.74	8.800 0	11.600 0	14.800 0
	中厚钢板 综合	t	3 750.00	0.111 4	0.111 4	0.114 2
	碎石 综合	t	102.00	1.729 4	1.729 4	1.798 6
	混凝土实心砖 240×115×53 MU10	千块	388.00	2.351 3	2.351 3	2.408 6
	非泵送商品混凝土 C30	m³	438.00	3.573 0	3.573 0	3.672 0
	红酚醛调和漆	kg	12.76	0.011 5	0.011 5	0.011 5
	调和漆	kg	11.21	0.480 0	0.480 0	0.480 0
	防锈漆 C53－1	kg	14.05	1.253 4	1.253 4	1.272 5
	水	m³	4.27	3.712 3	3.712 3	3.804 0
	纯水泥浆	m³	430.36	0.012 7	0.012 7	0.013 0
	干混抹灰砂浆 DP M20.0	m³	446.95	0.271 1	0.271 1	0.277 7
	干混砌筑砂浆 DM M7.5	m³	413.73	1.072 0	1.072 0	1.098 2
	型钢 综合	kg	3.84	23.018 4	23.018 4	23.588 3
	乙炔气	kg	7.60	0.584 6	0.584 6	0.599 0
	低碳钢焊条 综合	kg	6.72	4.823 9	4.823 9	4.943 4
	热轧光圆钢筋 综合	t	3 966.00	0.040 2	0.040 2	0.041 2

三、配电柜、箱安装

1.成套配电柜安装

工作内容：基础开挖、回填及余土外运，模板安、拆，基础浇筑，基础槽钢制作、安装，开箱检查，柜体组装，导线挂锡压焊，接地排安装，负荷平衡，控制柜编号。

计量单位：套

定额编号				6-8
项目				成套配电柜
基价（元）				**1 635.08**
其中	人工费（元）			588.14
	材料费（元）			606.91
	机械费（元）			440.03
预算定额编号	项目名称	单位	单价(元)	消耗量
1-279	铁件制作、安装 预埋铁件	t	7 476.80	0.030 0
1-18	人工挖沟槽、基坑土方 三类土 深度在4m以内	$100m^3$	3 178.50	0.016 2
1-53	填土夯实 槽、坑	$100m^3$	2 387.37	0.001 3
1-94	自卸汽车运土方 运距1km以内	$1\ 000m^3$	5 564.89	0.013 5
1-95H	自卸汽车运土方 运距增加14km	$1\ 000m^3$	21 792.54	0.013 5
3-186	基础 垫层 碎石	$10m^3$	2 292.92	0.045 9
3-563	油漆 金属面防锈漆一遍 其他金属面	t	122.19	0.030 0
8-24	成套低压路灯控制柜安装 常规电气配电柜 控制总柜	套	430.70	1.000 0
8-168H	路灯设施编号 开关箱	100个	1 610.79	0.010 0
8-171	C20钢筋混凝土基础 制作	m^3	704.48	0.612 0
名称		单位	单价(元)	消耗量
人工	一类人工	工日	125.00	0.437 0
	二类人工	工日	135.00	3.952 0
材料	成套配电柜	台	—	(1.000 0)
	热轧带肋钢筋 HRB400综合	t	3 849.00	0.018 4
	碎石 综合	t	102.00	0.793 8
	非泵送商品混凝土 C30	m^3	438.00	0.612 0
	红酚醛调和漆	kg	12.76	0.011 5
	防锈漆 C53－1	kg	14.05	0.140 1
	水	m^3	4.27	0.002 0
	型钢 综合	kg	3.84	4.170 0
	乙炔气	kg	7.60	0.105 9
	低碳钢焊条 综合	kg	6.72	0.873 9
	热轧光圆钢筋 综合	t	3 966.00	0.007 3

2. 成套配电箱安装

工作内容:基础开挖、回填及余土外运,模板安、拆,基础浇筑,基础槽钢制作、安装,开箱,检查,安装,接线,接地,控制箱编号。

计量单位:台

定额编号				6-9	6-10
项目				落地式	悬挂嵌入式
基价(元)				**769.89**	**255.32**
其中	人工费(元)			386.71	197.51
	材料费(元)			278.38	51.48
	机械费(元)			104.80	6.33
预算定额编号	项目名称	单位	单价(元)	消耗量	
1-279	铁件制作、安装 预埋铁件	t	7 476.80	0.032 0	—
1-17	人工挖沟槽、基坑土方 三类土 深度在2m以内	100m³	2 544.00	0.003 7	—
1-53	填土夯实 槽、坑	100m³	2 387.37	0.000 6	—
1-94	自卸汽车运土方 运距1km以内	1 000m³	5 564.89	0.000 3	—
1-95H	自卸汽车运土方 运距增加14km	1 000m³	21 792.54	0.000 3	—
3-186	基础 垫层 碎石	10m³	2 292.92	0.012 6	—
3-189	基础 混凝土基础 混凝土	10m³	4 618.75	0.017 8	—
3-190	基础 混凝土基础 模板	10m²	425.13	0.080 0	—
3-563	油漆 金属面防锈漆一遍 其他金属面	t	122.19	0.032 0	—
8-62	成套配电箱安装 落地式	台	346.44	1.000 0	—
8-66	成套配电箱安装 悬挂嵌入式 半周长2.5m	台	239.21	—	1.000 0
8-168H	路灯设施编号 开关箱	100个	1 610.79	0.010 0	0.010 0
名称		单位	单价(元)	消耗量	
人工	一类人工	工日	125.00	0.087 0	—
	二类人工	工日	135.00	2.784 0	1.463 0
材料	成套配电箱	台	—	(1.000 0)	(1.000 0)
	中厚钢板 综合	t	3 750.00	0.021 5	—
	碎石 综合	t	102.00	0.217 9	—
	非泵送商品混凝土 C20	m³	412.00	0.179 8	—
	红酚醛调和漆	kg	12.76	0.011 5	0.011 5
	调和漆	kg	11.21	0.050 0	0.050 0
	醇酸防锈漆 C53-1	kg	6.90	0.020 0	0.020 0
	防锈漆 C53-1	kg	14.05	0.149 4	—
	水	m³	4.27	0.030 5	—
	型钢 综合	kg	3.84	4.448 0	—
	乙炔气	kg	7.60	0.113 0	—
	低碳钢焊条 综合	kg	6.72	0.932 2	—
	热轧光圆钢筋 综合	t	3 966.00	0.007 8	—
机械	钢筋切断机 40mm	台班	43.28	0.001 9	—
	直流弧焊机 32kW	台班	97.11	0.131 5	—

3. 落地式控制箱安装

工作内容：基础开挖、回填及余土外运，模板安、拆，基础浇筑，基础槽钢制作、安装，开箱检查，箱体安装，接线接地，调试和平衡分路负荷，销链加油润滑，控制箱编号。　　**计量单位**：套

定额编号				6-11	6-12
项目				半周长 1m 以内	半周长 2m 以内
基价（元）				**340.97**	**689.16**
其中	人工费（元）			193.21	351.17
	材料费（元）			101.84	239.72
	机械费（元）			45.92	98.27
预算定额编号	项目名称	单位	单价(元)	消耗量	
1-279	铁件制作、安装 预埋铁件	t	7 476.80	0.010 0	0.032 0
1-17	人工挖沟槽、基坑土方 三类土 深度在 2m 以内	$100m^3$	2 544.00	0.003 9	0.003 7
1-53	填土夯实 槽、坑	$100m^3$	2 387.37	0.002 5	0.000 6
1-94	自卸汽车运土方 运距 1km 以内	$1\ 000m^3$	5 564.89	0.000 1	0.000 3
1-95H	自卸汽车运土方 运距增加 14km	$1\ 000m^3$	21 792.54	0.000 1	0.000 3
3-186	基础 垫层 碎石	$10m^3$	2 292.92	0.002 7	0.012 6
3-189	基础 混凝土基础 混凝土	$10m^3$	4 618.75	0.003 6	0.008 0
3-190	基础 混凝土基础 模板	$10m^2$	425.13	0.036 0	0.056 0
3-563	油漆 金属面防锈漆一遍 其他金属面	t	122.19	0.010 0	0.032 0
8-31	落地式控制箱安装 半周长 1m 以内 六路	套	192.13	1.000 0	—
8-35	落地式控制箱安装 半周长 2m 以内 六路	套	321.19	—	1.000 0
8-168H	路灯设施编号 开关箱	100 个	1 610.79	0.010 0	0.010 0
	名称	单位	单价(元)	消耗量	
人工	一类人工	工日	125.00	0.127 0	0.087 0
	二类人工	工日	135.00	1.314 0	2.521 0
材料	路灯控制箱	个	—	(1.000 0)	(1.000 0)
	设备控制箱	套	—	(1.000 0)	(1.000 0)
	中厚钢板 综合	t	3 750.00	0.006 7	0.021 5
	碎石 综合	t	102.00	0.046 7	0.217 9
	非泵送商品混凝土 C20	m^3	412.00	0.036 4	0.080 8
	红酚醛调和漆	kg	12.76	0.011 5	0.011 5
	防锈漆 C53－1	kg	14.05	0.046 7	0.149 4
	铜芯塑料绝缘线 BV25	m	11.21	0.640 0	0.640 0
	水	m^3	4.27	0.009 8	0.014 2
	型钢 综合	kg	3.84	1.390 0	4.448 0
	乙炔气	kg	7.60	0.035 3	0.113 0
	低碳钢焊条 综合	kg	6.72	0.291 3	0.932 2
	热轧光圆钢筋 综合	t	3 966.00	0.002 4	0.007 8
机械	钢筋切断机 40mm	台班	43.28	0.000 6	0.001 9
	直流弧焊机 32kW	台班	97.11	0.041 1	0.131 5

4. 杆上控制箱安装

工作内容:支架、横担、撑铁安装、箱体吊装固定、接线、接地、试运行、控制箱编号。 **计量单位:**套

定额编号				6-13
项目				距地 10m 以内
基价(元)				**615.80**
其中	人工费(元)			308.35
	材料费(元)			221.48
	机械费(元)			85.97
预算定额编号	项目名称	单位	单价(元)	消耗量
8-168H	路灯设施编号 开关箱	100 个	1 610.79	0.010 0
8-44	杆上控制箱安装 距地 10m 以内 六路	套	599.69	1.000 0
名称		单位	单价(元)	消耗量
人工	二类人工	工日	135.00	2.284 0
材料	六角带帽螺栓 M12×55	套	0.53	4.100 0
	六角带帽螺栓 M16×60	套	1.04	8.200 0

5. 杆上配电设备安装

工作内容:支架、横担、撑铁安装、设备安装固定、检查、调整、油开关注油、配线、接线、接地、配电箱编号。 **计量单位:**见表

定额编号				6-14	6-15	6-16	6-17	6-18
项目				跌落式熔断器	避雷器	隔离开关	油开关	配电箱
计量单位				组			台	
基价(元)				**120.45**	**137.77**	**224.68**	**552.83**	**278.55**
其中	人工费(元)			89.64	97.74	188.06	196.16	233.29
	材料费(元)			30.81	40.03	36.62	32.43	43.36
	机械费(元)			—	—	—	324.24	1.90
预算定额编号	项目名称	单位	单价(元)	消耗量				
8-36	杆上配电设备安装 跌落式熔断器	组	120.45	1.000 0	—	—	—	—
8-37	杆上配电设备安装 避雷器	组	137.77	—	1.000 0	—	—	—
8-38	杆上配电设备安装 隔离开关	组	224.68	—	—	1.000 0	—	—
8-39	杆上配电设备安装 油开关	台	552.83	—	—	—	1.000 0	—
8-40	杆上配电设备安装 配电箱	台	262.44	—	—	—	—	1.000 0
8-168H	路灯设施编号 开关箱	100 个	1 610.79	—	—	—	—	0.010 0
名称		单位	单价(元)	消耗量				
人工	二类人工	工日	135.00	0.664 0	0.724 0	1.393 0	1.453 0	1.728 0
材料	变配电设备	台	—	(1.000 0)	(1.000 0)	(1.000 0)	(1.000 0)	(1.000 0)
	镀锌六角螺栓带帽 M12×80	套	0.80	6.100 0	2.000 0	—	—	6.100 0
	镀锌六角螺栓带帽 M16×85	套	1.54	3.100 0	9.200 0	8.100 0	4.100 0	—
	调和漆	kg	11.21	0.160 0	0.160 0	0.320 0	0.400 0	0.320 0
	防锈漆 C53-1	kg	14.05	0.080 0	0.080 0	0.160 0	0.240 0	0.160 0
	镀锌接地板 40×5×120	个	1.72	—	1.664 0	—	—	—

第二节　10kV 以下架空线路工程

说　　明

一、本节定额包括立杆,10kV 以下横担安装,1kV 以下横担安装,拉线制作、安装,导线架设,跨越导线架设。

二、本节定额按平原条件编制,如在丘陵(市区)施工时,其人工和机械乘以系数 1.20;在一般山地施工时,其人工和机械乘以系数 1.60。地形划分标准如下:

1. 平原地带:指地形比较平坦,地面比较干燥的地带。

2. 丘陵地带:指地形起伏的矮岗、土丘等地带。

3. 一般山地:指一般山岭、沟谷地带、高原台地等。

三、线路一次施工工程量按 5 根以上电杆考虑;5 根以内者,电杆组立定额人工和机械消耗量乘以系数 1.20。

四、导线跨越:在同一跨越档内,有两种以上跨越物时,则每一跨越物视为“一处”跨越,分别套用定额。

五、横担主材需包括金具及绝缘子费用。

工程量计算规则

一、各种电线杆组立分材质与高度按设计数量以“根”计算。

二、拉线制作、安装,按初步设计图纸设计规定,分不同形式以“组”计算。

三、横担安装按初步设计图纸设计规定,分不同线数以“组”计算。

四、导线架设分导线类型与截面,按 1km/单线计算,导线预留长度规定见下表。

导线预留长度表

<table>
<tr><th colspan="2">项　目　名　称</th><th>长度(m)</th><th colspan="2">项　目　名　称</th><th>长度(m)</th></tr>
<tr><td rowspan="2">高压</td><td>转角</td><td>2.5</td><td rowspan="3">低压</td><td rowspan="2">分支、终端</td><td rowspan="2">0.5</td></tr>
<tr><td>分支、终端</td><td>2.0</td></tr>
<tr><td colspan="2">与设备连接</td><td>0.5</td><td>交叉跳线转交</td><td>1.5</td></tr>
</table>

注:导线长度按线路总长加预留长度计算。

五、导线跨越架设指越线架的搭设、拆除和越线架的运输以及因跨越施工难度而增加的工作量以“处”计算,每个跨越间距按 50m 以内考虑,大于 50m 且小于 100m 时,按 2 处计算,以此类推。

一、立　　杆

1.单　　杆

工作内容:底(卡、拉)盘安装、吊装立杆、找正、工器具转移、编号。　　计量单位:根

定额编号					6-19	6-20
项目					水泥杆(m)	
					11 以内	15 以内
基价(元)					254.06	362.61
其中	人工费(元)				223.16	318.74
	材料费(元)				4.96	4.96
	机械费(元)				25.94	38.91
预算定额编号	项目名称		单位	单价(元)	消耗量	
8-109	安装 底盘		块	45.23	1.000 0	1.000 0
8-114	立杆 水泥杆 11m 以内		根	208.83	1.000 0	—
8-116	立杆 水泥杆 15m 以内		根	317.38	—	1.000 0
名称			单位	单价(元)	消耗量	
人工	二类人工		工日	135.00	1.653 0	2.361 0
材料	水泥杆		根	—	(1.005 0)	(1.005 0)
	硝基磁漆		kg	12.48	0.020 0	0.020 0

2.撑　　杆

工作内容:吊装立杆、装抱箍、填土夯实。　　计量单位:根

定额编号					6-21	6-22
项目					水泥撑杆(m)	
					11 以内	13 以内
基价(元)					233.03	302.84
其中	人工费(元)				207.09	263.93
	材料费(元)				—	—
	机械费(元)				25.94	38.91
预算定额编号	项目名称		单位	单价(元)	消耗量	
8-118	立杆 水泥撑杆 11m 以内		根	233.03	1.000 0	—
8-119	立杆 水泥撑杆 13m 以内		根	302.84	—	1.000 0
名称			单位	单价(元)	消耗量	
人工	二类人工		工日	135.00	1.534 0	1.955 0

3.立 金 属 杆

工作内容:底(卡、拉)盘安装、灯柱柱基杂物清理、立杆、找正、紧固螺栓并上防锈油、工器具转移、运输、装卸、编号。

计量单位:根

定额编号				6-23	6-24	6-25	6-26
项目				单杆式 杆长(m)			
				10 以内	20 以内	30 以内	40 以内
基价(元)				**156.79**	**302.51**	**990.36**	**1 274.81**
其中	人工费(元)			86.54	148.91	253.27	318.47
	材料费(元)			14.48	31.69	59.42	59.42
	机械费(元)			55.77	121.91	677.67	896.92
预算定额编号	项目名称	单位	单价(元)	消耗量			
8-109	安装 底盘	块	45.23	1.000 0	1.000 0	1.000 0	1.000 0
8-121	立金属杆 单杆式 杆长 10m 以内	根	111.56	1.000 0	—	—	—
8-123	立金属杆 单杆式 杆长 20m 以内	根	257.28	—	1.000 0	—	—
8-125	立金属杆 单杆式 杆长 30m 以内	根	945.13	—	—	1.000 0	—
8-126	立金属杆 单杆式 杆长 40m 以内	根	1 229.58	—	—	—	1.000 0
	名称	单位	单价(元)	消耗量			
人工	二类人工	工日	135.00	0.641 0	1.103 0	1.876 0	2.359 0
材料	金属杆	根	—	(1.000 0)	(1.000 0)	(1.000 0)	(1.000 0)
	钢垫板 δ2.5~5	kg	5.60	0.500 0	0.800 0	2.100 0	2.100 0
	弹簧垫圈 M16~30	10 个	2.41	0.816 0	1.632 0	2.856 0	2.856 0
	酚醛磁漆	kg	12.07	0.500 0	1.200 0	2.100 0	2.100 0
	防锈漆 C53-1	kg	14.05	0.250 0	0.600 0	1.050 0	1.050 0

二、10kV 以下横担安装

工作内容:量尺寸、定位、上抱箍、装横担、支撑及杆顶支座、安装绝缘子。

计量单位:组

定额编号				6-27	6-28	6-29	6-30
项目				铁、木横担		瓷横担	
				单根	双根	直线杆	承力杆
基价(元)				**27.24**	**42.29**	**16.48**	**32.54**
其中	人工费(元)			24.03	37.94	16.07	32.13
	材料费(元)			3.21	4.35	0.41	0.41
	机械费(元)			—	—	—	—
预算定额编号	项目名称	单位	单价(元)	消耗量			
8-131	10kV 以下横担安装 铁、木横担 单根	组	27.24	1.000 0	—	—	—
8-132	10kV 以下横担安装 铁、木横担 双根	组	42.29	—	1.000 0	—	—
8-133	10kV 以下横担安装 瓷横担 直线杆	组	16.48	—	—	1.000 0	—
8-134	10kV 以下横担安装 瓷横担 承力杆	组	32.54	—	—	—	1.000 0
	名称	单位	单价(元)	消耗量			
人工	二类人工	工日	135.00	0.178 0	0.281 0	0.119 0	0.238 0
材料	横担	根	—	(1.030 0)	(1.030 0)	(1.030 0)	(1.030 0)
	棉纱	kg	10.34	0.040 0	0.040 0	0.040 0	0.040 0
	镀锌铁丝 8#	kg	6.55	0.400 0	0.560 0	—	—
	调和漆	kg	11.21	0.016 0	0.024 0	—	—

三、1kV 以下横担安装

工作内容:量尺寸、定位、上抱箍、装横担、支撑及杆顶支座、安装绝缘子。　　计量单位:组

定额编号				6-31	6-32	6-33	6-34	6-35	6-36
项目				二线	四线		六线		瓷横担
					单根	双根	单根	双根	
基价(元)				**16.60**	**22.92**	**35.67**	**28.05**	**43.77**	**14.32**
其中	人工费(元)			13.91	19.71	31.32	24.84	39.42	13.91
	材料费(元)			2.69	3.21	4.35	3.21	4.35	0.41
	机械费(元)			—	—	—	—	—	—
预算定额编号	项目名称	单位	单价(元)	消耗量					
8-135	1kV 以下横担安装 二线	组	16.60	1.000 0	—	—	—	—	—
8-136	1kV 以下横担安装 四线 单根	组	22.92	—	1.000 0	—	—	—	—
8-137	1kV 以下横担安装 四线 双根	组	35.67	—	—	1.000 0	—	—	—
8-138	1kV 以下横担安装 六线 单根	组	28.05	—	—	—	1.000 0	—	—
8-139	1kV 以下横担安装 六线 双根	组	43.77	—	—	—	—	1.000 0	—
8-140	1kV 以下横担安装 瓷横担	组	14.32	—	—	—	—	—	1.000 0
名称		单位	单价(元)	消耗量					
人工	二类人工	工日	135.00	0.103 0	0.146 0	0.232 0	0.184 0	0.292 0	0.103 0
材料	横担	根	—	(1.030 0)	(1.030 0)	(1.030 0)	(1.030 0)	(1.030 0)	(1.030 0)
	棉纱	kg	10.34	0.040 0	0.040 0	0.040 0	0.040 0	0.040 0	0.040 0
	镀锌铁丝 8#	kg	6.55	0.320 0	0.400 0	0.560 0	0.400 0	0.560 0	—
	调和漆	kg	11.21	0.016 0	0.016 0	0.024 0	0.016 0	0.024 0	—

四、拉线制作、安装

工作内容：放线、下料、上铁件、装拉线盘、调整、紧线、填土夯实。　　　　**计量单位：**组

定额编号				6-37	6-38	6-39	6-40
项目				普通拉线 截面(mm²)			水平及弓形拉线截面(mm²)
				35以内	70以内	120以内	35以内
基价（元）				**35.61**	**44.16**	**53.27**	**77.19**
其中	人工费（元）			32.81	40.10	48.06	74.39
	材料费（元）			2.80	4.06	5.21	2.80
	机械费（元）			—	—	—	—
预算定额编号	项目名称	单位	单价(元)	消耗量			
8-147	拉线制作、安装 普通拉线 截面35mm²以内	组	35.61	1.000 0	—	—	—
8-148	拉线制作、安装 普通拉线 截面70mm²以内	组	44.16	—	1.000 0	—	—
8-149	拉线制作、安装 普通拉线 截面120mm²以内	组	53.27	—	—	1.000 0	—
8-150	拉线制作、安装 水平及弓形拉线 截面35mm²以内	组	77.19	—	—	—	1.000 0
名称		单位	单价(元)	消耗量			
人工	二类人工	工日	135.00	0.243 0	0.297 0	0.356 0	0.551 0
材料	拉线	根	—	(1.000 0)	(1.000 0)	(1.000 0)	(1.000 0)
	金具	套	—	(1.000 0)	(1.000 0)	(1.000 0)	(1.000 0)
	抱箍	套	—	(1.000 0)	(1.000 0)	(1.000 0)	(1.000 0)
	镀锌铁丝	kg	6.55	0.184 0	0.184 0	0.184 0	0.184 0
	钢锯条	条	2.59	0.400 0	0.800 0	1.200 0	0.400 0
	防锈漆 C53－1	kg	14.05	0.040 0	0.056 0	0.064 0	0.040 0

工作内容：放线、下料、上铁件、装拉线盘、调整、紧线、填土夯实。　　　　**计量单位：**组

定额编号				6-41	6-42	6-43	6-44	6-45
项目				水平及弓形拉线截面(mm²)		VY形拉线 截面(mm²)		
				70以内	120以内	35以内	70以内	120以内
基价（元）				**103.15**	**114.56**	**101.22**	**175.38**	**267.65**
其中	人工费（元）			99.09	109.35	98.42	171.32	262.44
	材料费（元）			4.06	5.21	2.80	4.06	5.21
	机械费（元）			—	—	—	—	—
预算定额编号	项目名称	单位	单价(元)	消耗量				
8-151	拉线制作、安装 水平及弓形拉线 截面70mm²以内	组	103.15	1.000 0	—	—	—	—
8-152	拉线制作、安装 水平及弓形拉线 截面120mm²以内	组	114.56	—	1.000 0	—	—	—
8-153	拉线制作、安装 VY形拉线 截面35mm²以内	组	101.22	—	—	1.000 0	—	—
8-154	拉线制作、安装 VY形拉线 截面70mm²以内	组	175.38	—	—	—	1.000 0	—
8-155	拉线制作、安装 VY形拉线 截面120mm²以内	组	267.65	—	—	—	—	1.000 0
名称		单位	单价(元)	消耗量				
人工	二类人工	工日	135.00	0.734 0	0.810 0	0.729 0	1.269 0	1.944 0
材料	镀锌铁丝	kg	6.55	0.184 0	0.184 0	0.184 0	0.184 0	0.184 0
	钢锯条	条	2.59	0.800 0	1.200 0	0.400 0	0.800 0	1.200 0
	防锈漆 C53－1	kg	14.05	0.056 0	0.064 0	0.040 0	0.056 0	0.064 0

五、导线架设

工作内容:线材外观检查、架线盘、放线、直线接头连接、紧线、弛度观测、耐张终端头制作绑扎、跳线安装。

计量单位:1km/单线

定额编号				6-46	6-47	6-48
项目				裸铝绞线 截面(mm^2)		
				35 以内	95 以内	150 以内
基价(元)				**660.05**	**1 243.25**	**1 878.00**
其中	人工费(元)			531.36	1 035.18	1 632.96
	材料费(元)			82.52	140.51	163.75
	机械费(元)			46.17	67.56	81.29
预算定额编号	项目名称	单位	单价(元)	消耗量		
8-156	导线架设 裸铝绞线 截面 $35mm^2$ 以内	1km/单线	660.05	1.000 0	—	—
8-157	导线架设 裸铝绞线 截面 $95mm^2$ 以内	1km/单线	1 243.25	—	1.000 0	—
8-158	导线架设 裸铝绞线 截面 $150mm^2$ 以内	1km/单线	1 878.00	—	—	1.000 0
	名称	单位	单价(元)	消耗量		
人工	二类人工	工日	135.00	3.936 0	7.668 0	12.096 0
材料	裸铝绞线	m	—	(1 013.000 0)	(1 013.000 0)	(1 013.000 0)
	汽油 综合	kg	6.12	0.040 0	0.040 0	0.040 0

工作内容:线材外观检查、架线盘、放线、直线接头连接、紧线、弛度观测、耐张终端头制作绑扎、跳线安装。

计量单位:1km/单线

定额编号				6-49	6-50	6-51
项目				钢芯铝绞线 截面(mm^2)		
				35 以内	95 以内	150 以内
基价(元)				**714.74**	**1 381.37**	**2 014.49**
其中	人工费(元)			585.63	1 172.88	1 769.04
	材料费(元)			82.94	140.93	164.16
	机械费(元)			46.17	67.56	81.29
预算定额编号	项目名称	单位	单价(元)	消耗量		
8-159	导线架设 钢芯铝绞线 截面 $35mm^2$ 以内	1km/单线	714.74	1.000 0	—	—
8-160	导线架设 钢芯铝绞线 截面 $95mm^2$ 以内	1km/单线	1 381.37	—	1.000 0	—
8-161	导线架设 钢芯铝绞线 截面 $150mm^2$ 以内	1km/单线	2 014.49	—	—	1.000 0
	名称	单位	单价(元)	消耗量		
人工	二类人工	工日	135.00	4.338 0	8.688 0	13.104 0
材料	钢芯铝绞线	m	—	(1 013.000 0)	(1 013.000 0)	(1 013.000 0)
	汽油 综合	kg	6.12	0.040 0	0.040 0	0.040 0

工作内容：线材外观检查、架线盘、放线、直线接头连接、紧线、弛度观测、耐张终端头制作绑扎、跳线安装。

计量单位：1km/单线

定额编号				6-52	6-53	6-54
项目				绝缘铝绞线 截面（mm^2）		
				35 以内	95 以内	150 以内
基价（元）				**687.04**	**1 334.79**	**2 014.51**
其中	人工费（元）			585.63	1 171.26	1 769.04
	材料费（元）			55.24	95.97	164.18
	机械费（元）			46.17	67.56	81.29
预算定额编号	项目名称	单位	单价（元）	消耗量		
8-162	导线架设 绝缘铝绞线 截面 35mm^2 以内	1km/单线	687.04	1.000 0	—	—
8-163	导线架设 绝缘铝绞线 截面 95mm^2 以内	1km/单线	1 334.79	—	1.000 0	—
8-164	导线架设 绝缘铝绞线 截面 150mm^2 以内	1km/单线	2 014.51	—	—	1.000 0
	名称	单位	单价（元）	消耗量		
人工	二类人工	工日	135.00	4.338 0	8.676 0	13.104 0
材料	绝缘铝绞线	m	—	(1 018.000 0)	(1 018.000 0)	(1 018.000 0)
	防锈漆 C53－1	kg	14.05	0.040 0	0.040 0	0.040 0
	汽油 综合	kg	6.12	0.032 0	0.032 0	0.040 0

六、跨越导线架设

工作内容：跨越架的搭拆、架线中的监护转移。

计量单位：处

定额编号				6-55	6-56	6-57
项目				导线跨越		
				电力线、通信线、公路	铁路	河流
基价（元）				**786.74**	**1 047.73**	**666.29**
其中	人工费（元）			611.55	789.75	594.00
	材料费（元）			136.96	189.17	17.79
	机械费（元）			38.23	68.81	54.50
预算定额编号	项目名称	单位	单价（元）	消耗量		
8-165	导线跨越架设 导线跨越 电力线、通信线、公路	处	786.74	1.000 0	—	—
8-166	导线跨越架设 导线跨越 铁路	处	1 047.73	—	1.000 0	—
8-167	导线跨越架设 导线跨越 河流	处	666.29	—	—	1.000 0
	名称	单位	单价（元）	消耗量		
人工	二类人工	工日	135.00	4.530 0	5.850 0	4.400 0
材料	镀锌铁丝 8#～12#	kg	6.55	7.080 0	8.360 0	0.496 0
	安全网	m^2	7.76	2.584 0	3.264 0	—
	木脚手杆 ϕ100×6 000 杉木	根	45.45	1.552 0	2.400 0	0.320 0

第三节　电 缆 工 程

说　　明

一、本节定额包括电缆保护管敷设、铝芯电力电缆敷设、铜芯电力电缆敷设、排管内铜芯电力电缆敷设、电缆井设置。

二、本节定额包括常用的 10kV 以下电缆敷设,未考虑在河流和水区、水底、井下等条件的电缆敷设。

三、电缆在一般山地地区直埋敷设时,人工消耗量乘以系数 1.60;在丘陵地区直埋敷设时,人工消耗量乘以系数 1.15。该地段所需的材料如固定桩、夹具等按实计算。

四、本节定额的电缆敷设定额综合考虑了各种不同敷设方式,实际工程中不论采取何种方式,一律不做换算和调整。排管外混凝土包封参照《浙江省通用安装工程概算定额》(2018 版)的相应定额执行。

五、本节定额未包括隔热层、保护层的制作、安装及电缆的冬季施工加温工作。

六、电力电缆敷设定额按不同规格电缆考虑,执行时不做调整。

七、电缆保护管、电缆井设置已综合考虑土方开挖、回填、余土外运;电缆井盖板按复合树脂井盖座考虑,如设计材质不同时,按实调整。

八、电缆敷设长度根据敷设长度计算,附加长度已综合考虑。

工程量计算规则

一、直埋电缆的挖、填土(石)方应按图纸设计尺寸计算。若设计图纸未明确,按下表计算挖土(石)方量。

直埋电缆土方工程量计算表

项　　目	电缆根数	
	1~2 根	每增 1 根
每米沟长挖方量(m^3/m)	0.45	0.153

二、电缆保护管长度,除按设计规定长度计算外,遇有下列情况,应按以下规定增加保护管长度:

1. 横穿道路,按路基宽度两端各加 2m。
2. 垂直敷设时管口离地面加 2m。
3. 穿过建筑物外墙时,按基础外缘以外加 2m。
4. 穿过排水沟,按沟壁外缘以外加 1m。

三、电缆敷设按单根设计长度按延长米以“m”计算。

一、电缆保护管敷设

工作内容:土方开挖、坑底夯实、测位、锯管、接口、敷设、刷漆、回填夯实、余土外运。　　**计量单位:**10m

定额编号				6-58	6-59	6-60
项目				铸铁管	石棉水泥、混凝土	钢管
				公称直径(mm)		
				150 以内	100～200 以内	100～150 以内
基价(元)				**422.99**	**465.65**	**487.05**
其中	人工费(元)			395.59	461.74	445.82
	材料费(元)			27.40	3.91	26.71
	机械费(元)			—	—	14.52
预算定额编号	项目名称	单位	单价(元)	消耗量		
1-17	人工挖沟槽、基坑土方 三类土 深度在2m以内	$100m^3$	2 544.00	0.067 5	0.072 0	0.068 0
1-53	填土夯实 槽、坑	$100m^3$	2 387.37	0.061 2	0.068 9	0.066 0
8-184	电缆保护管敷设 铸铁管 公称直径150mm以内	10m	105.16	1.000 0	—	—
8-185	电缆保护管敷设 石棉水泥、混凝土 公称直径100mm以内	10m	77.45	—	0.200 0	—
8-186	电缆保护管敷设 石棉水泥、混凝土 公称直径200mm以内	10m	128.13	—	0.800 0	—
8-187	电缆保护管敷设 钢管公称 直径100～150mm以内	10m	156.49	—	—	1.000 0
名称		单位	单价(元)	消耗量		
人工	一类人工	工日	125.00	2.539 0	2.778 0	2.641 0
	二类人工	工日	135.00	0.579 0	0.848 0	0.857 0
材料	保护管	m	—	(10.050 0)	(10.050 0)	(10.050 0)
	复合硅酸盐水泥 P·C 32.5R 综合	kg	0.32	—	10.810 0	—
	水	m^3	4.27	0.094 9	0.106 8	0.102 3

二、铝芯电力电缆敷设

工作内容:开箱检查,架线盘,敷设,锯断,电缆中间头,端头制作、安装,排列,整理,固定,收盘,临时封头,挂牌。

计量单位:100m

定额编号				6-61	6-62	6-63
项目				电缆 截面(mm^2)		
				35 以内	120 以内	240 以内
基价(元)				**1 024.53**	**1 646.50**	**2 353.83**
其中	人工费(元)			946.74	1 496.98	1 947.33
	材料费(元)			61.64	81.77	157.86
	机械费(元)			16.15	67.75	248.64
预算定额编号	项目名称	单位	单价(元)	消耗量		
8-190H	水平电缆 截面 $35mm^2$ 以内	100m	356.82	0.900 0	—	—
8-191H	水平电缆 截面 $120mm^2$ 以内	100m	652.49	—	0.900 0	—
8-192H	水平电缆 截面 $240mm^2$ 以内	100m	1 093.10	—	—	0.900 0
8-193H	竖直通道电缆 截面 $35mm^2$ 以内	100m	1 340.26	0.100 0	—	—
8-194H	竖直通道电缆 截面 $120mm^2$ 以内	100m	2 156.48	—	0.100 0	—
8-195H	竖直通道电缆 截面 $240mm^2$ 以内	100m	3 351.77	—	—	0.100 0
8-212H	10kV 以下热缩式电缆终端头制作、安装 截面 $35mm^2$ 以内	个	143.97	3.264 0	—	—
8-213H	10kV 以下热缩式电缆终端头制作、安装 截面 $120mm^2$ 以内	个	211.41	—	3.264 0	—
8-214H	10kV 以下热缩式电缆终端头制作、安装 截面 $240mm^2$ 以内	个	256.98	—	—	3.264 0
8-227H	10kV 以下热缩式电缆中间头制作、安装 截面 $35mm^2$ 以内	个	99.45	1.000 0	—	—
8-228H	10kV 以下热缩式电缆中间头制作、安装 截面 $120mm^2$ 以内	个	153.57	—	1.000 0	—
8-229H	10kV 以下热缩式电缆中间头制作、安装 截面 $240mm^2$ 以内	个	196.08	—	—	1.000 0
名称		单位	单价(元)	消耗量		
人工	二类人工	工日	135.00	7.013 0	11.089 0	14.425 0
材料	铝芯电缆	m	—	(105.000 0)	(105.000 0)	(105.000 0)
	镀锌六角螺栓带帽 M8×80	套	0.52	30.192 0	30.192 0	—
	镀锌六角螺栓带帽 M10×80	套	0.55	—	—	51.616 0
	汽油 综合	kg	6.12	0.600 0	0.760 0	0.832 0
	成套型电缆终端头	套	—	(3.329 3)	(3.329 3)	(3.329 3)
	成套型电缆中间接头	套	—	(1.020 0)	(1.020 0)	(1.020 0)

三、铜芯电力电缆敷设

工作内容:开盘,检查,架线盘,敷设,锯断,电缆中间头,端头制作、安装,排列,整理,固定,收盘,临时封头,挂牌。

计量单位:100m

定额编号				6-64	6-65	6-66
项目				电缆 截面(mm^2)		
				35 以内	120 以内	240 以内
基价(元)				**1 177.03**	**2 039.87**	**2 985.75**
其中	人工费(元)			1 099.24	1 865.20	2 483.53
	材料费(元)			61.64	81.77	157.87
	机械费(元)			16.15	92.90	344.35
预算定额编号	项目名称	单位	单价(元)	消耗量		
8-196H	水平电缆 截面 $35mm^2$ 以内	100m	478.86	0.900 0	—	—
8-197H	水平电缆 截面 $120mm^2$ 以内	100m	982.38	—	0.900 0	—
8-198H	水平电缆 截面 $240mm^2$ 以内	100m	1 642.16	—	—	0.900 0
8-199H	竖直通道电缆 截面 $35mm^2$ 以内	100m	1 766.86	0.100 0	—	—
8-200H	竖直通道电缆 截面 $120mm^2$ 以内	100m	3 121.25	—	0.100 0	—
8-201H	竖直通道电缆 截面 $240mm^2$ 以内	100m	4 729.40	—	—	0.100 0
8-212H	10kV 以下热缩式电缆终端头制作、安装 截面 $35mm^2$ 以内	个	143.97	3.264 0	—	—
8-213H	10kV 以下热缩式电缆终端头制作、安装 截面 $120mm^2$ 以内	个	211.41	—	3.264 0	—
8-214H	10kV 以下热缩式电缆终端头制作、安装 截面 $240mm^2$ 以内	个	256.98	—	—	3.264 0
8-227H	10kV 以下热缩式电缆中间头制作、安装 截面 $35mm^2$ 以内	个	99.45	1.000 0	—	—
8-228H	10kV 以下热缩式电缆中间头制作、安装 截面 $120mm^2$ 以内	个	153.57	—	1.000 0	—
8-229H	10kV 以下热缩式电缆中间头制作、安装 截面 $240mm^2$ 以内	个	196.08	—	—	1.000 0
名称		单位	单价(元)	消耗量		
人工	二类人工	工日	135.00	8.142 0	13.816 0	18.397 0
材料	铜芯电缆	m	—	(105.000 0)	(105.000 0)	(105.000 0)
	镀锌六角螺栓带帽 M8×80	套	0.52	30.192 0	30.192 0	—
	镀锌六角螺栓带帽 M10×80	套	0.55	—	—	51.616 0
	汽油 综合	kg	6.12	0.600 0	0.760 0	0.832 0
	成套型电缆终端头	套	—	(3.329 3)	(3.329 3)	(3.329 3)
	成套型电缆中间接头	套	—	(1.020 0)	(1.020 0)	(1.020 0)

四、排管内铜芯电力电缆敷设

工作内容:开盘,检查,架线盘,敷设,锯断,电缆中间头,端头制作、安装,临时封头,挂牌。 **计量单位:**100m

定额编号				6-67	6-68	6-69
项目				电缆 截面(mm^2)		
				70 以内	120 以内	240 以内
基价(元)				**1 590.78**	**2 194.46**	**2 878.43**
其中	人工费(元)			1 293.36	1 722.18	2 274.14
	材料费(元)			51.40	72.31	88.28
	机械费(元)			246.02	399.97	516.01
预算定额编号	项目名称	单位	单价(元)	消耗量		
8-203H	电缆 截面 $70mm^2$ 以内	100m	1 021.41	1.000 0	—	—
8-204H	电缆 截面 $120mm^2$ 以内	100m	1 350.84	—	1.000 0	—
8-205H	电缆 截面 $240mm^2$ 以内	100m	1 843.57	—	—	1.000 0
8-212H	10kV 以下热缩式电缆终端头制作、安装 截面 $35mm^2$ 以内	个	143.97	3.264 0	—	—
8-213H	10kV 以下热缩式电缆终端头制作、安装 截面 $120mm^2$ 以内	个	211.41	—	3.264 0	—
8-214H	10kV 以下热缩式电缆终端头制作、安装 截面 $240mm^2$ 以内	个	256.98	—	—	3.264 0
8-227H	10kV 以下热缩式电缆中间头制作、安装 截面 $35mm^2$ 以内	个	99.45	1.000 0	—	—
8-228H	10kV 以下热缩式电缆中间头制作、安装 截面 $120mm^2$ 以内	个	153.57	—	1.000 0	—
8-229H	10kV 以下热缩式电缆中间头制作、安装 截面 $240mm^2$ 以内	个	196.08	—	—	1.000 0
名称		单位	单价(元)	消耗量		
人工	二类人工	工日	135.00	9.580 0	12.757 0	16.845 0
材料	电力电缆	m	—	(105.000 0)	(105.000 0)	(105.000 0)
	热轧光圆钢筋 综合	t	3 966.00	0.003 0	0.003 0	0.003 0
	汽油 综合	kg	6.12	0.250 0	0.400 0	0.400 0
	成套型电缆终端头	套	—	(3.329 3)	(3.329 3)	(3.329 3)
	成套型电缆中间接头	套	—	(1.020 0)	(1.020 0)	(1.020 0)

五、电缆井设置

工作内容:挖土方、运构件、坑底平整夯实、拼装壁底盖、回填夯实、余土外运、清理现场,调制砂浆、砖砌、井盖、座安装、搭设简易脚手架、材料运输等。

计量单位:座

定额编号				6-70	6-71	6-72	6-73	6-74
项目				预制混凝土井安装	路灯手孔井	砖砌井 小型直通井	砖砌井 中型直通井	砖砌井 大型直通井
基价(元)				**155.19**	**1 701.29**	**5 568.36**	**6 081.12**	**7 788.52**
其中	人工费(元)			126.63	694.99	1 975.08	2 170.40	2 722.19
	材料费(元)			16.33	948.37	3 373.75	3 679.50	4 782.84
	机械费(元)			12.23	57.93	219.53	231.22	283.49
预算定额编号	项目名称	单位	单价(元)	消耗量				
1-17	人工挖沟槽、基坑土方 三类土 深度在2m以内	$100m^3$	2 544.00	—	0.050 1	0.185 6	0.204 4	0.237 5
1-53	填土夯实 槽、坑	$100m^3$	2 387.37	—	0.032 4	0.111 7	0.126 3	0.147 7
1-94	自卸汽车运土方 运距1km以内	$1\ 000m^3$	5 564.89	—	0.001 3	0.005 7	0.005 9	0.006 8
1-95H	自卸汽车运土方 运距增加14km	$1\ 000m^3$	21 792.54	—	0.001 3	0.005 7	0.005 9	0.006 8
1-269	普通钢筋制作、安装 带肋钢筋	t	4 716.01	—	0.015 1	0.191 6	0.201 9	0.218 8
6-245	井 垫层 碎石	$10m^3$	2 474.72	—	—	0.084 8	0.095 0	0.113 4
6-250	井 底板 混凝土	$10m^3$	4 994.41	—	0.040 3	0.146 9	0.165 7	0.200 0
6-252	井砌筑 砖砌 矩形	$10m^3$	4 061.05	—	0.119 0	0.437 3	0.481 7	0.731 1
6-260	砖墙 抹灰 井壁	$100m^2$	2 934.44	—	0.099 2	0.236 4	0.260 4	0.338 4
6-271	井盖制作 非泵送商品混凝土 C25	$10m^3$	5 233.91	—	0.018 1	0.036 8	0.036 8	0.036 8
6-276	检查井盖 混凝土井盖安装	10套	573.88	—	0.018 1	0.036 8	0.036 8	0.036 8
6-1090	混凝土基础垫层 木模	$100m^2$	2 562.66	—	0.098 4	0.033 7	0.036 1	0.039 7
8-238	电缆井设置 预制混凝土井安装	座	98.41	1.000 0	—	—	—	—
8-243	电缆井设置 井盖安装 复合树脂盖、座	套	56.78	1.000 0	1.000 0	1.000 0	1.000 0	1.000 0
	名称	单位	单价(元)	消耗量				
人工	一类人工	工日	125.00	—	1.637 0	5.905 0	6.565 0	7.647 0
	二类人工	工日	135.00	0.938 0	3.633 0	9.163 0	9.998 0	13.084 0
材料	混凝土井盖	套	—	—	(0.181 0)	(0.368 0)	(0.368 0)	(0.368 0)
	预制混凝土井	套	—	(1.010 0)	—	—	—	—
	井盖 综合	个	—	(1.000 0)	(1.000 0)	(1.000 0)	(1.000 0)	(1.000 0)
	热轧带肋钢筋 HRB400 综合	t	3 849.00	—	0.015 4	0.195 4	0.205 9	0.223 2
	复合硅酸盐水泥 P·C 32.5R 综合	t	319.00	0.012 0	0.012 0	0.012 0	0.012 0	0.012 0
	碎石 综合	t	102.00	—	—	1.529 3	1.713 2	2.045 1
	混凝土实心砖 240×115×53 MU10	千块	388.00	—	0.648 4	2.382 8	2.624 8	3.983 8
	非泵送商品混凝土 C25	m^3	421.00	—	0.589 8	1.855 4	2.045 3	2.391 7
	水	m^3	4.27	0.006 0	0.918 9	2.798 0	3.064 4	3.753 1
	干混抹灰砂浆 DP M20.0	m^3	446.95	—	0.222 0	0.524 8	0.577 0	0.746 6
	干混砌筑砂浆 DM M7.5	m^3	413.73	—	0.272 0	0.999 7	1.101 2	1.671 3
	水泥砂浆 1:2	m^3	268.85	0.022 0	0.022 0	0.022 0	0.022 0	0.022 0
	水泥砂浆 M7.5	m^3	215.81	0.022 0	0.022 0	0.022 0	0.022 0	0.022 0

第四节　配管、配线工程

说　明

本节定额包括电线管敷设、镀锌钢管敷设、塑料管敷设、管内穿线、接线箱安装、接线盒安装。

工程量计算规则

一、各种配管的工程量计算,应区别不同敷设方式、敷设位置、管材材质、规格按延长米以“m”计算。不扣除管路中间的接线箱(盒)、灯盒、开关盒所占长度。

二、管内穿线定额工程量计算,应区别线路性质、导线材质、导线截面积,按单线延长米以“m”计算。线路的分支接头线的长度已综合考虑在定额中,不再计算接头长度。

一、电线管敷设

工作内容:测位、划线、打眼、埋螺栓、锯管、套丝、煨弯、配管、接地刷漆。　　**计量单位**:100m

定额编号					6-75	6-76
项目					砖、混凝土结构明配	砖、混凝土结构暗配
					电线管 公称直径(mm)	
					50 以内	
基价(元)					**1 047.16**	**826.02**
其中	人工费(元)				819.45	647.33
	材料费(元)				177.23	126.31
	机械费(元)				50.48	52.38
预算定额编号	项目名称		单位	单价(元)	消耗量	
8-246	砖、混凝土结构明配 电线管公称直径50mm以内		100m	1 047.16	1.000 0	—
8-249	砖、混凝土结构暗配 电线管公称直径50mm以内		100m	826.02	—	1.000 0
名称			单位	单价(元)	消耗量	
人工	二类人工		工日	135.00	6.070 0	4.795 0
材料	电线管		m	—	(103.000 0)	(103.000 0)
	热轧光圆钢筋 综合		kg	3.97	1.928 0	1.928 0
	镀锌锁紧螺母 $DN50\times1.5$		个	1.90	12.360 0	12.360 0
	金属膨胀螺栓 M6×50		套	0.18	28.000 0	—

工作内容:测位、划线、打眼、埋螺栓、锯管、套丝、煨弯、配管、接地刷漆。　　**计量单位**:100m

定额编号				6-77
项目				砖、混凝土结构暗配
				钢管 公称直径(mm)
				50 以内
基价(元)				**826.02**
其中	人工费(元)			647.33
	材料费(元)			126.31
	机械费(元)			52.38
预算定额编号	项目名称	单位	单价(元)	消耗量
8-249	电线管敷设 砖、混凝土结构暗配 电线管公称直径50mm以内	100m	826.02	1.000 0
名称		单位	单价(元)	消耗量
人工	二类人工	工日	135.00	4.795 0
材料	电线管	m	—	(103.000 0)
	热轧光圆钢筋 综合	kg	3.97	1.928 0
	镀锌锁紧螺母 $DN50\times1.5$	个	1.90	12.360 0

二、镀锌钢管敷设

1. 镀锌钢管埋地敷设

工作内容:土方开挖、坑底夯实、测位、锯管、套丝、煨弯、配管、接地、补漆、回填夯实、余土外运。　　**计量单位:**100m

定额编号				6-78	6-79
项目				镀锌钢管 公称直径(mm)	
				50 以内	100 以内
基价(元)				**3 825.02**	**4 997.15**
其中	人工费(元)			3 609.92	4 553.57
	材料费(元)			203.52	415.10
	机械费(元)			11.58	28.48
预算定额编号	项目名称	单位	单价(元)	消耗量	
1-17	人工挖沟槽、基坑土方 三类土 深度在2m以内	$100m^3$	2 544.00	0.585 0	0.630 0
1-53	填土夯实 槽、坑	$100m^3$	2 387.37	0.583 1	0.622 0
8-257	镀锌钢管地埋敷设 钢管公称直径50mm以内	100m	944.70	1.000 0	—
8-259	镀锌钢管地埋敷设 钢管公称直径100mm以内	100m	1 909.48	—	1.000 0
	名称	单位	单价(元)	消耗量	
人工	一类人工	工日	125.00	23.012 0	24.668 0
	二类人工	工日	135.00	5.433 0	10.889 0
材料	镀锌对缝钢管 $\phi50\sim100$	m	—	(103.000 0)	(103.000 0)
	镀锌锁紧螺母 *DN*50×3	个	4.91	8.008 0	—
	镀锌锁紧螺母 *DN*100×3	个	12.21	—	8.008 0
	镀锌钢管接头 50×3.5	个	3.59	16.517 0	—
	镀锌钢管接头 100×4	个	9.83	—	15.516 0
	铜芯塑料绝缘线 BVR4	m	2.16	17.618 0	25.726 0
	塑料护口(钢管用) 50	个	0.24	8.208 0	—
	塑料护口(钢管用) 100	个	0.62	—	8.208 0
	水	m^3	4.27	0.903 8	0.964 1

2. 砖、混凝土结构明暗配

工作内容：测位、划线、打眼、钢管敷设、接地、刷漆。　　**计量单位：**100m

定额编号				6-80	6-81	6-82	6-83
项目				砖、混凝土结构明配		砖、混凝土结构暗配	
				镀锌钢管 公称直径(mm)			
				50 以内	100 以内	50 以内	100 以内
基价（元）				**1 738.18**	**4 488.28**	**1 367.05**	**3 083.33**
其中	人工费（元）			1 167.89	2 748.33	1 101.20	2 504.25
	材料费（元）			558.71	1 711.47	254.27	550.60
	机械费（元）			11.58	28.48	11.58	28.48
预算定额编号	项目名称	单位	单价(元)	消耗量			
8-262	砖、混凝土结构明配 钢管公称直径 50mm 以内	100m	1 738.18	1.000 0	—	—	—
8-264	砖、混凝土结构明配 钢管公称直径 100mm 以内	100m	4 488.28	—	1.000 0	—	—
8-267	砖、混凝土结构暗配 钢管公称直径 50mm 以内	100m	1 367.05	—	—	1.000 0	—
8-269	砖、混凝土结构暗配 钢管公称直径 100mm 以内	100m	3 083.33	—	—	—	1.000 0
名称		单位	单价(元)	消耗量			
人工	二类人工	工日	135.00	8.651 0	20.358 0	8.157 0	18.550 0
材料	镀锌对缝钢管 $\phi50\sim100$	m	—	(103.000 0)	(103.000 0)	(103.000 0)	(103.000 0)
	镀锌锁紧螺母 *DN*50×3	个	4.91	12.020 0	—	16.016 0	—
	镀锌锁紧螺母 *DN*100×3	个	12.21	—	12.020 0	—	16.016 0
	镀锌钢管接头 50×3.5	个	3.59	16.016 0	—	16.517 0	—
	镀锌钢管接头 100×4	个	9.83	—	15.015 0	—	15.516 0
	镀锌钢管塑料护口 *DN*50	个	0.24	15.015 0	—	—	—
	镀锌钢管塑料护口 *DN*100	个	0.62	—	15.015 0	—	—
	铜芯塑料绝缘线 BVR4	m	2.16	—	—	17.618 0	31.482 0
	塑料护口(钢管用) 50	个	0.24	—	—	15.516 0	—
	塑料护口(钢管用) 100	个	0.62	—	—	—	15.516 0

3. 钢结构支架配管

工作内容:测位、划线、打眼、上卡子、安装支架、锯管、套丝、煨弯配管、接地、刷漆。 **计量单位**:100m

定额编号				6-84	6-85
项目				钢管 公称直径(mm)	
				50 以内	100 以内
基价(元)				**1 663.58**	**4 217.07**
其中	人工费(元)			1 069.47	2 430.54
	材料费(元)			582.53	1 758.05
	机械费(元)			11.58	28.48
预算定额编号	项目名称	单位	单价(元)	消耗量	
8-272	钢结构支架配管 钢管公称直径 50mm 以内	100m	1 663.58	1.000 0	—
8-274	钢结构支架配管 钢管公称直径 100mm 以内	100m	4 217.07	—	1.000 0
	名称	单位	单价(元)	消耗量	
人工	二类人工	工日	135.00	7.922 0	18.004 0
材料	镀锌对缝钢管 ϕ50 ~ 100	m	—	(103.000 0)	(103.000 0)
	镀锌锁紧螺母 *DN*50 × 3	个	4.91	16.016 0	—
	镀锌锁紧螺母 *DN*100 × 3	个	12.21	—	16.016 0
	镀锌钢管接头 50 × 3.5	个	3.59	16.517 0	—
	镀锌钢管接头 100 × 4	个	9.83	—	15.516 0
	塑料护口(电线管用) 50	个	0.26	15.516 0	—
	塑料护口(钢管用) 100	个	0.62	—	15.516 0

三、塑料管敷设

1. 塑料管地埋敷设

工作内容:土方开挖、坑底夯实、配管、锯管、煨弯、管口处理、接管、埋设、封管口、回填夯实、余土外运。

计量单位:100m

定额编号				6-86	6-87
项目				塑料管 公称直径(mm)	
				50 以内	100 以内
基价(元)				**698.54**	**821.77**
其中	人工费(元)			596.10	681.33
	材料费(元)			3.80	4.88
	机械费(元)			98.64	135.56
预算定额编号	项目名称	单位	单价(元)	消耗量	
1-17	人工挖沟槽、基坑土方 三类土 深度在 2m 以内	$100m^3$	2 544.00	0.058 5	0.063 2
1-53	填土夯实 槽、坑	$100m^3$	2 387.37	0.058 3	0.062 2
8-283	塑料管地埋敷设 塑料管公称直径 50mm 以内	100m	410.53	1.000 0	—
8-285	塑料管地埋敷设 塑料管公称直径 100mm 以内	100m	512.50	—	1.000 0
名称		单位	单价(元)	消耗量	
人工	一类人工	工日	125.00	2.301 0	2.471 0
	二类人工	工日	135.00	2.285 0	2.759 0
材料	硬塑料管	m	—	(106.000 0)	(106.000 0)
	钢锯条	条	2.59	0.800 0	1.200 0
	镀锌铁丝 16#	kg	6.55	0.200 0	0.200 0
	水	m^3	4.27	0.090 4	0.096 4

2. 砖、混凝土结构明暗配及钢索配管

工作内容:测位、划线、打眼、埋螺栓、锯管、套丝、煨弯、配管、接管。

计量单位:100m

定额编号				6-88	6-89
项目				砖、混凝土结构明配	
				塑料管 公称直径(mm)	
				50 以内	100 以内
基价(元)				**894.84**	**1 336.46**
其中	人工费(元)			840.24	1 275.75
	材料费(元)			29.80	35.91
	机械费(元)			24.80	24.80
预算定额编号	项目名称	单位	单价(元)	消耗量	
8-295	砖、混凝土结构明配 塑料管公称直径 50mm 以内	100m	894.84	1.000 0	—
8-297	砖、混凝土结构明配 塑料管公称直径 100mm 以内	100m	1 336.46	—	1.000 0
名称		单位	单价(元)	消耗量	
人工	二类人工	工日	135.00	6.224 0	9.450 0
材料	硬塑料管	m	—	(106.000 0)	(106.000 0)
	金属膨胀螺栓 M6×50	套	0.18	—	54.400 0
	冲击钻头 ϕ12	个	4.48	0.896 0	0.704 0
	钢锯条	条	2.59	0.800 0	1.200 0
	塑料焊条	kg	8.03	0.384 0	0.384 0

工作内容:测位、划线、打眼、埋螺栓、锯管、套丝、煨弯、配管、接管。 **计量单位**:100m

定额编号				6-90	6-91	6-92
项目				砖、混凝土结构暗配		钢索配管
				塑料管 公称直径(mm)		
				50 以内	100 以内	32 以内
基价(元)				**659.17**	**1 003.25**	**664.80**
其中	人工费(元)			627.75	970.52	520.16
	材料费(元)			6.62	7.93	119.84
	机械费(元)			24.80	24.80	24.80
预算定额编号	项目名称	单位	单价(元)	消耗量		
8-288	砖、混凝土结构 暗配 塑料管公称直径 50mm 以内	100m	659.17	1.000 0	—	—
8-290	砖、混凝土结构 暗配 塑料管公称直径 100mm 以内	100m	1 003.25	—	1.000 0	—
8-292	钢索配管 塑料管公称直径 32mm 以内	100m	664.80	—	—	1.000 0
	名称	单位	单价(元)	消耗量		
人工	二类人工	工日	135.00	4.650 0	7.189 0	3.853 0
材料	硬塑料管	m	—	(106.000 0)	(106.000 0)	(106.000 0)
	半圆头螺钉 M6×12	个	0.08	—	—	96.512 0
	钢锯条	条	2.59	0.800 0	1.200 0	0.800 0
	塑料焊条	kg	8.03	0.384 0	0.416 0	0.192 0
	吊管卡子 32	个	2.28	—	—	46.400 0

四、管内穿线

工作内容:穿引线、扫管、涂滑石粉、穿线、编号。 **计量单位**:100m

定额编号				6-93	6-94	6-95	6-96
项目				照明线路			
				导线截面(mm^2)			
				6 以内	35 以内	70 以内	120 以内
基价(元)				**49.64**	**89.29**	**182.09**	**228.60**
其中	人工费(元)			46.71	84.51	176.04	221.67
	材料费(元)			2.93	4.78	6.05	6.93
	机械费(元)			—	—	—	—
预算定额编号	项目名称	单位	单价(元)	消耗量			
8-300	管内穿线 照明线路 导线截面 $6mm^2$ 以内	100m	49.64	1.000 0	—	—	—
8-302	管内穿线 照明线路 导线截面 $35mm^2$ 以内	100m	89.29	—	1.000 0	—	—
8-303	管内穿线 照明线路 导线截面 $70mm^2$ 以内	100m	182.09	—	—	1.000 0	—
8-304	管内穿线 照明线路 导线截面 $120mm^2$ 以内	100m	228.60	—	—	—	1.000 0
	名称	单位	单价(元)	消耗量			
人工	二类人工	工日	135.00	0.346 0	0.626 0	1.304 0	1.642 0
材料	绝缘导线	m	—	(105.000 0)	(105.000 0)	(105.000 0)	(105.000 0)
	钢丝 综合	kg	5.28	0.080 0	0.112 0	0.192 0	0.200 0
	棉纱	kg	10.34	0.240 0	0.400 0	0.480 0	0.560 0

五、接线箱安装

工作内容：测位、打眼、埋螺栓、箱子开孔、刷漆、固定。　　计量单位：10 个

定额编号				6-97	6-98
项目				明装	暗装
基价（元）				**577.26**	**717.71**
其中	人工费（元）			564.30	707.13
	材料费（元）			12.96	10.58
	机械费（元）			—	—
预算定额编号	项目名称	单位	单价(元)	消耗量	
8-333	明装接线箱半周长 1 500mm 以内	10 个	577.26	1.000 0	—
8-335	暗装接线箱半周长 1 500mm 以内	10 个	717.71	—	1.000 0
名称		单位	单价(元)	消耗量	
人工	二类人工	工日	135.00	4.180 0	5.238 0
材料	接线箱	个	—	(10.000 0)	(10.000 0)
	金属膨胀螺栓 M8	10 套	3.10	4.080 0	—
	沥青漆	kg	9.83	—	1.064 0

六、接线盒安装

工作内容：测位、打眼、埋螺栓、箱子开孔、刷漆、固定。　　计量单位：10 个

定额编号				6-99	6-100	6-101
项目				明装	暗装	钢索上安装
基价（元）				**45.62**	**67.33**	**25.78**
其中	人工费（元）			38.07	58.32	18.23
	材料费（元）			7.55	9.01	7.55
	机械费（元）			—	—	—
预算定额编号	项目名称	单位	单价(元)	消耗量		
8-336	暗装 接线盒	10 个	45.62	1.000 0	—	—
8-338	明装 普通接线盒	10 个	67.33	—	1.000 0	—
8-339	钢索上安装 接线盒	10 个	25.78	—	—	1.000 0
名称		单位	单价(元)	消耗量		
人工	二类人工	工日	135.00	0.282 0	0.432 0	0.135 0
材料	钢索上安装接线盒	个	—	—	—	(10.200 0)
	接线盒	个	—	(10.200 0)	(10.200 0)	—
	塑料护口(电线管用) 15	个	0.04	22.250 0	22.250 0	22.250 0

第五节 照明器具安装工程

说 明

一、本节定额包括常规路灯安装、中杆灯安装(成套型)、高杆灯安装(成套型)、其他灯具安装、太阳能电池板与蓄电池安装。

二、本节定额中灯具均按成套型考虑,灯具安装定额已包括了路灯电源(含接地、接零)与每根灯柱接线的工作内容。

工程量计算规则

各种常规路灯、中杆灯、高杆灯、其他灯具以“套”计算。

一、常规路灯安装

1. 单悬臂挑灯安装

工作内容：定位、抱箍灯架安装、接线、编号。　　　　**计量单位**：10 套

定额编号				6-102	6-103	6-104
项目				单抱箍臂长(m)	双抱箍臂长(m)	
				3 以下	5 以下	5 以上
基价（元）				**1 128.23**	**1 421.86**	**1 551.86**
其中	人工费（元）			611.60	905.23	1 035.23
	材料费（元）			160.11	160.11	160.11
	机械费（元）			356.52	356.52	356.52
预算定额编号	项目名称	单位	单价(元)	消耗量		
8-169H	路灯设施编号 路灯杆号	100 个	1 501.56	0.100 0	0.100 0	0.100 0
8-369	单臂悬挑灯安装 单抱箍臂长 3m 以下	10 套	978.08	1.000 0	—	—
8-371	单臂悬挑灯安装 双抱箍臂长 5m 以下	10 套	1 271.71	—	1.000 0	—
8-372	单臂悬挑灯安装 双抱箍臂长 5m 以上	10 套	1 401.71	—	—	1.000 0
名称		单位	单价(元)	消耗量		
人工	二类人工	工日	135.00	4.530 0	6.705 0	7.668 0
材料	灯架	套	—	(10.100 0)	(10.100 0)	(10.100 0)

工作内容：定位、抱箍灯架安装、接线、编号。　　　　**计量单位**：10 套

定额编号				6-105	6-106	6-107
项目				双拉梗臂长(m)		双臂架臂长(m)
				5 以下	5 以上	5 以下
基价（元）				**1 798.13**	**2 043.83**	**1 599.28**
其中	人工费（元）			1 232.60	1 413.10	1 033.75
	材料费（元）			160.11	160.11	160.11
	机械费（元）			405.42	470.62	405.42
预算定额编号	项目名称	单位	单价(元)	消耗量		
8-169H	路灯设施编号 路灯杆号	100 个	1 501.56	0.100 0	0.100 0	0.100 0
8-374	单臂悬挑灯安装 双拉梗臂长 5m 以下	10 套	1 647.98	1.000 0	—	—
8-375	单臂悬挑灯安装 双拉梗臂长 5m 以上	10 套	1 893.68	—	1.000 0	—
8-377	单臂悬挑灯安装 双臂架臂长 5m 以下	10 套	1 449.13	—	—	1.000 0
名称		单位	单价(元)	消耗量		
人工	二类人工	工日	135.00	9.130 0	10.467 0	7.657 0
材料	成套灯具	套	—	(10.100 0)	(10.100 0)	(10.100 0)

2. 双悬挑灯安装(成套型)

工作内容:基础开挖、回填及余土外运,模板安、拆,基础浇筑,基础预埋件制作、安装,配件检查,定位安装,螺栓紧固,接线,编号。

计量单位:10 套

定额编号				6-108	6-109
项目				双悬臂挑灯架	
				成套型	
				5m 以下	5m 以上
基价(元)				**4 144.75**	**4 331.45**
其中	人工费(元)			1 915.56	2 037.06
	材料费(元)			1 769.45	1 769.45
	机械费(元)			459.74	524.94
预算定额编号	项目名称	单位	单价(元)	消耗量	
1-17	人工挖沟槽、基坑土方 三类土 深度在 2m 以内	$100m^3$	2 544.00	0.133 1	0.133 1
1-53	填土夯实 槽、坑	$100m^3$	2 387.37	0.105 6	0.105 6
1-94	自卸汽车运土方 运距 1km 以内	$1\,000m^3$	5 564.89	0.001 2	0.001 2
1-95H	自卸汽车运土方 运距增加 14km	$1\,000m^3$	21 792.54	0.001 2	0.001 2
8-169H	路灯设施编号 路灯杆号	100 个	1 501.56	0.100 0	0.100 0
8-171	C20 钢筋混凝土基础 制作	m^3	704.48	2.750 0	2.750 0
8-285	塑料管地埋敷设 塑料管公称直径 100mm 以内	100m	512.50	0.050 0	0.050 0
8-379	成套型 双臂悬挑灯架对称式 臂长 5m 以下	10 套	1 408.11	1.000 0	—
8-380	成套型 双臂悬挑灯架对称式 臂长 5m 以上	10 套	1 594.81	—	1.000 0
名称		单位	单价(元)	消耗量	
人工	一类人工	工日	125.00	4.720 0	4.720 0
	二类人工	工日	135.00	9.819 0	10.719 0
材料	硬塑料管	m	—	(5.300 0)	(5.300 0)
	成套灯具	套	—	(10.100 0)	(10.100 0)
	热轧带肋钢筋 HRB400 综合	t	3 849.00	0.082 5	0.082 5
	非泵送商品混凝土 C30	m^3	438.00	2.750 0	2.750 0
	水	m^3	4.27	0.163 7	0.163 7
	钢模板	kg	5.96	2.695 0	2.695 0
	木模板	m^3	1 445.00	0.013 8	0.013 8

3. 常规柱灯安装(成套型)

工作内容:基础开挖、回填及余土外运,模板安、拆,基础浇筑,基础预埋件制作、安装,灯架检查,测试定位,配线,灯架、灯具、附件安装,螺栓紧固,导线连接,包头,编号。

计量单位:套

				定额编号	6-110	6-111	6-112
项目					灯高 15m 以下		
					灯火数(火)		
					3	7	9
基价(元)					**662.46**	**1 051.71**	**1 173.48**
其中	人工费(元)				342.16	587.45	709.22
	材料费(元)				175.15	178.84	178.84
	机械费(元)				145.15	285.42	285.42
预算定额编号	项目名称		单位	单价(元)	消耗量		
1-17	人工挖沟槽、基坑土方 三类土 深度在 2m 以内		$100m^3$	2 544.00	0.013 3	0.013 3	0.013 3
1-53	填土夯实 槽、坑		$100m^3$	2 387.37	0.010 6	0.010 6	0.010 6
1-94	自卸汽车运土方 运距 1km 以内		$1\ 000m^3$	5 564.89	0.000 1	0.000 1	0.000 1
1-95H	自卸汽车运土方 运距增加 14km		$1\ 000m^3$	21 792.54	0.000 1	0.000 1	0.000 1
8-169H	路灯设施编号 路灯杆号		100 个	1 501.56	0.010 0	0.010 0	0.010 0
8-171	C20 钢筋混凝土基础 制作		m^3	704.48	0.275 0	0.275 0	0.275 0
8-285	塑料管地埋敷设 塑料管公称直径 100mm 以内		100m	512.50	0.005 0	0.005 0	0.005 0
8-392	常规柱灯安装 成套型 灯高 15m 以下 灯火数 3 火		套	389.27	1.000 0	—	—
8-394	常规柱灯安装 成套型 灯高 15m 以下 灯火数 7 火		套	778.52	—	1.000 0	—
8-395	常规柱灯安装 成套型 灯高 15m 以下 灯火数 9 火		套	900.29	—	—	1.000 0
名称			单位	单价(元)	消耗量		
人工	一类人工		工日	125.00	0.473 0	0.473 0	0.473 0
	二类人工		工日	135.00	2.097 0	3.914 0	4.816 0
材料	硬塑料管		m	—	(0.530 0)	(0.530 0)	(0.530 0)
	常规路灯		套	—	(1.010 0)	(1.010 0)	(1.010 0)
	热轧带肋钢筋 HRB400 综合		t	3 849.00	0.008 3	0.008 3	0.008 3
	非泵送商品混凝土 C30		m^3	438.00	0.275 0	0.275 0	0.275 0
	水		m^3	4.27	0.016 4	0.016 4	0.016 4
	钢模板		kg	5.96	0.269 5	0.269 5	0.269 5
	木模板		m^3	1 445.00	0.001 4	0.001 4	0.001 4

二、中杆灯安装(成套型)

工作内容:基础开挖、回填及余土外运,模板安、拆,基础浇筑,基础预埋件制作、安装,灯架检查,测试定位,配线,灯架、灯具、附件安装,螺栓紧固,导线连接,包头,编号。

计量单位:套

定额编号				6-113	6-114	6-115
项目				灯高 19m 以下		
				灯火数(火)		
				7	15	25
基价(元)				**1 395.59**	**2 023.98**	**2 680.55**
其中	人工费(元)			755.23	1 243.66	1 863.31
	材料费(元)			293.11	293.11	293.11
	机械费(元)			347.25	487.21	524.13
预算定额编号	项目名称	单位	单价(元)	消耗量		
1-17	人工挖沟槽、基坑土方 三类土 深度在 2m 以内	$100m^3$	2 544.00	0.018 7	0.018 7	0.018 7
1-53	填土夯实 槽、坑	$100m^3$	2 387.37	0.014 0	0.014 0	0.014 0
1-94	自卸汽车运土方 运距 1km 以内	$1\ 000m^3$	5 564.89	0.000 3	0.000 3	0.000 3
1-95H	自卸汽车运土方 运距增加 14km	$1\ 000m^3$	21 792.54	0.000 3	0.000 3	0.000 3
8-169H	路灯设施编号 路灯杆号	100 个	1 501.56	0.010 0	0.010 0	0.010 0
8-171	C20 钢筋混凝土基础 制作	m^3	704.48	0.468 0	0.468 0	0.468 0
8-285	塑料管地埋敷设 塑料管公称直径 100mm 以内	100m	512.50	0.005 0	0.005 0	0.005 0
8-402	中杆灯安装 成套型 灯高 19m 以下 灯火数 7 火	套	959.11	1.000 0	—	—
8-405	中杆灯安装 成套型 灯高 19m 以下 灯火数 15 火	套	1 587.50	—	1.000 0	—
8-407	中杆灯安装 成套型 灯高 19m 以下 灯火数 25 火	套	2 244.07	—	—	1.000 0
	名称	单位	单价(元)	消耗量		
人工	一类人工	工日	125.00	0.647 0	0.647 0	0.647 0
	二类人工	工日	135.00	4.995 0	8.613 0	13.203 0
材料	硬塑料管	m	—	(0.530 0)	(0.530 0)	(0.530 0)
	中杆路灯	套	—	(1.010 0)	(1.010 0)	(1.010 0)
	热轧带肋钢筋 HRB400 综合	t	3 849.00	0.014 0	0.014 0	0.014 0
	非泵送商品混凝土 C30	m^3	438.00	0.468 0	0.468 0	0.468 0
	水	m^3	4.27	0.021 7	0.021 7	0.021 7
	钢模板	kg	5.96	0.458 6	0.458 6	0.458 6
	木模板	m^3	1 445.00	0.002 3	0.002 3	0.002 3

三、高杆灯安装(成套型)

工作内容:测位,划线,基础开挖、回填,模板安、拆,基础浇筑,基础预埋件制作、安装,成套吊装,找正,螺栓紧固,配线,焊压包头,编号。

计量单位:套

定额编号				6-116	6-117	6-118
项目				灯火数(火)		
				18	36	60
基价(元)				**3 851.63**	**4 969.55**	**5 498.75**
其中	人工费(元)			2 341.89	2 779.29	3 308.49
	材料费(元)			619.30	619.30	619.30
	机械费(元)			890.44	1 570.96	1 570.96
预算定额编号	项目名称	单位	单价(元)	消耗量		
1-17	人工挖沟槽、基坑土方 三类土 深度在2m以内	$100m^3$	2 544.00	0.031 4	0.031 4	0.031 4
1-53	填土夯实 槽、坑	$100m^3$	2 387.37	0.021 1	0.021 1	0.021 1
1-94	自卸汽车运土方 运距1km以内	$1\ 000m^3$	5 564.89	0.000 7	0.000 7	0.000 7
1-95H	自卸汽车运土方 运距增加14km	$1\ 000m^3$	21 792.54	0.000 7	0.000 7	0.000 7
8-169H	路灯设施编号 路灯杆号	100个	1 501.56	0.010 0	0.010 0	0.010 0
8-171	C20钢筋混凝土基础 制作	m^3	704.48	1.024 0	1.024 0	1.024 0
8-285	塑料管地埋敷设 塑料管公称直径100mm以内	100m	512.50	0.005 0	0.005 0	0.005 0
8-415	高杆灯安装 成套型 灯盘固定式 灯火数18火	套	2 963.25	1.000 0	—	—
8-417	高杆灯安装 成套型 灯盘固定式 灯火数36火	套	4 081.17	—	1.000 0	—
8-419	高杆灯安装 成套型 灯盘固定式 灯火数60火	套	4 610.37	—	—	1.000 0
名称		单位	单价(元)	消耗量		
人工	一类人工	工日	125.00	1.041 0	1.041 0	1.041 0
	二类人工	工日	135.00	16.383 0	19.623 0	23.543 0
材料	硬塑料管	m	—	(0.530 0)	(0.530 0)	(0.530 0)
	高杆路灯	套	—	(1.010 0)	(1.010 0)	(1.010 0)
	热轧带肋钢筋 HRB400 综合	t	3 849.00	0.030 7	0.030 7	0.030 7
	非泵送商品混凝土 C30	m^3	438.00	1.024 0	1.024 0	1.024 0
	水	m^3	4.27	0.032 7	0.032 7	0.032 7
	钢模板	kg	5.96	1.003 5	1.003 5	1.003 5
	木模板	m^3	1 445.00	0.005 1	0.005 1	0.005 1

工作内容:测位,划线,基础开挖、回填,模板安、拆,基础浇筑,基础预埋件制作、安装,成套吊装,找正,螺栓紧固,配线,焊压包头,传动装置安装,清洗上油,升降试验,编号。

计量单位:套

定额编号					6-119	6-120	6-121
项目					灯盘升降式		
					灯火数(火)		
					18	36	60
基价(元)					**4 181.28**	**5 369.57**	**5 978.29**
其中	人工费(元)				2 654.55	3 157.56	3 766.28
	材料费(元)				636.29	641.05	641.05
	机械费(元)				890.44	1 570.96	1 570.96
预算定额编号	项目名称		单位	单价(元)	消耗量		
1-17	人工挖沟槽、基坑土方 三类土 深度在 2m 以内		100m³	2 544.00	0.031 4	0.031 4	0.031 4
1-53	填土夯实 槽、坑		100m³	2 387.37	0.021 1	0.021 1	0.021 1
1-94	自卸汽车运土方 运距 1km 以内		1 000m³	5 564.89	0.000 7	0.000 7	0.000 7
1-95H	自卸汽车运土方 运距增加 14km		1 000m³	21 792.54	0.000 7	0.000 7	0.000 7
8-169H	路灯设施编号 路灯杆号		100 个	1 501.56	0.010 0	0.010 0	0.010 0
8-171	C20 钢筋混凝土基础 制作		m³	704.48	1.024 0	1.024 0	1.024 0
8-285	塑料管地埋敷设 塑料管公称直径 100mm 以内		100m	512.50	0.005 0	0.005 0	0.005 0
8-421	高杆灯安装 成套型 灯盘升降式 灯火数 18 火		套	3 292.90	1.000 0	—	—
8-423	高杆灯安装 成套型 灯盘升降式 灯火数 36 火		套	4 481.19	—	1.000 0	—
8-425	高杆灯安装 成套型 灯盘升降式 灯火数 60 火		套	5 089.91	—	—	1.000 0
名称			单位	单价(元)	消耗量		
人工	一类人工		工日	125.00	1.041 0	1.041 0	1.041 0
	二类人工		工日	135.00	18.699 0	22.425 0	26.934 0
材料	硬塑料管		m	—	(0.530 0)	(0.530 0)	(0.530 0)
	高杆路灯		套	—	(1.010 0)	(1.010 0)	(1.010 0)
	升降传动装置		套	—	(1.000 0)	(1.000 0)	(1.000 0)
	热轧带肋钢筋 HRB400 综合		t	3 849.00	0.030 7	0.030 7	0.030 7
	非泵送商品混凝土 C30		m³	438.00	1.024 0	1.024 0	1.024 0
	水		m³	4.27	0.032 7	0.032 7	0.032 7
	钢模板		kg	5.96	1.003 5	1.003 5	1.003 5
	木模板		m³	1 445.00	0.005 1	0.005 1	0.005 1

四、其他灯具安装

工作内容：打眼、埋螺栓、支架安装、灯具组装、配线、接线、焊接包头、校试。　　　　计量单位：10 套

定　额　编　号					6-122
项　　　目					桥栏杆灯 成套式
基　价（元）					**639.30**
其中	人　工　费（元）				441.05
	材　料　费（元）				50.57
	机　械　费（元）				147.68
预算定额编号	项 目 名 称		单位	单价(元)	消　耗　量
8-456	桥栏杆灯 成套嵌入式		10 套	688.17	0.500 0
8-457	桥栏杆灯 成套明装式		10 套	590.43	0.500 0
名　称			单位	单价(元)	消　耗　量
人工	二类人工		工日	135.00	3.267 0
材料	成套灯具		套	—	(10.100 0)
	金属膨胀螺栓 M8×60		套	0.27	40.800 0
	铜芯塑料绝缘线 BV1.5		m	0.78	50.000 0

五、太阳能电池板与蓄电池安装

1. 太阳能电池板安装

工作内容：搬运、开箱、检查、支架固定、整理检查、连接与接线。　　　　计量单位：块

定　额　编　号					6-123
项　　　目					路灯柱上安装 柱高 20m 以下
基　价（元）					**103.04**
其中	人　工　费（元）				45.63
	材　料　费（元）				6.72
	机　械　费（元）				50.69
预算定额编号	项 目 名 称		单位	单价(元)	消　耗　量
8-481	太阳能电池板安装 路灯柱上安装 柱高 20m 以下		块	103.04	1.000 0
名　称			单位	单价(元)	消　耗　量
人工	二类人工		工日	135.00	0.338 0
材料	座箱		个	—	(10.100 0)
	太阳能电池板		块	—	(1.000 0)
	电气绝缘胶带 18mm×10m×0.13mm		卷	2.59	0.200 0
	铜芯橡皮绝缘线 BX 2.5		m	1.29	0.220 0

2. 蓄电池安装

工作内容:搬运、开箱、检查、支架固定、蓄电池就位、整理检查、连接与接线、护罩安装、标志标号。 **计量单位**:组件

定额编号				6-124	6-125
项目				蓄电池电压/容量	
				12V/200A·h	12V/500A·h
基价(元)				**80.35**	**87.51**
其中	人工费(元)			35.37	42.53
	材料费(元)			3.75	3.75
	机械费(元)			41.23	41.23
预算定额编号	项目名称	单位	单价(元)	消耗量	
8-483	蓄电 池安装 电压/容量 12V/200A·h	组件	80.35	1.000 0	—
8-485	蓄电池安装 电压/容量 12V/500A·h	组件	87.51	—	1.000 0
名称		单位	单价(元)	消耗量	
人工	二类人工	工日	135.00	0.262 0	0.315 0
材料	蓄电池	组件	—	(1.000 0)	(1.000 0)
	三色塑料带 20mm×40m	m	0.69	0.110 0	0.110 0
	金属膨胀螺栓 M12	套	0.64	1.430 0	1.430 0
	肥皂水	kg	6.90	0.200 0	0.200 0
	钢锯条	条	2.59	0.300 0	0.300 0
	合金钢钻头 $\phi16$	个	11.64	0.020 0	0.020 0
	电力复合脂	kg	17.24	0.010 0	0.010 0

第六节　防雷接地装置工程

说　　明

一、本节定额包括接地极(板)制作、安装,接地母线敷设,避雷针安装,供电系统、接地装置调试。

二、接地母线敷设定额按自然地坪和一般土质综合考虑,包括地沟的挖填土和夯实工作,执行时不应再计算土方量。遇有石方、矿渣、积水、障碍物等情况,可另行计算。

三、本节定额不适用于采用爆破法施工的敷设接地线、安装接地极,也不包括高土壤电阻率地区采用换土或化学处理的接地装置及接地电阻的测试工作。

四、本节定额避雷针按成品件考虑。

工程量计算规则

一、接地极制作、安装以“根”计算,其长度按设计长度计算,设计无规定时,按每根2.5m计算,若设计有管帽,管帽另按加工件计算。

二、接地母线敷设按设计长度以“m”计算。

一、接地极(板)制作、安装

工作内容:下料、尖端加工、油漆、焊接并打入地下。 **计量单位:**根(块)

定额编号				6-126	6-127	6-128
项目				钢管接地极	角钢接地极	圆钢接地极
基价(元)				**60.25**	**43.50**	**35.06**
其中	人工费(元)			38.34	29.16	24.17
	材料费(元)			4.81	3.57	1.39
	机械费(元)			17.10	10.77	9.50
预算定额编号	项目名称	单位	单价(元)	消耗量		
8-492	接地极(板)制作、安装 钢管接地极 普通土	根(块)	60.25	1.000 0	—	—
8-494	接地极(板)制作、安装 角钢接地极 普通土	根(块)	43.50	—	1.000 0	—
8-496	接地极(板)制作、安装 圆钢接地极 普通土	根(块)	35.06	—	—	1.000 0
名称		单位	单价(元)	消耗量		
人工	二类人工	工日	135.00	0.284 0	0.216 0	0.179 0
材料	扁钢 Q235B 4×45	kg	3.96	0.208 0	0.208 0	0.104 0
	电焊条	kg	4.31	0.168 0	0.120 0	0.128 0
	钢锯条	条	2.59	1.200 0	0.800 0	0.136 0
	沥青漆	kg	9.83	0.016 0	0.016 0	0.008 0

二、接地母线敷设

工作内容:挖地沟、接地线平直、下料、测位、打眼、埋卡子、煨弯、敷设、焊接、回填、夯实、刷漆。 **计量单位:**10m

定额编号				6-129
项目				接地母线敷设
基价(元)				**227.74**
其中	人工费(元)			214.65
	材料费(元)			3.59
	机械费(元)			9.50
预算定额编号	项目名称	单位	单价(元)	消耗量
8-497	接地母线敷设	10m	227.74	1.000 0
名称		单位	单价(元)	消耗量
人工	二类人工	工日	135.00	1.590 0
材料	接地母线	m	—	(10.039 0)
	电焊条	kg	4.31	0.200 0
	钢锯条	条	2.59	1.000 0
	沥青漆	kg	9.83	0.010 0

三、避雷针安装

工作内容:底座制作、组装、焊接、吊装、找正、固定、补漆。　　　　**计量单位**:套

定额编号				6-130	6-131	6-132
项目				独立安装 针高30m以下	水泥杆上安装	金属杆上安装
基价(元)				**1 147.29**	**222.13**	**85.18**
其中	人工费(元)			592.92	97.20	33.21
	材料费(元)			205.22	105.30	46.27
	机械费(元)			349.15	19.63	5.70
预算定额编号	项目名称	单位	单价(元)	消耗量		
8-502	避雷针安装 独立安装 针高30m以下	套	1 147.29	1.000 0	—	—
8-504	避雷针安装 水泥杆上安装	套	222.13	—	1.000 0	—
8-505	避雷针安装 金属杆上安装	套	85.18	—	—	1.000 0
名称		单位	单价(元)	消耗量		
人工	二类人工	工日	135.00	4.392 0	0.720 0	0.246 0
材料	避雷针	根	—	(1.000 0)	—	—
	热轧光圆钢筋 HPB300 φ25	kg	3.98	26.800 0	6.672 0	7.704 0
	中厚钢板	kg	3.71	—	13.608 0	—
	六角带帽螺栓 M16×80	套	1.13	6.000 0	—	—
	六角带帽螺栓 M18×95	套	1.47	18.000 0	—	—
	镀锌扁钢抱箍 −40×4	副	6.81	—	2.010 0	2.010 0
	镀锌接地线板 40×5×120	个	8.62	—	1.000 0	—
	钢板底座 300×300×6	kg	4.70	4.800 0	—	—

四、供电系统、接地装置调试

工作内容:自动开关或断路器、常规保护装置、电测量仪表、电力电缆等,一、二次回路系统的调试,接地电阻测试。

计量单位:系统

定额编号				6-133	6-134	6-135	6-136
项目				1kV 以下三相交流供电	独立接地装置	路灯柱接地测试	接地网
				综合	6 根接地极以内	一柱、一独立接地、一测	20 根接地极以内
基价(元)				**171.53**	**76.19**	**20.16**	**190.45**
其中	人工费(元)			145.80	58.32	14.58	145.80
	材料费(元)			3.71	1.49	1.49	3.71
	机械费(元)			22.02	16.38	4.09	40.94
预算定额编号	项目名称	单位	单价(元)	消耗量			
8-509	供电系统、接地装置调试 1kV 以下三相交流供电 综合	系统	171.53	1.000 0	—	—	—
8-510	供电系统、接地装置调试 独立接地装置 6 根接地极以内	系统	76.19	—	1.000 0	—	—
8-511	供电系统、接地装置调试 路灯柱接地测试 一柱、一独立接地、一测	系统	20.16	—	—	1.000 0	—
8-512	供电系统、接地装置调试 接地网 20 根接地极以内	系统	190.45	—	—	—	1.000 0
名称		单位	单价(元)	消耗量			
人工	二类人工	工日	135.00	1.080 0	0.432 0	0.108 0	1.080 0
材料	校验材料费	元	1.00	3.710	1.490 0	1.490 0	3.710 0

第七章
生活垃圾处理工程

章　说　明

一、本章定额包括生活垃圾卫生填埋、生活垃圾焚烧，共2章145个子目。
二、本章定额适用于城镇范围内的新建、扩建和改建的生活垃圾设施工程。
三、本章定额的编制依据：
1.《市政工程设计概算编制办法》(2011版)；
2.《市政公用工程设计文件编制深度规定》(2013版)；
3.《市政工程消耗量定额》ZYA1－31－2015；
4.《浙江省市政工程预算定额》(2018版)；
5. 现行的设计、施工验收规范、安全操作规程、质量评定标准；
6. 典型工程设计资料。
四、未尽事宜详见各节说明。

第一节　生活垃圾卫生填埋

说　　明

一、本节定额包括场地整理、垃圾坝、压实黏土防渗层、高密度聚乙烯(HDPE)土工膜敷设、钠基膨润土防水毯敷设、土工合成材料敷设、防渗膜保护层、帷幕灌浆垂直防渗、膜下导流层、高密度聚乙烯(HDPE)管道敷设、盲沟填筑、导气石笼井、调节池浮盖、填埋气体处理系统、地下水监测井、封场覆盖、防飞散网、渗滤液处理设备安装、其他工程。

二、场地整理中地表土层综合考虑了人工清理和机械清理,清理厚度按30cm编制。填埋场表土外运、土石方工程执行本定额第一章“通用项目”相应定额子目。

三、高密度聚乙烯(HDPE)土工膜、钠基膨润土防水毯、土工合成材料敷设定额已综合考虑了平铺、斜铺、零星铺设。若材料设计规格与定额不同,按实调整,材料消耗量不变,人工、机械消耗量不做调整。

四、帷幕灌浆垂直防渗:

1. 帷幕灌浆地质钻机按露天作业孔径110mm以内、孔深50m以内、钻孔与水平夹角(向下)60°~90°编制,钻孔角度、深度、孔径与定额不同时,人工、钻机消耗量按下表系数进行调整。

人工、钻机消耗量调整系数表

调整项目	钻机与水平夹角		孔深 h(m)			孔径(mm)		
	0°~60°(向下)	角度向上	$50<h\leqslant70$	$70<h\leqslant90$	$h>90$	130	150	200
人工、钻机	1.14	1.19	1.07	1.17	1.31	1.19	1.45	1.73

注:终孔孔径130mm以上或孔深超过70m时,钻机换成300型,消耗量不变。

2. 钻机钻岩石层灌浆孔(自下而上灌浆法)子目按露天作业,帷幕灌浆孔、固结灌浆孔、排水孔、水位观测孔编制,发生下列情况时调整如下:

(1)钻试验孔,人工、机械消耗量乘以系数1.1;

(2)钻观测孔,人工、机械消耗量乘以系数1.25。

3. 坝基岩帷幕灌浆(自下而上灌浆法)子目已综合考虑帷幕排数。

4. 土坝(堤)充填灌浆子目按孔深50m以内、灌注黏土浆液编制。如采用水泥黏土浆,则水泥加上黏土的总重量应等于本子目的黏土重量,水泥掺量由设计确定。

五、高密度聚乙烯(HDPE)管道敷设综合考虑了管道钻孔加工,若钻孔加工不发生时,扣除钻孔加工费用。

六、导气石笼井综合考虑了钻孔、中心管安装、井筒安装和片石回填,若回填采用卵石,片石材料173.400t/100m^{3}调整为卵石147.900t/100m^3,人工、机械消耗量不做调整。

七、调节池浮盖施工按干法施工考虑,若现场采用带水施工,措施费用按实际情况另行计算。

八、封场覆盖适用于垃圾场内倒运、整形,若垃圾需要外运,挖垃圾装车、运输执行本定额第一章“通用项目”相应定额子目,人工、机械消耗量乘以系数1.2。

九、填埋库区边坡土石方自上而下翻挖传送垂直高度超过8m时需增加的费用另计。

十、填埋库区边坡表面喷射混凝土处理(含随喷随抹)、脚手架搭拆、边坡砌筑执行本定额第一章

"通用项目"相应定额子目,其中脚手架搭拆、边坡砌筑人工消耗量乘以系数 1.2,喷射混凝土定额的人工、机械消耗量乘以系数 1.2。

十一、本定额中材料上山、下山人力搬运费均未考虑。在遇到有山地等上下坡地形采用人力运输材料时,除按水平距离计算运距外,另按下表规定增加运距。

增加运距表

<table>
<tr><td rowspan="2">升降坡度</td><td colspan="2">高度差</td></tr>
<tr><td>每升高 1m</td><td>每降低 1m</td></tr>
<tr><td>10% 以下</td><td rowspan="2">7m</td><td>不增加</td></tr>
<tr><td>11% ~30%</td><td>4m</td></tr>
<tr><td>30% 以上</td><td>10m</td><td>7m</td></tr>
</table>

工程量计算规则

一、高密度聚乙烯(HDPE)土工膜、钠基膨润土防水毯、土工复合排水网、土工合成材料按设计图示以面积计算,其中锚固沟、盲沟等部位按展开面积计算。

二、填埋库区边坡岩面处理、修面及岩石修面按坡面斜面面积计算。

一、场 地 整 理

1. 地表土层清理

工作内容：清理表土，整理堆放。　　　　计量单位：1 000m²

定 额 编 号				7-1
项 目				地表土层清理
基 价 （元）				**3 685.55**
其中	人 工 费 （元）			1 824.86
	材 料 费 （元）			—
	机 械 费 （元）			1 860.69
预算定额编号	项 目 名 称	单位	单价（元）	消 耗 量
9-1	地表土层清理 人工清理 厚 5cm 以内	1 000m²	2 301.13	0.100 0
9-2H	地表土层清理 人工清理 增加 25cm	1 000m²	10 738.75	0.100 0
9-3	地表土层清理 机械清理 30cm 以内	1 000m²	2 646.18	0.900 0
名 称		单位	单价（元）	消 耗 量
人工	一类人工	工日	125.00	14.599 0

2. 基层修整、碾压

工作内容：削坡、找平、碾压、夯实等。　　　　计量单位：1 000m²

定 额 编 号				7-2	7-3
项 目				场地修整	边坡、平台修整
基 价 （元）				**2 512.68**	**5 003.35**
其中	人 工 费 （元）			1 027.25	1 046.88
	材 料 费 （元）			—	—
	机 械 费 （元）			1 485.43	3 956.47
预算定额编号	项 目 名 称	单位	单价（元）	消 耗 量	
9-4	基层修整、碾压 场地修整	1 000m²	2 512.68	1.000 0	—
9-5	基层修整、碾压 边坡、平台修整	1 000m²	5 003.35	—	1.000 0
名 称		单位	单价（元）	消 耗 量	
人工	一类人工	工日	125.00	8.218 0	8.375 0

二、垃 圾 坝

工作内容: 1. 浆砌石坝:测量放样、清理基层、配拌砂浆、水平运料、砌筑、勾缝、养护。
2. 碾压式土坝:测量放样、基底夯实、分层找平、碾压、修坡、检测等。
3. 混凝土坝/毛石混凝土坝:测量放样,清理基层,模板制作、安装,分仓,接缝面铺砂浆,混凝土运输,浇筑,捣固,养护,检测等。

计量单位: $100m^3$

定额编号				7-4	7-5	7-6	7-7
项目				浆砌石坝	碾压式土坝	混凝土坝	
						混凝土	毛石混凝土
基价 (元)				**38 810.65**	**693.96**	**50 491.90**	**47 036.05**
其中	人工费 (元)			10 521.90	428.75	5 096.30	5 104.40
	材料费 (元)			28 017.97	63.36	45 238.85	41 774.90
	机械费 (元)			270.78	201.85	156.75	156.75
预算定额编号	项目名称	单位	单价(元)	消耗量			
9-6	垃圾坝 浆砌石坝	$100m^3$	38 810.65	1.000 0	—	—	—
9-7	垃圾坝 碾压式土坝	$100m^3$	693.96	—	1.000 0	—	—
9-8	垃圾坝 混凝土坝 混凝土	$100m^3$	45 731.30	—	—	1.000 0	—
9-9	垃圾坝 混凝土坝 毛石混凝土	$100m^3$	42 275.45	—	—	—	1.000 0
9-10	垃圾坝 模板	$10m^2$	476.06	—	—	10.000 0	10.000 0
名称		单位	单价(元)	消耗量			
人工	一类人工	工日	125.00	—	3.430 0	—	—
	二类人工	工日	135.00	77.940 0	—	37.750 0	37.810 0
材料	黏土	m^3	—	—	(128.000 0)	—	—
	块石	t	77.67	173.400 0	—	—	—
	块石 200~500	t	77.67	—	—	—	51.800 0
	非泵送商品混凝土 C20	m^3	412.00	—	—	101.000 0	82.820 0
	水	m^3	4.27	8.977 0	—	23.000 0	36.000 0
	复合模板 综合	m^2	32.33	—	—	14.740 0	14.740 0
	木模板	m^3	1 445.00	—	—	0.190 0	0.190 0
	木支撑	m^3	1 552.00	—	—	0.740 0	0.740 0
	干混地面砂浆 DS M20.0	m^3	443.08	—	—	0.010 0	0.010 0
	干混抹灰砂浆 DP M20.0	m^3	446.95	—	—	1.000 0	1.000 0
	干混砌筑砂浆 DM M7.5	m^3	413.73	34.070 0	—	—	—

注: 毛石混凝土子目中毛石的投入量按 18% 考虑,设计不同时混凝土及毛石按比例调整。

三、压实黏土防渗层

工作内容：筛、挑土样，放样，场内运输，推平，洒水，碾压。　　**计量单位：**1 000m^3

定额编号				7-8
项目				膜下黏土层
基价（元）				**5 219.74**
其中	人工费（元）			1 656.88
	材料费（元）			64.05
	机械费（元）			3 498.81
预算定额编号	项目名称	单位	单价（元）	消耗量
9-11	压实黏土防渗层 膜下黏土层	1 000m^3	5 219.74	1.000 0
名称		单位	单价（元）	消耗量
人工	一类人工	工日	125.00	13.255 0
材料	黏土	m^3	—	(1 300.000 0)
	水	m^3	4.27	15.000 0

四、高密度聚乙烯(HDPE)土工膜敷设

工作内容：场内运输、裁剪、铺设、焊接、焊缝、检测、修补。　　**计量单位：**100m^2

定额编号				7-9
项目				HDPE 膜
				1.5mm
基价（元）				**2 552.88**
其中	人工费（元）			323.04
	材料费（元）			2 076.77
	机械费（元）			153.07
预算定额编号	项目名称	单位	单价（元）	消耗量
9-13H	高密度聚乙烯(HDPE)土工膜敷设 HDPE 膜 1.5mm	100m^2	2 520.28	0.950 0
9-14H	高密度聚乙烯(HDPE)土工膜敷设 零星 HDPE 膜 1.5mm	100m^2	3 172.42	0.050 0
名称		单位	单价（元）	消耗量
人工	二类人工	工日	135.00	2.393 0
材料	高密度聚乙烯土工膜 δ1.5	m^2	18.71	109.100 0

五、钠基膨润土防水毯敷设

工作内容:场内运输、裁剪、铺设、搭接、撒膨润土粉。 **计量单位**:100m²

定额编号				7-10
项目				钠基膨润土防水毯敷设 4 800g/m²
基价(元)				**8 037.16**
其中	人工费(元)			274.33
	材料费(元)			7 641.59
	机械费(元)			121.24
预算定额编号	项目名称	单位	单价(元)	消耗量
9-16H	钠基膨润土防水毯敷设 4 800g/m²	100m²	8 037.17	1.000 0
名称		单位	单价(元)	消耗量
人工	二类人工	工日	135.00	2.032 0
材料	膨润土防水毯	m²	68.53	109.600 0

六、土工合成材料敷设

1.土工布

工作内容:场内运输、裁剪、铺设、焊接/缝合。 **计量单位**:100m²

定额编号				7-11
项目				土工合成材料敷设 400g/m²
基价(元)				**874.15**
其中	人工费(元)			306.32
	材料费(元)			464.35
	机械费(元)			103.48
预算定额编号	项目名称	单位	单价(元)	消耗量
9-20H	土工布 铺设 200g/m²	100m²	840.11	0.950 0
9-21H	零星土工布 200g/m²	100m²	1 520.78	0.050 0
名称		单位	单价(元)	消耗量
人工	二类人工	工日	135.00	2.269 0
材料	土工布	m²	4.31	105.895 0

2. 土工复合排水网

工作内容：场内运输、裁剪、铺设、搭接、缝合。　　计量单位：100m²

定额编号				7-12	7-13
项目				土工复合排水网 5.0mm	土工滤网
基价（元）				**581.79**	**4 007.18**
其中	人工费（元）			329.68	209.25
	材料费（元）			111.30	3 704.40
	机械费（元）			140.81	93.53
预算定额编号	项目名称	单位	单价(元)	消耗量	
9-23H	土工复合排水网 5.0mm 铺设	100m²	581.78	1.000 0	—
9-24	土工复合排水网 土工滤网	100m²	4 007.18	—	1.000 0
	名称	单位	单价(元)	消耗量	
人工	二类人工	工日	135.00	2.442 0	1.550 0
材料	土工滤网	m²	34.48	—	107.310 0
	土工复合排水网 5.0mm	m²	1.03	106.200 0	—

七、防渗膜保护层

工作内容：1. 轮胎保护层：运输、堆筑、固定、黏土填充。
2. 袋装石料、砂土：土工布袋装石料(砂土)、封包运输、堆筑。
3. 土工复合网+脚手片：场内运输、土工排水网裁剪、拼接、脚手片固定、铺设。　　计量单位：见表

定额编号				7-14	7-15	7-16	7-17
项目				充泥橡胶轮胎保护层	袋装石料	袋装砂土	3cm 土工复合网+脚手片
计量单位				100m³			100m²
基价（元）				**15 017.22**	**61 193.36**	**46 762.31**	**35 977.08**
其中	人工费（元）			8 399.70	35 226.63	23 484.47	5 294.70
	材料费（元）			6 617.52	25 966.73	23 277.84	30 682.38
	机械费（元）			—	—	—	—
预算定额编号	项目名称	单位	单价(元)	消耗量			
9-25	防渗膜保护层 充泥橡胶轮胎保护层	100m³	15 017.22	1.000 0	—	—	—
9-26	防渗膜保护层 袋装石料	100m³	61 193.36	—	1.000 0	—	—
9-27	防渗膜保护层 袋装砂土	100m³	46 762.31	—	—	1.000 0	—
9-28	防渗膜保护层 3cm 土工复合网+脚手片	100m²	35 977.08	—	—	—	1.000 0
	名称	单位	单价(元)	消耗量			
人工	二类人工	工日	135.00	62.220 0	260.938 0	173.959 0	39.220 0
材料	黏土	m³	—	(90.000 0)	—	—	—
	土工布袋	条	2.24	—	3 751.200 0	3 751.200 0	—
	黄砂 净砂(中粗砂)	m³	158.00	—	—	91.800 0	—
	土工复合排水网 30mm	m²	267.00	—	—	—	106.200 0
	废旧轮胎	个	32.76	202.000 0	—	—	—
	卵石 2.5~6	t	126.00	—	137.700 0	—	—
	竹脚手片	m²	8.19	—	—	—	220.000 0

八、帷幕灌浆垂直防渗

1. 钻机钻土坝(堤)灌浆孔

工作内容:1. 泥浆固壁钻井:固定孔位、准备,泥浆制备、运送、固壁,钻孔,记录,孔位转移。
2. 套管固壁钻井:固定孔位、准备,钻孔,下套管,记录,拔套管,孔位转移。

计量单位:100m

定额编号				7-18	7-19
项目				泥浆固壁钻井	套管固壁钻井
				深 50m 以内	
基价(元)				**13 434.58**	**14 111.61**
其中	人工费(元)			5 479.90	8 148.11
	材料费(元)			4 279.62	951.08
	机械费(元)			3 675.06	5 012.42
预算定额编号	项目名称	单位	单价(元)	消耗量	
9-29H	钻机钻土坝(堤)灌浆孔 泥浆固壁钻井 深 50m 以内	100m	13 434.58	1.000 0	—
9-30H	钻机钻土坝(堤)灌浆孔 套管固壁钻井 深 50m 以内	100m	14 111.61	—	1.000 0
	名称	单位	单价(元)	消耗量	
人工	二类人工	工日	135.00	40.592 0	60.356 0
材料	合金钢钻头	个	21.55	1.500 0	2.500 0
	合金刀片	kg	7.76	0.200 0	0.400 0
	钻杆	m	32.76	1.500 0	2.000 0
	钻杆接头	个	17.24	1.400 0	1.900 0
	黏土	m^3	32.04	17.000 0	—
	岩心管	m	99.14	1.500 0	8.000 0
	水	m^3	4.27	800.000 0	—

2. 钻机钻岩石层灌浆孔(自下而上灌浆法)

工作内容:钻孔、孔位转移。

计量单位:100m

定额编号				7-20	7-21	7-22	7-23
项目				岩石级别			
				软岩	较软岩	较硬岩	坚硬岩
基价(元)				**11 050.58**	**17 142.79**	**24 219.55**	**38 223.02**
其中	人工费(元)			3 586.54	5 209.31	7 705.17	12 986.67
	材料费(元)			2 652.12	4 916.10	6 155.39	7 993.65
	机械费(元)			4 811.92	7 017.38	10 358.99	17 242.70
预算定额编号	项目名称	单位	单价(元)	消耗量			
9-31H	钻机钻岩石层灌浆孔(自下而上灌浆法)软岩	100m	11 050.58	1.000 0	—	—	—
9-32H	钻机钻岩石层灌浆孔(自下而上灌浆法)较软岩	100m	17 142.79	—	1.000 0	—	—
9-33H	钻机钻岩石层灌浆孔(自下而上灌浆法)较硬岩	100m	24 219.55	—	—	1.000 0	—
9-34H	钻机钻岩石层灌浆孔(自下而上灌浆法)坚硬岩	100m	38 223.02	—	—	—	1.000 0
	名称	单位	单价(元)	消耗量			
人工	二类人工	工日	135.00	26.567 0	38.588 0	57.075 0	96.198 0
材料	合金钢钻头	个	21.55	5.900 0	—	—	—
	金刚石钻头	个	431.00	—	3.000 0	3.600 0	4.500 0
	钻杆	m	32.76	2.200 0	2.600 0	3.900 0	4.900 0
	钻杆接头	个	17.24	2.300 0	2.900 0	4.400 0	5.500 0
	岩心管	m	99.14	2.400 0	3.000 0	4.500 0	5.700 0
	水	m^3	4.27	500.000 0	600.000 0	750.000 0	1 000.000 0

3. 坝基岩帷幕灌浆(自下而上灌浆法)

工作内容:洗孔,压水,制浆,灌浆,记录、下钻扫孔、复灌、封孔,孔位转移,压水试验。　　**计量单位:**100m

定额编号				7-24	7-25	7-26	7-27
项目				透水率(Lu)			
				≤4	4~6	6~8	8~10
基价(元)				**17 063.46**	**17 764.76**	**21 775.34**	**26 136.73**
其中	人工费(元)			9 824.09	10 009.71	12 513.02	15 259.73
	材料费(元)			3 573.49	4 012.23	4 802.98	5 593.73
	机械费(元)			3 665.88	3 742.82	4 459.34	5 283.27
预算定额编号	项目名称	单位	单价(元)	消耗量			
9-36	坝基岩帷幕灌浆(自下而上灌浆法)透水率2~4Lu	100m	15 757.07	1.000 0	—	—	—
9-37	坝基岩帷幕灌浆(自下而上灌浆法)透水率4~6Lu	100m	16 458.37	—	1.000 0	—	—
9-38	坝基岩帷幕灌浆(自下而上灌浆法)透水率6~8Lu	100m	20 468.95	—	—	1.000 0	—
9-39	坝基岩帷幕灌浆(自下而上灌浆法)透水率8~10Lu	100m	24 830.34	—	—	—	1.000 0
9-49	压水试验 三压力五阶段	段	1 306.39	1.000 0	1.000 0	1.000 0	1.000 0
	名称	单位	单价(元)	消耗量			
人工	二类人工	工日	135.00	72.771 0	74.146 0	92.689 0	113.035 0
材料	普通硅酸盐水泥 P·O 42.5 综合	t	346.00	3.500 0	4.500 0	6.500 0	8.500 0
	水	m^3	4.27	540.000 0	560.000 0	580.000 0	600.000 0

工作内容:洗孔,压水,制浆,灌浆,记录、下钻扫孔、复灌、封孔,孔位转移,压水试验。　　**计量单位:**100m

定额编号				7-28	7-29	7-30
项目				透水率(Lu)		
				10~20	20~50	50~100
基价(元)				**30 593.62**	**36 420.56**	**44 536.63**
其中	人工费(元)			17 983.35	20 939.04	24 798.29
	材料费(元)			6 511.99	8 473.46	11 610.79
	机械费(元)			6 098.28	7 008.06	8 127.55
预算定额编号	项目名称	单位	单价(元)	消耗量		
9-40	坝基岩帷幕灌浆(自下而上灌浆法)透水率10~20Lu	100m	29 287.23	1.000 0	—	—
9-41	坝基岩帷幕灌浆(自下而上灌浆法)透水率20~50Lu	100m	35 114.17	—	1.000 0	—
9-42	坝基岩帷幕灌浆(自下而上灌浆法)透水率50~100Lu	100m	43 230.24	—	—	1.000 0
9-49	压水试验 三压力五阶段	段	1 306.39	1.000 0	1.000 0	1.000 0
	名称	单位	单价(元)	消耗量		
人工	二类人工	工日	135.00	133.210 0	155.104 0	183.691 0
材料	普通硅酸盐水泥 P·O 42.5 综合	t	346.00	10.000 0	12.000 0	15.000 0
	水	m^3	4.27	690.000 0	980.000 0	1 460.000 0

4. 土坝(堤)充填灌浆

工作内容:检查钻孔,制浆,灌浆,记录、复灌、封孔,孔位转移,压水试验。 **计量单位**:100m

定额编号				7-31	7-32
项目				单位孔深干土灌入量(t/m)	
				0.5	1
基价(元)				**10 483.76**	**13 430.02**
其中	人工费(元)			7 734.15	9 217.67
	材料费(元)			1 925.67	3 043.69
	机械费(元)			823.94	1 168.66
预算定额编号	项目名称	单位	单价(元)	消耗量	
9-43	土坝(堤)充填灌浆 单位孔深干土灌入量≤0.5t/m	100m	9 177.37	1.000 0	—
9-44	土坝(堤)充填灌浆 单位孔深干土灌入量1t/m	100m	12 123.63	—	1.000 0
9-49	压水试验 三压力五阶段	段	1 306.39	1.000 0	1.000 0
名称		单位	单价(元)	消耗量	
人工	二类人工	工日	135.00	57.290 0	68.279 0
材料	黏土	m^3	32.04	35.000 0	64.000 0
	硅酸钠 水玻璃	kg	0.70	210.000 0	315.000 0
	水	m^3	4.27	147.000 0	170.000 0

工作内容:检查钻孔,制浆,灌浆,记录、复灌、封孔,孔位转移,压水试验。 **计量单位**:100m

定额编号				7-33	7-34	7-35
项目				单位孔深干土灌入量(t/m)		
				1.5	2	3
基价(元)				**17 939.08**	**25 219.82**	**35 341.94**
其中	人工费(元)			11 628.23	16 295.18	23 430.60
	材料费(元)			4 730.97	6 810.31	9 032.67
	机械费(元)			1 579.88	2 114.33	2 878.67
预算定额编号	项目名称	单位	单价(元)	消耗量		
9-45	土坝(堤)充填灌浆 单位孔深干土灌入量1.5t/m	100m	16 632.69	1.000 0	—	—
9-46	土坝(堤)充填灌浆 单位孔深干土灌入量2t/m	100m	23 913.43	—	1.000 0	—
9-47	土坝(堤)充填灌浆 单位孔深干土灌入量3t/m	100m	34 035.55	—	—	1.000 0
9-49	压水试验 三压力五阶段	段	1 306.39	1.000 0	1.000 0	1.000 0
名称		单位	单价(元)	消耗量		
人工	二类人工	工日	135.00	86.135 0	120.705 0	173.560 0
材料	黏土	m^3	32.04	105.000 0	157.000 0	210.000 0
	硅酸钠 水玻璃	kg	0.70	525.000 0	783.000 0	1 050.000 0
	水	m^3	4.27	217.000 0	264.000 0	335.000 0

九、膜下导流层

工作内容:场内运输、放样、取(运)料、摊铺、找平。 **计量单位:**100m²

定额编号				7-36	7-37	7-38	7-39
项目				卵石		碎石	
				厚30cm	每增减5cm	厚30cm	每增减5cm
基价(元)				**7 467.62**	**1 244.52**	**6 471.58**	**1 080.97**
其中	人工费(元)			1 877.00	312.75	2 226.75	373.50
	材料费(元)			5 590.62	931.77	4 244.83	707.47
	机械费(元)			—	—	—	—
预算定额编号	项目名称	单位	单价(元)	消耗量			
9-50	膜下导流层 卵石 厚30cm	100m²	7 467.62	1.000 0	—	—	—
9-51	膜下导流层 卵石 每增减5cm	100m²	1 244.52	—	1.000 0	—	—
9-52	膜下导流层 碎石 厚30cm	100m²	6 471.58	—	—	1.000 0	—
9-53	膜下导流层 碎石 每增减5cm	100m²	1 080.97	—	—	—	1.000 0
	名称	单位	单价(元)	消耗量			
人工	一类人工	工日	125.00	15.016 0	2.502 0	17.814 0	2.988 0
材料	碎石 40~60	t	102.00	—	—	41.616 0	6.936 0
	卵石 2.5~6	t	126.00	44.370 0	7.395 0	—	—

注:膜上渗滤液导流层,执行本定额,人工乘以系数1.50。

十、高密度聚乙烯(HDPE)管道敷设

1. 焊 接 敷 设

工作内容:检查标高、场内运输、放线、找坡、铺管、清理管口、焊接。　　　　计量单位:100m

定额编号				7-40	7-41	7-42
项目				管外径(mm)		
				200 以内	315 以内	400 以内
基价(元)				**2 554.82**	**4 220.39**	**6 698.46**
其中	人工费(元)			1 741.24	3 028.19	4 828.14
	材料费(元)			3.30	5.55	9.34
	机械费(元)			810.28	1 186.65	1 860.98
预算定额编号	项目名称	单位	单价(元)	消耗量		
9-54	高密度聚乙烯(HDPE)管焊接敷设 管外径 200mm 以内	100m	1 637.49	1.000 0	—	—
9-55	高密度聚乙烯(HDPE)管焊接敷设 管外径 315mm 以内	100m	2 796.00	—	1.000 0	—
9-56	高密度聚乙烯(HDPE)管焊接敷设 管外径 400mm 以内	100m	4 864.08	—	—	1.000 0
9-66	高密度聚乙烯(HDPE)管钻孔加工 管外径 200mm 以内	100m	917.33	1.000 0	—	—
9-67	高密度聚乙烯(HDPE)管钻孔加工 管外径 315mm 以内	100m	1 424.39	—	1.000 0	—
9-68	高密度聚乙烯(HDPE)管钻孔加工 管外径 400mm 以内	100m	1 834.38	—	—	1.000 0
名称		单位	单价(元)	消耗量		
人工	二类人工	工日	135.00	12.898 0	22.431 0	35.764 0
材料	HDPE 实壁管	m	—	(106.000 0)	(106.000 0)	(106.000 0)

工作内容：检查标高、场内运输、放线、找坡、铺管、清理管口、焊接。　　**计量单位**：100m

定额编号				7-43	7-44	7-45
项目				管外径(mm)		
				500 以内	630 以内	800 以内
基价（元）				**10 211.35**	**13 092.62**	**15 281.47**
其中	人工费（元）			6 919.70	8 408.61	10 484.51
	材料费（元）			15.86	17.48	28.78
	机械费（元）			3 275.79	4 666.53	4 768.18
预算定额编号	项目名称	单位	单价(元)	消耗量		
9-57	高密度聚乙烯(HDPE)管焊接敷设 管外径 500mm 以内	100m	7 916.08	1.000 0	—	—
9-58	高密度聚乙烯(HDPE)管焊接敷设 管外径 630mm 以内	100m	10 182.02	—	1.000 0	—
9-59	高密度聚乙烯(HDPE)管焊接敷设 管外径 800mm 以内	100m	11 588.00	—	—	1.000 0
9-69	高密度聚乙烯(HDPE)管钻孔加工 管外径 500mm 以内	100m	2 295.27	1.000 0	—	—
9-70	高密度聚乙烯(HDPE)管钻孔加工 管外径 630mm 以内	100m	2 910.60	—	1.000 0	—
9-71	高密度聚乙烯(HDPE)管钻孔加工 管外径 800mm 以内	100m	3 693.47	—	—	1.000 0
名称		单位	单价(元)	消耗量		
人工	二类人工	工日	135.00	51.257 0	62.286 0	77.663 0
材料	HDPE 实壁管	m	—	(106.000 0)	(106.000 0)	(106.000 0)

2. 套管连接敷设

工作内容:检查标高、场内运输、放线、找坡、铺管、套管连接。 **计量单位**:100m

定额编号				7-46	7-47	7-48
项目				管外径(mm)		
				200 以内	315 以内	400 以内
基价(元)				**2 985.30**	**5 573.22**	**8 591.65**
其中	人工费(元)			1 284.94	2 185.52	2 980.94
	材料费(元)			1 147.68	2 552.73	4 350.61
	机械费(元)			552.68	834.97	1 260.10
预算定额编号	项目名称	单位	单价(元)	消耗量		
9-60	高密度聚乙烯(HDPE)管套管连接敷设 管外径 200mm 以内	100m	2 067.97	1.000 0	—	—
9-61	高密度聚乙烯(HDPE)管套管连接敷设 管外径 315mm 以内	100m	4 148.83	—	1.000 0	—
9-62	高密度聚乙烯(HDPE)管套管连接敷设 管外径 400mm 以内	100m	6 757.27	—	—	1.000 0
9-66	高密度聚乙烯(HDPE)管钻孔加工 管外径 200mm 以内	100m	917.33	1.000 0	—	—
9-67	高密度聚乙烯(HDPE)管钻孔加工 管外径 315mm 以内	100m	1 424.39	—	1.000 0	—
9-68	高密度聚乙烯(HDPE)管钻孔加工 管外径 400mm 以内	100m	1 834.38	—	—	1.000 0
名称		单位	单价(元)	消耗量		
人工	二类人工	工日	135.00	9.518 0	16.189 0	22.081 0
材料	HDPE 实壁管	m	—	(106.000 0)	(106.000 0)	(106.000 0)
	HDPE 承插管 *dn*225	m	63.84	17.670 0	—	—
	HDPE 承插管 *dn*355	m	142.00	—	17.670 0	—
	HDPE 承插管 *dn*450	m	242.00	—	—	17.670 0

工作内容:检查标高、场内运输、放线、找坡、铺管、套管连接。　　**计量单位**:100m

定额编号				7-49	7-50	7-51
项目				管外径(mm)		
				500 以内	630 以内	800 以内
基价(元)				**12 259.75**	**18 932.95**	**34 311.98**
其中	人工费(元)			4 029.62	5 525.01	7 628.05
	材料费(元)			6 328.08	10 534.88	22 345.85
	机械费(元)			1 902.05	2 873.06	4 338.08
预算定额编号	项目名称	单位	单价(元)	消耗量		
9-63	高密度聚乙烯(HDPE)管套管连接敷设 管外径 500mm 以内	100m	9 964.48	1.000 0	—	—
9-64	高密度聚乙烯(HDPE)管套管连接敷设 管外径 630mm 以内	100m	16 022.35	—	1.000 0	—
9-65	高密度聚乙烯(HDPE)管套管连接敷设 管外径 800mm 以内	100m	30 618.51	—	—	1.000 0
9-69	高密度聚乙烯(HDPE)管钻孔加工 管外径 500mm 以内	100m	2 295.27	1.000 0	—	—
9-70	高密度聚乙烯(HDPE)管钻孔加工 管外径 630mm 以内	100m	2 910.60	—	1.000 0	—
9-71	高密度聚乙烯(HDPE)管钻孔加工 管外径 800mm 以内	100m	3 693.47	—	—	1.000 0
名称		单位	单价(元)	消耗量		
人工	二类人工	工日	135.00	29.849 0	40.926 0	56.504 0
材料	HDPE 实壁管	m	—	(106.000 0)	(106.000 0)	(106.000 0)
	HDPE 承插管 *dn*560	m	352.00	17.670 0	—	—
	HDPE 承插管 *dn*710	m	586.00	—	17.670 0	—
	HDPE 承插管 *dn*900	m	1 243.00	—	—	17.670 0

十一、盲沟填筑

工作内容:放样、取(运)料、填充、夯实、找平。　　**计量单位**:$10m^3$

定额编号				7-52	7-53
项目				盲沟粒料人工敷设	
				卵石	碎石
基价(元)				**2 888.75**	**2 546.22**
其中	人工费(元)			652.50	706.75
	材料费(元)			2 236.25	1 839.47
	机械费(元)			—	—
预算定额编号	项目名称	单位	单价(元)	消耗量	
9-72	盲沟填筑 渗滤液集排盲沟粒料人工敷设 卵石	$10m^3$	2 888.75	1.000 0	—
9-73	盲沟填筑 渗滤液集排盲沟粒料人工敷设 碎石	$10m^3$	2 546.22	—	1.000 0
名称		单位	单价(元)	消耗量	
人工	一类人工	工日	125.00	5.220 0	5.654 0
材料	碎石 40~60	t	102.00	—	18.034 0
	卵石 2.5~6	t	126.00	17.748 0	—

十二、导气石笼井

工作内容:移机、定位、钻井;测量、定位、立管、临时固定;钢丝网、土工滤网制作,搭接,固定;片石、卵石回填,扶正;材料场内运输。

计量单位:100m

定额编号					7-54	7-55
项目					中心管管外径 225mm 以内	
					井筒外径 800mm 以内	井筒外径 1 000mm 以内
基价(元)					**56 680.07**	**95 825.23**
其中	人工费(元)				15 769.54	23 582.24
	材料费(元)				17 734.55	23 959.40
	机械费(元)				23 175.98	48 283.59
预算定额编号	项目名称		单位	单价(元)	消耗量	
9-76	导气井钻孔 孔深 12m 以内		$10m^3$	5 951.40	5.026 4	—
9-77	导气井钻孔 孔深 12m 以上		$10m^3$	7 525.75	—	7.853 8
9-79	中心管安装 管外径 225mm		100m	847.80	1.000 0	1.000 0
9-81	井筒安装 土工滤网		$100m^2$	4 432.57	2.560 0	3.200 0
9-82	井筒安装 钢丝网		$100m^2$	1 349.21	2.560 0	3.200 0
9-84	导气石笼井填充 片石回填		$100m^3$	22 855.26	0.486 4	0.760 0
名称			单位	单价(元)	消耗量	
人工	一类人工		工日	125.00	43.079 0	67.312 0
	二类人工		工日	135.00	76.923 0	112.357 0
材料	HDPE 花管		m	—	(106.000 0)	(106.000 0)
	土工滤网		m^2	34.48	294.400 0	368.000 0
	钢丝网 综合		m^2	6.29	294.400 0	368.000 0
	片石		t	67.96	84.341 8	131.784 0

工作内容:钢筋制作、绑扎、安装,钢筋笼焊接、拼装、安放。

计量单位:t

定额编号				7-56
项目				钢筋骨架
基价(元)				**6 388.68**
其中	人工费(元)			2 330.51
	材料费(元)			4 037.72
	机械费(元)			20.45
预算定额编号	项目名称	单位	单价(元)	消耗量
9-80	井筒安装 钢筋骨架	t	6 388.68	1.000 0
名称		单位	单价(元)	消耗量
人工	二类人工	工日	135.00	17.263 0
材料	热轧带肋钢筋 HRB400 综合	t	3 849.00	0.513 0
	镀锌铁丝 ϕ2.0~4.0	kg	5.01	4.000 0
	热轧光圆钢筋 HPB300 综合	t	3 981.00	0.513 0
	低碳钢焊条 J422 ϕ4.0	kg	4.74	0.187 0

十三、调节池浮盖

1. 浮盖铺设安装

工作内容：土工膜裁剪、铺设、焊接、焊缝检测、移位、安装；HDPE 管切割、灌砂、封堵、连接、固定；浮力垫裁剪、焊接、封装、固定焊接；材料场内运输。

计量单位：$100m^2$

				7-57	7-58
定额编号				7-57	7-58
项目				浮盖铺设安装 厚度(mm)	
				1.5	2
基价（元）				**5 815.46**	**6 767.40**
其中	人工费（元）			2 005.60	2 140.60
	材料费（元）			3 541.06	4 296.39
	机械费（元）			268.80	330.41
预算定额编号	项目名称	单位	单价(元)	消耗量	
9-85	浮盖高密度聚乙烯(HDPE)土工膜 厚度 1.5mm	$100m^2$	2 583.99	1.000 0	—
9-86	浮盖高密度聚乙烯(HDPE)土工膜 厚度 2mm	$100m^2$	3 535.93	—	1.000 0
9-92	不锈钢链条连接 HDPE 管灌砂管外径 250mm	100m	24 307.35	0.054 2	0.054 2
9-93	浮动系统 浮力垫 1 000×500×200	10 块	2 270.47	0.843 0	0.843 0
	名称	单位	单价(元)	消耗量	
人工	二类人工	工日	135.00	14.856 0	15.856 0
材料	高密度聚乙烯土工膜 δ1.5	m^2	18.71	125.284 4	17.534 4
	高密度聚乙烯土工膜 δ2.0	m^2	25.60	5.346 6	113.096 6
	聚苯乙烯泡沫板	m^3	504.00	0.969 5	0.969 5
	黄砂 毛砂	t	87.38	0.352 6	0.352 6
	HDPE 实壁管 *dn*250	m	63.84	5.745 2	5.745 2

2. 走道板

工作内容：裁剪、焊接、封装、场内运输、固定焊接。

计量单位：10 块

定额编号				7-59
项目				走道板
				2 000×330×100
基价（元）				**2 417.69**
其中	人工费（元）			1 500.12
	材料费（元）			827.57
	机械费（元）			90.00
预算定额编号	项目名称	单位	单价(元)	消耗量
9-94	浮动系统 走道板 2 000×330×100	10 块	2 417.69	1.000 0
	名称	单位	单价(元)	消耗量
人工	二类人工	工日	135.00	11.112 0
材料	高密度聚乙烯土工膜 δ1.5	m^2	18.71	23.218 0
	聚苯乙烯泡沫板	m^3	504.00	0.759 0

十四、填埋气体处理系统

工作内容:燃烧火炬系统安装、通气、试火、调试。 **计量单位**:套

定额编号				7-60	7-61
项目				气量(N·m^3/h)	
				200	500
基价(元)				**8 502.13**	**11 299.25**
其中	人工费(元)			6 210.00	7 861.05
	材料费(元)			—	—
	机械费(元)			2 292.13	3 438.20
预算定额编号	项目名称	单位	单价(元)	消耗量	
9-98	填埋气体处理系统 气量 200N·m^3/h	套	8 502.13	1.000 0	—
9-99	填埋气体处理系统 气量 500N·m^3/h	套	11 299.25	—	1.000 0
名称		单位	单价(元)	消耗量	
人工	二类人工	工日	135.00	46.000 0	58.230 0

十五、地下水监测井

工作内容:配管、下料、加反滤料、洗孔、分段计管口封塞等。 **计量单位**:100m

定额编号				7-62	7-63
项目				成井	
				井深 50m	每增 1m
基价(元)				**6 467.28**	**88.82**
其中	人工费(元)			2 069.96	12.83
	材料费(元)			3 872.91	71.29
	机械费(元)			524.41	4.70
预算定额编号	项目名称	单位	单价(元)	消耗量	
9-100	地下水监测井 成井 井深 50m	100m	6 467.28	1.000 0	—
9-101	地下水监测井 成井 每增 1m	100m	88.82	—	1.000 0
名称		单位	单价(元)	消耗量	
人工	二类人工	工日	135.00	15.333 0	0.095 0
材料	土工布	m^2	4.31	4.500 0	—
	碎石 40~60	t	102.00	1.605 0	—
	黏土	m^3	32.04	3.180 0	0.075 0
	非泵送商品混凝土 C25	m^3	421.00	0.330 0	—
	HDPE 实壁管 *dn*160	m	63.84	53.000 0	1.060 0

十六、封场覆盖

1.堆体整形

工作内容:垃圾堆体挖方、倒运、修整。 计量单位:1 000m³

定额编号				7-64
项目				垃圾挖运
基价(元)				**21 604.67**
其中	人工费(元)			2 831.00
	材料费(元)			—
	机械费(元)			18 773.67
预算定额编号	项目名称	单位	单价(元)	消耗量
9-102	堆体整形 垃圾挖方	1 000m³	5 597.35	1.000 0
9-103	堆体整形 倒运一次	1 000m³	4 304.59	1.000 0
9-104	堆体整形 推土机推垃圾 运距20m以内	1 000m³	7 005.51	1.000 0
9-105	堆体整形 推土机推垃圾 每增20m	1 000m³	4 697.22	1.000 0
	名称	单位	单价(元)	消耗量
人工	一类人工	工日	125.00	22.648 0

工作内容:垃圾堆体碾压。 计量单位:1 000m²

定额编号				7-65	7-66	7-67
项目				压路机碾压	压实机碾压	
					三遍	每增加一遍
基价(元)				**4 712.58**	**958.40**	**91.71**
其中	人工费(元)			1 135.00	665.63	—
	材料费(元)			—	—	—
	机械费(元)			3 577.58	292.77	91.71
预算定额编号	项目名称	单位	单价(元)	消耗量		
9-106	堆体整形 压路机碾压	1 000m²	4 712.58	1.000 0	—	—
9-107	堆体整形 压实机碾压 三遍	1 000m²	958.40	—	1.000 0	—
9-108	堆体整形 压实机碾压 每增加一遍	1 000m²	91.71	—	—	1.000 0
	名称	单位	单价(元)	消耗量		
人工	一类人工	工日	125.00	9.080 0	5.325 0	—

2. 植被土层铺设

工作内容:摊铺、找平。 **计量单位**:$10m^3$

定额编号				7-68
项目				自然土层 厚400mm以上
基价(元)				**276.50**
其中	人工费(元)			276.50
	材料费(元)			—
	机械费(元)			—
预算定额编号	项目名称	单位	单价(元)	消耗量
9-109	植被土层铺设 自然土层 厚400mm以上	$10m^3$	276.50	1.000 0
	名称	单位	单价(元)	消耗量
人工	一类人工	工日	125.00	2.212 0
材料	黏土	m^3	—	(10.400 0)

3. 植草护坡

工作内容:1. 草床找平,清杂,搬运草皮,铺草,浇水,碾压,清理。
2. 草床找平,覆膜,揭膜,浇水镇压,播种,覆盖无纺布,浇水。 **计量单位**:$100m^2$

定额编号				7-69	7-70
项目				铺种草皮	喷播植草
基价(元)				**3 141.66**	**1 899.03**
其中	人工费(元)			1 419.12	988.88
	材料费(元)			1 722.54	910.15
	机械费(元)			—	—
预算定额编号	项目名称	单位	单价(元)	消耗量	
9-110	植草护坡 铺种草皮	$100m^2$	3 141.66	1.000 0	—
9-111	植草护坡 喷播植草	$100m^2$	1 899.03	—	1.000 0
	名称	单位	单价(元)	消耗量	
人工	二类人工	工日	135.00	10.512 0	7.325 0
材料	无纺布	m^2	7.93	—	100.000 0
	草皮	m^2	15.52	102.000 0	—
	水	m^3	4.27	11.000 0	5.000 0

十七、防 飞 散 网

工作内容：钢丝网/尼龙网放样、截料、展料、安装、绑扎，立杆放样、划线、截料、平直、钻孔、坡口、拼装、焊接、成品矫正、除锈、刷防锈漆一遍及安放。

计量单位：$100m^2$

定 额 编 号				7-71	7-72
项 目				钢丝网	尼龙网
基 价 (元)				**4 086.44**	**3 240.01**
其中	人 工 费 (元)			1 401.52	1 104.52
	材 料 费 (元)			2 442.23	1 892.80
	机 械 费 (元)			242.69	242.69
预算定额编号	项 目 名 称	单位	单价(元)	消 耗 量	
1-17	人工挖沟槽、基坑土方 三类土 深度在 2m 以内	$100m^3$	2 544.00	0.014 1	0.014 1
1-94	自卸汽车运土方 运距 1km 以内	$1 000m^3$	5 564.89	0.001 4	0.001 4
1-95H	自卸汽车运土方 运距增加 14km	$1 000m^3$	21 792.54	0.001 4	0.001 4
3-190	基础 混凝土基础 模板	$10m^2$	425.13	1.341 4	1.341 4
8-172	C20 无筋混凝土基础 制作	m^3	569.32	1.341 4	1.341 4
9-113	防飞散网 钢丝网 高 6m 以外	$100m^2$	1 259.40	1.000 0	—
9-115	防飞散网 尼龙网 高 6m 以外	$100m^2$	412.97	—	1.000 0
9-116	防飞散网 立杆支撑	t	6 821.71	0.208 0	0.208 0
名 称		单位	单价(元)	消 耗 量	
人工	一类人工	工日	125.00	0.287 0	0.287 0
	二类人工	工日	135.00	10.116 0	7.916 0
材料	型钢 综合	t	3 836.00	0.220 5	0.220 5
	钢丝网 综合	m^2	6.29	105.000 0	—
	非泵送商品混凝土 C30	m^3	438.00	1.341 4	1.341 4
	钢支撑	kg	3.97	4.587 6	4.587 6
	钢模板	kg	5.96	1.395 1	1.395 1
	工具式钢模板	kg	5.91	8.544 7	8.544 7
	木模板	m^3	1 445.00	0.046 9	0.046 9
	尼龙网 30 目	m^2	1.21	—	102.981 0

十八、渗滤液处理设备安装

1. 氨吹脱塔

工作内容:开箱点件、基础划线、场内运输、设备吊装就位、组装、附件组装、清洗、检查、水压试验、试运转。

计量单位:台

定额编号				7-73	7-74	7-75	7-76
项目				填料高(m)			
				2	3	4	5
				直径(mm)			
				1 000 以下	2 000 以下	3 000 以下	4 000 以下
基价 (元)				**4 967.55**	**8 096.18**	**12 683.65**	**19 065.46**
其中	人工费 (元)			3 705.89	5 991.57	9 433.13	14 221.71
	材料费 (元)			410.86	672.37	1 037.05	1 501.85
	机械费 (元)			850.80	1 432.24	2 213.47	3 341.90
预算定额编号	项目名称	单位	单价(元)	消耗量			
9-117	氨吹脱塔 填料高 2m 直径 1 000mm 以下	台	4 967.55	1.000 0	—	—	—
9-118	氨吹脱塔 填料高 3m 直径 2 000mm 以下	台	8 096.18	—	1.000 0	—	—
9-119	氨吹脱塔 填料高 4m 直径 3 000mm 以下	台	12 683.65	—	—	1.000 0	—
9-120	氨吹脱塔 填料高 5m 直径 4 000mm 以下	台	19 065.46	—	—	—	1.000 0
名称		单位	单价(元)	消耗量			
人工	二类人工	工日	135.00	27.451 0	44.382 0	69.875 0	105.346 0
材料	型钢 综合	kg	3.84	9.800 0	16.500 0	25.500 0	38.500 0
	热轧薄钢板 Q235B δ3.5	kg	3.77	13.720 0	23.101 0	35.700 0	53.900 0
	垫铁	kg	8.62	12.000 0	20.040 0	30.000 0	40.000 0
	酚醛调和漆	kg	11.29	4.900 0	8.250 0	12.750 0	19.250 0
	汽油 70#~90#	kg	6.12	1.000 0	1.500 0	2.500 0	3.500 0
	水	m^3	4.27	8.624 0	14.520 0	22.400 0	33.800 0

2. 膜生物反应器

工作内容：开箱点件、基础划线、场内运输、设备吊装就位、组装、附件组装、清洗、检查、水压试验。 **计量单位**：套

定额编号					7-77
项目					内置(浸没)式 中空纤维帘式超滤(微滤)膜 膜处理系统单元产水能力(m^3/h) 15 以内
基价(元)					**3 944.57**
其中	人工费(元)				2 391.26
	材料费(元)				737.57
	机械费(元)				815.74
预算定额编号	项目名称	单位	单价(元)		消耗量
9-121	膜生物反应器 内置(浸没)式 中空纤维帘式超滤(微滤)膜 膜处理系统单元产水能力 $15m^3$/h 以内	套	3 944.57		1.000 0
	名称	单位	单价(元)		消耗量
人工	二类人工	工日	135.00		17.713 0
材料	热轧带肋钢筋 HRB400 ϕ10	kg	3.94		3.320 0
	镀锌薄钢板 综合	kg	4.46		7.000 0
	热轧薄钢板 Q235B δ3.0	m^2	20.30		2.102 0
	中厚钢板 Q235B δ10	kg	3.71		2.130 0
	不锈钢管 ϕ57	m	10.17		2.240 0
	不锈钢管 ϕ108	m	40.88		2.102 0
	电	kW·h	0.78		4.202 0
	水	m^3	4.27		11.200 0

工作内容：开箱点件、基础划线、场内运输、设备吊装就位、组装、附件组装、清洗、检查、水压试验。 **计量单位**：套

定额编号				7-78
项目				外置式 管式超滤(微滤)膜 膜处理系统单元产水能力(m^3/h) 30 以内
基价(元)				**5 886.75**
其中	人工费(元)			3 598.16
	材料费(元)			1 064.97
	机械费(元)			1 223.62
预算定额编号	项目名称	单位	单价(元)	消耗量
9-122	膜生物反应器 外置式 管式超滤(微滤)膜 膜处理系统单元产水能力 $30m^3$/h 以内	套	5 886.75	1.000 0
	名称	单位	单价(元)	消耗量
人工	二类人工	工日	135.00	26.653 0
材料	热轧带肋钢筋 HRB400 ϕ10	kg	3.94	4.977 0
	镀锌薄钢板 综合	kg	4.46	10.500 0
	热轧薄钢板 Q235B δ3.0	m^2	20.30	3.150 0
	中厚钢板 Q235B δ10	kg	3.71	3.192 0
	酚醛调和漆	kg	11.29	9.600 0
	不锈钢管 ϕ76	m	22.97	3.360 0
	不锈钢管 ϕ159	m	48.28	3.150 0
	电	kW·h	0.78	6.300 0
	水	m^3	4.27	16.800 0

3. 纳滤、反渗透膜组件与装置

工作内容:开箱点件、基础划线、场内运输、设备吊装就位、组装、附件组装、清洗、检查、水压试验。 **计量单位:**套

定额编号				7-79	7-80
项目				卷式膜	
				膜处理系统单元产水能力(m^3/h)	
				20 以内	40 以内
基价(元)				**4 599.68**	**9 023.23**
其中	人工费(元)			2 812.32	5 646.51
	材料费(元)			825.95	1 453.90
	机械费(元)			961.41	1 922.82
预算定额编号	项目名称	单位	单价(元)	消耗量	
9-123	纳滤、反渗透膜组件与装置 卷式膜 膜处理系统单元产水能力 $20m^3/h$ 以内	套	4 599.68	1.000 0	—
9-124	纳滤、反渗透膜组件与装置 卷式膜 膜处理系统单元产水能力 $40m^3/h$ 以内	套	9 023.23	—	1.000 0
	名称	单位	单价(元)	消耗量	
人工	二类人工	工日	135.00	20.832 0	41.826 0
材料	热轧带肋钢筋 HRB400 ϕ10	kg	3.94	3.911 0	7.821 0
	镀锌薄钢板 δ0.55	kg	4.48	8.250 0	16.500 0
	热轧薄钢板 Q235B δ3.0	m^2	20.30	2.476 0	4.950 0
	中厚钢板 Q235B δ10	kg	3.71	2.508 0	5.016 0
	酚醛调和漆	kg	11.29	7.200 0	14.400 0
	不锈钢管 ϕ57	m	10.17	2.640 0	5.280 0
	不锈钢管 ϕ108	m	40.88	2.475 0	4.950 0
	电	kW·h	0.78	4.950 0	9.900 0
	水	m^3	4.27	13.200 0	26.400 0

十九、其 他 工 程

1. 边坡岩体表面处理

工作内容:1. 岩面修凿:边坡岩石爆破后表面凹凸不平处的修凿、平整,清理。
2. 砂浆找平:边坡填筑面,清理,水泥砂浆修补抹平。
3. 细石混凝土找平:边坡面清理,细石混凝土抹平。 **计量单位:**$100m^2$

定额编号				7-81	7-82	7-83
项目				边坡岩石面修凿	边坡块石面层砂浆找平	边坡细石混凝土找平
						厚度 4cm
基价(元)				**2 899.80**	**2 175.72**	**2 600.51**
其中	人工费(元)			2 899.80	1 053.00	931.50
	材料费(元)			—	1 101.40	1 669.01
	机械费(元)			—	21.32	—
预算定额编号	项目名称	单位	单价(元)	消耗量		
9-125	边坡岩体表面处理 边坡岩石面修凿	$100m^2$	2 899.80	1.000 0	—	—
9-126	边坡岩体表面处理 边坡块石面层砂浆找平	$100m^2$	2 175.72	—	1.000 0	—
9-127	边坡岩体表面处理 边坡细石混凝土找平 厚度 4cm	$100m^2$	2 600.51	—	—	1.000 0
	名称	单位	单价(元)	消耗量		
人工	二类人工	工日	135.00	21.480 0	7.800 0	6.900 0
材料	非泵送商品混凝土 C20	m^3	412.00	—	—	4.040 0
	水	m^3	4.27	—	0.600 0	1.060 0
	干混地面砂浆 DS M15.0	m^3	443.08	—	2.480 0	—

2. 锚固沟填筑

工作内容：锚固沟石料填筑、平整。　　　　计量单位：10m³

定额编号				7-84	7-85
项目				锚固沟填筑	
				碎石	卵石
基价（元）				**2 391.34**	**1 495.59**
其中	人工费（元）			540.00	540.00
	材料费（元）			1 851.34	955.59
	机械费（元）			—	—
预算定额编号	项目名称	单位	单价(元)	消耗量	
9-128	锚固沟填筑 碎石	10m³	2 391.34	1.000 0	—
9-129	锚固沟填筑 卵石	10m³	1 495.59	—	1.000 0
名称		单位	单价(元)	消耗量	
人工	二类人工	工日	135.00	4.000 0	4.000 0
材料	卵石 综合	t	52.33	—	18.034 0
	碎石 综合	t	102.00	18.034 0	—

3. 边坡锚固钢套管打拔

工作内容：场地清理、钢管制作、就位、顶进，拔管。　　　　计量单位：m

定额编号				7-86	7-87
项目				钢套管护孔	
				ϕ102 以内	ϕ219 以内
基价（元）				**281.44**	**312.31**
其中	人工费（元）			154.44	171.45
	材料费（元）			16.47	17.49
	机械费（元）			110.53	123.37
预算定额编号	项目名称	单位	单价(元)	消耗量	
9-130	边坡锚固钢套管打拔 钢套管护孔 ϕ102 以内	m	281.44	1.000 0	—
9-131	边坡锚固钢套管打拔 钢套管护孔 ϕ219 以内	m	312.31	—	1.000 0
名称		单位	单价(元)	消耗量	
人工	二类人工	工日	135.00	1.144 0	1.270 0
材料	碳素结构钢流体无缝钢管 102×4	m	53.45	0.113 0	—
	碳素结构钢流体无缝钢管 219×8	kg	4.74	—	1.488 0
	水	m³	4.27	0.200 0	0.200 0

4. 边坡泄水管安装

工作内容:钻孔,清理孔洞,管子钻渗水孔,包无纺布,安装泄水管。 **计量单位:**100m

定额编号				7-88	7-89	7-90	7-91	7-92
项目				土质层	岩石层			
					极软岩	软质岩	较硬岩	坚硬岩
基价(元)				**4 553.76**	**6 036.70**	**6 627.85**	**7 341.84**	**8 195.96**
其中	人工费(元)			2 166.89	2 710.81	2 928.43	3 189.52	3 502.85
	材料费(元)			1 526.33	1 604.80	1 636.19	1 673.85	1 719.05
	机械费(元)			860.54	1 721.09	2 063.23	2 478.47	2 974.06
预算定额编号	项目名称	单位	单价(元)	消耗量				
9-132	钻孔、清孔 钻孔 土质层	100m	1 483.06	1.000 0	—	—	—	—
9-133	钻孔、清孔 钻孔 岩石层 极软岩	100m	2 966.00	—	1.000 0	—	—	—
9-134	钻孔、清孔 钻孔 岩石层 软质岩	100m	3 557.15	—	—	1.000 0	—	—
9-135	钻孔、清孔 钻孔 岩石层 较硬岩	100m	4 271.14	—	—	—	1.000 0	—
9-136	钻孔、清孔 钻泄水管孔 岩石层 坚硬岩	100m	5 125.26	—	—	—	—	1.000 0
9-137	边坡安装泄水管 安装泄水管	100m	3 070.70	1.000 0	1.000 0	1.000 0	1.000 0	1.000 0
名称		单位	单价(元)	消耗量				
人工	二类人工	工日	135.00	16.051 0	20.080 0	21.692 0	23.626 0	25.947 0
材料	土工布	m^2	4.31	51.000 0	51.000 0	51.000 0	51.000 0	51.000 0
	UPVC 塑料管 *De*75	m	11.21	105.000 0	105.000 0	105.000 0	105.000 0	105.000 0

注:泄水管成孔规格不同时,不做换算;材料不同时,按实换算。

5. 上山材料人力搬运

工作内容:人力装、运送、清理道路、卸至指定地点。 **计量单位:**100t

定额编号				7-93	7-94
项目				人力搬运	
				运距 20m 以内	运距每增加 20m
基价(元)				**999.00**	**341.00**
其中	人工费(元)			999.00	341.00
	材料费(元)			—	—
	机械费(元)			—	—
预算定额编号	项目名称	单位	单价(元)	消耗量	
9-138	上山材料人力搬运 运距 20m 以内	100t	999.00	1.000 0	—
9-139	上山材料人力搬运 运距每增加 20m	100t	341.00	—	1.000 0
名称		单位	单价(元)	消耗量	
人工	一类人工	工日	125.00	7.992 0	2.728 0

第二节　生活垃圾焚烧

说　　明

一、本节定额包括自动感应洗车装置安装、垃圾破碎机安装、垃圾卸料门及车辆感应器安装、垃圾抓斗桥式起重机安装、生活垃圾焚烧炉安装、烟气净化处理设备安装、除臭装置设备安装。

二、生活垃圾焚烧处理工程的电气和自动化控制系统、消防、通风空调、热力系统汽水管道应执行《浙江省通用安装工程概算定额》(2018版)相应项目,本节定额未包括的其他系统及设备执行《浙江省通用安装工程预算定额》(2018版)相应项目。

三、本节定额不包括以下工作内容:

1.设备本体以外的各种管道及阀门的安装。

2.探测器、控制系统、就地柜、风机、消音器、电源电缆、通信电缆及附件等的安装。

3.垃圾抓斗桥式起重机安装未包括轨道安装。

4.分系统调试、整套启动调试、特殊项目测试与试验等调试工程。

工程量计算规则

一、本节以设备重量计算的项目,除另有规定外,应按设备本体及联体的平台、梯子、栏杆、支架、屏盘、电机、安全罩和设备本体第一个法兰以内的管道等全部重量计算。

二、生活垃圾焚烧炉本体重量以制造厂供货的金属质量为准,不包括设备的包装材料、运输加固件、炉墙及保温等的质量。

三、垃圾卸料门安装按门框外尺寸以面积计算,包括成套卸料门及门框、电液推杆或驱动装置、预埋件、附件及紧固件等。

四、除渣装置按设备重量以“t”计算,包括除渣机、液压油缸、控制水箱、控制水阀等。

五、炉排液压站按设备重量以“t”计算,包括液压泵、油箱、液压油冷却器、设备本体管道及附件等。

六、燃烧器装置按设计数量以“台”计算,包括燃烧器本体及支架、高能点火装置、火焰检测装置、隔离门及其支吊架等。

七、振打清灰装置按设计数量以“点”计算,包括电机、减速机、转轴、振打锤、传动杆、密封装置、内部振打杆等。

八、固定爆破式清灰装置按设计数量以“点”计算,包括可燃气混合装置、放水阀、对夹止回阀、火焰导管、旋转集箱、脉冲灌等。

九、喷雾反应塔系统按设备重量以“t”计算,包括雾化器及其清洗装置和冷却装置、反应塔本体(含顶部蜗壳、钢结构、平台扶梯)、灰斗及其破桥装置和出灰装置、阀门、灰斗拌热装置、基础预埋框架、地脚螺栓、支架、底座等。

十、活性炭喷射系统按设备重量以“t”计算,包括活性炭仓、仓顶除尘器、破拱装置、活性炭储存和输送系统设备平台扶梯,随设备供货的管道、阀门、管件等。

十一、除臭剂喷雾系统按设计数量以“套”计算,包括溶液箱、高压泵等,未包括高压管道和雾化喷嘴、控制箱等。

一、自动感应洗车装置安装

工作内容:设备检查、组合、吊装、就位、安装调试。 计量单位:套

定额编号				7-95
项目				自动感应洗车装置
基价(元)				**5 616.18**
其中	人工费(元)			4 144.50
	材料费(元)			229.54
	机械费(元)			1 242.14
预算定额编号	项目名称	单位	单价(元)	消耗量
9-140	自动感应洗车装置安装	套	5 616.18	1.000 0
	名称	单位	单价(元)	消耗量
人工	二类人工	工日	135.00	30.700 0
材料	镀锌铁丝 ϕ2.0~4.0	kg	5.01	5.500 0
	中厚钢板 综合	kg	3.71	5.000 0
	低碳钢焊条 J422 ϕ4.0	kg	4.74	2.100 0
	垫铁	kg	8.62	18.000 0
	乙炔气	kg	7.60	0.846 0
	氧气	m^3	3.62	2.200 0

二、垃圾破碎机安装

1. 电动双轴破碎机

工作内容:设备检查、组合、吊装、就位、安装调试。 计量单位:台

定额编号				7-96
项目				电动双轴破碎机
				45t/h
基价(元)				**3 467.09**
其中	人工费(元)			2 622.11
	材料费(元)			282.78
	机械费(元)			562.20
预算定额编号	项目名称	单位	单价(元)	消耗量
9-141	电动双轴破碎机 45t/h	台	3 467.09	1.000 0
	名称	单位	单价(元)	消耗量
人工	二类人工	工日	135.00	19.423 0
材料	中厚钢板 综合	kg	3.71	14.286 0
	低碳钢焊条 J422 ϕ4.0	kg	4.74	0.213 0
	垫铁	kg	8.62	17.690 0
	道木	m^3	1 034.00	0.050 0
	钙基润滑脂	kg	9.05	0.490 0
	乙炔气	kg	7.60	0.900 0
	氧气	m^3	3.62	2.339 0

2. 液压双轴破碎机

工作内容:设备检查、组合、吊装、就位、安装调试。 **计量单位:**台

定额编号					7-97	7-98
项目					液压双轴破碎机	
					20t/h 以内	45t/h 以内
基价(元)					**3 197.56**	**4 695.41**
其中	人工费(元)				2 393.82	3 862.62
	材料费(元)				241.91	270.40
	机械费(元)				561.83	562.39
预算定额编号	项目名称		单位	单价(元)	消耗量	
9-142	液压双轴破碎机 20t/h 以内		台	3 197.56	1.000 0	—
9-143	液压双轴破碎机 45t/h 以内		台	4 695.41	—	1.000 0
名称			单位	单价(元)	消耗量	
人工	二类人工		工日	135.00	17.732 0	28.612 0
材料	中厚钢板 综合		kg	3.71	7.619 0	8.762 0
	低碳钢焊条 J422 ϕ4.0		kg	4.74	0.194 0	0.223 0
	垫铁		kg	8.62	16.708 0	17.690 0
	道木		m^3	1 034.00	0.050 0	0.058 0
	钙基润滑脂		kg	9.05	0.294 0	0.490 0
	乙炔气		kg	7.60	0.600 0	0.900 0
	氧气		m^3	3.62	1.559 0	2.339 0

3. 大件垃圾破碎机

工作内容:设备检查、组合、吊装、就位、安装调试。 **计量单位:**台

定额编号				7-99	7-100	7-101
项目				大件垃圾破碎机		
				≤30t/h	≤45t/h	≤90t/h
基价(元)				**4 110.40**	**5 034.38**	**5 962.15**
其中	人工费(元)			3 132.54	4 015.04	4 857.03
	材料费(元)			245.55	265.19	305.85
	机械费(元)			732.31	754.15	799.27
预算定额编号	项目名称	单位	单价(元)	消耗量		
9-144	大件垃圾破碎机≤30t/h	台	4 110.40	1.000 0	—	—
9-145	大件垃圾破碎机≤45t/h	台	5 034.38	—	1.000 0	—
9-147	大件垃圾破碎机≤90t/h	台	5 962.15	—	—	1.000 0
名称		单位	单价(元)	消耗量		
人工	二类人工	工日	135.00	23.204 0	29.741 0	35.978 0
材料	中厚钢板 综合	kg	3.71	6.667 0	7.000 0	7.718 0
	低碳钢焊条 J422 ϕ4.0	kg	4.74	0.243 0	0.246 0	0.256 0
	垫铁	kg	8.62	16.708 0	17.543 0	19.341 0
	道木	m^3	1 034.00	0.050 0	0.060 0	0.080 0
	钙基润滑脂	kg	9.05	0.490 0	0.496 0	0.509 0
	乙炔气	kg	7.60	0.900 0	0.927 0	0.983 0
	氧气	m^3	3.62	2.339 0	2.410 0	2.556 0

三、垃圾卸料门及车辆感应器安装

1.卸　料　门

(1)立式垃圾卸料门

工作内容:卸料门检查、组合、吊装、就位、安装调试。　　　　**计量单位:**m^2

定额编号				7-102	7-103
项目				立式平开垃圾卸料门	立式提升垃圾卸料门
基价(元)				**334.97**	**377.19**
其中	人工费(元)			254.88	267.71
	材料费(元)			8.66	14.48
	机械费(元)			71.43	95.00
预算定额编号	项目名称	单位	单价(元)	消耗量	
9-148	立式平开垃圾卸料门	m^2	334.97	1.000 0	—
9-149	立式提升垃圾卸料门	m^2	377.19	—	1.000 0
	名称	单位	单价(元)	消耗量	
人工	二类人工	工日	135.00	1.888 0	1.983 0
材料	中厚钢板 综合	kg	3.71	0.190 0	0.150 0
	低碳钢焊条 J422 ϕ4.0	kg	4.74	0.162 0	0.194 0
	道木	m^3	1 034.00	0.005 0	0.010 0
	煤油	kg	3.79	0.078 0	0.098 0
	钙基润滑脂	kg	9.05	0.049 0	0.105 0
	乙炔气	kg	7.60	0.051 0	0.064 0
	氧气	m^3	3.62	0.132 0	0.166 0

(2)提拉式垃圾卸料门

工作内容:卸料门检查、组合、吊装、就位、安装调试。　　　　**计量单位:**m^2

定额编号				7-104
项目				提拉式垃圾卸料门
基价(元)				**339.23**
其中	人工费(元)			238.01
	材料费(元)			10.09
	机械费(元)			91.13
预算定额编号	项目名称	单位	单价(元)	消耗量
9-150	提拉式垃圾卸料门	m^2	339.23	1.000 0
	名称	单位	单价(元)	消耗量
人工	二类人工	工日	135.00	1.763 0
材料	中厚钢板 综合	kg	3.71	0.095 0
	低碳钢焊条 J422 ϕ4.0	kg	4.74	0.185 0
	道木	m^3	1 034.00	0.006 0
	煤油	kg	3.79	0.196 0
	钙基润滑脂	kg	9.05	0.069 0
	乙炔气	kg	7.60	0.066 0
	氧气	m^3	3.62	0.172 0

(3)卷帘式垃圾卸料门

工作内容:卸料门检查、组合、吊装、就位、安装调试。　　**计量单位:**m^2

定额编号				7-105
项目				卷帘式垃圾卸料门
基价(元)				**326.74**
其中	人工费(元)			209.52
	材料费(元)			86.48
	机械费(元)			30.74
预算定额编号	项目名称	单位	单价(元)	消耗量
9-151	卷帘式垃圾卸料门	m^2	326.74	1.000 0
名称		单位	单价(元)	消耗量
人工	二类人工	工日	135.00	1.552 0
材料	中厚钢板 综合	kg	3.71	0.095 0
	低碳钢焊条 J422 ϕ4.0	kg	4.74	0.055 0
	道木	m^3	1 034.00	0.080 0
	煤油	kg	3.79	0.163 0
	钙基润滑脂	kg	9.05	0.041 0
	乙炔气	kg	7.60	0.040 0
	氧气	m^3	3.62	0.104 0

2. 车辆感应器

工作内容:开箱检查、器材搬运、定位切槽、下线、安装调试、保护、清场。　　**计量单位:**套

定额编号				7-106	7-107	7-108
项目				电感线圈车辆探测器	红外车辆探测器	红外车型识别仪
基价(元)				**211.81**	**256.49**	**355.59**
其中	人工费(元)			117.45	234.90	351.27
	材料费(元)			40.32	21.59	4.32
	机械费(元)			54.04	—	—
预算定额编号	项目名称	单位	单价(元)	消耗量		
9-152	车辆感应器 电感线圈车辆探测器	套	211.81	1.000 0	—	—
9-153	车辆感应器 红外车辆探测器	套	256.49	—	1.000 0	—
9-154	车辆感应器 红外车型识别仪	套	355.59	—	—	1.000 0
名称		单位	单价(元)	消耗量		
人工	二类人工	工日	135.00	0.870 0	1.740 0	2.602 0
材料	金属膨胀螺栓 M16	套	1.34	3.071 0	15.353 0	3.071 0
	环氧树脂	kg	15.52	2.280 0	—	—

四、垃圾抓斗桥式起重机安装

工作内容：行车梁校直检测、组合、吊装、安装就位、道轨水平测量、运行调试。 **计量单位：**台

定额编号				7-109	7-110	7-111	7-112
项目				起重量(t)			
				5 以内		8 以内	
				跨距(m)			
				10 以内	25.5 以内	13.5 以内	25.5 以内
基价（元）				**12 120.92**	**18 135.56**	**15 097.92**	**19 692.56**
其中	人工费（元）			8 917.29	10 510.16	10 254.33	11 618.64
	材料费（元）			647.13	736.86	733.54	809.74
	机械费（元）			2 556.50	6 888.54	4 110.05	7 264.18
预算定额编号	项目名称	单位	单价(元)	消耗量			
9-155	垃圾抓斗桥式起重机安装 起重量 5t 以内 跨距 10m 以内	台	12 120.92	1.000 0	—	—	—
9-156	垃圾抓斗桥式起重机安装 起重量 5t 以内 跨距 25.5m 以内	台	18 135.56	—	1.000 0	—	—
9-157	垃圾抓斗桥式起重机安装 起重量 8t 以内 跨距 13.5m 以内	台	15 097.92	—	—	1.000 0	—
9-158	垃圾抓斗桥式起重机安装 起重量 8t 以内 跨距 25.5m 以内	台	19 692.56	—	—	—	1.000 0
名称		单位	单价(元)	消耗量			
人工	二类人工	工日	135.00	66.054 0	77.853 0	75.958 0	86.064 0
材料	中厚钢板 综合	kg	3.71	0.850 0	0.850 0	1.000 0	1.000 0
	低碳钢焊条 J422 ϕ4.0	kg	4.74	4.494 0	4.967 0	5.492 0	6.017 0
	道木	m^3	1 034.00	0.344 0	0.344 0	0.344 0	0.344 0
	木板	m^3	1 667.00	0.063 0	0.105 0	0.088 0	0.125 0
	机油 综合	kg	2.91	3.939 0	4.343 0	4.798 0	5.303 0
	煤油	kg	3.79	8.831 0	9.765 0	10.374 0	11.466 0
	汽油 综合	kg	6.12	2.183 0	2.407 0	2.662 0	2.948 0
	钙基润滑脂	kg	9.05	8.151 0	9.019 0	11.039 0	11.100 0
	乙炔气	kg	7.60	1.077 0	1.192 0	1.103 0	1.265 0
	氧气	m^3	3.62	2.800 0	3.098 0	2.868 0	3.290 0

工作内容:行车梁校直检测、组合、吊装、安装就位、道轨水平测量、运行调试。　　**计量单位:**台

定额编号				7-113	7-114	7-115	7-116
项目				起重量(t)			
				13 以内		18 以内	
				跨距(m)			
				13.5 以内	31.5 以内	16.5 以内	31.5 以内
基价(元)				**16 799.78**	**23 246.72**	**22 703.54**	**29 323.21**
其中	人工费(元)			11 500.92	13 882.32	13 529.16	16 362.41
	材料费(元)			815.32	931.97	882.84	980.94
	机械费(元)			4 483.54	8 432.43	8 291.54	11 979.86
预算定额编号	项目名称	单位	单价(元)	消耗量			
9-159	垃圾抓斗桥式起重机安装 起重量 13t 以内 跨距 13.5m 以内	台	16 799.78	1.000 0	—	—	—
9-160	垃圾抓斗桥式起重机安装 起重量 13t 以内 跨距 31.5m 以内	台	23 246.72	—	1.000 0	—	—
9-161	垃圾抓斗桥式起重机安装 起重量 18t 以内 跨距 16.5m 以内	台	22 703.54	—	—	1.000 0	—
9-162	垃圾抓斗桥式起重机安装 起重量 18t 以内 跨距 31.5m 以内	台	29 323.21	—	—	—	1.000 0
名称		单位	单价(元)	消耗量			
人工	二类人工	工日	135.00	85.192 0	102.832 0	100.216 0	121.203 0
材料	中厚钢板 综合	kg	3.71	1.100 0	1.100 0	1.100 0	1.100 0
	低碳钢焊条 J422 ϕ4.0	kg	4.74	6.027 0	6.615 0	6.720 0	6.825 0
	道木	m^3	1 034.00	0.344 0	0.344 0	0.344 0	0.344 0
	木板	m^3	1 667.00	0.120 0	0.175 0	0.150 0	0.200 0
	机油 综合	kg	2.91	5.333 0	5.838 0	5.858 0	6.060 0
	煤油	kg	3.79	11.666 0	12.905 0	12.915 0	12.915 0
	汽油 综合	kg	6.12	3.070 0	3.203 0	3.325 0	3.478 0
	钙基润滑脂	kg	9.05	12.474 0	13.787 0	12.928 0	13.938 0
	乙炔气	kg	7.60	1.228 0	1.302 0	1.291 0	1.402 0
	氧气	m^3	3.62	3.194 0	3.386 0	3.356 0	3.644 0

五、生活垃圾焚烧炉安装

1. 垃圾进料斗及溜槽

工作内容：料斗及支架的校正、组合、安装，驱动装置、架桥破解装置的检查、安装调试，垃圾溜槽及水冷夹套的组合、安装调试。

计量单位：t

定额编号				7-117	7-118
项目				焚烧炉出力(t/d)	
				400以内	800以内
基价（元）				**1 909.05**	**1 671.82**
其中	人工费（元）			991.58	978.08
	材料费（元）			166.93	148.19
	机械费（元）			750.54	545.55
预算定额编号	项目名称	单位	单价(元)	消耗量	
9-163	垃圾进料斗及溜槽 焚烧炉出力400t/d以内	t	1 909.05	1.000 0	—
9-164	垃圾进料斗及溜槽 焚烧炉出力600t/d以内	t	1 671.82	—	1.000 0
	名称	单位	单价(元)	消耗量	
人工	二类人工	工日	135.00	7.345 0	7.245 0
材料	型钢 综合	kg	3.84	7.120 0	6.410 0
	中厚钢板 综合	kg	3.71	5.550 0	3.800 0
	低碳钢焊条 J422 ϕ4.0	kg	4.74	5.910 0	5.740 0
	煤油	kg	3.79	7.500 0	6.500 0
	乙炔气	kg	7.60	2.750 0	2.496 0
	氧气	m^3	3.62	7.150 0	6.490 0
	钍钨极棒	g	0.86	15.020 0	14.690 0

2. 液压推杆给料装置

工作内容：液压推杆给料装置整体安装和传动机构的检查、组合、固定、安装调试，推料器、液压缸、料位探测器支架的固定、安装调试。

计量单位：t

定额编号				7-119	7-120	7-121
项目				焚烧炉出力(t/d)		
				400以内	600以内	800以内
基价（元）				**2 135.97**	**1 871.84**	**1 680.01**
其中	人工费（元）			1 015.61	882.50	767.75
	材料费（元）			177.52	144.84	130.88
	机械费（元）			942.84	844.50	781.38
预算定额编号	项目名称	单位	单价(元)	消耗量		
9-166	液压推杆给料装置 焚烧炉出力400t/d以内	t	2 135.97	1.000 0	—	—
9-167	液压推杆给料装置 焚烧炉出力600t/d以内	t	1 871.84	—	1.000 0	—
9-168	液压推杆给料装置 焚烧炉出力800t/d以内	t	1 680.01	—	—	1.000 0
	名称	单位	单价(元)	消耗量		
人工	二类人工	工日	135.00	7.523 0	6.537 0	5.687 0
材料	型钢 综合	kg	3.84	8.338 0	7.862 0	6.125 0
	中厚钢板 综合	kg	3.71	7.586 0	3.864 0	3.516 0
	低碳钢焊条 J422 ϕ4.0	kg	4.74	10.161 0	9.003 0	8.673 0
	乙炔气	kg	7.60	2.724 0	2.287 0	2.070 0
	氧气	m^3	3.62	7.083 0	5.945 0	5.381 0
	钍钨极棒	g	0.86	23.041 0	18.905 0	18.314 0

3. 垃圾焚烧炉炉排

工作内容:炉排片及附件(属制造厂模块化单元结构,零部件已组装)的吊装就位和拼装,传动及液压润滑装置、冷却装置、测温装置的检查、组合、安装调试。

计量单位:t

定额编号				7-122	7-123	7-124
项目				焚烧炉出力(t/d)		
				400 以内	600 以内	800 以内
基价(元)				**2 538.95**	**2 213.25**	**1 953.95**
其中	人工费(元)			1 361.88	1 174.37	994.14
	材料费(元)			190.88	155.73	140.72
	机械费(元)			986.19	883.15	819.09
预算定额编号	项目名称	单位	单价(元)	消耗量		
9-169	垃圾焚烧炉炉排 焚烧炉出力400t/d 以内	t	2 538.95	1.000 0	—	—
9-170	垃圾焚烧炉炉排 焚烧炉出力600t/d 以内	t	2 213.25	—	1.000 0	—
9-171	垃圾焚烧炉炉排 焚烧炉出力800t/d 以内	t	1 953.95	—	—	1.000 0
	名称	单位	单价(元)	消耗量		
人工	二类人工	工日	135.00	10.088 0	8.699 0	7.364 0
材料	型钢 综合	kg	3.84	8.965 0	8.454 0	6.586 0
	中厚钢板 综合	kg	3.71	8.157 0	4.155 0	3.781 0
	低碳钢焊条 J422 ϕ4.0	kg	4.74	10.926 0	9.681 0	9.326 0
	乙炔气	kg	7.60	2.929 0	2.458 0	2.225 0
	氧气	m^3	3.62	7.616 0	6.392 0	5.786 0
	钍钨极棒	g	0.86	24.775 0	20.328 0	19.693 0

4. 炉排下渣斗

工作内容:渣(灰)斗及支架的校正、组合、安装调试。

计量单位:t

定额编号				7-125
项目				炉排下渣斗
基价(元)				**1 537.59**
其中	人工费(元)			669.87
	材料费(元)			196.72
	机械费(元)			671.00
预算定额编号	项目名称	单位	单价(元)	消耗量
9-172	炉排下渣斗	t	1 537.59	1.000 0
	名称	单位	单价(元)	消耗量
人工	二类人工	工日	135.00	4.962 0
材料	型钢 综合	kg	3.84	8.421 0
	中厚钢板 综合	kg	3.71	2.411 0
	低碳钢焊条 J422 ϕ4.0	kg	4.74	13.745 0
	枕木 2 500×200×160	根	155.00	0.124 0
	乙炔气	kg	7.60	3.867 0
	氧气	m^3	3.62	10.055 0
	石棉扭绳 综合	kg	2.27	0.840 0

5.除 渣 装 置

工作内容:除渣机、液压驱动装置的检查、组合、固定、安装调试。 **计量单位**:t

定额编号				7-126
项目				除渣装置
基价(元)				**1 556.48**
其中	人工费(元)			787.32
	材料费(元)			136.17
	机械费(元)			632.99
预算定额编号	项目名称	单位	单价(元)	消耗量
9-173	除渣装置	t	1 556.48	1.000 0
名称		单位	单价(元)	消耗量
人工	二类人工	工日	135.00	5.832 0
材料	型钢 综合	kg	3.84	4.380 0
	中厚钢板 综合	kg	3.71	5.865 0
	石棉橡胶板 低压 δ0.8～6	kg	5.26	0.990 0
	低碳钢焊条 J422 ϕ4.0	kg	4.74	1.870 0
	枕木 2 500×200×160	根	155.00	0.036 0
	铅油(厚漆)	kg	7.33	1.120 0
	煤油	kg	3.79	1.100 0
	钙基润滑脂	kg	9.05	0.660 0
	乙炔气	kg	7.60	3.219 0
	氧气	m^3	3.62	8.370 0
	石棉扭绳 综合	kg	2.27	1.060 0

6.液 压 站

工作内容:成套液压设备和附带管道及附件的检查、就位、安装调试。 **计量单位**:t

定额编号				7-127	7-128	7-129	7-130	7-131
项目				油箱容积(m^3)				
				0.5 以内	1 以内	2 以内	5 以内	10 以内
基价(元)				**5 079.52**	**4 871.53**	**4 234.14**	**3 753.18**	**3 333.76**
其中	人工费(元)			3 649.59	3 501.36	3 042.36	2 767.23	2 560.14
	材料费(元)			406.71	389.70	338.94	288.65	238.19
	机械费(元)			1 023.22	980.47	852.84	697.30	535.43
预算定额编号	项目名称	单位	单价(元)	消耗量				
9-174	液压站 油箱容积 0.5m^3 以内	t	5 079.52	1.000 0	—	—	—	—
9-175	液压站 油箱容积 1m^3 以内	t	4 871.53	—	1.000 0	—	—	—
9-176	液压站 油箱容积 2m^3 以内	t	4 234.14	—	—	1.000 0	—	—
9-177	液压站 油箱容积 5m^3 以内	t	3 753.18	—	—	—	1.000 0	—
9-178	液压站 油箱容积 10m^3 以内	t	3 333.76	—	—	—	—	1.000 0
名称		单位	单价(元)	消耗量				
人工	二类人工	工日	135.00	27.034 0	25.936 0	22.536 0	20.498 0	18.964 0
材料	低碳钢焊条 J422 ϕ4.0	kg	4.74	3.753 0	3.597 0	3.128 0	2.963 0	2.790 0
	碳钢氩弧焊丝	kg	12.93	4.500 0	4.312 0	3.750 0	2.888 0	2.025 0
	垫铁	kg	8.62	10.800 0	10.350 0	9.000 0	8.250 0	7.500 0
	乙炔气	kg	7.60	2.180 0	2.090 0	1.817 0	1.717 0	1.619 0
	氩气	m^3	7.00	12.600 0	12.074 0	10.500 0	8.086 0	5.670 0
	氧气	m^3	3.62	5.669 0	5.433 0	4.724 0	4.463 0	4.210 0
	铅粉石棉绳 ϕ6	kg	3.10	0.127 0	0.121 0	0.106 0	0.084 0	0.061 0
	石棉编绳	kg	14.05	1.269 0	1.216 0	1.058 0	0.836 0	0.611 0
	青壳纸 δ0.1～1.0	kg	4.31	0.254 0	0.243 0	0.211 0	0.167 0	0.122 0

7. 燃烧装置

工作内容：燃烧装置及附件的检查、组合、就位、固定、安装调试。 **计量单位：**台

定额编号				7-132
项目				燃烧装置
基价（元）				**1 856.80**
其中	人工费（元）			1 156.01
	材料费（元）			162.90
	机械费（元）			537.89
预算定额编号	项目名称	单位	单价(元)	消耗量
9-179	燃烧装置	台	1 856.80	1.000 0
	名称	单位	单价(元)	消耗量
人工	二类人工	工日	135.00	8.563 0
材料	镀锌铁丝 ϕ2.0～4.0	kg	5.01	4.089 0
	型钢 综合	kg	3.84	4.987 0
	中厚钢板 综合	kg	3.71	6.080 0
	花篮螺栓 M16×250	个	10.34	0.380 0
	低碳钢焊条 J422 ϕ4.0	kg	4.74	8.170 0
	铅油(厚漆)	kg	7.33	0.380 0
	乙炔气	kg	7.60	3.034 0
	氧气	m^3	3.62	7.888 0
	石棉扭绳 综合	kg	2.27	0.380 0

8. 清灰装置

工作内容：设备检查、清理、组合、就位、固定、安装调试。 **计量单位：**点

定额编号				7-133	7-134
项目				固定爆破式	振打式
基价（元）				**1 459.84**	**2 387.78**
其中	人工费（元）			675.00	1 636.07
	材料费（元）			72.51	39.38
	机械费（元）			712.33	712.33
预算定额编号	项目名称	单位	单价(元)	消耗量	
9-180	清灰装置 固定爆破式	点	1 459.84	1.000 0	—
9-181	清灰装置 振打式	点	2 387.78	—	1.000 0
	名称	单位	单价(元)	消耗量	
人工	二类人工	工日	135.00	5.000 0	12.119 0
材料	型钢 综合	kg	3.84	1.342 0	—
	热轧薄钢板 Q235B 综合	kg	3.97	2.233 0	0.770 0
	低碳钢焊条 J422 ϕ4.0	kg	4.74	5.038 0	5.038 0
	铅油(厚漆)	kg	7.33	0.743 0	0.743 0
	乙炔气	kg	7.60	1.642 0	0.372 0
	氧气	m^3	3.62	4.268 0	0.968 0

六、烟气净化处理设备安装

1. 喷雾反应塔

工作内容：设备检查、清理、组合（现场组装）、吊装、就位、固定、调整及安装调试。　　　计量单位：t

定额编号				7-135
项目				喷雾反应塔
基价（元）				**2 402.69**
其中	人工费（元）			1 059.08
	材料费（元）			265.77
	机械费（元）			1 077.84
预算定额编号	项目名称	单位	单价(元)	消耗量
9-182	喷雾反应塔	t	2 402.69	1.000 0
	名称	单位	单价(元)	消耗量
人工	二类人工	工日	135.00	7.845 0
材料	型钢 综合	kg	3.84	8.776 0
	六角带帽螺栓 综合	kg	5.47	4.535 0
	低碳钢焊条 J422 ϕ4.0	kg	4.74	25.901 0
	铬不锈钢电焊条	kg	38.79	1.435 0
	乙炔气	kg	7.60	1.405 0
	氧气	m^3	3.62	3.653 0

2. 活性炭喷射系统

工作内容：设备检查、组装、喷嘴调整、支架的固定及安装调试。　　　计量单位：t

定额编号				7-136
项目				活性炭喷射系统
基价（元）				**2 272.81**
其中	人工费（元）			1 277.51
	材料费（元）			299.52
	机械费（元）			695.78
预算定额编号	项目名称	单位	单价(元)	消耗量
9-183	活性炭喷射系统	t	2 272.81	1.000 0
	名称	单位	单价(元)	消耗量
人工	二类人工	工日	135.00	9.463 0
材料	型钢 综合	kg	3.84	8.776 0
	六角带帽螺栓 综合	kg	5.47	4.535 0
	低碳钢焊条 J422 ϕ4.0	kg	4.74	30.045 0
	铬不锈钢电焊条	kg	38.79	1.500 0
	乙炔气	kg	7.60	2.052 0
	氧气	m^3	3.62	5.335 0

七、除臭装置设备安装

1. 活性炭吸附器

工作内容:设备、附件、底座螺栓开箱检查,吊装、找平、找正、支架的固定及安装调试。 计量单位:台

定额编号				7-137	7-138	7-139	7-140	7-141
项目				处理风量(m³/h)				
				30 000 以下	90 000 以下	120 000 以下	180 000 以下	210 000 以下
基价(元)				**5 618.76**	**8 185.70**	**10 759.47**	**12 808.21**	**18 366.63**
其中	人工费(元)			4 363.34	5 853.06	6 768.09	8 018.60	9 757.26
	材料费(元)			154.15	308.30	369.97	443.95	532.75
	机械费(元)			1 101.27	2 024.34	3 621.41	4 345.66	8 076.62
预算定额编号	项目名称	单位	单价(元)	消耗量				
9-184	活性炭吸附器 处理风量 30 000m³/h 以下	台	5 618.76	1.000 0	—	—	—	—
9-185	活性炭吸附器 处理风量 90 000m³/h 以下	台	8 185.70	—	1.000 0	—	—	—
9-186	活性炭吸附器 处理风量 120 000m³/h 以下	台	10 759.47	—	—	1.000 0	—	—
9-187	活性炭吸附器 处理风量 180 000m³/h 以下	台	12 808.21	—	—	—	1.000 0	—
9-188	活性炭吸附器 处理风量 210 000m³/h 以下	台	18 366.63	—	—	—	—	1.000 0
名称		单位	单价(元)	消耗量				
人工	二类人工	工日	135.00	32.321 0	43.356 0	50.134 0	59.397 0	72.276 0
材料	中厚钢板 综合	kg	3.71	20.600 0	41.200 0	49.440 0	59.328 0	71.194 0
	低碳钢焊条 J422 ϕ4.0	kg	4.74	4.550 0	9.100 0	10.920 0	13.104 0	15.725 0
	乙炔气	kg	7.60	3.146 0	6.292 0	7.551 0	9.061 0	10.873 0
	氧气	m³	3.62	8.180 0	16.360 0	19.632 0	23.558 0	28.270 0

2. 紫外线除臭器

工作内容:设备、附件、底座螺栓开箱检查,吊装、找平、找正、支架的固定及安装调试。 计量单位:台

定额编号				7-142	7-143	7-144
项目				处理风量(m³/h)		
				30 000 以下	120 000 以下	210 000 以下
基价(元)				**3 825.94**	**5 343.35**	**8 568.12**
其中	人工费(元)			2 978.91	4 081.32	6 653.61
	材料费(元)			80.14	93.75	189.36
	机械费(元)			766.89	1 168.28	1 725.15
预算定额编号	项目名称	单位	单价(元)	消耗量		
9-189	紫外线除臭器 处理风量 30 000m³/h 以下	台	3 825.94	1.000 0	—	—
9-191	紫外线除臭器 处理风量 120 000m³/h 以下	台	5 343.35	—	1.000 0	—
9-193	紫外线除臭器 处理风量 210 000m³/h 以下	台	8 568.12	—	—	1.000 0
名称		单位	单价(元)	消耗量		
人工	二类人工	工日	135.00	22.066 0	30.232 0	49.286 0
材料	中厚钢板 综合	kg	3.71	10.600 0	10.600 0	20.670 0
	低碳钢焊条 J422 ϕ4.0	kg	4.74	2.550 0	3.400 0	7.600 0
	乙炔气	kg	7.60	1.608 0	2.158 0	4.315 0
	氧气	m³	3.62	4.180 0	5.610 0	11.220 0

3. 除臭剂喷雾系统

工作内容:设备、附件、底座螺栓开箱检查,吊装、找平、找正、支架的固定及安装调试。 **计量单位:**套

定 额 编 号				7-145
项 目				除臭剂喷雾系统
基 价 (元)				**1 344.81**
其中	人 工 费 (元)			733.32
	材 料 费 (元)			170.34
	机 械 费 (元)			441.15
预算定额编号	项 目 名 称	单位	单价(元)	消 耗 量
9-194	除臭剂喷雾系统	套	1 344.81	1.000 0
名 称		单位	单价(元)	消 耗 量
人工	二类人工	工日	135.00	5.432 0
材料	镀锌铁丝 ϕ2.0~4.0	kg	5.01	1.620 0
	中厚钢板 综合	kg	3.71	6.800 0
	耐酸橡胶板 δ3	kg	11.21	2.200 0
	低碳钢焊条 J422 ϕ4.0	kg	4.74	0.850 0
	垫铁	kg	8.62	8.328 0
	油浸石棉盘根 编织 ϕ6~10(250℃)	kg	17.93	0.260 0
	煤油	kg	3.79	4.100 0
	钙基润滑脂	kg	9.05	0.500 0
	乙炔气	kg	7.60	0.500 0
	氧气	m^3	3.62	1.300 0

附　　录

人工、材料(半成品)、机械台班单价取定表

序号	材料名称	型号规格	单位	单价(元)
1	一类人工		工日	125
2	二类人工		工日	135
3	三类人工		工日	155
4	CCTV 检测机器人		台班	2 263
5	DM－3 喷浆搅拌机		台班	660
6	F 管橡胶圈	ϕ1 000	只	77.59
7	F 管橡胶圈	ϕ1 200	只	93.1
8	F 管橡胶圈	ϕ1 350	只	114
9	F 管橡胶圈	ϕ1 500	只	134
10	F 管橡胶圈	ϕ1 650	只	150
11	F 管橡胶圈	ϕ1 800	只	160
12	F 管橡胶圈	ϕ2 000	只	181
13	F 管橡胶圈	ϕ2 200	只	194
14	F 管橡胶圈	ϕ2 400	只	207
15	F 管橡胶圈	ϕ2 700	只	75.86
16	F 管橡胶圈	ϕ3 000	只	84.48
17	F 管橡胶圈	ϕ600	只	67.24
18	F 管橡胶圈	ϕ800	只	72.41
19	HDPE 缠绕结构壁管(A 型)	SN8*DN*1 000	m	932
20	HDPE 缠绕结构壁管(A 型)	SN8*DN*200	m	52.33
21	HDPE 缠绕结构壁管(A 型)	SN8*DN*300	m	84.57
22	HDPE 缠绕结构壁管(A 型)	SN8*DN*400	m	147
23	HDPE 缠绕结构壁管(A 型)	SN8*DN*500	m	228
24	HDPE 缠绕结构壁管(A 型)	SN8*DN*600	m	346
25	HDPE 缠绕结构壁管(A 型)	SN8*DN*800	m	601
26	HDPE 承插管	*dn*225	m	63.84
27	HDPE 承插管	*dn*355	m	142
28	HDPE 承插管	*dn*450	m	242
29	HDPE 承插管	*dn*560	m	352
30	HDPE 承插管	*dn*710	m	586
31	HDPE 承插管	*dn*900	m	1 243
32	HDPE 实壁管	*dn*160	m	63.84
33	HDPE 实壁管	*dn*250	m	63.84
34	H 型钢	125×125×6.5	t	3 750
35	O 型胶圈	(承插)ϕ1 000	只	25.86

续表

序号	材料名称	型号规格	单位	单价(元)
36	O 型胶圈	(承插)ϕ1 100	只	31.03
37	O 型胶圈	(承插)ϕ1 200	只	34.48
38	O 型胶圈	(承插)ϕ1 350	只	37.93
39	O 型胶圈	(承插)ϕ1 500	只	43.1
40	O 型胶圈	(承插)ϕ1 650	只	44.83
41	O 型胶圈	(承插)ϕ1 800	只	50
42	O 型胶圈	(承插)ϕ2 000	只	51.72
43	O 型胶圈	(承插)ϕ2 200	只	56.9
44	O 型胶圈	(承插)ϕ2 400	只	62.07
45	O 型胶圈	(承插)ϕ2 600	只	67.24
46	O 型胶圈	(承插)ϕ2 800	只	72.41
47	O 型胶圈	(承插)ϕ200	只	2.59
48	O 型胶圈	(承插)ϕ3 000	只	77.59
49	O 型胶圈	(承插)ϕ300	只	3.45
50	O 型胶圈	(承插)ϕ400	只	5.17
51	O 型胶圈	(承插)ϕ500	只	6.03
52	O 型胶圈	(承插)ϕ600	只	7.76
53	O 型胶圈	(承插)ϕ700	只	15.52
54	O 型胶圈	(承插)ϕ800	只	18.97
55	O 型胶圈	(承插)ϕ900	只	21.55
56	PC 隔音板	10mm	m^2	70.69
57	PVC－U 加筋管	*DN*400	m	101
58	PVC 塑料管	ϕ100	m	13.63
59	QV 检测系统		台班	1 726
60	TRD 搅拌桩机		台班	5 572
61	UPVC 双壁波纹排水管	*DN*1 000	m	493
62	UPVC 双壁波纹排水管	*DN*150	m	17.24
63	UPVC 双壁波纹排水管	*DN*250	m	35.37
64	UPVC 双壁波纹排水管	*DN*300	m	50.25
65	UPVC 双壁波纹排水管	*DN*400	m	63.22
66	UPVC 双壁波纹排水管	*DN*500	m	108
67	UPVC 双壁波纹排水管	*DN*600	m	167
68	UPVC 双壁波纹排水管	*DN*800	m	333
69	UPVC 塑料管	*De*50	m	6.03
70	UPVC 塑料管	*De*75	m	11.21
71	U 形扣	综合	副	38.79
72	X 光片脱水烘干机	ZTH－340	台班	64.73
73	X 射线胶片	80×300	张	6.5

续表

序号	材料名称	型号规格	单位	单价(元)
74	Z 型压路机	YZ18J	台班	1 044
75	阿拉伯铅号码		套	73.28
76	安全广角镜	ϕ800	套	190
77	安全网		m^2	7.76
78	扒钉		kg	3.73
79	白布		kg	11.64
80	白布		m^2	5.34
81	白酚醛漆		kg	9.7
82	白漆		kg	8.62
83	白色硅酸盐水泥	425# 二级白度	kg	0.59
84	白纱布带	19×20 000	卷	1.21
85	白油漆		kg	20.6
86	白棕绳		kg	14.31
87	柏油喷布器	300kg	台班	43.42
88	摆式钢支座		t	3 147
89	板方材		m^3	1 034
90	板枋材		m^3	2 069
91	板料校平机	16×2 000	台班	896.18
92	板式橡胶支座		$100cm^3$	3.79
93	半圆头螺钉	M4×30	个	0.03
94	半圆头螺钉	M6~8×12~30	10 个	2.59
95	半圆头螺钉	M6×12	个	0.08
96	半自动切割机	100mm	台班	92.61
97	保护圈盖		套	12.93
98	泵送商品混凝土	C20	m^3	431
99	泵送商品混凝土	C25	m^3	447
100	泵送商品混凝土	C30	m^3	461
101	泵送商品混凝土	C40	m^3	503
102	扁钢	Q235B 4×45	kg	3.96
103	扁钢	Q235B 综合	kg	3.96
104	变压器油		kg	8.62
105	标线漆		kg	10.34
106	标志杆	F 杆	t	6 207
107	标志牌	塑料扁形	个	0.26
108	标准砖	240×115×53	千块	388
109	丙酮		kg	8.16
110	并沟线夹	JB-1	只	4.31
111	并沟线夹	JB-2	只	5.17

续表

序号	材料名称	型号规格	单位	单价(元)
112	并沟线夹	JB - 3	只	6.03
113	波纹管	ϕ50	m	10
114	玻璃布	综合	m^2	2.59
115	玻璃钢柱体	120 × 100 × 1 050	根	43.1
116	玻璃丝布	δ0.5	m^2	0.5
117	玻璃纤维格栅		m^2	5.6
118	驳船	30t	台班	84.6
119	驳船	50t	台班	118
120	铂电阻温度计		支	26.03
121	不锈钢板	304 δ4 ~ 8	kg	14.91
122	不锈钢板	304 δ4	kg	14.91
123	不锈钢板	304	kg	15.95
124	不锈钢扁钢	综合	kg	15.95
125	不锈钢法兰	*DN*80	片	25.31
126	不锈钢管		t	13 793
127	不锈钢管	ϕ108	m	40.88
128	不锈钢管	ϕ159	m	48.28
129	不锈钢管	ϕ273	m	61.81
130	不锈钢管	ϕ377	m	78.82
131	不锈钢管	ϕ57	m	10.17
132	不锈钢管	ϕ76	m	22.97
133	不锈钢焊丝	1Cr18Ni9Ti	kg	47.41
134	不锈钢焊条	A102ϕ2.5 以内	kg	31.9
135	不锈钢焊条	奥 102	kg	31.9
136	不锈钢焊条	综合	kg	37.07
137	不锈钢六角带帽螺栓	M10 × 150	百套	172
138	不锈钢六角带帽螺栓	M16 × 200	套	8.41
139	不锈钢六角带帽螺栓	M16 × 45	套	4.25
140	不锈钢六角螺栓	M16 × 45	个	1.98
141	不锈钢型钢	综合	kg	18.1
142	槽钢	Q235B 14# ~ 20#	kg	3.97
143	槽钢	综合	t	4 052
144	槽形钢板桩		t	4 828
145	槽形钢板桩使用费		t·d	43.1
146	草板纸	80#	张	2.67
147	草袋		个	3.62
148	草帘		m^2	2.76
149	草皮		m^2	15.52

续表

序号	材料名称	型号规格	单位	单价(元)
150	草坪砖	600×400×100	m^2	31.03
151	草纸		kg	6.9
152	叉式起重机	10t	台班	666.08
153	叉式起重机	16t	台班	780.64
154	叉式起重机	3t	台班	404.69
155	叉式起重机	5t	台班	409
156	叉式起重机	6t	台班	446.02
157	柴油		kg	5.09
158	柴油	0#	kg	5.09
159	柴油发电机组	30kW	台班	409.55
160	厂拌粉煤灰三渣		m^3	136
161	厂拌水泥稳定碎石		m^3	200
162	超声波测壁机		台班	228.58
163	车道灯	402LED	组	1 121
164	车载式碎石撒布机	3 000mm	台班	374.13
165	沉管设备		台班	12.4
166	沉降预埋点		个	38.79
167	沉井钻吸机组配	50t 履带吊	台班	2 922
168	成品链条	L900	根	90.95
169	冲击成孔机	CZ－30	台班	419.69
170	冲击钻头	ϕ12	个	4.48
171	冲击钻头	ϕ6～8	个	4.48
172	抽芯铆钉		个	0.22
173	出土轨道		套	34.94
174	储气包	$4m^3$	台班	39.18
175	传力板		块	276
176	船舶	5t	台班	54.5
177	吹风机	$4m^3/min$	台班	21.11
178	垂直顶升设备		台班	1 456.65
179	纯水泥浆		m^3	430.36
180	醇酸磁漆		kg	15.52
181	醇酸防锈漆		kg	7.76
182	醇酸防锈漆	C53－1	kg	6.9
183	醇酸清漆		kg	12.5
184	磁环	夹具	个	12.93
185	磁环		个	15.52
186	磁铁矿石		m^3	77.67
187	粗粒式沥青混凝土		m^3	733

续表

序号	材料名称	型号规格	单位	单价(元)
188	促进剂	KA	kg	4.61
189	单轨焊接机		台班	57.69
190	单头搅拌桩机(喷粉)		台班	473.29
191	单头搅拌桩机(喷浆)		台班	465.48
192	单重管旋喷机		台班	369.96
193	单组分聚氨酯防水涂料	Ⅰ型	kg	13.79
194	弹簧垫圈	M16 ~ 30	10 个	2.41
195	刀盘式干出土土压平衡盾构掘进机	11 500mm	台班	13 136.6
196	刀盘式干出土土压平衡盾构掘进机	5 000mm	台班	3 250.71
197	刀盘式干出土土压平衡盾构掘进机	7 000mm	台班	6 687.8
198	刀盘式泥水平衡顶管掘进机	2 600mm	台班	1 950.83
199	刀盘式泥水平衡顶管掘进机	ϕ1 000	台班	466
200	刀盘式泥水平衡顶管掘进机	ϕ1 200	台班	516
201	刀盘式泥水平衡顶管掘进机	ϕ1 400	台班	551
202	刀盘式泥水平衡顶管掘进机	ϕ1 600	台班	745
203	刀盘式泥水平衡顶管掘进机	ϕ1 800	台班	915
204	刀盘式泥水平衡顶管掘进机	ϕ2 000	台班	1 159
205	刀盘式泥水平衡顶管掘进机	ϕ2 200	台班	1 464
206	刀盘式泥水平衡顶管掘进机	ϕ2 400	台班	1 695
207	刀盘式泥水平衡顶管掘进机	ϕ3 000	台班	2 040
208	刀盘式泥水平衡顶管掘进机	ϕ600	台班	449
209	刀盘式泥水平衡顶管掘进机	ϕ800	台班	455
210	刀盘式泥水平衡盾构掘进机	ϕ15 500	台班	50 760
211	刀盘式水力出土泥水平衡盾构掘进机	11 500mm	台班	13 822.57
212	刀盘式水力出土泥水平衡盾构掘进机	7 000mm	台班	7 020.28
213	刀盘式土压平衡顶管掘进机	1 650mm	台班	468.16
214	刀盘式土压平衡顶管掘进机	1 800mm	台班	614.41
215	刀盘式土压平衡顶管掘进机	2 000mm	台班	670.64
216	刀盘式土压平衡顶管掘进机	2 200mm	台班	733.85
217	刀盘式土压平衡顶管掘进机	2 400mm	台班	1 407.51
218	刀盘式土压平衡顶管掘进机	2 800mm	台班	1 520.38
219	刀盘式土压平衡顶管掘进机	3 000mm	台班	1 637.17
220	刀片	D1 000	片	4.74
221	刀片	D1 500	片	4.74
222	导爆索		m	3.17
223	导管		kg	1.98
224	导火线	1.5mm^2	m	0.42
225	导火线	2.5mm^2	m	0.68

续表

序号	材料名称	型号规格	单位	单价(元)
226	导火线	4.0mm^2	m	1.07
227	导向铝管	ϕ30	m	19.63
228	导向钻刀片		只	216
229	道钉		kg	5.6
230	道木		m^3	1 034
231	道木	250×200×2 500	根	129
232	灯泡		个	1.29
233	等离子切割机	400A	台班	239.4
234	低合金钢焊条	E43 系列	kg	4.74
235	低碳钢焊条	J422 综合	kg	4.74
236	低碳钢焊条	J422ϕ3.2	kg	4.74
237	低碳钢焊条	J422ϕ4.0	kg	4.74
238	低碳钢焊条	J427	kg	6.72
239	低碳钢焊条	综合	kg	6.72
240	底漆		kg	17.24
241	底油		kg	9.91
242	底座		个	2.03
243	地锚杆		条	25.86
244	地下墙混凝土浇捣架		台班	18.54
245	点焊机	长臂 75kV·A	台班	146.78
246	电		kW·h	0.78
247	电动单级离心清水泵	100mm	台班	36.22
248	电动单级离心清水泵	150mm	台班	60.81
249	电动单级离心清水泵	200mm	台班	93.34
250	电动单级离心清水泵	50mm	台班	29.31
251	电动锻钎机		台班	114.32
252	电动多级离心清水泵	ϕ100mm $h\leqslant$120m	台班	167.48
253	电动多级离心清水泵	ϕ150mm $h\leqslant$180m	台班	283.02
254	电动多级离心清水泵	ϕ200mm $h\leqslant$280m	台班	344.57
255	电动灌浆机		台班	26.11
256	电动夯实机	250N·m	台班	28.03
257	电动葫芦－单速	2t	台班	23.79
258	电动葫芦－单速	5t	台班	31.49
259	电动卷扬机－单筒快速	10kN	台班	172.88
260	电动卷扬机－单筒快速	5kN	台班	157.6
261	电动卷扬机－单筒慢速	100kN	台班	234.87
262	电动卷扬机－单筒慢速	10kN	台班	171.01
263	电动卷扬机－单筒慢速	200kN	台班	417.32

续表

序号	材料名称	型号规格	单位	单价(元)
264	电动卷扬机 - 单筒慢速	30kN	台班	177.6
265	电动卷扬机 - 单筒慢速	50kN	台班	186.39
266	电动卷扬机 - 单筒慢速	50kN	台班	186.39
267	电动卷扬机 - 双筒快速	30kN	台班	237.2
268	电动卷扬机 - 双筒快速	50kN	台班	266.2
269	电动卷扬机 - 双筒慢速	100kN	台班	304.96
270	电动卷扬机 - 双筒慢速	30kN	台班	204.8
271	电动卷扬机 - 双筒慢速	50kN	台班	223.12
272	电动卷扬机 - 双筒慢速	80kN	台班	283.51
273	电动空气压缩机	$0.6m^3/min$	台班	33.06
274	电动空气压缩机	$20m^3/min$	台班	568.57
275	电动空气压缩机	$10m^3/min$	台班	394.85
276	电动空气压缩机	$1m^3/min$	台班	48.22
277	电动空气压缩机	$3m^3/min$	台班	122.54
278	电动空气压缩机	$6m^3/min$	台班	224.45
279	电动弯管机	108mm	台班	80.5
280	电动修钎机		台班	111
281	电动装岩机	$0.2m^3$	台班	383.56
282	电焊机	综合	台班	115
283	电焊条		kg	4.31
284	电焊条	E43 系列	kg	4.74
285	电焊条	E55 系列	kg	10.34
286	电焊条烘干箱	45cm×35cm×45cm	台班	8.99
287	电焊条烘干箱	60cm×50cm×75cm	台班	16.84
288	电缆固定压板	铁件	kg	3.62
289	电缆头固定板	铁件	kg	10.43
290	电雷管		个	0.95
291	电力电缆	VV 3×70+1×2	m	168
292	电力电缆	YHC3×16+1×6	m	38.79
293	电力电缆	YHC3×50+1×6	m	129
294	电力复合脂		kg	17.24
295	电瓶车	10t	台班	219.28
296	电瓶车	2.5t	台班	175.17
297	电瓶车	8t	台班	212.72
298	电瓶车	7t	台班	209.44
299	电气绝缘胶带	18mm×10m×0.13mm	卷	2.59
300	电热熔带	1 000×350×9	只	694
301	电热熔带	1 200×450×9	只	1 035

续表

序号	材料名称	型号规格	单位	单价(元)
302	电热熔带	1 500 × 450 × 9	只	1 440
303	电热熔带	1 800 × 450 × 9	只	1 755
304	电热熔带	150 × 200 × 7	只	52
305	电热熔带	2 000 × 450 × 9	只	2 280
306	电热熔带	200 × 200 × 7	只	60
307	电热熔带	300 × 200 × 7	只	84.48
308	电热熔带	400 × 200 × 7	只	109
309	电热熔带	500 × 350 × 9	只	312
310	电热熔带	600 × 350 × 9	只	353
311	电热熔带	700 × 350 × 9	只	406
312	电热熔带	800 × 350 × 9	只	452
313	电热熔带	900 × 350 × 9	只	625
314	电熔焊接机	DRH－160A	台班	12.2
315	电熔焊接机	3.5kW	台班	37.6
316	电渣焊机	电流 1 000A	台班	174.04
317	垫木		m^3	2 328
318	垫铁		kg	8.62
319	吊斗摊销		kg	6.9
320	吊管卡子	32	个	2.28
321	吊装夹具		套	103
322	丁醛自粘腻子		kg	6.9
323	定向钻机非开挖铺管钻机	ST－25 型	台班	1 801.16
324	定向钻机非开挖铺管钻机	ST－35 型	台班	2 263.97
325	定型钢模板		kg	5.91
326	定影剂	1 000cc	瓶	13.69
327	锭子油	20#机油	kg	5.78
328	洞口止水环	ϕ1 000	套	1 086
329	洞口止水环	ϕ1 200	套	2 140
330	洞口止水环	ϕ1 350	套	2 648
331	洞口止水环	ϕ1 500	套	2 939
332	洞口止水环	ϕ1 650	套	3 225
333	洞口止水环	ϕ1 800	套	3 670
334	洞口止水环	ϕ2 000	套	4 340
335	洞口止水环	ϕ2 200	套	5 040
336	洞口止水环	ϕ2 400	套	5 622
337	洞口止水环	ϕ2 700	套	6 064
338	洞口止水环	ϕ3 000	套	6 506
339	洞口止水环	ϕ600	套	845

续表

序号	材料名称	型号规格	单位	单价(元)
340	洞口止水环	ϕ800	套	905
341	镀锌 M 型抱铁		个	6
342	镀锌 V 型横箍		副	7.91
343	镀锌薄钢板	δ0.55	kg	4.48
344	镀锌薄钢板	综合	kg	4.46
345	镀锌扁钢	综合	kg	3.93
346	镀锌扁钢	4×25	kg	4.5
347	镀锌扁钢	6×60	kg	3.66
348	镀锌扁钢抱箍	—40×4	副	6.81
349	镀锌地线夹	100	套	2.16
350	镀锌地线夹	50	套	1.03
351	镀锌电缆卡子	2×35	套	0.97
352	镀锌电缆卡子	3×100	套	3.51
353	镀锌电缆卡子	3×50	套	1.48
354	镀锌钢管接头	100×4	个	9.83
355	镀锌钢管接头	50×3.5	个	3.59
356	镀锌钢管塑料护口	*DN*100	个	0.62
357	镀锌钢管塑料护口	*DN*50	个	0.24
358	镀锌管堵	*DN*50	个	3.93
359	镀锌管箍	*DN*100	个	24.14
360	镀锌管箍	*DN*25	个	1.65
361	镀锌管箍	*DN*50	个	4.93
362	镀锌管接头	1.5×50	个	3.59
363	镀锌横担	∟5×50×1 500	根	25.86
364	镀锌活接头	*DN*100	个	49.24
365	镀锌活接头	*DN*15	个	2.78
366	镀锌活接头	*DN*20	个	3.74
367	镀锌活接头	*DN*25	个	5.34
368	镀锌活接头	*DN*32	个	6.83
369	镀锌活接头	*DN*40	个	9.06
370	镀锌活接头	*DN*50	个	13.09
371	镀锌活接头	*DN*65	个	30.17
372	镀锌活接头	*DN*80	个	37.07
373	镀锌接地板	40×5×120	个	1.72
374	镀锌接地线板	40×5×120	个	8.62
375	镀锌六角带帽螺栓	M16×250 内 2 平 1 弹	10 套	17.02
376	镀锌六角螺栓	M12×50	个	0.46
377	镀锌六角螺栓带帽	M10×25	套	0.29

续表

序号	材料名称	型号规格	单位	单价(元)
378	镀锌六角螺栓带帽	M10×80	套	0.55
379	镀锌六角螺栓带帽	M12×80	套	0.8
380	镀锌六角螺栓带帽	M16×85	套	1.54
381	镀锌六角螺栓带帽	M18×95	套	1.95
382	镀锌六角螺栓带帽	M8×80	套	0.52
383	镀锌内接头	*DN*100	个	28.03
384	镀锌内接头	*DN*15	个	1.1
385	镀锌内接头	*DN*20	个	1.45
386	镀锌内接头	*DN*25	个	2.07
387	镀锌内接头	*DN*32	个	3.26
388	镀锌内接头	*DN*40	个	4.31
389	镀锌内接头	*DN*50	个	6.16
390	镀锌内接头	*DN*70	个	11.05
391	镀锌内接头	*DN*80	个	17.29
392	镀锌束结	*DN*50	只	3.88
393	镀锌锁紧螺母	*DN*100×3	个	12.21
394	镀锌锁紧螺母	*DN*15×3	个	0.29
395	镀锌锁紧螺母	*DN*50×1.5	个	1.9
396	镀锌锁紧螺母	*DN*50×3	个	4.91
397	镀锌铁件		kg	3.73
398	镀锌铁丝		kg	6.55
399	镀锌铁丝	10#	kg	5.38
400	镀锌铁丝	12#	kg	5.38
401	镀锌铁丝	14#	kg	5.38
402	镀锌铁丝	16#	kg	6.55
403	镀锌铁丝	18#	kg	6.55
404	镀锌铁丝	18#~22#	kg	6.55
405	镀锌铁丝	20#	kg	6.55
406	镀锌铁丝	22#	kg	6.55
407	镀锌铁丝	8#~12#	kg	6.55
408	镀锌铁丝	8#	kg	6.55
409	镀锌铁丝	ϕ0.7~1.0	kg	6.74
410	镀锌铁丝	ϕ1.2~1.8	kg	5.78
411	镀锌铁丝	ϕ2.0~4.0	kg	5.01
412	镀锌铁丝	综合	kg	5.4
413	镀锌圆钢	ϕ10~14	kg	4.67
414	镀锌圆钢	ϕ10	t	4.67
415	镀锌支架支撑	∠50×50×1 320	副	39.73

续表

序号	材料名称	型号规格	单位	单价(元)
416	端子板	JX2 - 2510	组	12.93
417	对焊机	75kV·A	台班	119.25
418	对接扣件		个	2.29
419	对接熔接机	DRh - 16A	台班	36.95
420	盾构同步压浆泵	*D*2.1m × 7m	台班	565.15
421	盾构托架		t	2 178
422	多锤头破碎机	RHMA288	台班	9 007
423	二阶反应型防水黏结剂		kg	13.72
424	二硫化钼		kg	77.59
425	二氧化碳气体		m^3	1.03
426	二氧化碳气体保护焊机	250A	台班	56.85
427	二氧化碳气体保护焊机	500A	台班	132.92
428	发泡剂		kg	8.8
429	法兰阀门	*DN*50	个	172
430	凡士林		kg	2.67
431	反光玻璃珠		kg	2.21
432	反光膜		m^2	138
433	反力架		个	276
434	反射器	180 × 40	片	3.45
435	方整天然石板	8cm	m^2	172
436	枋木		m^3	776
437	防腐涂料	IPN8710 - 2B	kg	70
438	防水灯头		个	3.02
439	防水剂		kg	3.65
440	防水橡胶圈		个	2.59
441	防锈漆		kg	14.05
442	防锈漆	C53 - 1	kg	14.05
443	防眩板	800 × 180 × 1.5	块	19.83
444	防眩板	900 × 220 × 6	块	25.86
445	非泵送道路混凝土	4.0MPa	m^3	388
446	非泵送商品混凝土	C15	m^3	399
447	非泵送商品混凝土	C20	m^3	412
448	非泵送商品混凝土	C25	m^3	421
449	非泵送商品混凝土	C30	m^3	438
450	非泵送商品混凝土	C40	m^3	455
451	非泵送水下商品混凝土	C25	m^3	448
452	非泵送水下商品混凝土	C30	m^3	462
453	非电毫秒雷管		个	1.29

续表

序号	材料名称	型号规格	单位	单价(元)
454	非机动车灯	303LED	组	1 164
455	非机动车灯	304LED	组	1 724
456	肥皂		块	3.28
457	肥皂水		kg	6.9
458	废旧轮胎		个	32.76
459	分离式油压千斤顶	50t	台班	8.91
460	酚醛磁漆		kg	12.07
461	酚醛黑板漆		kg	7.16
462	酚醛调和漆		kg	11.29
463	粉煤灰		kg	0.14
464	粉煤灰		t	136
465	粉末活性炭		m^3	4 526
466	风动锻钎机		台班	25.56
467	风镐凿子		根	4.31
468	风割机		台班	90
469	风管		kg	2.59
470	辅灯	303LED	组	1 293
471	复合材料检查井盖	ϕ700	套	268
472	复合硅酸盐水泥	P·C 32.5R 综合	t	319
473	复合硅酸盐水泥	P·C 32.5R 综合	kg	0.32
474	复合模板	综合	m^2	32.33
475	复合木模板面板		m^2	56.03
476	复合式防水板		m^2	22.41
477	复合水箅盖		m^2	103
478	改性沥青砂胶		kg	0.98
479	钙基润滑脂		kg	9.05
480	盖堵	ϕ75 以内	个	10.78
481	干混地面砂浆	DS M15.0	m^3	443.08
482	干混地面砂浆	DS M20.0	m^3	443.08
483	干混地面砂浆	DS M25 散装	t	312
484	干混抹灰砂浆	DP M15.0	m^3	446.85
485	干混抹灰砂浆	DP M20.0	m^3	446.95
486	干混抹灰砂浆	DP M20.0	m^3	447
487	干混砌筑砂浆	DM M10.0	kg	0.25
488	干混砌筑砂浆	DM M10.0	m^3	413.73
489	干混砌筑砂浆	DM M5.0	m^3	397.23
490	干混砌筑砂浆	DM M7.5	m^3	413.73
491	干混砌筑砂浆	DM M7.5	m^3	414

续表

序号	材料名称	型号规格	单位	单价(元)
492	干混砂浆罐式搅拌机	20 000L	台班	193.83
493	钢板底座	300×300×6	kg	4.7
494	钢板垫板		kg	3.72
495	钢挡土板		t	4 310
496	钢垫板		kg	4.74
497	钢垫板	δ2.5~5	kg	5.6
498	钢扶梯平台摊销		kg	5.13
499	钢管		t	3 879
500	钢管	*DN*200	kg	3.88
501	钢管栏杆		kg	6.9
502	钢轨		kg	4.14
503	钢轨		t	4 138
504	钢轨鱼尾板	24~50kg/m	kg	4.87
505	钢轨枕		kg	4.62
506	钢护筒		t	5 862
507	钢绞线		t	5 336
508	钢绞线	综合	t	5 336
509	钢脚手配件直角扣件铸钢		个	4.14
510	钢筋	综合	kg	3.04
511	钢筋	ϕ10 以外	kg	3.04
512	钢筋混凝土承插管	ϕ1 000×3 000	m	289
513	钢筋混凝土承插管	ϕ1 100×3 000	m	319
514	钢筋混凝土承插管	ϕ1 200×3 000	m	397
515	钢筋混凝土承插管	ϕ1 350×3 000	m	474
516	钢筋混凝土承插管	ϕ1 500×3 000	m	612
517	钢筋混凝土承插管	ϕ1 650×3 000	m	819
518	钢筋混凝土承插管	ϕ1 800×3 000	m	1 190
519	钢筋混凝土承插管	ϕ2 000×3 000	m	2 155
520	钢筋混凝土承插管	ϕ2 200×3 000	m	2 371
521	钢筋混凝土承插管	ϕ2 400×3 000	m	2 716
522	钢筋混凝土承插管	ϕ2 600×3 000	m	3 276
523	钢筋混凝土承插管	ϕ2 800×3 000	m	4 181
524	钢筋混凝土承插管	ϕ200×4 000	m	40.52
525	钢筋混凝土承插管	ϕ250×4 000	m	49.14
526	钢筋混凝土承插管	ϕ3 000×3 000	m	4 741
527	钢筋混凝土承插管	ϕ300×4 000	m	56.03
528	钢筋混凝土承插管	ϕ400×4 000	m	73.28
529	钢筋混凝土承插管	ϕ500×4 000	m	103

续表

序号	材料名称	型号规格	单位	单价(元)
530	钢筋混凝土承插管	ϕ600×4 000	m	125
531	钢筋混凝土承插管	ϕ700×4 000	m	159
532	钢筋混凝土承插管	ϕ800×3 000	m	190
533	钢筋混凝土承插管	ϕ900×3 000	m	216
534	钢筋混凝土顶管(F管)	ϕ1 000×3 000	m	760
535	钢筋混凝土顶管(F管)	ϕ1 200×3 000	m	1 041
536	钢筋混凝土顶管(F管)	ϕ1 350×2 500	m	1 420
537	钢筋混凝土顶管(F管)	ϕ1 500×2 500	m	1 859
538	钢筋混凝土顶管(F管)	ϕ1 650×2 500	m	2 025
539	钢筋混凝土顶管(F管)	ϕ1 800×2 500	m	2 353
540	钢筋混凝土顶管(F管)	ϕ2 000×2 500	m	2 814
541	钢筋混凝土顶管(F管)	ϕ2 200×2 500	m	3 184
542	钢筋混凝土顶管(F管)	ϕ2 400×2 500	m	3 757
543	钢筋混凝土顶管(F管)	ϕ2 700×2 500	m	4 655
544	钢筋混凝土顶管(F管)	ϕ3 000×2 500	m	5 603
545	钢筋混凝土顶管(F管)	ϕ600×3 000	m	414
546	钢筋混凝土顶管(F管)	ϕ800×3 000	m	563
547	钢筋混凝土管	ϕ300	m	64.66
548	钢筋混凝土管	ϕ500	m	103
549	钢筋切断机	40mm	台班	43.28
550	钢筋调直机	14mm	台班	37.97
551	钢筋弯曲机	40mm	台班	26.38
552	钢筋应力计		个	321
553	钢锯条		条	2.59
554	钢拉杆		kg	8.62
555	钢轮内燃压路机	12t	台班	455.44
556	钢轮内燃压路机	15t	台班	537.56
557	钢轮内燃压路机	8t	台班	353.82
558	钢轮振动压路机	10t	台班	573.86
559	钢轮振动压路机	12t	台班	692.85
560	钢轮振动压路机	15t	台班	907.6
561	钢模板		kg	5.96
562	钢模板连接件		kg	3.79
563	钢模支撑		kg	4.74
564	钢盆式橡胶支座	10 000kN 以内	个	17 528
565	钢盆式橡胶支座	15 000kN 以内	个	31 904
566	钢盆式橡胶支座	20 000kN 以内	个	32 336
567	钢盆式橡胶支座	25 000kN 以内	个	44 448

续表

序号	材料名称	型号规格	单位	单价(元)
568	钢盆式橡胶支座	3 000kN 以内	个	4 153
569	钢盆式橡胶支座	30 000kN 以内	个	59 241
570	钢盆式橡胶支座	4 000kN 以内	个	5 391
571	钢盆式橡胶支座	5 000kN 以内	个	7 209
572	钢盆式橡胶支座	7 000kN 以内	个	10 487
573	钢平台		kg	6.28
574	钢钎	ϕ22 ~ 25	kg	5.04
575	钢丝	综合	kg	5.28
576	钢丝扁帚		盘	31.03
577	钢丝绳	综合	kg	6.45
578	钢丝刷子		把	2.59
579	钢丝网	综合	m^2	6.29
580	钢丝网		m^2	6.29
581	钢套管		kg	3.88
582	钢围檩		kg	3.09
583	钢纤维		t	4 138
584	钢支撑		kg	3.97
585	钢制磨料		kg	5.17
586	高侧石	500 × 150 × 1 000	m	30.17
587	高分子材料	HS – 1	kg	23.71
588	高架车	13m	台班	326
589	高架车	20m	台班	486
590	高密度聚乙烯土工膜	δ1.5	m^2	18.71
591	高密度聚乙烯土工膜	δ2.0	m^2	25.6
592	高强钢丝	ϕ5	t	4 543
593	高强模塑料平箅		套	129
594	高速制浆机		台班	339
595	高压风管	ϕ25	m	11.21
596	高压风管	ϕ50	m	51.72
597	高压胶管	ϕ50	m	17.24
598	高压胶皮风管	ϕ25 – 6P – 20m	m	15.52
599	高压胶皮风管	ϕ50	m	17.24
600	高压胶皮水管	ϕ19 – 6P – 20m	m	12.07
601	高压皮龙管	ϕ150 × 3	根	151
602	高压橡胶管	ϕ100	m	32.41
603	高压油泵	80MPa	台班	184.68
604	铬不锈钢电焊条		kg	38.79
605	工程地质液压钻机		台班	484.95

续表

序号	材料名称	型号规格	单位	单价(元)
606	工程钻机	SPJ - 300	台班	425
607	工具式钢模板		kg	5.91
608	共振破碎机	RB - 500	台班	22 883
609	管堵	ϕ50	个	3.53
610	管卡子(电线管用)	45 ~ 50	个	0.37
611	管卡子	ϕ25	个	0.47
612	管卡子	ϕ50	个	1.32
613	管片连接螺栓		kg	6.98
614	管线抱箍标志		个	129
615	管子切断机	150mm	台班	29.76
616	管子切断机	250mm	台班	44.85
617	管子切断机	60mm	台班	16.62
618	管子切断套丝机	159mm	台班	21.59
619	广场砖	100 × 100	m^2	28.45
620	硅酸钠	水玻璃	kg	0.7
621	硅整流充电机	90A/190V	台班	207.9
622	轨道平车	5t	台班	34.23
623	轨道式柴油打桩机	0.8t	台班	416.41
624	轨道式柴油打桩机	1.2t	台班	619.87
625	轨道式柴油打桩机	1.8t	台班	750.73
626	轨道式柴油打桩机	2.5t	台班	884.28
627	轨道式柴油打桩机	4t	台班	1 269.82
628	辊轴钢支座		t	4 652
629	焊剂		kg	3.66
630	焊丝	ϕ3.2	kg	10.78
631	焊锡膏		kg	31.03
632	焊锡丝		kg	86.21
633	合金刀片		kg	7.76
634	合金钢钻头		个	21.55
635	合金钢钻头	ϕ10	个	5.6
636	合金钢钻头	ϕ150 以内	个	94.83
637	合金钢钻头	ϕ16	个	11.64
638	合金钢钻头	ϕ50	个	59.1
639	合金钢钻头	一字型	个	8.62
640	合金钎头	ϕ135	个	20.26
641	黑玛钢堵头	*DN*15	个	0.48
642	黑铅粉		kg	17
643	红丹防锈漆		kg	6.9

续表

序号	材料名称	型号规格	单位	单价(元)
644	红酚醛调和漆		kg	12.76
645	厚漆		kg	8.62
646	护壁泥浆		m^3	30.17
647	花岗岩板	$\delta 40$	m^2	129
648	花岗岩板	$\delta 80$	m^2	159
649	花篮螺栓	M16×250	个	10.34
650	滑石粉		kg	1.07
651	环圈钢板		t	4 181
652	环氧富锌	底漆	kg	13.79
653	环氧富锌底漆稀释剂		kg	11.21
654	环氧聚氨酯嵌缝膏		kg	2.22
655	环氧沥青漆		kg	12.07
656	环氧煤沥青底漆		kg	20
657	环氧煤沥青固化剂		kg	13.79
658	环氧煤沥青面漆		kg	20
659	环氧煤沥青稀释剂		kg	11.21
660	环氧密封胶		kg	15.52
661	环氧树脂		kg	15.52
662	黄甘油		kg	10.78
663	黄泥		m^3	19.9
664	黄砂	净砂(中粗砂)	m^3	158
665	黄砂	净砂(中粗砂)	t	102
666	黄砂	净砂	t	92.23
667	黄砂	毛砂	t	87.38
668	黄闪警示灯	$\phi 400$	个	815
669	黄油		kg	9.05
670	灰浆搅拌机	200L	台班	154.97
671	灰浆搅拌机	400L	台班	161.27
672	回扩器	*DN*1 000	只	901
673	回扩器	*DN*250	只	142
674	回扩器	*DN*300	只	171
675	回扩器	*DN*450	只	199
676	回扩器	*DN*550	只	237
677	回扩器	*DN*650	只	332
678	回扩器	*DN*750	只	379
679	回扩器	*DN*850	只	616
680	回扩器	*DN*950	只	759
681	回转扣件		个	2.41

续表

序号	材料名称	型号规格	单位	单价(元)
682	混凝土垫块		m^3	284
683	混凝土搅拌站	$45m^3/h$	台班	1 182.73
684	混凝土路面刻槽机		台班	321.59
685	混凝土喷射机	$5m^3/h$	台班	203.74
686	混凝土切缝机	7.5kW	台班	32.71
687	混凝土实心砖	240×115×53 MU10	千块	388
688	混凝土实心砖	53×115×240	千块	395
689	混凝土透水管	ϕ200	m	22.67
690	混凝土透水管	ϕ300	m	33.15
691	混凝土透水管	ϕ380	m	40.2
692	混凝土透水管	ϕ450	m	51.47
693	混凝土应变计		个	267
694	混凝土预制块	综合	m^3	345
695	混凝土振捣器	插入式	台班	4.65
696	混凝土振捣器	附着式	台班	12.54
697	混凝土振捣器	平板式	台班	12.54
698	活接头	ϕ50	个	4.24
699	活塞式喷涂机	$3.6m^3/h$	台班	282.07
700	机动车满屏灯	JD403LED	组	1 379
701	机动翻斗车	1t	台班	197.36
702	机油	综合	kg	2.91
703	机油	10#~14#	kg	3.84
704	机油	20#	kg	3.84
705	基膜(丙烯酸乳液)		kg	10.34
706	集成压浆料		t	862
707	挤压法顶管设备	1 000mm	台班	154.05
708	挤压法顶管设备	1 200mm	台班	159.42
709	挤压法顶管设备	1 400mm	台班	193.43
710	挤压法顶管设备	1 500mm	台班	202.98
711	挤压法顶管设备	1 650mm	台班	215.65
712	挤压法顶管设备	1 800mm	台班	273.86
713	挤压法顶管设备	2 000mm	台班	280.25
714	挤压法顶管设备	2 200mm	台班	315.37
715	挤压法顶管设备	2 400mm	台班	372.57
716	挤压式灰浆输送泵	$3m^3/h$	台班	55.46
717	挤压式灰浆输送泵	$5m^3/h$	台班	77.66
718	夹布橡胶平板	δ3	m^2	19.31
719	甲苯		kg	6.81

续表

序号	材料名称	型号规格	单位	单价(元)
720	架桥机	800t	台班	4 685
721	架桥机	160t	台班	999.37
722	减磨剂		kg	15.52
723	剪板机	40×3 100	台班	374.59
724	剪板机	13×2 500	台班	93.56
725	剪板机	20×2 000	台班	122.84
726	剪板机	20×2 500	台班	128.07
727	交流弧焊机	21kV·A	台班	63.33
728	交流弧焊机	32kV·A	台班	92.84
729	交流弧焊机	42kV·A	台班	129.55
730	胶粉油毡衬垫		kg	5.83
731	胶壳闸刀	220V/100A	个	30.17
732	角钢	Q235B 30×30×3	kg	3.97
733	角钢	Q235B 综合	kg	3.97
734	脚手管扣件		个	4.14
735	脚手架钢管		kg	3.62
736	脚手架钢管		t	3 621
737	脚手架钢管底座		个	5.69
738	脚手架扣件		只	5.22
739	接缝变化装置		个	259
740	接头箱		kg	4.31
741	结皮海绵橡胶板		kg	12.07
742	截止阀	J11T－16K*DN*25	个	68.97
743	截止阀	J11T－16K*DN*50	个	112
744	截止阀	J41T－16*DN*100	个	440
745	截止阀	J41T－16*DN*80	个	431
746	界面剂		kg	1.73
747	界面式孔隙水压计		支	344
748	界面式土压计		支	305
749	金刚石钻头		个	431
750	金属结构铁件		kg	5.6
751	金属膨胀螺栓	M10	套	0.48
752	金属膨胀螺栓	M10	套	0.48
753	金属膨胀螺栓	M10×80	套	0.48
754	金属膨胀螺栓	M12	套	0.64
755	金属膨胀螺栓	M16	套	1.34
756	金属膨胀螺栓	M6	10 套	1.9
757	金属膨胀螺栓	M6×50	套	0.18

续表

序号	材料名称	型号规格	单位	单价(元)
758	金属膨胀螺栓	M8	10 套	3.1
759	金属膨胀螺栓	M8 ×60	套	0.27
760	金属膨胀螺栓	M8 ×80	套	0.28
761	金属清洗剂		kg	11.03
762	金属支架		kg	5.17
763	金属周转材料		kg	3.95
764	井管	ϕ400	m	159
765	静力压桩机(液压)	900kN	台班	984.32
766	静力压桩机(液压)	1 200kN	台班	1 223.08
767	静力压桩机(液压)	1 600kN	台班	1 757.5
768	静力压桩机(液压)	10 000kN	台班	4 595.3
769	静力压桩机(液压)	4 000kN	台班	3 311.4
770	矩形顶管附属设备	6 900 ×4 200	台班	2 309.83
771	矩形顶管设备	6 900 ×4 200	台班	8 568.75
772	举重臂螺丝		个	5.7
773	锯纹机刀片		套	862
774	聚氨酯固化剂		kg	36.21
775	聚氨酯泡沫塑料		kg	30.17
776	聚氨酯涂料		kg	25
777	聚氨酯黏合剂		kg	26.29
778	聚苯乙烯泡沫板		m^3	504
779	聚苯乙烯硬泡沫塑料		m^3	560
780	聚丙烯斜管		m	18.1
781	聚氯乙烯软管	D20 ×2.5	m	0.33
782	聚四氟乙烯板		kg	90.52
783	聚四氟乙烯生料带	宽 20	m	0.29
784	聚四氟乙烯生料带	宽 40	m	0.43
785	聚酰胺	300#	kg	16.54
786	聚乙烯薄膜		m^2	0.86
787	开关箱固定压板	4 ×50	副	2.59
788	颗粒活性炭		m^3	4 224
789	可发性聚氨酯泡沫塑料		kg	19.66
790	块石		t	77.67
791	块石	200 ~500	t	77.67
792	块石灰		m^3	340
793	扩孔器		个	264
794	冷底子油		kg	5.57
795	冷轧扭钢筋	ϕ10	kg	3.84

续表

序号	材料名称	型号规格	单位	单价(元)
796	离心通风机	3 200m^3/min	台班	471.15
797	立式铣床	320×1 250	台班	28.05
798	立式油压千斤顶	100t	台班	10.22
799	立式油压千斤顶	200t	台班	11.52
800	立式油压千斤顶	300t	台班	16.55
801	立式油压千斤顶	500t	台班	17.34
802	立式钻床	25mm	台班	5.8
803	立式钻床	50mm	台班	21.16
804	沥青防水油膏		kg	6.9
805	沥青混凝土摊铺机	12t	台班	1 060.42
806	沥青混凝土摊铺机	15t	台班	2 471.67
807	沥青混凝土摊铺机	8t	台班	830.94
808	沥青漆		kg	9.83
809	沥青砂		t	505
810	砾石	15	t	67.96
811	砾石	30	t	67.96
812	砾石	40	t	67.96
813	砾石	5	t	67.96
814	连接器(锚具)	ϕ25	套	15.54
815	帘布橡胶条		kg	14.4
816	料石		t	97.09
817	磷酸二氢钠		kg	3.53
818	磷酸氢二钠		kg	5.22
819	零星卡具		kg	5.88
820	硫酸	98%	kg	2.09
821	六角带帽螺栓		10套	3.28
822	六角带帽螺栓		kg	5.47
823	六角带帽螺栓	M≥30	套	11.21
824	六角带帽螺栓	M12×120	套	0.61
825	六角带帽螺栓	M12×55	套	0.53
826	六角带帽螺栓	M16×200	套	1.67
827	六角带帽螺栓	M16×45	套	0.91
828	六角带帽螺栓	M16×60	套	1.04
829	六角带帽螺栓	M16×80	套	1.13
830	六角带帽螺栓	M18×95	套	1.47
831	六角带帽螺栓	M8~10	套	0.44
832	六角带帽螺栓	综合	kg	5.47
833	六角带帽螺栓	综合	kg	5.47

续表

序号	材料名称	型号规格	单位	单价(元)
834	六角空心钢	综合	kg	2.48
835	六角螺栓		kg	8.75
836	龙门刨床	1 000×3 000	台班	160.09
837	路边线轮廓标		个	8.62
838	路面标线热熔涂料涂敷机		台班	562.36
839	路面标线涂料喷涂机		台班	414.86
840	路面清扫车	$6m^3$	台班	877
841	路面铣刨机	2 000mm	台班	2 610.79
842	卵石	2.5~6	t	126
843	卵石	综合	t	52.33
844	轮胎式起重机	16t	台班	755.65
845	轮胎式起重机	40t	台班	1 190.24
846	轮胎式起重机	8t	台班	583.3
847	轮胎式装载机	$1.5m^3$	台班	594.01
848	轮胎式装载机	$1m^3$	台班	496.96
849	轮胎式装载机	$2m^3$	台班	665.62
850	轮胎式装载机	$3.5m^3$	台班	936.72
851	轮胎式装载机	$3m^3$	台班	850.27
852	轮胎压路机	20t	台班	718.39
853	轮胎压路机	26t	台班	809.89
854	轮胎压路机	9t	台班	368.87
855	螺栓		kg	5.69
856	螺栓顶托		个	51.12
857	螺栓套管		个	0.62
858	螺栓套丝机	39mm	台班	28.85
859	螺纹法兰		副	100
860	铝绑线	$\phi 2$	m	0.26
861	铝包带	1×10	kg	41.81
862	履带式柴油打桩机	2.5t	台班	734.62
863	履带式柴油打桩机	3.5t	台班	832.4
864	履带式柴油打桩机	5t	台班	1 899.34
865	履带式柴油打桩机	7t	台班	2 287.59
866	履带式柴油打桩机	8t	台班	2 351.83
867	履带式单斗液压挖掘机	$0.6m^3$	台班	624.26
868	履带式单斗液压挖掘机	$1.25m^3$	台班	1 115.18
869	履带式单斗液压挖掘机	$1m^3$	台班	914.79
870	履带式单斗液压挖掘机	$2m^3$	台班	1 320.23
871	履带式单头岩石破碎机	105kW	台班	1 231.39

续表

序号	材料名称	型号规格	单位	单价(元)
872	履带式电动起重机	5t	台班	235.09
873	履带式起重机	300t	台班	6 588.97
874	履带式起重机	100t	台班	2 737.92
875	履带式起重机	10t	台班	589.37
876	履带式起重机	15t	台班	702
877	履带式起重机	200t	台班	4 985.45
878	履带式起重机	250t	台班	5 955.58
879	履带式起重机	25t	台班	757.92
880	履带式起重机	30t	台班	865.31
881	履带式起重机	40t	台班	1 242.97
882	履带式起重机	50t	台班	1 364.92
883	履带式起重机	5t	台班	476.74
884	履带式起重机	60t	台班	1 456.51
885	履带式起重机	80t	台班	2 186.44
886	履带式推土机	105kW	台班	798.23
887	履带式推土机	135kW	台班	927.41
888	履带式推土机	60kW	台班	432.39
889	履带式推土机	75kW	台班	625.55
890	履带式推土机	90kW	台班	717.68
891	履带式拖拉机	60kW	台班	412.71
892	履带式旋挖钻机	SD－20	台班	2 590.98
893	履带式旋挖钻机	SH36	台班	4 098.53
894	履带式旋挖钻机	SR－25	台班	3 203.52
895	履带式液压挖掘机带打拔桩机振动锤	BY－VH450	台班	2 444
896	履带式液压挖掘机带打拔桩机振动锤	BY－VH250	台班	1 269
897	履带式液压挖掘机带打拔桩机振动锤	BY－VH350	台班	1 692
898	履带式液压岩石破碎机	HB20G	台班	384.83
899	履带式液压岩石破碎机	HB30G	台班	417.01
900	履带式液压抓斗成槽机	KH180MHL－800	台班	2 617.54
901	履带式液压抓斗成槽机	SG60A	台班	3 817.79
902	履带式液压抓斗成槽机	KH180MHL－1200	台班	3 918.42
903	氯丁胶黏结剂		kg	12.24
904	氯丁橡胶		kg	18.1
905	氯丁橡胶条		kg	46.21
906	氯丁橡胶粘接剂		kg	14.81
907	滤管	ϕ30	m	30.17
908	滤油机	LX100 型	台班	44.32
909	滤油纸	300×300	张	0.35

续表

序号	材料名称	型号规格	单位	单价(元)
910	麻布		kg	8.99
911	麻绳		kg	7.51
912	麻丝		kg	2.76
913	盲板	*DN*100	片	67.24
914	盲板	*DN*200	片	176
915	盲板	*DN*300	片	380
916	毛刷	2″	把	2.16
917	锚杆钻孔机	MGL135	台班	454.58
918	锚固药卷		kg	1.55
919	锚环		个	17.24
920	铆钉	综合	kg	7.86
921	煤		kg	0.6
922	煤		t	603
923	煤焦油沥青漆	L01～17	kg	7.51
924	煤油		kg	3.79
925	门式钢支架		t	4 043
926	门式起重机	30t	台班	692.75
927	门式起重机	50t	台班	1 113.02
928	门式起重机	10t	台班	447.22
929	门式起重机	5t	台班	356.69
930	锰砂		m^3	58.25
931	密封带		m	0.22
932	密封膏		kg	56.03
933	密封胶	XY02#	kg	17.24
934	密目网		m^2	4.79
935	棉纱		kg	10.34
936	棉纱头		kg	10.34
937	棉纱线		kg	7.16
938	模板嵌缝料		kg	1.42
939	磨细粉煤灰		t	282
940	木板		m^3	1 667
941	木板	δ20	m^3	1 638
942	木板	δ25	m^3	3 103
943	木板标尺		m^3	1 152
944	木驳船	30t	t·d	3.29
945	木驳船	50t	t·d	3.29
946	木驳船	50t	t·d	3.29
947	木驳船	60t	t·d	3.29

续表

序号	材料名称	型号规格	单位	单价(元)
948	木驳船	80t	t·d	3.29
949	木材	成材	m^3	2 802
950	木柴		kg	0.16
951	木衬垫	ϕ1 000	只	85.34
952	木衬垫	ϕ1 200	只	102
953	木衬垫	ϕ1 350	只	111
954	木衬垫	ϕ1 500	只	119
955	木衬垫	ϕ1 650	只	128
956	木衬垫	ϕ1 800	只	137
957	木衬垫	ϕ2 000	只	158
958	木衬垫	ϕ2 200	只	196
959	木衬垫	ϕ2 400	只	214
960	木衬垫	ϕ600	只	51.21
961	木衬垫	ϕ800	只	68.28
962	木船	5t	台班	47
963	木挡土板		m^3	1 789
964	木工平刨床	500mm	台班	21.04
965	木工平刨床	300mm	台班	10.76
966	木工压刨床	单面 600mm	台班	31.42
967	木工圆锯机	1 000mm	台班	70.06
968	木工圆锯机	500mm	台班	27.5
969	木脚手板		m^3	1 124
970	木脚手杆	ϕ100×6 000 杉木	根	45.45
971	木螺钉	M4×65	个	0.08
972	木模板		m^3	1 445
973	木模具		个	37.07
974	木丝板	25×610×1 830	m^2	9.31
975	木支撑		m^3	1 552
976	耐酸石棉橡胶板	综合	kg	11.21
977	耐酸橡胶板	δ3	kg	11.21
978	耐油橡胶板		kg	11.21
979	内防水橡胶止水带		m	87.07
980	内切割机		台班	56.97
981	内燃空气压缩机	12m^3/min	台班	610.4
982	内燃空气压缩机	6m^3/min	台班	417.52
983	内燃空气压缩机	9m^3/min	台班	518.4
984	尼龙编织袋		只	1.58
985	尼龙帽		个	0.6

续表

序号	材料名称	型号规格	单位	单价(元)
986	尼龙砂轮片	ϕ100	片	1.29
987	尼龙砂轮片	$\phi100\times16\times3$	片	1.29
988	尼龙网	30 目	m^2	1.21
989	泥浆泵	100mm	台班	205.25
990	泥浆泵	50mm	台班	44.35
991	泥浆罐车	5 000L	台班	460.54
992	泥浆系统		台班	525
993	泥浆制作循环设备		台班	1 596.76
994	黏土		m^3	32.04
995	牛头刨床	650mm	台班	30.54
996	排水板插拔机		台班	935
997	抛丸除锈机	1 000mm	台班	671.4
998	刨边机	12 000mm	台班	342.64
999	泡沫混凝土搅拌机	LM－60	台班	274
1000	泡沫混凝土输送泵	HT－60	台班	1 425
1001	泡沫条	ϕ18	m	0.39
1002	喷砂除锈机	$3m^3/min$	台班	36.35
1003	喷砂用胶管	中压 D40	m	53.79
1004	喷砂嘴		个	60.34
1005	喷射管		m	20.47
1006	喷射混凝土	1:2.5:2	m^3	337.71
1007	喷射井点井管	ϕ159	m	89.66
1008	膨润土		kg	0.47
1009	膨润土防水毯		m^2	68.53
1010	膨胀剂		kg	2.76
1011	膨胀水泥		kg	0.87
1012	膨胀水泥砂浆	1:1	m^3	271
1013	偏心式振动筛	$12\sim16m^3/h$	台班	27.38
1014	片石		t	67.96
1015	漂白粉		kg	3.88
1016	平板拖车组	30t	台班	965.81
1017	平板拖车组	80t	台班	1 559.55
1018	平板拖车组	20t	台班	835.65
1019	平板拖车组	40t	台班	1 071.11
1020	平板拖车组	60t	台班	1 360.78
1021	平地机	120kW	台班	747.25
1022	平地机	90kW	台班	565.91
1023	平垫铁	1#	块	3.45

续表

序号	材料名称	型号规格	单位	单价(元)
1024	平垫铁	Q195 ~ Q235 1#	块	3.45
1025	平焊法兰	1.0MPa*DN*100	片	45.43
1026	平焊法兰	1.0MPa*DN*150	片	75.69
1027	平焊法兰	1.0MPa*DN*50	片	28.79
1028	平焊法兰	1.0MPa*DN*80	片	35.69
1029	平焊法兰	*DN*100	副	90.86
1030	平行水钻机		台班	580
1031	平台作业升降车	16m	台班	338.17
1032	平台作业升降车	20m	台班	431.63
1033	平台作业升降车	22m	台班	473.69
1034	屏蔽线二芯		m	2.59
1035	屏蔽线四芯		m	5.17
1036	破布		kg	6.9
1037	普碳钢六角螺母	M12	个	0.26
1038	普碳钢六角螺栓	M10 × 150	百个	157
1039	普碳钢六角螺栓	M10 × 40	百个	43.45
1040	普通车床	400 × 1 000	台班	34.62
1041	普通车床	630 × 2 000	台班	71.33
1042	普通车床	400 × 2 000	台班	49.85
1043	普通硅酸盐水泥	P·O 42.5 综合	kg	0.34
1044	普通硅酸盐水泥	P·O 42.5 综合	t	346
1045	普通硅酸盐水泥	P·O 52.5 综合	kg	0.39
1046	普通硅酸盐水泥	P·O 52.5 综合	t	388
1047	骑马钉		kg	6.9
1048	气动灌浆机		台班	11.2
1049	气腿式风动凿岩机		台班	13.62
1050	汽车式高空作业车	21m	台班	670.36
1051	汽车式沥青喷洒机	4 000L	台班	610.35
1052	汽车式起重机	25t	台班	996.58
1053	汽车式起重机	50t	台班	2 353.88
1054	汽车式起重机	100t	台班	4 718.03
1055	汽车式起重机	10t	台班	709.76
1056	汽车式起重机	125t	台班	8 293.36
1057	汽车式起重机	12t	台班	748.6
1058	汽车式起重机	150t	台班	8 586.02
1059	汽车式起重机	160t	台班	9 014.23
1060	汽车式起重机	16t	台班	875.04
1061	汽车式起重机	200t	台班	10 057.88

续表

序号	材料名称	型号规格	单位	单价(元)
1062	汽车式起重机	20t	台班	942.85
1063	汽车式起重机	260t	台班	11 393.3
1064	汽车式起重机	30t	台班	1 038.45
1065	汽车式起重机	32t	台班	1 173.35
1066	汽车式起重机	40t	台班	1 517.63
1067	汽车式起重机	500t	台班	14 240.67
1068	汽车式起重机	5t	台班	366.47
1069	汽车式起重机	60t	台班	2 808.62
1070	汽车式起重机	75t	台班	3 154.17
1071	汽车式起重机	80t	台班	3 730.16
1072	汽车式起重机	8t	台班	648.48
1073	汽油	70# ~ 90#	kg	6.12
1074	汽油	综合	kg	6.12
1075	千斤顶支架		kg	5.12
1076	铅板	80 × 300 × 3	块	41.38
1077	铅粉石棉绳	ϕ6	kg	3.1
1078	铅油	厚漆	kg	7.33
1079	铅油		kg	5.6
1080	钳接管	QJG - 35	个	3.45
1081	钳接管	QJG - 95	个	6.03
1082	钳接管	QL - 150	个	12.93
1083	钳接管	QL - 35	个	3.45
1084	钳接管	QL - 95	个	6.03
1085	钳接管	QLG - 150	个	12.93
1086	潜孔钻机(mm)38 ~ 115	液压	台班	449.57
1087	潜水泵	100mm	台班	30.38
1088	潜水泵	150mm	台班	56.98
1089	潜水设备		台班	89.19
1090	潜水钻孔机	1 500mm	台班	608.4
1091	嵌缝料		kg	1.42
1092	强夯机械	1 200kN·m	台班	717.73
1093	强夯机械	2 000kN·m	台班	1 016.54
1094	强夯机械	3 000kN·m	台班	1 273.69
1095	强夯机械	4 000kN·m	台班	1 551.32
1096	切缝机片		片	155
1097	切线钢支座		t	5 647
1098	青壳纸	δ0.1 ~ 1.0	kg	4.31
1099	轻轨		kg	3.79

续表

序号	材料名称	型号规格	单位	单价(元)
1100	轻轨	24kg/m	kg	4.03
1101	轻型井点总管	$D100$	m	47.22
1102	轻型井点总管	$\phi40$	m	26.53
1103	氢氟酸	45%	kg	7.84
1104	氢氧化钠	烧碱	kg	2.59
1105	倾斜预埋件		个	259
1106	清油		kg	14.22
1107	热熔带	150×200×3	只	20.69
1108	热熔带	250×200×3	只	36.21
1109	热熔带	300×350×3	只	43.1
1110	热熔带	400×350×3	只	62.07
1111	热熔带	500×350×3	只	90.52
1112	热熔对接焊机	250mm 综合	台班	224
1113	热熔对接焊机	630mm 综合	台班	296
1114	热熔焊机	800mm	台班	55.85
1115	热熔涂料		kg	3.02
1116	热轧薄钢板	Q235B $\delta2.0$	kg	3.97
1117	热轧薄钢板	Q235B $\delta3.0$	m^2	20.3
1118	热轧薄钢板	Q235B $\delta3.5$	kg	3.77
1119	热轧薄钢板	Q235B $\delta4.0$	kg	3.72
1120	热轧薄钢板	Q235B $\delta4.0$	t	3 721
1121	热轧薄钢板	Q235B 综合	kg	3.97
1122	热轧带肋钢筋	HRB400 $\phi10$	kg	3.94
1123	热轧带肋钢筋	HRB400 $\phi32$	kg	3.89
1124	热轧带肋钢筋	HRB400 综合	kg	3.85
1125	热轧带肋钢筋	HRB400 综合	t	3 849
1126	热轧光圆钢筋	HPB300 $\phi22$	kg	3.98
1127	热轧光圆钢筋	HPB300 $\phi25$	kg	3.98
1128	热轧光圆钢筋	HPB300 综合	t	3 981
1129	热轧光圆钢筋	综合	kg	3.97
1130	热轧光圆钢筋	综合	t	3 966
1131	人行道灯	静态	组	733
1132	人行道砖	200×100×60	m^2	39.91
1133	溶剂汽油		kg	5.4
1134	溶剂油		kg	2.29
1135	熔断器	220V/100A	个	4.31
1136	熔断器	380V/100A	个	4.31
1137	乳化沥青		kg	4

续表

序号	材料名称	型号规格	单位	单价(元)
1138	乳化炸药		kg	9.11
1139	乳胶水泥		kg	11.29
1140	润滑油		kg	4.33
1141	洒水车	4 000L	台班	428.87
1142	三氯乙烯		kg	10.09
1143	三色塑料带	20mm×40m	m	0.69
1144	三相四孔插座	15A	个	18.97
1145	三乙醇胺		kg	12.93
1146	三元乙丙密封胶条		m	10.78
1147	三重管旋喷机		台班	419.43
1148	三轴搅拌桩机	850 型	台班	2 826.15
1149	纱锭油		kg	22.41
1150	砂布		张	0.86
1151	砂砾石		t	67.96
1152	砂轮片		片	7.08
1153	砂轮片	ϕ200	片	10.34
1154	砂轮切割机	ϕ400	台班	26.83
1155	射钉枪		台班	71.46
1156	射流井点泵	9.50m	台班	64.73
1157	生料带		kg	103
1158	生石灰		kg	0.3
1159	生石灰		t	305
1160	湿拌砌筑砂浆	WMM10	m^3	409
1161	石材切割机		台班	17.37
1162	石粉		kg	0.38
1163	石蜡		kg	5
1164	石料切割锯片		片	27.17
1165	石棉		kg	3.92
1166	石棉编绳		kg	14.05
1167	石棉编绳	综合	kg	14.05
1168	石棉扭绳	综合	kg	2.27
1169	石棉绒		kg	3.49
1170	石棉橡胶板	低压 δ0.8~6	kg	5.26
1171	石棉橡胶板	高压 δ0.5~8	kg	6.9
1172	石棉橡胶板	中压 δ0.6~8	kg	5.86
1173	石屑		m^3	58.25
1174	石屑		t	38.83
1175	石屑撒布机		台班	386

续表

序号	材料名称	型号规格	单位	单价(元)
1176	石英砂	综合	m^3	1 553
1177	石油沥青		kg	2.67
1178	石油沥青		t	2 672
1179	石油沥青胶		kg	2.33
1180	石油沥青油毡	350g	m^2	1.9
1181	石质侧石	300×150×1 000	m	69.9
1182	石质平石	120×120×1 000	m	22.34
1183	石质条	150×50	m	16.29
1184	试压泵	25MPa	台班	21.19
1185	试压泵	60MPa	台班	23.3
1186	铈钨棒		g	0.4
1187	收敛标志点		个	17.24
1188	手持式风动凿岩机		台班	12.36
1189	手扶式振动压实机	1t	台班	58.79
1190	手提冲击钻		台班	84.69
1191	手提式冲击钻		台班	67.76
1192	手推式热熔底漆车		台班	100
1193	输送管		kg	4.74
1194	树脂砂轮切割片	ϕ400	片	17.24
1195	双轨焊接机		台班	119
1196	双笼施工电梯	2×1(t)100m	台班	353.09
1197	双笼施工电梯	2×1(t)130m	台班	385.47
1198	双笼施工电梯	2×1(t)200m	台班	465.41
1199	双笼施工电梯	2×1(t)50m	台班	300.86
1200	双面彩钢夹芯板	0.4×0.3×75	m^2	84.83
1201	双头搅拌桩机	喷浆	台班	591.04
1202	双卧轴式混凝土搅拌机	350L	台班	245.41
1203	双液压注浆泵	PH2×5	台班	164.42
1204	双重管旋喷机		台班	394.7
1205	双锥反转出料混凝土搅拌机	350L	台班	192.31
1206	水		m^3	4.27
1207	水		t	4.27
1208	水力出土盾构掘进机	5 000mm	台班	1 625.82
1209	水力出土盾构掘进机	6 000mm	台班	1 933.93
1210	水泥混凝土真空吸水机		台班	16.92
1211	水泥砂浆	1:2	m^3	268.85
1212	水泥砂浆	M7.5	m^3	215.81
1213	水泥砂浆	1:1	m^3	294.2

续表

序号	材料名称	型号规格	单位	单价(元)
1214	水泥砂浆	1:2.5	m^3	252.49
1215	水泥砂浆	M10.0	m^3	222.61
1216	水箱		kg	4.29
1217	四氟板式橡胶支座		$100cm^3$	8.45
1218	松板枋材	模板	m^3	1 422
1219	松香焊锡丝	综合	m	1.03
1220	送桩帽		kg	4.85
1221	塑胶隔离墩	JD－01F360×800	个	51.72
1222	塑料暗袋	80×300	副	13.02
1223	塑料板盲沟		m	10.34
1224	塑料薄膜		kg	12.07
1225	塑料薄膜		m^2	0.86
1226	塑料布		m^2	5.79
1227	塑料测斜管	ϕ80	m	16.81
1228	塑料打孔波纹管	ϕ100	m	13.79
1229	塑料带	20×40 000	kg	12.07
1230	塑料弹簧软管	ϕ110	m	28.88
1231	塑料弹簧软管	ϕ50	m	9.74
1232	塑料防撞桶		个	68.97
1233	塑料管	综合	kg	9.72
1234	塑料管卡子	100	个	0.55
1235	塑料管卡子	50	个	0.32
1236	塑料焊条		kg	8.03
1237	塑料护口(电线管用)	15	个	0.04
1238	塑料护口(电线管用)	50	个	0.26
1239	塑料护口(钢管用)	100	个	0.62
1240	塑料护口(钢管用)	50	个	0.24
1241	塑料排水板	SPB－100－A	m	2.5
1242	塑料软管	ϕ12	m	1.16
1243	塑料软管	ϕ5	m	0.22
1244	塑料水马		个	103
1245	塑料油膏		kg	16.38
1246	塑料胀管	ϕ6～8	个	0.04
1247	塑料胀管	ϕ6×45	只	0.04
1248	塑料注浆阀管		m	11.51
1249	碎石	40～60	t	102
1250	碎石	40 以内	t	102
1251	碎石	5～15	t	102

续表

序号	材料名称	型号规格	单位	单价(元)
1252	碎石	综合	m^3	153
1253	碎石	综合	t	102
1254	羧甲基纤维素		kg	13.14
1255	索具 2 号		台班	62.77
1256	索具 3 号		台班	33.99
1257	索具 5 号		台班	10.46
1258	台式钻床	16mm	台班	3.9
1259	碳钢氩弧焊丝		kg	12.93
1260	碳素结构钢镀锌焊接钢管	*DN*20	m	7.9
1261	碳素结构钢镀锌焊接钢管	*DN*25 ×3.2	m	11.38
1262	碳素结构钢镀锌焊接钢管	*DN*32 ×3.5	m	14.69
1263	碳素结构钢镀锌焊接钢管	*DN*50 ×3.8	m	22.12
1264	碳素结构钢镀锌焊接钢管	*DN*80 ×4.0	m	37.44
1265	碳素结构钢焊接钢管	综合	kg	3.88
1266	碳素结构钢焊接钢管	综合	t	3 879
1267	碳素结构钢焊接钢管	*DN*100 ×4.0	m	37.24
1268	碳素结构钢焊接钢管	*DN*150 ×4.5	kg	3.88
1269	碳素结构钢焊接钢管	*DN*200 ×4.5	kg	3.88
1270	碳素结构钢焊接钢管	*DN*25 ×3.2	kg	3.88
1271	碳素结构钢焊接钢管	*DN*40 ×3.5	kg	3.88
1272	碳素结构钢焊接钢管	*DN*40 ×3.5	m	9.93
1273	碳素结构钢焊接钢管	*DN*50 ×3.8	kg	3.88
1274	碳素结构钢焊接钢管	*DN*80 ×4.0	kg	3.88
1275	碳素结构钢流体无缝钢管		kg	4.74
1276	碳素结构钢流体无缝钢管	102 ×4	m	53.45
1277	碳素结构钢流体无缝钢管	108 ×4.5	kg	4.74
1278	碳素结构钢流体无缝钢管	108 ×6	m	59.48
1279	碳素结构钢流体无缝钢管	159 ×6	m	102
1280	碳素结构钢流体无缝钢管	219 ×8	kg	4.74
1281	碳素结构钢流体无缝钢管	219 ×8	m	187
1282	碳素结构钢流体无缝钢管	325 ×8	m	314
1283	碳素结构钢流体无缝钢管	50 ×3.5	m	24.64
1284	碳素结构钢流体无缝钢管	50 ×3	m	13.8
1285	碳素结构钢流体无缝钢管	70 ×3	m	36.34
1286	碳素结构钢流体无缝钢管	76 ×4	m	33.62
1287	碳素结构钢流体无缝钢管	综合	kg	4.74
1288	碳酸钠	纯碱	kg	0.87
1289	塘渣		t	34.95

续表

序号	材料名称	型号规格	单位	单价(元)
1290	套管	*DN*100	根	27.86
1291	套管	*DN*200	根	58.59
1292	套管	*DN*300	根	91.38
1293	特型塑胶管	ϕ55×2.5	m	6.9
1294	添加剂		kg	12.07
1295	条石		t	205
1296	调和漆		kg	11.21
1297	贴片磁铁		副	2.07
1298	铁绑线	ϕ2	m	0.1
1299	铁驳船	100t	t·d	3.01
1300	铁驳船	120t	t·d	3.01
1301	铁驳船	80t	t·d	2.12
1302	铁撑板		t	3 578
1303	铁撑板使用费		t·d	38.79
1304	铁撑板使用费		t·d	9.02
1305	铁撑脚		kg	8.17
1306	铁风筒	ϕ1 000	m	77.59
1307	铁风筒	ϕ500	m	33.62
1308	铁件		kg	3.71
1309	铁件镀锌费	热镀	t	1 379
1310	铁件喷塑费		t	517
1311	铁壳闸刀	380V/200A	个	56.03
1312	铁砂布	0#~2#	张	1.03
1313	铜接线端子	DT-25	个	3.45
1314	铜接线端子	DT-6	个	2.24
1315	铜排	25×3	m	31.03
1316	铜丝	16#	kg	58.28
1317	铜芯塑料绝缘线	BV1.5	m	0.78
1318	铜芯塑料绝缘线	BV25	m	11.21
1319	铜芯塑料绝缘线	BVR2.5	m	1.55
1320	铜芯塑料绝缘线	BVR4	m	2.16
1321	铜芯橡皮绝缘线	BX 2.5	m	1.29
1322	透水镀锌钢管(钻孔钢管)	ϕ50	m	45.4
1323	透水管		m	9.74
1324	透水沥青混凝土		m^3	1 491
1325	土工布		m^2	4.31
1326	土工布袋		条	2.24
1327	土工复合排水网	30mm	m^2	267

续表

序号	材料名称	型号规格	单位	单价(元)
1328	土工复合排水网	5.0mm	m^2	1.03
1329	土工格栅		m^2	6.81
1330	土工滤网		m^2	34.48
1331	土工膜		m^2	23.28
1332	钍钨棒		kg	9.66
1333	钍钨极棒		g	0.86
1334	托绳地滚用钢材摊销		kg	4.03
1335	脱模剂		kg	1.54
1336	脱模油		kg	4.31
1337	脱漆剂		kg	7.62
1338	外防水氯丁酚醛胶		kg	13.02
1339	微沫剂		kg	37.41
1340	桅杆式起重机	5t	台班	406.2
1341	稳定土拌合机	105kW	台班	790.49
1342	污水泵	100mm	台班	112.87
1343	污水泵	150mm	台班	196.8
1344	污水泵	70mm	台班	81.27
1345	钨棒		kg	254
1346	无纺布		m^2	7.93
1347	无纺土工布		m^2	8.62
1348	无缝钢管	$\phi32\times2.5$	m	8.58
1349	稀释剂		kg	12.07
1350	细粒式沥青混凝土		m^3	888
1351	显影剂		L	2.17
1352	现场预制混凝土	C20(40)	m^3	293.12
1353	现浇现拌混凝土	C15(40)	m^3	276.46
1354	像质计		个	43.1
1355	橡胶板		kg	5.09
1356	橡胶板	$\delta1\sim15$	kg	5.09
1357	橡胶反光减速带	$1\,000\times380\times50$	m	67.24
1358	橡胶管		m	5.14
1359	橡胶管	D50	m	17.24
1360	橡胶管	$\phi150\ \delta=6$	m	47.79
1361	橡胶警示柱	$\phi80$	根	172
1362	橡胶沥青		t	4 694
1363	橡胶囊	$\phi36$	m	73.28
1364	橡胶囊外套	$\phi600$	m	246
1365	橡胶三芯软缆	3×35	m	56.03

续表

序号	材料名称	型号规格	单位	单价(元)
1366	橡胶四芯软缆	3×70+1×25	m	164
1367	橡胶止水带		m	27.93
1368	橡皮垫	2	m^2	17.67
1369	橡套电力电缆	YHC 3×70+1×25	m	103
1370	硝铵炸药		kg	9.26
1371	硝基磁漆		kg	12.48
1372	硝酸		kg	1.98
1373	斜板		m^2	216
1374	斜垫铁	1#	块	5.34
1375	斜垫铁	Q195～Q235 1#	块	5.34
1376	斜垫铁	综合	kg	8.62
1377	锌	99.99%	kg	22.1
1378	型钢	综合	kg	3.84
1379	型钢	综合	t	3 836
1380	型钢剪断机	500mm	台班	82.19
1381	压浆孔螺钉		个	7.59
1382	压滤机	XMYZG400/1500－UB	台班	416.11
1383	压敏胶粘带		m	0.69
1384	氩弧焊机	500A	台班	97.67
1385	氩气		m^3	7
1386	烟囱金属竖井架		kg	6.03
1387	岩石切割机	3kW	台班	48.61
1388	岩心管		m	99.14
1389	盐	工业	kg	0.74
1390	盐酸		kg	0.82
1391	羊毛毡	6～8	m^2	50.86
1392	养护毯		m^2	2.84
1393	氧气		m^3	3.62
1394	摇臂钻床	50mm	台班	21.52
1395	摇臂钻床	63mm	台班	32.79
1396	液压机	2 000kN	台班	202.82
1397	液压控制系统		套	1 897
1398	液压升降机	9m	台班	25.07
1399	液压压接机	100t	台班	113.45
1400	液压油		kg	14.74
1401	液压注浆泵	HYB50/50－1 型	台班	75.11
1402	液压钻机	G－2A	台班	484.95
1403	液压钻机	STE－1	台班	250.08

续表

序号	材料名称	型号规格	单位	单价(元)
1404	液压钻机	XU－100	台班	243.89
1405	医用白胶布		m^2	24.31
1406	医用输血胶管	$\phi8$	m	5.47
1407	乙二胺		kg	18.53
1408	乙炔气		kg	7.6
1409	乙炔气		m^3	8.9
1410	英文铅号码		套	43.1
1411	应变计		个	229
1412	应变计预埋件		个	38.18
1413	应变片		片	6.11
1414	硬泡沫塑料板		m^3	474
1415	硬铜绞线	TJ－2.5－4	m	1.72
1416	油泵车		台班	112
1417	油浸石棉盘根	编织 $\phi6$～10(250℃)	kg	17.93
1418	油麻丝		kg	20.69
1419	油漆溶剂油		kg	3.79
1420	油漆刷	25～40	把	2.97
1421	油性金属闪光漆		kg	25.86
1422	油性调和漆	蓝、白、灰	kg	7.72
1423	油脂		kg	12.59
1424	鱼尾板		kg	2.11
1425	鱼尾螺栓		kg	10.34
1426	预成型标带		m^2	43.1
1427	预埋标志点		个	17.24
1428	预埋件		个	47.41
1429	预埋铁件		kg	3.75
1430	预应力带肋钢筋		t	3 879
1431	预应力钢筋拉伸机	1 200kN	台班	57.99
1432	预应力钢筋拉伸机	3 000kN	台班	103.52
1433	预应力钢筋拉伸机	650kN	台班	24.94
1434	预应力钢筋拉伸机	900kN	台班	41.55
1435	预制型钢护栏		m	129
1436	原木		m^3	1 552
1437	圆钉		kg	4.74
1438	圆木桩		m^3	1 379
1439	载货汽车	10t	台班	476.15
1440	载货汽车	12t	台班	587.2
1441	载货汽车	15t	台班	653.04

续表

序号	材料名称	型号规格	单位	单价(元)
1442	载货汽车	20t	台班	745.51
1443	载货汽车	2t	台班	305.93
1444	载货汽车	3t	台班	341.35
1445	载货汽车	5t	台班	382.3
1446	载货汽车	6t	台班	396.42
1447	载货汽车	8t	台班	411.2
1448	载货汽车	4t	台班	369.21
1449	再生树脂复合材料检查井盖	350×250	套	125
1450	再生树脂复合材料检查井盖	500×450	套	147
1451	再生树脂复合材料检查井盖	500×500	套	159
1452	增感屏	80×300	副	37.33
1453	轧丝锚具	$\phi25$	套	26.99
1454	闸阀	Z41H－16CDN80	个	517
1455	闸阀	Z45T－10DN150	个	764
1456	粘合剂		g	0.02
1457	粘胶布风筒	$\phi1\ 000$	m	22.41
1458	粘胶布风筒	$\phi500$	m	11.21
1459	长螺旋钻机	400mm	台班	484.4
1460	长螺旋钻机	600mm	台班	567.93
1461	真空泵	$204m^3/h$	台班	62.52
1462	真空滤油机	6 000L/h	台班	262.72
1463	枕木		m^3	2 457
1464	枕木	2 000×200×200	根	138
1465	枕木	2 000×250×200	根	147
1466	枕木	2 500×200×160	根	155
1467	枕木	2 500×250×200	根	159
1468	振冲器	ZCQ－75	台班	414.97
1469	振荡涂料		kg	5.86
1470	振动沉拔桩机	400kN	台班	851.02
1471	振动预埋件		个	241
1472	支撑架		kg	5.17
1473	支撑轴力计	200t	个	1 451
1474	直角扣件		个	4.14
1475	直流弧焊机	20kW	台班	78.72
1476	直流弧焊机	32kW	台班	97.11
1477	直螺纹连接套筒		只	3.53
1478	智能程控张拉机	LX－MSP 型	台班	565.15
1479	中厚钢板		kg	3.71

续表

序号	材料名称	型号规格	单位	单价(元)
1480	中厚钢板	Q235B δ10	kg	3.71
1481	中厚钢板	Q235B δ20	kg	3.53
1482	中厚钢板	综合	kg	3.71
1483	中厚钢板	综合	kg	3.79
1484	中厚钢板	综合	t	3 750
1485	中继间	ϕ1 000	套	7 069
1486	中继间	ϕ1 200	套	8 190
1487	中继间	ϕ1 350	套	9 983
1488	中继间	ϕ1 500	套	11 379
1489	中继间	ϕ1 650	套	12 414
1490	中继间	ϕ1 800	套	14 706
1491	中继间	ϕ2 000	套	17 241
1492	中继间	ϕ2 200	套	18 776
1493	中继间	ϕ2 400	套	19 828
1494	中继间	ϕ2 700	套	23 276
1495	中继间	ϕ3 000	套	26 724
1496	中继间	ϕ600	套	5 172
1497	中继间	ϕ800	套	6 034
1498	中空注浆锚杆		m	25.86
1499	中粒式沥青混凝土		m^3	750
1500	重轨		kg	4.44
1501	轴流通风机	100kW	台班	452.16
1502	轴流通风机	150kW	台班	555.34
1503	轴流通风机	30kW	台班	146.68
1504	轴流通风机	7.5kW	台班	45.4
1505	竹笆		m^2	10.24
1506	竹脚手片		m^2	8.19
1507	竹篱片		m^2	2.83
1508	助镀剂		kg	138
1509	注浆管		kg	6.03
1510	铸铝凸起路标		个	11.21
1511	铸铁检查井盖	ϕ600 轻型	套	184
1512	铸铁检查井盖	ϕ600 重型	套	414
1513	铸铁检查井盖	ϕ700 轻型	套	459
1514	铸铁检查井盖	ϕ700 重型	套	642
1515	铸铁爬梯		kg	3.88
1516	铸铁平箅	260×420	套	244
1517	抓铲挖掘机	$0.5m^3$	台班	649.22

续表

序号	材料名称	型号规格	单位	单价(元)
1518	转盘钻孔机	1 500mm	台班	552.65
1519	转盘钻孔机	2 000mm	台班	674.01
1520	转盘钻孔机	800mm	台班	492.54
1521	桩帽		kg	4.03
1522	桩靴		kg	4.85
1523	装配式钢支架		t	4 336
1524	紫铜板	δ0.05～0.3	kg	58.27
1525	紫铜皮		kg	61.03
1526	自动埋弧焊机	500A	台班	110.61
1527	自动真空压浆系统	LJ－YJA1 型	台班	375.58
1528	自航泥驳(封底)舱容积	$20m^3$	台班	350
1529	自进式锚杆		m	34.48
1530	自升式塔式起重机	2 500kN·m	台班	1 023.35
1531	自升式塔式起重机	600kN·m	台班	596.43
1532	自升式塔式起重机	600kN·m	台班	596.43
1533	自卸汽车	15t	台班	794.19
1534	自卸汽车	8t	台班	516.08
1535	自卸汽车	5t	台班	455.85
1536	自粘性塑料带	20mm×20m	卷	3.02
1537	自粘性橡胶带	20×5 000	卷	2.67
1538	走道板		kg	8.62
1539	组合钢模板		kg	3.71
1540	组合烘箱		台班	134.4
1541	钻杆		m	32.76
1542	钻杆		根	86.21
1543	钻杆接头		个	17.24
1544	钻孔咬合桩机		台班	1 848.22